徐邦栋文集

中铁西北科学研究院有限公司　编

中国铁道出版社有限公司
2021年·北京

内 容 简 介

本书收录了徐邦栋先生滑坡防治技术研究方面的文章54篇。其中第一部分滑坡防治研究综述6篇,是我国20世纪60年代至80年代末滑坡防治技术研究的总结。第二部分专题论文34篇,有的是公开发表的论文,有的是会议和内部交流资料,系首次发表,分别论述了滑坡的定性和分类、发生的机理、推力检算及防治措施,以及几类重大、特殊滑坡的成因和防治,从中反映了滑坡学及其防治技术的发展成就与发展历程。第三部分重大项目咨询14篇,收录了先生一些重大典型滑坡治理的咨询意见。

本书适用于奉献在工程建设和滑坡防治技术学科领域的青年技术工作者及院校师生。

图书在版编目(CIP)数据

徐邦栋文集/中铁西北科学研究院有限公司编. —北京:中国铁道出版社有限公司,2021.8
ISBN 978-7-113-28116-8

Ⅰ. ①徐… Ⅱ. ①中… Ⅲ. ①滑坡-灾害防治-文集 Ⅳ. ①P642.22-53

中国版本图书馆 CIP 数据核字(2021)第 125630 号

书　　名	徐邦栋文集
作　　者	中铁西北科学研究院有限公司
责任编辑	曹艳芳　赵昱萌　　电话:(010)51873630
封面设计	崔丽芳
责任校对	孙　玫
责任印制	高春晓

出版发行:中国铁道出版社有限公司(100054,北京市西城区右安门西街8号)
网　　址:http://www.tdpress.com
印　　刷:北京联兴盛业印刷股份有限公司
版　　次:2021年8月第1版　2021年8月第1次印刷
开　　本:880 mm×1 230 mm　1/16　印张:32.5　字数:1 006 千
书　　号:ISBN 978-7-113-28116-8
定　　价:180.00 元

版权所有　侵权必究

凡购买铁道版图书,如有印制质量问题,请与本社读者服务部联系调换。电话:(010)51873174
打击盗版举报电话:(010)63549461

序

值此中铁西北科学研究院(原铁道部科学研究院西北研究所)成立"花甲"年之际,迎来了国内外著名滑坡专家、西北研究所滑坡研究室第一任主任、一代宗师徐邦栋老先生100周年诞辰。由西北院牵头搜集编辑的《徐邦栋文集》即将出版,作为徐老的学生(或者说"徒弟")由衷地感到高兴,这是徐老先生继《滑坡分析与防治》《高堑坡设计及病害分析与防治》《山区大中型山坡病害"轮廓勘察"的定性技术和方法及病害防治》三部专著后献给滑坡防治领域的又一份厚礼。

受大家之托领受为《徐邦栋文集》写序之任务后,我诚恐诚惶、夜难以成寐,"老头"亲切的面容时常在我眼前浮现,洪亮而坚定的声音时常在我耳边响起。我是1985年进入铁科院西北研究所滑坡研究室工作的,作为实习生就有幸参加由徐老提出的"地质力学调查分析方法在破碎岩石滑坡中的应用"课题的研究工作,亲耳聆听"老总"教诲凡30余年,在滑坡防治专业领域经历了从"蹒跚学步"到独当一面的成长过程,也目睹了徐老从精神矍铄到步履蹒跚的耄耋老人,但"老头"清晰的思路、洪钟般的声音、殷殷的嘱托,时常在激励着我。作为西北院第三代滑坡防治专业"传承者"之一将他的滑坡防治技术体系的精髓、严谨而脚踏实地的工作作风与敢为人先的创新精神传承下去是我义不容辞的责任。因此,我乐意领受这一任务,以表达我对徐老先生的崇高敬意和怀念!

徐老一生经历丰富而坎坷,他1921年出生于南京,1939年4月入黄埔军校第三分校政训第一总队学习,1940年考入中山大学土木工程系,1944年毕业并获学士学位。新中国成立前参加了柳州、罗平机场修建、南京修堤、北平和青岛公路设计,以及从事湘桂黔铁路来湛段桂境工程处技术工作。1950年调入铁道部西北干线工程局,从此献身祖国的铁路建设事业。参加了天成、兰银、宝成等新线铁路选线测量工作。1961年冬被调入铁道部科学研究院西北研究所,主持和领导了崩坍滑坡防治技术的研究工作,坚持科研密切结合生产,带领三代科技工作者系统研究了各类滑坡的发生发展规律和有效防治措施,经过近四十年探索与努力建立了结合我国国情的独特的滑坡防治理论和方法,创立了滑坡学与滑坡防治技术学科。至今,编著的"一本书",确立的"八大法""三段式""五阶段""十原则"等成为经典。他是我国滑坡研究的开拓者和一代宗师。

20世纪50年代初,随着我国铁路建设向山区延伸,由于特殊的地形和地质条件向选线提出了新的课题,徐老结合地质条件选择线路位置及高填、深挖和不良地质地段的路基特别设计,奠定了路基设计中的主要准则。在宝成铁路宝略段路基设计及配合施工过程中,他身体力行,刻苦学习地质知识,大胆在实践中贯彻工程与地质相结合,制订了当时我国铁路系统尚未规范与先例的多种山坡地质病害防治的技术原则和方法。同时设计了相应配套的排水和支挡措施,尤以按自然条件与工程地质比拟方法取得的各类设计为主,核对检算结果成效最显著。研究并开发了支撑盲沟、支撑切沟、支撑渗垛、渗水盲洞、截水泄水隧洞、仰斜疏干钻孔群、沉井抗滑挡墙、抗滑明洞用于治理山坡病害等，积累了丰富的工程实践经验，并将其写入宝成铁路修建技术总结《路基设计及坍方滑坡处理》一书及论文、专著中，这是我国有关这方面最早提出的完整经验总结，初步奠定了我国路基特别设计和病害治理的基础。徐老被苏联专家称为中国的路基专家。

1961年徐老调入铁道部科学研究院西北研究所，主持崩坍滑坡防治技术的研究工作。按建所初期确定的任务："以两宝为主兼顾鹰厦，以其成果为西南新线建设服务"。他带领科研人员对宝成、宝天两线遗留的十余处大型复杂病害工点进行了深入的剖析和试验研究，掌握其发生发展规律。随后带领同事制定了滑坡防治技术研究的科技攻关规划和建议，先后进行了滑带土物理力学性质与残余强度、铁路沿线滑坡类型和分布规律、抗滑桩的设计计算方法研究等系列研究。1971年，在系统总结10年研究成果基础上，以他为主完成了以治理我国铁路滑坡为内容的《滑坡防治》一书出版。该书系统论述了滑坡的定义、要素、术语，滑坡的分类和特征，滑坡与其他斜坡变形的区别，滑坡产生的条件、原因、勘察方法、滑坡的稳定性评定方法，滑带土的残余强度变化规律和多次剪的测试方法、治理原则和措施，以及挖孔抗滑桩设计计算方法等。这是我国第一部全面论述滑坡的专著，获1978年全国科学大会奖，填补了我国在这一学科领域的空白，其内容被列入高等学校教科书和有关规范中。他主要撰稿的《滑坡的规律与防治》成果获1982年全国自然科学三等奖。

20世纪70年代至今，他着力研究工程地质力学理论和方法在滑坡和高边坡设计中的应用研究，他不仅注意区域性构造的影响，而且更加注重工点附近小构造的性质、分布、相互切割关系和发生的先后次序以及它们与滑坡各要素之间的关系；从对象是不均质出发，从动态和可能变化出发，提出对每一个具体病害工点。依据这一理论和方法，可以在几天内对一个大型复杂滑坡作出边界条件、条块划分、滑带部位、地下水大致分布和滑坡性质的判定，从而指导勘察并大大减少了勘探工作量，节约时间和投资。同时领导和研究了锚索抗滑桩技术，改变普通桩的悬臂受力为近似简支梁受力，节约投资30%以上，具有显著的经济效益和社会效益。该项"滑坡空间形态确定、动态监测及锚索抗滑桩技术"1991年获铁道部科学技术成果二等奖，他是主要受奖人之一，其中他主持的滑坡岩体工程地质力学的调查分析方法具国际水平。

在近六十年山坡病害防治研究生涯中，徐老提倡科研创新必须建立在丰富的工程实践基础上，"地质与设计结合""理论与实践结合"，积累了丰富工程实践经验。他最具特色的是快速识别与判定山坡病害性质与稳定性，并能提出行之有效处治措施。如1962年他奉命参加铁道部组织的鹰厦、外福两线因路基病害1 000余处，大型复杂的90余处，并一一分析了病害性质，提出了勘察和研究要点以及治理方案，经3年治理保证了线路畅通。1966年初，铁道部西南铁路建设指挥部要他带领科研人员赶赴现场处理贵昆铁路接轨后出现的包括二梯岩、扒那块、格里桥滑坡等9处大型病害。经过详细调查分析，取得了丰富的资料，病害性质判明正确，不同工点不同治理，很快保证了铁路的畅通，并首次将沉井抗滑挡墙用于二梯岩滑坡治理。1966年成功治理了成昆铁路会仙桥错落、甘洛二号等滑坡。他用工程地质比拟法确定滑坡推力进行设计，争取了施工时间，并首先研究开发应用挖孔钢筋混凝土抗滑桩防治滑坡的新技术，随后在国内治理大型滑坡工程中被广泛使用。1985年"复杂地质、陡峻山区修建成昆铁路新技术"项目获国家科学技术进步特等奖,他为主要受奖人之一。

他还参与了湘黔、枝柳、襄渝、太焦、梅七等众多铁路线重大滑坡工点的调查和方案论证,同样做出了重要贡献,受到好评。

1975 至 1976 年,应冶金工业部邀请赴阿尔巴尼亚处理我援阿项目古里库奇选矿厂厂址滑坡。发现该滑坡所在山体及湖岸位于倒转背斜构造地带,滑坡为沿向湖倾的顺坡逆断层形成厚 13 m 的滑体,不存在向湖有深层、顺层和多层滑动的可能。为抢救已形成的厂房,防止该滑坡大动继续破坏,首先采用工程地质比拟法先确定滑坡推力,运用桩排,制止滑动,既争取了治理时间,又保证了安全,仅历时一年治住滑坡保住工厂,受到阿方称赞。

与此同时,他还应邀对该国菲尔泽水电站坝址上游左岸的布拉瓦大型岩石错落与滑坡防治进行了咨询,既否定了体积达 9×10^7 m³ 的整体滑动,也不同意仅是构造现象无滑动可能的结论,而是根据岩体构造格局与变形形迹划分为 6×10^8 m³ 地质历史时期的构造错落与 3×10^7 m³ 的近代再错动两部分,而可能滑动者仅为错落前部的 12×10^6 m³(分为三条,每条四级),并按滑坡的不同剪出口高程和不同滑动体积,提出了分期蓄水及按可能分块的最大体积的涌浪模型试验求得的数据加固相关的设施,保证了安全。

徐老先生几十年走过的是艰苦奋斗的道路,是勤奋耕耘、不断学习、敢于创新、敢为人先的道路,是科研结合生产的成功道路。他虽已在国内知名,但是永不满足,从不停歇,继续奋斗在防灾减灾战线上,许多疑难而危急的滑坡使不少人望而却步,或建议搬迁,或建议改线,而他却敢于知难而上,提出治理方案。有人说他胆子大,实则是他技术精湛、责任心强,特别是具有敢为人先的创新精神。

在煤炭、冶金、水电、市政、公路系统主持或参与数百处滑坡治理方案论证、咨询,有些是著名的重大复杂的滑坡治理工程,如三峡库区黄蜡石滑坡、链子崖山崩,山西霍县电厂滑坡,韩城电厂横山滑坡,陕西临潼骊山滑坡,国道 318 线二郎山隧道东引道 1 号、2 号、3 号滑坡,北京戒台寺滑坡等。他的建议与意见绝大多数得到采纳与验证,有的还经过激烈的争论扭转了会议的方向,充分都展示了丰富的工程经验和无与伦比的综合判断力和预见能力。

1983 年他在对四川綦江松藻煤矿金鸡岩广场滑坡群进行研究治理时,指导把锚索抗滑桩技术首次用于滑坡治理。

他在深圳市月亮湾电厂高 150 m 的花岗岩高边坡的设计中,应用工程地质力学方法系统分析了岩体的构造格局、岩体结构及各级边坡在不同高程上可能产生的变形类型,对不同部位提出了采取相应的加固措施,取得了良好的效果。在深圳市罗湖至沙头角高速公路滑坡治理和边坡加固上首先采用了锚索框架结构,使施工更为快捷、方便,以后在许多工点推广应用。

21 世纪初期,在他 82 岁高龄时咨询并具体深入工地主持调查完成了云南省昆(明)—曼(谷)高速公路元江—磨黑段课题研究工作的同时应邀解决了多处严重复杂病害工点的整治,该项研究报告经交通部审查通过并获奖。

徐老的另一大特点是技术上从不保密,且诲人不倦。早在 1962 年他就提出不同专业之间交叉渗透的思路:"学工程设计的人员必须在实践中学三年地质,学地质的人员必须搞两年设计。"他最早在西北研究所培养了一批既懂工程地质又懂工程设计的岩土工程人才,使该所的滑坡防治更全面、更切实、更受生产单位的欢迎,在国内具有特色。而且走到哪里讲到哪里。研究生和跟随他工作过的技术人员大多成了各行各业灾害防治的专家和骨干。

20世纪80年代末他培养3位研究生进行专业课实习和论文写作,"老头"每天晚上在家上课至深夜,延续2个多月。我也许有与他同住在一个单元这个"得天独厚"优越条件,也许有他认为"孺子可教"的潜质,要求我每节课必到,时间长了难免有些"懈怠",记得有一次他亲自上楼把我拽下去听课。我的第一篇论文《岩组微构造分析在葡萄园西破碎岩石滑坡群的应用》也是在他亲自修改下完成的,并获得西北所青年论文比赛优秀奖。随后我参与或主持的韩城电厂滑坡、陕西城固陕飞膨胀土滑坡、临潼骊山北坡滑坡、成昆铁路毛头马1号隧道滑坡、深圳月亮湾电厂高边坡病害加固、深圳莲塘水厂滑坡和罗沙公路系列边坡加固工程都是他亲临现场、亲自指导下完成的。21世纪初我走向领导岗位,肩负起西北院技术开发、市场开拓和技术把关的重任,始终没有忘记"老头"的教诲,始终把科研创新、解决重大工程中的关键技术难题和自身的业务能力不断提升作为矢志不渝的追求。这一时期80多岁高龄的徐老不能亲临现场了,但在重大项目实施中也不断请教"老总",解决一些关键性的技术问题。如北京戒台寺采煤与滑坡变形的机理,二郎山隧道东引道3处滑坡的治理和课题研究,攀枝花机场滑坡,襄渝铁路增建二线引发的旗杆沟隧道变形(赵家塘滑坡)问题等。徐老的敬业精神与追求使我们后辈永远学习的楷模。

当前在滑坡防治学术领域存在一些"浮躁"现象,有的"断章取义"没有深入系统学习滑坡防治基础理论;也不知道这些理论的来龙去脉;有的缺乏野外实战的"基本功",以徐老先生为代表的老一代学者所编著的"一本书"、创立"八大法""三段式""五阶段""十原则",是经过半个多世纪的千锤百炼集体智慧的结晶,绝不是一蹴而就的。编撰本书的目的就是继承和发扬徐邦栋的学术思想,学习他严谨求实,脚踏实地的工作作风,愿本文集对青年技术工作者的成长起借鉴作用,对西北院的发展,乃至我国的工程建设和滑坡防治技术学科发展起推动作用。

本书收录了徐先生滑坡防治技术研究方面的文章54篇。第一部分滑坡防治研究综述6篇,是我国20世纪60年代至80年代末滑坡防治技术研究的总结。第二部分专题论文34篇,有的是公开发表的论文,有的是会议和内部交流资料,系首次发表,分别论述了滑坡的定性和分类、发生的机理、推力检算及防治措施,以及几类重大、特殊滑坡的成因和防治,从中反映了滑坡学及其防治技术的发展成就与发展历程。第三部分重大项目咨询14篇,收录了先生一些重大典型滑坡治理的咨询意见等。以飨读者。本文集在编辑时将维持原文中文字语言表达风格;符号、计量单位、格式等每篇文章保持统一。

巍巍皋兰,黄河水长,老师之恩,永志不忘。

本文集在编制期间得到中铁西北科学研究院有限公司的鼎力支持;参加本书工作的同志有张永康、李伟、侯李杰、王仲锦、张永生、焦海平等。在本文集即将出版之际对中铁西北科学研究院有限公司长期的支持和中国铁道出版社有限公司的大力支持表示衷心的感谢!

中铁西北科学研究院有限公司原副院长、研究员　马惠民
2021.1

目 录

第一部分 滑坡防治研究综述 … 1

- 铁路滑坡防治研究的回顾与展望 … 3
- 国外滑坡防治与研究现状述评 … 9
- 我国铁路路基滑坡防治 … 14
- 第四届国际滑坡会议简况及当前国际有关滑坡研究的现状和发展动向 … 20
- 滑坡概况总报告 … 25
- 滑坡防治研究 … 28

第二部分 专题论文 … 37

- 宝成铁路防止路基遭受淘刷的几种建筑物 … 39
- 深挖路基设计经验 … 58
- 滑坡检算 … 78
- 岩质边坡问题 … 89
- 鹰厦、外福两线几类主要路基病害及处理的分析研究 … 135
- 有关治理铁路沿线滑坡的几个关键性技术问题 … 149
- 确定滑坡滑动带的方法 … 156
- 宝成铁路西坡车站滑坡区的研究 … 161
- 宝成线西坡滑坡区区域地质构造及其与滑坡的关系 … 176
- 防治铁路滑坡的几点体会 … 188
- 古里库奇镍铁矿选矿厂厂址滑坡与防治——工程地质比拟计算办法在设计中的应用 … 221
- 滑坡的特点和分类与整治的关系 … 247
- 大海哨车站岩石顺层滑坡群的研究 … 256
- 确定滑坡推力的工程地质比拟法 … 265
- 不同类型滑坡的含义及特点 … 272
- 二梯岩隧道出口滑坡整治 … 278
- 岩石顺层滑坡的某些性质与地质构造间的关系及防治 … 288
- 滑坡防治措施简介 … 298
- 贵昆线曲靖至马过河间岩石顺层滑坡性质及其防治的研究报告 … 305
- 岩石顺层滑坡的性质与防治 … 324
- 特殊条件下滑坡的治理（治理成昆线上几个滑坡的实践） … 330
- 论工程地质比拟办法确定岩石滑坡的抗剪强度 … 340
- 几类滑坡的发生机理 … 345

地质力学方法在岩石顺层滑坡研究中的应用 …………………………………………………… 349
勘察分析复杂滑坡区群的方法 ………………………………………………………………… 356
中国挖孔抗滑桩深基坑支撑的开挖设计 ……………………………………………………… 360
陇海铁路葡萄园滑坡群的性质和整治的研究 ………………………………………………… 364
从外貌及地裂缝对华蓥山山体变形的分析 …………………………………………………… 371
岩石滑坡地质力学调查及分析方法的应用研究 ……………………………………………… 376
采煤对坑口电站——韩城电厂滑坡的影响 …………………………………………………… 386
治理铁路山坡病害在施工阶段和运营中地质工作的内容及作用 …………………………… 396
襄渝铁路白河车站杨家沟滑坡（大型抗滑桩施工实例） ……………………………………… 404
滑坡稳定性判断的理论和方法 ………………………………………………………………… 415
预应力锚索框架加固高边坡的作用机理 ……………………………………………………… 429

第三部分 重大项目咨询 ……………………………………………………………………… 441

韩城电厂象山（横山）滑坡的辨认、分析和整治 ……………………………………………… 443
关于青海省西宁至果洛（大武）公路龙穆尔沟两岸和军功以南的"红土"两地段路基
　地质病害调查后的咨询意见 ………………………………………………………………… 451
临潼骊山北坡坡体病害整治的咨询建议 ……………………………………………………… 456
关于李家峡水电站建坝施工期间突发性地质灾害咨询的意见及建议 ……………………… 461
关于云南省科技攻关项目 2001GG20"高等级公路建设边坡病害防治技术研究"研究报告的发言 … 463
对中铁西北科学研究院当前制定"山坡地质病害防治技术研究规划"方面的着重点之书面建议 …… 466
北京戒台寺滑坡治理工程综合咨询意见* ……………………………………………………… 469
有关采空区的滑坡问题 ………………………………………………………………………… 476
对齐明柱同志博士论文"预应力锚索钢筋混凝土框架的现场原型试验研究"的建议 ……… 483
对"云南省高原山区公路边坡病害区划研究"初稿的意见 …………………………………… 487
对"深汕高速公路 K275（原 K101）滑坡自 2009 年 3 月至 2010 年 12 月间（在已建抗滑明洞
　及地面排水、应急仰斜疏干钻孔群等措施下）的变形监测和设置永久性地下排水工程方案设计"
　的咨询意见 …………………………………………………………………………………… 492
对"中铁西北科研院有限公司深圳南方分院于 2011 年 9 月提出的'深汕高速公路西段 K275
　（原 K101）滑坡'的工程地质物探报告及永久排水工程施工图设计"的咨询意见 ………… 496
对"高速公路陡坡高路堤修建关键技术研究报告"的意见 …………………………………… 498
关于闫志雄博士后提出的"铁路既有线边坡及其挡护结构工程效果评价及病害整治
　对策研究"的学术评价 ………………………………………………………………………… 509

第一部分

滑坡防治研究综述

铁路滑坡防治研究的回顾与展望

三十年来,在我国新建铁路与旧线改造中曾进行了大量的山坡病害整治工作,其中以对滑坡的防治与处理所做的工作量最大,有成功的经验,也有失败的教训。本文扼要回顾铁路滑坡防治及研究的过程及取得的主要成就,展望今后应当着重研究的课题和方向,以促使滑坡防治技术和滑坡机理的研究能深入发展。

一、铁路滑坡防治研究的过程

我国虽然是滑坡危害比较严重的国家之一,但新中国成立以前很少对滑坡防治进行研究。我国旧有铁路多建于沿海和平原地区,地质条件比较简单,遭受滑坡的危害并不突出。直至修筑宝天铁路时因地质条件不良,坍方和滑坡的危害才严重地暴露出来。新中国成立后,随着山区铁路的修建,山坡病害日益突出,并具普遍性。五十年代初,在改建宝天铁路和新建宝成、鹰厦等山区铁路时,虽已开始重视地质工作,避开了一些地质不良地段,但终因地质力量薄弱,技术水平低和经验不足,施工后出现了大量病害,其中以大型古、老滑坡的复活最为突出,如宝成线接轨后宝略段遗留的十二大病害都是滑坡。限于当时的认识水平,宝略段在地质工作中只能按地貌外形和勘探的结果来判定滑坡的性质;在处理上主要采取在滑坡前缘修建抗滑挡墙和抗滑土堤等恢复山体平衡的措施,及在滑坡后缘及侧方边界以外用截水盲沟和盲洞等截、排地下水的措施,收到了防止病害扩大的效果。

铁道部对路基病害的整治研究和总结是比较重视的。早在1951年就在宝兰铁路成立坍方流泥研究小组,1956年又分别成立了宝成、宝天坍方委员会,结合两线病害整治进行观测、调查和研究,同时在兰州铁路局成立坍方研究站协助处理天兰等线坍方滑坡病害。1959年在西安正式成立"铁道部坍方科学技术研究所",后于1961年冬经过调整加强改为"铁道部科学研究院西北研究所崩坍滑坡研究室",成为当时我国第一个研究崩坍滑坡的专门机构。与此同时,在总结宝成铁路路基坍方滑坡整治经验的基础上,先后于1959、1961和1964年召开过三次全路坍方滑坡经验交流和科研协作会议,有力地促进了这一研究工作的开展。

六十年代初,在鹰厦、外福两线路基病害整治中,对滑坡勘测已逐渐注意到地质调查与勘探并重,有目的地布置钻孔;在处理上针对滑坡的特点采用在滑坡前部修支撑盲沟群和抗滑挡墙相结合的工程,兼起疏干与支挡两重作用,收到了成效。

六十年代中后期,在成昆、贵昆等线修建中,汲取了以往的经验教训,在选线中就注意避开了大量滑坡地段和大型古、老滑坡体;对难以避开者,在摸清其性质和稳定状态的基础上采取了相应的工程措施。但由于地质条件复杂,施工后难于避免地又出现了一些滑坡,如贵昆线的二梯岩、扒挪块、格里桥、小田坝等滑坡,成昆线的会仙桥、甘洛二号、白石崖、乃托、沙北、林场等滑坡。当时由于铁道部西南工地指挥部能及时地组织设计、施工和科研单位成立"路基崩坍滑坡战斗组"曾对这些滑坡逐个进行研究与整治,故取得了较好的结果。这时在认识滑坡上创用了以工程地质调查为主的分析方法,减少了勘探数量和时间,适应了快速修建铁路的要求;在处理上,除已有的成熟方法外,为节省劳力、保证施工安全和发展防治病害的科学,着重研究试用了垂直钻孔群排滑坡地下水和钢筋混凝土挖孔抗滑桩及沉井抗滑挡墙等新的措施。抗滑桩以后在其他各线得到广泛应用,据不完全统计,仅用于铁路滑坡整治的已近千根了。

七十年代初,在焦枝、阳安、湘黔、枝柳、太焦等线建设中,又遇到另外一些类型的滑坡,如由震旦纪及古生代的变质砂页岩构成滑体的破碎岩层滑坡、发生在新第三纪(也有称Q_1的)湖相杂色黏土中的顺层滑坡、具河湖相复理石建造的顺层滑坡、产生于胀缩土地区在挖方边坡或填堤上的胀缩土滑坡、湖相沉积黏土中的浅层滑坡,以及在煤系地层上覆厚层黄土地带的大滑坡等。由于黏土滑坡与其矿物组成密切相关,因此已发展到研究土质与离子化学作用的新领域。同时对黏性滑带土的残余强度的试验进行了大量研究。

最近几年,在综应用工程地质法中已试用地质力学原理,从地貌形态、岩体结构出发,结合工程地质已可判定滑坡性质、规模和稳定性;用工程地质比拟计算法能初步确定滑坡推力的大小和防滑工程量,创造了结合施工进行勘测的办法,已能及时满足调整设计的要求并保证质量,缩短了勘测时间,加快了建设速度,及时整治好了在修建期出现的滑坡。

为了掌握铁路沿线滑坡的分布情况、类型、产生的地质条件和原因,以及防治工程的效果,曾组织路内外三十余个单位对铁路沿线千余处滑坡进行了普查登记。

在上述工作的基础上,我所滑坡研究室于1971年总结编写了《滑坡防治》(总结初稿),经内部交流征求意见修改后,1977年由人民铁道出版社出版。

1973年全路第四次滑坡防治经验交流及科研协作会议,代表来自二十八个省、市、自治区的一百一十八个单位,实际是全国性的滑坡防治经验交流会。会后出版了《滑坡文集》。此外还组织翻译了英、日、俄文六十年代末和七十年代初期有关滑坡防治研究的代表性著作,使能看出我们的特点和存在的差距。总的看来,在滑坡工程地质工作方面我们接近或达到了国际水平,并具有我国的特点;但在勘探手段、测试技术方面尚有较大的差距。

在滑坡防治研究方面之所以能取得以上成就进展,主要在于:(1)铁路各部门领导的重视和支持。三十年来研究工作没有中断,并保持着一支专业研究队伍。(2)铁路建设的需要。铁路新线和旧线上的大量滑坡不仅为研究提出了课题,而且提供了试验场所。(3)社会主义大协作。发挥了设计、施工、运营和科研各单位人员的集体智慧和力量。(4)科研工作坚持了实践第一的观点,从实际滑坡中提出问题,研究后又回到实践中去检验其正确性,缩短了研究周期。

二、主要成就

我们经过三十年的实践和研究,获得了以下主要经验。

(一)关于滑坡的类型

滑坡分类是认识和整治滑坡的重要环节。国内外从事滑坡分类研究的学者很多,各从不同的角度,依据不同的分类指标提出了多种多样的分类方案和意见。欧美一些国家在"地滑"这一概念下,将崩塌、错落和土石流等均包括在内,进行统一的分类。我国是将其分别进行研究的。在滑坡分类方面,虽然意见不尽统一,但铁路部门在西北研究所原分类的基础上经"滑坡分类与分布"专题协作组1974~1976年的进一步研究,基本赞同分类目的在利于防治,用较少量的调查、勘探工作即可了解滑坡的基本性质、规模和危害,便于确定防治对策为主,同时考虑到我国的区域地质特点,提出了"以滑体物质及其成因的分类方法"。将滑坡分为黏性土、黄土、堆填土、堆积土、破碎岩石和岩石滑坡六大类;然后又按主滑面成因类型分为堆积面、层面、构造面和同生面滑坡四类;再按滑体厚度分为巨厚层(>50 m)、厚层(20~50 m)、中层(6~20 m)和浅层(<6 m)滑坡四类。这种既考虑了地质条件又考虑了整治难易的工程地质分类法,是目前比较统一的一个分类方法。实践证明,它对防治滑坡和研究滑坡的规律及积累经验都是较为合适的。当然它也并非是最完善的分类方案,今后还可继续研究。

(二)关于滑坡的分布

为全面了解和掌握铁路沿线滑坡的基本情况、产生的地质条件、原因和分布规律,以便为新线建设提供必要的参考资料,"滑坡分类与分布"专题协作组于1974~1976年对全国铁路沿线滑坡进行普查,共登记滑坡一千余处,编制了全国铁路滑坡分布图。从中提出以下滑坡分布规律:

1. 滑坡的产生和分布与岩性关系最密切

把滑坡分布的地层分为十个岩组,其中易滑岩层为泥岩、页岩及其变质岩,煤系地层,泥灰岩、凝灰岩,已风化的长石岩类、云母岩类和含石膏或其他易溶盐的地层。易滑岩层中往往是在黏土化、泥化、长石化、绢云母化、滑石化、石墨化、蛇纹化、绿泥化和千枚化等一些软质岩石分布的部位产生滑动。它们常含有蒙脱石或高岭石、伊利石、海绿石、绿泥石和铝土等特殊矿物以及碳酸钙、硫酸镁、氯盐和其他易溶盐等。它们或因整体上软弱,或因形成岩体中的软弱夹层而易变成滑带而滑动。

2. 在岩性条件类同时,构造条件是滑坡的控制因素

地壳表层的一切岩土是在一定的地质条件下形成的,基本上是各向异性的,一般顺层的抗剪强度总比垂直切层者为小;在受构造作用后,一些沿裂面或隐裂面处,由于受各种性质力的破坏其强度显著降低,使得在

构造较平缓的单斜山,顺层滑坡常成群分布;大断层附近,滑坡往往集中分布,两条或多条断层交叉处尤甚;褶曲轴部和大断层的上盘因岩层较破碎,常常也是滑坡集中处。构造条件除控制滑动面的空间产状外,还控制滑坡地下水的状态(如构造供水)或使地面水、滑体中水、滑带水向隔渗层上岩性不良的一层集中而产生滑坡。

3. 在岩性、构造条件一致时,山坡的地形地貌对滑坡的产生也有重要作用

它主要决定着坡体临空面的大小、陡缓和坡体的应力状态及变化,特别是由于侧向卸荷的作用不断产生新的裂隙而破坏岩体,使之向一定方向松弛,为各种水流创造通道并因之软化各裂面。它决定地表汇水条件,改变地下水的渗流条件。据统计,铁路沿线的滑坡 40% 以上是在工程施工开挖改变山坡外形后产生或使古、老滑坡复活的。由此可看出山坡外形改变对滑坡产生的影响。

4. 在上述三者的基础上,不同气候带也有不同类型的滑坡

如我国西北干旱地区多分布黄土滑坡,且多为黄土沿基岩顶面或含水的砂砾层部位滑动;多雨的中南、西南、华东地区多各种类型的堆积土滑坡和风化岩浆岩及其变质岩的滑坡;严寒的东北地区和青藏高原则分布着浅层的融冻土滑坡等。

不良的岩性决定着滑坡分布具区域性特点。大的构造线使滑坡分布具带状集中的特点。当地不同的夷平面和阶地是地质作用的结果,它影响一定年代水文地质的循环;在其影响下,由于地下水的成层分布又决定了某些滑坡具有成层分布的特点。

(三)关于滑坡的基本属性及防治对策

1. 堆积土(堆积层)滑坡

除一般的堆积层沿下伏基岩面滑动者外,还有崩、坡积层中崩积层沿坡积层滑动;崩、坡积层沿老洪积层(Q_3)滑动;洪、坡积层沿残积层滑动;洪积层中新洪积层沿老洪积层面滑动等。又如在数十米厚的花岗岩和片麻岩的风化层中,滑动带可随地下水分布的变化而变化。堆积土滑坡的滑带水,有从滑坡后缘及侧缘补给的,有从滑床以下承压补给的,有时分几个带补给,这是补给位置较固定的一类。此外,还有随侵蚀基准面(包括人工开挖面)的改变斜坡岩体松弛而造成水文地质条件的变化。这类滑坡类型多、条件复杂,其防治对策必须针对具体滑坡的具体条件和原因采取有效的措施。尤应注意工程活动对条件因素引起的变化和趋势。

2. 黄土滑坡

除新黄土沿老黄土或基岩面滑动外,从滑带特征上黄土滑坡可分两类:一为黄土沿不同年代或成因的老黄土界面或基岩(主要为新第三系黏土岩)滑动的,因成因关系一般滑带平缓,仅有几度倾斜,只有当滑带中有丰富的地下水时才能滑动;由于滑体中老黄土,特别是洪积黄土及古土壤层具隔水性,故地表水的作用不显著。此类滑坡有不断缓慢滑动的,也有因滑带较厚在水压下易潜蚀或挤出而急剧滑动的。另一类为黄土覆盖在老基岩面上的悬挂式滑坡,因接触面较陡,滑带水一般不发育,一旦因受地震或侧向卸荷等作用后形成土中节理和土体松弛,经表水和土中水沿接触面集中后常形成崩塌性滑坡。在防治对策上,由于性质不同,前者以截、排或降低滑带水为主结合支挡;后者以支挡为主结合减重。值得注意的是黄土滑坡多产生在洪积、堆积及有地震节理的黄土中,与黄土年代关系并不密切。只有新黄土及风成黄土才具大孔隙、垂直节理,有垂直渗水作用,但它本身无软层,只有水渗至下伏相对隔渗层部位,使之变为软层后才产生滑动。

3. 黏性土滑坡

黏土滑坡的成因主要是其中含有特殊的亲水矿物如蒙脱石等,具有强烈的胀缩性、水解性和受水后极低的强度。所以滑坡的产生及其规模大小与含特殊矿物的这一土层的产状、分布位置和当地水文地质条件及其变化有关,特别是在改变地形地貌条件后上层地下水的分布发生变化对之影响很大。其一为含特殊土层顶面的倾斜度与临空面、开挖面间的关系;其二为滑带水多为上层滞水补给,和地形地貌条件有关。铁路通过红色盆地边缘的岗垄从中拉槽挖堑通过时,因改变了上层滞水的状态而产生大量滑坡。滑动带多发生在岩性不良的一层黏土的顶、底面,而位于该层中部者则少见。防治该类滑坡时,一般在弄清大范围内胀缩土的分布与产状及其埋藏情况后,多以调整铁路走向与路基标高为主,少用该类土作填料;否则要以彻底做好截、排滑带水的工程为主,支挡建筑物基础要深过软层。必要时亦可用改良土质办法。此外,黏土中的风化

裂隙是一种带普遍性的表观现象，特别在成岩差的黏土层表现突出。因沿此类裂隙进水而滑动者仅是浅小滑坡。其防治对策以疏干壤中水为主，结合坡脚支挡与表面隔温、保湿措施。若用该类土作填料，必须有良好的疏干措施。

4. 岩石滑坡

可分为较整体的岩石滑坡（以顺层者居多）与破碎岩石滑坡（滑体裂面发育、岩石破碎，以逆断层上盘岩石由错落转化为滑坡者多）两类。前者除与岩性有密切关系（易滑地层）外，其滑动带多为层间错动带；该带的产状与临空面间的关系以及带中岩土的结构和强度，决定着滑坡的性质和状态。后者主要由断层错动所控制，滑动面不一定是单一的面，可为台阶状、锯齿状等。在防治对策上，根据具体特点，前者可分别采用锚杆或支挡为主，结合截、排滑带水；后者则以支挡为主，结合减重及疏排滑带水。

从防治岩石滑坡的研究实践中得出，用地质力学方法从滑坡地区岩体中的构造形迹的调查研究入手，分清构造序次及构造应力场，以及各组裂面间的力学性质和相互关系，可以较快而准确地找出滑坡的边界条件、滑坡的分块、滑带土强度的参数值，以及滑带水的分布等。这样可节省大量勘探工作量，加快滑坡整治过程。

对滑坡的发生机理和地质力学特征也进行了一定的研究。

（四）关于滑坡的勘探和试验

在滑坡地区曾综合应用过钻探、坑槽探、洞探、电探、地震探等方法，重点在于摸清滑坡地层，尤其是滑动带与可能滑动带的空间部位和地下水的分布，为确定滑坡的性质和规模提供确凿的依据，曾总结出确定滑动带（面）的十种方法。在以鉴定分析岩心为主的综合工程地质法确定滑动带位置上有我们独到的见解和做法。在分辨滑动擦痕与构造擦痕，区分正在活动的滑带与已经死去的滑带，滑带中几组裂面的性质，以及滑带的相互关联与区别等综合分析方面，都取得了进展。结合不同滑坡地层研究了不同的钻探方法，如无水反循环等。以地面调查为主抓住每一滑坡的主轴断面重点钻探的方法大大减少了钻探工作量，取得了较显著的效果。但是在综合物探、遥感技术的应用方面我们还比较落后。

在滑带土强度试验方面，我们首先根据模拟滑坡的实际状态的原则做试验，对滑面重合剪、多次剪、野外大型直剪等多种方法进行了研究。特别是结合我国当时条件，创用直剪仪重塑土多次剪的方法，结合对大滑动的调查了解和滑动时滑带土的可能含水状态，找到滑带土在某一含水量下某次剪切后的强度指标与大滑动次数的关系，用于实际滑坡的整治。并用多次剪找到了残余强度。与此同时，研制了环状剪力仪和往复式直剪仪，对黏性滑带土的残余强度进行了比较系统的研究，找到了一些规律。

（五）关于滑坡的动态观测

从五十年代初至六十年代末曾对一些大型滑坡进行了较系统的位移和地下水的动态观测，并对观测资料在滑坡中的分析应用进行了较系统的研究，提出用观测资料确定滑坡周界、分条块、决定主滑方向、区分土移和土聚区、区分滑体各部受力区以及估算滑床坡度和埋深等方法。通过地下水的观测和水力试验找到了滑带水与当地地下水的补给关系、方式、来源以及滑带水的流速、流量等。近年来又研究试制了滑坡地面倾斜仪、伸缩计和滑动面测定管等。但在滑坡地下位移、地下水观测及新技术应用方面还比较落后。

（六）关于滑坡的稳定性判断

对于滑坡的稳定性判断，经过二十多年的研究与实践，我们已经创造性地总结出以工程地质为主的综合分析方法，它包括：（1）地貌形态演变，（2）地质条件对比，（3）滑动前的迹象观测，（4）分析滑动因素的变化，（5）斜坡平衡核算，（6）斜坡稳定性计算，（7）坡脚应力与岩土强度对比，（8）工程地质比拟计算八个方面。实践证明，对每一个滑坡均可采用其中的三至五个方面进行判断，并可相互验证、补充以达到正确判断的目的。用此法可以比较准确地划分出滑坡的发育阶段，判断出滑坡目前的稳定状态和发展趋势、历史上滑坡的推力界限。在找出滑坡的主要控制条件后，可控制某些条件因素在一定范围内变化，从而定出设计推力的大小。特别是用我们首创的工程地质比拟计算办法确定的推力界限和建筑物尺寸已可达到定量，其他方面也随测试手段的增加和原始资料掌握的精确程度，可从定性逐渐向定量过渡。

（七）关于滑坡的预测预报

经过大量滑坡防治和研究实践，对各类滑坡产生的基本条件、因素、动态过程、分布规律等有了一定的了解之后,对滑坡的空间预测,即可能产生滑坡的地点、规模、危害程度和发展趋势等的预测已大体可以做到了,因此在选线中有可能避开大量滑坡地段,并对已有滑坡采取了稳定措施。但对滑坡发生发展时间的预报和滑坡滑动速度还研究得很少,是今后应着重研究的内容之一。

（八）关于滑坡的处理

对滑坡的处理对策是随着对滑坡性质认识的逐步加深而发展的。初期因对滑坡缺乏认识造成工程失败,或盲目刷方使病害越来越大的教训是不少的。后来曾被迫采用恢复山坡原有支撑的方法收到了成效。只有到对滑坡性质有了较多的了解之后,如在宝成、鹰厦、成昆、贵昆、太焦等线,才能针对病因采取有效的措施,而对次要因素采取综合处理的办法,逐步做到技术经济上比较合理。

1. 处理原则

对滑坡连续分布区段,或对个别大型滑坡,或处理滑坡在技术和经济上不合理时,则应绕线以避开滑坡;也可在某些条件下向河移线不破坏或尽量少破坏原有山坡的平衡状态。对个别大滑坡处理有困难或不合理时可用隧道方案在滑带影响范围以下通过。位置较低的中小型滑坡可用桥渡跨过它;当其位置较高时,可用"渡槽"使其从洞顶滑走。对个别大滑坡群可将线路移至较稳定地段以避开正在活动的前部。对小型滑坡,条件许可时也可全部清除。对滑坡处理应采取"一次根治,不留后患"的原则。

2. 工程措施

根据病因,如系地下水作用引起的滑坡,主要采用截水盲沟、盲洞、斜孔等排除之,但必须事先弄清地下水的补给来源、方式、数量、位置、方向等;如此办了,已在宝成、成昆线处理滑坡中取得成效。在无时间查清地下水详细情况时,曾在滑坡前部修支撑盲沟群并加小挡墙,它产生了疏干前部使之变成抗滑部分和挤密滑体减少表水下渗的作用;这样做了,已在鹰厦、宝成线收到稳定滑坡的良好效果。由于江河冲刷引起滑动者,应着重作河岸防护工程,宝成等线在滑坡前缘的河床上修筑防冲淘浆砌护坡,钢筋混凝土块板沉排和促淤的各种丁坝群等都收到显著效果。如系铁路挖方破坏山体平衡引起滑动者,在许多线路上采取抗滑挡墙等恢复支撑的措施取得成功;1966年在成昆线采用钢筋混凝土挖孔抗滑桩取得成效后,已在全国各地得到广泛应用。若为表水下渗或自然沟水补给滑坡引起滑动者,则采取地面铺砌防渗、地表排水及沟床铺砌等措施。如因滑带土质不良的,似应采取改良土质的办法,如灌浆、焙烧等,或用疏干工程减少水的作用,尚在研究中。

实践证明,凡用排地下水措施者都收到了效果。凡用支挡措施者,只要设计无误且埋基马滑床下有足够深度者,也取得了快速稳定滑坡的效果。但抗滑挡墙挖基时,必须分段跳槽于口施工,否则过多地削弱支撑力量引起滑动,致使工程无法进行,这种教训不可忽视。凡单纯用减重措施者,不能最终稳定滑坡,必须加以支挡或排水才能见成效。

在滑坡推力计算中,对强度指标的选择,我们已摈弃了全滑面取平均值的作法。我们采用的方法是结合滑坡地质条件将滑带分为主滑、牵引、抗滑段,分别选取指标,对含水条件不一致者还应增加段落选用不同的指标,并考虑到各不利因素的组合,将试验值与反算值、经验值综合分析后,在互相核对、彼此补充下选用。

在支挡工程设计中,基础埋深必须根据滑床地质情况考虑滑带向下发展的可能深度。对埋基较深的挡墙,创用在墙底摩阻力充分发挥作用后再考虑一定的墙前被动土压以减少墙体圬工,并取得成功。目前抗滑挡墙已几乎被抗滑桩取代了,盲沟、盲洞也将被斜孔排水所代替,只是由于机具问题尚未大量采用。

三、今后滑坡防治研究的展望

在滑坡防治的研究方面,我们虽然取得了一些成绩,但是和世界先进水平相比,在某些方面还存在着一定的差距。为了尽快赶上和超过先进水平,我们更应加强研究工作。

（一）研究的基本出发点

1. 应紧密结合我国的地质特点进行研究。我国地域大,地质条件比较复杂,滑坡类型多,并有一定的区域性分布,因此应分类别摸清每类滑坡发生的机理;对不同类型的滑坡采用不同的研究和处理方法。

2. 研究滑坡应以工程地质为主、结合其他学科如土力学、土质学、岩体力学等,增加试验与测试手段,以较典型的滑坡为对象模拟相应的边界条件并以之验证结果的正确性,使工作由定性逐渐向定量过渡。

3. 从事滑坡研究的人员必须掌握一定的地质基础知识,岩、土力学知识,铁道工程知识,结构设计、量测、勘探和试验技术知识,要既专又博。

4. 滑坡研究中应发挥我之所长,克服我之所短。对我们研究较深有些成就的部分,如理论密切结合实际、地质结合工程和综合分析等应继续提高使之更加完善;对我们尚缺或落后的部分,如模型试验、勘探、量测、预测预报及防治新技术等应作重点突破。研究成果仍应及时用于现场,用于滑坡整治实践。

(二)主要研究课题

1. 各类滑坡破坏机理的研究

滑坡机理包括了滑坡产生的条件、因素、原因及其发生发展的动态过程。要针对各类滑坡的特点去研究,如岩石滑坡主要用地质力学方法,黏土滑坡主要从特殊矿物的性质及当地局部水文地质条件去研究。应采用现场调查与室内试验相结合的办法揭示滑坡破坏的实质。

2. 滑坡主要作用因素的研究

水一般是滑坡的主要作用因素,但过去限于勘探、测试手段落后,有关知识浅薄,对地下水未进行深入系统的研究。今后应结合滑带土质及滑带水的矿物离子等,研究地下水的作用实质,以及应力条件的改变对滑带产生的影响,包括应力集中、滑带的逐渐形成等。

3. 滑带土的性质及其变化的研究

对前述各类滑坡逐类研究其滑带土的强度试验方法以满足设计需要;同时研究新生滑坡与老滑坡复活中各运动阶段滑带土强度的衰减情况及其破坏的机理。对胀缩土滑坡从土质和地质成因方面研究其滑带土的性质及变化;对液化溃爬性滑坡从组成物质和结构方面研究其滑带土在震动下的性质和变化;对崩坍性滑坡从侧向卸荷应力变化与裂面形成等方面研究其滑带土的性质和变化。

4. 滑坡勘探和量测新技术的研究

应下决心研究解决综合物探用于找滑动面和地下水,遥感技术用于滑坡动态观测和滑坡分布的研究。滑坡体及滑动面的位移及应力测定仍是一个薄弱环节,应尽快研究新的测试设备、手段和技术。新的勘探和量测技术的发展必将大大促进滑坡机理的研究。

5. 新的抗滑工程措施的研究

应研究解决斜孔排水推广中的技术问题;在进一步研究抗滑桩桩排设计理论的同时,应研究柱加锚杆、桩群组合的刚架结构和错碇结构等新结构的抗滑能力,以达到经济合理和减少桩的埋深、便于施工的目的。化学方法加固滑坡和用旋喷技术改造滑带的工作也应开展,为滑坡防治技术开辟新而省工的领域,使我国在滑坡防治技术方面跨入世界先进行列。

6. 滑坡预测预报的研究

在加强滑坡机理研究的同时,从测试技术上研究滑坡的动态过程,从而逐步研究出滑坡预报的理论和方法。

注:此文是铁道部科学研究院西北研究所徐邦栋、王恭先发表于1982年《滑坡文集》第三集。

国外滑坡防治与研究现状述评

一

　　滑坡是山区和丘陵地区建设中经常遇到的斜坡变形现象之一。它和地震、山崩、泥石流等灾害一样，可以中断交通、堵塞河道、摧毁厂矿、掩埋村庄等，给人民的生命财产和经济建设带来重大的损失。

　　滑坡分布于世界许多国家，对其经济建设造成不同程度的危害。如美洲的加拿大、美国、智利和巴西是滑坡较多的国家，据介绍，美国每年因滑坡而造成的损失达数亿美元，仅美国和加拿大十二条铁路线，每年防治滑坡所需经费就达 500 万美元以上。早期的巴拿马运河两岸的滑坡是世界闻名的。1951～1952 年冬天，洛杉矶的滑坡造成 750 万元的损失。1964 年，阿拉斯加一次地震引起许多滑坡，其中之一顺海岸线长 2.7 km，垂直海岸线宽 900 m，毁坏房屋 75 幢。欧洲的苏联、捷克、意大利、挪威、瑞典和英国等滑坡也是较多的，如苏联的高加索、黑海沿岸和西伯利亚是滑坡危害严重的地区，每年给经济建设造成的损失达数亿卢布，铁路每年防治滑坡的费用也达几千万卢布。捷克境内的波希米亚、摩拉维亚和斯洛伐克均有不少滑坡，尤其在喀尔巴阡山附近更为严重，1961～1962 年期间曾登记的滑坡超过 9 000 处，甚至有一条铁路因支付不出整治滑坡等病害的费用而废弃。意大利北部瓦依昂水库库岸滑坡（1963 年）是近年来世界上最大的水库失事事件，有两亿四千万～两亿六千万 m^3 的岩石从托克山滑到水库中，几乎填满了 265 m 高的拱坝构成的水库，造成波浪高大于 100 m，在距离滑坡 2 km 远处，波高仍大于 70 m，洪水越坝顶而过，冲毁五个村镇和 Longaranc 城，约死 2 000 人。亚洲的中国、印度、日本和伊朗是滑坡较多的国家。印度 1893 年在 Garhwal 发生的滑坡是人类历史上的大滑坡之一，滑下的土体形成一个天然坝，长 3 公里多，宽 1.5 km，高 295 m，约一年后，水越顶而过，放出约 100 万 m^3 的水，冲毁了洪水经流的所有城市和村庄。日本滑坡主要集中在新潟县附近的几个县中，据记载，1952 年防治滑坡所需费用：建设省为 3.89 亿日元，农林省为 2.227 亿日元，1972 年分别上升为 53.4 亿日元和 49.72 亿日元；仅就国营铁道而言，1966～1976 年期间，每年平均灾害（包括滑坡）件数为 6 400 件，其中最多者达 8 900 件，由此使列车不能运行者占所有事故的 48% 我国也是世界上滑坡较多的国家之一，过去未作过这方面的统计，但造成的危害，不论在铁路上或者其他部门均是一个严重的问题。如 1920 年举世闻名的甘肃大地震，发生了很多滑坡，其中滑坡的旋涡像瀑布似的，裂缝吞下了房子和骆驼队，村庄被掩埋，死人达十多万。新中国成立后，四川雅砻江、陕西蓝田等处的大滑坡，滑下的土体也有数亿方，损失也是巨大的，但由于政府及时采取了措施，没有造成人的死亡。澳大利亚和新西兰也有一些滑坡；非洲的资料极少，据说埃及也有这方面的问题。

　　由此可见，滑坡的研究具有世界性，特别对上述各国更有现实意义，因此，这些国家对滑坡的研究也就比其他国家好一些。

二

　　第二次世界大战以前，各国对滑坡的研究是零星的和片断的。在资本主义国家一般是由私人进行的，只有瑞典和挪威是由国立土工研究所进行的；也发表过一些著作和论文，不过今天看来意义不大。但值得注意的是，这些工作均是以长期观测为基础进行的，所以在第三届国际土力学与基础工程会议（1953 年，瑞士）上，几乎所有关于滑坡的报告均如此。如美国曾分别对两处滑坡观测 22 年和 23 年；瑞士对一个隧道滑坡观测 50 年，对某湖岸滑坡观测了 55 年。这段时间没有召开专门的国际滑坡会议，但苏联曾于 1934 和 1946 年召开过两次全国性滑坡会议。

　　第二次世界大战后，随着各国经济建设的不断发展，遇到的滑坡逐渐增多，对滑坡的研究也就逐渐系统而深入了。1950 年美国学者 K. Terzaghi 发表了《滑坡机理（Mechani sm）》的论文，系统地阐述了滑坡产生的原因、过程、稳定性评价方法和在某些工程中的表现等。1952 年澳大利亚—新西兰的区域性土力学会议上，所有报告几乎全与滑坡有关，即主要研究滑坡土的强度特性。1954年9月在瑞典的斯德哥尔摩召开全欧第一届土力学会议，题目就是土坡稳定性问题，其中23篇报告中介绍了挪威、瑞典、英国等国家的滑坡。1958年美国公路局的滑坡委员会编写了《滑坡与工程实践》一书，是世界上第一部全面阐述滑坡防治的专著。1960年日本的高野秀夫发表了《滑坡及防治》一书，1964年3月日本正式成立滑坡学会，出版季刊《滑坡》，后又成立滑坡对策协议会，出版季刊《滑坡技术》，这是目前世界上唯一的两种关于滑坡的专门刊物。1964年苏联又召开全国滑坡会议，出版了论文集，介绍了苏联高加索、黑海沿岸、克里米亚半岛和西伯利亚等地的滑坡。1968年在布拉格举行第23届国际地质大会期间，酝酿成立了国际工程地质协会，同时也成立了《滑坡及其他块体运动》委员会，由捷克人J. Pašek担任主席。这是目前世界上唯一的一个关于滑坡的国际性组织，成员尚不足20人。自成立以来，每年除向国际工程地质协会提出工作报告外，还向联合国教科文组织提出世界上灾害性滑坡的正规年度报告，以编入该组织的自然灾害的年度摘报中。自1975年起，该委员会与捷克的国际工程地质协会之国家小组联合筹备举办了1977年9月在布拉格举行《滑坡及其他块体运动》讨论会。这是世界上第一次举行这样大型的关于滑坡的国际性学术会议，我国曾派中国地质学家代表团参加了这一会议。会议分四个专题讨论滑坡的有关问题。另外，国际土力学与基础工程学会，每届均有关于滑坡或斜坡稳定性问题的论文。国际岩石力学会议也都有岩石滑坡和斜坡稳定性的论文，仅第三届大会（1974）就有这方面的论文18篇。

此外，七十年代前后国外还发表了三本专著，它们是：1969年捷克人Q. Zaruba和V. Mencl著英文版《滑坡及其防治》，该书已由铁道科学研究院西北研究所翻译，中国建筑工业出版社1974年出版；1971年日本人山田刚二、渡正亮和小桥澄治著日文版《滑坡与斜面崩坏的实态和对策》，已由铁道科学研究院西北研究所等单位组织翻译，即将出版；1972年苏联人Е. П. Емелъянова著《滑坡过程的基本规律》，着重从地质角度论述了滑坡的发育过程。

我国对滑坡的系统研究是新中国成立后才开始的。1951年在西北铁路干线工程局成立"坍方流泥"小组，1956年成立坍方研究站，1959年成立坍方科学技术研究所——即西北研究所滑坡研究室的前身。1959、1961、1964、1973年主持召开了滑坡防治经验交流及科研协作会议，其中1959和1973年两次实质上是全国性学术交流会。1958年出版宝成铁路技术总结《路基设计与坍方滑坡处理》，1962年出版铁路路基设计手册《滑坡地区路基设计》，1971年西北研究所编写了《滑坡防治》一书，经试用修改；1977年由人民铁道出版社出版发行。1976年出版了1973年滑坡会议论文集《滑坡文集》，1979年出版了第二集，今后它将于每一至一年半出一集，以交流我国各部门滑坡防治研究的经验。与此同时对滑坡与其他斜坡变形的区分、滑坡的分类和分布进行了研究、普查和登记；对某些课题进行了较系统的研究；并参加了国际滑坡学术交流。

三

"滑坡"这个词，在国外文献中所指的含义是不完全相同的。日本人叫"地すべり"（地スベリ）或"地辷"，苏联和东欧一些国家叫"Оползнь"，这些国家滑坡的含义同我国的含义基本上一致，即指斜坡上的土体（或岩体）沿其下部的软弱面向下方滑动的现象。其他国家，即使用"Landslide或Slip"一词的国家，含义就不一样了。虽然我国翻译时也叫"滑坡"，但它所指的是除泥石流之外的所有斜坡变形现象，类似于我国现场经常使用的名词"坍方"。

四

滑坡防治与研究中的几个关键课题：

（一）*滑坡的勘探与测试*

对滑坡进行地面调查，确定了整个山坡和滑坡的特性（如地形、地质、水文地质、气象等）之后，即对滑坡有了轮廓性的整体概念之后，再进行细部勘探与测试工作。其目的是确定：（1）滑坡的范围；（2）滑动面（带）的位置；（3）滑坡的滑动特性。进而为滑坡的稳定性评价，预报滑坡的发生并为滑坡的防治工程设计提供可靠的依据。

1. 航测和卫星照片的应用

从照片上反映的地貌形态、水文网的分布、色调及植被等即可判断出滑坡的范围和大小;若能辅以红外线扫描,还可判断出滑坡体内部的细节(地层、断层、含水状态等)。照片的比例尺一般为 1/10 000 ~ 1/60 000,细部勘察时用 1/5 000 ~ 1/10 000。

我国五十年代在铁路选线中已应用了航测技术,但尚未用于滑坡的研究;假如今后在选线和选厂时,能从照片上避开大型滑坡或滑坡群,将是一种有意义的工作。

2. 滑坡的勘探

主要目的是为确定滑动面的位置和查清地下水的分布。尽管国内外都对岩芯钻探感到笨重,也在努力使其轻型化,但到目前为止,仍然认为它是寻找深层滑动面位置的最直接的方法,所以仍在大量使用。

为了提高勘探工作的速度、补充钻探的资料,人们一直比较重视地球物理勘探方法(简称物探法)的研究,力图能用于滑坡勘探中。具体方法有:(1)地电法——电阻法、天然电极法、钻孔间电磁量测法等。(2)地震法——折射地震法、直接波法、地震与超声波测井法、微震法、地声法等。(3)地热法——红外线扫描法、浅孔中的热量测法等。(4)放射性法——γ 活性量测法,γ-γ 测井法等。(5)重力法——微重力断面法。(6)磁法——T断面法、人工磁场量测法等。其中,地电法和地震法在滑坡应用较多;其他方法虽在一些方面较成熟,但在滑坡上研究应用尚少;有的方法本身还在研究中。

我国对物探方法也在大力研究,至今在滑坡中应用者也仅电法和地震法。这些方法对分辨地层、了解滑动体各部位的含水状态是有效的,但对确定滑动面(带)的位置,精度还有问题。

3. 滑坡的测试技术

滑坡的测试技术分为两类:一类是一般土工、水工和工程地质专业中通用的测试手段,如确定滑动面(带)土体性质的土工试验技术,确定抗滑建筑物受力性质的大坝内部观测技术和确定滑动体与滑床地层的承载能力等,大多数是直接引用于滑坡研究中,也有稍加改进或增加某些技术要求而用于滑坡的。这一类占绝大多数,在有关专业著作或论文中介绍较详细;另一类是研究滑坡专用仪器,虽数量不多,但在滑坡测试技术中的作用较大,如倾斜仪及伸缩仪等。

上述两类仪器,国外一般都有专门的工厂研究、试制和生产。日本、英、美等国甚至有十多个厂家生产这些仪器,如日本的坂田电机(株)就专门生产用于滑坡的仪器,共和电业(株)专门生产大坝内部观测仪器,应用地质调查事务所(株)专门生产工程地质方面的仪器。其他国家没有这么明显的区分。我国没有专门为滑坡测试而研究生产仪器的工厂。

国外对滑坡测试技术的发展研究进展很快,动向大体有三点:

(1)利用先进的电子技术向轻便化、自动化或半自动化发展,如实验室内的土工试验仪器可以自动控制、自动记录,甚至可通过计算机自动整理资料和绘制曲线。

(2)发展现场的原位测试,如量测滑坡位移量的伸缩计(也叫滑坡计)、量倾斜度的管式倾斜计、测滑动面(带)位置的应变管和脆性应变条带、高精度的测斜仪等,量土中应力和接触压力的土压计等。

(3)室内试验采用大尺寸的试件,如日本和英国均生产 $\phi 300 \times 600$(mm)、$\sigma_3 = 20$ kg/cm^2 的三轴仪,甚至还有直径 500 ~ 600 mm 的大型三轴。室内的大型直剪仪可作试件为 1 500 mm × 1 500 mm × 300 mm、垂直压力 300 t 的大试验。

我国在滑坡的测试技术上比较落后,一般的水工、土工方面的仪器很少自动化,滑坡专用仪器还在试制和试用,如可作大变形的环状剪力仪和往复式直剪仪,现场使用的伸缩计、管式倾斜计、应变管等,但距推广或大量生产还有一定距离;有的如土压计、高精度测斜仪等还未着手试用。在这方面应急起直追。

(二)滑坡的稳定性评价与推力计算

在很多文献中,对滑坡的稳定性评价均反映到滑坡的稳定系数上,一般要求该系数不能小于 1.3 左右。系数的求得多是假定滑动面(带)为圆弧形;滑动面(带)土的强度指标(c、φ)多数取用同一值,很少分段取用;强度指标值的取得一方面依据试验结果,另外也主要根据反算求得,但反算中只有一个方程,解两个未知数(c、φ)是不可能的,故只好根据土的性质先假定一个而求另一个。长期以来,不是假定 $c = 0$ 就是假定

$\varphi=0$。最近,也根据滑体厚度假定 c 为某一值而求 φ。显然这样做的结果均带有一定的随意性,对有经验者来说可能出入有限,但对经验稍差者来说,出入可能很大,这当然是个问题了。

另外,在国外文献中,地质学家也对滑坡的稳定性进行评价,多数并不反映到稳定系数上,而是对滑坡的稳定程度作地质上的说明,从而间接地说明地质条件变化时,滑坡的稳定程度是朝什么方向变化的,一般多不谈具体的数字。也有个别文献曾将部分地质条件的变化纳入稳定性计算的,但距定量和满足设计要求尚有一定距离。

我国对滑坡稳定性评价一般不反映在稳定系数上,多是反映到滑坡推力计算上。这在设计抗滑建筑物时,可直接应用该推力值。当然在求算推力时,一般均考虑 1.05~1.25 的安全系数,这是与国外的第一个不同点;其次,我们的滑动面(带),除沿海一带的软黏土或均质土中(如人工填堤)的滑坡采用圆弧形,计算方法与国外类同,用瑞典条分法或近期多使用的 A. W. Bishop 简化法外,对绝大多数山区和丘陵地区的滑坡,一般采用符合实际情况的折线形,将滑动面(带)区分为牵引、主滑和抗滑三段,这是第二个不同点;再者,各段滑面(带)土的强度指标取用不同的值,这些值的求得,虽也依据试验结果和主要得自反算,但反算中一般不假定任何值,而是根据实际滑坡的两个以上断面,建立两个以上的方程,联立求解 c、φ 值,这比国外的反算法前进了一步,这是第三个不同点;最后,也是最大的不同点,即我们的计算方法虽然较好,但对一个复杂的滑坡来说,这样简单的数字计算是不易满足要求的,必须结合滑坡的地质条件,按实际滑坡的演变过程以及今后的变化等,在现场直接取得滑坡推力的界限,这种方法,我们称谓"工程地质比拟计算法",当然要求计算者本人具有一定的经验,否则计算的边界条件是不易找准的。实践证明,这种方法不但能节省勘探工作量,而且能满足高速修建铁路的要求,是值得研究使其逐步成熟而完善的。

(三)滑坡的预报技术

滑坡的预报内容,一般包括:滑坡发生的地点、时间、规模和灾害情况。除发生时间外,其他均可通过现场地质调查予以确定,许多文献有所阐述,如苏联 Е. П. Емелъянова 曾从八个方面来谈上述问题。但不谈时间预报是不能彻底解决问题的。

日本学者斋藤迪孝 1947~1953 年在北陆干线的能生——筒石间的铁路上做了很多人工滑坡试验,并安设了土压计、倾斜计和伸缩计等量测仪器,他发现用土压力和地面倾斜计来预报滑坡发生时间均不合适,因为土压力在破坏之前的变化不明显,而临近破坏时突然产生急剧变化,来不及预报;地面倾斜一直是渐变的,无法预报。实验中找到土的应变是最好的预报因素,后他又做了许多蠕变实验,发现土的蠕变破坏时间同稳定状态下的应变速率成反比,从而在大量实验资料的基础上,得到预报滑坡发生时间的公式和图解法,并在饭山线高场山隧道滑坡的预报中取得成功,误差仅 6 min。

我国现场单位对预报滑坡发生时间很感兴趣,但至今仍处在研究阶段,尚无成功的经验。

(四)滑坡的防治

国内、外对滑坡防治的办法基本上是相同的,总的看来有以下几种办法:

1. 对大型而复杂的滑坡或很多滑坡集中地段,尽量采取绕避或避开其危害的办法。
2. 排除地表水。
3. 疏干排除地下水和降低地下水位。
4. 改变滑动体外形(减重和压载)。
5. 支挡滑动体。
6. 改变滑动面(带)土体的性质(钻孔爆破、冻结、压浆、电渗、焙烧等)。
7. 其他(清除滑动体,防冲刷等)。

由于各国的具体条件不同,在防治滑坡的办法上也有所差异和侧重。在欧美各国以改变滑动体外形和水平钻孔排地下水为主,故对减重、加载的位置和防治钻孔的堵塞(特别是化学作用的堵塞)研究得较好。日本由于年降雨量大和钢材较多,故对排水与钢管桩研究得较好。我国由于滑坡规模大,故对大截面挖孔钢筋混凝土抗滑桩研究得较深入。结合我国具体情况,今后应大力发展水平钻孔排水技术以逐渐代替工程量大、施工困难的盲洞。平孔排水的明显优点是造价低,每米仅 6~7 美元,是盲洞等的几十分之一。此外它机动灵活,施工方便,故在美、日、加拿大、西欧等国普遍采用。使用机械有两种:一种是普通钻机,直径 100~

150 mm；另一种用小型盾构，类似我国的顶管技术，直径可达 0.6~1.0 m。最近日本又将这种技术与直径 3~5 m 的立井结合使用，效果更好。我国在个别工点使用过，但因施工机具和技术不过关，尚未大量使用。

最近十多年发展起来的挖孔抗滑桩，抗滑能力大，施工方便、安全，能适应正在活动的滑坡，故深受现场欢迎。国外虽在 30 年代前后就曾用桩治理过滑坡，但多为打入式板桩，且只用在小滑坡上，故至今欧美仍有一些人认为桩用于小滑坡是成功的，对于大滑坡是不适用或不合算的。这种结论是以钢管桩（直径 300~600 mm，也有管中插入"H"形钢再灌混凝土的）为依据的。1974 年意大利人，G. Baldovin 等在第三届国际岩石力学大会上发表的论文中介绍一个泥灰质砂页岩中的滑坡，稳定性计算结果确定滑坡推力为每米 4 500~5 500 kN，于是做桩柱和锚杆挡墙，桩深 30~35 m，桩径 1.3 m，间距 2.4 m。但从文中看，滑动面在桩顶附近的公路路面处，那么这种桩是治理滑坡呢？还是做高速公路的基础呢？日本最近也发展一种直径 3~5 m 的圆桩来处理滑坡，不过深度都不大。我国近来为增大挖孔桩的抗滑力，已试验成功排架桩等新的形式。

关于改变滑带土体性质的方法，多还在试验与试用阶段，多用在中小型滑坡上。

基于上述国外滑坡防治研究的情况，结合我国具体条件，今后应着重于滑坡机理，物探、航测与卫星照片等技术应用，滑带土强度特性，滑坡量测技术、实验技术和预报技术，以及新的防滑措施的研究，以世界先进水平为目标，尽快实现赶超。为此，我们建议：

(1) 调整、加强滑坡研究机构，形成滑坡研究中心。

(2) 成立"中国滑坡学会"，或隶属于中国土木工程学会或中国地质学会下设"滑坡委员会"，任务是协调全国各单位的滑坡研究课题、交流经验和情况、组织科研协作、出版学报或定期刊物、拍摄科教电影、定期召开学术报告会等。

(3) 加强国际学术交流，包括参加国际上的"滑坡委员会"、国际土力学、工程地质、岩石力学和地理学会等组织的学术活动和国际会议，与先进国家互派人员协同工作、组织技术座谈合作进行研究等。

(4) 加强仪器设备的研制和制造，促使测试技术的发展。

注：此文是铁道部科学研究院西北研究所马骥、王恭先、徐邦栋发表于 1982 年《滑坡文集》第三集。

我国铁路路基滑坡防治

摘要：本文根据我国铁路多年整治路基滑坡的实践，进行了经验总结。首先对滑坡现象及其他山坡变形进行了正确区分，其次对滑坡的各个发展阶段的现象作了叙述，并讨论了滑坡稳定性的判断，最后结合我国铁路抗滑建筑物的成就论述了防滑与整治措施。

滑坡是一种山区地质病害，随其自身条件的不同有各种类型，同时也不断变化和转化。每一滑坡都有自身的规律，所以防治滑坡往往是具体工点具体对待。这也是我们的主要经验。其次则以工程地质为基础，应用一些岩土力学方法提出了"工程地质比拟计算办法，以达到早治、治小、治一个，少一个病害的目的"。

中国是受滑坡危害比较严重的国家之一，有些滑坡也还长期未能整治稳定，早在1911年修筑通车的昆河铁路，在K402一带的滑坡，经历七十年整治，至今尚未稳定。

新中国成立前京广铁路南段等山区地段虽曾遇到过滑坡，然而不为人们重视，直到宝天铁路修成后，由于地质不良，"十日九断道"，坍方、滑坡危害的严重性才暴露出来。新中国成立后，我国铁路部门对滑坡防治工作才逐渐深入。五十年代新建的宝成铁路，曾因路基病害在接轨后整治一年多才正式通车。六十年代初，通车不到四年的鹰厦、外福两线也因路基病害严重重新整治了三至四年，其中仍以滑坡病害为主。六十年代后期修建的成昆线，虽接受了教训，在选线中绕避了不少滑坡。然而通车几年来还一再发生零星滑坡，特别是1980年7月发生的铁西车站岩石老滑坡的复活，滑动岩体近$2 \times 10^6 \, m^3$，淹埋了铁路，中断行车四十天之久。七十年代新修的山区铁路如湘黔、太焦、枝柳、梅七和襄渝等线，仍然以滑坡病害显著而闻名。三十年来的经验积累，目前对一般滑坡地质的规模、稳定性或发展趋势已可做到基本预测，但仍不能预报大滑动发生或复活的准确时间、同时我国国土辽阔、地质条件复杂，对一些特殊地区滑坡的防治也是一个困难问题。

以下按中国铁路方面研究和防治滑坡的经过，谈谈我们在滑坡防治技术上的收获。

（一）必须将滑坡现象与其他山坡变形区别开

在四十年代～五十年代中有人几乎将一切山坡的向下运动都叫作坍方，主观认为所有的山坡病害与边坡切割过陡有关，因而不分病害类型，主张自路堑顶变形点向下刷坡是唯一的办法，结果在宝天、宝成铁路出现沉痛的教训。自1955年起开始注意弄清地质条件后才采取措施。并按下述四点从现象上区分崩塌、错落、滑坡、坍塌、泥石流、岩坠和剥落等不同山区病害。

1. 将山体按"岩体（山体）"、"斜坡"和"坡面"三方面来分析山坡稳定性。崩塌、错落和滑坡属岩体部分的变形病害，坍塌和边坡滑坡系斜坡部分的变形病害；而坡面流石流泥和坠石、剥落等则是坡面部分的病害。其防治方法随类型不同而异，属岩体变形的需从整体来平衡；属斜坡变形的，需放缓边坡使之切合休止角或按主动土压以挡墙支撑；坡面病害则按病因分别防止地面水冲刷、壤中水作用、温度影响和对局部软弱部分予以加固如修护坡、护墙、边坡渗沟和支、顶、镶、补等护面工程。按此原则，在宝天、宝成和鹰厦等线整治好大量山坡病害。

2. 崩塌多因岩体结构大部分破碎或下部为承载能力低的半岩质岩层，在高陡边坡下部近坡面处的岩土往往先失稳或遭破坏，使上部整个岩体悬空、重心偏外而倒塌，翻转于坡下。因此以在下部对破碎或软弱的岩层增加支挡为主，并适当地对岩体上部坡度进行整理，以减小偏心等。

3. 错落是常发生在断层上盘的岩体，有为向临空面缓倾的破碎带为下卧层。由于临空面的发育或其他原因，使破碎带的单位压应力增大而产生压缩，位于近临空面的松弛岩体则发生以向下为主的移动，反映在后缘错落壁处产生呈整体下错现象的裂缝。一旦出现后缘下错的直线或折线裂缝后，应力即调整结束，这属于错落现象。由于作用力基本来自后部，因此以减重为主结合地面排水，特别对有河水冲刷的必须防止坍岸对承载面的减窄。一旦向临空面缓倾斜的下卧破碎带由于移动降低了抗剪强度，或在压实下因相对隔水变为富水，发展到破碎带自身滑动时，错落就转化至滑动阶段。此时减重已不足以制止滑动，必须按治理滑坡方法截排流经破碎带的水，或用化学压浆，或在前部增加抗滑力才能制止。

4. 滑坡一般为中部主滑带先失稳，后缘裂面是在主滑带移动下产生，前缘则是在主滑体推挤下生成。这一发现是从观察分析大量实际滑坡的变形、产生裂缝的性质和次序，各个阶段中滑坡各部分的位移观测和勘探中的迹象，特别是大滑动前后各个滑动因素的作用与变形间的关系总结出来的。所以防治措施须针对当前阶段对滑坡发展有关的主要因素，以产生长期利于滑动作用的因素为主，采取减少其作用的工程。对其他利于滑动的因素，则以综合措施控制其发展。如系滑带水增多而大动，则需立即采用截、排或疏干滑带水的措施；如系河岸冲刷使滑坡前缘坍塌，则应对岸边冲刷加以制止，并增加抗滑力。

（二）滑坡各个阶段的划分

三十年来经过多处滑坡的实践，对变形中滑体结构的松弛变化，地表裂缝发育顺序与过程和性质以及对大滑动前曾经出现过的种种迹象等。结合稳定性计算得出如下结论：一般滑坡变形可分为蠕动、挤压、微动、滑动、大滑动和滑带固结六个阶段。各个阶段的特点、性质和稳定程度大致归纳如下：

1. 蠕动阶段：指主滑带的蠕动变形。此时滑体与滑带并未分离，仅在滑坡后缘的地面上隐约可见一些不连续的张性微裂隙；整个滑坡的稳定系数为 $1.20\sim1.15$。

由蠕动向挤压阶段过渡时，滑坡的后缘已有明显张裂隙，并有错距，但尚未贯通。

2. 挤压阶段：指滑坡的前部抗滑体已受到明显挤压；此时主滑地段的滑带已基本形成，后部被牵引的滑体已有小量移动，主滑体也有微量移动，滑坡的后缘裂缝贯通并错开，两侧出现羽状剪裂隙但未撕开，前缘也有隐约可见的 X 形裂隙；整个滑坡的稳定系数为 $1.15\sim1.10$。

由挤压阶段向微动阶段过渡时，两侧的剪性裂缝贯通，前缘的 X 形微裂隙已明显，有时在前缘出口一带出现一些潮湿现象。

3. 微动阶段：指主滑体已在明显移动，抗滑地段的滑带逐渐形成；后缘的张裂缝继续下错，有的滑坡在后部隐约出现反方向的下错裂隙；两侧的剪性裂缝已贯通并有微量撕开；有的滑坡在前缘已显露微微隆起的现象，并有断续的放射状裂缝出现。在前缘坡面上 X 形裂隙处有时也产生局部的坍塌，有的滑坡在前缘出口附近出现明显的潮湿带。整个滑坡的稳定系数为 $1.05\sim1.00$；当滑带全部形成时，其稳定系数为 1.00，此时滑坡的出口联通，有的滑坡沿出口一带普遍渗水，呈带状分布。

4. 滑动阶段：指整个滑坡时滑时停，处于缓慢移动阶段，此时，后缘的张裂缝不断地大量下错，反倾的张裂缝贯通，并有小量的下错；两侧的剪裂缝已明显撕开，并产生相对位移；滑体上出现分条、分级和分块裂缝，并有综合交错的趋势。有的滑坡前缘继续隆起，并出现明显贯通的横向挤涨裂缝和纵向放射裂缝，滑舌不断错出有的还有出水现象；一般滑坡前缘及两侧坡面多产生小量坍塌。这一阶段整个滑坡的稳定系数为 $1.00\sim0.90$，当滑坡作等速移动时，其系数大于 0.95，一旦变为缓慢地加速移动时则小于 0.95。

由滑动向大滑动阶段过渡时，滑动加速度明显增大，前缘的隆起裂缝和放射状裂缝不但已贯通而且错开，滑体中各分条、分级和分块裂缝均贯通并明显发展，前缘坡面土石大量坍塌。有的滑坡因滑带中含有碎块岩土而发出微小的岩石破碎声；有的出口流出大量滑带水；有的水位、水量和水质发生显著变化。这任一迹象的出现，都是大滑动即将产生的预报。

5. 大滑动阶段：指整个滑坡作急剧滑动和变形的阶段。此时滑带土的结构和强度在不断破坏和削弱中。有的滑坡已分成几大块，各块之间产生明显的不均匀变动和巨大的错距；整个滑坡向前运动的速度由急剧的增大至逐渐减弱，由加速、等速而减速直至停止。在大滑动时，有的滑坡前部有气浪并在滑动中产生巨大的响声；有的随滑舌前移移出大量滑带水等。其整体移动系数在大滑动开始时小于 0.90，至滑舌完全停止向前移动时仍小于 1.00。

由大滑动向滑带固结阶段过渡时，大滑动基本停止，但后缘及滑体两侧和前移斜坡上的松散土、石仍在坍塌，滑体各块间继续变形但其量已减小，有的滑舌部位仍流出浑水，但流量已逐渐减少；有的滑坡前部仍有微小隆起，并继续形成垣、垅状。

6. 滑带固结阶段：指滑带压密排水固结的阶段，此时滑带在自重和横向推挤下由前向后依次压密，在逐渐固结中恢复部分强度。滑体中的运动在逐渐减小，各块间的变形也逐步停止；地表上的裂缝逐渐消失为垂直压密下产生的不均匀沉降裂缝。此阶段整个滑坡的稳定系数逐渐大于 1.00；直到地表上无任何裂隙，滑体中土石密实到中等程度，地表面及前缘坡面均平顺不再坍塌，滑体才达到基本压实程度，此时滑带固结终止,其稳定系数为1.05~1.15。当在仪器观测下无任何移动,滑坡才算暂时稳定,此时系数为1.20;除非地表被夷平,滑坡外貌景观消失,方可称为滑坡"死去"。

例如,1966年整治贵昆线扒挪块车站滑坡时,经五月份一场大雨滑坡后部出现十多环圈椅状裂缝,并下错挤压。经检查发现正处于挤压向微动阶段过渡中,离大滑动时机尚远,故确定照常施工,终于在雨季中顺利完成。

至于每一滑坡变形的各个阶段,并非十分鲜明,特别黄土崩坍性滑坡,常在后缘裂缝出现后不久发展至大滑动,其先兆时间不长。五十年代发生的宝成线K122黄土崩坍性滑坡,早在大滑动前一年,堑坡上已有潮湿现象和X形挤涨裂隙,不过当时未能认识到这一迹象的意义。

由错落转化的滑坡,在错落之后其整体稳定系数约为1.10,因错落破碎带转化为滑带的蠕动和挤压两阶段已经不易察觉与区分(只可从地表观测点的位移值中发现),直到前缘产生了X微裂隙等迹象后才发现,所以其蠕动和挤压阶段常混而为一。

(三)稳定性的判断及其从定性至定量的办法

我们在研究判断滑坡的稳定性时,针对不同的滑坡机理归纳出八个方面:1.从地貌判断稳定性;2.地质条件对比判断稳定性;3.从滑动因素的变动判断稳定性;4.从滑坡迹象和物理化学变化方面判断稳定性;5.山体平衡核算;6.斜坡稳定性检算;7.坡脚岩土的强度和应力间的对比;8.按岩土的性质、尺寸和强度以及抗滑建筑物(包括完整的和破坏的)的抗力,找出滑坡的推力、安全尺寸和滑带强度指标的界限,用以比拟计算滑坡的稳定性即工程地质比拟计算。再结合地质从力学方面评断稳定性的比拟办法和按当前状态为判断标准的斜坡稳定性检算两者作用最大。实践证明,每一滑坡常可从其中3~5个方面来判断稳定性。

(四)滑带土抗剪强度试验方法的改变与指标选择

五十年代一般采用原状土剪切试验指标进行稳定性检算中,但只有少数情况适合,绝大多数都过于偏大,往往取其值的60%~80%才与实际接近。此后生产中多用反算法(山体平衡核算)确定指标。我们从试验必须模拟自然现象出发,在五十年代末及六十年代初做了两项探索:1.取原状土做滑面重合剪,即在剪切中设法控制剪切面与实际滑面重合一致,这对滑动后须经一定年代才复活的滑坡比较可行;并需了解实际的移动方向。2.为重塑土多次剪方法是针对时滑时停的滑坡情况。鉴于滑带含水量变化和不同滑动次数对强度的影响,特别在设计中需要的是在可能的含水条件下滑带的抗剪强度和再滑动的指标,故根据原状土样的天然含水量及容重控制物理状态,用重塑办法调成不同含水程度的土样在直剪仪上做多次剪切(每剪断一次代表一次大滑动,将之推回原位二次再剪);除含水程度大其剪切强度必然小外,还发现在一定含水量下剪切强度随剪切次数增加而降低的规律。

六十年代中期基本上按多次剪的概念进行,曾采用多种试验方法如固结慢剪、固结快剪和第一次固结快剪将土样推断后放回原位(不等固结)再加荷即快剪等;将各个试验指标结合地质条件分析,代入性质已清楚的滑坡主轴断面上核算,这一多次剪试验方法已应用在具体工点上,取得基本符合实际的效果,此处指的是用剪切次数与大滑动次数相当的办法,并非取残余值作为检算指标;因若用残余值检算稳定性将失之过小。

在多次剪研究试验中,发现另外两点规律:一为土样剪切到一定次数(一般4~6次)后,剪切强度不再下降,谓之残余值;二为土样在剪切过程中含水量的损耗较大。两者之间含水量变化比剪切次数对强度的影响大。经六十年代中期至七十年代初期,我们用直剪仪多次剪已试验出黏性滑带土的残余值与各种条件间的关系,以及其与实际滑坡的关系。

至七十年代中、后期,在研究岩石顺层滑坡中遇到了以薄层岩粉为主组成的滑带问题。对此我们选择在贵昆线滑坡工点做了多种方法的室内外试验,以模拟滑坡实际情况。对饱水条件下滑动的薄层滑带土的岩石顺层滑坡,以采用野外原位浸水、正常固结压密快剪的大型剪切试验,其指标较切合要求;但须在剪切过程中对滑带补水,并以滑体自重为固结正压力为标准。

关于指标选择方面,目前主要以工程地质比拟法所求得的指标上、下限控制,结合用与滑动机理相接近的试验方法所得者相比较,最终参照从当地地质统计法和类似条件的经验进行综合分析确定合理指标。此外,在目前未改善实验仪器前,我们在现场对后缘滑带用外摩擦试验值,对前缘以原位大剪试验数据等为依据。在检算时按破坏性质分别选用不同指标,实践证明比较适合实际。

总之,在滑带土抗剪强度试验方法和指标选择上,我们认为不同滑坡类型在滑动性质上是不一样的,不能期望用同一种试验方法求得的指标都能适用。

(五)滑坡推力与确定推力的工程地质比拟法

我们只见到河岸冲刷的黄土滑坡、软土地区的滑坡和发生在土质堤坝上的边坡滑坡等的滑面为曲线状,其余绝大多数滑坡滑面为倒勺形或折线形,只是在后缘滑带与主滑带衔接处或在滑面低于地面的滑坡出口一段才常常表现为曲线状。因此五十年代中期以来除上述特殊条件外,由于顺堆积面的强度特低,滑带强度为各向异性,所以常在分析研究滑坡性质和岩性成因之后确定整个滑面形状,以折线状滑面为主,严格按破坏性质、岩性、含水状况等特点,分段选用不同的指标计算推力。

关于滑坡推力传递方面,分单一滑坡和具有多条、多级、多层或多块滑体的复合滑坡两类。从平面而言,认为推力系由后而前随主轴而转折;从主轴剖面而言,视滑体为刚体由后向前传递推力。关于作用力方向,我们在1955年曾假定与滑面平行作用于截面的中心,这一假定经六十年代中经实测,是接近实际的。其合力着力点位于刚性抗滑建筑物的高度之半、稍偏下。在六十年代末进一步发现推力与滑体的稠度和由顶至底的移动速率有关,塑性和塑流滑坡因其接近流体,推力合力点应位于滑体全厚的三分之一处,一般刚度较大的在二分之一处;对有倾倒趋势或滑体顶部滑速随深度而减小的情况,则位于中心以上。

当一个滑坡具几条、几级、几层或几块时,则按地质条件和滑动性质区别对待,不按整个变形范围来计算。实践证明在滑动中,因为各个部分的滑速并非一致才形成了滑坡分条、分级、或分块。首先按分条和分层计算;对同一条滑坡有几级或几块滑坡的,则分析变形的顺序和运动特点后再确定计算范围。

推导滑坡推力方程式时,我们并不以滑动瞬间为标准,而是尽可能将影响滑动的各个因素有组合的逐一列入公式中,以控制条件为标准。例如排地面水措施的效果比滑动前为佳时,就在检算中不列这一因素的作用。即以工程措施将一些致滑因素的作用控制在一定范围之内,求一定条件下的滑坡推力。对方程式中各因素的力学作用,是在各个不利组合下研究分析各个情况中每一因素可能出现的不利数值,以保证施工期和使用期都安全合理。按照上述办法对待滑坡推力检算中每一环节,因对地质条件及其变化分别做了分析,故可采用较小的安全系数如1.10~1.20之间,实践证明可满足要求。

以上是求算推力的正常办法,虽基本可靠,但仍难避差错,特别是以反算法求得滑带强度时,滑坡推力往往发生成倍差异,实践经验少时常无从掌握。为解决这一矛盾,在五十年代后期我们在研究建筑物遭滑坡破坏时,已发现在抗滑区段中某些特定部位可找到推力的界限,它与该部位的抗力值有一定关系。即实际推力在某一条件下不应小于或大于某些抗力值。这种以滑坡地质条件为主结合出口一带的破坏现象,从破坏和稳定中找出许多抗力值供比拟推力范围用,这是工程地质比拟计算办法的初期内容。如六十年代中期成昆线会仙桥滑坡,因滑动情况危急,为抢救滑坡使工程快上避免出现大滑动,工程地质比拟计算办法的内容已扩大到与极限状态相比拟求出稳定的滑坡轮廓和必要的抗滑宽度,据以先行布置工程进行施工后按正常办法提出推力相核对,两者数值基本一致,争取了整治时间。至七十年代初,此法已逐渐成熟已能应用于许多工点上。

(六)防治措施、对策和抗滑建筑物的成就

铁路防滑措施大体有二:一为针对病因采取措施,以制止滑动或控制发展为主;一为对危害采取的措施,要经受住滑坡的作用或避开危害。两者均需对滑坡性质有深入的了解,才能找到切合实际的措施。

1. 五十年代及六十年代初期,因对滑坡外貌了解不多,选线多取山区平缓地带,开挖了古老滑坡,造成大型滑坡的复活,如宝成线的西坡车站滑坡,丁家河滑坡、黄龙嘴滑坡、谈家庄滑坡、高家坪滑坡、白水江车站滑坡等。由于滑坡规模大,变形范围以外的后山高,故按挖走的岩土抗力修筑抗滑挡墙,或外移线路改挖为填等恢复原山坡支撑为对策,同时分析变形前后山体不同条件,特别对地表水和地下水进行处理,才治住滑坡。

在防治对策上有如下主要认识。

1)对于滑坡连续分布的地段或个别大型滑坡,必须有线路绕避方案供比选用。在确认有整治可能、且经济合理时,始可从滑坡区通过。

2)对大、中型的复杂滑坡,在整治时必须有足够的地质资料和局部移线方案,即使可移线只有 0.5~1.0 m,只要能少挖坡脚对施工有利,也应移线。

3)防治措施的施工方法要注意步步为营,避免在修建抗滑建筑物过程中引起滑动。要加强养护与维修,以防止病害发展。

4)对中、小型滑坡以原线整治为主,且要一次整治,不留后患。

5)防治滑坡要针对病因采取综合措施,治早治小,防患于未然。

选用措施类型时,需按对滑坡了解的程度而定。例如只了解到壤中水和滑带水丰富为形成滑坡的主因,但未搞清供水部位、方式和流向,不能主观地建地下水截排工程,只能在滑坡前部采用支撑盲沟群及抗滑挡墙相结合的工程措施。如此布置,在鹰厦线上曾治好了大量的堆积土滑坡。

在针对危害采取措施方面,因对滑坡在大滑动中的作用力未进行研究,原则上以躲开至滑动影响范围以外为主。如用隧道自滑床下通过时,洞顶要在滑动影响带以下;以明洞通过时,则尽量使铁路靠拢山坡,务使滑体能从洞顶以上越过,并要求洞顶回填厚度能经受落体的冲击力。若用桥渡跨过滑坡时,多以一跨越过,对桥下净空要考虑滑动后滑坡外貌的改变不能堵塞桥孔,也不能推走桥墩台;当铁路线移至滑坡前缘以外时,必须预计到滑动后不致侵入铁路净空内。

2. 六十年代中期,对滑坡性质已有了一定的认识,能通过外貌勘察掌握主要病因,基本掌握不少滑坡的有效防治措施。例如,对沟口堆积土滑坡以采用截排滑带水或疏干滑坡前部的措施为主,并在前部做适当地刚性支撑;对山坡堆积土滑坡如白水江滑坡,其滑床为折线形、平面状,以在前部修刚性支撑为主,结合适当地减重和必要的地下水截断措施。又如对以老黄土组成滑体的滑坡而无钙核层或钙核层无水者,必须按下伏土石的性质采取措施:滑床为风化残积土而坡陡者,如宝天一带悬挂在变质岩山坡上的黄土崩塌性滑坡,以采用前部支撑为主的措施为有效;若为卵砾石层如陇海线渭河北岸的卧龙寺黄土滑坡等,以采用截排此层中地下水为主的措施为有效;滑床平缓为软硬或某些具隔水性的黏性土组成时,必然滑带富水,如金华山煤矿工业广场的黄土滑坡等,只有截排滑带水工程才可收效。如为突出岸边的滑坡,不消除水流的冲淘或潜蚀以及渗流等作用是不能制止滑动的。实践证明,在滑坡前部做刚性支挡工程,必要时将基础埋于冲淘线以下的方法,除塑性滑坡外,都有制止滑动的作用。上述种种实例,反映了当时对滑坡性质的了解已比较深入,并已认识到防治滑坡并非各种措施并重,所以对防治原则则已改为"针对主要条件和原因采取有力地措施、务使工程尽快完成,对次要条件和因素则采用相应的措施逐次完成或按效果而缓建;对一些易于办到又可减缓病害发展的措施,如地表排水系统应优先完成"。

在技术上,当时鉴于一些有效措施如支撑盲沟、深盲沟、盲洞和抗滑挡墙,不但工程量大,施工困难,也可能因不注意施工方法和程序或对地质条件调查不够准确而造成失败,事后难于补救,对此也做了改进。如在排水方面,用垂直钻孔群将滑带水排出或用水平钻孔排水等;在支挡工程方面,曾于 1966 年按桩排抗滑作用,采用大截面(2 m×4 m)的钢筋(或钢轨)混凝土挖孔抗滑桩,由于有利于施工,有随时补救桩数和变更桩长与布筋以适应不同情况等优点,现已得到推广,成为防治滑坡的有效措施。

关于水平(或倾斜)钻孔排水技术。我们在研究分析水文地质条件的基础上,先用直孔或物探找到水的分布后再设计倾斜钻孔,力求做到孔孔出水。斜孔排水的特点是不破坏滑带,但无支撑作用,不能代替支撑盲沟的作用。

在挖孔大截面抗滑桩方面,在实际计算中不用桥桩公式,而且在七十年代中已注意到地质条件对抗滑桩设计的要求,以及桩在变形后对块体滑坡推力的分布图形已有改变等情况,我们已修成巨大的抗滑桩排,最大的桩 3.5 m×7.0 m,长 48.0 m 等;现在我国在抗滑桩方面,不论设计和施工等方面的技术都在发展中,在采用抗滑桩的同时还对富水的滑带加强截、排或疏干等措施。

3. 1973 年在兰州召开铁路第四次滑坡防治经验交流大会,总结了我国滑坡防治技术的特点和国外的差距。概括而言,我们对滑坡规律、滑坡类型和性质,特别在工程地质与岩土力学相结合方面有一定的收获;但在勘测手段、量测技术和滑坡预报等方面,特别是自动记录比较落后;在防治技术方面,国外整治滑坡的各种措施,基本上都使用过。其中以刚性抗滑工程措施方面我们使用较多,不过在涉及电渗排水、化学灌浆,焙烧等整治技术较为缺乏。

在抗滑挡墙方面,对正在移动的滑坡,如贵昆线二梯岩隧道出口明洞滑坡,用沉井施工1966年取得了成功。一些抗滑明洞如1966年在贵昆线扒挪块隧道进口处修建的,取得了用明洞作为刚性抗滑建筑物的成功经验。随后在太焦线红崖一带也修建了抗滑明洞,证明用明洞抗滑也是可行的。

4. 近来滑坡防治技术又有进展。由于滑坡前缘滑带有可能向下发展(或为多层性),抗滑挡墙不能适应,故采用抗滑桩排防治更具优越性;而桩前反倾至地面的构造面,在设计桩时不可忽视。

近年对发生在二云母花岗岩残积土为滑带的堆积土滑坡中,如陇海糖厂老滑坡前部的复活,由于滑带水丰富,滑床为云母粉砂层,随着土层的松弛,导致滑带水的浸润,使滑带向下发展且不断增厚,目前在滑坡前缘采用抗滑桩排与疏干工程相结合的整治措施,同时为了防止涌砂在施工大半径圆形抗滑桩时采用了开口沉井方式施工,也是一例。成都铁路局应用在抗滑桩上,在滑坡前部用钢架式桩抗滑,从结构上改变了桩的受力状态节省了圬工;两桩间的横杆用坑道法施工。第四设计院则在两排桩顶上加平台成椅式,对整治路堑滑坡非常有利。同时一些抗滑桩也考虑在桩顶、桩中或桩底结合锚杆已改善桩的受力状态,减少桩埋于滑床内的深度,非独节约材料且便利施工。

同样在抗滑挡墙方面,铁四院在整治鹰厦线滑坡中用了框架式填石抗滑挡墙,试用了拼装设计;铁道部科学研究院土工室与成都局合作,在抗滑挡墙上加垂直锚杆以增加挡墙与滑床间的摩阻力,成功地整治了成都狮子山滑坡的一段,在设计理论及施工方法上均有一定特点。

为弄清块体滑坡前部滑体的完整程度与刚性抗滑建筑物间的传力关系,在大海哨2号滑坡出口处修建了以承受剪力为主的抗滑墩,在经受考验中,墩系高出滑面不多而埋入滑床较浅的截面积较大的刚性结构物,它因滑体完整自身可承受剪力和弯矩,可将弯矩传至滑床,如挡墙受水平推力的性质一样,由基底反力与滑坡自重所产生的反向弯矩相抵消,故墩只承受由滑坡推力所产生的剪力以减少圬工,这也是一新的尝试。

注:本文是徐邦栋参加1982年全路崩坍滑坡科技攻关会议发言稿。

第四届国际滑坡会议简况及当前国际有关滑坡研究的现状和发展动向

按：广东省水利学会于一九八五年七月六日上午，在广州市邀请国际滑坡技术会议中国理事、中国土木工程学会土力学学会理事、铁道部西北研究所顾问徐邦栋同志举行有关"滑坡防治技术"学术报告会；兹将徐顾问的发言手稿并参考我国代表团"参加第四届国际滑坡会议的总结报告"综合摘录如下，供广大读者参考。

一、会议简况

国际滑坡学术讨论会已举行三次，第一届（1972年）和第二届（1977年）均在日本举行；第三届（1980年）在印度举行，原已通知我国铁道部转告有关人员组团参加，但鉴于这一届会议的活动，包括有"查德和帕米尔"未定边界的参观内容，因此中国未参加。

第四届国际滑坡会议由国际土力学及地基基础工程学会的滑坡委员会和国际工程地质协会负责，加拿大岩土工程学会和加拿大国家研究委员会联合主办，并于1984年9月16日至21日在加拿大多伦多市举行。主席是加籍法人 P. L. Rochelle。有31个国家和地区的代表230人参加会议，苏联和东欧一些国家没有派代表参加。我国代表团由地质矿产部张卓元、王士天、戴广秀三位同志（负责组团），铁道部徐邦栋、王恭先两位同志，城乡建设部梁士灿、沈凤翘两位同志、黑龙江水利厅杜子勤同志等8人组成代表团参加；戴广秀副总工程师任团长，王恭先副所长任副团长，另外在加拿大进修的中国科学院成都地理研究所滑坡室主任卢螽樰同志也参加了会议。

会议期间，国际滑坡委员会曾召开会议，本人与同行的中国委员应邀参加了讨论，主席为加拿大 P. L. Rochelle；日本的福岗正已（前国际土木协会主席）；国际工程地质学会北美分会主席 D. J. Varnes；前分会主席 O. White；以及 N. Janbu 和英国 J. N. Hutchirson；美国 G. F. Sowexs；加拿大 N. R. Margenstem；瑞典 B. B. Broms 等约20人参加了会议。讨论内容：

1. 第五届国际滑坡会议将于1988年在瑞士洛桑举行，由瑞士土力学及基础工程学会、地质学会主办，并拟订内容通知各国。
2. 1985年8月在美国旧金山国际土力学及基础工程会议上（滑坡组）

讨论：1）快速滑动和滑坡；2）缓、慢滑动和滑坡。

第四届国际滑坡会议开幕的第一天（1984年9月17日），是加拿大岩土工程学会成立37周年纪念日，称之为"加拿大日"。这天是由该学会组织学会会员针对加拿大的滑坡问题和经验举行学术报告会。参加大会的各国代表均被邀请参加。9月18日至21日均为大会日程，除安排了半天去"尼亚加拉"大瀑布（美、加交界处）做地质旅行，其余三天半均为学术会议。

会议没有采用一般宣读论文的形式，而是事先拟定7个专题，每个专题邀请2~4位专家作有关专题的综合报告，然后围绕会前已拟定的中心问题，开展讨论。这7个专题是：

1) 气候和地下水与滑坡的关系；
2) 坚硬岩石的斜坡移动；
3) 风化岩及残积土滑坡；
4) 重超固结黏土和软岩滑坡；
5) 软黏土滑坡；
6) 粉砂、砂和黄土滑坡（包括水下滑坡）；
7) 滑坡研究的新进展；

(1) 分析方法和概率方法;

(2) 滑坡灾害制图、仪器设备和滑坡报警系统。

专题综述报告由 15 个国家 23 人分别担任。大会论文集共有 172 篇,我国占 14 篇(地质矿产部 4 篇,铁道部 5 篇,城乡建设环境保护部 1 篇,黑龙江省水利厅 2 篇,中国科学院 2 篇)。本人与王恭先同志应该会组织委员会和技术委员会主席的邀请,在会上联合做了"中国黄土滑坡概述"的报告。会后组织了考察滑坡的地质旅行,共有三条路线:第一条是东线,观察魁北克和蒙特利尔之间的敏感性黏土滑坡;另一条是在多伦多市附近地区,主要观察古老滑坡和现代滑坡及滑坡处理措施并观察湖岸侵蚀;第三条是西线,观察科迪勒拉山区滑坡。我国代表团全体团员参加了西线地质旅行。

二、有关滑坡研究的现状和发展动向

(一) 土滑坡

近年来,国际上对松散土滑坡及基岩滑坡的研究,虽有某些进展,但尚未有较大突破。对黏性土滑坡和水下滑坡的研究,由于土力学理论研究已取得较大的成效,加之各种实验数据和观测研究资料以及治理的积累,因而取得了较大的进展(特别是黏土滑坡,受到各国普遍重视)。在土滑坡方面的研究现状和发展动向,主要表现有下列 5 项:

1. 明确了抗剪指标与黏性土层基本性质之间的关系

近年的研究发现,在超固结黏性中,黏性土的"黏粒含量"及与之有关联的"塑性"是决定黏性土物理力学性质的重要因素。表现在:

1) 对黏粒含量小于 30% 而塑性指数低于 35% 的低塑性黏性土,在剪切过程中,剪切面附近颗粒一般不产生定向排列,其峰值和残余值抗剪指标接近,显示非脆性破坏性状;累进性破坏机制在这类土坡的变形破坏中很少发现。对已有滑坡的反算所求得的抗剪强度与实验室测定的抗剪强度十分接近,此说明实验室的试验指标,基本上能代表该类土的实际控滑抗剪强度。

2) 对黏粒含量小于 30% 而塑性指数高于 35% 的高塑性黏土,在剪切过程中因颗粒产生定向排列,在经常形成滑动镜面处则导致其抗剪指标的降低。这类土在剪切过程中,其峰值和残余值一般相差较大,显示出有较明显的脆性破坏性状;因此,累进性破坏机制在这类土边坡的变形破坏中产生十分重要的作用。根据已有滑坡的反算所求得的抗剪强度指标,常介于试验所测得的峰值与残余值之间。对这类土边坡的控滑抗剪指标的选择,应以现场已有滑坡经过反算的抗剪指标为主。基于上述情况,对黏性土斜坡控滑抗剪指标的研究与选择方面,目前的趋势是强调综合分析和对比。

2. 通过大量实际观测资料的分析研究,已对风化岩及残积土揭示了土层内空隙水压的变化规律与降雨及其于滑坡发生之间的关系。

1) 非饱和土中的负孔隙压力(吸引力)对土坡稳定性的影响:

实测资料表明,地下水位以上的非饱和土层(特别是残积土层)内,往往存在有负孔隙压力,其数值随地下水面下降而增大;这种负孔隙压力的存在会使土层的抗剪强度显著增高,以往认为负孔隙压力在雨季期间,会因降水及地表水渗入而全部消失。近年来的实测资料说明,当地表有一定防护(如抹灰或植被良好的斜坡)时,无论是旱季或雨季,在土层内均保持有较大的负孔隙压力处,对土坡的稳定性具有重要意义。例如香港有两个长期处于稳定状态的土坡,在不考虑负孔隙压力影响时,计算所得的稳定系数分别为 0.86 及 1.05;考虑了负孔隙压力,则分别增大至 1.01 及 1.25。因此,为了保证这类土坡的长期稳定,必需采取措施防止或减少地表水的渗入,以保持土层内负孔隙压力不消失,应十分有效。

2) 饱和土层内孔隙水压力的变化规律与滑坡之间的关系:

地下水面以下饱和土层内孔隙水压力的时间和空间变化除去与土层性质如渗透性、固结系数和压缩模量等有关外,主要受当地水文地质结构所导致的补、迳、排边界条件及气象因素的影响。加拿大学者肯尼(Kenney)等在 1984 年所做的工作就是一典型实例。肯尼根据区域性地质资料和本人的实地调查,将加拿大东部敏感性黏土组成的各个地区的水文地质特征,概括为一个具有三层结构的水文地质模型:(1) 表层为一风化的黏土硬壳层,裂隙发育,地下水的补、迳、排的条件良好,以及地下水位能及时反映降雨及融雪的特点,具有短期的变化特征;(2)中部则是渗透性微软的软黏土带,孔隙水压力的变化不仅滞后于上、下含水地层内地下水位的变化,且幅度也明显的减弱;(3)下部则分布了一层透水性较高的冰碛土,其与周边的高补给区相联系具有较高的、随季节变化的承压水头,在各地区有向河谷排泄的趋势。肯尼认为,中部软黏土中的孔隙水压力显然是受上、下土层中的平均水位控制,并不与最高水位相联系;因此,建议中部黏土层内的孔隙水压可用流网按"平均边界条件"加以确定。至于土层中孔隙水压力高低的变化与土坡滑动的关系密切,已为较多的观测资料所证实;亦即孔隙水压高时,位移速率有相应的增大。

3) 开挖边坡的附近因应力解除所导致对土层孔隙水压力的变化:

在开挖边坡的附近,其应力解除效应会使斜坡土体内的孔隙水压力大幅度地降低,直至形成"瞬时"负孔隙压力。研究表明,这种"瞬时"负孔隙压力的消散速度与土层膨胀系数的大小及有效排水途径的长短有关;在超固结硬黏土的开挖边坡附近,因为上层的膨胀系数低,这种"瞬时"负孔隙压力可保持许多年(有的可达 40~50 年),使开挖的边坡破坏发生滞后。然而在软黏土开挖的边坡附近,这种"瞬时"负孔隙压力往往在短期内存在,因此,边坡失稳破坏往往发生在短暂的期间内。

3. 黏性土滑坡发育的特点与土层工程地质性状关系密切

超固结黏土的性状特点是:

1) 抗剪强度的峰值与残余值两者差额较大,显示出具脆性变形破坏性状;

2) 透水性弱,常具较弱的膨胀性;

3) 在近地表地带,由于各种表生作用使这类黏土易产生次生裂隙,从而导致其强度为各向异性。因此,这类土体内发育的滑坡常具有下列特点:

(1) 非裂隙性超固结黏土,由于其有较高的峰值强度,易形成较高的陡边坡;在这种斜坡的适合部位,累进性破坏的发展往往能导致发生大型灾害性的崩滑,对周围环境造成较大的危害。

(2) 许多观测资料表明,这类土体中所开挖的边坡一般在初期的表现较稳定,但历时多年之后却多发生滑动破坏。这种现象的产生即是前述在这类土层的开挖边坡附近因会产生"瞬时"负孔隙压力状态(保持的时期较长),使边坡暂时保持相对稳定。当边坡土体内的孔隙压力恢复到新的平衡后,斜坡土体内的控滑抗剪强度则随之降低而发生变形及破坏。

(3) 在裂隙性超固结黏土处,其边坡的稳定性较差,常易发生规模不大的滑坡;且往往在降雨或融雪季节,其与孔隙压力的升高密切相关。

广泛发育在北美和北欧地区的海相成因、经淋滤而生成的敏感性黏土,是一易滑土层,凡有这类土层分布的斜坡地带均易产生滑坡;其发育特点及规模,与这类土层的产出特点关系密切。敏感性黏土是一种具有应变软化特点的土,受扰动后其强度骤降;因此,这类土体的滑坡大多是从局部滑动开始,然后溯源发展被称为牵引式滑坡。在适宜的条件下,可产生面积大的片状滑动(甚至转化成大范围的土流),造成很大危害。在加拿大的东部有达 $7 \times 10^9 m^3$。通过区域性研究表明,侵蚀作用强烈地带往往是导致这类土体滑坡的突破口。

4. 对黏性土边坡稳定性的分析评价

许多国家对黏性土滑坡稳定性的分析和评价,做了大量对比和验证性的工作,取得了较有意义的结论。瑞典、挪威和加拿大等国学者用不同的分析方法对稳定的斜坡和已滑动的斜坡进行了稳定性检算和反算,然后根据其结果与实际情况之间的符合程度,判别各种分析方法的适用性。目前,各国学者的不同看法概括如下:

1) 挪威的经验是用排水的有效应力法,分析局部性的首次滑动;以改进的不排水的总应力法,分析大面积的片状滑动。

2) 瑞典的一般结论,是对正常固结的软黏土边坡,应以不排水的总应力法进行分析;对超固结的硬黏土边坡,则应以排水的有效力法进行分析。

3) 这次会上 R. 拉森在其论文中指出:斜坡土体,在承载过程中其潜在滑动面处不同部分土的固结情况有变化;对黏土边坡的稳定分析应采用综合的方法(即按设计强度进行分析)。"设计强度"是指排水和不排水抗剪强度中的最低值;在实际有效正应力大于临界有效正应力的部分,则相当于不排水的抗剪强度。验证资料说明了用该法所得的结果,是令人满意的。

4)加拿大的经验,是以有效应力按毕绍普的修正的圆弧法进行分析,同时强调要特别注意对抗剪指标的正确选定。

5. 水下滑坡的研究

水下滑坡,是指大陆斜坡和大陆架沉积物处的滑坡。近三十年来随勘探和测试技术的进步,对水下滑坡的研究也进入新阶段,目前已在下列方面取得了显著的进展。

1)通过实践,已探索出一套较有成效的探测和调查水下滑坡的方法,包括回声探测法、旁侧声呐扫描、海底地震剖面等。

2)初步了解水下滑坡具有规模大、坡度平缓(一般发生在5°左右的斜坡上)以及滑移距离长的特点。例如:南非的阿格赫士滑坡的面积超过 $2 \times 10^4 \text{ km}^2$,滑坡方量约 $2 \times 10^{14} \text{ m}^3$;密西西比三角洲的泥滑发生在 $0.5°$ 的斜坡内,这与陆地上滑坡的概念显然不同。陆地上的滑坡,伊朗发生过一次滑坡其面积约 20 km^2,滑坡量约 $2 \times 10^{11} \text{ m}^3$。

3)初步掌握了导致水下滑坡发生的因素。

(1)地质构造运动使地壳上升和斜坡变陡,造成卸荷带;

(2)地震导致了周期的加荷,引起土体中孔隙压力的变化;

(3)洋流的冲刷导致海底局部坡度变陡;

(4)海面的波浪作用,对海底产生流体压力的影响深度可达 150 m;

(5)沉积物的加荷作用,增大应力;

(6)加载造成的孔隙压力增大;

(7)生物化学作用所产生的孔隙气压等,对水下滑坡的生成起到了重要的促进作用。

(二)岩质边坡的滑坡

近年来勘探研究虽有进展,但对岩质滑坡的成就不够突出;此由于岩体力学研究工作的起步较晚,岩体介质的性状、力学属性比较复杂,只取得下面一些进展。

1. 岩质滑坡的发育受地质构造和岩体结构的控制,并与区域地震活动性和地下水的产出与动态关系密切;因此,为工程设计和滑坡防治而进行的滑坡研究,对上述地质条件均给以充分的注意。在边界条件对基本动力条件确定之后,重要的问题是对控滑结构面的强度参数进行研究和选定。在这一基础上,建立正确的岩土力学模型进行分析与计算,据以做出最终评价和设计,即是当前为具体整治目的对岩质滑坡研究的基本程序。在稳定性评价方面,有些学者强调应以因素的敏感性分析及概率统计分析为主要途径;对计算稳定系数绝对值的办法,不太可取。

2. 高速远滑距型的大型滑坡是近年来在岩质滑坡研究中的一个侧重方向。据报道,加拿大麦骨齐山区有几个大型崩塌性滑坡的滑距最大达 7 km,其原始斜坡只有 7.5°;这类滑坡的规模大、滑速高、且滑程远,但目前研究仅处于初期阶段,主要限于对滑坡的形态、结构特征及其产生的环境背景条件的观察与描述。加拿大 D. M. 克拉登等所阐述的有关碎屑流堆积的一些特征(如侧向弥散现象、运动路线在拐弯处其外侧表部地形的超高、架空带、纵向及横向脊以及爬高和"逆掩"现象等)具有典型意义,可作为鉴别该类滑坡的参考;对这类滑坡的形成机制,除在一些文献中已介绍的如液化气化机制、气垫效应、自我润滑作用等外,瑞士 M. A. 克鲁狄克提出一种"飞行"机制,用以解释高速远滑距的成因。另 P. J. 麦利兰阐述了用修正的柯纳流动模型预测崩滑型滑坡的滑距及滑速问题,而其他资料则不多,故对这类滑坡问题的认识和解决有待于今后的努力!

目前对常见的典型滑坡包括空间滑动、楔形体滑动及弧形滑动等的研究已深入至对各类滑坡稳定性评价的统一数学处理方面。

3. 在区域性滑坡研究方面有一定程度的进展。加拿大学者对区域性滑坡的研究主要突出地反映下述两点:

1)滑坡的空间分布与易滑岩体或具有易滑结构的岩体相关,特别指出大多数沉积岩层中的大型崩滑,发生在碳酸盐岩地层中。

2) 一些大型滑坡发生的时间有一定的集中现象,如加拿大的多数大型滑坡均发生在冰后期的早期阶段,主要在冰川谷被侵蚀改造下谷坡地带发生应力释放的一段时间之后。这表明,大规模的斜坡运动通常滞后于坡形的改变,其原因有二:一是斜坡破坏,总要经过一较长的累进性的变形过程;二是重建能导致岩体微结构发生变化,并能起到触发作用的地下水流体在新型谷地中的重建需要一个较长时间过程。我国台湾张希桥先生则提出"区域动力平衡条件"的概念,建议触发大规模区域性滑坡的累计降雨量(以占年平均降雨量的百分数表示)或地震强度作为评价这一条件的指标。

4. 滑坡滑移模式及机制的研究

对特殊类型滑坡的机制和对不同地质条件下,两者的岩质边坡变形破坏之基本模式的研究。M. A. 克鲁狄克为一些大型滑坡的滑速高、滑距远的成因,提出了一种"飞行机制"的解释,认为这种大型滑坡运动至少有两种能使滑体飞离地面,进而产生流体化的机制:其一,当下伏地面起伏不平时,在运动中的滑体会似雪橇跳动的形式飞离地面;其二,当下伏地面平坦时,滑体的前缘常呈大而浑圆状,在加速度过程中,会由于前缘上部气流带变窄处产生吸升力而"飞起"。不论何种机制,在起飞后的滑体均能从下部吸入空气使自身流体化,从而为高速、远滑程奠定基础。上述观点主要是以航天工程及流体力学的原理为基础,我国王士天等同志则通过实例讨论了滑移弯曲型滑坡的形成机制,分析了岩体的黏弹性状在该类斜坡变形破坏中所起的重要作用,指出了不同阶段斜坡内部变形的特点;王兰生、张卓元等同志,从讨论我国岩质边坡变形破坏的基本模式,通过对各类变形破坏过程的分析而指出各自的临滑标志。上述各研究的成果对岩质滑坡的勘探研究有一定的指导意义;但由于目前对滑坡的理论计算还难于完全解决问题,所以在斜坡稳定性评价及预测时应特别强调岩体变形原位观测的重要性。在改善监测方面的工作,K. 柯凡里提出用高精度的现场监测仪器进行线性观测,以掌握斜坡岩体的总体运动形式,并推荐适应该类监测的仪器——滑坡微测仪。

归总而言,目前国际上对滑坡研究的特点是:

1) 在工作中大量使用一些先进的技术手段,如滑坡调查中直升飞机的配备、对滑坡及其影响因素的研究、有关监测工作中自动记录或遥控仪器的采用,不但减轻劳动强度提高工作效率与精度,还有助于大量的积累系统的长观资料,提高对问题的研究深度和广度;

2) 重视对岩土基本性质、地下水动态以及与滑坡相关关系的研究,也就是十分重视对滑坡基本机制的研究;

3) 重视对各种斜坡稳定性分析、评价方法的对比及验证的研究等,总之,这不但对解决具体问题有重要价值而且也是探索新理论的必然途径。

上述的有关工作恰恰是我国滑坡研究中的薄弱环节。我国幅员辽阔,自然及地质条件复杂多样,并且山地居多;因而各种不同类型的岩质及黏性土滑坡不胜枚举,如何借鉴国外有益的经验,加速提高我国在滑坡研究及滑坡灾害的预测和整治,是十分重要的。

注:此文发表于1986年《广东水电科技》广东省水利学会专辑。

编后:

本人于2016年4月对该报告阅读后,认为当时整理与核对的内容与会上所谈及的各点相符。目前虽已时隔三十多年,国际上研究滑坡的现状与发展进展不大,实因以绕避滑坡病害的指导方针所导致!我国在研究、整治受滑坡的危害方面,也因不重视勘测手段的应用(如以物探为主及测绘滑坡工程地质平、剖面图)、工程与地质相结合的不够(不能应用力学理论勘察构造裂面上的各种痕迹,据之分析在形成至今的相互切割与改造的关系)、未贯彻以个性为主采用具体工点为1∶1的试验和从动态分析各种变形与破坏间的关系、过程和转化(还是从共性为主企图用机械唯物方法解决问题,不是辩证的方法而往往失败)……似乎非但进展不大反而有退步;所以滑坡病害仍然在经常造成危害!

原发言人 徐邦栋 2016年4月22日于兰州

滑坡概况总报告

一

在山区自然灾害中，我国是受滑坡危害比较严重的国家之一，其受害的严重程度仅次于地震和山洪。特别自新中国成立以来，铁路建设已进入新构造运动发育的西南山区和西北地区，几乎年年均发生滑坡断道事故；由于9月16日晚宝天铁路在葡萄园车站西1 km处发生了滑坡断道，致使一些代表不能如期到会，这一事实也说明召开此次滑坡学术讨论会的必要性。滑坡防治的研究与我国的"四化"建设密切关联，是"四化"建设的一个组成部分；综观这次宝天铁路滑坡事故的情况，可以反映我国目前对滑坡研究的水平，也反映出滑坡防治和研究中需要解决的问题尚多，且非在短期内可以迎刃而解的。

这一滑坡地段（宝天铁路），系在目前铁科院西北所承担整治可行性的研究范围。该滑坡群总长1 km多，此次滑落的部分沿铁路线长仅150 m。为其东端边缘的一块，主滑范围100多米。该滑坡群位于渭河北岸大断裂破碎带部位（断裂带宽约500 m），是由泥盆系大理岩和破碎片岩组成，逆推于燕山期花岗岩之上。该斜坡由断层上盘的片岩组成，岩层倾向山里；在此，岩体先错落（体积近$1 \times 10^9 \text{ m}^3$），然后在错落体上再堆积$Q_3$和$Q_4$厚度近50 m的黄土。在渭河长期的冲刷和断层地下水长年补给作用下，其在渭河形成4级、3级、2级和1级阶地期间，均相应的生成过多级滑坡；现在滑落的东端一块（约$4 \times 10^5 \text{ m}^3$），出口低于路面下数米（相当于二级阶地面）。在此，铁路以高出渭河35 m的路堤通过，路面离坡脚20 m；滑下的土体已冲坏了一部分路基（滑坡出口比地面深12 m），堆于路面上的土体约$5 \times 10^4 \text{ m}^3$，经两天的抢修，已将铁路开通。滑坡产生的原因比较单纯，因该路堤坡脚下已远离渭河而无岸边冲刷；只能是土坡松弛，在多年地表水下渗和地下水作用下，于透雨后滑下。

近三十年来每逢丰水年，此处高于路面达百米以上的山坡，经常出现环状张裂缝（其长达百余米）；但在雨后旱季或雨水较少的年份，山上的裂缝又常愈合。此现象正是今年八月份，在美国旧金山国际土力学会上，滑坡专业组对慢性滑坡讨论的题目。这种缓慢性滑坡之所以出现时而为位移多、时而位移少、时而滑动、时而停止现象的原因何在？是否可以概括？在野外和实验室内，对这种现象能用何种技术手段观测到在不同程度上的位移？能否找出其内在的规律？该滑坡在丰水的1984年，于山坡上出现了百余米的环裂，其前缘也挖出出口，并见出口一带普遍渗水且滑痕清晰；但在当年秋季后，并未形成大滑动，而在今年第一场透雨之后滑动落下。对此现象的事后分析自然容易，可以说主要是受后山断层带中不够发育的裂隙水多年作用（特别是去年丰水，经一年补给，已将滑带全部浸湿），再加上今年第一场透雨的暂时水动压力的作用而促其滑下；此处经切割后使坡体长期松弛，为表水下渗创造了有利条件（滑带是由呈土状的片岩和黄土组成），在多年侵蚀及风化的作用下强度逐日衰弱，也是产生滑坡的原因之一。然而，在事前能否估计到今年要滑下呢？特别是滑动与这种暂时性雨水下渗量多少就能使滑坡滑动，能估计吗？如果不能，就只能尽早预防不能等待受害。

早在三年前我们就要求铁路局对此处注意预防，但我们没有这种技术水平能确切估计到今年九月份必然要滑下；当然，每年第一场透雨后，我们总很担心；每个丰水年的秋冬也是拿不稳它是否要滑下。这些需要研究如何预测、预报，就是慢性滑坡中司空见惯的现象。

二

我国幅员辽阔，是滑坡类型比较齐全的国家；但由于缺乏下述环境而少见与之相对应的滑坡：(1)日本火山灰和温泉土滑坡；(2)北美和北欧的海相成因的灵敏性黏土滑坡；(3)因在海域上修建刚刚开始，也未接触到大陆斜坡和大陆架上沉积物的海底水下滑坡。然而国际上通称的(1)坚硬岩石滑坡、(2)风化岩石滑坡、(3)软岩滑坡、(4)残积土滑坡、(5)超固结黏土滑坡、(6)软黏土滑坡、(7)各种黏性土滑坡、(8)粉砂、砂和黄土滑坡等,我国在不同的区域均比较发育。其中:因黄土覆盖面积大、成因类型多、特别是厚度大,所以,我国的黄土滑坡在世界上占有独特的地位;在西南因地震等级高、特别是在新构造运动发育地段其深切河谷的两岸,大型岩石滑坡和堆积物滑坡比之国外并不逊色;在黄河上游的青海境内曾发生于老第四纪黏土岩组(国外称为超固结黏土)中的崩塌性滑坡,比之甘肃洒勒山黄土滑坡更为巨大;福建山区,受多次侵入作用下的岩体,因风化厚度可达80多米,产生在这种风化花岗岩类和其残积土中的滑坡具有独特的机制;一些湖相沉积地带(如陕西安康盆地、山西太岳山的东麓五阳盆地一带、成都盆地及贵州水城一带等)含膨胀矿物的黏土滑坡(国外称含裂隙的超固结黏土)。均发育且大面积地带;在湖南省,前震旦系的水碛岩和页岩组所组成的高陡山坡地段的岩石,因长期蠕动发生滑坡;产生在四川二滩水库左岸的滑坡,是因玄武岩受岩脉穿插在风化破碎下形成;特别以薄层粉、细砂与黏土层互层出露于高大斜坡的下部在渗水时,往往使其上覆的、巨厚的黏土岩形成巨大的滑坡(如山西的红岩滑坡区等)。以上这些属区域性滑坡需要研究的问题很多,其中多数与1984年和1985年两年国际滑坡会议中提出的类似,大多数具有国际意义。

三

我国有系统地对滑坡防治和研究工作是自新中国成立以后由铁路系统开始;最早是1951年在宝天线成立了坍方流泥研究小组,继而在地质部的地质人员的支持下推动对铁路滑坡的研究;1956年,铁道部在宝天线改建和宝成线新建中,均成立坍方滑坡委员会;至50年代末建立专门的研究机构,即在西安成立了坍方研究所,随后于1961年底在铁科院西北所成立崩坍滑坡研究室。七十年代初,中国科学院程成都理研究所成立了滑坡研究室;许多产业部门(如煤炭、冶金、水电等)均相继展开了对滑坡的研究工作。当然,所有的地质大专院校,历来均对滑坡进行附带的研究。现在四川省和甘肃省已成立了滑坡研究会,陕西省也在筹建;这是一个好的趋势,希望借此东风成立全国性的滑坡防治技术咨询中心,以期密切配合"四化"建设。

在铁路系统带有全国性的滑坡会议,曾分别在1959、1961、1964、1973年召开;特别1973年9月在兰州召开的全国性铁路滑坡防治经验交流及科研协作会议,参加会议的单位除铁路系统外,有关的部委和地质院校均已参加(共118个单位),这种全国性质的会议可使滑坡防治和研究的事业向前推进了一步。这次在甘肃省召开的滑坡学术讨论会,参加的单位也较多;我预祝会议成功!并希望在滑坡防治和研究方面取得更大的收益。

四

研究的目的在于应用研究成果指导实践,形成生产力以促进"四化"的发展。各类滑坡中需要研究解决的问题很多应有所选择,以在短期内对防治有作用的为主,适当的考虑对长远起作用的理论性课题;为此,提出下述意见供参考:

多数产业部门认为,目前在滑坡研究上存在的难点仍然是(1)滑带土强度指标的试验与选择;(2)地下水作用的定量评价;(3)滑坡发生时间的预报。

(一)关于强度指标问题

1. 必须先弄清滑坡破坏的机制。对类型不同和具体条件不同的滑坡,其破坏机制不一致,就有必要将广义的滑坡分成崩塌、错落、滑坡(狭义而严谨)、坍塌等;我们仅就严谨的滑坡进行研究,基本上分为两种类型:(1)主滑段受剪破坏;(2)主滑段受压变形后转化为剪切破坏。这应先根据典型工点具体分析,再做模型模拟实验,找出破坏机制,然后用实际滑坡验证;当然,也可以根据大量现场资料进行分析,统计其规律。

2. 应研究滑带各个部分的破坏机制和在破坏过程中水和其他因素的作用。因此:需要分别模拟对拉剪、扭剪和压剪的破坏机制而改变试验方法,根据实际滑坡对有排水、不排水和局部排水现象,分别做类似的试验;并根据实际现象,找出滑动的距离、次数和大滑动的关系,做相应的模拟试验。

3. 在选择指标时,应对一些暂时因素(如地震力、水压等)找出其对指标的影响。

(二)地下水作用的定量评价

这一课题似乎应采用以工程控制滑带水的变化(如恢复部分支撑和疏干滑带水及滑体水到一般状态)前提下做评价。由于控制了滑带水的量和状态,按此状态下试验得出的指标,在稳定性分析中才有保证。

（三）滑坡发生时间的预报

这对崩塌性滑坡尤其重要，也应在弄清滑坡的破坏机制下，才能找到相应的方法。选用各种变形与时间的关系曲线，选用自动记录设备，始可按不同类型滑坡，找出相应的预报方法。

除上述三点外特别提出对岩质滑坡，我们工程地质人员的重点应从地质力学方法上研究山坡的构造格局，从宏观上研究斜坡破坏范围、变形类型和破坏机制；当弄清滑坡主体形状、各个边界和力学模式后，才是研究各个裂面的参数问题，必须先定性后定量。

在滑坡破坏机制上，我国已应用模型试验了，这是值得祝贺的；从简单的模型中，已找到了以成都黏土为滑带的位移量与滑带厚度的关系，从而在土滑带方面前进了一步。

注：此文发表于1988年《兰州滑坡会议论文集》。

编后：

此在1988年9月20日~26日的"兰州滑坡学术讨论会"上，徐邦栋首先在大会做的总报告。迄今又经过30年，虽然国内外滑坡概况大致改变不大，但是在滑坡破坏机制应用模型试验或模拟方法已证明作用小，不解决问题！严谨的滑坡还是"个性"突出，应在现场从当地的地质条件、气候现象、板块运动和岩土组成及其变化等综合关系中找出主次，才能比拟当地各条件、因素及主次转化的全过程中的稳定坡、极限坡、不稳定坡处找到供整治参考的数据！事先查清当地各种水（包括水气）对当地滑坡的作用，及时加以控制是整治滑坡重中之重的途径。

徐邦栋　2016年4月25日于兰州

滑坡防治研究

提要：本文阐述了作者对于滑坡防治的一些主要观点，包括滑坡机理、滑坡推力以及强度指标选择方面所提出新的看法和意见。这些看法和意见与国外现有著作有所不同，而是来源于国内工程实践，有些是为工程实践所证实了的，因此对整治滑坡和今后工作具有积极意义。

滑坡是岩体变形中规模大、数量多、危害严重、性质比较复杂而具有一定规律的不良物理地质现象。它同山崩、泥石流一样是山区的大自然灾害。特别由于在山区建设中破坏了山体的平衡而蒙受滑坡危害之事世界各国均有报道。它对铁路、公路、渠道、水库、堤坝、矿山、建筑以及农田和市政工程等方面的破坏虽无地震严重，但有时也是触目惊心的。例如1963年10月意大利北部瓦依昂水库库岸滑坡，有近3亿m^3侏罗纪、白垩纪灰岩突然滑落水库之中，致使整个水库报废，滑坡引起的涌浪高出坝顶达百余米，钢筋混凝土坝虽未破坏，但越坝洪水冲毁了下游5个村镇，并导致近2 000人死亡，气流也冲毁了坝内一切设备，成为当时世界上最大的水库失事事件。

我国早在公元七世纪前对滑坡即有文字记载，但是系统的对滑坡防治进行研究是在新中国成立后才开始的，至今约有三十年历史。国外如瑞士、意大利、捷克、苏联和北欧各国、日本、北美等国报道滑坡研究方面的文献已有半个世纪之久。滑坡作为一个工程地质问题和自然灾害来研究，其理论和经济意义是十分明显的。

我国在铁路方面曾于滑坡做过反复的斗争。初期(1956年前后)在新建的宝成铁路接轨时，宝鸡至略阳间遗留的十二大病害，都是滑坡，可以说明滑坡危害的严重性。随后由于基本上掌握了滑坡发育的规律和以下有效的防治方法，滑坡危害事例同成功地避开和大量整治好的滑坡相比成为一个极小数字，例如成昆铁路在勘测中成功避开了百余处滑坡，1966年修建中虽出现一些滑坡，但能及时整治，未延长筑路工期，并保证了运营后的铁路畅通。为了总结防治滑坡的经验和教训，我室曾编写了《滑坡防治》一书，于1977年由人民铁道出版社出版。现在本文的重点是阐述作者在滑坡防治的研究中的主要观点、防治方面及经实践验证了的结果。有效不同于国内外的传统观念和做法，在工程地质比拟计算方面取得了较显著的效果。当然也会有不足之处，希望读者指正。

一、滑坡的含义、要素及类型

国内外学者对滑坡含义的理解并不一致，大体上可分为广义和狭义两类。广义的，把所有的斜坡顺坡向下的块体运动都视为滑坡现象，它包括了"崩塌""错落""滑坡""堆塌""泥石流"等。狭义的，则仅指"斜坡上部分岩土沿一定的面(或带)整体向下、向前移动的现象"为滑坡。

我们所指"滑坡"为狭义者，指"在一定自然条件下山坡(包括边坡)上部岩土在重力作用下(或水的物理化学作用、震动及其他使滑带丧失强度的因素影响下)整体地(或几大块)沿一定的软弱带(或潜在的破碎软弱带)产生以水平移动为主的向下、向前移动的现象"。滑动一般是缓慢的、长期的、间歇性的，有时也有跳跃和急剧的变形。滑动后常具有一定的、独特的地貌景观(即滑坡要素)，一般包括环状后壁、一级或多级平缓的台阶和垅状的前缘等。

一个发育完整的滑坡，常具有下述要素(图1)和主要组成部分：(1)滑动带，带以上的动体为滑体，以下不动者为滑床；(2)滑坡周界内后缘有较陡的弧状滑壁，后部有呈封闭洼地状的滑坡湖，平缓的或向后倾的滑坡台阶，滑舌的前缘斜坡下有滑出口；(3)在滑坡四周边界附近分布着后缘张性下错裂缝、两侧羽状剪切裂缝、前缘沿滑动方向的放射状裂缝和横截滑动方向的隆起张性裂缝；(4)在滑体上由于各大块间滑动速度不一致，产生块与块间平行于滑动方向的剪切裂缝，两台阶间横切张性的牵引裂缝以及反倾向的陷落裂缝等；(5)有的滑坡侧缘和前缘斜坡高大、滑移时易导致岩土松散，在大滑动前先产生堆坍现象，先在前缘及两侧堑顶附近出现一系列平行于堑顶的下错性裂缝。

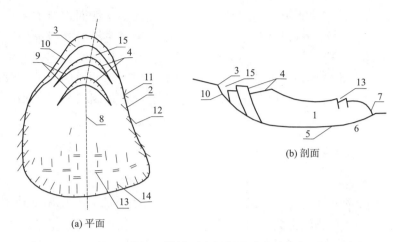

图 1 滑坡要素平剖面示意

1—滑坡体；2—滑坡周界；3—滑坡壁；4—滑坡台阶；5—滑动面；6—滑坡床；7—滑坡舌；8—主滑线；9—拉张裂缝；
10—主裂缝；11—剪切裂缝；12—羽毛状裂缝；13—鼓张裂缝；14—放射状张裂缝；15—封闭洼地（滑坡湖）

滑坡分类的目的，首先是为了正确地反映各类滑坡的特征及其发生、发展的规律；适应滑坡防治工作的顺序，从外貌上或经少量勘查后即可直接认识其性质，以便能较准确地预计防治工程的造价，及时组织力量尽早采取措施而不失时机。因此，我们不采用根据单一特征的简易分类法和在单一标志基础上考虑形成滑坡的条件、形态及发展因素的归纳性分类。而提出根据组成滑体的主要物质及其成因、滑体规模大小、滑动的特点等三级分类。同时也考虑到我国区域地质的特点。因为组成滑体的物质不同，具有不同的性质和运动形式，易于识别和分析。例如以堆积物为主组成滑体时，可知坡积物易渗水，易沿基岩顶面产生滑动；但崩积物下伏坡积物时，坡积物又相对隔水，易沿层间接触面形成滑带。又如河、湖相黏土为滑体时，含蒙脱石的一层受水易膨胀，往往依之发育成滑带，形成滑坡。

1. 堆积层滑坡。分堆积土和堆填土两类。它包括残、洪、崩、坡积物，易沿堆积层间或基岩顶面滑动，常分布于河谷两岸的滑坡地段。

2. 黄土滑坡。除新黄土易于渗水外，都具隔水性，故易产生新黄土沿老黄土顶面的滑动，以及不同成因与年代的黄土堆积层间的滑动。对具土节理、钙核层和砂砾石透镜体者，当其含水时常沿这些部位产生滑动，特别是堆积和洪积成因的黄土更是如此。黄土滑坡多集中于我国黄河流域黄土高原一带，特别是塬边的黄土中。

3. 黏土滑坡。一般河、湖、冰水沉积、泄湖或浅海相成因的黏土，因化学成分不同，土的性质与特征也不同，滑带常在具受水或卸荷易崩解与膨胀的一层中。残积黏土因其矿物成分不一样，易滑程度也有区别。黏土类滑坡多分布于我国某些丘陵盆地，各盆地中所产生的黏土滑坡有相似点，但也各具特点。

4. 岩层滑坡（分岩石顺层及破碎岩石滑坡两类）。岩石顺层滑坡常沿层间错动带或假整合与不整合面、泥化夹层、软弱夹层滑动；破碎岩石滑坡则多系由错落转化而呈滑坡，常沿倾向临空面的几组构造裂面最不利的组合滑动，特别是逆断层的上盘岩石沿断层带的滑动。这类滑坡在岩性、构造和临空面间有密切关系，它分布于我国不同山区，尤其是地质构造作用剧烈的褶皱区多见。

为了事前能预计勘测工作量和所需的力量与时间、防治方案和防治工程的设计与施工所需的数量、人力、时间、材料和造价等，以便确定防治对策，因此在第一级分类后，又按滑体规模划分为小、中、大、巨（特大）型滑坡；或以整治措施为主而划分为浅（厚数米）、中（数米至20 m）、深（20～50 m）、极深（厚度大于50 m）层滑坡等四类。

第三极分类是就每个滑坡在某一性质方面的特点划分的，以便于针对特点采取有效的整治和预防措施。例如从滑动快慢、滑体结构、力学性质、产生年代、破坏原因等划分为崩塌性与缓慢移动的滑坡，同层、顺层和切层滑坡，牵引式和推动式滑坡，新生、现代、老与古滑坡，潜蚀、浮力、挤出滑坡和液化溃爬等。对崩塌性滑坡，需预防事故，多采用立即见效的措施，如减重与刚性支挡。同层土滑坡常具有弧形滑面易因前缘丧失抗滑部分而滑动,应相应采取支挡与疏干等措施;顺层滑坡需考虑其多层性而逐层加固;切层滑坡易牵引向上发展,滑动急剧,常以恢复支撑为主进行防治。对牵引式滑坡着重对主滑的前级滑坡进行整治;而推动式者滑动主因在中后部,对中部采取措施易见效。不同年代的滑坡,其活动性与稳定程度不一样,且滑坡出口常与当时的侵蚀基准面有关,据此易找到病因,对症下药。针对滑带破坏的原因分类,可按成因进行防治。如潜蚀滑坡在于截水和防潜蚀;浮力滑坡要降低地下水位;挤出滑坡要加固滑带或减小压力;液化溃爬则要疏干滑体等。

二、滑坡的机理、发育阶段与其稳定度

(一)滑坡机理

从大量防治滑坡的实践中发现滑坡的滑动过程并非如传统的看法一样,实际上滑坡类型不同,发生机理各异,至少可分两大类型:一类是典型常见的滑坡,其主滑带位于中部,主滑带是依附在地质构造上既有的、向临空面缓倾斜的软弱带发育生成,因其蠕动而导致后部岩体产生一系列的主动破裂面,沿之下错形成了牵引段,在未断裂前,后部无推力作用于中部。因后部产生裂面导致地面水和岩体中地下水沿之集中,及由于断裂后岩体的结构强度变为裂面上的外摩擦始产生推力。之后,滑体的前部因受后、中部推力的挤压,被迫向临空面最薄弱处位移而产生新的滑带,达于地表,构成了抗滑段。一旦前缘出口形成,整个滑带贯通,滑坡才开始整体移动。

另一类为错落转化形成的滑坡,其中后部以上常为坚实的岩体,具有地质构造上既有的、向临空面陡倾斜的裂面,上部岩体对下伏柔性或破碎松散的岩体产生巨大压力。由于种种原因,下伏的中前部岩体在压应力大于其强度时,产生不均匀的压缩沉陷,后缘产生较平直的裂缝(常符合在既有裂面上),此时属错落变形阶段。由于下伏岩土产生大致向临空面倾斜的不均匀沉落,对底部产生向临空面的剪切而形成底部错动带,它导致上覆坚实岩土在后缘一带的裂缝不断张开与扩大,地面水和地下水因云集中下渗,浸软下伏错动带,当它不能支持自身稳定转化至沿此带滑动时,即发生滑坡。

(二)滑坡的发育阶段与稳定度

研究滑坡的发生发展规律,首先要区分其发育阶段,特别是能从地表形迹上或用少量的观测与勘测即可区分。如掌握了滑坡当前所处的发育阶段,并预计到今后的发展趋势,即可及时采取防治措施以减少危害;如能判定各个阶段在定量上的稳定度,即可列出平衡方程式,为防治工程措施的设计提供依据。对这一课题,国内外研究均未成熟。我们是经过大量实践,从地表裂缝发展过程找出了它与滑坡发育间的关系。基于对一般滑坡滑动机理在认识上有自己的特点与实践经验,下述相应的稳定度不宜与国外结论任意套用。从裂缝反映看,目前将滑坡的发育过程分为4~5个阶段(其中蠕动与挤压两阶段对崩塌性滑坡因区分不明显可以合并):

1. 蠕动阶段:滑坡某一部分(常是中部主滑地段)的滑带,处于封闭条件下,由于种种原因,当抗剪强度小于剪应力时,产生蠕动变形。此时滑体与滑带并未分开,但由于中部滑体向下向前移动,引起后部岩土如基础沉陷而断裂,或如挡墙移动而产生主动破裂面。反映在滑坡后缘处出现一些不连续的环状微裂缝,呈张开微下错状。其特点为滑带蠕动,稳定度 $K=1.15$ 或 $1.05\sim1.10$,视滑体为脆性或柔性岩石组成而定。滑体松散的,K 值较大;否则取小值。

2. 挤压阶段:滑体的中及后部已有少量移动,挤压前部的抗滑部分使之产生新滑带。即除抗滑地段外,中、后部滑带已形成,滑体与滑带已分开。反映在地表上,滑坡后缘的环状裂缝已贯通,并有少量下错,两侧出现羽状裂纹,但裂纹并未沿裂缝方向撕开;前部滑体因受挤压有时在前缘斜坡上出现 X 形微裂隙及局部小坍塌现象。其特点为前部滑体受挤压,促使产生抗滑地段的滑带,其稳定度 $K=1.00\sim1.05$,当前缘出现小坍塌时,K 接近于 1。

3. 滑动阶段(又称微动阶段):指整个滑坡沿滑面作缓慢移动的阶段。滑坡在前缘出口形成的一瞬间,整个滑带已贯通,其稳定度 $K=1$。随着滑坡不断向前移动,反映在地表上两侧羽状裂纹被撕开(即沿裂缝方向将于之斜交的一系列互相平行的羽状裂纹错断),并在滑坡前部出现断断续续的隆起裂缝和不贯通的放射状裂缝,以及滑坡中几大块间的分块裂缝。此时,后缘张开裂缝错距增大,后部的沉陷带或反倾的裂缝也

逐渐显示清晰；有时两侧前缘斜坡会产生小量坍塌现象，并在出口一带出现带状分布的泉水、湿地，其稳定度 $K=0.95\sim1.00$。各种裂缝显现得愈明显，K 值愈小。

4. 剧滑阶段：指滑坡作加速移动至急剧滑动而后逐渐停止的阶段。滑坡开始大位移与急剧滑动的瞬间，$K=0.90$；由缓慢移动开始经加速运动至大动，$K=0.90\sim0.95$；然后由滑动逐渐转化至停止，$K=0.90\sim0.95$。当过渡至大滑动时，反映在地表上后缘裂缝急剧下错，后部封闭洼地之雏形已形成，若有反倾的张裂缝者则已贯通并十分明显；前缘隆起裂缝和放射状裂缝多已贯通并错开；有的滑坡两侧及头部不断产生大量坍塌。当滑坡上出现微小的岩石碎裂声时，就接近大滑动了。一般大滑坡，特别是岩石大滑坡，在大滑动中多具有类似牛鸣的吼声。如滑动速度很大，前部可产生气浪。滑坡大滑动后常因舌部移动而带出大量的浊水（滑带水），并在后部与母体分开处形成滑坡湖和反倾陷落地段。有些滑坡的中前部因移动速度有差异而分成纵横几大块并互相错开。有的在前缘一带新生了垅状的隆起和垣垅。

5. 固结阶段（又称稳定压密阶段）：滑坡停止向前移动后，滑体各部均有向前压实和在自重下压密的现象。滑带因压密而固结，并逐渐恢复一些强度。反映在地表上，各种滑动裂缝逐渐闭合，并由滑体沉陷不均匀所产生的裂缝代替。其稳定度由 $K=0.95\sim1.00$ 向 $K=1.00\sim1.10$ 变化。一旦地表裂缝全部消失，滑体表面土石达到密实状态时，滑带就完全固结，$K=1.10$。当仪器观测已无变动时，$K=1.10\sim1.15$ 或更大。

由错落转化的滑坡，常因坡体加重（如中后部坡面堆渣或雨季中充水）或前缘变陡与承载变窄等，使错落带因压应力加大而形成错落。一旦裂缝形成，压密变形即完成，K 约为 1.10。此后如错落带转化为滑带，而后缘原贯通裂缝再出现时的"蠕动阶段"不易觉察和区分，直到前缘出现 X 微裂隙等才发现，因此其蠕动与挤压阶段常混而为一，这一特点值得注意。

三、滑坡的地质力学属性

滑坡滑动，反映在力学上是两侧及前部受阻，其地质力学属性为：

1. 在后缘表现为张性断裂现象，中部主滑段属剪性滑动，前部则如压性断层性质，两侧受扭力作用。
2. 在平面上，由向前突出的垅状压性构造线和与之垂直的向后凹如的张性构造线相交，构成网状（图2）。在主应力（主滑地段的滑动力）作用下，1）在后壁产生张性滑壁、地堑性和陷落性的洼地及牵引部分，并常有互相平行而倾向相反的两组滑壁；2）在主应力与左、右侧阻力构成的力偶作用下，两侧形成扭性构造面，反映在地表有沿次级张性结构面发育的雁形排列的羽状裂纹组；3）在舌部前缘产生压性褶曲以及沿轴面之张性面发育的鼓胀裂缝、因侧向伸长而形成的放射状裂缝及沿滑面出口的压性逆断层面。

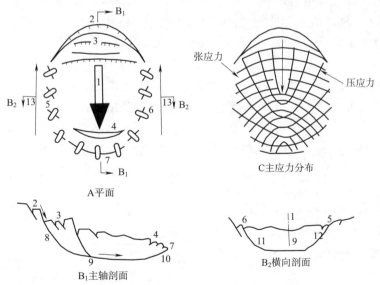

图2 滑坡裂缝、主应力分布及剖面结构

1—主应力及方向；2—滑壁；3—洼地的张拉裂缝带；4—鼓张裂缝带；5—左侧羽状裂缝带；6—右侧羽状裂缝带；
7—舌部压性结构面及放射状裂缝；8—张性结构面；9—扭性结构面；10—压性结构面；11,12—张扭性结构面；13—两侧阻滑力

3. 从滑坡主轴断面上看（图3），滑带位于后缘的一段为正断层张性面；中部主滑地段系由纯剪性向扭性过渡，裂面平行于滑床；抗滑地段受滑动力 P 和滑床阻力 F 构成的一对力偶作用使滑带中产生向上破裂的压性面 S_1 和向下破裂的张性面 S_2，组成格子状，所以在抗滑地段的滑带中常见到几组裂面。一般张性面 S_2 不明显。在有滑距时，又产生一组与滑床平行的压性面，并割断 S_1 及 S_2 等裂面。

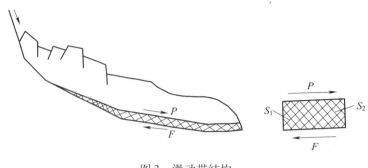

图3　滑动带结构

4. 在滑坡出口一段未贯通前，抗滑地段受挤压而阻水，所以此时在滑坡中前部的钻孔中常见有承压水头。一旦滑坡整体滑动，水即沿主压性面流出。这也是滑坡水文地质条件变化的规律。

5. 对岩石滑坡而言，各组裂缝基本上依附于邻近的既有的构造裂面发育生成。但对于风化严重而破碎的柔性岩石，一些裂缝又常为两组或多组裂面的组合，甚至呈弧形，特别表现在后缘裂缝组及前缘滑带易呈帚状上。

四、关于滑带土剪切强度的试验方法及设计指标的选择

滑带土抗剪强度指标选择的正确与否，直接影响滑坡稳定性检算及确定滑坡推力的数值。强度指标是随滑坡状态的改变而变化的。我们常从（1）试验指标；（2）工程地质比拟法找到的指标变化范围及类似条件对比的经验；（3）滑坡各个阶段的平衡断面方程式中反求等三者之间选择。特别注意今后影响滑带土指标的各个因素的消长变化，往往用一些工程措施控制主要因素在一定范围内的变化而选择指标。实践证明，这样做是切合实际的。

1. 关于滑带土强度的试验方法，至今国内外尚未很好解决，其主要原因是未与实际滑坡的状态相联系。我们以模拟滑坡本身及其过程为主，首先从不同部位滑带的不同性质着眼，提出各不相同的试验方法。如一典型滑坡可分为牵引、主滑和抗滑三部分，牵引地段的滑带纯属断裂面间的外摩擦性质，故采用滑面重合剪或在现场作面间的外摩擦试验求其系数。由于一般后缘裂面多倾斜较陡，存水条件差，至多按中塑状态的原状土进行试验即可。

主滑地段滑带土的强度随已产生显著滑动的次数或位移的距离而衰减，因此作原状土的多次剪试验可找到峰值至残余值间每次剪后的强度，或在环剪仪上求出峰值至残余值间随剪切距离增大而衰减的强度曲线（仍在试验研究中）。由于最不利情况与滑带土在滑体压力下的饱水程度有关，所以需作重塑土在不同含水量条件下剪切次数与强度间的关系曲线，设计者可根据今后可能出现的情况选择指标求出设计推力值。一般常用饱水条件下比残余强度略高的强度。至于是否作排水剪，应比照滑坡的具体状态而定，不能硬性规定。

抗滑地段的滑带，随各个滑坡的自然条件而异，有每次滑动沿新生滑带者，也有重复在原出口上的，以在野外作原位大剪为宜，取其峰值或第二次剪切强度。也有根据实际情况采用浸水后剪切或原状土剪切的。如取样做室内剪切试验，同样应按自然条件确定剪切方法及是否排水。

2. 试验方法所求滑带土强度指标，只有所用方法与滑坡条件及变形过程基本上一致时才符合实际。它必然应与当地类似条件的滑坡和滑坡本身在滑动过程中所反映的形迹相一致。例如从观测结果得知主滑地段先动，即说明其强度值（综合摩阻角）必小于主滑地段滑床的倾斜角等。它们一定是在用工程地质比拟法所求出强度的上下限之间。

3. 滑坡发育的各个阶段都有相应的整体稳定度。在每一阶段取各段滑带的原状土,在适应滑坡状态下所得强度指标列入稳定性计算时,所求的整体稳定度应与前述从地裂缝所反映的该阶段之稳定度一致。当缺乏某一段滑带土的强度指标时,可用反算法求之。当未知数多时,可找几个类似条件的滑坡,或同一滑坡的类似部位,经过分析列出共轭联立方程式求解。

实践证明,只要每一方面的每一个环节都经过慎重分析,并曾细致的找出其 c、φ 值,按牵引、主滑和抗滑地段,或按更多的不同条件分段求出指标,上述三方面的结论往往趋于一致。否则必是某一环节有错误,往往经过修正,还是证明有一致性。因此在实际工作时,对各段选用的指标要通过分析对比取其较准确者,或比较后稍加修正,应用于滑坡推力计算中。

五、滑坡稳定性的判断方法和原理

滑坡稳定性判断是防治滑坡中的关键问题之一。国内外学者和工程技术人员曾对此进行过大量的调查研究,但因其复杂、受技术水平、量测手段和研究深度所限,至今还处在定性阶段。我们从长期和大量实践中总结出下述 8 方面的做法,找出规律,反复实践,已可由定性向定量过渡。这 8 方面是:(1)从地貌形态的演变;(2)地质条件对比;(3)滑动因素的变动;(4)观测滑动迹象及其发展;(5)山体平衡核算;(6)斜坡稳定性计算;(7)坡脚岩土强度与所受应力对比;(8)工程地质比拟计算。前 4 个方面是用自然条件和作用因素及其变化上对比滑动与稳定间的关系以判断滑坡的稳定程度,后 4 个方面是用各种力学方法计算出滑坡稳定度在数量上的界限。每一方面都是从一定角度出发去观测和分析滑坡的,都可单独应用,由定性到定量。但由于以往注意不够,积累数据不多,使有些方面在定量程度上尚有较大差距,还需继续深入研究。对同一滑坡而言,往往可用其中 3~5 个方面来判断稳定性,其结论是一致的,所以它们既可以互相核对与验证,也可相辅相成。各方面所依据的原理是:

1. 地貌演变方面。同一岩性结构的大块岩体在地貌形态上的变化过程,是受当地地质构造所形成的格局直接影响的。用地质力学原理,从调查形迹入手找出形成当地岩体的构造应力场及其序次,找出每次应力场的主要结构面和配套要素及其被后期改造的过程,特别要找出它们与临空面发育过程间的关系。据此找出各大块岩体及其斜坡的变化过程和趋势,从而判断它们在当前的稳定性。再根据当地类似条件下各个不同发育阶段与不同稳定度的滑坡在地貌形态上的特点,以其为样板,将之与需判断稳定性的滑坡作对比,即可分析判断出滑坡当前的稳定程度。由于都受同一地质构造控制,故从滑坡微地貌形态的变化中经过测绘可以找出滑坡在当地不同发育程度上的定量指标,经分析对比即能求得滑坡在稳定程度上的定量值。

2. 地质条件对比方面。对比稳定山坡与滑坡在地质条件上的差异,滑坡各个阶段中地质条件的不同,从这些差异中找出滑坡稳定性方面的定性和定量指标。先做稳定地段特别是滑坡周围的地质测绘,再作滑坡范围内的,然后逐项对比。例如从岩石层次上可发现由于滑动缺失和破坏了哪一层而找出滑带的部位;从同一层的变化上又找出滑动的距离和旋转的角度;从水文地质和构造条件的不同可找出病因;从滑带土的破坏和浸水程度可找到强度的差别,它与滑床的倾斜度对比就可判断稳定性。滑体的松散程度与稳定者对比可判断滑坡曾经经历过的滑动过程与今后的发展趋势等。

3. 滑动因素的变动方面。有变动的滑动因素与营力才能使周围的介质发生物理和化学变化,如果它的变动能引起滑坡内在条件发生改变,才能因其变化使滑坡恶化。例如滑带水的变动对已饱水的滑带土就不能再起软化作用了。只有当其流速和流量可促使滑带产生潜蚀或因水质变化使滑带土产生化学变化,或因水位增高而引起滑体悬浮时,滑带水才对此种滑带产生恶化作用。从各个变动的因素与营力对滑坡内在条件的影响,可定性判断滑坡的稳定性。如果能从观测和试验中找到这些因素和营力的变化值与滑坡活动的内在条件之间的关系,特别是滑坡活动从一个阶段向另一个阶段转变的数量界限,就可由定性向定量过渡。

4. 滑坡迹象及其变化方面。滑坡滑动时在滑体与四周不动体间产生变形迹象并不断变化;滑体本身由于滑动也出现一系列迹象。因此,通过对地表位移和变形、深层位移和变形、建筑物变形、地下水的变化,以及滑体和滑带的各种物理现象的变化等迹象进行观测与量测,即可判断滑坡发育到那一个阶段以及在稳定程度上的定性关系。当了解到滑坡从一个阶段过渡到另一个阶段在迹象上的不同及每一迹象在数量上的反映时,就可定量判断滑坡的稳定性。例如岩层滑坡在大滑动前往往出现以下各迹象中的几种:如岩石的碎裂声,滑坡头部先产生局部坍塌和掉石,前缘斜坡上岩石中出现新开裂并不断扩大,滑坡加速滑动,滑带水的水位、水量、水质和水温突然变化等,由此迹象即可定性判断滑坡的稳定性。如果能量测出岩石碎裂声在音波频率上的数值,前缘岩石变形量或滑坡应力的增长值,滑动加速度与破坏在时间上的关系式,滑带水的变化与破坏间的数量关系等,就可达到从定量上判断滑坡的稳定性。

5. 山体平衡核算方面。此法国内外都常用,即将滑坡恢复到滑动瞬间的原始状态,认为其稳定程度为极限平衡,$K=1$,作为滑坡平衡核算的依据。实际上,它只适用于滑动距离不远,滑体基本上未脱离滑床,且后缘牵引部分和前缘抗滑部分较短,基本上沿同一条件构成的滑带滑动的滑坡。在滑动距离长,大部分滑体脱离原滑床,牵引和抗滑地段占整个滑带长度的比例较大时,如在这滑带全长上 c、φ 值平均分配,又不考虑滑动后强度衰减的反算求出的数值做计算推力的依据,常常不符合实际,并不能用加大安全系数找到切合实际的数值。因此定性不准,可能过于安全,也可能偏于危险。

6. 斜坡稳定性计算方面。此法是我们从实践中总结归纳而成。原则上以现场所见滑坡状态为依据,根据当时各种迹象与状态找出其稳定度。如前述地表裂缝与滑坡发育阶段的关系,即可列出当时状态下的滑坡平衡方程式。同时查明滑坡变形历史,经过访问与了解,特别注意是否经历过大地震或邻近地带大爆破等作用的影响,可根据那些情况下的稳定度列出历史上各个变动状态下的方程式。这样可求出一系列不同边界条件下的平衡指标,供最不利组合时选择指标考虑,而后直接计算出被判断的滑坡在当前及今后的稳定性。

各个平衡状态下所列的方程式中各段滑带的指标是按不同性质的部位和状态分布提出的。现阶段的,用现在状态下各段原状土所求出的指标;历史阶段的,用经过分析推断的当时状态下的指标;今后的按预计最不利组合状态下的试验指标。

同样在计算时,也应考虑各自状态下相应的外力组合与计算范围,务必使计算内容与滑坡变形的历史状态相一致。如此计算出的各个阶段的稳定程度与预测的发展趋势,经实践证明是比较可靠的。

7. 坡脚岩土的强度与所受应力之对比方面。此法特别适宜于由错落转化的滑坡,在宝成及成昆等铁路滑坡防治的实践中均采用过。错落性滑坡的产生在于下伏岩土松软,受压后易于压缩,从而集中水流软化成滑带。由于承载能力不够,转化为剪切破坏产生滑动,所以对比滑带部位,特别是坡脚一带的强度与应力间的关系,即可求出稳定程度。如从剪切应力与强度对比绘出变形区,并直接沿下伏错落带求出滑动推力,即可达到定量阶段。

8. 工程地质比拟计算方面。重点是从工程地质角度对比各个部分的强度,找出每个部位滑坡推力的上下界限;再从各种岩土的倾斜度,结合成因分析,找出滑坡形成时的状态与目前状态的区别,从而比拟出该岩土的内摩擦系数的界限。也可按上述第6法的各个平衡条件反求出各种状态下每个部位的滑带强度。其次是在滑坡的抗滑地段求某一部分的抗力,经过分析说明它与该部位推力间的关系。求某一截面抗力的办法是按滑带、滑体强度和建筑物的破坏情形与其极限强度等三方面,从滑坡出口至该截面位置,分别为剩余抗滑力、被动土压与到临空面的抗剪切力、曾经产生过的滑动力之界限。再结合变形时的条件,即可找出在该条件下、该截面的滑坡推力之上下限。若将滑体视为一实体试验,分析各部分的地质属性,从其变形历史,找出一系列在各种条件下的相关数据,供设计计算考虑应用,则工程地质比拟计算法在判断稳定性上就由定性过渡到定量了。

六、滑坡推力计算

由于各国所遇到的滑坡类型不同,滑体相对刚度有别,因之对滑坡推力计算的前提、假设常不一致。实践证明不同破坏条件下的滑坡其推力计算办法是不同的,滑体呈块状、塑性体或流体者,滑坡推力的传递和某一截面上推力的分布图形也不一致。对刚度大的块体滑坡,经过实测,其推力的合力点位于刚性抗滑建筑物上接近建筑物高度的一半稍偏下。由于这类滑坡滑带相对较薄且常呈平面形,故提出按折线形滑面、至少划分为牵引、主滑和抗滑三个地段计算,假定推力平行于每段滑床,呈平行四边形分布,即合力作用于截面的中点。塑流体滑坡则假定推力呈三角形分布,合力作用于截面下的三分之一处。相反,当滑体的顶层移动速度大于底层时,推力的合力作用点应位于截面的一半以上。对一些影响滑坡地质因素的变化,往往是用一些工程措施控制它在一定范围之内,求出一定条件下的滑坡推力。例如滑坡受地面水的作用,滑坡滑动后滑体松弛,更易渗水。因而常采用一系列地面截排水措施,特别在滑坡前缘作相应的刚性支撑工程,使滑体逐渐压密,如此控制地面水下渗使之不多于往年。这样,以滑动后的雨季中后期滑体的含水情况为条件,用其指标代入滑坡平衡方程式进行推力计算,对地面水作用来说,已得到保证。以下介绍推力计算的特点:

1. 推力计算的断面一般选择沿滑动主轴部位及与之平行的若干断面,断面方向应力求与滑动方向一致,随滑动方向转折而转折。若是推动式滑坡则由最远一条后缘贯通裂缝计算整个滑体范围内的滑坡推力;若是牵引式滑坡,只计算前级主滑滑坡范围,从前级滑坡后缘最远一条贯通裂缝起算,这已被甘洛2号滑坡变形实际所证实。

2. 对两级滑坡而言,若后级滑坡的后缘裂缝先出现并贯通,在滑动过程中出现分级裂缝,属推动式滑坡;反之,一般属牵引式滑坡。两级滑坡间是否有推力传递?要做具体分析。若分级裂缝已经闭合说明后级已追上前级,有推力传递。但推力传递大小,视后级之前缘与前级之后缘滑体间的厚度、刚度而异,需分析交接处的地质条件和变形历史。若前级滑坡松软,且滑带低于后级滑坡较深,并在后级之前缘出口标高一带,前级之后缘土体普遍潮湿松软,说明后级滑坡将切割前级滑坡的后部并剪出地表。此时仅仅计算后级掩盖于前级顶部的土高即可。否则反是。

3. 要分析修建各项工程后滑坡在平、断面上的可能变化。对具多层滑带的滑坡,要分别情况逐层计算其推力,使前缘抗滑工程在任一层滑动时均能保证安全。

4. 对每一滑坡中各个滑动因素的变动及其范围,应有足够的依据,根据今后可能出现的最不利组合,列出方程计算推力,据此设计抗滑工程。对每一种组合均应考虑其出现的机遇率,在总体安全系数上分别用不同的数值。例如对正常条件的永久工程推力计算采用的安全系数$K=1.15\sim1.20$,但同时考虑了地震力时,可取$K=1.05$。

5. 在推力计算中关于各段滑带抗剪强度的选择:(1)由模拟滑坡动态及条件的试验法求得;(2)用各种边界条件下的平衡方程反算求得;(3)参用类似条件下已获得的经验数据并通过工程地质比拟者。从三者数据中结合工程的保证年代,推断可能出现的最不利组合条件,经过对比分析而选用。其中反算$c、\varphi$值时常采用类似条件下的几个相应的方程式联立求解,但地质条件必须类似,不可滥用。

6. 由于在列方程时已慎重考虑了各个环节和保证年代内地质因素的可能变化,即将安全系数经过分析分配到推力计算的各个环节上,所以推力计算的总安全系数小。一般对永久性主体抗滑工程取$K=1.10\sim1.20$;临时性及辅助性工程$K=1.05\sim1.10$。对滑坡规模大或活动性强、建筑物重要、失事后果严重的,K用大值;对出现概率小或危害程度小、变形缓慢者,K用小值。

七、防治滑坡的工程措施

从多条铁路新线及旧线病害整治的经验教训中得出,采用下述防治原则对我国当前条件是适合的。

1. 在规模大小不等的多个滑坡分布的地段,以改移线路避开滑坡区、群为宜。对已成铁路避开病害有困难时,能移动线路$1\sim2$ m对整治工程往往也是有利的,应争取局部移动。

2. 对必须整治的滑坡,原则上要一次治理,不留后患;但首先要弄清性质与病因,针对主要原因采用得力措施,辅以其他措施综合处理。

3. 对大型、复杂的滑坡在短期内不易搞清其性质的,应作出规划,连续整治。对有急剧变形危险的应有抢险措施,如局部减重,争取进行勘察与整治的时间。但切忌盲目刷坡,否则将造成工程失败,以往此类教训是很多的。

4. 对易造成危害的滑坡,应采取立即生效的措施。

5. 整治工程的施工应尽可能安排在旱季进行,并应避免在滑坡前部横截滑坡一次开挖大深槽坑造成滑坡恶化。施工前应先做好临时性排除地面水工程。对整治活动中的滑坡,须同时做好观测工作,以保证施工安全。

6. 运营中,对滑坡及其防治工程建筑物须加强观测、养护和维修,以减少病害的新生和发展。

防治滑坡的工程措施是多种多样的,应根据滑坡的需要选用适应的。如我们在成昆铁路整治甘洛 1 号滑坡,因滑坡中有大量地下水,且滑体下卧于能排水的老河床砾石层上,故采用垂直钻孔群疏干滑坡水以保证其稳定。而对甘洛 2 号洪积层滑坡,因滑体密实,滑带薄,滑带水少,就首次研究用挖孔抗滑桩与挡墙处理,因桩埋于滑床为老洪积物,其刚度远小于钢筋混凝土桩,故推导了刚性桩公式。

值得注意的是,整治滑坡的抗滑桩与桥梁基桩是不同的:(1)抗滑桩以桩排抗滑,滑床以下两桩间的间距小,一般为桩宽的 3~5 倍,并非如桥桩为半无限体,所以用桥桩公式检查抗滑桩是刚性或柔性是不合适的。(2)桥桩一般受垂直荷载大,当桩底置于基岩顶面时,垂直荷载所产生的桩底摩阻力远比所受的横推力大,所以按铰端推导公式;而抗滑桩垂直荷载小,大部分桩自重为桩周摩阻力所克服,在滑坡推力作用下,不论桩底是否置于基岩顶面上或埋于松软基岩中,都类似自由端,故应按自由端推导公式。(3)抗滑桩前滑面以上的岩土抗力,由于滑带存在,使滑体与滑床为不连续体,故不能如桥桩按弹性固结考虑,而按桩前剩余抗滑力,或桩前被动土压,或桩与临空面间岩土的抗剪力等,取其小值控制设计。(4)抗滑桩埋于滑床部分受围岩变形条件控制以确定选用的公式,并非如桥桩只按弹性地基梁的理论求解。如桩周围岩土系松散地层,受力后变形大,早超过弹塑性范围,所以只能按极限平衡状态的公式求解;若是柔性半岩质岩层,受力后达塑性变形但又未破坏,特别在滑床顶面附近易发生塑性变形,所以应允许滑床顶面下一定范围内采用塑性公式计算抗滑桩;只有桩埋于整体地层中,或处于构造上的压密带,才可选用弹性地基梁公式求解。(5)桥桩受力后桩顶允许变位受铁路线位置限制不能太大,所以采用较大的围岩弹性抗力系数;而抗滑桩多设于铁路线有效净空之外,允许桩变位稍大,所以采用较小的弹性抗力系数。防治工程措施尚多,不再赘述。

八、结 语

综上所述,可归纳得到以下特点:

1. 从地貌形态上,按滑坡裂缝的发育过程,将滑坡发育过程分为 4~5 个阶段。从大量滑坡事件中找到各个阶段滑坡的整体稳定度。据此在滑坡平衡计算中,提出以下相应的定量指标,可使对滑坡的工程地质工作达到由定性过渡到定量。

2. 从利于滑坡防治出发,提出了以组成滑体物质成因为主的三级滑坡分类法。

3. 从地质力学方面研究了滑坡及各个部位滑带的力学性质,找出了以模拟滑动性质为主试验相应部位滑带土剪切强度的方法,创用直剪仪做多次剪方法求出滑带土的峰值,至残余值间各次剪切强度和用重塑土做出不同含水量条件下的多次剪切强度曲线,对计算不同状态下的滑坡推力,找到了选择滑带土强度指标的参考数据。

4. 在总结判断滑坡稳定性经验的基础上找出规律,反复验证,得出滑坡稳定性判断八个方面的做法,及每一方法的适用条件和由定性向定量的过渡办法。尤以视滑坡为一实体模型的工程地质比拟法有着独特的作用,用它找出各个边界条件与数据,可直接应用于滑坡的平衡方程式中,比国内外现有的办法更为可靠,且能在短时间内弄清滑坡的性质和提供设计用的参数,有适应于特殊条件下需用的优点。

5. 在防治方面,着重研究了滑坡性质与防治工程的相互关系,总结出相应的防治原则:对大型复杂滑坡或滑坡成群分布地区,以绕避为主;对中小型滑坡经过技术经济比较后应以整治为宜。整治时要一次治理,不留后患。找到了铁路路线通过滑坡不同部位的有效防治措施。在整治滑坡时,采用工程措施以控制各种滑动因素只在一定范围内发生,并使滑坡只在一定状态下活动,从而使设计中所采用的参数选择恰当,以保证滑坡得到防止。

注:此文发表于 1980 年《中国铁道科学》第 2 卷。

第二部分

专题论文

宝成铁路防止路基遭受淘刷的几种建筑物

江河水流对岸边及铁路建筑物的破坏,有两种现象:一是冲毁枯水位以上的部分,我们称为冲刷;二是对枯水位以下的部分,包括建筑物基础的掏空,称为淘刷。宝成铁路沿清姜河及嘉陵江地段,由于基础处理不当而遭水毁处,事例较多,这种山区河流淘刷所造成的严重水害,在每条河流上,都不乏教训。国家为保证雨季中不间断行车,每年对临时防洪所耗费的资金是相当巨大的。这种现象是应该及早消灭,才合乎社会主义的建设要求。推究原因,由于不易掌握水流性质,在河流的每段不能精确的估算冲刷深度,因而提不出正确的方案,习用了临时防洪措施。也确实,采用防淘工程既贵且施工较困难,似乎可以慢些,经考验后再施工。但假如我们能够找出一种构造物,施工既方便又可随时按需要接长或缩短,而且可搬运到其他地方应用,这就可弥补对淘刷没有把握的缺憾。初期按全年中可能的淘刷情形修够,在枯水期检查,经几年实地观测后,再决定增减。这样,就可避免浪费和抢修。或者砌筑一种造价不贵的构造物,它虽被水冲毁,但能保证路基或防护建筑物不变形,每年修补接长,几年后新河岸形成就不再有水毁顾虑。这种做法,也可达到不浪费又安全的目的。我们在清姜河及嘉陵江上修了近七十处的防护工程中,认为钢筋混凝土块坂沉排可能适合第一种要求;而小潜坝、低坝及石床可能适合第二种要求。

为了防止水毁,几年来在宝成线上用了不少不同类型的防护建筑物,尤以防止底部淘刷的构造物,经过1956～1957两年洪水的考验,是有成效的。这与党的领导、苏联专家的无私帮助是分不开的,尤其是现场同志以无比的智慧,不断地改善、想办法才修成。这些防淘类型有些是普通的,例如:埋置基础于冲刷线以下、板桩、抛石、护道、柴排、柴褥、竹笼、铅丝石笼等,其具体结构本文不拟介绍。有些是比较新型的,例如:混凝土活动护坡、石床、护坦、小潜坝、低坝、钢筋混凝土块坂沉排等,均已实施。本文是根据实例,结合苏联专家指示,提出个人认识,以达到抛砖引玉,供山区河谷地段设计施工人员参考。

应该着重地指出,本文提到的有部分防淘构造物,尚在试用阶段。正如苏联专家所说:"在实际采用时,需批判地应用、结合当地条件,尤以坡脚地质条件最为重要。"其次这些类型构造物和各段水流特征有关,洪水考验时间不长,尚不能得出结论,加之本人的理论水平和经验较低,推论亦不够成熟,缺点是在所难免,鉴于祖国伟大的第二个五年计划,山区铁路将兴建较多,兹介绍防淘的经验教训和这方面的实施办法,可能是有些帮助的。

一、渭河下游的防淘建筑物

河流特征——河谷宽阔,平畴相间,两岸黄土台地发育,十分宽广。当中水位时,洪水满槽,河面宽约500 m,深约3 m;高水位时,泛滥范围可达800～900 m;普通水深1～2 m,枯水期有沙滩出露。河床坡度 $i = 1.22‰$,推算300年周期洪水流量6 980 m³/s,洪水深4.5 m,浅滩流速2 m/s,主流平均流速4 m/s。组成河岸及滩上台地的土壤为细沙、黏砂土,河主槽中系砂砾夹小卵石,下卧第三纪红黏土。从这些特征上看,是具备了平原区河流的性质。水流对河底的下切已经衰退,对河岸的侵蚀也减弱。由于河面宽,主流流向摆动不定,河床及河岸系软弱土层,是经不住洪水冲淘的。河水主流冲来即成深槽,冲毁河岸;主流偏走,又淤成浅滩。河在平面和立面上的摆动尺寸与反复淤淘的尺寸也很大。在洪水期,水流夹带的泥沙细颗粒较多,亦是特征之一。

【防淘办法的实例】

采用平铺石笼防淘的实例(图1)。渭河流至铁路附近,流向由西向东,某桥头恰在洪水主流流向摆动范围之内。初期,在桥北岸修建了导流堤,其护坡脚为干砌片石基础。于1954年洪水中,由于坡脚被淘,护坡被水冲毁,导流堤因之严重变形,坡脚处已被冲成深槽。在1955年修复加固时,经分析采用平面防护是既简单又经济,从水流有向软弱地段侵蚀这一观点出发,采用在堤脚外平铺石笼,以防河水淘刷。且借石笼增加导流堤坡脚附近的粗糙程度,如此可形成紊流,使主流偏向河心,因之堤脚流速可降低,能在粗糙面上沉积,淤成浅滩。据此理论,便决定在堤脚浸水处,抛大卵石作为基础,水上部分干砌大卵石护坡,堤脚外垂直导流堤放置铅丝笼,并在坡脚打桩拉笼。施工时,在水流中铅丝笼下放困难,现场人员便在四角打短木桩使笼固定,然后投石入笼封闭。石笼为 1 m×1 m×3 m,长 6 m(图1)。竣工后,堤脚处即逐渐淤积,石笼被泥沙所掩埋,主流河槽偏移只淘刷石笼头,使堤脚成为缓流区,铅丝石笼变成了永久性建筑物。现经 1955~1957 年三年洪水考验,已防止了淘刷。通过这一事实,认识到在此种河流中——水流夹带细粒土壤,在流速不超过 3 m/s 的地段,也可采用柴排或竹笼,能与铅丝石笼起同样的作用。其后,在同样性质地段受洪水冲刷的范围内,即可照此修建柴排,以防止淘刷。

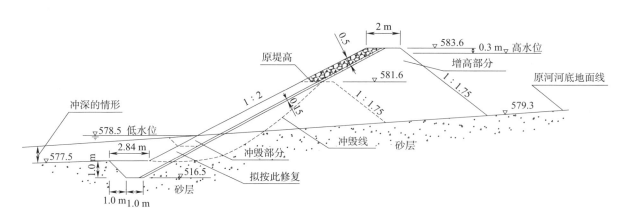

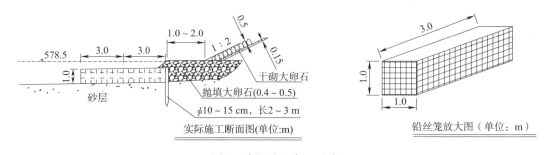

图 1　实际施工断面示意

二、清姜河上的防淘建筑物

河流特征——清姜河源出于秦岭,汇流入渭河,长仅 26 km,但高差却达 800 m。上游河床纵坡 30‰,个别地段有达 40‰者。在与深沙河汇合后,已具完整的河谷,河床纵坡也渐降为 20‰~15‰,入渭河附近为 15‰~13‰。河谷成 V 形,河槽成 U 形。两侧山坡约 45°,由裸露的花岗岩组成,多垂直节理及平行水流的垂直断层,形成峭壁,山坡植被茂盛。在不同高度上,有大小漂石混合沉积。河流方向,大致由南向北,中部偏东,河流较顺直,与秦岭东西地质大构造有关。经过不少地质工作者的推断:清姜河系沿陷落地堑形成,曾有过第四纪的冰川侵蚀。河凸岸漫滩较大,河槽及河岸一般表层厚约 2~4 m 为飘砾夹砂砾卵石,其中飘砾粒径为 0.4~0.6 m 占 40%,也有个别大漂石粒径达 1~2 m 者零散分布在河中;下层为大于 1~2 m 直径的漂石层,有些地段裸露着花岗岩类的基岩,形成泛滥。河槽宽 20~50 m,深 3~4 m,中水位时洪水满槽。推算 300 年周期流量洪水深为 4.5 m,平均主流流速为 6.5 m/s,在凹湾处可达 8~10 m/s(1955 年实测坝头表面流速为 8 m/s);枯水期,可见河底如小溪。每年洪水期,河中滚石,声如雷鸣。滚动的石块,一般为 0.4~0.6 m,也有大达 1 m 的,曾有过撞弯桥墩钢轨护桩的事件,其破坏力十分巨大。1955 年及 1956 年洪水因河流偏向,曾将大小漂石组成的河岸及川陕公路冲走了 1~2 km。

【防淘办法的实例】

例一：采用埋基础于大漂石层防淘的实例（图2）——某处路堤填入清姜河凹湾中，因在上游河左岸自凸岸末修了短溢水丁坝1号、2号、3号及4号与河岸相接，坝高与多年重复洪水位齐，坝根护岸墙与河岸齐；5号、6号亦为多年水位高度的溢水丁坝，与路堤连接。坝身全部用片石砌成，表层用大于0.4 m的卵石干砌，脚墙仅嵌入基础0.5 m，外修4 m宽的干砌片石护坦，坝头套以8号铅丝网，并将1号坝头灌注水泥浆，2号、3号坝头堆石。1955年洪水后经检查，河水已基本上离开左岸，虽2号、3号坝铅丝网有废损，网内片石松动，但1号、2号、3号坝间已淤积砂砾卵石，构成新岸；至于4号、5号、6号坝头，因被冲刷深达1.5 m，及坝头铅丝网磨损严重，故在坝头抛投大石。1956年洪水主流，已远离1号、2号、3号坝而直冲4号、5号、6号坝，致水毁4号、5号坝头，冲走了6号坝，并将6号坝下游河岸冲刷一段后，水流折而冲刷右岸，并冲毁原拱桥上游的护岸，所幸路基尚未受危害。在洪水后修复时，体会到山区河流的下切力与冲刷力的强大，鉴于水毁情形，并分析了清姜河的地质条件，可以说明上述所用铅丝网是不合适的。因河床是大卵石，无条件做柔性防护，打板桩更不可能，采用护坦又已失败。仍根据河床构造分析，既有过冰川时代，肯定近代河床表层冲积物不厚，下部非岩层即为大漂石层，认为做立面防护将脚墙修在冲刷线以下，是可行的。并且在枯水期水不没底，施工并不困难，因决定采用浆砌脚墙埋入大漂石层及岩层中，以改造4号、5号丁坝坝头，并向上游移动原6号坝位置，重修6号坝，并在其下游增修7号坝。改造的坝头及重修增修坝的护坡，均用浆砌片石，坝头厚50 cm，坝身厚40 cm。同时又自7号以下修护岸与拱桥上游原有护岸相接，并在拱桥上游右岸修导流堤，亦均埋基于大漂石与岩层中。结果，基础一般埋入2～2.5 m即达要求，故比采用浆砌护坦经济且可靠。竣工后，经1957年洪水考验，已防止了淘刷。

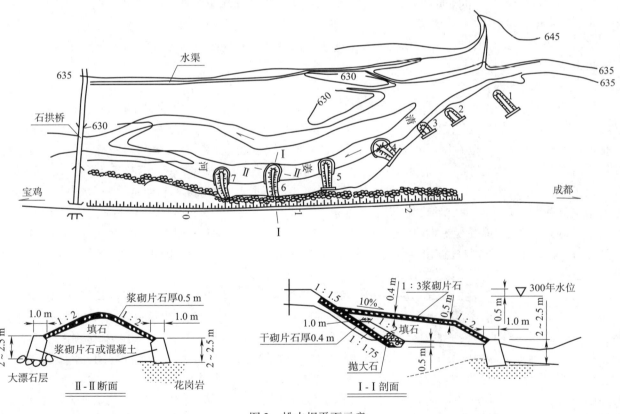

图2 挑水坝平面示意

例二：采用小片石混凝土潜坝防淘的例子——跨青姜河某处的桥头，右岸原修导流堤，左岸改移公路由桥孔中通过，因而要压缩河床。原导流堤及护坡基础，仅埋深0.8～1.0 m，导流堤边坡及基脚全部用干砌片石，唯公路护坡及基础全采用浆砌片石。1955年洪水时，曾淘刷公路基础，且局部被水所毁；随即加固改加深浆砌片石基础为2 m。1956年洪水，基础及右岸整个导流堤同时冲毁，再折而将公路冲毁，冲坏桥两端路堤,并在公路边冲开一条深槽,造成严重的水毁事故。根据对桥基的了解:大漂石层较深,经计算后,公路护坡脚基础改为混凝土脚墙,埋入河底2.5 m,并重修导流堤与上游河岸相接,堤护坡采用浆砌片石,脚墙采用140级片石混凝土,埋深亦为2.5 m。由于山区河流水猛,局部冲刷深,虽经计算并不可靠,因而除挖顺河道外,还在脚墙外约每隔10 m修一宽1.0 m,厚0.8~1.0 m长4.0 m(在公路坡脚者每1~2 m为一段,在导流堤坡脚者为整长)的片石混凝土潜坝,垂直于公路护坡及导流堤脚,以促使岸边水流紊乱,降低流速减小冲刷,并可使石块在已成深槽处沉积淤成浅滩。施工后,经1957年洪水考验,已达到目的:新深槽消失,并在坝间淤积。但有些公路脚的潜坝头,体积约为1.5~2.0 m³却被冲坍推走;唯在导流堤脚的均完整无损。由于此种潜坝矮小,受冲击面积也小,并无挤压河床之弊,而且造价经济,洪水后又可根据需要进行补救,故认为在大卵石河床中,它是一种经济成功的防淘结构。其设计原则是根据抛石公式计算,采用 $V = 5\sqrt{d} \sim 6.5\sqrt{d}$,[$V$—流速(m/s);$d$—石块尺寸(m);石块单位重2.5 t/m³];高水位采用 $V = 6.5\sqrt{d}$,中水位采用 $V = 5\sqrt{d}$。

三、嘉陵江上游的防淘建筑物(黄牛铺至阴坡沟)

河流特征——河流蛇曲,河谷开阔,两岸多缓山坡及黄土台地,有较宽的河漫滩。在有花岗岩类及变质岩基岩组成的地段,山坡较陡,唯河漫滩仍宽大,一般为200~300 m;河槽宽40~60 m,槽深约3~4 m;在河面较宽处,有中水位沙滩及高水位才能淹没的间岛。中水位时(相当于25年周期),洪水满槽;河漫滩及河岸,多为0.3~0.4 m直径的漂石夹砂砾、卵石组成,个别地段由黄土及砂卵石组成。河槽底部,一般铺有一层10~20 cm的河卵石夹砂。河床冲积层甚厚,可达十余米,但一般冲积层中卵石很少有大于20 cm的。唯在自然沟口,河漫滩凸岸及河底有岩层露出的地段,常积有0.4~0.5 m的大漂石。因漫滩中大小漂石与砂砾是混杂沉积,故推断有过冰川时期。除洪水期,一般河滩均露出。推算300年周期洪水流量为630~1 270 m³/s,流速为4~6 m/s,洪水深4~6 m,泛滥范围100~180 m,多年重复洪水位与高水位相差2~3 m。河的纵坡一般10‰~5‰,个别地段有陡至15‰缓至4‰。这些都说明是一种具有宽河滩宽河谷窄河槽的特征,是山区河流的上游地段。

【防淘办法的实例】

例一:采用钢筋混凝土板沉排防淘的例子(图3)——某车站路基侵入了河的凹湾,过去曾经布置几个短丁坝,采用干砌片石护坦,虽未施工,但鉴于沿河其他防护工点,有同样防淘结构被水毁的教训,且在改变车站有效长度时,移动线路全部侵入河槽中,发现原丁坝方案缺点较多,例如:对岸为岩石山坡,会有水流折而冲积下游之弊,在凹湾受冲面大,需要丁坝过多,不经济,并挤压河流过多,水流不顺等不利因素,而变更设计。经了解:当地河槽宽65 m,深3 m,洪水泛滥宽达180 m,河床由砂砾夹卵石组成。推算300年周期洪水主流平均流速为5 m/s,洪水深5 m,在凹岸挤压条件下,其最大流速为7 m/s。曾做过4个方案,在苏联专家帮助下,选用了顺坝钢筋混凝土板(沉排防淘)的方案。原沉排约长6 m,经1956年洪水考验,水顺坝流涌高较大,因而加高坝身1 m,并根据水冲刷的情形,分别在坝根江水开始冲积的附近,接长沉排8~10 m不等,已充分发挥了这一结构可以接长的优点。

例二:采用"石床"防淘的例子(图4)——某处上游江水由东北向西南流,受左岸沟口冲积扇所阻,折向西流约500 m后,又受右岸流泥流石形成的大冲积扇所阻,以90°角转向南流约250 m,直冲左岸铁路及公路路基,拐90°湾贴左岸而流。因此在上游形成了河漫滩,停积大小漂石和砂砾,下游河床则有零星孤石。线路在河左岸为避开自然坍方及土质高边坡而向外移出,因之铁路、公路均落入水流直冲的凹湾深槽中;故进行改河。改河原则是自上游受阻处改直河道,与线路平行,直冲下游大冲积扇处。如此可使路基落江处化凹湾为凸岸,同时下游沿岸一段增加顺坝,以导流使江水流向右岸。为了防止左岸水毁,修有浆砌片石护坡;对于基底部分:在上游河床开挖时发现已割切到大漂石层,故坡脚处补以干砌大漂石,如护坦可以防止淘刷;而下游顺坝落于河槽部分,原拟修钢筋混凝土块板沉排,施工中因见基底多有大块石,故改为垂直于坡脚的石床,每条先修5 m长,分四块(即4-0.8 m×1.0 m×1.25 m,厚×宽×长),按冲刷情形分别间隔砌筑,中间抛大于0.5 m的大漂石。这一石床虽然在洪水后会被淘破坏,但防止了坡脚被淘,而且每年在枯水期时可以检查,按需要而增长补强,所费不多,有潜坝的促淤作用。此为山地河床有孤石地段的又一处理淘刷的半永久构造物,已在宝成线嘉陵江上大量采用了。

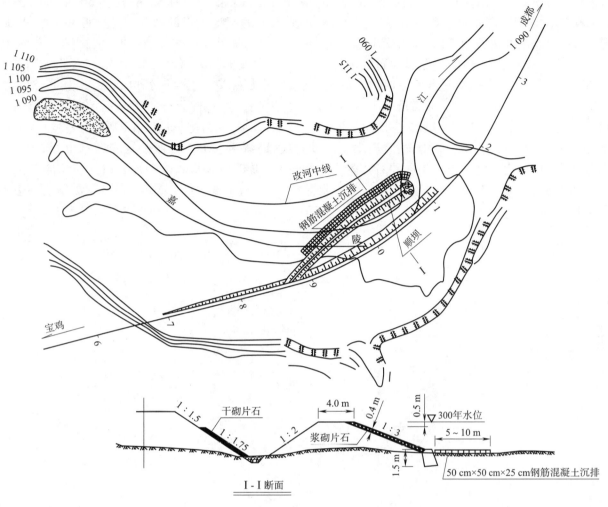

图 3 顺坝平面示意

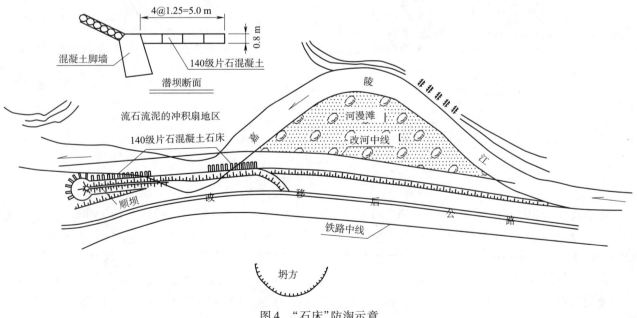

图 4 "石床"防淘示意

例三：以抛石打桩防止底部淘刷的例子（图5）——某处正当江水直冲之处，长约60 m，江水经此拐90°湾顺左岸而流，尾端为一石嘴又挑流至江心，对岸成凸形的河漫滩系砂卵石组成。此受冲之处，原为深槽，川陕公路在此抛石填堤而过，时受水毁。由于山坡不良，避免修600 m的隧道，铁路侵占公路，公路落江。为避免坡脚过于突出，公路除填石外砌干砌片石墙、墙坡1:0.5～1:0.75。1955年洪水相当于5年周期流量，冲毁片石墙后，即抛片石临时防洪。洪水后调查，基础是人工片石约厚2 m，下为3～5 m的砂层、再下为厚约1 m的卵石层、卵石层以下为石英片岩（基岩）。洪水最大流速6 m/s，因而上部改为填石边坡1:1，采用浆砌片石护坡。提出了几个防止底部淘刷的方案：一为修下挡墙，埋基至卵石层中，因施工困难不经济而放弃；二为插入废钢轨、修混凝土活动护坡，因清除水下2 m厚的片石困难也放弃；三为在片石堆以外打桩、内部抛大于0.4 m片石并露出水面、表层砌0.4 m厚的浆砌片石以防止河底流速的冲刷、成一护脚马道的方案被采纳。此一结构为半永久性，因护道不宽、桩间所抛片石下沉需继续补强。其结构如图5所示。

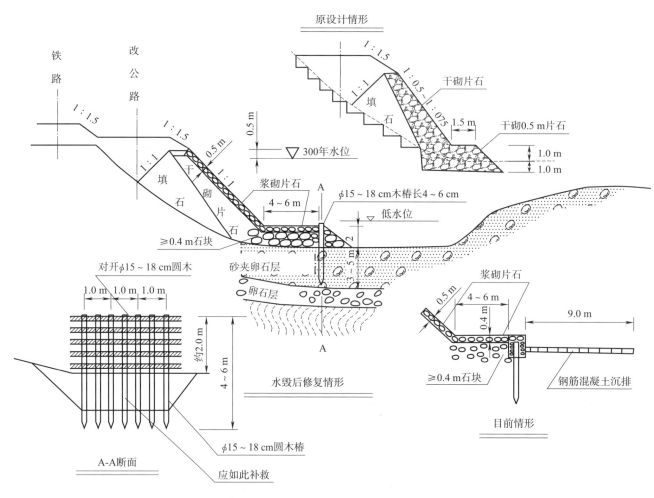

图5 抛石打桩防止底部淘刷示意

此结构本为利用桩间距离不大、不让片石滑出为主，但实际采用的桩距（中至中）1 m，故片石仍可移出。1956年洪水后，现场不了解其性质，见仍有片石掏出、未能增加一排木桩如图5上的虚线部分、使桩距改为0.5 m，采用了挂块板沉排以补救，但此法并不经济。

此结构如设计成为：桩木不因淘刷而倾倒，片石不能自桩间移出，对最大淘刷时桩内片石足够补充，填石上部盖上大石，混凝土块或浆砌片石块可随片石下沉，如此保证江水流速带不走表面片石等，可为永久建筑物。

【防止淘刷所采用的钢筋混凝土板沉排及石床的一般介绍】

由于这种钢筋混凝土板沉排防淘建筑及石床,应用在山区河流中的成效较大,在我国采用的历史不久,还在试验中,以往有不了解使用场合与作用,曾在个别地段有沉排下沉的困难,或沉排翻起和石床过小被冲走的不良现象,致使有些人误认为作用不大。根据在宝成线所修的二十余处钢筋混凝土板沉排及三十余处石床的效果,以及对苏联专家谈话的体会,介绍于下:

(一)钢筋混凝土板沉排

钢筋混凝土板沉排在苏联高加索山区铁路的河流上,已普遍采用有近20年的历史。虽是在实验阶段,但已取得了防止山地猛烈河流的淘刷,保证了建筑物稳定的作用。1954年在我国宝鸡至兰州渭河上,及宝成铁路秦岭至略阳间的嘉陵江上均采用了。由于取得了效果,于1956～1957年间,在嘉陵江上游大量推广。它是用混凝土制成,一般厚20～30 cm,50 cm×50 cm～120 cm×160 cm大小的方形或矩形的薄板,也有八角形的,以钢筋环或铰链互相连接,尾部接在建筑物的脚墙上,或压入路堤中。其下沉部分,则铺在建筑物坡脚周围的河滩上,下部有时加以垫层。每块板都有足够的坚硬性,不怕冷冻、旱、湿、磨损,是一种永久性的结构物。各板互相连接成串后,称为"沉排"。板块之间又可灵活的向一个方向或几个方向弯曲,故具柔软性,可随基底土壤陷落而下沉,是为柔性的重型结构物。它利用平面的宽度,直接随水流淘刷而下沉到最大冲刷深度,以防止坝、堤、御土墙等基础被淘,所以这是直接的平面防淘建筑物。

钢筋混凝土块板沉排的结构分两部分:一为承受块板下沉及被冲时的拉力固定部分,一为沉落部分。

1. 固定部分经常采用两种形式:1)若护坡是干砌片石的,允许基础有变形,可将板埋入坡脚2～3 m。由于块板沉排往往是后施工,所以可在坡脚堆高2 m的片石垛以压住沉排,也有在坡脚内打桩以固定沉排的,其具体尺寸均应通过计算所需拉力来确定。但因为目前尚未有正确的计算方法,通常结合每条河的试验后来确定。2)若护坡是浆砌片石的,不允许基础沉陷时,一般是在护坡脚下修一整体基础称为"脚墙",这种脚墙只承受护坡压力及沉排拉力,并不考虑冲刷问题,所以其埋置深度,不受冲刷的控制。如基底在河滩上为密实的土壤,脚墙一般全部埋入1.5～2.0 m即可。在嘉陵江中应用水下挡墙的断面就足够大了。个别冲刷严重处,由于水流对沉排的冲力加大,沉排对脚墙的拉力也大,故脚墙需要2.0～2.5 m。如坡脚土壤为河滩中砂卵石,而砂砾成分较多,一般采用混凝土帽桩基,混凝土帽顶宽0.8～1.0 m,深1.2～1.5 m,桩木采用ϕ18～20 cm打入河滩2～4 m,间隔为1.0～1.25 m。在个别有大卵石处,可以打小钢轨桩,其尺寸根据坡脚土壤密实程度及沉排拉力而定。也有为了减少水下挖基,当基础土壤为卵石较多而且密实时,采用浅基加钢筋混凝土拉杆或混凝土槽形基础。这种类型基础,必须根据坡脚土壤分别选择,不可随便采用。初期由于我们对此认识不足,在这方面是有教训的。

2. 沉落部分为钢筋混凝土块板与连接铰链或钢筋环组成。一般要求沉排具1:10的斜坡,因之沉排下有填料。有时为了避免沉排水下灌注和拼接,在没水部分先筑岛填平,再在岛上施工。对于填料,一般应采用中等颗粒,如粗砂、角砾、碎石和卵石土壤,不得采用细砂及大于20 cm的石块;此因细颗粒土壤易自块板下及缝隙中淘走,产生过大的坍塌,招致块板急剧沉落、发生不平整的下沉,被损坏。如有大石块,因不易冲淘,支住块板、水流自板下淘走大石周围较小粒径的土壤,块板悬空易于折断;故应以中等颗粒且均匀者作为填料。一般有填料垫底,可保证沉排下沉均匀,在脚墙外预留2～3 m沉排保持水平,可避免沉排下沉时拉坏建筑物。在平时不没水的河滩上,如由卵石土壤组成的河滩上可以不修垫层;但若是细粒土壤,则应根据防滤层的原理,设一层或一层以上的垫层(其粒径大小,一般采用上层大粒径为下层小粒径的4～6倍),厚度为2～10 cm。在长期没水又是细颗粒土壤的河底,常先铺一层薄的垫褥,再在垫褥上填料铺钢筋混凝土块板;也有用沥青麻筋填塞块间缝隙,以防止水流自块板缝中淘刷。这些措施,应根据具体情况分别处理。

3. 沉排长度的确定。沉排的长度,系根据修建筑物后,坡脚可能产生的一般冲刷及局部冲刷的深度而定。关于冲刷深度的确定,一般采用下列三种公式计算,互相结合采用。在计算时,若河床被挤压,需考虑因挤压后所发生的流速。必须指出,用这些公式计算所得的结果,只是概略的,必须根据当地及其附近的实际冲刷情况,经分析后才可以确定。在确定沉排的长度时,沉排不宜过长或过短,除在深水中将来接长有困难时,才可按最不利的情况一次采用足够的长度。

冲刷公式

①当水流平行于建筑物时,由于流速加大所引起的一般冲刷深度

$$t_1 = H\left[\left(\frac{V_{设计}}{V_{允许}}\right)^n - 1\right] \tag{1}$$

式中　t_1——纵向流速引起的冲刷深度,自坡脚向下量(m);

　　　H——坡脚至洪水位间的高差(m);

　　$V_{设计}$——洪水时坡脚处的流速(m/s);

　　$V_{允许}$——当水深 H 时,坡脚处土壤颗粒开始移动的允许流速(m/s)(允许流速的数值,可参考《永久桥址之勘测及设计规程》第14附件第1表);

　　　n——指数由 $1/2 \sim 1/3$ 根据防护地段的平面形状而异。

②当水流断面被挤压后所引起对河床的平均淘深(指山地 U 形河槽而言)

$$t_2 = \frac{\Delta W}{B} \tag{2}$$

式中　t_2——河床断面被挤压后所引起的淘刷深度(m);

　　ΔW——挤压前后水流断面的差数(m^2);

　　　B——河底宽度(m)。

③当水流偏斜顶冲建筑物时所引起的局部冲刷(对砂夹卵石河床而言)

$$t_3 = \frac{2.8 V_m^2 \sin^2\alpha - 30d}{\sqrt{1+m^2}} \tag{3}$$

式中　t_3——水流顶冲引起的局部冲刷深(m);

　　　V_m——产生水流偏斜时的基本冲刷流速(m/s);

　　　α——水流流向与防护建筑物中线或切线所夹的角度(°);

　　　d——坡脚处的土壤平均粒径(m)(当基底为非黏性土壤小粒径 $d=0$);

　　　$1:m$——建筑物的边坡坡度(垂直:水平)。

④对导流建筑物而言,按坝的各部分挤压水流的情形及水流环绕冲刷加大了冲刷深,其局部流速

$$V_m = \frac{Q_1}{B_1 H_1} - \left(\frac{2\varepsilon}{1+\varepsilon}\right) \tag{4}$$

式中　Q_1——河滩被坝头扰动的流量(m^3/s),河面比坝宽得多,大部分的水流仍是平稳的流过,只有在坝头附近的水流被扰动,才产生局部冲刷,所以按这一部分的流量计算;

　　　B_1——被坝头扰动的水流宽(m);

　　　H_1——被坝头扰动的水流深(m);

　　　ε——水流流速分配的不均匀系数(对曲线式的建筑物 $\varepsilon=1\sim3$;对直线式的建筑物 $\varepsilon=4$)。

按以上公式计算冲刷深度(t_1、t_2 及 t_3)应详细分析按不同水位、流向分别计算出的结果比较后,按可能的不利情形采用。一般是根据多年重复洪水位、中水位及高水位三种情形分别计算。因为在高水位时往往是流速大、t_1 大,被挤压水流面积与河底宽的比值小而 t_2 小,水流与建筑物偏角小而 t_3 小;反而在中水位时流速小虽 t_1 小,而被挤压水流断面与河底宽的比值大而 t_2 大、水流与建筑物偏角大而 t_3 大,其总和会比高水位时大,所以也可能是中水位的总冲刷深控制设计的深度。其次也可能由于坡脚地质条件不同,坡脚土壤是由上而下在变化中,那么所计算的 t_1、t_2 及 t_3 又因上层冲走了,下层情况改变,计算中所采用的参数也需相应的改变,所以说要互相结合,批判地采用。

当知道冲刷深度以后,设计沉排长度就比较容易:可用图解法,也可用计算法求出(图6)。

图6的绘图法先按冲刷深 t 绘出 B' 后,量出 AB' 的长度,即是沉排需要的长度。

关于填料及河底土壤在水中的休止角可参考表1。

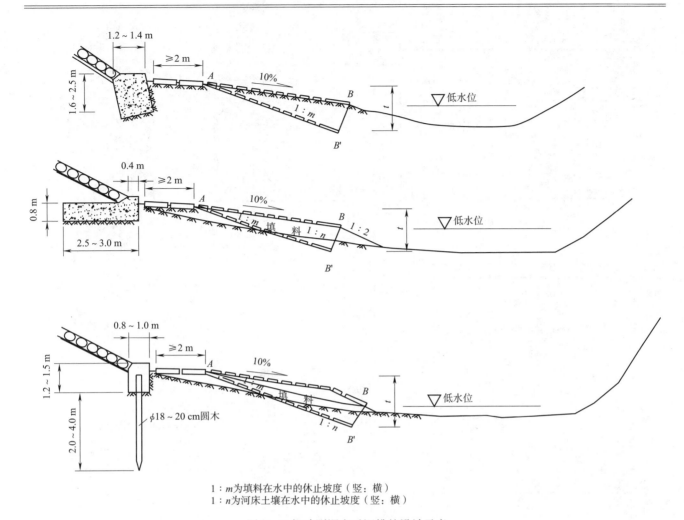

1：m 为填料在水中的休止坡度（竖：横）
1：n 为河床土壤在水中的休止坡度（竖：横）

图 6　已知冲刷深度后沉排的设计示意

表 1　关于填料及河底土壤在水中的休止角

序号	非黏性土壤	休止角	序号	黏性土壤和黏土质土壤	休止角
1	小粒砂内夹有淤泥	20°	1	淤泥	15°
2	纯小粒砂（松散）	22°	2	泥炭	25°
3	中粒砂（紧密成块）	25°	3	种植土、黑土	25°
4	中粒砂（松散）	25°	4	弱淤泥质土壤、弱砂黏土内夹有淤泥和小的有机混合物	20°
5	中、粗粒砂（紧密成块）	27°	5	紧密成块的黏土、紧密的砂黏土	25°
6	粗粒砂（松散）	27°	6	黏质土壤、中等紧密的砂黏土	25°
7	粗粒砂（紧密成块）	27°	7	中等紧密的泥炭岩	35°
8	碎石土壤	30°	8	特别紧密的黏土冰碛层	35°
9	中颗粒的卵石（紧密）	30°	9	特别坚硬的黏质土壤夹有石质基岩，能防止冲刷的黏土	35°
10	碎石	30°~40°			

4. 钢筋混凝土块板的型式。块板一般采用 110 级~140 级混凝土灌注而成，其种类颇多，在苏联及宝成线上曾采用过如下类型（图 7 甲）。

我们除乙型和丁型未采用过外，其他形式都已用过，认为戊型是最好，已型缺点最多。根据苏联专家介绍是丁型最好，而乙型作用最差，钢筋一断板就被冲跑，接头处采用环套比较灵活而且易于更换。戊型的优点是由于在连接处有了缺口，可减少块板间的缝隙，可减少水的冲刷，块板是两根钢筋受力，采用的钢筋尺寸

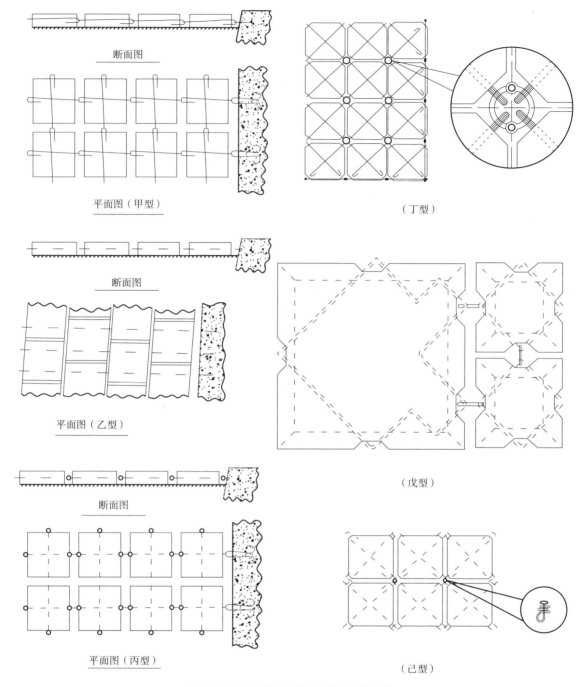

图 7 甲　各种类型钢筋混凝土块板示意

可细些,没有弯圈的麻烦,因四边切去一块,下沉容易,增加沉排的易弯性,适合应用于建筑物外形平顺之处。丁型是八角形连接处为一圆环,可大可小,活动容易,适用于建筑物外形成曲线处。

为保证沉排不被冲翻和折断,需要根据水流情形每 20~30 块联成一组,最好在迎水的一块板采用大型的,可以避免洪水冲翻且易于下沉,近建筑物的 1~2 块也采用大型的,可避免建筑物被拉损坏。

5. 块板的尺寸。一般为 35 cm×35 cm×15 cm(重 46 kg/块)~120 cm×160 cm×60 cm(重 2 530 kg/块)。块板的大小,应根据当地流速及特征来选择,主要原则是以能防止不被冲翻和抗磨损即可。在嘉陵江中采用的有 50 cm×50 cm×20 cm;50 cm×50 cm×25 cm;100 cm×100 cm×20 cm;100 cm×100 cm×25 cm;100 cm×100 cm×30 cm 几种,但在工地实际灌注有成矩形(100 cm×160 cm×25 cm)的和其他不规则的形式。

块板的厚度应根据流速来决定,其公式为:$d = 0.05V^{2/3}$[式中的 d 为块板厚度(m);V 为流速(m/s)],这是阿比拉莫夫的近似公式,为决定边坡上混凝土护板的厚度用,对沉排钢筋混凝土块板是不大适合的;一般在有钢筋时厚度为 20~30 cm,采用在基底;而无钢筋的只适用在边坡上,厚度为 40~60 cm。在嘉陵江上,一般地段采用的钢筋混凝土沉排厚为 20~25 cm,而在水流顶冲处厚为 25~30 cm,迎水第一块采用厚 30 cm。

关于块板的磨损问题,目前在苏联及中国均无记录。根据苏联的实际经验,如在块板上加片石反而磨损更快,他们以后不再采用。按嘉陵江上的情形,磨损以及在洪水中石块对块板的打击破坏也有,尤其是施工质量不良的 20 cm 厚的混凝土板被破坏的更多。

6. 接头钢筋及钢筋混凝土块的钢筋尺寸。这些钢筋是按板受水冲后的拉力及扭力设计的,需要考虑每年的水锈及磨损。在这方面,经苏联专家介绍可对脚墙拉板的钢筋加粗,因为断了没法修补,而块板接头圈环可以小些,因必要时可以更换铁环。又根据块板每块受力情形及今后条件,故对近脚墙处块板内的钢筋设计要比迎水面的粗,这样设计实用又节省钢料。

由于 1956 年洪水后,发现嘉陵江上有些地方块板下沉成垂直状,按此情况估计水流的冲力以检查钢筋拉力;但这种估计并不十分可靠。按嘉陵江流速 6~8 m/s,参照苏联的图册及专家介绍,对 50 cm×50 cm 块板的钢筋采用 ϕ14~18 mm,脚墙部分为 ϕ25~28 mm,而对 100 cm×100 cm 的块板采用 ϕ18~22 mm 的钢筋,脚墙部分采用 ϕ28~32 mm 的钢筋,但在实际施工中也有些地方因缺少钢筋采用了 ϕ10~12 mm 的,致使有不少块板仅经受了 1~2 年的洪水,其钢筋就已被折断,这应引以为教训(在山区河流上的钢筋混凝土沉排,是不宜降低钢筋的尺寸)。由于施工质量不良,埋置钢筋不够长或外包钢筋不够厚,在嘉陵江上曾有埋入块板内的钩环被拉出和扭裂块板的现象,故钢筋的安放位置必须注意,其外露部分更应常涂沥青以增长寿命。

为了使块板顺利下沉,其接头间隙应符合式(5),如图 7 乙所示。

$$l = 2a + d + \Delta \geq 2b \tag{5}$$

式中　l——块板联结时所需的间隙长度;
　　　d——联结铰链环的直径;
　　　a——钩子伸出部分的长度;
　　　Δ——为制造时允许尺寸误差,不大于 5 cm;
　　　b——钢筋中心至块板底(对未切割块板)或切割点(对已切割块板)的距离。

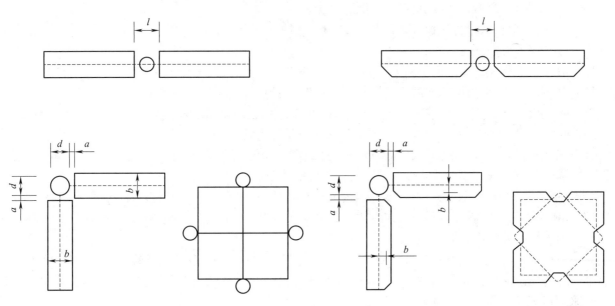

图 7 乙　接头间隙

对未割切的块板可修成 10~20 cm 的缝隙,而割切的块板带缺口者为 5~10 cm;故在河床土壤颗粒较细的地段,多优先采用割切的块板。由于河底流速大于 3 m/s 时,缝隙中土壤有被淘走现象,故要求一般块板间隙为 5~10 cm,若个别增大到 10~15 cm 时,下部需加垫层。同样块板下不可有过大的石块、或粗细颗粒过分不均,这样被支住的块板不易下沉、易造成四周被淘空而折断,影响整个沉排的顺利下沉,以减少防止建筑物底部被淘空的作用。宝成线上曾有此现象;所以设计之前需了解河床的地质资料,施工中应清除表层孤石。

7. 钢筋混凝土块沉排的施工。一般多采用 50 cm×50 cm 的块板,因其易弯曲、重量不大、可以厂制、能保证质量、施工期短等优点;但有板轻易被冲翻,需要的钢筋多等缺点。厂制的搬至现场弯钢筋环以链接各块板成沉排。钢筋环用电焊接,功效显著。采用 100 cm×100 cm 的,因板重搬动困难,故多在现场灌注,分就地灌注和灌注后再安装两种,质量多难保证。在嘉陵江上曾出现过不少缺点如:钢筋捆扎位置不当,以致混凝土灌注有不满浆之处,使用后钢筋有被拉出的现象;块板间模板过厚,致使缝隙过大,使用后有卡入石块及自缝中淘走板下土壤的现象;也有未拆除模板,致使沉排降低了易弯性;比较普遍的是割切底部的块板,割切部分放在块板下的模板,因就地灌注没法取出,致失却了割切的作用。自 1956 年以后,这些情况已逐渐有改善。例如:缝隙间的模型板改用双层薄板后,就易拆模,而且能按要求减薄块板间隙;底部切割部分改用黏土夯成模型,制成切割的块板就不必拆模了;这些说明发挥了工人智慧,虽就地灌注,也能达到优良的质量。在嘉陵江也曾用过 100 cm×100 cm 块板预制品,安装虽较费事,但并不十分困难。大的块板有不易冲翻、缝隙少需用钢筋少等优点,对砂卵石河床如嘉陵江山区河流的流速大是合适的,苏联专家也如此建议,使用中失败之处不多。

接头的环形钢筋套是以 16~20 mm 钢筋制成的。如就地灌注,可以先与块板钢筋连接好再灌注;如是拼装,以特制的扳手将环套烧红弯好,在接头重叠的一段用电焊焊接好。

8. 块板沉排修建后发生的变形与补救的办法:

1)有些在水流顶冲处发生局部块板翻起折断现象;经检查后多因块板过小(50 cm×50 cm×25 cm),钢筋铰链接头未焊接好所致;故按水流情形分别在沉排顶端增加 1~2 块 110 cm×110 cm×25~30 cm 块板,并在最外一块板下部割切一块,或将最外四块加灌混凝土成一块。对折断铰环的加工电焊。这样补救后,效果良好。

2)在细砂层的河滩上,采用桩基混凝土帽拉沉排的脚墙未变形,而用带拉杆浅基础的脚墙出现沉陷、护坡上发生裂纹;这说明采用的建筑物注意场合的重要性。事后虽欲采用吊车分段拉起沉排,在脚墙附近填入垫层,终因施工困难,暂不处理,观测发展情形后再加补救。

3)就地灌注沉排的,未将块板分组,因之沉排下沉不均,有个别块板是悬空的,故按水流情形及下沉情形每 6~8 排成组,切断铰链套环。

4)也有个别块板基底事先未清除大石,大石支住块板不能下沉,因而割断环套清去大石再焊接上。

5)有个别水流顶冲之处,或基底土壤颗粒小,两端下沉不多,顶冲处下沉严重或 45°~60°甚至有个别块板成垂直的,也有因两端不下沉被架空的,因此下部土壤自板缝中淘走的现象严重,故切断几处环套填 10~15 cm 厚卵石,再将沉排放缓些,将两端不下沉处接头铰链环套切断。

6)有的块板间隙过大,卡入了大卵石,以致沉排的易弯曲性明显降低,也有自缝中淘走土壤的,应取出卡石,填砂砾小石并编柳以观察其效果,否则用沥青蔴筋填塞。

7)有的块板钢筋被拉出,这些地方几乎全为死接头就地灌注,多因钢筋弯钩埋入过短,因之将弯钩处加一短钢筋电焊成环;有因混凝土不满浆或包住部分混凝土过少而被拉出,应将拉出部分烧弯重叠成环再用电焊焊接。钢筋生锈处加涂沥青。

8)更有因为施工过晚,块板未焊接环套、平放在河底被水冲走,这说明该段河流底部流速大不应忽视,只靠堆石是不能解决淘刷问题的(指一般 0.4~0.5 m 直径的石块);施工必须抢在洪水之前完成。

9)采用混凝土块板沉排的优缺点。

(甲)优点:

(1)可抗高大的流速,防止严重的局部冲刷;

(2)有易弯曲性,可适应地形随冲刷而下沉;
(3)适用于山区河流砂卵石的河床上,不怕忽干忽湿,耐磨损和高流速的地段;
(4)比深基础的防淘建筑物经济;
(5)可以随时接长减短,可避免对冲刷深估计不足的缺点;
(6)间接起到水流偏向河心的作用,并且不侵占河床为永久性的建筑物;
(7)无困难的基础工程,绝大部分可在水上施工,技术性不复杂,任何季节都可施工;
(8)可以定性化、厂制、机械化施工,合乎多、快、好、省的方针。

(乙)缺点:

对河床基础不了解时,如有大石块会发生严重变形,减少作用。

10)结论:

(1)块板沉排使用范围是在危险地段,其宽度不应少于危险地段的宽度,以免水流自上游将沉排冲翻,淘刷基底(指平面而言)。

(2)块板沉排的长度是根据最大冲刷深来计算的,但必须结合现场当地条件,不宜过短或过长。可以随后增长或减短。

(3)在有严重水流顶冲的一段,应加大加重块板。

(4)在水流冲击力较小处或河底土壤颗粒较小处,宜采用 50 cm × 50 cm × (20 ~ 25) cm 的块板以增大板的弯曲能力,在水流顶冲处,河底为卵石土壤处宜采用 100 cm × 100 cm × (20 ~ 30) cm 块板,端部 1 ~ 2 块应采用厚度大的大型块板。

(5)沉排要做成活的接头,便于环套的更换。

(6)在坡脚直线形地段,采用方形埋入框形钢筋带缺口者为宜,而在曲线形地段采用八角形并用圆环接头为好。

(7)块板以尽量采用厂制、拼接式的为主,可以保证质量、互相倒用,增长减短。

(8)块板上不可加露出板面的片石,反而增大磨损。

(9)块板缝隙可尽量减小至 5 ~ 10 cm,但需能弯曲成垂直状。若缝隙过大或是细颗粒土壤组成的地基,需加垫层,需要时可用沥青蔴筋填补缝隙。

(10)沉排下应填平,上部铺成向水的坡度为 1∶10。下部填料应是中等颗粒的小卵石、碎石、砾石、粗砂及角砾土壤,并采用一种类型的填料可保证块板下沉均匀;不应填细砂或更小的颗粒土壤及漂石(大于 20 cm)。

(11)所有钢筋接头均需焊接,露出块外部分的钢筋,每年应涂沥青一次以防腐锈。

(12)建议采用的钢筋混凝土块板沉排参考如图 8 所示。

(二)石床

"石床"作为防止底部淘刷的构造物是一种新的办法,理论上尚不成熟。在苏联原本是应用在海岸工程上的,以防止波浪退潮对海滩的淘刷;按试验结果我们在嘉陵江上已大量采用。石床是根据河底流速的不同,以干砌片石、浆砌片石、片石混凝土或石笼建成。一般在山区河流、产石地区,多修浆砌片石或片石混凝土的。因为它比较整体,易收到功效。由于石床有就地取材这一优点,今后山区河流中是有广泛采用的意义。

它是一种垂直于坡脚而稍露出、或顶面平于河滩、全部埋入地下不深的构造物;有一条一条的,也有无间隔的;可以设计成永久性的,也可以修成半永久性的;是类似潜坝,但又无潜坝牢固;形如护坦,又较护坦为厚的刚性构造物。一般长 4 ~ 10 m,宽 1 ~ 2 m;若为整体的(浆砌片石或片石混凝土的)厚 0.8 ~ 1.5 m,每 1 ~ 2 m 为一段;若为干砌片石的,其每一块片石不能让流水带走,厚 1 ~ 2 m。石床的间隔大小,以能让水流通过成波浪起伏为原则,但不能淘空坡脚,故一般为宽度的 1 ~ 3 倍,在凹湾处间距更近,有时无间隔称满铺石床。不同于护坦的是上下整体成块,而护坦是下部抛石上部浆砌片石成一无缝的一层壳。我们采用过的石床类型如图 9 所示。

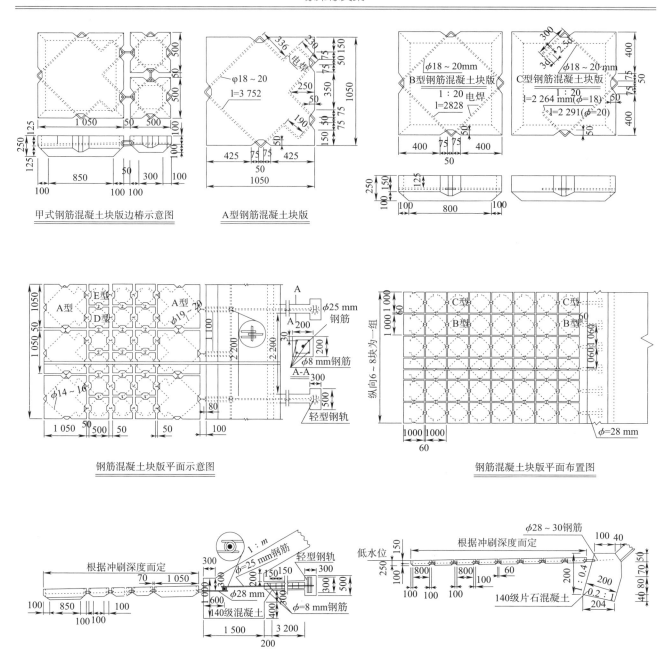

图8 钢筋混凝土块板设计、安装示意

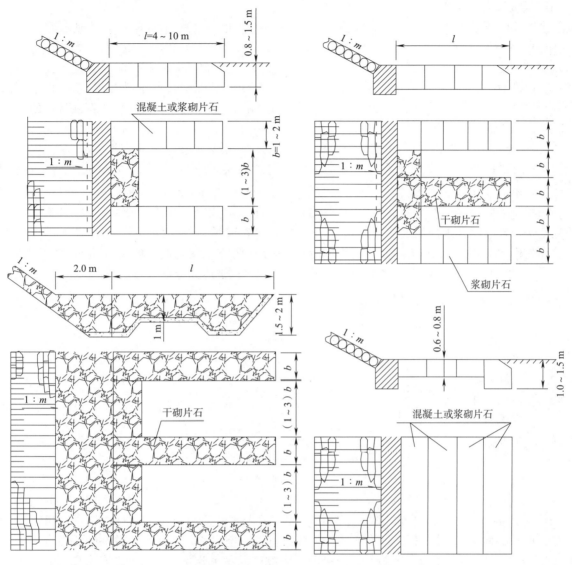

图9 各类石床类型示意

1. 石床长度的确定

1）作为永久建筑物而言，石床是满铺的。其长度的确定按组成河床土壤颗粒大小、成分、百分比和结合的密实程度来确定的，一直铺砌到河床地层不受水流淘刷处为止。需要很复杂的计算。如此铺砌是太长了不经济。

2）石床长也可以按冲刷深来确定。视石床为一块一块大石铺满了可能被淘刷的斜坡上，以防止建筑物的坡脚被淘。但因每块块板下沉后块间无联系，水仍会在块与块间产生淘刷，这就需每年在石块间铺碎块。这样石床的长度就如混凝土块沉排一样计算了，一般是冲刷深的 2~8 倍。

3）作为半永久性建筑物而言，即是允许石床逐段下沉、损坏，每年进行修补，但需保证全年几次洪水的淘刷，只可破坏石床，不允许建筑物或坡脚变形。这样对山区河流来说，石床就不必太长，在嘉陵江上石床一般长 6~10 m。

4）对临时丁坝而论，石床是修成一条一条的；由于它比四周土壤坚硬，可使垂直水流产生波浪起伏而降低流速、促成淤积。这样石床可比河滩高，但因埋置浅、不能如潜坝，否则受冲严重，易变形，反而引起冲刷。如此石床每块需不被水流所带动，水流不在坝间冲刷，必然地淘刷石床头部，石床虽逐段变形，但可避免建筑物坡脚被淘。故石床是修成一块一块地平放在河滩上，每年枯水期再行修补，其长度也就是 4~10 m（指嘉陵江而言）。一般是冲刷深的 2~3 倍。

2. 石床厚度及宽度的确定

按上述1)、2)原则设计,作为永久建筑物,基本上是类似护坦,其厚度按下述两种原则考虑:一是按不同水位时、作用于河底的流速与相适应的水深、所需要的铺砌类型与厚度,并检查水流对河底的推移力;二是当石床基础被淘后逐段折断、下沉,要求变形后的每块如同大石,不被洪水带走,其厚、宽按抛石公式检查,事先分块,不应过薄以免被折断。在山区流速达 6 m/s 时,一般不薄于 0.8 m;也有为了节约圬工,砌成中部较薄、两端较厚的。按以上原则,由于流速不同、石床可以是干砌片石的、浆砌片石的、片石混凝土的或石笼;一般在流速较大处而石块又不够大时,经常采用浆砌片石或片石混凝土砌成,切不可不通过计算随便采用干砌片石,这样很可能在一次洪水中就全被水冲毁,我们是有过这种教训的。

如按上述3)、4)原则,可视作潜坝。作为半永久建筑物来设计,石床是一条一条的,故其厚和宽要按抛石公式计算。不同于满铺石床,前者按 $V = 6.5\sqrt{d}$,而成条的石床按 $V = 5\sqrt{d}$,因为满铺石床的破坏需要更大的流速。同时这种间隔式的石床尚需考虑间隔中的淘刷,所以比满铺石床埋置要深,一般是 1~2 m。每条石床的宽度按当地土壤及水流情形而定,一般是 1~2 m,起到潜坝的作用即可,不必过宽,以达到石床间水流有起伏。其形状究竟是摆线、正割曲线或其他曲线,尚无人研究。我们按河床土壤状况,修了各种不同间隔宽的石床(一般不超过 1~3 倍,在考验效果中),可随需要补添,达到分期投资的目的。

河底流速及水流对河底推移力的计算公式为

$$V_{cp} = 0.837 V_n \tag{6}$$

$$V_g = V_n - 20\sqrt{HI} \tag{7}$$

式中　V_n——表面流速(m/s);
　　　V_{cp}——平均流速(m/s);
　　　V_g——河底流速(m/s);
　　　H——水深(m);
　　　I——水面坡度。

$$S = H\gamma I \tag{8}$$

式中　S——水流对河底的推移力(kg/m^2);
　　　γ——洪水期水位的单位重(kg/m^3)。

3. 石床采用的场合

——最初是苏联专家介绍我们在河漫滩上采用的,是干砌片石间隔式石床。后因对河床中有大孤石的地段,柔性结构设计不合适,洪水期迫近,无条件和时间抽水埋置基础,因而在有大孤石的河床上、河滩中采用了石床,取得了成效后,于 1956 年及 1957 年中大量推广。认为在有大孤石的河床上,采用间隔式的石床是最为理想、砌成整体的;在河漫滩上,流速小可用干砌石床;在卵石砂砾河滩上,采用满铺石床;流速大的地段是采用浆砌片石或片石混凝土砌筑,流速小的地段才可用干砌片石;直流地段可用间隔石床、以发挥骨骼的作用,曲流地段多用满铺石床。但应注意对构造物是需要每年洪水后进行检查和补强的。

四、嘉陵江峡谷区的防淘建筑物

河流特征——两岸山坡多是由岩石组成,在岩层坚硬处的河身窄、在岩层软弱处的河身宽。一般是 100~150 m 宽,在约 90 km 间河道大致类似,故推断河道整个是稳定的。河谷成 V 字形、河槽成 U 字形,洪水满槽,故坡脚侵占河身,就有水毁之虞。仅凭普通水位时所见河道曲折,推断主流是否冲击,似不正确,应就两岸洪水位的形势推断洪水的宽度与流向。高水位洪水流量(推算 300 年周期)为 5 330~9 800 m^3/s,流速为 6.5~8 m/s,水面坡为 4‰~1‰,洪水深 8~16 m。3~5 年周期流速为 3~4 m/s,与高水位高差 6~8 m。一般河床地质条件:有很深的冲积层,层厚 10~20 m,为砂卵石组成,其中卵石粒径一般是 10 cm、很少大于 20 cm 的,为扁平的千枚岩、板岩及较大的石灰岩卵石;但在支流入江处及沟口下游常有 0.5~0.6 m 的大漂石淤成浅滩。高出河底有限,故推断此峡谷中河流流速是巨大的可以带走 0.5~0.6 m 的石块。平时水流很清,洪水时也不过分浑浊,携带泥沙不多且颗粒较小,故淘刷也是严重的,仅 1956 年间一次洪水曾将某桥墩冲刷了 4 m 多深。

防淘办法:

鉴于峡谷中洪水猛烈且河床狭窄,基本上以采用立面防护为主;埋置基础于冲刷线之下稳固的地层上为主要的防淘办法。但在由砂卵石组成的河床地段,也曾采用钢筋混凝土块板沉排有8处之多,情况良好;也有6处铅丝石笼。在山坡堆积附近,河岸出现弯曲,河面也宽窄不一,有不少地段路基坡脚因之落于江中,河岸凹入之处。该处河床常有残余孤石、水流冲淘的深坑,因之埋基不仅施工困难,而且造价昂贵不能采用。基底有孤石的,柔性结构又无条件采用,经领导支持现已找出了几种半永久防淘的办法,例如石床、人造大石块。它们虽有变形但不会让洪水带走、逐年补强淤成浅滩即可永久保护坡脚。还在较宽的河凹岸卵石河底上修了低坝群防护坡脚,采用铅丝石笼防止坝脚被淘。这些都经过1956及1957两年的洪水,效果良好介绍如下:

例一:以石床、满铺石床及人造大块石防淘之例(图10)——某处车站系古坍滑体,对岸是岩石陡山坡,局部为大块石堆积,江水至此约80~90 m宽,上游宽大如瓶口,河中有0.6~2.0 m的大石块。可以推断该处河断面的形成,可能是古大崩坍体在江水下切中引起坍滑下移,使原江面更窄、又经江水冲淘形成今日的瓶口形状,岸边的堆积层出露的大石块可以证实上述的推断。故窄口的河断面就是当地地质条件下水流作用的极限断面。铁路在此修站场局部侵入河身,应按形势划分为三段防护:上游江水自左岸冲来,入瓶口前江面较宽地段,坡脚落于沙滩上是第一段。水入瓶口冲积右岸拐弯处,岸边填石坡脚仍露出水面的是第二段。水顺岸流已成深槽,坡脚落入水中,水深约2 m是第三段(图10)。

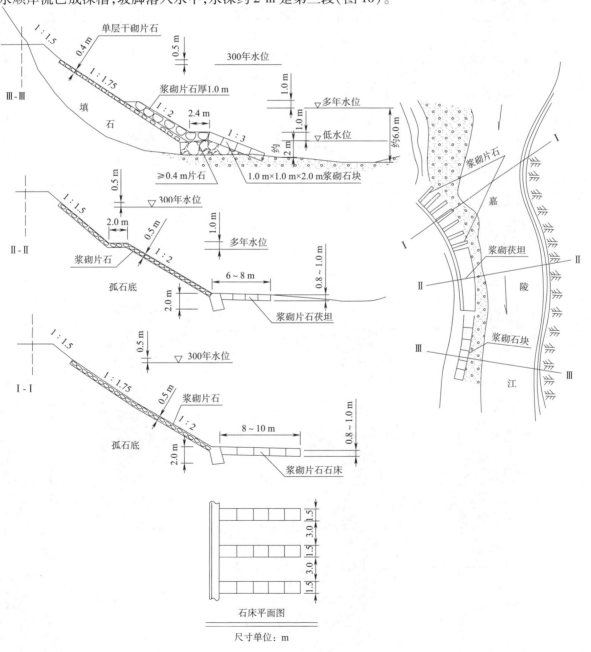

图10 防淘案例

第一段坡脚所在地为砂砾卵石河滩，原拟采用钢筋混凝土块沉排，后因钢筋缺乏，改为间隔式浆砌片石石床。第二段坡脚土壤中有大孤石，在河拐弯处采用了满铺浆砌片石石床。第三段坡脚落水，河床上有孤石，采用了抛石露出水面，上部砌护坡，外层用浆砌片石块铺盖以防止高水位的流速，护道外层铺人造大块石（浆砌片石成 1 m × 1 m × 2 m）以保护片石不被带走。今后由于大石头部被淘，人造石肯定要变形，每年枯水期应不间断地检查补强，发生较大洪水后也应了解以便及时补救，避免下次洪水由大石与坡脚间形成河槽冲毁坡脚。

这类构造物是起紊乱岸边水流的作用，可降低岸边流速，减少淘刷促进淤积。只要坡脚与人造大石间砌成的护道高出河岸不被破坏，淘刷将产生于人造大石端部，从而避免了坡脚被淘。本段铺砌按多年平均洪水位分级，下部较上部坚硬。高水位流速达 8 m/s，中水位也有 5～6 m/s，故认为一般 0.5～0.6 m 直径的片石仍会被冲走；因此人造石块体积均比较大，施工中有些采用了筑岛的方法，先填平砂卵石或片石、露出水面后再砌人造石，作用如何尚难预料，总之石块四周易被淘空，洪水后需不断填补浆砌石块挽救。

由于这类构造物可就地取材，有发展前途，不宜轻率否定，继续研究、试验、改造是必要的。

例二：采用低坝保护路堤坡脚、采用钢丝笼防止低坝被淘之例（图 11）——某处正当江水入峡的峡口，江水直冲后拐 90°入峡的凹湾处，在河右岸，铁路以填石路堤外砌护坡而过。由于坡脚落于江边窄小的河滩上，滩中有零星孤石及粉砂，深基础方案既无把握施工又困难，放弃了。因岸边有孤石，柔性建筑物必须深入江心，而且经常挨打恐沉陷不均从而也放弃。对此工点的防护十分困难。1956 年请示苏联专家，提出对岸是块状石灰岩峭壁、河床窄、位于凹湾的流速（300 年洪水周期主流平均流速）为 6.5 m/s，水位达 10 余米、曾做过顺堤、顺坝和跳水坝方案，均因坡脚防淘困难，不宜再挤河床而放弃。应如何防护可减少凹湾冲刷、防止

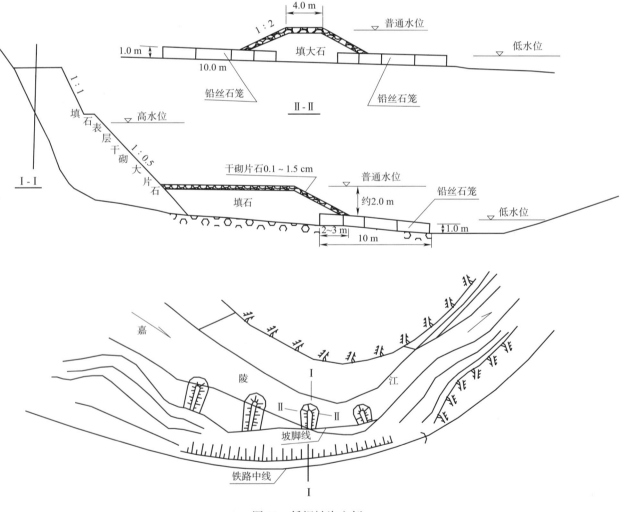

图 11 低坝被淘之例

淘底成为了中心问题？专家提出修普通水位高的低坝群，坝小不挤压河床（指洪水期），形成岸边紊流可减少对路堤的冲刷，并且有促淤作用，坝身伸出砂卵石河床可用柔性结构防淘。如此解决了这一困难问题。低坝是按普通水位的河岸外形绘出导治线，根据导治线布置了四个垂直于洪水流向的低丁坝。坝间距离按照导治线水流方向，以切线偏入 $7°30'\sim 15°$ 以确定各坝位置，结合现场及河床地质地形地貌图，移动各坝，使坝根放在有孤石的河岸与坡脚相接，这样可避免洪水淘根的危险。为了减少坝身体积，并且当地生产大片石，故以填大片石设计坝身，坝边坡由 1:1.5～1:2，并根据水力计算以核定坝身的稳定。此系溢水坝故按各种水位时坝须流速及坝头流速，分别铺砌，并按干砌大片石每增厚 10 cm 加大流速 1 m/s 的理论，采用了干砌大片石护坡。坝脚防淘工程采用柔性平面结构，鉴于江水至此携带的颗粒减小，一般不大于 10 cm，因此磨损不严重，按流速计算采用了大型铅丝石笼。石笼每个尺寸为 1 m×1 m×3 m 及 1 m×1 m×4 m 两种，垂直于坝脚，埋入坝中 2～3 m。石笼全长约 10 m，是结合当地地形及计算冲刷深度决定的。修成后经过洪水，坝田已开始淤积。新岸是否可形成，虽不可能立即下结论，但低坝适用于峡谷区凹岸防淘，效果是可以肯定的。

在嘉陵江上，细颗粒土壤的河滩上，我们曾设计过混凝土活动护坡及企口板桩，因未施工，效果不明，故不介绍；不过根据方案比较这两种结构物造价低，尤其是企口板桩作用大，苏联专家一再提出和推荐是值得我们研究的。

注：此文发表于 1958 年《铁道工程》第 3 期。

深挖路基设计经验

摘要：本文根据新中国成立十年来在西北各线铁路修建中，关于深路堑高边坡挖方设计的一些体会编写的。主要针对目前对岩质岩层和碎石类土壤进行深挖方设计尚缺乏统一的准则，着重提出一些设计原则和意见，尤其是针对工程地质法，编者提出了自己的看法，以供研究参考。

前　言

西北接受新中国成立前所修的宝天铁路坍方断道的教训，自1953年开始在兰新乌鞘岭地区做路堑深挖个别设计。当时对岩质岩层及含较多碎石、砾石、或大孤石的土壤经过地质调查后采用工程地质法深挖设计，对黏性土壤分别取原状土样，化验其物理力学性质，根据化验数据采用"台罗尔法"及"瑞典"法检算边坡稳定。如此仅做到就工点进行设计，而且办法少，了解深度不够。

1954年勘察设计宝成铁路宝略段时，经苏联专家建议，全段213 km做了有地质资料的初步设计和技术设计，当时限于水平对不良山坡地段偏重于移线避免深挖，对深挖方也分别场合（地形、地质条件和深挖两端是否有高填工程）经过"移线"，选择建筑物等，经济比较后进行设计。在比较时，已考虑到边坡坡度与地层和坡高的关系，初步结合地质、路基人员的认识，对挖方高度分别地层情况予以限制。如此才有条件根据边坡、坡高和断面形状，设计带有坡面加固措施的路堑横断面作为选择方案和建筑物的依据。开始在路堑断面上出现了挡石墙、路堑挡墙、茯墙、茯坡和边坡渗沟等边坡加固和支撑建筑物，也分别了明洞、隧道和深挖选用的条件……。如此路堑设计工作已经发展到辅助选线和有依据地选择建筑物的水平。

1955年以后宝兰大改建，兰银、兰青等线路设计时，一面接受新线施工后的经验教训，一面得到苏联地质和路基专家们无私的帮助，因而充实了路堑深挖这一工种的设计。对设计深挖和边坡加固措施的办法逐渐增多，了解也比较深刻，在经验和教训方面都有一定实例作为验证。

从近几年在西北深挖设计施工后的成效来看，始终由于不均匀地层和岩质岩层的变化多样，在很大程度上，对工程地质观点有轮廓的认识，但做不出确切的数据，常对边坡坡度在一定范围内没有把握；如从力学计算解决有些根本无法着手。这种困难的存在，目前尚无较完善的办法来保证边坡设计恰到好处。我院正在对已成铁路的深堑进行调查分析和统计的工作，企图找出规律，应用到设计中，它可能是解决的途径。本文除论述工程地质法确定路堑边坡外，划分为三部分论述我们对深路堑设计的体会：

（1）岩石路堑边坡；
（2）砂质土壤、砾石土坡、卵石土壤、碎石土壤等类土壤路堑边坡；
（3）黏性土壤路堑边坡。

本来边坡稳定性问题，从广义上说是对包括路堑及堑顶以上整个山坡的稳定。为编写方便起见划分为两部分，一为山坡及山体稳定的问题留在对不良地质地段处理中论述，即在滑坡、崩塌、错落、坠石、碎落和山坡浅滑地段路基设计中加以论述。本文着重述及路堑边坡部分稳定性设计的意见。

虽然对路堑边坡设计采用的办法是多种多样的，但都有局限性，以往在设计中也是有区别的采用。应用了几种办法互相核对，经过分析后综合应用的。并非单纯地机械采用。我们从实践中认识到，设计路堑边坡仍然以采用工程地质法比较切合实际。故介绍如下：

一、工程地质法的简述

一般从当地工程地质条件出发，结合自然山坡的稳定状况，从而找出当地地层稳定的边坡形状，分级和各级的斜度与高度数据，应用到路堑断面设计中，它是确定岩石路堑边坡唯一有效的办法，也是确定碎石类土壤构成的地层路堑边坡的主要办法。但土质均匀的地层条件构成的路堑边坡，它常用于对力学计算后，作为复核检算成果是否切合实际的一种办法。

由于地质水平不一致,对工程地质法的内容认识往往也不一致。我们认为工程地质法应包括下述三部分:

(1)研究自然边坡在自然环境中的形状,状态和形成性质,找出稳定的自然边坡,在各种不同条件下的典型角度和形状;

(2)鉴定分析岩石的成分和性质;

(3)分析所有地质、水文地质、气候及其他因素等作用,并补以适当条件的土工计算。

对上述三项中各点的理解做如下的论述:

(一)稳定边坡的概念

接近极限平衡时的断面状态,往往是在轮廓上表面陡陷最大的边坡,但坡面上并无草皮断裂或局部坍陷现象。常具有下述特征:

1. 如岩石结构上下相同,则边坡多是由 3~4 个凹陷组成断面的外形,由下而上逐步变陡。底部平缓段占全高的 1/3~1/5。在堆积区,有山脚堆积及边坡坡积两段,下缓上陡,植物生长良好。再上通常不长植物,具有该岩石所特有的最大斜度很少是陡于 60°。也有半岩石地段常没有陡峭这一段,边坡只有两个变坡点。

2. 在天然状态下,如坡脚不受水流冲刷或无人工恶性的切坡时,具有稳定的边坡地段,应该是不会发生崩坠、滑坡及表土剥落的。但边坡受破坏的作用仍然是在缓慢进行中,它的上部可能有风化产物和覆盖层在地表水作用下徐徐脱落。

3. 脱落下的土石数量和强度应是不大。堆积区以及以下山坡平缓地段,当坡度不陡于 35°时,往往是覆盖了茂密的植物。

总之,从现代物理地质作用方面来看,它在某种程度内是经常在改变着任何坡度的边坡表面;但从工程方面讲,如果这种坡面的破坏仍能保持边坡一定的形状,且脱落下来的破碎物数量不大,只要经常清除。而清除工作能保证正常的话,这种边坡可以认为是比较稳定的。

(二)稳定边坡分级分类的办法

应用自然边坡的特征于路堑设计中,首先需对自然稳定边坡加以分级分类,一般从以下三点考虑互相结合地应用:

1. 按边坡成因分类的标准,自然边坡的形成分两个阶段。第一阶段是主要的直接成因,它决定了边坡的轮廓;第二阶段是自然边坡的稳定外形,它是按新的地球力学环境作用下生成物形成的现象决定边坡的。如边坡表面的磨蚀作用在不断进行,成了影响边坡外形的主要作用。

按形成边坡的主要直接原因将自然斜坡划分为三大类,一是滑坡类包括滑坡和下错作用形成的山坡,上部断裂壁具陡的斜坡;二是在水流作用下,被冲刷后形成的山坡,近水一段具陡的斜坡;三是在崩坠作用下形成的山坡,崩塌处具有凹陷和陡壁,下部为岩块堆积的缓坡。此外在个别区域也有由于冰川作用、风的作用、构造作用、喀斯特作用和沉降作用形成的各种独特外形的山坡,也可成为形成自然边坡的直接原因。

每一类按成因划分的边坡,在局部次要的物理地质作用下都可更详细的区分为小类。例如冲刷边坡尚可划为沟谷冲刷边坡类,河流冲刷边坡类,其特点是直线侵蚀为主,而水库作用的冲刷边坡类、湖沼冲刷边坡类和海洋冲刷边坡类等是以浪流作用为主并受到些暗流作用。

分析时,除注意到主要作用外,还要注意起作用的次要因素。例如主要是以滑坡作用为主的山坡上,地表水的冲蚀及局部堆积等作用的现象。

2. 按边坡高度分类的标准,按照外业观测自然边坡斜度变化的各段高度和整个山坡稳定状态下的总高度来分析,苏联路堑边坡设计技术规程以 12 m 划分为中等高度边坡,作单独设计是比较切合实际的。而我国现行规范以 18 m 为界,似嫌高了。当然在实际应用中,还是按照当地自然山坡的分级进行设计。一般观测的结果:(1)在 6 m 以内的边坡其倾斜度几乎一样,谓之低矮边坡;(2)在 12~15 m 以内,边坡上常有一定的凹陷,不同的角度,谓之中等高度的边坡;(3)当边坡在 25~30 m 以内,边坡上凹陷颇深,向上递增的角度显著,谓之高边坡;(4)边坡高度达到 50~60 m 时,往往由不同成分和不同强度的岩石组成,因此并非都是具典型的凹陷形状,往往呈阶梯兼凹陷状,谓之特高边坡。

在自然稳定状态下,除黄土质土壤外,一般黏性土壤组成的山坡当其湿度大于"塑限",很少见高度大于 30 m 的山坡仍呈稳定状态。而完整的岩质岩层组成的山坡高度超过 50～60 m 仍无局部变形的地段也是不多的,因此对超过 30～40 m 的自然稳定山坡的特征,均需细致研究和分析。

3. 按山坡坡度及凹陷程度分类的标准,稳定的自然山坡的边坡划分为二:一是有草皮生长覆盖的边坡,其平均角度不大,常在 30°以内;二是没有植物的边坡,其外形呈凹陷状,平均角度较大。可以连接坡顶及坡脚,找出边坡表面距该连接线的最大凹陷距离。对松软泥质土壤更应按凹陷深度加以分类。半岩石地层凹陷较小,坚硬岩石更小,有时呈凸形。

(三)决定自然岩石中稳定边坡的形状和坡度的主要因素

人工挖方(运河、公路和铁路等)的边坡竣工后,在新的环境中,是自然边坡的一部分,受各种自然因素的作用,是否稳定应该从自然稳定的边坡上吸取经验。自然稳定边坡可看作一种地层,它的形成是自然因素的结果,兹将影响较大的几个主要因素简述如下:

1. 组成边坡地层的岩石成分不同,其具有不同的稳固边坡角,例如完整细粒的花岗岩和致密的黏土稳定的边坡角就不一样:(1)在构造上下均匀一致时,则稳固的边坡具有典型的凹陷形态;(2)当岩石上下风化不同,虽是同一岩层,按风化程度不同具有凸露的外形;(3)如果岩石是硬软互层时(例如砂、页岩互层,黏土与砂岩互层等)则凹陷形状就没法保存,坚硬岩石部分就凸出,软弱间层就凹入,此类边坡多呈阶梯状。当然在互层均匀,每层很薄时,边坡的基本外貌仍然是凹形。

此外在均匀的岩层中岩石颗粒成分和成因都相同的黏土,由于所处的物理化学环境不一样(例如干旱区和多雨区),它们仍然有着不同的边坡稳固角。

有时能进一步采取岩石试样了解岩石的主要物理力学性质,结合岩石成因、结构变化以及环境条件等进行综合的分析,可以证实观测的稳固边坡角和试验结果有一定的关系,在宝成线宝略段青岩崖花岗岩大挖方变更设计中对岩心做了抗压试验,基本上是按各层不同的抗压强度设计了边坡,施工后除表层风化层边坡放缓外,其余在大体上仍然是符合于当地情况的。

我们认为在均质岩层中(包括岩石及土层)采取试件,求出岩石各个方向的内聚力(黏聚力 c)及摩擦力(内摩擦角 φ)即抗剪强度,是可以逐渐找出边坡稳固角的。此外岩石的孔隙度,直接影响岩石的抗剪强度,对土来说密度大的土壤总是具有较大的抗剪力,对岩石来说孔隙度小,强度也大。

对不均匀的岩层,或岩石种类较多,一般说是稳定条件较差,此因矿物成分不一致,热胀冷缩不均匀。矿物性质不一致,风化作用不一致,在同样的承载下,由于岩石成分多,各部分弹性变形不同,更易于促进岩石边坡的变形,其稳固的边坡角也就缓了。

组成岩石的颗粒性质,有直接凝结的和胶结的两类。对凝结的岩石如花岗岩就比胶结的岩石如砾岩的稳固坡角为大。但凝结的过程不同,对稳固角也是有区别的。胶结物的性质不同,边坡稳固角的不同也很明显,硅质胶结的比钙质胶结的强;钙质胶结或铁质胶结的又比红黏土胶结的强。胶结的均匀性又有区别,胶结物的水解性也影响边坡的稳定。岩石矿物的性质在很大程度上也决定了稳定边坡的角度。例如含有云母或蒙脱石较多的岩石就很难具有陡的边坡和高的山坡。虽然这些关系在工程地质分析上是有了概念,关于确切的数据是需要积累经验的。我们认为开展岩石和土质的化验和分析工作对了解稳固边坡角是一个有前途的研究方向。

2. 岩石的层理、节理和片理等的性质以及在构造上受破坏的程度不同,如果其他条件相同,而岩层倾向一致,且山坡的角度又较岩层倾角大时,则边坡坡度应稍须放缓,在此情况下岩石碎块很有可能顺着层理及节理崩落或滑落,如果边坡表面的层理不是这样,那么它的坡度则可加陡一点。如果岩石的层理是水平的或倾斜角度非常有限,并且成分又是一样的时候,那么边坡就会形成比较典型的凹陷形状,而不受岩层层理的影响。受构造破坏节理非常发育,有劈理断层,平移断层等,都会大大降低边坡中岩石的稳固程度,加速了破碎物体的脱落,降低了稳固的边坡角度。其次是边坡上岩石如有裂隙,也会大大降低稳定性。

表 1 虽然岩石的物理机械特性均是平均值,且变化范围很大,但可看出岩石的强度因裂隙进水,水结冰引起岩石的破坏,而明显地降低了强度。对边坡倾斜角的选择,必须慎重。

表1 岩石的几种物理机械特性

岩 石	岩石状态	密度 γ (g/cm³)	内摩擦角 φ (°)	黏聚力(平均) $c(\times 10^{-2} \text{ MPa})$	内聚系数 $K = \dfrac{c}{\gamma}$
纯粗砂	潮的	1.6	25	0.05	0.031
	干的	1.4	30	0.20	0.140
腐植土	潮的	1.7	20	0.05	0.030
	干的	1.5	35	0.50	0.330
纯黏土	湿的	1.8	15	0.268	0.017
	潮的	1.7	28	0.532	0.180
	干的	1.65	40	0.839	0.550
易碎岩石	—	1.95	45	40.00	20.000
坚硬岩石	—	2.4	45	80.00	33.000

岩石的层理和片理,也是岩石在各个方向上所具有的不同物理机械性质。例如某些塑性岩石,与层理垂直方向的抗剪强度,比与层理平行方向的抗剪强度大一倍。因此如能对顺层理和片理方向做抗剪试验,对确定倾向山坡的岩石稳定边坡是有帮助的。

3. 边坡岩石的含水程度,对鉴定岩石边坡的稳定性,有着重大意义,对完整硬岩而言影响稳定不大,可能不起作用,但对软弱岩石、半成岩岩石和泥质岩石的稳定性影响大。不仅是有了含水层,且水量和浸湿面愈大的地段,愈危险。尤其有周期性干湿时,破坏岩石结构而降低岩石的黏聚力,因之边坡岩石更易发生变形。在岩石容易发生滑动的山坡或边坡上,有水量很大的尖灭含水层时,易于引起滑坡和表土剥落,当水量减少后边坡的稳定性会增高。

水填满了岩石的裂缝,不但降低了岩石的摩擦力和黏聚力,而且增加岩石的单位重,因之降低了稳定性。同时,水对岩石有的发生水化作用,如石灰岩、白云岩及石膏,使之溶解,并有机械的潜蚀作用而携走溶解物,引起溶洞扩大发生沉陷性的崩塌。水对有些岩石如沙泥质岩石和黏性土壤引起的冲刷,尤其当边坡具层状结构时,极易形成良好的滑落面,根据水流速度的大小可冲走软夹层中的岩层,表2可供设计时的参考。

表2 水流速度与冲移岩石粗度间的关系

冲移岩层的粒径(cm)	软泥 (0.01~0.001)	细沙 (0.25~0.1)	粗沙 (1.0~0.5)	砾石 (1.0~2.5)	卵石 (2.5)	更大岩层
水流速度(m/s)	0.076	0.152	0.213	0.305	0.686	1 219

水的危害还可在边坡岩石中产生倾向山坡方向的水动压力。根据某些人的意见,当有涌水存在时,对边坡稳定角度,在稳固的(硬质)岩石中降低5°~10°,在不稳定的岩石中则应低于10°~20°,如对含水不同的岩石进行抗压、抗剪试验,可以对确定含水岩石边坡的稳定性提供确切的数据,表3可以说明岩石的黏聚力与湿度的关系。

表3 苏联马尼托戈斯克矿对线玻正斑岩湿度与岩石黏聚力关系表

线玻正斑岩的稠度	硬的	硬的	松软的	可塑的	流状的
湿度(%)	3	8	14	2.2	3.0
黏聚力(t/m²)	4.1	3.1	2.3	1.4	1.1

4. 边坡高度:这个因素在很大程度上即可以决定整个边坡的坡度和形状,又可以决定边坡各个不同部分的坡度和形状。边坡的高度增加时,平均的角度就减少,边坡凹入的程度也就递增,低的边坡(6 m以内)凹入程度不大,其表面也近似平面。在密实黏土中和半成岩岩石中的边坡与松软的泥质岩石边坡不同的地方,就是凹陷程度小,而表面更趋于平整。半成岩岩石中,也可遇到因边坡高度递增,而整个边坡的平均角度

减小的现象。地质学家渡边贯(日本)即按照岩石的不同高度,提出不同的边坡角。表4、表5这些仍然是根据对自然稳定山坡观测分析的结果提出的。

表4　坚硬岩石在不同高度与风化破碎情况下的边坡

沙岩、结晶片岩、石灰岩、凝灰岩、砾岩		层面少,节理小,风化轻微	层面较多,节理发育,风化颇重	层面甚多节理极发育风化严重
挖深	10 m	1:0.2	1:0.25	1:0.33
	30 m	1:0.28	1:0.36	1:0.48
	200 m	1:0.83	1:1	1:1.25

表5　软弱岩石在不同高度与其他情况下的边坡

软泥质沙层,沙层,火山灰层,石灰层		普通潮湿	易沿节理剥落	断层甚破碎	软质崩土(山崩土)一般含水
挖深	10 m	1:0.5	1:0.83	1:1.43	1:2.0
	30 m	1:0.65	1:1.08	1:1.79	1:2.75
	200 m	1:1.67	1:20	1:3.33	1:8.35

5. 边坡方位的布置:边坡方位的布置意义,比一般所想象的要大得多。在现行的边坡坡度标准中都不考虑方位的布置,然而在沟谷(冲沟)中,深路堑中和高路堤上,属于滑动性质的变形,多半发生在朝向北方的边坡中。

根据许多地区自然边坡的观测结果都明显地看出,岩石完全一样,其他条件也都相同,而朝向南方的和东南方的边坡,永远较朝北方及西北方的边坡为陡,同时前者还显露在阳光下,向北方的边坡照例都有草皮加固,但滑动和剥落的现象却依然发育,这是由于融雪过慢,雨后又不能快干,使岩石内的水分过多,而引起的(注:在不积雪区往往是向南的边坡较陡)。

这一现象尤其是在雨水较多的地段,岩石已风化严重的山坡上表现更为突出。宝成线秦岭北麓青姜河谷及其支流两岸斜坡自然坡度就有阴坡、阳坡不同陡度的分别。在阴湿的边坡上坍方岩石较多。

6. 总的气候情况和局部气候情况:气候的环境也在间接地,剧烈地影响着边坡的稳固性。岩石风化的深浅和强弱,在一定限度内,也依气候的特征而定。此因风的直接作用雨滴拍打的力量,雨雪量及其性质,雪融的缓急等对边坡表面有一定的影响作用。

在宝成线秦岭南麓,有些黄土质土壤,虽然根据化验结果的力学数据进行计算,边坡在20~25 m 以内,坡度可以达到1:0.3~1:0.5。当因该地区年降雨达700~1 000 mm,又大部分集中在雨季中时,因之施工后陡边坡都引起边坡坍塌。之后刷缓到1:0.7~1:10才保证了稳定。这就是气候条件影响边坡稳定性的一例。同样兰新铁路岌岭附近,由于当地气温变化较大,挖出的花岗岩,通车不几年就出现节理增多、裂隙张大、碎落严重,兰州近郊也有较多砂页岩挖开至今亦仅数年已开始剥落和坍塌,这些都是受当地气温变化影响的实例。

7. 风化作用的性质和程度:风化作用影响着自然边坡的形状,边坡的稳固性。风化作用可以沿构造节理和其他达到不同的深度,有时可以达到相当大的深度,使边坡岩石的某部(石块)开始开裂,同样又在边坡表面形成一层岩石风化破碎带。例如宝成线秦岭北麓,有些花岗岩风化深度已达数十米之深并不为奇。

风化带的深浅,以及风化带内岩石的成分、结构状态和性质,一方面决定于原生岩石的种类、成因、年代、层理和破坏程度,另一方面又决定于局部气候情况,边坡在不同地形区段中的位置,边坡表面的状态,以及风化作用的性质。

在风化带的厚度与稳定的外露边坡角度之间,可以找出一定的关系。在成因及地质史方面近似的岩石,其稳定边坡的角度与风化带厚度之间的关系是一样的。

这样在风化带内的岩石(它与原生岩石的性质就不一样),对边坡形状及角度的影响就相当大。还应当指出,在气候温暖的情况下,风化带形成的速度相当大。当然是一年计或几十年计,而不是以地质年代计算。例如宝成铁路横现河车站和阳平关附近的云母片岩,初挖出的岩石是较新鲜完整的,只经过2~3年即达严重风化程度,有些形成堆塌,增加了挡墙、护墙和明洞。这足以说明有些岩石风化之快,出乎一般想象。

8. 边坡上岩石的脱落：风化产物从边坡上脱落下来，由于脱落性质和程度不同，就会产生一些不同的新型稳定边坡。脱落的性质有四种：(1)由于雨、雪水的侵湿和融化所产生的；(2)在自重的影响下黏土质及岩层的片状及尖棱的小块碎石堆积物受风吹、坡面水的冲刷，引起碎块的剥落；(3)表层含水量过多，因而下滑；(4)各个较大的岩块崩落。

这些脱落与岩石的破碎程度有关，依据种植土和底岩的种类和当地气候温度而定，与边坡斜度也有些关系。当边坡上脱落加剧到一定程度时，可能引起山坡较大的变形，从而改变局部山坡的外貌。

(四) 工程地质法确定路堑边坡的办法

为选定路堑边坡坡度和形状所进行的对自然边坡外业调查及化验等工作，均需按专门制定的细则进行。

在不同的岩石边坡中，有不同高度，不同方位及不同的草皮生长的区别，如果有了稳定自然边坡的典型角度，形状和状态方面的系统资料，就可以提出深路堑边坡的通用断面。边坡的断面，可如下绘制。

(1)根据设计规程及标准的要求，必要时在边坡的坡脚，设计 1～2 m 宽的平台，以承受一些堆积下来，冲刷下来及流动下来的岩石。

(2)根据外业观测，来确定向北和向南的各稳定边坡倾角的差异。

边坡断面制完后，最好用一种或两种在当地自然情况下最适当的方法，进行稳定性检算。

研究自然边坡的时候，要用各种适当的检算，将设计坡度上个别部分的坡度及凹陷度，加以局部的改变。

根据自然的观测可以看出，当边坡在 36° 以内时，种植土层可以不发生任何变形，当雨、雪水不多时，有时可用 38°～40°。

边坡中泥质岩石的稳定性（其滑动角）与湿度间的直接关系，也必须要考虑岩石在外业观测当时的湿度。

气候温暖地区，在自然边坡其至在没有长植物的边坡中，黏土和重型砂质黏土在较小深度(0.3～0.5 m)内的湿度，常接近搓捻极限的湿度(±2%～3%)。当然，所建议的路堑边坡坡度，仅适用于有该种湿度和稠度的岩石。因之路堑在运营时，无论是地表水或地下水，都必须使其不增加岩石的含水量。

二、岩质岩层路堑边坡

岩质岩层路堑边坡稳定性的分析，是一个比较复杂的问题，目前还不能以纯力学计算的方法来确定。须据详尽的工程地质及水文地质的调查、测绘、勘探和分析，研究已成建筑物的实际状态，考虑山体的稳定，在结合专门的调查资料利用工程地质法为主确定。也有结合 м. м 普罗托吉亚科诺夫的强度系数 f 从岩石受切受压这一方面研究岩质岩层路堑边坡的检算，它也是一个有前途的办法。

在设计时，不能忽视下列三点：

(1)自然斜坡形成的主要原因与次要原因；

(2)自然斜坡的稳定状态与坡度；

(3)自然斜坡的极限高度。

(一) 设计中的三个步骤

首先是根据区域地质单元，分析当地岩层与地质构造的关系，和今后自然环境的影响，以肯定线路通过的原则。避免对不良山坡盲目的开挖，引起不可收拾的局面。选择适合于当地情况的路堑加固建筑物，以达到经济合理，保证线路安全的目的。

其次，按局部的工程地质条件，从下述三方面研究区分路堑边坡设计的控制因素：

(1)研究当地岩石边坡和地层的关系如层厚、倾斜度、走向及节理、裂缝系统，哪一因素是形成当地岩石边坡的主要原因；

(2)研究当地岩石边坡受产状及其物理化学成分等性质的影响程度；

(3)研究当地岩石边坡受当地风化营力的影响，以及边坡与当地水文地质条件，气候因素的关系。

最后，从人工改变山坡环境和条件来分析影响路堑边坡稳定的下述几个关系：

(1)路堑方位与岩层的关系；

(2)路堑边坡与高度的关系；

(3)开挖后,环境改变,对岩层影响的关系。

(二)岩质岩层路堑的分类和设计

根据西北几年来处理施工后山坡坍塌的认识,设计岩质岩层路堑边坡应按影响边坡稳定的主要因素,划分为下述四类进行研究:

(1)较完整岩质岩层边坡的设计;

(2)破碎岩质岩层边坡的设计;

(3)构造控制的岩质岩层边坡的设计;

(4)风化岩质岩层边坡的设计。

这样的分法主要是按对边坡起主要因素的四种不同类型划分。例如中等风化的岩层若结构完整,就划到完整岩层部分来谈。例如中等风化的岩层破碎时,则划为破碎岩层来谈。例如主要节理张裂、倾向线路时,虽然岩层较完整、风化破碎不严重,但由于边坡的稳定受节理倾角控制,故列在构造控制的岩层一类来谈。再如风化严重的岩层,开挖后风化速度为主要因素,所以划为风化岩层边坡设计来谈。如此划分虽然不大合乎地质观点,但对设计边坡时概念清晰,当然必须警惕机械应用,分割地看问题。

1. 较完整岩质岩层边坡的设计

在没有构造影响下的岩质岩层路堑边坡和岩石的抗压及抗剪强度有直接关系,分为四类:

1)很坚硬:抗压强度在 1 000 ~ 2 000 kg/cm^2。这类岩石包括未风化的、坚实的花岗岩岩石类、石英岩和最坚实的砂岩及石灰岩等。

2)坚硬:抗压强度在 800 ~ 1 000 kg/cm^2。这类岩石包括石灰岩、大理岩、白云岩、坚实的砂岩及一般花岗岩等。

3)中等坚硬:抗压强度在 400 ~ 800 kg/cm^2。这类岩石包括一般的砂岩,非泥质胶结的砾岩及砂质页岩等。

4)不坚硬:抗压强度在 250 ~ 400 kg/cm^2。这类岩石包括一般的页岩、泥质砂岩、泥质胶结的砾岩、泥灰岩及胶结的卵石及砾石等。

厚层及块状的沉积岩成水平层次或倾斜不大时,所设计的边坡之稳定坡度,正如表6所述,但仍需考虑岩石的产状,物理化学性质与组成的情况。例如:

(1)构成岩层岩石的性质:如硅质的比泥质的稳定。结晶的岩层比一般沉积的稳定。易膨胀的岩石如黏土页岩、泥灰岩、滑石片岩、云母片岩、石墨片岩、绿泥片岩及石膏等易变形破坏。

表6 完整岩石按坚硬程度确定边坡的参考数值

岩石坚硬程度	边坡高度			附 注
	15 m 以下	30 m 以下	40 m 以下	
1)很坚硬	1:0.1	1:0.2	1:0.25	(1)浅孔爆破开挖; (2)1~2 指厚层块状的整体岩层; (3)局部考虑防护
2)坚硬	1:0.1	1:0.25	1:0.3	
3)中等坚硬	1:0.2	1:0.3	1:0.5	
4)不坚硬	1:0.3	1:0.5		

(2)组成岩石的颗粒:如细粒的比粗粒的稳定;颗粒致密的比松散的稳定;均匀的比大小混杂的稳定。

(3)组成岩石的矿物种类与成分:例如含石英多的稳定;含长石多的易风化、含云母多的最为不良;组成岩石的矿物单一的比复杂的稳定。

(4)岩石颗粒的骨架易透水的:例如砂砾岩也易风化。

2. 破碎岩质岩层边坡的设计

这类岩质岩层由于岩层的节理发育,已成为影响边坡稳定的主要因素,且往往有多组节理与层面互相交割,使岩层失却整体性质,当然表层岩石也是受风化的,且有些风化较重。根据地质上对岩石节理的划分有下述四类:

1) 没有节理:岩石完整没有破裂现象。

2) 节理很少:岩石具少数节理,一般是整齐的,紧闭的,节理间相距1 m或数米,对工程设计不产生影响。

3) 节理发育:岩石节理较多,往往一组或多组,一部分是张裂的,裂缝可达1 cm左右,节理的间隔为半米左右,对工程设计产生相当的影响。

4) 节理极发育:岩石节理错乱,没有一定的方向,间隔很紧密,并发生很宽的裂缝,岩层破碎或呈倾塌之状,对工程设计产生很大影响。

我们所指的破碎岩质岩层,当然是指"节理发育"及"节理极发育"的两种现象,而"没有节理"及"节理很少"这两类就划分在整体岩层内了。

除了节理影响岩层的破碎程度外,由地质构造所形成的破碎岩层(例如断层带的破碎岩石,过度折曲所形成的破碎岩石,或者是移动过的岩层),其岩石松散,节理互相错开,但单块岩石本身仍较坚硬,都划入破碎岩质岩层这一类来确定边坡。

破碎岩质岩层边坡坡度的确定是根据挖方高度及岩石破碎程度、岩石分割岩块的大小、岩层中各个岩块的联系、节理裂缝中的充填物以及当地的水文地质条件,山坡覆盖和气候条件等来考虑的。

(1) 如岩石破碎已十分严重,当无主要节理方向倾角是否影响的问题时,这就按分割成的岩块与所夹的风化物较多,比照填石边坡来确定坡度与高度(当然是比填石边坡陡),边坡的形状有时是上陡下缓的,这一类边坡由于构造关系在整个挖方中边坡都是在破碎而松散的岩石中。

(2) 如岩石虽破碎,但与岩层仍互相连接,这一类的破碎岩石边坡有主要节理、层理、裂缝、倾向与线路关系的问题。当主要节理和裂缝只有一组或两组控制挖方边坡稳定时,划入构造面控制一类岩质岩层边坡来设计。只有在有多组节理分割岩层时,才认作破碎岩层边坡。由于岩石与岩层仍有关系,所以往往考虑倾向线路这一组拟定刷边坡。如果山坡自然坡度陡于倾斜面在边坡上出现阶梯状,往往不可能沿控制面刷坡。这样的破碎岩层,只有在考虑了边坡加固工程(护墙及支撑)防止表层岩石脱落的情况下,才能保证边坡的稳定。

(3) 如破碎岩层的挖方高度不大,一般不超过10 m时,边坡仍可陡达1:0.5。

事实上,破碎岩层边坡决定的主要因素是看岩层是否仍有整体性。有整体性的往往增加坡面防护,采用较陡的边坡是比较经济合理的。因为边坡虽缓到1:1,个别岩块的崩落仍然是避免不了的。

当岩层失却整体性而接近散体时,岩石间的结合力控制了边坡的坡度与高度。修了坡面防护虽能减少受坡面水的冲刷,但若加陡边坡,并不能如整体的岩层不发生变形,此是因破碎成散状的岩石间结合力已降低。所以按照岩石结合力(主要是摩阻力和局部的黏聚力)所确定的边坡就不可能陡于45°。对十分破碎的岩石,尚需考虑颗粒性质受水后的变化,所以对可能引起迅速风化的岩石,划入风化岩层边坡的设计中详述。

破碎岩质岩层确定边坡的参考数值见表7。

表7 破碎岩质岩层确定边坡的参考数值

岩石破碎程度	边坡高度				附 注
	10 m以内	20 m以内	40 m以内	超过40 m	
节理发育的破碎岩石	1:0.5	1:0.75	1:1	1:1	加护墙后边坡可以加陡
节理极发育的破碎岩石	1:0.75	1:1	上部20 m 1:1; 下部20 m 1:1.25	1:1.25	一般考虑表层修护坡加固
十分破碎的岩石	1:1	1:1.25	上部20 m 1:1.25; 下部20 m 1:1.5	1:1.5	一般考虑表层修护坡加固

3. 构造控制的岩质岩层边坡的设计

在较完整的岩层中,当构造面倾向山坡或线路,若山坡倾角或边坡角陡于构造面的倾角时,岩层往往沿构造面崩落、滑下。是否滑落和构造面间的结合性质也有关系,例如层面倾向线路50°的边坡,就不能说陡于50°的边坡,就一定沿50°滑落。这主要看层间是否张裂,有无软质的夹层(风化物)以及层间有无水的浸润等作用。也和岩石本身的性质有关,如是泥质岩石就易产生崩滑,如是石灰岩无泥质夹层或风化物的,也就不易产生崩落。以下分别论述:

1)设计这类岩层的边坡时,一般是研究岩层的主要构造面(层理面、片理面、劈理面、节理面、大裂缝面、陡裂面等)和线路的关系是否有利。

(1)当构造面背向路基时,对边坡稳定是有利的,所以按完整岩层设计边坡。

(2)当构造面倾向路基时对边坡不利。若构造面间结合不良或有泥质风化物夹层等,而且层间有水浸软的可能,是会向路基产生崩滑的。这种情况下一般是沿构造面倾角刷坡。若构造面结合尚好,只是表面分割而形成由外向内逐步崩坠的,应参照当地稳定的极限边坡进行设计,外加支护墙以防止表层脱落即可。

(3)当两组节理构成的V形,其交线倾向路基且陡,虽层面与路基斜交,也会经常形成V形的滑落坍下,这类岩层边坡设计是按V形节理的交线倾向路基的倾角大小刷坡的。或在个别地点修支墙以支顶。

2)软硬岩互层时边坡做如下的设计:

(1)软硬岩石层次多且薄时,应采取软层岩石设计边坡;

(2)软层薄而少时,应按坚硬岩石设计边坡,对软层部分加以支护;

(3)硬层薄而少时,应按软层岩石设计边坡;

(4)软层岩石和硬层岩石均厚时,分别按不同岩石及部位设计边坡,边坡成折线形。

3)当线路通过断层带时的边坡设计:

(1)断层与线路垂直或交角较大时,断层影响的范围不大,通常采用加固边坡的办法处理;

(2)当线路与断层带平行,或交角甚锐,对边坡影响较大,有的清除,有的按松散地层设计边坡;

(3)断层带一般是破碎的岩石居多,可参照破碎岩层设计边坡,但在断层影响的地段,岩石表面破碎张裂不显著,但风化严重,例如秦岭北麓清姜河中断层带的花岗岩,有些表层尚完整,但已风化成砂层状,这就参照风化岩层设计边坡。

4. 风化岩质岩层边坡的设计

岩石的风化作用根据 H. B. 柯洛门斯基的意见是岩石由于同风化营力相互作用的结果而发生的变化,也是由于大气营力(水、气等)、太阳辐射、温度的变化以及生物同岩石互相作用的结果所发生的变化。风化作用多半是由于许多的风化营力对岩石影响的结果。而这些营力乃是随周围环境条件的变化而变化的。如随地质构造(包括岩石成分和结构)、区域地形及自然地理特征的不同而有所改变。所有这些条件决定了风化作用的性质和程度,风化营力及各种不同的强度作用于岩石,同时风化作用乃一个加于另一个之上。

1)主要的风化营力可能有以下几种:

(1)阳光:是太阳辐射热的结果。它取决于下列各种因素辐射的强度、光线及波长以及吸收表面的特性和颜色。它将引起岩层中的水分及矿物发生变化,岩石体积的热变化,水分蒸发和凝结,以加速或延缓了化学反应等。总结太阳辐射热对岩石的作用如下:

①颗粒之间联系的松动及破坏,岩层达某种深度的破碎(此深度乃取决于岩石的性质与产状、体积及风化营力作用的强度);

②密度的重新分配,特别是在黏土质的岩石中;

③自然构造的破坏;

④岩石湿度的重新分配;

⑤普通盐类的可溶、风化产物的重新分配;

⑥岩石孔隙中饱和水中盐类浓度的改变。

(2)氧及二氧化碳:是最活动的风化营力,氧能够起氧化与还原作用,二氧化碳同水在一起可使某些岩石(如石灰石)形成碳酸盐类。

(3)水:侵入岩石中,使泥质岩石软化,易沿层面滑下,由于温度的改变,水的形态变化,对岩石发生强大的机械破坏作用。同时,水分中的矿物元素对岩石亦可产生化学的侵袭作用。

(4)生物:各种动物对岩石皆可起化学作用和机械作用。

2)确定路堑边坡的设计,对岩石风化外貌与特征应分等级加以描述,而最主要的内容应包括下列各点:

(1)岩石的颜色及色彩的情况及变化;

(2)岩石破裂程度及性质的变化;

(3)岩石矿物成分的情况与种类;

(4)岩石的机械坚固性。

3)一般铁路工程地质调查,将岩石的风化程度做如下划分:

(1)轻微风化:岩石表面风化很薄,颜色较发暗,有少数裂缝,表面强度稍降低,内部新鲜完整,无显著的物理化学变化。

(2)中等风化(风化颇重):岩石性质有显著的变化,矿物已失去光泽、裂缝较多,风化深度一般为 1~5 m,岩石强度降低。

(3)严重风化:岩石物理及化学性质显著改变,造岩矿物完全无光。裂缝很多,风化深度达 5~50 m,锤击时无清晰响声,部分可用铁锹开挖。

(4)极度风化:岩石状态破碎,不易辨别,稍用锤击即碎,强度甚低,有时风化成砂状或土的状态。有些岩石组成的矿物已经风化成次生矿物。

当然风化的岩石,往往也是破碎的。例如轻微风化的岩石,一般也是节理裂隙甚少,只有一组或不显著。中等风化的岩石,一般节理裂隙不发育为 1~2 组,所以这两类风化强度较浅的岩石多按完整的岩层来确定边坡坡度。如果这两类岩石的节理裂隙发育,则按破碎岩层设计边坡。

严重风化的岩石,一般节理裂隙发育,有 3 组或 3 组以上的节理,当以破碎程度为主成为控制边坡稳定的因素时,则按破碎岩层边坡设计。当岩石在岩层中有连接的而且连接较多时,则按风化岩层边坡设计。至于极度风化的岩石,很自然的是节理裂隙极多,从各方面切割,而且有些也分辨不出节理裂隙,其岩石风化的速度也是迅速的。这类岩石应以风化情况为主成为确定边坡的主要因素。

宝成铁路秦岭区风化岩质岩层边坡参考数据见表 8。

表 8 宝成铁路秦岭区风化岩质岩层边坡参考数据

岩石风化程度	边坡高度			附 注
	在 10 m 以内	在 30 m 以内	超过 30 m	
严重风化的岩层	1:0.5	1:0.75	1:1	如岩石性质改变不大增加护面墙可以加陡边坡
极度风化成砂的岩层	1:0.75~1:1	1:1~1:1.25	1:1.25~1:1.5	岩石性质已改变增加厚护墙可加陡边坡,个别情形按挡土墙处理
极度风化成土的岩层	1:1	1:1.25~1:1.5	1:1.5~1:1.75	岩石性质改变,受水后增加推力一般加护坡防止冲刷,如加陡边坡必须按挡土墙处理

上述风化岩层,当有构造关系时或经受过长期间冰川作用后,往往风化很深,勘测时应予注意并加描述。一般岩石是表层风化比内部为重。对受温度热力起感应而易于风化的岩层,或坡面经受不了雨水冲刷的岩层常以护面墙加固。而对空气、阳光作用后脱皮的,可用"喷浆"涂水泥浆及其他煤渣三合土等涂面工作以防止风化的。不过当风化成次化矿物的极度风化岩层时,一般是刷缓边坡后,铺盖草皮,可起稳定高边坡的作用。

(三)其他确定岩质岩层边坡的参考办法

1. 也可对没有构造影响的岩质岩层,按组成岩石的矿物性质分类,按其风化程度及节理裂隙多少,拟出岩石边坡。

对层状岩石按其生成岩石的主要成分或胶结物划分为:

1)硅质岩石:有石英岩、石英片岩、硅质片岩、硅质页岩及石英质千枚岩等和砂岩、砂质页岩、页状砂岩、非泥质胶结的砾岩及变质砂岩等。

2) 石灰质岩石:有石灰岩、变质灰岩、白云岩及石灰质板岩等。

3) 泥质岩石:有各种泥质页岩、板岩、千枚岩、软质的片岩、泥灰岩、炭质岩层、黏土胶结的砾岩及泥质砂岩等。

当这些层状岩石的层面呈水平或倾斜不大时,由于风化破碎程度不同边坡各异,其边坡参考数值见表9～表13。

表9 宝成铁路秦岭区火成岩类或坚硬的变质岩按风化程度确定路堑边坡参考数值

风化程度	边坡高度			附 注
	10～15 m 以内	30 m 以内	30 m 以上	
未风化	1:0.1	1:0.1～1:0.25	1:0.1～1:0.3	节理极少或无节理裂缝
轻微风化	1:0.2	1:0.2～1:0.3	1:0.2～1:0.5	节理裂缝少不超过1组
中等风化	1:0.3	1:0.3～1:0.5	1:0.5	节理裂缝不发育1～2组
严重风化	1:0.5	1:0.75～1:1	1:1	节理裂缝发育3组及以上
极度风化	1:0.5～1:1	1:1.25	1:1.25～1:1.5	节理裂缝极多向各方向切割

表10 宝成线秦岭区花岗岩类及层状岩石风化轻微在不同节理裂隙情况下边坡参考数值

岩石种类	节理裂缝极少时	节理裂缝较多时	节理裂缝极多时	附 注
砂质岩石	1:0.2～1:0.3	1:0.3～1:0.5	1:0.75～1:1.25	(1)当节理裂缝极多时边坡以不超过30 m 为宜; (2)当节理裂缝较多时边坡以不超过40 m 为宜
石灰质岩石	1:0.2～1:0.3	1:0.3～1:0.5	1:0.5	
泥质岩石	1:0.3～1:0.5	1:0.5～1:0.75	1:1～1:1.5	
花岗岩类岩石	1:0.1	1:0.25	1:0.5	
喷出及深成火成岩类	1:0.1	1:0.5～1:0.75	1:1～1:1.25	

表11 宝成线秦岭区层状岩石中等风化时路堑边坡设计参考数值

岩石种类	边坡高度			附 注
	15 m 以内	30 m 以内	超过30 m	
硅质岩石	1:0.3	1:0.3～1:0.5	1:0.5～1:0.75	(1)若岩层非破碎时一般边坡以不超过40 m 为宜; (2)硬质岩层极度破碎时边坡1:1～1:1.25
石灰质岩石	1:0.3	1:0.3～1:0.5	1:0.5	
泥质岩石	1:0.5	1:0.5～1:0.75	1:0.75～1:1	

表12 宝成线秦岭区层状岩石风化严重风化时路堑边坡设计参考数值

岩石种类	边坡高度			附 注
	10～15 m 以内	30 m 以内	超过30 m	
硅质岩石	1:0.3～1:0.5	1:0.5～1:1	1:1～1:1.25	(1)边坡高以不超过40 m 为宜; (2)泥质岩层以不超过30 m 为宜
石灰质岩石	1:0.5	1:0.5～1:0.75	1:1	
泥质岩石	1:0.6～1:0.7	1:1～1:1.25	1:1.25～1:1.5	

表13 宝成线秦岭区层状岩石极度风化时路堑边坡设计参考数值

岩石种类	边坡高度(m)			附 注
	10至15 m 以内	30 m 以内	超过30 m	
硅质岩石	1:0.75～1:1.25	1:1～1:1.5	1:1.25～1:1.75	(1)一般坡高以不超过30 m 为宜; (2)当边坡上有壤中水作用时,泥质边坡以不超过20 m 为宜
石灰质岩石	1:0.75～1:1	1:1～1:1.25	1:1.25～1:1.5	
泥质岩石	1:1～1:1.25	1:1.25～1:1.5	1:1.5～1:1.75	

2. 也可按岩层的强度系数拟定边坡坡度。这种办法虽然不切合实际,但是它有发展的前途。在岩石没有构造控制时,往往是十分正确的。如对风化岩层开挖,应事先对风化岩层加以处理,那么按岩层强度系数所提出的边坡坡度又可以增陡。强度系数法,即是按普洛托加可诺夫岩层等级表比照着确定边坡。即 f(强

度系数)= 6~20 的边坡为 1:0.1~1:0.3;当 f = 3~6 时边坡为 1:0.3~1:0.5;当 f < 3 时岩石边坡不易拟定,此因岩石性质不同。对硬质岩石来说,强度系数 f = 1.5~2 时开挖路堑边坡需平缓为 1:0.75~1:1;而对半成岩或软质岩石来说 f = 1.5~2 时开挖路堑边坡可以陡为 1:0.5;当 f = 1 时岩质岩层边坡坡度为 1:1~1:1.25; f = 0.8 时岩质岩层边坡为 1:1.25~1:1.5 是完全正确的。所以说这种办法加以修正后是有发展的。

(四)小结

对岩质岩石边坡的设计,如果忽略了研究当地自然的稳定坡度,而单纯地按照任何办法拟出的边坡都是没有意义的;是走了机械论的道路。应该是采用各种办法互相对照,才可帮助我们进一步分析当地自然稳定边坡,从而找出切合实际的边坡形状和各部分的坡度。在实际工作中都是先对自然山坡包括已成的人工切坡与高度进行广泛的调查、统计和分析,然后就能得出当地岩石边坡的正确设计。

对岩石边坡进行加固时,必须按不同风化营力采用不同的加固部分。例如:

(1)防止气态水与液态水的作用,可采用抹面和喷浆的办法,一般厚 2~4 cm。

(2)为防止温度变化的作用,可使用绝热保温的覆盖工程,一般厚 0.4 m。当边坡平缓为 1:1~1:1.5 时用黏合土,或干砌片石。对边坡陡于 1:1 时经常采用护墙和浆砌片石护坡。

(3)为防止边坡上个别石块脱落而引起继续不断地坍落时,常修护墙或支撑墙以达到稳固边坡的目的。当需加陡岩石边坡时,常采用厚护墙,以降低开挖高度减少坍塌。

三、碎石类土壤路堑边坡

碎石类土壤包括砂质土壤、砾石土壤、卵石土壤、碎石土壤和块石土壤等。这一类土壤边坡的设计,是根据土壤的密实程度,含水情形和生成原因三方面,结合边坡高度以确定边坡形状和坡度。近年也有对这一类土壤在现场做试验,求其黏聚力 c、内摩擦角 φ 和单位重 Γ,通过圆弧法或折线法检算边坡的稳定。也有对自然山坡的崩塌、坍塌处反求土壤 c、φ 而设计边坡的……,如果这些办法脱离了地质条件和今后水文状况的作用,是不可能切合实际的。更需要注意避免过分开挖古老的滑坡体、崩塌体和坡积物,以免引起新的坍塌和滑动。

(一)松散土壤的路堑边坡设计

非黏性的松散土壤路堑边坡设计与其他土壤有特殊的不同性质。在很多情况下也是不能以纯力学的方法来确定的。这不仅在于土壤的物理力学实验有一定的困难,而且其力学性质在不同的物理地质条件与水文地质条件下也有不同的特点。例如砂质土壤在干燥与浸水情况下都是不好的,但当它含有微量的水分时,由于水膜及毛细作用会产生一种假的黏聚力,强度增加很大。因此做工程地质调查时,常把这种土壤全年的湿度情况加以特别的注意,按土壤湿度 W(土壤空隙中含水量/绝对干燥土壤重量)作下列的分类:

1)干湿度:

(1)干燥的,W = 0,用眼睛看不到水分痕迹;

(2)稍湿的,$0 < W < 0.5$,用眼睛可以看出水分痕迹;

(3)潮湿的,$0.5 < W < 0.8$,含有明显的水分,用手抓可以湿润手掌;

(4)饱和的,$0.8 < W < 1.0$,水分充满土壤空隙呈饱和状态。

2)密实度:在确定松散土壤的路堑边坡时,对原来土层密实度的调查也是重要的。同样性质土壤密实的与松散的,其边坡有很大的不同,一般依据土壤的相对密实度 $D = \dfrac{e_{max} - e}{e_{max} - e_{min}}$ = (最大空隙比 - 天然空隙比)/(最大空隙比 - 最小空隙比)作下列分类:

(1)很密实,D = 1,用器具挖掘很困难;

(2)密实的,$1 > D > 0.670$,挖坑坑壁很稳定;

(3)中等密实,$0.67 > D > 0.33$,坑壁容易发生落石掉块;

(4)松散的,$0.33 > D > 0$,挖坑随挖随塌。

3)边坡形状——关于松散土壤边坡形状可以按下列原则办理:

(1)当土壤的物理力学性质一致或相差甚微时,采用一坡到顶的形式。

(2) 基本性质各异的土壤分别开挖成折线边坡。

(3) 性质基本一样但密实程度有区别,或有薄层尖灭状的松散层,可按一般密实度设计成同一斜度的边坡,但对局部的松散体,予以加固。

(4) 土层下部松散,上部较紧密或边坡太高容易产生坍塌的,易采用上陡下缓填方边坡的形状,以增加稳定性。这种路堑边坡形状一般采用在断层破碎带,松散的岩堆及有地下水作用的散状土壤处。

4) 通常对散状土壤路堑边坡的坡度都是考虑在不同密实程度下,该地层的安息角并根据今后水文地质作用、松散状特征及今后挖方高度,给予不同的安全系数来确定的。其参考数值见表14和表15。

表14 皮沃百尔提出不同岩石组成的岩堆安息角

花岗岩	37.0°
石灰质砂岩	34.5°
密实的砂岩	36.5°~32°
片麻岩	34.0°
云母片岩	30°

表15 松散状土壤的安息角参考数字

名　　称	安息角	附　　注
碎石土壤(由松散到中等密实)	36°~45°	饱和水时土壤的内摩阻角减少不多或不减少
卵石土壤(由松散到中等密实)	33°~40°	
角砾土壤(由松散到中等密实)	30°~45°	
砾石土壤(由密实到中等密实)	30°~40°	
砾沙(由密实到中等密实)	27°~40°	
粗沙(由密实到中等密实)	27°~40°	
中沙(由密实到中等密实)	26°~35°	
细沙(一般湿度)(由松散到中等密实)	26°~36°	采用排水疏干办法处理土壤中的含水问题
细沙(饱和水分)(由松散到中等密实)	22°~25°	
粉沙(一般湿度)(由松散到中等密实)	25°~31°	
粉沙(饱和水分)(由松散到中等密实)	20°~30°	

以上散状土壤路堑边坡,多采用坡面加固措施达到陡坡的稳定,以防止坡面水的冲刷及土中水的潜蚀。当边坡高度低于10 m时,往往采用安全系数$K=1~1.1$。当边坡高度在10~20 m之间时,常采用$K=1.05~1.15$开挖边坡。当边坡高度超过20 m时,常采用上陡下缓的边坡;以15~20 m处分界,上部按$K=1.05~1.15$开挖边坡,下部按$K=1.15~1.25$开挖边坡。一般最大边坡高度不超过30~40 m。

(二) 不同成因的碎石类土壤路堑边坡的设计

从土壤的生成原因看地层的结合,其密实度是有巨大的区别;它影响了稳定的路堑边坡坡度和高度,而且这个数字也是很大。例如密实的冰川沉积层,由于生成中经过压实作用,在自然中有高达50~60 m而坡度仅1∶0.3 的边坡;当然这类土壤局部是有胶结作用的。例如尚在活动中的松散坡积层,如其组成为风化不均的砂页岩碎块、角砾和风化的黏性土壤在地面潮湿的情况下安息角可降低到25°。这就说明了由于土壤的成因不同地层是否压实稳定,安息角是有很大区别的。设计原则如下:

1. 边坡设计首先按土壤结合的密实程度来划分,共有四类:(1)胶结的地层;(2)密实的地层;(3)中等密实的地层;(4)松散的地层。

2. 在不同生成原因的地层上:

(1) 冰川沉积层最为密实,一般是由密实到胶结,只有个别地段和表层为中等密实的。

(2) 洪积层及冲积层是经过水流作用的其胶结力较强。在中等密实至密实间,松散的很少见。而冲积层是经过了分选作用,故地层的结合一般是良好的。沉积层可能是由多次洪积形成;这样在新旧沉积间易于聚水形成软层。洪积层中由于土壤组成的成分不一致,也是容易形成山坡变形的。所以在洪积层中设计边坡,需了解土中水的情况,与新旧沉积面的陡度;必要时考虑对山坡的排水,排地表水与壤中水,以稳定山坡。

(3)堆积层有山麓堆积和山坡堆积——由于形成的年代(指地质年代)较短,一般是松散至密实。如堆积的年代久远,或者是厚层的堆积,又经过了压实的过程,会密实些,边坡也就陡些。如果上部有厚层黄土质土壤,经过多年雨水的下渗,也有些可见溶解的钙质将堆积层上部胶结了,边坡也就可以陡些。

如果是由山坡上新崩坍的岩石组成堆积在山坡,或山脚裂缝未经过长期雨水中携带的黏性土壤充填,这类土壤是松散的居多;也就不可能挖陡边坡。但是有因崩坍的石块较大,具棱角、虽然松散也可支撑较陡的边坡。所以均需分别具体情况,实地了解,才能设计出切合实际的边坡形状和坡度。

3. 不同成因的松散地层,密实程度不同,含土成分不同,边坡开挖坡度的参考数字见表16～表18。

表16 按土壤结合的密实程度确定路堑边坡的参考数据

土壤结合密实程度	边坡高度			附 注
	10 m 以内	20 m 以内	20～40 m	
胶结的	1:0.3	1:0.3～1:0.5	1:0.5	(1)有壤中水时须单独修疏干工程,不应放缓边坡来处理; (2)含土多时需按纯土检算边坡是否稳定; (3)含石多且松散时,可刷成上陡下缓的边坡
密实的	1:0.5	1:0.5～1:0.75	1:1	
中等密实的	1:0.75～1:1	1:1	1:1.25～1:1.5	
松散的	1:1～1:1.5	1:1.5	1:1.5～1:1.75	

表17 对松散的大块岩石堆积的路堑边坡参考数值

石块一般粒径	边坡高度			附 注
	10 m 以内	20 m 以内	20～40 m	
大多数>40 cm	1:0.5	1:0.75	1:0.75 1:1	(1)采用上陡下缓的挖方边坡; (2)当大块石中含有较多黏质土壤时,边坡一般为1:1～1:1.5
大多数>25 cm	1:0.75	1:1	1:1 1:1.25	
一般<25 cm 且为小石块	1:1.25	1:1.15	1:1.5 1:15～1:1.75	

表18 岩堆安息角的参考数据

岩堆成分	安息角		
	最 小	最 大	平 均
砂岩、页岩(山砾、碎石混有岩块的黏性土)	25°	42°	35°
砂岩(岩块、碎石、山砾)	26°	40°	32°
砂岩(岩块、碎石)	27°	39°	33°
页岩(山砾、碎石、黏性土)	26°	43°	33°
页岩	29°	43°	38°
石灰岩(碎石、黏性土)	27°	45°	34°

4. 堆积层是否设置平台问题,当堆积层中土较多时,在堆积层与岩质岩层的分界处留有1～2 m平台,以防止坡面水冲坍了坡脚,而引起由接触面向上发展的坍塌。同样在路基侧沟外也留有1～2 m平台以防止坡面水冲刷坡脚;同时也防止了侧沟水浸软坡脚引起的局部坍塌。当坡脚堆积层为大块石时,或边坡上没有发生剥落,可不设侧沟外平台及基岩接触面平台。

(三)小结

碎石类土壤路堑是经常遇到的。在雨水丰沛地段,这一类土壤路堑的堆塌、滑坡和坡面流泥也是施工中常遇到的事。往往修好了路堑排水工程之后,就明显地减少了塌方。这说明水对混有黏性土壤的碎石类土壤作用是巨大的。所以对这类土壤路堑的设计首先应对地表水、壤中水加以正确的处理,然后才能根据土壤的密实程度、湿度和化验数据设计边坡。并对边坡上黏土质较多处,运营中发生冲沟这一现象加以处理。处理的办法经常是采用草皮加固,也有对密实的洪积层和沉积层以护墙加固的。

当发现碎石类土壤不是洪积、冲积时,尤其对坡积的要注意是否是古老滑坡堆积体或崩坍体。这样在壤中水作用下,往往由于过分开挖造成滑坡和边坡溃爬,甚至尤其老滑坡的复活。

碎石类土壤路堑在设计时,除考虑水的作用外,是以地层为主,继而发现土壤成分是否均匀,再分析含石块的数量。其他确定碎石类土壤的办法有强度系数法,根据力学检算法和参考当地人工切坡或自然山坡变形处的形状反算都是次要的、个别的。当然这些方法也是在设计中必须互相结合作为核对的资料。

四、黏性土壤路堑边坡

(一) 一般常用的黏性土壤路堑边坡设计

1. 黏性土壤路堑边坡形状的确定是根据土层的性质情况而改变的,一般常采用下列各种形状:

1) 土层均匀其物理力学性质上下变化不大时,采用一坡到顶的形状。

2) 土层不均匀,其物理力学性质依次变化甚大时又不能使用平均数字检算时,采用折线边坡形状,可以上陡下缓,也可以上缓下陡。

3) 局部的边坡太高易受雨水冲刷,坡面上个别土层松散危害路基,可采用大平台放缓边坡及利用平台排水的阶梯式边坡形状。当路堑过深,基底有挤起的可能时,也常用大平台将边坡修成阶梯状的。

2. 纯黏土的物理特性与力学性质是比较突出的:不透水但容易干裂,在干燥情况下黏聚力甚大,在水文地质条件不复杂的情况下,干旱地区的边坡可以直立甚高,如果含水超过塑限即使放缓了边坡也仍会坍滑的。因此在路堑边坡设计时可分下列几种情况考虑:

1) 干燥的纯黏土,以其岩层产状、上下岩层种类、水文及水文地质条件与边坡高度而定,可以采用 1:0.3~1:0.75。在采用陡于 1:0.5 的边坡时,不能使用一般的检算公式。

2) 非干燥黏土设计的边坡缓于 1:0.5 时,可用一般的检算公式,边坡亦可设计为 1:0.75~1:1.5,但必须注意黏性土壤干裂后的裂缝情形和当地的雨量与气候条件。如果不注意对大气降雨的防护,对壤中水的处理,一切检算都是不可靠的。

3. 黏性土壤路堑边坡稳定性检算的几种方法:

1) 圆弧滑动的理论计算:这是一种普遍采用的方法,尤其在均质黏性土壤中比其他各种理论近似实际,供计算不甚复杂,如高填中所述,在路堑顶缘划一与水平线呈 36°角的射线作为破裂弧的圆心线,通过圆心线划数个圆弧,计算并求出最危险破裂弧的最小安全系数,以便确定边坡的稳定。其公式为

$$K = \frac{\sum N\tan\varphi + cl + \sum T'}{\sum T}$$

式中 φ——采用原状土的内摩擦角;

c——原状土的黏聚力;

$\sum N$——土壤垂直分力的总和;

$\sum T$——土壤下滑分力的总和;

$\sum T'$——土壤反滑分力的总和;

l——滑动弧长;

K——安全系数。

在计算土体重量时 γ 即天然含水情况下的重量(请看沙湖年慈所著铁路路基)。为了简化计算,在实际工作中曾经做过一些参考的图表。在使用图表时,当知道边坡高度与假定坡度及土壤的 γ、φ、c 后代入表格中即可求得。

2) 郭氏法边坡稳定性的计算:

计算原理及运用情况:苏联的郭里得伦千衣教授(МНГОДЩоТИН)研究一种详尽的圆弧破裂方法,可

以应用在破裂弧通过坡脚及地面下的硬层上。就是通过坡脚以外的地方,其稳定系数公式如下:

$$K = fA + \frac{c}{\gamma h \times B} \tag{1}$$

$$H = \frac{cB}{[\gamma(K - fA)]} \tag{2}$$

式中 A, B——与边坡有关的系数可查表19,得出土壤内摩擦系数;

　　　f——$\tan\varphi$,γ、φ、c同前。

　　　h——土壤的垂直高;

　　　K——稳定系数在1.5~2.0之间。

计算步骤(1)破裂弧加固坡脚($e = 0$):

①求破裂弧的圆心线。同上所述仍然由边坡顶作36°角的放射线,即圆心线。

②破裂弧的圆心有5个 O_1、O_2、O_3、O_4、O_5,相应的弧有 C_1、C_2、C_3、C_4、C_5,O_1离开 S 点为 $0.25 h + 0.4 m$,m 为边坡坡度值。O_2、O_3、O_4、O_5其距离皆为 $0.3 h$。

③决定边坡1:m后即可由下表查出 A 及 B 代入公式中即得 K,当 $K_{min} >$ 设计所要求的 K 即是稳定了。

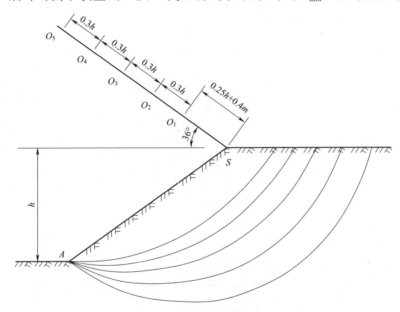

图1　破裂弧加固坡脚

表19　郭氏法中 A 及 B 的数值

边　坡	圆　心									
	O_1		O_2		O_3		O_4		O_5	
	A	B	A	B	A	B	A	B	A	B
1:1	2.34	5.79	1.87	6.00	1.57	6.57	1.40	7.50	1.24	8.80
1:1.25	2.64	6.05	2.16	6.35	1.82	7.03	1.66	8.02	1.48	9.65
1:1.50	3.04	6.25	2.64	6.50	2.15	7.15	1.90	8.33	1.71	10.10
1:1.75	3.44	6.35	2.87	6.58	2.50	7.22	2.18	8.50	1.96	10.41
1:2.0	3.84	6.50	3.23	6.70	2.80	7.26	2.45	8.43	2.21	11.11
1:2.25	4.25	6.64	3.58	6.80	3.19	7.27	2.84	8.30	2.53	9.80
1:2.5	4.67	6.65	3.98	6.78	3.53	7.30	3.21	8.15	2.85	9.50
1:2.75	4.99	6.64	4.33	6.78	3.86	7.24	3.59	8.02	3.20	9.21
1:3.0	5.32	6.60	4.69	6.75	4.24	7.23	3.97	7.87	3.59	8.81

（1）破裂弧切于坡脚下的硬层（图2）

①求破裂弧的圆心线是根据坡脚水平线至弧切于硬层的深度e值，$e = \frac{1}{4}h$、$\frac{1}{2}h$、h、$1\frac{1}{2}h$。

②将圆心线平均取O_1、O_2、O_3、O_4、O_5五点做圆心。

③找出A及B数值（查表）即可计算出$K_{\min}$（表20，表21）。

④此种情形亦分有活重换土柱高或直接作用的区别。

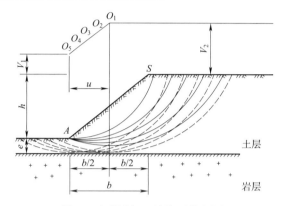

图2 破裂弧切于坡脚下的硬层

表20 郭氏法中U、V_1及V_2的数值

O		1:1 $b=h$	1:2 $b=2h$	1:3 $b=3h$
$\frac{h}{4}$	U	0.75H	0.5H	0.6H
	V_1	0.5H	0.35H	1.15H
	V_2	0.75H	0.95H	1.75H
$\frac{h}{2}$	U	0.50H	2.60H	0.60H
	V1	0.12H	0.30H	0.90H
	V2	0.63H	1.10H	1.70H
h	U	0.50H	0.40H	0.40H
	V_1	0.12H	0.20H	0.60H
	V_2	1.38H	1.00H	1.50H
$1\frac{1}{2}h$	U	0.25H	0.50H	0.40H
	V_1	0.25H	0.50H	0.50H
	V_2	1.00H	1.25H	1.70H

表21 郭氏法中A及B的数值
通过硬层A、B表（破裂弧经坡脚之下）$e=0$

边 坡	圆 心									
	O_1		O_2		O_3		O_4		O_5	
	A	B	A	B	A	B	A	B	A	B
$e=\frac{1}{4}h$										
1:1	2.87	5.93	2.56	6.10	2.29	6.70	2.11	7.80	2.02	9.70
1:1.25	2.98	6.12	2.66	6.32	2.43	6.80	2.27	7.75	2.15	9.35
1:1.50	3.10	6.35	2.80	6.53	2.58	6.91	2.42	7.70	2.30	9.02
1:1.75	3.22	6.54	2.93	6.70	2.74	7.02	2.59	7.65	2.46	8.70
1:2.00	3.37	6.76	3.10	6.87	2.91	7.15	2.76	7.60	2.63	8.40
1:2.25	3.53	7.12	3.26	7.23	3.10	7.50	2.95	7.96	2.82	8.75
1:2.50	3.73	7.51	3.46	7.62	3.30	7.86	3.14	8.31	3.02	9.13
1:2.75	3.94	7.90	3.68	8.00	3.50	8.20	3.35	8.70	3.25	9.51

续上表

边 坡	圆 心									
	O_1		O_2		O_3		O_4		O_5	
	A	B	A	B	A	B	A	B	A	B
1:3.00	4.20	8.31	3.93	8.40	3.71	8.60	3.57	9.10	3.51	9.90
$e=\frac{1}{2}h$										
1:1	3.40	5.91	3.17	5.92	2.97	6.00	2.82	6.25	2.74	6.93
1:1.25	3.47	5.98	3.24	6.02	3.01	6.14	2.91	6.46	2.82	7.18
1:1.50	3.55	6.08	3.32	6.13	3.14	6.23	3.05	6.68	2.91	7.43
1:1.75	3.64	6.18	3.41	6.26	3.22	6.41	3.11	6.89	3.01	7.68
1:2.00	3.76	6.30	3.53	6.40	3.33	6.62	3.23	7.10	3.12	7.93
1:2.25	3.90	6.44	3.66	6.55	3.49	6.81	3.38	7.32	3.27	8.03
1:2.50	4.06	6.61	3.82	6.74	3.66	7.01	3.56	7.55	3.47	8.17
1:2.75	4.75	6.81	4.02	6.95	3.83	7.25	3.76	7.77	3.63	8.28
1:3.00	4.40	7.06	4.24	7.20	4.07	7.50	3.97	8.00	3.91	8.40
$e=h$										
1:1	4.47	5.77	4.35	5.80	4.17	5.86	4.15	6.19	4.13	6.60
1:1.25	4.58	5.84	4.43	5.85	4.21	5.90	4.22	6.20	4.13	6.60
1:1.50	4.70	5.91	4.54	5.93	4.37	5.97	4.30	6.22	4.19	6.60
1:1.75	4.82	5.98	4.66	6.00	4.46	6.05	4.38	6.25	4.26	6.61
1:2.00	4.95	6.05	4.78	6.08	4.58	6.13	4.48	6.31	4.34	6.61
1:2.25	5.08	6.12	4.90	6.16	4.69	6.22	4.58	6.38	4.43	6.61
1:2.50	5.21	6.19	5.03	6.20	4.81	6.33	4.70	6.46	4.53	6.71
1:2.75	5.35	6.26	5.07	6.36	4.95	6.45	4.84	6.57	4.65	6.81
1:3.00	5.50	6.33	5.31	6.47	5.10	6.60	5.00	6.70	4.78	6.91
$e=1\frac{1}{2}h$										
1:1	5.92	5.73	5.78	5.75	5.67	5.77	5.57	5.79	5.44	5.83
1:1.25	5.99	5.78	5.87	5.80	5.73	5.84	5.95	5.83	5.53	5.97
1:1.50	6.07	5.82	5.94	5.85	5.81	5.92	5.72	5.96	5.63	6.12
1:1.75	6.14	5.87	6.02	5.90	5.89	5.99	5.81	6.04	5.72	6.27
1:2.00	6.22	5.92	6.10	5.95	5.97	6.07	5.89	6.12	5.81	6.42
1:2.25	6.30	5.95	6.18	5.98	6.05	6.08	5.97	6.15	5.90	6.43
1:2.50	6.38	5.98	6.26	6.02	6.14	6.10	6.06	6.19	5.99	6.44
1:2.75	6.46	6.01	6.34	6.05	6.23	6.11	6.15	6.22	6.08	6.45
1:3.00	6.55	6.04	6.44	6.09	6.32	6.12	6.24	6.25	6.17	6.46

3）图解法求稳定系数 K：

图解法有两种，一种是在宝成铁路宝略设计时作出的；一种是直线图的形式。现在把两种情况介绍如下：

（1）宝略设计作出的是一种定型参考图的形式。先假定各种边坡，再把各种不同的土壤物理数字（土壤的内摩擦角 φ 及黏聚力 c）代入以下公式

$$K = fA + \frac{cB}{\gamma h}$$

公式中得出不同的 K 而制成 K 的曲线。

(2)把稳定系数 $K = fA + \dfrac{cB}{\gamma h}$ 直线简化为 $K = K_\varphi + K_c$ 在曲线图上找出及 K_c 及 K_φ 相加即得 K。

4)直线破裂法:

苏联 T. M. 沙湖年慈教授在所著《铁路路基》一书中有比较详尽的解释与公式的推演,但是对于实用方面还不能达到易行满意的效果,根据实际应用的经验将计算方法做了某些改变,简化了繁多公式的应用。尤其在均质土壤还是可以应用的。

公式的理论为假设路堑边坡沿着一个顺直的破裂线滑动,破裂线与水平线呈 B 角。破裂体滑动时整体的作用在破裂面上,其重量 Q 沿着作用面的下滑分力为 $T_{cd} = Q\sin B$ 垂直分力 $N = Q\cos B$,则抵抗力为 $T = N\tan\varphi + cl$,故稳定系数 $K = \dfrac{T_W}{T_C} = \dfrac{Q\cos B(\tan\varphi + cl)}{Q\sin B} = \dfrac{\tan\varphi}{\tan B} + \dfrac{cl}{Q\sin B}$。

使用时因滑动体表面不规则,故不必用公式,可直接求面积 W,$Q = m\gamma$ 即可求得,经验证明这是最简单可靠的方法。

上式所求出的安全系数,是假定其某一 B 角时的滑动情况,还不是最小的。

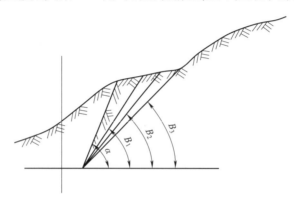

图 3　破裂线与水平线呈角

因此至少要假定三次 B 角计算,用不同 B 角的结果,将其相应安全系数 K 划成曲线,即可在 K 的曲线中找出最小 K 值(图 4)。

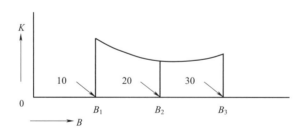

图 4　最小安全系数值求解示意

一般假定 B 角时可设 $B = \dfrac{1}{2}$ 来检算(为边坡角),再逐步假定 B 值使其出入不太大。

其他计算黏性土壤的边坡有洛氏法、台罗尔法、摩擦园法、索克洛夫斯基的极限平衡法及马斯洛夫的水平力法等在实际应用中,我们缺乏经验故不介绍。只是马斯洛夫的水平力法在一定程度上仍是计算黏性土壤边坡稳定的一种常用的办法,可以采用。所有的计算法都有一定的局限性,必须了解采用的场合才可以应用,否则它的结论会是谬误的。

(二)其他确定黏性土壤边坡的办法

根据土壤的成因,结合地层的密实程度,也可以在确定黏性土壤路堑边坡时予以有益的参考。其办法如下:

1. 参考当地自然山坡的坡度及断裂(包括人工切割的边坡),它往往是在缺乏化验数据的情况下唯一的办法。不过必须要仔细研究自然断裂的稳定性。

2. 根据土壤的密实程度,将土层划分为密实土壤、中等密实土壤及松散土壤三类。这三类土壤又必须结合土壤含水程度分为半坚硬、硬塑和软塑三种。一般非含水过多的原因,天然容重较大的黏性土壤都比较密实,可以支撑较陡的边坡。而土壤单位重较小的土壤不密实,其边坡较缓。路堑边坡参考数值见表22。

表22　宝成线秦岭区当黏性土壤中无大节理面影响时路堑边坡参考数值

土壤密实程度		边坡高度			
		10 m 以内	20 m 以内	30 m 以内	40 m 以内
密实的	半坚硬可塑的	1:0.5	1:0.5 ~ 1:0.75	1:1	1:1 ~ 1:1.5
		1:0.75	1:0.75 ~ 1:1	1:1 ~ 1:1.5	1:1.5
中等密实	半坚硬可塑的	1:1	1:1 ~ 1:1.25	1:1.5	
		1:1.25	1:1.25 ~ 1:1.5	1:1.25 ~ 1:1.75	
松散的	半坚硬可塑的	1:1.25	1:1.5		
		1:1.5	1:1.75		

对可塑的黏性土壤,尤其是接近软塑的,必须修筑边坡渗沟等予以疏干。不然单纯依赖放缓边坡是不可能取得路堑边坡的稳定的。凡土质边坡均应要求及时铺草皮,才可保证雨季中没有冲刷沟和堆塌现象的发生。

(三) 小结

黏性土壤路堑边坡的设计,一般说可以根据土壤的化验数据用瑞典法(圆弧破裂法)检算边坡的稳定。其他的办法都可在特定的条件下作为检算的根据和供参考核对之用。但在实际工作中往往忽略了当地地表水和土中水的作用,所引起的堆塌、溃爬和泥流等变形,这是每个设计人员必须注意的。

其次在自然中往往没有理论上那么均匀一致的土层。有些地段常因土层中夹有砂质土壤的尖灭层、扁豆体或者是渗水比较强的土体,这样往往因这一层有土中水的土体而引起边坡坍滑,这也不是纯力学计算可以事先估计到的。同时有些土壤受到了局部新构造运动的影响,产生了土节理,虽然化验数字不大,但由于土节理增多了新开挖面,破坏了原来的防护层,引起土体塌滑例如宝成铁路马蹄湾车站就如此引起病害,这也是非依靠检算可以解决的问题。

总之一切计算,也只是对地层正常没变异处比较合适。设计时必须结合当地土层的成因,土壤性质和所处环境,进行充分的研究和综合考虑。切不可忽略水的作用。这样才能达到设计切合实际这一目的。

注:此文是1959年铁路勘测设计工作经验交流会发言稿。

滑 坡 检 算

"滑坡"是山区河谷线上许多不良地质物理现象之一。它和"错落""崩塌""堆塌""坠石"及"泥石洪流"等现象,给山区铁路带来了很大的危害。滑坡的种类和性质也是复杂的,因其性质的不同与范围有大小对线路危害和威胁也有区别;其中以崩塌性滑坡毁坏最大。例如宝天铁路某一崩塌性滑坡曾于1955年骤然滑动,滑动体达80万 m^3,跨越路基,坠入渭河,因而造成该河断流。同样,宝成铁路宝略段某一崩塌性滑坡也在1956年一次滑下 76 000 多 m^3,将护墙、钢轨、枕木推出百余米以外,坠入嘉陵江中。还有一些滑坡,规模很大但移动缓慢,危害性也是巨大的。例如宝略段"西坡滑坡"中Ⅳ号滑坡的涵洞及局部路基,在1957年雨季后共外移了1~2 m,1959年雨季仍有轻微外移;而Ⅱ号滑坡又有恢复移动的现象,并将路基一般挡墙剪断。"谈家庄Ⅲ号滑坡"在1956年路基凸起和外移的土方,就清除了约2万 m^3,"高家墙滑坡"于1956年雨季将路基挤起,并切断明洞的钢筋混凝土边墙,"白水江Ⅱ滑坡"曾于1957年将施工中的混凝土抗滑挡墙(已修成2.4 m长,7.0 m高,8.0 m厚),自基岩面以上0.5 m及2.0 m处剪断……。这些事例都说明了滑坡的性质和危害,在防治滑坡中均需逐个慎重地分别对待。

整治滑坡的措施,一般是针对引起滑坡的原因和生成滑坡的条件采取对策。如改良滑床及滑坡土壤的性质,减少滑体的水量和平衡滑体的重心;且往往是采用综合整治的。当采用平衡滑体的重心以整治滑坡时,需了解滑坡推力,才能在滑坡上部得出减重的位置与数量,或在滑坡下部增加一定数量的支撑,或是综合处理;因而需对滑坡进行检算。世界各国对滑坡检算的方法也不一致,近年来趋向于对极限状态的滑坡进行分析和统计,采用综合 c(黏聚力)作为滑床检算指标的办法。我们认为滑坡的检算方法和繁简程度是随滑坡的性质而异,根据各个滑坡不同的性质,予以合适的检算方法。例如在切层滑坡中,当几种岩层成水平状,或倾斜不大时,可按照实际上各层断裂情形,参照马斯洛夫的水平剪力法进行检算。在同类岩层内所形成的曲线形滑动面的滑坡,应按照滑坡面的曲形用瑞典法计算;又如在顺层滑坡中,则按照层面接触情形,(多半是折线形)自上而下逐段的计算。上段所予的推力计算到支撑建筑物为止;有时也可能计算到河边为止的。也有随滑面通过的岩层性质混合的情形,如滑坡头尾采用圆弧法,而中间采用折线法。总之滑坡检算的方法随可能形成滑动面的形状而变。

虽然滑体具有整体移动的性质;在检算下滑力时,通常是以纵向长度1 m 为单位,按滑动方向计算。当滑动方向系折线形时,检算断面随其转折。至于滑坡两侧稳定土壤所予滑坡体的磨阻抗滑力,一般略去不计,而作为安全因素之一。

检算滑坡稳定性时,首先要考虑滑体本身发展的范围。即在平面位置上研究今后可能变形的情形和在断面上可能改变的位置。因此事先应根据详尽的地质资料,包括对滑坡动态的观测资料,结合各项防滑工程与措施,以及修建中的情形,工程分期等项目分析判断;如此才能正确地提出检算时所采用的滑坡大小,滑动面上各段的摩擦角 φ、黏聚力 c 和各段滑动土体的单位重 γ,滑动的安全系数 K;另外检算时还需确定是否考虑水动压力,水静压力等。这样就可以提出对支撑建筑物应具备的合适性能、埋藏深度,支撑高度以及作用在支撑物上推力的大小、方向和着力点。

本文就宝成铁路宝略段一个典型滑坡检算的实例来说明我们是如何分析研究进行检算的。至于如何确定滑坡性质的地质分析部分和抗滑支撑建筑物的计算细节,抗滑措施具体设计的内容,均另有专论,本文只扼要介绍有关联的一部分,其余不再阐述。

滑坡检算我们认为不能用完全一致的办法求出不同性质的滑坡推力,对同一性质的滑坡在不同的滑动阶段及已采用了哪些防治措施等,对检算滑坡的数据均有影响。因而不得不结合实例来介绍。

[例]:宝成铁路宝略段某滑坡的检算

一、滑坡简介(图1)

本段山坡突出于嘉陵江的左岸,坡脚受江水冲刷。公路在外,沿坡脚切坡通过。铁路在内,以路堑形式

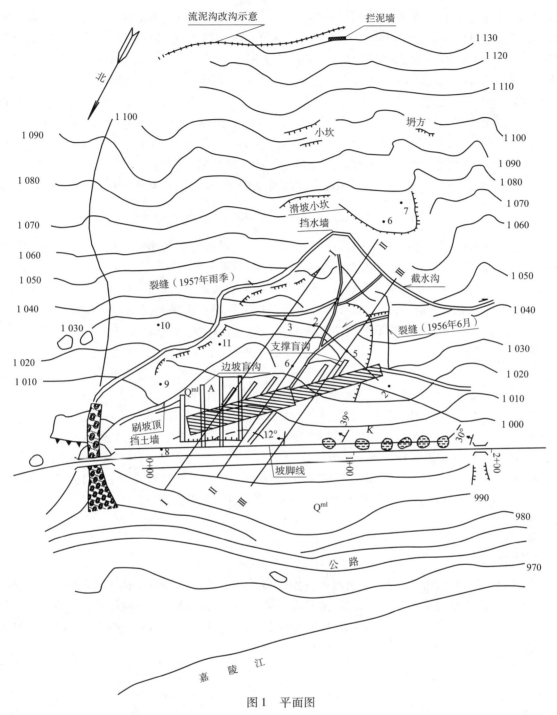

图 1 平面图

通过。铁路路堑中心最大深度 13 m,边坡 1:1~1:1.5,高达 30~40 m。施工过程中滑坡变形地段如附图,全长 115 m,横向离铁路 50~100 m,明显的以错壁为界,成圈椅形,说明了具有滑坡的地貌。此错台高约 3 m,边缘已露出砾岩。错壁以上,山坡横长约 1 公里,自然坡度 30°左右,中部有一自然沟贯穿直达江边。山顶密生野草,山坡上草木不茂盛,沟壁及山坡上壤中水发育,有泉水流出,雨季中沟壁坍塌,山坡表面草皮断裂等有土体溜滑现象。错壁以上的山坡为堆积层组成。上部堆积层为砂黏土夹 10%~30% 的碎石,厚度超过 30 m;下卧岩石为砂岩、砾岩夹页岩的互层,层面倾向线路。这说明了滑坡体以上受水面积大,有可能向已变形的滑体供水,同时也说明滑坡有可能向上发展。错壁以下至江边的覆盖层,原是古老的、已稳定的沿基岩面的坍滑体。错壁为滑坡的上缘,在公路路堑上可见到滑坡的下缘。滑坡体的自然坡度 25°。贯穿的自然沟沟底发育在堆积层中。根据一系列的地质勘测资料,(包括钻孔,土壤化验,挖成路堑的边坡,地质调查测绘等资料)说明错壁以下的堆积体,为砂黏土夹 10%~30% 的碎石,厚 5~12 m,覆盖在成沟槽形的基岩上。

基岩为砂岩、砾岩与页岩互层,层面倾向河,各层面结合紧密。基岩顶面的沟槽倾向河,由上而下为32°~25°,与铁路线成46°斜交。在挖成的路堑切面上,显出基岩顶面南高北低,以0+26分界,以南岩层高出路堑面,以北则低。基岩表层2~3 m已严重风化,以下岩性坚硬风化轻微。个别钻孔在岩层分界面有渗水现象,在路基面内侧堆积层试坑中也渗水。南端高出路基面的岩层中有裂隙水,唯岩层走向与河斜交。据此判明了基岩中有裂隙水向堆积土壤供水。堆积层与基岩间有碎石的尖灭层,它组长了下层砂黏土的湿润。从钻孔岩芯和土样化验的资料中都证明了近基岩处有3~4 m厚的土壤,天然含水量介于20%~24%间,成可塑状;上层土壤系半坚硬的。这样在当地年雨量达800~1 000 mm,例如1955年9月降雨量即达226 mm的情况下,使下层土壤达到上述可塑程度并不困难。在此湿度下的土样化验结果为:天然土重 $\gamma = 1.88 \times 10^3 \text{ kg/m}^3$,内摩擦角 $\varphi = 18°45'$,黏聚力 $c = 1.2 \times 10^{-2}$ MPa。按滑坡床倾向25°及滑坡体厚10 m计算,下滑力的综合系数($\sin 25° = 0.423$)大于抗滑力的综合系数($\cos 25° \tan 18°45' + \frac{1.2}{10} \times 1.88 = 0.308 + 0.064 = 0.372$);现在路堑开挖后下部已切断了支撑体,露出基岩后是不稳定的。基岩顶面成沟槽状,易于聚水,在集中湿润的条件下,有可能随时形成堆积层沿基岩面滑动。实际上已开始下滑了。

滑坡的北端,古滑坡面在路基面之下,形成现在发育不全的滑坡,它也是下层土壤软化形成的顺岩层面移动的塑性滑坡,沟南早已滑动,沟北上部沿基岩顶面仍在挤压剪切沿路基面附近堆积体中形成新的滑面。沟南变形虽严重,但它受沟北的支撑不会立即急剧滑下,如今后滑坡体水分增多,当滑坡被撕开,一旦失却侧面支撑,其变形是会急剧的。

对此滑坡的防治措施除做好排水系统、整平滑体表面以减少地表水的渗透和冲刷外,主要是采用支撑建筑物,并在建筑物后面做了支撑盲沟,以疏干墙后的土体及减少支撑建筑物的圬工。

根据地质资料,支撑建筑物的基础为表层风化较浅的基岩,层面倾向路基,且夹有页岩互层。支撑建筑物为抗滑挡墙。为了施工与行车互不干扰,所以墙的位置在沟北设在堑顶上,沟南则离开边坡脚,它与滑动方向成42°~43°30′,不受铁路线的限制。

滑带厚3~4 m,系黏性土壤,软化后有自墙顶滑出的可能,故有必要检查墙是否够高。同时对墙基埋入岩石中的深度,亦应根据滑动推力能否将墙前基岩切断或顺倾向河的层面剪断而定,故须经过检算方可决定处理方法。

二、滑坡推力检算

从平面图与路堑正视图上看,可知滑坡对墙各段推力并不一致而是集中在自然沟附近及沟北部分,故需分别地段采用三个地质断面来进行检算,设计成具有不同抗滑力的墙断面。在检算前首先确定下列数据:兹以断面Ⅱ-Ⅱ为例,它与滑动方向是一致的,而与抗滑墙成42°30′的夹角,可以代表中间地段的滑坡情况,如图2和图3所示。

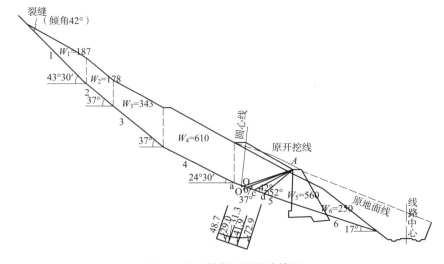

图2 Ⅱ-Ⅱ斜断面滑坡检算图

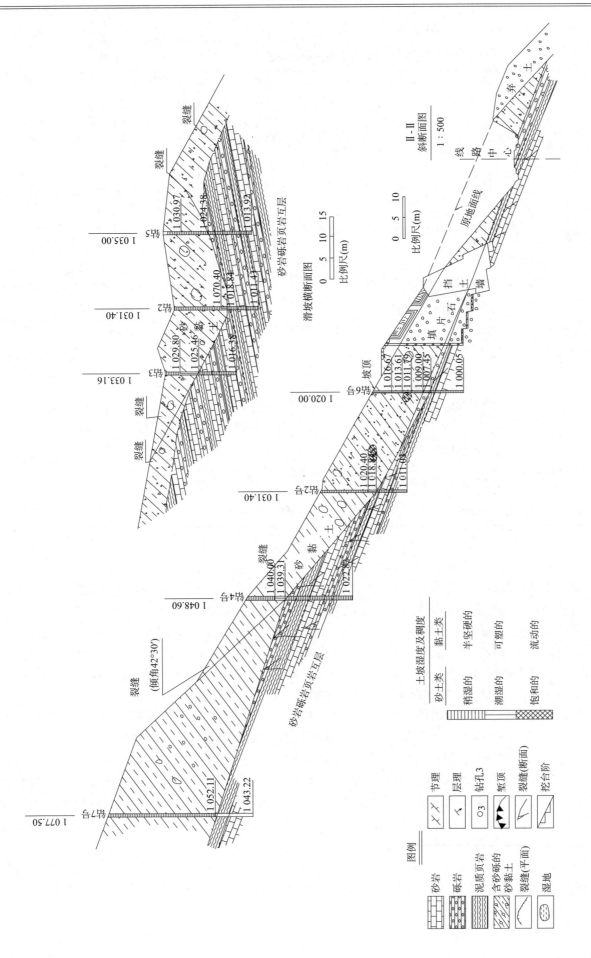

图 3　Ⅱ-Ⅱ 滑坡地质断面

1. 已有的地质资料见表 1 和表 2。

表 1　钻孔鉴定资料

钻　孔	位置(百尺标)	堆积层部分的摘要	基岩部分的摘要
7 号	1+25 左 134 m 孔口高程 1 077.50　1957 年 5 月机动钻机钻探	①0～25.39 m 为砂黏土夹 10%的碎石、中等密实、半坚硬(黄褐色及黑褐色); ②25.39～28.23 m 为块石土壤,块石成分为紫红色、轻微风化砾岩、直径 150～500 mm	28.23～34.28 m 为砂岩、砾岩及页岩互层、顶层为轻微风化砂岩、岩质坚硬中粒结构、浅灰色。砾岩呈青灰色风化轻微、岩质坚硬。页岩呈灰绿色、层薄、光滑、手指可划破
4 号	0+94.5 左 88.5 m 孔口高程 1 046.60　1957 年 2 月机动钻机钻探	①0～8.29 m 为砂黏土夹 10%的碎石、中等密实、半坚硬(棕黄色及淡黄色); ②其中 5.53～5.80 m 岩芯很湿,含水量达 19.5%成可塑状并夹有砾砂,而 5.80～8.29 m 仍为可塑	8.29～23.78 m 为砂岩页岩与砾岩互层,顶层为砾岩、风化颇重、呈浅青色,岩芯长 20～90 mm;砂岩呈灰黄色细粒风化严重,岩芯长 20～90 mm;页岩风化极重呈灰黄色
2 号	0+78 右 68 m 孔口高程 1 031.40　1957 年 2 月机动钻机钻探	①0～12.56 m 为砂黏土夹 20%～30%的碎石、中等密实(黄褐色); ②0～11 m 为半坚硬; ③11～12.56 m 有渗水现象,岩芯中夹有碎石及砂粒土体呈可塑状态	①12.56～13.44 m 为灰黄色砂岩、中粒构造、风化严重,岩芯呈碎石状; ②13.44～19.71 m 为灰色砾岩、风化颇重、岩芯较破碎,长 20～50 mm 胶结中等坚硬
6 号	0+67 左 46 m 孔口高程 1 020.00　1957 年 3 月机动钻机钻探	①0～6.39 m 为砂黏土夹少量砂砾及 3%的碎石、中等密实(淡黄及棕黄色); ②3.93～4.10 m 一段土壤呈饱和状态其余为可塑状; ③6.39～8.21 m 为块石土壤直径 0.5～1.8 m 稍湿风化颇重、为砾岩; ④8.21～11.00 m 为砂黏土夹 5%碎石、5%砂砾、中等密实呈可塑状(棕黄色); ⑤11.00～12.55 m 为碎石土壤成分为砾岩夹 10%砂砾、夹 15%块石、中等密实稍湿	①12.55～13.81 m 为黄绿色页岩、风化极重、岩芯成土状稍湿有滑感; ②13.51～19.95 m 为砂岩及砾岩互层、砂岩呈灰绿色、风化严重、岩芯长 30～60 mm;砾岩呈灰绿色、风化颇重、岩心长 20～110 mm

注:9 号钻孔,滑体中含水,经取水样化验对各种水泥均无侵蚀性。

2. 各段滑面位置和组成滑面土壤的稠度

(1)从 Ⅱ-Ⅱ 地质断面上可看出最远裂缝出现在山坡转折点附近,根据野外调查裂缝倾角为 43°左右,可以肯定当山坡保持原状的条件下,滑坡裂缝不会比现有最远裂缝更向山坡发展。

(2)自山坡转折点与钻孔 4 号岩层顶面连线倾角为 43°30′,这表示与外业调查互相吻合。虽然此段滑坡上缘系通过黏性土壤由半坚硬层至可塑层,滑坡应是曲面,但由于钻孔 4 号与 2 号间倾角为 37°,这样交角仅差 6°30′,在检算中曲面与直面出入不大,故可按直面计算。又因此滑坡由于下部移动,失去支撑而下错,且裂缝倾角为 43°30′,故滑面上方对滑坡体没有土的推力。

(3)由于钻孔 4 号至 2 号间,滑坡是由塑性土壤形成的一个带,厚度由 1～3 m,当水分向上层浸湿时,滑面可以提高,向下摆动时只可至岩层顶面;在检算时采用最不利的情形,故考虑以基岩顶面为准。

(4)钻孔 6 号附近接触基岩顶面的碎石层,可能是尖灭状,也可能是古滑坡移动时带动了突出的基岩而生成,从滑坡横切面上看,这是一个沟槽状的滑坡体;所以滑床按上下岩石连线较为合理,检算时则以基岩顶面为滑面。连接钻孔 2 号至 6 号,滑面由塑性土壤组成。钻孔 6 号至边坡上基岩顶面这一段滑动面明显是基岩面;尤其与页岩层面是同一倾向。不过因路堑开挖了,近边坡处的壤中水可能下降,自岩层裂隙流出,这样滑面土壤是由稠度大的逐渐变成稠度小的。

如果滑坡下缘修了抗滑墙,就有可能自钻孔 6 号以下通过任何一点在稠度较小的土层中形成曲线状新的滑面由墙顶错出。也可能深入风化严重如土的页岩层下层砂、砾岩接触面或直线形自边坡上错出。

土壤化验资料见表 2。

表 2　土壤化验资料

编号	取样位置(百尺标)	主要性质	次要性质	备考
465	9 号孔 离地面 1.8~2.0 m 代表滑坡上缘土体	$\omega = 20.2\%$ $\gamma = 2.04 \times 10^3$ kg/m³ $\varphi = 27°48'$ $c = 2.5 \times 10^{-2}$ MPa	$\omega_T = 30\%$ $\omega_p = 16.9\%$ $\omega_n = 13.1\%$ 名称——砂黏土	试件夹有砾石
472	11 号孔 离地面 2.74~3.04 m 代表滑坡上缘土体	$\omega = 23.3\%$ $\gamma = 1.96 \times 10^3$ kg/m³ $\varphi = 12°56'$ $c = 3.7 \times 10^{-2}$ MPa	$\omega_T = 30.7\%$ $\omega_p = 19.8\%$ $\omega_n = 10.9\%$ 名称——砂黏土	夹有 0.5~0.7 cm 的砾石
473	11 号孔 离地面 3.90~4.11 m 代表滑坡上缘土体	$\omega = 23.3\%$ $\gamma = 1.95 \times 10^3$ kg/m³ $\varphi = 11°50'$ $c = 4.3 \times 10^{-2}$ MPa	$\omega_T = 33.2\%$ $\omega_p = 17.8\%$ $\omega_n = 15.4\%$ 名称——砂黏土	夹有砾石
291	4 号孔 离地面 5.53~5.80 m 代表中段滑面	$\omega = 19.5\%$ $\gamma = 1.88 \times 10^3$ kg/m³ $\varphi = 18°45'$ $c = 1.2 \times 10^{-2}$ MPa	$\omega_T = 30.9\%$ $\omega_p = 16.7\%$ $\omega_n = 14.2\%$ 名称——砂黏土	土样很湿可塑、夹有砾砂
441	0+28 左 6 m 高于路基面 0.8 m 代表滑坡下缘滑面	$\omega = 22.7\%$ $\gamma = 1.97 \times 10^3$ kg/m³ $\varphi = 22°45'$ $c = 2.2 \times 10^{-2}$ MPa	$\omega_T = 29.2\%$ $\omega_p = 17.3\%$ $\omega_n = 11.9\%$ 名称——砂黏土	土样湿软、夹有砾砂
347	0+40 左 12 m 边代表滑坡下缘滑面	$\omega = 18.8\%$ $\gamma = 2.01 \times 10^3$ kg/m³ $\varphi = 24°12'$ $c = 0.6 \times 10^{-2}$ MPa	$\omega_T = 30.2\%$ $\omega_p = 18.7\%$ $\omega_n = 11.9\%$ 名称——砂黏土	系打碎的土样取出石块加水拌和、含水约 20% 的试验剪力数字,故不可靠

3. 各段滑面上采用的 γ、φ、c

在滑坡已变形的情况下,各段滑面上抗滑的系数需按照滑坡性质有区别的采用。其办法有三:

(1)滑床含有碎石土壤,砾石土壤,或角砾土壤较多时,受水后摩阻系数的降低有限,常是受水动压力,水静压力的影响引起移动的,故按极限平衡状态,求综合摩阻系数 $f = \dfrac{\sum T}{\sum N}$。换句话说,就是将一切抗滑作用如黏聚力等包含在内摩擦角的关系中。$\sum N$ 是滑体各段对滑面垂直压力的总和,而 $\sum T$ 是滑体各段对滑面移动下滑力的总和。

(2)当滑床为黏性土壤时,或虽有碎石但含量不多,在移动时被黏性土壤所包住,这样有将土壤一切的抗滑能力都包括在黏聚力的因素中,而求综合黏聚力 c(即 $c = \sum T/l$),l 为滑面长度。

(3)一般是根据滑面性质,根据滑坡土壤化验的数据逐段采用合理的 φ、c,代入极限状态的断面中,并根据以往的经验,调整 φ、c 值,供检算之用。

Ⅱ-Ⅱ 断面即选用了当地土壤化验数据,合乎极限稳定情况,然后予以安全系数 K,求土对抗滑墙的推力,同时亦用倒算法求综合 f 计算推力,也有用倒算法求综合 c 计算推力,以供参考。故根据土壤化验数据土壤单位重 γ 一律采用 2×10^3 kg/m³。至于 φ、c 确定如下:

(1)滑坡上缘至钻孔 4 号采用 $\varphi = 27°48'$,$c = 2.5 \times 10^{-2}$ MPa。
(2)钻孔 4 号至钻孔 2 号采用 $\varphi = 18°45'$,$c = 1.2 \times 10^{-2}$ MPa。
(3)钻孔 2 号至钻孔 6 号采用 $\varphi = 18°45'$,$c = 1.2 \times 10^{-2}$ MPa。
(4)钻孔 6 号至边坡分为两段,在距边坡 20 m 处至钻孔 6 号采用平均数即

$$f = \dfrac{\tan 18°45' + \tan 22°45'}{2} = \dfrac{0.304 + 0.419}{2} = 0.380, \text{而 } c = \dfrac{1.2 + 2.2}{2} = 1.7(\times 10^{-2} \text{ MPa}),\text{但自距路基边}$$

坡20 m 处至边坡采用 $\varphi = 22°45'$，$c = 2.2 \times 10^{-2}$ MPa。

4. 核对选用的 γ、φ、c 值是否符合极限状况

根据Ⅱ-Ⅱ断面切坡后变形前的地面情形，划分为6段，推力采用由上而下逐段传递检算，最终下滑力是否符合极限平衡。假定本段剩余下滑力 E_2 是受下段土体支撑，支撑力 E'_2 的方向与支撑土体的滑面倾斜一致。同时本段土体也承受上一段土体剩余下滑力 E_1 的作用，其方向与作用土体的滑面倾斜一致。这一论点，认为滑体是做整体移动的，并非完全刚性；这样在各段移动时，就随较长段的滑床倾斜而改变运动方向。所以认作支撑上段滑体的作用力，和支撑地段的滑床倾斜一致。这一点和苏联介绍的按水平方向考虑支撑力量是不一致的。

下滑力计算示意图如图4所示。

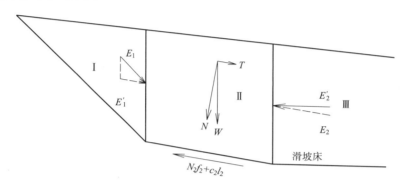

图4 下滑力计算示意图

下滑力 $E_2 = E'_1 + T_2 - N_2 f_2 - c_2 l_2 - E_1 \sin(\theta_1 - \theta_2) f_2$

$$E_2 = E_1 [\cos(\theta_1 - \theta_2) - \sin(\theta_1 - \theta_2)\tan\varphi_2] + W_2 \sin\theta_2 - W_2 \cos\theta_2 \tan\varphi_2 - c_2 l_2$$

式中 θ_1——前一段滑坡面与水平线的夹角(°)。

θ_2——本段滑面与水平线的夹角(°)；

W_2——本段滑体重量(t)；

φ_2——本段滑面的内摩擦角(°)；

c_2——段滑面的黏聚力(t/m^2)；

l_2——本段滑面的长度(m)；

T_2——本段及滑面的下滑力(t)；

N_2——本段对滑面的垂直压力(t)；

f_2——本段滑面的摩阻系数；

E_2——本段的剩余下滑力(t)；

E'_1——本段支撑上段下滑的支撑力(t)；

E_1——上段的剩余下滑力(t)。

检查极限断面下滑力见表3。

表3 检查极限断面下滑力

顺序	滑面长度 l(m)	滑体重量 W(t)	滑面倾角 θ	对滑面垂直压力(t)	沿滑面下滑力 T(t)	摩阻系数 $f=\tan\varphi$	黏聚力 c(t/m^2)	fN(t)	cl(t)	剩余下滑力 E(t)	E'(t)	$\sum E'$(t)
1	29.3	187	43°30′	135.5	128.5	0.526	2.5	71.3	73.8	-16.1	0	
2	12.5	178	37°	142.0	107.0	0.340	1.2	48.3	15.0	43.7	39.5	0
3	19.7	343	37°	274.0	207.0	0.340	1.2	93.2	23.6	90.2	81.5	121
4	26.6	610	24°30′	555.0	253.0	0.340	1.2	188.8	31.9	32.3		146
5	28.0	560	17°	535.0	163.5	0.380	1.7	203.4	47.6	-87.5		58.8

续上表

顺序	滑面长度 $l(m)$	滑体重量 $W(t)$	滑面倾角 θ	对滑面垂直压力(t)	沿滑面下滑力 $T(t)$	摩阻系数 $f=\tan\varphi$	黏聚力 $c(t/m^2)$	$fN(t)$	$cl(t)$	剩余下滑力 $E(t)$	$E'(t)$	$\sum E'(t)$
6	20.0	250	17°	143.0	43.9	0.419	2.2	60.0	44.0	-60.1		-1.3

结论：① $\sum E' = -1.3$t 说明土体接近极限状态，所采用的 $\gamma、\varphi、c$ 是适合当时情况的。

② 第一段 $E = -16$，说明土体本身并不下滑，这也是符合于以上推断的。

注：① $37° - 24°30' = 12°30'$　　　$\cos12°30' - \sin12°30'\tan18°45' = 0.903$

② $24°30' - 17° = 7°30'$　　　$\cos7°30' - 0.380\sin7°30' = 0.941$

表 4　倒求综合 f 表

顺序	滑体重量 $W(t)$	滑面倾角 θ	对滑面垂直压力 $N(t)$	沿滑面下垂力 $T(t)$	备注
1	187	43°30'	135.5	128.5	
2	178	37°	142.0	107.0	
3	343	37°	274.0	207.0	$f = \dfrac{\sum T}{\sum N} = \dfrac{902.4}{1784.5} = 0.585$
4	610	24°30'	555.0	253.0	由于这一计算比较简略，未考虑力的传递的转折关系，
5	560	17°	535.0	163.0	所以检算推力时采用 $f = 0.580$
6	250	17'	143.0	43.9	
$\sum$			1784.5	902.4	

表 5　倒求综合 c

顺序	滑体重量 $W(t)$	滑面倾角 θ	滑面长度 $l(m)$	沿滑面下滑力 $T(t)$	备注
1	187	43°30'	29.3	128.5	
2	178	37°	12.5	107.0	
3	343	37°	19.7	207.0	由于第一段是被下部拉裂，故在综合 c 时不计算
4	610	24°30'	26.6	253.0	$c = \dfrac{902.4 - 128.5}{136.1 - 29.3} = \dfrac{773.9}{106.8}$
5	560	17°	28	163.0	$= 7.24\ (t/m^2) = 7.24 \times 10^{-2}$ MPa
6	150	17'	20.0	43.9	
$\sum$			136.1	902.4	

5. 计算滑坡推力采用的安全系数 K

防滑设计采用的安全系数，应根据滑坡严重程度，资料准确齐全程度，施工季节，已做工程竣工后所起作用的情形，计算推力的方法和支撑建筑物考虑稳定系数的大小等条件来决定，本断面是滑坡推力集中之处，滑面附近土壤不易疏干，由于路堑开挖后，近滑坡下缘地下水的下降增加了动水压力的坡度，滑体土层又厚，所有排水工程不易立即生效，滑坡推力计算的办法是采用平行于滑动面，它比苏联沙湖年慈教授所著铁路路基中所谈的办法得出的推力较小，且抗滑墙采用滑动稳定系数为1.25，比苏联采用的为小等，这是不利的一面。考虑到滑体内外修了地表排水工程，并引去流泥沟的沟水，路堑开挖后部分地下水下降至基岩中，近边坡的滑坡土壤已疏干，滑面如基岩面不易向下发展是有利的一面。经过对比并考虑到1957年雨季已过，完工后至1958年有较长时间疏干水分的机会，故安全系数一般所定1.25为低，而改用 $K = 1.20$。

6. 作用在挡墙上滑坡推力的计算

先采用各段滑面土壤 $\gamma、\varphi、c$ 求出设墙位置的推力，再用综合 f，综合 c 分别求出设墙位置的推力，互相对比确定一个采用数字，再对估计的墙高，试求各个可能通过墙顶的滑面，其安全系数≥1.25或滑坡最终推力为负数为止。本段面检算时可用图解法，也可用上述公式逐段求出最终推力。

(1) 极限状态下土壤的 φ,c 求设墙位置的推力计算表（$\gamma = 2.0$ t/m³，$K = 1.2$），见表 6。

表6 极限状态下土壤的 φ, c 求设墙位置的推力计算

顺号	滑面长度 l(m)	采用的黏聚力 c(t/m²)	cl (t)	垂直滑面压力 N(t)	采用的摩阻系数 $f = \tan\varphi$	Nf(t)	滑面倾角	沿滑面下滑力 (t)	KT(t)	传递系数 ψ	E	E'
1	29.3	2.5	73.3	135.5	0.526	71.3	43°30′	128.5	154.3	0.956	9.7	
2	12.5	1.2	15.9	142.0	0.340	48.3	37°	107.0	128.5	1.000	73.6	9.3
3	19.7	1.2	23.6	274.0	0.340	93.2	37°	207.0	249.0	0.903	205.8	73.6
4	26.6	1.2	31.9	555.0	0.340	188.8	24°30′	253.0	304.0	0.951	269.3	186.0
5	19.5	1.7	33.2	400.0	0.380	152.0	17°	122.5	147.0		217.8	256.0
Σ			107.6						982.8			

传递系数 $\psi = \cos(\theta_1 - \theta_2) - \sin(\theta_1 - \theta_2)\tan\varphi_2$,即 $E' = \psi E$。

小结:①由于墙与滑坡推力成42°30′,墙后修有支撑渗沟,每米减少推力18.3t。所以垂直墙的推力为$(217.8 - 18.3)\sin42°30′ = 135$(t)。
②作用点在墙顶至基岩顶面高度的一半。
③作用力的方向与水平面成17°角。

(2)根据综合 $c = 7.24$ t/m² 求出滑坡推力,$E = 982.8 - 107.6 \times 7.24 = 203.8$ (t)

作用于墙上的垂直推力 $= (203.8 - 18.3)\sin42°30′ = 125.5$ (t)

根据上述检算结果互相接近,但也说明综合 f 不考虑"力量传递后的摩阻力 $f\sin(\theta_1 - \theta_2)$",所求出的推力为137 t/m,接近根据"土壤化验数字检算的结果推力为135 t/m"。因此本段面采用135 t/m 的垂直压力,作用点在墙顶和基岩顶面一半,作用力与水平交角为17°,作为设计滑坡当前的依据。

当然,墙背临近的滑床17°的长度必须大于墙高,否则应该采用上一段滑床的倾角作为作用力的方向。

其他断面为了检算方便起见,在本工点均可采用"综合 f 法"。求出断面Ⅰ-Ⅰ,垂直墙推力为126 t/m;断面Ⅳ-Ⅳ为65.3 t/m。

(3)按综合 f 计算墙位置的推力计算($\gamma = 2.0$ t/m³,$K = 1.2$,$f = 0.5$),见表7。

表7 按综合 f 计算墙位置的推力计算

序号	滑体重量 W(t)	滑面倾角 θ	垂直滑面压力 N(t)	Nf(t)	沿滑面下滑力 T(t)	KT	剩余下滑力 E(t)	传递系数 ψ	作用下段有效的作用力 E(t)	不考虑 $\sin(\theta_1-\theta_2)$ 时		
										E	ψ	E'
1	187	43°30′	135.5	67.8	128.5	154.3	86.5	0.937	81.1	86.5	0.994	86.0
2	178	37°	142.0	71.0	107.0	128.5	138.6	1.000	138.6	143.5	1.000	143.5
3	343	37°	274.0	137.0	207.0	249.0	250.6	0.868	216.5	255.0	0.976	248.0
4	610	24°30′	555.0	277.5	253.0	304.0	243.0	0.937	228.0	275.0	0.994	273.0
5	419	17°	400.0	200.0	122.5	147.0	175.0			220.0		
Σ												

$\psi = \cos(\theta_1 - \theta_2) - \sin(\theta_1 - \theta_2)f$

小结:①作用于墙址的垂直压力 $E = (175 - 18.3)\sin42°30′ = 156.7 \times 0.676 = 106$(t)。
②当不考虑 $f\sin(\theta_1 - \theta_2)$ 时,$E = (220 - 18.3)\sin42°30′ = 201.7 \times 0.676 = 137$(t)。

注:墙后盲沟的支撑力量——墙后支撑盲沟是顺滑坡方向修建的,每隔12.5 m一条,每条宽2.0 m,长14.5 m。

其支撑力 $P = V \cdot \gamma \cdot f$

式中 V——支撑沟总体积(m³) $= 229.1$ m³;

γ——填料单位重(片石)$= 2.0$ t/m³;

f——支撑沟与基础的摩阻系数(浆砌片石与基岩)采用0.5。

$$P = 229.1 \times 2.0 \times 0.5 = 229.1(\text{t})$$

每米减少对墙的斜推力 $= \dfrac{229.1}{12.5} = 18.3$ (t/m)

所求出的推力为 137 t/m，是接近于根据土壤化验数字检算的结果推力为 135 t/m 的垂直压力，作用点在墙顶和基岩顶面之半，作用力与水平交角为 17°，为设计滑坡挡墙的依据。

当然，墙背临近的滑坡床 17° 的长度必须大于墙高，否则应该采用上一段滑坡床的倾角为作用力的方向。

其他断面为了检算方便起见，在本工点均可采用"综合 f 法"。求出断面Ⅰ-Ⅰ，垂直墙推力为 126 t/m；断面Ⅳ-Ⅳ为 65.3 t/m。

三、墙高度安全的计算

对Ⅱ-Ⅱ顶面墙顶错出的检算（$K = 1.25$，$\gamma = 2.0$ t/m³）见表 8。

表 8　对Ⅱ-Ⅱ顶面墙顶错出的检算

顺序	滑体重量 W(t)	滑面倾角 θ	垂直滑面压力 N(t)	摩阻系数 f	Nf (t)	滑面长度 l(m)	黏聚力 c(t/m²)	cl (t)	沿滑面下滑力 (t)	KT	剩余下滑力 F(t)	传递系数 ψ	$\sum E'$	备考
1	187	43°30′	135.5	0.526	71.3	29.3	2.5	73.3	128.5	160.5	15.9	0.956	15.2	
2	178	37°	142.0	0.340	48.3	12.5	1.2	15.9	107.0	133.7	64.7	1.000	84.7	1-2-3-4
3	343	37°	274.0	0.340	93.2	19.7	1.2	23.6	207.0	259.0	226.9	0.903	205.0	
4	610	20°30′	555.0	0.340	188.8	26.6	1.2	31.9	253.0	316.0	300.3	0.951	285.2	
											300.3	0.538	161.4	1-2-3-4
aA	266	−13°	259	0.419	108.7	18.9	2.2	41.6	−59.8		48.7			
											300.3	0.951	285.2	1-2-3-4
ab	112	17°	107.2	0.380	40.8	3.8	1.7	6.5	32.7	40.8	278.7	0.547	152.7	ab-bA
bA	202	−20°	190.0	0.419	79.6	15.8	2.2	35.8	−68.6		−31.3			安全（最危险断面）
											300.3	0.951	285.2	1-2-3-4
ab	220	17°	211.0	0.380	79.7	9.0	1.7	15.3	64.3	80.4	270.4	0.286	77.3	ad-dA
dA	124	−35°	101.6	0.419	42.6	12.0	2.2	26.4	−712		−72.9			安全
											300.3	0.951	285.2	1-2-3-4
ac	189.4	17°	181.0	0.380	68.8	5.9	1.7	10.0	55.3	69.2	275.6	0.462	127.0	ac-cA
cA	171.6	−25°	155.3	0.419	65.1	14.2	2.2	31.2	−72.6		−41.9			安全

仍以Ⅱ-Ⅱ断面为例，检算办法已如上述，所不同的是由墙顶至基岩面间可能形成的滑面如通过黏性土壤，成曲线形。故应采用由塑至半坚硬状态下土壤逐渐改变的 φ、c。

由于滑面离开基岩的位置不能先知，故需经过反复试求。为了简化检算内容多采用逐渐接近法。即先假定以直线滑面求出最危险的位置，再以曲面求出具体数据。这因为直面与曲面检算结果对正个滑坡来说，出入并非过大。检算的程序是：

（1）先假定墙高。当任何一个面有滑力自墙顶错出时，或下滑力负数过多时即改变墙高，每次改变多以 1 m 为度。

（2）当对墙高检算时，墙顶这一点是固定的，一般是先按与水平呈（45° − φ/2）夹角向下绘线与老滑坡（基岩面）相交，检算是否有下滑力，然后每隔 5° 向下绘至夹角成 45° 为止或向上绘成水平时为止，逐个检算找出最大下滑力的位置。这个范围就是可能形成新滑面的范围。为检算简化计，这一段滑面上采用同一 φ、c，出入是不大的，本断面根据化验资料已如上述，采用 $\varphi = 22°45′$，$c = 22 \times 10^{-2}$ MPa。

根据上表计算结果,求出最危险位置 o 点,即 1—2—3—4—ao—oA 为可能出错的滑床。若采用 $K = 1.25$,最大下滑力为 -29 t。因此本应再以 $\angle ao'A$ 之二等分线为圆心,可求出可能出错的许多圆弧中的最危险的一个,但根据以往经验,在折线上求出下滑力是 -29 t,改用圆弧法求出的下滑力会有些增加,但并不大,故省略不计算,而认为现行挡土墙高度合适。

计算的墙高,仍应该根据工程地质法,即就未开挖前极限山坡断面进行分析:该处土层原是厚约 $8\sim10$ m,所以计算的结果要求墙高出滑床也是 $8\sim10$ m 是符合实际的,故被采用了。

四、墙下安全的检算

仍以 Ⅱ-Ⅱ 断面为例,墙基已按要求埋入基岩不小于 2.0 m,这样根据钻孔资料及边坡基岩露头,说明墙基已超过了风化层,且墙基作为锯齿形不在岩层同一倾斜面上。故对页岩采用 $\varphi = 10°, c = 2 \text{ kg/cm}^2 = 20 \text{ t/m}^2$,量出墙下基岩倾角为 $17°$,顺岩层长约 10 m,墙前岩层最小厚度为 1.6 m,故顺层抗滑系数:

$$K = \frac{W\cos17°f + cl}{W\sin17° + E} = \frac{200\cos17°\tan10° + 20(10 + 1.6)}{200\sin17° + 135} = 1.37 > 1.3 \text{ 安全}$$

式中,$W = $ 墙重 $= 200$ t/m;$f = \tan\varphi = \tan10° = 0.176$;$E = $ 滑坡作用力 $= 135$ t/m。

五、小　　结

本滑坡已检算滑坡推力作用,检查墙高,属于安全和墙下稳定。但对于顺墙身纵方向的分力为 $199.5\cos42°30' = 147$ t/m,也应逐段检查,避免倾斜挤走变形。

本滑坡的性质比较简单,由于下层土壤水分改变可能性不大,所以检算时并未降低滑面上的 φ、c 值,也未单独考虑水的动压力和静压力。又因滑体上的土层厚,地面斜度陡,且为砂黏土,故未考虑雨水渗入增加过大的土壤单位重,只是根据多数土样的天然容重采用了 $\gamma = 2.0 \times 10^3$ kg/m^3。

这一滑坡算例对类似情况套用是合适的。如果滑坡性质改变,应按照其独特性质予以适合的办法检算。如滑床水分增加很快,应该采用可能的稠度下(对滑坡泥做化验),土壤的 φ、c 值代入检算。在滑体上有饱水情形时需考虑水的动压力和水静压力,例如破碎半岩质岩层,有顺层滑动可能时,裂隙充水的作用更大。(可参看苏联专家日里卓夫对这一方面的论文)。

至于滑坡检算的方法与步骤,在国内还缺乏一套完整的专文论述,我们的经验不丰富,错误和不妥之处在所难免,希望读者提出指正。我们对滑坡检算能够提出些浅见,也是在党的正确领导下,几年来在整治宝成线宝略段的滑坡中,得到了苏联专家们无私的帮助指导,以及同志们辛勤劳动努力钻研取得的成绩。特别是应该归功于党的正确领导,强调路基病害对畅通铁路的重大意义。同时也深深地体会到唯有在党的领导和关怀下,才有可能对人民铁路建设事业中的新问题,进行科学的分析与探讨。

注:此文发表于 1960 年《土木工程学报》第二期。

岩质边坡问题

前 言

本人深感理论经验不足,且只是在西北工作,恐不能满足要求,耽误了大家的时间先请原谅。报告的内容有局限性与片面性,供大家批判的参考,并请提出指正,共同商讨(此次来唐山是抱着学习的态度),由于"滑坡"另有专题,故不谈及。

此次报告内容,着重谈及"岩质山坡的变形与处理经验"以及"岩石路堑设计",以宝成铁路宝鸡至略阳段的修建过程中的实事为例。

一、岩石山坡变形的危害

(一)事例:

由于对岩石山坡稳定性评价的不正确而设计不当,在"修建"和"运营"中给国家造成的损失是多方面的,尤其是山区铁路更是可怕,有几十个例子可以大致说明问题。

(1)施工中,因之大改线,改变了选线原则;

(2)施工中坍方严重,增加了工程量,发生人为事故,报废工程,甚至影响了通车工期;

(3)运营中虽长期整治仍然随时有断道之虞,威胁行车安全,有些车站不能利用和列车缓行;

(4)山区铁路坍方事故有普遍性,是铁道上必须立即解决的关键性问题。

(二)处理岩石边坡变形的费用浩大,高坡的养护工作繁重与困难,以"宝成""宝兰"的修建、改建和运营中加固等的工程量与修建的比重,说明整治岩石山坡变形的工程量与造价之大,用目前两线为岩石边坡养护增加的组织和人员,以及维修的工作性质,说明工作繁重困难。这些后果应该在选线、定线和方案比较时考虑进行,才可以纠正以往技术经济比较的片面性。

二、岩石路堑的稳定性与山坡变形的类型

(一)岩石路堑稳定性的划分

1. 山坡(山体)的稳定性

(1)堑顶以上以及路基面以下,包括整个山坡的稳定;

(2)稳定性针对山坡内部较大体积而言;

(3)有时将堑顶山坡表面的变形划入边坡部分和坡面部分的稳定性。

2. 边坡的稳定性

(1)切割面、新鲜面及临近堑顶部分的岩层结合力,能否支持稳定,也就是边坡倾斜角是否稳定;

(2)如果不稳定使边坡变缓,但不应引起山坡(山体)大范围、较厚体积的变形;

(3)连同堑顶以上,整个山坡不厚的坍塌,有时也划入边坡稳定性的范畴。

3. 坡面的稳定性

在山坡及山体的休止角都稳定的条件下,边坡表面的岩层是否有坠石、脱落、剥落和胀落的局部变形。

(二)岩石山坡变形的种类

按变形体的大小和危害性看,从处理上有规律性这个角度出发来划分,事实上是着重于变形现象的本质与发展进行处理;如此划分便于讲解和勘测工作,并说明了各种变形可以转换,中间类型、过渡类型在自然界是多种多样的,不可机械的对待"变形"的类别。

1. 变形的类别

变形类别有6种：错落——下挫；崩塌——倾倒、翻滚；滑坡——沿一定面和带移动；堆塌（坍塌）——岩体坍、堆外移；坠落——小块落石；剥落——表面岩石剥落和脱落。

（1）错落：即山体断裂及岩层的错动，其性质是山体中有向内侧、外侧截然不同的两部分。外部为结构松散的岩层，具较多倾向山坡的结构面（断层面、劈理面、张开的大节理面），或为结合密实的松散层（古崩塌体、错断体、断层风化体等）具有外倾的软层；内部是完整的岩层，形成内侧完整（硬），外侧松散（软）的结构。当山体下部被割陡或挖空时，虽该岩层仍能支持边坡斜度（或山体未塌），但由于山体下部单位应力加大，引起松散部分内力的调整和平衡，因之颗粒间自行压实，引起山体自行下挫；这种内力的调整是有一定的范围，以分界面为度，因完整岩层可支持较大的压力，故不受牵连。由于松散部分结构不一致，内力调整时沉陷各异，故软弱带附近的山坡上常发生裂缝，往往是在与完整岩层接触处出现明显的地裂和下挫。当条件继续恶化，即：①因下部空虚过分下沉，致山体错落失去平衡时，则发生类似错落式的崩塌变形；②因坡脚切陡，坡脚土壤被压挤，往往沿壤中水流过所形成的某一软层剪切外错，而失去平衡时，发生类似崩塌式的滑动变形。

其不同于崩塌者，是有部分沿软弱面移动；其不同于滑坡者是这种滑动面不全部是一定的，且变形中有崩塌现象。它是介于滑坡与崩塌之间的变形。而且往往经过错落后，山体内力达到平衡，如果条件不再改变即不再变形，属于一次性。例如天兰线19 km隧道及宝天线115 km隧道内如此错动后就不再发生了，这也是和崩塌与滑坡的主要不同点。它在严重变形时，往往由于范围大、体积大，由于山体断裂骤然失去结合力而产生巨大的动能，故运动速度大，摧毁力大，局部有大块岩体或结合密实的土体发生崩落、倾斜、翻滚等现象；而大部分的山体为整体挫下现象。这种山体断裂及岩层错动现象，一般认为是大崩塌的前兆，划入崩塌现象，我们鉴于上述区别，在施工中常遇到这种错动现象，故单独论述。

（2）崩塌：即山体崩塌，包括山崩、崩坠、土崩及崩陷等，其现象为大体积的岩体或结合密实的堆积体或土体突然急剧的发生倒塌、剥落、倾崩及跳跃等变形，运动迅速、崩落后各部分的相对位置互不联系，且是大块的翻滚较远，其堆积在下的则生成崩塌体、倒石堆、倒石锥及坡脚堆积层等。此种山坡变形预兆不明显，只是个别在山坡或堑顶上先出现为数不多的裂缝，这种变形其情况十分严重的谓之山崩；这类变形多发生在岩质较硬的岩层中且构造面较多处，黄土陡壁附近，它分为岩层崩塌、堆积层或残积层崩塌及土崩，一般常见的是岩层及堆积层崩塌。

（3）堆塌：土层结构比较均一，属于山坡或边坡部分的不稳定现象；它受壤中水及坡面水的作用，在自重作用下由内向外逐层倾塌，坍落堆积在坡脚附近。其不同于崩塌者，堆积只是斜坡上边坡本身的破坏变缓，一般发生在缓于45°常缓于60°的斜坡处；而崩塌是边坡附近土壤的结合力，可以维持斜坡陡度，只是山体有软弱面被切被挤而变形，变形后塌落面仍较陡，它一般发生在边坡陡于50°～60°的斜坡处。在变形运动中崩塌体变形速度快，是互相剪断向下，大石块倾倒翻落、跳跃、撞碎，大者崩的较远堆在下部；而堆塌是顺坡面滚下，一般运动速度虽快，但不如崩塌迅速，大部分不是崩，而是顺坡滚下，大小混杂堆积在坡脚。堆塌又分为：岩层堆塌、堆积层堆塌及黄土堆塌，而以堆积层和土质堆塌为最普遍。

（4）坠石（坠落）：包括危岩、悬石及坠石危岩。悬石是岩质山体局部有裂缝或结构面分割，有欲脱离向外倾倒之状对线路安全威胁很大。坠石是悬石较多之处，或岩层破碎，经常有石块坠落，或有岩层崩坠现象；其不同于剥落者，坠石的岩块较大，多产生在坡面上岩石软硬不均处，软岩先脱落然后引起硬岩坠石，或岩层破碎掉块落石。

（5）剥落：这一类型的变形其山坡或边坡基本上是稳定的，因坡面暴露在大气中而引起边坡表面风化、软化、破裂，在受坡面水、壤中水、裂隙水等冲移或冲刷的作用，破坏了坡面土层的稳定而脱落于坡脚下，谓之碎落及剥落。其不同于坍塌，变形后边坡坡度仍接近原来坡度，只是表层土壤被破坏；而坍塌是边坡不稳，变形后边坡边缓到一定的角度才能稳定。剥落现象又分为：风化软化的剥落、砂层的剥蚀、边坡受地表水冲刷引起表层发生冲沟状的坍落冲移，凹陷及坡面冲成沟槽等现象。

（6）滑坡：

①一般滑坡：这是土体在自重的作用下顺坡而下，是缓慢的、长期的移动，有时也会发展到移动较快，成

跳跃性的。这类移动具有滑动的性质,移动时土体仍然呈整体,滑坡体上相互的位置变动较小,而且一般都没有土体倾覆现象,移动系顺着有一定的面或带发生,几乎总是向前的移动。

②崩塌性滑坡:这是顺滑坡面急剧而迅速移动的滑坡,一般移动是顺着弧形的面或沿着较陡的软弱面发生。由于滑面较陡,移动迅速滑下的土体,几乎总是崩离到距山坡很远之处。滑坡体有脱裂分离现象,不是顺序的移动。

2. 性质

上述的几种现象,在实际工作中往往不易划分清楚,名词也不统一,认识也各有异,因而不能根据名词采取整治对策。但经过仔细有系统的调查和研究后,发现也有一定的规律,故需研究相互的关系与实际情况,作为单独处理。我们认为:

1)错落与崩塌是山体失去平衡的现象。而错落是山体内力转换后所产生的变形,可能是一次性的,而且山体内外有明显的不同结构,变形现象常发生在分界面附近,大部分是下挫,变形前至少有一个深入山体较平直的脆弱面,但此面与坡脚间常无软层联系。至于崩塌一般是整个山体均为结构松散体,组成山体的岩层、土层是软硬混杂的,有较多的不规则脆弱点,变形时可沿脆弱点串联成任一脆弱面,其主要变形不是下挫而是倾倒,也就是说,变形前并没有一定的有规律的面存在。

2)剥落和坠石是边坡坡面部分失去平衡的现象;而堆塌是边坡附近的土体间结合力不能支持,其边坡外形受土压构成变形,变形是向土壤间结合力可支持住的休止角这一坡度发展的。剥落和坠落从边坡外形造成的土压这一观点看,其结合力是可以支撑住,只是坡面的表层变形。

3)剥落是整个表层成细碎体,受空气中一切物理化学作用而具顺层脱落的现象,在地表水冲刷处形成冲沟;坠石,是整个在逐个岩块脱离整体而崩落的现象。也可说剥落是软质岩层上受水作用,坡面表层土壤丧失黏结力后发生的变形;而坠落、坠石,是硬质岩石层上因温度变化及水等的作用,促使岩层破损,逐块不能支持自重崩落掉块的现象。

以上的叙述可以讨论研究。在名词的含义上,可以有不同的看法和认识;但作为"处理坍方坠石"来说,必须区别这些现象,不必计较名词上它叫什么变形,但要分析每个变形现象的实质,才可能提出正确的整治和处理办法。

(三)路堑各部分的稳定性与变形间的关系

(1)山坡部分:滑坡、错动和崩塌变形(整个路基的稳定);

(2)边坡部分:堆塌变形;

(3)坡面部分:坠石和剥落变形。

当然如宝天线 115 km 的大型堆塌,也就影响到整个山坡;潮百(贺兰山内)线马莲滩车站附近,山坡上落石是在堑顶以上,不能说不是山坡稳定的问题。如此划分只是一般性而言,使概念明确易于说明和采取措施。同样,也有些小错落体,可以整个清除,没有必要看作严重的山坡不稳定现象,这就需要同学们辩证对待,不可拘于人为的划分,机械的处理。

三、岩石错落和崩塌的分析和处理

(一)错落

1. 举例(我们曾见到过的)

1)第一类型:接近断层附近,断层破碎体的错落

(1)宝略段百尺标 142(图 1)

断层壁外为上缓、下陡的馒头形山包。该山包由风化松散的断层带岩石组成,内侧完整的花岗岩以陡达七八十度倾斜的断层错动壁为界。断层带岩层为粗粒花岗岩夹云母片岩,岩石种类多,岩层风化已成次生矿物,节理极发育,岩面结构有的已不明显,唯结合尚紧密。勘测时因不懂得它是不良现象而顺山坡开挖了隧道。隧道长 56 m,但洞顶覆盖层太薄,最厚仅有 10 m,挖进上导坑时,坑顶即坍方、漏顶,本已说明山体松散情形,随后改修明洞。因之在明洞挑顶中,由于山体坡脚切割增加,坡脚所受压力加大而引起了松散体内力调整,在线右约 60 m 的山坡上(断层壁附近)出现了一条弧形裂缝,(缝宽 0.5 m,下错 0.1 m,长 80 m,并另

有小裂缝数条,这就说明开挖明洞已破坏了原山体的稳定,有引起由错落而产生大崩滑的可能;故将线路外移,局部小刷方,大部分改为高填加副路堤,以支持山体。当年雨季中山体下沉,表面崩塌掩埋了作废的基坑,推歪了废弃的明洞内墙,新路基也外移了0.6 m,下沉1.5 m;在山坡上又增加了十余条裂缝,从裂缝形状上判断,坡面是不够稳定的。断层壁以外的山体仍继续下挫,故一面刷缓边坡,加做地面排水,一面在上部沿断层壁附近减重并刷去土石方3.4×10^4 m³后,山体才基本上稳定了。同样,如宝天19 km隧道有断层壁与铁路斜交,当挖洞至断层壁时附近山体在沿断层壁下挫后就不再变形了。

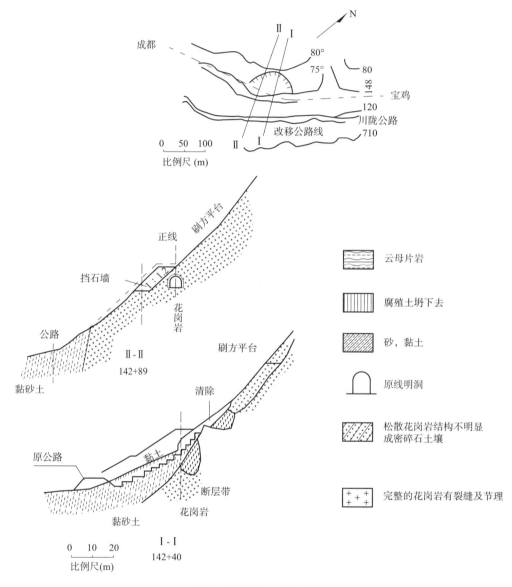

图1 百尺标142平面图

(2)宝略段百尺标153(图2)

①错落工点,位于杨家湾车站中部的右侧。站场为半挖方半填方,所开挖的山坡大致可分为三个坡度:自山坡脚至高出路基70 m之间为40°~50°;以上约为35°的缓坡,至高出路基面约130 m以上为近于垂直的岩石陡壁。山坡两边有沟谷,沟谷割切很深。上部陡壁及下部陡壁的岩石均外露,中间平缓部分的地表为花岗岩风化而成的砂及碎石,生长有不多的小灌木和野草。

②地区的气温夏季最高约为40 ℃,冬季为-20 ℃。年降雨量是800~1 000 mm,多集中在六、七、八、九4个月中,夏季多暴雨。地震烈度为Ⅵ度。

③组成山坡的岩石以粗粒花岗岩为主(有花岗片麻岩及角闪片岩的捕虏体,并有伟晶花岗岩岩脉穿

插),风化、破碎且节理发育。缓坡部分的表层有 2~3 m 的砂砾夹碎石,以下为 10~40 m 厚的碎石带,再下为块石带;此根据钻孔资料,碎石带与块石带有明显的分界线,在高出路基面约 80 m 的水平表面上,亦可观察到风化程度不同的分界线。在线路右侧 150~200 m 处有一与线路大致平行的大断层,断层面倾向线路(倾角 83°);断层下盘岩石整体坚硬,上盘岩石破碎,路堑所切割的山坡则为此断层的破碎带,在岩层中未发现裂隙水,覆盖层及碎石带为潮湿到渐湿。

④勘测设计时认为山坡不稳定,为了尽量减少挖方曾设计修建五层挡土墙;后来由于站场填方需要大量填料,将挡土墙改为挖方,边坡坡度变为 1:0.75~1:1,高度为 50~80 m。挖方于 1955 年 6 月完成,同年雨季中边坡上部有小量坍塌;1956 年初,发现山坡上开裂:第一条裂缝在岩石陡壁(断层)脚下,长 200 多米,宽 1.5 m,靠铁路一侧下沉 2.5 m;第二条距线路稍近,长 40 多米,宽 0.2~0.3 m,靠线路一侧反翘,山侧凸起;还有第三条、第四条裂缝但不甚明显。在边坡上并未发现有错出的滑动面,线路也未移动。

⑤当时认为可能是大崩塌的开始,一方面进行自第一条裂缝至第四条裂缝的挖方减重,一方面进行钻探查明破碎岩层的厚度;1957 年 10 月山坡上部已挖去 6×10^4 m³,并已挖成两个平台。根据钻探资料:碎石带与块石带的接触面为 15°~25°向线路倾,根据岩芯的破损情况及含水程度——检算,稳定系数已达 1.15,同时对山坡进行了一年多的观测,证明山坡变形并未发展,因此停止进行上部挖方减重。

⑥1956 年雨季时,边坡上经常有小堆塌及落石现象,雨季后检查边坡岩石,发现有明显的风化加剧及岩层节理微微错开等现象。为了防止边坡岩石继续风化和局部坍塌的发展,因而:修建了护坡、护墙,并尽量嵌补凹陷的部位;在边坡上修建了不高的挡石墙以防落石的危险;在山坡上部及中部修建了排水沟及截水沟,并计划将山坡全面植树种草,以防止地表水的侵蚀或渗透再引起上盘发生变形。

2)第二类型:各种不同年代的岩石接触带、破碎岩石层的错落

宝略段百尺标 1 592+90~1 597+60 的山体错落,位于嘉陵江峡谷区江右岸,经常受江水冲刷,整个山坡高出江底 300~500 m,具上缓下陡有错壁的外貌。其中部平台高出江面约百米、宽约百米、倾角 20°,平台以下以 40°~50°的斜坡一坡到底,平台以上为陡坡有明显的岩层陡壁,如此外形已不是不良的外貌了;山坡表层为 10~15 m 厚的砂黏土夹板岩碎块堆积,其下基岩破碎十分严重是石灰质板岩与页岩互层(页岩较少)中等风化(按钻孔岩芯的鉴定,曾误认为是堆积层,其破碎严重可想而知),岩层走向与线路夹角 20°倾向线路,其主要峭壁呈张开状(倾向山坡,倾角为 75°),附近有大断层裂缝呈纵横交错。对该段勘测时就视为不良山坡以顺山坡隧道通过,成都端一段 175 m 为明挖;施工后出口一段按节理面(1:0.4)开挖(高约 35 m),不断发生石质岩层沿节理面的坍塌,愈塌愈高,岩层表面十分紊乱(似堆叠干砌状)结合松散,使人怀疑该段岩层是经过移动后才如此松散的,在无法挡护下接长明洞;在隧道施工中由于横洞过多且是从下导洞开挖,虽支撑甚密(支撑木直径约 0.3 m)而洞内塌方落石很严重,计坍坠 52 次,其坍下 4 261 m³;在导洞前进的同时,山坡上距路基面 20 m 处出现纵向裂纹随导洞进展而加长(裂缝宽 0.1~0.8 m,下挫 0.7 m),贯通整个隧道长度,直到整个隧道及明洞修完洞内衬砌受力后,山坡裂缝才停止发展;洞内衬砌亦普遍发生纵横裂纹(拱顶及内外边墙均有),压浆后才终止变形。此是一严重的山体错落现象,在山坡处于极限平衡状态下,由于,隧道开挖及基础不良使开挖后的单位压力加大而下沉,引起山体内力调整处沿节理面下挫。

3)第三类型:切割了具多组倾向河的节理,形成台阶状地貌的山坡而引起的错落

(1)兰新铁路 K22 及 K25 的山体错落位于受河水冲刷的黄河右岸。附近的地层地貌都具备了典型的黄河高级台地的特征:台地平而宽,上覆几十米的黄土,中有卵石层,下为砂、页岩互层的岩石;岩石顶面高出河床约 40 m 整齐划一具侵蚀阶地,一般岩石均直立与黄河斜交成单斜状。而 K22 及 K25 为具环形错壁,在台地边缓、坍成缓坡状态,山坡上冲沟发育,黄土陷穴极多;由于基岩成背斜构造(故倾向黄河时多形成错动体,斜交时多堆),该两山坡上新老错壁很多,从外貌上即可看出是一不良地质地段。兰新铁路在这两处以 1:0.5~1:0.75 切坡而过,边坡坡度陡于基岩倾斜角(高 30~40 m),由于岩层破碎施工后不过五六年,页岩部分已风化成土,而砂岩部分破碎变形在不断地堆塌中;从岩石结构松散和节理裂隙互相错开这一点上就说明是移动过的岩层,1959 年雨季在 K25 处水平错下一段,与变形后的现象对比,更说明 K22 及 K25 这两段过去就是错动地段较多之处。接受宝兰、宝成两条铁路的经验教训,故对这两段正在采取加固山坡以恢复支撑的办法稳定斜坡中。

(2)宝略百尺标 1 482 + 10 ~ 1 486 + 96,也是切割台阶状地貌的山坡引起错落的类型。

4)第四类型:切割了古错落体,沿大节理面错落

宝略百尺标 484(见宝成线修建总结的"路基设计及坍方滑坡处理")。

5)第五类型:松软破碎岩层中开挖隧道引起的错落

(1)宝略段的 1533 + 27 ~ 1537 + 86。宝略中段有 21 个隧道建设在破碎岩层中引起山体开裂,其略阳端是在现嘉陵江受冲刷的一段;全段在嘉陵江未改道前是受江水冲刷的右岸(现有一人工改河的缺口),其自然山坡呈凸形(下为陡坡,中为 40°~60°,上为 20°~30°),可以明显地看出有错台、缓坡及陡壁,组成的基岩为破碎严重的钙质板岩,节理张开、裂缝众多,岩层倾斜,并有一组节理约 65°倾斜河边。原设计已考虑山坡不良而以顺山坡隧道通过,本认为进口为老的沟口洪积层是以不良缓坡支撑上部错台,故文件上注明提前进洞。可惜:工作组于 1955 年同意现场建议取消 21 m 长的明洞改为明挖,因而于 1955 年 9 月引起洞口坍方 6×10^3 m³,在大量刷方后又接长 8 m 明洞;隧道出口在破碎岩层中一再出现坍方流泥,现场不相信地质分析的意见(强调经验),以致接长明洞两次(共 15 m 长),修了三个洞门;在隧道施工中,进出口两端山体均发生纵裂几乎相连,因进口一段在山体发生纵裂时并未引起现场注意,故未对山体进行排水、整平、夯填裂缝的工作;此明知洞基础岩层破碎唯恐受压过大沉陷不均,但由于水平不够,基建人员强调采用了错误的办法以"底撑加固",致 1956 年雨水大量流入山体裂缝(降低了山体的结合力,加大了土壤的单位容重),因之山体压力骤增引起洞口附近的局部山体发生坍崩;在曾将明洞压裂、洞门纵切错开达 0.3 ~ 0.4 m、基础沉陷不均下,被迫在已铺轨的情况下加固明洞,凿除底撑重加仰拱,至全部隧道及两端明洞加固完及对山坡夯实整平后,裂缝才终止发展。(见宝略线坍方滑坡科研报告第五章)

(2)略鱼线有此类错落,由甲方填隧道改线之例。

(3)宝天 K115 隧道施工中也产生此类错落。

2. 岩石错落的分析

1)环境和条件

(1)地貌

①具基座地形,斜坡下陡 30°~ 45°,中缓 20°~ 30°,上陡壁;

②台阶形;

③河凹岸中凸出部分;

④山坡表面不平整,岩石松散不完整。

(2)地质构造:地槽中褶皱带产物

①平行于构造线,尤其是成垂直的两组构造线相交处;

②地堑上盘岩石接近断层壁;

③不同时代的岩石在断层接触带附近;

④片理、节理发育的岩层。

(3)岩石结构与构造

①具陡峭的构造面倾向山坡;

②组成山坡的岩石种类复杂;

③岩石风化不均匀、软弱穿插;

④岩层结构松软,节理、片理、错断交错发育。

2)原因和因素

(1)性质

促成错落的原因可能是增加了荷重,使坡脚土壤受压缩,因而引起山体内力的调整,土体下陷;也可能是减少了支撑面积,或降低了错动面与土间的结合力。一般是在各种原因相互作用下,不断地削弱山体的稳定性后先有变形,发生裂缝于错落壁附近。这些下挫裂缝多是由于坡脚变陡或是内部空虚所引起的。变形终止,内力调整也完成。但如继续增加坡脚单位压力,或下部继续下陷,有压力转变或剪切力时,或山体骤然失去结合力,则发生沿错动壁的断裂与下挫面形成的大崩塌,故错动变形的种类有:

①一次下挫;
②先崩塌后下挫;
③先挫后崩滑;
④连续下挫。
(2)原因:
①增加荷载;
②减少支撑面积;
③失去结合力;
④下部悬空。
(3)地质营力与作用
①经过动力作用,位移过的岩层;
②长期的化学风化:水、空气、湿度、雨量等;
③地震的影响(使山体更松散);
④山体偏压,隧道上覆盖太薄,不能形成自然拱。

3)处理

(1)山体错落未出现前的处理办法:初次错落是巨大的山体内力调整的变形,其作用力不易计算,应设法避免变形;由于易发生山体错落的地段是构造原因,所以在勘测中应结合地形地貌、地质构造、岩层结构来判断山体的稳定性,尤其是对结构松散的山体,推断其有自然错落转化成崩滑的可能时,线路以绕避为主。在万不得已必须通过时以不切割山坡修填方通过为主,或从山体覆盖较厚处修隧道;并同时考虑是否必要对江河冲刷进行防护,其隧道衬砌需加厚及施工方法应加以研究。

(2)裂缝出现后的整治方法和措施:山体一旦出现下挫和裂缝,不论有无危害,对山坡的地表排水工程、夯填裂缝、夯实地表应是首要工作,继而分析裂缝出现的主次要原因,分别予以处理:

①如系由于江河冲刷造成崩岸引起山体错动时,应对河岸加以防护;

②如系由于切割坡脚造成的,应立即停止切割,在现有的断面上估计今后的情况,决定是否恢复一部分支撑,还是就现在的极限平衡改用挡土墙、加厚护墙或移线,改变原来设计断面以达到不再减小支撑的目的,必要时可在错动壁附近进行减重以求稳定;

③如修隧道,在施工中山坡发生错动、裂缝时,首先应在山坡上做地表排水工程,并考虑山体压力大小是否可以继续开挖,当发现此种情况往往要及时加强支撑、采用侧壁开洞法或密排支撑,在增加了支撑木和基础承压面积等精心施工下,均可顺序修成,必要时也可以在山坡上减重;

④如错动裂缝出现在工程竣工之后,因其变形往往是一次性的,故除做地表排水、整平、夯实等工作外只进行观测,不做任何处理,很可能今后不再变形了;在隧道衬砌上若继续变形时常经过压浆后才停止变形,也有用小钢轨加固衬砌后才终止变形的;在路堑山坡上若继续变形时,再根据现场情况采取支撑或减重的办法。

(3)形成大崩滑之后的处理:视崩滑错落体在原山坡的位置而异,有的如崩塌性滑坡已将变形体推离很远,在今后无再错动的可能下,就只需将坍滑体清除完毕及整平路基即可通车;有的如宝略百尺标484崩滑体大部分在原山坡上,这就给线路造成较大的威胁,当证实了路基以上尚有十多米未移动过才决定修明洞,同时此明洞应按实际的山体(错动体)压力设计(因套用定型,明洞修完即在拱部衬砌上出现纵裂而被迫再加固),并将崩滑错落体整平整顺不让积水及减少渗水(以减少雨季中土壤的单位重),但该处因山体仍继续下挫,故又将明洞回填成暗洞,支撑了整个山坡;如错动错落体连同路基同时移动处应仔细调查研究其稳定性,经过了严重错落后山体一般均获得一定的稳定潜能,而且错动壁以上可能不会再变形,但由于移动中使山体结构大大破坏,故需根据当时的条件分析推断今后线路是否可以通过,并要根据计算、估计对错落体做刷坡、减重、隔水等工程的费用,可和改线、绕避进行比较。

关于对错落体继续变形的危害需根据具体工点的大小与情况加以慎重考虑,因为有错落转变成大崩滑时往往是危害很大,如果估计不足而线路改离不远,或隧道修在错落体中,这样在变形时仍会发生严重的灾害,修一个建筑物来抗拒错落的应力那是不可能和不必要的事。在处理错落体时山体压力是一个未解决的地质问题,设计人员往往是根据山体变形时的极限情况决定恢复山体支撑的多少,当在错落体之下修明洞回填支撑时,要求使错动继续变形的下限在明洞以上,以崩落体不能打坏明洞为原则,这种办法非万不得已不能采用,因为大的错落体的变形力量十分巨大,不是人为力量可以支撑住,目前很难估算其力量的大小。

(二) 崩塌

1. 举例:分为两大类

1) 属于坚硬岩石的崩塌(A)

主要是岩层受各种陡构造裂面切割成大体积及风化裂面的影响。

(1) 水结冰或植物根使裂面扩大;

(2) 受重力或地震力的影响而剪切割断岩石的联系,由受压力转变成受剪力变形破坏;

(3) 岩石骤然失去结合力的急剧变形破坏;

(4) 由于崩塌体陡且高,所以破坏时动能很大而翻倒崩落。

2) 属于松散岩层的崩塌(B)

和错动体一样,只是:

(1) 岩块分割较大,但较1)型均匀且密;

(2) 斜坡陡些一般在60°左右,由于坡脚或边坡上每一高程岩石的承载力不够,或底部被淘空,或软化了基础;

(3) 岩层沿外倾的节理面或其他构造面(软弱面),剪切破坏而急剧倾倒崩落。

(A) 坚硬岩石崩塌的例1:宝略段百尺标1 808 + 47 手扒岩是由于弧形节理发育所引起的崩坠(见宝成修建总结的"路基设计及坍方滑坡处理"),其薄弱环节在球形节理处发育。

球形节理形成的认识:

① 引起岩石崩落的作用力是岩石的重量与其体积成正比。

② 抵抗崩落的力是以岩石的内聚力为主(摩阻力作用微小可不计)与崩裂面成正比。

③ 作用力最大,而抵抗力最小时的裂面是球形及圆锥形。

④ 所以造岩过程中的坚硬岩层形成球状节理,使岩石分割成向临空的上陡而下凹入的锥形。上部是坚硬岩石向外陡倾的垂直高,下部是弧形向内凹入。

⑤ 对片岩来说因受动力变质而片理边也多成弧形。

(A) 坚硬岩石崩塌的例2:窑街专用线 K9.2 是在片岩与花岗岩动力变质的接触处,整体花岗岩受三组节理切割成厚层状产生沿节理面倾向河的崩塌(斜交倾角70°倾向河,两组倾角为80°及45°,间距10 ~ 20 m)。

(A) 坚硬岩石崩塌的例3:宝略段吴王城的自然大崩塌:按地质图说明是大背斜构造,嘉陵江沿背斜轴发育;其组成是厚层石灰岩在上,下为页岩,因洪水位起伏于两种岩层的交界面,软化了页岩而引起的大崩塌。

(B) 松散岩石层崩塌的例1:宝略段1 538 ~ 1 576 + 76,从其中12 km坍方类型集中处说明了处理坍方的各种建筑种类。(见宝成修建总结的"路基设计与坍方滑坡处理")

(B) 松散岩石层崩塌的例2:宝略段百尺标513 破碎花岗岩的崩塌(未讲)。

2. 崩塌的分析

环境条件见表1。

表1 环境条件

特 征	坚硬岩石崩塌(A)	松散岩石崩塌(B)
地貌	① 山坡下部陡于50° ~ 60°; ② 高度:一般大型的在百米以上(小型的25 m); ③ 表面凹陷且有大裂隙面(凹陷成弧状,上部十分陡); ④ 阶梯状,但表面平直; ⑤ 山脚下有崩下的大岩堆; ⑥ 山体完整而直立	① 山坡下部陡坎45°; ② 高度:一般大型的在40 m以上(小型的25 m); ③ 表面凸凹不整齐且节理错开及撕开,切割成中等岩块(节理陡于50° ~ 60°); ④ 基座地貌或阶梯形,但表面圆缓; ⑤ 在河水冲刷的一岸,其岸身凸出; ⑥ 岩石呈松散状态

续上表

特 征	坚硬岩石崩塌(A)	松散岩石崩塌(B)
构造	①新构造运动发育地区(见王继光教授1959年9月提出"崩塌现象及其形成的地质条件"的初步探讨中的特征); ②与当地构造线吻合处; ③坚硬岩层下伏软岩,且两者接触面在河流洪水位摆动的范围; ④背斜轴; ⑤糜棱现象的岩石; ⑥大断层附近,两种不同岩石接触带; ⑦动力变质及断裂发育的页岩区; ⑧喀斯特发育	①同左①; ②同左②; ③位移过的岩石(老错动体及崩塌体); ④褶皱发育的软岩区; ⑤互层结构; ⑥同左⑥; ⑦动力变质片理发育的软岩区; ⑧挤压粉碎的崩塌体
岩层结构与岩性	①在坚硬厚层或块状岩石下有薄层软岩,该软岩岩性软弱且变形; ②岩石被大裂面所切割成楔形或弧形,岩块坚硬,裂隙多充填岩粉及岩屑; ③受扭力所形成的羽毛状裂面发育; ④节理面至少有两组倾向河	①岩石种类多,软硬不均,软岩岩堆不良,其中硬岩只具中层厚度(硬多软少); ②岩石被多组节理所切割成大小块如堆叠状,节理错断并卷曲; ③受重力影响山坡裂缝撕开; ④节理面至少有两组倾向河,一组陡峻,岩石有时卷曲严重
成因与因素	①地质动力: a. 软化了下伏软岩及其裂隙; b. 物理风化—裂隙结冰; c. 动力作用。 ②自然因素: a. 地震; b. 水静压力; c. 水流冲刷下伏的软岩; d. 地下水的喀斯特化作用。 ③人为因素: a. 大爆破的震动; b. 切割了裂面下部的支撑; c. 淘空了下部	①地质动力: a. 受壤中水的软化与冲移; b. 化学风化; c. 动力作用使岩层位移。 ②自然因素: a. 地震; b. 水动压力及水静压力; c. 水流冲刷坡脚; d. 雨水加大了岩层位移。 ③人为因素: a. 大爆破震松岩层结构; b. 切割了基础而减少支撑面积; c. 淘空了下部
总结主要条件和因素	①地质构造上的破裂带; ②属于A型是在高纬度及高地热区,其坡度陡于60°而高度上百米; ③属于B型是在气候温和、雨量充沛及壤中水发育区并具基座地貌; ④属B型是岩性不良及结构松散,而属A型则是裂面张开; ⑤一切增加荷重、加大剪切力、减少支撑面积及降低软弱面的抗剪强度等均是形成崩塌的因素	

岩层结构如图2所示。

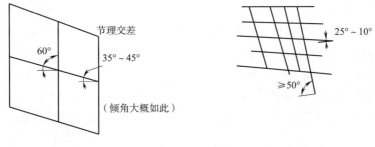

图2 岩层结构

3. 处理

1)勘测阶段的处理原则:大型崩塌因发生突然且体积大及毁坏性强,故不应设计任何建筑物承受如此巨大的冲击力与推力;事前应根据地形、地貌及地质条件加以辨认,当估计有可能发生自然大崩塌时,以绕避远离该山坡为原则。对具崩塌地貌的地段,在肯定不致发生自然大崩塌的不稳山坡处,以不致恶化其条件为原则而采取以填方支撑山体为主的工程,其在覆盖层较厚处则修隧道;如该处必须以切割通过是十分危险的事(山区铁路中这种教训不胜枚举),当然也并不是绝对不可开挖,只是需要慎重(权衡山体的稳定性与开挖面积的大小)以尽量减少开挖面积为原则,可同时用挡墙、护墙、护坡等加固边坡,并要减少暴露面而避免今后边坡坍塌,但应根据山坡极限平衡推算其稳定性,并需先进行排水和绿化;在采用明洞处,需回填成暗洞支撑山坡。在发生岩层崩坠的地段,其如峭壁附近的山坡上如有下陷、有倾向线路的大构造面及疤壳悬石等,应毫不犹豫地采用隧道,这一方面的教训不少。

2)在易崩地段施工的山坡处对坍塌的整治:施工中如发现是切割易崩坍的山体处,首先在加强山坡排水和绿化;由于一般开挖后在形成崩塌时总有一个调整应力及转换应力的时间,要慎重利用这一时间加固山体,若及时改变设计能减少开挖面及恢复支撑是可以挽救崩塌的。

当山体由于开挖已引起小坍塌时即应慎重,对切割面要进一步了解山体结构;若发现边坡岩层在"逐渐松开"时说明处于正在形成崩塌的过程,或发现岩层结构松散成堆叠状且边坡高陡,均需立即采用恢复山坡支撑的办法整治之。例如宝略百尺标 1596 新 2 号隧道出口的一段,即因不断坍塌而接长一段明洞回填支撑,避免了崩塌的发生。又如宝略段白水江 2 号隧道进口一段的黄土质砂黏土高边坡,以 1∶0.5 开挖达 40 m,在路堑挖成后其边坡出现平行裂缝,因而及时增加明洞;但有一段外墙未及时回填处的明洞拱部开裂,此说明山体压力大,若不修明洞支撑在雨季中可能就发生土崩。又如百尺标 1457,以 1∶0.75 开挖后边坡高达 30 ~ 50 m,并与自然山坡几乎相连,其岩石结构如此松散而未能及时采取措施,因之形成了崩塌及崩塌性滑坡,事后在崩塌体上施工十分困难,这是一教训。

对山体发生小坍塌后易引起崩塌地段的整治办法(即具体措施):

(1)减少雨水下渗量以防止增加山坡载重,应修地表排水沟并绿化山坡。

(2)加固山坡防止继续坍塌,如此可避免坍塌的扩大。对坍去支撑部分引起的崩塌,一般是采用护墙、浆砌护坡以及多层挡、护墙等工程加固边坡;如此整治之例,在宝成及宝兰等铁路线上不胜枚举。

(3)恢复山坡支撑:对有可能发生大崩塌处,以采用明洞并回填以支撑山体为原则;对一般崩塌地段,例如宝略百尺标 1576 及天兰 K19 可采用挡墙并回填以支撑山体。又如宝略百尺标 204 + 50 采用了挡渣棚及天兰 K3 的拱式明洞等防止崩落土石的危害。

(4)考虑绕避:这必须在有详细的经济技术方案比较后才行,因为往往废弃工程过多而不经济不能实现,在条件许可时"改线或绕避"仍属上策。

3)崩塌后的整治:山坡崩塌后应对之仔细了解是否有再崩塌的可能,一般与区域地质条件相关处往往是多次崩塌。例如百尺标 1566 即已崩塌达"13 次"之多,而百尺标 513 修成明洞后仍在崩塌;但也有堆积层及残积层的崩塌,往往是将堆积层或残积层崩光,在露出完整花岗岩后就不再崩塌了。对山坡崩塌后不能再崩处,清除了山坡的不稳定体也就可以通车;在原山坡仍需崩塌体支撑处及崩塌体过大不能清除及刷缓处的处理最困难,因线路必须通过常需昂贵的工程在困难中修建,在这种情况下能动脑筋"移动局部线路",可能会找出最经济而安全省事的方案。

(三)崩塌及错落地区的线路位置与路基断面结构的研究

1. 事先应了解的数据和几个动力关系

1)求斜坡上或斜坡坡脚的压力:

(1)按"沙湖年慈"教授所著的"铁路路基"书中的方法求坡脚应力;

(2)根据地质调查了解的裂面关系,将外部所分割的一块视作斜墙,用挡墙土压力的办法估算坡脚压力。

2)坡脚受压产生压缩下相应的上部就被拉开,有如基础沿沉落等处引起结构相应变形的情况,被分开处坡脚由压力转为受沿拉开面的剪切力作用。

3)均匀结构的破裂面与各种类型变形的关系:

(1)当挡墙的破裂面比裂面缓时,沿裂面剪断形成崩塌;

(2)若挡墙的破裂面变形就形成堆塌;

(3) 当软弱面在上而压力破裂面在下无变形,沿软弱面(c、φ 值特别小)则形成下挫。该软弱面只在上部固定处形成错落;整个软弱面是事先存在的,软弱面缓倾而固定时沿之移动就形成滑坡。

4) 倒岩影响范围。

(1) 岩层倾倒后在自重作用下互相剪断,根据裂面的分析可以估计出硬岩倾倒的位置,从悬空多少求得影响路基的具体尺寸;当然,也可以从当地崩落体范围估计出危害的范围。

(2) 在陡于 60°的山坡处发生的是坠落,按自由落体计算。

(3) 在 60°～40°的山坡上,石块是跳跃而下。

(4) 在缓于 28°～30°到 40°的山坡上,石块是滚动并仍在加速。

(5) 在缓于 28°～30°的山坡上,石块是滚动的并在逐渐减速。

(6) 根据崩落的高度与水平断面,可以估算出崩体影响的范围。

5) 崩塌及错动应力计算的附加力:

(1) 坚硬岩石倒塌要考虑裂隙中的水动压力及裂隙充填物抗剪强度的减弱。

水动压力:$P_{动} = \frac{1}{2} \gamma \sum h^2$

式中　γ——水重;

　　　h——裂隙面的深度。

(2) 松散岩石要考虑水静压力、单位重增加及水动压力,其岩层抗剪强度的减弱及单位重增加是根据岩层孔隙体积充满了水计算单位重。

水静压力:$P_{静} = \gamma_{水} (\sum \frac{g}{n}) L$

式中　g——单位面积流量;

　　　n——渗透系数;

　　　L——平行裂面的长度(壤中水流程)。

2. 落石计算及石块的冲击力

参看苏联 H. M. 列依尼什维里的报告。

1) 落石高度和尺寸的估计:这纯属于地质调查工作,一般地质工作者应根据山坡岩层被节理裂隙切割的情况,在参照该山坡及其附近坠岩的块石尺寸大小进行估计;同时要根据地质横剖面,按岩石风化破碎的程度研究坠落石块在山坡上发生冲击后落到建筑物附近块石的尺寸大小。但必须要注意这样的事实,往往容易发生崩塌地段的岩石多已风化,经过撞击以后块石的尺寸就有减小;当然某些硬质岩块(如石灰岩)等,因质地很坚硬,所以虽经过坠落撞击后的块石尺寸仍不见减小很多。因此要求我们研究坠落块石尺寸的大小时,必须在现场仔细核对;一般在资料不齐全处(根据苏联的统计资料),坠落块的尺寸可按 1 m³ 设计是足够安全的。

落石的高度必须根据现场块石可能坠落的最高点来考虑。在现场调查时需搞清:若事先清除某些个别的危岩时,其他地方是否还会继续产生崩塌;如果我们将最高处的岩石清除了后,发生的崩塌只是在较低地方的话,设计时所取坠石高度就比不清除的小(又切合实际),由于所求出的落石速度小其作用力也就相应的小(工程自然也会经济)。所以,在现场较详细的研究调查和进行相应的试验,是很有价值的。

2) 落石计算所需的地质横断面:该断面应选择近垂直于线路的横断面,断面上要表示落石的位置,各个地形变化点及水平位置,并按实际情况填绘,描述山坡表面的情况(如是否有小灌木或岩层出露);这就可以参考苏联铁路路基或苏联前比利斯列宁运输学院防崩的论文等资料,查出各种参数而计算落石弹道与作用力,并和试验相核对作为设计防崩建筑物的数学依据。

3) 设计防崩建筑物落石计算所采用的安全率:我们也是从苏联各种资料中查得"安全率 P"的值一般有 99%、95% 和 90% 三种,因之统计出各种经验公式。我们认为采用何种安全率与线路等级、工程建筑的建筑级别和列车通过的对数有关,即在同一线路上的各个区间和车站也有不同(站场大小也要区别):对大干线(如宝成线而言)的一般车站地段采用 $P = 95\%$,对一般线路采用安全率 $P = 90\%$;在一般区间采用 $P = 90\%$,

只有在大运输站作业频繁及上下旅客较多才采用 $P=99\%$。

4) 块石由陡山坡冲击到下部缓的山坡地段后速度略有减小,设计时要将突然摩阻系数 λ 代入计算中。

摩阻系数 λ 应按照野外测定块石的坠落速度求出,可是由于条件的限制没有做。在宝成线和潮石支线上进行设计时,根据苏联 H. M. 罗依尼什维里建议的资料应用:即在岩石露头地段采用 $\lambda=0.1$;在密集的大块石堆积层上 $\lambda=0.3$;在有草皮的光滑表面上 $\lambda=0.1$;在上述的坡积层岩堆和停滞的块石及其他等处 $\lambda=0.4$;在距平缓山坡表面(≤ 0.5 m)很浅就埋藏基岩处 $\lambda=0.3$。虽然这些资料是根据块石坠落速度为 $20\sim 21$ m/s 时求出,其与实际很接近;事实上,我们常采用 $\lambda=0.3$ 这个数值进行设计。

5) 落石计算公式:实际是采用 H. M. 罗依尼什维里所推求的公式进行计算的。

例1:潮石支线一实际设计之例(图3为勘测结果)

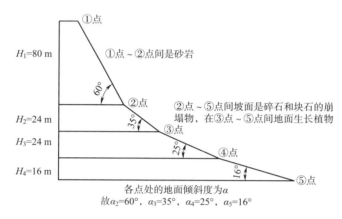

图3 长有植物的块石和碎石崩积物

①落到河边的最大块石为 0.8 m;
②近河边的最大跳跃距离为 6.0 m;
③近河边的最大跳跃高度为 $1\sim 2$ m。

A) 求四个点处的块石切线速度 $V_t = \mu\sqrt{2gH}$,应由最高落石点①沿①~②、②~③、③~④一直算到④~⑤,从 $\mu = \sqrt{1-K\cot\alpha}$ 先求 K,因此段山坡是一般线路地段,故采用 $P=90\%$,按经验公式求 K。

当 $\alpha=60°\sim 90°$ 时,$K=7.74-0.179\alpha+0.0000192\alpha^3$

当 $\alpha=28°\sim 60°$ 时,$K=0.543-0.0089\alpha+0.000316\alpha^2$

当 $\alpha=0\sim 28°$ 时,$K=0.416+0.0043\alpha$

所以 $K_{60°}=0.543-0.0089\times 60+0.000316\times 60^2=1.1466\approx 1.15$;

$K_{35°}=0.543-0.0089\times 35+0.000316\times 35^2=0.6186$;

$K_{25°}=0.416+0.0043\times 25=0.5235$;

$K_{16°}=0.416+0.0043\times 16=0.4848$ 故 $\mu=\sqrt{1-K\cot\alpha}$

$\mu_{60°}=\sqrt{1-1.15\cot 60°}=0.581$;

$\mu_{35°}=\sqrt{1-0.608\cot 35°}=0.341$;

$\mu_{25°}=\sqrt{1-0.524\cot 25°}=\sqrt{-0.123}$;

$\mu_{16°}=\sqrt{1-0.485\cot 16°}=\sqrt{-0.691}$;

因之 $V=\mu\sqrt{2gH}$

在②点处末速 $V_{n②}=\mu_{60°}\sqrt{2gH_1}=0.581\sqrt{2\times 9.81\times 80}=23.02$ (m/s)。

在②点处的切线速度 $V_{t②}$,由②点~③点为大块石堆积层,故瞬时摩阻系数 $\lambda=0.3$;

$V_{t②}=(1-\lambda)V_{n②}\cos(\alpha_②-\alpha_③)=(1-0.3)\times 23.1\times\cos(60°-35°)=14.65$ (m/s)。

在③点处的末速 $V_{n③}=V_{n③}=\sqrt{V_{t②}^2+2gH_2\mu_③^2}=\sqrt{14.65^2+2\times 9.8\times 24\times (0.341)^2}=16.4$ (m/s)。

在③点处的切线速度 $V_{t③}$，由于点③～点④间仍为大块石堆积，故 $\lambda = 0.3$；

所以 $V_{t③} = (1-\lambda)V_{n③}\cos(\alpha_③ - \alpha_④) = (1-0.3) \times 16.4 \times \cos(35° - 25°) = 11.3(\text{m/s})$。

在④点处的末速 $V_{n④} = \sqrt{V_{t③}^2 + 2gH_③\mu_④^2} = \sqrt{11.3^2 + 2 \times 9.8 \times 24 \times (-0.123)^2} = 8.36(\text{m/s})$。

在④点处的切线速度 $V_{t④} = (1-\lambda)V_{n④}\cos(\alpha_④ - \alpha_⑤) = (1-0.3) \times 8.36 \times \cos(25° - 16°) = 5.78(\text{m/s})$。

B）求④点块石的跳跃角 β，采用经验公式：

$$\beta_④ = \frac{200 + 2\alpha_⑤\left(1 - \dfrac{\alpha_⑤}{45°}\right)}{\sqrt[3]{V_{t④}}} = \frac{200 + 2 \times 16\left(1 - \dfrac{16}{45}\right)}{\sqrt[3]{5.78}} = 122°54'$$

C）求块石跳跃的最大间距 χ_0 为设计落石槽用。

$$x = 2\chi_1 = \frac{2V_{t④}^2\sin^2\beta_④(\tan\alpha_⑤ - \cot\beta_④)}{g} = \frac{2 \times 5.78^2 \sin^2 122°54'(\tan 16° - \cot 122°54')}{9.81} = 4.48(\text{m})$$

实地量得落石跳跃间距为 6.0 m，落石槽底宽应为 $\chi_0 = 5.3$ m + 0.5 m = 5.8 m ≤ 6.0 m，故采用落石槽底宽为 6.0 m（图 4）。

D）求块石坠落距离 L_K 及挡石堆高度（h_p）：

$$L_K = \frac{V_{t④}^2(\tan\alpha_⑤ - \cot\beta_④)^2}{2g \times \tan\alpha_⑤(1 + \cot^2\beta_④)} = \frac{5.78^2(\tan 16° - \cot 122°54')^2}{2 \times 9.81 \times \tan 16°(1 + \cot^2 122°54')} = 3.65(\text{m})$$

$$A_{\max} = L_{K\max}\tan\alpha_⑤ = 3.65 \tan 16° = 1.05(\text{m})$$

挡石堆高度 $h_p = A_{\max} + \dfrac{\text{块石直径}}{2} + 0.5 = 1.05 + \dfrac{0.8}{2} + 0.5 = 1.95$（m）。

实际最大跳跃高度在线路处为 2.0 m，故采用挡石堆高为 2.0 m（图 5）。

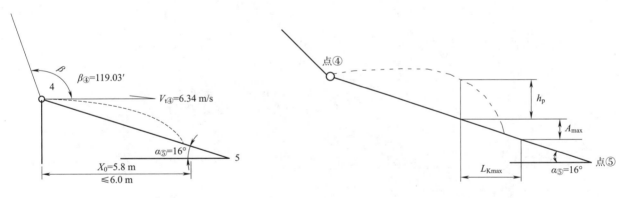

图 4　落石槽底宽计算示意　　　　　　　　图 5　挡石堆高计算示意

E）方案决定

①线路设在 16° 的缓坡上离开④点最近为 10～20 m；

②在线路上侧修落石槽，槽底宽 6.0 m，挡土墙高出地面 2.0 m；

③落石槽的深度根据可能落石的数量估计，按当地岩层破碎情况初期采用槽深 20 m；

④挡石堆顶宽本应根据落石冲击力计算，由于当地挖土弃方较多，故堆在坑外至少 3 m 宽是非常安全的。

例 2：宝成线一实例（图 6）

已知落石高度为 40 m，因在车站范围内，故安全率 P 采用 95%，块石直径 0.6 m，山坡坡度为 1:1。

A）坠石速度计算（假定块石在离路肩面以上 10 m 处开始跳跃）：

$$A_0 = 10 \text{ m}$$

① 当 $P = 95\%$、$\alpha = 45°$ 时

$$K_{45°} = 0.543 - 0.007\,6\alpha + 0.000\,263\alpha^2 = 0.543 - 0.007\,6 \times 45 + 0.000\,263 \times (45)^2 = 0.743$$

② $\mu_{45°} = \sqrt{1 - K\cot 45°} = \sqrt{1 - 0.734\cot 45°} = 0.516$

③ $V_{t30m} = \mu\sqrt{2gH} = 0.516\sqrt{2 \times 9.81 \times 30} = 12.6\,(\text{m/s})$

因块石离地面 10 m 跳跃，故求 $H = 40 - 10 = 30$ m 处的速度。

B) 求跳跃角 β（图6）：

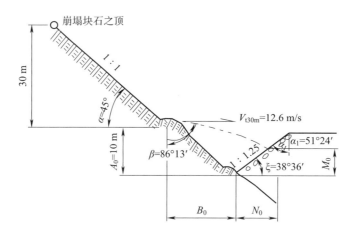

图 6　跳跃角求解示意

$$\beta = \frac{200 + 2\alpha\left(1 - \dfrac{\alpha}{45}\right)}{\sqrt[3]{V_C}} = \frac{200 + 2 \times 45 \times \left(1 - \dfrac{45}{45}\right)}{\sqrt[3]{12.6}} = 86°13'$$

C) 挡石墙墙背采用防震填料是当地的砾石、碎石，边坡为 1:1.25（其 $\xi = 38°36'$，求复填物及挡石墙净高 M_0），并核对 A_0 与假定数值是否吻合。

$$N_0 = \frac{V_t^2 \sin^2\beta(\tan\alpha - \cot\varphi)^2}{2g(\tan\alpha + \tan\xi)} = \frac{12.6^2 \sin^2 86°13'(\tan 45° - \cot 86°13')^2}{2 \times 9.81 \times (\tan 45° + \tan 38°36')} = 3.38\,(\text{m})$$

$$M_0 = N_0\tan\xi = 3.38\tan 38°36' = 3.06\,(\text{m})$$

所以挡石墙后净高为（由复填物护坡坡脚算起）$M_0 + \dfrac{\text{块石直径}}{2} + 0.25 = 3.06 + \dfrac{0.6}{2} + 0.25 = 3.61\,(\text{m})$，采用 3.6 m。

$$B_0 = \frac{V_t^2 \sin^2\beta(\tan\alpha - \tan\beta)(\tan\alpha + \tan\xi + \cot\beta)}{2g(\tan\alpha - \tan\xi)}$$

$$= \frac{12.6^2 \sin^2 86°13'(\tan 45° - \cot 86°13')(\tan 45° + \tan 38°36' + \cot 86°13')}{2 \times 9.81 \times (\tan 45° - \tan 38°36')} = 10.95\,(\text{m})$$

实际 $A_0 = B_0$（因山坡为 1:1）；$\tan\alpha = 10.95$，与假定 $A_0 = 10$ m 近似，即要求最高崩塌点高出地面 $30 + 10.95 = 40.95$ m 与实际情况类似，不再计算改变 A_0。

D) 求作用在挡石墙上块石作用角度 β'（图6）。

$$\tan\varphi = \sqrt{\frac{2g(A_0 - M_0) + V_0^2\cos^2\beta}{V_0\sin\beta}} = \sqrt{\frac{2 \times 9.81 \times (10.95 - 3.06) + 12.6^2 \times \cos^2 86°13'}{12.6 \times \sin 86°13'}} = 1$$

所以 $\varphi = 45°$

$$\beta' = \varphi + \xi = 45° + 38°36' = 83°36'$$

E) 求块石碰击挡石墙上的作用速度 V_0' 及作用（图7）。

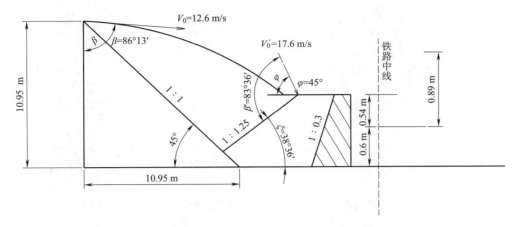

图 7　块石碰击挡石墙上的作用示意

$$V'_0 = V_0\left(\frac{\sin\beta}{\cos\varphi}\right) = 12.6 \times \left(\frac{\sin86°13'}{\cos45°}\right) = 17.6(\text{m/s})$$

直径 d 为 0.6 m 的块石重 $Q = \frac{4}{3}\pi\left(\frac{d}{2}\right)^3\gamma = \frac{4}{3} \times 3.14 \times \left(\frac{0.6}{2}\right)^2 \times 2\,500 = 283(\text{kg})$，式中块石单位重 $\gamma = 2\,500\ \text{kg/m}^3$。

先估计变形量 f_0 据之求 a_1、a_2、v_0、p、T，最后求出 R 值；再由 R 值反求得出的 f_0，如与假定的变形量近似时（准确到毫米），则认为所计算的各数字可以采用。否则，重新计算，一般计算到 3～4 次才能达到上述要求。

f_0 指复填物受块石碰击时的变形量，E 为复填物的弹性模量。

$E_{碎石} = 600\ \text{kg/cm}^2$；$E_{块石} = 700\ \text{kg/cm}^2$；$E_{砾石} = 400\ \text{kg/cm}^2$；$E_{砂} = 300 \sim 400\ \text{kg/cm}^2$；$E_{砂黏土} = 160 \sim 400\ \text{kg/cm}^2$；$E_{黏砂土} = 100 \sim 160\ \text{kg/cm}^2$；$E_{黏土} = 160 \sim 600\ \text{kg/cm}^2$。

α_1 为块石碰击复填物作用点的半径；α_2 为块石作用传达到挡石墙上的作用力半径；v_0 为块石与复填物共同移动的速度；p 为墙身参与运动的重量，$p_0 = 1\,800\ \text{kg/m}$；$T$——冲击力所做的功。

$$\alpha_1 = \sqrt{f_0(d - f_0)} = \sqrt{0.055\,5 \times (0.6 - 0.055\,5)} = 0.174(\text{m})$$

$h_0 = 1.76$ m，可以由图上量出（因 $B = 1.0$ m，块石碰击点在墙顶下 0.54 m 处，墙背边坡 1:0.3，复填物边坡 1:1.25）。

$$\alpha_2 = \alpha_1 + h_0\tan\sum\nolimits_{碎石} = 0.174 + 1.76\tan25° = 0.994(\text{m})$$

共同移动速度：$$U_0 = \frac{V_0'\sin\alpha}{1 + \left(\dfrac{\pi p_0 h_0}{3Q}\right)\alpha_1\left(\alpha_1 + \dfrac{\alpha_2}{3}\right)}$$

$$= \frac{17.6\sin45°}{1 + \dfrac{3.14 \times 1\,800 \times (1 \cdot 76)}{3 \times 283} \times 0.174 \times \left(0.174 + \dfrac{0.994}{3}\right)} = 8.62(\text{m/s})$$

增加移动复填物的重量 $p = \dfrac{\pi p_0 \alpha_1^2 h_0}{3} = \dfrac{3.14 \times 1\,800 \times 0.174^2 \times 1.76}{3} = 101(\text{kg})$

R_0 为复填物的反作用力；$\sum$ 为块石作用在复填物上力的扩散角。

注：$\sum = 20° \sim 30°$，在块石上 $\sum = 30°$，碎石上 $\sum = 25°$，砂土 $\sum = 20°$。

本例采用砾岩碎石为复填物，故 $E = 600\ \text{kg/cm}^2$；$\sum = 25°$；复填物单位重量 $1\,200\ \text{kg/m}^3$。

假定 $f_0 = 0.055\,5\ \text{m} = 5.55\ \text{cm}$；采用墙顶复填物后 $B = 1.0$ m，挡石墙背边坡 1:0.3（图8）。

冲击力作用的功 $T = \dfrac{(Q + p)U_0^2}{2g} = \dfrac{(283 + 101) \times 8.62^2}{2 \times 9.81} = 1\,452\ (\text{kg/m})$。

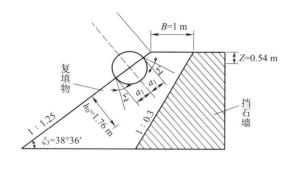
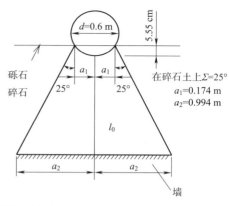

图 8　墙顶复填物的挡石墙计算示意

复填物的反作用力 $R_0 = Q\sin\Sigma\left[1+\sqrt{1+\dfrac{2T}{Q^2\sin^2 f_0}}\right]$

$= 283\sin25°\left[1+\sqrt{1+\dfrac{2\times1\,452}{283^2\sin^2 25°\,0.055\,5}}\right] = 51\,700(\text{kg})$

校对 f_0 值：$f_0 = \dfrac{2R_0 h_0}{gE_{碎石}a_1 a_2} = \dfrac{2\times51\,700\times1.76}{3.14\times600\times17.4\times99.4} = 5.58(\text{cm}) = 0.055\,8\text{ m}$。

与假定的 $f_0 = 0.055\,5$ m 近似，所以墙的反作用力为 $R_0 = 51\,700$ kg。

F) 根据上述办法，求出挡石墙面外，再按墙后堆满落石堆积成斜墙情形检查墙的稳定性如图 9 所示，看此墙是否倾覆，是否被推走及研究墙下承压力是否足够等。

由于已知作用力设计挡墙的办法和一般办法并不两样，故不赘述。

3. 崩塌的数量与频率：

①根据变形生成物的排列与次序，分别"洪积层"、"坡积层"和"崩落体"找每次的数量。

②从山坡坡脚堆积物的断面，了解各层的数量，从风化速度上找时间。

③访问老乡和收集地质资料从中找崩塌频率。

④根据地表各层间的植物和土壤推断时间。

⑤根据斜坡上岩石凹陷尺寸找数量，斜坡上植物生长情形找频率。

⑥参考附近同一工程地质分区中的变化，正在演变的各过程以推断后果。

4. 山体压力的计算与平衡隧道压力的办法：

(1) 求破裂角，找出破裂面，土推力就可以计算出来了（图 10）。

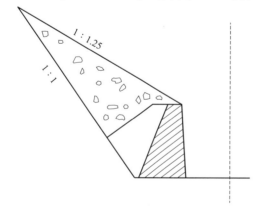
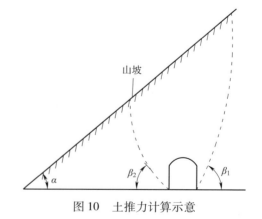

图 9　墙的稳定性　　　　　图 10　土推力计算示意

破裂角 $\beta_1 = \tan\varphi\sqrt{\dfrac{(\tan^2\varphi+1)(\tan\varphi-\tan\alpha)}{\tan\varphi-\tan\dfrac{\varphi}{2}}}$

$$\text{破裂角}\beta_2 = \tan\varphi \sqrt{\frac{(\tan^2\varphi + 1)(\tan\varphi - \tan\alpha)}{\tan\varphi - \tan\frac{\varphi}{2}}}$$

$$\tan\varphi = f + \frac{c}{N}$$

式中　f——摩阻系数；

　　　c——黏聚力；

　　　N——正压力；

　　　φ——综合摩阻角。

（2）平衡山体侧压力（图 11）以往毕氏的 β_2 之 $\tan(45° + \frac{\varphi}{2})$ 与实际情况不符合。

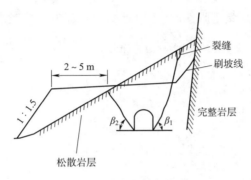

图 11　平衡山体侧压力

（3）自然拱形成的条件（图 12）。

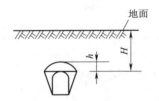

图 12　自然拱形成的条件

①当 $H \geq (2 \sim 2.5)h$ 时，形成卸载拱松散土层。
$H > 40 \sim 50$ m；$f = 0.6$，$h = 15$ m；$f = 1$，$h = 8$ m；
②$f = 1$　土需要 $= 20$ m　$f_\text{土} = 1$　$t = 30$ m；
$f = 1.5$　$t = 9$ m　$f_\text{土} = 1.5$　$t = 15 \sim 20$ m；
坚石 $t = 5$ m　$f_\text{石} = 1 \sim 1.5$　$t = 10 \sim 15$ m；
软石 $t = 10$ m　$t_\text{破碎石} = 15$ m。

5. 切割倾向岩层（参看图 13 叶密尔雅诺娃）

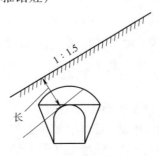

图 13　叶密尔雅诺娃

(1) 切割倾向岩层如图 14 所示。

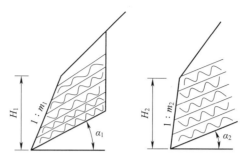

图 14　切割倾向岩层

$$H_1(1 - m_1\tan\alpha_1) = H_2(1 - m_2\tan\alpha_2)$$

(2) 岩石变形是沿倾斜面，R 是交割倾斜面，按以下两种计算方法比较之。

$$H_0(垂直边坡极限高度)\max{}_1 = \left(\frac{2c_0}{\gamma}\right)\left(\frac{\cos\varphi_0}{1 - \sin\varphi_0}\right)$$

式中　c_0——交割岩面的内聚力；

　　　φ_0——交割裂面的摩擦角；

　　　γ——岩石单位重。

$$H_0(垂直边坡极限高度)\max{}_2 = \left(\frac{2c}{\gamma}\right)\left(\frac{\cos\varphi}{1 - \sin\varphi}\right)$$

式中　c——沿岩面的内聚力；

　　　φ——沿层面的摩擦角；

　　　γ——岩石单位重。

(3) 切割高度(图 15)。

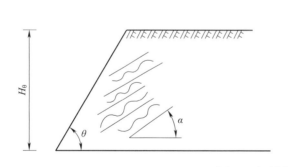 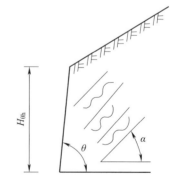

图 15　切割高度

$H_{\theta h} = \frac{1}{2}H_\theta$，这就是极限规律。

(四) 铁路通过崩塌地区的位置和处理方案

由于崩塌现象有大有小，其影响范围与危害的严重性也各有区别，一般属于山体不稳定，岩层非常破碎，崩塌补给来源很大，发育速度快，而且自然山坡异常陡峻，估计在施工开挖后，或是当暴雨或融雪季节，地震或列车震动时，是可发生很大崩塌的地段，线路则以绕避为主；一般是线路远避崩塌影响的范围或是在稳定岩层内修隧道通过。

绕避距离可根据不稳定岩层的高度，可能崩塌的范围初步按落石公式计算，但也必须考虑到巨大体积的崩塌所发生气浪的侵袭与推毁作用的影响；因此，应当给予足够的空间。修隧道通过时，应当先查明山体的构造特征，通过工程地质调查与必要的勘测工程，用地质横断面证实推断，必须保证隧道在较完整的岩层中通过,也必须注意将隧道的进出口设在可能塌落的范围以外。在以往新建铁路的工作中,由于对上述问题注意不够,曾有过不少教训。

崩塌范围不大,由于它所引起的可能变形和后患也不严重,可以考虑在崩塌影响范围内通过;但必须处理山体与山坡,或是用坚硬的建筑物来保证列车在运营中的安全,往往这样做所需的费用很大。事实上,在山区进行新线铁路勘测时,对于明显的崩塌危害地区可以事先绕避,有时往往因为工程地质调查工作做得不够,未能事先判明暗藏的、可能由于铁路修建施工开挖后引起小范围崩塌现象的某些因素;如天兰 K12 明洞及宝成线手爬岩前者是长度为 $100\sim200$ m 宽度 $40\sim50$ m 的巨大破碎带,后者是顺平移断层面发生崩塌的大挖方工点;两者都是在施工后发生崩塌的,由于两端工程已经修好,不得不迫使我们去研究怎样在现有条件下,采取措施来保证行车安全,而线路仍在崩塌影响范围内通过。为此,一般采用下面两种处理措施。

(1)处理山体加强其稳定性的办法:只要造价经济仍然是确定线路方案的一种措施,具体措施有二:

①采用崩塌体在力学上稳定平衡的办法。但必须先查明不稳定岩层的范围,根据足够详细的实测地质断面,经过地质调查,对山体的高度和构造情况做详细的研究以后,认为线路通过仍属可能时,可以用粗糙的计算,求出不稳定山坡表层的压力和可能承受压力部分之间的关系,以便确定山坡是否需要增加什么支撑建筑物。另一方面也可采用刷去不稳定山坡的上部,以减少下部岩层所承受的压力,这就可以求出保证山坡稳定所需要的工程量,作为方案技术经济比较的依据。

②加固山坡避免变形的办法。一般说崩塌发生和水、冰及低温的变化等因素作用有密切联系,经过地质调查证实,可以用地表排水和坡面加固来消除今后由于空气、水、冰和地表温度变化等因素的作用,免除岩层裂隙的扩大;增加岩层间的结构强度,以支撑个别不确定的岩层,保持今后它在大气变化的过程中仍然稳定;像这样不使条件恶化的加固山坡的办法,对有些崩塌来说,可以收到良好的效果,这是对付极限稳定山体避免发生崩塌的一种常用办法,有了工程量,同样也是供方案技术经济比较的依据。

(2)用拦挡办法来保证列车安全运营,这种措施只对中小型崩塌地区起作用,同样也是山区选线时经常采用的办法之一。采用这种措施作为选、定线方案的依据时,需要事先对崩塌发生的大小、崩塌发生频率作用力的大小、作用力的范围和个别坠落块石的尺寸等问题,做详细的调查研究,根据修建拦挡建筑物的可能性来决定方案的取舍;选择线路时可根据概略的工作量来作技术经济的比较,方案确定后,剩下的问题就是如何正确地确定线路的平、剖面的位置了。

(五)崩塌地区铁路路基断面即局部移动线路的原则

既确定了线路在崩塌影响范围通过,那就要根据地质横断面来选择线路位置,它和采用的防护建筑物的结构类型有着密切的关系;这里所说的办法,只是用来对付一般中小型崩塌。对于巨大的崩塌而言,没有任何建筑物可以抵挡住它的巨大摧毁力。下面举例说明线路位置和防崩建筑物结构类型的关系(图16~图21)。

从图中,可以了解铁路位置和工程量大小的情况;当然,不是所有地段都可以采用上述各种办法通过崩塌地区,一般只有经过地质调查后,才可以确定选择哪种办法来保证铁路运营安全;也可以具体地根据当地的工程地质条件,研究最经济的路基断面结构以确定合理的线路位置。所以,在进行铁路选线时根据具体的地质断面、崩塌的严重情况、施工条件、工期以及建筑物材料等具体问题,来研究合适的造价,便宜的防崩建筑物结构形式,并应相应的要将线路位置设在安全可靠的部位(有防护工程措施)且经济可行。例如:

(1)如果决定修明洞,在不十分增加施工困难的情况下,要将明洞的位置尽可能内移些。这样,一方面可以减少回填土石方数量,避免明洞受偏压过大;另一方面可使明洞外边墙尽量落在好基础上,避免明洞外边墙的基础下得过深的危害(减少由于外边墙下基过深所引起明洞拱顶开裂,而增加明洞工程的造价),在宝成线上就有过这样的教训(图16)。

（2）如果决定修隧道,在不过多增加工程造价时,线路应尽可能内靠一些;尽可能减少线路受崩塌危害的地段,这样也可以取消在山坡外侧回填作支撑的工程(图17)。

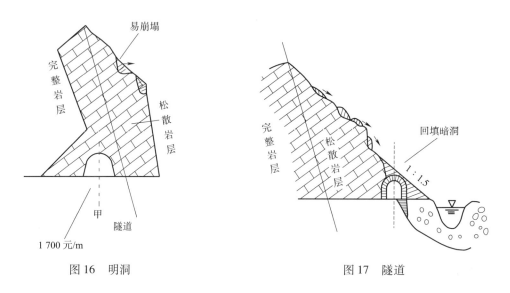

图16　明洞　　　　　　　　　　　图17　隧道

（3）如果决定修建挡渣棚,其先决条件必须是崩塌量小,崩塌作用力不大。采用这种构筑物时,需要特别重视内边墙要有足够的强度承担山体的压力;同时,外柱要结合地质情况选择(不能硬套定型图),以及顶棚也必须进行单独设计。所以,线路内移些仍然是合适的(图18)。

（4）如果决定修上挡及在不稳定的山坡上刷方的方案:也必须先做地质断面,查明不稳定部分的实际位置,通过山体压力计算刷缓上部山坡减轻崩塌的威胁;对下部挡土墙要能抗拒压力,但若过分外移而增大河岸防护工程是不合适的。因此,需要综合考虑(图19)。

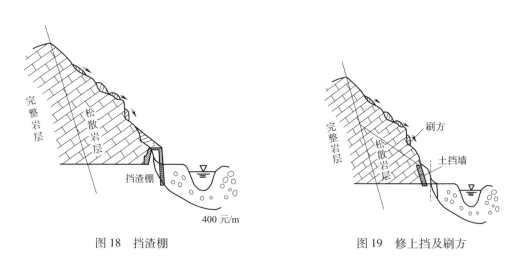

图18　挡渣棚　　　　　　　　　　图19　修上挡及刷方

（5）如果采用减重加固山坡,支撑坡脚,并在局部山坡上修挡石墙,线路做填方及河岸做防护工程的方案通过,就需要根据河流性质来研究。一般在有宽河滩的地段,不妨多侵占些河床;以减少山坡上处理加固的费用;但在峡谷区内往往总是难于两全其美都照顾到,就应权衡轻重,或者考虑在山坡上多做些工程,少做些河岸防护。总之,将线路移几米或是几十米,都可能会影响造价很大,因此需要细致的做经济比较(图20)。

（6）如果采用修大挡墙和做一些山坡加固工程,及河岸防护工程的综合方案,线路内移或外移也和(5)的情况一样,可能影响到的工程量很大;所以,在峡谷崩塌区内决定线路的位置时,没有足够数量的横断面是不能定出合理的线路位置(图21)。

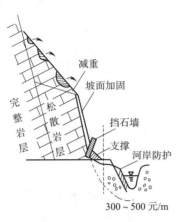
图20 减重加固山坡

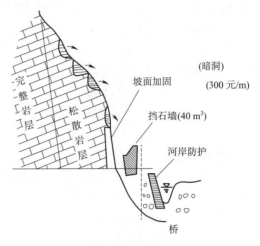
图21 修大挡墙及山坡加固工程、河岸防护

（7）铁路绕避崩塌影响范围以外的办法：一般说应该越远越好，但是由于过分的绕避增大了工程量，也是不正确的（图22）。

（六）小结

归纳整治错落和崩塌的主要原则是：以易于躲避为上策，及时挽救为中策，山体平衡被破坏后再处理为下策；整治的办法是以增加山体支撑、恢复山坡平衡为主，防止继续坍塌削弱山体而引起错落和崩塌，以达到防患于未然，是最省事省钱的。具体的整治措施是对大型错落和崩塌以绕避为主，不得已时也必须通过计算后才能修明洞，且该洞需回填掩埋成暗洞以支撑山坡，对中型崩塌常可以明洞或挡渣棚通过，对小型崩塌才可以修挡墙支撑，当然对一定范围的崩塌体也可以采用清除的办法。对所有一切易引起错落和崩塌的地段，"地表排水工程"应视作法律不可缺少；对错落应特别注意可能是一次性的，故须加强观测有

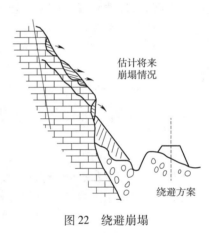
图22 绕避崩塌

发展时才进行处理。错落可以考虑上部减重，这是和处理崩塌的具体不同之点，所以又重复一次提出。

四、岩石堆塌的力学关系与处理

堆塌现象发生的力学关系分为两种：

一是边坡坡度过陡，边坡附近土壤的抗剪强度不够受土压而坍下；二为坡脚软化变形，土体如悬臂梁受力撕开而倒塌。形成这两种现象的环境和条件极普通，在地形、地貌、地质构造及岩性构造上多受局部影响大，如能正确的应用地质分析法，在结合边坡检算下适当加固，可以避免一切因盲目切割成高陡边坡所引起的坍塌。一般堆塌多是整个山坡中地质构造独特的局部不良现象，是开挖造成的，应予以注意。

（一）举例

1. 因大爆破引起松散岩层发生的大型坍塌：如宝略百尺标1 205+90～1 207+25砾石路堑（图见宝成铁路修建总结"路基设计及坍方滑坡处理"第27页），线路上方自然边坡为34°～40°，表层覆盖是中等密实的黄土质砂黏土厚7～9 m，山坡多已辟作耕地。砾石风化严重、软硬不均、部分已风化成红黏土，下部砾石虽风化较轻，但已呈块石堆叠状，在1 206+40及+60处有壤中水出露。原设计以中心挖15.8 m的路堑通过，表层黄土质土壤采用1:0.2坡失之过陡，下部块石采用1:1坡，如此，最高边坡已达51 m；这样地质不良的地段，施工时前后又因采用两次大爆破（共用炸药20余吨）进一步震松了地层结构，当时在山坡上即出现21条裂缝，最宽可达40 cm，最远的离线路130 m，高出路基面115 m。为减轻危害便于施工而向外移线10 m，靠山侧修建12 m高挡土墙（墙顶预留8 m宽的大平台），并在墙顶加1.5 m的耳墙作为拦截落石之用，墙顶以上按1:1.25刷坡。由于山体已受震动，施工时又在刷方完成前全面开挖挡土墙基坑，进一步削弱了山坡的

稳定性；致在1956年6~7月间发生坍方10余次，最大一次坍方达900 m³，并有6~7 m³大石块滚落的现象。最后，采用了长达135 m、基础最深处达12.5 m结构坚硬的重型棚洞（在进口）和明洞通过，是一教训。

2. 由于破坏了地表的植物覆盖引起不间断的堆塌：如宝天线K115是众所周知的不良地段。1952年12月曾坍过约20万m³，并毁坏了一个明洞，现已经将线内移，修了长约800余米的隧道。但它并非深层滑坡，因为此处山体多次移动并非沿同一滑面进行，而是风化破碎的岩石土壤顺高陡山坡溜落；片麻岩、片岩、石英砂岩受构造挤压及风化作用已成粉状，堆置在陡高的山坡上或因水的浸润，或因重量改变，或因坡脚开挖失去支撑所发生的坍塌。实际上，在1942年就是因修路其下部被切割破坏了坡面，这些破碎岩体在陡坡上不能支持而发生的堆塌；它是每当雨季在上部岩石饱和和水量增加下斜坡黏性土壤被润滑，黏着力和摩阻力减少，也就发生山体堆积沿山坡一起错落坠下。

3. 切割风化岩层，山坡过陡过高引起的坍塌：如宝略段观音山车站百尺标216+85~263+25（详见宝成铁路修建总结中"路基设计及坍方滑坡处理"第25页~第26页）。

4. 切割各种岩层，由于边坡坡度陡于各个倾向线路的构造面而引起的顺各构造面（节理面、片里面、层里面、劈理面、裂隙面等）或"V"形面的坍塌。

①潮石线砂页岩互层，设计边坡1:1，沿35°倾向河的层面坍塌。

②宝略线徐家坪车站，百尺标2237+00~2241+00沿节理面坍塌或沿"V"形节理的交线倾向路基的倾斜度坍塌。

（二）分析

1. 分析易发生岩石堆塌地段的环境和条件

1）地貌：

（1）边坡坡面及山坡表面若凹陷不平（或自然沟口附近软弱处多）处，则是先行脱落而后引起堆塌。

（2）沿河一带受河水冲刷的山坡。如一般破碎、中等风化的千枚岩，其自然山坡的坡度为1:0.6~1:0.7与该岩层的休止角类似，它是符合倾向山坡一组节理倾角处的极限山坡；但是当山坡上有断层处则出现凹陷与草皮断裂，是由于植物茂盛而稳定，若破坏覆盖层，即可引起堆塌。

（3）在山坡岩层出露而山坡坡度陡于构造面的倾角形成台阶形的山坡处，开挖后易发生堆塌。

（4）组成山体的岩层土壤种类多（例如古坍塌体、古滑坡堆积体、错落体及洪积体），一般坍塌处多有壤中水出露；一般滑坡、崩塌及错落处往往都是先有坍塌而后转换生成。

岩性与结构：堆塌多发生在整段山坡中局部地层结构较松散和山坡软弱之处，往往该处在地形上不可能放缓，切割后因未加固至雨季中发生坍塌。

（1）一般堆塌地段多自岩性不良的天然沟注处先坍，然后逐渐扩大。

（2）岩层破碎结构松散地段，如山高坡陡不能放缓时，强行开挖且不加固就易坍塌。

（3）地层结构松散处采用了大爆破施工，使地层结构更松散，雨季中受水易形成大坍塌。

（4）堆塌也发生在岩层破碎易渗水、含有受水易软化的岩性不良地段，例如风化云母片岩初挖出的半坡尚整齐由于岩层破碎经过雨季坡面受水，而风化云母片岩有受水膨胀、滑腻等不良性质，易于形成大崩塌。

2）地质结构：

（1）在薄层石灰岩和页岩互层、砂砾岩与页岩互层构造等的地段，其岩层折曲破碎则堆塌之处较多，例如兰新K22及K25；兰青K70等。

（2）岩层因风化不均，在有软硬夹层或间隔分布处的地段堆塌较多。

（3）岩层种类复杂，在互层穿插或岩脉穿插处易发生坍塌。例如宝略段观音山车站五个山头的坍方，都因有多种岩石穿插（如花岗岩、角闪岩、片麻岩、黑云母片麻岩、黑云母片岩、绿泥片岩及硅质石灰岩等），并且有岩脉穿插的现象。又如禅觉寺车站的堆塌，也是因为有各种岩石穿插，如石灰岩、薄层石灰岩、石灰质板岩、千枚岩、炭质千枚岩及页岩等。

（4）山坡被破坏剧烈之处易发生堆塌。错落、断层、折曲或节理裂隙发育之处的山坡岩层被破坏剧烈，因失掉整体性在边坡过陡易于坍塌。

(5) 有任何构造面倾向路基处,当其倾角缓于边坡角时,易发生堆塌。

(6) 堆积层或黄土质土壤中有砂层透镜体处,或土层中有易渗水存在的构造处均易发生坍塌。

从以上地形地貌、岩性结构及地质构造三点分析,易于堆塌的地段也是在有局部利于发生坍方的环境和条件之处,切割山坡后才可从坡面上了解这些地层条件,从而判断边坡是否稳定;如:坡面上凸凹不平有凹陷、岩石软弱不均、岩层结构松散、组成山坡的岩石种类复杂、小构造多、构造紊乱、岩性不良、潮湿不均、或风化不均等任一现象处,均说明其边坡过陡而易于发生坍塌。

2. 分析岩石发生堆塌的原因

土体在受本身重力所产生的剪切力大于抗剪力处,或因坡脚压力大于土壤变形的允许承载力时则发生堆塌;所以,一切增大剪切力、压力和所有减小地层的抗剪、抗压强度及坡脚承载能力的因素,都是引起坍方的原因。具体分析如下:

1) 人为开挖高陡的边坡是引起坍方的主要而肯定的原因之一,也是直接导致坍方的因素。在宝略、宝兰两条铁路上,不论是土体、堆积体、结构不稳定的岩体,因人工切割边坡过高过陡而坍方的事件极其普遍。

2) 河水冲淘山坡下部造成凹陷而山坡较缓是引起上盘堆塌的原因之一;只因山坡及路基一同受江水冲淘致河岸坡脚坍下,才是对坍塌起了主要作用。

3) 雨水下渗及地表水冲刷经常是引起坍塌的导火线:在结构松散的山坡上可因雨水下渗浸湿岩层土体,从而增加单位重、减少土壤抗剪和抗压能力;同时地表水冲走边坡上的软弱体是引起坡面凹陷的重要因素,也就间接引起坍塌;在地表水汇流之处有因冲刷切割,冲走边坡而引起坍塌,并逐渐向上发展。

4) 壤中水的活跃是引起坍塌的主要原因在山区铁路上,松散土层的堆积层及风化严重的软岩边坡上的坍塌,可以说在雨季中其边坡上没有不见壤中水露头的;这就说明了壤中水对边坡坍塌的作用,在直接减弱边坡的结合能力,起到破坏土壤间的结构,也增加了边坡的压力和推力。

5) 由于地下水软化坡脚土壤而引起的坍塌在山区铁路上比较少见,但在平原区或丘陵区也有因雨水或雨季地下水位上升而引起坍塌的。

6) 震动对结构松散的山坡往往引起大堆塌。例如对松散岩层进行大爆破,有因大爆破震松了山体结构,在不能支持原山体的斜坡而不断崩塌。又如宝兰线凤阁岭至武山段位于七、八级地震区而坍塌较多,这是由于地震使岩层日趋松散所致。

7) 施工方法不良也是招致堆塌的因素之一。在松散体上做挖方,因挖神仙土(由下而上开挖)使坡脚土壤更松散在受压破坏下不能支持原设计的边坡;未能在开挖前修好排水沟和天沟造成雨季中坡脚软化,或地表水冲刷新挖出的坡面等均是引起堆塌的直接因素之一。

(三) 岩石堆塌的处理

从上述形成堆塌的环境和成因分析在类型复杂而多样,但并非堆塌地段要具备那么多的条件和原因,而是具备其中的几项(且有主次之分)及讲施工方法,所以,在处理坍塌时必须从地质上认真地找到坍塌的当地条件和原因,针对其主要者进行处理才可以迅速收效。事实上,整治坍塌的问题就是开挖的坡度和高度以及相应的施工方法问题;对软弱处加固的问题和如何做好排水工作的问题。

1. 开挖边坡高度和坡度问题:在没有山体不稳定的情况下才能谈到路堑高度和边坡的问题。否则,切割了山体下部而引起了滑坡、错落和崩塌等山体变形就不是边坡问题,也不是边坡坍塌问题,而是山体的稳定与下部能否切割和能切割多少的问题,这些必须在地质调查中首先要肯定的;所以,在地质情况不了解前不宜随便刷坡,也就是说"不宜随便破坏山体和要讲究施工方法"是整治坍方的原则。当然我们应该进行了解,在认为肯定没有构造的情况下不会引起山坡变形处"放缓边坡"仍然是一个整治坍塌的"经济而常用"的办法。

勘测设计时和发生堆塌后,以改缓边坡处理坍塌处,必先了解如何设计路堑边坡,主要是在参照当地的天然极限稳定边坡为主。

岩石边坡是按其控制因素分为四种情况设计,即①完整岩层;②构造面倾向线路的岩层;③风化岩层;④破碎岩层。

①完整岩层:完整的花岗岩、块状的砾岩区、厚层状的石灰岩区等的边坡坡度在 1:0.2~1:0.5 之间,其

高度无什么限制(一般采用 40～60 m);其在节理、裂缝多时,以不超过 40 m 为宜。

②构造面倾向线路的岩层:当构造面张开或有软层且倾角大于 30°处,按倾角设计边坡,即倾角等于边坡角;在岩层尚完整而边坡为 1:0.5～1:0.75 处,坡高不宜超过 40 m;如岩层松散边坡为 1:0.75～1:1 处,坡高不超过 30 m 为宜。

③破碎岩层:指对岩层十分破碎而言。边坡为 1:1 处以 20 m 高为宜;如边坡为 1:1.25～1:1.15,边坡高可达 40 m。计算边坡角的压实与允许承载力,可以求出边坡坡度与高度的关系;如果坡高在 10 m 以内者,可陡达 1:0.5～1:0.75。对破碎岩层,也有在坡面上加护墙、护坡以保证边坡稳定的。

④风化岩层:指风化十分严重的岩层,只有开挖不超过 10 m 才可使坡陡达 1:0.5～1:0.75,但其在雨季中常因冲刷而产生坍塌;一般边坡是 1:1～1:1.5,如坡度是 1:1 及其高度在 20～30 m 之间,常需加护坡保护;如边坡达 1:1.5 才可以开挖达 40 m 或更高。所有的堆积层及风化严重的边坡上均应铺种草皮,事实上风化严重的岩层上植物可以生长;对于不宜生长植物的边坡,可以考虑采用其他办法加固,如喷浆、灰浆抹面、压浆、勾缝、黏合混凝土、石灰三合土及煤渣三合土等。

2. 处理边坡高度的办法

1)刷缓边坡:根据路堑边坡设计的办法"放缓边坡到岩层极限稳定"情形,在有条件时是首先考虑处理的办法之一。不过,由于山区坡面陡而放缓边坡,则破坏面大及山坡暴露面大,雨季中面积大的坡面是经常有小坍塌、坡面流泥、冲沟及剥落,这些坡面的变形给运营中的危害无限;所以,不应视刷坡为唯一的处理坍塌的办法,具体说应处理坍塌的场合有:①不因放缓边坡而过多的增加坡面的高度和破坏地表植物的覆盖;②一般线路地段要不因放缓坡度引起山体不稳,在建筑物基础不良处则以放缓边坡大刷方为主;③车站地段,为了便于运营作业常用大刷方处理坍塌;但这类大刷方,必须与线路方案和增加建筑物做经济技术比较说明其合理,其在任何情况下均不应遗忘。

2)加固边坡:这是整治边坡不稳定的主要办法。一般边坡不稳定常发生在雨季,而且多在地质软弱带(如沟口)处先出现,再逐渐扩大;所以,对起主要作用的水要先加以处理,在对边坡上的软弱带进行加固下往往可以达到保持挖方边坡的稳定。但是,尤其在极限稳定边坡的坡度与自然山坡坡度类似处,如采用刷坡出现"剥山皮"的现象(虽中心刷方不大但破坏面直到山顶)是最忌讳的事情,在这种情况下往往用加固边坡的办法加陡边坡使开挖面尽量减少,常是避免坍塌,而又经济的办法。加陡边坡的办法如下:

(1)对石质路堑除已风化成次生矿物处以外,经常采用护墙加陡其边坡,这类护墙并非仅受力,所以多浆砌。边坡过高时可分上下两层,每层高度一般不超过 10～12 m,因下层护墙要承受上层护墙的压力,故上层比下层护墙较薄;一般下层护墙顶宽 0.6～0.8 m,上层护墙顶宽为 0.3～0.4 m,墙的基础宽根据边坡坡度、岩石风化及破碎程度和墙的高度确定,墙顶宽是墙高的 1/5～1/20,其具体尺寸详见路基建筑物设计。

(2)对风化成次生矿物的岩层及含有黏土质的山坡,加陡的办法是采用挡土墙。该墙根据墙后土壤的摩阻系数(c、φ 值)对墙产生的推力进行设计;如此,墙上的坡面比原坡面减少,而墙的外侧坡度陡了。

(3)采用浆砌护坡时可以使碎石类土壤的边坡略为加陡,因能防止雨季中地面水对边坡的危害,就可保持挖成边坡的稳定。

3)支撑山坡或承受坍塌:它是对已挖成的边坡因过高过陡产生坍塌而不允许再切割山体处的处理办法。

(1)在堆塌不大处多用上挡墙及在墙顶以上回填支撑已挖边坡;一般采用直立式衡重挡土墙及回填片石,其尺寸根据具体断面单独设计。

(2)当堆塌较大而又避不开处,多数采用明洞和挡渣棚(棚洞),以承受山坡上继续的坍塌对生产空间的危害;明洞承受的堆塌比挡渣棚严重,棚洞的设置常在陡岩的岸边受地形地质条件限制。

(3)若堆塌很大且山体需支撑处,有修明洞并在外墙外填土及洞顶回填(1:1.5 坡),使明洞成为暗洞以支撑山坡。

(4)当坍塌数量不大且经常发生,但防护坡面过大不经济处,有在山坡内侧修挡石墙。挡石墙有按一次最大可能的坍塌量设计墙高及墙厚,也有按照多次最多坍塌量设计墙高及墙厚的,均视当地条件和维修的难易程度确定。

(5)若边坡基本稳定,只是雨季中因受坡面水冲刷所造成的坍塌(或岩性不良暴露于空气中已风化处由剥落引起的坍塌,或有软层先剥落使坡面凹陷处引起的坍塌,或边坡局部软弱受坡面水及壤中水先坍处引起坡面坍塌等),均可在软弱处(或风化面、或冲刷面)修护墙及护坡、或在坡面上嵌补浆砌片石,即可稳固软弱环节、又稳定边坡而避免了坍塌,其成效巨大。护墙包括浆砌和干砌片石两种;护坡的种类则很多,有草皮、各种三合土、干砌和浆砌片石的。两者采用场合均要适合予当地条件及其边坡坡度,也可以是多层的。

4) 改移线路:采用移线处理坍塌的办法有两种不同的目的。

(1)为了避免坍方的危害而移线。一般坍塌地段无此必要,多在坍塌集中的地段经过经济技术比较后才能决定采用哪种绕避的办法。向外移线移到坍塌范围以外,或在线路内修隧道通过,这两种办法必须要事先对坍塌影响的范围进行详细的调查和分析;否则,改线不够而引起二次改线的事例也很多,教训深刻!

(2)为了减少或减小建筑物而移线。这类在已修成的线路坍塌地区常采用的办法有:外移线路可以避免过多废弃已建的建筑物,而且线路稍外移也减轻了堆塌的危害;或可以修上挡墙并回填以支撑山坡,避免修明洞;或移出足够的位置可以修挡石墙,避免修过大的工程;或者有条件修建各种防坍塌工程,避免施工困难和行车干扰等;也有将线路内移,使建筑的明洞减少回填及减少山体压力。总之运用之妙在于如何具体结合当地条件,达到安全经济和便于施工的目的……这些都脱离不了具体的山坡外形,坍塌性质和线路位置的资料,且不可不根据具体地质断面决定建筑物。

5) 清除易堆塌体:当有地质调查说明可能坍塌的数量不大处,例如完整岩层上覆盖的堆积层坍塌,可以将岩层以上的堆积体全部清除;这一办法也是在条件许可时,经常采用的处理办法之一。

3. 做好排水工作是整治坍塌的主要措施之一:引起坍塌的主要原因之一,是壤中水的浸湿和地面水的冲刷;但是,由于地下水的升降所造成的坍塌在山区并不多见,其整治原则仍是针对起主要作用的水进行处理。

1) 地表水:做好路堑堑顶山坡地表排水工作,包括改移自然沟、整平夯实松散的山坡坡面、并修堑顶天沟等是整治坍塌的首要措施。若在山脚或边坡脚有沟渠,需考虑它是否会湿软坡脚引起坍塌,如有可能时应该铺砌防渗;对高边坡坡面水冲刷边坡坡脚时,也需考虑对边坡脚的加固,以防止由于坡脚产生凹陷引起坍塌。同样,在极限稳定的河岸上修铁路,也需对江河水冲刷河岸可能引起连同路基坍塌的发生,故在对江水冲刷的河岸要进行防护。

2) 壤中水:雨季中的坍塌绝大多数是由于山坡有壤中水软化山坡所致;所以必须在雨季中调查壤中水出露地点及其规律以便采取疏干工程。一般是修垂直山坡的边坡渗沟。该类措施:有在土层或堆积层处出现壤中水时要针对出水处修渗沟,有对整个阴湿地段也同时每隔 6~10 m 修一条边坡渗沟,如此就可疏干土层达到稳定边坡的目的;这种渗沟也可以修在风化极严重的岩层中,但壤中水或裂隙水能从完整岩层中流出处,就不必处理。

3) 地下水:虽然山区的水文地质情况很少有成层的地下水,但在水位增高下被浸湿的黏性土壤也会引起坍塌。在台地处(尤其在山前台地)往往有地下水的循环作用,处理这类有一定含水层和水位的地下水,一般采用盲沟降低地下水的水位,可避免坡脚软化。

4. 对震动引起堆塌的处理:对松散岩层组成的山体进行大爆破,可使山体更松散而立即引起大坍塌;到了雨季,更松散的山体因易于渗水而坍塌将继续严重发展。这类坍塌,应视其范围及被震的深度分别确定处理办法:

1) 对山坡全面的整平夯实并做好山坡地表的排水是主要措施。

2) 若山坡是属极限稳定状态,在遭震动后很难达到再稳定的条件处,对一般坍塌多处设法以增加山体的支撑为主处治,可修上挡墙回填支顶,或修挡墙加护墙防止破碎岩层坍塌等,或修明洞承受坍塌,或改线绕避等;均视当地条件而异,不可随意决定。对大坍塌的处理,仍应在做出各种方案下经经济技术比较后确定。

五、岩石"坠落"与"剥落"的分析与处理

(一)现象及性质

1. 坠落的现象及性质如下:

1) 现象:山坡或边坡小范围的单个岩块,在脱离母体后翻滚跳跃而下;此现象的作用,如缩小的坚硬岩

石崩塌,常发生在硬岩地段。

2)后果:岩块坠落后,山体与坡面的结合力仍然可保持原来的轮廓及状态,即为一般的落石地区;如果坠石后的山坡出现凹陷,紧随其后发生大量岩土倒塌,此类坠落现象可视作崩塌的前奏,其处理办法不同于一般落石。同样,在坠石之初是小的岩粉及岩屑自裂隙中碎落,然后引起坡面落石;此碎落,由于它是产生坠石的前奏,则应划在坠落现象中一并考虑。

3)性质:落石,需先具备岩层被多组裂面分割成中等岩块的条件。岩块可能是坚硬的(但岩屑及岩粉受风蚀可软碎)或为裂隙水所冲移(此情况不多见),经过物理风化作用使岩层裂开,软碎的先掉才能使岩块后坠落(振动、风、雨水等均是促使它变形加速);因其具备上述几个阶段,应按不同阶段分别处理。

4)不同阶段的处理措施:

(1)具裂面阶段:裂面间距大处可以用水泥或泥浆勾缝;

(2)风化过程:采用隔湿及隔水的护坡或护墙;

(3)碎落过程:对不均匀的碎落,采用护墙、崁护墙、支墙等;

(4)形成坡面凹陷:工程上谓之危岩,采用顶墙;

(5)落石过程:挡墙、补护、绕避;

(6)有的形成崩塌:按崩塌处理。

2. 剥落现象及性质如下:

1)现象:在风化岩石的山坡或边坡表面暴露在空气处,所见的剥落现象,一般是均匀的被风化成次生矿物和碎片,因受坡面水或壤中水以及风的吹动,使岩石表面的风化产物脱离母岩落至坡脚。例如软岩(云母片岩、滑石片岩、绿泥片岩等)受水后会膨胀,再干燥就龟裂形成网状风化节理,可使岩层的表面脱皮而落下的现象。又如风化花岗岩的表层呈碎屑状的脱落。一些风化严重的岩石,在壤中水露头附近被水软化的堆落也是剥落现象之一。

2)性质:风化厚度加深下坡面普遍有壤中水作用时,因整个坡面岩石的内聚力及摩阻力降低而发生整个边坡的坡度塌缓其变形是堆塌现象;只在局部发生堆塌而边坡的坡度大致不变才是剥落现象,故剥落具有岩性不良的条件,易风化的环境,以及由风化(化学风化)而剥落,甚至发展到堆塌。处理就是按各过程采用不同的相应措施。

3)不同阶段的处理措施:

(1)风化过程:修隔温及防冲刷的坡面加固工程。

(2)剥落过程:对有壤中水处,修边坡渗沟进行疏干;脱皮和碎落处,可修护坡或护墙;对剥落后无边坡不稳的现象处,修建侧沟平台即可。

(二)举例(坠落与剥落)

1."落石"之例:

(1)宝略百尺标1129,受软硬岩层的差别,由风化剥蚀而引起的坠石(见宝成修建总结中"路基设计及坍方滑坡处理"第44页~第48页)。

(2)宝略百尺标551+70~553+00青石崖车站路堑,由于大爆破引起坡面落石(见同上资料第50页、图在第51页)。

2."剥落"之例:宝成线412K+700响岩子隧道南石质路堑的剥落(见宝成修建总结中:"路基设计及坍方滑坡处理"第53页、图在第54页)。

(三)坠石及剥落形成的环境条件和原因与处理

1. 落石地段的环境与条件:一般是其岩层结构松散及破碎而悬石较多,或是个体岩层与整体分散形成这种情况的地质构造,是组成山坡的岩石种类多和结构紊乱,或有软硬夹层和互层构造;主要位于结构面附近的破碎带(如断层带、节理、裂隙、层面交错等),其次在硬质岩层地段,或结合密实的大孤石堆积地段等,则均是多易发生"坠石"之处。

2. 促进坠石的原因:

(1)一般大爆破,对有节理破碎的岩层常增加岩层的破碎程度而发生坠石现象;同样,在地震地区也应考虑由地震所引起坠石的问题。

（2）地表水冲刷了破碎岩层中的细粒土壤,是引起坠石的原因之一,而雨季中地表水冲刷软层也可引起的落石;同样,因地表水冲走坡面上夹孤石的黏土,能引起坡面滚石。这些,均是为什么雨季中坠石易发生的原因。

（3）温度变化及冰冻、均是助长岩石发生破碎和间接引起落石的原因。线路位于高海拔地区,由于雪冻膨胀在冬季也有零星的落石现象,虽不严重,因是一长久作用的因素,在整治时也需考虑。

3. 整治坠石的办法：

1）坠石的处理办法如下：

（1）对破碎硬质岩层无软弱夹层处,由大爆破引起落石的处理办法:对岩石块大因节理胀裂而形成之处,可先清去破碎部分,再以水泥砂浆勾缝;若岩石十分破碎是由构造节理作用形成的,多采用护墙及挡石墙防止落石。

（2）对软硬不均岩层的落石可以修疤墙镶补,其软硬夹层过多处则修护墙;但判断今后可能变形破坏的增加数量过大处,经过方案比较后也可修一明洞或挡土墙防止危害。

（3）如是构造关系形成的破碎和凹陷而产生的落石之处,多不采用刷坡而以修护墙、支墙、补疤墙为主或采用挡石墙整治。

（4）一般整治设计是根据当地条件按落石公式计算。原则上,有可能时尽量修落石平台、落石槽及挡石墙;有时因不了解今后落石的严重性,也有先修直立式挡石墙,以后再改建明洞或挡渣棚的。当然,在选择建筑物时必须根据地质断面及落石计算,分别比较①加固、②绕避、③挡墙、④综合措施等四种方案,采用的方案要经济、安全和合理,并考虑到施工单位所具备的条件。

（5）所谓"落石计算"就是按当地落石的严重程度区别对待。根据现场地质调查:估计落石地点,路基的高度,可能落下块石的大小、体积,落石所击的山坡或坡面的形状、地面上有无植物,以及发生落石处的悬石及坡面凹凸情况等;是根据一定的经验公式,计算落石在山坡上跳跃的轨道(也可以实地进行试验修改公式),才可以计算出石块可能影响的范围及冲击力与线路的关系,从而决定防护的措施。所以,"落石计算"这也不是完全不可知的,"估计落石高度"、"石块大小"与"严重程度"是决定防止措施的主要关键,也是属于地质调查的一方面。

（6）了解落石情况后应具体的按横断面比较各种整治方案,包括移线和不移线处理两种方案;在保证线路安全的各个方案中进行经济技术比较时,并要照顾施工条件以决定各方案的取舍。具体地按照落石离线路的距离,由远至近,所采用的防护措施有:①外移线路至无危害处,不予处理;②落石平台;③落石槽;④挡石垛;⑤拦石墙;⑥拦石栅栏;⑦下部采用挡墙、护墙及护坡加固边坡,上部加拦石墙或拦石栅栏;⑧全部以挡墙护墙及护坡加固;⑨落石网;⑩挡渣棚;⑪明洞;⑫内移线路修建隧道;⑬各种综合措施;⑭根据具体情况各种分期接高或改建的建筑物。

（7）在选择建筑物时固然需要按落石公式计算,但在对落石没把握处,即应考虑分期的措施。其次是检查建筑物的性能和当地条件是否合适:如挡墙、挡渣棚及明洞的基础均有能否承载当地落石主要的问题;如落石网是合适设在深堑地段,在考虑如何充分利用当地材料问题的同时,也是为什么挡石墙多修成干砌片石垛的原因。

（8）大型落石往往修明洞并要求在洞顶上回填成1:1.5的边坡,是使落石顺坡面滚下而减轻明洞的工程量。中型落石处可采用挡渣棚,在线路内侧有足够的宽度时修挡石墙(由于落石的冲击力大,所以墙后必须设计松散的垫层);条件可能时以修干砌片石墙或土垛抗卸落石最理想的,因为彼等局部遭破坏后易于修复而且经济。

2）剥落的整治办法如下：

（1）整治办法针对剥落的性质:在边坡坡度达到基本稳定后所挖出的坡面则暴露在大气中,因大气中的温度差别,对由不同矿物组成坡面的热胀冷缩不一致,使有些坡面不断破碎;有受大气的氧化、日光的辐射以及大气水的作用等,使岩层吸水膨胀、软化和风化等,以及受壤中水、节理水及坡面水的冲移、冲刷等。这些均在促使坡面表层结构松散及局部变形,产生碎落、脱落、剥落及冲移等,并逐渐形成坡面凹陷而被剥蚀、溜坍或沿壤中水流经的附近形成坡面表土流坍等；这类变形统称之剥落，它常是坍塌、落石和崩塌的前奏。其变形情形有二：一是坡面土壤做均匀变形，如黄土、粉砂及云母片岩等的剥落；二是坡面软弱不等，因之坡面变形不均匀如互层地段的软层脱落、堆积层土壤中水露头处的流坍等，因其性质不同危害各异，其处理办法也有不同。

（2）按不同岩土的特性处理"剥落"的办法：

①在花岗岩、石灰岩、大理岩、石灰质板岩、砾岩、砂岩、石英岩、硬质片岩、硬质千枚岩和各种硬质变质岩石的地段，因节理裂隙发育而破碎产生剥落处的岩石斜坡一般较陡，在细碎的岩屑脱落后坡面凹陷有引起坠石和崩坠时多修支墙支顶悬石，或修护墙或钳补墙防止细碎的脱落；若无坠石和崩塌可能处多不加处理，或只做侧平台；如节理裂隙间距大而岩石破碎不重尚完整处，可采用水泥砂浆填缝以防止大气水渗入与冲刷；若边坡较缓达到松散石块的休止角（35°~45°）处多不考虑坡面防护，必要时在坡脚修1~2 m的平台或小拦石墙，清除或截留碎落体防止危害。

②风化岩石（如绿泥石片岩、风化成砂砾的花岗岩、风化成砂及砾的砂岩及砾岩、风化的页岩、千枚岩、炭质岩，云母片岩、滑石片岩以及风化成土的石灰岩等）当夹有破碎层且有壤中水处，常在碎落及剥落之后引起坍塌；处理时要根据山坡的高低、今后危害的大小为达到隔热、隔水的作用，而修建护墙或护坡。用护墙或护坡，区别在于边坡高度即坡面的大小；当边坡坡度平缓不至于滑动处，则采用护坡。若岩石完整（如云母片岩、风化砂岩等），为了防止与大气接触而在坡面上采用水泥砂浆、石灰砂浆、煤渣三合土……抹面的办法（抹面厚2~4 cm）；也有用沥青及其他化学矿物抹面的，也有采用喷浆和压浆的，均视岩石性质与结构不同而异。

③对土质边坡或风化较严重的边坡，在边坡高大坡度缓又普遍存在剥落处，以绿化山坡为原则，可以防止剥落；绿化处以铺草皮的成效大。对含石质土壤较多而不能种树处，防止剥落多采用黏土三合土抹面或片石格式护坡。

④在边坡较缓而壤中水不发育处，一般坡面均不剥落，不会引起其他病害。在处理时只防止侧沟淤塞，在侧沟处修1~2 m平台即可；但工程量较大处，也可在坡脚修1~2 m高的挡石墙。

坠石及剥落形成的环境条件和原因与处理见表2。

表2　坠石及剥落形成的环境条件和原因与处理

内　　容		坠石—硬岩	剥落—软岩	
1. 当地条件		1. 高地震强烈区； 2. 气温变化大； 3. 山区峡谷，岩石受过动力作用；裂面发育	1. 雨量丰沛； 2. 气候温和； 3. 壤中水发育	
2. 岩层结构构造及岩石性质		1. 岩石种类多，风化不均； 2. 互层构造； 3. 断裂带附近裂面发育，岩石分割块大； 4. 岩层仍有结构联系	1. 岩性不良； 2. 抗风化力弱； 3. 岩层松散； 4. 岩石破碎，风化严重	
3. 原因及因素		1. 震动； 2. 裂隙中水结冰； 3. 坡面水冲刷	1. 壤中水作用； 2. 雨水冲刷； 3. 水、阳光、空气、接触风化	
4. 处理	1. 预防危害	①绕避 ②拦挡设备 ③防落石设备	1. 预防危害	①平台 ②小挡石墙
	2. 加固坡面	①勾缝、喷浆、灌浆 ②支挡墙 ③捆钢轨旁插 ④护坡、护墙	2. 加固	①挡墙 ②边坡渗沟疏干
	3. 消灭	①清除 ②排水	3. 消灭	①清除一层 ②地表排水

六、岩石滑坡（略）

七、岩质路堑的设计

切割稳定山体的问题，实际就是研究边坡形状、高度和边坡的问题，也是处理岩石堆塌变形的一部分。

设计岩石边坡（挖方）是将边坡视作山坡的一部分，从这一观点出发，就必须研究当地岩石山坡的形成、演变，从而推断切割后的边坡稳定性；由于有关影响斜坡稳定性的方面多种多样，不可能仅用力学计算办法包括一切。即"研究当地的地形地貌特征、参考稳定的自然山坡、结合相应的力学计算，主要是根据当地地质构造及岩性从分析、推断、并考虑到切开面的岩石在新的条件环境下的稳定性"；这就是目前世界各国公认的、唯一解决岩石切坡的工程地质法。

评定山坡的稳定、设计山坡应该是综合的考虑，为了讲解才分割来谈：

（一）影响岩石边坡稳定的主要因素

1. 影响岩石边坡稳定的主要因素之——"岩性"

岩石的物理性质及矿物成分，对整体岩层而言是确定边坡坡度的主要因素。正因为这些岩石性质及抗风化能力决定了边坡在外力及内力作用下所产生的受力状态，影响边坡稳定；所以，取岩石试样进行化验与试验求物理力学数据，然后结合岩石成因、构造情形以及现代的埋藏条件等以决定岩石边坡是否稳定。这一办法，是目前世界各国解决岩石边坡的研究方向，尤其是开采露天矿的切割斜坡设计，更积极的朝这个方向奋斗。

1）从综合对比中找出不同岩性的种类间影响岩石边坡稳定的关系：

（1）组成边坡岩石的种类中单一的比复杂的稳定。最近二年多对已施工的线路上各岩石边坡进行了两次全面普查，结论也是岩石种类多的边坡超过 30 m 普遍不稳定（20～30 m 间已有不稳定现象，20 m 以内的多数稳定），而单一岩石组成的边坡高度大于 30 m 也稳定，此主要是受物理风化的差异变形所致。

（2）组成边坡岩石颗粒粗的比细的不稳定，有伟晶岩脉穿插的就更不稳定。

（3）组合岩石的性质中凝结的岩石仅自颗粒本身处断裂，所以比胶结的岩石强（它是自颗粒间胶结物处断裂）。同一胶结的岩石硅质的比钙质的强，钙质比泥质和铁质的强；相反的，受断层挤压更破碎的岩石，经焙烤作用又凝结或胶结后其强度并不弱。当然，一般整体的岩石都能支持高陡边坡，不过有了裂面就显出组合岩石上述的性质与作用；抗风化剥蚀能力的大小与组合岩石的性质之间，也有密切关系。

（4）组成岩石的矿物成分不同也影响稳定性。例如花岗岩中有石英、长石、云母，由于云母软弱易风化、长石次之、石英最强；所以含石英多的岩石更稳定，其边坡较陡。

（5）设计岩石斜坡时也应反映由于岩性不同"休止角"的出入很大，对各种完整岩石的设计可按其抗风化的能力采用安全系数 $K = 1.1 \sim 1.25$。

2）岩石的物理机械性质：

（1）内力（抗剪力）（图23）

$$F = Nf + (c_1 + c_2)l$$

式中　N——正压力；

　　　f——摩阻系数，$f = \tan\varphi$；

　　　φ——摩擦角；

　　　$(c_1 + c_2)l$——岩石凝结力；

　　　c_1——岩石内聚系数；

　　　c_2——岩石裂面粘结系数；

　　　l——岩石破坏面的长度。

应研究分析在形成破坏体共同移动时"L"含已裂开的长度（按外摩擦 c_2 系数计算抗力），l_2 及未裂开的长度（按内聚强度计算抗力）l_1 分别计算，随岩石的软硬和组成是否单一出入巨大，即 $(c_1 l_1 + c_2 l_2)$ 是岩石凝聚力，$(l_1 + l_2) = l$。

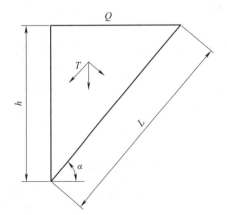

图 23　内聚力 c_1 计算

对岩质岩层而言应根据具体情形分别性质：

①岩石未裂开处的抗压强度超过抗张和抗剪强度，其抗张强度最小。一般产生变形或破坏的类别：在抗剪强度大于抗张处，岩石形成坍塌或崩；在抗张大于抗剪处产生滑落变形；在岩石松散可压缩处产生错落变形。

②完整坚硬岩层，总是内聚力 c_1 先破坏，然后摩阻力才起作用。所以，设计时应考虑 c_1。

$$c_1 = cK$$

式中　c——单个岩块的黏聚力；

　　　K——岩石强度不均匀的稳定系数，根据具体情况而异。

$$c_1 = \frac{\gamma h \sin \frac{\alpha}{2}}{2 \sin \alpha}$$

$$h = \frac{4c_1(\max)\sin \alpha}{\gamma m(1-\cos \alpha)} = \frac{2c_2(\max)\sin \alpha}{\gamma m \sin^2 \frac{\alpha}{2}}$$

式中　m——安全系数（2~3）；

　　　h——边坡高；

　　　α——边坡角；

　　　γ——岩石单位重。

$$h_{90°} = \frac{4c_1}{\gamma m}（按平面破裂的岩石垂直高）$$

$$h_{90°} = (0.958)\frac{4c_1}{\gamma m}（按圆弧状破裂的岩石垂直高）$$

③对松散岩层，由于岩石中的联系被各构造面所分割，在连接很少的岩质岩层处可以假定 $c=0$ 作为安全系数，按不同高度的摩阻角予以不同的安全系数，（$m=1.1~1.25$），设计边坡角 α（图24）。$\tan \alpha = \frac{\tan \varphi}{m}$ 说明边坡角 α 与岩层休止角 φ 的关系，当 $\alpha < \varphi$ 时即可采用，一般是坡高每20 m安全系数增大0.1所以边坡是上陡下缓成折线形；但是，也有人考虑用 $c=0.5~1\ t/m^2$，对之进行效核。

④对破碎岩层（指岩层被裂面所分割下还有些连接，如图25所示）。则因其 c_2 及 φ 同时受力，按多数裂面公式求其稳定（图26及图27），裂面 H 这一段不计算任何抗力，H 以下按折裂面求稳定系数 $K=1.6~2$。

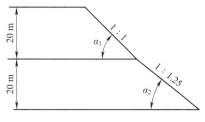

图24　边坡角设计

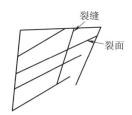

图25　破碎岩石

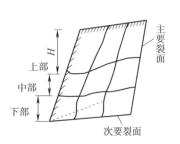

图26　多数裂面

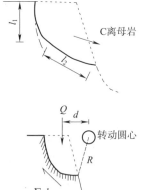

图27　多数裂面稳定性计算示意

⑤对软质岩石在无裂面处根据 H. A. 崔托维奇土力学或根据 C. И. 保保夫按圆弧破裂面找摩阻系数 $f = (\alpha、\varphi) = \dfrac{H\gamma}{4c_1}$,查图 $c_1 = cK$;或按瑞典法,圆弧破裂的稳定系数 $K = \dfrac{\sum Nf + \sum cl}{\sum T}$;式中 $K = 1.25 \sim 1.5$。

在有裂面处,上部裂隙分开的深度 $h \approx (\dfrac{4c}{\gamma}) \tan(45° - \dfrac{\varphi}{2})$ 并在现场核对,取其最大值,但不计算在内。

中部沿裂面则考虑 $c、f$ 均有抗力,下部沿圆曲面只考虑内聚力的抗剪;因此求得综合稳定系数 $K = 1.6 \sim 2$。

⑥对胶结或半岩质岩层是根据自然崩落或滑落面,求出极限状态下的综合 c 代入设计的边坡中 $\sum T$(下滑力) $= \sum cl$。当 c 为常数时,$c = \dfrac{\sum T}{\sum l}$ 或是设计时按 $c_0 = c/m$,m(安全系数)$= 1.25 \sim 1.5$,$Q_d = R \sum cl$。当 c 为均质时:$c = \dfrac{Qd}{R \sum l}$

$$\sum l = l_1 + l_2$$
$$\sum cl = c_1 l_1 + c_2 l_2 + c_3 l_3 + \cdots$$

⑦对破碎松散岩层:已有变形达极限状态,采用综合 φ 求之。
$$\sum Nf = \sum T$$
$$f_1 = \tan\varphi_1$$

当 f_1 为常数时:
$$\tan\varphi = \dfrac{\sum T}{\sum N}$$

根据倒求出的 φ_0,除以安全系数 $m = 1.1 \sim 1.25$ 后,$\varphi_0 = \dfrac{\varphi}{m}$,换算出 $\tan\varphi_0 = \dfrac{\tan\varphi}{m}$ 而求出 φ,即可根据此设计出当地同样地质条件的边坡。

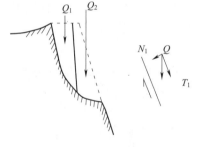

图 28 破碎松散岩层计算

⑧对岩层破碎仍有结构联系处,也可以估计岩石分割块石的大小采用以往经验或查参考书,先予以适当的 φ 值按其极限状态倒求 c,然后分别除以相应的安全系数 $m = 1.1 \sim 1.25$ 设计边坡。

(2)岩石的几种物理力学特征表(表3)

表3 岩石的几种物理力学特征

岩石	岩石状态	容重 γ (t/m^3)	内摩擦角 φ(°)	黏聚力 c(平均) (t/m^2)	内聚系数 (稳定性系数)$K = \dfrac{c}{\gamma}$
纯粗砂	湿的	1.6	25	0.05	0.031
	干的	1.4	30	0.20	0.140
腐植土	湿的	1.7	20	0.05	0.030
	干的	1.5	35	0.50	0.330
纯黏土	湿的	1.8	15	0.263	0.017
	潮的	1.7	28	0.532	0.180
	干的	1.65	40	0.839	0.550
易碎岩石	—	1.95	45	40.00	20.000
坚硬岩石	—	2.4	45	80.00	33.000

(3)岩石的孔隙度与密度。

①孔隙度决定岩石的吸水能力,愈小愈稳定。

$$孔隙度 P = \frac{岩石中孔隙体积}{干燥全部体积} = \frac{比重-容重}{比重} = \left(\frac{\delta-\gamma}{\delta}\right)(100\%)$$

式中　δ——比重；

　　　γ——容重。

各岩层孔隙度见表4。

表4　各岩层孔隙度

花岗岩,硬质页岩,片麻岩,辉长岩,辉绿岩	0.02% ~ 1.0%
石灰岩,大理岩,白云岩	0.53% ~ 13.4%
砂岩	4.8% ~ 28.3%

②岩石的密度决定抗剪强度,愈密愈稳定。

(4)岩石的裂隙性。

①地质构造形成的裂隙,对边坡的影响最大;但由当地风化所形成的裂隙往往深度不大,只影响坡面的变形。

②裂隙大小与分布的密度与深度对岩石边坡的稳定有直接关系,即是细微的裂隙也降低了岩石的强度;此因变形总沿裂隙面发展,如岩石物理力学表中所列对岩石的黏聚力 80 t/m² 是平均数据,实际是 15 ~ 120 t/m² 这主要视裂隙情况而有不同。

③裂隙的组合与倾向直接影响到边坡的坡度,以上所述岩石边坡变形部分均受裂隙的倾角控制,切割岩层时就必须慎重对待。

(5)岩石的硬度。

实际证明硬岩石坡脚的坡度总是陡于软岩石,即硬岩坡面的抗风化能力大,含氧化硅多的岩石硬度也大。

(6)岩石的塑性。

只有风化严重的岩石在重压下会产生塑性变形,所以高而陡的峭壁在下部的软岩易因受力产生塑性变形,风化、冲刷增大变形量下而引起大崩塌。但是,一般岩石在深陡边坡处不可能形成塑性变形。

(7)岩石的强度。

抵抗岩石与母岩脱离的力量来自岩石强度。强度大的岩石,其抗剪极限大于抗张则产生脆裂式破坏;反之,强度小的岩石是抗张极限大于抗剪而产生滑落变形。

(8)岩石的坚硬度(即是以往所说的岩石强度系数 f)。

"f"是岩石抵抗外力总的综合性能力,一般比较广泛用之评定岩石特征的办法,我们能进一步修订它是评定岩石边坡中一种有前途的办法。例如同是 $f = 1.5$ 岩石,对花岗岩而言应该是其稳定程度不如页岩,这一点原普氏表中没有考虑进去;当然该表本是供隧道压力所用,我们应积累经验、增补内容用于路堑切割方面,应该是对全世界的贡献。

2. 影响岩石边坡稳定性的主要因素之二——地质构造

主要是在山坡变形中如崩塌、滑坡、错落以及大型堆塌、落石与区域地质构造有关,而小型的崩塌、一般的堆塌、落石则与当地小构造有密切关系。

(1)第一级构造:

①地台:该处岩石曾受地质动力作用微弱其岩层的层次平缓,可按完整岩层考虑路堑边坡则只需注意风化情形,往往切坡比当地山坡的平均坡度陡,斜坡仍然稳定。

②地槽:该处岩石曾受地质动力作用强烈,尤其是褶皱带的岩石遭破坏严重,所以与构造线平行或垂直的山坡易产生大型变形;这些地段的山坡往往是处于极限平衡状态,切割岩石边坡时需慎重。

③岩石年代:同一性质的岩石愈老愈坏,当然是指在受过造山运动影响的地段,如侏罗系的砂岩反不如第三系砂岩切割后稳定。

④新构造运动仍在发育的地段:该地段的岩石山坡不够稳定,应到这类地段研究统计当地的山坡,积累

丰富的"与岩石边坡休止角和形状有相关方面关系之间"的原始资料。

⑤第一级构造与山坡方位之间的联系,因可据以判断出当地山坡变形总的严重程度,所以是草测时地质工作的重点。

(2)第二级构造:(因其所涉及的各个地质现象是逐一分别对局部山坡有影响,故成为初测地质工作的重点)

①地堑及地垒:形成地堑的两组断层一般相距过近(如宝成线秦岭北的青姜河谷就是沿由东西走向的两组断裂,同时相对向下形成地堑的基础上发育的),陷落下的岩石(伟晶花岗岩)松弛破碎,接近断壁的上盘岩石更破碎,风化严重,切割此类山坡易于变形。倾向相反的两组断裂,位于中间隆起组成山脉的山脊两边,各自向外向下移动形成"地垒"处隆起的山脊是稳定的;任一侧沿断裂向下的变形破坏可坍、崩、错、滑或转化,视具体情况的不同而异,所以切割地垒任一侧的山坡均易变形要慎重。

②地幔:作者没有见过,推测它可能已风化成低山,在变动附近的岩层不破碎。

③褶曲:

a. 单斜构造地段的山坡稳定,应视倾角的大小而按倾角切坡,一般稳定。

b. 背斜地段因在近背斜轴处的岩层不良而破碎,切割后易于变形,应考虑倾向山坡外的节理。

c. 复向斜、复背斜等构造愈杂乱,岩石愈破碎则山坡愈不稳定。

④不整合:不整合处的山坡只见滑坡现象,发生滑坡的地段一般地下水发育,易沿不整合面下滑,但是滑体未变形或整体移动前、或整体移动处于缓慢阶段虽未见岩石破碎崩塌,在急剧滑动时,尤其出地面后悬空和转折部分的滑体中岩石的破碎松弛程度出入大,所以切割大滑动后的岩石滑体应按具体情况确定。

⑤互层:软硬岩层交互甚密的山坡多不良。一般间互层,由于岩石软和硬各自承受风化剥蚀的性能有差异使两者的应力和应变值不同,所以不良现象也较多而易于变形,应少刷坡多加固。

⑥断层:破坏岩石山坡完整的断裂是减弱强度的主要因素,不论是正断层、逆断层、平推断层、逆掩断层等对山坡变形均有作用,断裂带愈密断距愈大受其影响的范围愈广;受位移而变形的岩石组成的山坡处不稳应少切割以加固为主,未位移或整体性仍保持的岩层组成的山坡仍然稳定处可相应的切坡。

⑦节理:因张力、剪力、扭力所发生的节理影响岩石边坡也是主要的作用因素之一,因压力产生的节理影响较小;但是,在球形节理和交叉节理处更易于发生崩坠和崩塌。

⑧层理:视层理的性质和密贴程度的不同,其稳定性有异,有些也稳定;除非层间的结合表面已风化且渗水处易于顺层变形,尤以泥质岩石为多。

⑨片理和斜交的劈理:受动力作用形成的片理和劈理与层理不同,往往不良成弧形,硬岩处易产生落石和崩塌;软岩处易风化产生堆塌和剥落。

(3)变质:

①区域变质中,未受过动力作用的变质岩石组成的山坡处,变质对该岩石边坡的稳定性没有影响。

②热力变质中,只有接触变质的岩墙、岩脉等活动附近的岩石破碎,对其边坡稳定有影响。

③动力变质的岩石组成的山坡处这是最不良的地区,其边坡的稳定性差,应按具体情况分别处治其堑坡:

a. 由发生变形位移的岩石(已是挤压破碎)形成的大崩塌体处,如镜铁山 K72 附近就不能在该崩塌体上切割,否则堑坡发生的大型堆塌也承受不了。

b. 变形未位移的岩石有糜棱现象处,切割后会形成大崩塌。

c. 断层带的岩石是破碎松弛而十分不稳,不宜切割过多。

(4)小结:控制岩石边坡的主要因素就是地质构造。

①裂面(各种构造面)的组合及倾向不利于山坡稳定。在裂面与山坡的倾向一致且向临空处,山坡最不稳定其倾角为30°~50°,因与岩石裂面的摩阻角相近更易于变形。

②倾向线路的软夹层及其性质也是影响边坡稳定的因素之一。

③裂隙无充填物,如岩块堆垒状的山坡最不稳定。

④由软硬互层组成的山坡处,很少有边坡不加固的。

⑤球状节理发育的山坡易于产生崩塌。

从上述各点可以得出控制山坡稳定的因素是"岩石破碎程度"、"裂面倾角"、"岩性"及"软夹层"等的性质。修在陡山坡处的铁路,由于很少有未受过动力作用的岩石,所以堑坡均多与地质构造相关,力学办法解决不了;因此,具体调查、分析和处治山区山坡稳定和堑坡设计的主要责任很自然的落在地质工作者的双肩上。

3. 影响岩石边坡稳定的"风化作用"

1) 岩石的风化作用:H. B. 柯洛明斯基的意见是风化作用对岩石的影响,在岩石受风化营力作用的结果使岩石发生变形;即由于大气营力(水、氧等),太阳辐射,温度变化,以及生物同岩石相互作用的结果所发生的变化。风化作用多半是由于许多风化营力对岩石起影响的结果,而这些营力仍随着周围环境的条件,如地质构造(包括岩石成分和结构)、区域地形及自然地理特性的不同而异;所有这些条件决定了风化作用性质和程度,风化营力及各种不同的强度作用于岩石,同时风化作用仍是一个加于另一个之上。

主要的风化营力有:(1)阳光,(2)水,(3)氧,(4)二氧化碳,(5)动、植物等;下面述及各种风化营力的作用:

(1)阳光:是太阳辐射热的结果。其作用取决于辐射的强度、光线及波长以及岩石表面吸收的特性和颜色等因素所引起岩石中的水分及矿物之变化,岩石体积的热变化,水分蒸发和凝结以加速或延缓化学反应等。兹总结太阳辐射热对岩石的作用有下述六点。

①颗粒之间联系的松动及破坏的作用,可使岩石的破碎达某种深度;此种深度,仍取决于岩石的性质和产状条件以及风化营力作用的程度。

②对密度有重新分配作用,特别是在黏土质的岩石中表现突出。

③对自然构造的破坏作用明显。

④产生了岩石温度重新分配的作用。

⑤有使普通岩类可溶及风化产物重新分配的作用。

⑥有使饱和于岩石孔隙的水中盐类改变浓度的作用。

(2)氧及二氧化碳:是最活跃的风化营力。一是氧有氧化与还原作用;二是二氧化碳和水同在可使某些岩石(如石灰岩)形成碳酸盐类。

(3)水:侵入岩石中使泥质岩石软化,易沿其层面滑下。由于温度的改变,在水形态的变化时所产生的力对岩石则发生强大的机械破坏作用;同时,水分中的矿物质元素亦可对岩石产生化学的侵蚀作用。

(4)生物:各类动物对岩石皆可产生化学作用和机械作用。

确定路堑边坡设计,对岩石的风化外貌与特征应分等级加以描述,而最主要的内容应包括以下四点:

①岩石的颜色及色彩的情况与变化。

②岩石的破裂程度及性质的变化。

③岩石矿物的成分情况与种类。

④岩石的力学坚固性。

总之,了解了岩石风化的"性质""程度""不均匀性""速度""厚度"和哪些营力起主要作用,才能设计防止风化的建筑物;根据风化产物的危害性,才可以确定是否需要处理。

2) 风化作用的性质与程度:

风化作用是长期在影响自然边坡的形状和边坡稳定。长期的风化和其他原因可沿构造节理作用达到不同的深度(有时可以达到相当大的深度),使边坡岩石的某部分(石块)开始开裂,同样又在边坡表面造成一层岩石风化带及破砾带。例如宝成线秦岭北麓,有些花岗岩的风化达严重程度者已深至十米。

风化带的深浅、风化带内岩石的成分、构造状态和性质,一方面决定于原生岩石的种类、成因、年代、层理和破碎程度;另一方面又决定于局部气候情况,边坡在不同地形地段中的位置,边坡表面的状态以及风化作用的性质。

在风化带的厚度与稳定的、外露的边坡角度两者之间,可以找到有一定的关系。在地质史的成因方面,近似的岩石其稳定边坡的角度与风化厚度之间的关系是相同的。

但是,风化带内的岩石(与其原生岩石在变化速率方面大不一样)对边坡形状及角度的影响就相当快,当然是以一年或几十年计,而不是以地质年代计算。例如宝成线横现河车站和阳平关附近的云母片岩,所见初挖出的岩石仍然较新鲜完整,只经过 2~3 年即达到风化严重程度;有些因形成堆塌而增加了挡墙、护墙和明洞,足以说明这类岩石风化之快是出乎一般想象。

4. 影响岩石边坡的"当地条件"

1) 岩石的含水情形:

水对不稳定岩石的作用是减低其休止角 $10°\sim20°$,对一般岩石则减低休止角 $5°\sim10°$。对于饱水的岩石在边坡计算时要考虑水的作用,如水动压力、水静压力、增加的单位重、减低的 c、φ 值,以及水的潜蚀、溶解和冲移等危害。

岩石地层的含水程度在鉴定岩石边坡的稳定性时有着重大意义,对完整硬质岩层而言,影响稳定不大或可能不起作用但是对松散岩石、半岩质和泥质岩石的稳定性则影响较大,不仅在这类岩石内产生了含水层,且含水层范围及浸湿面愈大的地段愈危险;尤其是在周期性潮湿时遭破坏的岩石结构处因降低了岩石的黏聚力,岩石边坡更易发生变形。岩石容易发生滑动的山坡上或边坡上,在有水量很大的尖灭含水层处,易于引起滑坡和表面剥落,其水量减小后边坡的稳定性会增高。

水充满了岩石的裂缝,非但降低岩石的摩擦力和黏聚力,而且增加岩石的单位重,因之降低山坡的稳定性;同时,水对有些岩石发生水化作用,如对石灰岩、白云岩和石膏的溶解,并在机械的潜蚀作用携走溶解物处,引起溶洞扩大而发生沉陷的崩塌。水对有些岩石如泥质岩石和黏性土壤引起冲刷,尤其是在边坡具层状结构处,极易形成良好的波浪面;水并能冲走软夹层的岩屑,取决于流速的大小,表 5 所列的数据可供设计时参考。

表 5 水流速度与冲移岩石粒度间的关系

冲移岩屑的粒径(mm)	软泥(0.01~0.001)	细砂(0.25~0.1)	粗砂(1~0.5)	砾石(10~2)	卵石	更多岩屑
水流速度 v(m/s)	0.076	0.152	0.213	0.305	0.686	1.219

水尚有在边坡岩石中产生倾向山坡方向的水动力作用。涌水存在降低边坡稳定角度的作用,对稳定的硬岩岩石降低 $5°\sim10°$,对不稳定的岩石则应降低 $10°\sim20°$;如对含水不同的岩石进行抗压、抗剪试验,可以对确定含水岩石边坡的稳定性提供确切的数据,表 6 说明岩石的黏聚力与湿度的关系。

表 6 苏联马尼托斯克矿对线玻正斑岩湿度与岩石黏聚力的关系表

线玻正斑岩的稠度	硬的	软的	松软的	可塑的	流状的
湿度(%)	3	8	14	22	30
黏聚力(t/m²)	4.1	3.1	2.3	1.5	1.1

2) 边坡的方位:

边坡方向位置的布置意义比一般所想象大得多,但在现行的边坡坡度标准中均不考虑方位的布置应改进。然而在沟谷(冲沟)中深路堑的高边坡,属于滑动性质的变形多半发生在朝向北方的地段中。

据许多地区自然边坡的观测结果,均明显的得出在岩石和其他条件完全相同下,朝南和朝东的边坡,永远较朝北方及朝西北方向的边坡为稳。同时,前者还显露在阳光下而朝向北方的边坡照例都有草皮加固;但朝北的边坡上滑动和剥落的现象依然发育,这是融雪过慢和雨后又不能快干,使岩石内的水分过多所引起的。

上述现象尤其是在雨水较多的地段,且岩石已风化严重的山坡上表现更为突出。宝成线秦岭北麓青姜河的河谷及其支流两岸斜坡的天然坡度,就有阴坡与阳坡不同斜度的分别,在阴湿的边坡上坍方较多。

3) 气候条件:

气候的环境也是间接地、剧烈地影响边坡的稳定性。岩石风化的深度和强弱,在一定限度内也因气候的特征而定;此因风的直接作用、雨点拍打的力量、雨雪量及其性质(雪雨)雪融的缓急等,对边坡表面均有一定的影响作用。同样,兰新铁路芨岭附近由于当地气温变化较大,挖出的花岗岩通车不几年,节理已经增多、裂隙张开碎落严重;兰州近郊有较多砂页岩挖开至今也仅数年,已开始剥落和坍塌,这些均是受当地气温变化和气候影响所造成边坡很快就不稳的实例。

5. 影响岩石边坡稳定性的"斜坡垂直高"

这一因素在颇大程度上既可决定整个边坡的坡度和形状,又可决定边坡在各个不同部位的坡度和形状。边坡的高度增加其平均的角度就减少,边坡凹入的程度也递减,低边坡(6 m 以内)的凹入程度不大而表面近似平面;密实黏土(如半岩石)中的边坡与松软的泥质岩石边坡不同之处,就是凹陷程度小而表面更趋于平整。半成岩中也可遇到,因边坡高度递增而整个边坡的平均角度减小的现象。

地质专家渡边贯(日本)按照岩石的不同高度,提出不同的边坡角(表7、表8)。这些仍然是根据自然稳定山坡观测分析的结果提出的。

表7 坚硬岩石在不同高度与风化破碎情况下的边坡

砂岩,结晶片岩,石灰岩,凝灰岩,砾岩		层面少,节理少,风化较轻	层面较多,节理发达,风化颇重	层面甚多,节理极发达,风化严重
挖深(m)	10	1:0.2	1:0.25	1:0.33
	30	1:0.28	1:0.36	1:0.48
	200	1:0.33	1:1	1:1.25

表8 软弱岩石在不同高度与其他情况下的边坡

软泥质砂层、砂层、火山灰岩、石灰岩		普通潮湿	易沿节理剥落	断层甚破裂	软质崩土(山崩土)一般含水
挖深(m)	10	1:0.5	1:0.83	1:1.43	1:2.0
	30	1:0.75	1:1.08	1:1.79	1:2.75
	200	1:1.67	1:2.0	1:3.33	1:3.35

许多国内外专家对切割不同岩石的统计表提出:一致认为坚硬岩石可不限制切割坡高;对软岩(泥质岩石及砂岩)则按每25～30 m 为一段,超过此高度的边坡非但平均休止角降低,最佳是在边坡中留4～6 m 宽的平台以减少坡脚压力,既合乎力学观点,也是软质岩石边坡减少崩塌的办法。

(二)稳定边坡的概念及分级分类

1. 稳定边坡的概念

按现代物理地质作用而论,在某种程度上任何坡度的边坡表面是经常在变形中;但从工程方面讲,如坡面的破坏仍保持边坡的形状,且脱落的破碎物数量不大只要经常清除(清除工作能够保证正常),这种边坡可认为比较稳定。

2. 稳定边坡的分级和分类

应用自然边坡的特征于路堑设计中,首先需对自然稳定边坡加以分级分类,一般按下述三点相互结合考虑应用。

1)按边坡成因分类的标准:自然边坡的形成分为两个阶段,第一阶段是主要的、直接的成因,决定边坡的轮廓;第二阶段是自然边坡的稳定外形(即按新的地球力学环境作用下的生成物),形成的现象决定边坡的表面磨蚀作用在不断进行,成为影响边坡外形的主要作用。

按形成边坡的主要直接因素划分自然斜坡为三大类。一是滑坡类(包括滑坡和错动)作用形成的山坡,上部断裂壁具有陡的斜坡;二是在水流作用下被冲刷后形成的山坡,近水一段具有陡的斜坡;三是在崩坠作用下形成的山坡,崩塌处具有凹陷的陡壁,下部坡脚为岩块堆积的缓坡。此外,在个别区域内也有由于冰川作用、风化作用、喀斯特作用和沉降作用形成各种独特外形的山坡,也可成为形成自然边坡的直接原因。

每一类按成因分类的边坡,在局部次要的物理地质作用下,均可更详细地分出小类。如冲刷边坡尚可分为沟谷冲刷边坡类、河流冲刷边坡类,其特点是以直线侵蚀为主;而水库作用的冲刷边坡类、湖沼冲刷的边坡类和海洋冲刷的边坡类等是以浪流作用为主,并受暗流作用。

分析时除注意主要成因外,还要注意起作用的次要因素;如在主要是以滑坡作用为主的山坡上,地表水的冲蚀及局部堆积等作用的现象。

2)按边坡高度分类的标准:按照外业观测自然边坡斜度变化的各段高度和整个山坡稳定状态下的总高度分析,苏联路堑边坡设计技术规程以12 m 为中等边坡,作为单独设计比较切合实际;而我国现行规范以

18 m 为界限似乎嫌高。在实际应用时是按当地自然山坡的分级进行设计。一般观测的结果为：①高度在 6 m 以内处，边坡全高的倾斜度几乎一致，谓之低矮边坡；②高度在 12~15 m 以内的边坡常有一定不同的角度的凹陷，谓之中等高度的边坡；③当边坡高度在 25~30 m 以内，边坡上凹陷颇深而向上递增的角度显著，谓之高边坡；④边坡高达 50~60 m，往往由不同成分和不同强度的岩石所组成，因此并非均具典型的凹陷形状，往往呈阶梯和兼具凸露成凹陷形状，谓之特高边坡。

在自然稳定状态下（除黄土质土壤外）一般黏性土壤组成的山坡，当其湿度大于"塑性"处很少高度大于 30 m 的边坡呈稳定状态；而完整的岩质岩层组成的山坡，高度超过 50~60 m 仍无局部变形的地段也不多。因此，对超过 30~40 m 的自然稳定山坡的特征，均需进行细致的研究和分析。

3）按山坡坡度及凹陷程度分类的标准：稳定的自然山坡的边坡划分为二。一是有草皮生长覆盖的边坡，其平均角度不大，常在 30°以内；二是没有植物的边坡其外形呈现凹陷状，平均角度也大，可以连接坡顶及坡脚，找出边坡表面距该连接线的最凹距离。对松软泥质土壤更应按凹陷深浅加以分类，半成岩地层凹陷较小，坚硬岩石更小有时呈凸形。

（三）现行路堑设计所采用的工程地质法

1. 工程地质法的简述

从当地工程地质条件出发结合自然山坡的稳定状态，从而找出当地稳定边坡的形态、分段、各级的斜坡等与高度之间的数据；将之应用至路堑断面设计的方法即为工程地质法，也是确定路堑边坡唯一成功的办法。作者认为工程地质法应包括下述三部分。

（1）研究边坡在自然环境中的形状，形态和形成的性质，找出稳定的自然边坡在各种不同条件下的典型角度和形状；

（2）化验岩石的成分和性质；

（3）分析所有的地质因素、水文地质因素、气候因素及其他因素等的作用，并补以适合当地条件的土工计算。

2. 工程地质法——确定岩石路堑边坡的办法

为选定路堑边坡坡度和形状，对自然边坡的外业调查及化验工作，均需按专门制定的细则进行。

不同的岩石边坡在高度、方位及草皮生长等均不同的山坡处，如有稳定的自然边坡的典型角度、形状和形态方面的系统资料，就可提出其深路堑边坡的通用断面。绘制该边坡断面的方法有二：①根据设计规程及标准的要求在边坡坡脚处设计宽 1~2 m 的平台，以承受一些堆积、冲刷以及滚动下的岩石；②根据当地外业观测的数据确定向北和向南的各稳定边坡倾角的概差。

边坡断面制定后，应选择一或两种在当地自然情况下最适当的方法进行稳定性检算为佳。

研究自然边坡时，要适当地对设计的边坡处检算个别部分的坡度及凹陷度，并加以局部的改变。

3. 设计分为三个步骤

第一，根据区域地质单元，分析当地岩层与地质构造之间的关系和今后自然环境的影响，以肯定线路通过的原则，避免对不良山坡进行盲目的开挖，引起难于收拾的局面；选择适合于当地情况的路堑加固建筑物，以达到合理经济又保证线路安全的目的。

第二，按局部的工程地质条件，从下述三方面研究区分路堑边坡设计的控制因素。

（1）研究当地岩石边坡和地层的关系，如层厚、倾斜、走向及节理、裂隙的统计，哪一因素是形成当地岩石边坡的主要原因；

（2）研究当地岩石边坡受岩石产状及其物理化学成分等性质的影响程度；

（3）研究当地岩石边坡受当地风化营力的影响，以及边坡与当地水文地质条件和气候因素的关系。

第三，从人工改变山坡环境和条件，分析影响路堑边坡稳定的几个关系。

（1）路堑方位与岩层的关系；

（2）路堑边坡与高度的关系；

（3）开挖后环境改变对岩层影响的关系。

（四）岩质岩层路堑的分类与设计

根据西北地区几年来处理施工后山坡坍塌的认识，设计岩质岩层路堑边坡应按影响边坡稳定的主要因素,划分为下述四类进行研究。

(1) 较完整岩质岩层边坡的设计;
(2) 破碎岩质岩层边坡的设计;
(3) 受岩层构造控制的岩质岩层边坡的设计;
(4) 风化岩质岩层边坡的设计。

这样的分类法主要是按上述对边坡起主要因素划分的四种不同类型。如中等风化的岩层,若结构完整就划分至完整岩层部分论述;如主要节理张裂倾向线路时,虽然岩层较完整而风化破碎均不严重,但是由于边坡的稳定受节理倾角控制,故列在构造控制的岩层一类论述;再如风化严重的岩层开挖后,风化速度为主要因素,所以划入风化岩层边坡设计论述。如此划分虽然不全合乎地质观点,但设计边坡的概念清晰;当然不能机械的应用,要综合对待。

1. 较完整岩质岩层边坡的设计

(1) 按无构造影响的完整岩层岩质路堑,其边坡与岩石的抗压、抗剪强度之间有直接关系区分成下述四类。

① 很坚硬:抗压强度在 1 000 ~ 2 000 kg/cm^2,这类岩石是未风化而坚实的花岗岩类岩石、石英岩、坚实的砂岩及石灰岩等。

② 坚硬:抗压强度在 800 ~ 1 000 kg/cm^2,这类岩石是石灰岩、大理岩、白云岩、坚硬的砂岩及一般的花岗岩等。

③ 中等坚硬:抗压强度在 400 ~ 800 kg/cm^2,这类岩石一般的砂岩、非泥质结构的砾岩及砂质页岩等。

④ 不坚硬:抗压强度在 250 ~ 400 kg/cm^2,这类岩石是一般的页岩、泥质砂岩、砂质胶结的砾岩、泥灰岩及胶结的卵石及砾石等。

(2) 在厚层及块状的沉积岩呈水平层或倾斜不大处,所设计的稳定边坡坡度正如表 9 所述,但仍需考虑岩石的产状、物理化学性质与组成的情况,概括成下述四点。

表 9　完整岩石按坚硬程度确定边坡的参考数值

岩石坚硬程度	边坡高度			附　注
	15 m 以下	30 m 以下	30 m 以上	
① 很坚硬	1:0.1	1:0.2	1:0.25	1. 四类岩石均采用浅孔爆破开挖; 2. 对①及②类岩石是指厚层块状的整体岩层了; 3. 局部考虑防护
② 坚硬	1:0.1	1:0.25	1:0.3	
③ 中等坚硬	1:0.2	1:0.3	1:0.5	
④ 不坚硬	1:0.3	1:0.5		

① 构造岩层的性质:硅质的比泥质的稳定,结晶的岩层比一般沉积的稳定,易膨胀的岩石(如黏土页岩、泥灰岩、滑石片岩、云母片岩、石墨片岩、绿泥片岩及石膏等)易变形破坏;

② 组成岩石的颗粒:细比粗的稳定,致密比松散的稳定,均匀比大小混杂的稳定;

③ 组成岩石的矿物种类与成分:含石英多则稳定,含长石多易风化,含云母多最不良,组成岩石的矿物单一比复杂的稳定;

④ 岩石颗粒的骨架易透水处也易风化,例如砂、砾岩等。

2. 破碎岩质边坡的设计

这类破碎岩质岩层是由于岩层的节理裂隙多,已成为影响边坡稳定的主要因素,且往往多组节理裂隙与层面互相交割,使岩层失却整体性;当然,其表层岩土是受过风化,有些甚至风化严重。根据地质等对岩石节理的划分有下述四类。

① 无节理:岩石完整无破裂现象;

② 节理很少:岩石一般具有少量整齐而紧闭的节理,其间距 1 m 至数米而对工程设计无影响;

③ 节理发育:岩石节理较多(往往是一组或多组),一部分张裂的裂缝宽可达 1 cm 左右,节理的间隙为数米左右,对工程设计发生相当影响;

④ 节理极发育:岩石节理错乱(无一定的方向而间距很小)并产生很宽的裂缝,岩层破碎或呈倒塌状,对工程设计发生很大的影响。

当然所指的破碎岩质岩层是"节理发育"及"节理极发育"两种，应用时将"无节理"及"节理很少"的两类划归整体岩层方面。

除了节理裂隙影响岩层破碎外，由地质构造（例如断层带）形成的破碎岩层，其岩石松散、节理互相错开等，虽单块岩石体仍很坚硬也划入破碎岩质岩层方面以确定其边坡的设计和处治。

破碎岩质岩层边坡坡度的确定是根据开挖高度及岩石破碎程度所划分岩块的大小，岩层中各个岩块之间的联系，节理裂隙中的充填物，当地的水文地质条件及山坡覆盖和气候条件等进行综合考虑后才能定案。下面论述划归破碎岩层边坡的三项问题：

①如岩石已破碎十分严重而又无主要节理的方向和倾角时，是否有影响线路的问题。这要按分割成的岩块大小及所夹的风化物多少，比照填石边坡以确定堑坡的坡度和高度（当然应比填石边坡陡），边坡的形状有时上陡下缓；这一类岩石边坡，指由于构造关系在整个挖方范围的边坡均是破碎而松散的岩石情况。

②如岩石虽破碎但岩层仍相互联结的一类破碎岩层的边坡，有主要节理、层理、裂缝、倾向与线路之间的关系问题。当主要节理裂隙只有一组或两组控制挖方边坡稳定时，划入构造面控制一类岩质岩层边坡进行设计；只在有多组分割岩层时，则认作是破碎岩层边坡。山坡的自然坡如陡于倾斜面时边坡上出现台阶状，往往不可能以控制面刷坡；这类破碎岩层，只在考虑了边坡加固工程（护墙及支撑建筑物）防止表层岩石脱离的情况下，才能保证边坡的稳定。

③如破碎岩层的挖方高度不大（一般不超过 10 m），其边坡坡度仍可达 1:0.5；事实上，定夺破碎岩石边坡的主要原则在视岩层是否仍具有整体性。有整体性处的往往增加坡面防护采用较陡的边坡，比较经济合理；因为边坡虽缓到 1:1，个别岩块的崩落仍然避免不了，见表 10。

表 10　破碎岩质岩层确定边坡的参考数值

岩石破碎程度	边坡高度				附　注
	10 m 以内	20 m 以内	30 m 以内	40 m 以内	
节理发达的破碎岩石	1:0.5	1:0.75	1:1	1:1	边坡加护墙，其坡度可以加陡
节理极发达的破碎岩石	1:0.75	1:1	上部 20 m 1:1 或下部 20 m 1:1.25	1:1.25	一般考虑用石质护墙加固
十分破碎的岩石	1:1	1:1.25	上部 20 m 1:1.25 或下部 20 m 1:1.5	1:1.5	一般考虑用护坡加固

当岩层失却整体性接近散体岩石处，岩石之间的结合力则控制了边坡的坡度及高度，此时坡面防护不能减少以防止坡面水的冲刷使边坡的坡度坍陡，因其不能如具整体性的岩层那样不发生变形，而是在破碎成散状的岩层之结合力是否降低的问题；所以，按岩石结合力（主要是摩擦力和局部的黏聚力）所确定的边坡就不可能陡于 45°，并对十分破碎的岩石尚需考虑颗粒受水后的变化。因此，对可能引起迅速风化的岩石，在风化岩层边坡设计一节中要详述。

3. 受岩层构造控制的岩质边坡的设计

在较完整的岩层处，当构造面倾向山坡（或线路），且山坡倾角或边坡角陡于构造面的倾角时，这类岩层往往沿其构造面产生崩落、滑下。当然，是否滑落与构造面的结合性质有关，例如层面倾向线路 50°，不能说陡于 50°的坡面就一定沿 50°滑落，主要在于层面是否张裂、有无软质的夹层（风化物）以及层间有无水的浸润等作用；也和岩石本身的性质有关，如泥质岩石易于崩滑，石灰岩无泥质夹层及风化物就不易崩滑。以下分别论述：

（1）设计这类岩石的边坡时，一般是研究岩层的主要构造面（层理面、片理面、劈理面、节理面、大裂缝面、断裂面等）与线路的关系是否有利。

①当构造面背向路基时对边坡稳定有利，所以按完整岩层设计边坡。

②当构造面倾向路基时对边坡稳定不利。构造面间如结合不良（或有泥质风化物夹层等）且层面间有水浸软的可能处，因会向路基发生崩滑，一般是按构造面倾角刷坡。在构造面结合尚好，只是由于表面分割而形成由外向内逐步坠落处，应参照当地稳定的极限边坡进行设计，外加支护墙以防止表层脱离即可。

③当两组节理构成"V"形,其交线倾向路基、且陡,虽层面与路基斜交,也经常会形成"V"形的滑落坍下,这类岩层边坡的设计是按"V"形节理的交线倾向路基的倾角大小刷坡,或在个别地点修支墙支顶。

(2)软硬岩层互层时的边坡做如下设计:

①软硬岩层互层的层次多而薄时,应采取软层岩石设计边坡。

②软层薄而少时应按坚硬岩石设计边坡,对软层部分加以护补。

③坚硬岩层薄而少时应按软层岩石设计边坡。

④软层岩石和坚硬岩石均厚时,分别按不同岩石及部位设计边坡,边坡成折线形。

(3)线路通过断层带时的边坡设计:

①断层与线路垂直或交角较大时,断层的影响范围不大,通常对断层带范围(包括受影响的严重带)采用加固边坡的办法处理(断层带窄处加固时其坡顶多与两侧一致)。

②当线路与断层平行或交角甚锐,断层对边坡影响较大,按具体情况分别处理(或清除、或加固),多数按松散岩层设计边坡。

③断层带一般是破碎的岩层甚多,可参照破碎岩层设计边坡;然而在断层影响的地段,岩石表面破碎张裂多不显著,但风化严重。例如秦岭北麓青姜河中段断层带的花岗岩,有些表面尚完整,但已风化成砂层状,所以参照风化岩石设计边坡了。一般断层影响带的岩石在同一岩层处的动盘岩石比不动盘岩石更松散和松弛,两盘是不同岩层时的破坏程度就不一定,勘察时要从擦痕相互切割的情况按力学方法慎重区别,不能失误。

4. 风化岩质岩层边坡的设计

一般铁路工程地质调查,将岩石的风化程度做以下的划分:

(1)轻微风化:岩石表层风化很差,颜色较发暗,有少数裂隙,表面强度稍降低,内部新鲜完整,无显著的物理化学变化。

(2)中等风化(风化颇重):岩石性质有显著的变化,矿物已失去光泽,裂隙较多,风化深度一般为1~5 m,岩石强度降低。

(3)严重风化:岩石物理及化学性质均显著变化,造岩矿物完全无光泽,裂隙很多,风化深度达5~50 m,锤击无清晰响声,部分可用铁锹开挖。

(4)极度风化:岩石状态破碎已不易辨别,稍有锤击即碎(强度甚低),有时风化成砂状或土状,有些岩石的组成矿物已经风化成次生矿物。

当然,风化的岩石往往也破碎。例如轻微风化的岩石,一般节理裂隙甚少,只有一组或不显著;中等风化的岩石,一般节理裂隙不发育,为1~2组。由于轻微和中等两类风化程度较浅的岩石,对边坡不稳的影响小且持久,所以划归完整岩层确定边坡的坡度;如果岩石的节理裂隙极发育,对边坡不稳起控制作用,变化快而易变则认作破碎岩层而据之设计边坡。

严重风化的岩石,一般节理裂缝发育,有3或3组以上的节理,当其以破碎程度为主成为控制边坡稳定的因素时,则按破碎岩石边坡设计;当岩石在岩层中有联结且联结较多时,则按风化岩层设计边坡。至于极度风化的岩石,自然是节理裂隙极多从各方面切割,且有些也分辨不出节理裂隙的情形,其岩石风化的速度也迅速,这类岩石以风化情况为主是确定边坡稳定的主要因素。

宝成铁路秦岭区风化岩质岩层边坡参考数见表11。

表11 宝成铁路秦岭区风化岩质岩层边坡参考数值

岩石风化程度	边坡高度			附 注
	15 m以内	30 m以内	超过30 m	
严重风化的岩层	1:0.5	1:0.75	1:1	岩石性质改变不大,增加护面墙可加陡边坡
极度风化成砂状的岩层	1:0.75~1:1	1:1~1:1.25	1:1.25~1:1.5	岩石性质已改变,增加厚护墙可加陡边坡,个别情形按挡土墙处理
极度风化成土状的岩层	1:1	1:1.25~1:1.5	1:1.5~1:1.75	岩石性质已改变受水后增加推力,一般加护坡防止冲刷,若加陡边坡必须挡土墙处理

上述风化岩层当有构造关系时,或经受长时期冰川作用后,往往风化很深,勘测时应予注意并加描述。一般有构造关系的风化岩石是表层比内部风化重,对受温度和热度起感应多于无构造关系的风化岩层,或坡面经受不了雨水冲刷的岩层常以护面墙加固,而对空气、阳光作用后脱皮的岩层可以"喷浆"、"涂水泥浆"及其他煤渣三合土等涂面工作,以防止风化。不过在风化成次生矿物的极度风化岩层处,一般是刷缓边坡后铺盖草皮,可起到稳定高边坡的作用。

(五)其他确定岩质岩层边坡的参考办法

1. 对无构造影响的岩质岩层,也可按组成岩石矿物的性质分类,从其风化程度及节理裂隙多少拟出岩石边坡。

对层状岩石,按其生成岩石的主要成分或胶结物划分为下述三类。

(1)硅质岩石:有石英岩、石英片岩、硅质片岩、硅质页岩及石英质千枚岩等,以及砂岩、砂质页岩、页状砂岩、非泥质胶结的砾岩、变质砂岩等。

(2)石灰质岩石:有石灰岩、变质灰岩、大理岩、白云岩及石灰质板岩等。

(3)泥质岩石:有各种泥质页岩、板岩、千枚岩、软质的片岩、泥灰岩、炭质岩层、黏土胶结的砾岩、泥质砂岩等。

当这些层状岩石层次成水平或倾斜不大时,由于风化破碎程度不同,边坡各异,其边坡参考数值见表12~表16。

表12 宝成铁路秦岭区火成岩类及坚硬的变质岩按风化程度路堑边坡参考数值

风化程度	边坡高度			附 注
	15 m 以内	30 m 以内	30 m 以上	
未风化	1:0.1	1:0.1~1:0.25	1:0.1~1:0.3	节理极少,或无节理裂隙
轻微风化	1:0.2	1:0.2~1:0.3	1:0.2~1:0.5	节理少,不超过一组
中等风化	1:0.3	1:0.3~1:0.5	1:0.5	节理裂缝不发达,1~2组
严重风化	1:0.5	1:0.75~1:1	1:1	节理裂隙发达,3组以上
极度风化	1:0.5~1:1	1:1~1:1.25	1:1.25~1:1.5	节理裂隙极多,向各个方向切割

表13 宝成铁路秦岭区花岗岩类及层状岩石风化轻微在不同节理裂隙情况下边坡的参考数值

岩石种类	节理裂隙极少	节理裂隙较多	节理裂隙极多	附 注
硅质岩石	1:0.2~1:0.3	1:0.3~1:0.5	1:0.75~1:1.25	①当节理裂隙较多时,边坡高不宜超过30 m; ②当节理裂隙较少时,边坡高以不超过40 m为宜
石灰质岩石	1:0.2~1:0.3	1:0.3~1:0.5	1:0.5	
泥质岩石	1:0.3~1:0.5	1:0.5~1:0.75	1:1~1:1.5	
花岗岩类岩石	1:0.1	1:0.25	1:0.5	
喷出及深成火成岩类	1:0.25	1:0.5~1:0.75	1:1.25	

表14 宝成铁路秦岭区层状岩石中等风化时路堑边坡参考数值

岩石种类	边坡高度			附 注
	15 m 以内	30 m 以内	超过 30 m	
硅质岩石	1:0.3	1:0.3~1:0.5	1:0.5~1:0.75	①如层状非破碎时,一般以不超过40 m为宜; ②硬质岩层极度破碎时,坡度1:1~1:1.25
石灰质岩石	1:0.3	1:0.3~1:0.5	1:0.5	
泥质岩石	1:0.5	1:0.3~1:0.75	1:0.75~1:1	

表15 宝成线秦岭区层状岩石严重风化时路堑边坡参考数值

岩石种类	边坡高度			附 注
	15 m 以内	30 m 以内	超过 30 m	
硅质岩石	1:0.3~1:0.5	1:0.5~1:1	1:1~1:1.25	①边坡以不超过40 m为宜; ②泥质岩层以不超过30 m为宜
石灰质岩石	1:0.5	1:0.5~1:0.75	1:1	
泥质岩石	1:0.6~1:0.75	1:1~1:1.25	1:1.25~1:1.5	

表16　宝成铁路秦岭区层状岩石极度风化时路堑边坡参考数值

岩石种类	边坡高度			附　注
	15 m 以内	30 m 以内	超过 30 m	
硅质岩石	1:0.75～1:1.25	1:1～1:1.5	1:1.25～1:1.75	①一般边坡以不超过 30 m 为宜;
石灰质岩石	1:0.75～1:1	1:1～1:1.25	1:1.25～1:1.5	②当边坡上有冲水作用时,泥质边坡以不超过 20 m 为宜
泥质岩石	1:1～1:1.25	1:1.25～1:1.5	1:1.5～1:1.75	

2. 也可按岩石的强度系数 f 拟定边坡坡度

此办法虽不切合实际,但有发展前途;在岩石无构造关系控制时,往往十分正确。如对风化岩层,开挖后先对风化加以处理,对按岩层强度系数 f 所提出的边坡坡度可以增陡。强度系数法是比照普氏(普格任加可诺夫)岩层等级表确定边坡,即 f(强度系数) = 6～20 的,边坡为 1:0.1～1:0.3;当 f = 3～6 时,边坡为 1:0.3～1:0.5;当 f < 3 时,岩石边坡比较不易拟定,此因岩石性质不同所致。对硬质岩石的强度系数 f = 1.5～2 时,开挖路堑边坡需要缓至 1:0.75～1:1;而对半岩石或软岩石的 f = 1.5～2,开挖路堑边坡可以陡为 1:0.5。当 f = 1 时的岩质岩层边坡为 1:1～1:1.25,当 f = 0.8 时的岩质岩层边坡为 1:1.25～1:1.5 完全正确,所以说这一办法加以修正才有发展前途。

3. 国内外力学计算法及其缺憾

1) И. М. 齐马巴列维奇的空间要素办法(图29):

$$\frac{c}{\gamma} = \frac{H \cdot \sin\beta \cdot \sin(\alpha-\beta-\varphi)}{2\sin\alpha\cos\varphi}$$

式中　c——黏聚力;

　　　γ——岩石单位重;

　　　φ——内摩擦角。

当 $\beta = \dfrac{\alpha-\varphi}{2}$ 时, $\dfrac{c}{\gamma}$ 最大; $H = \dfrac{2\left(\dfrac{c}{\gamma}\right)\sin\alpha\cos\varphi}{\sin^2\left(\dfrac{\alpha-\varphi}{2}\right)}$

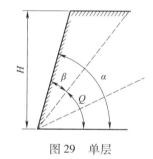

图29　单层

当 $\alpha = 90°$ 时, $H_{90°} = \dfrac{2\left(\dfrac{c}{\gamma}\right)\cos\varphi}{\sin^2\left(45°-\dfrac{\varphi}{2}\right)}$

当有两层时(图30):

先求第一层: $h_1 = \dfrac{2\left(\dfrac{c_1}{\gamma_1}\right)\sin\alpha_1\cos\varphi_1}{\sin^2\left(\dfrac{\alpha_1-\varphi_1}{2}\right)}$

再求第二层: $h_2 = \dfrac{2\left(\dfrac{c_2}{\gamma_2}\right)\sin\alpha_2\cos\varphi_2}{\sin^2\left(\dfrac{\alpha_2-\varphi_2}{2}\right)} - 2\dfrac{c_2}{\gamma_2}h_1$

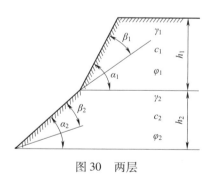

图30　两层

以上 c、φ 均为临界值,用 $c_0 = \dfrac{c}{m}$, $\tan\varphi_0 = \dfrac{\tan\varphi}{m}$。其中 m 为安全系数 = 1.5～3。将 c_0、β、φ_0 代入以上公式设计之。

此办法只适用于均质岩层中的破碎岩层,但与岩石结构仍要有联系。

2) 马斯洛夫—别列尔的水平办法。主要是将各层间视作垂直挡墙求推力,可解决不同性质的岩层路堑边坡设计,也适用于松软岩层。其办法见土力学,不详论述。

3) 马斯洛夫剪力角法:(土力学上有计算办法不详述)。

$$F = \tan\varphi + \frac{c}{N}$$

式中 F——综合摩阻系数；

φ——内摩擦角；

c——黏聚力；

N——正压力。

和上例算法中综合 φ 一样，只适用于破碎而松散的岩层，对完整岩层不合适；同样，对于软层也不够正确，因为风化岩是按"流体力学"进行力的传播。

4) 索科洛夫斯基法：此法是从塑性理论出发，使用于软岩处应是正确的；但因无法找那么多的点，实际上对此法无法采用。此法对硬岩而言不够正确，同时此法未考虑壤中水、裂隙水的渗流作用，也不全面正确。

（六）附各种边坡的统计表供设计时参考

1. 宝略段岩质边坡陡度参考表（见宝成铁路修建总结中"路基设计及坍方滑坡处理"第 22 页～第 23 页）。

2. 坡度与年代关系表（表 17）

表 17 坡度与年代关系

岩石种类	阶段高	10 年的角度	40～50 年的角度
坚硬的火成岩	—	70°～80°	55°～65°
坚硬的沉积岩	—	50°～60°	50°～55°
半坚硬干燥的砂岩	25～30 m	40°～50°	40°～50°
干燥的泥质岩石	25～30 m	35°～45°	35°～45°

3. 坡度与高度关系表（表 18）

表 18 坡度与高度关系

等级	岩石组别	代表岩石	休止角	И. А. 库兹涅佐夫	Б. И. 白果与伦夫	
					25～35 m	100 m 以内
Ⅰ	软泥质岩土	土	40°	40°～50°	35°～45°	25°～35°
Ⅱ	结块硬泥质岩石	泥质页岩（坚硬的）泥质砂岩（破碎的）	45°	45°～55°	40°～50°	30°～40°
Ⅲ	比较坚硬的岩石	砂岩，硬质胶结的砾岩	45°～65°	55°～65°	50°～65°	40°～45°
Ⅳ	不够稳定岩石	粗粒花岗岩，片麻岩	65°	65°～70°	55°～70°	45°～50°
Ⅴ	稳定坚硬岩石	很坚硬的石灰岩，砂岩	65°～80°	65°～75°	60°～75°	45°～60°
Ⅵ	极稳定坚硬岩石	坚硬的石灰岩	<90°	70°～75°	65°～80°	60°～70°

4. 岩石含水与坡度 И. А. 库兹涅佐夫表（表 19）。

表 19 岩石含水与坡度

岩石种类	岩石的坚硬性	倾斜角	
		干　燥	含　水
石英岩	极坚硬	70°～75°	60°～65°
	中等的	60°～70°	55°～60°
花岗岩	坚硬的	75°	75°
页岩	坚硬的	65°～70°	60°～65°
	中等的	60°～65°	55°～60°
	松散的	50°～55°	40°～50°
石灰岩	—	45°～55°	40°～50°

续上表

岩石种类	岩石的坚硬性	倾斜角	
		干　燥	含　水
纯橄榄岩	中等的	65°~70°	60°~65°
	松软的	45°~55°	40°~45°

（七）工程地质调查在变形方面应注意的事项

（1）斜坡形状；

（2）调查所涉及的问题是工程地质性质、岩石的各种不同高度、斜坡的极限坡度；

（3）在风化作用与荷载作用下，斜坡表面的岩石所起的一切细微变化，以及斜坡深处在岩石之间的过渡关系；

（4）变形的类型及其发展阶段和强度；

（5）变形发生的频率及时机；

（6）变形的范围及部位；

（7）崩塌的数量、石块的大小、形状、大小岩块的比例；

（8）崩塌面岩石的岩性和结构特点、植物生长情形及凹陷面形状与尺寸；

（9）崩塌岩堆的范围、形状及植物生长情况；

（10）人工边坡开挖的时期，曾经发生那些变形及历年处理的情况（包括访问）；据之在结合地质构造单元、新构造运动、地貌的演变过程、自然条件及人为等的因素深入的认识变形规律，对路堑边坡设计提出正确而全面的工程地质资料。

（八）详细的工程地质图测绘

工程地质特征和现象主要是由工程地质图予以反映。岩石边坡工程地质图的测绘类似其他工程地质图，对岩层的层理、节理、风化程度、地貌特征、物理地质现象和变形情形等，在进行详细调查后，立即绘制在图上；一般按应用区别有平面图、边坡走向图、横断面图和纵剖面图。主要进行以下测绘工作：

（1）进行细致的工程地质分区：不能满足一般岩石岩性的鉴定，必须对各个地段不同的工程地质特征和稳定程度进行分析。

（2）地貌的分区及微地形的测绘：各种成因不同的地貌，其斜坡和稳定程度不同，在细致的分析地貌特点后，对评价斜坡的稳定性及确定不同高度的极限平衡边坡意义很大。地貌特征反映了地质结构、地层次序、风化程度等综合特点，除研究较大范围的地貌特征外，还需注意细微地形的变化；如斜坡的变化、地面的起伏（凹陷、凸坡、陡坡、裂缝、孤石）等，也要表示在工程地质图上。

（3）填绘构造断裂线：特殊的构造线、构造断裂线不仅能追索风化的规律，同时也是结合解决变形的主要条件。

（4）确定节理裂隙性质、强度、分布情况及对斜坡稳定性的影响：确定裂隙的成因类型、深度及山坡方向的分布情况、间距、宽度、形状等。同时也要侧重于各种裂隙的倾向、倾角、充填程度及充填性质等。

（5）确定岩石风化厚度、强度、性质，并据以评定斜坡的稳定性；了解岩石的风化程度不仅要确定风化与岩石的类型、与地质构造之间的关系，而且要确定风化与外部条件的关系（包括地貌条件、地理条件等）。例如分水岭的风化层常较斜坡处厚，缓坡又较陡坡处厚，更重要的规律是风化带沿构造线和裂隙破碎带发育。对于有无古风化壳的存在也应特别注意，除了要确定风化层的厚度外还要划分风化亚带，以分别表示出不同的风化程度。风化速度，可在人工边坡上进行了解，观察岩石的颜色和结构的变化、风化产物出现的多少、岩石强度是否还大等。在调查促使风化的主要因素下对采取处理边坡的措施产生了更为安全的作用。

（6）要善于布置观测点，利于详细的、具体的表达各种不同的地质构造斜坡变形的现象。

（九）小结

岩质岩石的边坡设计如忽略了研究当地自然的稳定坡度，只仅按任一办法所拟出的边坡均无意义；应采用各种办法互相对照的做法，可进一步帮助分析当地的自然稳定边坡，从而找出切合实际的边坡形状和各部分的坡度。

在实际工作中均先对自然山坡(包括已建成的人工切坡)的坡度与高度进行广泛地调查、统计和分析,然后才能据以确定当地岩石边坡的设计。

对岩石边坡进行加固时,必须按不同的风化营力采取不同的加固办法。如

(1)为防气态水和液态水的作用,可采用抹面或喷浆的办法,一般厚2~4 cm。

(2)为防温度变化的作用,可使用绝热保温的覆盖工程,一般厚度不薄于0.4 m;当边坡平缓为1:1 ~ 1:1.5时用黏土混凝土或干砌片石,对边坡陡于1:1时经常采用护墙和浆砌片石护坡。

(3)为防止边坡上个别石块脱落而引起连续不断的坍落时,常修挡墙或支撑墙,以达到稳固边坡的目的;在需加陡岩层边坡处,常采用原护墙以降低开挖高而减少坍塌。

八、总　　结

(一)处理坍方落石的各种办法(总结之一)

当整治山体错落、山体崩塌、边坡坍塌及坡面剥落时,必须要认识所用建筑物的性能、作用和场合。整治的原则办法除"排水"外,分为躲避、拦截、遮挡、支撑、加固、清除、减重与刷坡八项,每项办法的具体结论分述如下。

(1)躲避:对山体错落、山体崩塌、严重的坍塌坠石,以改线达到躲避危害为目的时,必须先估计到危害的范围,并与其他办法做经济技术比较。

(2)遮挡:躲不开时,在列车净空的范围以外(上方及内侧)修建坚固的建筑物,以承受坍坠体的冲击力及推力。这类遮挡建筑物有:明洞、挡渣棚适用于中等崩塌及严重的坍塌落石处;落石网适用于落石,是任其坍坠以建筑物承受的办法,故建筑物需单独设计。

(3)支撑:当山体失却支撑而错落、崩塌及坍塌时,按挖走的土石换一支撑建筑物以恢复平衡;对处理崩塌及大型坍塌,修明洞并回填以支撑山坡;对中型坍塌及悬石易坠者修直立式挡墙回填土石,以支撑山坡或悬石;对堆塌修各种挡土墙、支垛、扶墙、打桩回填及支撑墙等。对所述任一项工程均需根据当地情形进行单独设计。

(4)拦截:若是坍塌在路基内侧或山坡上修落石槽、截石栅栏及挡石墙等建筑物,以阻止坍塌体侵入铁路净空,不让砸打列车;每一工点也需根据当地每次最大坍方数量及落石数量计算,并考虑落石的抛物线。

(5)加固:以防止雨水冲刷边坡、破碎岩层风化变形与脱落为原则。避免碎落、剥落及脱落而修各种护坡;避免碎落及局部软弱部分的坍落及凹陷而修挡土墙、护墙、支墙、补墙及其他防止风化的喷浆、抹浆、压浆以及黏土混凝土、三合土等;在陡边坡易坍方处,经常采用挡墙加固。

(6)清除:当查明坍、坠、崩体的数量不大时,而且不致因清除后引起山坡其他变形又经济处,将变形体整个挖出是在有经济技术比较后,经常采用的有效措施之一。

(7)刷缓边坡对山体错落、山体崩塌往往有害而无利,往往促使山体错落转化为山体崩塌,必要慎重对待。但在山坡平缓无错动,崩塌及滑坡可能发生处,刷缓边坡又经常是处理堆塌最省事的办法,同时经济简单多被采用;对坠石及剥落地带可刷走表层而后加固,但并不能直接解决坠落地带的病害。

(8)减重:指在变形体的上部割去一块,有对错落、崩塌及坍塌减轻坡脚压力及下错力的作用,并降低边坡的高度。当查明减重后上方不继续坍塌时,这一办法才可应用,对处理错落显而易见,但对落石是没什么作用。

(二)工程地质工作的要点(总结之二)

(1)用工程地质法评价山坡的稳定性:

①先从构造与地貌肯定不良地质的严重性;

②从当地岩层构造、岩石结构及岩性了解局部不良地质的程度和性质;

③与两端山坡的地质进行对比,了解当地变形的发生、发展及后果,以推断工点变形的情形;

④综合各种资料对山坡予以总体评价。

(2)结合地质与建筑物的性能,决定线路位置与路基断面:

①根据山坡整体的地质条件研究线路位置；
②从工程地质法中选用几种适合于当地条件的公式计算以决定路基断面的结构问题；
③从建筑物的要求与当地的地质条件，了解两者是否相符；
④进行各方案经济技术比较时必须考虑后果。

（3）山坡变形后要细致地调查，并立即采取相应的临时措施：
①用工程地质测绘和对比方法了解全貌，并立即对病害进行观测；
②根据对裂缝及其他变形的细致调查研究，大胆设想的决定勘探量，并以证实推断为目的布置勘探点；
③立即采取地表排水工作和其他有效（不会引起反后果）的措施，以防病害的恶化；
④对不正确的施工方法提出意见，并对变形有利的工程提出暂不施工，以及提出其他有利的临时工程措施。

（4）根据地质及勘探资料提出处理意见及方案：
①地质勘探是先证实所推断的当地地质构造，从而提出处理方案与整治原则；
②根据规划对工程措施进行勘探，以便设计适合整治当地病害的建筑物；
③施工中应以核对地质条件为目的之一，随工程的进展及时找出与实际地质条件不符之处，纠正以往不正确的推断，立即改变工程细节；
④竣工后及时对建筑物进行观测。

（5）总结与研究工作：
①病害工程及时总结；
②观测对勘测设计中未解决的问题。

总之，一切以勘查当地的地质为主，试验、计算为次，观测并积累各种数据；研究自然可改造自然，就是工程地质法处理山区病害及解决岩石边坡的办法。

注：本文是徐邦栋 1960.11.14～11.17 于唐山铁道学院讲稿。

鹰厦、外福两线几类主要路基病害及处理的分析研究

一、现状（略）

二、几类主要路基病害及整治的分析

两线路基病害种类繁多，有滑坡、错落、崩塌落石、坍塌、路堤滑移和溃爬、河岸冲刷、路堤的堤坡坍塌和堤坡滑坡、填石路堤及片石垛的倒塌、松软地基路堤下沉、水漫路堤、路堤溃决及坡面冲沟流泥流石等。这些病害均与当地条件有关，具有区域性。

事实上，山坡变形是不断发展的，而且过渡性的居多，有些是不断转化的；所以同一工点，由于观点不同，可能划分在相异的类型中；本文则以当前变形所处的阶段为主，为划分类型的依据，以便于整治，便于论述。例如K×××风化岩层路堑边坡及山坡的变形：该山坡是沿当地断层线发育的、受江水冲刷而形成古错落体，目前的变形是由堆积层发展到下部的基岩，处于边坡滑坡阶段（将路堑挡墙挤裂，在路基上出现滑坡下缘）。从整个山坡的稳定性看，是古错落体上的局部变形。在当前河岸冲刷尚未引起路基变形前，不致形成再错落，而边坡滑坡得到整治后也防止了整个山坡的再错落，所以不列入错落类。同样当前山坡上堆积层及基岩表面也有互不关联的小坍塌现象，它是局部的，且随边坡滑坡的发展而加剧，故不列入坍塌类。当前它是以边坡滑坡为主，需针对边坡滑坡进行整治才能收效，所以我们将它列在边坡滑坡类中论述。

兹就六类路基病害研究分析其性质、分布、发育原因及整治办法，分述如下：

（一）滑坡的分布、发育及整治办法

按现场所见两线较大滑坡的特征，其性质、分布规律、发育原因及整治办法等分析于下：

1. 两线上所发生的滑坡比较集中，分布在1）K×××至K×××及K×××至K×××两段云母片岩及片麻状花岗岩地区；2）K×××至K×××、K×××至K×××及K×××至K×××三段砂页岩互层地区；3）K×××至K×××砂页岩下伏风化闪长岩地区；4）其他如K×××至K×××、K×××及外福线K×××等零星地区。

2. 两线上所见的滑坡种类繁多，计有：1）堆积层沿基岩顶面移动的滑坡；2）堆积层连同残积层沿较完整岩层顶面移动的滑坡；3）弃土沿老地面移动的滑坡；4）错动过的岩层沿完整岩层顶面移动的滑坡；5）堆积层中的半坡滑坡；6）风化花岗岩类的半坡滑坡；7）风化破碎页岩类或页岩互层中的半坡滑坡；8）由坍塌转化为风化破碎岩层的坍塌性的半坡滑坡等八种。经过现场了解及研究分析，由于它们在性质上和整治上的类似，故本文将1）至4）并称为堆积层滑坡，5）至8）并称为半坡滑坡，共分两类论述。

3. 两线上，不论是××溪两岸发生在云母片岩地区的古堆积层滑坡，或者是沿××江岸边发生的以页岩、变质页岩、砂页岩互层、风化闪长岩或风化凝灰岩顶面为界的古堆积层滑坡，多具有宽广的汇水区，平缓的山坡，滑坡舌部突出于河边，位于古河流冲刷的一岸和地表水、泉发育等外貌的共同特点。同时这些古堆积层滑坡都在堆积层中夹杂有许多岩块，为下渗及壤中水活动准备了通道，而且大多数后缘都类似K×××至K×××一带具有同一断层形成的具有陡壁，在陡壁下断层中不断有水补给滑体，因此使基岩顶部凹槽含有丰富的地下水，正因为凹槽长期聚水才有可能经常软化基岩，而基岩又为风化云母片岩，具易软化性质，故形成软弱带等，这些都是形成堆积层滑坡所共同具有的不利条件。

4. 据统计在××溪及××江两岸的古堆积层滑坡，当前岸边已沉积支撑体，多已停止发展；而××江沿岸的古堆积层滑坡，尚有个别的曾因近年来江水严重冲刷，水毁滑坡头，助长了复活的古滑坡急剧发展。这

些已经停止活动的滑坡,多因在滑坡舌部修路堑,切断了支撑或减少了支撑部分的体积,而引起局部的复活。滑坡中上部分的滑面在风化岩层顶面一带,而下缘则在堆积层中,随路基切入堆积层的深浅而变,一般接近路基面。

5. 堆积层滑坡的发生或古滑坡的复活,几乎都因切割边坡过陡,雨季中边坡先渗水而后坍塌,然后在大量刷坡中引起滑动的。随后在坡脚修建了埋基不深的挡墙或片石垛;终因水未处理,滑坡发展了,推走或剪断所修的支撑建筑物而扩大了变形范围。

6. 较大的堆积层滑坡,在旱季活动不多,每逢雨季逐渐发展,一般表现缓慢,多延续到雨季之后,时期较长,反映了促使滑动的水来源远,范围大,处理困难。

7. 两线上各堆积层滑坡形成的条件、因素很多,虽是相互关联的,但有主次之别。一般在同一气候条件下较大的堆积层滑坡总是具有丰富的供水来源,明显的具聚水、隔渗性质的滑床,便于地下水活动的松散结构的滑体,易于软化具不良岩性的滑床以及一些能减少滑坡支撑体的因素,这些条件、因素在不同滑坡、不同滑动阶段也有主次之别。例如 K×× 古滑坡的复活,本是由于在滑坡头部修路堑,切割了支撑部分,使古滑坡体失去平衡而滑动的,故其滑床的前缘在路基面附近。但在1960年6月××江涨水,冲走了河岸以后,发生连通路基、河岸向江移动的一级滑坡,和因滑坡头部移动使失却支撑的山坡上又发生几级滑坡;这时滑坡的性质改变了,成为典型的牵引式滑坡。由于滑体多年移动,山坡上产生了许多裂缝,致使地表水下渗增多,因而地表水对滑坡的作用,逐渐由次要转化为主要因素。由于对滑动起主、次要的关系不断地改变,所以必须随时注意,在不同时期,整治滑坡的重点不是一成不变的。

8. 综上所述,由于不同堆积层滑坡的发生发展的阶段不同,一定阶段有一定的主、次要条件、因素,因此整治它必须按工点的具体条件、具体分析(例如 K××× 滑坡,为一范围大,滑体不厚的滑坡,地面积水严重、地下水发育;因此建议定期以疏干积水为主,并增加路堑内侧抗滑低挡墙以防止边坡坍塌及滑体松散,以致引起表水下渗的危害)。但总的整治方针也因它有共同的不利因素,是可以肯定的。例如对堆积层滑坡如何减少滑床水的长期作用或改变滑床的软化条件,总是应该首先考虑根治方案。恢复滑坡支撑力的措施也是具有成效的办法。其他相应的综合措施,应该随滑坡所处的阶段有所侧重;但对于排除地下水工程,因花钱少,工作条件方便,易起作用,从来都是优先施工的。

9. 一般堆积层滑坡,其变形缓慢,为无恶性事故滑坡,应有一长远整治规划,逐步摸清其性质,分期修建整治工程;同时研究改线方案,在肯定整治经济可靠时,才修建整治病害的主体工程。由于一般堆积层滑坡,地下水总是起主要作用,且山区壤中水及基岩裂隙水的规律不易在短期内摸清,所以截断滑床水的工程是根治工程,也不得列为后期。为了防治这些滑坡继续恶化,一般地表排水工程,例如:滑坡范围外防止表水流入滑体内的环形排水沟、促使落在滑体上的表水尽快、尽量多的流出滑体的地表整平夯实及树枝状的地表排水沟,以及疏干滑体表层的壤中水及地表水、泉、湿地,防止它们长期下渗的引水工程及小盲沟等,都应立即修建,随时修补,保证它经常起到作用。当前这些滑坡,已推坏了抗滑挡墙,均因未疏干滑坡头部的水,致使推力增大,并浸软了挡墙基础所致。所以整治对策,以立即在墙后修建短而密的支撑盲沟为主,相应的加密被损坏的挡墙。其他暂时不直接影响滑坡的护岸防护,可列为后期工程,需要时再修建。

10. 个别的堆积层滑坡如 K×××,由于××江不断冲毁河岸,携走滑坡舌部而引起古滑坡逐级严重的发展;因此在整治上首先应以恢复原河岸,平衡滑坡为主体,并加强河岸防护以保证所恢复的支撑体不被冲走,从而基本上稳定此复活的古滑坡。其次为防止由于修路堑、刷边坡,所引起滑床在路基面的滑坡的滑动,既可将线路外移到新填的河岸上;也可以在路基内侧对该滑体修支撑盲沟及支撑工程。对于山坡上已修成的排水系统应及时修补,进一步完善,经常养护使它随时都起作用。同时立即进行收集该滑坡地下水埋藏情形的资料,以便在上述工程仍不能稳定滑坡时,修建截断作用于滑床上的地下水工程。根据上述所有的工程造价与改线在滑床下以隧道通过滑坡区的方案做经济技术比较,从而在原则上肯定铁路通过该滑坡区的办法。

11. 在沿岸的堆积层滑坡有些例如K×××。其地下水丰富,基岩为风化严重的云母片岩(但厚度不大),下伏已高岭土化的风化破碎花岗岩;以及在××江沿岸的堆积层滑坡例如K×××等,同样是地下水丰富,基岩为风化破碎的泥质岩层(厚度不大),下伏已高岭土化或绿泥化的风化级严重的花岗岩或闪长岩、凝灰岩等,其滑床位置随滑坡发展,地下水增多,软化下渗过程有变动,可能部分在基岩顶部、部分在云母片岩或泥质岩层中,而部分又到达下层岩层的顶面。所以搞清当前滑床在各部分的位置,并估计今后滑床发展的可能性,才能保证整治工程起到作用。例如K×××滑坡,虽说滑床可能发展到下伏的风化花岗岩顶面;但当前中、上部滑床可能在泥质砂岩顶面或其中。并无可靠依据将风化花岗岩以上的泥质岩层全部视作滑动体。所以有必要做坑探证实实际滑床的位置,不然防治工程的位置难于确定。同样例如K×××滑坡也因缺乏实际勘探资料而只能推断滑坡下缘在风化花岗岩上,而大部分滑面是位于风化云母片岩顶面附近。其他如K×××滑坡,原地质资料分析推断滑床全部在风化闪长岩中完整带的分界面;而我们则认为路基面以下的地段是如此,路基面以上的山坡地段其滑面则在泥质砂岩的顶面附近。由于中、上部滑床的位置不十分明显,所以应先修支撑盲沟,以逐步稳定各滑坡为主,在收集地下水治理的同时搞清滑床位置,然后才能设计截断地下水的工程。

12. 在风化云母片岩及片麻状花岗岩混杂地段所发生的滑坡,以边坡滑坡为主。这些地段都是基岩裂隙水发育,边坡处于十分潮湿的状态。滑面的位置与岩层倾向及主要倾向山坡的节理裂隙组合有关。这类滑坡多是由于切割风化破碎岩层后新产生的滑坡,它与河岸冲刷有极少的联系。

13. ××江窄谷地段砂页岩互层处所发生的滑坡,以边坡滑坡为主。这些地段山坡处于极限状态,由于植被稠密有疏干表层岩石的作用,才保持了山坡的稳定;现因切割后未能及时修建挡护墙,使坡面水文地质条件改变,加陡了裂隙水的泄水坡度,因而造成边坡不断坍塌。同时在植被遭到破坏后,岩石风化速率增大,风化深度加深,当山坡上有足够厚的风化层后,即由坍塌转化为随路基切割深度而变的半坡滑坡。

14. ××溪及××江一带花岗岩类及云母片岩的风化壳比××江一带砂页岩互层的风化壳厚,风化程度较深,此为实际所见,故前者地区多边坡滑坡而后者多坍塌现象。又因砂页岩互层节理裂隙发育有规律,也见滑面位置受节理裂隙组合关系的影响比花岗岩地区更为明显。

15. 一般边坡滑坡变形之前,在地形地貌上无明显迹象,只不过岩层风化、破碎、松散,比较潮湿而已。但也有一些例外如K×××等滑坡是由于切割古错落体而发生的,而古错落体在地形地貌上是有明显特征的,也是选线人员可以事先了解预防的。不过所有的边坡滑坡,在地质断面上是具有松散的结构、易风化、软化的不良岩石性质及存在着丰富的裂隙水等条件,如能事先了解分析,也能预计其变形的。

16. 两线上边坡滑坡的演变过程为:先因边坡切割过陡,坡面渗水、鼓肚而后坍塌,表层岩石在不断风化的过程中降低了强度,由于坍塌不断刷坡增大了受水面积,更深入的风化后,逐渐在坡脚出现错面,山坡发生环裂;至此已由坍塌转化为整块风化岩层沿一定的面滑动的边坡滑坡了。据此我们认为边坡滑坡发生、发展的主要原因是:①切割边坡后改变了裂隙水的作用及水文地质条件;②在不良岩性的岩层坡面遭到不断刷缓暴露后,岩石迅速风化,强度降低了。

17. 据第16点所述的边坡滑坡发生、发展的原因,整治它一般应以增加坡脚抗滑支撑力及疏干滑坡头部的裂隙水为主(如此可以防止滑体松散避免增加表水的下渗量);同时也防止下部岩层风化加深避免岩石强度降低。所以建议修建边坡抗滑挡墙及墙后短而密的支撑盲沟为主,相应地做好滑体内外的排水工程以及将坡面整平夯实、恢复山坡植被的工程等,以促使滑坡日趋稳定。

18. 在××山区,有一些个别的半坡滑坡例如K×××等,实际上其变形是介于坍塌与边坡滑坡之间,目前难于定性。因此整治它,需具体分析变形实质与原因才能对症下药。它们本由风化极其严重的软弱岩层所组成,表层堆积物不厚,被切开后,由于岩石在新鲜面积聚了水而软化,因此岩石强度逐日降低,由小坍塌开始,大滑坡终止。事实上岩层本身原无软弱带,只是松散和风化厚度较巨,不似一般坍塌(岩层逐渐由外向内变坏而逐渐向内塌下),而是整块的挫下滑走。其中K×××变形移动缓慢,只将坡脚挡墙挤坏,路基凸起；此系岩层强度逐渐降低所致。而K×××滑坡因是路堑积水,在当地页岩(经化验)有迅即崩解的条件下,岩石迅即降低强度,故变形急剧,具崩塌性；其变形体大,作用力大,故将路基钢轨推到对面堑顶之上。其实两者变形实质是类似的,整治它不在病害分类上有无区别,更重要的是了解其变形实质是否相同。

因此对K×××的整治,由于它是老错落体,当前处于边坡滑坡阶段,故建议加深加大抗滑挡墙的基础及断面为主以支撑山坡；并在墙后修短而密的支撑盲沟、修建墙后平行挡墙的盲沟以疏干滑坡下部,并保证挡墙基础不被软化,滑面不致向下发展。同时也需相应的修建地面排水及植物防护坡面等工程。关于与之相邻的K×××为堆积层滑坡,系因堆积层的河岸冲刷而坍塌,引起路基外移,牵连到大量弃土组成的堆积层山坡发生滑动；目前滑床位置尚未查清,所以建议恢复老河岸支撑的宽度,并做防止江水冲淘的护岸工程；如此在使路基稳定的条件下,也有可能稳定了滑坡。随后在了解了山坡滑坡之后再修建二期防滑工程。

关于K×××病害,如非亲临现场,了解到具体变形实质,很难认为当前已采用的刷坡方案可以稳定滑坡。目前从整治由坍塌过渡到坍塌性的半坡滑坡这一观点出发,刷坡是可以基本防止今后山坡大量变形的；但因边坡岩石有遇水崩解性,所以建议坡面上需加强护面工程,修浆砌片石护坡、护墙是必须的；否则大面积上边坡坍塌、流泥将严重影响运营。

(二)错落现象及整治的分析

把"错落"作为铁路路基地质病害中的一个独立类型来处理,是从我国宝成铁路宝略段的整治工作中开始的；因此有必要对这类现象介绍一些基本概念。

我们认为错落是一种山体断裂和岩层错动的变形现象。当山体表层为松散体时,它可由于震动,风化等原因使其强度降低,或改变外形影响其受力状态,增大其单位应力将发生相应的变形,因而引起内力调整产生相应的变形,例如压密等。由于各个局部岩体的内部结构不均匀,形变不一致,在岩体内发生极其复杂的作用于内力传递,终究将沿岩体本身已经存在的软弱组合关系(例如倾向山坡的节理裂隙面、断层面或堆积层中土、石分布不均的土石分界面等),发生剪断下错(或向斜路基的各种构造面顺软弱破碎带下错)。这种现象是山坡上逐级平行的下错,最终发展至完整岩层与松散岩层的分界处出现环状错台。由于它是内力调整过程,完成一次调整之后即达平衡；如果条件不改变可以不再发展,一般为一次性。不过也可能在调整内力中个别岩体内部由压密转化为剪断,或因局部岩体岩性不良随时间逐渐降低其强度而不断产生变形；长期性的变形属个别情形。比较普遍的现象是条件继续恶化,即不断引起岩体内部结构的单位应力增大或强度降低形成多次错落,最终表现为沿某一组合断裂面造成破碎带。其断裂面倾向山坡较缓时,破坏现象类似崩塌性滑坡；其断裂面倾向山坡较陡时,破坏现象类似滑动式崩塌；其岩层极松散时,破坏现象类似坍塌,不过它最终的变形总是以下错为主。因此长久以来国内外均有不同的认识,怀疑它是否是一种山坡变形类型。

由于变形范围大,体积大,在岩体骤然失去结合力断裂时产生巨大动能,故其表层岩体随原来组织结构的结合程度,出现不同程度大小岩块的崩落、倾倒、翻滚和坍塌等现象。其摧毁力大,变形急剧,性质也是恶劣的。

基于上述认识,作者在西北宝成、略鱼、兰青、刘家峡和镜铁山等线曾处理过不少错落工点,从其效果看必须把错落作为一类山坡变形现象和滑坡、崩塌、坍塌等并列才能有区别的进行整治。

关系两线的错落病害,只列了5处,但事实上这类病害很多,由于调查时与坍塌混淆,因此将许多小型错落均列在坍塌类了。类似K×××沿不同风化面发生的花岗岩风化壳中的错落现象在两线花岗岩地区十分普遍；类似K×××的破碎云母片岩沿断层带下错也并非仅此一个工点；类似K×××石英砂岩与紫色页岩互层在节理发育的条件下,倾向山坡的节理倾角与其休止角相近时,由坍塌转化为错落的实例,不仅仅发生在这两类岩石互层中,事实上许多砂页岩互层地区的小型错落均误列为坍塌了,类似K×××堆积层及断层破碎带的风化砂岩,由于失却支撑及裸露的泥质页岩因强度降低引起的错落现象,不少都认作滑坡了；类似

K×××褶曲严重而破碎的板岩目前在由坍塌转化为错落中,一旦崩下,常易认作崩塌工点。所以值得注意,否则性质不明,处理不当在所难免。

根据对5个具体错落工点的综合分析:其分布发育的原因及整治办法如下:

1. 错落现象均发生在风化破碎的松散岩中。两线属于岩层组织结构松散的地段,发生错落的类型有下述五类:1)例如K×××花岗岩风化壳沿不同风化面的错落;2)例如K×××断层破碎带的岩层沿断层面的错落;3)例如K×××软硬两种岩层互层其构造节理裂隙发育沿陡节理面的错落;4)例如K×××断层附近松散的堆积层及软弱砂岩在改变了受力状态,在减弱了岩层强度条件下的压密错落;5)例如在K×××褶曲严重而破碎的岩层边坡过陡的条件下沿局部强度差异的软弱带形成的错动。这五类错落所发生错落面的位置均与岩层结构和组织结构有关。

2. 古错落体均位于江水冲刷的一岸;例如K×××及K×××,而新错落均发生在切割松散岩层的坡脚之后;例如K×××等。两者均有削去松软体的支撑宽度而增大松散体内单位应力的不利作用。

3. 两线的错落地段,其岩层不但风化破碎,而且不均匀,有吸水软化性质。雨季中常见坡面上潮湿渗水,但未严重到流塑溜塌状态。由于雨季中时干时湿,交替作用使强度锐减显著,逐年逐月可以衡量。因此认为出现错落现象除因具备上述条件外,还与裂隙水长期干湿交替作用有关。

4. 据了解两线一般错落工点其变形发生发展的过程为:1)对松散岩层初期切割坡脚较陡;2)雨季中坡面上裂隙先逐渐松弛渗水,然后坍塌;3)由于路堑边坡坍塌未做护面加固工程,一味刷坡(一再坍塌一再刷坡),以致岩层大面积暴露加速风化;4)由于地表植被遭大量破坏,表水易于渗入,在山坡逐渐松弛的情况下,堑顶以上的山坡向临空面出现平行构造线的裂缝,并逐步发展到不同构造的分界处急剧下错(这些不同的构造面如K×××的断层壁,K×××的风化面,K×××的节理面的两组断层组合面及K×××的风化不均面等);5)有些下错后获得支撑,变形基本终止转化为松散体的压密和局部坍塌;有些错动面下缘悬出堑坡,处于即将急剧变形阶段;有的经过了错动后本已获得平衡,但岩层已松散,节理裂隙已张开,植被已遭破坏,这些不利条件如不消除,就处于继续恶化过程中。

5. 综合上述错落发生和发展的情形,认为形成错落的作用条件有:1)具风化破碎、松散的岩层;2)具有构造破碎或软弱带或不利的组织结构的组合面;3)具有裂隙水或壤中水活动的水文、地质条件;4)自然错落工点位于被江水冲刷的一岸。

引起错落变形的主要因素:1)削弱松散体承压面积及支撑力量;2)裂隙水或壤中水经常变化促使岩层软化降低强度;3)大面积破坏植被,减少土壤疏干能力,增加负荷速度,增大表水下渗量;4)暴风雨中裂隙充水增大岩层重量,产生压力;5)河水严重冲刷。

6. 上述形成错落的条件、因素并非每个工点全部具备,随工点不同有主、次之分。因此,整治它必须分别对待。建议在区别主次要原因的同时,应该认清当前变形所处的阶段,以便对症下药。例如对K×××,建议立即加强坡面隔渗及表层疏干措施,以防止表水沿裂隙下渗,并进行观测,掌握其动向;其次是处理山坡上局部浅层滑动即河岸冲刷。例如对K×××如果铁路不再切割错落体,在其表面做些地面排水,整平和恢复植被等措施后,错落体可以稳定;如有切割,则按切割的多少,以同样支撑力的挡墙代替,并相应地、较均匀地减去一部分重量,以防止增大单位应力。所以建议本工点铁路当前尽可能少内拨,以修抗错落的挡墙和相应地在错落体上减去一些重量为主的工程措施,再做些地表排水等措施,以保证错落体的稳定。

7. 整治两线错落的一般办法:1)按错落体体积,范围大小确定采用绕避,支撑遮盖或改变其外形以减小单位应力等方案。但每一方案均不可缺少对错落范围内外做地表排水,调整地表径流及恢复地表植被的工作,同时应根据山坡植被状况与坡面裂隙分布,张开程度,以判断表水下渗与裂隙充水时对病害的影响,再决定是否需要做隔渗与表层疏干工程。2)对错落体头部的边坡坍塌,以做挡护墙及边坡加固工程为主,尤其是对风化岩层不宜多刷,应尽量防护防止其继续风化为宜。所以在边坡裂隙水活动地带,做带有边坡渗沟的浆砌护坡可能是最切合实际的防治工程。3)由松散岩层组成的山坡当其倾斜角接近休止角,并位于河水冲刷一岸时,首先应注意防护江水冲刷,以免引起整个山坡沿倾向河的一组节理产生错落。4)当错落变形后,引起变形的因素也随之消失；例如已稳定的路基不再切割坡脚，条件不再改变，可以将山坡上裂缝夯填，做排水沟截止表水顺裂缝渗入，然后进行观测，可暂时不做其他处理。

(三) 高填及陡坡路堤的滑移及溃爬等的分布、发育及整治分析

两线几年来，高填路堤及陡坡路堤的滑移和溃爬现象，据统计绝大部分发生在两越岭段的风化花岗岩地区。正因为线路铺在山岳地区，坡陡沟深，修了不少高填及陡坡路堤；竣工后发生整个路堤沿老地面，崩溃滑至下坡方向几十米甚至百余米以外的溃爬现象，近年来在逐渐增多。不但性质恶劣、严重影响行车安全；而且是造成当前断道时间较长的主要病因之一。兹就现场所见属于溃爬及滑移两类性质的路堤病害分析其分布、发育原因及整治办法如下：

1. 发生路堤滑移和溃爬的地段，据统计集中在风化花岗岩地区。其基底多为斜坡及沟洼，由风化花岗岩的碎屑及砂黏土组成的残积堆积层，有壤中水在基底活动。铁路修建后由于桥涵留的少，因而恶化了排水疏干条件，均在暴雨中路堤内侧或侧沟积水的条件下发生变形。滑移的工点，往往是边坡外侧先鼓肚、渗水而后出现滑坡上、下缘裂缝，逐步整体的移动；而溃爬的工点则预兆不多，常在骤然之间崩溃几十米以外成泥浆状。

2. 几个溃爬工点的填料均以当地的风化花岗岩为主，其中含有肉红色粗粒花岗岩的风化土在浸水条件下，半小时后占70%的花岗岩均已崩解，因此认为岩性不良是形成路堤溃爬的主要原因之一。

3. 从一些主要滑移及溃爬工点的填料所做的化验表明，新挖出的风化花岗岩其内摩擦角与砾石、粗砂及碎石混合物同为35%左右，所以能支撑高陡边坡。经过六七年之后，经化验已风化成砂黏土，含水量在26%~28%，内摩擦角 φ 介乎于20°~30°间、黏聚力 c 为 $0.2 \times 10^{-2} \sim 1.5 \times 10^{-2}$ MPa；所以年代愈久，路堤愈不稳定，与一般填料所修路堤有本质的不同，需要及早处理。

4. 综合各工点，路堤溃爬发生发展的过程一般为：1) 基底汇积水分（主要由于路堤压力使原壤中水孔道被阻，路堤自上及山侧来水聚集所致）；2) 基底土壤岩性不良，在浸水条件下逐步风化，逐渐降低其强度；3) 当地雨季雨水多，路堤填料本易渗水，风化后转化为持水；由于年蒸发量小，因此土壤湿度的平均值逐年增高，向不利方面发展；4) 当地多以透水路堤代替桥涵，因而暴雨中排水不畅；或年久透水孔被堵塞也引起路堤内侧积水，溢出排水沟灌入路堤。这些均为引起路堤软化，产生水压的暂时原因；5) 在路堤饱水达一定程度后，经过一定时间的暴雨排泄不及，或江水上涨浸泡到一定时间，填料崩解，因而路堤整个崩溃。

5. 据了解两线路堤溃爬现象，均发生在暴雨中，且在列车通过之后，崩溃后的土体为泥流状，一般均崩离原坡脚以外，所以认为这一变形现象在性质上类似液化。

6. 综上所述，认为路堤滑移及溃爬其发育原因为：1) 填料及基底土壤不良，风化快，有崩解性；2) 基底有壤中水活动，地表排水不畅，雨季中长期供水，增加填方潮湿程度；3) 填方及基底缺乏疏干设备，土壤长期潮湿；4) 暂时性的水压和震动；5) 个别地段，也有因江水浸泡或冲刷所造成。

7. 一般整治原则：1) 首先疏干路堤内侧的旱坑积水，截断来自山坡的地下水；2) 排除来自山坡的地表水，并浆砌隔渗，尽可能增加桥涵，防止暴雨季节侧沟积水漫溢；3) 疏干基底壤中水，修建边坡支撑切沟，支撑渗水支垛，渗水副堤等兼起支撑作用；4) 按土壤已潮湿的程度放缓边坡，并增加边坡渗沟，经常疏干表层土壤，防止边坡溜塌；5) 必要时沿边坡渗水处打入水平渗管，疏干表层土壤；6) 为避免类似病害的发生，在溃爬的地段，按照地质断面，处理填方基底，并选择填料，这是正规做法；不过正因为当地只有这种填料，不得不采用，所以在经济比较后，必须采用当地不良土壤充作填料时，应采用相应疏干土壤办法、减少聚集壤中水的办法和改良土质的办法等，将是实事求是解决问题的途径。

(四) 崩塌落石的分布、发育及整治的分析

两线路堑及堑顶以上山坡所发生的崩塌落石具有三种主要类型：1) 坚硬岩层的崩塌落石；2) 风化松散岩层的崩塌落石；3) 堆积层的崩塌；其中以风化松散岩层发生的地段较多，危害最大。

按现场所见到的崩塌落石分析其性质、分布、发育及整治办法如下：

1. 坚硬岩层崩塌落石的地段以K×××至K×××流纹岩分布的地区为主；其他则零星分布如：K×××

块状砾岩有悬岩落石现象，K×××破碎石英砾岩因下部页岩坍塌而崩塌及K×××黑曜岩山坡落石等。这些地段以落石掉块为主，崩塌现象较少；落石数量随岩石破碎程度、节理组数及倾向有密切关联。

2. 风化松散岩层的崩塌落石一般发生在两种岩层软硬不同的互层地段，两线以砂页岩互层分布地区为主；其余则零星分布如：K×××云母片岩类千枚岩的落石、K×××上层含云母较多的片麻状花岗岩的崩坍及下部含石英较多的片岩掉块、K×××页岩及石英砂岩互层的崩塌落石、K×××风化砂页岩的崩塌、K×××砂页岩互层的崩塌等。这些地段均以崩塌为主，落石掉块现象为次。它们发展的程序均先是边坡渗水、剥落、落石、坍塌而后转化为崩塌这一过程。

3. 堆积层的崩塌，其分布与地区关系不大，但堆积层与基岩接触面的倾斜、有无壤中水活动有关；常发生在路基面切断堆积层深入基岩的地段，由边坡渗水、坍塌逐渐发展到整个堆积层以基岩顶面为界的崩塌。例如K×××及K×××等地段就是如此形成崩坍的。

4. 两线上顺节理面的大型崩塌，现虽未发现，但今后有可能发展成此类崩塌的地段是存在的。例如K×××至K×××之间的一段山坡就有这种可能；因为山坡倾斜面与节理面一致切割面大（高约40 m，边坡1:0.75）暴露在大气中的岩石由于逐年风化使其强度有所降低、坡脚软弱岩石直接受江水冲刷已形成陡坎等，其变形迹象已陆续出现（如年年边坡坍塌断道、K×××涵洞两端山坡已在发生错落、路堑护墙开裂、下挡墙也受压发生裂纹）；所以再不详细检查，对河岸冲刷和山坡风化进行防护，任其逐渐恶化，是有可能发展为恶性崩塌的。宝成线站儿巷与聂家湾车站间就有变化情况的板岩类千枚岩边坡，曾发生过多次大型崩塌，可以为戒。

5. 两线上也存在有厚达几十米的风化岩层，由于边坡高陡，岩石强度随时间而衰退所引起的崩塌现象。例如某车站进站的明洞地段，就是在风化花岗岩中发生的此类病害。而当前K×××边坡高已大于40 m、陡度为1:0.75，为风化严重的片麻状花岗岩，现坡脚已逐渐坍塌凹陷，如不处理，就难免不随时引起大崩塌。同样，K×××泥质砂岩厚度达40 m的边坡为1:0.4，其所以如此高陡尚未产生崩塌，乃因节理倾角大、岩石强度尚能支持；当前虽未大量坍塌，但已出现小坍、剥落，在长期暴露不断风化软化的条件下，不进行处理，很难保证岩石强度衰减不发生大崩塌，所以建议立即处理，预防发生崩塌。

6. 坚硬岩层边坡及山坡上发生落石及悬岩断裂的原因，比较易于理解，主要随节理面分割岩石情形而异。因此一般整治办法为清除危石，补镶缺口，支顶悬岩等。如岩石破碎及松裂系因大爆破形成，可随裂缝张开的情形分别清除、水泥砂浆勾缝，或用浆砌片石护面墙防护。当护面墙过高，工程量过大，不经济时，才考虑与明洞方案比较。往往落石地段，由于掉石位置在道心以内，例如K×××等地段，所以采用外移线路几米，危害可能减轻。同时也考虑到由于移线使护面支顶工程更易布置与修建。

7. 两线风化松散岩层的崩塌，其发生的原因比较复杂。一方面由于坡高坡陡作用力大，另一方面由于岩石风化，强度逐年衰减，因此其稳定性是随时间变化的。在坡面渗水处，雨季时有时干时湿的作用，尤其是互层地段，其风化迅速，强度衰退也快因此易于产生崩塌。其变形原因虽说以切割改变外形为主，但岩石岩性不良、软硬不均、节理的倾向与倾角不利也是必不可少的条件，随后的风化作用及裂隙水的作用都助长了变形。所以整治原则，当以恢复山坡支撑为主；破坏植被之后需用各种防热，防坡面水冲刷和防阳光接触等办法随母岩性质选择适合的护坡类型。必要时还需对坡面松散风化岩石边坡渗沟进行疏干以减少危害。完成这一工作需有详尽的地质横断面，做路基特殊设计，一般是工程浩大，墙、洞相连，往往移动线路才能找到最经济合理的方案。

8. 两线上风化残积土的崩塌，虽未单独调查，据了解在筑路初期，此类崩塌发生之处并不少。它与堆积层崩塌性质类似，一为沿风化面，一为沿基岩顶面形成崩塌；皆因这些面过陡，又为地下水活动的分界线所致。当然切断下部支撑是形成此类病害的根本原因；不过切断下部支撑后，崩塌的发展与地下水活动可能下降与软化岩层的部位有关。因此整治原则，仍然是以恢复支撑支顶崩塌体配合疏干地下水为主。如果已经崩塌了，将视残留体多少，决定对策。若残留体不多，有一定限度时，就可以清除。若刷方后会逐渐牵连扩大到上部，愈崩愈多，将以恢复支撑为主，并与明洞和改线方案进行比较。

9. 鉴于两线崩塌变形均发生在雨季中，尤其在暴雨时普遍；因此很难说裂隙充水与崩塌无直接关系；所以在崩塌地段做好地表排水及恢复植被也是必须的。

10. 风化砂页岩互层地段,其变形过程,往往是由坍塌转化为崩塌、错落和边坡滑坡的。因此很难在划分工点病害类型时完全正确。但整治它能针对岩性与不良作用为主时,可获得成效。例如采用防止岩层继续风化、减少坡脚压力、疏干表层裂隙水,恢复山坡支撑及防止河岸冲刷等措施,都可能是正确的;此因这些风化破碎松散的岩层,在当地气候等环境作用下,系因岩性和强度,逐渐变化逐步变形的。其成为坡面泥流、坍塌系因局部水量较多所致。其成为错落、崩塌系由于岩层含水较均一,随构造面倾向河的斜度而异:当构造面不均一且陡时形成崩塌;当构造面均一且缓时,形成错落。其他成为边坡滑坡,系因软弱面组合缓,水分集中于一层所致。

由于崩塌落石的形成于危害随当地条件、断面形态的不同,变化多端,需上自山坡顶的坍塌、落石,下至河岸底的水流冲刷,逐段分析其稳定性与危害,然后才能采取对策,缺乏典型。

(五)坍塌的分布、发育及整治分析

每届雨季,两线上路堑边坡发生坍塌的路段是不胜枚举的,其现象也是众所周知的。在边坡上岩石潮湿饱水后,强度降低,因此不能支持原有的坡度发生坍塌,一般出现坡面渗水严重之处,在壤中水及坡面表水冲刷的双重作用下,先是泥流坍走一块,继而引起坍凹位置上部的土体在重力作用下塌下,逐渐扩大向上发展,直到各部分坡度切合于潮湿条件下的休止角为止。

两线所见较大的坍塌有三种类型:一为风化岩层坍塌,例如K×××的风化花岗岩的坍塌;二为在曾有过变动的岩层上发生的坍塌,例如K×××错动过的破碎岩层大坍塌;三为堆积层以基岩顶面为界的大坍塌,例如某车站的K×××及K×××,在砂页岩上的堆积层大坍塌。

由于福建地区雨水丰沛,岩层风化壳厚,所以坍塌现象多而严重。其不同于其他地区的特点为:1)多大型的坍塌;2)发生类似错落、边坡滑坡和崩塌的坍塌类型。今仅以结合现场所见拟以分析其性质、分布、发育及整治办法如下:

1. 两线在修建初期发生的边坡变形,主要是岩层风化壳的坍塌,尤以风化花岗岩、风化云母片岩、风化片麻岩等为显著,改坡为1:1~1:1.5后均取得基本稳定。这些稳定地段,一般是裂隙水不发育,边坡部分的蒸发作用能够保证疏干表层岩石;因此具有一定斜度的边坡,只有坡面剥落现象。如何防止今后风化,建议坡面铺种草皮,按排水系统增修排水沟渠,并保持雨季地面排水畅通无阻。

2. 对目前仍在发展的风化岩层坍塌,例如K×××为岩层风化速度快,裂隙水发育,因此需要增加防止岩石风化的相应工程(如浆砌片石护坡),同时需对裂隙水疏干,不能再单纯刷坡。此因路堑坡脚是裂隙水集中排出之处,岩层时干时湿,而且松散,强度易降低产生坍,将坍体清除后,新岩层暴露变坏,变形范围因而扩大;所以只有消除水及风化作用后才能保证边坡稳定。建议以采用边坡渗沟为主,针对不同岩石性质,结合各种护坡、护墙,以防止阳光、空气、温差或表水冲刷的作用保证边坡的稳定。

3. 对因山体曾有过变动,形成破碎松散而引起坍塌的,应按可能转换的类型了解其不同性质,分别处理。例如K×××,是错落过的破碎岩层发生的坍塌,其发生发展的主要过程是切割了错落体的坡脚失却支撑,错落体逐渐松散,因而表水下渗量增加。在逐年坍塌后不断刷方的过程中,不断削弱了支撑,就不断引起山坡松散开裂。同时刷方也大量破坏了植被,减少了表层的疏干能力,更促进坍塌范围的扩大。由于变形范围大,表土松散在表水严重冲刷下,坡面大量的流石逐年增多,堵塞路堑其危害也十分突出。因此建议:1)线路尽量外移,并修上挡墙以增加支撑力量,促使山坡逐渐压密减少表水下渗;2)挡墙上加做拦泥墙,防止坡面流石掩埋路基;3)墙后修支撑盲沟群疏干坍体下部,以支撑山坡,减少山坡对墙的推力,防止墙基软化,保证墙的稳定;4)削去山坡上的平台,改缓边坡坡度为1:1.25~1:1.5,并在坡面修格式护坡以防表水冲刷;削减局部坍塌,减少流石来源;5)必要时对山坡渗水处做渗沟疏干表层,并对整个山坡的排水系统加以检查、改造,以减少表水冲刷;6)后期在山坡上种树以恢复原来植被的蒸发作用。

4. 两线上一般堆积层的坍塌其成因与发展除壤中水发育、基岩面较陡外,还与不断坍塌,不断刷方有主要关系。由于挖方改变了壤中水的出口标高,增大了动水压力,坡脚在地下水的长期软化作用下,其休止角是十分平缓的,并非 1:2,1:3 的边坡可以稳定的问题。事实上,不可能也没必要用单纯挖方的方法稳定边坡,根本的问题是尽快疏干壤中水,从而增大土壤的抗剪强度以稳定边坡。正因为以往缺乏此项经验,不但是鹰厦线如此,其他线路上这类教训也是沉痛的,所以建议采用以疏干山坡恢复支撑为主,结合相应的排水及引水工程,最终是恢复山坡植被以达到山坡长期稳定。

5. 例如某车站中 K××× 及 K××× 两大型堆积层的坍塌,在当前"下临××江峡谷,线路难于外移","又如车站需尽可能露空",但在坍塌范围巨大(体积之厚非一般工程可以立即制止其变形)等条件下,所以建议:1)加高原挡石墙(墙后根据一年中可能的坍塌量留下空位,以便逐年清除坍渣);2)相应地做地表排水,坡面疏干及引水工程以逐步稳定变形体的基本坍塌;3)后期恢复植被防止坡面流泥。这种逐步稳定山坡,依靠年年清除坍渣以保证正常运营的办法,也只是对待整治中造价过大的工点,才如此应用。

6. 当路堑割入完整岩层中,其上部风化岩层的坍塌或堆积层的坍塌,总是以风化面或基岩顶面为界,由下而上逐次发展的,它随分界面与接触面地下水的分布不同,可能发展为大型坍塌,也可能发展为崩塌、错落及边坡滑坡。

(六)河岸冲刷及整治的分析

两线铁路计沿六条主要河流修筑。今后两线的河岸防护工作量是相当大而复杂的。这些防止江河冲刷的工程,据现场所见有如下的认识:

1. 两线上遭水毁的地段有下述几种原因:

1)岸坡和路堤未考虑洪水期浸泡软化土体的作用及退水期的动水压力,因而路堤沿老地面滑动,边坡坍塌和边坡滑坡这一现象在运营初期十分普遍。

2)在岸坡堤坡与水流流向平行时或处于凸岸地段,由于忽视洪水期水流纵向流速增大所引起的冲刷及退水时水流自坡顶沿斜坡向下卷的作用,因而未修复护坡或护坡简陋,因此造成的坍岸与塌坡逐步影响运营的地段,也是比较多的。例如某车站一带的坍岸 K××× 边坡中部缺乏护坡曾遭水冲等就是这样。

3)忽视山区河流的冲击力、水流的押转力以及洪水期流木的冲击作用,因而许多护坡均采用干砌片石而被水毁。"因此一般不厚于 0.3 m 的砌石护坡抵抗不了大于 24 kg/m² 的水流推力,也不能防止流木冲击的破坏,这一论点未被工作人员重视所致。"实际上芦溪、富屯溪、沙溪、九城河及九龙江,非但河床坡陡,而且洪水期经常有流木,其水毁事例不胜枚举,也是必然的。

4)缺乏河滩基底地质资料,因而在选择防淘措施时,失却依据;致使有些防护措施在选择类型上不尽恰当,许多河岸防护由于基础埋置过浅,逐渐变形与破坏。实际上福建地区各江河的河床在多数地段见礁石出露,说明基岩埋藏不深;如果能多做勘探调查,可能在并不十分困难的条件下,将防护工程的基础埋入基岩中,杜绝"淘底"这一病根。例如 K××× 路堤滑移地段,堤脚受闽江大洪水期冲刷,据了解在现修石笼墙下,2 m 内既有坚硬的花岗岩;因此枯水期将墙脚修在基岩中并不困难,其上再砌浆砌护坡比石笼既牢固又经济。例如 K××× 既因水流沿凹岸淘底,带走所抛的石块而引起危害;目前由于基底地质条件不了解,防淘措施只能考虑石笼沉排,浆砌片石护堤或抛大石等。

5)由于水文资料不足,因而所修的铁路有些低于洪水位,致使洪水掩埋路基,造成损失;例如某车站于 1959 年及 1960 年曾因水漫路基,卷走所修片石护坡,并在 K××× 中桥发生水位高出钢轨顶 0.3 m,造成桥孔堵塞、桥面积水等事故。

6)个别地段由于采用漫水下挑丁坝,洪水漫过堤顶,反而引导水流冲刷岸边;例如 K××× 有水利部门在上游做抛石丁坝后,洪水即淘刷岸边,引得铁路必须防护。例如 K××× 既因洪水漫过,上游导流墙、堤之间产生急剧的纵向流速,冲刷堤脚,造成水毁。

2. 两线虽沿六条主要河流修筑、各河河滩不同(同一条河流的各段的特征也不一致)但从整治观点看,可分下述五类采取对策:

1)宽河宽滩地段的坍岸与冲刷。例如某车站一带防止坍岸的问题。

2)宽河凹岸地段的冲刷;例如外福 K××× 防止冲刷、鹰厦 K××× 防止冲刷、鹰厦 K××× 及鹰厦

K×××防止冲刷等问题。

　　3）峡谷漫滩地段水流的冲刷：例如K×××防止××江凸岸回水冲刷的问题。

　　4）峡谷窄流地段，流深水急之处的冲刷；例如某车站及K×××防止冲刷问题。

　　5）山溪浅流地区的冲刷；例如K×××防止4 m水深的冲刷问题。

　　3. 关于宽河宽滩地段的防护问题：

　　1）两线上的宽河宽滩地段，同样是大河的下游。河岸坡缓，水流的推移力小，一般流速不大，不超过4 m/s；因而冲刷力量不大，可采用轻型防护（如草皮墙、干砌片石等）。由于河水多携带细粒土壤，易于促淤，可采用各种岸边紊流促淤措施（如间隔石床滩上种植行树及各种穿式建筑物等），以防止岸边的淘刷和消除岸流的作用。

　　2）宽河宽滩地段往往缺乏防护材料，岸边土壤是砂土，浸水后易坍塌；所以在此地段可尽量根据当地稳定的斜坡坡度刷缓，岸边以采用当地的植物防护冲刷为原则；例如某车站一带就是如此建议以防止坍岸的。

　　3）外福线K×××至K×××一带河岸，在未修路前坍岸不显著，修路以后逐年坍塌，有达50 m者。经现场了解，山坡至岸边的地面如倒倾斜，倾向山，经老乡证实，洪水上岸后，沿上坡脚流至下游，随各自然沟退水入江，故冲刷河岸不严重。自修路后，洪水受阻，只能由原河岸退水入江，随退水凹槽现场坍岸。所以对此段防护建议除按1:3至1:4削成缓坡在表面铺种草皮外，详细调查了解各退水径路，分别铺砌片石以防止退水的危害。

　　4. 关于防止宽河凹岸的冲刷问题：

　　宽河地段，没有河流极限宽度问题，因此与水争地比较容易；同时由于流速不致太大，能采用小丁坝群防淘比较经济可靠。以往在西北某河流类似的条件下，曾获得成效。

　　5. 关于防止峡谷窄流地段的冲刷问题：

　　××溪至××江的峡谷窄流地段，均以水深流急见称，尤以××江为最，涨水可达16～20 m，流速为6～8 m/s，现场所见估计在凹湾处流速将达10 m/s。在此谷深、水猛、堤高、山陡的条件下，线路、路基及地质人员能密切配合，根据带有路基建筑物设计的地质横断面来确定线路位置，将予铁路安全，经济带来莫大的收益。实际上此为选择与山或水做斗争的问题。对鹰厦沿线各工点即按下述原则提出建议：

　　1）研究各个地质横断面，在带有各种保证路基稳定建筑物的各个方案，进行比较确定线路位置和选择稳定路基的措施。

　　2）在此峡谷地段已不侵占河床为主。需要详尽的地质断面，多利用路肩挡墙、桥式路基及下挡墙，首先将路基直接放在稳定的基岩上；其次考虑尽可能收回坡脚，修河岸下挡墙，墙外修整体少潜坝浆砌片石护坦式抛巨石等，非有可靠条件，不能轻易将路基修在主流河槽中。

　　3）傍河受峡谷深水冲刷的路堤，不但护坡采用浆砌片石，而且路堤坡度也必须考虑退水条件下的动水压力及在水位升降的条件下水的浮力作用，以防止堤崩。同时也应考虑滚石及流木的冲击。

　　4）特别注意坡脚原河边的停碛物，分析其稳定性，是否是上游洪水带来的，停碛时期，并借此核对流速；仔细观测了解沿岸局部冲淤的关系，从而逐段提出是否需要防淘，防淘措施与类型等；同时尚需考虑枯水期岸边水流的深度，所提措施需能保证施工。

　　6. 关于防止峡谷漫滩地段水流的冲刷问题：

　　峡谷地段，尤其是水深流急之处，本来整个河槽均受不同程度的冲刷；其所以存在漫滩和当地地形条件有密切关系。研究漫滩及河岸形状常可推断不同水位洪水期的水流作用，虽然一般具有倾斜较大的漫滩都是淤积地段；但也不能一概而论。例如K×××，位于峡谷中的凸岸，上游为凸出的基岩山嘴，因此淤成漫滩是正常现象；但河岸又系凹形，虽身受山坡表水汇积冲深入江有关，但从两岸形势看，下游为一窄口，就不难认为它是洪水期瓶口上游回旋地段。又经过访问证实，护坡脚就不得不考虑迴流冲刷而在脚墙外建议修建护坦。同时河凸岸不受大溜冲击，也说明本工点变形并非0.4 m厚的浆砌片石护坡不够坚强，而是在洪水作用期间水的浸泡和水动压力对堤身稳定的影响，所以建议增加副堤。

7. 关于防止山溪浅流地段的冲刷问题：

山溪浅流，往往因河床陡流速大，但洪水不深，在枯水期河底暴露，有便于施工等有利条件。因此防淘办法以搞清河底地质条件，将护坡脚墙埋在牢固地层中为主；或因河面不宽，也可将全部河床用浆砌片石或石笼护底。

8. 总之傍河路堤防止水毁所修的工程应考虑下述几点：

第一按正规设计办法先检查在洪水期水位的升降条件：1）检查路基本身沿老地面滑走的稳定；2）堤底为堆积层时检查堆积层与基岩面的滑走稳定；3）检查浸水后堤坡的稳定及退水时在水的浮力及水动压力作用下堤坡的稳定。

第二考虑洪水的冲击作用：1）护坡类型结构及尺寸是否适合洪水流速；2）有无流木作用，能否抵抗流木的冲击；3）有无波浪作用，护坡的垫层是否按填料颗粒大小设计。

第三检查坡脚脚墙的稳定性：1）基底地质条件经得住淘刷否；2）当地可能淘刷的深度；3）脚墙埋置深度达到冲刷线以下否；4）脚墙浅时，有无其他防淘措施；5）临时性及半永久性防淘措施，在全年多次洪水淘刷破坏下能否保证脚墙稳定。

第四检查护坡外的导流系统及其作用：1）导流类型与当地条件是否合适；2）导流措施是否有不良后果；3）导流各个建筑物的稳定性。

三、今后处理两线路基病害的几点意见

总括而言，当前两线路基病害是严重的，而且点多分散；类型虽多，性质虽复杂，但难于处理的地段很少；不过需立即处理的工点多，否则雨季断道，致使全线瘫痪的可能性并非不存在。因此在当前条件下如何加快整治速度就有现实的意义，一切措施必须服从这一原则。

据了解两线自修建以来就不断整治病害，截至1962年底，修了不少工程，也起到了巨大的作用；但其中整治过而病害继续发展的工点也不少，以滑坡、坍塌、错落及河岸冲刷为主；至于已发现病害而尚未整治的工点也多，以坍塌、落石、坡面冲刷及河岸冲刷为严重。因此，处理病害必须讲究技术，原则上以达到能处理一个消灭一个病害工点为目的；同时必须加强预防工程以防止病害的新生。

按前述两线几类主要路基病害的分布、发育及整治的分析，各类病害基本上有共同的性质与规律，并非乱无头绪；但每个工点也有其独特的性质与特点，需要细致区分才能对症下药。然而这些性质、规律和特点都需要有一定的资料才能区分；而且这里的可靠性与细致程度直接关系到所选择的方案与整治效果。因此比较复杂的中、大型病害工点，必须获得足够的资料，才能摸清病源，找到切合实际的处理办法。

根据上述三项原则意见，结合当前技术力量不足，提出如下几点今后整治两线路基病害在处理办法上的意见：

1. 鉴于沿河一带，水位高、洪水猛、当前需防护及加固的地段多，而且以往水毁严重、今后隐患大，因此认为它系两线路基病害中首先需要整治的一项，不能拖延。其办法为：

1）按需防护及加固工点的分布，立即收集沿线各河的水文资料；着重分段推算出百年一遇的洪水位、平均主流流速及稳定河宽；其调查资料要核对；各段水文资料推算的结果要合理，并根据当地条件进行修正。

2）各防护及加固工点，应收集工点资料，包括河床的地形地貌及工程地质图，从而按当地停碛石块的位置，尺寸及冲刷痕迹等核对设计流速、冲刷水位及各种水位的水流对铁路的冲刷情形。

3）调查当地洪水期流木情形和极限河宽，从而核对所设计护坡的稳定性及防护导流建筑物可能伸入河床的宽度。

4）根据坡脚地质条件，分别采用不同的防淘建筑物；各防淘建筑物能于枯水期施工最佳，但受限制时所选择的建筑物类型必须要适合施工季节，才能保证工程顺利进行；因此建议防淘部分可设计几种类型供施工选择。

2. 两线所经风化岩层地段很长，例如风化花岗岩、风化云母片岩、风化页岩、风化变质页岩及风化的砂页岩互层等地段。在这些地段的路堑上易发生坡面冲刷现象、坍塌、错落、崩塌及边坡滑坡等，在路堑中易产

生滑移、溃爬及坍塌等;而且各种病害是不断发展与新生的;因此认为需要对它们立即展开整治与预防工作,其办法为:

1)沿线修建完善的排水系统,各排水沟采用浆砌片石以能防冲、隔渗为主。指派有经验的技术人员在现场实地规划山坡上天沟的道数、位置和尺寸,以及路基内侧排水沟的埋置深度等;同时调查各桥涵的宜泄能力,铁路内侧积水情形,按实地要求增加涵管,以保证在暴雨中各种排水沟中的水不溢槽,铁路两侧无积水,如此才能减少病害。

2)所有已暴露的坡面,均需采用植物防护,尤其是坡面潮湿处草皮更易生长,恢复了植被也就削减了风化速率。对破碎岩层及不易生长植物的边坡,随边坡坡度的陡、缓,岩层风化的破碎程度,可分别采用各种护坡、护墙及边坡渗沟,其中以格式浆砌片石护坡比较切合实际,对潮湿坡面修不浅于 2 m 深、不疏于 10 m 间距的半坡渗沟,比较容易起作用。

3)当铁路切割山梁而过时,边坡放缓后其高度增加有限,在这些地段以刷缓边坡来处理坍塌,一般是正确的;不过在方案比较时必需计算由于切割面大所增加的边坡防护费用,如不经济可采用明洞、上挡墙等方案。但必需在现场调查了解堆积层与基岩顶面、风化壳与完整岩层顶面之间的接触条件,避免开挖后引起堆积层沿基岩顶面或风化壳沿完整岩层顶面的滑动。这类工点设计所需的资料,所费的时间与勘测力量均有限。

4)若铁路是沿山坡切割发生的坍塌时,一般不宜放缓边坡,否则易引起山坡变形;以修建筑物恢复山坡支撑为主,同时要有相应的疏干设备。除非具有确切可靠的地质资料,说明继续切割不致引起病害扩大,才能考虑这一比较方案。这类工点设计所需的资料,如采用工程地质法,是不难于收集的。

5)以风化岩石做填料,修在陡坡及沟洼中的路堤,事先未处理基底,又未做好地表排水设施,其稳定性日渐降低,值得慎重处理。除如上述做好路堤内侧排水沟,增加涵管,防止暴雨中积水外,必须检查原施工情况,调查当前边坡变形情况、老地面及填料中的含水情况,从而核算其稳定性(包括路堤整个滑走的稳定、路堤边坡的稳定和长期软化下沉的问题)。认为不稳定时,以填死路堤内侧旱坑、尽量内移线路、增加副堤为主,在路堤坡脚内外侧勘探了解地下水后,考虑如何截断地下水和排除地下水,在路堤外侧增建渗水垛或做路堤切沟等以增大其稳定。这类工点设计所需的资料比较困难,因此必须要有计划地进行。对已发生变形的地段,有了定性资料,即可毫不犹豫地进行处理,在施工过程中补充资料,从而修改建筑物尺寸。这种做法在其他山区铁路曾经采用过,是切合实际而及时的办法。

6)这些风化岩层及其风化土,有些遇水具崩解性。例 K×××崩塌性的边坡滑坡及一些路堤溃爬工点,其土样经过化验具有崩解性,所以有必要对全线风化岩层地段分别取样化验;有依据的对各个路堤及路堑采取隔渗、疏干和排水等对策,以防止发生恶性事故。

3. 过岭地段及沿河在陡坡地段,修了不少填石路堤及片石垛,其河侧边坡 1:0.5~1:1,高 10~30 m,几年来倒坍严重。从倒塌后的断面看,填料为土夹石、风化土或小石块,不切合相应的边坡斜度,往往仅是表层砌筑了一层大石,所以必然倒坍。由于这一隐患所造成的后果恶劣,随时影响行车,因此认为对它们不能稍存侥幸心理,需立即处理,其办法为:

1)组织力量,检查各填石路堤及片石垛地段,表面有无变形及松动现象、路面各部下沉情形、路堤内侧排水情形、片石垛基础条件和填料情形;并同时了解施工过程、基底处理经过、断面形状是否与填料相配合、当前坡脚有无渗水现象等。从而划分哪些路堤需立即处理,哪些根据资料检算稳定后再处理,哪些已稳定了尚需加以观测。

2)对不稳定的工点,需派人看守,此因一般倒坍往往发生在雨季中,但其他季节也并非不出现。

3)除同第 2 项处理这些地段的排水外,着重了解路面处及坡脚以下的基岩埋藏情形;因为这类病害只有增加支撑力量,才能防止变形。

4)对不稳定的工点,往往改线内移,增加上、下挡墙也就保证了路基稳定、行车安全。必要时也可采用旱桥方案,只是在通车条件下,施工比较复杂困难;往往不如放缓边坡,在河边修防护或下挡墙易于施工。

5)收集这类设计所需的资料,着重利用竣工断面及在路边做钻探。同时施工中必须核对资料,以往因此而改变设计之处很多,而且必须有准确的地质资料才能保证设计切合实际。

4. 山区破碎硬岩地段山坡及坡面的崩塌落石是在所难免,不可能想象要整治到山区铁路上消灭落石的现象;不过铁路是要避免经常落石地段,更需防止崩塌的危害。其办法为:

1)对待山坡及边坡基本上稳定的地段其落石问题比较简单,因为设计所需的资料可以在现场直接采用经纬仪测得。这些变形的位置、节理、裂隙的分布、危石大小等也可用照相、素描等结合仪器测量制成边坡及山坡的坡面正视图,以及地质横断面进行处理。原则上采用各种不同的支、顶、补、护、灌浆及勾缝等办法,以防止经过清除危石后的坡面变形;同时每年需对山坡进行两次扫山,然后将孤石固定在山坡上。山坡上的植被以保护为主,除非是树根生在岩缝中,有引起岩石倒塌的,才予以堵死。

2)如落石后不致引起边坡崩塌时,了解到落石地点、位置、石块尺寸、数量,往往外移线路不多,内修挡石墙,即可避免落石危害;但需测出山坡断面,经过落石计算及方案比较后才能定夺。

3)当边坡或山坡有崩塌可能时,需单独收集崩塌地段的各项地质资料,主要是工程地质调查说明书,平、断面图及边坡稳定玫瑰图,特别调查说明崩塌地点的岩性、构造条件、节理裂隙的组合及裂隙系统与边坡的关系,所以也并非是难于获得的资料。这种地段常因困难改线绕避、难于支顶补护,而是采用明洞方案任其崩塌的;有时为了减少明洞内侧回填数量,反而将线路局部内移的。能在地质断面上细致地研究线路位置及其相应的路基结构,可以获得安全、经济而合理的方案。

5. 两线上的滑坡工点虽不多,但均已整治多年而未能制止其发展,反映其性质复杂、需慎重对待。不过由于各个滑坡的危害不同,也并非都需立即根治稳定,应具体对待,其办法为:

1)一般边坡滑坡,其体积及范围多属中、小型,滑体不厚受路基面位置的限制;因此当获得断面的地质资料及壤中水露头位置后,可以根据滑体上裂缝的位置及形状,布置支撑盲沟及抗滑挡墙;从而在支撑盲沟施工中正确了解滑床的位置,再相应的修改支撑盲沟的长度及深度;其余排水系统、引水工程等均在工程地质平面图上布置后,再至现场按实际情况修改;这一做法是以往行之有效的,故建议采纳,可以加速整治速度,使工点数量多的中、小型边坡滑坡得到及时正确地处理,可避免处处受敌。

2)由于山区滑坡的水文地质资料,非短期易于收集弄清,因此截断或疏干地下水的工程,不能先期施工(但在滑坡下部修短而密的支撑盲沟为例外)。为了防止滑坡恶化,应该在收集资料的同时,根据滑坡工程地质平面图布置地表排水规划,经过现场核对后立即施工;同时开展各种位移观测及简易观测,以便积累资料供分析滑坡之需。当获得定性资料后如肯定属崩塌性的滑坡,常先采用减重或建抗滑挡墙等立即改变滑体重心,减少下滑力,增加支撑的办法,求到滑坡暂时的稳定,避免灾害,以争取时间收集根治滑坡的资料。

3)对待复杂大型的典型滑坡,因其整治费用大、变形缓慢、无灾害性事故,总是先有整体处理规划,分期施工,逐渐收集齐全各项资料,逐步改善后期工程;根据初期工程效果,确定后期工程修建的时机。建议处理的程序为:

(1)当发现滑坡后,立即根据现场情形,修建临时地表水沟,整平夯实地表,做些水泉、湿地的引水工程;同时收集定性的一期地质资料,布置长期位移观测及裂缝的简易观测。

(2)根据滑坡定性的地质资料,包括大比例尺的滑坡平、剖面图,对滑坡定性后,拟定各种整治滑坡的方案(包括改线绕避方案),进行方案比较。

(3)肯定必须整治滑坡时,选择一个或几个确实可行的方案,收集各方案中设计各类工程所需的地质资料;同时设计一期整治工程,要求对今后选择任一可能方案时,该一期工程均有作用,且不致作废。一期工程通常包括地表排水系统中各个排水沟、引水工程及整平夯实或局部减重,以及受直接危害的河岸临时防护、导流工程。有时为了行车方便及安全也可先局部移线,后整治病害的。

(4)当二期滑坡地质资料收集完后,并了解到一期工程未制止滑动时,才修建二期工程。二期工程通常包括滑坡下部起疏干及支撑作用的支撑盲沟,抗滑支撑建筑物或减重设计,以及受直接危害的正式河岸防护、导流工程。同时为进一步弄清作用在滑床上的地下水来源及水力联系,收集三期地质资料,必要时做长期地下水观测。

(5)当滑坡的地下水情况已基本摸清后,而滑坡仍未稳定,才修建截断或疏干滑床地下水的工程;否则复杂的处理地下水的工程留待需要时再施工列为后期。但对恢复滑体坡面的植被工作,尤其是种植阔叶林,以疏干滑体水分,必须立即进行。至于河水虽冲刷滑坡头部,但未立即引起病害发展时,可先抛石防护,待需要时再修正式防护、导流工程。

以上是一般情况,不一定每个大型滑坡都需如此复杂,其程序也非一成不变,应根据具体情况,针对病根,进行处理,才能收效。

注:此文章发表于1963年《科技通讯》第2期。

有关治理铁路沿线滑坡的几个关键性技术问题

提要：作者探讨了处理滑坡工作中的四个主要技术问题：

1. 滑坡滑动面位置的确定：介绍了十种比较实用的确定滑动面的方法；并建议综合应用这些方法，分析确定滑面的个数、位置和滑床顶面的形状，以及今后可能的变化。

2. 勘查分析大型滑坡地下水的方法：论述了滑坡地下水与当地地质条件间的联系，建议分四个阶段找地下水，并介绍了各阶段的程序和方法。

3. 采用"排""挡"工程治理滑坡的场合与修建次序：介绍了治理滑坡的原则和办法，论述了不同条件下综合治理大滑坡时"排""挡"工程修建的次序及其影响因素。

4. 治理滑坡地下水选用盲沟和盲洞的比较：从建筑物排地下水的作用以及设计和施工条件三方面比较了盲沟和盲洞的利弊和适用条件。

一、寻找滑面位置的方法

寻找滑面比较适用的方法，可分为下述几种：

（一）位移观测法

用滑体上各观测桩的位移量求算滑床位置。

假定滑坡土体在移动中无压缩现象，则在滑动方向的主轴断面上的任一点至滑坡后缘间土体下沉的面积，等于该点至滑床间铅垂线移动后的面积；同时，该点移动的轨迹与相应位置的滑床顶面形状类似。因此，当测得滑动前后两同一断面即断面上各桩的位移量后，即可求出各桩移动后的滑床深度（等于该桩至滑坡后缘间土体下沉的面积与其在断面上沿滑动方向的水平位移量间的比值）及滑床的倾角（等于该桩移动线与水平线间的夹角）。

用此法所求得的滑床深度一般偏浅，在仅为一层滑面移动时，可求得滑床顶面的位置，并且只能供参考用，对分析正在移动的一层滑面有显著的作用。

（二）电探量测法

在钻孔中悬挂一串金属球，用电探测出各球的位置，根据各球运动情况找出正在滑动的位置；再在滑动位置做钻孔中井下电探，找出滑层在其他地点的深度。此法对变形缓慢的滑坡，可寻找正在移动的滑面位置。

（三）直接观察坑壁法（坑、槽、洞探法）

在滑床不深处直接做坑、槽探，使人直接进入观察滑坡土壤，可了解实际的滑面位置；同样，在深度过大的滑床处改用洞探，能容人进去了解。但此法因工程量大、费用高、费时及费料等条件的限制，尚无法大量采用，故只可在实验时偶然采用。

（四）钻进现象分析法

钻进到滑动带，因其松散、稠度大、易变形，故常有卡钻、钻速变快、孔壁收缩、孔壁坍塌或套管变形等现象。使用此法，由于并非仅滑动带土壤有钻孔孔壁变形的现象，所以仅可供分析参考之用。

（五）岩芯试验法

对于岩芯逐段化验其天然含水量，并测出其抗剪强度，绘出全孔各段岩芯的稠度曲线及抗剪强度曲线。在稠度最大处、强度最低处即可能是滑动带的位置。应用时工作量过大，且有易遗漏提取薄层滑动带土样做化验、而失却真实滑面位置的缺点，故此法仅供分析参考，不能据以肯定滑面。

（六）岩芯磨片鉴定法

切片在显微镜下鉴定，以观察岩芯的次生裂隙及其微组织结构，从而区别该段岩芯是否受过滑坡移动的作用。此法虽可靠，但鉴定人员必须具备一定的经验，并能全面分析区别局部与整体的变形。

(七)岩芯鉴定法

对于钻岩芯逐段鉴定其破坏情形、产状、滑带的特征和滑面特征,从而确定各段岩芯属于滑坡的哪一部分(滑体、滑动带、滑面或滑床)。当此法直接剥到具镜面擦痕的滑面或具有严重揉皱现象的滑动带土壤时,所确定的滑面位置比较正确。但并非每孔岩芯都能剥到滑面或滑动带土壤,故需对各孔岩芯均进行鉴定后,加以全面分析,才能确定每个钻孔中滑面的位置。

(八)岩芯对比法

首先对同一钻孔中各段岩芯,在密实程度、破碎程度、产状异同、岩性差异、裂隙多寡、风化轻重、稠度大小、颜色深浅、胶体滑动指数及塑限、液限、塑性指数、抗剪强度等物理力学指标方面进行对比,从而找出可能为滑动带的软弱土层的位置。但若工作中缺乏经验、工作不细致、不及时等,常常不能收到预期效果。其次,对不同钻孔的岩芯,寻找属同一滑动带的土层,其做法是在滑坡前缘或其他地段,取肯定为滑动带的土壤作为样本,在各孔干钻岩芯中寻找与其类似的一层土壤,判断该孔中属同类滑动层的位置。此法对地区性滑坡(具同一岩性为滑动层的)在确定滑面位置时,有显著作用,但并非所有的滑动带必定属于此层土壤。

(九)岩芯分析法

查明每孔各段岩芯的矿物成分,当出现夹杂物或成分混乱时,追查其来源及成因,找出它们与邻近各孔的关系。例如,上方滑动带的土壤易经滑动带至下方,组成上方滑动带的物质,可能夹杂在下方钻孔中滑动带附近。滑坡滑动时,滑动带的土壤易混乱,相邻钻孔相应位置含同一混杂矿物成分的土壤,可能属同一滑动层。此法必须结合对各孔地下水、构造和地层层序共同分析,才能比较正确地确定滑动带的位置。

(十)地层对比法

查明各孔岩芯在地质上的各种特征、成因和年代,从而划分地层层次。这些不同年代的岩层分界面常是滑动面的位置,尤其是在接触面附近含水、上下层间相对隔水性差别显著、是弱透水性的岩层,遇水后软化敏感性特别滑腻时,则沿分界面滑动的可能性更大。但并非凡滑面均通过不同岩层分界面,任一滑坡的前缘及后缘,常是切割几层岩层的。

据笔者的经验,只有综合应用上述十法,才能找到比较正确的滑面位置。一般滑面位置多数在同一层地下水作用下,不同颜色土体的分界面,或是不同岩层的接触面,或是同一岩层的风化差异面。其形状:在后缘及两侧总是切割一些岩层,受拉下错,具陡倾角与较大的曲率半径;在中部则邻近两分界面,类似两分界面的外形呈平面状;在前缘则随临空面的位置急剧弯曲向上、经常变动。当组成滑床的物质,具有遇水易软化、风化和易降低其抗剪强度等性质时,则滑面易向下发展。当滑坡前缘受阻,为坚硬不易剪断和难风化的岩层时,或滑坡前缘沉积了新的物质时,滑体本应日趋稳定,但一旦地下水水量增多、水位抬高,在旧的滑体上也会形成新的滑面,促使滑坡复活。其滑面位置将随地下水位线而抬高。

二、勘查分析大型滑坡中地下水的方法

国内山区铁路沿线,一些已复活的古大型滑坡,当其滑床平缓时,经勘查结果表明,多与地下水长期补给滑床顶面有关。而地下水的补给方式,并非仅沿滑面自上而下地流动,也有在滑体下不同部位自下层向上承压补给的。因此,当前治理这类大滑坡应以找水为主。

由于滑坡滑动所需的水量与水压,随着滑床的倾斜而异,一般滑床倾斜在$15°\sim25°$时,滑动带土壤达软塑状态即可移动,其所需水量并非过大。实践证明,每昼夜供水量达数十吨至数百吨时,大滑坡也就可能移动了。地下水类型也非仅砂砾石层中的潜水和岩层中的喀斯特水,一般多系基岩顶面风化裂隙水和基岩构造裂隙水,个别为壤中水。其中壤中水、基岩裂隙水和基岩构造裂隙水,在水文地质学中都认作水量不大且无规律,对其找法国内外也很少论述。因此,如何勘察分析大型滑坡中的地下水,就成为当前整治滑坡中的关键问题之一。

事实上,这些水的流向并非杂乱无章,它与当地地形、地貌、构造、地层层序和滑体结构间仍存在一定的联系,只是影响因素多,局限性大。笔者是将找水工作配合治理地下水的需要分阶段进行的,先从大范围中

概略地找地下水的分布,继而摸清储水构造、补给方式和供水位置,再查明直接影响滑坡的水源及其埋藏情况,最终为排水设计所需,在排水地段收集建筑物的工程地质及水文地质资料。

具体做法分下述四个阶段进行:

(一)滑坡定性勘测阶段

找水工作以弄清滑坡四周及体内地下水的层数、概略分布、供水方式与部位,并推断分析它对滑动的作用。做法:

1. 滑坡当前水文地质调查及测绘。此工作与滑坡地区工程地质调查及测绘工作同时进行。特别注意地形、地貌、地层层序、地质构造及当地的主要构造线和滑坡地区水、泉、湿地等露头的关系,从而推断可能的储水构造对滑坡供水的位置与方式。必要时做些清除表土及坑、槽探工作,以查明这些露头水自何岩层流出、隔水层土壤、水量、水温及水质等,并将有关资料绘在1:500~1:1 000的平面图上。该图应为滑坡地区的地形地貌、工程地质及水文地质的平面图,能说明相互的关系。

2. 以电探为主结合钻孔找水。在滑坡定性调查测绘后,如还需要进一步了解或证实有关资料时,可借助钻孔和电探。原则上在滑坡几个主要断面上做钻孔,往往钻探的目的既为查明滑体的地层层序、构造和结构,也要了解滑面上有几层水、滑面外有几层水补给滑体和每层水的埋藏情形(含水层的性质和厚度、初见水位、稳定水位、水量、水温、水质、流向、流速和土壤渗透系数)。为达到上述目的需了解整个滑坡区的地下水概况,故可根据少数钻孔及当地露头作参数,进行大范围的电探工作。电探需查明整个滑坡区各层水的分布概况,提出滑体内不同深度的各层水的饱水带图。

3. 在钻探及电探的同时也附带地找出滑床中必要的地质构造。当发现滑床中有向滑坡供水的地质构造时,可以电探为主,配合个别钻孔(或井探)以追踪探索该构造在滑床中的分布,从而查明它对滑坡的影响。

4. 查明各自然沟对滑坡的供水关系。在勘察阶段雨前雨后,测量自然沟各段的流量、水质及水温,以查明各段表水与滑坡的相互补给关系,并借此了解表水与其他各类水、泉、湿地的消长关系。

5. 进行滑坡位移观测,以提供季节水与滑动间有关的资料。

根据上述资料,可综合滑坡地区储水构造的分布、不同深度的地下水的富集情形和各含水层的承压性质等资料,推断出各层地下水对滑坡的作用、向滑坡供水的方式及其来龙去脉。从各层水的水温和水质,可证明地下水来源的推断是否正确。按位移观测资料,可了解滑坡各部位的变化与水、泉、湿地的关系、雨前及雨后滑体各部位的变化和滑动滞后于雨期的时间等,即可间接地证实各层水对滑坡的影响。……这些资料足够说明需否治理地下水、治理哪一层水和哪一部分去治理水。当必须治理水时,按可能与需要提出合理的排水方法与排水工程应修建的地段,供技术勘测中进一步收集细致的资料用。

(二)滑坡技术勘测阶段

原则上找水工作是在所拟定的治水地段进行。细致的查对所需治理的对滑动有利的地下水的埋藏条件、变化及来源,并对定性勘测后所作的推断予以证实,不足的加以补充。事实上是在富水地区查明地下水的情形。做法:

1. 以钻探为主结合电探。在拟定的找水地区,每50~60 m钻一孔,每20~30 m做一电探点,仔细了解各孔地下水的埋藏情形(包括地下水的层数,每层的组织成分及厚度,隔水层的位置、厚度及性质,含水层顶板的性质及厚度,每层水的初见水位和稳定水位等),以便绘出地下水的等水位线图、基岩顶面或滑床顶面的等高线图和详尽的富水带图。同时找出滑床位置,并在钻孔中做物体充电以求各层水的流向。据此,可研究排水方法、具体的排水方案和排水建筑物应埋置在何种地层之中。

2. 进行群孔抽水。根据抽水情形,借以找出各层水间的水力联系、水的流量和各层土壤的渗透系数等,以便确定排哪些地下水才能减轻滑动的作用。同时用投色法求各层水的流速和流向。

3. 做临时地下水动态的观测和化验。观测化验各孔中每层水全年的变化,包括水位、水温、水质和水量等,从而证实在定性阶段对各层水的性质及补给关系所做的推断,并查明季节水对各孔中每层水水位的影响和它与滑动间的关系等,为排水设计提供能保证滑坡稳定所需降低的水位。

4. 继续了解滑坡上及周边水的露头和自然沟在各个季节中水质、水温、水量和出水与渗水位置的变化，并不间断地对滑坡地表做长期位移观测工作和收集气象资料等。如此，可为引水工程、治理浅层水和整理自然沟提供设计资料，并验证定性阶段所提出的各层水对滑动作用的推断。

5. 在滑坡地表，尤其是易渗水地区做表土"吸水系数"试验，以了解地表渗透对壤中水的补给量，为设计隔渗层或疏干地表观测提供资料。

当取得上述各项资料后，即查明了富水地区的地下水情形，尤其是需治理地段的水文地质资料，可肯定定性阶段对需治理地段的地下水对滑动的作用及其分布、供水方式、补给来源和排水方法等是否正确，查清了各层水的水力联系和含水层及其顶、底板的工程地质条件等。如此可应用地下水等水位线图、富水带详图和滑床（或基岩）等高线图，进行排水方案具体位置的设计，提出各个位置排水工程措施的初步方案和进一步收集建筑物设计所需的工程地质与水文地质资料的要求。

（三）为工程措施设计收集资料阶段

找水工作，为弄清排地下水工程的中线附近的水文地质和工程地质的详细资料，以保证能设计出各个位置的工程措施及建筑物，施工后可稳定且发挥作用。做法：

1. 原则上在技术勘测资料上所拟定的排地下水工程的中线上的钻孔及少量电探点，以填绘工程地质纵剖面，在中线两侧做电探及必要的钻孔以填绘横断面，并据此修正中线附近的等水位线、滑床顶面等有关的平面图件，从而确定最终排地下水工程的中线位置及滑坡地区的排地下水网络。

2. 确切地查清排水中线上滑体的各层层次、滑动带、滑床顶面和滑动后推力可能影响的深度及地层压力等，同时需正确的表明各个含水层的位置、厚度、承压高度与变化、含水层的颗粒组成和地下水的流速、流量以及水的化学性质等。据此，才有可能推出切合于当地工程地质条件的建筑物尺寸及其埋置深度。施工前能利用拟修检查井、通风井、出渣井等位置先做几个探井，直接观测地下情形，从而证实上述各节的推断，将能确保文件质量，并且可以节省费用。

3. 必要时应在排水中线的上下方，留一组钻孔进行长期观测，以便了解排水建筑物修建后的作用，这将对总结经验教训和提供技术水平有实际意义。

完成上述三项工作，一般能保证排水方案设计正确，按排除补给滑坡的主要地下水来设计，且能使建筑物类型和结构选择合理，完成成套的排水工程施工图设计。

（四）施工阶段的配合工作

找水工作应以开挖后显示的水文地质及工程地质实际资料，核对勘测阶段所做的一切推断和计算，并随时对设计文件不正确的细节做局部修正和补充，以保证建筑物牢固合理，达到排水的目的。做法：

1. 要求各检查井、立井、通风井及出渣井能尽量先施工，以便核对工程地质资料的准确性，据以调整各段排水中线的设计纵剖面，并需特别注意核对地下水资料，例如出水量、水质、含水层的颗粒组成及流速等，以便对排水孔、渗水孔及反滤层的设计进行复核修改。

2. 根据各段施工后的实际资料及时修改原地质的纵、横断面，并据此修改各设计细节。观察实际的支撑情况，以核对地层压力等，从而估计各建筑物的结构是否合适，分别予以加固或减薄。并需了解各段出水情况，分别对排水工程如截水盲沟予以局部延长或减短。

3. 记录施工中各段出水情形及变形，以及全部施工过程（包括事故、对策和效果），尤其需记录施工中地表变形及裂缝的分布与发展等，借以验证"找水、分析、设计和施工中"所做的各种推断是否正确，从而获得比较完整的资料。

总之，找水是按搜集地质资料的程序，分阶段由大而小、由粗而细的进行，随治理的需要逐渐地、有目的地、有选择地对需要了解的部位，做细致而深入的勘探工作。

三、采用"排""挡"工程治理滑坡的场合与修建次序

治理滑坡常采用"消除水的作用"和"增加滑坡抗力"两大类工程，前者谓之"排"，后者称为"挡"。其他办法如：防止滑坡舌部江水冲刷、用各种物理化学方法改变滑床土壤的物理力学性质、或滑面状态和全部清除滑体等，采用时均有特定条件，目前修建不多。但是由于在滑坡地区采用"排""挡"工程成功后与失败的

事例均曾出现,人们对治理滑坡采用"排"或"挡"以及"排""挡"在修建的次序上形成了不同的见解。随着山区铁路滑坡病害的增长,已成为当前确定治理滑坡对策的关键问题之一。

据笔者经验提出下述意见:

(一)采用"排""挡"工程的场合

各个滑坡因其大小、性质、危害性和复杂性的不同,整治时不能一律对待,不易事先提出采用何法,应针对形成滑坡的主要条件、因素,提出几种措施以消除危害。这几种措施必须是当前技术条件能达到、且能迅速生效的,再根据滑坡在当前所处的阶段(新生、复活、发展、衰退和消亡等)与今后的发展趋势,从而作出经济技术比较,以确定取舍。但以下三类工程必须尽快修建,并需随时修补。

1. 排地表水的工程对任何滑坡总是有利的,其造价低,均尽先采用。

2. 滑动后,地表出现裂缝,致使表水易于自裂缝灌入,且因工作简单,故堵死反夯裂缝的工作是随裂随夯填的。如滑动严重,地表裂缝多,凸凹不平,易积水,则整平地表以利于排泄地表水,也是需尽快做到的。

3. 为疏干滑体,减少危害,对滑坡上的水、泉、湿地的引水工程和边坡上潮湿处、泉水露头处所做的边坡渗沟等,均是随时增添修建的。

采用"排"或"挡"治理滑坡的场合,从技术条件看:

1. 滑床较陡的滑坡,滑动带土壤接近软塑,甚至在滑面上无流动的水,也可滑动。这类滑坡自以平衡滑体推力为主。当推力不大或系牵引性质(因下部移动引起滑坡向上发展)时,应优先采用增加滑坡支撑抗力。

2. 破碎岩层因裂隙水发育或堆积层因壤中水发育而引起的边坡滑坡,因供水面多、无集中的供水条件和滑坡头部的滑体已饱水、滑面位置受开挖面的标高所限制、其变形性质介乎堆坍和滑坡与错落之间、有逐渐向上扩大之势等,需疏干坡脚,同时增加支撑才能稳定它,故在坡脚同时修支撑盲沟和抗滑挡墙为宜。如为小型滑坡,仅支撑盲沟群一项或渗水支垛可以治理它。如是中型滑坡,同时修抗滑挡墙和墙后纵横盲沟才易生效。同样若属于大型滑坡,能使较大体积的破碎层饱水,非季节表水的作用所能单独引起滑动的;为了防止滑坡的恶化,先修抗滑挡墙及墙后纵横支撑盲沟群可求得滑坡的暂时稳定,然后再处理地下水;所做的支撑盲沟除非克服严重的施工困难,使达到惊人的深度与长度,才足以稳定它。

3. 对中小型滑坡,若滑床是坚硬不易风化的岩层,而地下水不大又缺乏规律时,是修建足够抗力的挡墙以稳定滑坡的场合。例如一些在坚硬岩层上的软弱岩层破碎体,由于切割露出硬层、失去支撑沿硬层顶面滑动,或松散层每届雨季发生介乎滑坡与错动之间的变形,这样在坚硬岩层上修抗滑挡墙以恢复原山坡的支撑,实践证明这样可以防止变形。

4. 当水为引起滑动的主要作用因素时,尤其在大、中型滑坡中,水位的升降、水量增大后浸润扩大并使稠度增大所引起的推力是十分巨大的,因此"挡"的工程只能看作临时措施,终须弄清水源、补给方式与位置,从而治理水,才能根治滑坡。不过"疏""截"等排除地下水工程,需在弄清滑坡性质和地下水的埋藏情况、查明水的联系、变化与来源等详尽足够的水文地质资料后,才能设计修建。收集这些资料需要半年至一年,而工程生效又常在竣工后几个月,所以单纯地用"排"的办法治理滑坡,只有在滑坡变形缓慢、无灾害性、影响运营程度小、不致严重发展和扩大时才能采用。"排"的方式也是随每类水对滑坡所起的作用和供水方式而异的。获得这些资料的难易,在定性和定量上有区别,需要的时间不同。当前国内外均难满足定量标准,对每一大型滑坡还不能说补给量若干足以引起滑动,除非有长期观测资料。取得长期观测资料后再治理滑坡,它与处于发展中的和影响运营的滑坡需立即整治之间有矛盾。所以"排"的工程总是针对其主要作用的水,尽可能地消除其危害,然后观测效果,再治理次要的水。经验证明,每一大滑坡主要供水带总是与外貌相符,常为 1~2 处,因此摸清它,处理它也并非太难。若主要供水方式与来源是表水下渗,当以隔渗为主,是在滑坡上修隔层的场合;若是滑坡外向滑床顶面供水后沿滑面流动,则是在滑坡外缘修截水盲沟与隧洞的场合;若是滑坡内由滑体下向上承压供水,只能在滑体内做疏干支撑工程或在滑床下做排水隧洞;若是凹地积水,则是修集水井抽水或降低地下水建筑物的场合。

5. 深层土体或松散岩层由于应力衰退产生流变和蠕动而形成的崩坍性滑坡,只能削缓外形、增加抗力才能防止危害,排水、疏干是毫无作用的。

6. 浅层而范围大的滑坡,经验说明它与岩性不良、壤中水活动及季节雨水有直接关联;只隔渗整平地面,常常作用不大;应根据疏干系统顺水的流动通道在积水处修建树枝状的支撑盲沟后,滑坡才逐步稳定,裂缝消失、树木生长后滑坡根除;如修小挡墙,常因滑面向下发展而失败。

(二)治理大滑坡采用综合措施时,"排"与"挡"修建的次序

由于大滑坡范围大、滑体厚、每项措施的造价大,而各措施所起的作用,又非当前水平所能确切说明的,所以如何经济合理的投资,达到稳定滑坡、不影响运营为主要目的,需要对各项措施的修建次序有一合理的安排。笔者认为:

1. 所有地表排水工程包括整平地表、夯填裂缝及在滑坡上疏导水、泉、湿地的引水工程,在滑坡定性勘测中,考虑过地表排水系统后即可先做。在稳定区估计滑坡发展不致影响变形处做永久性的工程;在变形区做临时的,待滑坡稳定后再改成正式工程。

2. 当大滑坡的前部急剧变形、影响运营时,或变形后逐级向上发展,虽滑坡地下水发育,为了防止危害与恶化,总是先采用应急措施,同时做带有墙后疏干支撑的纵横盲沟及"挡"的工程,以争取摸清地下水的时间,尽快修建"排"的工程,达到根除病源、稳定滑坡的目的。

3. 对变形缓慢无恶性事故和发展不快的大滑坡,应该按部就班、根据定性勘测做出整治规划:先排地表水,继而疏干壤中水,再截排地下水,经过观测,当这些工程仍不能制止滑动以后,再做平衡滑坡推力的工程,包括"减重""挡墙""打桩"或"改变滑坡土壤性质"等,最后绿化植树,以便投资经济合理、切合需要。

4. 防止江水冲刷滑舌的防护工程,随具体工点受冲刷或潜蚀的危害而异,根据需要可以列为先期、后期工程,或不处理。

(三)对中小型滑坡的治理对策

一般中小型滑坡,因工程量小、滑坡体不大、易于控制,为了避免量多、雨季被动,便于安排施工力量,多采用一次根治立即生效的措施。为达到上述目的,如不能及时收集到详尽的水文地质资料时,常采用"疏""挡"措施。即是以同时修建抗滑挡墙及墙后带支撑作用的纵横盲沟群为主,有时在挡墙上回填支顶或在滑坡后缘做局部减重以减小墙截面。如地下水发育时,又常做顺滑动方向的丫型支撑盲沟群也有成效。只有当弄清水文地质资料时,才以"排"的工程为主,同时修建其他配合工程。

总之,防治滑坡采用"排""挡"工程的场合与修建次序,随条件不同应灵活应用。

四、治理滑坡地下水选用盲沟和盲洞间的比较

几年来,在处理滑坡中修了一些盲沟和盲洞,使用后发现盲沟易淤塞、排水孔被堵死等现象,而盲洞工作正常,因此对处理滑坡地下水时有强调采用泄水隧洞的意见。盲沟淤塞、排水孔被堵死,除因施工中滤层要求不够严格外,设计本身也有缺陷,未能经常养护拉动盲沟排水孔中的铜丝刷也是原因之一。今后如果加大深盲沟的排水孔,能允许人进去清理,将滤层按照要求设计、施工,上述缺陷并非不可克服。因此,盲沟和盲洞的取舍问题,扔应根据足够的地质及水文地质资料做全面分析后,以经济技术比较来确定。一般修筑超过10 m 深的盲沟时,在造价上就应与盲洞方案比较。

(一)从排地下水的作用上比较盲沟和盲洞的适用条件

排除地下水的建筑物是随滑坡地区水文地质条件的不同(补给滑坡地下水的埋藏条件、层数及水力联系等)采用不同的类型和结构,在空间上也有不同的布置。现按需达到的要求分下述三类比较盲沟与盲洞的适用条件。

1. 对拦截地下水的盲沟或盲洞来说:

(1)需截断几个向滑坡供水的含水层时,总是盲沟比带渗井渗管的泄水盲洞在截水作用上显著;只需截断一个较深的含水层时,泄水盲洞的方案肯定是经济合理的。

(2)截水盲沟不易修在滑体内,当滑体移动时,横过滑体的盲沟即遭破坏,甚至会将地下水集中流入滑床,对滑动有利;同时,被破坏了的盲沟修复也是困难的。所以总是将盲沟修在滑坡范围以外,在其周围和上方,垂直于地下水的流向。至于泄水隧洞,可以修在滑体以下截水,滑坡移动后,渗井渗管也会被破坏,但修复较易,这是它的优越性。

2. 对疏干变动岩层的盲沟和盲洞来说：

(1)由于支撑盲沟是顺滑坡移动方向修筑的,当滑体移动量不大时仍起作用,同时疏干面大、疏干能力强、有支撑滑体的作用,应予优先采用。

(2)若滑体中的地下水是承压的、埋藏较深、又分散在各个部位,则采用泄水隧洞方案,可能较为经济合理。此方案是用渗井渗管将各部分的地下水汇集,直接排入滑床,从泄水隧洞构成的排水网道中,将水排出。

3. 对选用降低地下水头的建筑物而言：

(1)当含水层渗水良好时,选用泄水隧洞的场合较多；否则还是悬挂式的盲沟效果显著。

(2)对防止地下水的潜蚀作用时,总是采用盲沟的方案的较多。

(二)从设计工作上比较盲沟和盲洞采用的条件

已收集到的地质及水文地质资料的精确程度,对方案取舍也有影响。经验证明,在施工中当发现地质资料稍有出入,采用盲沟时易于改善；但如修盲洞时,其位置一经确定,就难于更动,实际上由于资料不确切也有不少盲洞起的作用不大。

(三)在施工条件方面比较盲沟和盲洞的选用条件

1. 深盲沟施工比盲洞复杂困难,因此在修建中易促使滑坡发展,必须慎重从事。

2. 修深盲沟不如做盲洞施工安全。一般盲沟施工需支撑,当盲沟深达 8~14 m 时,坚强的支撑才能确保施工安全,超过 14 m 的深盲沟常用施工进度缓慢的燕尾型接榫框架才能施工。

3. 深盲沟的造价高、施工困难、进度慢、需要支撑多等,都是事实。但需要时,也曾修过深达 20 m 左右的盲沟,且经过良好。

综合上述各点,盲沟和盲洞各有适宜条件和场合,选用时应区别对待。

注：此文发表于 1964 年《铁道科学技术》第 11 期。

(本文经任龙章、王恭先两同志审改并提出不少宝贵意见,特致谢意。)

确定滑坡滑动带的方法

提要：文中对六种一般寻找滑坡滑动面的方法进行了扼要的评述,继而介绍作者运用工程地质综合分析确定滑坡滑带的初步经验:

第一,按滑坡外貌上的特点初步估计组成滑床的岩层与滑床顶面的形状,并确定滑动面的边界条件;

第二,对钻探(干钻)岩芯、试坑及观测点等勘探点逐一分析,以推断各点上滑体、滑动带(或面)及滑床的位置和滑面的个数;

第三,根据各项地质资料进行综合分析,从而确定该滑坡有几个滑面,每个滑面在各勘探点上的位置及其形状和今后的变化趋势。

在处理大型滑坡时,多以"钻探"为主,以了解滑坡性质。由于钻探岩芯一般很小而且常遭破坏,钻探中一些必要的资料和数据常被忽略,以致仅凭钻探很难区分滑体、滑动带和滑床,很难找到滑坡滑动面的位置。同时,一般其他找滑面的方法亦均有局限性。所以,如何运用综合分析法寻找正确的滑面就成为当前在生产中急待解决的问题。兹除评述一般找滑动面的方法外,并介绍作者运用各种地质资料综合分析,以确定滑动带或滑动面的经验,供有关同志参考。因水平有限,错误难免,尚请专家指正。

一、简略评述一般寻找滑面的方法

1. 几何作图法。假定滑面为一圆弧时,有下列两种求滑面的作图法:

(1)第一法:在滑动方向的主轴断面上测出外露部分的滑坡前缘(滑坡舌部的滑面错出处)和后缘(滑坡后缘的错壁),并测出其滑面的任一倾向,然后绘出一圆弧(弧需通过前、后缘,并切前缘或后缘任一滑面的倾向线)此弧即滑动面。其圆心在前、后缘两点连线的垂直二等分线于滑坡前缘或后缘处任一切线在切点处的垂线相交处。滑弧半径为圆心至前或后缘间的距离。

(2)第二法:当滑动方向的主轴断面有移动时,已知地面上两点 A 及 B 的位置和移动后相应 a 及 b 的位置(最好是滑坡后部及头部上各有一点),即可绘出滑弧的位置。其圆心为 Aa 及 Bb 两线的垂直二等分线的交点;而滑弧半径为圆心至滑坡断面上外露部分的前或后缘间任一点的距离。

此两种方法系已知滑面位置做类似圆弧,供求算滑坡推力之用,并非据之以求滑面位置。它假定滑面为圆弧状,在滑动中滑体土壤无压缩性。事实上,在自然现象中无均一,各向具同一性质的土体(相等的抗剪强度指标)。实践证明,用此法常出错误。即使人工填筑成的堤坝,各部分的抗剪强度指标也不一致;同时滑坡总是上部下错,下部受压,致使圆弧上各点的曲率半径由上而下逐渐减短,而非等半径的圆弧;且滑体土壤也因含水量增加而愈具压缩性……,所以,用作图法求滑面,即是对均质土壤中所发生的滑坡也只仅供参考。

2. 位移观测法。用各观测桩位移量求滑面位置。

假定滑坡土体在移动中无压缩现象,则在滑动方向的主轴断面上任一点至滑坡后缘间土体下沉的面积,等于该点至滑床间铅垂线移动后的面积;同时该点移动的轨迹与相应位置的滑床顶面形状类似,所以当测得滑动面前后两同一断面及断面上各桩的移动量后,即可求出各桩移动后的滑床深度(等于该桩至后缘间的下沉面积与其在断面上沿滑动方向的水平位移量间的比值)及滑床的倾角(等于该桩移动线与水平线间的夹角)。

实际上,滑体在移动中总是有压缩的,所以断面上总下沉与上隆两面积间相差愈大,其计算成果误差也愈大。实践证明,用此法所求出的滑床深度一般在滑坡的后部且偏浅;当观测桩位移量过大或过小时,所求出数值的准确度较小;当桩下有两个以上滑面同时移动时,所求的数值不正确……。故此法在条件相宜时,也只可供核对用。

3. 坑、槽、洞探法。做洞探或坑、槽探至滑床,直接观察以确定滑动面位置。

由于坑、槽、洞探暴露面大,易于区分滑体、滑动带及滑面,故为寻找滑床顶面的可靠办法。不过费用过大,受工作条件限制,当滑体较厚时,采用此法技术上较困难,费用较大。

4. 钻进现象法。从钻探钻进过程中所反映的一些现象以推断滑动带可能的位置。

滑动带土壤比其上、下层的土壤,有较为松散、稠度大和易变形等特征,钻探至此层时常发生卡钻,钻速变快、孔壁收缩、孔壁坍塌或变形等现象,故用此法找滑动带有一些作用。但上述这些现象常被忽略,同时有这些现象的不只是滑动带土壤,故不能作为确定滑动面位置的可靠依据。不过当套管被挤弯或切断处,应无疑是正在移动的滑面。

5. 电探法。用电探找正在滑动中的滑面位置及滑动层。

在钻孔中悬挂一串串的金属球,当滑坡轻微移动时,金属球就随之移动,此时可用电探测出各金属球的位置。从金属球间相对移动量的关系即可找到滑动处。此法在寻找正在缓慢移动中的滑面是具有成效的。但对变形急剧的滑坡和对滑面易于变动的滑坡,将无法应用。

6. 分析岩芯法。从钻孔岩芯中找滑动面。一般用过的办法有下述三种:

(1)剖岩芯找滑面法。对用干钻提取的岩芯,能及时逐段剖开,有时可找到具镜面带擦痕的土壤,即可能为滑面土壤。此法虽结果可靠,但需有一定经验才能从岩芯上辨认滑面。因为形成土体或岩石间的擦痕,不仅是滑坡滑动这一原因,同时当滑动带土壤达软塑或流动状态时,往往是没有擦痕的滑面,所以也非唯一可靠之法。

(2)岩芯磨片鉴定法。对可疑的一段岩芯,切片在显微镜下鉴定,观测其微组织结构的破坏情况及次生裂隙,以确定是否为滑动带的土壤。此法虽可靠,同样需有经验能区别各种成因所造成的裂隙和破坏现象,才可应用无误。

(3)根据岩芯的强度指标以推断滑动带法。将用干钻取得的岩芯,每 $1\sim2$ m 选择变化点及其上、下层土壤做原状土抗剪强度试验,将综合指标按比例绘在岩心柱状图上,所求得的最小综合指标处,就可能是滑动带的位置。此法虽较可靠,但必须及时对干钻的岩芯做试验。有工作量过大之弊;同时处于剪切过程中的滑动带可能较薄,有提不出岩芯而被遗漏,做不成试验等遗憾。

二、运用工程地质综合分析确定滑动面位置的初步经验

以工程地质各个方面的资料(包括调查、测绘、勘探、化验及观测等)为依据,进行分析、对比,由粗而细地、逐步地确定出滑床顶面形状、滑体内有几个滑动带(或面)及今后滑面可能的变化趋势等是较好的办法。所提出的滑动面位置常能满足各项整治滑坡的工程措施需要,其做法是以分析钻孔岩芯为主,结合其他资料相互核对、证实、补充、说明、去伪存真,消除假象,当获得各方面资料有一致的论据时,所确定的滑床顶面位置属正确可靠。必要时仍需结合工程做少量的井、洞探,以证实所推断的滑面。

具体的步骤如下:

第一步,根据各项地质调查及测绘资料,从滑坡外貌上的特点初步估计组成滑床的岩层、滑床顶面的形状(包括各部位滑床的深度),并确定滑床顶面的边界条件。

1. 推断组成滑床的岩层。按地层程序、水泉的露头和边缘上所露出滑坡的组织结构等进行推断。

(1)根据当地能见到的各种岩层,对比其岩芯,一般易于被水软化、力学指标易于改变、且有隔水性的土壤,常是组成滑床的物质。

(2)当在滑坡边缘处(自然沟或滑坡头)有水泉自上述土壤的顶面或底面流出时,说明有地下水作用,滑面位置将在此层土壤附近。

(3)从滑坡侧壁处或两侧自然沟中对比滑坡与围岩间的地层层序,可找出哪些岩层衔接不上、哪些岩层是连续的,即可分别移动体与稳定体间大致的分界线。

如此,综合上述三点,再自滑坡头部了解移动过的土体特征,由哪些岩层组成,即可估出组成滑床的岩层。

2. 估计滑床顶面的形状。按地表上台坎的位置及尺寸、水泉湿地的分布、滑体上植物生长的情形和种类、地物变形的现象及分布、地表裂缝及裂纹的性质和产状、分布等进行分析。

(1) 根据滑体与围岩间层位的错距和扰动土体的厚度,可初步估计出滑坡在边缘的厚度。

(2) 滑坡顶面地形的起伏和滑床的形状有密切关联,一般是:在地形平缓处滑床较深,而在斜坡处滑床较浅;有一级平台就表示滑床在滑动方向多一级平缓地段;台坎间错距愈大,两级滑床分级愈明显;多数滑坡在表面上凸起之处正是滑床的凹槽具反置现象等。

(3) 当滑坡表面的水泉分布和第一层地下水活动相关时,平面上水泉出露的地段常是浅层滑坡的前缘;如水泉、湿地出露在滑坡平台的斜坡下,多与深层地下水活动有关,该处将是上级滑坡的前缘;如渍水出现在滑坡平台的中部时,常显示该处为下滑坡与抗滑部分的分界点,滑床的倾向变化将在此分家。

(4) 滑体上的植物生长茂盛之处是地下水接近地表的地段,常是各级滑坡的前缘处,该处滑坡较浅;滑体上地物或树木的倾向和分布可概估滑坡的各个部位:其向前倾者是滑床倾斜陡急之处,其向后倾者是滑床后缘下陷之处,滑坡中部的树木倾斜不大,滑舌上翘处的树木向四面倾倒,此等现象均与滑床的深浅及倾斜度有关,尤其是量测了地物变形的产状、相对变形间的数值,可反求滑床在各部位的形状。

(5) 地表裂缝的性质和产状,尤其是裂缝与裂纹间的关系。都是估计滑床在各个位置的深浅和形状的直接资料。例如裂缝宽而缓的是浅层滑动现象;裂缝窄而陡的是深层滑动现象。

综上所述各点,结合滑坡性质,可从滑坡外貌上的特点以区别局部变形和整体变形,概估滑床在各个部位的深浅。

3. 确定滑床顶面的边界条件。滑坡的周界、滑壁的产状和边缘上滑动带(或面)的位置及产状等,是直接确定滑床顶面的边界条件所需资料,也是估计滑床顶面立体概貌的依据,因此必须细致而准确地丈量各项数据。由于滑床在周界处较浅,易于剥露,在充分利用露头的情况下,应多做槽探以直接观察滑体的构造和各层土壤的岩性、产状及结构等。据此与围岩对比,找出各种数据;量测滑体移动的概值、滑体前缘隆起的范围和尺寸、滑床顶面在各个边缘处的产状(擦痕的方向和倾角、滑面在各个方向的倾斜)、各个滑坡断面在边缘的岩层产状(地层层序、各层的走向、倾斜和厚度)和滑坡后缘下沉情形等。

综合上述三点,并将滑床的边界条件(包括产状、错距、位置及倾角等)填绘在大比例尺的滑坡地形、地貌和工程地质平面图上,才可分析出滑床顶面的形状、滑坡切过哪些岩层、滑坡周界、滑面位置及其可能发展的趋势等,最终获得一个可能的滑体及滑床顶面的概貌。

第二步:研究分析各个钻孔岩芯、试坑、槽探、井探、洞探及观测点等,并结合水、土化验资料,区分各勘探点上的滑体、滑动带(或面)及滑床,从而推断滑动带(或面)的层数、位置及形状。

1. 滑体、滑动带(或面)及滑床的性质和滑面的特征。滑床下稳定的岩体称为滑床。移动过的土体谓之滑体。滑体沿着一定的面移动,该面称为滑面。不过滑体中也有局部土体的移动,所以滑体中的滑面有时有几个。紧贴滑面上一层被揉皱、挤压、剪切、扰乱而破坏的岩土,谓之滑动带。弄清滑体、滑动带、滑床及滑面的性质和特征是鉴定岩芯、试坑确定滑面位置的先决条件。

(1) 滑体中岩土被破坏的程度,随移动量大小、滑动中动能消失过程及滑动速度而异,其组织结构相应遭破坏而产生一系列有规律的裂隙,因此它比当地稳定的同类岩层较为松散、透水性大、不够完整及层次有倾斜变动等。

(2) 滑动带的岩土是直接受力遭破坏的一层。水分易于集中,有极其揉皱、扭曲等现象。岩石种类常混杂,甚至因动力作用而轻微变质,故其较上、下层岩土含水量大、松散、扰动、混杂,且强度指标低。

(3) 相对地看,滑面是移动体与不动体间的分界面,随作用力大小、滑动带岩土颗粒粗细、软硬、稠度、滑体厚薄、作用时间久暂等条件的不同,滑面上所产生的一些特征有的明显,有的模糊,甚至有的滑坡因滑带岩土接近流动,根本找不到滑面。滑面的特征一般具有镜面、滑腻、软塑、含水、有梳齿状阴阳起伏的擦痕等。

(4) 滑床是指滑面以下未移动过的岩体,因受滑坡作用力的影响,接近滑面一定厚度中也有鱼鳞状的揉皱现象。在显微镜下观察,能见有规律的与滑动方向成45°的羽毛状裂隙。滑床岩土有离滑面愈深愈完整、层次愈明显的特征,一般具相对的隔水性。

2. 鉴定分析各个钻孔及探坑资料确定滑面位置。除(1)剖岩芯找滑面;(2)岩心磨片鉴定;(3)化验全段岩芯,根据岩芯强度指标曲线找可能的滑动带岩土;(4)套管被挤弯或剪断处;(5)在探坑、探洞中直接找滑动带即滑面等方法外,作者又曾用过以下几种分析方法,取得了良好的效果。

(6)分析含水层及其顶、底板的岩性易推断滑面位置。虽说含水层位置及顶、底板不一定就是滑面通过之处,但滑面一般总是通过含水层或其顶、底板。因此对滑体中每一含水层均需仔细分析。至于滑面究竟是否通过含水层或其顶、底板,视相互间岩性对比与含水层条件而异。例如含水层为破碎而坚硬的岩层,且地下水承压高度超过含水层的顶面时,则滑动面常产生在含水层顶板黏土层的底部;在含水层中大量细黏土壤被潜蚀的情况下,则滑动面位置就在含水层中;若地下水出口位置降低到隔水层以下,因而增大动水压时,则滑动面就可能在含水层的底板处。

(7)研究区域地质条件,对比当地地层的岩性,寻找可能滑动的岩土。收集当地各地层不同风化程度和含水量大的风化土,进行化验,对比其较软弱的一类,即可能是形成滑动带的岩土。或取同一地质条件下其他滑坡的滑动带岩土作为样品,与各钻孔岩芯相对比。找类似状态的一层土,即可能是此滑坡的滑动带岩土。例如宝成铁路丁家河至略阳间十多个大滑坡的滑动带岩土都是带黑色的页岩或炭质页岩的风化土,作者曾根据这个地区性的条件确定这些滑坡滑动带的位置。

(8)化验、分析及鉴定当地稠度大的、软弱层的土质,根据其组成物质与风化现象分析其是滑动带岩土的可能性。作者曾见到一些滑坡滑动带的岩层已绿泥石化、绢云母化、千枚化、石墨化、滑石化、蒙脱土化、黏土化、高岭土化、蛇纹化或炭化等;在这些岩土中以含有水云母、蒙脱石、滑石与铝土等的黏性土最易滑动。

(9)检查岩芯各层中的夹杂物以分析滑动带的位置。构成正常岩层的矿物种类是均一的,如经过滑动的岩土就可能将上层矿物或碎块混入,尤其在滑动带更易混淆。因此发现岩芯中矿物成分复杂,夹有外来物质时,需追查其来源,有时发现它是滑动带岩土。

3. 对比两相邻钻孔的岩芯。沿滑动方向,可能由于滑动将上方滑动带的岩土带到下方来,因此当上方钻孔岩芯中滑动带的岩土被肯定后,以其为线索追查下方钻孔岩芯中具类似此层岩土处,尤其是当下方钻孔岩芯缺失这一层而仅在某一段岩芯中夹此层碎屑,则更明显地说明是属同一滑动层了。宝成线塔坝滑坡即有此事例,沿横越滑动方向,滑坡两相邻钻孔中,同一滑动带的岩芯的性质常属类似。

4. 结合滑坡性质与岩性分析"滑体与滑床""滑动带"(或滑面)以确定滑面的位置。当滑床为坚硬岩层,而滑动带的稠度介乎硬塑与软塑之间时,滑面上擦痕明显,滑面位置不难确定。若滑动带是流动松散体或软泥时,滑坡可能是由于巨大厚度的滑体将松散层或软泥挤走而形成,这类滑坡往往没有带擦痕的滑面,因此只能对比岩层层次,各层结构和相应的裂隙系统区别滑体与滑床,从而确定滑床顶面的位置。滑坡下滑地段或扰动严重处,其滑动带较厚,可作为寻找滑动带岩土,确定滑面位置的依据。

5. 分析滑床的基本条件以推断滑面的位置。作为滑床的基本条件是:(1)相对的隔水;(2)具有聚水的形状;(3)组成滑面的物质具有遇水软化、滑腻及显著地降低抗剪强度等性质。因此,两个不同年代的地层间的接触面、风化差异面及两种性质不同的岩层交界面处,粘结力小、水易聚积,故其是较软弱的一层,当有地下水活动时,常形成滑动。

第三步:综合分析各项地质资料,从而确定滑面位置,立体形状及今后变化的趋势。

1. 根据上述所确定的滑床边界条件,在滑坡纵横断面图上绘出在滑坡边缘处滑床顶面的界限及今后变化的趋势。

2. 按在各勘探点上推断可能发生滑动的几个位置,结合地表裂隙的性质、地表裂缝的分布、观测桩的位移量与变化、滑体内各层水的分布与联系等,基本可以肯定有几层滑面与滑床顶面的位置和形状。

3. 综合不同岩层的岩性、层间含水条件、擦痕倾角或滑动带岩土所反映的特征等各方面资料的一致性,以及地下水的活动与地表水泉出露情形、位置、分布等条件进行分析后,根据滑坡地质断面的外形以推断老滑床的位置、当前移动的滑面位置及今后滑面的可能变化。

4. 在情况复杂难于分辨时,可采用观测资料进行计算以辨别正在移动的是哪一滑面,必要时可结合施工做少量的井、洞探,以核对滑面的具体位置。

5. 根据滑坡性质、地表外貌的台坎、滑体上裂缝的分布及滑面上擦痕的产状等,细致地修改滑床顶面各部分的形状。

一般说来滑面位置多是同一层地下水作用下不同颜色土体的分界面,或是不同岩层的接触面,或是同一层岩层的风化差异面。其形状:在后缘及侧缘总是切割一些岩层,受拉下错,具陡倾角与较大的曲率半径;在中部则接近两分界面、类似两分界面的外形成平面状;在前缘,则随临空面的位置而急剧弯曲向上,常随阻力和水的活动情况变动而变动。当组成滑床的物质易软化、易风化、易降低抗剪强度等性质时,则滑带易于向下发展;当滑坡前缘受坚硬不易剪断难风化的岩层阻滞时,或滑坡前缘沉积了新的物质时,滑体本应日趋稳定,但一旦地下水增多、水位抬高,在老滑体上也会形成新的滑面,其滑面位置将随地下水水位线的上升而抬高。

总之,水的活动、软层埋藏情况是滑面所在位置的指标。从滑坡外貌、性质来核对其位置存在的可能性,用裂缝变形的产状及桩的位移变化以说明正在移动的滑面性质。根据组成滑床物质的性质、地下水水位的变化及地形外貌的改变,可推断滑面今后的变化。

注:此文发表于1965年《科技通讯》第1期。

(编写本文时,经任龙章同志提供了不少宝贵意见;文成后又经任龙章同志做了一些修改;一并致谢。)

宝成铁路西坡车站滑坡区的研究

摘　　要

铁道科学研究院西北研究所于1965年7～10月在宝成铁路西坡车站集中了以滑坡室为主力,配合钻探、电探和观测各工种,共五十余人组成会战组,对该滑坡区结合生产进行了研究工作。在这一工作进行过程中得到铁道部第一设计院派来钻机一组、电探一组和华东师大五位师生的支援与参与,对研究工作的进展起了巨大的作用。目前已基本上接触到本滑区尤以K115滑坡群的本质,并摸索到一些对此类褶皱山区大滑坡的研究途径和方法,并协助一院完成整治本滑坡中一些有关新的工程措施的设计。由于所依据的资料和论点绝大部分来自一院,我们只不过从几个方面进行系统化补充了少量验证工作,所以我们认为它基本上是一院同志们长期辛勤劳动的成绩。我们对一些实际素材和论点的运用很可能有主观片面不当之处,尚祈批判与指正。

至于排除地下水工程设计中有关采用卧式钻机在盲洞内钻孔及采用就地灌注或沉井等方法修立井等,虽曾与西安局有关单位进行结合,但很不够,修建锚杆抗滑挡墙问题则尚未经联系,所以这些工程结构及其尺寸是否恰当,只能供有关单位参考和批判地采纳。

西坡车站滑坡区位于秦岭褶皱带嘉陵江河谷灵官峡末端江南岸一山间洼地中。此洼地三面环山,北止于江边,中央有一鞍状山梁纵贯其中划分为二,梁东为K115滑坡群,梁西为K116滑坡群。目前变形面积约 0.5 km²,滑体厚20～70 m不等,部分滑面几近江面,一般堑顶距江面约40～50 m,高出路基面约30 m。而在此江面仅宽约30 m,隔岸为一高约400 m的陡壁,所以此两滑坡群共有百余万立方米土体,一旦滑下,不但危害巨大,而且将造成长期断道。现今宝成线仍是通往西南的主要干线,故能及时配合生产进行研究,赶上整治而达到防止其发展,对建设大西南有直接帮助,具有重大的政治意义。

本滑区自1955年修建铁路以来已有十年,由于滑坡规模巨大而复杂,山坡不断变形,如何治理是生产上的关键问题。一院在此先后已进行多年了解,最近作了改线过河的方案比较,它比整治滑坡贵千余万元,鉴于这些政治、经济上的重大意义,研究如何治理实有必要。

此次研究工作是将本滑坡区划分为几个方面以专家组形式承担任务来完成,本着治好滑坡为基础,尽量采用新技术为内容,同时借此促使各研究专题在此成长壮大,也探求科研结合生产的途径。目前只完成第一阶段,今后将继续配合施工和运营中观测以验证成效。

以下简述此次研究在各方面的初步收获,包括各种方法和本滑坡区以K115为主的情形。

一、在地貌上反映了那些滑坡性质,怎样做的

运用地貌学的理论、知识和方法来解决滑坡问题,尤其是满足整治滑坡技术勘测的需要,在我国还是刚刚开始。

确定变形范围,初步是从当地地貌,尤其是对比地形的起伏和组成地表的物质来推断;细致地从微地貌来划分,要通过填绘地貌图。

(一)变形的轮廓范围:

1. 变形体属第四纪松散堆积物,此因当地基岩较完整,节理裂隙无错位现象。

2. 本区第四纪松散堆积物的分布是可能变形的最大范围。但自东坡村平台及其以上,由于前缘坡坎大部分已有基岩出露,所以滑坡后缘以其为界。

(二)确定不同滑坡块体的稳定程度及相互关系,是从地貌发育过程、第四纪物质和现代微地貌三方面进行野外调查,找出了下述几个确定问题的特点:

1. 山间洼地中有一鞍状山梁纵贯其中,梁是稳定区,此因组成它的底部基岩出露很高,比较整体,梁上植被生长正常。梁上覆盖黄土,密实整体,截然不同于两侧洼地;黄土与砂黏土夹碎、块石的分布是它与东、西两滑坡群的分界线。

2. 南北向为上缓、中陡、下平,滑坡群为堆积体,只能发生在中陡、下平的部位。上部缓坡地段有6、5、4及3四个台坡,4台为东坡村所在一台;中部陡坡地段系自3台斜坡以下包括2台面至公路边;下部一台面为水文站所在的一台,其前缘斜坡直达江面,铁路在斜坡半腰。由于3台面及其以上①台面缓达5°~8°;②各斜坡多由基岩组成;③台上堆积物薄,故此缓坡地段不可能形成大范围的滑坡。

3. K115滑坡群与其上的沟渠分布密切相关。自然沟由东而西为东沟、烧牛沟、梨树沟、柳沟及西沟。两侧小沟源止于东坡村平台之下,中间三条源出于大崖头以下。3台面以上有古泥石流注入滑坡洼地成两大洪积锥。烧牛沟贯穿东锥的中央,外貌平顺,故锥体基本上是稳定的;下游折而西行与梨树沟会于公路附近,故转折以下可能发生过滑坡。西锥两侧分别发育了梨树沟及柳沟,公路以上锥体成阶梯状,坎坡发育,是多次滑动过的迹象,滑坡的分化与两沟分布有关,在纵向上分为三条多块。公路以下为一平台,烧牛沟和柳沟深切直下径注入江,反映是一滑体厚不易分化的古老滑坡;其侧面如柳沟与西沟之间及后缘如公路一带则发育过许多小滑坡。烧牛沟与梨树沟汇合处以上的楔形三角地带为两锥分界处,有一沟洼,其上坡坎交叉,是西锥的分界线。楔体上缘的广阔地带为2台面所在属稳定区,而其下三角陡坡则是裂缝纵横,向两侧及下部三临空面不断发育的各个坍塌及边坡滑坡区。烧牛沟及东沟之间,在锥体之下地势低陷,为已稳定的老滑坡。其余在烧牛沟脑及各沟两岸尚有一些各组独立的沿沟发育的滑坡,它们与整体滑坡关联不大。

4. K115滑坡群是发生在古泥石流的基础上,它对确定滑坡的发育史有决定性的作用。古泥石流以红色白垩系巨大孤石为其标志,它源于东侧悬崖上崩坍体和悬崖上沟以及崖头的陡壁。它离江岸近2.5 km,在3台面以上由三股汇流而成,而后分东西两支;东支分两股绕过烧牛沟与梨树沟的间脊,注入K115滑坡洼地;西支自K116滑坡后缘西南径自流入东坡沟。由于在梨、柳两沟间的堆积体低于两侧斜坡上所残留的泥石流物质,所以说滑坡是发育在古泥石流的基础上。此由白垩纪大孤石组成的古泥石流发生在古气候寒冷期,并且在3台面以上局部为Q_2马兰期黄土所覆盖,故K115滑坡的基岩凹槽应早于古泥石流的形成时间。古泥石流未注入K116滑坡的基岩凹槽,故其形成在后。在滑体中有灰黑色具白色钙质斑点的砂黏土一层,其上的滑体当在Q_3之后了。

(三) 从地貌上确定滑坡性质及其稳定性有下述四点:

1. 本滑区的地形是发育在阶梯状的与江岸平行的断裂基础上,故滑坡的分布有横向分带性。横断3正断层形成了公路以下的一级整体性的滑坡带;横断4及横断3两正断层之间形成一级滑坡带,系多层多级性;横断4以上为沿沟发育的叠瓦状的滑坡群。

2. 后生沟谷的下切促进了滑坡的分化。例如横断3及4两正断层间,西锥体是两级牵引式老滑坡,后因梨、柳两沟下切形成了三纵条滑坡群。同时沿已深切的后生沟谷两岸的岸边形成滑坡或坍塌,位于深层滑面之上,故其变形将先大滑坡复活而活动。

3. 大滑坡的前后缘属松散体,故易先活动。例如公路边的小滑坡群即为上级滑坡的前缘,又为下降滑坡的后缘,故其活动特别显著。其次西沟与柳沟之间虽有移动,但不如公路处严重,又较水文站平台及其前缘堑顶的坍塌或小滑坡变形为重等,此说明水文站大滑坡已有活动。这些边缘的变形同时也指出正是大滑坡周界的标志。

4. 从地裂缝、滑区各部分的位移资料和沿铁路已成建筑物上的变形迹象来看:公路以上西锥活动显著为多层多级性;公路以下,除柳沟以西为单独一条状滑坡群外,为一整体滑坡,目前虽非古滑坡复活,但老滑坡的活动,其滑面已深入路基面之下;而东沟两侧自K115+325至七号隧道出口一带,其堑顶有一系列的边坡滑坡、坍塌及崩塌落石等局部变形,正在发展中。

(四) 在地貌工作的基础上,可总结提出当前各个滑坡对铁路可能有以下的危害:

1. 公路以下的一级滑坡带对铁路安全有直接影响。

2. 近期可能随时造成断道的是堑顶附近正在发展中的一系列崩塌、落石、坍塌、边坡滑坡和成条状的滑坡群。

3. 公路以上部分，虽活动性大，但离铁路远而且是分散的，是在半坡上错出的，其对下部滑体虽有作用但不是主要。

4. 沿沟两岸的向沟变形，必要时应予以处理，为了防止其发展形成泥石流阻塞桥涵，故需要对沟底进行保护。

二、从力学观点分析搞清了本滑坡区的地质构造体系，因而基本上找到了地下水的网道；采用了电法勘探及提水试验等办法，初步证实本滑区的断裂分布和地下水的联系

经过滑区轮廓的地貌调查之后，清晰的反映了当地的断裂分布是当前地形的基础，使滑坡群有横带性。横断3正断层分布在公路一带，因其水泉发育，明显地将滑坡群划分为上、下两级，所以要摸清褶皱山区的大滑坡如本滑区的性质，有必要从摸清地质构造体系着手。

当地所出露的基岩有中石炭系C_2、下二叠系P_1、下侏罗系J_1及下白垩系K_1等四种。组成这些不同年代的岩石主要是：①中石炭系为灰色、青灰色的薄层板岩及板状灰岩；②下二叠系为灰色、灰白色的中层结晶灰岩及薄层灰质板岩夹页岩；③下侏罗系底层有一厚层由C_2岩石组成的青灰色底砾岩，其上为黑色煤屑及含化石的灰白色中层砂岩，然后则为三套黄绿色、青灰色的中层砾岩、砂岩及页岩夹黑色的炭质页岩薄层；④下白垩系为红色、紫红色的块状砾岩及其底部少量的中薄层砂页岩。由于此四种不同年代的岩石在同一地区参差出现，弄清其接触关系（不整合或断层）有首要意义。本滑区发展到目前阶段，由于河岸冲刷已退居次要，因滑体厚第四系各层较密实，使变形区地表水不易渗入，所以地下水的作用已转化到主要地位。鉴于地下水的网道与当地断裂系统有密切关系，我们仍将摸清断裂列为首要工作。

（一）关于摸清当地断裂，我们是从力学分析着手。其论点：

1. 当地红色砾岩（K_1）分布在西北和东北，而年老的岩石（C_2、P_1和J_1）则出露在西南和东南，这里如是一条构造线应出现东西向的主要断裂，事实上从平行阶梯状的地形看，其走向为N65°/70°E，也就反映出构造线不是东西向的。因此摸清当地有几条构造线起主要作用，经过调查证实有N65°/70°E及N40°/45°W两组。

2. 两组构造线谁先谁后，非独直接影响地下水的分布与联系，并且可据之弄清其余伴生断裂及褶皱等地质构造的性质。由于地形上反映了N65°/70°E一组（横者）顺直，而N40°45°W一组（纵者）被割切错开，此说明纵向构造线是出现在先，现已被调查证实。这样我们才有条件从力学分析推断被滑体埋藏了的构造性质与产状。

3. 以N65°/70°E一组构造线为例，其推力来自S20°/25°E方向。在这一推力作用下：①其向、背斜的走向为N65°/70°E。②有沿侧面X剪切面发育的巨大逆断层，走向N65°/70°E。它将南端的古老岩层推覆于北端年轻岩层之上，属主要断裂，它发生在向、背斜交界处。这一系列逆断层由南而北应成叠瓦状，倾角逐步增高，其断层面与推力的夹角成$45°-\varphi/2$（φ为岩层的摩擦角）。③由于当地岩层为J_1与C_2属软弱岩层，应先褶皱后断裂，所以在逆断层上的背斜表面受张拉而引起的走向N65°/70°E正断层十分发育，属伴生构造。在同一背斜上近轴部的陡裂面与轴面的夹角愈小。这一系列的平行正断层可构成平行阶梯、地堑和地垒。④沿地表上X剪切节理发育而成的平移断层，其方向与推力间的夹角成$45°-\varphi/2$，倾角也必然是陡的。当地砾岩（K_1）φ角约为40°，而砂页岩（J_1）约为30°，因此平移断层的走向是可以推求的。红色砾岩（K_1）处为相对的不动体位置，必然是一组易于出现的平移断层。又因主要系软弱岩层受力，先弯后断，所以此两组平移断层不发育。⑤在接近相对的不动体处，由于各部分的推力不均匀，也能出现平行于推力方向的高倾角平移断层，走向S20°/25°E。⑥在S20°E推力作用下，两侧相对的延伸，易形成走向S20°/25°E张拉性的高倾角正断层。由于东侧为相对不动体，张拉就必然产生在西端，但因接近受力点，故不发育……。这样从力学分析着手就能基本上弄清当地断裂体系。

（二）本滑区的主要构造体系是符合上述力学分析的，其内容：

1. 在先的纵向构造线N40°～45°W，其推力来自SW50°方向，反映在本滑区由K118至七号隧道进口

(由西而东)有六条逆断层成叠瓦状,其倾角由50°～70°逐渐增大。除纵断5成反向外,其余均是将西端岩石推覆于东端较年青的岩石上……。事实上与上述力学分析一致。因纵断5是在被动压力作用下形成的逆断层,所以方向相反。

2. 在后的横向构造线N65°～70°E,其推力方向已如前述为S20°～25°E。反映在本滑区由南而北有8条主要断层组,其中横断8、4和2三组中的逆断层,将南端岩石推置于年青的北端岩石之上,各逆断层成叠瓦状,倾角逐渐增大,也与上述力学分析一致。其次横断1、3、4、5、6及7六组中的正断层,除横断7以外均倾向江岸,组成阶梯状的断裂等,也符合上述力学分析。横断7为倾向山(南)的正断层,它在背斜轴的南翼也是不矛盾的。

3. 隔江琵琶崖壁上出现的N70°E平移断层是由SW54°推力作用下沿平面X剪切节理发育而成的,因为北端为相对不动体必然出现此组夹角25°的平移断层,其倾角陡而擦痕反映为南端岩体东移与推断一致。同样N5°E的平移断层属S20°E推力作用下沿表面X剪切节理发育而成。

4. 由于纵向构造线在先,纵向的向背斜显著,而横向成短轴状均向江倾斜,也与实际一致。纵向的轴长,自后窑沟至悬崖上为复式背斜—向斜—背斜,而横向的短轴自大崖半沟至嘉陵江为向斜—背斜,不连续、不整齐,而且在磨盘沟中又增加一级向斜—背斜。

5. 下侏罗纪系与中石炭系的不整合,反映在滑区的东南偶,由SE至NW向延伸,倾向NES,向江倾,也被各横向断层所割断与错开。

(三)上述埋藏构造,尤以通过滑区的纵向断裂的性质及产状,除从岩心分析对比外,利用力学分析,采用了电法勘探等办法进行系统的验证起了作用。

1. 由于此次工作是既需验证力学分析本身的正确性,又需应用已知的性质和产状推断埋藏断裂的性质和产状;因而对滑体外出露的断裂就尽最大的可能进行了解,在调查中结合做坑、槽探,工作量不大,而作用巨大。

2. 电法勘探对滑区的不同岩石在不同破碎和含水情况下其电阻率有区别,因此结合地质调查可以找出埋藏断裂所在的位置及破碎带的宽度。我们在此布置了三条横向和一条纵向的联合剖面,证实了纵向和横向断层的条数和所在位置,而且是所指出的地点与力学分析相符。费力不断,作用巨大。当然由于本滑区横断3及4将不少纵断层错断,三条横向一条纵向剖面,虽基本上解决了问题,但离满足要求还不够,仍嫌不足。

(四)本滑区的地质构造对滑坡性质及发育是有影响的。

1. 地质构造体系,基本上是地形发育的基础,已如前述滑坡在横向上的分带受到了分布所影响;经后期水流侵蚀所形成基岩凹槽的分布,它影响了滑坡在纵向上的分条。

2. 断裂的分布就是基岩内地下水的网道,它造成了向堆积层供水的格局,出现相异性质的滑坡群。由于横断3正断层全面供水,形成K115及K116在公路以下为主要滑坡块体,而公路以上是被牵引的多级多层滑坡群。

3. 不整合面的水在K115补给横断3正断层,对断层中地下水的水质及水头有直接影响,间接促使滑坡活动。

4. 处于背斜上的堆积体,由于地下水易于排泄,例如烧牛沟所在的洪积锥终究是比较稳定的。向斜顶面的岩石易于储水隔水,因此其上的堆积体易于滑动例如K116就是这样。

(五)K115滑坡群地下水的分布和联系与地质构造密切相关。

1. 横断4系正断层,属张裂性,岩石破碎,因此截储了其上由基岩中、自然沟渠(烧牛沟、梨树沟和柳沟)渗下、由烧牛沟谷纵断4和5组成的地堑中和由梨、柳两沟之间的基岩顶面凹槽等流来的地下水,聚积在断层的低洼处。它溢出于破碎砂岩组成的残积层顶面处,成股状向下补给,主要集中在破碎带以下已西错至梨树沟附近的地堑区和顺梨、柳两沟之间的基岩顶面凹槽一带,少量地向西沟附近尚未摸清性质的纵向断裂和烧牛沟下的基岩顶面凹槽流。溢至第四系中的水,有些可能沿洪积的块石层流出地表,形成叠瓦状的滑坡。

2. 在横断 3 正断层处，除汇集基岩顶面凹槽及纵向地堑区流来的地下水，还截储了纵向断层即基岩裂隙流来的地下水，同时接受了滑区东南隅不整合面的大量高压地下水。因此水量丰沛，最大一孔每昼夜可达三十余吨，水头自地下 60~70 m 承压出地面达 8 m。这一断层破碎带宽达 40~50 m，除东端隆起阻断横向水流外，它全面供水，既补给了残积层的顶面，又补给了第四系中某些松散的碎块石层（K_1）。所以它是形成公路附近各小滑坡及其以下各层滑坡群的主要原因之一。横断 3 在东端一锥的中央，其下基岩隆起，在纵向上为背斜轴，破碎带又为泥质页岩所组成，所以它阻断了沿断层带流动的水道，天然的划分为东、西两个滑坡群。横断 3 的地下水沿基岩及其顶面分三股流注入江：一沿东沟下基岩顶的凹槽，因其水量小，滑坡已基本死去；一沿水文站所在的地堑区，水量大，滑坡尚在微动；一沿西沟下纵断层，出现了条状滑坡群。这些纵向通道均因受路基附近横断 2 逆断层的截阻，地下水多转化为壤中水流入第四系中。其前缘有基岩横亘，因此当前活动的滑坡，并非全沿残积层顶面，尤其是在公路以下，很可能是沿壤中水活跃的、带臭味的砂黏土层的顶底板处。同时流入第四系中的壤中水汇合了表水下渗，流至堑顶附近急剧下降，它是雨季中一系列堑顶坍塌和边坡滑坡的主导原因，正在发展扩大中。

3. 第四系中某些洪积层及封闭洼地沉积的灰黑色砂黏土是隔水层，因此隔断了壤中水向下渗透。这些壤中水的补给来源之一，如上所述大部分是在正断层破碎带处由断层承压补给的，其次才是沿灰黑色砂黏土层以上的表水渗入的。

（六）K116 滑坡群地下水的分布和联系与地质构造也有关系。

1. 横断 4 正断层阻截了其上的水，顺正断层而下沿自然沟下基岩凹槽补给堆积层，形成了公路以上的一系列牵引式滑坡群。

2. 横断 3 正断层也因破碎带宽大截储了大量地下水，其上、下沿纵向逆断层通道的水位较两侧高，因此在横断 3 以下地下水富集在纵向逆断层之西。

3. 地下水横向分为三带，都与横向断层位置相符；它在向斜的西翼，也可能有供水关系。

4. 横断 2 逆断层也是阻水的，形成了一些壤中水，因此滑坡在堑顶附近，只能部分地沿基岩凹槽窄口发展；并产生因壤中水而形成的一系列堑顶坍塌及边坡滑坡。

（七）采用了电探法找流向及一孔提水多空观测以及水质分析等办法检验了 K115 滑坡群地下水的联系。

1. 沿基岩顶面的一层水是互相联通的。我们分别在钻孔 65 号及钻孔西 4 号对基岩顶面的一层水进行了长时间抽水（前者为 29 h，后者为 9 h），在钻孔西 4 号、西 5 号、66 号观测同一层水都分别下降，说明它们之间是有水力联系的。

2. 根据在钻孔 65 号抽水，观测到钻孔西 4 号中不整合面附近的一层水也有下降，说明不整合面之水是流入横断 3。

3. 在对钻孔 65 号进行基岩面抽水时，钻孔西 3 号在灰黑色砂黏土顶板的地下水没有变动，说明第四系中的地下水与基岩面的关系不大。同样钻孔西 2 号在红色砾岩（K_1）块石层下的地下水位也无变化，可能是受距离过远的影响。

4. 用投盐充电法找了一些钻孔如补 28 号、西 8 号、西 9 号和西 5 号等的流向，基本上和从基岩顶面一层水的等水位线所指出的流向一致。其次对某些钻孔如 65 号虽然超过 50 m 并且有套管，由于采用 N 级为 1 倍，也测出了流向，并与推断一致。初步探索了在有金属套管的深钻孔中用充电法测流向的方法，并获得成效。

5. 根据各钻孔的多次水质分析，在 K116 滑坡区断层带中的水质普遍含 Na 及 SO_4 离子此不同于其他。它证明了断层带的分布于推断一致，也说明属深层水的循环所致，而 K115 滑坡区断层带水所含 SO_4^{2-} 为其特点之一，但 SO_4^{2-} 离子反映不明显，可能系被不整合面流来的大量 HCO_3 水冲淡所致。

6. 目前在 K115 滑坡群主轴上，钻孔西 2 号、3 号、4 号和 5 号及钻孔 65 号、66 号均属水文钻孔，供长期观测用。目前以西 4 号及 65 号两孔了解不整合面与横断 3 正断层间地下水的补给关系；以 65 号、66 号及西 3 号、西 2 号四孔了解基岩顶面之间及其与第四系之间地下水变化的关系。同时供修建排地下水盲洞后了解其作用，并作为确定后期工程之依据。

（八）水文钻孔中的一些小改小革。

1. 胶皮封孔，以一层套管代替多层套管。

（1）当一个钻孔所处的地层有两层以上的水，钻孔完成后要求封住上层水，对最底下的一层水进行长期观察，在钻进过程中往往用几层套管逐层封水。钻孔完成后，外层套管除了起封水作用外，已没有其他作用。考虑到套管的价钱是很大的，为了给国家节约财产，希望拔起外层套管。同志们想出采用胶皮封孔的办法，达到了此目的。

（2）工具准备。

取准备下在最内层的套管上做接箍一个，铰五个橡皮圈套在上面。中间一层橡皮圈的直径要略大于从内算起第二层套管处的孔壁直径，起封水作用。其他四层橡皮圈直径递次减小（图1）起支撑作用，防止中间的橡皮圈在下钻后卷曲，在橡皮圈层的上下套两个铁皮圈，焊接在套管接箍上，起固定橡皮圈的作用，另外再准备一些水泥砂浆。堵塞其上的管壁。

（3）操作方法：

①钻孔钻完准备下最后一层套管时，正确测得第二层套管最下端的位置，把准备好的套管接箍接在要下的套管上，使其下孔后正好位于第二层套管的下端。

②下最后一层套管后，把外层套管全部拔起。

③在留下的套管和孔壁之间灌入水泥砂浆。

（4）效果：在西坡2号孔采用了此法，节约了套管。

2. 采用螺丝杆堵口，提高岩心采取率。

（1）方法：

①准备一个长螺丝杆，把大头用锉刀锉成截头锥形（图2），大小要使能够通过钻杆内孔，而略大于异径接头的孔口（异径接头的孔口小于钻杆孔）。

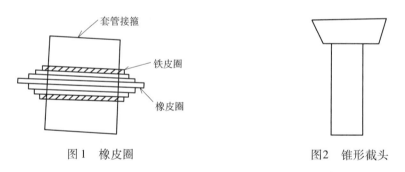

图1　橡皮圈　　　　　　　　图2　锥形截头

②在将要起钻时，关闭水泵，卸去钻杆上端的水龙头，把准备好的螺丝杆放入，螺丝杆通过钻杆孔掉下，堵住异径接头上端孔。

③起钻。由于螺丝杆堵住了岩心管上异径接头的孔口，起钻时岩心就不易脱落（如岩心往下掉，岩心管内就会产生真空抵抗岩心下落）。

（2）适用范围及效果。

一般岩心采取都可采用，能减少岩心脱落的可能性，在西坡4号孔采用过此法，效果尚好。

三、以K115滑坡主轴剖面为例说明滑动面位置确定的原则与方法

K115滑坡主轴剖面滑动面的确定及其相互关系，主要是依据对滑坡性质的了解及对钻孔中岩心所揭示的滑动带特征的分析；并结合滑坡的微地貌与基岩形状而得出，尤其是不同地层的接触面及各层水的统一作用为主要线索；同时采用了对滑带土磨片镜下鉴定，采用电测井寻找滑带土在力学作用下的标志以及软弱带的位置等资料加以验证。以下从五方面举例叙述：

（一）滑坡性质对确定各钻孔中滑动面的联系有主导作用

1. 公路以下的滑坡是整体的，其后缘在横断3正断层附近，因此，钻孔中滑面多且干硬，是滑坡的后缘，

倾角也是陡的,其前缘被许多密实层所分割,也就不易随便上翘,所以当前复活的滑体较厚,滑面也深,而且主要的必须是沿软弱层延伸。

2. 横断 4 与公路之间的滑坡为多级多层,因此其前后缘是多层的,就必须结合地貌上的台坎来联滑面,并以坑、槽探证明。

3. 横断 4 以上,滑坡属叠瓦状性质,因此主滑部分在基岩顶面,而前缘则推覆在下层滑坡之上,掩盖了下层滑坡的后缘。

(二)分析钻孔中所揭示的滑带土特征为确定各滑面在钻孔中的具体位置

本剖面上绝大多数钻孔的岩心中皆出现了滑动镜面(或其擦痕),是分析滑动面位置的主要依据。由于种种原因不能揭示所有的滑动面,需对各土壤的性质进行分析对比,有如下几点:

1. 钻孔中某些土壤层次反映了不同的沉积类型,如洪积与坡积之分,两次不同沉积类型所间隔的老地面,可能为滑动面。例如钻 11 号高程 915.16 m 及西钻 2 号高程 904.78 m 的滑面位置即由此而定的。

2. 从钻孔中分析滑动带的指示层,例如残积层及静水沉积层:(1)基岩顶面的残积层皆为黏土质及炭质页岩的风化物,极易沿此层滑动,在钻孔中该层多发现有滑动镜面,应为滑动带,在钻 21 号以上各钻孔第四系土与基岩接触处的滑面即由此而定。(2)静水沉积层系一种淤泥质土壤,其腐植质含量较高,在本滑坡公路以下分布较广,厚度较大,可能为滑坡湖所沉积,力学指标低最易沿其顶底面滑动。究竟其为顶面或底面要根据其上、下受水的作用而异,如钻 2 号高程 904.78 m 及钻 66 号高程 943.23 m 的滑面即由此而定。

3. 地下水的分布及土壤的湿度(或稠度)与滑坡关系甚为密切。如上所述,老地面或滑带指示层只有当其稠度较大时才可能动,所以当前由地下水作用的残积层顶面,可能滑动,它随承压水位的变化而直接受影响。同样,凡薄含水层都是滑动的危险带,但需结合前后钻孔资料一并分析,如钻 11 号高程 893.50 m 处的滑面即以此而定。

(三)微地貌及基岩形状是分析各滑面间的重要依据

1. 公路下为宽大坦缓的平台,其外貌反映为一深层整体的滑坡,无论是古老或当前复活都应反映这一特点;同样在堑顶附近有许多自成环谷的小滑坡也不应将滑面估计过深。

2. 公路以上至钻 60 号孔之间具窄小平台与弧形下凸陡坎或前缘隆起相间出现,这一复杂斜坡区的外貌,反映该段发育着多级多层性滑坡,前后缘相衔接相交叉;所以有许多滑面出口,结合附近钻孔滑面的位置进行连接。

3. 基岩顶面形状,控制了各部位滑坡的特性(推动式或牵引式)。纵剖面上基岩起伏有两级平缓的台坡,一为公路至江边,一为钻孔 60 号以上。两台坡之间被 25°~30°的斜坡所割断,基岩地形与地表类似,所以台坡与斜坡交接处必然是上部滑坡的前缘,也是下部滑坡的后缘。如钻 60 号及钻 65 号下部滑面的联系即是结合各方面进行连接的。

(四)滑带土磨片镜下鉴定的作用

1. 目前对滑带土镜下鉴定,已出现了滑带土的矿物有定向排列,非滑带土的矿物无定向排列。

2. 滑带土矿物的排列与其所处滑坡的部位有关,利用该项成果来验证根据上述方法确定的滑面是符合的,并据此对个别滑面部位进行了修正。

3. 矿物呈单项排列,说明是单方面受剪,应分布于滑体的中部及后缘。

4. 黏土颗粒的排列方向,有两组互相垂直成格子状,它不仅有剪切力而且有受阻的压力所致,故应分布在滑坡中前部。

5. 黏土颗粒的排列有两组互成 40°~45°,说明受力有两个方向,其受压方向与剪切方向不一致,多分布在滑坡的中前部。

6. 黏土颗粒的排列有两个以上方向,其中两组成格子状,另一组斜交。此说明受多组力的作用,多位于上、下两滑坡前、后缘相交处,或两滑面相交处。

(五)电测井寻找滑动软弱层是可靠的,而铅球观测的作用目前尚未取得满意的成效

1. 我们用半自动测井仪在钻孔西 4 及西 5 中测定"自然电位""视电阻率"和"电流曲线"找薄层水、软弱层和指定层,反映的现象与岩心鉴定一致,而且位置十分可靠,可达到提取岩心达不到的目的,可以增加钻

孔的钻进速度,今后值得推广。

2. 采用了许多方法进行铅球观测,但未取得满意成效,今后仍待努力。

四、综合各种资料分析了当前促使滑坡发展的主次要条件和因素及各个滑坡的发展趋势；并针对其对铁路的危害,提供一些整治对策和工程措施

从地貌、工程地质及水文地质等方面来看,本滑坡区除如前述以中部山梁划分为 K115 及 K116 两滑坡群外,各滑坡群在纵条上和横带上都有独立性并相互联系；所以促使其发展既有相同的条件和因素,也有相异的原因；因而整治它除因其对铁路的危害不同外,也有共同对策与个别措施之分。

（一）当前促使各滑坡发展的条件和因素

1. 已如前述,不论 K115 或是 K116 滑坡群,都因横断 3 正断层破碎带的地下水,在破碎带位置大量承压并补给基岩顶面和其上某些第四纪的土层,是促使公路附近小滑坡及其下横条上滑坡群发展的主要条件及因素。也因断层带地下水的长期作用和它在水量与水位上有变化,才形成其下的各滑坡在雨季后会复活,到旱季又趋于稳定。而 K115 在洪积锥以东的老滑坡,则因地势低陷,在平水年代基岩顶面的地下水量不多,故始终处于稳定状态；如遇到丰水年,它还是会活动的,这些都可以从长期位移观测中得到证实。

2. 堑顶一带的坍塌、边坡滑坡及条状滑坡群（K115 成都端已挤动路堑挡墙的一条）,明显的是受壤中水作用而活动的；所以它在雨季中及雨季后,几乎年年都在变形,事实上位移观测也说明了这一点。壤中水存在于灰黑色砂黏土的顶板,受其作用而活动；也可因其下的砾岩块石（K_1）层充水,作用至其底板而活动。这些壤中水除在横断 3 正断层破碎带承受其压头水外,也受来自纵向断裂通道与横向和斜向剪切性断层作用下承压成线状溢出之水的补给；但它接受沿自然沟渠的块石层中渗下的水还是主要的,尤其是地面出现裂缝之后,表水的补给作用是逐渐增多。至于这些水的补给对小滑坡的作用究竟如何,从当地未修路前,老滑坡前缘就有许多环谷状小滑坡的痕迹看,此壤中水就足以引起活动；滑坡头部的切割只不过是促使了小滑坡加速发展而已。

3. 由于堑顶及公路附近的小滑坡,位于大滑坡的前、后缘,所以在大滑动之初,这些部位的土壤先被作用产生松弛；若大滑坡未被治住,这些小滑坡是不会停止变形的。

4. 各自然沟谷的不断下切,对滑坡分化和疏干滑体有一定的有利作用；但易引起向沟的坍塌,增加暴雨中的流泥流石量,似应妥善安排。

5. 沟水及表水是否对基岩顶面的一层有补给呢？在公路以下由于滑体厚,岩心密实,似不可能。公路以上滑体薄,而沟中块石层厚,水是能自沟中经常下渗补给滑床的,尤其是滑体经常活动,裂缝纵横,水自裂缝流入也是不可避免的；不过由于沟纵坡及滑体表面的坡度均大,故流入之水也非大量。

6. 不论是 K115 或是 K116 滑坡群,在公路以上都因滑体薄,活动多,滑体松散,它不同于公路下整体密实,因此雨季中表水可大量下渗,补给壤中水,形成许多小滑坡；分析位于观测资料也得出同样结论,而且是活动频繁。同时它也因公路以下大滑坡的移动,失却支撑而逐级被牵引。又因纵向基岩凹槽与断裂一致,在纵条上有线状地下水的补给作用,形成了一系列叠瓦状的滑坡群,它们对下一层滑体也有局部推动作用。

7. 任一滑坡其所以活动,除上述各种水的作用外,滑带土是页岩残积风化土或灰黑色带臭味的砂黏土所组成,它们受水后力学强度最低,这一现象也为化验结果所证实。其次黄绿色的杂色土已在滑动中被挤压搓揉,同样是岩性不良是形成滑动的主要条件之一。这些不良土质在长期重压和水的作用下,不断松弛风化,其强度也是逐渐衰退的；所以土的持久强度不断下降,也是本滑区滑坡长期不能稳定的因素之一。

8. 修路对滑坡头部进行切割,曾是滑坡初期变形的直接原因,也是堑顶坍塌及小滑坡由于水压增大而产生变形的长期因素。不过大滑坡既然获得过稳定平衡,开挖路堑对它的直接作用就逐渐减少；当然切割对滑坡前缘土体长期的松弛作用是没法消失的。

9. 由于沿江一带堆积了巨大的砾岩孤石,形成短丁坝群,所以江水对岸边冲刷是有一定的限度,它对滑坡的发展作用不大;但个别滑坡头部如 K116 突出江心的部分是土夹碎石的堆积体,在江水作用下仍有局部坍塌被冲,对滑坡前缘的坍塌也有影响,故仍需防护。

(二)各个滑坡的发展趋势及其对铁路的危害与整治对策

1. 当前主要促使滑坡发展的,而又能人为改变的因素,已如前述,如横断 3 正断层中的地下水沿破碎带向滑体全面补给,其危害在于地下水的承压大、水量多。我们与一院同志经过了一系列工作之后,都抓住了这一个主要的病根,也证实了断层带水是以不整合面、纵向断层和基岩凹槽三方面补给为主,消灭它就可以基本上稳定主滑部分,消除了本段铁路上的根本祸害,从而促使一系列其他变形渐趋稳定。所以当前本滑区应立即在横断 3 正断层的上盘沿破碎带,于 K115 及 K116 分别修泄水隧洞(盲洞)以截排和降低由断层补给到滑面的一层水;同时也应设法使断层带内的水量能最大量的排除为宜。此系根治工程之一,尽早施工为上。

2. 为了减少对横断 3 正断层的补给水量和降低水压头,应对不整合面附近的一层水修泄水涵洞(即盲洞或隧洞)截排之。经研究分析此下侏罗系与中石炭系间的不整合面,分布在 K115 滑坡区公路以上的东南隅,水向西北流,故盲洞位置以横截流向为主。此系根治工程之一,应尽早施工。

3. 在 K115 滑坡区中西沟与柳沟之间的条状滑坡群,已将路堑挡墙挤坏现仍在活动,不论修建泄水隧洞后其作用如何,势必改建一支撑工程。当然在泄水隧洞修成后,疏干一段时间,再进行此项加固工程,其工程量可以小些;不过为保护已推裂的墙身,在其外所修的片石堆已侵占了站场内一股道,为了适应运营,要求必须恢复站内三股道计,此项支撑工程应尽早施工。这种抗滑挡墙究竟可否采用锚杆挡墙新结构并在墙后修支撑盲沟,我们正在研究中。其推力大小和锚杆结构,如何施工,其中细节尚需与有关单位结合之后,才能提出供生产参考。由于此段堑顶已发育了三个边坡滑坡,且正在发展中,看来墙后的支撑盲沟工程将是必须的。

4. 西沟本身为地下水出口,原修干砌挡墙因其下盲沟无底,基础软化不断变形,似应翻修加固此 Y 形盲沟将水导入江中,并改建为一整体抗滑墙以增大对其上条状滑坡群的支撑作用。

5. K115 主体滑坡,在 K115+325 至柳沟之间,路基已外移,烧牛沟上的拱涵,据说也移动了 1~2 m;路堑挡墙似乎变形不大,但堑顶坍塌及边坡滑坡仍在发育。这些可根据观测资料推断大滑坡在缓慢活动。其前缘变形随时有危害行车之虞,似应及早修建支撑盲沟,以阻止其滑落。由于滑面深,很有可能为防止大滑坡移动,需在江边出口处修建抗滑支垛。

6. K116 主体滑坡在 K115+950~K116+160 间,据观测了解路基面及其间拱涵已向河外移数米,且在江边也出露滑面。自然既不能肯定江边出口是大滑坡的一部分,也不能否定它非滑坡前缘坍塌体的局部滑动;总之从逐年观测中了解,自修路时整治以来,滑动已逐渐减缓,但未停止。因此在公路下再修一泄水涵洞后,能否终止变形,目前不可预料。所以后期也有可能在江边修一抗滑支垛,或在路堑内侧用旱沉井或是大孔钻机施工的抗滑支垛,或在堑顶附近焙烧拱式挡墙或是埋式挡墙;这些究竟采取何方案,有待于经济比较。

7. 当前随时有断道危害的变形,乃是本滑区沿堑顶一带的崩塌落石、坍塌及边坡滑坡。我们进行了微地貌工作之后有如下的意见:

(1)自七号隧道出口至 K115+325 一段,除公路附近以东沟为中心有一老滑坡外,其余都在大滑坡区以外。沿堑顶上、下有砾岩崩坍落石及堑坡坍塌以及边坡滑坡,它们都因风化及壤中水活跃所致,现仍在发展,随时可滑下造成断道。由于目前挡墙已变形,故需先修多条横过路基的支撑盲沟以疏干挡墙基础,保证墙的稳定否则易于发生倒墙的严重事故。其次应立即针对各边坡出水处在墙后修建支撑盲沟以稳定堑坡;在堑坡过陡处有坍塌现象者,尚需在墙后加厚加高墙身回填片石,以减缓坡度来稳定堑坡。对公路内侧的浆砌排水沟,应立即修理使之畅通,并对雨季中易因山侧坍塌、流泥或推挤而堵塞破坏沟渠处,予以加固防治。对公路以上的砾岩陡壁易于坍塌落石翻滚至铁路者,应增加支顶镶补墙以防止其变形。

(2)东沟凹地为烧牛沟洪积锥以东的老滑坡,如前述目前虽已死去,但仍有轻微滑动迹象,除建议在公路以上的盲洞向东延伸过其下的基岩凹槽以外,适应进一步勘探,能在凹地边缘修一盲沟将可确保此老滑坡不再复活。

(3)站房所对的西沟至 K115+800 一段为鞍状山梁的前缘,它由破碎砾岩组成,被切割后不断落石,现正在修建的挡护墙及浆砌护坡是十分合适的,可防止小坍塌及落石对站场的危害。不过西端墙基是否够深,墙身是否够厚,尚值得深究。

(4)K115+800~+900 一段,下系破碎砾岩上为碎石及砂黏土层,其堑顶高三十余米。它本是一大型边坡滑坡,略高于路基面处有一黑色页岩残积土层,它在修路期间不断错出 2 m 左右,致使其上岩土随滑面折跌于路基之上,目前堑坡岩土已十分松弛错移,如不处理终究会形成坍塌性质的变形。因其下有基础且在路面附近,故建议及早修一大型支撑工程,可能是采用锚杆新型挡墙的场合。

(5)K115+900~+960 一段,是 K116 滑坡外成都端一沿自然沟发展的小滑坡群。由于滑体内壤中水发育,采用支撑盲沟进行疏干并支撑可能是合适的;由于滑面在路面附近而滑体不大,修一抗滑墙不但可支撑此滑坡群,而且还可起到在宝鸡侧支撑 K116 主体滑坡的作用,故建议早日施工。

8. 沿江岸一带有堆积体受江水及滑区排出的地下水双重作用产生的坍塌现象,尤其是滑坡前缘易松弛,更易被冲刷。不过由于沿江自然沟口有巨大孤石的分布成短丁坝群,其冲刷有一定限度;但个别地段受冲刷后会影响到路基安全的,如站房以东已受冲凹入之处,如 K116 主体滑坡的前缘,均应做河岸防护。事实上 K116 滑坡前缘刚修了铅丝笼护岸,此属正确之处。

9. 为了防止沟水下渗补给壤中水,对公路以上的各自然沟应清理纵坡并浆砌护底,这样也减少因沟边坍塌的发展所造成的泥石流之危害。

10. 公路以上的各滑坡群,从观测中虽了解到其活动大,但离铁路远,且对主体滑坡作用微,所以原则上不整治;但对个别地修建小盲沟或泄水支洞,以最大量的截排向主体滑坡补给的地下水还是应该的。

11. 滑区内除以各大自然沟为主作为地表排水的干渠外,仍应对滑体上妥善安排树枝状的截水沟向各干渠排水,以达到地表水尽快排出滑区为目的。同样滑体上一些裂缝也应随时夯填,水泉及湿地也应有计划的截引。其次只应在堑顶附近进行禁耕以防止对堑顶附近壤中水的补给,其余地段因其渗水作用小,就没有禁耕之必要。禁耕之地应广植阔叶果林,不但有经济收益,也可起疏干壤中水之作用。

12. 在东坡村下平台的前缘附近,地势平坦,各沟切入地面不深,可考虑修一截水沟将流入两滑区的地面水,全部截导流入西端的东坡沟中,这样可最大量的减少沟水及地面水对滑坡的作用。不过为了节省工程,建议在自然沟中修小滚水坝以抬高水位,这样可使沟间土方工程减少,在洪水期间,沟水仍可越坝顺各自老沟流注入江中,可防止溃堤或堵沟的危害。

五、排地下水工程的规划及排水工程中新的措施设计

(一)以 K115 为例说明布置泄水隧洞的原则

如前所述,地下水沿横断 3 正断层分布,其补给来源:1)基岩层面水;2)不整合面附近的水;3)纵向断裂及基岩裂隙流来的水;4)顺自然沟渗漏来的少量水。这些水集中到断层破碎带,表现的特点是承压高及补给带宽。它对滑坡不利的作用也在于承压高,可补给其上第四系某些土层;也在于水量丰沛,浸润面广。故整治它,以尽可能排除大量的水和降低压头为主。因此在横断 3 附近排除及降低残积层顶面的水,将是稳定公路以下各滑坡的最有效措施之一,也是最主要的。

正因为需要同时排断层内和基岩顶面两层水,或同时排不整合面与基岩顶面两层水,在滑体厚达 40~70 m 的条件下,通常多选用两层盲洞分别排水,这样不但不经济而且延长了施工工期。经研究后设计了一新型盲洞断面,使在洞内能安装钻机,向上或下打钻孔截排另一层水,这样只需修一个盲洞就可达到两层盲洞的目的。所以本盲洞设计在平面、剖面与横断面上均与一般盲洞有所区别,此不同于一般惯例。

1. 确定平面位置的原则以断层或不整合面位置为依据。

(1)本滑区不论是 K115 或 K116,都说明横断 3 正断层以下为主滑部分,对线路有直接危害,公路以上的滑坡对下部虽有作用,但危害不大,所以将截排地下水的主洞放在横断 3。又因正断层上盘富水,事实上也被钻孔揭露所证实,所以主洞$_1$的泄$_1$至泄$_2$4+33.75 一段及支洞$_1$支泄$_1$0+00(等于泄$_2$+75.25)至支泄$_1$0+70,

以及支洞$_2$支泄$_2$0+00(等于泄$_2$4+33.73)至支泄$_2$1+00 为截排和降低由断层3自基岩顶面溢出的水为主。同时在洞中向上打钻孔,将断层内的水承压到主洞$_1$中排走。这样在平面上根据地质条件来指导布置盲洞线在正断层上盘沿破碎带修筑,不仅在勘探中可节省钻探数量,还可保证盲洞修成后能截排大量的地下水。它不同于通常按方格状布孔的惯例,它不一定能找到水,但解决了有些时候试钻时找不到盲洞线正确位置的苦恼。

(2)同样根据地质条件分析在 K155 公路以上东南隅不整合面的水,是横断3 中断层水的主要补给来源之一,尤其是它的水头控制了横断3 地下水的承压高。为了减少断层内下部的承压水,故以主洞$_2$(泄$_2$0+00至泄$_2$1+20)及主洞$_3$(泄$_3$0+00等于泄$_2$0+30至泄$_3$0+70)为主,截排不整合面流向断层的水;同时向上打钻孔将基岩顶面的水放到主洞中排出。

(3)其他:主洞$_1$的泄$_1$0+00至泄$_2$+75.25 为输水部分,将水排至江中;主洞$_3$支泄$_3$0+00(等于泄$_2$1+20)至支泄$_3$0+40 为拦截西钻5 号附近基岩顶面的地下水用;支洞$_4$支泄$_4$0+00(等于泄$_3$0+70)至支泄$_4$0+47 为拦截烧牛沟左岸基岩顶面的地下水,以防止该沟下游的滑坡复活。

(4)为了便利施工,能按工期完成,达到及时整治的目的,故建议在 K115+525 烧梨沟内高程约 930 m 至 B 点(主洞$_2$与主洞$_3$的交点)控制高 932 m 间增加一施工导洞,约长 160 m。这样将 880 m 长的主支洞分两部分同时进行施工,可提前完工,早日确定后期工程需否继续施工。事实上双口施工比在 40~70 m 厚的滑体上修立井安全可靠经济,能顺利解决一系列通风、排水、出土、进料和工期等问题。

2. 确定纵向位置的原则是以基岩顶面或不整合面附近含水层为依据,强调了截排同一含水层的水,此不同于一般惯例。

(1)出口高程必须高出嘉陵江多年平均洪水位 0.5 m 以上,以免江水长期倒灌对滑动有利。

(2)通过路基面时,洞顶以上要有一定的填土高,不是建筑物衬砌薄,而是便于在通车的条件下施工。

(3)为达到即能截排地下水又能保证盲洞本身的安全以低于残积层为原则,至少比可能滑动的面或带低 0.5 m 或更多,随岩层完整程度而异。

(4)通过分析地质资料,确定了是属于同一含水层后,再沿基岩顶面、或沿不整合面布置盲洞。便于在地质情况与设计图不符时,施工人员易按设计意图修改,达到工程修建的目的。此不同于一般惯例,随有限几个钻孔中的水位,就安排盲洞位置往往又要通过几个含水层,其结果只能在钻孔附近截到水。

(5)盲洞的基础以尽量接近或低于含水层的底板为宜,可截排最大量地下水。

(6)为了便于今后的检查,建议最大纵坡不陡于 500‰;为了便于施工中有可能调整纵坡,建议最小纵坡为 5‰。

3. 确定横断面的原则,以在衬砌好的洞中能过土斗车和安装钻机向上或向下钻孔为依据,它不同于一般钻探,不能套定型,必需单独设计。

(1)由于本盲洞过长,如按一般惯例,先开挖支撑到底,然后由内向外进行衬砌,再抽出支撑木,这不但不经济而且影响工期。为了保证施工安全、经济和合理又能如期地完成任务,经研究采用了随开挖随衬砌为主的办法,节约了大量木材。因受施工干扰,不能在盲洞开挖过程中安装钻机,因而在成洞内使用卧式钻机,所需尺寸已非一般定型图可以套用。所以控制本新型盲洞断面尺寸的因素有二:一为在已衬砌的洞中过土斗车;一为在已衬砌的洞中安装使用卧式钻机;满足这些条件才能考虑避人和安装通风管、风压管、水压管及照明设备。

(2)根据施工进度及出土的距离计算,土斗车需单独制作,其尺寸为 0.8 m×0.8 m×1.2 m 才能满足要求。因此要保证能随挖随衬砌,为过土斗车,其衬砌净空需宽 1.6 m,当风管置于中央洞底后,加铺混凝土作为排水沟,其施工净空高为 2.7 m,竣工高度为 1.9 m。至于卧式钻机以 YQ100 型凿岩机为主要机具时,其工作所需尺寸为高 2.8 m,宽 1.3 m;因此对主洞来说,在洞内使用卧式钻机地段,在施工时最小净空为宽 1.6 m,高 2.8 m,成洞后衬砌净空宽 1.6 m,高 2.0 m;不使用卧式钻机地段,在施工时最小净空宽 1.6 m,高 2.7 m,成洞后采取净空宽 1.6 m,高 1.9 m。

(3)支洞因洞身短,不妨害总体施工中使用土斗车,而且多系尽头;故采用支撑到底由内向外衬砌办法。

但预计到能在施工支撑中使用卧式钻机,所以开挖净空宽 2.7 m、高 2.95 m,竣工断面衬砌内的限界为宽 1.2 m、高 1.9 m,基本上可套用一般定型尺寸。

(4)衬砌形式及细部尺寸的确定,主要依据当地地层的具体压力,参考经得住施工考验的经验,采用工程地质法结合经过力学分析的定型尺寸提出,此不同只依靠力学分析的做法。事实上以往盲洞衬砌形式及尺寸是套苏联定型图,只作过个别的检算;近年来产生单位对不同地层压力通过力学分析做出一些小尺寸盲洞的衬砌模型,在考验中尚存在一些缺点;所以此次偏重于工程地质法结合一些已施工并经得住考验的尺寸来确定它,见表1。

表1 衬砌形式及细部尺寸确定

岩 性	状 态	f 值	170 级圈厚度	边墙(100 号浆砌片石)			附 注
				顶宽		边坡状态	
土或残积层风化壳	密实		0.30	0.30	10.1	内侧直立,外侧向外倾斜	
	中等密实		0.30	0.35	10.1	内侧直立,外侧向外倾斜	
	松散(或含水中密)		0.40	0.40	10.2	内侧直立,外侧向外倾斜	通过路基处的尺寸是参考拱涵而定
基岩	含水破碎	0.6~0.8	0.40	0.40	10.1	内侧直立,外侧向外倾斜	
		0.8~1.0	0.35	0.35	10.1	不一定	
		1.0~1.5	0.30	0.30	10.1	外侧直立,内侧向内倾斜	
		1.5~2.5	0.25	0.25	15.1	外侧直立,内侧向内倾斜	

基础:采用矩形,深 0.4~0.6 m,宽度视边墙形式而异,一般宽 0.4~0.6 m,个别的可达 0.7~0.75 m。

反滤层:根据所接触的土壤而异,因主要含水层是在破碎岩石中,故一般采用两层,外层厚 0.1~0.25 m,内层厚 0.1~0.25 m。

支撑:施工时应采用 $d=0.3$ m 框架式圆木支撑为主,其布置随山体压力而异,一般间距为 0.7~1.0 m,以便在松散土层山体压力增大时,可以在间距中增加椿排,并对出水地段增加挡板。

(二)以 K115 滑坡地下水排水工程为例,说明新竖井(即立井)设计的原则

以往在滑坡区修立井,由于滑体不厚,最厚约达 30 余 m,一般惯例采用燕尾形接榫框架式支撑开挖到底,然后将预制好长 0.7~1.0 m 的混凝土立井管节逐节吊下,由下而上的堆叠砌成。在安装管节的同时回填滤层抽出支撑木。不过,当前这一滑体厚达 40~70 m 仍按老办法施工不但支撑木需要过多、过大不符合当前政策,而且已有先例,在深立井下部有水时常发生框架坍塌现象,对安全有影响。所以我们与一院同志共同期望找出一个便于施工且又安全又迅速并经济合理的立井新设计。当然,本滑区的滑体过厚又是尚未稳定的滑坡,在滑体上是以尽量少修立井为宜。所以此次立井的设计突出在便于施工及使用中安全,包括建筑物及施工等各方面综合来说是经济合理的。

1. 确定立井平面位置的原则。

此次布置立井考虑到井的深度大,施工安全第一,便于施工是主要的;所以立井在平面上布置的原则:(1)泄水洞拐弯处或分岔处;(2)地形及多层条件较好处易保证立井的安全;(3)施工中便于进出料减少施工干扰;(4)在尔后的检查能保证通风进入;(5)施工中一旦发生洪水倒灌,也便于人员能从立井中走出,防止发生事故。据此,1 号井安排在近泄水洞出口处泄$_1$0+50,井深 6 m,它是便于进料及人员上下与出工不受干扰而设;2 号井位于泄$_1$1+69.37 在截排盲洞与输水盲洞的衔接处又是平面的拐弯处,井深 41 m,由于打井的位置地下水少,可以利用它增加开挖工作面,便于进出料和通风等;3 号井位于泄$_2$+75.25 为主洞与支洞分岔处,井深 50 m,它利用通风和主支洞衔接;4 号井设于泄$_2$4+33.73 为主洞拐弯及主支洞立体交叉处,井深 46 m,可保证通风施工安全及进出料,从而可利用于一线施工的其他需要;5 号井设于泄$_2$1+20 为中石炭系与下侏罗系平面分界和逆断层接触点的附近,井深约 35 m,即是主、支洞的交接点也是支洞的通风井;6 号井设于泄$_3$0+70 处同样为中石炭系与下侏罗系平面分界附近,井深约 26 m,为主、支洞的交接点也是支洞的通风井。

2. 确定立井的断面形式及尺寸,是以疏干方法为主。由于采用以就地灌注或旱沉井修建立井为主,选用了圆形断面。根据各个井所在的地质条件用不同的施工方法,故断面尺寸并不相同。同时在便于施工的前提下也考虑到经济,所以衬砌最小内径约为 1.5 m。衬砌尺寸除按土压力控制外,在滑面附近须予以加强,特制钢筋混凝土管以达到受力后挤不坏管节,只可沿两管节接触面外移,从而保证滑面以上的井筒在移动后仍能正常工作。

3. 已如前述,立井的施工方法是随当地地质条件而异,井筒的断面尺寸是随下部施工要求而变动的。具体安排如下:

(1)1 号井:在上部高程 902.62 ~ 899.90 m 间有大块石,故采用明挖支撑法施工,在 900.95 ~ 897.32 m 间可能为滑动带,选用钢筋混凝土管;在 899.90 m 以下系碎石土壤改用沉井施工。由于井深仅 6 m,钢筋混凝土管厚 20 cm,内径一律为 1.5 m。当然本井也可以全部采用明挖施工;不过拟利用此井试验沉井方法是否可能以积累经验为其余深井施工打下基础。此井与隧洞连接点是将井筒置于加大隧洞边墙的矩形基础之上。

(2)2 号井:由于它位于大滑坡边缘及次生滑坡的发展区,为防止井筒被毁坏,拟在高程 938.80 m 以上清刷坡积层,并因之减浅了井深。在 939.15 ~ 932.15 m 一段为土夹碎石,拟采用沉井施工;其下 932.15 ~ 898.15 m 一段,因是破碎砾岩及砂页岩,岩质坚硬,改用就地灌注修壁基的方法施工;为便于施工,设计沉井部分钢筋混凝土管厚 24 cm,井筒内径 2.0 m,其下用混凝土衬砌厚 30 cm。本井筒是直接置于大隧洞边墙的矩形基础之上。

(3)3 号井:上部高程 952.67 ~ 935.15 m 一段有两层块石层,粒径有大于 1 m 的,故选用明挖支撑法施工;其下 935.15 ~ 903.15 m 一段为中密至紧密土层夹碎石,可用沉井法施工。因此,支撑部分用混凝土管厚 24 cm,内径 2.0 m;沉井部分一般用混凝土管厚 20 cm,内径 1.5 m。此井筒置于分岔式接头的圆形洞室的基础上。

(4)4 号井:上部高程 963.37 ~ 950.50 m 一段内有两层块石层,故用明挖支撑法施工,其内径 2.0 m,用混凝土管厚 24 cm;其下 950.50 ~ 932.50 m 一段内为中密至密实的土层夹碎石,用沉井法施工,用混凝土管厚 20 cm,内径 1.5 m;最下 932.50 ~ 918.50 m 一段为砂岩及底砾岩,尚坚硬,用混凝土就地灌注法施工,衬砌厚 30 cm,内径才 5 m。此井与隧洞相连接,将井壁修于洞的分岔式接头的圆形洞室的基础上。

(5)5 号井:全井属土夹碎石层,用钢筋混凝土管厚 20 cm,内径 1.5 m 以沉井法施工;井洞直接置于加大的隧洞边墙的矩形基础之上。

(6)6 号井:上部高程 1 001.90 ~ 979.90 m 一段为土夹碎石层,用钢筋混凝土管厚 24 cm,内径 2.0 m,采用沉井法施工;下部 979.90 ~ 975.90 m 一段是大块石层,改用在严密防护下的小炮施工,预制 30 cm 厚的混凝土拱砖加托盘边挖边砌,内径 1.5 m。其与隧洞相接,直接砌于加大的隧洞边墙的矩形基础之上。

4. 对施工方法的意见:

(1)明挖支撑法:建议采用逐段钢拱圈外加挡板或其他圆口支撑法施工,开挖到底部后,在底部修一较大半径的托盘,使其上死重压在下部井壁之内的土层上,然后再将预制好的管节由下而上逐节堆叠砌至洞口。这样,才能从托盘之下用小口径的沉井施工。

(2)旱沉井法:建议用许多千斤顶逐节将混凝土管节压下,在地面上采用各种锚固法的钢板支顶以承受千斤顶向上的推力。在密实的土层中,可开挖比钢筋混凝土管节外径略大,这样各管节易于下沉。如沉井法自井腰开始应用时,可将预制管节由下向上堆叠到井口,不但易在地面承力并能增加管节下沉的死重,将更易于下沉。最先下沉的一节为包有钢板的钢筋混凝土刃脚,钢板的厚度以在井内放小炮不致被炸坏为度。在下沉中是逐节或几节之间由千斤顶一节一节地顶其下沉,沉至设计高程后再逐节将千斤顶取出,故需千斤顶较多。

(3)就地灌注法:开挖圆口直径为 2.1 m,建议每挖 6 m 左右,预留环形支座谓之壁基(高 1.19 m,为 1:0.6 与 0.6:1 相交成 90°伸入井壁),内设直径 1.5 m 的模板,继续向下开挖施工。

(4)砌混凝土拱砖法:如煤矿通风井施工办法,由上向下逐节在钢托盘上用预制好的混凝土拱砖砌筑而成。

总之,这些施工方法都是以往修筑隧洞立井时曾正式采用过,需与设计和施工人员共同商量有试做的性质。其中存在的问题很多。除在进行前需细致研究并在进行第一次时积累经验随时改正外,更应慎重考虑施工安全措施,以免发生不应有的人命及国家财产的损失。但这些办法在煤矿上,在桥墩施工上也都是常用的,只是在井径上比较大些而已。只要我们能与有关方面学习好,贯彻三结合,走群众路线,发挥工人们的集体智慧,我们相信它一定是可以在保证安全下顺利完成。这一措施能付诸实现,对隧洞线上修立井又开辟了一些新的领域,还是值得共享此举的。

结　　语

本研究工作尚未完成,目前在一院和西安局等单位同志多次启发和参与下,所获得的以下看法,尚待进一步验证。我们已在 K115 滑坡区成都端条状滑坡群主轴上打钻孔埋设了量测孔隙水压力仪,在水文站主体滑坡的主轴上埋设了水文观测钻孔,继续进行位移观测等长期观测工作;今后并拟配合施工,以期查明所推断的地质情况和滑坡性质是否切合实际,所修工程的效果如何?后期工程是否必要?究竟施工后滑坡能否稳定?其稳定过程如何?以便与工人同志们一块劳动,总结学习群众整治本滑坡中的经验,共同提高。同时,如修抗滑支撑工程拟埋设土压盒以便研究实际的滑坡推力作用。

总结此次研究工作,认为可供当前产生上参考的有:

1. 对褶皱山区大滑坡,找出当地构造体系,我们从力学分析着手,发掘埋藏构造的具体性质和产状,初步找到地下水网道及其分布与联系,这就抓到了主要问题;再按地质条件布置排水工程,针对主体滑坡有作用的水量及水压,进行拦截和降低。最重要的是要顺同一含水层布置截地下水的网道。

2. 力学分析就是应用力学上的理论,分析有几组构造线及其关系。每一推力在不同性质的岩层上应出现那些性质的断裂和向、背斜以及它们的产状。每一断裂与推力的交角,一系列同一性质的断裂在力学上应是怎样的组合。这样从露头上已知的产状,推断出被滑体埋藏的断裂性质和产状。再从这些不同性质的断裂组合和性质上,揭开它们与地下水的关系。

3. 除以地质调查为主,还应大力开展电法勘探,系统地在滑坡区找埋藏构造,用以证实推断与确定的滑坡具体位置和破碎带的宽度。

4. 证实地下水联系,可采用一孔抽水观测多孔水位的降落情形,以及分析各孔中各层水的水质、水温等有效的办法。也可间接从全年位移观测资料上和水文观测孔的水位、水量及水质的变化上分析了解之。

5. 长期观测孔中,在下层套管上用橡皮圈加铜箍,然后用水泥封堵管壁,可抽出上层封水的套管而不致让上层水漏入,可以节省上层套管。

6. 从微地貌上初步找到了一套细致的工作办法,可以分析推断出滑坡的周界、块数、个数和稳定程度,也能估计古老滑坡的发育过程与当前的活动体系。

7. 工程地质综合分析法找滑面仍然是主要的,而电测井和滑带土镜下鉴定目前对确定滑面已有一定的作用。其中电测井找钻孔中薄层水、软弱层和指定层是准确的,不同滑坡部位的滑带土在镜下鉴定中其黏土排列有一定的规律。

8. 本滑区在公路以下,才是直接影响线路的,沿横断3上盘破碎带修盲洞并在 K115 东南隅截不整合面的水,将是稳定本滑区的根治工程之一,且是主要的,应及早施工。其次必须谨慎对待沿堑顶一带的崩塌、落石、坍塌、边坡滑坡,尤其是七号隧道出口一带及站房对面至 K116 滑坡之间的大型边坡滑坡也不可等闲视之,它们都能随时引起断道。K115 及 K116 两主体滑坡属缓慢移动性质,后期在滑坡前缘的支撑工程仍应早日设计,以便需要时即可修建。

9. 此排地下水工程的盲洞设计和立井设计均不同于一般惯例,是结合当地条件和考虑施工而进行的。在洞内使用钻机截排洞的上、下含水层的水尚属创举,可以节省投资,提前工期,但并非成熟,尚需施工中细致研究安排和改进,才能奏效。

10. 此次建议了几种对隧洞线上的立井新施工方法,限于水平、结合不够,错位之处在所难免,尤其是考虑施工安全方面,尚祈设计、施工的同志共同努力,开展群众性献计献策运动,使之付诸实现,如此可为今后修建小口径立井开辟新的领域,将整治滑坡技术向前推进一步。

此次我们采用了专题承担任务,共同到宝成线西坡车站进行科研会战,来进攻这一滑坡病害,初步对本滑区的各种性质及整治获得了一些认识;也对各个研究专题的工作有所提高。总的看来这一科研结合生产的形式,在当前条件下可能是合宜的。

注:此文作于1965年12月。

宝成线西坡滑坡区区域地质构造及其与滑坡的关系

一、前　言

西坡滑坡区,包括 K115 和 K116 两滑坡群。

我们根据第一设计院及前坍方所历年来对该两工点的测绘勘探资料,经初步分析认为,造成滑坡近期不断活动的主要原因是地下水的作用,而地下水的分布又具有一定分带规律的特点。同时,滑坡的各期活动,又多以地貌上所反映的几级台坡的坡坎为极限,而这些地表台坡是受着地下基岩地形控制的。追索形成这些特点的原因,乃是与地质构造有着密切的关系。

在褶皱山区,一般地质构造皆比较发育,为了探求在此类地区中,从工程地质角度,如何揭开滑坡的本质中某些关键,我们试从构造地质入手,作为解决问题的途径。

为此,我们组织了一定的人力,进行了比较大范围的区域地质调查工作;并对一些露头不够明显的地点,进行了必要的坑、槽探;同时对滑坡范围内及附近,还做了四条大的电探剖面(三条横向的,一条纵向的)以期进一步控制与验证。

全部外业工作,由七月中旬正式开始,于九月末结束,历时两个多月。调查范围(参阅区域地质构造图),东起悬崖上,西止白杨树沟,相当线路里程 K115～K118 一段;南自白杨坪、后窑沟一带,石炭及二叠系露头处;北至嘉陵江琵琶崖下。参加野外调查工作的地质人员,主要有:姚一江、计雅筠、余士清、鲍家杰等四人。

现根据野外调查及坑、槽、钻探的结果,并结合以往资料,对此区地质构造及其与滑坡的关系,提出以下粗浅的看法。

二、地质概况及发育史

本区位于秦岭褶皱带的南坡,徽成盆地东南缘。区内出露之主要地层(不包括第四系)及其主要岩性、关系等如下:

(一) 中石炭系(C_2)

是本区出露最老的地层,主要分布在西南部后窑沟内及东坡沟中上游沟内。在滑坡(K115)体下及附近也有不连续的露头及钻孔揭露,其岩性主要为具轻微变质的青灰色板岩,灰质板岩及少量的页岩,属浅海相的沉积。

(二) 下二叠系(P_1)

本区仅见于后窑沟及白杨树沟西南有其分布,以逆断层推覆于下侏罗系及下白垩系之上,岩性主要为结晶灰岩、灰岩夹页岩,多呈薄层,间有厚层,亦为浅海相的沉积。其与下伏 C_2 的关系,本区无露头,根据西北大学地质系"秦岭宝鸡略阳段地质简报"一文(注)中言:因二者一同卷入褶皱(酒奠梁向斜),而又有一层底部砂岩为界,故认为二者是假整合接触,而本区出露的二叠系即酒奠梁二叠系剖面的西延部分。

(三) 下侏罗系(J_1)

区内一些较平缓的山坡上皆有其露头可见,滑坡内钻孔中也普遍揭露。岩性比较复杂,本区所见从下到上大致为:最底部为一层底砾岩,厚度不等(由数分米至数米)成分单纯,全为板岩碎屑胶结而成,以此特征可与上部砾岩明显区别,而无此底砾岩与石炭系接触的,则多为断层所在;其上是由含化石砂岩、煤层及砂页岩互层组成的含煤层,再上约有三套砾岩—砂岩—页岩,由粗到细的循环沉积,最上部主要是砂岩及页岩,大部皆为泥质胶结,富含铁质,尤其在页岩及粉砂岩中多夹铁质结核,是陆相湖盆堆积。其与较老地层的接触关系,正常者从大理岩呈角度不整合覆于C_2板岩之上,但也常见以断层关系与C_2及P_1接触。

(四)下白垩系(K_1)

主要分布在调查区的东部(悬崖上及大崖头一带)及西部(嘉陵江两侧,路基附近及江对岸)构成陡峻山脊,此外在K115与K116两滑坡间的山包也主要由其组成。岩性比较单一,全为紫红色砾岩,即所谓的东河砾岩,砾石成分主要为灰岩及结晶灰岩,粒径较大,磨圆度不甚好,为泥质及铁质胶结,属陆相山麓堆积。区内所见大多以不整合关系覆于J_1之上,仅个别地带(白杨树沟下游)呈断层与P_1接触。

从秦岭地区总的构造发育史看,秦岭地槽于加里东期已开始受到剧烈的变动,褶皱成山,但仍有残留地槽带存在。根据上述本区具有石炭系及二叠系之浅海相沉积岩层的情况,似乎就是残留地槽带的产物,而因沉积间断、岩性变化及三叠系缺失等情况,又说明当时仍有频繁的升降活动,且海区在逐渐缩小,二叠纪后期,本区即回返呈陆。而所谓酒奠梁向斜即可能于那时形成(因侏罗纪地层未参与此向斜中)。

三叠纪末期,徽县隆起带开始拗陷,接受沉积,本区可能亦受其影响,故有下侏罗纪的内陆湖盆相含煤系地层沉积。燕山运动使侏罗纪地层发生褶曲及断裂,同时也扩大了徽成盆地的范围,本区位于其东缘,故又有白垩纪的陆相山麓堆积东河系砾岩层,不整合覆于侏罗纪地层之上。

喜马拉雅运动期间,秦岭区重新活动,再度造山,这时徽成盆地虽再次拗陷,但本区却未曾参与,而是处于上升地带,故无第三纪地层沉积。

从区内各地层的产状看,中石炭纪地层虽本身多小褶皱,变化不定,但总的产状有NWW走向,倾向S的趋势;下二叠纪地层总的产状为N75°~80°E/70°~75°S;下侏罗纪地层产状受小型褶皱及断裂影响,比较复杂多变,难以统一;而下白垩纪地层则表现大致为单斜产状,总的为N45°~60°E/32°~36°N。据此,并结合前述它们间的接触关系,判断本区的构造(断裂及褶曲)除所谓酒奠梁向斜形成于侏罗纪之前外,其余大部应属燕山运动初期形成,燕山运动后期及喜马拉雅运动仅有断裂活动,使个别老断裂(规模较大者)重新复活,并产生一些小型新断裂,而未形成褶皱。

三、区内主要断裂、褶皱及不整合

(一)主要断裂的分布与性质(其依据见附表)

区内断裂,总的来看,主要可分为两组,一组与嘉陵江近似平行,走向约为N60°~70°E,我们称之为横向的,此组断裂计有八条;另一组与嘉陵江近垂直,走向N40°~45°W,我们称之为纵向的,此组断裂初步分析有六条;此外尚有一条近南北向的,亦并入纵向中。

对区内所有的断裂,我们分别予以编号,横向的,自嘉陵江始,由下而上为横断1至横断8,纵向的,由西而东为纵断1至纵断7,现将这些断裂的分布及性质等分述如下:

1. 横断1:大致沿嘉陵江延伸,为高角度的平移断层,其S盘向E错移,走向N70°E。同时,根据江两岸的地层对比,沿江尚可能有一正断层存在,但依据不足。

2. 横断2:沿嘉陵江左岸延伸,通过K115与K116两滑坡前缘,为一逆断层,走向N65°~70°E,倾向南,倾角65°~70°,其上盘主要为侏罗纪地层组成,局部尚有上覆的白垩纪砂砾岩。

3. 横断3:由K115与K116两滑坡中部横向通过,走向大致与嘉陵江平行。断层延伸方向为N60°~70°E,断层面向N倾,倾角约55°左右,南侧石炭纪板岩及侏罗纪砂页岩为上升盘;北侧侏罗纪地层与白垩纪砾岩为下降盘,是正断层。

4. 横断4:延伸方向基本与前述断层同,横向通过K116滑坡的上侧及K115滑坡的后缘,正断层,走向N60°~65°E,断层面倾向N,倾角50°~60°。与该断层相同位置尚发现有一逆断层的迹象,经实地测得断层面倾向S,倾角50°。其断层线在地表与正断层近重合,走向基本一致。

5. 横断5:亦为横向的正断层,中段通过K115滑坡的后侧,其西段及中段反映断层迹象比较明显,而东段则不明。走向N60°~65°E,断层面倾向N,倾角45°左右。

6. 横断6:沿东坡村平台前缘陡坡延伸,由于后期的第四纪堆积物的覆盖,地表出露的依据较少。分析为一正断层,断层面向N倾,倾角45°左右,走向N65°~70°E。

7. 横断7:是本区内所发现的唯一断层面倾向S的横向正断层,其西端露头依据明显,而东端(东坡村以东)则大部被第四系所覆盖。按露头分析为正断层。断层面倾向 S,断层走向 N65°~70°E,断层面倾角约 60°。

8. 横断 8:为本调查区内最南侧的横向断层。断层延伸方向 N65°~70°E,断层面倾向 N,倾角约 45°左右。南盘石炭、二叠系为上升盘,北盘侏罗系为下降盘,逆断层。

9. 纵断 1:是调查区最西,也是最大的一条纵向断裂,因受后期横向断裂的影响,切割成数段,北段见于白杨树沟内,中段见于亮池寺小学后,南段见于后窑沟南侧山坡上。由二叠系组成上盘,侏罗系(为主)组成下盘,断层面倾向 S,倾角 50°~55°,逆断层,断层总的延伸方向为 N40°~45°W,但因受后期断裂错开成数段,断续分布,且局部断层线亦可能稍有扭曲。

10. 纵断 2:基本上沿东坡沟延伸,在沟左岸发育一条逆断层,沟右岸发育一条正断层。因二者断层线相近,且皆沿沟延伸,大致走向 N40°W 左右。故统称之谓纵断 2。分析前者断层面倾向 S,倾角 50°~60°,后者断层面倾向 N,为一高角度正断层,但具体倾角不明。该组断层沿东坡沟下延,过横断 4 后因全部被第四系所覆盖,不属滑坡范围,无勘探资料,故下延于何处不明。

11. 纵断 3:纵向穿过 K116 滑坡中部,根据钻孔资料分析,是滑坡体第四系下的埋藏构造。为一逆断层。断层走向 N40°~45°W,倾向 S,倾角约 55°左右。因被横向断裂错开,断层线不能一直延续。

12. 纵断 4:是纵向通过 K115 滑坡群下部的断层之一,其上段见于烧牛沟之左侧。断层面倾向 S,倾角 45°~55°,走向为 N35°~40°W,但在延伸方向上有被横向断裂错开的现象。

13. 纵断 5:是纵向通过 K115 滑坡群中、下部的另一条逆断层,上段见于烧牛沟之右侧,与纵断 4 平行而倾向相背,形成一脚登式地堑,烧牛沟即沿上段的地堑发育。其断层面倾向 E,倾角 65°,走向 N35°~40°W,在延伸方向上亦被横向断裂错开。

14. 纵断 6:在 K115 滑坡群东侧,基本上沿东沟延伸。是一高角度的逆断层,走向 N40°W 左右,断层面倾向 S,倾角 70°左右。因被横向断裂所切分为数段,但总的走向仍基本一致。

15. 纵断 7:位于本区中部白垩纪山包及其后鞍形山梁之东侧,大致沿山梁方向延伸,走向近南北,是本滑区唯一见到的、较大的剪切性平移断层。

从全区内的断裂构造来看,除上述纵、横两组外,尚发现有一组近南北向(N5°E)以平移性为主的断裂,在本区东部七号隧道出口附近及西部老八号隧道出口皆有所见,多发育于白垩系断层中,延伸方向不长,且错距也不大。前述纵断 7 就属此性质断层。

综上所述,根据各断裂所涉及的地层,并结合其在平面上的延伸情况等看,除横断 2、横断 8 及纵断 1 三条较大的断层有白垩系参与其中外,其余各条皆无白垩系参加,且以白垩系为界,断层在平面上的延伸方向多终止于白垩系岩层分界线附近,因此推断本区断裂主要是白垩纪前、侏罗纪后,即燕山运动前期形成,而白垩纪后的燕山运动后期及喜马拉雅运动,则只是使一些大的断裂复活,同时产生了一些更次一级的小断裂——N5°E 者(如纵断 7)可能是横向断裂的次生构造。

根据本区主要两组断裂(北东东向与北西向)的切割关系,及其皆有较大逆断层存在的情况看,虽然它们即使都是在燕山运动前期形成,但也绝不是一次同时形成的。从平面上可明显看出,北西向(纵向)一组大多以逆断层出现,且都被东北东向(横向)一组割裂、错开,故知前者形成时间应早于后者,主要受南西~北东向的作用力造成。而东北东向一组既有逆断层,亦有正断层,逆者规模大,正者规模小,逆者至白垩纪后又有重新活动,正者则终于白垩纪前,故按此推断该组断层中的正断层应是由于逆断层的活动而产生的一级构造;至于该组逆断层,则受南南东~北北西向的作用力造成,其在延伸方向上比较顺直,很少发现有被后期断裂错开的现象,故其形成时间应晚于纵向断裂。

至于沿嘉陵江的大平移断层,在考虑其受力情况时,则不能将其划入 NEE 向的一组,而应是 NW 向一组的伴生剪切力产生的次一级构造。

(二)主要褶皱及其依据(参阅区域地质构造图)

如前所述,由于本区断裂发育,纵横交错,使岩层产状往往在很短距离内发生很大变化,因此给我们在褶曲分析上造成了比较大的困难。但以本区新老岩层的分布情况,同时结合某一地段岩层产状的总趋势,还是可籍以来分析褶皱的位置及其形态特征的。

总的看来,区内的褶曲,也与断裂一样,按其走向及受力情况,可分为两组,一组与嘉陵江基本平行,我们称为横向的褶曲;一组与嘉陵江近似垂直,我们称为纵向的褶曲。前者在本区反映,除在滑坡区上侧有一较大的背斜较明显外,其余反映皆不明显,且是范围较小的短轴褶曲;后者反映比较突出,在滑坡区内主要有两个背斜和一个向斜,同时两个背斜在近滑坡区的一段,又似有分支现象,但西部一个没有东部一个明显。现将其依据叙述如下(参阅断面):

1. 横向的褶曲:由本区的上(南)部横断8向下,所出露的侏罗系岩层产状多向N倾,倾角较陡,向下倾角逐渐变缓并过渡被第四系覆盖,产状不明,但根据东坡沟中露头,在东坡村以上一段主要是向南倾,而在东坡村下陡坡上露头的倾角甚平缓,据此分析在东坡村以上应有一北东东走向的向斜存在;以下(北)至东坡村下,东部在烧牛沟两侧,西部在东坡沟中游向内,皆有大致沿北东东方向断续出现的石炭系板岩露头,在其南北侧出露地层皆为侏罗系,产状皆以较陡的倾角分别向南、北倾,据此分析该石炭系露头之东西两处应分别为一北东东向的短轴背斜的轴部,本滑坡区即位于东部背斜的西北翼上。西端在K116滑坡群的西侧磨盘沟中,按侏罗系的产状,尚有北东东的一个短轴向斜(在南)及一个短轴背斜(在北)。

2. 纵向的褶曲:本区西端的亮池寺、白杨坪一带,出露的侏罗系砂页岩,主要产状向西倾,至后窑沟内出露了下伏的石炭系板岩,而东坡村西侧的东坡沟内也出露有石炭系板岩,两者之间主要被第四系所覆盖,岩层、产状不明,但结合其上、下游侏罗系岩层露头的产状看,有由两侧分别向分水岭方向倾的趋势,而东坡沟以东大都倾向E,故可能为一较大型的复式背斜,其中包括了基本以二沟为轴的小背斜和其间基本以分水岭为轴的小向斜。过东坡沟后,以侏罗系岩层总的产状(近东坡沟岩层倾向E,远离的则渐变为倾向W),及K115与K116两滑坡区间的平缓山脊上,断续出露有白垩系砾岩的情况分析,应为一向斜所在,走向为NW~SE向,枢纽向N倾覆。再向东在大崖半沟西侧,悬崖上西南,以及西部烧牛沟东、西两侧小山包上又覆有石炭系板岩,大致沿SE~NW向成条带断续出露,再向东侧是侏罗系及不整合于其上的白垩系,据此分析该石炭系露头带是又一背斜轴所在,而根据下(N)段石炭系岩层呈两个小条带出露,其间尚有侏罗系岩层分布,此现象除受逆断层的影响造成外,可能与背斜枢纽的分支亦有关。

综上所述,总的看来,本区的褶曲,也与断裂一样,由于受了先后两次不同方向的作用力,所以在形态上基本上反映了两个各自独立的体系,一组为SE~NW向的褶曲与一组NE~WSW向的褶曲。但两者又不是全无关系的,正如前已述及,SE~NW向的构造主要受SW~NE向的作用力形成在先,而NE~SWW向构造主要受了SSE~NNW向的作用力形成在后,所以在褶曲的形态上,反映了前者(SE~NW向)由于后一次作用力的影响而使其枢纽起伏,并且总的有向NW方向倾伏之势;而后者(NEE~SWW向)则因是在已有SE向褶曲的基础上,又经一次不同方向的作用力产生,所以多是短轴褶曲,甚至近穹窿构造形式出现。

在所有褶曲中,极少有白垩系砾岩参与,仅在K115与K116两滑坡群间NW~SE向的向斜近轴部有白垩系出现,可能因向斜形成有凹槽,其后沉积了白垩系砾岩,由于该Ⅱ位基底较低洼,而现地表地形又较高,所以能有白垩系残存,而非由白垩系组成向斜轴,从区内白垩系地层总的产状看,除个别近断层处有所反常(例如红山包上)外,总的趋势为倾向N,倾角30°~40°,表现为单斜构造,故认为本区褶曲主要形成于侏罗纪后期的燕山运动初期,至于白垩纪后的燕山运动后期及喜马拉雅运动则又使白垩系岩层产状倾斜,而未形成褶曲。

(三)主要不整合面的位置

本区内,下侏罗系与中石炭系及下白垩系与下侏罗系皆有不整合接触,存在着明显的不整合面。J_1和C_2不整合面由于受褶曲及断裂的影响,其产状各异。K与J_1不整合面则表现比较完整,该不整合面产状约为N55°W/30°N,因其大部分在滑坡区以外,与滑坡关系不大,故不予详述。

下侏罗系与中石炭系,二者以较厚的底砾岩接触,该底砾岩又以单纯的石炭系板岩碎屑成分与其他砾岩及断层角砾有明显区别,因此,我们分析不整合面的位置时,无论是根据自然露头或勘探资料,都具比较有利的条件。其自然露头远者在后窑沟两岸,近者在东坡沟及滑坡区上部的梨树沟中皆有所见,其在平面上的延伸方向,除在纵向褶曲转折端位置及局部受横向褶曲影响处外,大多为NW~SE向,表现受纵向构造(特别是褶曲)的控制性比较明显,在剖面上的反映则主要是逐渐向N倾没,又反映了受横向构造的影响。

滑坡区内，全部被第四系堆积物覆盖，只能根据勘探资料来分析推断。

K116 滑坡群，因位于近纵向向斜的轴部，石炭系板岩埋藏较深，钻孔中所揭露的基岩全是侏罗系的，未曾钻入石炭系岩层中，也未见侏罗系的底砾岩，虽推断下部肯定会有不整合面存在，但因位置较深，与滑坡无甚关系，故无必要找出其具体位置所在。

K115 滑坡群位于横向背斜的北翼及纵向背斜的西翼和近轴部，加之纵向逆断层的推覆作用，故在滑坡中上部横断 3 与横断 4 之间，石炭系岩层埋藏较浅。从东向西，石炭系地层与白垩系地层的接触，在平面上先后出现三次，前两次为断层接触关系，石炭系板岩以纵断 4 与纵断 5（皆为逆断层）分别自东、西两侧推覆于中间侏罗系地层之上；第三次则为侏罗系砂页岩不整合于石炭系板岩之上，在钻 18 号与钻 41 号等孔中皆见有底砾岩，分析该不整合面在平面上的方向大致为 N40°W 左右，在前述两逆断层之间的部分，根据钻孔（钻 54 号、钻 58 号及西 4 号、西 5 号等）揭露的基岩情况分析，上部全为侏罗系砂页岩，下伏为石炭系板岩，二者接触处皆有侏罗系底砾岩存在，据此资料分析，该处不整合面的产状为 N20°E/30°～40°N。横断 3 以北，由于断层的错动（北侧为下降盘），石炭系板岩已埋藏较深，不整合面与滑坡无甚关系，故不详述之。

四、地质构造与滑坡的关系

鉴于前述，本区内地质构造是比较发育的，特别是纵横交错的断裂构造对滑坡的发生与发展皆起着一定的控制作用，现将前述构造与本滑坡区滑坡活动的关系分述如下：

（一）断层对滑坡发生、发展的关系

1. 断层对区内地下水的截引与集聚作用。区内断裂，纵横交错，构成了格状断裂网，延伸方向不同，对地下水的作用亦各异，总的来说，横向断裂横插全区，也横向切过各大沟谷，截引了沟谷地表水，及由南向北的第四系中的潜水，集聚于断层破碎带中，构成地下水的富集带；纵向断裂贯穿其间，构成了地下水的通道，使截积于横向断裂中的地下水，沿纵向断裂破碎带继续向北渗流，直接补给到滑坡区内，最终止于嘉陵江左岸，滑坡前缘及纵向断裂带处以泉水露头形式排泄；而 N5°E 的平移断层由于受剪切力形成，错距不大，延伸不长，因而与地下水的关系不大。

横向断裂由于其断层性质、范围大小等不同，在截积地下水的作用上，也并非完全一样的。从南向北看，本区最南部的横断 8 为逆断层，其断层破碎带以 45°的倾角，切入到本区地下水的来源方向（南及东南），其上盘（南）严重破碎，而下（北）盘比较完整，构成了地下水流向上的天然挡水堤坝，因而在横断 8 附近及其上盘上有大量泉水出露，形成了本区除后窑沟外，其他各大沟谷的源头地。这些由南向北流的沟谷地表水及越过横断 8 下盘后向下（北）沿第四系堆积物底成纵向断裂渗流的潜水，在本区中部遇横断 7，它是断层面向南倾的正断层，其比较完整的下（北）盘，又同样起了阻水作用，而将地表及地下水大量截积于其断裂破碎带中，然后通过纵向断裂破碎带（如纵断 3、4、5 等）的引导作用，使地下水向滑坡区渗流补给，而集聚于横穿滑坡区中部的横断 3 破碎带中。至于位于滑坡区上部、后缘及后侧的横断 4、5、6，则由于它们都是断层面倾向北，比较破碎的上盘位于地下水排泄方向，而纵向断裂的水平错距较小，使地下水仅是通过它们而继续向下（北）渗透，故集聚作用微小，仅在一些纵横交错的位置见有泉水出露（如东坡村东饮用泉、我所观测站后饮水泉等）。而滑坡头部及前缘外的横断 2 逆断层及横断 1 平移断层，则由于其性质及所在位置的关系，与地下水关系不大。

横断 3 正位于滑坡区的中部，虽也是断层面倾向北的正断层，但比较破碎的上盘位于其北侧；因组成上盘的地层以侏罗系页岩为主夹少量砂岩，透水性较弱，又因断层范围较大，破碎带较宽，故使地下水得以在其间大量截聚，构成了滑坡区内中部的横向地下水富水带，并向上承压补给滑坡体。在 K115 与 K116 两滑坡群位于此带的钻孔中，皆于基岩破碎带内钻到了水，水量较大是承压水，且是水头较高的地下水，说明该层水对滑坡的活动是具有主要作用的。

纵向的断裂在滑坡区外者，固然是构成地下水通道引导地下水作用；而其位于滑区内者，也同样构成地下水的纵向富水带。如 K116 滑坡群中，在纵断 3 逆断层西（上盘）侧附近钻孔内普遍具有较多的地下水，而其东（下盘）侧基岩中地下水较贫乏，反映了地下水在纵向的条带集聚。

K115 滑坡群中,纵向平行延伸了两条倾向相反的逆断层:纵断 4 与纵断 5 构成了一地堑式的基岩凹槽,在地表上反映了该段(梨树沟与柳沟间)泉水呈纵向串珠状分布,而钻孔内揭露地下水亦较丰富,这些都说明了地下水具有纵向的富水带,进一步补给滑坡体,当然它们的存在与滑坡的活动也同样具有重大的作用。

2. 断裂构造形成了区内多级台坡的原始雏形,是产生滑坡群的根本条件(参阅区域地质图中Ⅱ-Ⅱ断面)。区内外貌,在纵向上反映了具有六级与嘉陵江大致平行的台坡,各台坡虽范围大小不尽相同,但皆具有比较明显的平缓坡面与陡斜的前缘坡坎,从其上堆积物质看,全为洪积、坡积物组成,绝无河流冲积物可寻,可知并非嘉陵江的阶地,那么这些阶地究竟是怎样形成的呢? 在搞清本区的断裂构造后,才解决了这一疑点,原来是区内横向断层(主要是正断层)所控制、塑造的基岩地形,已经具有了多级台坡的形式,在此基础上,平缓的坡面处再经后期的覆盖堆积而成今日之外貌,其平缓处即为断层的一盘,基底地形也较平缓(可能曾经经过后期的剥蚀夷平作用),第四系堆积覆盖物较厚,其坡坎处则为断层残壁,现仍有基岩断续出露,堆积物覆盖较薄,在平面上各断层线的延伸方向往往就恰与各坡坎的位置重合。如横断 2 所在为Ⅰ级台坡前缘坡坎,横断 3 所在为Ⅱ级台坡坎,横断 4 所在为Ⅲ级台坡坎,横断 5 所在为Ⅳ级台坡坎,横断 8 所在为Ⅵ级台坡坎,其中除Ⅲ级与Ⅳ级间在本区东部因背斜影响无明显坡坎为界,呈同一缓坡相连外,其余各级间皆区别较显著。

如上所述,由于这些台坡的前缘坡坎处,堆积层较薄,甚或基岩直接出露,而缓坡处则堆积层较厚;所以很明显,发育在堆积层中的滑坡,受于这些由横向断层所造成的基岩地形,在纵向(垂直江)上的陡缓差异的控制,很难想象,它会形成一个由上而下,跨越几级台坡的整体滑坡。而必然是,发育在下一级台坡上的滑坡,即以高一级台坡的前缘陡坡为界,形成能够各自独立分开的多级滑坡群。

每级台坡上由于其基底地形的陡缓程度不同,在滑坡的范围大小上也是有区别的,如 K115 与 K116 两滑坡群的横断 3(即公路附近)以下部分(相当地表Ⅰ级台坡所在)由于受横断 2 与横断 3 逆正二断层的综合作用,基岩基底比较平缓,因破碎剥蚀较甚,堆积层很厚,对滑动较为不利,但若由于其他原因一旦滑动时,就易形成以该台坡后缘为界的、较深层的、整体性的滑坡;而在公路以上部分的Ⅱ、Ⅲ级台坡,分别为横断 4 与横断 6(并包括横断 5)的断层上盘组成其基底,由于近横向背斜轴部,石炭系埋藏较浅,基底基岩地形坡度较陡,堆积层厚度较薄,当某部分堆积层具备滑动条件时,就很容易呈小块的单独滑动,因此发育在这两级台坡上的滑坡,就必然是中、浅层的小型个体滑坡。

综上所述,由于断层所控制的基底,决定了滑坡在纵向(垂直江)上的分级,而在Ⅱ、Ⅲ级台坡上又具有横向(平行江)的分块,所以说断裂构造(主要是横向断层)是产生滑坡群的根本条件。

3. 断层破碎带易受剥蚀,形成基岩凹槽,给后期堆积物造成有利堆积场所。本滑坡区对横向断裂而言,正是逆断层(横断 2)的上盘,同时也是其伴生的正断层的上盘;对纵向断裂而言,K116 滑坡群位于纵断 3(逆断层)上盘,而 K115 滑坡群中则由两条相背的逆断层(纵断 4 与纵断 5)通过,由于这些互相交错的断层作用,使组成岩层(特别是上盘的)十分破碎,极易受到后期的剥蚀作用,是造成目前 K115 与 K116 两滑坡群下部基岩呈凹槽状地形的根本原因;此基岩凹槽又为后期在其内堆积巨厚物提供了有利场所;而巨厚堆积层的存在,则是产生现今堆积层滑坡的基本条件。所以归根结底,能够在本区内形成 K115 与 K116 两滑坡群的物质之所以存在,其根本原因仍是断层发育的结果。

(二)褶曲构造与滑坡的关系

1. K116 滑坡群下基岩的向斜构造,对滑坡地下水的补给作用。K116 滑坡群内的地下水,除前述断裂网有补给关系外,由东坡村以上纵向延伸至本滑坡体下的向斜构造,可能也起着对滑坡地下水的补给作用。众所周知,向斜构造中,由于其岩层的向下弯曲,构成了一个天然的槽状,使地下水易在其内集聚,而本区之向斜延伸方向既与地下水补给方向(SE)基本一致,其枢纽又正是向排泄方向倾伏,所以也就与区内纵向断裂一样,形成了地下水的天然通道,同时在滑坡区南该向斜被横断 7 截断处,所截引断层带地下水对向下亦有补给作用。在滑坡区中部同样被横断 3 所截,向斜中地下水又补给并集聚到该断层带中,进一步补给滑坡体,促使滑坡的活动。

2. 向斜洼地为堆积物的堆积提供了有利条件。K116 滑坡群下的基岩凹槽,从其所在位置看,不仅与纵断3逆断层的破碎上盘受剥蚀有关,同时与纵向通过滑坡群向下形成的天然凹槽也有密切的关系。同前所述该凹槽为后期堆积物提供了堆积的有利场所,换言之,即为形成堆积层滑坡奠定了物质基础。

3. 背斜构造对其上覆堆积层的稳定作用。背斜构造在本区内,无论是外露地表部分,还是埋藏于堆积层以下部分,虽由于受后期的剥蚀作用,而不是完全反应为隆起的外貌,但以其两翼岩层分布向外方倾斜,这一构造特点,决定了它若在没有断裂参与的情况下,对集聚地下水的作用是很微弱的。因而地下水为滑坡滑动起主导作用的本滑坡区来说,很显然覆于背斜轴上的堆积层,相对来说,是处于比较稳定的状态。若背斜受后期剥蚀作用较小,仍反映为隆起的外貌时,则其上覆堆积层必然较薄,也就不具备形成堆积层滑坡的良好物质基础。

但是若在背斜上伴生有断层时,情况就可以完全不同了,如位于近背斜轴部K115滑坡群的中下部,其上覆堆积层本应比较稳定,但因有两条相背的逆断层存在,即易被剥蚀成基岩凹槽,有利于地下水的积蓄,故实际反映是不稳定的滑坡区。因此可得出这样的结论,覆于背斜轴上的堆积层一般是比较稳定的,但若有断层参与的情况下,则不尽然。

(三)不整合与基底岩性与滑坡的关系

1. K115滑坡群中,下侏罗系与中石炭系的不整合面对地下水的补给作用。本区内该不整合面的空间形态及在滑坡区中的情况已如前节所述,由于受纵向构造的控制及横向构造的影响,其倾向的总趋势为SE~NW向与区内地下水总的运动方向基本一致;而由于本区侏罗系砂页岩受褶曲、断裂的影响,节理比较发育,使其中的地下水除有水平方向的渗流作用(主要通道为断裂)外,同样基岩内也存在着垂直方向上的渗漏作用,最终停聚于侏罗系底部的不整合面上及比较疏松的底砾岩中,并沿不整合面继续水平运动。根据调查在后窑沟及梨树沟所见不整合面被切割处,皆有泉水出露,说明了该不整合面上有地下水存在。在滑坡群中部钻孔中同样揭露出了该不整合面的地下水,但其所在位置及产状(前节中已述)看,该层水并非直接补给滑坡体,而是沿其倾向方向渗流至于横断3相交处,补给到断层带中与断层带中的地下水共同对滑坡起作用。

2. 滑坡区基底岩性,有利于形成基岩凹槽及沿其顶面产生滑动面。K115与K116两滑坡群下基岩凹槽的形成,除如前所述与断层构造有密切关系外,同时与基底岩性的软弱也有关。根据勘探资料,组成两滑坡群的滑坡床的岩性主要为侏罗系泥质与炭质页岩,夹薄层砂岩,很明显页岩以其成分和胶结情况,是容易风化遭受剥蚀的,而砂岩本身为泥质胶结,已不甚坚固,再加断裂作用又比较破碎,是以薄层状夹于页岩之中,故从组成基底岩层的岩性总的来看,是软弱易受剥蚀的,所以也是易于形成基岩凹槽,为后期堆积物的堆积提供条件之主要原因。

组成滑床岩层的岩性——页岩,无论其为泥质还炭质,都具有一个共同的特点,即遇水后易软化,并具滑腻性,这就为其上覆的堆积层沿基岩滑动提供了有利条件,此也是本滑坡区中很多滑动面沿基岩顶面生成的根本原因。

(四)地质构造对滑坡发生、发展的综合作用

综前所述,总的来看本区的地质构造对滑坡的发生、发展起着控制作用。

首先,由于纵横交错的断层即滑坡区下软弱的基底岩层易剥蚀,形成了两个(K115与K116)基岩凹槽,又于其中堆积了较厚的堆积层,为形成堆积层滑坡提供了物质基础。

其次,经剥蚀后出露的软弱页岩,其岩性为沿基岩顶面产生滑动面提供了先天条件。

第三,纵横交错的断裂构成了区内地下水网道,再加向斜及不整合面中地下水的补充,向滑坡体中补给了大量的地下水,既增加了土体重量,又起了润滑作用,同时由于其具有相当高的承压水头,也产生一定的浮力,这些都是由构造所控制的地下水的作用,对滑坡的发生提供了基本条件。

第四,在横断3以下由于基底较平缓,堆积层巨厚及在横断3断层带有大量地下水供给的条件,决定了K115与K116两滑坡群下部的整体滑坡皆系横断3所控制的Ⅰ级台坡为限界。横断3以上基底较陡,堆积层较薄及地下水供给不均一性等条件,又决定了分布以Ⅱ级与Ⅲ级台坡(皆与断层有关)为限界的多级、多块的多个个体滑坡。此体现了构造对滑坡在发生的空间形态上的控制作用,同时也是形成滑坡群的根本条件。

第五,滑坡区内的堆积层,既受到横向断裂形成之坡坎的分割作用,同时也具有纵向基岩凹槽造成的连

接作用。所以当横断 3 以下部分(K115 与 K116 两滑坡群之Ⅰ级台坡部分)整体滑动后,使高一级台坡上堆积层的下部失去了支撑,也将产生滑动,如是可逐渐向上发展,此决定了本滑坡区内的滑坡性质,应以牵引式为主。

第六,K115 滑坡上部,基底较陡,堆积层较薄,加之横断 5 对堆积层地下水的补给作用,很易形成小型滑坡,其向下滑动的推力,也可能影响到其下块土体的滑动,此反映了 K115 滑坡群在发展过程中,也有推动式的性质。

第七,横断 5 在 K115 滑坡群上侧部分及横断 4 在 K116 滑坡群上侧部分,由断层残壁形成的陡斜坡(即台坡坡坎)上,基岩皆裸露,或堆积层甚薄,这就决定了该两滑坡群向上发展的限界,不可能再向上延伸。

第八,本区中部近向斜轴部的残留白垩系山包及向上延伸受纵向断裂控制,形成的纵向山脊,即将滑坡区明显的分开成 K115 与 K116 两滑坡群,同时也控制 K115 滑坡群西侧及 K116 滑坡群东侧,是发展范围的限界。

最后,K115 滑坡群上部、东侧的横向短轴背斜与纵向背斜及 K116 滑坡群西侧的横向短轴背斜与纵向背斜,对上覆堆积层的稳定作用又分别控制着该两滑坡区的东及西界发展的范围。

五、结 束 语

鉴于前述,在褶皱山区中,地质构造与滑坡的关系,可谓十分密切,从形成滑坡的物质——堆积层的堆积,到滑坡发生、发展的全部过程中,都能体现出地质构造所引起的绝对控制作用。如果说为了要了解褶皱山区滑坡的本质,地质是基础的话,那么构造地质就是基础的基础。因此,今后在这类地区进行滑坡勘探工作时,为了能更多、快、好、省地揭开滑坡的本质,从搞清地质构造入手,这一方法是可行之路,是值得推广的。

当然,由于我们的水平与能力所限,对一些构造现象及其对滑坡的作用,在认识方面可能尚有错误和不足的地方也在所难免;而且在滑坡的研究中,把构造地质提作首要地位,在我们也还是第一次尝试,大家的看法也不是一开始就完全一致的,所以此文只不过起一抛砖引玉的作用,还希望从事这方面工作的人员多加补充与指正。

注:此文见于 1960 年《陕西省地质文献节要》第一集。

附表　断层依据

编号	断层性质	断层依据	断层产状
横断 1	高角度的平移断层	1. 宝侧隧道出口附近,成端嘉陵江右岸,东河砾岩壁上均有平移性质断层擦痕及横阶坎。 2. K117+860 附近沿白杨树沟之纵向大逆断层,延伸于嘉陵江中被后期断裂错开,其他纵向断层亦类似。 3. 下白垩纪东河砾岩的平面分布,在江左岸至 K117+860 以西即缺失,而右岸向西近伸很远。 此外依嘉陵江两岸岩层对比相差悬殊(在同一标高上右岸为下垩纪东河砾岩,左岸为下侏罗纪含煤系地层),故可能有与平移性断层大致重合的正断层存在	高角度
横断 2	逆断层	1. K115+730~+800 段边坡上在上、下均为下白垩纪砾岩,中间夹有侏罗纪地层[图(1)]。系侏罗纪地层推覆于下白垩纪东河砾岩之上。此现象在成端新老隧道间路堑上亦可见到。断层影响带宽约 70 m。 2. K115 滑坡钻孔 1 号、3 号、4 号、16 号、42 号及 K116 滑坡钻孔 15 号、37 号,补钻 3 号等钻孔中均见有厚度的断层泥或者破碎带。破碎带由侏罗纪砂页岩组成者多呈泥土状,由白垩纪砾岩组成者为碎石块状。 3. 电测视电阻率剖面上反映出一低电阻率带东推测之断层位置吻合	走向 N65°~70°E 倾向 S 倾角 65°~70°

续上表

编号	断层性质	断层依据	断层产状
横断3	正断层	1. 西坡村附近北侧,白垩纪与侏罗纪地层分布在同一标高上,有时白垩纪甚至更低些[图(2)]。 2. 在k116滑城西则磨盘河沟中见有侏罗纪地层,在很短的距离内,岩层产状及岩性变化大系断层造成[图(3)]。 3. K116滑坡体内钻6号、补钻19号、20号等孔中见侏罗纪岩石十分破碎,在补钻28号中于28 m以下由碳质页岩及泥岩组成的断层破碎带及断层泥上有明显的断层擦痕。补钻12号中在基岩中见断层裂隙水 $Cl^- - SO_4^{2-} - HCO_3^- - Na^+ - Ca^{2+}$ 型与滑坡体基岩风化带之 $HCO_3^- - Ca^{2+} - Mg^{2+}$ 型水不同。 4. 在K115与K116两滑坡间沿小山包南延的平缓山脊,在公路附近为一垭口,基岩(侏罗纪砂页岩)亦为一垭口,在基岩地形上反映出南侧基岩成30°~36°的陡坡,似为经侵蚀后的断层仰面。 5. K115滑坡体内于钻48号、50号钻孔中皆见侏罗纪砂页岩与下伏石炭纪板岩接触处缺失底砾岩,而距钻50号仅35 m的钻52号及不远处的4号有底砾岩,钻48号中于接触处有0.65 m厚的断层泥。 6. 在电测断面,视电阻剖面与平面上,与推新断层通过位置反映为低电阻率带	走向N60°~70°E 倾向N 倾角约55°
横断4	正断层	1. 西坡村附近自然沟两侧之侏罗纪砂页岩层产状变化急剧[图(4)],沟内岩层破碎并有明显擦痕。 2. 磨盘沟中断了通过处之上游左侧公路边,侏罗纪砂页岩以同样或更低的高度与石炭纪板岩接触,南侧为石炭纪板岩夹薄层灰岩,上覆有侏罗纪底砾岩及下部砂岩,北侧为侏罗纪上部的砂页岩,显见前者为上升侧而后者为下降侧。 3. K116滑坡上侧东坡沟内侏罗纪地层在很短的距离内岩层产状与岩性变化明显[图(5)]。 4. 顺K115与K116两滑坡间平缓山脊,于该断层通过两侧,南侧地势高出露侏罗纪地层,北侧地势低为白垩纪地层[图(6)]。 5. 电测剖面在此位置反映低电阻率带。 6. 在地貌上及基岩地形上反映出一级陡坡(约40°),陡坡上为侏罗纪甚至石炭纪的基岩地层,其下为第四纪地层覆盖。 与该断层平行稍靠山侧与上述平缓山脊处探坑中发现一逆断层的迹象,有断层泥及角砾,且有不明显的擦痕,经实测断层面倾向S倾角50°,其他从石炭纪板岩等地层出露情况亦有逆断层的存在迹象	走向N60°~65°E 倾向N 倾角55°~60°
横断5	正断层	1. 后窖沟中石炭纪板岩在短距离内产状有变化。 2. 后窖沟与东坡沟间侏罗纪地层与石炭纪地层接触关系非不整合。 3. 东坡沟内侏罗纪地层与石炭纪地层接触处虽有一薄层似底砾岩,但厚度仅数分米,其上缺含煤层,该层有褶皱现象。并底砾岩又似断层角砾岩。故可能是断层造成。 4. K115与K116两滑坡间平缓山脊上的纵向视电阻率剖面上反映低电阻带。 5. K115滑坡上侧梨树沟中下段侏罗纪地层与石炭纪地层横向接触处,侏罗纪页岩已受动力变质而千枚化,该变质带与板岩接触面倾向N倾角约45°	走向N60°~65°E 倾向N 倾角约45°

续上表

编号	断层性质	断层依据	断层产状
横断6	正断层	1. 侏罗纪地层组成的基岩地形呈一明显之陡坡,陡坡上岩性相近,而相对高差很大,分析此陡坡系断层壁形成。 2. 沿 K115 与 K116 两滑坡间所作之纵向电阻率剖面,在此处为低电阻率带。 3. 东端在悬崖上东侧陡壁下白垩纪砾岩与侏罗纪砂岩接触处有断层角砾,已为铁质胶结,其关系[图(7)]	走向 N65°~70°E 倾向 N 倾角约 45°
横断7	正断层	1. 亮池寺南侧自然自然沟北侧中石炭系板岩的位置高于南侧下侏罗纪砂页岩[图(8)]。 2. 后窑沟右侧山坡上,北边石炭纪东南侧侏罗系标高近似,为断层接触[图(9)]。 3. 东坡沟右侧石炭系与侏罗系接触关系[图(10)]	走向 N65°~70°E 倾向 S 倾角约 60°
横断8	逆断层	1. 西端南坪至白杨坪南侧山脊上,上部(南)为二叠系,下部(北)为侏罗纪,二叠纪推覆于侏罗纪之上。 2. 白杨坪东,后窑沟内石炭系于侏罗系之接触关系[图(11)],探坑中侏罗系砂页岩夹煤层接近石炭系处几乎直立,远处则倾角渐缓,石炭系地层挤压严重。 3. 东端大崖半沟西侧山包上,石炭系推覆于白垩系之上,经探坑见其间尚夹有断层角砾,部分被铁质胶结,角砾成分以侏罗系砂岩为主,夹有石炭系板岩碎屑,接触关系[图(12)]。 4. 后窑沟右侧山脊(SE-NW)在断层接触处为一鞍形垭口,其两侧虽均是侏罗纪砂岩,但产状极不一致,北侧 N30°~40°W/18°S 南侧 N5°~15°W/32°N	走向 N65°~70°E 断层面倾向 N、 倾角约 45°
纵断1	逆断层	1. K117+803 白杨树沟口,沟左侧为二叠系结晶灰岩、页岩互层,沟右侧为侏罗系砂页岩,二者露头皆破碎成碎石状,右擦痕,其接触关系[图(13)]。 2. 白杨树沟内(中游)左侧为破碎严重的二叠系灰岩与砂页岩右侧为白垩系块状砾岩,前者推覆于后者之上,且接触面积上有厚约 10 m 的灰色断层泥,沿沟普遍出现有泉水,湿地、沟内有大量断层角砾岩块石,其接触关系[图(14)]。 此段中部又被一 N5°E 向平移性断层切割,使断层线在延伸方向上发生错位现象(南部向东错开)	走向 N60°~45°W 倾向 S 倾角 50°~55°

续上表

编号	断层性质	断层依据	断层产状
纵断1	逆断层	3. 自杨树沟上游，沟内及两侧出露虽全为灰黄色砂黏土，但从沟内漂石成分看，既有 C_r 砾岩亦有 P_1 灰岩更有钙质胶结的断层角砾岩，故知其第四纪下仍为上述断层所在。 4. 亮池寺小学西、侏罗系中宽约 5 m 的破碎带及断层泥，其两侧岩层产状岩性等皆急剧变化，东侧以页岩为主夹薄层砂岩产状 N15°E/10°N，西部下边为砾岩，上部为砂岩产状 N40°W/30°S 接触处有较明显的断层面并有擦痕其关系[图(15)]。 5. 后窑沟南侧白杨坪村附近的山坡上见二叠系灰岩及板状灰岩推覆于山坡下的侏罗系砂岩之上[图(16)]	
纵断2	1. 逆断层 2. 正断层	1. 东坡村附近的地层关系[图(17)]，左岸地层倾角平缓，中部陡，右岸缓。 支沟左右岸均为石炭纪地层，右岸岩层倾角 50°~60°最陡，主沟右岸为侏罗系地层，依地层关系判断支沟有一逆断层、右岸有一正断层。 2. 东坡沟中游左岸与沟底出露全部为石炭系板岩，但产状在岸半坡上与沟底极不一致，前者平缓而后者陡显然是前述逆断层之延续；在沟右岸却出露有侏罗系砂岩，从其位置及产状看为上述正断层之延续[图(18)]	走向 N40°W 左右 逆断层倾向 S 倾角 50°~60°正断层 倾向倾角不明
纵断3	逆断层	1. K116 滑坡区公路以下部分在滑坡体下相同深度所揭露之基岩，大体以其作为分界，其西为侏罗系砂页岩，其东为白垩系砾岩与东侧红山包上之白垩系相连。 2. K116 滑坡区内基岩顶面承压水大致沿破碎带分布（及横断 3 破碎带）。 3. 公路附近 K116 滑坡区东侧侏罗系露头产状急剧变化，经坑探得西面为 N15°E/30°S 东面为 N20°E/60°S 且二者间发育了一条近期的短小冲沟[图(19)]。 4. K116 滑坡区以上、我所观测站引用水泉，东坡村旁一大饮用泉等泉水露头，沿断层推断之方向延伸方向上。（因第四系覆盖无露头）。 此断层被横向断裂错开，断层线断续延伸	走向 N40°~45°W 倾向 S 倾角约 45°
纵断4	逆断层	1. 通过烧牛沟左侧石炭系板岩与侏罗系砂页岩之间，地貌及层位上均明显反映有一逆断层，并平行褶皱轴切了背斜东翼。断层走向 N35°W，倾向 W，倾角 45°~55°。断层向垂直河流方向延伸，在滑坡中上部被一横向平移性的正断层切断，位置向西移动 200 m。 2. 在滑坡中上部钻探资料证实，该断层切割了石炭，侏罗系砂页岩倾角全部在 55°~80°之间，在滑坡中部又经正断层（横断 3）穿切，向西错动了 7 m。 3. 该断层向线路方向延伸已被 48 号及西 8 号孔证实，48 号孔揭穿侏罗系岩层厚 26 m，岩芯均较破碎，节理发育，擦痕明显，在与板岩接触处有 0.65 m 厚的青灰色页岩断层泥未见底砾岩；西 8 号孔揭露的侏罗系砂岩与炭质页岩岩芯破碎；在 55.65~57.10 m 处断层面倾角 45°，倾向与擦痕方向成 45°斜交。西 9 号孔在 47.46 m 处砂岩中发现断层面，倾角 55°，擦痕与倾向一致。根据电测剖面断层影响带的宽度约 35 m	走向 N35°W 倾向 S 倾角约 45°~55°

续上表

编号	断层性质	断层依据	断层产状
纵断5	逆断层	1. 在烧牛沟右侧见到石炭系板岩与侏罗系砂页岩之间有一逆断层,已被坑探揭露,断层走向N35°W,倾向东倾角65°,石炭系板岩上升,在地形上为一陡坎。板岩走向N70°W,倾向S,倾角50°~75°,由于板岩近直立,地下水沿板岩层面渗入,在断层带附近形成湿地。在试坑中见到的破碎带宽度约2~5 m。上盘板岩近断层处可见明显的牵引褶曲,下盘侏罗系砂岩近断层处受挤压,倾角高陡可到50°~65°。从开挖的露头可见该断层走向由N35°W转向N5°E受扭现象。可能是受横断4平移性的正断层影响,由于西侧推力而形成。横断4穿切的结果,使断层向西移动了206 m。 2. 该断层通过滑坡中上部,在断层线东侧,56、57、38、49、53等钻孔均直接揭露石炭系板岩,西侧全为侏罗系岩层,证明了断层的存在。在滑坡中部为横断3切断,推断该断层向线路方向延伸	走向N35°W 倾向S 倾角约65° 下部受阻而转向
纵断6	逆断层	1. 北段大部被第四系覆盖,但在几条横向的视电阻率剖面上均反映有低电阻带存在。 2. 中段东悬崖下西侧白垩系砂岩陡壁上残留擦痕面,倾向S,倾角70°~75°并有断层角砾,从擦痕方向和横坎判断为逆断层[图(20)]。 3. 南段梨树沟上游东侧支沟北岸,有石炭系推覆于北侧侏罗系之上,显见为逆断层形成[图(21)]。 本断层为横向断层错开	走向N40°W 倾向S 倾角70°左右
纵断7	高角度平移断层	1. K1157+30~K1158+100一段江山包上路堑边坡上的逆断层(横断2)东侧向江被错开。 2. K115与K116两滑坡群间之红山包上为白垩系砂岩,而K115滑坡体下所揭露之基岩,则全为侏罗系页岩夹砂岩,依产状二者不连续关系	走向近南北 (可能为N5°E) 倾角,倾向不明 (可能为高角度)

防治铁路滑坡的几点体会

为了更好地贯彻执行伟大领袖毛主席"备战、备荒、为人民"的伟大战略方针,加快三线建设,铁路三院召开了地质会议。几天来,我们学习了许多宝贵的实践经验,并听了谷德振同志有关地质力学的报告,对我们启发很大。现在西北所派我向领导和同志们汇报一下我们西北所在防治铁路滑坡中的点滴体会,不正确之处,请领导和同志们批评指正。

以下分四部分来汇报:一、滑坡、滑坡类别及其与几种主要斜坡病害的区别;二、二十年来我们防治铁路滑坡的概况;三、以二梯岩隧道出口滑坡的分析与整治为例介绍我们的做法;四、防治滑坡的原则、步骤和方法。

一、滑坡、滑坡类别及其与几种主要斜坡病害的区别

斜坡岩体在自重及其他因素的作用向下滑动,它所产生的不良物理地质现象有多种类型,如崩塌、滑坡、错落、堆塌、坠石、剥石和泥石流等。

（一）滑坡的含义及特点

对于滑坡的含义,各国、各单位、各人的解释不尽一致。我们从利于防治滑坡出发,采用严谨的含义并结合原因和特点认为:滑坡系斜坡岩、土内有一定的软弱面(或带)在重力作用下,一般是由于改变了该带的应力状态或因水和其他物理化学作用降低了软弱带的强度,或因振动力破坏了该带岩、土的结构,使部分岩土失去稳定而沿该带作整体、缓慢和长期地向下滑动的现象,它有蠕动、压缩和滑动阶段,有时也表现为急剧的向前运动。其特点为:

1. 多数滑坡有一较长地段受地质条件及水文地质条件的影响,在岩土中早就存在的软弱带内形成了滑带;先因该段在滑带处的应力大于岩土的强度而变形构成了主滑地段,再引起后部断裂和挤压前部至剪断形成新滑面挤出地表,滑动即开始。滑体向前移动一段距离之后,主要因受前部被挤压后新形成的滑带及滑动后前部脱离滑床一段的阻力作用而稳定。当然,滑动一段之后,位能减小、主滑地段的体积减小、滑带水被挤出、滑体受挤压消失了能量等,和抗滑地段的体积增大都是对稳定有利的;然而由于滑动使滑带岩土结构的破坏和使土粒作平行于带状排列等物理化学作用降到了抗剪强度,也不可忽视。这后缘断裂地段本无推力作用于主滑地段,只有在断裂之后沿裂面组由内摩擦变成外摩擦性质而产生推力,尤以有了裂面导致雨季的降水渗入而降到了裂面岩土的强度,增加裂隙充水的水压等作用才会产生较大的下滑力。故就极限状态而言,它是被牵引的地段。至于前部本无软弱带,只是在主滑地段的作用力挤压下,才形成了新滑带,有些滑坡是无此地段的。它和滑动后前部脱离滑床的一段产生阻止滑动的作用,谓之抗滑地段。当然随条件的改变,应力与强度间的对比发生变化,主滑地段和抗滑地段是经常在变动的,从而滑坡表现出有各个稳定段与周期性,这就是一般滑坡的主要特点,如图1所示。

2. 在滑带应力状态方面,不少滑坡是由于河流冲刷或人工切割了前部支撑部分,滑床在前部失去支撑的状态下,增大了滑带的剪切应力而滑动;或是由于后缘山坡崩塌的土石或人为堆渣于滑坡的中后部,直接增大滑带的应力而滑动等。一切改变滑体外形因而增大滑带剪切应力促使滑动的现象,必须是在主滑地段加载,在抗滑地段减载才能产生滑动。

3. 滑坡大多都是因滑带含水程度的增加或结构破坏而变形。招致滑动的水量及水位随滑带土的性质和滑床的倾斜度而异。滑带结构,只有岩土在地质年代中已形成松散,尤以具孔隙饱水条件,在震动中才能造成破坏;或是水压大、长期潜蚀造成滑带土结构破坏;或是某种水质与滑带土产生化学作用促使滑带土的结构破坏。

4. 滑体可以是任何土、石,沿软弱带与母岩分开。软弱带的形成与地质条件有密切关联。一般是岩性软弱,易于风化而丧失强度,有持水及隔水性,处于斜坡内应力集中和结构松散易于遭破坏的位置。

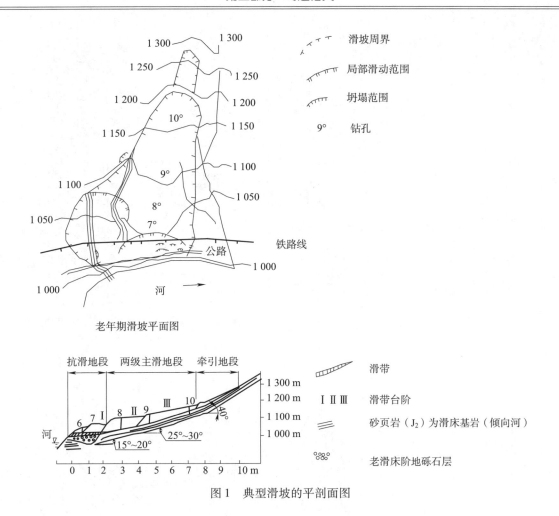

图 1　典型滑坡的平剖面图

5. 一般为整体或几大块下滑,每块滑体上各部分的相关位置,在滑动前后变化不一。

6. 滑动是长期的、缓慢的,具间歇性,有蠕动阶段、压密阶段、滑动阶段,有时也具急剧变形阶段,最后为渐趋稳定阶段。大多数滑坡在滑动的各个阶段都具有一定的外貌和出现一定的迹象可供辨认;崩塌性滑坡只是中间阶段(滑动)短暂,迅速发展至急剧变形而已,它还是会出现明显的变动迹象的。

7. 滑动后的形态,一般具有弧形破裂壁、洼地、滑坡台阶、滑舌和缓倾斜的滑面(或带),此面不因滑动而消失,并常沿此面继续向下滑动。

8. 自然滑坡带的形成与某一地质岩性不良位置的出露有关;故绝大多数与当时坡脚在变动中侵蚀基准面的标高有密切关系,又与当地地下水的分布相关联。所以有区域性、成层性和分带性。

(二)滑坡与其他斜坡病害的区别(图 2)

1. 滑体为整体滑动,滑体土石层次不因滑动而混淆,非水流搬运和动体各部分在受水作用下未达悬浮状态等,此不同于泥石流。当泥石流状态整体地沿下伏老地面移动时就转化为塑流性滑坡。

2. 后缘裂隙具弧形,非直线或折线型;运动方式为滑动系剪切变形以水平方向移动为主的,非以垂直压密下错挤压为主的变形;主滑地段在中前部为厚度薄、倾斜缓的软弱带,它具擦痕及多组平行的滑面,非在后缘由陡倾斜的岩层裂面所构成,中前部为后期形成的软弱带,它厚度大,具多组破碎的、呈各个方向的裂面;出口在临空面的基底以下时,前缘易弯曲、隆起,有明显的滑痕和滑面,非出口仅在基底以上,总是向下倾斜少滑痕等,此不同于错落。当错落体中前部形成软弱带并自行下滑时,软弱带产生了与移动方向一致的滑痕,就转化为滑坡。

3. 滑坡为整体沿滑带移动,非倾倒、翻转离开裂面;滑动前后滑体各部分相关位置变动不大,非各块分离、翻转、散堆于坡脚;滑面较固定常沿原面继续移动,不消失,非每次变动按新面崩塌;此不同于崩塌。当崩塌堆积体沿下伏老地面做整体移动时即转化为滑坡。

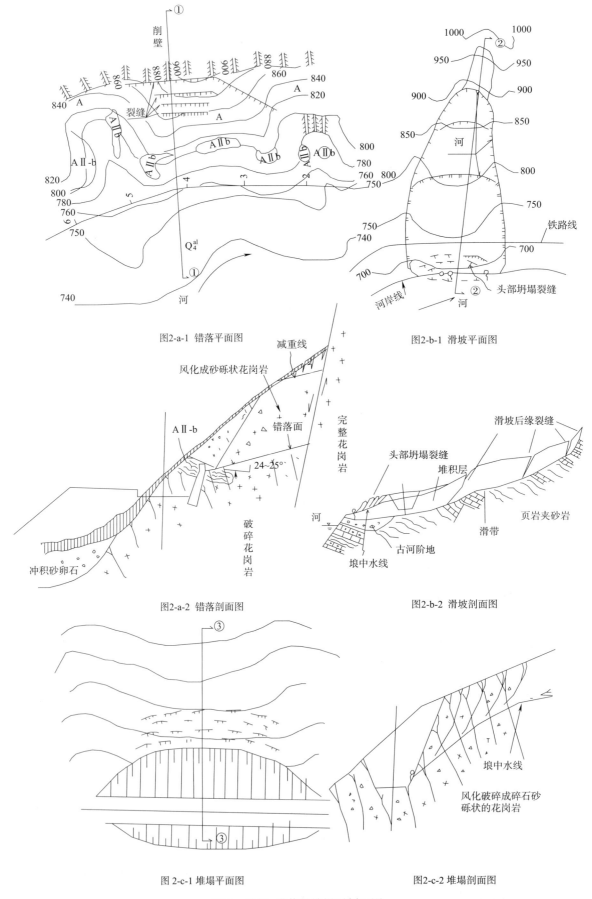

图2-a-1 错落平面图
图2-b-1 滑坡平面图
图2-a-2 错落剖面图
图2-b-2 滑坡剖面图
图2-c-1 堆塌平面图
图2-c-2 堆塌剖面图

图2 滑坡、错落及堆塌平剖面图

4. 滑坡是整体运动,非仅是斜坡头部过陡土体强度不够而发生由外向内、由下向上的土体逐层向下移动;滑体较密实,其主体部分不会很松散、潮湿;滑面较固定,常沿原面继续移动,非每次变动都按新形成的面下榻;此不同于堆塌。当堆塌引起后部沿一定的软弱面做整体移动时,即转化为滑坡。

区分滑坡与其他主要山坡病害的目的,可防止错用整治措施,非但未能减缓变形,反而增大危害。

例如大滑动之前先往往头部(即前部)斜坡出现岩、土松弛、坍塌等堆塌现象,如误以堆塌为主要病情,采用刷缓斜坡措施,正好是刷了滑坡头部抗滑地段,减少了抗滑力,反而促使滑坡发展。这种教训二十年来在铁路新线修建过程中,仍然在经常、重复地出现。

例如新生的中深层块状滑坡,尤以处于青年期的滑坡,往往头部抗滑地段较短或几乎没有,在外貌上接近馒头形,如误认为错落现象或推动式滑坡,以为变形作用在中后部的巨大压力而中前部基本上是抗滑的,从而在中后部进行大量减重工程,它虽是减少了推力也减缓了变形,但并不能改变中下部自行下滑这一基本性质,结果耗费了大量费用与劳动力几年后滑坡又大动。这一教训直到宝成铁路修建完,运营五至十年之后才认识。同样一些大型错落体在坡脚开挖隧道引起错动,经过山坡局部减重,整平地表,加强地表排水,在隧道内加强衬砌和压浆后,变形就不再发展,若误认为滑坡,非独抗滑工程过大,有些几乎办不到不如改线绕避,给人民财产造成了不应有的巨大损失。这种事例也是有的。

同样将泥石流误认为滑坡,在头部修建支撑工程,泥石流体往往自两侧及其顶部越过。将崩塌误认为滑坡,也易造成不必要的,耗费大量工程于下部,而高出墙顶以上的巨大山坡仍在不断崩塌落石,并未防止危害。

(三)滑坡的类别

为了便于防治滑坡,即能与防治滑坡的工作顺序相配合,能预先估计可能采用的相应的措施及工程造价,我们按组成滑体的物质、滑体厚度和滑动性质将滑坡分为四个基本类别:堆积层滑坡、黄土滑坡、黏性土滑坡和岩层滑坡。在此基础上,按滑坡体厚度又分为浅、中、深三种滑坡。同时又根据不同的主要性质和特点区分为典型滑坡、崩塌性滑坡和错落转化成的滑坡;同类土滑坡、顺层滑坡和切层滑坡;以及牵引式滑坡和推动式滑坡等。

虽说滑坡的滑动与稳定决定于滑带土的应力和强度间对比的变化,但事实上除了震动力、水压力和活荷载的变动外,经常引起滑带土应力的改变,一般还是因滑体外形有了变动所致。同样,滑体在滑动前后因本身断裂的不同,常使滑体水与滑带间的联系发生变化而造成了水文地质条件的变动,一般它是直接引起滑带土的强度发生变化的。虽说滑坡滑动是长距离或多次滑动,而逐次降低强度至一定数值将不变动,这残余值是随滑带土的性质而异,但这一残余数值的最大变化,还是主要以本身饱水程度来控制的。所以滑坡分类,以组成滑体物质为主时,它可直接了解地质条件及其变化,了解可能构成滑带土的物质和层位,了解各个阶段引起滑坡发展的可能性、主次要因素及其变化。此因从滑体、滑带和滑床组成物质的成因类型上可了解滑体的组成结构,在滑动中产生的断裂系统和滑带的变化等。事实上多年来我们就是如此的工作次序,由表及里的。主要按大致成因,从组成滑体的物质,了解滑体的厚度和滑坡的一些性质等及其变化,这样才有可能预估可能采用的防治措施及工程造价等。这就是我们认为必须分类和按组成滑体的物质为主进行分类,是为了便于防治的理由。当然,即是这样分类了,也不能看成僵死的,还需看到它们之间的相似性、相异性和彼此不断在转变中。

实践证明,自然现象确实是复杂的,都是逐步发展的,把斜坡病害视作截然不同的几种类型而始终不变是不科学的。各种病害之间,除了相异性,又有相似性,在一定条件下又可相互转化。除了一些典型现象外,又大量存在着过度形态的现象。因此在辨别、区分和整治时不能仅从定义出发,而要从客观存在的具体性质出发,从分析这些性质中找出办法来。

二、二十年来我们对防治铁路滑坡的概况

二十年来,铁路部门在与各种山坡病害作斗争的问题上是有深刻教训的,对于滑坡,从一无所知到今天有了一些粗浅的认识,是有一个历史过程的。

新中国成立后,在党和毛主席的英明、正确的领导下,开展了大规模的社会主义建设,一条条铁路伸进山区。在地形地质条件复杂的山区,遇到并防治了大量各种各样的山坡病害,保证了运输的畅通。

新中国成立初期,在修复宝天铁路时,对病害还无所认识,把所有的变化统称为"坍方流泥"。对一些山坡病害,只采用清方刷坡的办法,破坏了山坡的稳定,致使有的病害更加扩大,最后只好用明洞或改线绕过。因此,认识到地质工作对铁路建设的重要性。这样,铁道部于1952~1954年间培训了不少工程地质人员,尤其自1954年铁道部召开全路地质会议之后,全国各新建铁路在勘测设计阶段,普遍由地质配合选线,做到根据地质断面设计线路,避开了大量山坡病害,并正确地选择与山斗争、与河斗争的场合,合理地采用了通过病害地区的工程。但由于当时技术力量薄弱,对一些复杂的地质条件和病害的发展变化认识不足,在施工过程中仍出现了不少新病害。例如1956年雨季宝成线接轨后,因山坡病害的影响,又整治了一年才正式交付运营。在这些病害中,以滑坡危害最大,也最难治。那时宝鸡至略阳间的所谓八大病害,都是大型滑坡。全线大、小滑坡75处。每处滑坡的体积,由数十万立方米至百万立方米,最大的达五六百万立方米。当时每个滑坡的整治费用约50万~100万元,个别的达200万元。在各种滑坡中,又以崩塌性滑坡的危害严重,例如1959年宝成线122 km处发生一个新生黄土崩塌性滑坡,瞬间滑下30万m^3,致使嘉陵江断流20 min,钢轨被推到近百米处的江中。又如1963年10月宝天线1 344 km处发生的几十万方的厚层黄土滑坡,悬挂在古老变质岩斜坡上的厚层黄土沿基岩顶面急剧滑下,将滑坡坡脚外约500 m的村庄掩埋,铁路因之断道近一月。

我们西北研究所的任务之一,就是对防治山区铁路崩坍、滑坡进行研究,即在上述客观环境中发展工作的。

二十年来,通过几条山区铁路干线的修建,我们从病害整治中,了解到滑坡有区域性与地质条件有密切关联,不同地质条件的滑坡有不同的性质和规律,需要采用不同的防治办法才有效。其概况:

(一)五十年代在宝成铁路沿嘉陵江河谷多遇到以石炭、二叠系或侏罗系的灰绿和黑色页岩及变质页岩为滑床的大型堆积层滑坡,有丰富的地下水活动,河流冲刷或人工切坡是老滑坡复活及新生滑坡的条件与因素,所以处理时多在后缘采用截水盲沟和盲洞等以截排地下水,在前部采用抗滑挡墙或抗滑堤等来支挡以恢复山体平衡为主,必要时改河或修建挑水坝和混凝土块沉排等防止河流冲刷的工程等均取得了成效。在刘家峡专用线过盐锅峡水库一段,考虑了蓄水影响,治住了红色砂页岩的滑坡。在兰青线以含石膏的砂页岩滑坡为多,由于它离铁路较远,故以排地面水及恢复支撑为主,进行了处理。在宝天铁路大改建中,对路堑堑坡上堆积在古老变质岩上的厚层黄土崩塌性滑坡采用了减重和修建明洞的方法。至于仅以减重措施为主所整治的滑坡,在宝成线有十余处,在六十年代均有活动,直到重新采用截水或支撑办法才治住它。在这一年中,由于对滑坡不十分了解,总是经过了大量的地形、地质和观测与勘探工作之后,才初步掌握本质,有的是经过反复勘探才摸清性质,取得防治效果。

(二)六十年代初期,鹰厦、外福两线上的路基病害变得突出了,全线各种大型病害百余处,其中滑坡有20处,特点是以堆积层滑坡为主(滑床为风化的花岗岩),次为风化花岗岩的滑坡,又有斜坡上以风化花岗岩的土石为填料的高大路堤在雨季暴雨下和列车振动下产生带有液化性质属溃爬类的滑坡。这一时期,因积累了整治宝成线病害的经验,对滑坡的勘测已由五十年代的以勘探为主转到调查与勘探并重。在处理上结合了当地滑坡的特点,多在滑坡前部采用支撑盲沟群和抗滑挡墙相结合兼有疏干和支挡作用的措施,效果很好。

(三)六十年代后期,在西南地区几条主要铁路干线的修建中,由于吸取了过去的经验教训,在改线中避开了大量滑坡地段。但在地质条件复杂的山区里,仍难免遇到滑坡。这一地区滑坡多出现在车站挖方地段,在桥基、隧道、明洞附近也出现了滑坡现象。这时在认识滑坡上使用了以工程地质为主的分析方法。在处理上,除已有成熟的方法外,为了节省劳动力,需要保证施工安全和掌握防治病害科学,因此,着重试用垂直钻孔群排水和钢筋混凝土抗滑桩、沉井抗滑挡墙等防治滑坡的新措施,并同时开展了现场量测及试验工作。如在甘洛车站1号滑坡用垂直钻孔群将滑体内的水泄入滑体下的砂卵石层中排走,降低了地下水水位,保证了在滑坡头部开挖后滑坡仍能稳定;在2号滑坡以桩墙结合稳定了正在活动的洪积层干滑坡;会仙桥是由错落转化成的滑坡,由于基底软弱,而支撑面积不够,在滑坡滑动中采用了较宽抗滑土堤的支撑面积的办法,再压缩河床另修有防水措施的新河道,下部以土堤支撑,中部在铁路边加固已有挡墙、增修墙后支撑盲沟进行疏干,上部用减重为主等,采用了这些措施后治住了这一大型病害;格里桥桥墩台修在两侧向沟滑动的滑坡上,在墩台变形后,采用了先在沟中修浆砌片石的支撑横肋以减少滑动而维持通车,后填堤支撑稳定了滑坡。

(四)近几年来,在三线建设中又遇到一些新的滑坡。如襄渝线汉江流域的变质岩系滑坡;湘黔、枝柳沿线前震旦纪及古生代变质砂页岩的破碎岩层滑坡;太焦线新第三纪(也有称 Q_1)的杂色(红色、灰绿色等)湖相黏土的顺层滑坡;焦枝线的裂隙黏土滑坡;阳安线上湖相沉积黏土的浅层滑坡;以及梅七线的许多煤系地层上盖有厚层黄土的大滑坡等,目前正在整治中。一些黏土滑坡与组成土质中矿物质有关,因而促使研究工作发展到研究土质和离子化学作用这一领域了。

(五)同时,近年来由于大量三线建设工程进入山区,出现了不少厂矿地区的滑坡,为了贯彻科研为社会主义建设服务的方针,科研与产生相结合,我们曾协助兄弟单位调查、分析和处理了一些滑坡。如露天矿边帮滑坡;码头滑坡;××铁矿堆积层滑坡;山西××厂黄土滑坡等。由于这些滑坡是在建设过程中产生的,直接影响厂矿建设的进度,因此综合应用了工程地质法,并学习试用了地质力学的原理从岩体结构、地貌形态,结合工程地质判定了滑坡的性质、规模和稳定性;并根据工程性质比拟计算初步确定了工程量,然后在防治工程施工中进行监测,调整工程设计。这样,缩短了勘测时间,加快了建设进度。至于如何试用地质力学的原理于防治滑坡上,我们有如下体会:

1. 例如某地下石节矿区产生系统所在某一局部山区,我们曾从当地棋盘格构造已错开且方向与相邻地区有差异这一点,认出它是滑动过的山坡,指出在开挖斜坡坡脚修筑铁路前,需进行勘测处理。事后施工未予重视,该滑坡即因挖坡脚而复活。

2. 例如某地前河露天矿位于斜坡坡脚成月牙形的自然河道下,由于开挖北端露天矿后,曾引起东山坡产生几个大规模的现代岩石滑坡沿煤层顶底板的顺层滑动。现拟在此月牙形最突出的圆弧所对的同一东侧山坡上修建工业广场,需判断在开挖坡脚露天矿后斜坡的稳定性。事实上广场之南同一山坡即是在煤层自燃后,前河下切过程中多次滑动过的山坡,有堆积土沿基岩顶面滑动的山坡,现仍在发展中,有沿煤层顶板以上的岩土滑动的老滑坡,有因地下水作用沿采空区煤层中滑动的滑坡,也有煤自然后沿煤层底板滑动的老滑坡等。我们调查了当地构造,自查出这一矿区与相邻矿区的关系后,发现是一向西倾伏的山字形构造。找到了当前工业广场位置是以三叠系砂、泥岩组成的脊柱为基础,这一带煤层是沉积在形成山字形构造之后的盾地前弧及反射弧的向斜洼地中。从煤层产状看,十分平缓仅 2°~4° 倾向西,而脊柱向西斜坡处的三叠系岩层则陡达 15° 左右,此说明成煤以后山字形东侧继续隆起变化不大。既然在未沉积侏罗系老地层之前山体已稳定,采空了月牙形的矿岩后,也应该是稳定的。根据脊柱由东西向倾伏的构造关系,不可能在脊柱尖端出现南北向正断层,因而否定了减重尖端与盾地间三叠系岩层有断层的推断,经勘探证实岩层是连续的,只是由于倾斜变陡所造成。这样就肯定了开挖三叠系脊柱、盾地和前弧间洼地上沉积的侏罗系煤层,不致影响脊柱岩层本身的稳定性,从而仅在对脊柱岩层的表层已风化的三叠系砂、泥岩及其以上堆积物进行整治以防止滑动的条件下,安排兴建工业广场的各项工程,如图 3 所示。

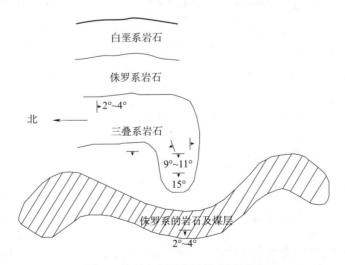

图 3　前河山字形构造示意平面图

3. 例如我们在太焦线对牛晶坪车站一带以开挖为主的由三叠系岩石组成的破碎岩石及坡积层覆盖的山坡,开挖后的稳定性和当前已发生病害的性质怎样判断? 我们试用了地质力学的观点,摸清了当地岩体在构造体系中的格局和各组裂面在力学上的性质后,从而了解了当地地形形成的历史,才能判断稳定性及病害性质如图4所示。在牛晶坪庄以北,铁路位于牛晶坪河沟的东山坡具四级错动台阶。由北至南有四条向沟曾发生过移动的病害体,尤其在里程百尺标3907+00及百尺标3009+50的两块仍在活动中。我们首先发现当地有一入字形构造由北向南自坡脚斜穿东山坡直到山脊。这入字形构造系由NE20°及NE35°两条平移性高倾角的逆断层所组成。至于在百尺标3907+00坡脚下断层的西盘上见到砥柱,在百尺标3909+00附近两断层间看到张性的弧形裂隙,该山坡岩石之所以破碎似堆积状和表层岩块的堆积较厚等,是由于以该入字形构造为基础形成的。又从现场了解到组成后山坡陡坡这一组NE70°走向的裂面,以及四条变形体的移动方向由北向南分别为NW65°,NW55°,NW45°和NW40°逐渐变动着,它与断层由NE20°逐渐变至NE35°走向是相适应的。这样从当地应力场配套图分析的与实地调查的各组裂面性质是相符的。因此我们不难找出:(1)由断层东盘(下盘)岩石组成的台阶其走向与倾向是受NE70°/NW45°~55°的一组裂面所控制的,它属张扭性面;而各条岩体移动的方向由NW65°逐渐转至NW45°,它是平行于主应力方向的张性面。所以它们最先变形属岩石错动,而后又转化为岩石滑坡;其后缘错壁的走向为NE70°,向西倾角在50°左右;其底部受东盘岩石层间错动面所控制而为10°~15°。(2)在断层西盘(上盘)的岩石,其错落壁受NE20°及NE35°断层的走向及部位所控制,故倾角较陡;其底部受平行层面的层间错动所控制,其倾斜在30°~35°。(3)这些由错落转化的滑坡如第一条百尺标3907、第二条百尺标3908、第三条百尺标3909,由于滑床的倾斜度基本上为10°~15°,故在滑带水不丰富时是稳定的。第一条其所以现在变形是由于开挖过多,所以以采用支撑墙为主的措施,当恢复错落体的侧向支撑后,可获得稳定;适当的减重是可以的,否则易引起上一级错落体的变形。(4)第四条百尺标3909+50从滑动主轴方向上看就可以了解其后部向NW40°而前部向NW80°方向移动,这是受断层东西岩体裂面不一致所造成的。NE20°断层以东比较稳定,因滑床斜度可能在10°~15°之间,在失去下级错落体的支撑下才会移动;因推力不大,故可在断层以东适当支撑它。在两断层之间的,一因地下水丰富,又因滑床陡,其稳定性自然小,自需根据具体断面,了解滑床形状及滑带水的分布,从疏干与支撑两方面来综合处理它。

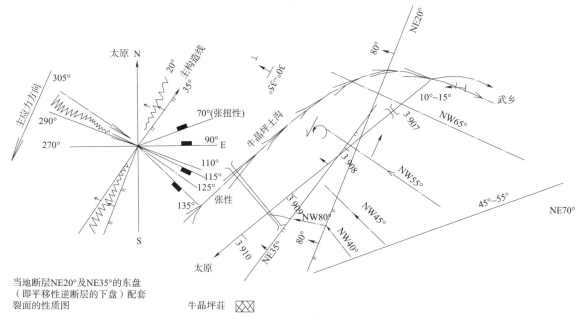

图4 牛晶坪车站北段入字形构造平面示意图

同样牛晶坪庄及其以南,整个山坡位于断层西盘,当前由两至三级错台,后缘错壁受张裂面NW70°~60°的分布而控制。由于错台宽大,且已夷平,铁路车站所在挖方占平台面积的百分比小,故不致引起错台滑动。其北端百尺标3910+50牛晶坪滑坡为多级舌形滑坡,挖去头部不多,可以用疏干并支撑的办法求其稳定。但南端 K3914 及 K3915 之间,平台小,紧接错落体,靠山侧路堑的堑顶以错落体前缘斜坡为界不能多挖,以防止挖去支撑部分而引起错落体转化为滑坡;所以需根据断面具体尺寸,确定是否修建路堑挡墙。

以上就是从地质力学的原理,了解岩体在地质年代因构造作用所形成的格局,以此为基础,从裂面组合和裂面性质推断山坡变形的历史,从而可判断各岩体在人为改变其外形下今后是否稳定和当前变形的性质。

三、以二梯岩隧道出口滑坡的分析与整治为例介绍我们的做法

在铁路滑坡的防治中,我们是按照新线修建的程序确定工作步骤和方法的。同时对每一个具体的滑坡区或单个滑坡的防治工作,不论其处于铁路修建的任何阶段,总是要按照以下四个步骤,从地貌到地质,由定性到定量进行工作。然后把调查勘探等资料加以"去粗取精、去伪存真"的连贯分析,确定病害的性质、规模和危害以及所处的稳定阶段,找出主要病因,根据当时当地的条件采取相应的措施。

第一步:目的在于确定山坡的稳定状态,初步判断病害的性质、规模及可能的危害以及目前大体上处在哪一稳定阶段。即用工程地质法从八个方面中的几个方面判断滑坡的稳定性,并大致定性。从地貌角度研究滑坡的工作应在此阶段结合进行。

第二步:对可能不稳定的山坡进行工程地质勘测,以确定病害的性质和类型。对于滑坡或可能转化为滑坡的工点,进行地形、工程地质和地貌调查与测绘,配合物探和钻探,结合观测、化验和必要的试验资料,以推断滑坡的发育过程,找出滑体在横向上的分条,纵向上的分级、上下分层及其互相变动的关系。对每一块滑坡确定出其主滑部分、抗滑部分和牵引部分以及各部分的可能变化。对滑坡定性、并大体上定量,找出病因,提出各种可能的整治方案进行比较。

第三步:在滑坡定性的基础上,为整治措施补充相应的资料,并收集定量的数据,作出整治设计文件,同时开展相应的研究工作。

第四步:根据条件,规划施工。要考虑施工对滑坡稳定性的影响。正确选择施工季节,合理安排施工程序,研究施工方法,并随时观测滑坡动态已避免发生事故。在施工中要及时进行施工地质编录,收集验证设计正确程度的资料,如在影响到稳定性时既需采取措施,变更设计以切合实际。对一些整治工程需埋设量测设备及研究工具,进行观测以验证工程效果;除积累经验外,可确定是否需增减工程,同时进行验证效果的研究工作。

至于判断滑坡稳定性的八个方面,我们是从实践中逐渐形成的。前四方面是从地质、地貌包括量测及观测等角度,对滑坡进行分析;在判断稳定性方面,对定性作用巨大。后四方面是从力学角度和条件的对比方面以提供数据和计算办法,可求出在一定条件下稳定性的定量指标。但需强调每一方面均能独立使用,对判断滑坡的稳定性可由定性至定量;而目前其所以有的办不到是以往积累资料不够所致。每一滑坡总可在这八个方面中有 3~5 个方面做到由定性至定量,从而互相核对;当其结论一致时,可认为接近实际。这八方面是:(1)地貌形态演变;(2)地质条件对比;(3)分析滑动因素的变动;(4)观测滑坡迹象;(5)斜坡平衡核算;(6)斜坡稳定性计算;(7)坡脚应力与岩土强度的对比;(8)工程地质比拟计算。以下在二梯岩隧道出口滑坡的分析中先介绍在这八方面如何应用,然后另节介绍这八方面的内容。

【实例】二梯岩隧道出口滑坡的分析与整治

(一)概况

成昆线二梯岩隧道出口一段 138 m 长修在山坡堆积土中,其中 18 m 为明洞,洞外 25 m 为浅路堑,接着以桥跨过自然沟(图5)。线路右侧约 110 m 外有一陡达 70°高约 170 m 的陡崖,裸露出中三叠纪的灰色中薄层灰岩夹泥岩或黄色页岩。陡崖以下为下三叠纪的紫色、绿色页岩夹砂砾岩,层面微倾向山里。页岩以泥质为主,表层易风化,其上堆积了厚约 30~40 m 的碎块石,隧道即在此层通过。线路左侧约 100 m 外,向下为一陡达 60°约 300 m 深的沟坎。坎壁为下三叠纪的中厚层灰岩夹泥灰岩及中三叠纪的灰岩组成。此 300 m 深的大沟坎及铁路山侧陡崖基本上沿逆断层发育生成。断层产状为北西 10°~30°/南西 50°~70°。上下两峭壁陡崖基本上平行延续数公里,但在病害区上下陡崖(沟坎)向南以 30°~40°角逐渐靠近,致使其间的堆积体缓坡段北宽(约 100 m)南窄(约 60 m)。堆积体北高南低,两侧为不深的自然沟,沟底堆积了土石。

在隧道导坑施工中,曾多次发生坍方,坍透顶的有三处。1965 年 5 月发现右侧山坡陡崖下堆积土后部

的老错台的位置,出现了一条环状裂缝(图5),介于两自然沟之间,终止于隧道进入基岩的相应山坡位置。同时在洞内的顶底拱已外移,在衬砌圬工上已出现许多裂缝,而明洞处内外边墙及拱部在严重变形。为弄清病害性质及防止事故,曾补充勘探,进行了位移观测和山体压力的现场测定;并于1965年11月~1966年4月陆续在右侧山坡减重12万 m³,其中约4 000 m³弃渣堆于线路左侧山坡上。

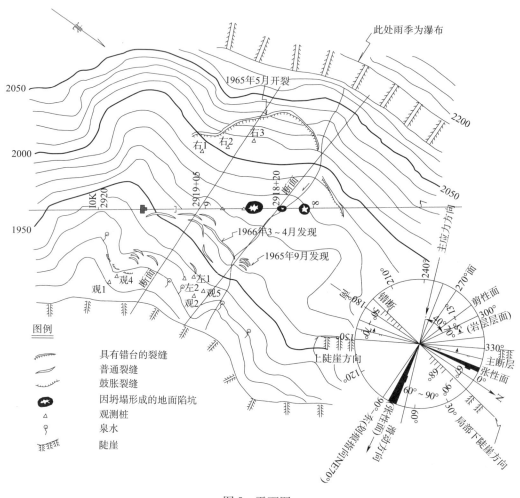

图5 平面图

1966年3月我们到达现场,当时铺轨就到,而该地的雨季又早在5~6月来临,需要在维持全线通车的条件下进行加固,故需回答的问题是:

1. 隧道裂缝与山坡变形之间是什么关系?
2. 滑坡是局部变形,还是整体变形?当前处于滑动的哪一阶段?
3. 已经进行的减重是否就能够稳定滑坡?清除线路左侧弃渣,滑坡是否能够稳定?
4. 是否需在铁路山侧修建抗滑桩以减少滑坡推力而稳定滑坡?如何保证明洞的安全?

(二)对滑坡性质及稳定性的分析

我们经现场调查和资料分析后认为:环状裂缝内是一多层的老堆积层滑坡。目前老滑坡在线路右侧的部分已经全复活(包括沿基岩顶面的滑动和沿不同堆积层面间的滑动);在线路左侧的部分,其北端隧道一段也已由蠕动、压密过渡到微动阶段,而南端明洞一段已进入缓慢滑动阶段。因此,如不及时处理,雨季后滑坡在隧道的一段将整体移动;雨季中明洞将进一步遭受破坏,可能倒塌、滑走,造成严重事故。

这一结论是根据下述几方面的分析得出的:

1. 从地貌形态演变方面的分析。

(1)基础:当地地貌发育的基础是由NW10°~20°逆断层为主形成的岩体格局。其主应力方向为SW10°~

20°。图5右下角是把当地各个构造裂面的走向和倾向绘在一个坐标上。从而得出NW10°/E67°~90°的一组较发育的节理属张性结构面,是在主应力松弛阶段形成的;它是逆断层的上盘岩石,孕育了当前陡崖面形成的条件。同时NE10°/E68°的一组张性错断面,它是当地下陡崖沟坎局部走向形成的基础。当地最发育的一组节理为NE80°/N60°~90°,它与主应力方向平行属张性结构面,是顺山坡倾向的软弱带,后期基岩顶面沟谷即沿此组软弱面发育的。在K2918+00河两侧陡崖壁上可见岩层褶曲及局部破碎状态,以及K2918+080山侧陡崖壁上有明显的NE10°/E68°产状的岩层错动带。这些构造现象指出了地貌形态演变是以崩坠现象与堆积现象间歇进行的。

由于组成岩体的岩石有软硬不均现象,灰岩及砂质岩层的岩性坚硬,它形成了当前两道陡崖峭壁;而泥质的紫色和绿色的页岩夹砂砾岩岩性软弱,故夷平后就发育成当前缓坡台阶的基底。上陡崖坍塌和坠落的岩土堆积在台面上,构成了当前不稳定的缓坡地段。

二梯岩这一地名是当地概貌最恰当的名称。由于两道陡崖的岩石基本完整,山坡平直,而台阶缓坡已草木丛生,故在铁路使用年代内这一段虽可能出现局部岩石崩坠和坍塌现象,但陡崖应是稳定的。

至于整个由堆积物组成的缓坡因呈低馒头状,而具有典型的老滑坡外貌。从其后缘及两侧后生沟谷的形状成块状而言,以及整个山坡斜度为25°,它呈现了壮年期滑坡的景观;所以它仍处在地貌形态发展的阶段。由于前缘岩土堆积的斜坡为35°,前缘外紧接是深沟坎而无缓冲地段,以及前缘斜坡坡脚堆积的岩土中普遍有渗水等现象,如不处理,可判断在铁路运营年代内自然营力的作用将促使堆积缓坡的地貌有较大的变动。

(2)病害性质及可能发展的范围:由于这一病害具有典型的滑动后的外貌,是易于肯定系老滑坡的复活。这典型的外貌:具圈椅形的后缘,1965年5月在地表出现的裂缝就是沿这两级不宽的环状错台发生的;中部有一级约20°倾斜的滑坡台阶,而周围并无可供对比的其他台阶;两侧自然沟系发育在堆积的土石中,如前所述为后生沟谷;其前缘呈垅状,为堆积的土石所组成,仍在不断的松弛和坍塌中,且前缘坡脚处在基岩顶面附近堆积体中有终年不干的泉水出露;整个变形体呈低馒头状,变形体的长度大于厚度等。

至于病害可能发展的范围,根据前述以岩体格局为基础所发育的地貌来分析:上、下陡崖是由岩石组成的岩坡,不会有明显的变化,故东西应以上陡崖脚及下陡崖顶为界;而南北自然沟K2919+080及K2917+050,从沟形及沟方向看,无一构造裂面与之平行,且是发育在堆积土石之中,故可判断它是山坡滑动后所形成的新生沟谷。因而判断这一病害是不致扩展过沟的。平面上病害范围如是,而在立面上我们可从斜坡表面及冲沟中所见堆积土石的组成、排列及结构去观测,从形成上陡崖坡面的构造裂面与岩石褶曲破碎程度去分析。该堆积土地貌的演变,主要是由于多次崩塌岩石堆积于台坡上而形成了锥形;在每次崩塌之后,经常的坍塌坠石在斜坡地面水的冲移下,形成了坡积层掩盖在崩塌体之上,同时崩积层也常能沿下伏残积层或堆积层而滑动。所以在立面上,每层坡积层的顶面及最下基岩残积层的顶面都可能再次成为滑动的滑面。从当前堆积体的外貌看:低馒头形、块状、具一级台阶和前缘一坡到底,以及残积层顶面出水等,它们指出这一病害以往是沿基岩顶面整体滑动为主的。

(3)滑坡的分块及性质:虽说这一滑坡的后缘基本上成环状,但从地表裂缝形状上仔细分析,可见南端有一呈雁形的小折曲,雁头指在K2919+000,它反映是两块滑坡后缘组成的,在K2919+000处分开。垅状的前缘实际也是折曲的,有两个向东突出的头部:一在图5观2、观5处,一在观1、观4处。这两个头部就是说有两块滑体。北端是主滑坡,在其后缘岩石陡崖上见有一组NE10°/E68°的张性错断面及一组NW10°/E67°~90°张性节理面,所以滑动的方向一般是垂直这些坡面为东西方向,向东滑动。事实上沿基岩顶面的老沟槽,在当地应是沿NE80°/N60°~90°一组最发育的张性节理面发育的。我们量得在滑体上向深沟最隆起的轴线为NE70°~80°向东,符合于一般滑坡为反置地形这一规律。继而在后缘滑壁上也找到滑痕,它指向NE78°/E39°,更说明北滑坡在外貌上所反映的滑坡性质是切合一般坡积层滑坡的规律的。南滑坡的特点,在地貌上的反映也是一样的,是沿基岩老沟洼在滑动。不过南滑坡的滑动与主要是受滑带水的作用而滑动的北滑坡有明显不同。

(4)滑坡的稳定程度:如前述南北滑坡总的概貌为块状馒头形,具壮年期景观,潜能尚大,在自然营力作用下其外貌仍在发展变化阶段,故尚未稳定。尤其在当时前缘岩土堆积的斜坡为35°、中部滑坡台阶向前倾20°、后缘堆积斜坡为35°等,组成这一滑坡的平均滑体斜坡为25°~26°,都标明它是不稳定的,处于时而稳定,时而缓慢滑动的阶段。

一般山坡堆积层组成的斜坡在未发生滑动前,斜坡的外貌总是比较平顺;顺坡的冲沟几乎是按等距离发育、分布的;顺坡的外形随不同堆积成因有特定的外貌,一般是上陡下缓变化均匀。当发育单个滑坡后处于幼年期时,其外貌成长条状,横向山坡的外形成急弯曲状向前凸的弧形;两侧冲沟深而陡;顺斜坡的形状由不宽的台阶和具长而陡的前缘斜坡;无明显的后缘堆积坡。单个滑坡发育到壮年期,其外貌成块状馒头形;滑坡后缘有的堆积了滑壁坍塌的岩土,坡度在35°~50°之间;中部有明显的宽大的滑坡平台,约占整个滑坡长度的1/3~1/2,一般台坡倾向前在15°~25°之间;前缘成弧形,垅的弯曲度不大,斜坡坡度介于30°~40°之间;整个头部约占滑坡全长的1/3不到,而垂直高度是总高度的1/3~1/2;后缘与前缘的滑体宽类似,滑坡的纵长略大于宽度;两侧的沟谷已发育成宽沟或沟崖了。当滑坡进入老年期,在外貌上:整个平面形状成长三角形,尖端在后缘,宽边在前缘,均略成弧形;两侧自然沟的沟脑已比较接近,而下游成放射状分散,整个沟谷已扩展成洼地;滑坡平台十分宽大,较平缓或微具后倾;垅状的前缘已十分平缓,略具曲度,头部斜坡在20°以内,垂直高超过滑坡全高的一半以上;滑坡的纵长略大于前缘处的横宽。如果滑坡的外貌特征进一步被夷平,滑体与两侧的沟谷基本上成平顺的洼与隆起,当表现为丘陵景观时,这一滑坡就处于死去阶段。

以上是个人实践的概括,仅对由顺坡堆积体组成滑体物质为主的单一滑坡,在地貌形态演变过程上是这样;其他类型的滑坡,如以组成滑体的物质结合成因来分类,都有各个由新生至死亡在地貌形态上不同的形态景观。如能根据大量的航空照片与实地丈量后做科学的归纳,我们认为是能够抽出在地貌形态演变方面的规律。据此对任一滑坡可从定性过渡到定量,判断它处于哪一滑动阶段及其稳定程度。

对二梯岩滑坡在当时其所以从地貌形态演变方面判断它处于时而缓慢移动的阶段,扼要地说它的外貌属壮年期的景观。同时我们也根据组成该滑体的物质为灰岩岩块和页岩坡积风化土这一点,从实践证明如前缘堆积斜坡已达25°左右,才算是处于长期稳定后的形态。从北滑坡前缘坡脚普遍渗水这一点,可以估计到当地页岩残积土处于软塑状态,同样根据实践自类似工程已知这种状态的滑带土,它的综合摩阻角在15°左右;如主滑部分的滑带土达可塑状态,稳定时的综合摩阻角在20°左右;所以只有滑体的平均坡在形态演变到20°~15°之间才能逐渐稳定。这就是我们从地貌形态演变方面判断滑坡稳定程度的定量办法。

2. 从地质条件对比方面的分析。

我们除对比滑动与稳定地段见的地质条件以判断滑动体的稳定程度外,更着重于分析同一病害范围内各个不同部位间的地质条件,以判断滑动性质和发展趋势。

(1)病害性质、范围和分块:对这一病害工点,我们首先结合了钻孔资料与周围岩石露头,概略地绘出基岩顶板图,如图6所示。也分析了钻孔中只有一层地下水,富集在基岩残积层附近,并绘出地下水等高线图于图6内。从图上可见K2919+000附近有一近东西方向而西端偏南的基岩脊背,它指出这一病害区是存在有两块移动体。北端一块的基岩顶面呈簸箕形,滑床为此基岩沟槽(NE80°/E,西窄东宽);在此沟槽上的地面形态较两侧为隆起,此沟槽线与地面凸起的轴部一致,故呈反置地形,所以它属滑坡现象。目前地下水就富集在这一基岩沟槽内,它标明为堆积层沿基岩顶面滑动的性质。南端一块的基岩顶面呈洼地状,为东西方向向东倾斜,倾角超过20°,所以堆积在基岩以上的土石也是易于产生沿基岩洼地滑动的滑坡。

这一病害就是具备了典型老滑坡的地质和水文地质条件。其条件为:(1)如图7岩心柱状图所示,组成滑体的物质是以灰岩块、砂砾岩及灰岩的碎块和砾石为主夹有页岩风化土;其密实程度一般在中等松散至中等密实之间,因此就有了易于渗水的通道。(2)组成滑床的岩层为泥质的页岩和砂砾岩的残积层,它具备了漏水条件。(3)基岩顶面呈簸箕状的沟槽和洼地,尤以沟槽部分易于贮水,事实上也是富集了具有承压性的地下水,它对滑带土有了软化的可能。(4)组成滑带土的岩性在基岩顶面处为泥质页岩的残积土,在堆积层中以页岩的风化坡积土为主,它们在水的作用下是易于降低抗剪强度的,而且衰减的数值较大,就易于

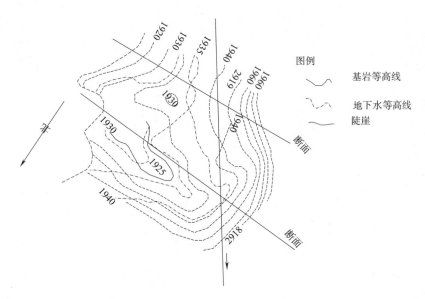

图 6　基岩及地下水等高线图

滑动。（5）这些基岩沟槽和洼地是向临空面倾斜的，在滑带饱水的北端滑坡接近10°，在滑带塑性的南端滑坡陡于20°；所以根据滑带土的结构和曾经遭水作用过的痕迹看，可以断定基岩以上的堆积土是曾经整体移动过的。

由于北端滑坡基岩顶面富水，尤其是集中在中前部滑床附近，而前部滑床坡度在10°以内，根据实践知识可判断其滑动性质多属缓慢移动。而南端滑坡中前部是以基岩顶面为滑床，其倾斜度陡于20°，陡于可塑至软塑状态的页岩风化土的强度指标较多，所以它蕴藏着发展成急巨滑动的性质，是值得注意的。

至于每块滑坡可能发展的范围，在立面上只能深达基岩顶面；在平面上其后缘及两侧均以基岩隆起的梁顶为度。牵引以上的土石与前述顶面形态演变方面所推断的范围基本上是一致的。

从滑坡两主轴断面（图7和图8）上分析：该堆积体在基岩以上，有几层多次崩积成因的崩积层，各个掩盖在坡积层上，而坡积层都比上盖层为密实，它是由风化页岩土、石为主组成的，所以它成为各崩积层的隔水层。这些坡积层断面坡在20°～25°之间，目前有些处于可塑或可塑至软塑之间，总是比崩积层潮湿。从坡积层顶层的岩、土看是有过滑动和地下水活动过的痕迹，如钙质胶结和土质变红以及为棕、黄、白等混杂土等。这些都指出在下部几层坡积层的顶面是由滑动后形成的滑带土迹象；所以判断它是多层滑坡，曾经沿深部各层坡积层的顶面滑动过；从地下水集中于下层看，目前已转化到深部沿基岩的残积层顶面滑动了。

（2）各层滑面的稳定程度：关于北端滑坡从图7分析，第3、4及5层的滑面是上陡下缓的。由于抗滑地段是在地下水长期作用下，其残余强度角在12°左右而滑带倾斜为7°～9°，这样它的抗滑作用有限。对于第5层滑面而言，在地下水头增大的情况下是随时可以滑动的；对第3、4层滑面而言，由于牵引地段与主滑地段几乎等长，两者总长超过滑面总长的1/2，在当前滑带土处于可塑至软塑之间而河床坡为30°～15°，故判断当前就处于不稳定状态，比第五层滑面更不稳定。至于第1、2两层滑面，由于滑床坡缓、滑带含水较少，故判断第2层滑面在铁路河侧有可能滑动外，当前应该是稳定的。从最不稳定的第3层和第4层滑面看，牵引地段与主滑地段等长，而抗滑能力薄弱几乎不成为抗滑地段，它说明该滑坡以往移动不大，有潜能，故判断仍有继续滑动的趋势。由于当时滑坡的中前部已不阻水，从钻孔了解滑带水已存在于中前部，它反映了中前部阻滑地段正在形成滑面，所以说当时滑坡处于由压密向缓慢滑动阶段的过渡阶段。

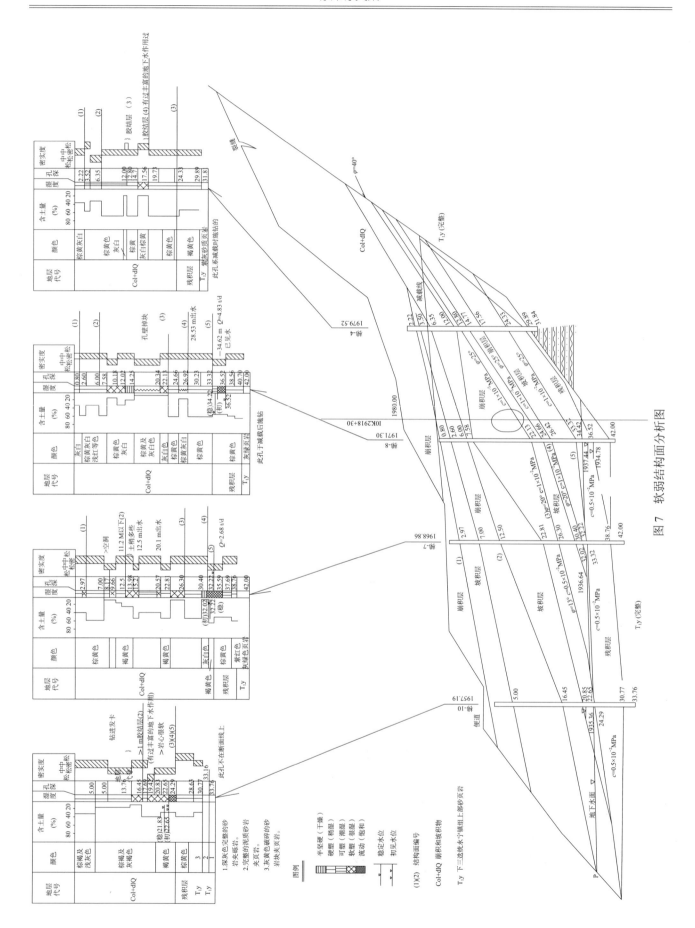

图 7　软弱结构面分析图

至于南端滑坡(图8),滑面(1)比滑面(2)危险,它基本无抗滑地段。而主滑地段的滑床坡度为24.5°,因此无论是斜坡加载或滑带土含水增加至稍大于可塑状态,均可随时下滑,可全部滑至河侧深沟之中。所以判断它是十分危险的,其滑动潜能太大。

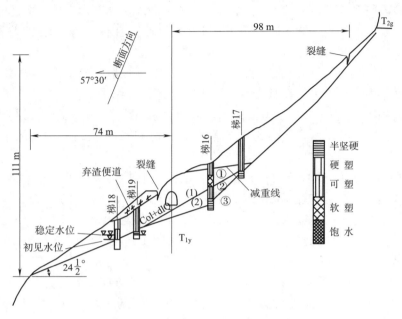

图8　剖面图

3. 从滑动因素的变动方面来分析。

(1)形成滑体时可能是一个成因,发生滑动后是两个滑坡,组成老滑坡南北两块的物质可能是同一成因——山坡堆积;然而促使滑动与发展的主要条件和因素就不相同,且滑动的性质也不一样,所以说它们是两个滑坡。老滑坡的形成只能推断。它们都以东侧自然沟为临空面,已下切到沟下300 m的条件下,所以滑体头部受自然沟下切的影响,对这一发育在堆积过程的滑坡是无关的。两个滑坡的牵引地段都较长,尤其是南端一块滑坡无抗滑地段,故在以往也不可能是以地震为主要原因而形成。因此形成滑坡和促使滑动继续发展的自然因素就不外乎从"滑带水、上陡崖坍塌加载,和滑带土强度衰减"等三方面去寻找。对比了南北两滑坡的滑床形态和富水情况,可知它们是有明显区别的。

南滑坡无抗滑地段,主滑床一坡到底为24.5°(图8)。由于滑床过陡,顺滑床方向的分力最大,这样滑带土的抗剪强度内黏聚力一项就作用较微。所以一旦滑坡中下部加载,就易于引起滑动;当时上部减重,仅在明洞外侧运输便道附近弃了四千方渣,就造成了在旱季中弃渣地段出现裂缝和变形,这就是证明。同样滑带土稍有松弛或含水程度稍大于可塑状态,其综合抗剪强度就会小于tan24.5°而自身下滑了,且有易于急剧滑动的可能。因此,可判断滑床过陡是滑坡形成和发展不可变动的主要条件。在这一条件下,如滑带土的水分稍有增大也可促使滑动,自然或人工加载于滑坡中下部也能引起滑动,即是震动也难免不产生滑动。

北滑坡虽说抗滑能力小,但其前部滑床的斜度在7°~9°以内的北段终究也占全长的不到1/3;这段滑带必须在有丰富地下水的作用下,才转化为抗滑能力小。事实上北滑坡的滑床形状为沟槽形,其中前部具丰富的承压水。有滑带富水这一不良条件,因此水量增大和承压增高是形成滑动与发展的主要因素。正因有占全长1/3不到的抗滑地段,从实践可判断其滑动总是缓慢移动的性质。至于斜坡加载对北滑坡来说,从地表上堆积的岩石之风化程度上和上陡崖崖坡坡面上无大面积的新鲜崖面而言,与访问了解到事实上在近期中并无大量崩坍体加载是一致的,所以那只能是次要作用。

综上分析,在地貌上为北高南低和南端紧接大沟洼等,也说明了南北两块移动体的发生和发展以及性质基本上是不同的;它们必然有各自滑动的历史与规律,所以说是两块滑坡。事实上从实践证明,在同一期间每个滑坡基本上各为一种性质,利于滑动的主要条件和因素有一致的也有不一致的。

(2) 从地下水的变动趋势看,北滑坡在发展中,当前北滑坡滑带水的补给条件并非不利,虽处于旱季而滑坡前缘的地下水出露仍然严重。它既是源长,也可能在隧道开挖后,由于南端为下坡方向,因此隧道地下水流来自滑坡地段渗入而增加了滑带水的来源。以往未滑动前滑坡已稳定了很久,地面渗水很可能被滑体中各层坡积黏土层所隔断;现在滑坡复活了,各隔水层被滑动新裂隙所切断,从而各层间水都集中下渗至深处滑带,这是当前滑坡发展的不利因素。同样当年雨季即将来临,地面水更易于自滑坡裂隙中直接渗流入滑带,将比以往增加水量为多,也应该充分估计到。事实上这一带岩石位于逆断层的上盘,灰岩中裂隙发育,自易汇集裂隙水于下部以砂页岩顶面构成的隔水层。以往它就是滑坡形成的条件。北滑坡的北端基岩高于南端,所以裂隙水和地面水下渗后都汇集在基岩顶面而向东南流以补给滑床。当地上陡崖顶为一宽大的剥蚀平面,在滑坡的北端有一瀑布,它是汇集了上陡崖以上的地面水以瀑布形式流下。目前滑体已因滑动而形成了许多裂隙,故在当年雨季中滑带水自然会比往年增多。所以判断若不处理在雨季的中后期,北滑坡将严重发展。

(3) 南滑坡更危险:正因为弃渣堆于明洞外侧便道附近,已促使陡坡上的堆积物在滑动;由于它逐步牵引向上发展,将使滑体逐渐松弛,也就降低了滑带强度,增加地面水下渗的通道。当时隧道流来的水已大量流入并使滑坡恶化了;在滑体已松弛的条件下,一旦雨季来临对本已可塑的滑带土使之增大至稍大于可塑状态,那是很容易做到的。所以我们判断它:在雨季前中期将严重发展,有急剧滑动的可能,它是十分危险的。

总之促使滑动的主要因素为滑带水,其变动趋势是朝利于滑动方向发展的,所以两滑坡均不稳定。

(4) 对比其他因素的变动:在地下水位方面,自分析岩心,了解到一些位置的滑带是曾经有水活动过,比当前水位为高,它说明水位上升是有一定允许量的;例如钻 8 地下水就到过离孔口以下 33.33 m 的位置,在斜坡平衡核算中它提供了一个指标。

在长期风化条件下,滑带土的强度逐渐衰减。从当前滑床坡度看,它们远远离残余强度的系数很大,所以滑坡仍处于发展阶段,这是另一不利因素。不过由于滑坡已减重十万多方,推力减小,减缓了滑动速度,对恢复部分滑带土的强度将是有利的。这些具体数字,如能做比拟试验是可以找到一些的。

由于隧道施工使滑体坍塌,从而引起滑体松弛。这一不利因素,将因隧道衬砌加固,在自重压密下,可逐渐好转。但它也只能恢复到未滑动以前的状态,可不列入计算。

4. 从观测滑动迹象方面的分析:

滑坡从一个阶段发展至另一个阶段之前,总有一定迹象出现。对山区一般由岩石破碎块土形成的堆积层滑坡,根据实践归纳,可能有以下特点:

(1) 蠕动阶段。滑体与滑带未分开,仅滑体中后部产生微动,此时地表尤其是后缘出现一些迹象为不连续的微裂隙,隐约可见。

由蠕动向压密阶段过渡时,滑坡后缘裂隙开始明显,并有错距,但未贯通。

(2) 压密阶段。除抗滑地段外滑带已形成,并有小量移动。此时滑坡后缘裂缝贯通并错开,中前部岩土被挤紧,两侧羽状裂隙继续出现,但尚未撕开和贯通。

由压密向滑动阶段过渡时,两侧羽状裂隙贯通但未撕开,前缘出现 X 形的微裂隙,有时前缘出口附近潮湿渗水呈带状分布。

(3) 滑动阶段。全部滑带已形成,整个滑体沿滑面作缓慢地移动。此时两侧羽状裂缝撕开,头部(前缘)出现断续的隆起裂隙和不连续的放射状裂隙;前缘和两侧坡面在不断坍塌,滑坡出口已形成。

由滑动向急剧变形阶段过渡时,前缘隆起裂隙已贯通,放射状裂隙已形成并错开;前缘滑舌已挤出而速度在不断加大;后缘裂缝在急剧张开下错;前缘的土石在大量坍塌;有的滑体上出现几条和几级间的裂隙和裂缝,它们彼此之间有错距。少数滑坡因滑带中含有大量岩石碎块,发生微小的岩石碎裂声音。

(4) 急剧变形阶段。滑坡做急剧的滑动,滑带在不断地受严重的破坏中。此时有的滑体已分成几块,各块之间有明显的不均匀的变动,彼此之间产生巨大的错距;整个滑坡向前运动的速度逐渐巨大至逐渐减弱,有的前缘有气浪并在运动过程中出现巨大声音;有的在滑坡前缘随着滑舌前移带出大量的泥水。

由急剧变形向滑带固结阶段过渡时,大滑动基本停止,后缘及两侧的滑壁在不断的倒塌;滑体两侧及前缘的松散土石也继续坍塌；滑体各块之间仍不断变形，但变形量减少；有的前缘舌部仍流浊水，流量逐渐减小，或在逐渐自行疏干中；有的滑坡前部仍不断有微小的隆起而形成一些垣及坨。

(5) 滑带固结阶段。滑体在自重下进行固结，滑带在压密下排除水分而增加强度。此时整个滑体基本上整体向前运动量微小，滑体各块间由后向前逐渐挤紧作横向压密，地面上逐渐消失贯通的裂缝而出现在垂直压密下的沉陷裂隙。

这些变形一旦达到滑体表面无任何明显的裂隙、土石压密和形状平顺之时，滑体就基本固结，滑带土也固结了。此时在滑体两侧及前缘的坡面上已基本上无坍塌现象，土石也密实了；滑坡出口处已无带状湿地，只有渗水或出现新的水泉通道成线状分布，流出的水是清晰的；但是可能在精密的仪器观测下仍有变动，那是逐渐减小，一般可持续到大滑动后三至五年。当在仪器观测下不能活动了，这样滑坡就达到暂时稳定阶段。除非地表完全夷平，消失了全部滑坡外貌景观，才算完全死去。

事实上不同类型的滑坡在滑动的各个阶段，出现的迹象虽有类似之处，但区别是巨大的。岩石滑坡与堆积层滑坡在迹象上类似处多；而黄土滑坡及黏性土滑坡与堆积层滑坡在滑动的各个阶段的迹象区别是大的。

至于二梯岩这一病害从出现的迹象分析：

从明洞和隧道的衬砌上出现的裂缝位置及形状（图9）看，它明显地指出以 K2919+000 附近为界，其南端的裂缝倾向洞内而北端有倾向洞外的，即区分为两个滑坡。移动主轴一在洞外 K2919+028 以南，一在明洞内 K2919+040 以北。南端裂缝密集，除顶拱有裂缝外已发展到边墙上出现斜裂缝并有错距，它是处于滑动阶段的迹象；而北端仅顶拱有垂直而等距的横裂缝（K2919+090～K2919+010 右半拱上的纵裂及八字形裂缝是另一种现象），是压密向滑动阶段过渡的迹象。这以上是从滑体内部所见的变动迹象来判断滑坡的性质和稳定程度的。在多数滑坡中一般是没此机会了解其内部迹象的。

(6) 从滑体外表所呈现的迹象来判断，往往是分析滑坡的常用办法。本滑坡也同样可以从外表的迹象上判断为南北两个滑坡，而南滑坡是处于滑动阶段，北滑坡是由压密向滑动阶段过渡中。其迹象为：

①从图5中可见，在"观4"附近有一明显的滑坡出口并伸出了滑舌；从舌形的曲度趋势看也只能说是南端的滑坡范围，不可能包括在北滑坡范围之内。同样在"观2、观5、左1、左2"一带，这个由水泉湿地所分布呈带状的前缘，虽未见有滑面出口，但也预示了未来滑舌的形状，其形式也仅仅只能指出北滑坡为一范围不能包括南滑坡在内。这是分为南北两个滑坡的迹象之一。其次，南端滑坡从迹象看是处于滑动阶段，而北滑坡为由压密向滑动阶段过渡的迹象。根据以往的经历，在同一滑坡中不可能有两部分处于不同的滑动阶段，所以应是两个各自滑动的滑坡。

②参照前述由堆积物形成的单一滑坡在各个滑动阶段的迹象而言，由于南滑坡的前缘滑坡出口已形成且向前滑出；在便道一带的后缘裂缝呈张开状，并在下错移动中；两侧及前缘的土、石也有坍塌等迹象；故在明洞外侧部分可判断它是处于滑动阶段。又由于明洞外墙已有斜裂，且有错距；山侧已减重的山坡在堆积层与基岩衔接附近的后缘老裂缝还在张开中等；这些迹象同样说明中后部滑体也在滑动。根据裂缝出现的次序是先有后山坡裂缝，后有明洞斜裂，最近1966年4月才有便道处裂缝等；此种迹象只说明南端滑坡先是做整体滑动，目前不过因弃渣在滑坡中前部加载而引起前部滑坡的滑动速度较中后部为快而已。它们都是同属于缓慢滑动阶段的迹象，在不断向前发展中。

至于北滑坡，当时在前缘斜坡上已出现 X 裂隙；在开挖泄水洞的进口时，即发现前缘土、石逐渐松弛不断坍塌；如前述滑带出口虽未明显发现滑面，但水泉湿地已呈带状分布，改变了过去仅仅是一些终年不干的几股水泉的现象；同时在隧道中相应这一地段的裂缝是横向的，如同放射状裂缝的性质，只是未裂入边墙而已。这些迹象如前述规律，应为压密向滑动阶段过渡的迹象。

③观测了滑坡上、下及隧道的顶拱和仰拱上的观测桩后，都发现有不同程度的位移。从这些位移量和观测桩所在部位，也可分析出它有南、北两滑坡的区别，和南、北滑坡各自滑带在各个部位的移动状态。这种资料是具体分析滑坡处于哪一个滑动阶段的定量数据，对此滑坡也不例外。当时在明洞和隧道位置，设在顶底拱上的观测桩全部向河移动；它既说明了滑坡面已发展到隧道之下，也指出明洞处于缓慢滑动的过程中，隧道曾经滑动过一段时间后又稳定下来，现在又有移动了。

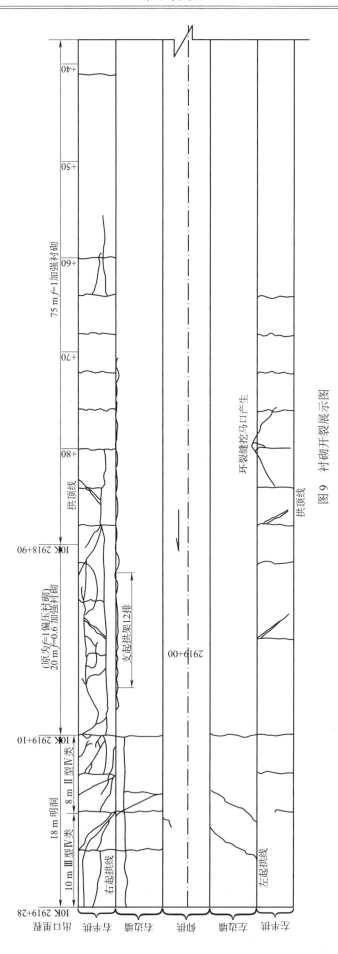

图 9 衬砌开裂展示图

(7)从上述两点结合变形历史,可推断二梯岩病害性质的演变如下:

①K2 919+000以北隧道部分,据说山坡裂缝是随隧道导坑的前进而前进的,随扩大隧道断面而发展的。它说明当时在老滑体内隧道位置因挖空而引起隧道附近土体坍塌,从而导致老滑体在山侧的一部分向隧道先形成错动现象,其变形与原有的各层滑动面无关。所以衬砌后在顶拱上山侧拱脚与拱顶之间先出现三条裂缝(图9)并有错距,这是合乎堆积层的土、石在斜向河侧排列下山侧土压大,由于偏压造成拱部变形的现象。事实上当时隧道衬砌内埋了土压盒,量得山侧山体压力为河侧的1.7~2.0倍,它证明了当时山坡出现的裂缝是隧道开挖使中部支撑力削弱而引起山侧土体像隧道压密下沉的错落现象,而导致山体开裂的。此与当时K2919+000附近的顶拱在右半拱上出现被压扁和混凝土掉皮以及三条纵向裂缝不断发展和错开等现象,所指出系拱部以下在未修边墙的情况下拱部承担不了山体偏压而引起的破坏性质是一致的。

②随后由于隧道衬砌前部修成,并对变形的拱部进行加固,拱部与边墙和仰拱构成一体能整体受力;同时已按照当时拱厚所能承担的压力对山坡在山侧进行了减重,相应地减少了山体偏压的状态等;这样拱部的纵向裂缝不再发展,拱部混凝土的变形也相继停止,它说明山坡在隧道以上的土体又重新获得平衡,因而错动现象停止了。

③在北端隧道拱部纵向裂缝停止发展的过程中及以后,修建边墙时及完成后,拱部又产生了等距分布的横向裂缝,它指出是受推性质;同时观测了山侧起拱线向隧道净空移动,河侧则外移使净空增大;随后顶拱与仰拱向河移,又在隧道的顶拱上出现了八字形的裂缝等。它说明变形性质已转化为滑坡性质了,这整体滑动的滑动面位于隧道之下。由于北端滑坡前缘未出现滑面的出口,说明抗滑地段还有一部分未动;所以它是处于滑动的压密向滑动阶段过渡的状态。

④至于南端明洞一段与北端不同,明洞内外墙的斜裂是发生在近期,上宽下窄、愈向出口愈大,属滑动变形。在半拱上裂缝的性质说明系受来自南端滑坡的推力使之撕开的现象。等等迹象已指明滑动是偏向东南端的自然沟。结合1966年3月在便道上出现的裂缝在4月中仍在不断发展着,故判断它随时有转化成大滑动的可能。

(三)各种措施的作用和整治分析

基于上述分析,我们认为:在北端滑坡,减重曾使隧道衬砌上的裂缝暂停发展是解决了偏压问题;但后又出现横向裂缝(为滑坡的放射状裂缝),说明北端主滑坡已转化为整体滑动了。这是由于隧道开挖堆积体向导坑下沉而松散开裂,导致地表水、各层间的地下水和自导坑中流来的水下漏,集中于老滑带而促使整体滑动的。所以减重只能减少滑坡推力和隧道偏压问题,而不能最终稳定老滑坡,故必须针对滑动的主要原因,着重于截排地下水。至于南端滑坡曾因线路左侧堆了少量弃渣对下部滑动是起了促进作用,但其滑动的主要原因还是该处滑床陡于20°(图8),滑带土软于可塑时,本身即由极限平衡状态转为下滑了。所以上部减了重并不能改变它自行下滑的性质,而清除弃渣也不能使它最后稳定;因此必须立即在明洞外增加支撑工程,既增加抗力,又迫使滑体逐渐横向挤紧而减少地面水下渗的通道,才能稳定它。这些工程又必须在大滑动之先完成,才能保住明洞而维持铁路畅通。

从以上方面作出的判断结论是一致的,因此认为是接近实际的。

本滑坡既然已基本定性,就要根据病害发展的快慢和建筑物遭受破坏的程度分别安排应急工程、临时工程、根治工程和辅助工程。至于设计资料的收集,我们认为应该是根据病害发展的速度,在时间不允许时,可以在工程施工中找资料,边设计、边施工;边施工、边设计。

本工点当时已进行了大量的减重,起到了减慢滑坡变形和消除隧道偏压的作用,这一应急措施是及时的、正确的,故需继续进行。为了减缓南端滑坡的滑动,将线路左侧弃渣立即清除也是必要的。鉴于隧道已随滑坡整体在缓慢移动,如不处理,到雨季后期必然会随地下水增多将加剧移动,故根据当时资料设计了顺基岩凹槽的两支泄水洞以截排地下水,并要求必须在雨季中期以前完成,以稳定滑坡如图10所示。南端一支泄水洞是因该滑床潴水属排疏性质;上部弯曲的一支以截断向基岩凹槽供水为主。至于明洞部分因当时变形较快,而且基岩顶面坡度陡(图6),无积水条件,故只能采用立即生效的支撑工程。鉴于滑体中土体已松散,当时明洞变形也大,为防止施工中造成大的滑动,故不能明挖,而在明洞外边墙外16 m处做8.5 m×6.0 m的沉井抗滑挡墙6个(图10)。由于明洞外钻孔不足,所以先估计做一个沉井,取得资料后,完成其余沉井设计,这样争取了整治时间,抢在雨季中完成,从而保证了明洞的稳定。

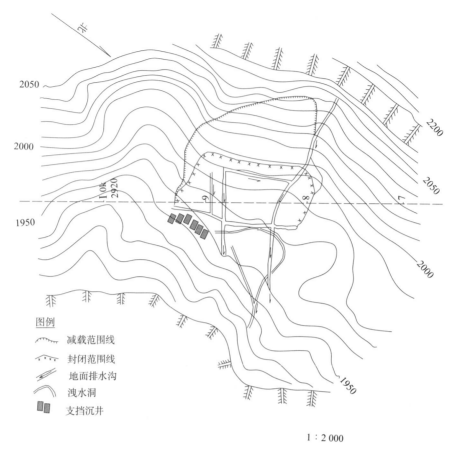

图 10　工程平面图

此外,正在进行的地表排水沟和坡面封闭工程也是需要继续完成的,并随时检查修补已破坏的部分,以尽量减少地表水的下渗所造成的不利影响。同时也需要继续观测滑坡动态,以检验和判断各层效果。尤其是立即将明洞中水引走,对明洞至桥台间一段路基的稳定产生了肯定的作用。

至于是否需在明洞及隧道内侧修抗滑桩以减少山侧推力的问题,我们从 4 000 m³ 弃土堆于施工便道上,就产生滑坡下部滑动的迹象看,当时南端滑坡因滑带水分已集中在老滑面一段,其含水程度已足够使滑坡中前部自行下滑了。而北端滑坡,由于滑带的地下水已高度集中至中前部,使中前部发展到整体自行缓慢滑动的阶段,并非处于山侧滑体推挤为主而促使滑动的挤压压密阶段;同时山坡大量减重已达到降低隧道压力,在加强隧道衬砌的条件下也足以防止衬砌变形等。所以不必修建这一工程,而未修建它。当然,明洞和隧道已变形部分,需通过滑坡推力检算后再确定各个部分如何加固,不过对衬砌外压浆是必不可少的。

(四)滑坡稳定性检算办法

稳定性检算的目的在于确定防滑工程的位置和尺寸以及评定工程修建后滑坡的稳定程度。其步骤为:

(1)由纵横地质断面上分析有几层滑面?哪一个最危险?各个滑动面今后的变化如何?

(2)根据地质资料和试验数据确定滑面上各段的强度指标及其在工程修建后的变化如何?

(3)为确保铁路畅通和建筑物安全,需选用多大的安全系数作推力计算,以设计防滑建筑物?

下面以 K2918+030 断面为例说明做法及结果(图 7)。

1. 滑动面的分析:

断面上有四个钻孔,我们以 8 号钻孔为例分析堆积土的结构及物质成分:

(1)离孔口 40.40 m 以下为灰绿色风化严重的页岩(基岩)。

(2)离孔口 36.52～40.40 m,虽岩心描述为棕黄色的砂黏土夹碎石,其中土占 60%,碎石和砾石占 40%。因其成分单一,具隔水性,故判断是页岩风化残积层的底部。

(3) 离孔口 32.32～36.52 m,同样虽岩心描述为棕黄色的砂黏土夹碎石,其中土占 50%,碎石占 30%,砾石占 20%。其底部 1.9 m 厚含水,涌水量 $Q=4.83$ t/昼夜,承压高 0.4 m,含水层以上为软塑至可塑状。因其成分单一结构稍松散,故判断为残积层的顶部含水部分。由于离孔口 26.92～32.32 m 段为含土达 55% 而结构达中等密实的坡积层,它能形成相对的隔水层;所以在残积层水位增高、水量增大时,离孔口 32.32 m 附近有可能是处于受水承托的状态,故该残积层的顶面可能形成滑动面。这一判断在以后盲洞修建中得到证实,离孔口 32.32～40.40 m 这一层就不是堆积层,而是残积层。

(4) 离孔口 24.66～26.92 m 为棕黄、灰白色碎石土壤,碎石占 50%,砾石占 40%,砂黏土占 10%;岩心描述为干燥,其实由于几乎全部为岩块还是碎屑组成,水易渗透集于底部,并非无水干燥,这一现象在分析时应能充分估计到。此层是由陡崖上崩坠下的岩石形成的。其下是可塑的堆积土层,离孔口 26.92～32.32 m。由于此垫层的顶面坡在 20°～25° 之间,不易存水,而成可塑状,具隔水作用,故其顶面是可能的滑动面。

(5) 离孔口 22.13～24.66 m 为棕黄色砂黏土夹碎石、中等密实含水高达可塑状的坡积层,其中土占 55%,碎石占 15%,砾石占 30%,具隔水作用。因其上为巨厚的崩积物,故其顶面离孔口 22.13 m 附近为可塑状的滑动面,也是最危险的滑动面。从岩心描述看其上的崩积层离孔口 7.58～22.13 m,为灰白、棕黄色的碎石土壤(块石占 0～25%,粒径 $d=0.2～0.5$ m,碎石占 35%～70%,砾石占 15%～25%,其中夹土极少仅占 5%～10%),呈软塑状。尤以底部 1.8 m 厚为灰白色,更说明位于岩块崩积物的底部,在其 20°～25° 倾斜的呈可塑状的厚 1.5 m 坡积土为垫层的条件下,也说明了可能的滑动面只能低于离孔口 22.13 m。

(6) 离孔口 0.8～7.58 m,岩心描述虽为一层呈可塑状的砂黏土夹碎石的堆积层,因描述其颜色为棕黄、浅红相混杂且其中土的含量不均占 30%～55% 不等,而碎石(30%)及砾石(10%)外有 0.1～0.25 m 的块石等,所以判断它是坡积物与崩积物的互层。这样根据断面上相邻钻孔 4 及 7,从而大致找出离孔口 0.8～2.60 m 坡积层,离孔口 2.60～6.00 m 为崩积层,离孔口 6.00～7.58 m 为坡积层,因此分析出这些坡积层的顶面(离孔口 0.8 m,6.00 m)为可能的滑动面。事后在减载中也大致证实了这一判断。

离孔口 0.8 m 以上为大块石堆积,当时地面以上已经减重挖去约 7 m 的块石堆积物,属崩积成因。

由上述资料可知该钻孔 8 有五个可能形成滑面的软弱带;而相邻钻孔 4 及 7 中同样有崩积和坡积这种规律,在相应深度上也有五个类似的软弱带。其共同特点是砂黏土含量较大(50%～60%),土体为中等密实具隔水性,含水量高(达可塑～软塑状)。因此可以判断该滑坡在空间上曾可能有五个滑动面。由断面上看,滑坡中下部(如钻孔 7 及 10)滑体上部崩积物特厚,因此各层滑面在中前部无上翘可能,只能趋于一致地沿基岩顶面或其上堆积层坡脚泉水出露处滑出。这就是应用我们判断稳定性的第六法的内容之一,找出各个滑面和各段滑面的实际状态与可能的变化。

2. 滑动带各段强度指标的确定:

(1) 曾在隧道内对结构未破坏的硬塑、半坚硬的堆积体做了大剪试验,得 $\varphi=42°,c=3\times10^{-2}$ MPa。按以往经验其结构被破坏后,强度将降低一半左右,其数据为 $\varphi=20°,c=1\times10^{-2}$ MPa,可供塑性状态下坡积层选用抗剪强度时的参考。

(2) 由斜坡上坡积层中土石含量、密实程度和含水程度的不同,以及所处的斜坡陡度也是千变万化的,故其强度指标变化很复杂。在没有沿倾斜层面作大剪试验的条件下,只能从当地实际存在的状态通过对比和分析去寻找数据。我们从当地自然沟中调查得知其溜滑一段含土较多的坡积层层间的坡度为 20°～25°,含水达软塑状态的堆积土层其坡度为 15°。这样对比和分析了坡积层的形成状态和条件,从而找出当地不同组成的坡积层顶面为滑带时在不同含水条件下的强度指标供计算之用。这就是应用我们判断稳定性的八大法的内容之一,从工程地质比拟计算中选用滑带土强度指标的办法。

本工点,考虑到坡积物中粗颗粒的含量大,一般黏聚力 c 的变动小;因此参考过去经验对当地坡积土为滑带土将其计算强度指标选用如下:

① 密实的堆积层沿陡倾的基岩顶面间为外摩擦,其摩擦面 $\varphi=40°～50°$,黏聚力假定包括在摩擦角内 $c=0$;

② 中等密实或稍松散的碎石土处于可塑状态为内摩擦,$\varphi=35°～37°$,假定黏聚力的作用包括在摩擦角内 $c=0$;

③沿坡积层顶底面或其倾斜层面,处于硬塑状态时 $\varphi=25°$,$c=1\times10^{-2}$ MPa;处于可塑状态时 $\varphi=20°$,$c=1\times10^{-2}$ MPa;处于软塑状态时 $\varphi=13°$,$c=0.5\times10^{-2}$ MPa。

④由于饱水状态下坡积层顶底面或沿其倾斜层面间的抗剪强度中内摩擦角 φ 随孔隙水压和土层密实程度变化极大,故估计黏聚力 $c=0.5\times10^{-2}$ MPa,利用各种极限平衡状态下的断面去反求 φ 值。也选择了当地类似条件下的各个极限平衡断面,逐段从计算中调整所假定的 c、φ 值。结果接近于 $9°$。这就是应用我们判断稳定性的第五法,从斜坡极限平衡计算方面求滑带土的指标。实践证明,当滑坡处于压密阶段时,稳定系数 $K=1$;处于缓慢滑动阶段 $K=0.95\sim0.90$。

由上可知,在饱水与软塑状态下 φ 值相差 $4°$;软塑与可塑状态下 φ 值差 $6°$ 左右(因 c 值差 0.5×10^{-2} MPa)。

同样对饱水状态下残积层顶面及残积层间,也是利用极限状态的断面,在已知其他地段的 c、φ 值的条件下,估计残积层 $c=0.5\times10^{-2}$ MPa 而反求出 φ 值的。

(3)在修建截水工程以后,经一定时间(一般是三个月至半年)被疏干的滑带土其 c、φ 值相应的提高,应代入计算以了解工程发生作用后滑坡的稳定程度。这就是应用我们判断稳定性的第六法,从斜坡稳定性计算方面求盲洞的长度和应疏干的范围,以及在这一控制条件下滑坡今后的稳定程度。我们根据类似条件的试验,饱水的可疏干至软塑状,软塑的可疏干达可塑状态,而可塑的就不可能疏干了。据此,本工点的北端滑坡在修建盲洞后,将疏干范围内的滑带土提高了抗剪强度指标,做稳定性计算,结果 $K=1.5$ 左右。

3.滑坡推力计算公式(我们假定各块间的滑坡推力是作用在分界面的中点,作用力的方向与滑床平行):

$$E_n = KW_n\sin\alpha_n - W_n\cos\alpha_n\tan\varphi_n - c_n l_n + E_{n-1}[\cos(\alpha_{n-1}-\alpha_n) - \sin(\alpha_{n-1}-\alpha_{\varphi n})\tan\varphi_n]$$
$$= KW_n\sin\alpha_n - W_n\cos\alpha_n\tan\varphi_n - c_n l_n + E_{n-1}[\cos\Delta\alpha_n - \sin\Delta\alpha_n\tan\varphi]$$

式中 E_n——在第 n 块处的滑坡推力(t);

K——所采用的安全系数;

W_n——第 n 块土体的重量;

α_n——第 n 块土体处滑动面的倾斜角(°);

α_{n-1}——第 $n-1$ 块土体处滑动面的倾斜角(°);

φ_n——第 n 块土体处滑带土的内摩擦角(°);

c_n——第 n 块土体处滑带土的黏聚力(t/m²);

l_n——第 n 块土体处滑动面的长度(m);

E_{n-1}——第 $n-1$ 块土体处的滑坡推力(t)。

当反求强度指标时,由于被牵引地段是因主滑地段移动而产生破裂的,所以在反求强度指标时不应列入平衡方程式中,而取极限状态 $K=1$,令上式等于零。当求算某一工程位置的滑坡推力时,取其相应的 K 值,计算至相应的位置;此时应将被牵引地段在外摩擦阻力作用下的剩余推力(包括 K 的作用)列入计算中。当检算滑坡的稳定性时,由于滑面各段的 c、φ 值不同,只能列表计算下滑力与阻滑力,其中包括 K 值,最后令 $E_n=0$ 求出 K 值(表1)。

表1 计算列表

M_0	$W_n\cos\alpha_n$	E_{n-1}	$l_{n-1}\sin\Delta\alpha_n$	Δ	$\Delta\tan\varphi_n$	$c_n l_n$	$\sum W_n\sin\alpha_n$	$E_n - \lambda\cos\Delta\alpha_n$	E_n
0	1	2	3	1+3	5	6	7	8	(7+8)-(5+6)
1									
2									
3									
…									

(五)K 值的选用(在资料齐全可靠时,对正式工程我们常用 $K=1.15\sim1.20$)

由于本工点地质资料不够齐全,缺少试验数据,所作地质断面与滑坡主轴断面方向相差较大($8°30'\sim24°$),建筑物已破坏严重,且建筑物是隧道与明洞,一旦遭破坏不宜修复,有长期断道的可能等;故采用安全

系数 $K=1.30 \sim 1.50$，并以此检查滑坡的最后稳定程度。在南端滑坡沉井抗滑挡墙地段采用了 $K=1.3$；在北端滑坡疏干地下水段采用 $K=1.5$。

本工点依照上述分析判断，抢在当年雨季后期以前，新修成了截排地下水的盲洞和隧道出口一段在明洞外长 40 m 的沉井抗滑挡墙等主体工程，以及继续按原计划完成了滑体上方减载、地表排水系统和封闭等工程之后，已稳定了滑坡。尤其是明洞和隧道衬砌再经加固和压浆后也未再变形，保证了线路畅通。

四、防治滑坡的原则、步骤和方法

（一）防治原则

1. 实践证明，只要我们正确地贯彻"在战略上我们要藐视一切敌人，在战术上我们要重视一切敌人"的方针，滑坡总是可以防治的。但是在实际工作中必须慎重对待，详细地占有资料，充分认识地形、地质和水文地质及其变化，认真研究分析滑坡区、群和每个局部的稳定程度及危害。只有摸清了影响滑动的主次要条件和因素及其联系，才能针对病因采取有效的防治措施。对急剧变形的骤然发生灾害可能性的滑坡，应采用立即生效但投资可能较多的措施；对滑动缓慢的大滑坡，易分期整治，观测每期工程的效果后根据情况确定办法。

2. 对大型滑坡，因技术复杂、工程量大、整治时间长，在勘测阶段应以绕避为主。但对施工和运营中新生的或复活的大滑坡，如绕避它造成报废工程较多，应对绕避和整治方案作比较后再决定取舍。

3. 对单个大型或中型滑坡（包括其他山坡病害）连续地段，对工程平面位置作局部移动，与河斗争，常能解决问题，且工程量小、施工方便、经济合理。

4. 对中小型滑坡，由于技术简单，工程量较小，施工较易，一般可不移动线路，且应一次根治，不留后患。

5. 整治滑坡，一般应是旱季施工，尤应注意施工方法，避免引起滑坡发展。例如雨季中在滑坡下部不能全段开挖抗滑工程基础，否则将促成大滑动。

6. 对大中型滑坡，在未摸清病因前，一般应作临时地面排水系统，以减轻病害的发展；随后针对主要病因采取措施，阻止滑坡的发展；最终针对各次要因素根据需要采取相应的措施，使滑坡稳定。

7. 开挖山坡时，若有滑坡迹象，在未了解性质前应避免继续刷坡，破坏平衡。宜尽量采用恢复原山坡的极限平衡的措施。同时对山坡裂缝进行观测和监视，及时采取措施，以免发生急剧变形造成事故。

8. 对大型复杂的滑坡，常采用多项工程综合处理，应作整治规划。整治规划在滑坡定性后作出，它包括临时工程、前期工程、根治工程和施工程序，以期有条不紊地进行整治。

（二）步骤和方法

已如前述，我们是按照铁路新线修建的程序，确定防治滑坡的工作步骤和方法的。共分四步：

第一步，采用工程地质法从八个方面中的几个方面分别判断滑坡的稳定性，并大体上定性，以达到确定山坡的稳定状态和初步判断病害性质、规模和可能的危害以及当时大体上处在哪一稳定阶段，以便确定滑坡是否需要整治。

第二步，采用各种勘测、观测、化验和必要的试验手段，为确定滑坡的性质、类型和细部结构等提供依据，找出病因及其变化，并大体上定量，从而提出各个可能防治滑动的方案和措施，以便进行整治方案的比较。

第三步，在滑坡定性的基础上，对比较后确认经济、合理而采用的方案中各项工程措施，补充收集相应的资料，特别是定量的数据，以便提出整治设计文件。

第四步，根据条件，规划施工。注意施工中相应的变形对滑动的影响，以便随时采取控制滑动的措施。并在施工中收集相应的观测、量测和验证以往所分析判断的资料是否正确，以确定需否改变设计和增减工程。同时进行验证工程效果的工作，为研究积累经验。

也如前述，不论处于修建铁路的哪一阶段，总是按上述四步的次序，由定性到定量，进行至当时阶段所需完成的各项工作为止。

以下分别扼要的介绍完成各个步骤的主要方法，对一般需用的不单独论述，可参考我所《科学实验》1971 年第二期"滑坡防治"或其他一般著作。

(三)滑坡稳定性的判断方法——工程地质法

借用地质工作的各种手段以了解、分析和判断斜坡的发展过程和趋势,并应用于工程设计上的方法,叫作《工程地质法》。其内容至今还没有统一的认识,并在不断的发展中。我们在实践中逐步形成以下做法,包括地质地貌和力学检算两个方面。前面已举例谈了有关的内容,以下概略介绍。

I. 地质地貌方面

第一,从地貌形态演变方面判断滑坡的稳定性。

着重利用地质力学原理,了解当岩体结构的格局和各组结构面的特性,以弄清山坡各部分地貌的发育史和演变的基础,以及其必然趋势,从而划出不同的地貌区以判断稳定与不稳定山坡的范围和病害类型,以及推断山坡最终可能形成的状态。同一地质构造条件下的山坡,有稳定的和不稳定的。各种不同性质的变形现象具有不同的地貌景观。应用滑坡所特有的地貌及其发育演变的知识和它们与不同物理力学性质的结构面之间的关系,与山坡发育的整个历史过程相对比,找出彼此的差异与联系,据以判断滑坡的发展阶段及稳定性。

工作中随时注意积累不同病害类型的地貌景观,对滑坡特别要区别不同滑动阶段的地貌特征。在同一地区,只要扩大了调查范围,就可以找到同类滑坡发生、发展和死去的各阶段的典型外貌,以及它们与不同物理力学性质的结构面必然关联的成因,供对比判断。

如我们遇到过的稳定的堆积层滑坡,其一般特征为:后部较高,长满了树木,土体密实稳定,找不到擦痕;滑坡平台宽大且已夷平,土体密实,无起伏不平现象;滑坡前缘及两侧斜坡较缓,草木丛生,无松散坍塌现象;头部沿河部分隐约显露曾经河水多次冲刷的痕迹,并沉积了漫滩阶地,河水已远离舌部;舌部坡脚有清晰地水泉,两侧自然沟已下切深达基岩等。这种滑坡,如不切割其头部或不增大后部的荷重,是不会复活的。其后壁如系岩石,往往是以张性为主的结构面。

不稳定的堆积层滑坡一般特征为:斜坡陡且长,平均坡接近于滑体物质在松散状态下的休止角(30°左右);虽有几级滑坡平台,但宽度不大,向下缓倾或后倾;有的地表湿地水泉发育,滑体上新生沟谷纵横,坡面陷落不均,参差不齐,无高大直立树木;前缘及两侧土体松散,有局部小坍塌;常处于当前河水冲刷下;两侧自然沟为新生沟谷,沟底露出堆积物质等。如组成堆积土的岩土基本是以岩石碎块及风化土组成的,往往是位于逆断层的上盘或滑动方向垂直于构造线,沿平行于构造线的张性结构面发育;或是沿平行与垂直构造线的两组张性结构面所组成的V字形发育,而向其交线倾斜方向滑动的。

每个滑坡的各部特征(如主滑、抗滑和牵引地段)及滑动过程(包括具体尺寸)都能从外貌上区分开。对单个滑坡而言,滑体中部较长一段比较平顺的斜坡往往是主滑地段;前部坡体及反倾部分是阻滑地段;后部凹陷或陡坡堆积部分是牵引地段。有明显几级台阶的滑坡往往是由几个连续的滑坡所组成。每个滑坡的头部成垅状(圆弧向前凸,如西坡滑坡群),是由上而下一个掩盖一个之上;若每个滑坡前缘的垅状堆积被破坏出现圈椅状(弧形向后,如太焦线红岩滑坡群),即为牵引式滑坡。

第二,从地质条件对比方面判断滑坡的稳定性。

"有比较才能有鉴别"。以类似地质条件下的稳定山坡、不稳定山坡,以及不同滑动阶段的滑坡相对比,找出它们在地质条件上的差异,从而判断斜坡和滑坡整体上和各个部分的稳定性和发展趋势。

例如同一河岸地质条件类似的斜坡,都不受河水冲刷时,为什么有的堆积层沿基岩顶面滑动,有的则稳定?经过勘探,对比两者的地质断面后才了解它们在基岩顶面上有差异。基岩顶面为拱形不易积水的则稳定;成勺形的易积水,则不稳定。当基岩顶面为平面时,又随其顶面岩土风化程度、含水条件和倾斜陡缓而有的稳定,有的滑动。

供对比用的各种地质断面所包括的内容,已有的报道不少,此不赘述(详见我所《科学实验》第二期"滑坡防治")。

如只从滑坡代表性断面上判断滑坡的稳定性,则首先要找出可能的滑动带,再从其形状、组成物质、水和强度的变化,以及改变斜坡外形(如冲刷、切坡、弃渣)等因素对滑带状态的影响去判断沿各层滑面的整体和各部分的稳定性。

第三,从分析滑动因素的变动方面判断滑坡的稳定性。

滑坡的滑动和稳定取决于沿滑带的下滑力和抗滑力的对比。促使两者变化的因素很多，但当某一因素的变动促使滑坡内在条件发生巨大变化时，滑坡就从一个阶段发展到另一个阶段。我们找出对滑坡起主要作用的因素（包括营力）的变化，即可据此判断滑坡的稳定性及发展趋势。

例如陇海线斗鸡台和卧龙寺两滑坡，它们都处于黄土塬边位置，黄土堆积在几级阶地上，曾发生过大的滑动，滑动的主要原因是阶地中地下水的作用。斗鸡台滑坡其所以属于稳定，是因为滑体上冲沟分布均匀，前缘井、泉多也分布均匀，水位、水量和水质每年变化很小，且有规律，未携带细土颗粒，此说明地下水的变化不大，对滑带土潜蚀很少。所以判断在此条件下无显著变化时，滑坡是稳定的。

然而卧龙寺滑坡在1954年复活前，前缘的水泉出口被堵死多年，滑体上居民饮水的井泉发生过变动，原古滑坡上冲沟很少，且不深等。说明阶地中地下水排泄不畅，经常变更位置，造成水压。在大滑动前一周，滑体前缘堵死多年的水泉又复流出黑水，此说明滑体内由于排泄不畅造成水压，增大了对滑带的潜蚀，软化了滑带范围，因此促使滑坡复活。滑动后，滑坡后缘形成很深的滑坡湖，有13股泉水自阶地砾石层中流出。随后因后壁坍塌掩埋了滑坡湖，堵死了泉水。当时认为这种滑坡今后仍有滑动的可能，果然在1971年东部又产生了滑动。

第四，从观测滑动前的迹象方面判断滑坡的稳定性。

从观测滑坡发生前和发展过程中出现的一系列迹象，来判断滑坡的稳定性及其发展趋势，分析滑坡的性质和取得影响滑动的一些因素在数值上的变化等，就是其内容。

滑坡从一个阶段发展到另一个阶段之前，总有一些迹象出现，掌握了这些迹象就可以了解滑坡处在哪一个阶段，向哪个阶段发展。已知的迹象如地表裂缝、地面及建筑物变形、水泉及水质的变化、滑体各部的移动状态，以及大滑动前夕发出的音响等。至于地下深部位移、音频变化及滑带应力状态的改变等，我们还未开展研究。

为了防止灾害性事故，人们尤其注意大滑动前出现的迹象，我们所了解的有：(1)水位及水质发生显著变化，前缘有些干渴的泉水重新出水，且混浊，舌部附近湿地增多且范围扩大；(2)滑体中前部为纵、横裂缝所分割，前缘出现大量X形的裂缝，阻滑部分出现隆起张开裂缝，两侧羽毛状剪切裂缝贯通并错开；(3)后缘牵引部分迅速下陷形成洼地，其上树木开始向后倾倒；位于滑体边界的建筑物及地面开始错开，并有一定错距；头部及其周围土体上拱，斜坡坍塌，树木形成"醉林"；(4)滑动速度急剧增加；(5)破碎岩层滑坡，错落转化成的滑坡以及滑带含有较大石块的滑坡，往往因滑动时石块相互挤压而发出音响。

若有详细的位移观测资料，地面裂缝变化过程及应力测定的数据等，即可分析出滑坡所处的其他阶段。如贵昆线扒那块滑坡原滑体表面土石松散，后缘裂缝张开。一场大雨之后，上部出现十多条圈椅状弧形裂缝，下错挤压，中前部边坡渗沟上的片石全部挤紧。但头部斜坡土仍密实无变形。此说明滑坡处在挤压阶段，并未形成新的出口，离大滑动尚远。据此判断，在雨季中继续修建工程，保证了稳定。

Ⅱ．力学检算方面

第五，从斜坡平衡核算方面判断滑坡的稳定性。

这就是目前一般书籍中介绍的《反算法》。其做法是：先恢复滑坡发生瞬间的斜坡断面，并认为当时斜坡是处于极限平衡状态（稳定系数$K=1$），据此反算，求出滑带土的综合强度（综合黏聚力c），再将此c值代入滑坡目前状态的断面中，求出其相对稳定系数K。然后，根据今后可能出现的最不利条件与原滑坡发生瞬间的条件相对比，从经验上判断K为何值才算稳定，以确定是否需要采取工程措施。或根据上述条件对比和今后条件是恶化还是好转，相应地改变c值，代入当前状态的滑坡断面计算K值，说明其稳定性（图11）。

滑动面为圆弧形时：

$$K = \frac{W_2 d_2 + cLR}{W_1 d_1}$$

图中OO'为通过滑动圆心的铅直线；

式中　K——滑坡稳定系数；

W_1——滑体OO'线靠山侧重量(t)；

W_2——滑体OO'线靠河侧重量(t)；

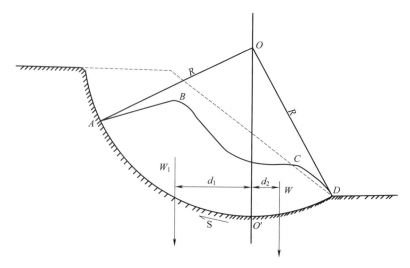

图 11　滑动前瞬间地面线

d_1——滑体山侧面积的重心,距 OO' 线的距离(m);

d_2——滑体河侧面积的重心,距 OO' 线的距离(m);

$$S = c_{综合}$$

$c_{综合}$——恢复滑动瞬间($K=1$)状态下,求出滑面 $\overset{\frown}{AD}$ 上的综合单位黏聚力(t/m²);

L——滑面 $\overset{\frown}{AD}$ 总长(m);

R——滑动圆弧的半径(m)。

滑动面为折线形时(图12):

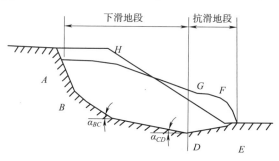

图 12　滑动前瞬间地面线

$$K = \frac{\sum T_{抗滑} + c_{综合} \sum l}{\sum T_{下滑}} = \frac{\sum W_{抗滑}\sin\alpha + c_{综合}L}{\sum W_{下滑}\sin\alpha}$$

式中　$\sum T_{抗滑} = \sum W_{抗滑}\sin\alpha$——抗滑地段平行滑面的抗滑分力之和(t);

$\sum T_{下滑} = \sum W_{下滑}\sin\alpha$——下滑地段平行滑面的下滑分力之和(t);

$\sum W_{抗滑}$——每块抗滑地段的重量(t),如 W_{DE};

$\sum W_{下滑}$——每块下滑地段的重量(t),如 W_{AB}、W_{BC} 等;

$$L = \sum l = l_{\overline{AB}} + l_{\overline{BC}} + l_{\overline{CD}} + l_{\overline{DE}}$$

式中　L——滑面总长(m);

l——每段滑面长度(m);如 $l_{\overline{AB}}$、$l_{\overline{BC}}$ 等;

α——每段滑面与水平线的交角,如 α_{BC}、α_{CD} 等;

$c_{综合}$——恢复滑动瞬间状态($K=1$)时,反求出滑面上单位综合黏聚力(t/m²)。

实践证明,这种方法只适用于滑带饱水且滑动过程中排水困难,尤以滑带土以黏性土为主,或有粗颗粒但被黏性土包裹了的条件。在此情况下滑动时滑面间粗颗粒不接触,孔隙水压不易消散(内摩擦角φ接近于零)。

第六,从斜坡稳定性计算方面判断滑坡的稳定性。

这是在实践中逐步形成目前我们常用的一种计算方法。它是在滑坡的主轴地质断面上将影响滑动的各个条件、因素和营力按可能出现的组合,尽可能的表现出来。各个条件、因素和营力列入计算的指标随滑动状态而异。应利用多种手段(如观测、测绘、勘探、试验和类似条件下的反算等)尽可能获得,经过分析选用(对主要因素不能遗漏,或以相应工程措施消除它和控制它;对次要的或无法用数字表示的在稳定系数中考虑)。根据不同的滑动性质采用不同相应的计算方法,以计算出不同滑动状态下的结果。这样才能反映出在一定条件下滑坡的稳定性。其要点在于:

1. 是以现有滑坡断面为基础,分出主滑地段、抗滑地段和牵引地段,根据钻探资料和滑坡所处的滑动阶段采用不同的K值(压密阶段$K=1$,滑动阶段$K=0.95\sim0.9$),反求出各段滑带土的强度指标。在反求指标时,对蠕动阶段和压密阶段常不计算被牵引地段的作用,因为它是在主滑地段移动后才断裂的。也经常利用同一滑坡上或类似条件的滑坡上的几个断面的公式,联立求解各段滑带土的强度指标(c、φ值)。

2. 考虑工程修建后改变了滑坡的状态,从而改变各段滑带土相应的指标列入稳定性计算中,改变的数值参考模拟滑动状态的试验数据,试验方法随滑动状态不同而异。例如:对长期在不断缓慢滑动的滑坡,则采用重塑滑带土的残余强度试验方法;对稳定很久的滑坡,则采用原状滑带土做试验,如饱水时,则用固结浸水快剪试验的指标等。

3. 将可用数字表示的各种因素都列入计算公式中。

4. 安全系数K的选用随建设工程的重要性,对滑坡的性质、状态和发展已了解和掌握的深度,抗滑工程的性能及修复的难易,计算中所考虑的因素是否齐全及准确程度等,而采用不同的数值。一般对滑坡了解比较详细,能断定其发展趋势是无骤然灾害性的,对临时工程采用$K=1.05\sim1.10$,对永久工程采用$K=1.10\sim1.20$。一般情况取$K=1.15\sim1.25$。否则$K=1.3\sim1.5$,甚至有用到$K=2.0$的。

5. 判断稳定性时,根据不同性质的滑坡采用下述各个不同的计算办法:

(1)滑坡体等厚而滑床为平面的顺层滑坡的稳定性判断比较简单,随滑带土含水情况、滑动时的排水难易、裂缝的贯通情况和可能促成滑动的因素不同而选用不同的公式(参考我所《科学实验》1971年第2期滑坡防治一文)。

①当滑床相对隔水而滑带土湿度小而变化不大时,稳定系数$K=\dfrac{Tn\cos\alpha\tan\psi+\dfrac{c}{\cos\alpha}}{Th\sin\alpha}$。

②当滑床不渗水而滑体已被裂隙贯通至滑带,雨季中滑体将全部饱水,此时要考虑动水压力作用。稳定系数$K=\left(\dfrac{T_S-1}{T_S}\right)c\tan\alpha\tan\psi$式中$\tan\psi=\tan\varphi+\dfrac{c}{(T_S-1)h\cos^2\alpha}$,谓之滑带抗剪力系数。

③在第②种情况下,当滑体下部h_0厚度饱水时,$K=\dfrac{[Th+(T_S-T-1)h_0]c\tan\alpha\tan\psi+\dfrac{c}{\cos\alpha\sin\alpha}}{Th+(T_S-T)h_0}$。

④由软硬岩石互层组成的斜坡,如沿某一软层滑动时而在一定间距中有贯通裂隙,在暴雨下产生滑动时,要考虑裂隙水压。

稳定系数$K=\dfrac{T_{石}\cos\alpha\tan\psi+\dfrac{c}{\cos\alpha}}{T_{石}h\sin\alpha+\dfrac{1}{2}nh^2}$;式中$n=\dfrac{1}{l\cos\alpha}$为裂缝系数,即水平距离上每米的裂缝系数。

⑤在第④种情况下,裂缝未充水,是在地震作用下产生滑动的:

稳定系数$K=\dfrac{T_{石}h\cos\alpha\tan\psi+\dfrac{c}{\cos\alpha}}{Th\sin\alpha+\dfrac{a}{g}T_{石}h}$;式中$a$为当地地震加速度,而$g$为重力加速度等于9.81 m/s^2。

式中　K——稳定系数；

T——滑体单位重（即土的天然容重）（t）；

$T_石$——滑体单位重（对 $T_水$——水单位重的区别）（t）；

T_S——饱水状态下土的单位重（t）；

h——滑体铅直厚度（m）；

$h\cos\alpha$——垂直滑面的滑体厚度（m）；

h_0——滑体下部饱水部分的铅直厚度（m）；

α——滑床或斜坡与水平线的交角（°）；

φ——滑带（或面）的内摩擦角（°）；

c——滑面单位面积的黏聚力（t/m^2）

l——两贯通裂面间滑面的斜长（m）；

n——裂缝系数，即水平距离上每米的贯通裂缝系数。

（2）对滑床呈折线形的滑坡，由于各部分滑带含水程度、受水条件、组成物质及倾斜度不同，因此其主滑部分、抗滑部分和牵引部分都是有区别和变化的。在同一条件下由于下伏滑床顶面有起伏，虽然整体上视为一个滑坡（滑坡群），却应根据其各个部分运动速度的不同将其分为若干个部分（单一滑坡），以便于检算和判断它们的稳定性。在平面上横截滑动方向将其分条，在立面顺滑动方向将其分级、分层，在每条每层上又将其分块。总是先判断每条、每级以及每层滑坡中各个局部块段的稳定性，从局部与整体的关系上判断整体的稳定性。因此对大面积的复杂滑坡群或区，就需有大比例尺的滑坡工程地质图（1∶500～1∶1 000），有时也要滑坡工程地貌图，滑床顶面地形图等，才能区别这些滑坡的分条、分级、分层和分块的关系。并需在每一条滑坡主轴上做一地质纵断面图，在此图上将所有调查、勘探及化验等资料整理分析后扼要地描述和测绘于相应的位置。尤以图上绘有地表变形和裂缝、滑坡的地层层序（包括组成各层的物质和颜色），滑带土的组成物质、结构、含水状态、擦痕以及在滑带上地下水的活动等资料，对分析如何检算有显著的作用。经过对这些资料的综合分析后，才能肯定可能形成的滑面状态，随后进行检算。

①对单一滑坡所采用判断稳定性的公式，一般稳定系数 $K = \dfrac{\sum Nf + \sum cl}{\sum T}$，然后根据各种特殊情况在各滑体分段相应位置增加一些力，列入上述计算公式中。

式中　N——各段滑体主要于滑面上相应的正压力（t）；

T——各段滑体平行于滑面上相应的下滑力（t）；

f——各段滑面相应的摩擦系数，$f = \tan\varphi$，φ 为相应的内摩擦角（°）；

c——各段滑面相应的单位黏聚力（t/m^2）；

l——各段滑面的长度（m）。

例如有些段滑体在滑带土中含有承压水头为 h_0 高时，即需要在这些段滑面下加一垂直于滑面为 $T_水 h_0 = h_0$（t）的浮力列入上式计算中。

例如在滑体中前段的下部有一定面积被裂隙所贯通至滑带，该面积饱水并不断自滑坡出口渗出，此时就需要在相应位置各段含水部分的面积中心增加一平行滑面的动水压力，列入上式计算中。该力为 $T_水 \sum A_0 \sin\alpha = \sum A_0 \sin\alpha$（t），式中 A_0 为饱水面积内孔隙水所占的面积（m^2）；α 为相应段滑面的倾角（°）。

例如滑体后缘有共同裂缝 h 深一直到滑带，而滑坡是在暴风雨中滑动的，这样由于后缘裂缝灌满了水来不及排出时，应在后缘裂缝位置增一静水压力 $\dfrac{1}{2}T_水 h^2 = \dfrac{1}{2}h^2$（t），它作用 h 深的下 $\dfrac{1}{2}$ 位置，列入上式计算中。

对于在震动下判断稳定性，需要分析滑带土的结构在震动下是否会破坏，滑带土是否因饱水，在震动下能否产生液化现象等。如震动下能引起滑带土的结构破坏，则是如何在疏干滑带土或加固滑带土的条件下，使之不因震动而导致破坏滑带土的结构,然后增加一个作用于每段滑体重心的水平推力列入上式计算中。震动力为该段滑体重 W 的 $\frac{a}{g}$ 倍。a 为震动加速度；g 为重力加速度（m/s^2）。

同样如在水库作用下,既考虑库水上升后滑坡地下水水位被抬高,库水横向的抗力和库水渗透至滑坡中前部后的浮力；也需检查在库水下降过程减去了库水抗力,由于库水降落速度大滑坡中前部来不及排出的渗透水压,和当时状态下浸水地段水的浮力等等。总之稳定性检算需经过分析,将各种因素按其同时出现的可能性组合起来,以作用在滑体各段内,用力的形式代入上式中参加运算。这样的稳定性检算才是我们所采用的斜坡稳定性计算的内容之一,用来判断在一定条件下滑坡的稳定性,故公式的内容是随情况的改变而经常在变动的。

②对每条滑坡上有几级、几块或几层滑面时,需逐级、逐块和逐层求其稳定程度,然后才能计算整体的稳定性。完成这一工作的顺序是：a. 先分析地质资料,了解变形历史等；b. 确定各个检算范围,分析确定各级、各块以及每层滑动后它们彼此的变化；c. 确定每块检算的内容和选用相应的公式；d. 考虑每一块检算中如何选择切合其特点的指标。

例如两级滑坡,如后一级掩盖在前一级之上,它说明后一级滑坡是在前级滑坡形成之后发生的。在前一级滑坡的后缘已有滑面推断了其后缘滑体的一部分,为后一级的出口；这样后一级滑坡对前一级滑坡没有推力作用了。在检算前一级滑坡的稳定时,只考虑后一级滑坡可能向前移动增加堆在前一级滑坡后部的荷重就足够了。

如果前一级滑坡是在形成后一级滑坡之后发生的,它牵引了后级滑坡中前部分。这样如后级滑坡的中前部因牵引而下陷量不大时,前级滑坡的稳定性就需考虑后级滑坡对它的剩余下滑力了。同样在前级滑坡继续向前滑动后,后级滑坡需考虑失去前级滑坡支撑力的影响。

当一条滑坡在同一凹形滑面上有几块滑动体时,就需要自前向后逐块检算考虑它本身的稳定性,又需检算逐块向前推动后的共同稳定性。

对几层滑坡而言,不但要逐层检算其稳定性,而且还要考虑位于下层滑坡抗滑地段的上层滑坡滑走后,它对下层滑坡的影响。自然滑坡往往是临近临空面的上层小范围的土体滑走或坍塌后,才引起下层大滑坡的复活。同时在分析下层滑面时,必须充分估计在各层滑体变动中滑体和滑面的水能否集中向下层滑带渗灌和怎样渗灌。它对判断滑坡的整体稳定性和判断滑坡今后发展趋势有肯定性作用。

虽然采用稳定检算公式还是 $K = \dfrac{\sum Nf + \sum cl}{\sum T}$,但在各段滑体内增加检算的其他力系是复杂的,各段滑面所采用的抗剪强度指标也是随可能出现的情况与组合在不断地变化。所以我们所采用的斜坡稳定性计算办法,看全面分析情况,尤其重视当地同类型滑坡的发展历史,将大自然视做模型试验,从中积累经验,得到启发。

对于滑坡每一段受力情况,如二梯岩实例,上一段滑体的剩余下滑力平行于上一段滑面作用在上段与本段间分界面的中心,下一段滑体的支撑力平行于下一段滑面,反方向作用于本段与下段间分界面的中心。本段有自重及滑面下的反力和平行滑面的黏聚力与摩阻力。即本段的剩余下滑力（式中符合的含义见二梯岩一例）。

$$E_n = KW_n\sin\alpha_n - W_n\cos\alpha_n\tan\varphi_n - c_n l_n + E_n - l[\cos(\alpha_{n-1} - \alpha_n) - \sin(\alpha_{n-1} - \alpha_n)\tan\varphi_n]$$
$$= KW_n\sin\alpha_n - W_n\cos\alpha_n\tan\varphi - c_n l_n + E_n - l[\cos\Delta\alpha_n - \sin\Delta\alpha_n\tan\varphi_n]$$

按照这一公式由滑坡后缘逐段向前检算,求出各个位置在稳定系数为 K 时的滑动推力。

（3）采用滑坡动力学检算办法,可以估计滑动中滑坡推力的大小,从而判断其危害性。

检算公式：$T_W - T_S - T_D = \sum M_K \dfrac{v_2^2 - v_1^2}{2}$。

式中 $T_W = \sum W_K \Delta H_K = \sum W_K g \cdot \Delta H_K$ ——滑体重力所作的功（$t \cdot m$）；

$T_S = \sum W_K \cdot \dfrac{S}{W_K} \cdot \Delta L = \sum W_K g \cdot w\Delta l$ ——滑坡运动阻力所作的功（$t \cdot m$）；

$$T_D = \sum v\Delta l + \sum M_2 g\Delta H_2 \text{——滑体变形时所消耗的功;}$$

$$\sum M_K \frac{v_2^2 - v_1^2}{2} \text{——运动的动能(当 } v_2 > v_1 \text{ 时是增量;当 } v_2 < v_1 \text{ 时是减量);}$$

$\sum M_K$——各段滑体重力的总和(t);

W_K——每块滑体的重力(t);

ΔH_K——每段滑体重心下降的垂直距离(m);

S——滑体总抗滑力(t);

g——重力加速度(9.81 m/s²);

$\omega = \dfrac{S}{W_K}$——运动阻力系数,即平均每吨滑体重量顺滑动方向的阻力值;

Δl——每段滑体重心的斜向移动距离(m);

v——每段滑体抗压实的阻力;

M_2——每段隆起部分滑体的质量;

ΔH_2——每段隆起部分滑体隆起的高度;

M_K——每段滑体的质量;

v_1, v_2——分别为每一运动阶段的初速度和末速度(m/s)。

上式以 $M_K g\Delta l$ 相除后,得

$$i = \frac{\Delta H}{\Delta l} = \omega + \frac{v}{W_K} + \frac{M_2}{M_K} \cdot \frac{\Delta H_2}{\Delta l} + \frac{v_2^2 - v_1^2}{2g\Delta l}$$

式中 i——滑体重心移动的正弦系数;

$\dfrac{v}{W_K}$——压实度;

$\dfrac{M_2}{M_K} \cdot \dfrac{\Delta H_2}{\Delta l}$——隆起度;

在不计压实度及隆起度,得

$$i - \omega = \frac{v_2^2 - v_1^2}{2g\Delta l}$$

从观测资料中得到每一滑动阶段平均的正弦系数 i,顺滑动方向的距离 Δl 及两次运动的深度 v_1、v_2,即可求出顺滑动方向的阻力 ω,从而得出运动阻力 $S = \omega W_K$,即是顺滑动方向的滑坡推力。

$$S = W_K \cdot \frac{\Delta H_K}{\Delta l} - v - W_2 \frac{\Delta H_2}{\Delta l} - \frac{W_K}{2g\Delta l}(v_2^2 - v_1^2) \text{ 或}$$

$$W_K \Delta H_K - S\Delta l - v\Delta l - W_2 \Delta H_2 = W_K \frac{v_2^2 - v_1^2}{2g}$$

第七,从坡脚应力与岩、土强度的对比判断滑坡的稳定性。

由相对密实而坚固的岩、土所组成的山坡,当其下伏的岩、土是软弱破碎或含水松散时,就易产生深层滑坡。这类滑坡的滑动带即滑动面位置是随下伏软弱岩、土蠕动的深度而变化的。一般是采用路基基底应力计算的办法算出软弱岩、土在坡脚附近不同位置和深度的应力分布,给出这一带最大剪应力等值线图;然后根据实验结果绘出坡脚下相应位置岩、土的等强度系数图,对比此两图,即可找出岩、土强度低于应力值的地区,并分析其发展,从而判断出山坡的稳定程度及发展趋势,这即是此法的内容。它适用于各类深层滑动的大型切层滑坡。具体做法:

1. 在破碎岩层中做深挖方时:

(1)要事先了解在取消侧向抗力条件后,岩石裂面上强度的衰减变化。一般是在当地找类似条件下的岸边,推断这类岩石裂面在切割后的强度值。

(2)根据钻孔了解,在有裂隙水作用下,我们把切割后的路堑,当作盲沟看待,而考虑地下水渗流所产生

的动水压力对斜坡的作用。

(3)对一些软弱易风化的岩石,要考虑暴露后的风化作用,即强度随时间衰减的问题。我们是借用类似地质条件的对比法来解决的。

(4)对滑动过或错落过的岩、土需考虑其强度随滑动而降低的情况,我们是用室内多次剪切试验求其残余抗剪强度,而在野外多以自然山坡为借鉴,推断其最终强度。

2. 在实际应用上:

(1)当路堤或路堑遇到基底有软层上隆时,是按照一般求基底应力的办法计算其稳定性并确定是否需采用加固措施。

(2)对破碎岩层组成的高陡斜坡地段,为迅速判断其稳定性,不可能进行繁杂冗长的基底应力计算,常简化为求计算垂直应力从垂直应力差按照不同岩土结合的情况找出不同的侧压力系数求出其间的侧向推力;或比照地基基础办法,查表估计稳定性;有时也将斜坡的一部分视作"挡墙",检查它在山坡推力作用下"墙"踵、趾的压力,与岩土实际强度相比而判断其稳定性。

例如图13为一错动过的山坡,判断这一错落体是否转化为滑坡。

已知BC面上的综合摩阻系数$f=0.3$,视$\triangle ABE$为一挡土墙,检查它在$EBCD$破碎岩体推动下A点和B点所产生的应力及其稳定性。

计算结果是:AB面需要的摩阻系数$f_1=0.373$,及$\varphi=20.5°$,A点的应力为$4.96\sim6.20\ kg/cm^2$,这对坡脚渗水潮湿的破碎岩层来说是危险的;B点的应力为$14.96\ kg/cm^2$,由于压力大,它总先于A点变形,但因BC面较完整,不易调整应力,而AB段为松散岩石,故B点对A点产生侧向推力而滑动。

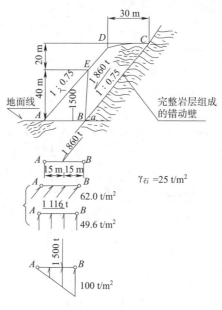

图13 错动过的山坡

第八,从工程地质比拟计算方面判断滑坡的稳定性。

这一做法是把当地大自然滑坡视作天然模型试验,经过对它们的分析,找出滑坡稳定性计算中需要的各种数据,及这些数据在一定条件下的变化范围,作为判断稳定性的依据。如滑带土的抗剪强度指标在当地的变化范围、某一位置的抗滑地段滑坡推力界限及相应强度换算为抗滑建筑物所需要的结构及大致尺寸,以便应用于设计中去。由于这些数值包括了所有影响滑动因素的综合作用,排除了人为分析的错误和有些因素目前尚无法搞清的困难,所以它是比较切合实际的。

1. 从大自然中求滑带土抗剪强度指标的范围(着重分析它所处的条件):

例如1955年××线高家坪滑坡是在切割老滑坡头部的过程中引起复活的。原先路基开挖未及路基面三分之一深度时,老滑坡就复活了。当时在旱季,我们了解到它与施工中截引山沟水至滑体上供生活之用有关,这些水已经渗入滑坡有三个月之久,随即迁走施工人员,截断该生活用水的水源,经过一段时间,滑坡又稳定了。当开挖达路基面之后,在雨季中期修明洞拟恢复支撑过程中,滑坡又滑动,将明洞仰拱及内边墙都推动了。当时明洞尚未盖顶拱。这样被迫改在滑坡平台及内侧山坡上进行减重,制止了滑动。当时从工程地质比拟计算方面向大自然找了滑带土的剪切强度指标,完成了减重设计和相应工程措施的设计。在找指标方面:

(1)从当时开挖面,恢复到第一次刚滑动的状态,认作$K=1$,反求出滑带土的c和φ值。由于它是在生活水的作用下才滑动的,该指标应接近实际。但这稳定已久的老滑坡再滑动,又破坏了已固结的滑带土结构,其c、φ值应较反算指标为低;所以第一次反算指标,应视作本工点滑带土的最大c、φ值。

(2)采用第一次滑动后稳定状态的断面,认作$K=1$,反求出滑带土的抗剪强度指标为再次滑动时的c和φ值。从消除了生活用水的作用看,它只适用在旱季条件下。

(3)最终,采用第二次滑动状态下的断面包括仰拱以上可能产生的压力,认作$K=1$,反求出滑带土的c

和 φ 值。但这一数值也不能直接应用,因它只适合当年雨季中期,滑坡尚在缓慢移动的条件下。因此必须在控制滑带水使之弱于当时状态之后,这一 c、φ 值应用在计算中才有意义。随后在分析地质资料中,找到了滑体平台后部有一地下古沟槽,它汇集地下水向滑带供水。这样在要求立即修建排截古沟槽的地下水的盲沟之后,选用接近最后一次反算的 c 和 φ 代入减重检算中完成了减重设计。

事实上,该工点当时只修建了两层减重平台,而截排地下水的盲沟因遭某专家否定而未修建;该滑坡稳定几年后又有活动,在修建了后部截水盲沟后,滑坡才全部稳定下来。

2. 从滑坡断面中的抗滑地段,找出一定条件下在该位置的滑动推力的界限。

滑坡推力大小,除用上述办法,选用滑带土可能最小的剪切强度指标求算处之外,还可以根据滑坡抗滑地段岩土的强度、断面形状或已成建筑物大小反求出它能抵抗滑动的能力,从其在当时和历史上稳定状态中说明滑坡推力的界限。这就是工程地质比拟计算中的第二步。它可核对用任何计算办法求出的滑坡推力的正确程度。

例如1966年我们用工程地质比拟计算判断西南某一滑坡的稳定性,从山坡出现环裂时的实际情况为平衡条件,找到挡墙纵横断面各处滑面位置和其上残留土体的厚度,即可得出各处的被动土压力,这就是挡墙所受的滑坡推力。我们就用之设计了抗滑挡墙。事后用正常办法,由主轴地质断面和其他断面结合化验指标(包括现场大型剪切滑带土试验)所求出的滑坡推力与之比较基本一致。工程实践后从埋于墙后土压力盒所反映压力看,实际推力出入也不大。

只要能辩证地分析找到边界条件,联系了今后可能的变化,这一部分比较切合实际(此因当时它是一切影响滑动的因素共同作用的结果)。事实上滑坡的抗滑地段在地形地貌上多数是有反映的,例如头部滑到阶地上的滑坡,在阶地上这一段本来就没有滑面;尤以有岸坎的阶地,从勘探中有时虽可发现一些滑带土,但常混于堆积物之中,多不存在有连续滑带的现象,至少可说滑带水的通道在这一段被破坏了而出现滞水现象。这样从滑到阶地上杂乱而湿润的堆积土体的形状上和其抗剪强度上可求出总的抗滑能力,它既是在阶地边缘处滑动推力的一个界限。

3. 向大自然找可供比拟计算的特征,掌握住抗滑工程的尺寸。

在滑坡范围内,尤其是滑坡出口及两侧或滑坡主轴变动的地段,常可找到一些数据,可供比拟计算工程尺寸之用。

例如1956年××线××滑坡,在设计坡脚抗滑挡墙的墙高时,我们即从斜坡未开挖前山坡是稳定的这一点出发,参照了挡墙所在位置的原地面标高及该滑坡一般滑体较薄地段的滑体厚度,而确定墙高的。当然在确定墙高时,需分析滑体密实程度、含水状态,尤其是滑带厚薄影响较大。一般滑带薄和滑体相对密实干硬的,墙可低些,而滑体与滑带均为软塑状态时,墙就要高些。

同样,从工程地质断面中,如在堆积体组成的滑坡头部能找出多次滑动面的位置,我们不但可确定在该处修建抗滑挡墙或墙高出滑带的尺寸,也可估出基础埋于土层中低于滑带的尺寸。当然这些都是极大和极小数字可供设计参考。

某些滑坡在上部是整体的在出口附近被起伏的岩土分割成几条。从这些残存的岩土或被剪断推倒的岩土中,了解它们的强度,就可以估计在当时条件下某一位置的滑坡推力和抗滑建筑物所需的尺寸。如联系到今后的变化,从对比工程建筑的强度与当地残存岩石的强度后,就能对所设计的工程尺寸判断它是否切合实际。同样道理,只要我们分析到当前条件与今后变化,直接应用当地这些可供比拟计算的岩土尺寸与强度,也可直接估出工程尺寸。这就是利用工程地质比拟计算从定量上判断滑坡稳定性的办法。

同样也可应用这一办法,对影响滑坡稳定性的其他因素及防治它们的工程提出具体数字来(而这些因素大多数是目前尚不易定量的)。

例如1956年在宝成线××滑坡,经查明当地雨水下渗时对滑动有影响,因此调查了相邻未变形部分表层土中砂黏土夹碎石的配合比、密实程度、厚度以及表面植被情形后,经过分析对比,即可提出滑动体上表层隔渗层的配合比、夯实程度、厚度以及植被措施。同时根据当地自然冲沟的发育和分布,也就找到了地面排水沟的间距和沟的尺寸以及确定了各沟均需铺砌。

总之,一般来说,在判定滑坡的稳定性时,多数是能找到比拟计算条件的,不过对一些主要因素和主要工程措施,除应仔细调查了解和尽力去找比拟条件外,更重要的是运用辩证分析的方法,将调查了解的比拟条件互相验证、互相核对、互相补充。这样对判断滑坡的稳定性或设计工程建筑物方能切合实际。

(四)一般防治滑坡工程设计所需的重点资料

为确定滑坡的性质和类型所需的资料和做法,在一般文献中均有记载,可参看我所《科学实验》1971年第2、3期。主要资料有:1/500~1/1 000滑坡工程地质、地形和地貌的平面图,1/200滑坡滑动主轴的地质剖面图,1/200横切滑动主轴的地质横断面图若干个,1/500~1/1 000滑坡位移观测图,1/500~1/1 000滑坡滑床顶面图和一些必要的滑带土化验和试验数据(在模拟该滑坡滑动状态的试验下所求出的滑带土几种不同含水量的物理力学指标)等。

当防治滑坡方案确定后,为工程措施所补充收集的一些资料是随建筑物的不同和措施的特殊性而分别收集的,并有所侧重。

促成滑坡发生发展的原因不外乎:(1)由于滑体重心的改变及其他原因使滑带土应力增大;(2)由于水和其他物理化学作用降低了滑带土的强度;(3)某些因素促使滑带土结构的破坏等。但每一滑坡的形成和发展都只有一或两种因素为主,因此设计防滑工程所需收集的资料对每一滑坡是有所侧重。以下介绍不同防治措施所需的重点资料:

1. 当以绕避滑坡为主时,如线路在滑床以下隧道通过,必须掌握整个滑床的形状和各段滑带的深度及其向下可能变化的范围(包括滑动时应力影响的深度)等资料。

2. 当以旱桥跨越滑坡体时,不宜在滑体上修筑墩台,因此着重确定桥位处滑坡可能向两侧发展的范围,以及有阻力说明桥下净空足够滑体通过。

3. 只有无向上及两侧牵引的中小型滑坡才考虑全部清除滑体,因此着重收集滑坡范围能否扩大的资料。

4. 当以力学平衡措施稳定滑坡时,需收集滑坡滑动方向的断面资料,掌握滑床及其可能变化的形状,滑带各部分的含水状态、力学强度及其变化范围,从而确定主滑、抗滑及牵引地段。经过计算了解滑坡断面上不同部分的推力,据以确定能否减重、减重的位置、范围和数量,以及支挡工程的位置、类型和结构尺寸。在支挡工程修建位置还需补充详细的地质纵剖面,标出滑床及其可能变化的高度和地质条件等。

5. 当以截排地下水为主要整治方案时,首先要摸清滑带附近水的分布、变化、补给方式和来源,以确定对策。

如以截断补给滑带的水为主,需掌握地下水的流向、补给的位置和水力联系。沿截排水工程中线位置增做地质纵、横断面图。

如以排除滑体中的地下水为主时,需掌握各部分地下水的分布范围、层次、储量,需有滑体中过湿带图和滑床顶面等高线图,以便设计地下排水网道。

如以疏干滑体下部以支撑滑体为主要方案时,需了解滑体前部持水带的宽度和深度、渗透系数和滑坡舌部横断面的形状,以便布置疏干和支撑盲沟或盲洞群。

只有当滑体下有良好的排水层(如砂卵石层),滑坡处于相对稳定状态时,才可设计垂直钻孔群排水。为此,需收集滑体渗透系数、降落漏斗和互相干扰范围等资料。

当详细地掌握了地形、地质和水文地质条件,以及滑带附近水的分布、水位和水量时,可考虑用水平钻孔排水。

6. 当以改变滑带土的力学强度为主要防治措施时,需首先掌握滑带土的各种物理力学性质,进行室内和野外加固试验,成功后才能纳入设计。

7. 对一些特殊条件下的滑坡,需收集该条件对滑坡稳定性影响的资料,在设计中予以考虑。如水库地区的滑坡,需考虑水位上升、库水岸流、波浪以及库底淤淘等对滑坡稳定性的作用。

(五)从斜坡稳定方面对山区铁路和厂矿建设的几点建议

1. 从防治滑坡的实践,体会到在山区建设中若能在铁路选线或选厂过程中从山体、边坡和坡面三方面进行斜坡稳定性的判断,正确的布置工程位置,采取相应的工程措施和施工方法,就能够避免建设过程中发生大的危害,不致发生较大的改线或影响工程布局以及防治工程的返工和失效等事件。

所谓"山体稳定性判断"即是调查建设地区的整个自然山坡(河底至山顶)有无崩塌、滑坡、错落等病害现象;它们的性质、规模、产生的条件、因素及目前所处的阶段;分析判断修建工程改变山体现有状态后,有无引起老病害复活或产生新病害的可能等,以确定对策。

所谓"山体稳定性判断",即在整个自然斜坡稳定的基础上,调查对比当地相同地质条件下的极限稳定山坡的外貌,从而大体上确定设计边坡的形式、各段的坡度和高度,以免开挖后产生堆塌。

所谓"山体稳定性判断",即在山体及边坡稳定的条件下,调查斜坡(包括堑顶以上山坡)表面的覆盖及植被情况,有无坠石、冲沟、局部坍塌、剥落和碎落等现象,从而判断边坡开挖后可能出现的坡面变形(包括山坡),以确定加固坡面的工程(如护坡等)及防止坡面变形危害的措施(如拦石墙等)。

2. 在判断建设地区斜坡的稳定性时,应先从当地岩体结构、构造体系、主要裂面的性质和地貌形态上查明斜坡的形成和演变过程,从而判断山体整体和各部分的稳定程度。然后进行对铁路一侧山坡或厂区的工程地质勘测,掌握各部分的地质情况和稳定状态。再分析铁路或厂房修建改变斜坡状态后的稳定性,确定保证稳定的措施。

3. 铁路选线常找缓山坡,而厂矿的布置常是根据工艺流程选择合适的地形,但在山区要考虑斜坡的稳定状态及保证稳定的措施,从而统一规划比较恰当。有时当移动铁路位置或变更厂房位置、局部改变工艺流程,少破坏山体稳定,更能做到安全、经济、合理,达到多快好省的要求。

4. 对大型病害的整治需要有一定数量的专业人员和机具设备,勘测和设计要有机结合,能由一个单位进行,对使设计切合实际,加快建设进展是有好处的。

以上所谈的仅是我们工作过程中的粗浅体会。由于我们对毛主席著作学习的不好,难免有缺点错误,请领导和同志们批评指正。

注:此文是1973年元月16日在天津三院地质会议上的报告。

参考资料:铁路地质路基《科学实验》第2、3期。

古里库奇镍铁矿选矿厂厂址滑坡与防治
——工程地质比拟计算办法在设计中的应用

援阿古矿选矿厂工程在1974年6月开挖基坑时,发现一条宽20~30 m的裂缝,随后发现断层,而后又发现滑动。问题发生后曾邀请在阿水电部门的中国工程地质人员协助研究,阿方又在1975年1月提出新的工程地质报告,认为主要厂房的位置不宜建设。国内根据国外现场的情况于1975年6月冶金部派遣工作组赴现场,并邀请了铁道部徐邦栋、王维彬;中国科学院时振祥、郑炳华;我部昆明院方昌武,成勘杨锡春,十九冶吴光喜同志及我院同志也参加了工作组。

古矿工作组的同志,虽然来自五湖四海,但大家一致认识到这是党所交给我们的一项政治任务,履行无产阶级国际主义应尽的义务,全组同志以阶级斗争为纲,坚持党的基本路线,认真学习了毛主席的革命外交路线和具体方针政策,在驻阿使馆党委的领导和关怀下,在现场阿方又做了大量的工程地质工作。在中阿双方的努力下,终于解决了厂址问题。

工作组的同志随即陆续回国,最后由徐邦栋和杨锡春两同志在抗滑桩基本施工完成后回国,他们在现场写了这份总报告,对整治滑坡是一份好材料。

一、工作情况

阿尔巴尼亚古里库奇镍铁矿选矿厂是我国援阿工程之一,它位于波格拉迪茨湖的西岸、古里库奇矿区滨湖一面的山坡上。整个山坡系由侏罗系超基性岩、白垩系灰岩和新第三系黏土岩组成;前者逆冲于后者之上。临湖的一面山坡,高出湖面约180 m。在高程870~750 m之间的地表倾斜约35°,750~710 m间为15°~20°,老公路以东由高程710 m至湖面高程695 m之间是由洪、坡积层及湖相沉积物组成的湖漫滩宽150~200 m。在地貌上本已反映了在高程715~735 m间为纵贯厂址南北的逆断层(走向NW25°~30°)的下盘岩石组成情况,是错落群的出口部位,而大部分厂房又建设在这一高程之间,应能事先估计到如切割其支撑是易引起滑动的。但由于当时对这一山坡病害缺乏认识,以致未采取任何措施,在1974年平整场地和开挖山坡建设厂房时,连续发生了三个滑坡。虽曾在Ⅰ号滑坡出口地段,对正在修建的上挡墙进行了加深与加厚工作,终因未考虑滑坡性质与推力而至当年雨季(11月)中滑坡再滑动将挡墙剪断一段。于是在未摸清滑坡性质进行整治稳定之前,对能否在此继续建厂没有把握,迫使工程建设暂时停止,影响了建厂速度。

1975年元月阿方在补充了大量勘探工作之后,建议将厂址北移。我国有关部门研究了阿方的工程地质资料,认为已有资料既不足以说明南厂址滑坡已达不能整治的地步以及如何整治,也不能肯定北厂址开挖后不出现滑坡。尤其是缺乏说明北厂址深部岩层稳定性的资料,如岩层产状、有无倾向湖的软弱层以及滨湖一带湖水面以下湖岸边的倾向等情况;且对北厂址基底中含煤层的分布与性质的资料,也不足以肯定必须将建筑物基础置于该层之下;缓坡地段的厂址也难免有浅层滑坡,其资料也未阐明其规模、性质和稳定性,不足以提出设防措施的设计;同时尚需进一步查清断层对工程建设的影响,还有厂区逆断层是否为发震断层的地震等问题。为此派出了工作组于1975年6月15日到达现场,与阿方人员一道为确定厂址问题而展开了工作。

当时对该厂而言,滑坡已影响了建设进度达一年之久,因为对原厂址滑坡能否及时整治稳定,需要多大工程量,已严重到有可能迁厂的程度,而迁厂又存在近迁与远迁的问题。如不能及时解决将妨害投产期限,不但可造成我国供应矿石到阿耗费巨额运费的局面,而且阿造成的政治损失将无法弥补。当时的主要问题是能否尽快确定厂址,对各个厂址包括原厂址(南厂址)防治滑坡的办法和工程量将成为方案必选的突出因素之一。这样在防治滑坡这一方面的任务与工作内容是:采取迅速而可靠的手段,尽快地对各个厂址的滑坡问题提出可靠的方案,并拿出以工程量为主的整治方案;且需对原厂址已产生的滑坡在短期内要断定对它整治的可能性计算提出部分和相应的施工图纸,同时在确定了任一厂址时,要同时包括有针对该厂址的防治工程设计图纸,才能利用选矿厂变更设计的期间将防治工程建成,为翌年5月旱季开始各厂房大规模施工创造先决条件。这样办才能符合当时中阿双方共同的呼声,将因地质工作不足所丢失的时间抢回来,使选矿厂尽快建成投产。

基于上述认识,正常的工作方法与程序是不适应要求的,因此采用了工程地质比拟办法进行这一工作。该办法是我们多年来研究滑坡的重要手段,目前尚在不断地充实过程中。它的特点是在山坡的病害工作中,使工程地质由定性向定量过度,以找到防治工程设计中各项必不可少的数据为奋斗目标。主要内容简而言之有二:

一为用于定性。它将地质体视作一个一个天然的模型试验,认为各种外力与介质以及出现的变形和其他迹象,都是有机地相联系的,且在不断变化中;如此则可从岩体的结构和外貌的变化中,找出它与当地地质病害之间的必然关系,从而找到当地各个山坡病害发展的全过程。按照这种规律,则可据之确定当地每个滑坡的性质、规模和当前所处的稳定阶段,并找出其他发生发展的条件、因素和其变化规律,从而可推断其今后发展的趋势,为防治方案和措施找到依据。

二为在防治工程设计中应用于定量。即将一个一个变形体视作天然的模型试验从中研究各个边界条件。从滑体、滑带、滑床的介质及其变化中找出其力学数据和这些数据变化的上、下限,直接引用到平衡计算中。它着重于抗滑地段各种相关数据,由于都是从同一山坡病害体中找出的数据,引用后理应切合实际,为解决在一定条件下各个部位的滑坡推力、作用点、作用方向等问题,所需工作量小,故能较快完成。

对该厂滑坡我们应用工程地质比拟办法的过程是:

1. 在抵达现场的1~2周内,就已有的地质资料做了相应的内外业工作,结合在现场工程推断的地貌演变及外部迹象弄清了厂址一带岩体结构和地质构造、水文地质条件,从而找出了当地地质是必然产生发育在错落基础上的岩石滑坡和堆积层滑坡。其规模大者在10万 m^3 左右,故认为整治它还是可能的。在对比南北厂址的条件后,获得了足以说明问题的北厂址的总体稳定性比南厂址优越的资料。还估计到如不事先处理在北厂址开挖山坡也会产生一系列的滑坡,虽然预防是可行的,但工程量并不小。对于影响厂址取舍的深层滑坡问题,经判断认为虽不存在,但为了使工作稳妥可靠和立于不败之地起见,我们仍提出了在北厂址补充12个钻孔和4个探井必不可少的勘探工作量。以证实所做的推断,并可收集设计所需的数据。经过向阿方建议后,取得阿方大力支持,于7月11日至8月底完成了这一工作,获得了可靠的定性资料,解决了北厂址所需弄清的地质问题。从而也通过勘察工作,统一了中阿双方的认识,并为建厂工作加快了速度。

2. 自7月初至8月底,通过补充勘探工作而逐步弄清的几个主要地质问题:

①从钻孔及探井中已可具体量出深灰色黏土岩不是向湖倾,而是向山里倾,其岩石结构致密、无软弱含水层及倾向湖的软弱层。逆断层的上、下盘随到转背斜和向斜出现;这些情况足以说明深层岩石是稳定的。同时对湖岸边水下地形做了测量,自湖边至湖中270 m,水深仅6 m;270~495 m湖底坡为15°,证实了湖水下无临空面,也就肯定了在这一状态下无深层滑动的可能。

②整个西侧山坡确实埋藏了一系列古岩石错落群,其出口多位于715~735 m高程一带,如不破坏其支撑地段,它是稳定的。它经过60年来曾经发生过的Ⅶ~Ⅸ度地震,也未变动。因而发现该厂址的突出特点为防治工程量的大小将取决于厂房施工及工艺要求而必须开挖的山坡深度和宽度而定。为此我们逐块研究了各块的地质条件及其稳定性,各专业同志反复研究了各个厂房的布局,务使防治工程量与工艺要求增大的工程量之和为最小。因此一旦开挖时,由于坡体长期处于挤压状态,其推力较大,则相应的预防工程量也是相当可观的。

③至于山坡地段深层黏土岩中夹煤层的问题,也从探井中证实它在断层构造作用下已不连续,煤层较薄,呈扁豆状、条带状和星点状,且基本上倾向山里,对承载力无影响,也就否定了厂房基础应深于该层之下的意见。非独设计简化,也减少了工程量。

④缓坡地段的堆积物及黄色黏土岩发育着相互毗邻的一个一个滑坡,因其厚度均在8~10 m之内,肯定是可以防治的,但也需一定工程量。

3. 当时鉴于南北厂址实际上是位于同一地貌单元长600 m的山坡上,为一场地。虽然各个厂房可以在南端集中,也可在北端集中,但联系各个车间的工艺要求确无法分割;因为在南端已经建成了一些辅助车间,势必尽可能利用,不能废弃。这样我们利用7月初至8月底勘探北厂址的空隙时间,研究了南厂址三个尚在活动中的滑坡,也应用了工程地质比拟办法从定性到定量逐渐掌握其性质、规模、危害,找出其产生滑动的条件和因素及其变化之后,进一步找到了相应的数据,通过计算提出了相当于扩大初步设计精度的施工图纸。当摸清了Ⅰ号滑坡只能在现有状态下及时整治稳定,以及不易在错落体上再开挖修建厂房之后,对大多数未建的厂房认为势必北移,已成定局。由于山体尚在恶化中,有扩大的条件,为维持滨湖一带的公用设施,也需进行整治。为此我们在8月中提出了Ⅰ号滑坡的整治工程设计图,其中主体工程为14根钢筋混凝土抗滑桩,修建于已移动的上挡墙前。并在图纸中申明由于地质资料不足,将根据各桩坑开挖情况,而逐个调整各个设计细节。具体做法是按各个桩位的实际地层强度、按其稳定条件,比拟计算在8度地震下的推力,并按每个桩位实际的滑带部位、滑动方向,根据滑床条件估计其变化而确定推力的作用点与方向,同时根据桩前后围岩的强度与性质确定切合实际的计算桩内外力的方法,从而调整桩长及截面布筋。阿方研究后同意这一建议,于8月底开始施工到12月底顺利完成,我们也配合施工逐桩调整了设计。

4. 8月到9月经过对厂址各个方案的比选后,从造价、工期和与采矿工艺的协调,以及国内设备订货等方面的综合比选,以充分利用厂址南端,以及北厂址有利的地质条件作为厂址已成定局。为争取建设进度,并便于阿方定案,一面为厂房施工设计需要增加一些浅孔,一面用工程地质比拟计算办法对所确定的厂房位置必须开挖的深度做预防滑动工程的设计。我们于粗碎车间及山侧的古岩石错落群出口一带,分别提出8根及12根钢筋混凝土抗滑桩,其精度相当于扩大初步设计的图纸;同时对Ⅸ号滑坡也相应做了10根钢筋混凝土抗滑桩的设计图纸,认为只有这样在稳定山坡下部的条件下,才能稳定整个山坡的上部。经过上述工作,于9月末向阿方提出了确定北厂址的方案中包括了相应的防治工程施工图纸。

5. 阿方接到我们北厂址的建厂建议后,因为防治工程量落实了,经过反复比选后,于11月同意了我们的建议,并于1976年初对各排抗滑桩组织施工。也同意了边施工边调整设计的办法,以促进整个建厂进度的加快。在阿方大力支持下,现在北厂址的主体工程——30个抗滑桩的施工图已分别调整完。粗碎车间的8根深达26~27 m的桩已于4月底竣工。中细碎车间的桩及Ⅸ号滑坡的桩已完成将半,估计5月底可全部竣工。因而就达到了为各厂房施工设计创造条件和大开挖施工的目的。

从44根桩坑实挖情况来看,用工程地质比拟办法对滑坡定性是符合实际的,从而保证了防治工程各项措施的正确性,没有发生需要变更方案和主要措施的问题。用这种办法提出的设计数据,由于桩的截面和配筋有灵活性,说明它能满足钢筋混凝土抗滑桩防治滑坡工程的需要。而且它可使各桩设计调整到基本上都切合实际。各桩开挖后的岩土实际强度与性质,即可通过调整桩长来解决;各桩截面的布筋也能适应各桩所受推力的大小、偏斜度以及作用点的高低有区别等。按照正常办法,这些工作一般是不易办到的,因为事先不可能取得如此丰富、细致、准确而具体的地质资料,也就无法逐桩进行计算的。同时由于掌握了足够的桩位地质条件及抗力大小为根据,因此可避免正常办法由滑坡后缘计算到前部桩位,产生的因人为条件对各项性质、数据、指标,由于认识不到或错误所造成的计算不当而产生的设计不当。我们通过这次工作,认为对工程地质比拟办法的内容又进一步充实了。特别是对尚未变形的滑坡如何计算其推力方面,以及当前山坡的稳定系数与滑带土试验指标之间的相对关系,使工程地质工作由定性向定量方面迈进一步。

二、厂址滑坡的类型、性质和特点

产生于岩体中的崩塌、错落和滑坡,总是与其受构造作用所形成的裂面组合密切相关;具有软、硬两者不同岩性为介质组成的山坡,其地貌演变无不受两者分布条件所限制。在一定的构造与岩性的分布格局控制下,各部分岩土结构的完整程度及其格局是与之相适应的;从而地表水与地下水及其他自然应力的作用与变化受其制约,也使岩土必然产生相应类型、性质、规模和特点的变形现象。在不同地区类似的构造格局和岩性分布,常产生同一性质的山坡病害,只是在程度上、规模上和时间上有区别而已。这一认识是我们多年来从事实际研究工作所发现的,古里库奇选矿厂厂址滑坡也不例外,当地地质构造与所产生的病害还是有必然的关系。

波格拉迪茨以北沿湖一带的外貌是符合当地构造格局的。它位于什库宾向斜的东翼,主构造线为 NNW—SSE。波格拉迪茨湖为 NNW 及 NEE 两大构造线交汇地带的断陷湖。根据阿方介绍自渐新世以来直到目前,差异运动十分显著。该湖下降 500 m,东岸上升达 2 000 m,而西岸只上升 1 000 m。这样滨湖一带的斜坡发育是脱离不了一个个在沿湖倾向湖的张性断裂所生成的构造错落的断块这一基础的。从客观上我们已见:横切滨湖西岸一带山坡呈阶梯状;白垩纪灰岩与侏罗纪超基性岩间隔出现;往往在糜棱化的超基性岩之上的灰岩或超基性岩则十分破碎,呈碎块状;以及在湖岸为缓坡地段则见新三纪黏土岩位于超基性岩之下等。顺山坡走向则见:向湖排泄的河沟基本上是平行的,走向 NEE 为主或 NE,沟两岸岩石一般多错开不连续;两沟之间的山坡或为陡岸突出,或为缓坡凹入,基本一致;湖岸突出直到湖边者,为灰岩或超基性岩陡坡,而凹入平缓开阔者是黏土岩分布的地段等。这一地貌景观,反映了当地 NEE 主应力作用下的构造格局和受黏土岩分布的影响已十分清晰了。除近波格拉迪茨北端由第三纪砾岩组成的山坡有岩石错落外,沿岸由超基性岩或后缘组成的陡坡上部多是似刀切过的平顺三角岩面,岩石基本完整,下部为石块组成的坡积裙或裸露基岩,山坡基本是稳定的,只不过在湖边有些崩落岩块而已。但沿湖滨平缓开阔的地段则景观迥然不同,自湖岸到平顺陡坡三角岩面之间,一般宽 200～400 m,有的近千米,常分三段:近湖为平坦的湖漫滩;中间是 10°～20°由洪坡积物或风化松散黏土岩组成的缓坡地带;近山一段为以破碎超基性岩或灰岩为主,表面堆积了一层不厚的碎石含黏性土的坡积物,临近坡脚为结构面发育已风化破碎的黏土岩等所组成,倾斜为 15°～25°的斜坡。缓坡地带地形虽缓但起伏不一,冲沟不深而不规则,水泉、湿地发育,呈带状分布等;它实际上已反映出了岩土松散,曾经产生过多次、多级、多个浅层滑坡群之后遗留下来的典型外貌。从起伏情况、冲沟深浅和地表平顺状况,以及水泉状况来看,是不难推断其活动历史并不久远,为人们所易于辨认。至于近山斜坡地带,首先可见到山坡陡缓交界处,在高程上顺山坡基本类似,其一定倾斜并不一定顺一个方向;其次这一分界带在平面上向湖并不整齐,而是犬牙交错。顺山坡走向可明显地划分为一个个穹窿体,与向湖突出的一个个垅相衔接,冲沟就反映在这衔接处,基本上穹窿体的走向随后山三角面转折。三角岩面大者穹窿体大或为数个,横切山坡方向常有一至数级台阶,但穹窿体的顶部平缓地段和台阶的高程并不齐一,且在坡脚常见线状水泉流出等。有一定经验的地质人员是可以一眼判断在三角岩面以外曾经产生过岩石错落群或发育在错落基础上的滑坡群。每一三角岩面下有一性质类似的错落群,每一台阶上下相对错落了一块。从穹窿体的外貌形状、组成岩石的密实程度以及评价水泉的性质,也是可以判断其稳定状态的。我们综观了这些坡脚分界带,调查了与之相应高程的沟谷洪积阶地组成的物质等,发现沿湖洪积阶地只少了两级,这坡脚分界带即是山坡岩石错落或滑坡的出口部位,位于高级阶地上,可充分说明它们产生的年代久远。再经过对老居民的访问,60 年来,曾产生过Ⅷ～Ⅸ度地震,未闻山坡有何大变动,也就肯定如不破坏当前的条件,它是足够稳定的。

基于勘察产生如上认识,当地岩体结构是与构造格局和黏土岩分布密切相适应的。在滨湖缓而开阔的地带,其岩土松散、软弱、潮湿是以亚黏土为主组成的堆积物或已风化的黏土岩,已产生浅层滑坡群;而露出的黏土岩为下盘(逆断层)的地段,上盘超基性岩或灰岩是破碎的,也曾产生过古错落群及在这一基础上发育的滑坡群。厂址地段就是滨湖一带露出黄色黏土岩的缓山坡开阔地段,也产生了如上述地质条件所必然发育的山坡病害。

至于厂址滑坡的类型、性质和特点,如前述所处的地质条件不同而异,基本上分两大类:一为近山的以岩石错落为基础的滑坡;一为位于缓坡地带的堆积层滑坡或黄色黏土岩沿深灰色黏土岩接触带的岩层滑坡。彼此共同之点为发育基础在同一构造格局下,它们的相异处为岩性不同。分述如后。

(一)厂址滑坡概况

厂址所在山坡位于波格拉迪茨湖之西(图1)介于瓦利列扎维与基舍什两冲沟之间,南北长约 600 m,东西宽近 400 m,高差在高程 780～710 m 之间,面积 24 万 m²。产生了尚在活动的滑坡三个,稳定不久的滑坡一个,并暗藏了曾经错落过早就稳定的错落体多处(可能是 7 处)。大体上以高程 720～730 m 为界在逆断层线以西斜坡地段为古错落群的分布区,以东缓坡地段为堆积层滑坡及黏土岩浅层滑坡发育区。由南而北为:

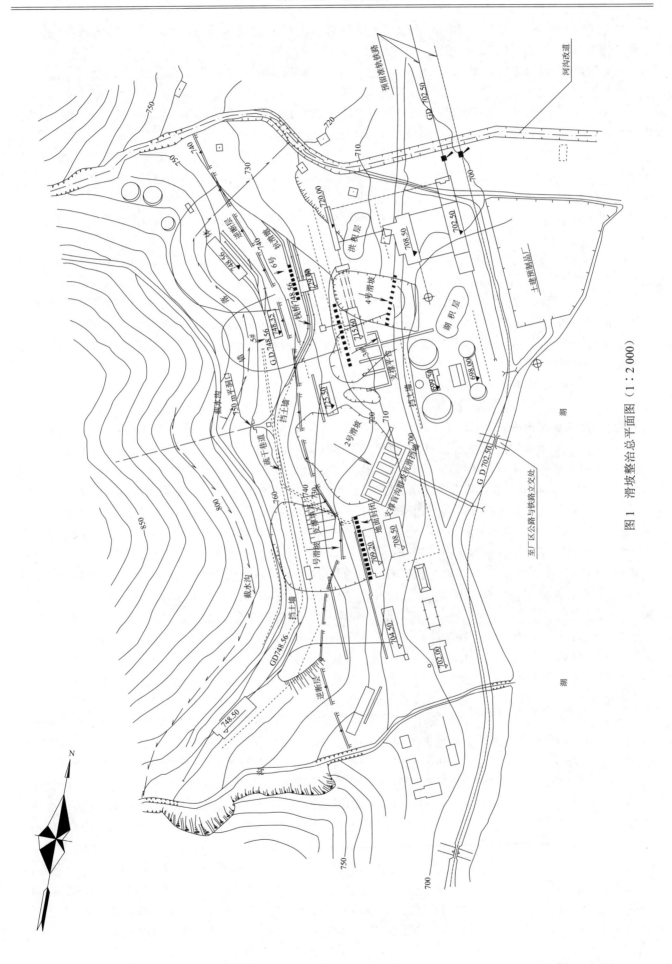

图 1 滑坡整治总平面图（1∶2 000）

1. 锻铆焊车间靠山侧的Ⅰ号滑坡，系发育在岩石错落基础上的滑坡，尚在活动，已变形面积达960 m²，体积7万余 m³。南北横宽70 m，东西滑坡纵长100 m，高差达70 m。

2. 化验室南侧的Ⅱ号滑坡为堆积层滑坡，已发育到基岩顶，尚在活动，其变形面积约10 000 m²，宽80余米，顺滑坡方向长约130 m，厚10~17 m，高差不大，仅20~30 m，体积近8万 m³。

3. 化验室北侧的Ⅲ号浅层塑性滑坡，还在沿基岩顶面滑动中。原滑体仅厚3~5 m，现因滑动中下部已堆厚达10余米。变形体宽40 m，沿滑动方向长80 m，面积3 200 m²，已动的体积1.5万 m³。

4. 中细碎车间东北侧为Ⅳ号黏土岩滑坡，直达老公路下挡墙之下。底层是发育在错落基础上沿深灰色黏土岩顶面滑动的滑坡，已经稳定较久；上层为堆积层沿黄色黏土岩顶面滑动的稳定不久的滑坡。横宽50余米，顺滑动方向长约100 m，厚7~8 m，其体积近4万 m³。

5. 在Ⅲ号和Ⅳ号滑坡的后山侧暗藏了一块已稳定的Ⅴ号古岩石错落体，宽70 m，顺错落方向长百余米，曾经变形的面积约7 000 m²，体积约达7万 m³，其后缘至出口高差近50 m。

6. 粗碎车间及其以北的山坡上整个三角岩面以外，为一较大的Ⅵ号古岩石错落体，宽120~130 m，沿错落方向长将近150 m，体积可达10 m³。

7. 在Ⅴ号及Ⅵ号古错落体之间，山坡突出处，在开挖粗碎车间山侧抗滑桩时，中方认识到还存在单独一块较小的岩石错落体，其错落方向为NE55°~60°，在Ⅵ号错落体范围之内，其活动历史晚于Ⅴ号及Ⅳ号。

Ⅰ、Ⅴ、Ⅵ号为近山地段古岩石错落体或其基础上发育的滑坡；Ⅱ、Ⅲ、Ⅳ号为发生在缓坡地带的堆积层或浅层黏土岩滑坡。

(二) 厂址地质条件与滑坡间的必然关系

纵贯厂区的主逆断层为NW25°~30°/SW50°~60°，将超基性岩和灰岩逆冲于黏土岩之上。上盘岩石为白垩纪灰岩、侏罗纪橄榄岩和蛇纹岩，其间有不厚的底砾岩（粒径2~3 cm，母岩为石英岩）下盘为新第三纪黏土岩组，由下而上为黄色的黏土岩、粉砂岩、砂岩、砂砾岩（砾石直径较小）；蓝色黏土岩与灰色黏土岩互层，而蓝色黏土岩中含条带状褐煤；蓝色砂岩、砂砾岩；深灰色具动物化石的含粉砂质的黏土岩、砂岩、砂砾岩（砾石直径达15 cm，母岩为石英岩或其他变质岩）；含煤地层及灰色粉砂岩。在厂址北端及沟的南坡见到属上盘岩石的灰岩、底砾岩及矿床倒转于超基性岩之下，就意识到该逆断层在岩石倒转的条件下生成，事后经探井及钻孔证实了这一推断。例如750平洞以北各站钻孔揭露上盘灰岩与下盘黏土岩为断层接触，灰岩之上才是超基性岩；下盘的底层深灰色砾岩（砾石直径达15 cm），在临近断层带及湖边都遇到，说明上盘为倒转背斜，下盘系倒转向斜。同样根据上盘岩石裂面的组合，经野外量测为以NW25°~30°/SW50°构造体系的压性裂面，非独有张性NE70°~60°/直立、NW25°/NE50°两组和压扭NW80°~90°/NE65°~90°、NE40°~50°/SE60°两组，还有张扭NW50°~55°/NE60°、NE0°~5°/NW50°两组也发育，足以证明位于背斜轴现象。至于在下盘黏土岩中，从几十个桩坑中表现得更为明显，压扭NW80°/NE65°及NE45°/SE65°两组十分发育，未见有张扭裂面，以及深灰色砂砾岩中砾石的破劈理切割现象，说明其于向斜部位，应无疑问。

弄清了这一横切山坡的构造性质，山坡上部为逆断层，上盘为倒转背斜轴部位，组成的岩石虽是坚硬的超基性岩和灰岩，但破碎和易于错开也就是必然现象了。由于张性和张扭性发育系构造现象，将深入地下，并非表面现象，因而必然导致地表水易于下渗，尤其是当地雨季和每年冬季易于积雪，虽雪量不大，由地表水转化为地下水还是容易的。在下盘为黏土岩的条件下，断层及岩层层面倾向山里，下盘属挤压密闭性质的，因此西侧山坡的地下水就不易向湖排泄，成为良好的储水构造。它必然长期侵润断层带出口高程以下的松弛岩石，经常在压头下沿支断层NEE张裂隙及倾向湖的NNW走向的裂面渗透。所以虽在旱季我们仍能见到715~735 m高程一带泉水渗出，它使受断层影响本已松弛的黏土岩在裂隙水作用下更加软化。由于该类浅海相黏土岩和粉砂岩所含矿物成分的关系，有受水软化的特点，因此其强度必然是逐年降低。从外貌演变上看，自从湖面下降以来，在形成临空面的过程中临近断层带的黏土岩失却侧向支撑后，必然逐渐增加来自山坡上部沿张性裂面产生的荷载，在构造错落的断块基础上产生重力错落，所以当地地貌是阶梯状、穹窿状，下部黏土岩正因为错落而产生起伏揉皱的带，致使地下水集中储存，它受水软化后强度衰减至不能支撑自身的荷重时，变形现象就必然转化为滑坡，使上部错落体随之移动更远，山坡的穹窿体转变成长条舌状，形成当前的缓坡地带和起伏不平的外貌。我们在近山斜坡错落出口一带的桩坑中见到的滑带具有起伏揉皱现象，这就是当地滑坡发育在错落基础上的一大特点。同样在缓坡地带Ⅳ号滑坡的桩坑中还见到深灰色黏土岩与风化松散的黄色黏土岩之间有一几米厚的黄灰混杂的如土状的黏土岩,它实际上是古错落带再受重压后的重塑现象。并非黄灰混杂沉积的原生黏土岩。

各个岩石错落体或由错落过度为岩石滑坡者,其滑动方向与背山三角面的走向基本上垂直也是一大特点。因为背山三角岩面是沿 NNW 张性裂面发育的,主要荷重来自 NEE,必然挤压下部同一配套裂面,走向 NNW 倾向湖的缓倾角压性裂面发育,向 NE 滑动。例如Ⅰ号滑坡及粗碎车间北端山侧从桩坑中见到滑痕指向就是 NEE。而背山三角岩面 NNE 张扭面者,其错落底面的走向为 NNW,滑动指向 NEE 或受 NNW 来力的影响,其活动指向 SEE,中细碎车间山侧桩坑中见到多数滑痕指向 SEE。同样在缓坡地带发育的滑坡,原为错落转化者,在深灰色黏土岩的顶面见滑痕指向 NEE;然后再发育成堆积层滑坡时就沿剥蚀面方向移动了。例如Ⅳ号滑坡堆积层下的滑痕指向 SEE,而深灰色黏土岩顶面的滑痕指向 NEE。在Ⅱ~Ⅲ号堆积层滑坡之间,有一由黄色砂砾岩组成的间脊,间脊走向为 NW80°,而西侧为黏土岩或粉砂岩,因其易于剥蚀,所以Ⅱ号滑坡向东滑动,而Ⅲ号滑坡的滑动指向却是 NE75°。当然剥蚀面也受张性构造面 NEE 及压扭面 EW 或支断层的影响,只不过岩性差异的表现更为突出。

在水文地质条件下的厂址滑坡特点。其在岩石错落基础上滑动的,上盘岩石张性裂面易于使地表水直接渗至滑床顶面,而下盘错落底面或滑面则为黏土岩不易透水,在层间及裂面以压性为主且基本上倾向山里,则难于形成含水层,只能是裂隙过水,无成层水,地下水必然是作线状流动,使较厚的滑带土处于可塑—硬塑状态,当滑动时因滑面贯通,可以有薄层的含水层使滑带土达软塑状态。这种性质也就使防治工程着重于增加支撑地段的抗力为主,力求抗力够,使贯通的滑面逐步消失,而消灭此薄层的含水层,从而导致永久稳定。在这一基本措施上适当地配合疏干工程减少长年累月向滑体及滑床供水,以保证推力不增大及赖以支撑的持力层岩石强度不衰减,即是保证桩的稳定条件。同样这类发育在构造错落断块上的病害,受构造格局的作用,前部削弱支撑,后山将逐步松弛,易于沿已有的张性裂面继续下错,因有发展条件,故不能采用清除现有动体的办法来求得稳定。否则后山坡将逐步失稳,使病害扩大,这也是当地地质条件与这类滑坡间的必然关系。

缓坡地段的堆积层滑坡及黄色风化松散岩层的滑坡,其地下水或由支断层经砂岩集中后自滑床向上补给,或由后山越过断层出口沿基岩顶面流动。滑床在一定深度为相对隔水层,滑带就是含水层,浸水软化前后的滑带土可使其强度相差数倍之巨,水是沿剥蚀深槽向湖排泄的滑动方向与之一致。因此防治办法必须以疏截滑带水为主,支撑工程为辅了。本来其滑动的体积有限完全可以将滑体清除了事,但从当地山坡总的稳定性看,它又是错落岩体的前缘支撑部分,在历史时间上它发挥了制约山坡的作用,在未弄清每块作用前,就不能采取一清了事的办法。同时它是发育在黄色黏土岩自山坡上部由错而滑至湖的地质条件上的,虽说黄色黏土岩沿深灰色黏土岩顶面的滑动已稳定,但改变了地下水补给关系,曾经移动过的老滑带(黄、灰混杂的黏土岩)一旦浸水,也能复活,这就是它们在同一构造格局下与当地地质条件间的又一必然关系。

黄色黏土岩本是新第三纪岩层的顶层,在厂址外沟以北可以查明其真实层次。目前在厂址南北端的山坡上部,可能有些是原生的,未错落滑动过,不过其产状与底层深灰色黏土岩不一致者,尤其是在山坡的中、下部,黄、灰色黏土岩接触带是倾向湖的,基本都是在地质历史上由山坡上部错落及滑动而下的;但岩石完整未风化者,如Ⅱ号滑坡临湖一面的滑床部位,就不能如此肯定了。同样在湖漫滩也有水平层的黄色黏土岩,其中含少量超基性岩和灰岩碎块,充分说明它是第四纪再沉积的,也是原生的、稳定的,不能混为一谈。正因为湖漫滩经过湖相再沉积作用,所以它无滑动的可能。

从厂址总的地质条件看,北厂址北端沟口有叠置的洪积扇,其高级洪积阶地的高程在 715~735 m 之间,对厂址北端山坡起到了保护作用,而厂址中部Ⅱ号滑坡出口部位也有一高程 710 m 的含湖煤的湖阶地,这一高程也是Ⅰ号滑坡的出口部位。它说明这一近山山坡的错落和滑坡与湖的下陷阶段也是相适应的,也是当地地质条件与滑坡的必然关系之一。正因为有古洪积阶地的保护,才形成当前山坡南端凹入北端突出的特点。这一发展趋势,由于目前新洪积扇仍然是山坡北端沟口巨大,而山坡南端则无,北厂址的稳定性将继续大于南厂址是毫无疑问的。将未建厂房集中于北端,从山坡病害的发展来看,也是正确的。

三、工程地质比拟计算办法在整治 I 号滑坡中的应用

如前述当地地质条件必然产生发育在古错落基础上的 I 号滑坡,稳定它以在出口地带增加抗力,疏干来自后山补给的地下水为辅。但具体安排这一措施时,缺乏该滑坡各种主要基础资料,如:滑坡地形地质图、滑床顶板图、滑坡轴向横断面图、滑带土的试验指标以及滑床岩石的物理力学强度等。按正规办法需勘探、测绘和自滑坡的滑带土中取样化验,然后才能安排方案进行设计提出图纸,再行施工。光搜集资料到设计图纸,一般需 3~6 个月。而当时离雨季仅 3 各多月,即便在旱季该滑坡前缘的上挡墙前,厂房钢筋混凝土柱上所产生的横向张裂隙仍在发展。它反映了滑坡处于滑动阶段,如至雨季难于保证滑坡不恶化。由于后山有扩展条件,早治工程量小。从 1974 年 11 月的滑动来看,抗滑工程能于当年雨季中基本建成才可满足要求。如进行勘探后再设计施工,已来不及了。我们用工程地质比拟办法于一个月之内提出图纸,8 月底开工,年底完成主体工程 14 根钢筋混凝土抗滑桩。实践证明,它确保了锻铆焊厂房,使厂址山坡的南端滨湖一带可继续建设,达到了预期目的。用该办法可分三步:

(1)定性:视该滑坡为一自然模型模拟实验,从分析变形过程中,找出各种条件下的稳定关系。一般需先测出 1:500 的概略地形图,将各种迹象标定于图上,求出数据。同时在滑坡出口一带取滑体、滑床和形成滑带的同类土做不同含水量的多次剪抗剪强度实验,为平衡计算用。

(2)定量:按照工程地质比拟办法做出轴向地质断面图,找出各种稳定条件下的数据,将之比拟算出地震条件下在桩位的推力,据以设计钢筋混凝土抗滑桩。只要其精度可达扩大初步设计要求,按其施工后,不致改变整治方案,主要措施的尺寸,就满足要求了。

(3)配合施工调整图纸细节。随桩坑开挖逐步掌握每桩地质情况及施工中滑坡相应的变化等,调整每桩的推力和抗力,从而调整图纸细节,使之切合实际。实际上在本工点每桩挖穿滑带后 2~3 天以内也就肯定了桩长和计算出各截面的布筋图,并未妨害工程进度计划。

(一)滑坡的定性与整治方案

1. 平面范围及其可能的变动与整治方案

该滑坡在平面上的范围(图2),事先在现场实地标定了分界点之后,再测至地形图上。其南界(由下而上)自锻铆焊车间上挡墙南端被撕断点开始,经半坡挡墙被推开处,沿残存的地裂缝,过电机车道而至高程 770 m 的上公路。因地裂缝迹象清晰,变形范围不难圈定。至于老错落范围及能否向南扩展的问题,也因地裂缝以外的岩石为较完整的黏土岩,非破碎的超基性岩,岩相不同,或同一岩石的产状与结构不一致有明显区别,故可断定以往错落并未逾越这一界限,今后也不易向南扩展。

在公路路面上,则见 1974 年下陷后残留在地形上的凹陷现象。下陷带微弯曲,其中段平行于下方电机车道的西侧堑坡中错壁已暴露的一部分,非独走向一致,而沿在同一坡线上,它反映了错壁以外的岩土先下滑再引起公路下陷的。这样既圈定已变动的范围,又找到后缘下错面的走向与倾斜度。因见公路以西堑坡上组成的岩石十分破碎且松弛,乃追踪至高程 790 m 之后始见岩石裂面密闭,找到了当时后山岩体已松动的界限。从构造与结构一致看,如前部继续滑动,将不断向后扩展,因此该山坡只有在现存形态上进行整治,不易在动体上再来削方,否则安全无保障。如先建同样抗力的钢筋混凝土抗滑桩于动体,然后再在桩前挖坡,非独动体的悬臂厚达十数米,推力大,工程量大,而持力层却是破碎带超基性岩,在安全上不可靠。因之由于机电车道挖坡受限制,其下方坡脚悬空,只能占用原粗碎车间平台的空间填渣支撑。同时以动体岩石为基础,将之整治沉实挤紧是需要时间的,而粗碎车间在工艺要求上比地下工程深,又有动荷载,与之不相适应。按此缘由,则尚未建设的粗碎车间势必迁离 I 号滑体,为此将厂房集中于北厂址,遂成为必要了。

至于北界(由上而下)除在公路的下方斜坡上有一向下延伸的约十余米的羽状新生的地裂缝之外,直至 II 号滑坡无明显变形迹象,只是车间平台北缘见有水泉渗出,认定它是 I、II 号滑坡的分界,所以出水。它大体上符合地貌形态,位于 II 号滑坡前缘突出坨 II 号和 I 号滑坡凹入的衔接地带。上述各种现象是符合当地病害性质的,因为 II 号滑坡滑动方向偏南东,I 号滑坡偏北东,该处应为两滑坡前端交汇的地带,在受挤条件下自无张、剪裂缝产生。事后从桩坑 13 号及 14 号找到了 I、II 号滑坡各自的滑面,即证实了这一判断。从某种意义而言,在这一部位两滑坡是相互支撑的,因而将抗滑桩排伸入 II 号滑坡是比拟实地情况的。

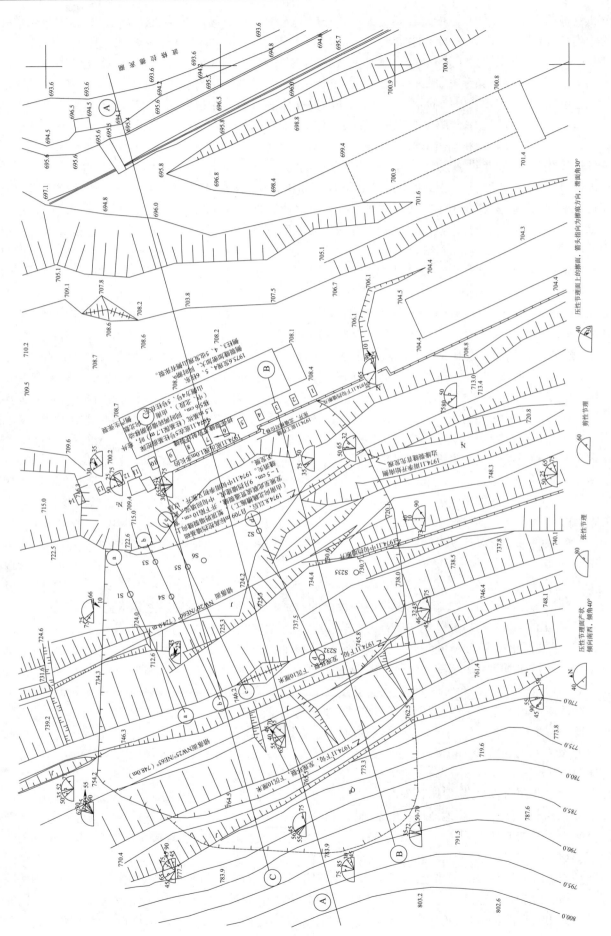

图 2　I 号滑坡工程地质平面图

分析到前缘地带是比较复杂的。古错落面不止一层深入于车间平台之下,从地貌而言,高程 710 m 系湖阶地为一出口部位;至少高程 695 m 湖漫滩也是一级出口。工程地质比拟办法是从岩体结构上分析其稳定性的,因在车间平台以东勘察了岩土状态,它是密实的,地貌平顺,可判断湖漫滩这一级错落出口早已死去,只要不切割原地岩土是不必计算,保证稳定的。但平台西端临近挡墙一带的岩土则松软、裂隙充水;厂房钢筋混凝土柱有横向裂缝多组,山侧的东面张裂,湖侧的西面张裂。两者足以说明墙前一带岩土已在吃力,其范围已超过山侧柱排,而受力已到经受不住的界限,直至柱排线,即在岩土裂隙充水一带;此因当地地质条件已如前述,后山为储水构造,在黏土岩层面及裂面均倾向山里处于压性密闭状态下,基本上是隔水的,只有在受压破坏产生松弛(放射状纵裂)之后,地下水才能逐渐呈脉状渗透而来。因此可判断挡墙移动,墙下已产生新滑面,沿坡是处于墙后岩土的被动土压不断支撑下而维持平衡的。1974 年 11 月墙移动后滑动逐渐减弱,当时的推力自比旱季为大,但旱季之时岩土强度因松弛而逐日衰减,故滑坡仍在微动。如不处理,一旦在雨季中、后期地下水丰沛之时,以及黏土岩浸湿时间较久之后,滑坡能不恶化吗?在此以黏土岩组成的古错落体为滑床的条件下,滑面向下发展也是必然的。它随岩土受力状态、受力后的破坏程度、导致裂隙水集中三者变化的情况而变化。此其所以施工上挡墙时,本已将全部墙基加深埋于滑面(高程 708 m)之下已达 2 m 之深,而墙还是整个移动之由。据介绍墙前一段平台曾出现挤涨裂缝,是除墙前岩土地面松软地形不平外,厂房西侧砖墙相应的中段与北段尚可看出向湖移动后的痕迹,使墙不在一条直线上。这样墙被切开的一段,墙的抗滑力及墙前岩土的被动土压之和,可作为 1974 年 11 月时在墙位线上的滑坡推力,稳定系数为 0.95 左右(经验数据),作为供比拟计算的边界条件。同样了解到当前滑面深度及此时已松弛岩土的强度求其抗力,可作为旱季时墙位线滑坡推力的界线,因尚在微动,其稳定系数略小于 1。如前述此地山坡 60 年来虽经Ⅷ~Ⅸ度地震,各古岩石错落并未变动,故恢复到未开挖车间平台之前,找出墙位线附近滑体的厚度及原始岩土的密实状态下的强度,也可求出一抗力,它可视做地震条件下滑坡推力的界限。当然尚有几个未知数需进一步比拟条件:一为 60 年来后山地下水对其强度削弱的作用;二为对Ⅷ~Ⅸ度地震作用下盈余的稳定系数。

正因为当地地质条件使该滑坡具有滑舌深度能变动这一大特点,一般加深墙基后仍不能保证不变形;相适应的措施,按十年来整治其他工点的效果看,在墙前修钢筋混凝土抗滑桩排为宜。因桩埋入滑面以下很深,可传递推力至深层,它能调整桩周应力有灵活性,在结构上有此优点。同时我们可随桩坑开挖情况及时调整桩长及截面布筋,以适应岩土结构的变化。其次桩施工中破坏墙前岩土少,经验证明常在滑坡处于微动状态中仍可建成。此其所以建议采用钢筋混凝土抗滑桩排于挡墙前为整治Ⅰ号滑坡的主体工程之由,它切合这一工点的实际情况。

2. 轴向断面与边界条件

滑坡主轴的部位与移动方向是从地貌形态中找出的,再与变形迹象相核对。上述电机车道堑边上大错落为Ⅰ号滑坡当前滑动体的后缘错壁,其走向为 NW25°,因而滑坡后部大体上移动方向是指向 NE65°;但从南端的坡挡墙开裂处的断缝和车间平台上挡墙的南端断裂中,量得断缝走向均为 NE80°,看来滑坡在中、前部的移动方向是指向 NE80°。按其部位绘于图上,也反映了Ⅰ号滑坡北界与Ⅱ号滑坡相交是受挤压段,同样得出无裂缝出口于前述分析一致的结论。再自车间平台上厂房钢筋混凝土柱变形的中点,与在高程 770 m 公路上后缘凹陷的顶点连成一线,测出图上 A-A 线,即是当前变形体的主轴,它指向 NE75°。这一轴线刚好是地貌形态上滑坡的脊背,符合一般滑坡具反置地形这一规律。随后再测出轴线与南、北边界间与平行的、居中的 B-B 及 C-C 与轴线 A-A 三断面,为平衡滑坡推力用。事后在各槽坑中所量得的滑痕指向为 NE75°~80°,同样如以往经验,也证明用这一办法总是可以求得基本上准确的滑坡轴线和滑动方向。

按滑坡轴向断面,确定各段滑床顶面的部位,正常办法是在轴线上勘探,直接从岩心或探井中找出滑带,标于图上,因而需要时间。工程地质比拟办法,除尽量应用露头与已有资料外,着重分析地质构造与地貌形态才能判断无误。如前分析,Ⅰ号滑坡系发育在岩石错落基础之上的滑体,以超基性岩为主,出口在黏土岩之中,因此分两段分析其与构造、岩性间的必然关系。

在坚硬岩石中后缘和分级的错落滑动面,只能是依附倾向临空面的、倾角较陡的一组张性或剪性构造裂面发育生成。一般它是贯通的、具区域性的,尤其是发育在构造错落断块上的重力错落或滑坡,常是一致的。厂址Ⅰ号滑坡更有典型性(山坡走向与主构造线一致为 NNW,临空面向东),我们沿滑坡轴线一眼就看到在高程724 m平台上及高程750 m电机车道的后壁又经剥落的两大岩壁，它由超基性岩张性裂面组成（图2），产状为NW25°/NE60°~65°，将滑坡分为两级。实测1974年在山坡上产生地裂缝的部位之后，该两壁的顶、底均被同一条贯通的地裂缝通过，这就证明了以其分级的正确性。同时也在高程724 m平台的中部，找到1974年挖上挡墙基础时，堑坡上最先贯通的一条地裂缝恰好通过剥露出一NNW正断层的坑槽。从变形过程看，它可为挡墙施工期一个平衡的边界条件。该地裂缝自从1974年冬后山坡出现纵裂后，即逐渐密合消失。系从独自滑动已转化为大滑坡的受挤压地带了。至于西侧高于高程750 m的山坡，就构造格局而言，必然还有与之平行、同一性质的构造裂面。但从地貌形态上看，未见有明显的相对错落过的台坎，且如前述在高程790 m以上无岩石变动迹象等，也反映了它无推力作用于现滑体。在采用以维持山坡现状为整治原则的前提下，就无需考虑上公路以西稳定岩石对滑坡的作用。此为比拟计算的一大边界条件。由于1974年冬后缘裂缝出现的前后，半坡挡墙与车间平台上挡墙先后断开和移动，滑坡已形成一个整体，故推力计算应按整个变形范围以内的岩土全部考虑，也是边界条件之一。

找出滑坡的底面是比拟的关键，既无时间勘探寻求，工程地质比拟办法在对地质条件做过细的分析。在超基性岩中底部错落带或滑带只能依法于断层糜棱带而发育生成。其强度则随水的浸润与风化而降低，虽倾角平缓，仍不能保证自身稳定；否则过陡的裂面则产生崩塌现象。按NNW/SW50°为构造体系分析，就有可能在一组不十分发育的压性断层或裂面NWW/SW20°~25°。因至厂址山坡上勘察，终于在高程750 m的平洞中找到了以NNW/SW50°为构造体系的整个配套裂面组的各种裂面。其中NNW/NE50°~70°一组张性裂面，虽数量不多，但它切断了所有与之相交的裂面，证实了后缘裂面的性质与判断一致；也确有一组NW40°/NE24°压性裂面，将之换算到轴向断面倾角为22.5°，至此在超基性岩中底面的倾向与倾角就大体上肯定了。再从已有钻孔岩心记录中，分出颗粒组成与尺寸在5 mm之内的一段视作糜棱带，按上述倾斜上下联线采用合理者，即是判断的底面之一。事后在该错落体补钻No.235，投影至d-d地质断面上，实际糜棱带的部位与上述所推断者基本符合，从而证明用分析构造格局的办法找底滑面还是可行的。

在黏土岩中底部滑带的性质，同样可按NNW/SW50°构造体系分析找出。它位于逆断层下盘，受力性质不同于上盘，应有一组NNW/NE5°~10°压性裂面为错落出口准备条件。其不同于上盘岩石，黏土岩软弱，在挤压下易于迁就上方来力的方向和大小，与当时地形态而改变其出口一段的底部滑带的倾斜与部位。实际上我们勘察与分析了当地下盘黏土岩的构造性质为一向斜，其轴向NW5°~10°，也找到一组压性构造面，其产状为NW10°/NE10°。因此确定在黏土岩一段底错落或滑带的产状与倾斜，将之自挡墙墙后原见滑坡出口高程708 m向西延伸，彻底否定了原资料所推断的滑面位置与形状。尤其需要提出，原资料按钻孔No.1、2、3、4（在同一横切滑坡移动方向上）中错误将各孔超基性岩与黏土岩分界点一律视作断层接触，因而使滑坡底面形状不正确。我们分析整理了该4个钻孔的岩心记录（图3和图4），从接触带岩心描述中区别了地层性质与老错落面性质。前者有糜棱化、断层揉皱、岩相混淆以及断层镜面和变质等现象，后者为重力作用，岩相可能混淆与揉皱，但破坏程度较轻。经过这样调整，连接各钻孔到墙位已见到的滑坡出口高程（708 m），在各断面上底面倾角8°~10°倾向湖，与前述按构造推断基本一致，事后从各桩坑实测的滑面倾角（老的与新的都是）8°~10°倾向湖也是符合的，从而证实了上述办法还是可取的。

（二）滑坡定量——各种计算数据的选择

滑坡定量在于求出作用于桩位的推力大小、方位与作用点，正常办法系根据轴向及两侧断面标出的滑床顶面线（往往认为是螺旋曲线或近似的圆曲线）及取自滑带的原状土抗剪试验后的平均值或加权值，按规定的安全系数由后缘计算至桩位，得出推力；并假定推力是水平，按矩形平均分配于滑体全厚，也有认为作用点在滑体全厚的下1/3处。这样做对Ⅰ号滑坡而言，其滑床形状如前分析，应依附于构造面，它基本上是平面形，并非曲面，后缘为张性下错面，中部为主滑剪性面，前部为阻滑揉皱的压性面，即是同一介质组成，在各段的抗剪强度也不一致，不应采用平均值计算得出错误的结论。作用力在立面上的方向，与桩位在滑坡中的部位有关，在主滑部分与滑床滑面的倾斜一致，并非水平；作用力图形（或作用点的部位）与滑体结构含水松软程度有关，似Ⅰ号滑坡，相对于滑带土而言，滑体为刚性，底部运动速度略大，故反映在地貌上为后缘稍下陷，作用点应在滑体全厚的1/2稍偏下。比拟办法就是分析了具体条件，逐个确定的。对Ⅰ号滑坡则认为在桩位线的推力是向湖倾8°~10°作用于滑体全厚1/2，使计算稍偏于安全。

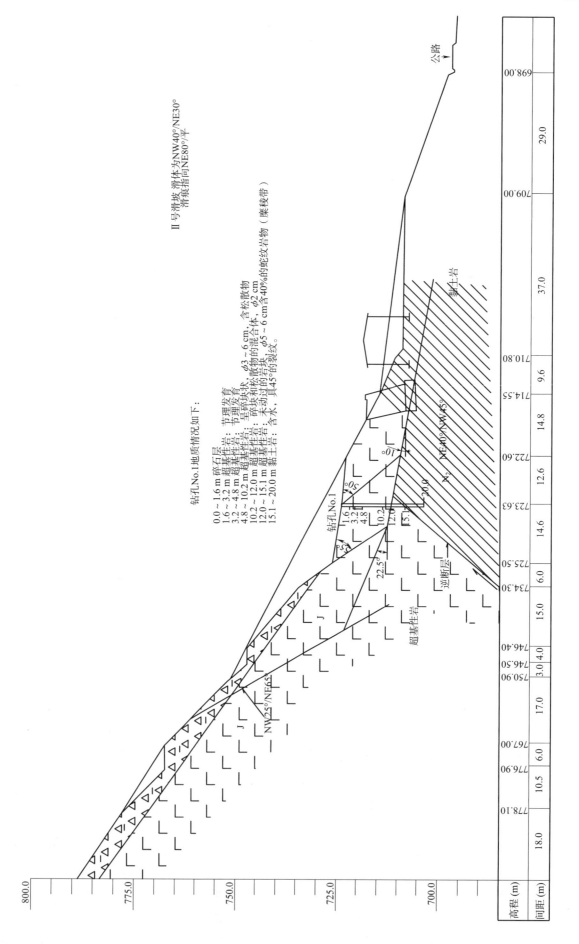

图 3　Ⅰ号滑坡地质断面 $a\text{-}a$

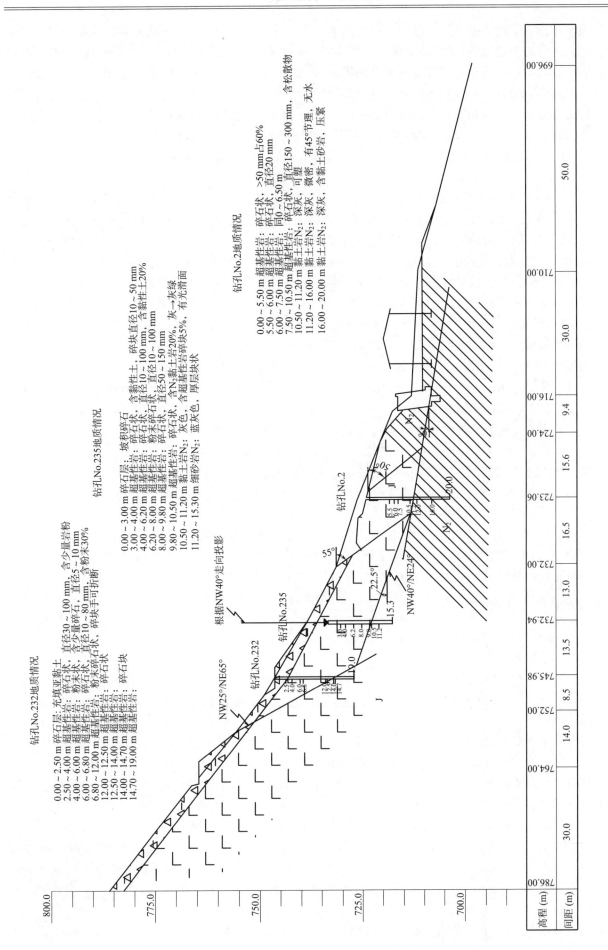

图 4 Ⅰ号滑坡地质断面 d-d

至于找滑坡推力的比拟办法是从推力与抗力两方面求其一致的,而以抗力界限为主。特别着重于对桩位的介质做抗力分析与当地各种动作、地貌现象相比拟。由于在桩位或滑坡出口一带不论滑床、滑带及滑体都临近地表,故取样方便,所求各项数据易于准确可靠,且需时间少。它一反常规,将从后缘算至桩位的推力计算视作次要的、从属的与核对的作用。如此可避免人为错误(如判断错滑带的部位、选择错各段滑床的强度指标和选用安全系数不正确以及计算方法不当等)。比拟办法是以滑体本身或当地类似条件的滑坡为试验模型比拟计算的;在抗滑地段所求的抗力是根据山坡演变的历史,结合在桩位的岩土强度按各种不同条件,分析计算出一个限量(上、下限),使结论在此范围之内,不致产生不足与过分。

1. 抗力方面

对Ⅰ号滑坡而言,是求在厂房使用年度内正常情况下及可能产生的地震作用,对钢筋混凝土抗滑桩的推力。比拟办法即首先以当地山坡为比拟对象,从不同条件下山坡的稳定度找出数据,以比拟计算推力。如前分析,在地质史上它是古错落体,出口在湖阶地为高程710 m一级附近,它突入湖阶地范围,肯定属于抗滑地段。在这一地段,特别是在地形上是坡地与阶地的衔接点,所找出古滑体的厚度,其被动土压必然大于该部位的推力,不然它不会稳定,这是比拟计算的一个下限。访问了居民,了解到60年来山坡的变化,该被动土压必然大于该年限内的当地曾发生的地震作用,将之与厂房使用年限相比,刚好满足要求。因为大于这一周期的地震力,在实践规定上是不必要的。当时为赶交设计,曾估计综合 φ 为45°来求被动土压。为防止基本数据不正确,事后要求取样分别在实验室做原状土抗剪强度试验,及在现场用大剪切盒做原状土多次抗剪强度试验。试验结果为:黄灰黏土岩夹应力核者 $\varphi=24°$、$c=2.4$ t/m²;灰白色砂岩(新鲜泡水)、$\varphi=16°$、$c=5.2$ t/m²;黄与深灰色黏土岩接触带 $\varphi=8°$、$c=4.2$ t/m²;蓝灰黏土岩(饱水状态) $\varphi=19°$、$c=1.4$ t/m²;深灰黏土岩夹有应力核者 $\varphi=28°$、$c=2.4$ t/m²。除饱水蓝灰黏土岩外,按滑体厚度换算得出综合 φ 为34.5°~39°。等到各桩坑挖透了滑体,证实了实际状况也确实是潮湿、构造面发育、夹应力核多,但挤压密实,故在调整各桩推力时,摒弃了饱水状态的试验数据,而选用了综合 $\varphi=40°$ 的指标,因之结果各桩推力比原估算小,切合实际。这一现象在其他工点也经常遇到,是其所以事先声明在施工中需调整图纸细节为必不可少的一个环节。同样见到滑体潮湿、多裂面,为限制推力不致超出预计范围,原提疏干等辅助措施更说明其必要。

基于上述分析,曾按桩位线综合研究了原始地形图、各地质断面并至现场核对,找出了桩位线各桩位抗力厚度,求出它在历史上抗滑数值。再按滑坡全宽求出桩位线滑坡抗力总和,将之比拟供分配得出各桩的滑坡推力。其调整后的数值,见桩位地质纵断面图。

如地面为水平,抗力 $E=\dfrac{1}{2}\gamma h^{2}\tan^{2}\left(45°+\dfrac{\varphi}{2}\right)$。

式中　γ——岩土单位重(t/m³);

　　　h——抗力高(m);

　　　φ——岩土综合摩擦角(°)。

在地面倾斜时,按实际情况求其被动土压。这样求得的抗力值,为水平的。

2. 推力方面

桩位线在墙前,故墙在修建中及建成后的变形过程,提供了一系列水平稳定的边界条件方程式,为从后缘算至桩位线求推力时选用每段滑带土的抗剪强度指标,找到了它必需从属的计算方程。例如:

①高程709 m、724 m两平台挖成后,至1974年8月(旱季)始对下平台后壁挖基修上挡墙,其堑顶一带因之坍塌,产生最先一条贯通的纵向环状地裂缝之时,墙基接近2 m;它反映地裂缝以外岩土在旱季推力相当于2 m深的抗力。挡墙建成后,该地裂缝消失,即是推力小于挡墙自身抗滑力。

②至1974年11月雨季中,该挡墙被剪断再移动,当时滑坡裂缝已发展到上公路一带,整个滑坡推力应大于墙自身的抗滑力。但墙移动后逐渐停止,显然受墙后岩土的被动土压所限制,其推力不大于墙及墙前岩土的抗力。不过值得重视的是,当时墙前岩土尚完整,是松弛期强度远远大于松弛后的状态。由于滑体始终未停止变形,故稳定系数应介于1.0~0.95之间。

③随后在墙前车间的西侧钢筋混凝土东局部挖基(仅1.5 m深)即造成柱移,立即回填后第4、5两柱

(由南向北数)的东侧产生多组横向张裂,且与柱部位相应的一段墙前坡体上发现长 1 m 余的挤张裂隙口土体微微隆起的现象。中段及北段砖墙也因之东移。据此断定墙下新滑面已形成将贯通出地面,滑坡推力至此已大于墙前岩土的被动土压,稳定系数接近于 1.0。

④随着旱季来临,变形减弱,但直至 1975 年 6 月尚见柱身裂缝仍在发展,挡墙断开处仍有相对位移,只不过量微而已,此系微动分段的现象,其稳定系数应小于 1.0。按此边界条件所列方程,抗力方面应选用旱季指标,即雨季时期推力将更大,稳定系数应小于微动阶段。

上述各点即是列方程验算各段滑带土所用抗剪强度指标是否切合实际时,比拟变形过程,确定稳定系数值和各段指标与之相适应的条件。应根据地质断面上滑床顶面曲线,由后缘逐块求算至出口,当其符合所有边界条件方程之后,才认为阿选用的各个数据基本合理。然后才能用此合理的数据,按一定的安全系数 K 自后缘用推力逐段传递法算至桩位线,求出滑坡推力。如此求出的推力于前述各种条件下考虑的界限内才能成立,始可供设计抗滑工程用。

我们多年来实际工作的经验,按推力逐段传递法,在正常情况下,取 $K = 1.10 \sim 1.20$(一般 $K = 1.15$)求出的推力所做的抗滑工程符合客观条件。对 8 度地震区不计算地震力,取 $K = 1.20$;如将地震力列入方程计算,取 $K = 1.05$。这样从推力与抗力两方面所求出的数据基本上总是彼此符合,而不矛盾。当然在推力计算中如选用错各段滑带的强度指标,经常发现是矛盾的,迫使我们检查土墙的试验方法和过程,试验成果在整理上常发生错误,校正后往往求得满意的结果。通常采用比拟法求得滑带强度指标,易于符合实际。以下介绍比拟办法在确定滑坡指标方面的应用。

3. 用比拟办法找滑带指标

比拟办法找滑带指标的出发点是从滑坡本身组成各滑带的原始介质,裂面的力学性质和充填物有无与性质、结合水及地质条件等分析比拟求得;更为突出的是分析了当地裂面配套关系,视当地岩体为一大型剪切试验,从构造形迹中裂面夹角求出不同构造部位上岩体的强度值,比拟应用于滑坡。

如前述 I 号滑坡的三段滑带因其性质各异,比拟对象也就不同:

①后缘滑带系发生在蛇纹岩组成的岩体的张性裂面上。经现场勘查同类性质的裂面,在错壁上虽有些岩屑、岩粉及变质次生类似黏性土的物质,但基本上其数量小、不成层、未隔断原岩间接触。它是张性岩面粗糙,将之与相交的所有裂面切断,有空隙因之不能储水。滑带由大小不同的岩块、碎块夹岩屑、岩粉组成,但每一岩块基本上仍属坚硬,风化不深。根据这一系列现象,理所当然不应按黏性土选用抗剪强度指标,也不考虑饱水后的变化;而是比拟厂址由超基性岩碎块夹岩屑堆积体,直接量出其休止角在 $38° \sim 42°$ 之间。因其有贯通性,选用综合 $\varphi = 38°$ 为计算指标。事后对该类性质的断层带处于饱水状态的原状土在大剪切盒中试验其 $\varphi = 31°$、$c = 1.8$ t/m^2(综合 $\varphi = 35°$),因其情况与实际不一致(粒径不大于 2 cm,饱水),故调整设计时未变动原数值。从试验结果也证明 φ 值选用大于 $35°$ 是正确的。

②中部发育于超基性岩压性糜棱带的滑带,其情况与前者迥然不同。非独颗粒细小(3~5 cm)且此岩粉已蛇纹化成灰绿色粉末,也夹杂一些岩屑和碎石,但仍以岩屑、岩粉为主,潮湿、可塑。比拟办法则借助于当地压性断层的配套关系。我们勘察找到了彼此间的配套夹角为 $70°$,由 $45° - \varphi/2 = 35°$,则知 $\varphi = 20°$。这就是视岩体为一大型剪切试验的观点,确定它的综合 φ 为 $20°$,由于滑体比岩体为小,其综合 φ 应稍大为宜。事后对同类的糜棱带原状土(饱水状态下)在现场用大剪切盒多次剪切试验,其粒径为 2~5 mm 之内,图 8 得 $\varphi_{max} = 20°45'$、$c_{max} = 3$ t/m^2;$\varphi_2 = 19°$、$c_2 = 2.75$ t/m^2;$\varphi_3 = 16.5°$、$c_3 = 2.5$ t/m^2;$\varphi_4 = 16°$、$c_4 = 2.0$ t/m^2;$\varphi_5 = 15°45'$、$c_5 = 1.5$ t/m^2;$\varphi_{min} = 15°45'$、$c_{min} = 1.3$ t/m^2。研究了该错动带在历史上大动过两次,滑距 20~30 m,而 1974 年冬是在这两次大动的基础上再微动的,所以在调整推力时选用第三次剪切指标,即 $\varphi_3 = 16.5°$、$c_3 = 2.5$ t/m^2,代入各个稳定状态的平衡方程式中,演算结果各方面符合,比综合 φ 更切实际,故选用此值。该 $\varphi_3 = 16.5°$、$c_3 = 2.5$ t/m^2 其综合值与 $\varphi = 20°$ 类似,略大一些,也符合上述地质分析。

③至于发生在黏土岩组中的前部滑带,比拟办法同样在当地找下盘岩石中裂面的配套组合,两组剪切裂面的夹角为 $75° \sim 80°$,因此 $\varphi = 10° \sim 15°$,压性面破坏为大,综合 φ 应为 $10°$。再参考欧洲对第三纪黏土残余数值的统计数值 $\varphi = 8°$、$c = 0.5$ t/m^2。因此第一次设计中选用 $\varphi = 8°$、$c = 1.0$ t/m^2。事后见桩坑内滑带的黏土岩局部夹有破碎的泥质砂岩应力核,估计其强度应比原选用的值为高。在对该类土的原状土(饱水)做出

多次剪试验(图8),得 $\varphi_{max} = 15°$、$c_{max} = 1.5\ t/m^2$;$\varphi_{min} = 10°$、$c_{min} = 0.75\ t/m^2$。等资料后,鉴于该部滑面新鲜、潮湿多富水,而且是经过多次滑动,故在调整推力计算时改为 $\varphi = 10°$、$c = 0.75\ t/m^2$。将之代入各个条件下的平衡方程,其结果更为合理。回顾选用指标时,比拟当时构造所提供的指标 $\varphi = 10°$ 较切合实际。

(三) 配合施工调整图纸细节

在定量部分已论及比拟办法中,配合施工调整图纸细节为一必不可少的环节。它包括施工、验槽、核对检算数据已如前述;更为主要的在多数桩坑挖穿滑带之后,滑坡的局部分块、各桩基条件以及总的地质情况始能进一步清楚,则可全面考虑滑坡总推力调整分配到每一桩位;为联系施工中滑坡相应的变形迹象及各个局部变化,使各桩设计与之相适应,更切合实际。

1. 边界条件的验算

对 I 号滑坡在主体形状落实、取得试验数据、了解了多数桩坑中滑体的厚度、结构和滑带的部位,即对边界条件方程做验算。共取三个实测滑坡断面(NE75°):北 C-C、主轴 A-A 及南 B-B 分别代表宽度各为 30 m、20 m 及 22 m,它与已建挡墙类型也大体吻合。

验算办法为推力逐段传递法 $E_2 = E_1' + W_2$
$$(\sin\alpha_2 - \cos\alpha_2 \tan\varphi_2) - c_2 l_2; E_1' = E_1 \psi_{1-2};$$
$$\psi_{1-2} = \cos(\alpha_1 - \alpha_2) - \sin(\alpha_1 - \alpha_2)\tan\phi_2$$

断面如图 5 ~ 图 7 所示。

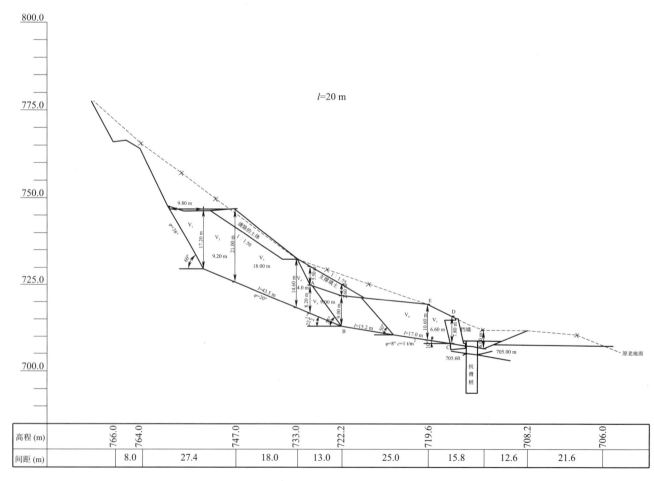

图 5 I 号滑坡主轴 A-A 断面

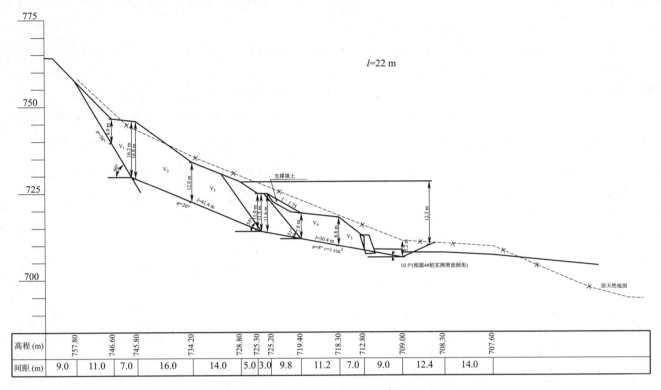

图 6　Ⅰ号滑坡南段 B-B 断面

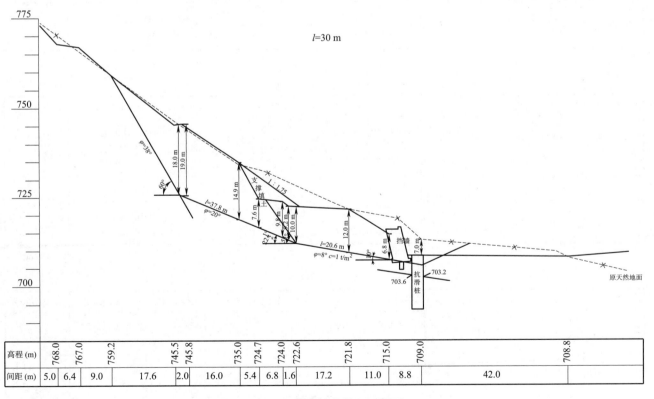

图 7　Ⅰ号滑坡北段 C-C 断面

对比总抗力与总推力 $\frac{4\,420}{4\,620}=95.3\%$，稳定系数为 0.953 基本符合变形过程分析的结论不小于 0.95。

2. 求桩位线各桩设计采用的滑坡推力

整治目的在使整个山坡稳定，按 A-A、B-B、C-C 三个代表断面做全断面的稳定安排。除电机车道部分待平剖面设计后单独加固外，山坡各个局部稳定性，采用回填支撑陡壁为主，在条件允许做局部削坡，但必须与原山坡地面线出入不大，才不影响对历史条件的比拟。因考虑 8 度地震作用，故填渣边坡一律为 1:1.75。如此安排后，各断面的第Ⅱ、Ⅲ两块的滑体重量有些变动；按变动后的分块，逐块传递求算至桩位线得出滑坡推力。计算时对正常情况采用 $K=1.15$；对八度地震条件增加一个地震力 $F=\frac{W}{a}=\frac{W}{20}$。向外以水平方向作用于每块滑体的重心，此时采用 $K=1.05$。从两者求出在桩位线的推力，选用大者设计钢筋混凝土抗滑桩。

在正常情况下，推力 $E_2 = E_1' + W_2(K\sin\alpha_2 - \cos\alpha_2\tan\varphi_2) - c_2l_2$；$E_1' = \psi e_1$；$\psi = \cos(\alpha_1-\alpha_2) - \sin(\alpha_1-\alpha_2)\tan\varphi_2$；

对地震条件：

$$E_2 = E_1' + W_2\left\{(K\sin\alpha_2 - \cos\alpha_2\tan\varphi_2) + \frac{K}{a}(\cos\alpha_2 + \sin\alpha_2\tan\varphi_2)\right\} - c_2l_2;\quad E_1' = \psi E_1$$

数据汇总表 1 ~ 表 7。

表 1　C-C 断面

块　数	$W(t)$	$\alpha(°)$	$l(m)$	$\varphi(°)$	$c(t/m^2)$	$A = \sin\alpha - \cos\alpha\tan\varphi$	$W_A(t)$	$-cl(t)$	$E(t)$	$\psi = \cos\Delta\alpha - \sin\Delta\alpha\tan\varphi_2$	$E' = \psi E(t)$
第Ⅰ块	355	60	—	38°	0	$0.866\,0 - 0.500\,0 \times 0.781\,3 = 0.475\,3$	168.7	—	168.7	$\cos37.5° - \sin37.5°\tan16.5° = 0.612\,9$	103.4
第Ⅱ块	991	$22\frac{1}{2}$	37.8	$16\frac{1}{2}$	2.5	$0.382\,7 - 0.923\,9 \times 0.296\,3 = 0.108\,9$	107.9	−94.5	116.8	$\cos12.5° - \sin12.5°\tan10° = 0.938\,1$	109.6
第Ⅲ块	614	10	28.6	10	0.75	$0.173\,7 - 0.984\,8 \times 0.176\,3 = 0.000\,0$	0	−21.5	88.1	$\cos16° - \sin10°\tan0.25° = 0.941\,2$	82.9 t/m

= 83 t/m

表 2　主轴 A-A 断面

块　数	$W(t)$	$\alpha°$	$l(m)$	$\varphi(°)$	$c(t/m^2)$	$A = \sin\alpha - \cos\alpha\tan\varphi$	$W_A(t)$	$-cl(t)$	$E(t)$	$\psi = \cos\Delta\alpha - \sin\Delta\alpha\tan\varphi_2$	$E' = \psi E(t)$
第Ⅰ块	177	60	—	38°	0	$0.866\,0 - 0.500\,0 \times 0.781\,3 = 0.475\,3$	84.1	—	84.1	$\cos37.5° - \sin37.5°\tan16.5° = 0.612\,9$	51.5
第Ⅱ块	1 308	22.5	43.5	$16\frac{1}{2}$	2.5	$0.382\,7 - 0.923\,9 \times 0.296\,3 = 0.108\,9$	142.4	−108.8	851	$\cos12.5° - \sin12.5°\tan10° = 0.938\,1$	79.8
第Ⅲ块	642	10	32.0	10	0.75	$0.173\,7 - 0.984\,8 \times 0.176\,3 = 0.000\,0$	0	−24.0	55.8	$\cos16° - \sin10°\tan0.25° = 0.941\,2$	52.5 t/m

= 52.5 t/m

表 3　B-B 断面

块　数	$W(t)$	$\alpha°$	$l(m)$	$\varphi(°)$	$c(t/m^2)$	$A = \sin\alpha - \cos\alpha\tan\varphi$	$W_A(t)$	$-cl(t)$	$E(t)$	$\psi = \cos\Delta\alpha - \sin\Delta\alpha\tan\varphi_2$	$E' = \psi E(t)$
第Ⅰ块	219	60	—	38°	0	$0.866\,0 - 0.500\,0 \times 0.781\,3 = 0.475\,3$	104.1	—	104.1	$\cos37.5° - \sin37.5°\tan16.5° = 0.612\,9$	63.8
第Ⅱ块	1 061	$22\frac{1}{2}$	41.4	$16\frac{1}{2}$	2.5	$0.382\,7 - 0.923\,9 \times 0.296\,3 = 0.108\,9$	115.5	−103.5	75.8	$\cos12° - \sin12°\tan10° = 0.941\,5$	71.4
第Ⅲ块	507	10	30.4	10	0.75	$0.182\,5 - 0.983\,2 \times 0.176\,3 = 0.009\,0$	4.6	−22.8	53.2	$\cos10.5° - \sin10.5°\tan0.25° = 0.937\,6$	49.9 t/m

= 50.0 t/m

则 1974 年 11 月作用于挡墙线的滑坡总推力(全宽)为：$82.9 \times 30 + 52.5 \times 20 + 49.9 \times 20 = 4\,535$（t），在墙位线滑坡总抗力由以下部分组成：

(1) 墙自重产生的抗滑力：墙共长 67 m，其中 8 m 只修了基础部分，自重 $W = 3\,800$（t）。滑动后墙下摩阻系数应小于峰值而高于残余值，采用动摩擦 $\varphi = 12°$，$c = 1$ t/m^2 相当于 $f = 0.3$。所以，墙自重的持滑力为 $3\,800 \times 0.3 = 1\,100$ t。

(2) 墙前岩土对墙基的被动土压 $E = \frac{1}{2}\gamma h^2 \tan^2\left(45° + \frac{\varphi}{2}\right)$；

北段有齿墙一段 $E = \frac{1}{2} \times 2.1 \times 4^2 \tan^2\left(45° + \frac{40°}{2}\right) = 1.05 \times 16 \times 4.6 = 77$（t/m）（长 17 m）；

北段无齿墙一段，由于新生滑面产生的抗力，由 77～0，采用抗力 $= \frac{77}{2} = 38.5$（t/m）（长 5 m）；

南段无齿墙一段 $E = \frac{1}{2} \times 2.1 \times 2^2 \tan^2\left(45° + \frac{40°}{2}\right) = 1.05 \times 4 \times 4.6 = 19$（t/m）（长 25 m，滑面位于墙底或以上），从桩坑中量出无齿墙一段 45 m 中北段 20 m 新生滑面低于墙基，采用抗力为 $\frac{19+77}{2} = 48$（t/m）；

所以，墙前岩土总抗力为 $5 \times 38.5 + 22 \times 77 + 20 \times 48 + 25 \times 19 = 3\,320$（t）。

其总抗力为 $1\,100 + 3\,320 = 4\,420$（t）。

对比总抗力与总推力 $\frac{4\,420}{4\,640} = 95.3\%$，稳定系数 0.953 基本符合按变形过程分析的结论不小于 0.95。

表 4　北 C-C 断面，正常情况 K = 1.15

块数	W(t)	α(°)	l(m)	φ(°)	c(t/m^2)	$A = K\sin\alpha - \cos\alpha\tan\varphi$	W_A(t)	$-cl$(t)	E(t)	$\psi = \cos\Delta\alpha - \sin\Delta\alpha\tan\varphi_2$	$E' = \psi E$ (t)	增加支撑土
第Ⅰ块	355	60	—	38	0	$1.15 \times 0.866 - 0.5 \times 0.7813 = 0.6025$	214.8	—	214.8	$\cos37.5° - \sin37.5°\tan16.5° = 0.6129$	131.7	—
第Ⅱ块	1 103	22½	32.8	16½	2.5	$1.15 \times 0.3827 - 0.9239 \times 0.2963 = 0.1663$	183.4	−94.5	220.6	$\cos12.5° - \sin12.5°\tan10° = 0.9381$	206.9	112 t
第Ⅲ块	623	10	28.6	10	0.75	$1.15 \times 0.1737 - 0.9848 \times 0.1763 = 0.0263$	16.3	−21.5	201.7	$\cos10° - \sin10°\tan0.25° = 0.9413$	189.9 t/m	9 t

= 190 t/m

表 5　北 C-C 断面，8 度地震条件 $\alpha = \frac{1}{20}$，K = 1.05 cl

块数	W(t)	α(°)	l(m)	φ(°)	c(t/m^2)	$A_1 = K\sin\alpha - \cos\alpha\tan\varphi$	$A = A_1 + A_2$	W_A(t)	$-cl$(t)	E(t)	$\psi = \cos\Delta\alpha - \sin\Delta\alpha\tan\varphi_2$	$E' = \psi E$ (t)	增加支撑土
第Ⅰ块	355	60	—	38	0	$1.05 \times 0.866 - 0.5 \times 0.7813 = 0.5186$	0.5804	206.0	—	206.0	$\cos37.5° - \sin37.5°\tan16.5° = 0.6129$	126.3	—
第Ⅱ块	1 103	22½	32.8	16½	2.5	$1.05 \times 0.3827 - 0.9239 \times 0.2963 = 0.1280$	0.1825	201.3	−94.5	233.1	$\cos12.5° - \sin12.5°\tan10° = 0.9381$	218.7	112 t

续上表

块 数	$W(t)$	$\alpha(°)$	$l(m)$	$\varphi(°)$	$c(t/m^2)$	$A_1 = K\sin\alpha - \cos\alpha\tan\varphi$	$A = A_1 + A_2$	$W_A(t)$	$-cl(t)$	$E(t)$	$\psi = \cos\Delta\alpha - \sin\Delta\alpha\tan\varphi_2$	$E'= \psi E$ (t)	增加支撑土
第Ⅲ块	623	10	28.6	10	0.75	$1.05 \times 0.173\,7 - 0.984\,8 \times 0.176\,3 = 0.008\,8$	0.061 6	38.4	−21.5	235.6	$\cos10° - \sin10°\tan0.25° = 0.941\,3$	221.7 t/m	9 t

注：从以上计算结果，控制条件为八度地震，推力为 220 t/m。从该断面历史抗力为 $\frac{1}{2}(2.1)^7\tan^2\left(45° + \frac{40°}{2}\right) = 237 > 220$ 合理。

220 > 190 合理

表6 主轴 A-A 断面，8 度地震条件 $\alpha = \frac{1}{20}, K = 1.05, \frac{K}{20} = 0.052\,5$

第Ⅰ块	177	60	—	38°	0	0.518 6	0.061 8	0.580 4	102.7	—	102.7	0.612 9	62.9	—
第Ⅱ块	123 5	22 $\frac{1}{2}$	43.5	16 $\frac{1}{2}$	2.5	0.128 0	0.054 5	0.182 5	225.4	−108.8	179.5	0.938 1	168.4	滑方及填土共减 73 t
第Ⅲ块	661	10	32.0	10	0.75	0.008 8	0.052 8	0.061 6	40.7	−24.0	185.1	0.941 3	174.2	19 t

= 历史抗力，为 174 t/m 合理，设计采用 175 t/m

表7 南 B-B 断面，8 度地震条件 $\alpha = \frac{1}{20}, K = 1.05, \frac{K}{20} = 0.052\,5$

第Ⅰ块	219	60	—	38°	0	0.518 6	0.061 8	0.580 4	127.1	—	127.1	0.612 9	77.9	—
第Ⅱ块	106 1	22 $\frac{1}{2}$	41.4	16 $\frac{1}{2}$	2.5	0.128 0	0.050 45	0.182 5	193 6	−103.5	168.0	$\cos12° - \sin12°\tan10° = 0.941\,5$	158.2	
第Ⅲ块	534	10 $\frac{1}{2}$	30.4	10	0.75	$1.05 \times 0.182\,3 - 0.983\,2 \times 0.176\,3 = 0.018\,1$	0.053 3	0.071 4	38.1	−22.8	173.5	$\cos12.5° - \sin12.5°\tan0.25° = 0.937\,6$	163.0	27 t

> 历史抗力为 141 t/m 偏大，设计采用 160 t/m

南 B-B 断面桩位线推力 160 t/m > 历史抗力 141 t/m，因此需检查总推力与历史抗力之间是否合理。我们认为自从滑坡滑落后，经过漫长的年代，地表剥蚀作用会出现局部抗力高不足，而其他部分有富裕的现象。通过桩位线断面图，我们按照实控所见桩位滑带起伏，分配了各桩受力数值，其中14号桩位于Ⅰ、Ⅱ号滑坡交叉地带不计算。则历史抗力总和为：(111 + 121 + 131 + 141 + 151 + 162 + 174 + 194 + 215 + 237 + 227 + 216 + 206) × 5.6 = 12 700(t)；而设计抗力总和为：(140 + 150 + 155 + 160 + 165 + 170 + 175 + 190 + 205 + 220 + 210 + 200 + 190) × 5.6 = 13 000(t)。为此设计推力接近历史推力，即可保证安全，也属合理；如前分析，该山坡曾经受住60年来Ⅷ~Ⅸ度地震，它是比拟计算中必须控制的一条界限。

(四)本滑坡钢筋混凝土抗滑桩受力的特点与设计措施

本滑坡钢筋混凝土抗滑桩系紧靠墙前建筑，结合Ⅰ号滑坡特性而有以下特点，不同于一般桩，故单独研究采取措施。

1. 墙、桩之间传力的特点与分析

从建成的挡墙看，其厚度与高度不致被滑坡腰折，也无自墙顶翻越的可能；而是因滑面向下发展，造成全墙东移现象，已自南端边界断开。因此桩对墙而言是加固墙基，我们认为滑坡推力的绝大部分系经墙传至桩。如建成墙、桩一体，则墙弯矩将全传至桩，增加桩的负担，不经济。如墙、桩分开，可能造成墙倾伏，不安全。我们在墙、桩之间立一沥青板，并充填低标号的混凝土，使墙、桩有一定间隔，以期墙变形达一定程度后再传力至桩。认为这样可充分利用墙单独变位下的潜力，使桩顶以上弯矩由墙基及墙前岩土承受，可发挥墙前岩土全部抗力，而减少工程量。实际计算就是将滑坡推力经墙后，作用点降至桩顶至滑面之中心；同时视滑面在墙基之上或之下而分别先减去桩前岩土抗力的全部或85%~95%(此一数字系按桩前岩土受力扩散情形求出)。

2. 出口滑面有可变动的特点及其与推力间的关系

如前述在桩位的黏土岩本系古错落体产物或错落带出口,也是受压性断层作用的影响带。其裂面发育,岩土无完整性,在未破坏前处于压密状态是隔水的,坚实而强度大;一旦经受不住压力则逐渐松弛,可导致裂隙水集中,因岩性关系有受水软化的特点,因而其强度逐渐衰减。所以它随应力条件的变化有使滑面向下发展的可能为一大特点;当地挡墙本已置于滑面以下 2 m,而仍全墙滑动,就是证明。我们自桩坑开挖后,从已见地质情况分析,滑坡受建筑物的约束,因其与黏土岩间的刚性关系,已产生下述四种现象:

①在薄墙处,滑坡沿原墙后滑面的部位和倾向剪断挡墙,作用于桩。在南端 1 号~3 号桩坑中即见此现象,属这一类型。

②滑坡受阻后因墙厚剪不断,而自墙基产生新滑面。该滑面可沿墙基 1:10 反坡发育;也可因墙基嵌入基岩,自突入点以后在黏土岩中发育。在黏土岩中新生滑面或是朝临空方向沿几何图形上最小的抗力线发育,或是依附某一软弱带,也有受两者制约的可能。桩 3 号~5 号间,可能属此类型。

③由于墙基有键(齿墙)如桩 9 号~11 号间的地段,键插入了结合较牢固的一层岩石中,因此新生滑面低于键底在其下沿某一构造裂面向湖发育。

④位于带键挡墙的两侧,由于带键挡墙键底比两侧墙基(或无墙)为深,新生滑面也深,而使两侧墙基较浅的地段所产生的滑面,即不在墙底,也不在墙下软弱带,而是介于其中一定部位。桩 5 号~8 号间即是此类型。

据此可推断,在今后滑坡活动中,由于桩的建筑,滑面位置是可能变动的,即按受推力范围是一个变数。这一变动范围的下限,我们是根据各个桩坑及邻近桩坑总体分析了地质条件,找出当前滑面以下的构造软层而确定的。同样也按桩位各坑地质条件,研究了滑面可能向上变动的界限。桩内外力的变化,即按此限界分别求出最大者,供布筋设计。即是在致密无水的深灰色黏土岩以上,构造裂面发育潮湿而强风化者,因有裂隙水作用,均有可能产生新的滑面;桩的持力层也只能置于该层之下深灰色黏土岩中。

至于推力大小与方向方面,因各主要滑带除临近出口一段发育在黏土岩之中外,均受构造格局所控制,滑带不厚,带与带以外岩土组织、结构和强度都出入悬殊,因而不论桩位附近滑面如何变动,作用于桩的推力大小和方向是不致出入过大。这也是产生于古岩石错落上岩石滑坡的一大特点,各段滑面多依附岩体中裂面结合而发育,不易变动;所以我们在桩的内外力计算时,不变更全桩所受的总推力数值与方向,只是变更受力长度。

3. 桩周岩土的特点及其对桩设计的关系

滑坡推力是借助于桩传递至桩周岩土的。当桩变形与桩周岩土一致时,桩受桩周岩土的反力,等于岩土变形与之相适应的应力。在滑面以上,当桩周岩土受力超过一定限度则应力增大有限,而变形增加剧烈。由于桩的刚度关系,将桩周岩土与桩变形不一致的应力,传至滑床,借滑床中坚硬的岩土抗力平衡推力。这就是抗滑桩赖以设计的弹性抗力理论,变形与应力相一致呈直线关系时为弹性阶段,故滑面以上不能应用,只能在滑面以下具有可靠的持力层才能按弹性抗力理论计算桩的外力。

在滑面以上桩前岩土对桩的抗力,可是滑体全厚的被动土压,可是沿桩位线至出口在滑面上的剩余抗滑力,也可是主动土压。当剩余抗滑力微小则考虑主动土压;有剩余抗滑力大于被动土压时则用被动土压。Ⅰ号滑坡桩位线向湖一侧有较宽的车间平台及已死去的大错落体,故滑面以上按桩前岩土的密实状况考虑被动土压对桩的作用。为保证这一作用长期有效,除后山疏干工程外,对桩位附近至车间之间的坡体,因其为黏土岩做隔渗层措施是为必要。

滑面以下的桩长及内力系随传来的需平衡的弯矩、推力及桩周岩土的反力而变动。桩建成后桩长固定,但因滑面改变有效的桩长还是随推力变化而变。其中主要一点是桩周岩土的反力随其变形所产生的与之相适应的应力而变。如系均质岩层由于其应力与应变为一常数或某一拟比例递增的直线关系,均分别导算有不同的公式,供计算选用。本滑坡滑面以下持力层的岩土在结构上不均,系由古错落体组成,又是受构造影响巨大的地带;在岩性分布上也极不均匀,有黏土岩、粉砂岩及含砂岩条带,以及含条带状薄煤层等。因此对选用计算桩内外力的公式,由于先决条件关系,应有补充。选用均质土层公式时,即弹性抗力系数随深度按比例增加,但开始点不等于零,而是按基础岩的强度决定;如选用弹性抗力系数为常数时,按基岩公式考虑,可允许局部有塑性变形。

由于桩周岩土不均一，各桩受力初期，必然先有每桩自身应力与桩周岩土变形之间沿垂直方向的调整；当各桩变形一致后，全桩位线上各段与各个桩间受力将有变化，而彼此调整。在桩周岩土的局部会出现塑性变形地带，尤其是临近滑带附近，只要范围不大是必然的，也是应允许的。因此从当地地质条件出发，每桩的刚度与埋置深度应有较大的适应能力方切合实际。即是设计桩长要有富裕，此桩不足，邻桩加深。断面布筋尤其是立面割筋要宽余些，以增加适应性；并需按滑向可能的变化，布置抗扭钢筋。所有这些认识我们在配合施工过程调整推力时，已相应的逐桩调整了图纸细节。其主要数据为：

(1) 逐桩按具体地质条件分析，找出可能的滑面变化范围，补充计算各截面的最大内外力，据之调整布筋。

(2) 分别按每一桩位的岩土持力层的情况，逐桩研究其强度及侧向允许承载力而调整桩长。由于缺乏直接试验数据，只能比照当地其他钻孔岩心所做的抗压强度比拟估计。当地持力层为深灰色黏土岩类，普氏系数 f_0 为 1.0 ~ 1.5，则允许承载力，垂直 $\sigma_0 = \left(\frac{1}{5} \sim \frac{1}{7}\right) f_0$。即 $\sigma_0 = \frac{1\,500}{6} = 250$ t/m² 或 $\frac{1\,000}{6} = 167$ t/m²；则侧向 $\sigma = (0.5 \sim 0.7)\sigma_0$ 即 $\sigma = 0.6\sigma_0 = 150$ t/m² 或 100 t/m²。垂直弹性抗力系数 $K_1 = 25\,000$ t/m³ 或 15 000 t/m³，相应的侧向弹性抗力系数 $K_2 = 0.6K_1 = 15\,000$ t/m³ 或 9 000 t/m³。

(3) 桩是随墙位线布置，因墙位线为 NW 23°则轴向为 NE 67°，而滑坡出口滑动方向如前述系 NE75°~80°，故桩与推力夹角为 10°，按此布置了侧向主筋及抗扭主筋与箍筋。

(4) 在使用 B_P 上，认为它不同于挤墩情况，它只是将推力由桩传至桩周岩土时，桩周岩土受力宽由宽 B 增大为 B_P 而已。

4. 持力层岩土的条件与桩的性质

Ⅰ号滑坡各桩系以松软岩层为持力层，从钢筋混凝土桩的刚度与之对比而言，必然属刚性桩。即桩变形类似直线，采用刚性桩公式计算桩的内外力。当然若桩的埋置过深，在一定深度后为致密而无构造裂面的深灰色黏土岩类时，因桩的截面有限，可能相对为柔性了。不过，我们如用足允许侧向承载力，这一现象不可能出现。经用 $\alpha = \sqrt{MB_P/(EI)}$ 公式检查了各桩滑面以下的桩长 h 均 $\leqslant 2.5/\alpha$ 属刚性范围，似乎应按地质条件肯定，做此检查无实际意义。

5. Ⅰ号滑坡整治工程项目

(1) 主体钢筋混凝土抗滑桩，桩间距 5.6 m。其中 1 号 ~ 8 号桩设计截面为 2.0 m×2.8 m；9 号 ~ 14 号为 2.0 m×3.0 m。除桩 1 号及 13 号长为 15 m 及 18.5 m 外，其他为 16 ~ 17 m，共用 250 级混凝土 1 350 m³，3 号光钢 163 t。施工中保证安全，并防桩周岩土风化降低抗力强度，使之符合设计理论，在设计截面外每侧做厚 0.25 m 的 200 级钢筋混凝土护壁，已防止了施工在雨季中井壁坍塌，促使工程顺利完成。

(2) 辅助工程比较零碎，墙与车间厂房间的平台约 450 m³，需铺 0.15 ~ 0.20 m 厚的 90 级混凝土隔渗层，共 90 m³；上公路的堑顶隔渗截水沟一条长约 250 m；从Ⅱ号滑坡后山的疏干巷道的南端为Ⅰ号滑坡，增加一条支洞长 8 ~ 10 m，在洞内用矿山水平钻孔向Ⅰ号滑坡后山打疏干孔群，每孔长 40 ~ 50 m，使之形成疏水网；对上公路堑坡及电机车道山侧应做坡面挡护墙加固工程和电机车道坡脚填方支撑工程以及绿化山坡等。

四、在北厂址预防山坡病害工程设计中应用工程地质比拟办法的概况

北厂址Ⅴ、Ⅵ号两古错落体基本上是稳定的，因需在其他出口挖坡建设厂房，为防止切割支撑部分之后产生类似Ⅰ号滑坡的病害，而事先做预防桩排（即抗滑桩排）之后再开挖。我们结合地质条件布置厂房后，在必要开挖部位沿粗碎车间及中细碎车间山侧各布置了一排钢筋混凝土抗滑桩，分别为 8 及 12 根。其特点无变形迹象与活动的滑带，如何预计滑坡推力的大小、方向与作用力图形，保证在Ⅷ度地震条件下安全。Ⅳ号滑坡有两层，上层有地貌形态，下层为古错落转化的滑坡。因它有支撑整个山坡的作用，且有管道及公路等选矿厂辅助措施需保护，也做了一排钢筋混凝土抗滑桩与中前部，共 10 根。它同样也存在如何确定推力数据问题。我们结合了已有的钻孔资料及一系列岩土的试验数据，以比拟办法为主，在两个月内，于 1975 年

9月下旬完成了相当于扩大初步设计精度的施工图纸。现已随施工进展逐桩调整了设计,于1976年4月完成。其特点与概况介绍如后:

1. 变形体范围

它是平衡检算边界条件的关键。前已论及当地地质条件及地貌形态必然存在古岩石错落体,工作方法如Ⅰ号滑坡,经现场勘查后逐块圈定范围,而有Ⅴ与Ⅵ之别。对后缘可能的部位无Ⅰ号滑坡清楚。最后还是从原地形图岩石出露的差别和地貌形态上找出。对Ⅵ号错落体而言,后缘在高程755 m附近灰岩与超基性岩的断坎处。该块灰岩东、西均为超基性岩,从构造格局上分析,不难断定为一级错落面。对Ⅴ号错落体而言,则在现电机车间修理间平台后缘超基性岩的堑坡一带,有明显的向湖倾斜的错落裂面及其邻近的构造现象。再勘察了这两裂面以西山坡在岩石结构上的情况,从相对密闭程度上看认为西侧较完整;因此各验算断面至此为止,按实际NNW走向及倾斜60°,在断面图上绘出后缘界面。

至于底错落带,对Ⅵ号而言后部在钻孔No.43上可能有两处:一在孔深11.30 m,它是破碎灰岩中断裂部位,从岩心上不易分别其为压性或张性者,故验算时两者均予考虑,前者同Ⅰ号滑坡办法按$24\frac{1}{2}°$绘出滑带线,后者按外倾60°绘线;一在孔深16.5 m处它是灰岩与黏土岩分界面,因对岩心描述现象无断层带显著迹象,极其可能为古错落底面,用Ⅰ号滑坡办法结合下方钻孔No.49及No.44-1以17 1/2°绘出滑带线。而中部滑带则根据No.44-1岩心分析,在孔深12.6 m以下系完整、致密、无水的深灰色黏土岩,肯定它为原位、未变动过的岩层;上层为黄灰黏土岩已风化破碎与深灰岩石迥然不同,不难断定为错落带岩土。以此为准,则可按黄与深灰色或兰黏土岩的分界面找到钻孔以西及以东的滑带位置及各个可能的混合(11.5°及12.5°)。尔后再用相应指标在验算中求其危险者。关于滑坡出口办法已有探井No.103为依据,找到在探井6.5 m处为黄灰黏土岩与兰或深灰黏土岩的分界面,黄灰混杂者并合灰岩碎块,是古错落带产物已无疑问。在探井No.103中,井深10~13 m一带为兰黏土岩夹褐煤条带,以20°~30°倾斜及坡向湖;该岩土潮湿已达可塑程度,裂面发育,构造擦痕渊晰(指向湖)且有NW65°/SE27°逆断层通过等。从断面上不难发现此段错落带呈反坡,它反映了该Ⅵ号错落体曾经转化至滑坡。故形成高程730 m一带平缓平台为滑坡出口残垣的地貌景观。

对Ⅴ号错落体而言,底部错落带较单纯,仅发育在黏土岩中。连接钻孔No.102及其下方钻孔No.40,两者相应层为11°向湖倾,符合前述依附该层组压性裂面的结论,就找到滑带部位。钻孔No.102在孔深20~28 m一段为破碎已糜棱化的灰岩,上为超基性岩,下至孔深29 m才取出兰粉土岩心,直到孔深34.2~35.0 m黏土岩中还有断层搓揉易入的灰岩块,故判断为断层接触。钻孔No.40孔深18~19.9 m为兰黏土岩混杂褐色、黑色泥状粉末、揉皱,底层0.4 m系软塑具滑痕为滑带。此带介于黄黏土岩、砂岩与深灰无水、致密而坚硬的黏土岩之间,故黄色岩层系自后山错下的当无疑问。在出口有探井No.104,可直接看到在井深5.0~5.6 m有一类似滑带,为兰黏土岩夹条带状褐煤,它介于黄与深灰岩层之间。它软塑、含水具滑痕,向湖反倾17°,同时出口地形高程715~720 m间也有一缓坡平台,与Ⅵ号类似,即证明了该错落曾发展到滑坡阶段,也留下地貌形态。

Ⅴ、Ⅵ号错落滑坡体如上述已弄清了过去的变形范围,即滑坡断面。至于其移动方向,可按垂直于后缘错壁走向大体确定。前者为NE80°,后者为NE65°~70°。事后核对与桩坑所见一致,但未估计到Ⅴ及Ⅵ号交叉地带的山坡突出之处,尚存在一基本上属于Ⅵ号错落滑坡范围的一块。从桩坑中见滑痕指向NE55°~60°,它在粗碎车间山侧4号处交叉,为南端1号~4号的滑动方向;也是中细碎车间山侧北端18号~20号间的滑动方向。同样中细碎车间山侧南端9号~11号间就更复杂,既有原Ⅲ号滑坡所依附的错落体沿深灰黏土岩滑动,滑向NE65°~70°;又有堆积层沿黄黏土岩顶面滑动者,滑向NE75°~80°;还在桩10号~11号间有一块滑向NE55°~60°。如非在施工中调整图纸,难于切合实际。

至于Ⅳ号滑坡,因地貌形态齐全,又有钻孔剥露,按正常办法易于找出其范围与滑向,本总结不赘。

2. 比拟办法用于推力方面

Ⅳ号滑坡地貌景观清晰,其出口在老公路上、下挡墙处变形迹象明显,一眼可断定在桩25号以南其上部堆积物为沿黄灰黏土岩顶面滑动的滑坡,稳定时间不久,遇雨水丰沛之年有活动的可能。目前的地貌形态是该浅层滑坡造成,按地貌上所测出的滑动方向为NE90°,实挖桩坑21号~25号时见滑向为NE80°~85°。该浅层滑坡是在下层岩石滑坡基础上发育的,剥蚀洼槽偏南,在桩22号一带。滑带土已达软塑饱水程度,在滑床顶面黄灰混杂的黏土岩中有封存的植物残体,足以说明古沟槽的存在。根据我们的经验,目前稳定系数 $K = 1.05$,至于桩27号以北也有堆积物,它与黄黏土岩接触,但无黄灰混杂的黏土岩,而且接触带土体密实、硬塑,难于找出滑面,从密实情况而言,可断定目前 $K = 1.15$。至于下层硬塑滑坡后 $7 \sim 8$ m,在桩21号~29号间系一整体,其滑带揉皱起伏,足以说明系错落基础上转化的滑动。该黄沿深灰黏土岩顶面滑动的滑坡的稳定度,比拟办法是从以下三点来判断的:

(1)按地貌形态,它已因上部发育了堆积层滑坡使其南端改变了原有的地貌,此说明其年代久远;

(2)滑体结构已沉实压密,反映出稳定时间长;

(3)滑带岩土虽密实、硬塑,但已风化严重呈土状,且尚未石化,故易于松弛,经受不了地震的考验等。

据此根据经验判断目前 K 为 1.15。按桩坑量得其滑动方向为 NE80°,主槽在桩25号~26号之间,此不同于南端堆积层滑坡。

Ⅴ及Ⅵ号滑坡的稳定度,比拟办法同样按上述之点判断:

(1)在地貌形态上后缘已不清楚,中部也圆顺,但出口形态明显,反映出滑体年代也久。

(2)错落体的结构也沉实密实,但受力松弛迹象依然存在,也有裂隙水作用使岩体处于硬塑状态,尤其是桩坑中仍有个别塌壁现象,因有钢筋混凝土护壁才保证安全;在Ⅴ号出口一带施工抗滑桩中,所挖堑坡上已经产生岩石松弛现象。这些既说明了山体压力大,也表明稳定程度与地貌反映出入之点,值得认真对待。这其中蕴藏了一个山坡稳定性变化的趋势问题,并非两者矛盾。

(3)从原探槽9号及10号中,本已见到在滑坡出口处黄灰黏土岩压在堆积物上,虽结构面密实,但处于可塑状态即说明滑坡虽老,但朝稳定程度逐渐降低方向发展。结合当地储水构造,有因经受不了压力而松弛的。所导致的裂隙水浸润,也可判断其趋势了。

基于上述认识,虽从访问中已知当地60年来经受住Ⅷ~Ⅸ度地震的考验,其稳定系数 K 也只能是 1.20。故需在保持原山坡状态、加强排水条件下,按此边界条件验算平衡方程。其工作如Ⅰ号滑坡,结合开挖临空面按现在滑带(黄与深灰黏土岩分界)及地面下 $11 \sim 13$ m(兰黏土岩夹褐煤条带含水可塑的一层反坡向湖倾者)视作软弱层,求滑坡对桩的作用力。计算之先也是先将各滑带的强度指标代入验算方程,试算至符合上述稳定系数;然后再按正常情况下等,用 $K = 1.15$,将地震力 $W/20$ 列入方程时,$K = 1.05$,由后缘逐块传递计算到桩位线,取其大者作为桩推力的设计依据。这是从推力方面求桩位线的滑坡推力,也只是完成比拟办法的一方面;还需从桩位线的抗力方面(工作如Ⅰ号滑坡)用比拟办法完成另一方面。务必在两面协调下,才认为这一推力切合实际。

在滑带指标方面除比拟办法外,由于对不同岩土做了较多的抗剪强度试验,包括原状土及重塑土的多次剪,既有滑带土也有滑体土,因此在选择时比Ⅰ号滑坡有利。具体应用:

(1)在灰岩及超基性岩中由张性裂面组成的后缘滑带,采用综合 $\varphi = 38°$;沿灰岩或蛇纹岩糜棱带发育的底滑带,可塑者 $\varphi = 16.5°$、$c = 2.5$ t/m²;软塑者 $\varphi = 15°$、$c = 1.5$ t/m²;沿灰岩的岩屑、岩粉发育的滑带用 $\varphi = 20° \sim 25°$,视其粒径而异。

(2)选用于Ⅳ号滑坡由蓝黏土岩组成的滑带,在主滑地段为软塑饱水者 $\varphi = 7°$、$c = 0.5$ t/m²;可塑至软塑者 $\varphi = 8°$、$c = 0.6$ t/m²;可塑者 $\varphi = 10°$、$c = 0.75$ t/m²;位于抗滑地段,可塑者 $\varphi = 12°$、$c = 1.0$ t/m²。

(3)选用于Ⅴ错落滑坡的由蓝黏土岩组成的滑带,在主滑地段可塑者 $\varphi = 10.5°$、$c = 0.8$ t/m²,在抗滑地段为软塑饱水者 $\varphi = 7°$、$c = 0.5$ t/m²。

(4)选用于Ⅵ号错落滑坡体:

黄黏土岩:可塑者 $\varphi = 11°$、$c = 1.2$ t/m²;硬塑含粉砂质 $\varphi = 24°$、$c = 2.6$ t/m² 或综合 $\varphi = 35° \sim 40°$。

黄与蓝或深灰黏土岩接触带,可塑者 $\varphi = 6°$、$c = 2.7$ t/m²;硬塑至可塑者 $\varphi = 8°$、$c = 3.3$ t/m²;硬塑者 $\varphi = 10°$、$c = 3.6$ t/m² 或 $\varphi = 8°$、$c = 4.2$ t/m²。

蓝黏土岩夹条带褐煤:可塑者 $\varphi = 8°$、$c = 0.3$ t/m²;沿裂面硬塑~可塑者 $\varphi = 8°$、$c = 3$ t/m²。

蓝与深灰黏土岩接触带:硬塑者 $\varphi = 28°$、$c = 2.4$ t/m²;半坚硬~硬塑者 $\varphi = 16°$、$c = 2.8$ t/m²(前者含粉砂质,后者以黏土质为主)。

深灰黏土岩:软塑者 $\varphi=7°$、$c=0.4\ t/m^2$;可塑~软塑者 $\varphi=10°$、$c=0.75\ t/m^2$;可塑者 $\varphi=12°$、$c=1.0\ t/m^2$;硬塑~可塑者 $\varphi=13.5°$、$c=1.25\ t/m^2$;硬塑者 $\varphi=15~15.5°$、$c=2.5\ t/m^2$;半坚硬至硬塑者 $\varphi=16°$、$c=4.8\ t/m^2$。

3. 比拟办法用于抗力方面

由于各排桩位线上,滑坡错落体的实际分块、分层较多及滑带含水条件复杂,因此抗力方面的数据更显得重要。我们将几十个在抗滑地段滑体上所取的原状土试验数据统计后,找到Ⅴ及Ⅵ号错落滑坡体在出口一带为硬塑的岩土时,其综合 $\varphi=35°~40°$,据之求出桩位线抗力界限,从而得出上述一系列试验指标的应用范围,比拟求出在地震条件下的桩位线滑坡推力,使之在抗力界限内。

在Ⅳ号滑坡的南端桩21号~25号间,滑体为可塑、中等密实的堆积土,已直接用 $\varphi=12°$、$c=1.0\ t/m^2$,换算出 $\varphi=18°$求出抗力。而北端桩26号~30号间堆积物为硬塑密实的,抗力按综合 $\varphi=30°$求得。

在Ⅴ号错落滑坡上对桩12号~20号除用滑体综合 $\varphi=35°~40°$,求被动土压作为抗力下限外,又采用了两种比拟办法求抗力界限。一为对桩位线至出口间,沿最近距隔,按滑体原状土试验强度抗剪断力;在黄灰黏土岩地带 $\varphi=16°$、$c=6.0\ t/m^2$ 及 $\varphi=18°$、$c=5.0\ t/m^2$。一为沿桩位至出口已有的滑面,用原状土试验强度求抗滑力,在黄与蓝黏土岩接触带原状土强度(软塑有滑面者)$\varphi_{max}=10°$、$c_{max}=2.5\ t/m^2$。这样在三个抗力下限数据中选用小者,按相应的山体稳定度,使从正面所求的推力不超过这一界限。在桩9号~11号间,因滑体为可塑状,除用综合 $\varphi=30°$求抗力外,更沿桩位线至出口滑面用 $\varphi=7°$、$c=0.4\ t/m^2$求沿软塑蓝黏土岩滑带的抗滑力,找抗力限界。

在Ⅵ号错落滑坡中也如Ⅴ号,找了滑体按被动土压所求的抗力(综合 $\varphi=40°$)。也沿灰、蓝黏土岩接触面找无滑面情况下的抗力;按实际裂面的产状,用原状土强度 $\varphi_{max}=28°$、$c_{max}=2.4\ t/m^2$求其抗力。也沿灰、兰黏土岩间找曾产生过滑面的抗力;按滑面产状用原状土多次剪 $\varphi_{max}=8°$、$c=3.0\ t/m^2$求其抗滑力。根据这三者之中最小的确定了抗力的下限;在探井 No.103 井深0~9 m之间为150 t/m^2,井深0~11.2 m为177 t/m^2。同样在计算每桩临空面以下岩土的反力时,也按上述办法求软弱层在临空面间桩前反力,务使大于弹性抗力,认为这样才能保证桩的布筋合理及桩的稳定。

4. Ⅳ、Ⅴ、Ⅵ号滑坡预防工程项目:

(1)主体工程为三排钢筋混凝土抗滑桩

Ⅳ号滑坡10根桩,设计截面1.8 m×2.4 m,每桩间距中至中除两侧21号、22号、23号及29号、30号间为8 m外,其余为6 m。各桩顶高程709 m,与当地地面平,由于滑带起伏,桩长也随之有高低。由南至北桩21号长11.5 m,22号长13 m,23号~25号为15 m,26号~29号为13.5 m与12.5 m相间,30号长12.5 m。共用250级混凝土约600 m^3,3号钢筋57 t,施工中在桩设计尺寸外每侧先做0.2 m厚钢筋混凝土护壁。

Ⅴ号滑坡12根桩,设计截面2 m×3.2 m、桩间距中至中6 m,桩顶高程随地形情况有出入,由南至北桩9号~17号高程为719 m,18号~20号为720 m。由于厂房开挖需要,临空面高程不一,滑带起伏和滑床持力层的坚实程度不同,桩长有出入。桩10号长17 m,11号~15号长18 m,16号及17号长14 m,18号~20号为16 m。共用250级混凝土约1 280 m^3,3号钢筋157 t,施工中在桩设计尺寸外有护壁厚0.25 m,用钢筋混凝土约570 m^3。

Ⅵ号滑坡8根桩,设计截面2.2 m×3.6 m、桩间距中至中5 m,各桩顶高程为733.10 m,由于夹褐煤黏土岩软弱层高程类似,一般桩长26 m。因地质条件关系,桩3号近25 m,桩4号为27 m。共用250级混凝土约1 650 m^3,3号钢筋221 t。施工中在桩设计截面尺寸外做0.25 m厚钢筋混凝土护壁,约660 m^3。

(2)辅助工程:厂房山侧堑顶修隔渗截水沟一条长约250 m;疏干巷道一条250 m,并需自北端用矿山水平钻孔做疏干孔群,达到中细碎车间山侧一排桩17号。对高程750 m平洞出水地段及其东端侧需铺底隔渗,出洞后用隔渗排水沟引走;在选矿厂各项设施竣工之后,需大体整顺地表,并绿化之。

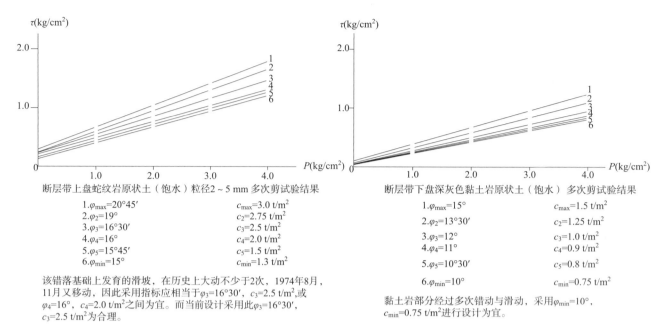

断层带上盘蛇纹岩原状土（饱水）粒径2~5 mm多次剪试验结果

1. $\varphi_{max}=20°45'$ $c_{max}=3.0$ t/m²
2. $\varphi_2=19°$ $c_2=2.75$ t/m²
3. $\varphi_3=16°30'$ $c_3=2.5$ t/m²
4. $\varphi_4=16°$ $c_4=2.0$ t/m²
5. $\varphi_5=15°45'$ $c_5=1.5$ t/m²
6. $\varphi_{min}=15°$ $c_{min}=1.3$ t/m²

该错落基础上发育的滑坡，在历史上大动不少于2次，1974年8月，11月又移动，因此采用指标应相当于$\varphi_3=16°30'$，$c_3=2.5$ t/m²，或$\varphi_4=16°$，$c_4=2.0$ t/m²之间为宜。而当前设计采用此$\varphi_3=16°30'$，$c_3=2.5$ t/m²为合理。

断层带下盘深灰色黏土岩原状土（饱水）多次剪试验结果

1. $\varphi_{max}=15°$ $c_{max}=1.5$ t/m²
2. $\varphi_2=13°30'$ $c_2=1.25$ t/m²
3. $\varphi_3=12°$ $c_3=1.0$ t/m²
4. $\varphi_4=11°$ $c_4=0.9$ t/m²
5. $\varphi_5=10°30'$ $c_5=0.8$ t/m²
6. $\varphi_{min}=10°$ $c_{min}=0.75$ t/m²

黏土岩部分经过多次错动与滑动，采用$\varphi_{min}=10°$，$c_{min}=0.75$ t/m²进行设计为宜。

图8　Ⅰ号滑坡抗剪强度试验成果表

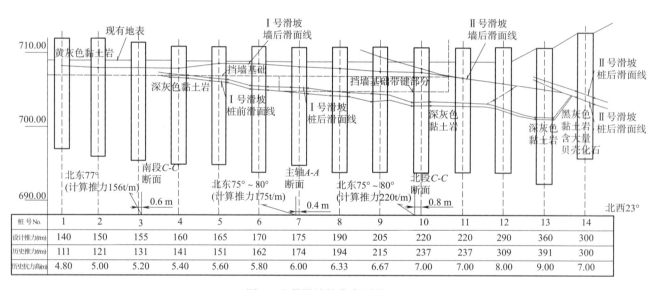

桩号 No.	1	2	3	4	5	6	7	8	9	10	11	12	13	14
设计推力(t/m)	140	150	155	160	165	170	175	190	205	220	220	290	360	300
历史推力(t/m)	111	121	131	141	151	162	174	194	215	237	237	309	391	300
历史抗力高(m)	4.80	5.00	5.20	5.40	5.60	5.80	6.00	6.33	6.67	7.00	7.00	8.00	9.00	7.00

图9　Ⅰ号滑坡桩位实测滑面图

注：此文是1976年4月作于彼格拉德茨。

滑坡的特点和分类与整治的关系

一、滑坡的含义及特点

对于滑坡的含义,世界各国以及各人的认识与解释并一致。单纯从科学出发,比较简明而一致的看法"认为斜坡岩土沿一定的面或带向下移动的现象谓之滑坡"。

我们是从有利于防治滑坡这一山区病害工作出发(例如:便于识别滑坡现象,易于找出滑坡的原因和不利条件,利于判断稳定性和发展趋势,能预先估计该采用哪些有效的防治措施等),结合原因,变形过程和形态特征等特点,认为:"斜坡岩土在重力作用下,一般是由于改变了坡内一定部位的软弱带(或面)的应力状态,或因水和其他物理、化学的作用而降低了该带的强度,以及因振动力或其他作用破坏了该带岩土的结构。从而使部分岩土失却稳定,沿该带作整体缓慢和长期的向下滑动的现象,称为滑坡。它有蠕动、挤压、滑动和固结阶段,有时也可表现为急剧地向前运动。滑动后一般具圈椅形后壁、封闭洼地台阶、鼓丘和垅状前垣等外貌。"

(一)滑坡机理

1. 典型滑坡

1)许多滑坡有一较长的段落,因受地震和水文地质条件的影响,在岩土形成过程中早就有软弱带存在其中,滑带即沿此软弱带发育形成。在现有的软弱带处,常先因应力大于该带岩土的强度产生变形移动,滑带就逐渐依之而形成。此段滑体就是滑坡的主滑地段。由于主滑地段的变形,其后部软弱带以上的岩土,如同基础像陷落下失却支撑一样而断裂,产生一系列的拉张裂面组,同时位于主滑地段前端的岩土受其推挤被剪断,而产生新的裂面组。直到整个滑带(或面)贯通,在前缘挤出地面有出口时,整体滑动就开始。对其后部的岩土称为牵引地段,其前部为抗滑地段。滑体整个向前移动一段距离之后,主要因前部新生滑面的一段及滑动后滑体脱离原滑床的一段产生了阻力,并逐渐增大而使滑动停止。当然在滑动一段之后,由于位能减小,主滑地段岩土相应减少,滑带水被挤出而减小水压与增大滑带土的抗剪强度,滑体在受挤中消耗能量,抗滑地段的岩土增多等也都是有利于稳定的;同样对由于滑动使滑带岩土的结构遭破坏,如土粒作平行于滑床呈带状排列等物理化学作用,从而不断降低了滑带土的抗剪强度等,也是不可忽视的。

2)主滑地段的后部,在未断开前本无推力作用于主滑地段,只因主滑地段变形,蠕动或滑动使之失去支撑而产生断裂。当产生了拉张面之后,后部岩土对裂面而言,由岩土内摩擦的结合转化为沿面间的外摩擦性质,强度剧减产生推力。尤其是因为有了裂面导致水沿之渗入,软化土壤,降低裂面间岩土的强度更为显著;如裂隙充水增加水压等作用才会有较大的下滑力。故就极限状态而言后部为牵引性质,故称牵引地段。这一对滑坡机理的认识,不同于当前世界各国所报道的,因此用于设计求滑带土在极限状态下的抗剪强度指标,所列方程式的条件也不一样。

3)至于前部(指滑带离开原岩土结构中既有地质历史中形成的软弱带的地段)在岩土中本无贯通的软弱带,只是在主滑体的推挤作用下新形成的滑带(有些滑坡无此地段),它和滑动后滑坡前缘脱离原滑床的一段产生阻止滑动的作用,故称抗滑地段。由于影响滑动的条件经常在变动,各部分滑带土的应力与强度间的对比也随之改变,所以主滑地段和抗滑地段也是不断在变动的。这就是其所以在不同时期内滑坡有蠕动、滑动、暂时稳定、再活动或急剧滑动等不同稳定阶段,以及经常在滑动后稳定到一定时期又再活动。即是滑坡的稳定表现有阶段性和周期性,为其主要特点。

2. 破碎而软弱岩层的地区常出现的另一类型滑坡的机理

1)另一些滑坡的滑带,并非受在地质历史演变过程中早就依附软弱带形成。只是顶部有巨厚具裂隙的坚硬岩层,底部是松软的半岩质岩层或是严重破碎的岩层或是松散岩层,多因山体剥蚀到一定外形,受实际荷载分布变化的作用,使较厚的松散体组成的底层岩石因所受的压应力和剪应力增大,或因某种原因使底部松散体的截面尺寸减小而应力集中,以及因水或风化作用使底部岩石强度逐渐降低到不能承受巨大的应力与剪应力时,在底部松散岩层截面尺寸较小处或岩石强度软弱处,岩石结构遭破坏或剪断而逐次形成了新生的滑带。底部滑带形成后,滑体即如前所述各特点沿之滑动。往往滑动之前变形迹象不明显,滑动的速度是急剧的。

2)这类滑坡由于外形不同,或改变其外形,或变更其荷载,对产生于底部的滑带部位因应力变化而变动;相应的影响到顶部牵引地段的变化等为其特点。

由于它的酝酿和形成,滑动过程和方式,滑动后形态和稳定性,以及稳定阶段性和周期性等特点均与前述典型滑坡有较大不同,因此在防治办法上有本质的不同,故应注意区别。

3)例如在巨大而高陡的山体斜坡上,此类滑坡形成的过程多数是:在其中前部常先有深层蠕动现象,然后由于岩石蠕动变形而导致水分在这蠕动区集中,随之该蠕变带的岩土因水而风化,其强度逐渐衰减,以致蠕动区逐步扩大。一般发育在底层巨厚的松散体中,该松散体的岩土各部分的强度基本类似,由于包裹最大岩土体积的面是弧面,因而此蠕动区呈月牙形,按弧形向后、向前发展。直到变形积累到足够数量,蠕动区以上的岩土在其后部也将类似基础下陷性质与母岩山体按既有的结构面或沿岩土的结构强度所产生的一定斜率断开。此断开面成组,裂面之间的强度,如前述转化为外摩擦自比原岩土间的结合力为小,势必产生巨大推力(因顶部巨厚),逼迫蠕动区移动。至此,蠕动区已发育形成滑带,带以上滑体推挤斜坡前部的岩土。此时一面在后缘出现裂缝与错壁(若后部岩土系松散破碎体则是环状;若后部岩土仍受构造断面控制,沿裂面的岩土强度较小,则后缘呈直线或折线形),一面在斜坡前缘坡面上产生 X 形挤出裂隙(有的滑坡不显著)。山坡经此挤压,有的可因挤压密实而增加强度,堵死水流通道,而逐渐稳定,随之裂隙消失,暂时取得平衡。也有变动后在裂隙未密闭前,由于条件适宜(如多次降雨或壤中水通道改变沿裂面和滑带渗透)使滑带强度进一步遭削弱,则滑坡处于不间断而缓慢的移动中;也可在暴雨的侵袭下由于暂时性的裂隙充水,突然增大了山体的重量与水压,使蠕动带与前缘新生的滑带突然贯通,并沿之急剧下滑。

4)这类滑坡多数是滑动距离显著,滑动后的滑体大部分离开原有滑床。至于滑动后滑体的稳定性,将视离开老滑床部分的体积大小和离开部分下伏地面的倾斜与岩性而异:(1)有的逐渐沉实固结不再滑动,并支撑原山坡。(2)有的转化为一般沿老地面滑动的典型滑坡,在山坡上则继续再产生这一类型的滑坡,直到分水岭为度。由于这些特点不同于一般典型滑坡,在某些稳定阶段所采用的防治办法,必然与之有区别。例如对一般典型滑坡常按滑动的主因以截排水为主并在前缘增加支撑为辅;但对此特殊类型滑坡,则在产生后缘之后,按变形的主因(应力增大)采用顶部减重的办法来改变滑体外形以减小压应力为主,同时加强排除地表水以防止暴雨时使裂隙充水。在无条件减重时,常以前缘支挡为主,排地表水及疏干壤中水为辅进行治理。

(二)导致滑动的条件与因素

1. 在滑带应力状态变动方面:自然滑坡多数是由于河流冲刷了前缘支撑部分而产生;工程滑坡不少是人为切割了前部支撑土体而引起。滑体是在失却了支撑状态下,增大了滑带的剪应力而滑动的(也有少数滑坡的滑带可能是压力增大使滑带土的结构先破坏而失却剪切强度的),或是由于后缘山坡产生崩坍以及人为弃渣等堆于滑坡的中后部,直接增加荷载,增大滑带土的应力而产生滑动的。也有在斜坡上弃土使斜坡增厚至滑带土 c 值逐渐不足而产生滑动等一切改变滑体外形与增加荷载,从而增大滑带剪应力促使产生滑动的条件。总之在主滑地段加载,在抗滑地段减载都会产生滑动。

2. 大多数滑坡的形成与复活,都是因滑带含水程度的增大或结构遭破坏引起的。招致滑动的水量和水位或某种水质变化,随滑带土的岩性和结构以及滑床的倾斜度而异:例如四川三叠纪的灰绿色页岩风化残积土和岩屑为滑床时,当向临空面倾斜达 20°左右,滑带土含水刚达塑限程度即产生滑动;又如山西新第三纪或老第四纪的杂色黏土为滑床时,其向临空面倾斜为 7°左右,必须使滑带土含水量达液限(或流动状态)程度才能滑动;阿尔巴尼亚波格拉德茨湖西岸的新第三纪黏土岩组,当裂面倾斜在 10°左右时,滑带土的含水量达软塑程度才会滑动。

至于滑带结构,往往总是在地质历史演变过程中使之松弛、风化才能形成破坏。例如波格拉德茨湖西岸,构成滑带的黏土岩组,即是在横贯山坡走向的纵向逆断层影响带中,由于构造作用先使之揉皱、松弛而后才能依之形成滑带；或是沿横向支断层的糜棱带发育形成的。只有在岩土形成中有构造松弛与破坏,尤其具孔隙饱水的条件下,在震动中才能造成滑带土的结构再破坏。一般震动是不易破坏较薄而非饱水的滑带土结构的。破坏滑带土结构的现象,尚有在高水头、水压下水对滑带土的长期潜蚀或水对易溶盐组成的滑带土产生分解作用、或某种矿化水与滑带土产生化学分解作用等,使滑带土的结构破坏。也有滑带为煤层,因自燃而丧失或人工开采而遭破坏等。

(三)滑带特征

1. 滑体是滑坡动体的总称,沿滑带与滑床分开。组成滑体的可以是任何岩、土。组成滑带与滑床之间有锯齿状滑痕的滑面,从滑痕指向、倾角可以找到以往滑动的方向,滑痕凸凹高差,刻凹槽宽窄可以推断过去滑动时的规模,滑痕的性质与滑带土的厚薄,可以区分滑动部分与受力状态；滑带土的石化程度及滑痕的新鲜程度,也可以估计滑动年代是否久远,如结合含水程度可间接推断滑坡目前处于何种稳定阶段以及发展趋势。

例如一般纯因剪切破坏而形成的顺层滑动的滑坡,或滑坡中位于主滑地段的其滑带薄、滑面光滑、凸凹面高差小、单一,在显微镜下能见滑带土粒排列,裂缝的方向与滑动方向平行一致。

受挤压作用严重所形成的滑带,如错落转化的滑坡,或滑坡中位于抗滑地段的滑带厚、岩土扰动大、滑带是波状、凸凹面高差大、滑面成组（常为两组及以上）,显微镜下能见滑带土粒排列和裂隙两组及以上,与活动方向虽一致,但有一至两组在立面上与之成锐角相交。

在滑坡后缘或每一滑块后缘的滑面,多张开、粗糙、成组,面的倾角较陡,在45°~60°之间,它经过错动才具有平行于滑动方向的滑痕,其性质十分类似因基底沉陷或主动土压所产生的拉裂裂面。

2. 滑坡的滑带往往是依附或由岩土中软弱带生成,它一般与地质条件有密切的关系,如断层糜棱带、层间错动泥化带、不整合面及含水松散层等。其岩性软弱易于风化而逐步降低强度,有持水及相对隔水性,或是位于斜坡内应力集中和结构松散易于遭破坏的部位。有些滑坡的整个成长历程因受地质、水文地质条件和临空面及其他原因有变动,可以沿一个滑带发生一层或一级滑动,也可能沿多层或多级滑带滑动。发育成多层滑坡时,总是由于在滑坡发育中有能形成几层滑带的条件,发育成多级滑坡时往往是滑下的滑体在新生条件下仍然向前滑动,是因后缘斜坡各种条件依旧发展,但得不到滑下滑体的支撑所致。但是每一块滑带土总是比其上下邻近的岩土强度为低,较松散,持水性能强,而滑带下伏的岩土一般是相对隔水的,或是供水层。

(四)一般滑动特征

1. 一般滑体是一整块或几大块同时下滑,每块滑体中各个部分间的相关位置,在滑动前、中、后基本变化不大。虽然在一些大滑坡的前缘或两侧可能先有局部崩塌、坍塌、错落或流泥现象,或在滑动中滑坡表面也出现局部岩土的崩塌和土石翻滚现象,但绝大部分的滑体还是作整体地沿滑带滑动。

2. 滑动是长期的,缓慢的,具间歇性的。有蠕动阶段,挤压阶段,滑动阶段,有时也表现为急剧变形的大滑动阶段,最后渐趋稳定,滑体逐步沉实的滑带固结阶段。由于相应的条件在不断地变化,各个阶段或其中某几个阶段可因之交替出现,因而有暂时稳定、渐趋恶化和再复活以及死去等现象。在自然滑坡中因许多自然条件带有规律性如雨季、旱季,每十几或几十年出现一次丰水年以及地震周期等,所以滑坡也有一定周期。不过主滑地段基本上总是沿原滑带做向前向下的滑动。

3. 大多数滑坡在滑动的各个阶段都具有一定的外貌与迹象可资区别,尤其在由某一阶段向下一阶段过渡时,所出现的迹象更为显著,对辨别其发展趋势有一定的预见性。崩塌性滑坡只不过是中间阶段（滑动）短暂迅速发展至急剧滑动而已,但各个阶段的迹象还是明显的依次出现。

(五)形态特征

1. 发育完全的典型滑坡,滑动后具有一定的地貌形态。在后缘一般有圈椅形后壁（由错落转化的为直线或折线形）或张开的下错裂缝与下滑擦痕和月牙形的封闭洼地,有些滑坡在刚滑动之后可见滑体与后壁截然分开直到滑面；沿滑带有水泉向此月牙形的洼地排泄,沿月牙形洼地向两侧流走。随后由于后壁岩土坍塌将之掩埋而成封闭洼地,它因水泉发育而丛生喜水植物。

在中部常有一级以上的台阶,每级平台的后缘也常有一个以上的错壁或下错裂缝。台面常具后倾现象,其后部低于两侧不动的山坡,而前端常高出两侧稳定的岩体。滑体与两侧不动体之间常见断断续续的羽状剪切裂缝或错壁,在侧向错壁上常见到明显的滑痕,其指向与倾角常与滑坡在该部位的滑动方向一致。

滑坡的前部呈垅状,具放射状裂缝,常伴生坍塌现象。此因它受推而松弛,在壤中水集中作用下产生坍塌。如滑面低于基底的,前缘常出现鼓丘和垅状的垣,丘上有横切滑动方向的张性隆起裂缝。在出口的附近常见反倾的、错出的滑面,滑面具有明显的梳状滑痕,它指出滑动的方向。有时沿此出口一带由于水泉、湿地发育,生长了喜水植物,对稳定较久的滑坡常借此寻找出口部位,然后经过坑探予以证实。

2. 滑坡滑动后,在大自然的作用下,经过剥蚀而逐渐消失其外貌形态;因此对比滑坡形态的剥蚀程度与滑体沉实后的密实程度,可以推断出该滑坡已稳定多少年了。同样从整个滑坡上有多少弧形后壁及垅状前缘,以及每一圈椅形后缘遭破坏程度和垅状前缘的残存现象,也可推断出该滑坡发展与分化的过程。对比滑体与两侧不动岩体的相关部位,也可以找出相对移动的关系,从而推断出它们的变形次序与性质。

(六)滑坡区、群的特点

自然滑坡群的形成常与某一具软弱岩性的岩层分布有关,绝大多数该岩性不良的岩层被剥蚀出露后或接近地表时,尤其在该岩石层面倾向临空的条件下,更易产生滑坡区、群。例如在古里库奇发生的由错落转化的滑坡群,其出口多沿坡脚逆断层下的黏土岩顶层一带,因此都具有类似的地质和水文地质条件。

滑坡是斜坡失却侧向支撑在重力作用下发生的一种不良物理地质现象。沿河一带的山坡常因河流下切而失却侧向支撑,尤其是在河流旁蚀作用强烈的地段,滑坡极其发育;因此同一河谷不同年代的滑坡群常与各个阶地侵蚀基准面的高程有密切关系,某一阶地有滑坡出口,常成群产生。

当地下水浸润的一层是易软化的岩层时,而地下水又成带状分布,该受水浸润的一层又倾向临空时,一旦切断该层或侵蚀基准面发育至该层后,滑坡则沿此地下水出露高程成群发育。

上述种种现象系因不良地质有区域性、分布有成层性和分带性,所以滑坡区、群也常具有区域性、成层性和分带性。这也正是煤系地层、半岩质的黏土岩组、复理石建造、磨拉石建造、陆相的红色建造、海相的灰色建造以及泄湖相建造等易于产生滑坡区、群的缘由。同样在岩浆岩的接触带、风化壳以及断层糜棱带等也有易形成错落转化为滑坡区、群特点。

二、滑坡与其他病害的区别

(一)滑坡与泥石流的区别

滑坡是整体沿滑带的滑动,其岩土结构、层次及相对关系不因滑动而有所改变。即是塑流性滑坡也是这样。只有滑带岩土在挤压下才混淆,在稍干时也仅滑带土中可见有规律的滑面与擦痕。而泥石流以水流搬运为主,岩土在水流作用下呈悬浮状态,下层的岩土可以翻滚混入上层之中,常出现泥球互相挤压,具有许多不规律的擦痕。因此,动体若在大量水的作用下流动,已达到整个厚度几乎全为滑带时,岩土产生混淆现象,即是泥石流;若动体基本上分为两层,上层较厚,仍保持原始结构状态,基本上是整体的沿下层滑带向下滑动,只下层为滑带,岩土混淆,它可以呈塑限、液限和流塑状态的谓之滑坡。

当泥石流的水量减少,动体内岩土不再翻滚及悬浮而是成层的状态沿下伏老地面滑动时就转化为滑坡。同样塑流性滑坡,一旦水量增多使滑体岩土悬浮翻滚混淆时,动体各个组成部分的结构遭破坏,就转化为泥石流。

(二)滑坡与错落的区别

在一些国家与个人是将之并为一类,我们因变形性质、危害、稳定阶段和防治方法不同,从有利于防治工作出发,认为必须区分。错落一般是当地较大范围内地貌演变的继续,尤以山区受地质构造裂面的组合和河流切割造成的临空面是地貌发育的基础时,它受当地山体格局所控制而发生的一种变形现象。错落的后壁往往依附一组陡而平顺的、或两组相交的、倾向临空面的、既有的陡裂面发育,作用力来源于后部沿裂面产生的重力之分力,挤压中前部向临空面变形。由于作用力以垂直为主,中前部的变形则以压密为主,水平为次,而不能产生前缘反翘现象。

在错落发生时,因岩土被压密而承载强度增大,随之又达新的稳定阶段。引起中前部压密的条件,理应为高陡的斜坡有巨厚的岩体,自重大,同时位于下部的岩土如经过松弛或强度能逐渐衰减时,则在受压之下才会压缩。压密变形的过程，一般是先从侵蚀基准面附近最低一层的松散岩土，或是基底承载面积相对小的部分发生，逐渐向上调整到坡顶，直到后壁裂面附近这一部位。形成一组下错裂缝，产生一定错距后，就完成了一次错落变形现象。由于变形是自下部先产生，因此这一变动就很突然，等到发现后缘下错后，变形即告完成。

在上述条件下，可由于种种增加下部松弛岩土的应力，如地下水位骤降失却浮力或如久雨使松弛的岩体和裂面暂时充水产生水压，自然和人为在坡顶堆积岩土，河流或人为切割了下部松弛岩土而减少承载面积等，就能发生错落或再错落。也可因种种作用降低下层松弛岩土的单位承载能力和剪切强度，如渗水后加速风化，岩土在长期压力作用下强度的衰减等，以及可以因种种作用使整个岩体结构遭破坏，如地震、大爆破和浸水崩解等，使错落现象再产生。当然，在上述现象中任几种组合也更能产生错落和再错落现象。一旦在松弛岩土内形成一压碎带，就易于导致壤中水沿之集中，更促进风化，从而降低了该带的强度。此压碎带名为错落带。如其相对厚度小、向临空面的倾斜缓，将由于自身的抗剪强度降低到小于剪切应力时，就转化为顺错落带的滑动现象。错落带即发展成滑带，变形现象也转化为在错落基础上发育的滑坡。此时各平行于后壁的构造裂面组，一旦暂时充水，排泄不及，易产生水压，错体在此强大的水平推力作用下急剧的滑动。同样如错落带较厚，或下部松弛岩土的破坏范围大成楔状，向临空面倾斜陡，往往起因在下部楔形尖端的岩土结构遭挤压破坏，由于下部边缘岩石遭到剥蚀，上部岩体因之悬空产生大范围的岩体倒塌等现象，这就是错落向崩塌转化的过程。

我们经过多年实践，如上述认为错落这一变形性质特殊，而大自然中尤其是山区这一现象又十分发育，故需要划分为独立类型。它与滑坡的区别：由于错落的后壁裂面是依附或由岩体形成过程中地质条件既存的一或二组构造裂面而产生的，故后缘裂缝或错壁往往呈直线或两组直线相交的折线形如齿状。而滑坡的后壁基本上是无既存裂面控制，纯按较均质岩土中裂隙性质而成弧形。错落的作用力来自后部，沿错动带以垂直变动为主。初期属压密性质，故外貌呈半馒头状，从平行移动方向的截面上看，横长约大于厚度。而滑坡以水平移动为主，作用力来自中部主滑段，沿滑动带向前滑动，属剪切性质。故外貌为舌状，在平行移动方向的截面上横长远远大于厚度。错落的错落带主要受陡倾向的挤压作用形成，故带厚，挤压揉皱现象突出，有多组多方面的裂面，带中岩土以岩屑、岩粉混杂为主，潮湿、含水量小，地下水一般不承压；而滑坡主滑段的滑带，系受自身缓倾斜的剪切作用形成，故带薄、滑面光滑且基本平行于滑床，带中岩土以黏性土为主多具持水性，呈软塑到流塑状；滑带水尤其在前部常具承压性。错落的出口常在临空面的基底以下时，一般总是向下倾斜而少擦痕与光面；而滑坡出口常在基底以下时，前缘易弯曲、隆起形成鼓丘及垅状的垣，有明显上翘的滑面组和擦痕。错落很少有几级错台，每级错台的后缘均基本上平行成直线状或齿状，且错台的台面基本上为平或前倾状；而滑坡多有几级台阶，每级台阶的后缘在方向上多不同，即属一致，也是成弧状，有新月形洼地。每级滑坡台阶的台面多向后倾。如错落体的中前部错动带自行下滑时，带中产生与移动方向一致而平行于不动体的擦痕，就转化为滑坡。

（三）崩塌与滑坡的区别

在变形上的区别比较显著。崩塌体是各自分离，有倾倒翻转散堆于坡脚下的现象，每次崩塌均离开原有的裂面，再次崩塌又沿新生的裂面发生；而滑坡体在滑动后基本上仍保持整体状态而不分散，体内岩土无倾倒与翻转现象，再次滑动时大部分滑体仍沿原有滑面继续向前滑动。崩塌是因斜坡下部在边缘部分的岩土结构先遭破坏，上部岩体失却承载下因自重而断裂，做急剧地倒塌和崩落而下的象。而滑坡则因斜坡内有一定的软弱带，先因该带剪切应力大于岩土的强度，或因失却横向支撑剪断了该带岩土而沿之缓慢地滑动。崩塌部分与母岩分离的主要界面是受下部结构先遭破坏的岩土分布所影响，也与上部悬空范围内已有的软弱部分和既有裂面的分布有关，以及当时各种不利条件的组合使之向力学组合最不利的边界发育；故崩塌前期坡顶上事先出现的裂缝与松弛张开的现象常不规则，只是大体上有一走向范围。该迹象一般离坡顶较远，且往往自坡顶出现这类裂缝后至大崩塌为时短暂，只有发育不全的崩塌地区，我们才见到这种崩塌前的酝酿变形。这是崩塌不同于滑坡的又一特点。滑坡的后缘裂缝与变形是有规律的，而且各个部位的裂隙性质也是明显的。当然，若构成滑坡与崩塌都是以地质上的破碎软弱带为主时，那么崩塌的界面陡，先压坏出口，常在暴风雨的水压下产生翻到；而滑坡的界面缓，因剪切破坏而沿坡滑走。

由于崩塌与滑坡在力学性质上如此不同,对尚未变形的斜坡岩体,可自体内软弱部分的分布和组合与在一定外形下应力的分布等方面了解,从而判断和预计能否产生滑坡或崩塌变形。

至于崩塌体与滑动体可从堆积岩土的结构与顺序上区分,崩体是杂乱无章的或层序倒转;而滑体基本上保持未变动前的各层上下层序与相互关系,结构和顺序的。崩体的表面总斜坡陡,滑坡则缓。若崩塌堆积体沿下伏老地面做整体滑动,此时即转化为滑坡现象;同样滑体滑出陡坎的部分,坠落而下,这坠落部分就转化为崩塌了。

(四)堆塌(又称坍塌)与滑坡的区别

堆塌基本属于斜坡边坡部分的变形,而滑坡、崩塌和错落等属斜坡岩体部分的变形;它们在变形范围和规模上,在变形性质上都不一样。

堆塌一般是发生在斜坡岩体各个部分强度基本上类似的条件下,由于种种原因使岩体边坡部分的土体结构较松弛或强度遭降低,不能支持原有的斜度,而发生土体由外向内,由下向上的逐层向下移动的现象。直到斜坡坍至一定缓度,变形才终止。坍下的土石按自然休止角的坡度堆于坡脚。这一边坡部分岩土的变形,多半在雨季中由于表水渗透与浸湿了土体所造成,或因振动使之结构松弛,降低了强度而坍塌。或某些岩土由岩性所决定,因新鲜面受大自然营力的风化作用有膨胀和崩解而松弛,另一些构造变动剧烈的岩体存在有地应力,在大量削坡后,因地应力释放而使边坡在一定厚度内的岩石松弛,逐渐不能支持新开挖的陡坡;不少地段由于开挖后,改变了水文地质条件,加之坡内壤中水的作用,被浸湿了的岩土部分先坍塌然后逐步向内向上扩大。

基于上述理解,坍塌与滑坡的主要区别:坍塌仅仅是因边坡坡度过陡,由外向内,由下向上逐次松弛而变形,逐步塌下改变斜坡表面的坡度;而滑坡则为下伏滑面剪切强度不够做整体向前滑动,其头部斜坡甚至滑动一段距离之后仍能支持原陡度。虽说有些滑坡在滑动前,或滑动中头部斜坡也有坍塌现象,但动体的后缘裂缝总是远离坡顶,它与坡顶附近坍塌裂缝之间总有一大段无裂缝区;而坍塌仅是在坡顶附近不断变形,坡顶裂缝密布由边向内发展,但无中间一段。如滑坡与错落做整体移动时是保持原结构状态的。坍塌的土体像失却一般挡墙的支撑一样,产生由下向上一环一环的主动土压破裂面,由外向内逐渐扩大,每次坍下后该破裂面即消失,再次坍塌又沿新面塌下;而滑坡则沿一定的滑面移动,再次滑动基本上仍沿原面继续移动。坍塌体是松散的,潮湿的,也不一定保持原结构;而滑坡的主体部分则较密实,并维持原含水状态与组织结构。

在自然现象中,往往下伏软弱带倾向河的山坡,其前缘陡坎外堆积了岩土。陡坡外堆积体常因受坡内壤中水的作用而产生坍塌。一旦由于坍塌削弱了山坡的横向支撑,达到能引起后部山坡岩土沿向河倾斜的下伏软弱带做整体地滑动,此时坍塌即转化为滑坡。同样大滑坡体的前部与两侧,常在大滑动以前受滑坡推力的推挤,使之向临空面松弛,或有坡内的壤中水、滑带水等浸湿了前部与两侧的岩土而产生坍塌。这时变形现象虽局限于滑坡的前部与两侧,也可称之为堆塌,但不可忽视其为滑动的前兆。当大滑动后,前缘及两侧土体结构松弛,在每年雨季浸湿后,常发生坍塌现象,需经过长期沉实固结才能稳定,此时滑坡则转化为堆塌了。

三、从组成滑体物质来分类其与整治间的关系

(一)防治滑坡工作的一般内容及顺序

防治滑坡的工作首先要判断出是否是滑坡现象,尤其是要充分估计到在人为地改变了自然山坡的条件之后,该山坡是否会产生或转化为滑坡病害,并需估计出它的性质、规模和危害。

其次,在初步勘察后要能预计到滑带所在的部位,依附或由哪组岩土组成,当前处于哪一滑坡稳定阶段,以往滑坡的发展过程及发生发展的条件、因素与其变化,将要变形的范围、滑动性质、规模、危害和因之而引起的后果与发展趋势,今后可能促使滑坡发展的主次要条件,因素和变化;并据之能大体上安排出正规调查、测绘、勘探、化验、试验和观测以及研究等项工作的工作量和计划,然后再随工作进程随时修改看法与计划。

再者,要提出应能针对哪些主次要条件和因素进行治理才能防止危害,从而提出可能有效的防治方案及每一方案有哪些主要措施和造价以便比选。在对滑坡地区进行工程建设及整治措施时,要能预计到施工中

可能产生的变化,并需预先采取措施而不使其恶化,以便保证工程能顺利完成等。

(二)以组成滑体物质为主的分类对整治滑坡的作用

我们经过二十多年防治滑坡的实践,体会到抓组成滑体的基本物质为主,结合地质成因的滑坡分类是可以达到利于防治滑坡工作的目的。现分堆积层、黄土、黏土和岩层滑坡四大类。此分类与整治的关系:

1. 这四大类滑坡在我国自然环境中数量多,性质不同,了解它所采用的方法不一样,对其有效的防治办法也是有区别的,这样分类才有实际意义。

2. 从定名上可直接了解到该类岩土的成因、性质、地质条件和可能的水文地质变化,且可从外貌上一目了然为最大优点。

3. 可联系各类滑坡必然具备的特点,经过短期工作与采用针对各自特点的勘测方法之后,即可了解到滑面可能埋藏的深度和部位,而推断出变形的规模大小;从滑床性质和倾斜度,从地质成因了解滑体必然存在的结构特点,从水文地质条件以及滑带岩土可以了解到滑坡的特性等,可预计到滑动的性质是缓慢的移动还是突然的剧动,据之可供采取对策所需。

4. 从所述的分类法可以针对各自特点安排调查、测绘、勘探、化验、试验、和研究等项工作的重点内容和计划,并可预计到了解它需多长时间与可能性;从而可尽快地掌握它属该类滑坡中哪一类型和特点,影响滑动的主次要条件和因素,转化条件和发展的限度与危害。并能据此预先断定采用哪些防治措施可能生效,并能保证其能建成。

(三)每类滑坡与整治工作的关系

事实上,多年来我们每接触一个滑坡,总是先了解滑体是否包括基岩部分(即是当地岩质岩层是否也滑动了),滑带是否深入基底以下,滑动是否会急剧与突变,这样才能尽快地判断其规模与危害大小,以便尽早地确定铁路或厂矿修建的位置。分类也是要有利于达到这一目的,以便迅速而正确的提出防治方案开展工作。

1. 岩层滑坡划分为一类与整治的关系

它在数量上经常少于堆积层滑坡,但在沿构造线发育的河谷两侧以及巨厚的岩浆岩风化壳发育的地区,常成群出现而且规模巨大。由于该类滑坡的界面与地质上的结构面、构造面或断层带、不整合面、整合面、片理面等密切关联,常产生于岩石破碎带、糜棱化或岩性软弱的泥化、片理化、石墨化、滑石化、绿泥化、千枚化、蛇纹化、绢云母化等以及易溶、易燃的夹层部位,因此需从地层层序,各层岩性和当地构造裂面配套作为工作的重点,找出滑带及可能形成滑带的岩层及其部位,从而也就了解了滑坡性质。正因为岩层滑坡的滑带比较严格地受构造控制,同一滑带不易变动,大多数顺层滑动的岩层滑坡,其滑带就不易在出口地段深入基底;而由深层蠕动所形成的岩层滑坡,就必须是底层为巨厚的松散而软弱的岩石,其厚度就易于因岩体外形的改变而变动其蠕动区,滑带在出口地段又常是深入基底的,但它还是受构造裂面组合所影响。这些特点与覆盖层的滑动迥然不同,故认为必须将之单独划为一大类,利于展开防治该类滑坡的工作。岩层滑坡中滑带的形成具有地质构造中每一构造的特征,例如顺层的泥化错动带,因此在该类滑坡地带,可从层间泥化错动面的分布找出或预计可能产生几层滑面和规模多大的滑坡,防治时将考虑每层泥化错动面的排水与加固泥化带。国内安康附近的旗杆沟岩层滑坡,即是针对横贯斜坡上每个层间错动面进行逐层整治的。阿国古里库奇Ⅰ号滑坡,在设计抗滑钢筋混凝土桩时也是分析研究过每层错落面可能复活的情形。古里库奇粗碎车间山侧的抗滑桩,除针对顶层黄灰色黏土岩错落体外,也充分考虑到桩前被开挖后,在蓝灰色黏土岩组中各个含煤软弱构造面可能形成滑带的情况。这些就是岩层滑坡被划为一类后与整治工作的独特关系有利的一面。当然在岩层滑坡类以下,仍然尚需划分顺层岩层滑坡、在错落基础上发育的岩层滑坡和破碎岩层滑坡,将更利于整治工作的进展。

2. 堆积层滑坡的特点与整治的关系

覆盖层(除软土外)的滑动,在地形上虽一般多以基底面或当地各个侵蚀基准面,基岩顶面以及剥蚀面等为出口;但因堆积物中顺坡堆积、黄土和各种特殊黏性土的形成环境与过程不一样,以致性质不同(包括土粒排列结构、岩性、水文地质条件等)。以这些不同性质的岩土为滑体所形成的各类滑坡,在成因、性质、规模和危害上有很大的不同,而且带有地区性,同样在防治办法上也有不同规律,所以需要各个单独分类。

在山区常见到的各种山坡堆积物(包括坡、崩、洪、残积物)和个别冲积层,沿下伏基岩面或不同的堆积层间滑动。滑体以碎石类土组成为主,一般粗粒成分多,成倾斜排列,具不均匀性。正因为其组成是不均匀松散而易于渗水的,构成滑面的部位将是堆积体内各个不同成因、年代的堆积层次,且需具有相对的隔水现象。也因组织结构松散,当前部滑动后,易引起由于失却支撑以致滑坡向后部、向上部发展,水又可因堆积土石再松弛而向下渗透,使滑面向下一相对的隔水层发展,直至基岩顶面。同时该类坡积层的滑动性质和滑动时滑带所需的含水程度又与滑床(层间相对含水层或基岩顶面)的倾斜度和组成滑带岩土(为含黏土较多的一层或基岩残积土)的岩性密切相关。在滑床较陡时,滑带中没有流动的水时也能滑动,因此实践证明往往不对该类滑坡的供水来源和补给方式做过多的了解(不一定能及时了解清楚)只在滑坡前部了解到壤中水的分布后,即可修建滑体中前部的疏干和支撑工程群等措施,能立即产生防止滑动的作用。这种与整治的关系,也说明将之单独划为堆积层滑坡一类的必要。如进一步将堆积层滑坡又划分为沟口堆积层滑坡、水平堆积层滑坡和洪积层滑坡,对整治工作更可按其特点迅速展开。

3. 黄土滑坡的特点与整治的关系

同样,在我国西北广布了黄土及黄土类土,它在地质上虽也称作堆积物,但有一定的成层性、均一性和成岩环境。它以粉土为主组成,含大量碳酸钙盐并具大孔性。层厚常达数十至百余米等。这些特点与其他山坡堆积物是迥然不同的。除了洪、堆积的黄土之外,老黄土中除非有地震裂隙一般是不会在黄土层本身产生滑带的。只是在不同年代的黄土堆积层间或钙核层含水饱和时才会产生顺层滑动。由于这种堆积层间多系平缓(第四纪新构造发育地段例外)只有在层间水量巨大时,才有可能产生滑动。比较常见的黄土滑坡为厚层黄土沿下伏老地层顶面的滑动,它虽与堆积层沿基岩顶面滑动类似,但地面水是否直接渗至滑床顶面,将视黄土中垂直节理及大孔隙是否贯通而定。一般老黄土内有古土壤层,大孔隙不发育,因此表水常不易直接渗入,不如堆积层有利。所以当厚层黄土下伏的老地层较平缓时,沿之滑动的滑带水不但水量大而且来源必远易于截断;不似堆积层滑坡沿基岩顶面的水常系裂隙水和表水所补给,量小而少规律难于截断。事实上在我国西北黄土高原地区,宽河广谷地段,两岸厚层黄土下伏的老地层就是以平缓的第三纪红层为多,当红层顶部储存大量地下水的地段,规模巨大的黄土滑坡群也是普遍存在的。如此巨大、经常是上千万立方米或亿万立方米的大滑坡,也只能采用截断下伏地下水的办法来稳定该类滑坡,否则任何支撑工程都难以实现,且不经济没必要的。

如巨厚黄土下伏的老地层的倾斜较陡,例如宝天铁路沿渭河峡谷两岸,当底部黄土为滑带土时能受水浸润,其丧失强度大而迅速,故比堆积层滑坡的滑动发生突然和急剧。因黄土具高陡边坡,滑动后危害大,滑动远,有巨大的摧毁能力,可危及几百米以外。这样它与堆积层滑坡在防治措施上不可能完全一致。前者黄土滑坡在不能绕避时,目前常在滑面下修明洞或修支撑明洞利用洞顶外侧回填土所形成的支撑体来防止滑动;后者堆积层滑坡多采用减重与支撑相结合的工程整治它。

即是洪、堆积成因的黄土,也与山坡洪、堆层不一样,它一般具重塑作用,仍保持一些碳酸钙盐的作用,土体密实,因而具高陡边坡。如洪积黄土所含的砂层透境体,有集中水分的条件时,而透镜状分布又倾向临空面,往往产生沿砂层所形成的滑带,在开挖后经过两三年才产生急剧滑动。例如宝成铁路店子坪黄土崩塌性滑坡,它就是在开挖后两年多以水气方式,集中水分于砂层透镜体之中,使该带附近土壤达到塑限程度,突然滑下 20 万 m^3。事实上该带在难以觉察的情况下,已产生蠕动及微变形有年余。我们在前缘坡面上会见早期出现的 X 形微裂隙,当时因它细小和不理解而忽视,随后在久雨与暴雨之后,突然在坡顶出现环裂,同时在坡脚的土体也隆起,经过一两日,即产生沿砂层的大滑动。这不是结构松散的洪、堆积层为滑体的堆积滑坡易于产生的现象,故了解两者的重点与方法也不相同。

一些顺层的黄土滑坡,如新黄土沿老黄土或老地面的滑动,上层黄土沿古土壤层或钙核层的滑动,它们与堆积层的顺层滑坡有类似之处;但黄土滑坡的滑床与滑带土系以粉土或黏性土组成为主,当古地形剥蚀面为滑床时,其倾斜平缓,常需有较多的滑带水才能滑动。因此在防治黄土滑坡时更着重于处理滑带水;不似堆积层滑坡以疏干前部为主,兼用支挡工程。

至于在了解滑坡的方法方面,对黄土滑坡着重研究大范围内黄土的成因和阶地个数与每级阶地的高程,以了解它能否产生层间滑动的可能性和出口部位;常用当地地层对比法,从缺失或减薄的层次中找出滑带或面的部位;从邻近地区含水层的分布来推断滑带位置及滑带水的水文条件,然后经过滑坡范围内的勘探来证实。同时特别要重视黄土下伏地层或老地面的顶面形状和岩性以及有无沿之滑动的可能。

滑动后的黄土滑坡其地貌景观是清晰而易于辨认的,可据之特点滑坡的各个组成部分,最终用观测和勘探来证实。

对堆积层滑坡着重了解滑坡产生地带的地形为主,因组成滑坡的堆积物在生成时受当地地形特点的限制为大。研究滑体中多次堆积交叠现象和倾斜度就显得十分重要。所以在了解它时,首先要弄清它属山坡堆积还是属沟口堆积类型,如系洪积则需弄清各次洪积的交互沉积方向,其次才是了解滑带(或面)可能埋藏的部位。用勘探的方法来加以证实。要特别重视基岩残积土,以便确定组成的滑带土究竟是残积土还是坡积土,以及滑坡能否反映至基岩顶面。其中古剥蚀地形的形状为研究的重点,往往它是沿古沟槽洼地发育的,故常需基岩顶面等高线图和过湿带分布图,以确定滑坡的立体形状。这些对黄土滑坡不一定需要,这是必须各划一类的理由。

4. 各种特殊黏性土滑坡的特点与整治的关系

在我国华东、中南和许多山间盆地一带的丘陵地区,是湖、海相和间冰期接近静水沉积的地层,它们均以化学成因为主,一般多由细颗粒、含有特殊矿物组成的。有些如晋东、晋中、晋东南的老第四纪(或新第三纪)基本上为半成岩的杂色黏土,层面倾斜,有构造裂面;当其倾向临空时,在复理层建造中粉细砂与黏土互层处若含水且临近地表时,就易产生滑坡。它类似岩层滑坡中顺层滑坡,但有些软弱,所以了解它除着重构造裂面外,还需注意岩性。又如裂隙黏土在我国上述地区分布广泛,或因卸载膨胀而松弛,或因干、湿而崩解,滑面位置是随裂隙的扩大与深入而向下发展。由于它含有某些亲水矿物,如伊利石、蒙脱石及高岭土,因而在平缓的斜面上也能产生滑动,这类滑坡大多数受地表水和壤中水的影响,所以具厚度小,范围大的特点。发生这类滑坡的山坡虽缓,但不处理壤中水或加强支挡,只单纯刷方和排地表水是不易稳定滑坡的。再如:西南金沙江流域安宁河谷一带的昔格达层,也有成岩的,也有是间冰期的堆积物,因其岩性特殊,受水极易丧失强度,使上覆岩土急剧产生滑动。它类似堆积层滑坡的滑床和滑带,但变形速度快且范围大,需要从岩性上了解它才能认识此类滑坡的性质和危害。其他如海边一带海相沉积的软土和山区以铝土页岩的风化土或某些含盐为主的地层中发生的滑坡,不但种类多、数量大而且都为浅层、具地区性,岩土的物理化学性质均匀,有含水持水而排水困难等特性,其力学强度和可变性与所含的矿物种类和含量有关,尤以某些含盐地层除了排水外,常需结合单独项目进行研究后,弄清了性质与滑动的机理后才能据此提出对策,所以我们认为有单独划分一大类的必要。

滑坡的滑动与稳定,在改变滑带上应力方面除少数为震动力、水压力和活荷载的变动外,主要原因还是在于改变滑体外形。对自然滑坡而言,河流冲刷坡脚是主要的。所以滑坡是否易于复活与滑体前部结构是否密实,土石和岩块的大小等的抗冲刷能力有关,如按组成滑体的物质分类对判断今后的稳定性比较方便。含大块崩积岩块和坚硬岩石组成滑体的滑坡头部,理所当然不易因河流冲刷头部而复活;对黄土及黏土滑坡,在河流冲刷下,易于再滑动。同样对因降低滑带土的强度造成再滑动的滑坡,它随与滑带土的岩性、活动频率和滑走距离有关,但滑带水的水量与水头仍为控制因素。如以组成滑体物质为主来分类,堆积层滑坡易因滑动而断裂,使滑体内各层间的水集中下渗到基岩顶面附近;而岩层滑坡的滑带水较固定于一定的构造部位,如断层带、不整合面或一定的含水岩石。对同是黏性土滑坡则随裂隙发展而作用于某一顺坡的裂隙面,滑带就发育深,或者滑带只固定于有受水软化的一层特殊土分布的位置,沿之而滑动等。所以,以组成滑体物质为主的分类,有直接了解地质条件及变化、可能构成滑带土的岩土和层位、各个阶段引起滑坡发展的可能性和次要因素及变化等优点。多年来我们就是随着工作次序,由表及里认为这样分类对于防治工作有利。当然,这样分类也不能看成僵死的,还需看到它们之间的相似性、相异性和彼此不断地转变。

注:此文作于1976年3月。

大海哨车站岩石顺层滑坡群的研究

前　言

昆明铁路局曲靖至马过河区间岩层多倾向铁路,已产生不少顺层滑坡。为避免既有滑坡及新生滑坡对铁路运输造成的危害,于1977年初由昆明铁路局、西南交大、铁二院及西北研究所共同组成小组结合生产开展滑坡的防治研究。本文仅是大海哨车站地段(K492+850~K493+410)的滑坡群及其中一段岩层倾向铁路的深堑之稳定性及防治措施研究的成果。为"曲—马间岩石顺层滑坡的研究"的组成部分。

目前该段各项防治工程已次第竣工,一些推论也经观测实验及调查所证实。兹特从研究方面论述这类山坡产生滑坡的地质条件、滑动的因素、滑坡的特性及其与地质条件的关系,有效防治措施以及支挡工程所处的地质环境等项的规律,供类似地段参考应用。

一、概　况

大海哨车站一带山坡位于响水河的右(南)岸,由志留系中统马龙群第三层(S_2m^{3A}、S_2m^{3B})中、上部海相沉积岩石组成,属高原区低山丘陵单面山地形。南高北低,相对高差七十余米,自然坡度16°~20°,坡积层不厚,岩层基本裸露。山坡的展布与岩层的走向基本一致。

铁路沿山坡走向切山腰而过,南侧堑坡的岩层倾向铁路。修路后曾产生滑坡群(图1)。

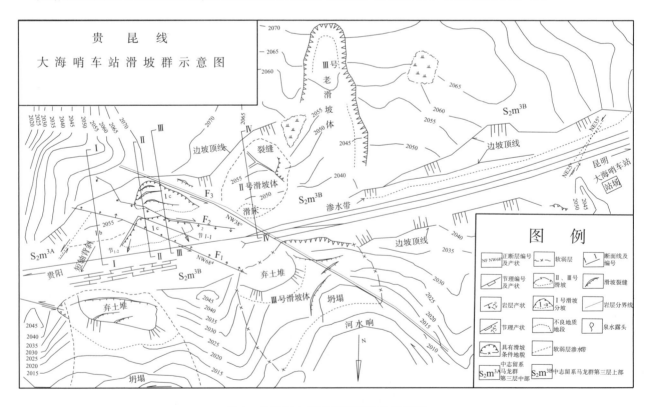

图1　贵昆线大海哨车站滑坡群示意图

其中Ⅰ号岩石顺层滑坡自上而下分为I_a、I_b、I_c三块,分布于K492+850~K493+010路南山侧。I_a滑坡出口沿堑顶平台面;I_b滑坡位于东端,其上部滑体已大部分清除;I_c滑坡出口略高于路面。经观测I_a

及I_c两滑坡在1977年及1978年雨季均有发展（I_a外移约60 cm、I_c为70 cm），现已分别建成抗滑桩排为主的整治工程,稳定了滑坡。Ⅱ号岩石顺层滑坡位于K493+020～+090路南,其出口高于路面约2 m。虽然修路时曾在上面减重,但仍年年在缓慢地移动,现已修建抗滑支墩群及挡墙进行了整治。在K493+090～+150自然沟中是八十多年前滑下的Ⅲ号老岩石顺层滑坡已被掩埋,滑坡下的草木已局部岩化。该滑坡路南部分早已"死"去;而路北部分由于填堤及弃渣堆在老滑坡堆积物上,修路后曾产生过多次堆积土的滑动,出口在响水河边。现已在铁路北侧路边建成了抗滑桩排稳定了路基。

自然沟以西K493+150～+410路南Ⅳ号工点堑坡在高出路面2 m多处有一黄色钙质页岩软夹层,其顶面普遍渗水,因而对该堑坡能否形成滑坡出口进行了研究。

该段出露的岩石为中薄层泥灰岩（或钙质页岩）夹多种灰岩互层,S_2m^{3A}地层分布于F_3断层以东,岩性为灰、青灰色泥灰岩（或钙质页岩）、薄层灰岩中部夹生物灰岩、碎屑灰岩及鲕状铁质灰岩、底部为浅灰色板瓦状灰岩、泥灰岩,全厚38～44 m,细分为S_2m^{3A-1}至S_2m^{3A-8}共八层；S_2m^{3B}地层因断层下错而位于F_3以西,岩性为灰、深灰色结核状灰岩与钙质页岩互层,中上部夹条带状灰岩及薄层褶皱灰岩（厚10 cm）、含炭泥灰岩（厚1.8 m）,全厚25～32 m,可细分为S_2m^{3B-1}至S_2m^{3B-7}七层。各层的具体分布如图1所示。

K493+150自然沟以东分布了北西西向的F_1、F_2及F_3三条断层,其产状依次为NW75°/S70°～NW65°/S78°、NW60°/N73°～NW80°/N68°及NW70°/S64°～NW60°/S73°。此外发育有NE10°～30°及NW60°～70°两组构造剪节理。在堑顶平台以东还见到曲面状的陡裂面以及旋涡状的构造面,它表明是受逆时针旋转作用力所形成。上述断层及构造裂面与滑坡的关系详后论述。

自然沟以西岩层产状为NE85°/N14°。该段路南山坡从未见较大的断层,仅在堑坡的西端分布两条小断层,一为NE25°/S88°先扭后压性断层；一为NE35°/N45°压性断层。坡上NE35°、NW40°及NW65°三组构造裂面发育。在北东小断层以东岩石较完整,以西的岩石破碎已风化呈黑黄色。

二、岩石顺层滑坡形成的条件

从全段山坡看,虽岩层均倾向铁路,但倾角相差不大（12°～14°）,但并非处处都产生滑坡；产生岩石顺层滑坡的地段也并非由上到下逐层层间都发生滑动。根据调查研究及试验对比,可知形成岩石顺层滑坡应具一定条件。

（一）顺层滑动的分析

1. 滑动的岩体必须是已被构造裂面所分割,并与山体分开。例如I_a及I_c滑坡的东侧周界为走向北东一组陡倾角的剪裂面切割所构成。西侧滑坡周界是由北西西F_2东侧壁构成,后缘由上述两组裂面相交呈角形；I_a滑坡则被北西西F_3断层带割开,后又受平行于岩层走向（近东西）并与层面垂直倾向山的张裂面,以及向河倾的压性面所控制。由于已有的构造裂面及其组合的存在,将滑体与山体分开,在底部有软层具倾向临空面产生剩余下滑力时,才能使之脱离山体向下滑动。

2. 由构造裂面或层间软夹层组成约倾向临空面底部需在地下水和风化作用下形成滑带后才能使被分割的岩体在自重条件下沿之产生下滑力。此外,由于滑动地段及后缘产生一系列构造至滑带的裂隙,导致地表水下渗或因雨水排泄不畅产生水柱压力,或因地面水及滑体水补给了滑带,使之增大动水压力与浮托力而使下滑力增大。例如Ⅱ号滑坡就是在增加裂隙水柱压力和滑带水压力的条件下才滑动的。

裂隙充水、滑带水和滑体饱水等,系随季节和外部条件的改变而发生变化,故下滑力也是不断在变动的。在大海哨,由于地震裂度不高（6度～7度）,频率不大,否则应考虑转化为下滑力的作用。

3. 底部裂面或软层能否产生滑动,取决于它的抗剪强度（c、φ值）所产生的抗滑能力而定。滑带的抗剪强度包括滑体与滑带间的外摩擦,滑带本身的内摩擦及滑带与滑床间的外摩擦。其强度大小与岩性、含水量的增减关系极为密切,当滑带厚时与滑动次数和滑距间的关系也明显。

（二）滑带产生的部位由岩性不良易风化的软岩所决定

顺岩层倾向滑动的岩体,其滑带产生的部位与地层中某一抗剪强度相对最软弱的夹层或层间接触面吻合。从本段已产生的滑动带看,I_a滑带的底层由黄色泥灰岩的岩粉为主组成,已风化成砂黏土状,其上为灰色的岩粉夹角砾；I_b全为糜棱岩化的黄色泥灰岩的岩粉,似砂黏土状；I_c滑带分两部分：东端位于F_1断层北侧的为灰色泥灰岩的岩粉夹角砾等,西端位于 F_2 及 F_1 两断层之间的,其底层仍以黄色岩粉为主似砂粒土状,上层为灰色岩粉、岩屑及角砾。Ⅱ号滑坡的滑带全为黄色泥灰岩的岩粉似砂黏土状。Ⅲ号老滑坡的滑带基本上为黄褐色岩粉已风化成黏土,十分密实。除Ⅲ号老滑坡的滑带厚 10 cm 外,其余均厚约 2 cm。从上述各滑带岩性特点与相应试验,可得出本段山坡在滑带产生的部位上有如下规律:

1. 薄层的泥灰岩,它显然比厚层泥灰岩及各种灰岩的强度低,具形成滑带的条件。
2. 已风化的泥灰岩黄色的比灰色或青灰色新鲜的强度低,破碎岩体易沿此滑动。

当地裸露的薄层状泥灰岩经调查认为是由灰或青灰色逐渐风化呈灰黄色,并由块体逐渐风化破碎成岩屑(鳞片状)、岩末、角砾与岩粉,同样,从Ⅲ号老滑坡滑带及其滑床的调查中也反映了当地泥灰岩由灰变黄的过程,其厚度有 10 cm。其上、下滑体与滑床岩性均为青灰色泥灰岩,滑带系泥灰岩受挤压、搓碎及长期水浸后风化成黄褐色黏土,偶夹泥灰岩小碎块及岩粉,其下是呈梳状滑痕的滑床。在滑床面以下 4~5 cm(由上而下)即由黄色砂黏土状逐渐过渡为层次分明的灰黄相间的泥灰岩。这一现象表明,当地岩石由灰变黄系因挤压破碎后经水浸风化等作用的结果造成的。经试验灰的强度大于黄的。

3. 当地呈黄或褐黄色的岩粉类似黏土的在浸水条件下强度最低,它在倾斜为 12°~14° 条件下可以滑动。

本段各滑坡除 I_c 东端外,滑带的底层均由 1~2 cm 厚的以黄色岩粉为主组成,其母岩为泥灰岩已风化成似黏土状。I_a 滑坡于雨季中经原位大剪得 $c = 1.4 \times 10^{-2}$ MPa、$\varphi = 10°23'$,滑床倾角为 12°~13°,故滑动。Ⅱ号滑坡经野外浸水大剪试验 $c = 1.0 \times 10^{-2}$ MPa、$\varphi = 13°$,其滑床倾角为 13°,必须在一定水头压力下才能滑动。实际在滑动时,自滑带中有带压头的水流出。

至于 I_c 滑坡东端,因由灰色的岩粉、角砾组成其强度大,应是不活动的。经调查证实该滑床中后部在与 F_2 断层间(滑带为黄色砂黏土状)属主滑部分。它推动了 F_1 断层北侧部分,同时 I_c 滑床是阶梯状向河倾斜,总倾角陡于 14°,故滑动。这一内外推阻关系,也可以从 F_1 断层(倾向山)处所见裂缝立面形状(图2)得到证明后部滑体重心高,呈倾倒之势,它挤压前部造成上窄下宽的裂隙,据此也能说明前部岩体是因推力而滑动的。

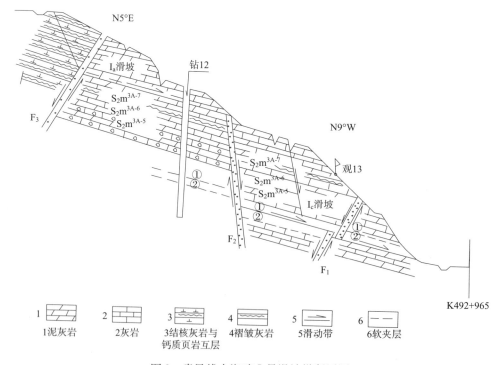

图 2　贵昆线大海哨Ⅰ号滑坡纵断层图

4. 当地正在活动的滑坡,其滑带土的结构已遭破坏的不密实,地下水大量浸入,并在滑动时被挤出,一年中其强度变化大,不滑动的相反。

Ⅱ号滑坡的滑带土在雨季前测得含水量为23%，对之做原位大剪，以滑体自重固结后快剪，得 $c = \times 10^{-2}$ MPa、$\varphi = 18°10'$，试验时滑坡处于暂时稳定阶段。试验数据与现象和位移观测资料一致，随后雨季中大雨后观测到有缓慢滑动现象，并见自滑带中有承压水渗出，故在原位做浸水大剪，测得含水量35%，以滑体自重固结快剪，得峰值 $c = 1.0 \times 10^{-2}$ MPa、$\varphi = 13°$，残余值 $c = 0.9 \times 10^{-2}$ MPa、$\varphi = 13°$，及剪后含水量30%，按滑床为13°，用测得的指标计算，在水柱压力作用下才能滑动，基本符合实际。

同样在雨季中对西段Ⅳ号工点堑坡的渗水软层也做了原位大剪，测得剪前天然含水量为18%左右，以滑体自重固结后快剪得峰值 $c = 0.5 \times 10^{-2}$ MPa、$\varphi = 23°30'$，残余值 $c = 0.3 \times 10^{-2}$ MPa、$\varphi = 22°32'$ 及剪后含水量为21%左右，同时对之做浸水原位大剪，剪前含水量为23.64%，峰值为 $c = 0.6 \times 10^{-2}$ MPa、$\varphi = 19°48'$，残余值 $c = 0.55 \times 10^{-2}$ MPa、$\varphi = 18°00'$ 及剪后含水量为40%左右，由于西段岩层倾角为14°，没有产生滑动，与实际情况一致。

从上述实验可以看出，已发生滑动的Ⅱ号滑坡滑带土的含水量可由23%增至35%，而未经滑动的Ⅳ号堑坡中的软层则由18%增至23.64%，说明滑动者可浸入大量的水。至于Ⅱ号滑坡剪后含水量变小，而Ⅳ号堑坡变大，前者说明已滑的在滑动中排水，而后者则说明未滑动者因结构破坏后将增大浸入的水量。

（三）利于滑动的构造

大海哨车站及附近一带，虽各处均有倾向铁路的软弱夹层，但能否滑动，常取决于岩层倾角的大小、构造作用破坏岩体整体性的程度及断层供水条件。

1. 断层破坏岩体的整体性及供水是滑坡形成的重要条件之一。

当地东西两段山坡之所以东段滑坡成群，而西段尚少，主要区别在于东段 F_1、F_2 及 F_3 三条北西西向断层横截而过，特别是 F_3 断层先扭后张，垂直断距近30 m。由于它先为压性倾向南西，使西侧来水受阻，沿断层形成上盘富水，是 F_3 断层西侧的Ⅲ号老滑坡及Ⅱ号新生滑坡形成的必要条件之一。同时，它后期属拉张性质，在一定场合（近地表处）因近期松弛对东侧岩体顺软层供水，促使 I_a 滑坡滑动。

F_2 断层（属拉张性）倾向北东，它与 F_1（先压扭后张拉）倾向西南，两者形成堑形汇水槽，这就是在此堑形地段产生 I_b 滑坡及形成 I_c 滑坡主滑部分之原因。

因为东段除北西西断层外，还有较发育的北西西及北北东两组构造裂面互相切割，又具漩涡裂面，故岩体不完整，雨季中顺各组张裂面势必向软弱层渗水严重，所以东段滑坡较西段发育，原因就在于岩体受构造破坏。

2. 倾向铁路具有软弱层面的岩层，其倾角大小为岩石顺层滑坡形成的又一重要条件。

经调查，全段山坡岩层的倾角一般在10°~15°之间，尚未见到缓于11°而产生滑坡的。而陡于15°者多已滑动，介于12°~14°者，必须具备一定条件时才能滑动。

在本段山坡范围以西（K493+500自然沟以西）有两处较宽大的层面斜台，倾角14°，是顺层滑动后残留的滑床遗迹。滑床顶面具均匀的高度2~3 cm向铁路倾斜的小错台，使层面总倾斜达15°，该处虽无断层供水，但应指出在一定条件下，当地钙质页岩的平均坡度达15°时必然滑动。I_a、I_b、I_c 及Ⅱ、Ⅲ号滑坡的滑床介于12°~14°之间，因它们具有断层供水等条件，所以发生滑动；而Ⅳ号堑坡及 I_b 滑带以下因无充分的供水条件，均未滑动。同样，在路北响水河南岸测得倾角为10°者，虽有 F_3 断层供水亦未滑动。可以看出，上述岩层倾斜角和供水条件与滑坡间的关系有一定的规律性。

这一规律，从东段堑坡上测得的泥灰岩层面与同一走向的压性裂面夹角为38°，从 $45° - \varphi/2 = 38°$，求得 $\varphi = 14°$，以及在西段钙质页岩中压劈理与层面的夹角为52°，从 $45° + \varphi/2 = 52°$，同样求得 $\varphi = 14°$，这两个数据也可以说明当地岩层倾角大于15°者必然滑动，而12°~14°者必须具备其他条件才能滑动，以及缓于11°者不滑动的道理。从大剪试验也可以得到类似的结论。

3. 顺层滑坡的滑带实际上是依附层间错动带发育而成的。

本段山坡受过多次构造运动的作用，从构造形迹及裂面性质上分析推断如下：

（1）最早在由向南的主压应力作用下，产生了NE 80°~85°/N10°~15°近东西向的长轴构造，塑造了现代山坡的雏形。此时在一定条件下沿薄层泥灰岩产生层间错动，逆指（运动方向指向SE5°~10°）并产生显著的NE80°~85°/S75°~80°垂直层面的张裂面及不发育的NW5°~10°的拉张裂面，较发育的NE80°~85°/

N45°～55°压性裂面及不贯通的大致平行走向、倾角20°～30°的隐裂面,以及走向为NW40°～50°和NE 30°～40°两组剪裂面。

(2) 随后受云南山字形扭动构造的改造,当地位于小江断裂之东,产生北西西压扭断裂及北北东张扭裂面。本区位于该山字形脊柱南端之东,受东西向逆时针力偶作用,使软层上下产生相对扭转,并对层间增加一组逆指SE20°～25°的错动痕迹。它使早期NW40°～50°和NE30°～40°两组剪裂面均被改造为逆时针方向错动。

(3) 后期受新华夏运动的影响形成轴向为NE20°～25°的短轴构造及相应的应力场。它使软层又产生一组逆指SE65°～70°的擦痕,并产生北西西向倾向北的拉张断裂。它使早期NW40°～45°的剪裂面由扭变张,NE 30°～40°的剪裂面由扭变压,二期(云南山字形构造)北西西压扭面变为拉张,北北东张扭面变为压性。

上述推断符合于当地在褶皱灰岩上所表现的形迹,也说明之所以 F_2 断层面上有次生钙质充填物和北北东裂面密贴无充填物。

各层间软层因所处部位不同,故受断裂影响也不同,软层受错动破坏各异。受多次作用者结构破坏严重而松散,利于地下水活动易于风化,强度明显变低,自易最先发育形成滑带而滑动。例如前述靠近K493+500涵洞之上游西岸岸坡上的老滑坡残留面在钙质页岩层面上就有逆指南东65°仰冲5°的后期擦痕及逆指正南的早期擦痕,它受到两期错动作用,所以早就有过滑动。同样调查到Ⅱ号滑坡的滑床上有三组擦痕,早期者大部分逆指正南仰角10°30′,后期者为细而深的擦痕指向北西5°俯角13°,以及指向北西2°的浅滑痕,俯角13°。正确区分了擦痕与滑痕之后,才弄清Ⅱ号滑坡的滑带是依附在经过了往复错动的层间错动带的基础上发育而成的。I_a滑床面上层间错动擦痕逆指南西5°仰角12°,水量大,活动性大;I_b则逆指正南,仰角12°,有糜棱物,含水量小,滑动小;I_c逆指南东10°,仰角12°,水量多,滑动。这些现象都证明了本段滑坡的滑带都是依附于层间错动带发育生成的这一共同规律。

至于Ⅳ号堑坡中的软层,也有层间错动擦痕,逆指南东10°,仰角10°,虽也渗水,但擦痕浅而不明显,其岩石结构破坏程度小,而是岩末似黏砂土状,并未形成黏土状的滑带,故强度大,未形成滑坡。据上述判断,本段山坡能否滑动,要视岩层中层间错动程度而定,经多次错动影响的易于滑动。

三、本段顺层滑坡的特性及其与地质条件的关系和相应对策

本段已产生的各因素顺层滑坡的性质都与地质条件密切相关,地质条件相同的产生某些共同性质,相异的则出现各自的个性。

(一) 共同的特性及相应的对策

1. 因本段出露的岩层均是泥灰岩或钙质页岩与多种灰岩互层,并倾向临空面,故其沿各夹层滑动的可能则是多层、多块滑坡为其特点之一。防治时必须逐层、逐块考虑其稳定性,宜采用逐层处理加固的措施。

2. 滑带薄(仅2 cm左右),倾角不大,一般滑动缓慢,每次滑距短,但每次滑动后期滑带强度无明显降低。在滑体及滑床均为硬岩,滑带又无变化,故抗滑刚性建筑物在滑床以上部分可低于滑体厚度。

由于组成各滑坡的滑带是软夹层,受地层条件所限,其上、下常为灰岩或硬质泥灰岩,因短轴构造的影响,普遍分布着沿长轴走向与滑动方向垂直的小折曲,致使每次滑动后常将滑泥挤至滑床面上的凹沟,在突起处滑体与滑床两硬质岩几乎直接摩擦,故达到峰值后,继续向前滑动;其强度不会因滑距增大或滑动次数增多而产生过多的衰减。这一现象从野外原位大剪后所见滑床情况及试验数据得到证明(见图3 野外大剪强度与剪切距离关系曲线)。

从观测可知,每到雨季则活动,在大雨时水压增大的情况下表现最明显,呈间歇性,此因滑体与滑床两硬岩间外摩擦角 φ 变化小,因而水压增大所产生的浮力与推力对滑动与否起着主要作用。一旦滑动一段距离水被排泄后,推力减小滑动则停止,故呈间歇性。

由于滑带薄,上、下为硬质岩石,故滑带不易向上或向下发展,如果在前部用刚性支挡建筑物抗滑时,若没有新的软层,可通过计算适当减短高出滑床以上的建筑物高度,使作用在抗滑桩、墙上的弯矩减小而节省工程量。

3. 滑床硬,特别是倾向河的小错台,一般无抗滑地段。滑动以后如不处理则年年活动不易自行稳定,如

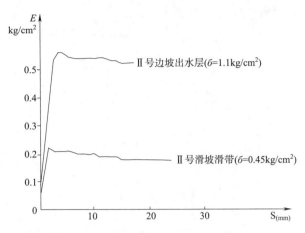

图3 贵昆线大海哨滑坡野外大剪强度与剪切距离关系曲线

果滑坡出口位于半坡时,滑动后其前部易于坍塌或倾倒,后部呈错落状,因此宜在前部支挡,治早治小,避免事故。当地岩层在同一层面(滑床)上多具有顺倾向的小错台(错台高 2~3 cm),使层面(滑床)平均倾角增陡 1°~2°,计算时应加于考虑。

其次滑坡后缘岩层若具倾向山的裂面,一旦其下部的滑体移动,后部因失去支撑使裂面部分岩层活动而扩大变形范围,且转化为推动性质,故对 I_c 滑坡治早治小的道理就在于此。又如 I_c 滑坡的形成在中部滑动之后,便有牵引后部的性质,故计算滑坡推力时与前者不同。

各滑坡紧靠铁路,如 I_c 滑坡的前部滑体高出路面,滑出滑床后在自重作用下将沿各平行岩层走向的陡裂面松开而崩落、坍塌和有向铁路冲出的危险,不可不及早预防。故在整治前,特别在前部开挖做抗滑支挡工程前,应先做适当的刷方,以确保施工及运输安全。

(二)各滑坡因地质条件不同各具特性,整治办法应有区别

1. I号滑坡分 I_a、I_b、I_c 三块,因各块所处位置与断裂关系不全相同,性质也有区别,故整治工程也有轻重之分。

I_a 滑坡在堑坡平台以上,平台顶面软层为其滑带,东侧被一组北北东向先剪后压密的直立裂面所切割,如清除滑体,它会向东发展。西侧及后缘被 F_3 断层所限,滑带只能延伸至断层处;但 F_3 断层系向南西倾,在垂直层面向南倾的张裂面发育下,经因 F_3 断层下盘岩石滑动而牵引上盘岩石的倒塌。在下盘岩石的滑带以上若有软层也易引起上盘岩石沿之滑动,这些是 I_a 滑坡的特点,故整治它仍以前部支撑为主。若刷方必须将滑带以上滑体包括可能引起滑动的部分全部清光,终因清除数量过大及断层供水不易截断,最终采用了抗滑桩排,且已建成阻止了滑动。

I_b 滑坡本在 F_1 断层以北,同样因 F_1 断层向山倾,被牵动部分滑体曾在 1977 年以前减载刷去了很多,故残存滑体数量不大。鉴于其滑带含水量不大,并夹岩屑和糜棱物似黏砂土状,故虽在西端见有老滑坡出口向外错出,仍认为其稳定程度尚足,为预防恶化并可据之观测,在半坡沿出口处做了抗滑墩群。

I_c 滑坡比较复杂(图1、图2),后缘及西侧 F_2 为断层所限,因 F_2 断层为张性倾向河,在滑体无明显下滑的条件下,一般后缘以上的岩石对之无压力。中部被北西西构造裂面及 F_1 断层斜切,在互相平行的一组北北东构造裂面的分割下,该滑体分为三块。前部 F_1 断层北侧为一块,F_1 与 F_2 断层间,可见后缘裂缝为鞍形突出,故可分为东西两块。其滑床从上而下,因被北西西裂面及 F_1 断层所切割,断层内外的滑床可能具两级错台,但各块滑体的滑带倾向大同小异,所以滑动时即彼此不一致,又互相挤压。这一现象从图4各观测桩的位移状况也得到证实。由于 F_2 与 F_1 间为一小型堑形陷落,构成汇水通道,因之两断层间滑体为主滑部分,推动 F_1 断层以外的一块,此不同于 I_a 及 I_b 滑坡。I_c 前块(F_1 北侧)类似挡墙,于半腰(高出路面 1~2 m)被推断滑出(滑下的岩体已将路面平台冲挤呈一凹槽,深 1~1.5 m,以20°反坡滑出)。整个中部岩体以倾倒之势挤压前部,有随时倒塌之虞,故已修建一抗滑桩排为主体工程,并在桩后以支墙支顶滑体,以及在桩前建一般挡墙以支挡滑体的前缘斜坡,防止坍塌危害。由于稳住了 I_c 滑坡,才相应地预防了 F_2 断层后方岩体的活动,

并保证了上层（I_a前缘）抗滑桩基础的稳定。

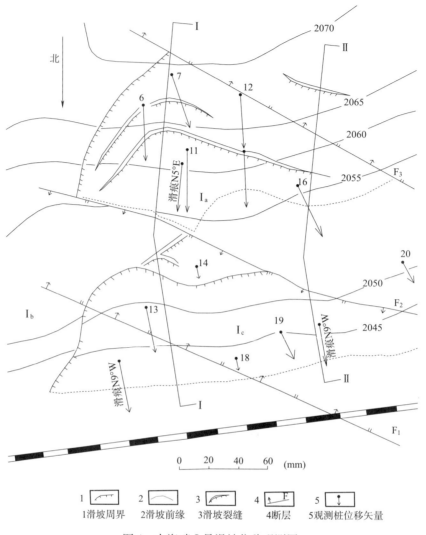

图4 大海哨Ⅰ号滑坡位移观测图

2. Ⅱ号滑坡的前缘有近10 m的滑床平台。从西侧陡壁上看，滑床顶面无小错台，其上部经过减重，残留滑体不大，无立即转化为大滑动的可能。其后缘及中后部有明显错开的大裂缝，系沿北西西构造裂面发育生成；东侧以北北东贯通裂面分界，也错开成大裂缝，经人工堵塞（但填土经常下陷）。该滑坡虽然每届雨季均有缓慢滑动，但由于滑带薄，滑带上、下岩石硬等特点，尚无急剧滑动的可能。为使其达到稳定，拟用抗滑支墩群支挡它（现已建成）。滑带地下水较多，雨后具水压，采用灌压浆办法并引导地下水以减少其作用。

3. Ⅲ号沿沟老岩石顺层滑坡在路南者已死去，无需处理。但路堤系填筑在老滑坡体堆于沟中的部分，在沟水浸润下并不稳定。自修路后，部分路堤及路北弃渣连同堆积土沿老滑床已产生过多次滑动。经勘测研究，在路南老岩石顺层滑坡的中、后部做盲沟切断地下水以减少路堤下堆积土被浸软而防止滑带继续发展，并在路北路肩处修筑了抗滑桩排支撑路基，保证了路基的稳定。

4. 西段深堑Ⅳ号工点岩体结构较完整，有上、下两层软夹层。下软层虽渗水，因无断层切割，经观测雨季中水量不大，大雨中在后方也无裂隙水压的作用，故其下滑力的变化很小。同时，下软层虽有层间错动迹象，但结构破坏不重，目前是岩末角砾状，强度大。在雨季中曾做浸水大剪，得$c = 0.6 \times 10^{-2}$ MPa，$\varphi = 18°$，远比层面倾角大，故当软层未进一步风化破坏前，不致形成滑坡，暂可不必按滑坡防治。上软层位于堑坡上的平台处，平台以上的堆积物及岩石，目前无任何滑动迹象，且平台较宽，可暂不处理。但需经常巡视，及时清理。

至于西端30 m堑坡，因受两小断层作用，岩石已破坏风化呈灰黄色，为防止其坍塌，在小断层以西需建防坍建筑物(现已修上挡墙加固)。其余 200 m 堑坡因坡面有掉块及局部坍塌可能,可修低护墙和石砌护坡或其他简便工程,它也是观测工程,以预报下软层的变化。如在下软层处修些抗滑支墩或钢轨插别,也无不可。

四、抗滑桩措施即所处地质环境

防治措施随滑动因素、滑坡性质及工程所处的地质环境而定。

(一)本段岩石顺层滑坡以在前部做刚性支挡工程为有效

1. 本段各岩石顺层滑坡和具备滑动条件的岩体,均具有沿顺倾向的软层或层间滑动的特点,一般是在其抗剪强度不足时就自行滑动,并非后部有巨大推力所致,此为特点之一。同时各滑坡多紧靠铁路,而无抗滑地段,其为另一特点。雨季中在滑带水压增大下或中、后部有张性裂面充水时能产生水柱压力而促使滑坡滑动,是第三个特点。

2. 因其有自行滑动的特点,减重不足以改变滑动性质,故不宜采用,除非将滑体基本清光,并包括后部可能牵动的部分一起清除掉才行,否则有后患。

引走滑带水是改善滑动性质的一种办法,但这类滑坡的滑带水常为较大面积雨水沿张性裂隙下渗补给的,特别在断裂发育地段影响更大,无法截疏或引走,只可适当堵塞裂隙,做些地面排水工作,但不能改变这一条件。另一补给渠道为断层供水,目前也难于处理,有待于今后对压灌浆液办法的研究,或可找出一条途径。

因此,目前行之有效的防治措施,是在滑坡前缘或前部做刚性抗滑支挡工程。

(二)从当地质条件分析,抗滑桩排比抗滑挡墙更具有稳定和适应性

刚性支挡建筑物必须有可靠的基础,当地滑坡滑动方向与岩层倾向一致,并且在滑床以下普遍仍有软夹层,若基础浅,建筑物受推后易自基础以下滑动;此因墙前岩土的强度小,又有顺某强度低的软层剪断,而后沿反倾裂面滑动的可能。若抗滑挡墙埋基过深,不如抗滑桩利于施工而又经济。因此,从当地地质环境而言,采用抗滑桩排抗滑是有效措施。现在各桩排已次第顺利建成,经观测已证明其可靠性。

(三)当地地质条件对抗滑桩的要求

1. 钢筋混凝土抗滑桩埋入滑床的深度,受滑床上部的桩前岩石及桩后延伸的侧向承载能力控制。该侧向承载能力的大小与层间被剪断、沿反倾裂面滑动即非弹性变形等三种岩石破坏程度有关。同时,桩的计算公式也因桩周抗力图形不同而异。桩前抗力图形直接由桩前、后岩土随深度变化的弹性抗力系数而定,以及岩石性质由弹性、塑性范围至破坏的过程而异。因此,必要研究泥灰岩与灰岩互层的岩性与构造,为抗滑桩提供必要的边界条件。

本段岩层从构造裂面组合上看,存在一组走向与滑动方向大致垂直(倾向山)的,倾角为 20°～30° 的压性裂面。该裂面倾角及外摩擦系数,是控制桩前岩石能否产生被动破坏的依据。用工程地质比拟法已找到在泥灰岩中 $\varphi = 14° \sim 20°$,其有利条件是该组裂面并不发育,也不贯通,但在路面附近也确实有,故设计桩时应密切注意其影响。

2. 在悬臂桩的条件下,桩前地表的岩石受力最大,并随埋深而渐减。若上部岩石超过弹性变形,应力将向下调整,桩的最大弯矩及部位也将随之改变。由于当地岩石软硬不均,暴露地表后风化速率不一致。含钙多的,其强度大而不易风化,否则相反。因此要随各桩所在部位的岩石具体情况,检查设计,复核检算方法。一般侧向承载力可达 $10 \sim 15 \ kg/cm^2$。若表层岩石易风化松动者,则桩间地表做混凝土或浆砌片石保护层,以防止岩石风化而降低强度。

3. 这类互层岩石,弹性抗力系数不一样,既非随深度增加而增大,也非为同一常数 K。为防止表层岩石因日久而风化与松解,对以泥灰岩为主者,其顶部 2 m 内取值宜较小,而后取常数,按此所推导的公式应用之,认为较切合实际。

五、结 论

1. 大海哨车站地段系志留系马龙群泥灰岩(钙质页岩)夹多种灰岩组成。其倾向铁路的路堑能否形成

滑坡,视层面倾角而定。一般陡于15°的早已滑动,仅有残存滑床平台,而缓于11°的普遍稳定。介于12°～14°的在一定条件下可产生滑动。

2. 该区滑坡的滑带是受过层间错动的薄层泥灰岩,往往已风化呈灰黄色,且有地下水渗出,结构已破坏呈岩粉、岩末、类似砂黏土状。特别在有断层或大裂面分割下,使岩体丧失完整性,供水条件好,雨季中易产生水柱压力的更易滑动。

3. 此类滑坡具有多层、多块性,常在切断软层后才滑动,其出口悬于堑坡上,缺乏抗滑部分。其周界随构造裂面及断层倾向与分布而定,各个滑坡有不同的牵引范围及不同的后缘受推而下错的性质。一般在软夹层抗剪强度变化时,在雨季水压下产生滑动,旱季则稳定,具间歇性滑动性质。

4. 受构造挤压作用滑床上均微呈波状起伏。滑带薄,仅 2 cm 左右,滑动中滑体及滑床两硬质岩石几乎直接摩擦的部分增多,试验也证明滑带强度不因滑动次数多与滑走距离长有显著降低,及每次滑动速率不大,且滑距不长,当前缘出口悬于堑坡时,滑动后前部岩石有崩落及倒塌等危害。

5. 防治这类滑坡的有效措施。受地质条件的限制,以在前部做抗滑桩排为宜。减重不能改变其性质,除非将连同后部可能牵动的岩体基本清光,故不如在前部支撑可靠。对软层加固或滑带水的堵截旁引,目前尚无易于进行的办法,有待今后进一步的研究。

对抗滑桩需根据桩周地质条件,注意桩前反倾裂面形成被动破坏的可能,它是控制桩的埋深和决定岩石侧向承载能力的主要因素。

6. 本段调查与整治经验,在勘测时首先为查清岩层层序、各个软夹层的部位和性质。继而从形迹上调查研究各组裂面的力学性质、分布与组合,据之找出当地有几次构造应力及其序次以及每组构造裂面在力学性质上的变化,从裂面组合与彼此的切割关系上绘出滑坡边界与断面,并推断其发展的可能性。从实地各个应力场中裂面的关系,找出当地岩石内摩擦角 φ 的大体数据,用当地残留的滑床平台的倾斜度对比已滑动与未滑动的山坡中岩层倾角的变化,求出滑带强度综合值变化范围,从而找到判断斜坡稳定的依据。

经在现场与室内采用多种方法试验滑带土强度,认为对薄层滑带土采用模拟当地滑动条件的,在野外做原位浸水大剪,以滑体自重固结后快剪者,所得数据可靠,代入滑坡计算其稳定程度与实际一致。这一成果初步解决了此类岩石顺层滑坡滑带为薄层(2 cm 左右)的抗剪强度之试验方法及指标选用办法。

综上各点,今后勘测类似本段山坡的岩石顺层滑坡的方法有必要改进,可多做地质测绘,适当地配合一些勘探验证工作。

注:此文是铁道科学研究院西北研究所徐邦栋,潘恒涛,刘进举;西南交大唐永富,刘祥海,胡厚田;昆明铁路局科研所李文彬作于 1978 年 11 月。

确定滑坡推力的工程地质比拟法

引 言

滑坡是一种不良物理地质现象。在我国可见规模巨大、体积达数千万甚至数亿立方米的自然滑坡。在山区修建水库、电站、道路和工厂等而大量开挖山坡,也可形成新滑坡或导致老滑坡复活。滑坡危害大,整治需费用大。为保证建设工程顺利进行,在滑坡某部位设置抗滑工程时,必须研究所采用的设计推力及一定年限内推力的变化值。只有解决了下列问题后才能取得这些资料。

一、滑坡的立体形状及其变化

滑坡的立体形态,系由周界(即滑坡前缘、后缘、两侧缘)和滑动带所组成。在确定滑坡推力时,这些都影响着推力数值。其中滑动带是关键,它常决定其余部分的性质和变化。

过去认为滑动带基本是一曲面形,这与我国大量工程实际不符。仅在极个别情况下,如发生在各种堆填土中的滑坡,当滑动带与其上、下土体的强度基本类似时,其形状可能接近于某一曲面(但又常因土中水的分布与变动,直接控制其形状与变化)。计算时可采用类似曲面。但绝大多数滑动带与所依附于岩土的软弱带的形状相一致。由于自然界中多为不均质岩土体,其软弱带多由接近平面的若干面所组成(只在其交接处有一点曲面),所以,滑动带的形成便是这些平面的组合。在滑动过程中,各段滑动带的形成概况如图1所示。

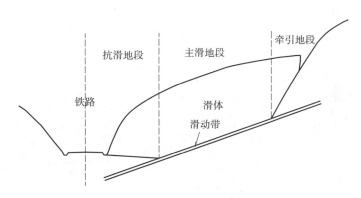

图1 各段滑动带的形成概况

1. 当软弱带倾向临空面,且所受的剪应力大于抗剪强度时,软弱带以上的岩体则向临空方向变形。变形范围的软弱带便是形成滑动带的地段,我们称为滑坡的主滑地段。该段滑动带是接近平面形的。

2. 当软弱带背向临空面时,如该处确有滑坡,则滑动带可从几组倾向临空的裂面组合中找到。这些裂面组合通过对构造应力场的分析便可确定。值得注意的是,在分析或量测中都不可忽略缓倾角的裂面。

3. 由于主滑地段向前移动,后部软弱带的岩土体如正断层一样被拉断,地表上相应产生拉张裂缝。该地段称为滑坡的牵引地段。其滑动带不依附主滑地段的软弱带而是后成的,倾角大小和岩土体的性质有关。若为松散土体,则等于主动土压的破裂角,其值与岩土体内的内摩擦角有关、易于求得;若是具有裂面的岩土体,则此段滑动带常依附一组或两组相交的,基本倾向临空面的陡倾角张裂面或张扭裂面发育。

4. 由于主滑地段向前移动,前部软弱带以上的岩土体受挤压而变形。若软弱带高于临空底面,则沿软弱带滑出;若软弱带低于临空底面,则沿阻力最小的方向或连通地表之裂面形成新生的滑动带。该地段称为滑坡的抗滑地段。

5. 在大滑坡的主滑段处于极限平衡状态时(指主滑地段的滑带开始变形的一瞬间),牵引地段上的岩土体对主滑地段没有推力,主滑地段的推力与抗滑地段的抗力是平衡的。随着滑动,牵引地段的张裂面完全形成之后,该面由岩土体的内摩擦或岩体的抗剪断转化为裂面间的外摩擦作用。这时牵引地段对主滑地段便产生推力,推坏主滑地段滑动带的岩体,并由此裂面汇集地表水或阻截地下水,使滑动带强度降低等,滑坡推力因此增大。同时,各段滑动带随滑动力量的增加,抗剪强度逐步衰减,又使推力增大,迫使抗滑地段的滑动带逐步形成。当到达地表(即形成前缘出口)滑坡即开始整体滑动。随着抗滑地段的长度与抗滑部分体积的增大,抗力也随之逐渐增大,迫使滑动停止,达到第二次平衡状态。这便是一个发育完整的滑坡滑动带逐渐形成的过程与发展情况。

例如某滑坡主轴纵剖面如图 2 所示。该山坡原有两层 17—14—13—12—1 及 18—2—3—4—5 基本平行的软弱带,为同一组构造裂面。由于该软弱带受后山断层水的补给,在河流下切与冲刷岸坡下,先产生 1—2—3—4—6 为滑带的老滑坡 A,后经岸边堆积,老滑坡休止。因在老滑坡中前部修铁路,使老滑带 2—3—4 在 3 处产生新出口 3—7,因而使 1—2—3—7 为滑带的滑坡 B 复活。滑体 B 由于不断移动而松弛,改变了上层滞水的通道,雨季因受表水作用,产生以 10—9—8 为滑带的浅层滑坡 C。同时使依附于 14—13—12—1 软弱带的 15—14—13—12—1—11 为滑动的后级滑坡 D 逐渐形成。就滑坡 B 而言,2—3—4—5 老滑带本已压实休止,由于开挖路面接近老滑带,使 3—7 一带岩土体的抗力削弱,在改变了外形增大应力的情况下,滑带由 3 至 2 逐渐变形并向下挤紧。在 1—2 处因里外岩土体不一致,2 处下移引起沿原张面 1—2 拉开。拉开后,上软弱带 14—1 的地下水及后山表水可沿 1—2 面向 2—3 老滑带灌注。既增大了 1—2 段推力,也降低了 2—3 滑带强度。由于 3 处附近受挤,使原地下水通路堵塞而储水,导致新出口滑面 3—7 段逐渐形成。曾在 7—8 一带堑坡上先见边坡渗沟的表层的砌石逐步变形,后见路面一带松动潮湿,紧接着铁路中线就缓慢地外移。时停时动,至旱季又稳定。

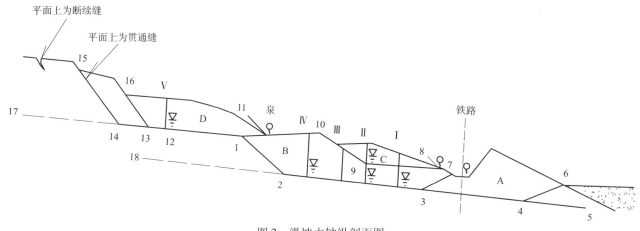

图 2　滑坡主轴纵剖面图

6. 由于影响因素的变化,滑动带的部位在不同时期是可以改变的,一般主滑部位不易改变,但牵引与抗滑地段的滑动带却能够改变。如因牵引地段下滑或水文地质条件改变,引起后部岩土体滑动,其主滑动带可由主滑地段的同一软弱带或上一层软弱带生成。同样,在抗滑地段如果临空底面的高程或软弱带的强度发生改变,也可造成主滑地段延长或缩短以及形成前一级沿另一层软弱带滑动的滑坡。这就是整个滑坡的立体形状在滑动方向上纵剖面的变化。如图 2 所示,当 A 滑坡稳定后,由于挖铁路,主滑地段缩至 2—3,抗滑地段的滑带由 4—6 变为 3—7 并产生后一级滑坡 D。滑坡 D 的主滑带是由上一级的软弱带生成。其牵引地段的滑带由 16—13 发展至 15—14。

7. 就垂直滑动方向而言,底部滑动带即主滑地段的滑动带,也是不易变化的,但两侧壁却和牵引地段类似而能够改变。

总之,滑坡的立体形状受滑动带控制,整个滑动带受主滑地段的滑动带控制,主滑地段的滑动带受岩体形成过程中造成的软弱带控制。因此,工程地质比拟法,首先从岩体中找出软弱带的部位和产状,结合临空面的演变,分析滑坡的产生与发展;然后从岩体自身或当地类似条件中找出具体的滑动带部位,各段的形状及其变化。对岩石滑坡,应用地质力学方法,从构造形迹入手,确定构造应力场,弄清构造序次,找出各组裂面的分布、性质、产状及其间的相互关系,从而分析出各部位滑动带可能的发展与变化。经过实测与勘探加以证实后,绘出必要的纵横地质断面和在某些条件变化后,断面图上滑动带的发展与变化,确定出滑坡的立体形态及其变化来。

二、滑坡推力的计算范围

发育完整且已休止的简单滑坡,其计算范围易定,即在其周界范围内的滑动体均应计算。但大而复杂的滑坡可能在顺层方向上有几级,在垂直滑动方向上有几个条块,在立面上又有几层,这样便存在计算范围的问题。具体办法,请参看铁道部科学研究院西北研究所1977年编《滑坡防治》一书。下面就几种主要情况说明之。

1. 先出现后缘裂缝,然后在滑坡中部或中后部再出现裂缝,这说明滑坡先产生整体滑动,前部滑带速度大于后部。若增大抗滑地段的抗力阻止滑动后,后部势必追上,故推力计算范围仍是整个滑坡,中间的裂缝不予考虑。

2. 滑坡产生后,引起后面岩体又产生裂缝,即一级级向后牵引。当这样的裂缝全部贯通(不是断续的),并稍有下错,而且两级间没有后级滑坡的前缘隆起或前级滑坡后缘被剪断时,说明后一级的主滑地段已产生滑动,则推力计算范围才能扩大到后一级;否则,后一级滑坡无推力作用于前级。如图2所示,滑坡D对滑坡B无推力,只考虑滑坡D可能沿1—11面移动后盖于滑坡B后部的土重,因在11点泉水附近见土体已外隆处于形成新出口中。在计算滑坡D推力时,因15—14后缘裂缝已贯通,故自15—14面开始。

3. 每一滑坡停止滑动后,后缘多呈内凹的弧状,前缘多呈外突的垅状。若后级滑坡的垅状物盖于前级滑坡之上,这说明两级滑坡的滑动带多数不是依附于同一的软弱带,而且后级滑坡是发生在前级滑坡之后,又未推动前级滑坡。故在推力计算时,两级分别计算。只是在计算前级滑坡时,考虑后级滑坡盖上来的土体重而已。图2滑坡D与B就是这样。

若后级滑坡的垅状被前级滑坡后缘的弧状裂缝破坏,说明前级滑坡是在后级滑坡稳定后(或暂时稳定)滑动的,故不计算后级滑坡对前级滑坡的推力。

4. 在滑动中,滑坡两侧壁外的岩体如产生另一级新滑坡时,可仿造上述情况处理。这类新滑坡的滑动方向和滑动带与原滑坡不同,故应分别计算。

5. 有些大而厚的滑坡在滑动中,立面上可沿另一层软弱带产生小型滑坡,如图2所示滑坡C,应分别计算推力。如某一滑坡发展到沿大滑坡下层之软弱带滑动时,应视情况,按上述前三种情况分别处理。

三、不同滑动阶段滑坡的稳定状态

滑坡因所处滑动阶段不同,其稳定状态也有差异。它对选定计算指标和进行推力计算有重大意义。

从大量滑坡的动态观测和稳定性计算,发现滑坡的稳定状态和地表裂缝形态与变化有密切关系。根据地表裂缝形态与变化,可将滑坡分为以下四个阶段,并可确定各个阶段稳定系数的近似数值。

1. 蠕动阶段:主滑地段的滑带在蠕动变形中,滑坡体与滑动带之间无明显分离现象。仅在后缘地面上可见弧状断续裂缝。该阶段的稳定系数约为$1.15 \sim 1.20$。

2. 微动阶段:主滑地段的滑带已全面形成,滑坡体与滑动带之间已有可见的滑动现象,抗滑地段的岩体受到严重挤压作用。此时地面上的后缘裂缝已逐渐连通并有小量下错,两侧羽状裂缝已断续出现,前缘微微隆起且有断续的放射状裂缝,有时还有局部坍塌现象等。该阶段的稳定系数约为$1.0 \sim 1.05$。

3. 滑动阶段:滑坡各部位的滑动带已全部形成。随着滑动的产生及滑动带岩体抗剪强度的急剧降低,整个滑坡便向前滑动了。地面周界已全部贯通,出口清晰,经常错出,并在滑体上可见各部位在滑动方向和速度上的差异所形成的很多不同形态的裂缝与错距。该阶段的稳定系数约为$0.90 \sim 0.95$。

4. 固结阶段:滑体在自重作用下固结,滑带在排水和压密过程中固结,使滑带土的抗剪强度逐渐增大,滑坡渐趋稳定。此时滑体上的裂缝逐渐合拢,有的消失。该阶段的稳定系数又由1.0逐渐增大。

自然界的变化总是由量变逐渐到质变。所以各个稳定阶段之间均有过渡状态,反映在稳定系数上也是渐变的。因此，工程地质比拟法是根据滑坡发育历史，联系当地所经历的挽近地质变动，结合地下水动态的变化与地面上各种裂缝的形态及变化等，分析判断滑坡所处的阶段，提出符合实际情况的稳定系数及其变化，供选择计算指标和推力计算使用。

尚需补充一点，有些大而移动缓慢的滑坡，若地面上变形明显，常将微动阶段按两侧羽状裂缝连通并错开分界，划分为挤压与微动两阶段。前者稳定系数为 1.10~1.15，后者为 1.0~1.05。

四、滑动带各段抗剪强度指标的试验与选择

如前所述，滑动各段的受力性质不同，对整个滑动带如采用千篇一律的常规试验方法和选用同一指标，显然是不合理的。工程地质比拟法在于模拟滑动的各段受力性质和运动状态，分别确定试验方法与选用相应的数值。

1. 牵引地段：变形由主滑地段的滑动引起。若是松散的土体，则滑面类似主动土压所产生的破裂面，其强度与该段土体的内摩擦角有关；破裂后再滑动，便成为面与面之间的外摩擦。若该段滑动带依附于岩体间某一陡的构造裂面时，它始终是面与面之间的外摩擦。故试验方法宜采用最不利条件下，现场或室内原状滑动带岩土的重合剪，并取用试验值。

2. 主滑地段：滑坡沿软弱带滑动—稳定—再滑动……，以致产生整体滑动。在大多数情况下其强度是面与面之间的外摩擦，其土体结构早已破坏，故试验方法宜采用重塑土在直剪仪上做多次剪，得出各种含水条件下滑带土的抗剪强度与剪切次数的关系曲线(图3)。若该滑坡未产生过整体滑动，选用峰值强度；若整体滑动过一次，则选用第二次试验值……；若经常滑动者，则常用残余强度值。考虑到一定年限内滑动带岩土含水量的变化，尚需做含水量与抗剪强度的关系曲线。

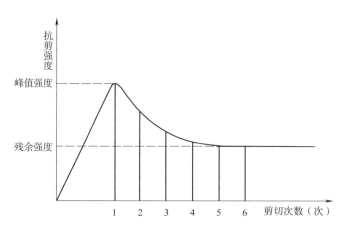

图3　抗剪强度与剪切次数的关系曲线

另外，也可采用环剪仪作抗剪强度与剪切距离的关系曲线，供设计选用。

3. 抗滑地段：由主滑地段滑体推挤形成，类似被动土压状态下内摩擦作用。事实上这一段往往是新生的，此时宜采用现场试验方法取第一次数值(按一定年限内水文地质条件的变化确定其浸水状态)。若该滑坡产生过整体滑动，又是沿已有滑动带复活时，宜采用相应次数的抗剪强度值。

五、滑坡外力组合及其变化

滑坡外力是指整个滑体可能承受的各种力。一般有以下几种：

1. 滑动体自身的重力、滑动带的摩阻力、滑床的反力、滑动体与两侧不动体间的反力与摩阻力、抗滑地段的抗力等。这些是一般滑坡的外力组合，计算中必须加以考虑。这些力因条件的变化，显然都可以改变。

2. 地下水对滑坡的作用，当滑带地下水在滑面上全部联通并浸湿滑动体时，在计算中对水位线以下的岩体采用水下容重；当滑带地下水具有水头压力时，浸湿滑动体的水量对滑坡有一顺滑动方向的下滑力，即为动水压力；当地下水浸入滑动带时，可使滑动带岩土的黏聚力减小，对摩擦影响不大(此时水膜尚不能将

滑动体与滑动带、滑动带与滑动带以及滑动带与滑床完全隔开,基本上三者可互相接触),也可使滑动带岩土的抗剪强度大部消失(水膜隔断了上述三者之间的接触)。

3. 滑动体上裂缝渗入的水,若不能连续灌入滑动带,该水仅以自重作用到滑动带;若裂缝被水柱所充满并直接灌入滑动带,则对滑动体产生静水压力;若该水柱和滑带地下水连通,则产生动水压力。

4. 地震或其他震动对滑坡有震动加速度、纵波与横波和滑动方向的关系等问题。虽然一般假设它为滑体土的重量乘以震动加速度与重力加速度的比值,以水平方向作用于滑体的重心,当作最不利情况;但事实上尚需根据滑坡与震中的关系,确定地震力的方向及其与滑动方向的关系,还需考虑滑动带上下岩体的含水状态与完整程度,即指在震动作用下滑动体、滑动带和滑床均不至于产生结构破坏者。否则,应首先采取加固措施,然后才可能将该地震力代入方程计算滑坡推力。同时尚需将滑动体与滑床视作建筑物与其基础一样,考虑场地地震烈度等问题。

5. 滑坡前缘有江、湖、海或水库时,应按以下情况考虑:如前缘岸坡有阻止水向滑体渗灌作用者,只在前缘以外考虑一个与水位相当的静水压力作用作为对滑坡的反力;若水位上升后可渗入滑体并与滑带相通时,势必使滑动带水位提高,则按增大之滑坡浸湿体积与提高的水位来检算静、动水压力和浮力;水位下降后,滑动体内的动水压力加大,常使滑坡产生滑动,故应按骤降速度所产生的静、动水压力和浮力,及岸边以外的水位计算反力。至于波浪及水位变动对岸边的破坏作用以及浸水后岩土的水解作用等,目前只宜用工程措施加以防止,不专门列入计算。

以上各种外力和作用的影响,除滑动体的自重(变动较小)外,都是经常变化的。因此在计算推力时,应根据当地条件分析确定。例如:滑动体为松散易于渗水而无显著的地下水补给且位于地震频率和烈度大的地带者,对此情况则考虑雨季中可能形成的滑带地下水头;岸边洪水位、地震和本身重力等的外力组合;又如滑动体为密实不渗水、滑带地下水补给范围大而水量充沛,地震烈度大而频率小者,则可分别考虑自重、地震力、雨季中岸边洪水的升降和雨季后地下水流等几种组合,采用其大者。

六、滑坡推力的分布图形及其传递

滑坡推力图形是研究滑坡推力的重要对象之一。同时,根据不同的地质条件,可作不同的假设。我们认为,既然滑坡的产生同岩土体中软弱带有关,而软弱带上下岩土体的相对刚度一般均比软弱带大得多。因此,将滑动体假定为相对刚体是合适的。如果认为滑动体在竖直界面上各点的滑动速度相等,则推力的分布图形,应为平行滑面的平行四边形。根据滑坡上埋设之压力盒的量测结果,滑动带附近应力稍大,其合力作用点接近于滑动体高度的1/2~1/3。可见,若滑动体坚硬密实,可认为推力图形为平行滑面的平行四边形(稍偏于安全方面);若滑动体为塑性~流动体,可以认为推力图形为三角形;介于二者之间的情况,应视为梯形,其合力作用点为1/2.5为界,偏于前者应高于1/2.5,偏于后者应低于1/2.5。在计算每米宽滑坡推力时,一般不计算断面两侧的摩阻力,因为对整个滑坡,它纯属内力。但对平衡分配整个滑坡推力时,必须考虑两侧不动体对滑坡的摩阻力与反力。在平面上,前、后两级滑坡的滑动方向如有夹角,而且由后向前传递推力时,传递后的推力是后者方向前者方向上的投影。在滑动带坡度转折点处,该点竖直界面上的作用力与反作用力的坡度应各自平行于自身的滑动带。由后向前传递推力的大小,也是按前者方向上的投影计算的。由于滑动体相对是整体滑动,所以,在计算推力时,对于滑动体中的相互挤压,变形和产生热能等所损失的力,事实上甚微,一般可忽略不计。例如图4是某地震区实例。由于组成滑体的岩体主要是硬变质岩,滑动后盖于Q_{4-4}^{dl}黄土质砂黏土之上,滑体的刚度大,故滑坡推力是平行于滑面的平行四边形,其主滑面可以向下、向滑床发展,而抗滑地段的滑面也可向上发展,后缘牵引地段同样可向后发展。以新滑面4—6一段的滑体为例,后部受平行于滑面3—4的剩余下滑力E_2(平行四边形)的推挤,本身在自重W_3及地震力$W_3/20$作用下,在滑床4—6面上有平行于4—6的阻力F(包括4—6面的摩阻力R_3f_{4-6}及黏聚力cl_{4-6},f_{4-6}是4—6面上摩擦系数,c是单位面积的黏聚力,l_{4-6}是滑床4—6的长度),滑床反力R_3,同时也受前部滑体的抗力E_3'(平行于滑面7—6的平行四边形)的作用,使之平衡。为此,自滑面1—2、2—4、4—6、6—7顺序计算至7,即可求出作用于挡墙的滑坡推力。如计算时将各段自重及地震力对与该段滑面平行的分力,用安全系数K倍大者,所求推力的安全系数为K。

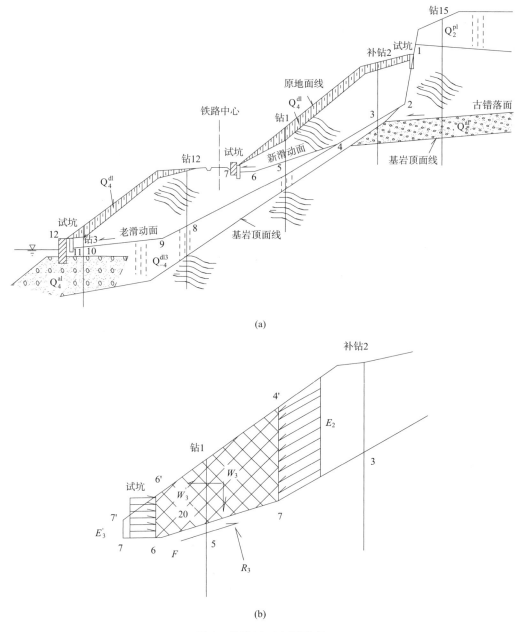

图 4 某地震区实例示意

七、计算安全系数的选用

在计算滑坡推力选用安全系数时,不仅要考虑对滑坡认识的深度,采用计算指标的准确度,对外力组合和计算方法的把握程度,而且必须考虑拟保护之工程设施的重要程度,滑坡的危害程度和抗滑工程一旦破坏后修复的难易程度等。同时,尚需考虑某些目前无法列入公式计算因素的影响(如风化作用、长期强度等)和有无控制滑坡发展的得力措施等。总之,它是一个综合性因素互相作用的结果,很难固定为某一数字而适应一切情况,必须根据具体情况确定。

若能对计算中的各个环节都处理得当并确有把握,安全系数以选用稍大于 1.0(如 1.05)为宜。若推力计算均按前述办法处理其各个环节,对临时性的应急工程采用安全系数为 1.05~1.15,对正式永久性工程采用 1.15~1.25。如果限于技术水平或因建设速度不允许花时间搞清各个环节,只能掌握一些主要的环节时(这是必须保证的),加大安全系数,可用 1.3~1.5,甚至个别情况可大于 1.5。

八、如何根据当地条件找推力界限

以上所谈是自滑坡后缘逐段向前缘求算滑坡推力时所必须考虑的问题。一般若按前述办法处理各有关问题所得的推力,基本上是可靠的。但是还必须用另外的途径来核对,才能肯定计算结果的正确程度。

对某个滑坡来说,在主滑地段向抗滑地段过渡部位的滑坡推力应属最大。随着这一部位向抗滑地段推移,外力逐渐减小,直到滑坡前缘,推力可为正值、零或负值,分别相应于滑坡是处于滑动、极限平衡或稳定状态。因此,若能判断出滑坡的稳定状态及其相应的稳定系数,自滑坡前缘逆滑动方向计算至所需位置处便可得到某一抗滑值。由于同一界面上的推力与抗力之间有必然的关系,所以据此可以找到推力。同时,由于所得抗力的手段较多,因此,可求出在某种情况下的推力界限和情况变化后的推力界限。

这种抗力一般有以下几种情况:

1. 未滑动过的滑坡:一般情况下,抗力往往是被动土压值;若下伏有能形成滑动带的软弱带时,则往往是剩余抗滑力;若岩体中存在裂面者,往往又是该面上的摩阻力;无裂面者是它与临空面间的抗剪断力。这些情况,针对当地地质条件是易于区分的。

2. 滑动过的滑坡:一般情况下,该抗力就是自前缘出口至所需位置的剩余抗滑力。

3. 建筑物产生变形时,该抗力可按建筑物有关部位的强度求算之。

例如:某滑坡由稳定而滑动,最后又稳定是极常见的情况。由此可知该滑坡当时的推力小于滑动前的被动土压值,因为未曾产生被动破坏而是滑动;大于滑动时的剩余抗滑力,因为已产生滑动;同时,还必须小于滑动后的剩余抗力,因为又稳定了。若该滑坡推动了建筑物,则推力又大于该建筑物的实际抗滑力;若该滑坡未推动建筑物,则推力又小于该建筑物的实际抗滑力等。像在这样普遍存在的现象中,即可找到如此多的界限,那么,针对某一滑坡而言,这种界限还能再找出不少,因此,在实践中往往根据稳定系数的数值,使该界限的间距缩至很小,甚至有时可使该间距缩小到设计精度允许的范围内。例如:成昆线甘洛2号滑坡,即用开挖站坪产生山坡裂缝时的状态,以路堑内侧设抗滑墙部位的被动土压值为依据做设计,它与事后各环节勘测的地质资料所求推力值比较,基本相符。反算主滑动带岩土的抗剪强度,同计算推力所采用的抗剪强度对比,核对推力计算的正确与否(必须考虑各自的条件,特别是今后可能出现的最不利情况间的对比)。但是,应该指出在反算时,方程中有两个未知量(即黏聚力与摩擦角),必须有在地质条件上相同的两个或更多的方程才能解;这就必须找出一些共轭断面,建立起共轭方程组或共轭图,从而算出这两个未知量。所谓共轭断面,可以在同一滑坡中找,也可以在同一地质条件下的不同滑坡中找,实践中是易于办到的。当然,从当地类似条件下各个滑坡的新生与休止中,也可以根据一定年限内可能出现的情况,改变一下地质条件(如地下水条件等),则可反算出条件变化后的抗剪强度,从而得出相应的推力;若多改变几次地质条件,则可得到很多情况下的推力界限和条件改变后的相应变化值。

综上所述,确定滑坡推力的工程地质比拟法,就是根据滑坡自身或当地类似条件下的其他滑坡中的实际变形迹象、滑动过程与性质等,从多方面来确定推力计算所需的各种基本资料和参数(包括变化)。在各方面数据基本接近的条件下,最后提出滑坡推力的数值及在条件变化后推力数值的变化,以适应防治滑坡及施工中条件改变后,立即需求的推力数值,或工程保证使用年限内地质条件变化后的滑坡推力。

注:此文是铁道科学研究院西北研究院徐邦栋、马骥发表于1979年《水文地质工程地质》01期。

不同类型滑坡的含义及特点

滑坡是由滑体、滑带及滑床三部分组成的。由于自然条件和地质作用的不同,滑坡的成因、发展与特点以及在滑动过程中所表现的一系列现象,也是有区别的,因此人们从不同的角度,将滑坡划分成多种类别。为便于认识和防治滑坡,我们对不同类型滑坡的含义与特点的认识列述于下,供讨论参考。

一、推动式滑坡与牵引式滑坡(按受力状态分)

(一)滑坡发育过程的力学分析

滑坡的发育过程,从力学观点来分析,一般是:(1)先有一较长地段的滑带土因其强度小于应力而变形,随着变形的逐渐扩大,在该段首先形成滑面而自行下滑,这一地段称主滑地段。(2)因主滑地段移动,其后部岩土在自重作用下受拉而断裂;同时也挤压前部岩土,沿阻力最小的途径滑出。其后部被牵动部分谓之牵引地段,前部被挤压地段称作抗滑地段。(3)牵引地段本无推力作用于主滑地段,直到断裂后,由内摩擦转化为沿裂面的外摩擦,加上水流沿裂面渗入后的作用,才产生剩余推力作用于主滑地段。(4)随着主滑地段剩余下滑力的增大以及水自地面裂缝流入后的作用,使前部岩土在挤压剪切的作用下形成新生滑面,当其露出地表后,滑坡就开始整体滑动。

因此从受力状态而言所谓推动式滑坡,是指滑坡中、后部较厚的牵引地段和主滑地段先变形;然后推动呈楔形的长度较大的抗滑地段,使之形成弧形(有时呈反坡)的新生滑面,滑坡才开始整体滑动。而牵引式滑坡,是当后缘被牵动部分尚在变形过程时,短小的抗滑地段已被挤压移动(或根本无抗滑部分,滑坡中前部全为主滑部分),而后牵引部分才随之下滑。

(二)多级滑坡

牵引式滑坡(又称后退形滑坡):对沿滑动方向有两级(或多级)的滑坡,当近临空面的前部自行下滑后,后部由于失去支撑而下滑,这样称牵引式滑坡。这种滑坡往往是前级滑体大,而被牵引的部分则逐次变小。

推动式滑坡:沿滑动方向有两级(或多级)的滑坡,当远离临空面的后级先滑动时(如其体积大于前级),因其推力大而迫使前级滑体也滑动者,称推动式滑坡。

二、塑流滑坡、塑性滑坡与块体滑坡(按滑体的稠度与刚度分)

(一)塑流滑坡

滑体岩土的含水程度达到饱水流动状态的滑坡,谓之塑流滑坡。其特点是滑体与滑带无明显分界。它与泥流的区别是含水量少,未将岩土颗粒悬浮,并无上下岩土互相扰混现象。当其含水量多时呈流动状态,有近乎成层流动的流体性质;在含水量减少后又接近塑性性质。

(二)塑性滑坡(稠度滑坡)

滑体岩土的稠度为塑状的滑坡,称作塑性滑坡(或称稠度滑坡)。其特点:(1)若滑体中含水量是由上而下逐渐减少,上部移动量常大于下部则为流动滑坡;(2)如含水量由上而下逐渐增多,则下部移动量大于上部。

(三)块体滑坡

滑体岩土在滑动前后基本上保持原有硬塑或半坚硬状态,是整块或几大块滑动,滑动后只有断裂而很少塑性变形的,称为块体滑坡。其特点:一般是滑体刚度大,滑体与滑带有显著区分,且滑带较薄;系由滑带土的岩性和其强度丧失的特征,来决定滑坡滑动的性质。

三、定向滑坡与无向滑坡(按滑面产生部位是否一定分)

(一)定向滑坡

滑动面及其部位与岩体结构的软弱带的位置相同,即沿不整合面、断层面或基岩顶面等滑动的滑坡,称为定向滑坡。由于其滑面的产状、滑带岩土的性质是已有的,故滑动方向和运动形式大体也是一定的。

(二)无向滑坡

由均质岩土或均质岩土上覆巨厚的坚硬岩层构成的斜坡,因其外形的改变引起岩土内应力状态发生变化,从而沿最大剪应力面发生滑动;或在上述条件下又有部分岩土遭水浸湿所形成的滑坡,其滑面位置是随外形及水浸湿的变化而不同者均称为无向滑坡。如在岸边冲刷下形成的厚层黄土同类土滑坡;人工堆堤上出现的同类填筑土中的边坡滑坡;由岩质岩层组成的高陡岸坡在湖、海侵蚀作用下产生的沿下伏黏土岩滑动的挤出滑坡等。

这类滑坡在均质岩土部分的土体强度基本相同,无已先形成的软弱带。滑面位置和形状与斜坡形状的改变及水的浸湿有关。前者可借助弹塑理论找出一定外形下边坡应力的分布,结合岩土强度进行分析对比而求得;后者可根据水的浸湿部位及结果来确定。

四、流动滑坡与挤出滑坡(按滑动性质及滑带变形分)

由于组成黏土岩的矿物成分不同,黏土岩分为两类:第一类含易溶盐的黏土岩,这种黏土由于水的淋滤和孔隙水的蒸发使其易溶盐析出而丧失强度,如水对一般坡积、洪积黏性土的影响。第二类不含易溶盐的黏土岩,这种黏土是在水从未间断的条件下形成的(如河、湖、海下)。其黏聚力为不易溶解的盐所组成,水只能在裂隙中活动,对其强度无何影响。

(一)流动滑坡

由黏土质岩土组成的斜坡在风化作用(如反复的干湿,冻融,冷热)下,其表层逐渐丧失成岩过程中所获得的黏聚力,雨季时软化成类似土膏状而移动;旱季失水又干硬而稳定,这种现象称流动滑坡。它是因黏土质岩土(第一类的)在风化作用及水的影响下所形成的,故其特点为随风化裂隙的发展(深度一般为 2 m)及水量增大而扩大其规模。陆相沉积的裂隙黏土中形成的浅层滑坡就是该类滑坡的一种。

(二)挤出滑坡

第二类的黏土质岩层在高压下(如在百余米厚的白垩系砂砾岩层下的海成黏土岩),当侵蚀基准面低于黏土质岩层顶面时,由于压力差的作用,使黏土质岩层逐渐受挤而产生蠕动,致使上覆块状岩石裂开,并向临空面下垂,直到岩块断开压力突然增大,部分黏土岩被挤出而形成滑动。当前缘出现一定隆起的垣垄后才暂时稳定。一旦隆起的垣垄被冲刷,滑坡又活动。这种现象称为挤出滑坡。海成黏土在高压下产生逐渐流动的性质属此种现象。

五、旋转滑坡、构造滑坡、错落转化的滑坡与表层成层滑动(按滑面性质分)

(一)旋转滑坡

在均质岩土中各部分的强度基本类似,由于圆弧曲面所包裹的体积为最大,故在这类岩土中产生的滑坡,往往是类似圆弧形的滑面。它既称均质滑坡,又名同类土滑坡或圆弧形滑坡。由于滑体沿弧面旋转,故称旋转滑坡。它是前述无向滑坡的一种,其特点:(1)各部分岩土的强度基本类似;(2)作旋转移动,从而作用于滑体各部分的力不一致;(3)表层受挤严重,变形显著,地表能出现各种性质的裂缝;(4)有一定的抗滑地段等。

(二)构造滑坡(构造面滑坡)

斜坡岩土在构造作用下产生一系列的结构面,它们的组合有一定的格局。当这一格局与临空面配合使变形体有较长的一段底面是沿一组缓倾斜的结构面产生自行滑动的现象,称构造滑坡。故其特点:(1)当地结构裂面的组合格局和临空面的关系,决定了滑动的性质;(2)滑带是沿向临空面倾斜的一组结构面发育的,其倾角往往较缓,岩性往往不良,且水的活动显著;(3)一般滑面平顺,滑体各部受力的方向大体一致;

(4)滑体的刚度一般较大,常为块体。

(三)由错落转化的滑坡

在一定结构面组合的格局下,如变形体的后缘是沿一组陡而深的结构面发育时,往往变形体比不动体破碎。由于变形体在压力增大的条件下,先自行下错压密,同时挤压中前部,直到形成向临空面倾斜的底部破碎带。这一因应力调整而产生的变形现象称为错落。一旦底部破碎带经一定年代的风化作用而降低强度后达到自行下滑时,中前部即形成滑面而转化成滑坡现象,称作由错落转化的滑坡。其特点是在许多方面保留错落的性质:(1)滑体多为破碎岩层;(2)后缘是沿一组陡倾斜的地质结构面发育的,因而推力大;(3)滑带土是由结构破坏较严重的碎岩屑及风化土组成,且厚度大;(4)滑带土潮湿,无大量流动的水;(5)在滑床地段的滑面向下倾斜无反坡。

(四)表层成层滑动

基岩以上的覆盖层沿基岩顶面或各个古剥蚀面成层的滑动,称作表层成层滑动。它是顺层滑坡的一种。其特点是滑床形状随古剥蚀面而定。一般滑床呈凹槽状,有隔水性,沿主轴的滑带常饱水,多在雨季活动。

六、顺层滑坡、潜蚀滑坡、悬浮滑坡与液化溃爬(按滑带形成特点分)

(一)顺层滑坡

沿地质作用所形成的软弱层(或面)滑动的滑坡,称为顺层滑坡。形成滑带的软弱层为:(1)滑体底层的岩土:如黄土沿含承压水的砾石层顶面滑动的滑坡,由被浸湿的黄土形成滑带;(2)既不是滑体也不是滑床的岩土:如堆积层沿坚硬玄武岩顶面滑动的滑坡,形成滑带的岩土为玄武岩顶面的残一坡积层土;(3)滑床顶层的岩土:如裂隙灰岩沿下伏海成黏土顶部的滑动,黏土顶层形成了滑带。滑坡的性质和特点是决定于软弱层的成因、性质、产状与滑带水的活动。同时,这类滑坡的滑体总是刚度大,呈块状滑动。

(二)潜蚀滑坡

如滑动是由于滑带土逐渐被水流机械潜蚀(如流水携带出组成滑带土的粉、细砂)、或自燃烧掉(如煤层)、或受矿化水的作用而溶失(如易溶石膏层)以及人为挖除(如坑道)等,使组成滑带的岩土减少而造成强度不够,先导致上覆岩层塌陷,而后沿此空虚带突然下滑。这种现象称作潜蚀滑坡或陷落性滑坡。滑带土先被潜蚀而后滑动属其特点;一般总是由于塌陷后堵塞了滑带水的通道,因集水形成高压而后突然滑动。

一般顺层滑坡区别于潜蚀滑坡的特点为滑带土无减少现象,而是在应力大于强度的条件下逐渐产生剪切破坏而移动的。

(三)悬浮滑坡

在沉陷性饱水的含砂层上覆盖有较密实的岩土时,由于这种砂层有长期自行压密性质,或因振动(如地震)等其他原因而压密,当析出的水分在不易排除情况下,水可使部分颗粒间失去接触而呈悬浮状。这样由水来承担上覆岩土的重量,从而使上覆岩土产生突然滑动,谓之悬浮滑坡或浮力滑坡。其特点是含水砂层中有临界孔隙度压实性较差的砂层,因其自然压实过程较长,当析出的水无通畅的排泄通路时就造成突然滑动等。

(四)液化溃爬

在多雨地区,以易于风化的花岗岩土填筑通过沟洼的高路堤经一定年代后,由于风化不均,部分岩土风化成粉砂及黏性土状,当填料的骨架部分丧失原路堤密实程度逐渐呈欠压实状时,既易进水,又具持水性质,因而使路堤排水条件变坏;因此往往在雨季暴雨下,由于路堤裂隙间、孔隙中饱和充水,在列车振动下,而使整个路堤发生突然滑走。滑动距离有的远达百余米,滑动后滑体如饱水的泥石流,停积于斜坡下形成扇形,此谓之溃爬。其原因有(1)堤高压力大;(2)孔隙饱水,水动、静压力大;(3)部分岩土风化成细粒;(4)土体结构松散,在风化过程中逐渐更松散等。在振动下产生液化为其特点。

七、融冻土滑坡、裂隙黏土滑坡、灵敏黏土滑坡、火成岩或变质岩风化壳滑坡(特殊岩性成因的滑坡)

(一)融冻土滑坡

在多年冻土地区,每届春夏融化季节,冻土融化,融冻土常沿冻结顶面下滑,谓之冻融滑坡。它为融冻土滑坡的一种类型,其特点:滑面深度随每年融化深度而变动;滑走一层后来年继续产生,直到覆盖土全部滑光或滑成一定的平级的斜坡而止。滑带水来源于下部,因而滑体底部的含水量特大。

在寒冷而非多年冻土区(例如晋北及内蒙古),在黄土层中深挖,由于当年冬季冻结时,因水分调整在新开挖面内形成一冻结层,到翌年春融期,冻结层融化,致使表层黄土下滑。这种现象也属融冻土滑坡的一种类型,其特点:滑体等厚,有的清除滑体后不再发展。

(二)裂隙黏土滑坡

含有大量蒙脱土及水云母的河湖相或冰水沉积的黏土岩(有的具构造裂隙和具网状裂隙),在时干时湿的条件下有胀缩性质,产生大量的风化裂隙,也有因卸载膨胀而产生裂隙的,这种黏土称为裂隙黏土。在此类土中挖方,不到半年就新生一系列裂隙,在当年雨季表水渗入后,被浸湿的倾斜土层即使缓和到6°,也有滑动的可能,这种现象称裂隙黏土滑坡。其特点:岩性不良,含有易风化膨胀的蒙脱土(或属卸载膨胀的土)它易于产生裂隙为表水渗入创造通路,因此裂隙张开多深,就产生多厚的滑坡。该类土的特性为受水后易于膨胀和软化,强度丧失显著,在失水后又收缩而坚硬。

(三)灵敏黏土滑坡

原状土强度与扰动土强度之比称灵敏度。当灵敏度为4~8(或更大)的黏土滑坡称灵敏黏土滑坡。其特点:一旦不稳后,瞬即丧失强度,使滑坡范围急剧扩大,滑动速度迅速增长。一般海相黏土,例如有的滑带土系由二叠系铝土质泥岩的风化岩土所组成,往往有如下现象:当滑带土含水量介于可塑至硬塑之间,它就滑动,其裂隙随即发展扩大到整个滑坡范围,从滑带土含水量来说又称干滑坡。

(四)火成岩或变质岩风化壳滑坡

火成岩在成岩时,因所含矿物成分的性质和冷却环境不同(如在围岩附近冷却较快),在围岩附近的火成岩或变质岩裂隙发育,易于风化形成风化壳,一旦风化带倾向临空面后,便产生大体沿风化严重带发育的滑坡,称为风化壳滑坡。其特点是由火成岩、变质岩的岩性和风化带的分布、产状与性质以及临空面的关系决定。

八、连续性滑坡、断续性滑坡与崩塌性滑坡(按滑动性质分)

(一)连续性滑坡

滑坡滑动的全过程(从发生至消亡),如滑动是从不间断的、长期的而且基本上属缓慢的,称为连续性滑坡。其特点:(1)下滑力经常大于抗滑力,剩余推力在一年中变动的幅度不大,但对巨大的滑体而言,仅能供给滑动所需消失的能量;(2)所有促使滑动的因素表现在数值上相对于巨大的滑体而言,也是变动不大,只是在综合作用下影响较大;(如果滑动的因素是滑带水,其水量、水位的变化,在一年中就应该不大,可能属深层地下水补给)其中为长期作用于滑坡的因素是滑坡滑动的主要原因;(3)滑带土的强度较稳定已接近残余强度数值,同样虽是经常不断的滑动,其移动值对主滑地段与抗滑地段的变化影响不大;(4)滑面比较平顺。

(二)断续性滑坡

如滑坡滑动是时停时动,例如每年雨季或雨季后期才滑动,一到旱季就稳定,或是滑坡每经一定年代后又活动一次等,称作断续性滑坡。其特点为:(1)作用于滑坡的短暂因素变化幅度大,是滑坡复活的主要原因;(2)每次滑动有一定的动能,需增长抗滑地段始能克服,因而稳定后贮备一定的抗滑力,它必须经过一定时间,积贮了一定的下滑能力,才能再动:滑带土的强度未降到残余数值,每次滑动中(如由于滑动而排水)或滑动后(如滑带土再固结)能相应地恢复部分强度;(3)滑体滑动后,大部分未脱离原滑床。

(三)崩塌性滑坡

当滑坡的滑面全部形成后,即由缓动迅速转化至剧烈滑动阶段,这种从滑动开始至完成所经过的时间很短的滑坡,谓之崩塌性滑坡。由于它具备了应力突然增大或强度骤然丧失这种特性才能使滑动过程短暂,所以其特点为:(1)作用力大,滑动后常使滑体大部分脱离原滑床;(2)因滑体在滑动中动能大,达到稳定后所造成的稳定贮备能力也大;(3)滑动以后,山坡上未动的岩土如未根本改善已动岩土在未滑动前的不利条件,它将继续滑动;(4)残留在原滑床上的滑体已转化为顺层滑动性质,其稳定性决定于前部脱离滑床的滑体堆在老地面上这一新条件、滑动后滑体的破坏程度和其他因素对其作用等。

九、边坡滑坡、坡上滑坡与坡基滑坡(按滑坡出口在斜坡上的部位分)

(一)边坡滑坡

滑坡发生在斜坡的陡坡或堤坝的边坡部分,或变形基本上处于这一范围,称作边坡滑坡其特点决定于组成边坡的岩土:(1)当边坡由松散破碎的岩土所组成时,常由于坡体密实程度不均。壤中水的水位线和浸湿范围决定边坡滑坡的范围与滑带形状。(2)如边坡与结构面平行时,滑坡往往以另一组横截边坡而向临空面的结构面与坡面交叉处为出口,该处且常有裂隙水渗出;如结构面是上陡下缓逐渐与坡面相交时,滑坡常沿这下部带弧形的面而滑动。

(二)坡上滑坡(悬挂滑坡)

以陡坡以上的缓坡地段为主体而前缘出口在边坡坡面上的滑坡,称作悬挂滑坡。其特点是滑坡的支撑部分被切断,无抗滑地段。这种滑坡只有在暂时作用因素减弱时才稳定。

(三)坡基滑坡

如滑坡前部滑动面位于当地侵蚀基准面以下或各种阶地和平台之下,谓之坡基滑坡。其特点:(1)下伏有软弱层,当滑坡剪不断斜坡岩土时,才自基底软层挤出;(2)下伏软弱带埋藏愈深和强度愈大,则参加滑动的岩土规模就愈大;(3)它有明显的抗滑地段。

十、圈椅形滑坡、横长形滑坡、纵长形滑坡、葫芦形滑坡、勺形滑坡、椭圆形滑坡、角形滑坡与综合型滑坡(按滑坡平面形态分)

(一)圈椅形滑坡(冰斗形滑坡)

滑坡外貌为圈椅状,即后缘呈半圆形,称圈椅形滑坡。其特点:(1)一般是滑体的纵长与横宽大约相等;(2)均质滑坡常具有此种形态;(3)沿古沟洼滑动的堆积层滑坡也具此形态。

(二)横长形滑坡(正面形滑坡)

当滑坡的横宽大于沿滑动方向的纵长时,后缘虽为弧形但曲度较平缓,常有一级或多级台阶,有的前缘具有突起的挤出土埂等,具有这种外貌的滑坡称横长形滑坡。其特点:(1)这类滑坡常因两侧侧向阻力大,才形成这一外貌;(2)一般滑体厚,刚度大,在下伏有软弱层的条件下才易于产生这一形态。块体滑坡、构造面滑坡或挤出滑坡常具有此种形态。

(三)纵长形滑坡(冰川形滑坡)

纵长远远大于横宽形态的滑坡,称纵长形滑坡。其特点:(1)滑体不厚(就滑体的纵长与厚度比较而言),或是滑面倾斜陡,或是滑带富水;(2)一般沿古沟槽发育的滑坡常具有此种形态。

(四)葫芦形滑坡(缩口圆形滑坡)

由于前缘滑动,后缘扩大发展成圆形而出口窄的滑坡,称葫芦形滑坡。其特点:(1)常是在成层土组成的平缓山坡上由于壤中水发育使滑体呈流动状态,它常是在近沟心处先产生局部滑动,而后引起后缘扩大,形成出口小,后缘成圆状的形态;(2)是壤中水向滑动中心流动所致。

(五)勺形滑坡(倒勺形滑坡)

上部具圆形环谷,中部呈纵长形,下部沿山坡脚呈锥状,具有这一形态的滑坡称勺形滑坡。其特点:当滑体的后部及中部有埋藏的软弱层,而坡脚锥体为堆积、洪积和沉积物所组成时,才能产生这种形态。

(六)椭圆形滑坡

后缘及两侧由于塌落成椭圆形的滑坡,称椭圆形滑坡。其特点:常在冲沟沟头地区发育,两侧及沟脑的斜坡岩土内有壤中水向沟心流动,从而导致周围岩土向沟心滑动,致使后缘及两侧的滑壁发生塌落,而造成椭圆形的周界。

(七)角形滑坡

后缘滑壁呈 V 字形由两组结构面组成,称为角形滑坡。其特点:(1)滑体已深入基岩,覆盖层随之断开;(2)沿两组结构面发育的错落转化成的滑坡常具有此外貌;(3)后缘沿 V 字形裂面发育的构造滑坡也具有此外貌。

（八）综合形滑坡

由形态简单的滑坡扩大或合并成不规则的复杂外形，称作综合形滑坡。其特点：(1)它与各部原生滑坡的类型有关，其周界常具锯齿形；(2)牵引式滑坡和几个滑坡合并时常具有此种形态。

此外，尚有一类无明显界限的现代滑坡。

注：此文发表于1979年《滑坡文集》第二集。

二梯岩隧道出口滑坡整治

贵昆线二梯岩隧道出口地段,在堆积物中穿过,修建时,发现堆积物滑移,隧道衬砌破坏严重,成为该线严重的病害工点之一。病害发生后,在施工、设计、科研单位的共同协作下,做了大量的工作,摸清了原因,进行了以支挡沉井为主的综合整治,交付运营10年来,堆积物稳定,工程效果良好。回顾和分析一下当时的设计和施工情况,对今后相似类型滑坡的抗滑工程设计、施工有参考价值。

一、工程地质与病害概况

二梯岩隧道出口段138 m在堆积物中,其中18 m为明洞,洞外25 m为低路堤,接着以桥跨过自然沟。线路右侧有一高约170 m的陡崖,出露三叠系中统的灰色中薄层灰岩夹泥灰岩或页岩。陡崖下缓坡为三叠系下统的紫色页岩夹砂砾岩,其上堆积了厚约30~40 m碎块石土,隧道即在此层中通过。线路左侧约100 m外,向下为深约300 m的沟坎。坎壁为三叠系下统的中厚层灰岩夹泥灰岩及三叠系中统灰岩组成。

(一)地质构造

隧道左侧深300 m沟坎,基本上是沿逆断层发育而成,断层产状为北9°~30°西/50°~70°南西。隧道前后一带山坡系位于断层上盘,所以形成了连续数公里的峭壁陡崖。由于断层的影响,中线附近的砂页岩多褶曲错动,根据修建工程时的观察,堆积物以下的岩层,几乎每隔两米就有一错动,错距几厘米至几十厘米。由于褶曲错动的影响,使局部岩体破碎,并且使岩层产状变化颇大,其产状为北40°~60°西/5°~13°南西。

隧道右侧陡崖,直立节理相当发育,主要节理有两组:北0°~10°西/67°~90°东;北65°~90°东/60°~90°北。节理面留有擦痕,说明属构造节理,由于灰岩长年累月的溶蚀作用,陡壁部分裂缝大,从数厘米乃至一米,这是造成陡壁前期崩塌的基本原因。

(二)堆积物的岩性及物理力学性质

堆积物组成是碎块石土,碎、块石直径2~40 cm,少数大块石直径达1.0~4.0 m,石块多棱角状及次棱角状,成分大部为石灰岩,少部分为砂页岩,在工程开挖施工过程中,曾多次发现砂黏土(占80%~100%)厚几厘米到40 cm的薄夹层,薄层顺坡倾角为20°~25°。

堆积物密度极不均一,多松散或中密,局部被钙质胶结。湿度变化很大,一般呈可塑或软塑状,在含土较多的薄层附近,有的呈流塑状态。总的说,高处水分少,低处水分多,浅层水分少,深层水分多。

堆积物的物理力学性质,根据现场大型试件试验,容重 $\gamma = 1.9 \sim 2.1 \times 10^3 \text{ kg/m}^3$,内摩擦角 $\varphi = 10° \sim 40°$,黏聚力 $c = 0.5 \sim 3.0 \times 10^{-2}$ MPa。

(三)病害概况

在隧道开挖时,洞口附近已成衬砌严重开裂,开裂情况是山侧严重,沟侧较轻,拱脚纵向裂缝尚有错台,台宽2.0 cm,边墙错向隧道内侧。1965年5月发现线路右侧有环形连续裂缝一条,如图1所示。至7~8月时,裂缝宽约70 cm,错台50 cm。裂缝起于K2919+05右侧,终止于隧道进入基岩处。

为了弄清位移量大小与性质,1965年6~7月间,先后在地表、拱顶、仰拱建立了位移观测桩和水准标点。发现所有观测桩都有较大位移,半年中,K2918+81地表观测桩位移达223 mm。水准标点下沉。直至1965年10月,由于已进入旱季,各观测桩才相对稳定下来。这时量测隧道净空,并和设计尺寸相比较,山侧普遍不足,沟侧普遍宽余,可见隧道已整体向沟侧移动。

1965年11月洞顶右侧开始进行减载处理,至1966年3月下旬减载基本完成(约12万 m³)。在此阶段中,各观测桩(包括仰拱与拱顶观测桩)基本稳定,压力量测表明:隧道拱顶与右侧边墙侧压力均有所下降。但3月25日以后,由于:(1)整平拱顶地表时曾将拱顶余土约400 m³堆放于隧道左侧;(2)在隧道左侧开挖第一次选定的泄水洞洞门(后作废)时约挖去100 m³的土体;(3)隧道内部分施工用水渗入洞口左前方堆积

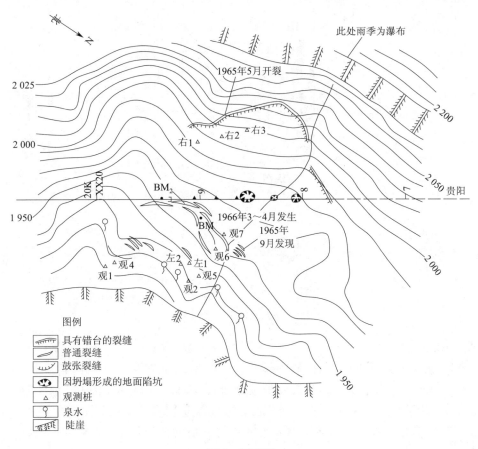

图 1　平面图

物中；导致 3 月 28 日发现堆积物的前缘严重变形，地表开裂，堆积物下滑，坡脚鼓胀（图 1），地表各观测桩迅速移动，情况十分严重。至 4 月 6 日地表裂缝达 12 条之多，相继串连起来，并有向上逐渐发展之势。

二、老滑坡的判断

我们认为在环状地表裂缝内为一多层的堆积层老滑坡，其理由如下。

（一）从地形地貌看

堆积物南北均有自然沟，前缘有突出的两个鼓丘（见图 1 中观 1，观 2，观 5，观 4），并有不宽的错台，部分地点形成泉眼，终年流水不断。后缘基本呈圈椅状，在堆积物顶部有错台三层，错距约 1.0～1.5 m，有明显的错动痕迹，其方向与隧道开挖后在其稍上方出现的错台基本一致，减载时，（当下部土体挖去后），错台土体便顺台阶边成弧面滑落，并露出较光滑的滑面。

断面形状为上下陡（各约 35°），中部缓（约 20°），平均坡度 25°～26°，这说明有老滑坡地貌，并潜有位能，有可能继续滑动。

（二）从地质条件看

由钻探资料可知，基岩顶面地形呈簸箕状，K2919+00 处出现基岩脊背（图 2），中间有一"鸡窝"，有充分的积水条件。基床页岩顶面有含水带，已风化成土状，有隔水、软化、强度小的特性。加以基岩顶面向沟坎的倾斜近于 10°，因此当页岩风化土饱水达软塑状态时，堆积物即可自行下滑。故判断堆积物自基岩顶面有过滑动。同时从钻探资料、沉井施工和清方揭露出的地质剖面来看，该堆积物是经过三或多期崩塌作用堆积而成（见图 3 中①～④）。新老崩积物与相应坡积层交互成层。就在这新老堆积物交界处形成一土的成分多、透水性差、呈软塑或饱水状的软弱面，由于这种平衡—不平衡—再平衡—再不平衡的继续往复作用，在堆积物内就形成了多层软弱面。这些面在主滑地段倾角陡于 20°，因此判断也有过层间滑动。

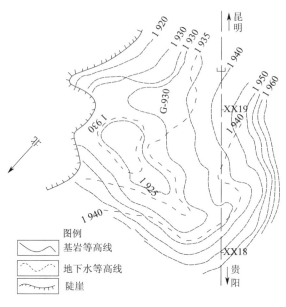

图 2　基岩及地下水等高线图

(三)从病害迹象看

1. 1965 年 5 月,由于隧道开挖,在堆积物中部挖去一高 8.5 m、宽 7.5 m 的隧道空间,它使右侧的支挡力量降低,使沿隧道中线剖面上堆积物的单位面积应力加大,从而引起堆积物压缩,致使隧道右侧土体产生剪切变形,因此山坡上出现最早的一环裂缝。可见隧道右侧堆积物系老滑坡的主滑部分。

2. 从减载后,在裸露的基岩面上和堆积物内已发现的明显的滑坡擦痕(擦痕方向为北 78°东)看,说明堆积物曾滑动过。

3. 从 1966 年 3 月下旬,隧道右侧减载完成以后,仅仅由于在洞顶整平地面而推动余土和在坡脚开挖第一次泄水洞洞口(已作废)挖去坡脚 100 m³ 土体等,就在旱季出现严重的前缘滑动情况;它表明此堆积物并非由于上部的推动而下滑,隧道外侧的土体也同样处于极限平衡状态。

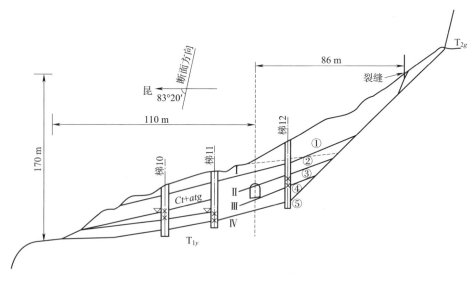

图 3　剖面图(K2918+66)

4. 从地表、拱部、仰拱观测桩均匀移动和隧道侧压力在 1965 年 3～4 月并无增加反而降低的情况看,堆积物是沿隧道底部的软弱面作整体的滑动,而并非局部地表塌滑。

从上述分析可见:二梯岩隧道出口堆积物具有滑坡地貌和滑坡所应具有的工程地质条件。特别是软弱面和堆积物内有水,因之堆积物存在着滑动的内因。只要是大雨年份或者是上面堆积物加重,都可能造成滑动。滑动区域为堆积物的全部范围,即南起 K2919+50,北至 K2918+00,西自岩脚,东至沟坎边。由于 K2919+00 处有基岩脊背隆起,可能将滑坡分割成互相牵连,又各自独立的南北两部。整治时要加以考虑。

三、整治工程措施

二梯岩地处峡谷,前后均为隧道和桥梁。病害发生后,曾提出过改线、大拉沟做栈桥、滑体彻底整治等多种方案,经研究,一致认为滑体彻底整治方案最佳。上级指示:"采取一切措施,坚决保证原隧道安全,一次歼灭,不留后患。"

根据上述指示和对病害性质和原因的分析,先后采取了五项工程措施:

1. 1965 年 11 月至 1966 年 4 月初,陆续在洞顶减载约 12 万 m³;
2. 1965 年 12 月用钢拱架加固了洞口地段的衬砌;
3. 自隧道右侧减载后的基岩边缘至隧道中线左侧 20 m 范围的地表,用厚 15 cm 的混凝土加以封闭并做截、引、排水网;
4. 在 K2919+00 以北堆积物内,基岩下做泄水洞;
5. 在 K2919+00 南端,离隧道中线 16 m 外,做支挡沉井五个,总长 34 m(包括中间空隙)。

各项工程的平面位置如图 4 所示。

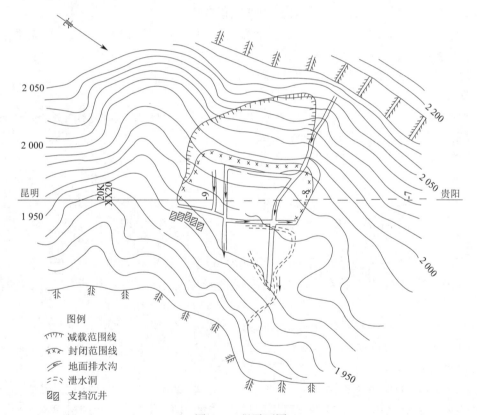

图 4 工程平面图

支挡沉井:在 K2918+96～K2919+30 一段,处于滑床基岩脊梁的南端,由于滑床坡度较陡(20°～30°),疏干、减载对该部作用都不大,1966 年 3 月 28 日以后堆积体的严重开裂和滑动情况,主要就是在这部分发生的。为了增加该地段的稳定性,我们根据该段覆盖较薄,基岩也好的特点,认为采用支挡沉井的方法是比较合适的。这是考虑到当时在堆积物前缘挖第一次泄水洞洞门时便引起堆积物产生严重变形的现实情况,如在前缘按一般办法挖基做挡土墙是十分危险的,并且前缘堆积物很薄,支撑作用也有限,同时因其离隧道中线较远,虽前缘舌部不动,隧道外的堆积物仍可继续发生剪切变形,也会引起隧道中线的局部移动,引起隧道继续开裂、变形或净空不足。

沉井设计时为六个。在建造过程中,根据实际情况减少了一个井身 8.5 m×6.0 m,设计高 13 m,位于堆积物内 8 m,伸入基岩中(包括风化残积层)5.0 m。实际施工沉井高 12 m,其余用降低地表和挖深基岩的方法解决。

为了改善沉井的受力条件、增大基底的抗滑稳定、并减小堆积物对沉井的摩擦力和便于沉井下沉,在刃口上 2.0 m 处做 0.25 m 宽的台阶一层,刃口下至基岩后,先用爆破的方法在刃口下将基岩开挖成梯形,将基底扩大至 11.5 m×6.5 m,然后掏清底碴,灌混凝土封底。

封底后用块石混凝土(尽量多渗片石),打至结构面上 1.5 m 后,回填堆积原土,分层回填,分层夯实。至顶部用 1.0 m 的混凝土封顶。

施工时用履带式起重机改装的悬吊扒土机在沉井内将土扒出,沉井边的土辅以人工推运至沉井中央,遇大孤石或胶结钙化堆积物时,用爆破方法解决。下沉情况正常,每日 1.5 至 2.0 m。五个沉井的全部下沉都没有遇到什么特殊困难。由于刃口上部井身有 0.25 m 的台阶,因此沉井四周的土体略有沉陷。沉陷漏斗在地表的显示距离约为 1.0 m。实践证明,用沉井支挡的方法以减小对堆积物的扰动是完全可能的。沉井分两节灌注,每节高 6.0 m,四周井壁均布有钢筋。

四、滑坡稳定性的检算方法

稳定性检算的目的,在于确定防滑工程的位置和尺寸,评价工程修建后滑坡的稳定程度,其步骤为:

1. 由纵横地质断面分析滑动面的数目、位置和其变化规律;
2. 根据地质资料和试验数据确定滑面上各段的强度指标及其在工程修建后的变化规律;
3. 防滑建筑物的设计,推力的计算,安全系数的选用。

下面以 K2918+30 断面为例,说明做法及结果。

(一)滑动面的分析

断面上有四个钻孔,钻孔岩心资料如图 5 所示,以 8 号钻孔为例。堆积物的结构及物质组成:

(1) 40.40 m 以下为灰绿色风化较严重的页岩。

(2) 40.40～36.52 m 岩心描述为棕黄色的砂黏土夹碎石,其中土占 60%,碎石、砾石占 40%,因其成分单一,具隔水性,故判断为页岩风化残积层。

(3) 36.52～32.32 m 岩心描述为棕黄色砂黏土夹碎石,其中土占 50%,碎石占 30%,砾石占 20%,底部 1.9 m 含水,$Q=4.83$ t/昼夜,承压高 0.4 m,含水层上呈软塑至可塑状,因其成分单一,结构稍松散,为残积层顶部含水部分。

(4) 32.32～26.92 m 为含土达 55% 结构中等密实的坡积层,因能形成隔水层,所以在残积层水位增高,水量增大时,其底部 32.32 m 附近受水的承托作用,可能形成滑动面,这一判断在泄水洞的修建中得到了证实。

(5) 26.92～24.66 m 为棕黄灰白色碎石土,碎石占 50%,砾石 40%,砂黏土仅占 10%,岩心描述为干燥。它是由陡岩上崩坠下的岩石所组成,此层底面坡在 20°～25° 之间,虽不易存水,但呈可塑状,故其底面 26.92 m 附近为可能的滑动面。

(6) 24.66～22.13 m 为棕黄色砂黏土夹碎石,中等密实,含水达可塑状的坡积层,其中土占 55%,碎石占 15%,砾石占 30%,它具有隔水作用,因其上为巨厚的堆积物,故其顶面 22.13 m 附近可能为滑动面。

再往上尚可找到两个崩积物和坡积物相间的软弱面,但都在隧道的拱顶以上。从隧道拱顶和仰拱的位移观测和隧道压力量测都明显看到隧道是在整体向沟坎移动,因此当时滑动的滑面在拱顶以上的可能性可以排除。

在相邻的钻孔 4 号及 7 号也同样有这种崩积物和坡积物的交互层规律,在相应的深度上也有相应的软弱带。它们的共同特点是:砂黏土含量大(钻孔为 50%～60%,由于岩心的提取技术关系,某些在沉井开挖时看到的含土量很高的薄层,在岩心中被混淆了),土体中等密实,具有隔水性,含水量高(达可塑至软塑状)。从断面上看,滑坡中下部(如钻孔 7,钻孔 10)滑面的上部崩积物厚,因此各层滑面在中前部无上翘可能,只能趋于一致沿基岩顶面或其上面堆积层坡脚泉水出露处滑出。

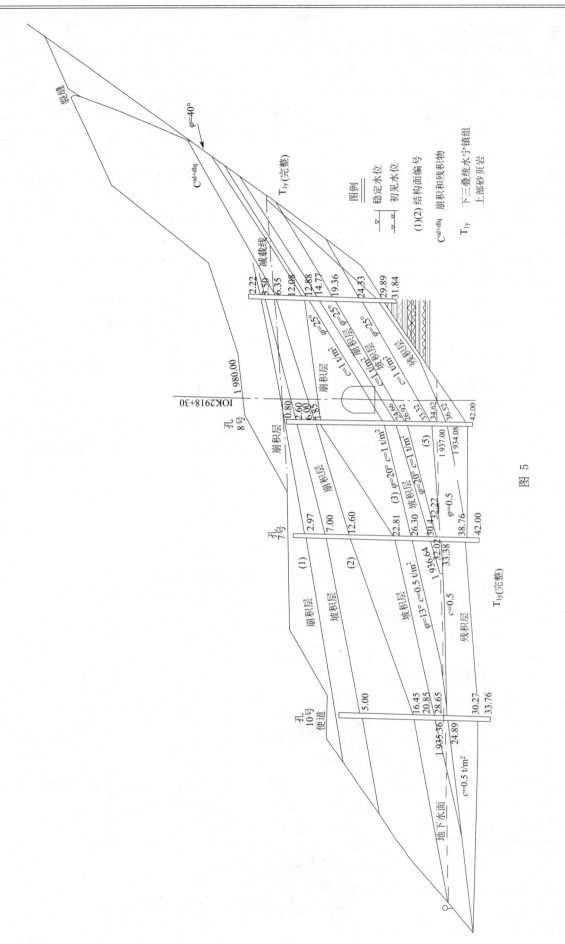

图 5

(二) 滑动面各段强度指标的选定

由于各可能滑面中土石含量、密实程度和含水程度的不同,各段所处的斜坡陡度也千变万化,故各段的强度指标变化很复杂。在没有充分条件沿倾斜层面作大型剪切试验的情况下,只能根据当地实际存在的状态,通过对比分析的方法去寻找参数,并用沉井和减载施工所观察到的实际情况去加以验证。从减载中得知:含土较多的坡积层面其坡度为 20°~25°,含水达饱和的洪坡积层其坡度为 15°。用这样的方法找出各滑层在不同含水状态下各段的强度指标以供计算之用。这就是所谓从工程地质比拟计算中选用滑带土强度指标的办法。

考虑到本工点坡积层中粗颗粒的含量大,一般是黏聚力 c 很小,变化也不大,再考虑到在堆积层中所作的大型剪切试验,各段强度指标选用如下:

1. 对密实的堆积层沿陡倾斜的基岩顶面,考虑到已经开裂的影响,采用外摩擦角 $\varphi = 35°$, $c = 0$ MPa。
2. 对中等密实或稍松散的碎石土,呈硬塑状态时,$\varphi = 30°$, $c = 0$ MPa。
3. 对坡积层与崩积层间的软弱带,处于硬塑时,$\varphi = 25°$, $c = 1.0 \times 10^{-2}$ MPa;处于可塑时,$\varphi = 20°$, $c = 1.0 \times 10^{-2}$ MPa;处于软塑时,$\varphi = 13°$, $c = 0.5 \times 10^{-2}$ MPa。
4. 对处于饱水状态下的残坡积土,认为其抗剪强度中内摩擦角 φ 值,随孔隙水压和土层密实程度变化极大,故估计 $c = 0.5 \times 10^{-2}$ MPa,利用各种极限平衡条件去反求 φ 值,并用当地条件加以核对,若所得 φ 值和实际情况相近,则说明上述各段所选指标基本接近实际情况,可以作为核算参数;若和实际情况相差较远,则说明上面各段假定值和实际值相差较大,应重新调整各段的 c、φ 值,直至和实际情况基本相近为止。

本工点按上定各指标算出的饱水状态,φ 值约为 9°左右。

在地表封闭并修建截、引、排水和泄水洞等工程后,经一定时间(一般是 3~6 个月)后,被疏干的滑带土 c、φ 值应有相应提高,根据类似条件的经验:饱水的可疏干至软塑状态,软塑的可疏干达可塑状态,而可塑的则不易进一步疏干了;就本工点的土质而言,φ 值可提高 4°~10°我们采用原"软塑"的提高 4°,原"饱水"的提高 6°来检算排截水工程的效果。

(三) 堆积物稳定性检算方法

1. 检算基本公式

在第 n 块中(排列编号由上向下)

下滑力: $$T_n = Q_n \sin\alpha_n K + \Delta T_{n-1} \cos\Delta\alpha_n \tag{1}$$

抗滑力: $$F_n = Q_n \cos\alpha_n \tan\varphi_n + c_n l_n + \Delta T_{n-1} \sin\Delta\alpha_n \tan\varphi_n \tag{2}$$

式中 Q_n——第 n 块土体的重量(t);

ΔT_{n-1}——$T_{n-1} - F_{n-1}$ 上一块剩余下滑力;

α_n——第 n 块滑面与水平面的夹角;

$\Delta\alpha_n$——$\alpha_n - \alpha_{n-1}$;

φ_n——第 n 块滑带土的内摩擦角(°);

c_n——第 n 块滑带土的黏聚力(t/m²);

l_n——第 n 块土体滑面的斜长(或弧长);

K——安全系数(抗滑力与下滑力之比),极限平衡时 $K = 1$。

2. 极限平衡时最后一块 φ_n 值(或 c_n 值)的检算

先按工程地质对比法将上面各块的 c、φ 值给出,然后令 $K = 1$ 代入式(1)、式(2),将最后一块的 φ_n 和 c_n,作为未知数,令 $\Delta T_n = 0$,便可解出 φ_n 值或 c_n 值。稳定性检算具体断面如图 6 所示。

3. 减载后安全系数的检算

用极限平衡时求得的各块 φ、c 值和减载后的 Q_n 代入式(1)式(2),令 K 作为未知数留存于式中,将最后一块 ΔT_n 等于零。便可解出 K 值,此即为减载后所得的安全系数。

4. 引、截、排水工程起作用后安全系数的检算

引、截、排水工程起作用后,按内摩擦角中原"饱水"的提高 6°,原"软塑"的提高 4°的方法代入式(1)、式(2),并取最后一块 $\Delta T_n = 0$,便可求得 K 值。

计算步骤可用列表的方法进行(请参阅有关算例,本文略)。

用上述方法对本工点减载与截排水工程效果的检算结果见表1所列。

表1　减载与截排水工程生效后效果的检算结果

顺号	断面里程及滑动面编号	断面与线路交角 $\alpha°$	断面与滑动方向交角	减载安全系数 K_1	疏干后安全系数 K_2	附　注
1	K2918+30(Ⅰ) (Ⅱ) (Ⅲ)	52° 52° 52°	偏右14° 偏右14° 偏右14°	1.13 1.18 1.24	1.42 1.52 1.70	滑动方向按擦痕方向
2	K2918+66(Ⅰ) (Ⅱ) (Ⅲ)	83°20′ 83°20′ 83°20′	偏左17°20′ 偏左17°20′ 偏左17°20′	1.14 1.18 1.16	1.43 1.53 1.56	滑动方向按擦痕方向
3	K2919+0.5	57°30′	偏右8°30′	1.10		用沉井支挡加固
4	K2919+12.7	90°	偏左24°	1.11		用沉井支挡加固

从表1中可见:减载约可提高安全系数0.1～0.13,截排水工程、生效后安全系数可提高0.3左右。

由于检算断面的方向和滑坡的滑动方向(从工程施工过程中所观察到的擦痕方向)不完全一致,检算时所定的 c,φ 值可能也有出入,表1所列安全系数值,只能作为参考,实际是上述检算结果系对当年滑动时(在春季) $K=1$ 而言,并非是不利条件;一旦进入雨季及雨季后期,其稳定系数 K 则小于1,特别在K2919+10一带滑坡的昆端部分,由于滑带水集中于前部,堆积物的前部将自行滑动,全滑坡可能无抗滑地段,"减载为主"对提高 K 值毫无意义。

五、支挡沉井的设计

在K2919+00南端,由于泄水洞对该段的作用不大,基岩坡度又陡,1966年3月底的病害发展表明,隧道左侧滑体有滑动之势,因此决定用支挡的方法加以整治。我们认为:由于支挡受力作用可靠,可以使受力方向基本针对堆积物的滑动方向,因此,安全系数可以较其他工程措施略小一些,本工点按支挡沉井做好后滑体安全系数增加0.3进行计算。

(一)推力和外力的确定

按减载后的各项力学参数代入式(1)式(2),并令式(1)中的 K 值为所要求值,按前节方法求预计做沉井挡墙处的 ΔT_n 值,此力即为沉井设计时所应考虑的滑体推力。如以K2919+12.7断面为例,在沉井设计位置,当要求达到 $K=1.25$ 时,沉井应受的推力为65.7 t/m;当 $K=1.4$ 时,沉井应承受推力为137.6 t/m。考虑到沉井间的空隙和两端长度不够,要求安全系数增加0.3时,沉井设计推力为150 t/m。

推力的方向,假定其和滑面(或滑弧在该处的切线)的方向平行。在K2919+12.7断面沉井处定为17°,如图6所示。

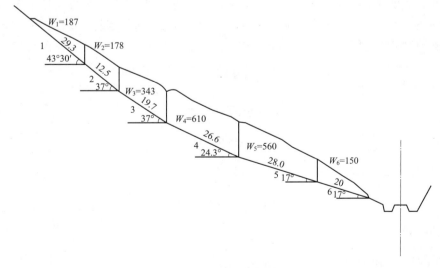

图6　稳定性检算具体断面

由于已考虑了滑体对沉井的滑动推力作用,因此,不再考虑滑动方向的主动土压力的作用。沉井下方(背滑动方向)的土压力是否在检算时加以考虑,则视情况决定。在正常情况下,沉井下沉后,下侧存在有土体压力,此力最小为主动土压力,若沉井向下作滑动或倾斜,则下侧土压力会逐渐增大,最后达到被动土压力值。但就滑坡而言,其值大小视滑坡性质而定。若判定属推动式滑坡,下段滑体确有抗滑作用,则此力可选用于主动土压力与被动土压力之间。若为牵引式滑坡,则根本不能考虑此力的存在。本工点下沉井附近,1966 年 3 月曾严重变形开裂,可见该段滑体并无多余抗滑力的存在。由于沉井下方的滑体任其滑走,故设计时不考虑下侧土压力的存在。

(二)沉井截面的计算

滑坡支挡沉井的真正受力情况,它既不同于通常的桥梁墩台沉井,也有别于一般的防崩塌、溜滑挡墙结构。因此,截面检算方法到目前为止还无统一意见,也无成规可循。设计时,我们只好根据各种情况,多方加以验证,以求得安全可靠。

1. 抗滑检算

首先考虑沉井在上才推力的作用下,可能使支挡沉井和滑体一起整体滑走。

检算时将前节求得的推力 $T = 150$ t/m,分解成两部分:

垂直分力为 $N = T\sin\alpha$ ($\alpha = 17°$)

水平推力为 $E = T\cos\alpha$

设沉井每延长米重为 Q(t/m)

抗滑安全系数为 $K_{抗滑} = \dfrac{(N+Q)f}{E}$,要求 $K_{抗滑} > K_{允} = 1.3$

f 为沉井底圬工和基岩的摩擦系数,本工点采用 $f = 0.5$。

应当指出:这样的检算是偏于安全的,因为第一基底有黏聚力的存在;第二沉井底部嵌入基岩中,外侧高出井底之基岩有抗力的作用。

2. 抗剪断检算

由于滑坡滑动面上的滑体,是按整体向下滑动的,因此,滑动时是否可能沿滑面位置将整个结构剪断,将支挡结构分成上下两段而错开,必须进行剪切应力检算: $\tau = \dfrac{E}{B} < \tau_{允}$。

本工点 T 按 150 t/m 设计,此时 $E = 143.5$ t/m,B 为支挡沉井宽度,井身 $B = 8.5$ m;基底 $B = 11.5$ t/m。因此井身 $\tau = 17.00 \times 10^{-2}$ MPa,远小于混凝土的允许抗剪切强度。基底 $= 12.5 \times 10^{-2}$ MPa,远小于基底的抗剪强度,安全。

3. 抗倾覆检算

滑坡前部土体是允许滑走的,故需检算在无沉井下方土抗力的条件下支挡沉井是否可因倾覆而失稳。检算时,首先要确定推力的作用点,按滑床面上的滑体作整体滑动的,基本特点,假定推力作用在滑床面至地表高度中央 $h/2$ 处(h 为滑体厚度)。和一般结构抗倾覆检算一样:

$$M_{倾} = E(h/2 + l)$$

l 为沉井穿过滑动面的深度。

本工点定 $\qquad\qquad\qquad h = 8.0$ m; $\qquad l = 5.0$ m。

$$M_{稳} = N \cdot B + Q \cdot \dfrac{B}{2}$$

抗倾覆稳定安全系数:

$$K_{抗倾} = \dfrac{M_{稳}}{M_{倾}} > K_{允} = 1.5$$

4. 截面偏心值的检算

按支挡建筑物的规定,沉井基底截面要求不能出现拉应力,偏心值 e 应小于 $\dfrac{1}{5}B$;其中:

$$e = \frac{B}{2} = -C, \qquad 式中 C = \frac{M_稳 - M_倾}{(Q+N)}$$

一般基底偏心是控制因素,较难满足。

5. 基底应力检算

要求基底最大应力点的应力小于沉井底部基岩的允许载能力。

基底应力:$\sigma = \dfrac{2(N+Q)}{3C} < \sigma_允$

6. 沉井设计

沉井井壁的设计和一般桥梁沉井设计完全相同,要考虑沉井下沉时,由于四周土压力的作用,使沉井有足够的强度和刚度,要考虑沉井四周摩擦阻力的作用,要使沉井有一定的重量,并设法减少井壁的摩阻力。本工点在沉井刃口上做成台阶,下宽上窄,并在沉井下沉前在沉井外壁刷上浓肥皂水等,以减小外侧土体阻力;底层一般应设置外表镶嵌钢板的刃口;沉井内净空应考虑到提取井内土体的方便,不得过小;并有供施工人员上下沉井的梯子;一般井壁要配置钢筋,以防沉井开裂和拉断。

我们认为:设计时只要满足了上述要求,是能确保支挡沉井的可靠性的。

本工点沉井支挡地段,由于在减载完成以后1966年3~4月,滑坡前缘又产生开裂变形,因此认为减载后的效果在支挡沉井地段不很可靠,所以沉井按推力每延长米150 t设计,计算结果,此段滑体总体稳定系数 $K=1.3$。

(三)支挡沉井的优缺点

本工点首次使用沉井作为整治滑坡的支撑结构,从施工和运用情况看,施工是方便的,效果是良好的。

1. 受力作用可靠,效果好

沉井支挡所起作用比较可靠,它较确切地表明其所能承受的推力值,较少人为臆测,安全有保障。它可以下沉于受力最合理、作用最显著的位置,发挥工程的最大效果。如若为牵引式滑坡,而要保护的工程又在滑坡中或后部,则可将沉井设于应保护工程位置附近,将滑坡上下分开,任由下部滑动,使小工程收到大的效益。在某些情况下它还可以起到支撑挡墙起不到的作用,如在推动式的大滑坡中,需保护的工程又在其后部,则滑坡在支撑工程未充分受力前,在滑体的剪切变形阶段,就可能使结构物变形、破坏、影响使用。用沉井支挡于要保护的建筑物附近,则可避免上述缺点。

2. 对滑坡体的扰动小

前已述及,沉井支挡对滑坡体的扰动是很小的,这对某些滑坡体十分重要。某些极限平衡状态的滑坡,常常因进行整治工程时,扰动了滑坡体,破坏了坡体的暂时平衡,使病害恶化造成重大事故。二梯岩出口第一次选择的泄水洞洞口开挖,造成滑坡体前部变形,是这种情况的实例。

3. 节省劳力,便于机械化施工

利用沉井代替挡墙可免去大量的土方开挖,本工点的沉井下沉,利用履带式吊机改装的扒土机扒土,只需很少人在井下协助挖土,即可达到每日下沉1.5~2.0 m。回填时更是比砌筑挡墙省工、省力。

4. 节省圬工

沉井下沉至设计标高后,可以按照具体情况,回填片石混凝土或堆积土作为衡重式挡墙的压重,省圬工。

5. 缺点:要消耗较多的钢筋和木模板,造价可能略高。

六、结　语

二梯岩隧道出口滑坡病害,在施工初期是比较严重的,但由于施工、设计和科研单位的重视,及时弄清了病情,用工程地质对比等方法,做了较正确的判断和检算。采用了综合的整治措施,十年来坡体稳定,病害完全停止了发展,整治是基本上成功的。特别是沉井支挡,优点很多,值得提倡。工点各项整治工程发挥作用后,综合安全系数可达1.3~1.5左右。

上面所述,仅仅是我们在整治二梯岩滑坡实践中的一些初步体会,请批评、指正。

注:此文是徐邦栋、林培源发表于1979年《滑坡文集》第二集。

岩石顺层滑坡的某些性质与地质构造间的关系及防治

岩石滑坡初分两类：一为主滑带与岩层的产状基本一致，滑动后滑体的结构仍保持较完整的状态，称作顺层滑坡；一为滑体的结构破碎，主滑带常割切层面（或片理面），谓之破碎岩石滑坡。本文专对前者介绍作者曾遇到的一些类型的某些性质与地质构造间的关系、防治对策和地质条件对抗滑桩的要求，供大家商榷。

一、岩石顺层滑坡的类型及滑动机理

（一）实践中曾遇到的几种岩石顺层滑坡的类型

1. 组成山体的岩石，特别在滑带处为薄的软（柔性）与硬（脆性）岩互层，如志留系薄层灰岩与钙质页岩或泥灰岩互层，三叠系薄层砂、泥岩互层，侏罗系薄层砂、页、泥岩互层，新第三系薄层泥与粉细砂岩互层等。滑带往往产生在这些渗水的薄互层或其中泥岩或页岩的一层。常为多层性滑坡。

2. 组成山体的岩石是层厚巨大的硬、软两类岩石相间的结构，滑带产生于脆性岩石与下伏柔性岩石的接触带，并常形成多级性滑坡。如泥盆系中厚层石英砂岩沿下伏灰绿色该页岩的滑动；二叠系石英砂岩夹薄层泥岩沿下伏紫色泥岩顶面的滑动等。

3. 组成滑体及滑床的岩石均为层厚较大的脆性岩石，其间有软弱夹层，主滑带即沿此夹层发育生成。如两层灰岩之间夹泥化页岩及石英砂岩中夹泥质充填物等，常产生沿泥质夹层滑动的多层性滑坡。

4. 滑体为层厚较大的脆性岩石，滑床为层厚更大的柔性岩石，滑动则产生在两者之间层厚较小的具揉皱错断的软硬岩互层之内。如寒武系 ϵ_2^2 厚层灰岩与 ϵ_2^{1-1} 至 ϵ_2^{1-4}（纸状页岩至砂页岩）间为灰岩与页岩互层，滑带即在 ϵ_2^{1-5} 内，产生了多级性滑坡。

上述四类岩石顺层滑坡，虽都发生在岩石倾向临空地区的山坡上，但并非岩石倾向临空者均产生滑坡；也非产生滑坡的地段沿每层层间都滑动。经现场调查研究、室内外试验和分析对比，滑动与否同软弱层的岩性（包括组成矿物的种类、性质、风化和破碎程度）、结构破碎程度、层间地下水的活动和临空面的斜度等有密切的关系，必须具备一定条件才能滑动。

（二）顺层滑坡的一般滑动机理

能滑动的岩体，一般都基本在各个方面都有裂面与山体分开，或仅有部分未断开，但早已蕴藏了断开的趋势；这与母体脱离的岩体向临空面有下滑的特点，在自重为主的作用下能产生下滑力才有可能沿层间某一软层形成滑坡。一般滑动机理：

1. 由于种种原因，当作用于滑体底部的某顺层的软弱带上的应力不断增大，或该带的强度不断衰减至应力大于强度时，该带即在四周封闭的状态下发生变形，逐渐扩展形成主滑带。它可以从软弱带的任一部分向四周发展，随外因而异：一般由于前缘被切割，产生自坡面向坡体内的应力松弛，近坡面一带的岩体因松弛导致水的渗入集中至底部软弱带，此时主滑带是由前部向后逐渐形成的；当滑带水自软弱带某一部位有补给时，滑带即从该处最先形成逐渐向前、向下发展。这一自行蠕动变形的范围称为主滑段；变形仅仅限于主滑范围时，滑动处于酝酿期的蠕动阶段。

2. 由于主滑地段的向下、向前移动，有立即顺软弱层发展到斜坡出口的，也有使主滑带以上的岩土产生张拉破坏尔后挤出前缘出口的。在岩土后部产生类似主动土压的破裂面由地表直达滑床的，常依附于邻近的、岩体中已有的、陡的、倾向临空的一组构造裂面出现，或依附由两组呈锯齿状交叉的构造裂面组成的，总走向横截滑动方向的裂缝生成。这后缘裂缝是滑体与后山不动体的分界线。从后缘裂面至主滑带的后部，这一范围属牵引段。在滑体后部的岩石未因主滑带移动而断开前，牵引段的岩土并无推力作用于主滑体，断开后,裂面间从结合力转化为外摩擦,也因地面水及岩层中裂隙水沿此裂开面汇集,或由于暴雨中雨水排泄不及而产生的水柱静压等,该牵引体才产生推力作用于主滑体。

同时,主滑体因应力不断降低而扩大范围。在主滑体产生巨大推力下不断挤压本来稳定的前部,使之脱离主滑体所依附的软弱带向地表产生新的滑带。这本来稳定的前部为抗滑段。该新生滑带是在推力作用下,由后向前,先变形,随进水的状态逐渐形成的。在前部滑带未完全贯通至出口以前,滑动处于挤压阶段。

3. 一旦前缘滑坡出口形成,整个滑带就贯通,滑坡即进入滑动阶段。滑动初期的速度一般较缓慢的作等速运动或时动时停,谓之微动。有因整体移动,滑带土强度因移动而衰减,也因移动使滑体结构松弛,导致岩体中各层地下水向滑带集中增加产生浮力等不利因素,从而使滑坡产生加速度大动。滑坡由于大动或移动中排出大量滑带水减少了水压力与浮力。或滑体移动一定距离后脱离原滑床的范围增加,前部较平缓或有向上弯曲增大了阻力等,使滑动逐步稳定下来。之后可由于种种原因,在不利因素增加,稳定因素减少的情况下,滑坡又沿主滑带复活。

4. 由于条件的限制或滑动因素随时间的变化,滑坡可由蠕动、挤压或滑动阶段直接进入暂时稳定阶段,并不一定必然经过上述全过程。也有前缘出口高悬于半坡之上的,滑体出滑床后即崩落至坡脚而无抗滑地段,直至滑光或自坡脚堆积达半坡出口的标高以上支住滑体为止,这种现象也是常见的。

二、岩石顺层滑坡与地层岩性及地质构造间的关系

岩石顺层滑坡除顺岩石倾向滑动外,与地层岩性有更密切的关系,岩性不良的一层往往就是滑带产生处。在同一岩性条件下,受构造破坏的一层更易滑动。此因遭破坏严重或岩性不良,导致地下水沿之活动;在水的长期作用下风化剧烈而强度特小,主滑带即依之生成。以下以贵昆铁路大海哨等滑坡为例,说明其规律。

(一)滑坡的主滑带沿岩性不良的岩层生成

大海哨车站一带是志留系马龙群浅海相地层,在厚度约 60 m 的地层中,曾产生Ⅰ、Ⅱ、Ⅲ号滑坡(图1),其中Ⅰ号滑坡又分为I_a、I_b、I_c三块。各块滑坡的主滑带基本都由薄层泥灰岩(或钙质页岩,以下同)与多种灰岩的互层中页岩这一相对软弱夹层发育生成,其厚度虽仅 2~10 cm,在当地岩层倾向临空10°~15°时就能产生滑动,经调查研究与试验对比,产生滑带处有一些特点:

1. 薄层泥灰岩比厚层及各种灰岩的强度低,在同一斜度下易沿薄层泥灰岩滑动。
2. 新鲜的泥灰岩呈灰色与青灰色,比风化破碎呈黄及褐黄色的强度大,易沿风化破碎的一层滑动。
3. 在风化破碎的各薄层泥灰岩中,由于受构造错动及地下水长期作用的不同,风化破碎的程度有异,强度也有差别。如由鳞片状的岩屑与角砾和岩末、岩粉组成的强度最大,基本不滑。如岩粉似黏砂土状的Ⅳ号堑坡上的软土,虽渗水因强度大(在浸水条件下曾做原位野外大剪,得 $c = 0.7 \times 10^{-2}$ MPa 及 $\varphi = 19°$)在倾斜仅 14°时不发生滑动。如岩粉似黏砂土状的I_a号滑坡水量大,在滑床倾角12°~13°时,因强度小(经浸水,原位野外大剪得 $c = 1.4 \times 10^{-2}$ MPa 及 $\varphi = 10°30'$),故在雨季中滑动;如Ⅱ号滑坡具水压,其滑床为13°,而试验得 $c = 1.1 \times 10^{-2}$ MPa 及 $\varphi = 13°$,必须在水压大时才滑动(从 1977 及 1978 两年雨季中曾在大雨时观测到滑动时在出口处有带压头水涌出)。如岩粉已风化成黏土的Ⅲ号老滑坡,其强度最小,早就沿沟产生滑动,被滑体掩埋的草木已碳化,据老农所谈该滑坡的发生已有八十多年了,直到1978年春仍见老滑带的顶面潮湿有水活动,并在顶面薄敷一层灰色岩粉,反映该老滑坡并未完全死去。

I_a滑坡的主滑带分为前、中两部,在东端前部为灰色岩粉夹角砾,强度应该大,在滑床为 14°时有抗滑力,但中部及西端位于F_1及F_2两断层之间,即是地下堑槽汇水的通道,其滑带又是黄色岩粉似砂黏土状,故强度小,在滑床的总倾角(包括顺坡向下的阶步)陡于 14°时,可产生较大的推力推动前部使之滑动。事实上从F_1断层处的横向裂缝看,它是上窄下宽,而且中部的滑体均呈倾倒状,两者都是反映中部滑体在推挤前部的佐证。

(二)因断层发育破坏了岩体的完整性后,特别当断层具供水条件时,更易产生滑动。

大海哨车站一带南坡,以 K493+150 自然沟为界,之所以东段滑坡成群而西段滑坡较少,即因东段有F_1、F_2、F_3三条北西西向的主断层斜截了山坡,分割了岩体,并且该断层有供水条件。具体情况:

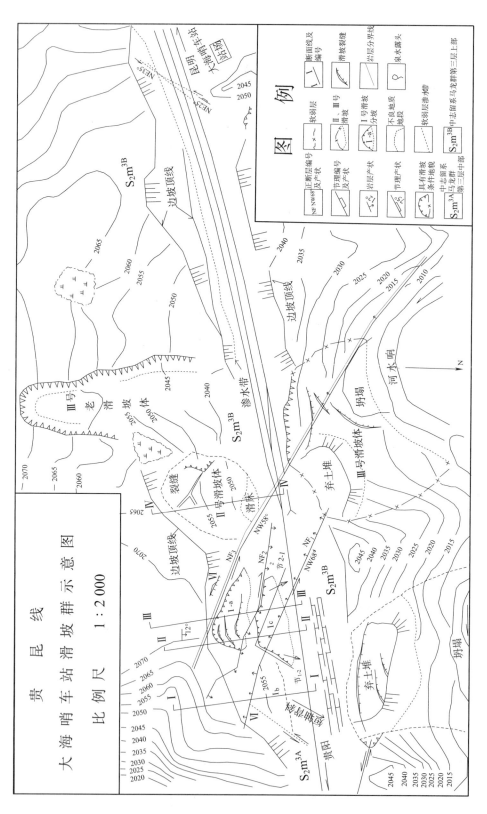

图1 贵昆线大海哨车站滑坡群示意图

1. F_3 断层属先压扭后张拉性质,它倾向西南,西盘约下降 30 m。由于具备属压扭性,使南西侧来水受阻于断层处,再沿断层走向流动,使断层以西老Ⅲ号滑坡早就产生在 K493+150 自然沟内,并在近期内又在该沟东岸产生了Ⅱ号滑坡。滑动中自Ⅱ号滑坡的出口不断排出滑带水即是证据。

2. 由于 F_3 后期被改造为张性,断层以西位于上盘,使近地表处的岩层松弛有利于地下水下渗,顺坡内软层可向断层以东供水,此为产生坡顶处 I_a 滑坡之原因。它沿滑带出口有渗水现象,终年不干;它在每年雨季中滑动,即反映断层供水是该滑坡滑动的重要因素之一。

3. 同样由于 F_2 属张性断层,倾向北东,F_1 为先压扭后张拉断层,倾向南西,两者相对构成地堑而汇水,这集水廊道对产生滑坡 I_b 及 I_c,有密切关系。

(三)顺层滑坡几乎都是沿层间错动带滑动的,特别是多次错动者及有顺坡向下错动过的,更易于滑动。

大海哨车站一带的山坡,按构造形迹及裂面性质调查分析,它至少受过不少于三期构造作用:(1)最早由北向南的主压应力作用下产生东西向的长轴构造,奠定了现代山坡发育的雏形;(2)随后受了云南山字型(在小江断裂范围之内)逆时针扭动的改造,使整个岩体旋转约 10°;(3)后期在新华夏运动的作用下产生了北东 20°~25°的短轴构造,这样山坡上的岩石在层间错动面上可能留下三组擦痕,即逆(向山坡上方)指南东 5°~10°的老擦痕将逆指南西 20°~25°者所切割,最终贯通者为逆指南东 65°~70°一组。其与滑动关系:

1. 在 K493+500 的自燃沟东岸上,曾见老滑床的残存面上(钙页岩)逆指正南倾角为 14°的早期擦痕,被逆指南东 65°仰角 5°的后期擦痕所切割。该滑床因有顺坡向下的阶步(增陡 1°),总倾角为 15°。它曾受两期构造作用,是上部岩土之所以早就滑光的原因。

2. Ⅱ号滑坡的滑床上有两组擦痕及一组滑痕:早期的粗而显,逆指正南,仰角 10°30′;后期的细而深,顺(向坡下者)指北西 5°,仰角 13°;而贯通滑痕浅而舒缓,指向北 2°,仰角 13°。经过细致工作区分了三者的关系,也就易于判断该错动带因受过往复错动而强度降低,能在滑带水量大时滑动。

3. 至于Ⅰ号滑坡的三块,在 I_a 的滑床上见错动擦痕为逆指南西 5°,仰角 12°,错动带遭破坏严重岩粉似砂黏土状,且水量大,故活动性强;I_b 滑坡上见滑痕逆指正南,仰角 12°,但组成错动带的为糜棱物如岩末、岩粉,含水量小,故活动性小;I_c 在出口所见为逆指南东 10°,仰角 12°,由于中部有顺坡阶步使俯角增陡,且水量多,故易于滑动。

4. Ⅳ号滑坡中的软层,也同样是层间错动带并渗水,所见擦痕浅而不显,逆指南东 10°,仰角 10°,它反映遭错动破坏的程度不严重,且由岩屑、岩粉似黏砂土状所组成,强度大,故不滑动。

综上四点,可断言在同一岩性中受错动作用次数多或破坏程度大的层间错动带,特别是顺坡下错的均易沿层间错动带滑动。多年来所见几十处岩石顺层滑坡,几乎无一不是沿层间错动带或顺坡断层滑动的。例如贵昆线的面店桥路堑滑坡、小车庄滑坡群、永加线 K27 滑坡等均为层间错动带,无一例外。又如山东卧虎山水库Ⅱ及Ⅲ号滑坡是沿寒武系 ϵ_2^{1-5} 顺坡断层滑坡;陕北铜川附近某地侏罗系 J_3 沿 J_1 间不整合面滑动,滑体厚达百余米,而滑带由富水的灰白粉细砂岩组成,已达严重风化破碎程度,手抓即下,但经细查则为糜棱物,也必然是构造破碎为主。

(四)岩体构造裂面的分布控制了滑坡的发展与变化,要针对其特点确定防治原则

除前述滑带与错距错动带的关系外,岩石顺层滑坡的周界也受构造裂面的分布与组合以及彼此的切割关系所控制。以下仍以大海哨车站滑坡群为例,并结合防治介绍如下:

1. 滑坡 I_a 在堑坡平台以上,平台顶面为一错动带,即其滑带。其西侧及后缘被 F_3 断层所切割,将该错动带错下,故主滑带只能止于 F_3 断层。由于 F_3 断层倾向山,I_a 若滑走,后山再产生滑坡也只可沿另一盘以上的另一软层活动了;但下盘滑体移动,将引起滑带以上的上盘岩石中倾向山坡的裂面(压扭性)以内(北东向)的岩石,特别是反倾(张性)岩石的倒塌,必须慎重考虑(事实上在现场已见到其松弛状态),因此防治这块滑坡,仍以在前缘增加支挡为主,不能轻易清除。该滑坡的东侧被北北东向先剪后压成组平行的直立裂面所切割,也止于 F_3 断层。如 I_a 滑坡滑动易于沿北北东一组裂面向东发展,也反映该在前缘支挡为宜。实际在堑坡顶上已修筑了抗滑桩排,制止了滑动。

2. 滑坡 I_b 基本位于断层以北,同样由于 F_1 断层属先压扭性后受张力改造的断层,倾向南西,滑带也是至 F_1 处为止。早在 1977 年以前已将滑体大致清除,现残留不多,而且滑带由糜棱物组成,故稳定性尚够。

因此只需在滑坡出口一带的半坡上修筑一些抗滑墩,它既是处理工程,也是观测工程。

3. 滑坡 I_c 比较复杂(图1、图2),其后缘及西侧被 F_2 断层所断开,滑带也必然以 F_2 为界。该断层属张性,倾向河,因而后山对它无压力;但 I_a 滑坡位于后山高处,一旦 I_c 滑走,F_2 的陡坡将暴露,在斜坡应力松弛下,后山有坍塌之虞,支撑 I_a 抗滑桩的基础有产生变动可能,故仍应在 I_c 前缘做抗滑支挡工程为宜。实际是在前缘做了抗滑桩排,也防止了滑坡向东沿北北东一组裂面发展。

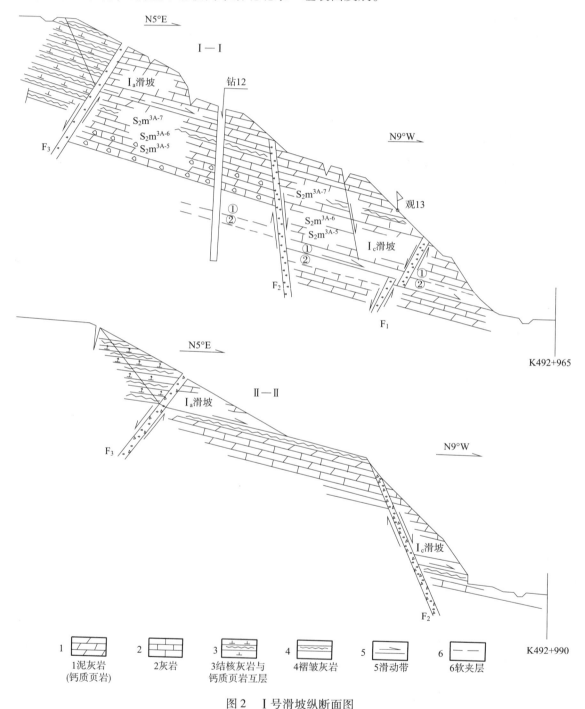

图2　Ⅰ号滑坡纵断面图

关于滑坡 I_c 本身,也因有一北西西构造面及 F_1 断层斜切滑体,在北北东一组构造面的分割下,它至少被分为三块。F_1 断层以北为一块;由北北东及北西西两组裂面构成了锯齿状的后缘裂缝,在 F_1 及 F_2 两断层间又可分为东、西两块。由南而北,从滑动断面上看,遭一北西西裂面及 F_1 断层斜切下,分为后、中、前三部分。而在断层内外,因有断距,故滑带有阶步,滑床因之增陡。所以 I_c 的三块滑体,在滑动时不一致,又有相互挤压关联之处。这一现象可从各观测桩的位移中(图3)得到证实。

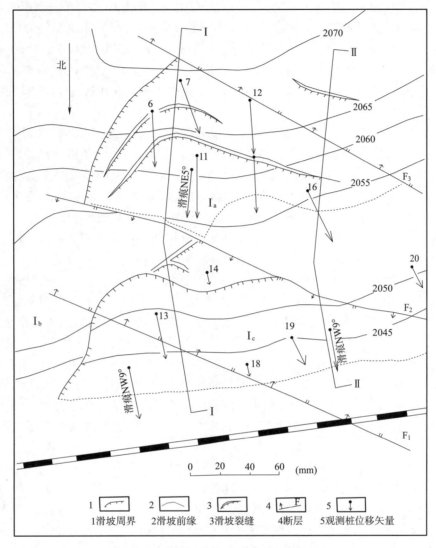

图3 贵昆线大海哨Ⅰ号滑坡位移观测图

由于西侧及后缘被F_2所断开而不宜发展,但东侧在F_2以北被成组平行、先剪后压性质的北北东裂面所分割,故可向东发展。这就是岩体中构造裂面的分布与组合和相互切割关系对滑坡发展的关系。

(五)形成滑带的软层及其上下岩石的特点决定了滑坡的性质

滑坡滑动与滑带厚薄及平整程度有密切关系,即滑动面系发生在滑带中,还是滑带与滑体或滑床的接触面,还是三者过渡。如滑动中滑带土的强度变化愈大,推力的变化也愈大;推力骤增骤降,使滑动的加速度有变化,则对滑动性质产生作用。以下举三例说明:

1. 例如大海哨Ⅱ号滑坡,滑带由泥灰岩夹层生成,仅厚2 cm。成岩后先有东西向单斜长轴构造,后经新华夏北北东的构造,产生短轴褶曲,故在横截滑动方向上有波状起伏。其上、下是脆性岩石(灰岩),因此在滑动时往往将软泥挤入凹槽,使突出的岩脊几乎是滑体与滑床两硬岩直接接触。由于两者之间是硬岩属外摩擦现象,其抗剪强度应不因滑动次数与移动距离有显著变化。事实上经野外试验也证实这一判断。该滑坡的滑动只能与变化的外力和物理现象有关,它实际是受后缘裂隙的水柱压力及滑带水的增减所控制。由于上、下均为硬灰岩,其排水条件不畅,尤其在暴雨下因水压而产生浮力时对滑带强度的影响为大。此因在水浮力作用下,滑体与滑带或滑床被水膜隔断的部分其强度特小。一旦滑动后,水道畅通,自滑坡前缘挤出一些带压头之水以后,滑体就不悬浮,水静、动压力也减少,滑带土的强度也增大,滑动就停止了。观测也证实了这一现象,这就是滑带的特点决定滑动性质之一。

2. 例如福建永加铁路 K27 滑坡,是二叠系石英砂岩夹薄层泥岩沿下伏巨厚泥岩的顶面滑动。泥岩顶面曾经层间错动过,沿错动带集水。由于产状稳定,错动带平顺并延伸较远,受平行于临空的九龙溪长轴褶皱所控制,所以滑带在滑动方向延伸长。上部砂岩夹薄泥岩受短轴构造(轴向垂直山坡)作用,起伏较急,所以滑坡的横宽小于纵长。顺滑动方向而言,右侧边界止于短轴背斜脊;左侧因有一沿短轴轴向的正断层使地层之左为泥岩构成的洼地,其边界也就限于洼地边缘。在滑体上岩石褶曲严重,因泥岩夹层薄而呈扁豆状、不连续,故其延伸短,只能产生向临空面的局部滑动与坍塌。这也是地质条件决定了该滑坡的性质和轮廓之所在,并被勘探与调查所证实。

该滑坡由于主滑带发生在曾受过层间错动的下伏泥岩的顶部,因此破裂带的结构和破碎程度系由泥岩顶面向下逐渐变轻。因有这一特点,滑动中滑带强度的变化就不致突然,滑动性质则由缓慢移动逐渐变快。其次也由于滑坡前缘在近路面处泥岩顶低于路面,属坡基滑坡类型,滑坡的前部必须上翘才能滑动。因之该滑坡的中前部有旋转的性质,故整个滑坡无突然滑走过远之弊,此因滑带特点决定滑动性质的另一方面。

3. 例如成昆铁路中滑体近 630 万 m^3 的甘洛 1 号老滑坡,由侏罗系泥质砂、泥、页岩互层组成,曾沿砂、泥岩的泥化夹层产生过剧烈滑动。从勘探了解,该老滑带是沿层间错动带生成,该破碎带较厚达 2~6 m,由泥、页、砂岩的碎屑、块和黏土组成,具隔水性。实际上具滑痕的纯黏土层为老滑带,由后至前 0.3~0.5 m 现已石化,以上具承压水。整个滑坡纵长为 800 m,其中盖于老河槽的约 150 m。在原岩石滑床上 650 m 中,从上而下,倾角由 31°逐渐减缓至 19°,其滑带的特点是倾角大、泥化夹层厚,由于滑动后该滑带是黏土有强度衰减快的特性,故易产生剧烈滑动,使滑体推出原滑床很远。这也是滑带的特点,决定滑坡性质之所在。现从滑体的表面所残留的迹象看,如岩石产状虽大体上有一定规律,但分块多,东倒西斜的现象也显著等,它也指出以往滑动的速率快和滑动过程剧烈。

4. 岩石倾向临空的间层和互层构造,由于各层的倾角常一致,当依附同一性质的层间错动带或软夹层能形成滑带时,因具同一特点,易产生多层性滑坡。特别与侵蚀基准面下切有关的,由于下切近该软层时,增加了地下水活动而滑动有普遍性。宝成铁路 K344 至 K345 一带的侏罗系砂页岩互层中产生的滑坡,即是如此。

对由层厚较大的硬、软两类岩石相间组成的山坡上,若滑坡是发生于下伏具层间错动带的软岩顶面的,由于在构造期沿倾向必有起伏与断裂,特别在具压力回弹地段已具备顺坡阶步的,更易产生逐级向后牵引性的滑坡群或在后级滑坡产生之后再产生前级滑坡的。例如贵昆线面店桥路堑滑坡的老滑坡就是先产生宽度较大的后级滑坡,然后在其前部又产生许多宽度较窄的前级老滑坡;近年由于在老前级滑坡的前部修铁路、挖路堑,造成了前级老滑坡又滑动,并引起后级老滑坡的局部复活。其分级部位是横截山坡的断裂及长轴构造的背斜脊之所在。这也是地质条件与滑坡的关系之一。

三、岩石顺层滑坡的防治对策应针对特点

作者所遇到的上述四类岩石顺层滑坡,其共同特点:
(1)滑带倾向临空的倾角常与岩层产状一致;
(2)主滑带常是依附岩石中常见错动带或泥化夹层、不整合面、假整合面和顺坡断层以及含水的薄粉、细砂岩及泥页岩互层等生成;
(3)滑动往往产生于临空面陡于层面切断或割切接近软层时而产生;
(4)一般沿滑带有地下水活动,有的具水压头等。

不同点:
(1)有的为多层性滑坡,有的属多级性,也有两者兼之;
(2)多数滑体为完整的一块或数大块,也有前部具几块局部滑动的;
(3)其出口有高悬于半坡中无抗滑地段的,也有前缘滑面低于基面为坡基滑坡必须反翘的,并有原基岩滑床的出口位于半坡,但坡外被大量堆积物(包括滑坡堆积物、崩坍及错落堆积物以及洪积、冲积物等)所掩埋。

由于滑坡的特点有异同,防治对策必须针对特点随具体情况而变,介绍如下:

(一)在前缘增加支撑力的措施总是有效

1. 组成岩石顺层滑坡的岩土,基本上是较完整的,属岩质体,一般刚度较大。在前缘采用刚性抗滑支挡建筑物,只要高度不过于低矮,横排不连续的各个建筑物相距适当,不至于因滑坡受阻,产生翻越或绕过现象。因此设计重点,往往在前缘采用抗剪性能大的刚性构筑体如混凝土抗滑挡墙、抗滑支墩和钢筋混凝土抗滑桩。

2. 对具多层性的滑坡,为了避免抗滑建筑物过高产生过大的弯矩等带来的不可能和不经济,往往对每层滑带处于由底而上逐层支挡的分开工程,以制止每层滑坡的活动。例如大海哨Ⅰ号滑坡,对上、下两层(Ⅰ$_a$及Ⅰ$_c$滑块)分两层在其前缘修筑抗滑桩排,对中层(Ⅰ$_b$)单独做了抗滑墩。只有在情况特殊时,才修筑一抗滑建筑物同时支挡几层滑体。

3. 对具多级性的滑坡,在前级滑坡的前缘做坚强的支挡,这一原则无疑是安全的。问题在后级滑坡实际对前级滑坡的推力传递至前级之前缘究竟多大。如传递力较大,也可分而治之,在各级的前缘分别做一排支挡,经过方案比选,也可能切合要求。至于后级是否有推力传递至前级的前部,需细致分析:一般两级滑坡的滑带是沿同一软弱带生成者,且后级滑坡的后缘裂缝已贯通,并下错时,后级滑坡有推力作用于前级;否则将不致传递至前部。

(二)滑带地下水丰富的,特别在雨季旺盛的,必须要查清补给来源、方式和部位,尽可能做截断或疏干、导引水的工程

1. 岩石滑坡的滑体,常具有多组陡的构造裂面,滑动后各种性质的陡裂面均因而张开,易于截断地面水及裂隙水直接渗至滑带。对下渗的地面水沿滑体上方做防渗截水沟,几乎没有例外;为防止暴雨时主裂缝灌水产生水压,对后缘及中部被拉开的大裂缝及裂缝密集处也是尽量地不断填土堵塞以减少危害。

2. 对查明有补给通道的成层地下水,如沿不整合面或顺坡断层带汇集来的水时,常在其上方横截来水方向用盲沟或盲洞截断之;否则在中前部或地下水潴集处用斜孔或盲洞疏干之。能在出口一带做疏干孔以降低其水压头也是有利的。

3. 对滑带薄,无流动水的,不做截排地下水工程。

(三)清除滑体和锚固滑体的场合

1. 产生在单斜构造一面坡的山坡地段的顺层滑坡,常沿软弱带一坡到顶,这种场合可沿滑带将滑体全部清光直到坡顶,否则尽可能固定滑体,以避免引起后部产生更大范围的滑动,这种教训已屡见不鲜。

2. 对两硬岩中夹不厚的软层处沿夹层滑动的,由于上、下岩石都具完整性,可根据滑体被构造裂面分割的大小逐块采用锚杆串连固定于滑床中;也可在滑体的前部及中部用锚杆或桩将之联结产生抗力以支挡中部及上部的推力。

(四)其他根据具体情况可应用的对策

1. 对个别滑坡,在条件许可时,常将拉槽切断软层的部分,用当地岩块回填支顶,使之与另一侧联成一体恢复支撑,制止滑动;在这一原则下,再调整铁路位置或标高。也可在建筑净空以外用刚性构筑物将滑体之力传至另一侧岩体。特别对滑体刚度强的无坡面局部变形问题的,将滑体视作一整体来处理,往往生效。

2. 例如太焦铁路红崖一带,因滑体过厚,虽将滑坡从下层滑带抗住,但难于避免上层滑坡的滑动或由于岩质松软坡高的坍塌,曾采用了抗滑明洞,既支顶住深层滑动,也防止了洞顶以上的危害。

3. 对于依附于岩屑、岩粉和岩末为主的破碎带或糜棱带生成的顺层岩石滑坡的滑带,在其渗水条件下,可否采用灌注砂浆或其他化学浆液以加固滑带或使之强度增大,水稳性强,或因之截断滑带水防治滑坡,目前尚处于试验和研究阶段。

四、岩石顺层滑坡的地质条件对抗滑桩设计的要求

由于岩石顺层滑坡的滑床地质条件与结构不一样,因而对前缘抗滑工程的要求不同。如系完整的硬岩,在其前缘修抗滑墙、墩和支墙等重力式建筑物都比较安全。然而这种情况特少。一般滑床常是由软岩或薄、

中层软、硬岩互层组成,它的水稳性差,或因揉皱在一些方面的强度特差。在具倾向临空有薄层时,往往因埋基于滑床过浅,由于基底以下变形造成抗滑工程失事的较多,值得注意。之所以如此,往往由于设计人员缺乏地质知识,惯用一般土力学概念,将柔性具裂面及层面的岩石视作均质体,因而考虑欠周而失败者占多数。以下以滑床地质条件介绍它与工程的关系:

(一)滑床为柔性软岩或中、薄层的软、硬岩互层,修抗滑桩比重力式抗滑挡墙或支墙为妥

1. 刚性支挡建筑必须有可靠的基础。例如大海哨滑坡群,虽然滑带是已风化的页岩,强度小;但组成滑床的薄泥灰岩或页岩未风化,其层间抗剪强度并不大。在抗滑墙受力后不一定沿墙基形成滑动,易因墙受力使墙下某邻近的薄层沿层间拉开,而后沿墙前已有的反倾裂面产生被动破坏。这也是工程人员不重视或不理解地质而经常被忽略的。I_c滑坡及Ⅱ号滑坡的滑床顶部,经地质构造主应力配套后,在现场查找,也确实找出这一反倾向裂面,属压性、不惯通、反倾角为20°~30°,这是控制墙前及墙下的破坏条件。考虑了这一因素,墙的埋置深度不浅,都不一定较桩经济。在调查不清或考虑不到时,桩可避免这一失事条件。

2. 当滑坡处于滑动状态,特别是大海哨I_c滑坡,对前缘支撑体不宜因修墙而破坏过大,否则因之大滑动,非独不能使工程建成,且将产生断道事故;所以挖桩破坏抗滑体少,比墙对滑坡稳定有利,施工安全,能修成。事实上在修中间几根桩时,先在桩周做了临时片石混凝土支撑墙,而后再开挖桩坑,否则滑体坍塌无法施工,足以证明采用抗滑桩方案的正确性。

3. 修抗滑桩可以在施工中了解滑床以下较深的地质情况,特别对有深层滑带的滑坡可以及时发现,有时间变更桩长及布筋,使设计有条件更切合实际。墙则无此优点。

(二)地质条件对抗滑桩的要求

桩埋于滑床中的深度,受滑床顶部的桩前岩石及桩底部的桩后岩石的侧向承载能力所控制。该侧向承载能力也包括允许的抗力:有桩前岩体的抗剪断力、桩前岩体沿反倾向裂面至地表间的滑动、桩前岩体的被动抗力、桩前岩体沿层面至临空面的剩余抗滑力和桩前岩体沿任一软弱面至临空面之间的剩余抗滑力等。也包括桩前岩体的非弹性变形和岩石的破坏,以及由桩底以下岩层的破坏。具体要求:

1. 核算桩所用的公式,首先视桩周围岩的状态而定。例如山东卧虎山水库Ⅱ号滑坡,接近下方Ⅰ号滑坡的后缘,为寒武ϵ_2^{1-5}纸状页岩,它因受构造作用揉皱严重,在现场已见到发育的张裂隙,处于松弛状态。该处岩体距临空面仅10 m左右,一旦受桩传来的推力作用,岩体先压紧各张裂面,能承受的压力不大,不可能达到弹性固结状态就将破坏,所以只能按桩前岩体的抗破坏能力用极限平衡状态的公式求算围岩对桩的抗力。为了投资经济易于建成,特别是安全起见已改变了桩的结构形式,在桩上部增加了斜锚杆使桩变成类似简支梁结构。桩埋入滑床一段用允许的被动抗力控制,这样安排才切合当地地质要求。

2. 滑床若为柔性较完整的岩石,如福建永加铁路K27,受力后有塑性变形阶段而不致立即破坏的性质,因此对滑面以下一定深度内应允许承受一些大于弹性变形的应力。同时它属半岩质岩层的泥岩,刚度小;对于钢筋混凝土大截面抗滑桩而言(埋深要求浅属短柱类型),特别它是以桩排抗滑,桩间净距仅2倍于桩宽,故桩相对为刚性而采用刚性桩公式计算。正因为泥岩巨厚而较完整,在高压下成岩,在滑床中桩长范围内基本均质,故其侧向弹性抗力系数K应为常数,才切合地质条件。

3. 大海哨滑坡的滑床由薄泥灰岩与灰岩互层组成,各处侧向弹性抗力系数并不一样,位于灰岩的一段较大,泥岩处则小。特别对泥灰岩而言,易于风化,因此对桩周地面需用混凝土或浆砌片石砌护一层以防止风化影响。在此条件下,采用桩的公式对于侧向弹性抗力系数方面,在滑面下1~2 m以内应取小值,以下用常数K。又因同样属半岩质岩层性质,桩相应为刚性而按刚性理论计算。在检算桩前允许抗力时,由于I_c及Ⅱ号滑坡有反倾20°~30°的压性裂面,须按此反倾面计算滑面以下每米的允许被动抗力,为弹性固结抗力的极限。这些就是地质条件对桩的计算要求。

五、结　论

1. 岩石顺层滑坡以滑带特点分为四类:一为滑带产生于薄的软、硬岩互层处或软岩中;二系硬岩沿下伏软岩的接触带滑动;三滑带是两硬岩间的软夹层;四带在两厚层岩间的一层具揉皱的软、硬岩互层。

2. 滑坡滑动的机理为层间软层先变形,而后引起后缘的拉张破裂,及前缘抗滑地段被挤出了新的滑带。

3. 主滑带沿岩性不良的一层生成。几乎都是沿层间错动带滑动,特别是多次错动者,有顺坡向下构造错动的更易于滑动。

4. 常在断层发育破坏了岩体的完整性之处,特别当断层具供水条件时,更易产生滑坡。

5. 岩体结构裂面的分布控制了滑坡的发展与变化,要针对其特点进行防治。形成滑带的软层及其上下岩石的特点,决定滑坡的性质。

6. 在滑坡前缘采用支挡措施总是有效的。对富水的滑带特别在雨季旺盛的,必须查清富水部位、补给来源及方式,尽量做截断或疏干与引导地下水的工程;沿滑体上方做截排地面水沟,几乎没有例外,并尽量填堵后缘及中部贯通的、横截滑体的裂缝和密集裂缝,否则也需要对富水处或中前部用斜孔放水以减少水头压力的危害。对薄滑带无流动水的,不做截排地下水工程。

7. 对一坡到顶的顺坡滑坡可沿滑带将滑体清光;否则以固定滑动部分为主。对两硬岩中夹不厚的软层处,沿夹层滑动者可用锚杆将上、下层锚定以稳住滑坡。必要时对拉槽切断软层产生的滑坡,采用回填岩块籍另一侧岩体支撑滑坡;在条件许可时,也可在建筑物净空以外做刚性建筑物传力至另一侧岩体以稳定滑坡。也有用抗滑明洞,即支住底层滑坡,又防止了明洞顶以上的滑坡及高边坡坍塌的危害。一些组成滑带的岩土为岩屑、岩末及岩粉时,可否用灌砂浆或灌注化学浆液加固防治,正在试验研究中。

8. 滑床是柔性软岩或中、薄层的软硬岩互层时,修抗滑桩比重力式抗滑挡墙或支墙为妥。在这类岩层中大截面的抗滑桩相对为刚性。有的塑性变形后不立即破坏的,在滑床下一定深度范围内可考虑受塑性变形的抗力;有的由于风化关系顶部 1~2 m 内应采用较小的弹性建筑物。

注:此文发表于1979年《全国首届工程地质学术会议论文选集》

滑坡防治措施简介

滑坡对铁路建设和运营造成的危害是众所周知的。我国三十年来在铁路滑坡的防治中有成功的经验，也有失败的教训。现从铁路滑坡防治的回顾中介绍一些行之有效的防治措施及其发展动向，并适当介绍一些国外情况，以促进滑坡防治措施的研究。本文包括三部分：

一、滑坡的危害与对策

我国虽然是滑坡危害比较严重的国家之一，但新中国成立以前除对一些自然滑坡有所记载以外，很少对滑坡防治进行研究（仅仅在昆河线法国人曾用支撑盲沟处理过滑坡，至今仍有作用）。已有铁路多建于沿海和平原地区，地质条件比较简单，工程滑坡的危害并不突出。当时修建的宝天铁路，由于未作多少地质工作，致使开挖后出现大量崩塌、坍塌和崩塌性滑坡，造成"十天九断道"的局面。新中国成立后先后经过整治病害、改建和最近的电化改造，对滑坡等变化作了全面调查、勘察和整治，有的病害集中地段改做了隧道。前后经过近三十年的整治过程，直至现在，虽然线路附件的滑坡病害基本上得到解决（葡萄园 K1348 滑坡尚未处理），但多处泥石流仍危害着线路，而泥石流的形成又多是上游沟谷中的滑坡所造成，如1978年宝成线伯阳一带泥石流造成了严重断道事故。此外还新生了一些路堤滑坡。由此可见，由于地质工作不足，对病害无所认识造成的后果是严重的。

五十年代初，在宝成、鹰厦等山区铁路建设中，虽开始重视了地质工作，避开了一些地质不良地段，但由于经验不足，施工后仍出现了不少病害，其中尤以大型古、老滑坡的复活为突出，如宝略段的西坡滑坡、聂家弯车站滑坡、丁家河滑坡、黄龙嘴滑坡、谈家庄滑坡、高家坪滑坡、高家崖滑坡、白水江滑坡、禅觉寺滑坡、罝口滑坡和横现河滑坡等。面对这些大型滑坡，我们采取了两条整治原则：第一，恢复原山坡的支撑。既然由于开挖造成山坡不稳，就采取工程措施恢复被挖去部分的支撑力（如苗儿垭隧道南至黄沙河间一滑坡），或向河移线，回填土石支挡（如黄龙嘴滑坡），或做挡墙（如白水江2号滑坡），或做明洞（如苗儿垭北口滑坡）恢复山体支撑力。第二，针对产生滑动的原因采取措施。如系地下水病害引起滑动的，做截水沟、盲沟和盲洞排除和疏干滑带水（如禅觉寺和谈家庄滑坡）。如此治住了滑坡，未造成过大的危害。相反，在有些地段对滑坡盲目地机械刷方，结果越刷变形范围越大；有些不恢复山坡支撑，而仅在坡脚按一般土压力做小脚墙，结果不能防止滑动，且多被破坏。这是值得注意的教训。当时在判断病害性质是根据山坡裂缝的性质及发展过程与状态，它与开挖关系来分析的。如系坍塌，按山坡上裂缝部分的主动土压作为设计支挡建筑物的依据；如对滑坡，或按当时开挖面至滑床的被动土压，或按挖走土体的重量在滑床上所产生的抗滑力等作为设计抗滑建筑物的依据。

六十年代在成昆、贵昆等铁路新线建设中，进一步加强了地质工作，在选线阶段就避开了大量滑坡地段和古、老滑坡体（如沿牛日河一带）。对难于避开的，在摸清性质和稳定状态的基础上采取了稳定措施，如甘洛1号滑坡事先用直孔排水防止了老滑坡的复活。但由于地质条件复杂和认识上的局限性，施工开挖后又出现了一些滑坡，大多为外貌不明显的，如贵昆线二梯岩滑坡、扒那块滑坡、格里桥滑坡、小田坝滑坡，成昆线会仙桥滑坡、甘洛2号滑坡、白石岩滑坡、顺河滑坡、沙北滑坡等。对于这些滑坡，大都能在取得和弄清滑坡的地质资料和性质之后，基本上估计出滑坡的危害程度和大小，然后采取了比较恰当的处理措施。这一时期，不仅弄清了各种防滑措施的适用条件，而且开始研究采用一些新的防治措施，如抗滑桩（甘洛2号及沙北滑坡等），斜孔及竖孔排水等。

七十年代以来，随着工程地质法和工程地质比拟计算办法的进一步发展，对滑坡的性质、危害、原因、稳定程度和推力范围的认识进一步提高，有可能进一步研究便于施工省料的施工措施，如桩加锚索、墙夹锚杆、化学加固等。

总之,三十年来滑坡防治技术水平的提高是随着对滑坡性质的研究和认识水平的提高而发展的,直至能有目的地对滑坡的各种情况有了了解和分析之后,才使工程滑坡的危害逐渐减小了。

二、防治滑坡的措施

防滑措施大体可分为两类:一为针对病因采取的措施;一为针对危害采取的措施。两者如何选择、如何结合才算合适?要对具体情况进行具体的分析,如对滑坡性质等资料了解和掌握的程度,防治滑坡的技术水平、滑坡的变形速度、危害程度和允许的勘测整治时间,以及需要和可能等。

(一)针对病因的防治措施

只有真正掌握了滑坡产生和各个发育阶段的病因及其变化情况,采取有针对性的措施,才能达到稳定滑坡的目的。

1. 因地下水变化引起滑动的,必须查清地下水的来源和补给方式,如宝成线谈家庄滑坡是由滑体后部以外地下水补给,而西坡2号是由滑体以下承压水补给的。还应了解其埋藏深、浅。据此可用截水盲洞或盲沟、或用渗沟明沟,或用斜孔排水、亦可用井、孔组合结构。在弄清地下水通道的情况下,还可用化学灌浆堵死流向滑坡的地下水通道,或做成灌浆帷幕改变地下水的流向,不使其流入滑体。

对具岩质滑床的滑坡,也可用爆破法破坏滑带与滑床,一方面压密滑带土提高其强度,同时爆裂的滑床成为滑带水的排泄通道。

2. 因地面水增加引起滑动的(如置口滑坡),若系大气降雨,需汇水区的形态和范围大小,总降雨量和降雨强度;若系自然沟或天沟水补给,需查清补给部位、范围和数量;若系生活用水和工程用水造成滑动的(如高家坪滑坡),需查明补给的部位和数量,及其对滑体的作用方式和变形的关系。然后根据具体情况和原因,采用截水沟网、沟床铺砌、地面铺砌防渗以及截断水源等措施。

3. 因震动引起的滑坡,多数为地震引起的,也有因大爆破其他震动造成的。其主要作用,一为造成斜坡土体结构破坏,如震动液化(像鹰厦线华侨车站一路堤溃爬,列车震动是导火索);一为增大下滑力。对此类原因造成的滑坡,主要是采用预防措施。在处理上必须沿出水带做填石引水工程,改换填料(如不用风化花岗岩),并在山侧截排地面水。

4. 因改变斜坡外形和应力状态引起的滑坡,如坡脚开挖、坡体上加载、河流冲刷、坡体下部淘空等,主要措施为恢复支撑力和减少下滑力,属于前者如抗滑挡墙、抗滑桩、抗滑明洞(贵昆线扒那块北口滑坡、太焦线红崖一带滑坡都曾做过)、抗滑支墩(贵昆线大海哨滑坡)、抗滑土石坝及河岸防护(如黄龙嘴滑坡)等,属于后者要用减重措施。

5. 因滑动岩土强度变化引起滑动的,如因滑体开挖后土体膨胀增加裂隙、地表水浸入滑带降低强度(如安康盆地一些黏性土滑坡),或因土中盐分被淋滤(如兰青6 km含石膏层的滑坡),或因土中的离子交换等降低了滑带土的强度。应针对具体原因采用支挡与排水疏干措施,或化学加固措施,如灌浆、石灰桩等。

总的来说,针对病因的措施可分为三类:一为减小下滑力:如减重、排水等;二为增加支撑力:如各种抗滑挡墙、桩、明洞、锚杆等;三为增加滑带岩土的强度:如排水疏干、化学加固、电渗排水、焙烧、爆破等。

(二)针对滑坡危害的防治措施

对于滑坡连续分布地段,或个别特大型滑坡,或因滑坡与线路位置的关系,对滑坡直接处理在技术和经济上不合理时,则采取避开滑坡危害的措施。

1. 绕过长距离滑坡地段,可以改移线路位置;对个别滑坡在临河侧有可能移线时,可向河边移线而不破坏或尽量少破坏原山坡的平衡状态。

2. 对个别大型滑坡可向山移线以隧道在滑带影响范围以下的滑床中绕过。

3. 对滑坡出口位置较高的,则用明洞渡槽保护线路,使滑体从洞上渡槽滑走。

4. 对位置较低的中小型滑坡,可用桥渡跨过滑体而不做处理。

5. 对有些小型滑坡,也可用全部或大部清除(或水力冲除)的措施。

6. 对个别大滑坡群,也可将线路移至较稳定的地段,避开正在活动的头部,便于处理,减少危害,如太焦线红崖大滑坡。

三、几种防治措施的介绍

(一)抗 滑 桩

由于桩对滑体破坏少,施工方便,节省材料和劳力,因此近十几年来在国内外均得到广泛的应用。日、美和西欧多用钢管桩,如日本曾用直径 318.5~457.2 mm 的钻孔桩,钢管内放入 H 型钢材,然后灌入混凝土,钢管外也灌以薄水泥浆以防锈蚀。后来均在六十年代,为增大桩的抗弯能力,国外才采用了直径 1.5~2.5 m、深达 20 m 的挖孔桩,苏联多用钢筋混凝土钻孔桩,直径 1 020 mm,深达 30 m,用冲击钻钻进。

我国自 1966 年在成昆线首次使用挖孔抗滑桩以来,十余年间得到大力推广,据不完全统计,仅铁路部门用于整治滑坡的抗滑桩既有几百根,最大断面 3.5 m×7.0 m,长 40 余米(襄渝线旗杆沟滑坡)。断面形式各种各样,而以 2.0 m×3.0 m 和 2.5 m×3.5 m 的矩形居多,其布置形式有单排的,也有成品字形的,也有分数排设置的。在断面上有下为抗滑桩上为柱版结构。在施工上也有先做桩后开挖路堑以预防滑坡的(如湘黔线场坪)。

在抗滑桩设计计算理论上,开始时按极限平衡理论和弹塑性理论设计,据不同地质条件选用。后来有些人误以桥桩来推导公式,实际上抗滑桩与桥桩有很大不同的。如:

(1)桥桩因梁跨度大故可认为两向均为半无限体,而抗滑桩在垂直滑动方向桩间距仅为桩截面尺寸的 2~4 倍,不是半无限体。埋于滑床部分的桩前后的反力图形不一致,抗滑桩排与单根桥桩是不同的。

(2)桥桩上垂直荷载大,横推力小,故其桩底摩阻力大,当其支立于新鲜岩层面上时假定为铰端,埋入基岩时假定为固定端。而抗滑桩主要承受巨大的横向推力,自重多被桩周摩擦所平衡,故桩底摩阻力很小,一般只能假定为自由端。

(3)关于桩周岩土的侧向抗力和侧向承载力。桥桩横推力小,周围岩土接近一致,故假定为弹性固结。而滑坡岩土普遍因位移影响而松散破碎或松弛,尤其是滑体,在推力作用下产生较大压密位移,故很难全部产生弹性固结。

由于滑体与滑床间有滑动面分开,桩前滑体部分的抗力应根据不同情况取剩余下滑力,或被动土压力,或直接抗剪断力。由于桩变位较大,滑坡推力合力作用点要下移,故传至滑床部分的力也要发生变化,需深入研究。

对于滑床为半岩质岩层或软弱岩层时,在推力作用下,滑床顶面附近一定范围内出现较大压缩而出现塑性变形,以下才是弹性变形区(图1)。

位于斜坡上的抗滑桩,当滑床顶面有反倾向的裂面时,需检算沿此裂面和层面的剩余抗滑力控制桩前抗力(图2)。

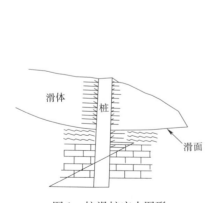 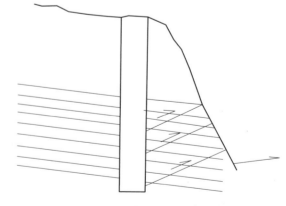

图 1　抗滑桩应力图形　　　　　　图 2　反向裂面对抗滑桩稳定性的控制

埋于松散体中的抗滑桩更属于极限平衡破坏问题。

因此,适应于桥桩设计计算的 K 法、C 法、m 法,对于抗滑桩不能盲目套用。

(4)桥桩有长、短桩之分,抗滑桩一般都是短桩。

(二)锚杆抗滑桩

抗滑桩虽已广泛应用,但深度较大的桩所需圬工量太大,且施工受到限制,在条件允许时在抗滑桩上或下加锚杆将可解决这一问题。

如桩位于一斜坡上,桩前岩体破碎锚固困难时,在桩顶加锚杆[图 3(a)]将能减少桩长和圬工,其计算图式如图 3(b),滑床部分的桩前抗力可以是抗剪断力,也可以是松散岩体的被动土压力,视具体情况而定。如此用静力平衡公式即可求出所需的埋深 H 和锚杆拉力。当滑带以下桩前为弹性固着时,可用超静定问题解法求出埋深与锚杆拉力。

对于滑床基岩较完整坚硬的情况,为减少桩的埋深,可在桩底加锚杆(图 4),并把桩底做固结端计算。

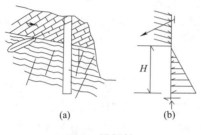

图 3 锚杆桩

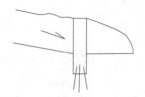

图 4 桩底锚杆图

桩顶和桩底同时加锚杆的组合结构也是值得研究采用的。椅式桩也已开始应用了。

(三)锚杆

锚杆用于岩石滑坡锚固可分为预应力锚杆(垂直滑面)、抗弯锚杆(竖直)和抗拉锚杆三类。抗拉锚杆如图 5 所示,其稳定系数 K 为:

$$K = \frac{(W\cos\beta + F\cos\alpha)\tan\varphi + F\sin\alpha}{W\sin\beta}$$

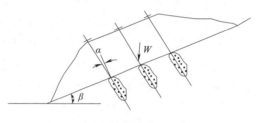

式中 K——稳定系数;

W——岩块重量;

F——锚杆的总抗力;

φ——滑面(或潜在滑面)上的内摩擦角。

图 5 锚杆

锚杆的防锈是主要问题,一般采用化学涂层。应尽量防止水的侵入。由于岩石松弛后 φ 值将会减小很多,故应取较小值。

若能采用预应力锚杆,效果会更好。

(四)石灰桩

用生石灰改良土壤以及用于路基面土的加固都是人们所熟知的,用于整治滑坡尚为时不久。1963 年汉德(R. L. Handy)和威廉斯(W. W. Willians)首次用生石灰桩阻止了美国衣阿华州一滑坡的滑动。该滑坡为未夯实的粉质黏土,下为倾斜 15% ~ 20% 的页岩,页岩地下水在页岩顶面富集形成了滑动,曾用排水、混凝土桩和木排护坡等措施未获稳定效果,后决定在长 60.96 m、宽 38.1 m 范围内用石灰桩加固,滑体上每 1.52 m 间距钻一孔,每孔灌粒状生石灰 22.7 kg,坡脚附近只用生石灰填塞孔下部 0.91 m。共钻孔 500 个,用生石灰 200 t,阻止了滑动。使黏聚力 c 由加固前的 0.27 kg/cm² 提高到 0.64 kg/cm²,φ 值由 17°提高到 21°。

石灰与土接触后发生一系列物理化学反应从而产生加固效果,如阳离子交换作用;絮凝作用产生水化硅酸钙;以及吸水干燥作用,石灰吸水使土体含水量减小,生石灰吸水变成熟石灰体积约膨胀两倍,压密周围土体,增加黏结力。

石灰作用于整治黏土滑坡是值得研究的一种措施。因化学反应起着重要作用,故应结合土的横向协作一同研究,针对不同土性采用不同的方法。目前我国正对阳安线膨胀土路堤滑坡研究用石灰砂桩进行整治。

(五)锚杆抗滑挡墙

一般锚杆挡墙应用于滑坡,在鹰厦线 K615 已取得成效,但限于滑体前缘岩体破碎施钻有一定困难,加之机具限制等,尚未能广泛应用。这里推荐曾用于狮子山滑坡的一种重力式抗滑挡墙加预应力锚杆的结构,如图6所示,将锚杆锚入滑带以下的完整岩层中,穿过墙体,加一定的预应力,不仅能增加抗滑摩阻力且可增加一个较大的反倾覆力矩,从而大大减少墙体圬工。

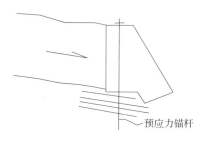

图6 加锚杆的重力式墙

(六)沉井抗滑挡墙

1966年初在贵昆线二梯岩隧道出口明洞部分滑坡的整治中,首次采用了沉井式抗滑挡墙,它是针对当时滑体状态而采用的。由于滑坡已在滑动,且滑体松散、渗水,用一般重力式挡墙不仅施工有很大困难,而且可能加剧滑动,采用沉井挡墙加快了施工进度,保证了施工安全,并根据第一个井完成后取得的地质资料为其他沉井设计提供了资料。它省圬工(内可充填土石),且可用任意大的断面尺寸。具体设计和结构请参看《滑坡文集》第二集。

(七)框架式抗滑挡墙

近年来在滑坡整治中,拼装式框架挡墙也用于中小型滑坡上。它比填堤节省工程量,比一般重力式挡墙节省圬工且易于施工,可在工厂制成构件在现场拼装而应急需,而且对墙底地基要求不如重力式挡墙严格。但要求滑床必须是坚硬的岩土,使滑动面不向下发展,否则会失去挡墙抗滑的作用。

(八)抗滑明洞

抗滑明洞在铁路滑坡整治中虽已应用,但一直是有争议的,有成功的,也有失败的,主要取决于对滑坡与洞体的相互关系及作用力系分析得是否正确。近年曾于三院研究并用于太焦线滑坡整治中。按滑坡出口于明洞的关系可分四类情况:

1. 滑坡出口在明洞顶回填土以上的,因出口高,设计时必须考虑滑坡滑下时的冲击力,当洞顶回填土为一坡到底而缓于1∶1.5时,滑体不致在顶停留,若洞顶回填土在5 m以上时,可不考虑冲击力。当滑体有可能停留在洞顶时,尚应考虑这一重量。

2. 滑坡出口在洞顶回填土至拱脚之间时,如图7(a)所示,则需考虑滑坡推力通过土体作用于拱上。另一种情况下,滑坡会沿拱圈滑出,则滑坡推力直接作用于拱圈上。当滑坡出口在拱圈上时,如图7(b)所示,拱圈除受边墙支撑外,又受滑坡推力,拱上土压力和外侧填土的抗力。滑坡推力由拱圈和回填土共同分担,填土部分承受拱圈允许变形位移量下所确定的力量,其余由拱圈承受。

3. 滑坡出口在明洞边墙部位时,如图8(a)所示,滑坡推力由明洞和上部回填土共同承受,由于上部土体变形大,发生应力重分布,上小下大,具体分配方法随填土性质和厚度不同而不同,外墙外土体抗力随外边墙是否可位移而用被动土压或主动土压。

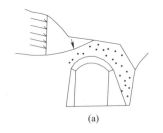 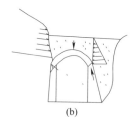 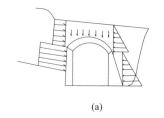 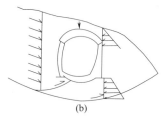

图7 滑坡出口在拱圈及填土中　　　　　图8 滑坡出口在明洞边墙部位时

4. 滑动面在明洞以下通过时,如图8(b)所示,必须首先保证整体稳定,在此情况下,需检查洞下土体抗力(或为被动土压力,或剩余抗滑力,或直接抗剪断力),及滑面上翘切断结构本身的现象。

此外,桩和明洞结合的结构(桩为内边墙)也已应用,可增加整体稳定性。

当洞底为不均匀地层时,要考虑不均匀沉陷可能造成明洞的破坏,必要时仰拱、边墙和拱圈要加钢筋形成整体结构。

(九)斜孔排水

自1939年在美国开始使用斜孔排水以来,这一方法在美国、加拿大、南美、西欧和日本等国被普遍采用,几乎代替了盲洞排水,因为它的造价仅为盲洞造价的五分之一,而且施工安全,进度快。所采用的孔径为75～150 mm,个别大的达600 mm,深度一般为50～100 m,大的可超过200 m。深度大施工困难,以100 m以内用的多。孔中滤管层使用过钢管、竹管等,目前多用塑料管,它加工安装容易且不会锈蚀,也有不下滤管直接填入沙粒的。下滤管时管外也吹填沙粒。斜孔间距5～30 m,视土的渗透性而定。

为减少深长孔施工困难,广泛使用井、孔结合排水办法,如图9所示,即先挖一直径约4 m(以能在井中打斜孔为宜)的立井,在井中不同含水层位置打斜孔放水,水集中井中后,可用泵抽出排除,也可另打斜孔排水。

美国采用过直径400～600 mm竖孔与斜孔排水结合的方法。我所曾在陇海线7862滑坡用砂井与斜孔结合排水的方法。斜孔排水(在鹰厦线K615、引渭工程卧龙寺滑坡上均使用过,收到效果),但限于机具还未大量推广。滑坡中钻进遇到孤石是有些困难的,坍孔和淤塞不是十分严重的问题,且与土质和滤层质量有关。而且由于易于钻进,成本低,淤塞后做二次钻进还是经济的。

日本采用过化学浆液压入土中形成截水墙,再用斜孔穿过墙体把水排除的方法,如图10所示。

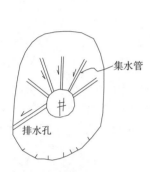 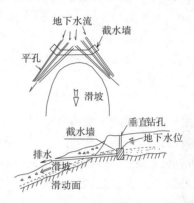

图9　井、孔结合排水　　　图10　化学灌浆截水墙排水示意图

(十) 竖孔排水

竖孔排水包括两方面:一为井点法,即在滑体上地下水集中地段打若干个集水井,用泵抽出排除,此法维修管理较麻烦,一旦抽水机损坏,可能造成水位上升,影响滑坡稳定。若能用斜孔将几个井串起来排水将是最经济和理想的。

在地形条件比较适当的场合,也可以用虹吸管抽排水,理论上虹吸可排地面以下10 m深的水,但实际上因管壁、阀门造成水头损失,只能抽取9 m左右的深度,太深时不能使用,水位变动太大时也不宜采用,除非安装自动调节装置,能随水量增减调节排水量,以保证虹吸效果。日本曾用一直径4 m集水井,井中分两层打了25个斜孔集水,用4根φ100 mm的虹吸管把水排除。

另一种情况,当滑床下有排水地层时,可用竖孔将水漏入滑床中排走,如成昆线甘洛1号滑坡。

(十一) 化学灌浆

用化学灌浆法处理滑坡,其作用主要有三:一为用化学浆液与土体发生物理化学变化,改变滑带土的性质,提高其抗剪强度;二为化学灌浆堵截地下水,从而提高滑带土的抗剪强度;三为加固土体形成支挡土体。

用灌水泥浆处理滑坡在国外已有不少实践,如英国从1951～1963年曾用水泥灌浆法处理了100余个路基滑坡,水泥浆在滑面处形成一连续夹层,实践证明,水泥灌浆对黏土、细砂和粉土等有较好的效果。法国、捷克都曾用此法加固路堤滑坡。水压比0.4～0.7,除水泥之外,也有加入细砂和加气剂形成水泥砂浆灌入的,为加快凝结速度要加入速凝剂。一般都采用压力灌浆,初始压力4～10 kg/cm^2,正常压力1.5～3 kg/cm^2,孔间距1.5 m至3～4 m,排间距也在5 m左右,最大深度可达8 m以上。一孔灌浆量2～3 m^3,多者可达10 m^3。

水泥浆加固滑坡的基本原理:(1)灰浆挤入土颗粒和岩石中的裂隙形成网状结构,类似岩石节理缝中的侵入岩脉与岩墙一样;(2)在高压下灌入浆液挤密了周围土体,并将滑带土中水分挤出,提高其抗剪强度;(3)水泥砂浆凝固后产生水化作用,进一步吸收土中水分;(4)水泥浆沿滑动面可能形成一硬化薄层,显著提高滑带的力学强度。

近40年来,化学灌浆材料得到迅速发展和应用,如美国的AM-9,日本的聚氨酯类和丙烯酰胺类灌浆材料,苏联的尿醛树脂,法国和西欧使用的苯基树脂类等。

这些材料用于处理滑坡,如苏联曾用硅酸钠溶液处理一露天矿滑坡,滑坡为黄土质重黏土岩下伏棕色重型黏土滑动(隔水),面积达10万 m^2,体积近百万 m^3。又用硅酸钠处理了一个公路路堤滑坡,路堤填料为粉质亚砂土和轻型亚黏土,所用硅酸钠比重1.3,模数2.8,每孔平均灌浆量160 L,加固后土体的含水量由25%~30%降到8%~12%。日本曾用丙烯酰胺类化学浆液加固长崎卡瓦地区一个滑坡,在长100 m范围内钻50个孔,孔深1.5 m,以每分钟5L的速度进行作业,浆液初凝时间控制在2~4 min。美国加利福尼亚五号洲际公路上有一灵敏黏土滑坡,长274.32 m,宽121.92 m,共钻了32个孔,注入由三种化学溶液组成的溶液,通过离子交换改变土体性质阻止了滑动,此外对蒙罗公园一小型黏土滑坡(长76.20 m,宽21.34 m),用沿裂缝灌入氯化铝溶液的方法阻止了滑动,其作用是浆液沿裂缝渗入了滑带。

化学灌浆法用于滑坡,虽然有了一些实践,但还未能大量应用,其原因除了滑坡地质条件复杂外,和所用浆液成本高用量大有直接关系,最便宜的浆还属水泥浆了,但随着工业化的发展,应用一些工业废液做滑坡加固应用也是一种有前途的方法。

用化学材料做截水墙前已述及,不再重复。

四、结　语

本文目的在于介绍整治滑坡的一些有效的措施即发展动向,着重说明地质条件对各种措施设计的要求,且不可脱离开滑坡的具体条件去谈工程设计。在几种防治措施介绍中,也只能做一个简介,有些已大量应用,提出值得进一步研究的问题,有些则还未能大量应用,值得今后结合具体条件研究应用,以便促使这一研究的发展。所谈认识可能有不少错误,敬请批评指正!

注:此文作于1970年10月。

贵昆线曲靖至马过河间岩石顺层滑坡性质及其防治的研究报告

贵昆线曲靖至马过河段铁路系切山坡修筑的,其位置为东经 105°15′~105°50′,北纬 25°20′~25°30′。介于流向相逆的两江(南盘江、牛日河)流域间。铁路里程相距约 50 km。

据云南省地质资料,此北纬 25°30′一带的地理位置为纬向(东—西)构造发育带。经勘测勘查证明,该地段也确实是山坡与岩层走向基本一致,且以东西向为主。在现行线 50 km 中自尹堡村站西至鸡头村站间 20 km,大海哨站至湛家囤站东 12 km 多为岩层倾向线路的顺坡地段。在该段做切坡或未进行基础处理,就填堤而产生滑坡或路堤坍滑就不足为奇了。

据知:在该段施工期间,曾发生大小岩石顺层滑坡 27 个,总延长 5.5 km 左右;为整治这些病害已花费数百万元投资。交付运营后尚遗留不少问题;有的病害尚在发生发展。有因滑坡迫使线路外移采用小半径曲线而至今尚未恢复。对运营安全是一种潜在威胁,也影响运营效率的提高。面店大桥贵端桥台,究竟什么原因断裂和倾斜至今尚无结论。列车在此慢行二十年无改善。大海哨车站 1972 年曾因堑坡坍滑而造成列车颠覆………教训匪浅。大海哨车站滑坡的存在和发展,不仅增加养护人力、物力、财力消耗,而且每遇雨季养护及行车人员日夜提心吊胆。

1976 年上海滑坡科研专题协作会议协商。并经昆明铁路局及有关单位(铁科院西北所、西南交大)研究决定,由昆明铁路局主持在曲靖召开了第一次专题协作会议,由参加协作各有关单位及昆局科研所、总工程师室、公务处等科研、设计、教学及有关业务养护等部门的领导、科技人员及现场人员共同踏勘选点,并拟定了专题研究大纲,组织与协作分工。于同年四月进点开展工作。

1. 三年来,在昆明铁路局的直接领导下,铁科院西北所、西南交大、铁二院等各协作单位的大力支持与昆局各有关业务部门的密切配合参加下,完成下列工作:

(1)对大海哨车站左侧 Ⅰ、Ⅱ 号岩石顺层滑坡(Ⅰ号滑坡又分 I_a、I_b、I_c 三块)及 Ⅱ 号具滑动条件的石质堑坡。与右侧 Ⅱ 号弃渣堆积土(石)滑坡做了以抗滑桩(墩)为主体,挡、护与截(地下水)排水结合的综合整治与预防工程。

(2)对小车庄滑坡区提交了工程地质报告及整治方案建议与相应的图件、资料。

(3)对面店桥贵端桥头路堑滑坡提交了工程地质报告及未恢复正线所必须的整治方案建议与相应的图件、资料。

2. 按专题研究大纲要求,结合完成上述防治施工设计所需的资料、参数及报告与今后恢复正线所需之面店大桥桥头路堑滑坡、小车庄滑坡区的防治报告及方案建议等资料作为技术储备外,并提出以下三个研究报告:

(1)贵昆线大海哨车站(K492+850~K493+410)岩石顺层滑坡群的防治研究报告;

(2)贵昆线曲靖马过河段岩石顺层滑坡性质及防治研究报告;

(3)岩石顺层滑坡中薄滑带抗剪强度的试验方法和指标选择的研究报告。

3. 为完成以上报告及大海哨顺层滑坡群的防治施工所需报告、资料、图件进行并完成以下工作量。

(1)昆局勘测设计所完成岩心钻探 22 孔,总延 437 m,地形测绘(1:500)三处共 0.6 km²;并参与大海哨车站滑坡群防治方案调查,研究及主持设计工作。

(2)昆局工程处一〇五队完成大海哨车站防治工程施工任务。经昆局有关部门验收鉴定质量优良。

(3)昆局曲靖工务段除派出工人 6~8 名参加滑坡研究组进行工作外并负责材料、物资和后勤供应工作。

（4）铁科院西北所除经常有3名工程技术人员参加滑坡研究组进行工作外,并先后有地质、测绘、土工试验专业工程技术人员十余人参加了本专题的研究工作。

（5）西南交大亦有3位教师参加了滑坡研究组现场工作,并有师生二十余人结合教学实习进行了有关地质测绘工作,进行了物探、声波探测试验和完成了一些岩、矿、土的试验分析。

（6）铁二院先后派出技术人员三名除两人参加大海哨车站防治工程设计外,另一人参加了研究组日常工作。

（7）由昆局研究所主持、工程处、铁科院西北所、铁二院科研所等单位参加组成"抗滑桩实体破坏试验组"在大海哨Ⅱ号岩石顺层滑坡进行了"抗滑桩破坏试验"工作;（试验结果由抗滑桩组另有专题总结报告）并拍摄电影。

（8）由昆局科研所、铁科院西北所、西南交大、铁二院、曲靖工务段等单位科技人员和养护人员组成的滑坡研究组按专题研究大纲与计划进度开展工作。计完成：

①井、槽、坑探62个,总深度200余米。

②工程地质测绘填图三处。

③滑带土野外原位大面积剪切试验14处计34组。

④室内滑带土多次剪试验45组。

⑤岩、矿及滑带土,差热分析20组；X光鉴定17组；化学分析12组；磨片鉴定21组,水样分析3组。

⑥大海哨滑坡群、小车庄滑坡区各建观测网进行位移观测1~3年。

⑦大海哨滑坡群防治工程效果仪表网观测2~8个月。

以及本专题研究所需资料的收集、分析、研究;施工设计计划、组织、协调等工作。

本文即是三年多来在上述大量工作的基础上写成的。先后参加专题研究工作的主要人员有:昆明铁路局的李文彬、洪本廉;铁科院西北所的徐邦栋、潘恒涛、刘进举、宋学安、林陇安;西南交大的胡厚田、唐永富、刘祥海;铁二院的邓士彦等。昆局勘测设计所陈开化、陈钧;曲靖工务段的潘长明等同志参加了部分工作。

一、段内地形地貌、地层岩性和区域构造及其与岩石顺层滑坡的关系

（一）自然概况

1. 综合地貌

本区段均属高原区低山丘陵地带,系以东西向褶皱为主而形成的单面山地形,山脊常呈直线形、串珠形,或是平缓而开阔的大平台。一般山坡与岩层走向一致,在山脊的一侧、斜坡长而舒缓并具波浪形,它是岩层与山坡倾斜一致的一面。自然坡多在10°~30°间;而另一侧岩层倾向山里,则为短而陡的、略具小阶梯状或有几个转折的陡斜坡,一般自然坡度为50°~70°。

之所以在单面山有舒缓、波浪形,因在同一山坡上具有不同岩性的间层或夹层,在地质构造应力作用下形变不一致所造成的。本区段内一般是以柔性岩石为主夹有脆性岩石,在应力集中的条件下脆性岩石折曲断裂严重,而柔性岩石则形变轻、产状稳定。由这种构造组成的山坡特多,大地貌具此类单面山的外形是必然的。正因为具此构造,当脆性岩石在上时位于背斜的一翼地带处于受拉状态而裂隙张开、易于渗水,下伏的柔性岩石因变形轻而隔水;所以在岩层倾向长缓的山坡一面,就常发生岩石顺层滑坡,而在短而陡的一侧易产生岩块顺节理面的崩落或坍塌。只有在向斜的一翼由于表层岩石受压,则可保存由脆性岩石组成的山包与具有稳定而平顺的外貌。这些就是本区段内一般的地貌特点。

一些个别地段,山坡走向与上述构造类型的岩层走向呈垂直或斜交,因岩石倾斜平缓其剪性及拉张面较陡,故常见陡谷发育、两岸的岸坡也是一坡到顶,比较稳定。因它夹有脆性岩石,在个别地段落石现象还是间或发生的。

2. 区域构造情况（由西向东）

从大构造而言,本区段属云南大山字形构造体系,前弧东翼的一部分,其中马过河以西约15公里的塘子有位于小江径向（南北）断裂带上,而曲靖则在沾益小山字形构造体系前弧以南的纬向（东西）褶皱带上;中

间的鸡头村站一带受北东向构造的作用有大断层斜切铁路。所以该段铁路虽如前述，行进于北纬25°30′附近。就区域而言基本上是位于纬向构造发育带内，因受上述各构造体系的影响，各段情况还是不同的。

段外，马过河以西北东东向断裂发育，山坡岩体多呈北东走向；小车庄（Ⅱ）至鸡头村站约20公里间因受南西构造作用，山坡岩体则基本被改造为北东东走向；由大海哨站西至张家凹（K481）约14公里间，位于杨官田向斜（路南）和三岔盆地（路北）之间北西构造带内。山坡岩体为东西向，也是顺层滑坡就分布在这些段落内的顺坡路堑地段；而坍塌落石则发生在逆坡面。

其余地段因山势和岩层产状与线路走向的局部变化，岩石顺层滑坡病害发育不多。

沿线计有4条大断层斜交铁路。即在鸡头村站分别于K502及K500附近各有一条NE30°/W60°~80°逆断层；鸡头村与大海哨两站间K498附近有一NW35°张扭性断层，和大海哨与面店桥间K491附近有NE55°压扭性断层均属顺时针旋转。特别是K491的压扭性断层西盘为志留纪岩石逆于东盘下泥盆纪岩石之上，规模较大，影响带宽；其西端的岩层走向变动较大、较严重，小型断裂也发育。如在这些岩石破坏严重的地段切坡，就易于产生岩块崩落与坍塌（图1）。

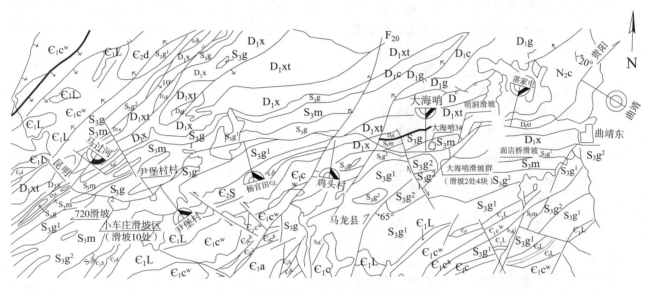

图1　贵昆线曲靖—马过河地质图（1:20万）

3. 线路所过地段的地层岩性

本区段线路所通过地段的主要地层（由老到新）：中志留系马龙统组（S_2m）和上志留系关底组下、上段（S_3^1g、S_3^2g）的浅海相岩石；下泥盆系下西山村组（D_1x）和西屯组（D_1xt）的海陆交互相岩石；第三系（N_2c）的湖相岩石，以及第四系的堆积物等。具体情况：

①中志留系马龙统组（S_2m）中的第三层下部岩石为灰、青灰色泥灰岩（或钙质页岩）、薄层灰岩，中部夹生物灰岩、碎屑灰岩及鲕状灰岩，底部为浅灰色板瓦状灰岩、泥灰岩。全厚38~44 m；第三层中部为灰、深灰色结核状灰岩与钙质页岩互层，中上部夹条带状灰岩及薄层褶皱灰岩，含炭泥灰岩，共厚25~32 m。大体上分布在大海哨车站一带，马过河车站东和下尹堡村也有局部出露；其中以钙质页岩（或薄层泥灰岩）的岩性相对最弱，常形成滑带，裸露的极易风化剥落。

②上志留系关底组（S_3g）中的下段（S_3^1g）岩石为浅灰绿色的泥质砂岩、砾岩夹薄层页岩，紫红色的中厚层泥岩及页岩夹灰绿色的薄层泥质页岩和泥岩、灰绿色的薄层粉细砂岩、灰绿色的薄层泥灰岩和灰岩共厚75 m；其上段（S_3^2g）岩石为灰绿色与黄绿色相间的泥质页岩夹薄层砂岩、青灰色的中厚层泥灰岩、灰岩互层、黄绿色的泥质砂岩夹薄层页岩等共厚22 m。它们是本区段中出露最多的岩石。大致分布在尹堡村站（小车庄一带）至鸡头村东一带近22 km；其中以黄绿、灰绿色的薄层泥质页岩、泥岩、泥灰岩和粉砂岩的强度为低，紫红色厚层泥岩的顶面因错动也较软弱，它们常发育为滑带。

③下泥盆系下西山村组（D_1x）的岩石分为4组：第1组（D_1x^1）分三层为灰绿、黄绿色钙质页岩、砂岩互

层厚45 m;第2组(D_1x^2)分两层,底层为厚层长石石英砂岩,顶层系薄层粉砂、页岩互层,厚10 m;第3组(D_1x^3)分六层底层为灰绿钙质砂岩,二～五层为钙质页岩、砂岩及泥灰岩夹薄层黑色页岩,顶层为灰色泥灰岩其风化物呈灰黄色或黄绿色共厚14 m;第4组(D_1x^4)分两层,底层6.8 m由厚层石英砂岩组成,顶层为薄层砂岩夹页岩五层厚10多米。它们分布在K491大断层以东至张家凹(K481)间10 km内,在马过河站内也有出现。这类岩石其分组或分层的界面上常夹有薄层状(仅厚10 cm左右)的紫黑色页岩,含水后性质最软,滑带就在此形成,特别是(D_1x^{4-1})的一组厚层石英砂岩,如构造折曲、断裂严重者,易沿下伏(D_1x^{3-6})泥灰岩的顶面滑动。

④下泥盆系西屯组(D_1xt)的岩石以灰绿、灰黄色钙质泥岩、粉砂质泥岩为主夹褐红色钙质粉砂岩及灰、灰黄色灰岩、底部为泥灰岩总厚大于百余米,分布在鸡头村站及湛家屯站一带;其中以泥岩及泥灰岩的顶面强度最低,滑带易依之发育形成。

⑤第三系(N_2c)地层分布在曲靖盆地中,为具膨胀性的灰红、灰黄、灰绿及灰白等杂色泥岩组成。由于铁路多以填方通过,不在本研究范围之内,未做调查研究。

⑥第四系堆积物,分布范围不长。由于沿线母岩多系泥、页、泥灰岩等与灰岩、砂岩夹层充作填料,因泥、页和泥灰岩易于风化破碎,故路堤易于变形。若基底系泥岩等残留的老滑床,施工时未做处理,这样沿之滑动的地段也不少。

(二)地貌与岩石顺层滑坡的关系

地貌虽说是内外地质动力这样的综合产物,它与地质构造、地层岩性和地表水量有密切关系;但形成当前山坡岩体的外貌,则是沿一定的岩石及其结构在受地质构造作用下生成的裂面分布格局发育生成的。特别对山区单面山的地带,可以说地质构造是形成山坡岩体当前状态的基础;此因构造控制了后期剥蚀作用,使之沿一定的格局中相对的软弱带和结构进行剥蚀,从而产生临空面与水系,而沿软、硬岩石接触带就发生了向软岩剥蚀成深沟的现象,在构造不剧烈的纬向构造带内因岩层倾斜平缓,一般不具备这种结构条件。

为弄清岩石顺层滑坡地段的山坡地貌特征及其与构造作用的关系,对小车庄、大海哨和面店桥一带,我们研究了一种办法可从当地构造形迹反推出形成该山坡岩体的构造顺序。弄准了构造顺序,对研究地貌与岩石顺层滑坡的关系才有依据。这一办法详见"地质力学方法在岩石顺层滑坡研究中的应用"一文。

1. 区内滑坡地段山坡岩体的外貌与构造的关系

由于小车庄滑坡区在本区段的西段、大海哨在中部偏东、面店桥在东,故用地质力学方法先找出它们的构造基础与滑坡的关系是为全段各岩石顺层滑坡研究与地貌的关系提供依据。

①小车庄滑坡区,从形迹上看,它早期受北向南推的主应力及逆时针旋转力的作用而塑造成当前山坡岩体的雏形,如图2所示。长轴的走向基本为NE65°～75°/N20°～28°。并产生了相应的配套裂面,即由长轴构造生成了NE80°/N85°～NE5°/S80°及NE72°/S77°的张性面及NE72°/N42°的压性面,NW20°/E80°的拉张面,NW50°～60°直立的顺剪面等,都系平面状。然后因逆时针力偶的作用再生成弧状的NW10°～20°/W80°～85°的压扭面和NE80°～70°/S70°～75°的张扭面等。以及作平面状的NW63°/S85°的逆剪面,NE42°/N80°的顺剪面和近南北向逆断层SN/W21°;并对由长轴构造生成的NE80°～70°/直立的张性面作逆时针旋转的张扭改造,对NE70°～80°/N20°～25°的层间错动带及NE70°～80°/N40°～45°的压性面作横向挤压。

中期为北西构造(图3),由指向NE35°(25°～35°)的主应力作用生成NW55°/N30°～40°的压性面;对NE65°～75°/直立的裂面产生逆剪作用,对NE40°～45°/直立的裂面产生拉张作用。晚期,从几个试坑中可见层间错动面上有指向SW5°～10°～SE5°～24°～28°的擦痕。反映了由北向南推的东西构造又有新的活动。它产生NE10°～NW10°/直立的拉张裂面及NW40°/N80°的顺剪面;并对NW70°～NE75°/直立的裂面产生压性或弯张作用和对NE40°/直立的裂面产生逆剪作用,特别使NW10°/直立的拉张裂面具贯通性。

近期,从NW55°/N35°的压性面上可见指向NW75°∠24°的新擦痕,是新华夏构造作用所形成的,如图4所示,它使NW55°～75°/直立的裂面产生拉张作用,并具贯通。这一构造顺序(在现场上有擦痕为证)使当地山坡岩体在前期构造(东西)作用下向北倾斜20°～28°再受逆时针的力偶作用向南旋转约20°与之同时也

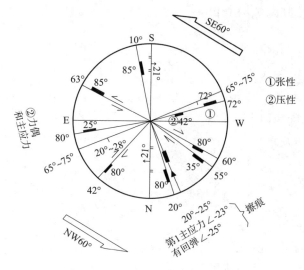
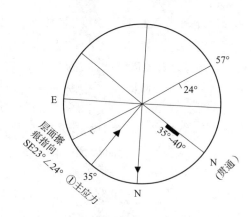

图 2　小车庄滑坡区构造裂面配套图　　　图 3　北西构造裂面配套图

产生了现有裂面中的大部分。它们的走向并非一致,而是西边比东边、北部比南部旋转的角度大些,大致相差5°。

此为形成这一带呈弧状山坡的原因。中期曾经NW55°的构造作用,生成了一组NW55°/N35°的压性面,后期为东西构造复活及新华夏NE15°构造的作用,使新生的NW10°~15°及NW75°两组陡立的拉张面具贯通性;同时对与之相邻的早期裂面产生一些改造作用。

②大海哨滑坡群

同样从形迹上看这段山坡岩体的产状为NE80°~85°/N10°~15°,在早期由北向南推的东西构造作用下已基本形成(图5),并生成一组不发育的NW5°~10°/直立的拉张面、一组NE80°~85°/S75°~80°的弯张面、一组NE80°~85°/N45°~55°的压性面和一组不惯通也不发育的NE80°~85°/S20°~30°隐裂面,以及NW40~50°/直立和NE30°~40°/直立的两组剪性面,随后受逆时针力偶旋转的构造作用产生两组弧状的NW60°~70°/S直立的压扭面和NE30°~20°/E直立的张扭面,并使NW40°~50°及NE30°~40°两组剪性面均改造为沿逆时针方向错动。后期受NE20°~25°短轴构造的作用,仅对局部应力集中的岩石如薄层灰岩产生褶曲和波状小褶曲(图6),并生成一组平面状NW70°~65°/N直立的拉张面。它对早期的NW40°~50°剪性面改造为由扭变张,NE30°~40°剪性面由扭变压,对二期的NW60°~70°的压扭面改造为拉张,NE30°~20°张扭面改造为压性。

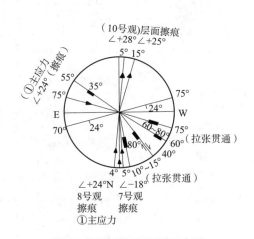
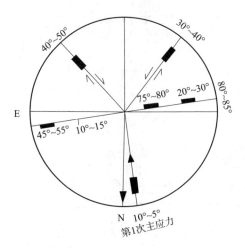

图 4　新华夏构造裂面配套图　　　图 5　早期构造裂面配套图

从总的来说,因长、短轴构造的作用产生不在同期,表现在地貌上为山坡平顺,沿短轴方向无大的褶皱,所以形成了标准的单面山外貌,在岩石顺层滑动时,其两侧壁常以北西西向断层和北东东的裂面或自然沟为界。

③面店桥路堑滑坡

当地的岩体结构系上部为厚度不大的脆性岩石(D_1^4x)石英砂岩,下伏巨厚的柔性岩石($D_1^{1-3}x$)泥质岩石为主。它在构造作用下,因应力集中使(D_1^4x)石英砂岩褶曲、断裂严重,而下伏的($D_1^{1-3}x$)泥质岩石则平顺舒缓。因此以($D_1^{1-3}x$)岩石产状为主。从形迹上了解其构造序次。

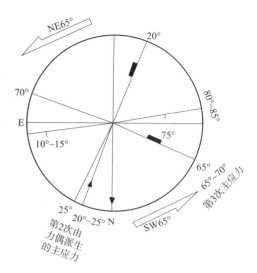

图6 后期构造裂面配套图

该山坡岩体的雏形,早在NW80°~85°的长轴构造作用下受NE10°~5°短轴构造的影响而形成。由于岩石产状为NW80°~85°/E10°~20°反映在地貌上轴向东西的褶曲面呈舒缓状倾向北13°~16°的坡段长、而17°~19°的短。而在南北轴向上具明显的弯曲度。所以产生长条形、多级的岩石滑坡(图7)对一期长轴构造生成的NW80°/N13°层间错动带,在二期作用下有回弹现象。NW80°/直立的弯张面产生拉张作用,NW75°/N46°的压性面产生拉张及向北下错作用。NE47°/N直立的逆剪面产生顺剪作用;而由二期短轴构造作用生成了NE62°/N53°的顺剪面及NW43°/直立的逆剪面。

三期受沾益山字形构造的作用而导致产生顺时针旋转的力偶(图8),它对岩体生成一组弧状NE60°/S85°的压扭面和另一组弧状NW30°/W直立的张扭面,以及一组不发育的平面状NW60°/直立的顺剪面,其于长轴构造生成的裂面。对NW80°/N10°~20°的层面及NW75°/N46°的压性面产生斜向逆推作用。对NW80°/N80°~S75°的张性面产生顺剪作用。对NE10°/直立的张性面先作逆剪改造后为顺剪扭动。对NE47°/N85°的剪面产生顺扭作用。短轴构造生成的裂面,对NE62°/N83°的剪面产生顺扭作用。对NW43°/直立的剪面产生拉张作用。在此力偶作用下,整个山坡可能顺时针旋转5°~10°,形成了当前岩体的产状。由于部位不同和岩性不一样,东边更接近沾益山字形构造,比西边旋转角大些。表层脆性岩石比底层柔性岩石的顺时针旋转角度大些。

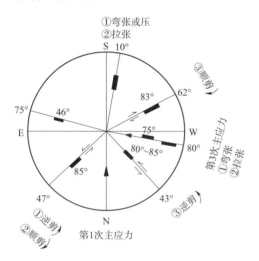

图7 长条形、多级岩石滑坡构造裂面配套图

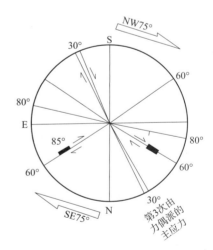

图8 三期构造裂面配套图

近期在新华夏构造作用下产生一系列贯通的NW60°~70°/S70°的拉张面,和一组NW30°~35°/直立的逆剪面。同时对一期生成的裂面NW80°/N80°~S75°产生拉张作用,对裂面NW75°/N46°产生拉张下错作用,对裂面NE10°/直立产生压性或弯张作用,对裂面NE47°/N直立产生顺剪作用;对二期生成的裂面NE60°/S85°产生顺剪作用,对三期生成的裂面NE60°~70°/直立产生生拉张作用,对裂面NW20°~30°/W直立产生逆剪作用,对NE60°~70°/W83°产生顺剪作用。其中对地貌的发育有影响的以裂面NE10°~30°的拉张面和裂面NW60°~80°的拉张面最显著。

总结上述三例,各段山坡岩体的外貌与区域构造有密切的关系。从西而东,小车庄滑坡区在西受西侧云南山字形构造影响较大,所以山坡岩体呈弧状。虽有长轴构造的回弹期(见层间错动面上有逆、顺擦痕),但短轴构造现象无表现,所以出现台板式的滑坡地貌(后详)。大海哨滑坡群位于中段,基本上位于东西构造带上。离云南及沾益两山字形构造远,影响小。短轴构造及旋转构造虽有表现,但均不显著。所以山坡岩体呈典型的单面山。它受局部北西西断层的影响,而产生多层多块滑坡的外貌。面店桥路堑滑坡在东,在云南山字型构造体系的格局下,长、短轴的作用均较显著。因此山坡岩体在短轴褶皱下梁、洼分明,穿窿地貌也易产生,在此地貌条件下易于产生长条形、多级的岩石顺层滑坡。

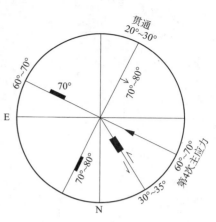

图9　新华夏构造作用下贯通的构造裂面配套图

2. 易于产生岩石顺层滑坡的地貌

按山坡与岩层走向的关系,可将顺层山坡划分为下述各种情况以及产生滑坡后的不同地貌。

①山坡与岩层走向一致,且山脊线也与之平行而呈直线形或串珠状的单面山地形,易产生如图10、图11所示外貌的岩石顺层滑坡。

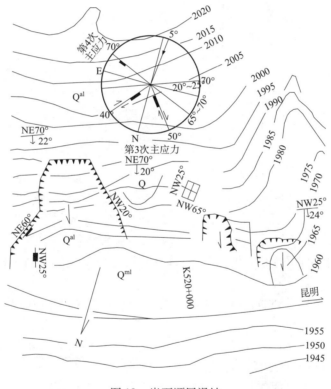

图10　岩石顺层滑坡

此因它位于由东西构造和逆时针旋转作用形成山坡坡体的地段,除滑带沿层间错动带垂直于岩层走向向下滑外,其侧界则由一期构造生成的一组 NW20°～25°/E 直立贯通的拉张裂面。或三期构造生成的一组 NW38°/E 直立的顺剪裂面,以及不惯通的三期构造生成的一组 NE40°/N 直立的逆剪裂面等发育而成。其后界则沿与岩层走向一致的一组 NE65°～70°/N80°～85°张性或由四期构造产生的一组 NW65°～70°/N75°的拉张面为依附面发育而成,其周界不对称,呈多边形状。

之所以不如一般典型的单面山地形所产生的岩石顺层滑坡之外貌,是因这一带的地层老,受构造作用的次数多,作为边界条件的裂面多,也就组合多。一般典型的只能在第三系或老第四系的地层中见到。

②山坡与岩层的走向一致,山脊线也与之平行,但具波浪状的单面山地形,常产生如下两图外貌的岩石顺层滑坡。

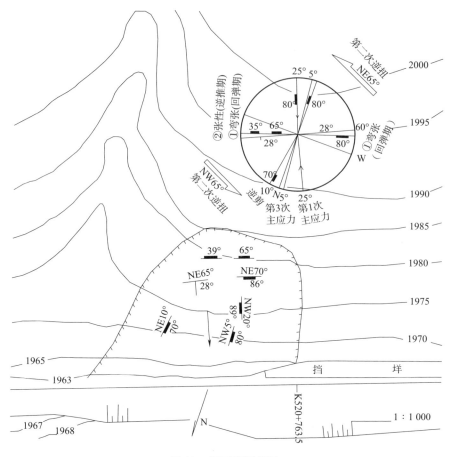

图 11　岩石顺层滑坡

其一,如面店桥路堑滑坡(图12)所处的单面山并非一坡到顶,而是具舒缓波浪状顺山坡走向洼、梁显著,高差较大。所以滑动后具长条形多级、多块的岩石顺层滑坡外貌。之所以顺山坡呈波浪状起伏,因短轴构造作用显著。在此地貌下,往往位于短轴构造的向斜轴上的岩体先滑走(如该滑坡东侧洼地内的志留系(D)岩层早已滑走),由 $D_1^{4-1}x$ 脆性岩石组成洼地的顶,然后发展到背斜一翼的滑动(即本滑坡的滑体由 $D_1^{4-1}x$ 岩石组成),将滑至 D_{1x}^{3-6} (柔性岩石)时为止。在背斜轴部,只能被剥蚀成深沟,否则它就作为滑坡间脊的稳定部分。

其二,沿短轴构造向斜轴部滑动的岩石顺层滑坡可能形成的外貌,滑动后其滑床必然为圆顺的洼谷状(图13)。

③当山坡与岩层走向一致,而且山脊线与之垂直或斜交时,这种由宽梁和 U 形窄谷相间组成的地貌中,U 形窄谷常为老岩石顺层滑坡发育地段。

其一,如大海哨车站滑坡群平面如图14所示。Ⅲ号老滑坡就是早期产生在 U 形窄谷部位,至今尚残留不少老滑体。在其两侧为宽梁,在梁之东与西梁之西又是 U 形窄谷。由于切割了这种外貌的山坡,不仅因弃渣使Ⅲ号老滑坡的前部产生沿老滑面的、连同弃土一块滑动的老滑坡复活,而且东侧山梁也产生了 I_a、I_b、I_c 及Ⅱ号新生的岩石顺层滑坡。对东侧山梁上的新生滑坡而言,是阶梯状,属多层滑坡。对Ⅲ号老滑坡而言,基本属Π形(图14)。

其二,是山脊与岩层及顺坡的走向垂直时的舌形顺层山坡,常由柔性岩层组成。当铁路横切山梁时,可能形成这一外貌的岩石顺层滑坡(图15)。

④当山坡与岩层的走向不一致而斜交时,常呈现一侧为三角锥的山坡地貌。当线路切割山坡坡脚时,易产生三角形、台板式或阶梯形的岩石顺层滑坡。

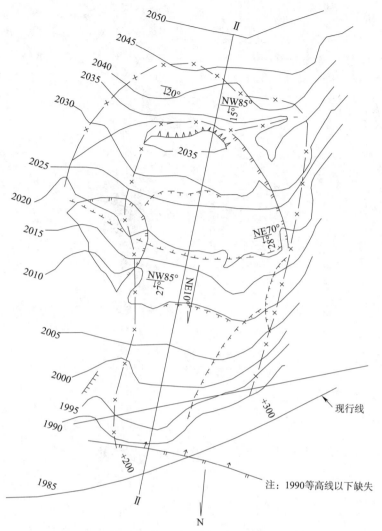

图 12　面店桥路堑滑坡平面示意图

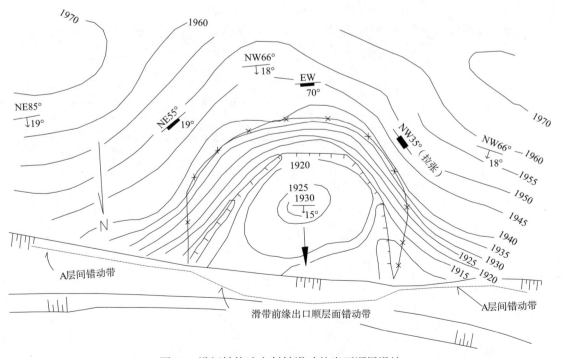

图 13　沿短轴构造向斜轴滑动的岩石顺层滑坡

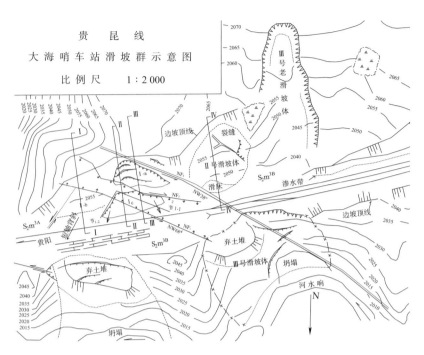

图 14　贵昆线大海哨车站滑坡群平面示意图

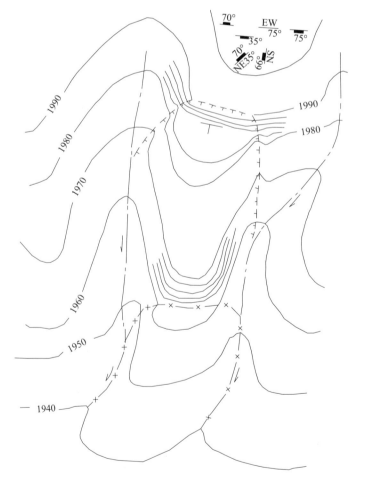

图 15　舌形顺层山坡

见贵昆线小车庄东段的滑坡区平面示意图(图16),因岩层走向为 NE80°/N20°~25°。而山坡走向是沿 NW60°一组向 N 倾斜的构造面形成,则产生了台板式老滑坡地貌。台板面即岩层面,为滑床。其侧壁为西侧的垂直陡壁,其走向大致与岩层倾向一致。这台式滑坡的台板是多层的,往往形成阶梯形的岩石顺层滑坡。

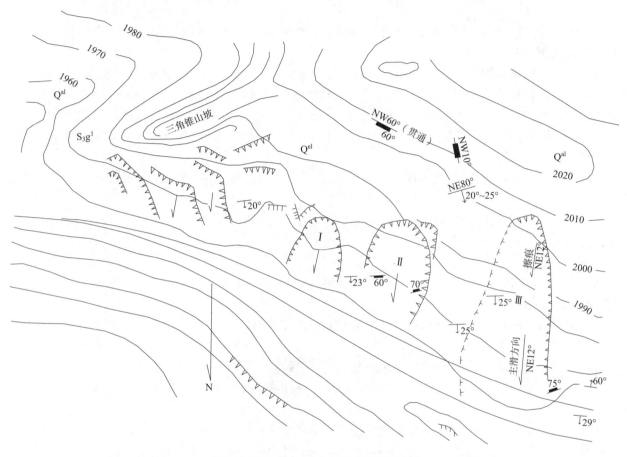

图 16　贵昆线小车庄滑坡区平面示意图

(三)地层岩性与岩石顺层滑坡的关系

1. 地层岩性是成层岩体中产生岩石顺层滑坡的物质基础。以下用本区段内三处滑坡情况,予以说明:

大海哨滑坡群所在山坡岩体的地层为志留系马龙统的中部岩石,是一套浅海相似碳酸盐类为主的沉积岩地层;其中相对坚硬的是灰岩,相对软弱的是钙质和泥质页岩,而泥灰岩则介于两者之间。构成了软硬相间、交互成层的结构。工点范围内的此段地层总厚约 60 m。共发现软弱夹层及软弱带 11 个。这 11 个层位是岩石顺层滑坡赖以产生滑带的物质基础。只有对各软层做细致的研究,才能够找到究竟沿哪一层滑动。

面店桥路堑滑坡由泥盆系下西村组岩石组成。是一套陆海交互相砂页岩为主的沉积岩地层。其中最硬的是石英砂岩,次为钙质粉砂岩,相对软弱的是泥灰岩和页岩,总厚度约 80 m。其中共发现软弱夹层和软弱带 9 个,为岩石顺层滑坡的产生提供了有利的滑带部位。

小车庄滑坡区的岩石系上志留统关庸组浅海相沉积,上部为灰绿、灰黄色钙质页岩、砂岩及灰色泥灰岩、灰岩互层,下部是紫红、褐红色页岩、泥岩和泥质粉砂岩与薄层灰岩互层,总厚度约 60 m。其中发现 16 个软层,平均每 4 m 左右就有一个软层,因其产状较陡在 20°~25°之间。挖断哪一软层即沿哪一层产生滑坡。

2. 在失却前缘支撑的情况下,岩石顺层滑坡总是沿含水的、岩性不良的一层先滑动。

上面已论及成岩岩体及其中软层或软弱夹层是顺层滑坡赖以滑动的物质基础。但非每一层面或软弱带都可沿之滑动。在同一山坡上滑动与否,主要取决于向临空的倾斜角及该层以上的岩体厚度、软弱带的岩性(包括风化速率及可能达到的含水程度)和前缘支撑条件。前者对各层之间产生不同的应力,其次为各层间能承受的不同强度。沿层间的总推力与总抗力间产生的剩余下滑力与区域支撑体相比,就可确定能否滑动。

在前缘支撑条件不断削弱下,哪一层先破坏就先沿哪一层产生滑动。当临空面及前缘支撑条件一定时,通常多沿含水的、岩性最不良的一层产生滑坡。

从大海哨滑坡群得出:

①薄层泥灰岩(或钙质页岩)比厚层泥灰岩及各种灰岩的强度低,在同样的条件下,易沿薄层泥灰岩滑动。

②新鲜的泥灰岩呈灰及青灰色,而风化破碎的呈黄及黄褐色,经试验证明新鲜的比风化的强度大。易沿风化破碎的一层泥灰岩滑动。

③软弱夹层的组织物质不一样,其强度也不同。呈鳞片状的岩屑与角砾、岩末与岩粉组成的强度最大,基本上不滑。以岩粉为主,风化似黏土状的如Ⅳ号堑坡上的软夹层,虽渗水,但因强度大(浸水野外原位大剪试验求得 $c = 0.7 \times 10^{-2}$ MPa, $\varphi = 19°$)在岩层倾向 $14°$ 时不至于发生滑动。但如岩粉已风化似黏土状(如 I_a 滑坡含水量大而强度小,浸水原位大剪得出 $c = 1.4 \times 10^{-2}$ MPa, $\varphi = 10°30'$)雨季中对岩层倾角为 $12°$ ~ $13°$ 的地段则产生滑动。

就面店桥路堑滑坡而言,风化的页岩比石英砂岩、钙质砂岩的强度低,特别在含水条件下坚硬的砂岩就沿其下厚约 2~3 cm 的紫黑色风化页岩滑动。

小车庄滑坡区的风化泥岩(或页岩)与泥灰岩和后缘相比,其强度低,就沿其顶面滑动。因为滑床倾斜度达 $20°$ ~ $25°$,也有沿泥灰岩滑动的。

3. 滑带及其上、下岩层的性质决定滑坡的类型

滑带和上下岩层的情况,不仅可以决定顺层滑坡的滑动时机,同时也能决定滑动的性质。故按其组合条件,将滑坡划分下述三种情况。

①滑带是薄层的软、硬层中的软层。在大海哨和小车庄滑坡群、区中均有反映,沿风化泥岩或页岩有水渗出。多形成多层性滑坡。

②滑带发育在巨厚层软、硬岩之间已风化软岩的顶,因滑床平整、滑带较厚,常形成整体性滑动。

③滑带是两层较厚的脆性岩石之间的软弱夹层,由于组成上部的岩石性脆,破坏后常产生多级或多块的滑动。

从地层岩性而言,这些倾向临空面的岩石顺层滑坡的滑带是产生在风化的、含水的、薄的软弱岩层或夹层部位及风化的泥、页岩或泥灰岩的顶面。经现场调查、室内外试验(磨片鉴定、X 光、差热分析、黏土矿物化学分析、颗粒分析、力学实验等)和分析对比。滑动还是取决于被破坏的软弱夹层和泥质岩层顶面的岩性(包括颗粒成分、矿物组成、风化速率、成土程度、次生矿物性质和含水程度等)、结构破坏程度、地下水活动和向临空的倾斜度的组合,其中地层岩性是基础,往往具主导作用。

二、地质构造与岩石顺层滑坡的关系

任一滑坡的滑体都是由前缘、后缘、两侧边界和滑带及地表所包围。在岩石滑坡中各个界面基本上沿 1~2 组岩石裂面发育生成;由于这些构造面有一定的形状和性质,对滑坡的稳定性均有直接影响,其中滑带是具控制作用的。经调查研究及室内磨片鉴定,段内一般岩石顺层滑坡的滑带都以层间错动带为基础,所以受其制约。层间错动带的破坏程度,又因断层等多次构造作用所加剧。在前缘形成临空面时它在不断失却支撑的情况下而发育成滑带。这就是说,地质构造产生了层间错动、断层和构造节理、塑造了顺层滑坡的形状、规模和性质。以下分别论述其与岩石顺层滑坡的关系:

(一)层间错动与岩石顺层滑坡的关系

层间错动是指成层岩体在地质构造力的作用下,沿岩层面或原生软弱夹层发生显著位移的地质现象。其形成和发展在很大程度上决定了顺层滑坡的形成。本区段内我们所调查的岩石顺层滑坡中,滑带无一不是从层间破碎带转化形成的。这一事实本身就已说明了层间错动与岩石顺层滑坡有着密切的关系。其关系概述如下:

1. 层间错动及其多次性活动是滑带产生的重要原因

成岩岩体,特别是软硬岩石互层的岩体,在岩性相对不良的层位中硬岩与软岩的界面或硬岩间的软弱夹

层,一般是岩石物质成分、结构构造发生突变的部位或是上、下岩层连接较弱的结构面,因力学强度低,在构造力作用下易沿之发生层间错动。它与前述易产生岩石顺层滑坡于岩性不良的部位刚好一致。在层间错动时,沿错动带上、下岩层相互错动摩擦破坏了接触面或夹层的结构,致使上、下岩层连接强度更小,地下水活动的浸入促进了泥化夹层的形成。这一已降低了抗剪强度的层间错动破碎带在下一个构造变动中有易沿之再产生错动的规律。这就是层间错动的多次性和继承性。

层间错动越强烈、错动次数越多、破碎带的物质越破碎、越易于风化,更易于生成泥化夹层。在本区段内至少发生过三次构造变动,在小车庄Ⅲ号滑坡上见有三个方向的擦痕。即指向SE10°、NW74°°和SW70°。反映出由层间破碎带生成的滑带至少发生过三次层间错动。同样在面店桥路堑滑坡的滑带(D_1^{3-6}x岩石的顶面)上也发现两组以上的错动擦痕,说明它也经过多次错动。特别是大海哨滑坡群位于几条断层附近的层间破碎带,错动大,已产生滑动;而Ⅳ号堑坡因离断层远未形成滑带,这足以说明层间错动及其多次活动与形成滑坡的关系。

2. 错光面在岩石顺层滑坡滑动中的作用

本区段内顺层滑坡的滑带都有一层薄的(小于5 cm)泥化夹层;在其与上、下岩石的接触面上分别有一错光面(图17)。错光面的光滑程度一般说来,错动次数越多、上下岩石越软、破碎产物越细腻则越光滑。由于生成了错光面,滑体与滑带或滑带与滑床间的抗剪强度就急剧降低更有利于滑动。滑坡可沿含水量多的上、下错光面或泥化夹层滑动,视其相对强度而异。特别是滑动面以含水者居多。试验证明,错光面与湿润的泥化夹层的摩擦角在8°左右时,一般泥化夹层的抗剪强度高($c = 0.01 \sim 0.02$ MPa,$\varphi = 10° \sim 19°$);因此多数顺层滑坡是沿上错光面滑动的。本区段内面店桥路堑滑坡、大海哨K491滑坡、小车庄Ⅳ滑坡等都是如此。这些滑坡的滑体岩石中节理裂隙发育,地表水可直接沿裂面下渗至滑带顶面,泥化夹层吸水后成为相对隔水层,使滑带水沿其顶面流动,产生沿上错光面滑动似应是必然的。对大海哨I_b号滑坡的滑体上一软层,做了原位大剪试验,也证明上错光面强度最低,可供参考。

3. 错动阶步(台坎)在滑动中的作用

在错动面上,由于构造作用有顺坡向上或向下的台坎。一般逆坡向上的台坎多是构造期形成的;而顺坡向下的台坎常在临空面发育过程中,因岩石松弛节理面向下错动产生。前者在下滑时因爬坡角阻碍对滑动不利;后者则利于滑动。在大海哨Ⅱ号滑坡做原位大剪试验时,在滑床上发现有如图18所示的顺坡向下的阶步,对滑坡产生了有利的作用。

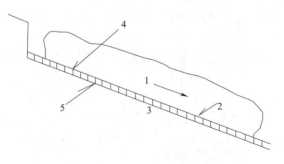

图17 顺层滑坡示意图
1—滑体;2—滑带;3—滑床;
4—上错光面;5—下错光面

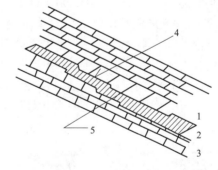

图18 顺坡向下的错动阶步示意图
1—滑体(泥灰岩);2—滑带(泥灰岩错动带);
3—滑床(灰岩);4—上错光面阶步;5—下错光面阶步

(二)断层与岩石顺层滑坡的关系

断层一般是从多方面加剧了岩石顺层滑坡的发展。但有时也因断层将错动带错开而限制了滑坡防治的范围;因此需按具体情况逐一分析其利弊。

1. 断层切割了层间破碎带,并使它再错动,从而促进了顺层滑坡的形成。

如大海哨滑坡群,由于断层的切割,同一层间破碎带在空间的分布有高有底。从垂直断面走向所切割的剖面示意图上看,各错动破碎带被三条正断层切割成四段(图19)。一、二、三段位置较高,并在断层附近,受断层作用使各破碎带再活动。因之它较远离断层的同一错碎带的风化破碎程度严重,已成为泥化夹层。目前因铁路开挖,①区曾沿 I_b 错碎带产生过滑坡;②区已沿 I_c 错碎带产生过滑动;③区也沿 I_a 错碎带滑动;④区因深埋地下,无临空面,未滑动。不过它在离断层 F_3 较远的西端出现,因受断层影响小,未发展成滑带。这就是断层带附近易于产生顺层岩石滑坡的原因之一。

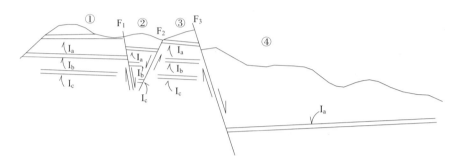

图19 层间错动带被断层切割的示意图

2. 有利于岩石顺层滑坡形成的几种断层和层间错动面的组合

①曾见一种异常结构如图20所示,倾向临空面的逆断层与层间错动面相连接。如小车庄Ⅳ号滑坡上盘岩石曾因上盘岩石下错后,裂面多张开而渗水,可直接下渗至层间错动面;同时因下错使逆断层及层间错动带在顺坡方向也具光滑面,而强度降低。因此有利于岩石顺层滑坡的产生。

②倾向临空面的层间错动面与后期的正断层相连,上盘岩石曾产生过向下的运动,也能发展成滑坡。它类似前一种情况。所以也利于岩石顺层滑坡的形成。

③倾向临空面的层间错动带与后期扭断层相连,上盘岩石曾向斜下方运动,也能发展成滑坡。只是使破碎带具斜交擦痕,上、下错光面比前两种情况略为粗糙而已。

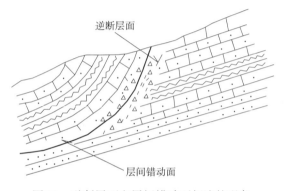

图20 逆断层面和层间错动面相连的现象

3. 断层对滑带的供水作用

如大海哨车站一带的南坡,以 K493+150 自然沟为界,之所以东段滑坡成群,而西段极少,与东段有 F_1、F_2、F_3 三条北西西向断层斜截山坡分割岩体有关。但是这些断层对层间破碎带有供水现象,也是产生滑坡的原因之一。见前节大海哨滑坡群平面示意图。具体情况:

① F_1 断层属先压扭后拉张的性质,倾向南西,使西盘约下降30 m。由于它基本属压扭性,使南西来水受阻于断层带后,再沿断层走向流动。这是在断层以西 K483+100 的自然沟内,早就产生Ⅲ号老滑坡和近期又在沟东岸产生Ⅱ号滑坡的原因之一。Ⅱ号滑坡在滑动中不断自滑坡出口排出滑带水,即是证明。

②也因 F_3 后期被改造为张性,断层以西上盘岩石近地表的属松弛体,由于地表水下渗。水经坡内的生成软层可向断层以东供水,也是产生坡顶 I_a 滑坡的原因之一。滑带出口也有渗水现象,并且终年不干。也反映了断层供水是滑坡滑动的重要因素之一。

③同样由于 F_2 属张性断层、倾向北东、而 F_1 是先扭后张、倾向南西,两断层相对构成地堑而汇水;这集水"廊道"对产生 I_b 和 I_c 滑坡有密切关系。

4. 断层控制了滑坡的边界

断层不仅分割了岩体,促使滑带强度降低,向滑带供水等有利于滑坡的发展。有时也控制滑坡的边界限制向边界以外发展。例如面店桥路堑滑坡的前缘,有斜交现行线的逆断层,它使断层附近的($D_1^{3-6}x$)岩石向上弯曲,老滑坡也只能在此而止,不能向下、向前发展。(见面店桥路堑滑坡平面示意图)

同样大海哨的 F_1、F_2、F_3 三条断层,分别成了 I_b、I_c、I_a 三个滑坡滑带的右后侧终点,也限制了滑坡进一步向右后侧发展(大海哨滑坡群平面示意图)

(三)构造裂面的组合,确定了岩石顺层滑坡的平面形状

离开山坡母岩的滑体,其后界及侧界一般总是依附于岩石中既有的、贯通性强的裂面;所以岩石顺层滑

坡的平面形状及其变化，必然受控于构造裂面的产状、滑带的发展和临空面的走向等因素。

1. 滑坡的后壁

由于岩石顺层滑坡多半沿层间错动带的倾向滑动（个别情况因临空面关系而偏于垂直临空的方向）。因而凡是位于后缘、与层间错动带的走向大致一致的陡裂面，特别倾向临空者，就易因滑坡下滑受拉而张开，它多半是一期构造生成的。与岩层走向一致而垂直于层面的弯张性裂面、或在一期构造应力松弛时生成的、与岩层走向一致的、顺坡下错的张性裂面、正断层或逆断层，这类滑坡后壁多呈直线形；也有是与岩层走向大致平行或斜交角度不大的扭性陡裂面、或剪性面。以及上述各陡裂面中任何两组的组合，这类滑坡的后壁多呈锯齿形，它们不同于土质滑坡的环状后壁。如构成后壁的构造裂面是成组的，必然随滑带向后延伸而发展。如是错滑带的，将因滑带无法向后延伸而终止；除非在后壁外又产生沿另一层软层滑动的则属例外。前者如大海哨 I_a 滑坡的后壁情况，后者如大海哨 I_b 与 I_c 滑坡的关系。

2. 滑坡的侧壁

岩石顺层滑坡的两侧壁生成的基础也是岩体中早就存在的构造裂面，其滑动方向在一定程度上受裂面产状的限制。如滑动方向偏于一侧，该侧受压扭作用必然沿贯通性良好的一组裂面发展成侧壁；而另一侧因受张扭作用多呈锯齿状，由两组裂面组成了侧壁。滑动方向也因受压扭一侧的裂面产状控制，在滑坡的中、前部有所改变，与裂面走向平行。因此在顺层滑坡中往往由大致平行于岩层倾向的一组拉张或张扭裂面组成滑坡的一侧或两侧壁。如面店桥路堑滑坡、小车庄滑坡区和大海哨滑坡群等几乎都有这样的反映。但也有个别情况，岩体中有两组以上斜交的、具贯通的剪性裂面而滑动方向又与错动带的倾向一致，则因两侧壁均受拉形成折线形、喇叭状向下敞开的滑坡平面形状。

当侧界沿断层发育时多呈直线形。如侧界为滑床与山坡地表面直接相交时，在平面上的侧界随地表形状而异，没有规则。侧界如沿一组裂面发育生成时，将随滑带向侧方展宽发展；在滑带被断层在侧面错断时，侧方就无条件再产生侧壁了。

上述各种情况的滑坡平面形状与裂面产状的关系，可参看小车庄滑坡区、大海哨滑坡群和面店桥路堑滑坡平面示意图，可窥全貌。

三、岩石顺层滑坡的性质

由于岩石顺层滑坡具有一定的特点，如滑床多半是平面状、滑带强度系各向变性（随经受构造力的次数和方向不同而变）、补给滑带水的来源、方式、水量及部位以及前缘的支撑情况等，因各个滑坡所在的特殊条件，都对滑动机理和滑坡性质有影响。以下就我们所见介绍如下：

（一）岩石顺层滑坡的一般滑动机理

1. 由于种种原因，当作用于某一层间错动带（包括软弱夹层）上的剪应力不断增大（如岩体上加载、或前缘失却支撑、暂时性的动、静水压、震动应力等）、或该带抗剪强度不断衰减（如长期风化中岩性的变化、含水程度的改变、结构遭破坏、在水的浮力向剪强度性质的转移等），当该带上某一部分的应力大于强度时，该部分在四周封闭的状态下发生变形，并逐渐扩展形成主滑带，它可以从层间错动带的任何一部分开始，随外因而异；对岩石顺层滑坡而言，一般多由于前缘被切割，产生自坡面向岩体内的应力松弛，近临空面一带的岩体因松弛而导致地表水和裂隙水向该错动带集中，此时主滑带是由前向后逐渐形成。也有由于在滑坡中后部加载迫使错动带由后向前逐次变形的。在错动带变形或其他原因造成滑带水自该带中后部的某一部位补给时，滑带就从该部位最先形成逐渐向前、向下发展。这一自行蠕动变形的范围称为主滑段。变形仅仅限于主滑带范围时，滑坡处于酝酿期的蠕动阶段。

2. 由于主滑地段的向前、向下移动，有的顺层错动带发展至斜坡出口（往往在前缘切断该带时），也有先使主滑带以上的后部岩体产生张拉破坏而后挤出前缘出口的。后部岩体中产生的一组类似受主动土压所形成的破裂面是由滑带直达地表，它常依附岩体中已有的、陡斜的、倾向临空的一组或两组构造裂面生成后缘裂缝。该后缘裂缝是滑体与后山不动体间的分界面，从它至主滑体并无推力作用；由于断开后裂面间从结合力转化为裂面间的外摩擦现象，地面水与裂隙水也沿此面流过，暴雨时排水不及而产生的水柱静压等，该牵引体才产生推力作用于主滑体。

同时,主滑带因自身变形导致强度降低所产生的剩余下滑力(应力减强度)不断增大、某种原因增加了滑带水的作用,使滑带强度不断降低,滑带范围不断扩大,使主滑体产生巨大的剩余推力挤压本来稳定的前部。当前缘错动带已切断时,它沿该带发展至出口。如前缘错动带尚埋于地下时,由于主滑体的推力作用,使滑带在前缘部分逐渐脱离赖以生成主滑带的层间错动带而向上发展,直到地表。这一脱离错动带而至地表的新生破坏面,常沿当地一组缓倾斜的反坡裂面逐渐形成(多属压性隐裂面),由后向前变形滑带水也随之而至。这一新生裂面以上本来稳定的前部,称之为抗滑段。在前部滑带贯通至出口以前,滑坡处于挤压阶段。

3. 一旦前缘滑带出口形成,整个滑带就贯通,滑坡即进入滑动阶段。从此整个滑坡基本上沿面滑动。特别是本区段内的岩石顺层滑坡,滑带薄至几厘米厚,面间的抗剪强度属外摩擦性质,一般滑动初期由于种种原因,速度较缓作等速运动、或时动时停、谓之微动,特别对前缘滑带是缓坡或反坡的更为如此,否则出口位于半坡的无抗滑地段,常自微动进入大滑动阶段。

多数滑坡因微动使滑体结构逐渐松弛,岩体上各组裂面都松开;导致地表水及各层裂隙水向滑带集中,特别在雨季中因滑带水排泄困难逐渐形成水压,滑面在水膜隔断的部分其抗剪强度近于零。因此滑坡逐渐产生加速运动,从此进入大动阶段。

滑坡在大动期或因移动排出大量滑带水而减小水压,或因前部脱离原滑床的地段增长而增加了阻力、或因前部平缓的抗滑部分增长阻力增大等原因,使滑动逐渐停止下来,滑坡就进入暂时稳定时期。在此期间,主滑区和牵引区的滑体仍在不断向下移动、互相挤紧与沉陷,滑带在受压下逐渐固结,所以称为固结阶段。一旦地表裂缝及各组裂面又挤紧,滑带的固结强度增大。此时滑坡就完全稳定了。

随后可因种种原因,在不利因素增加、稳定因素减小的情况下,滑坡又可能沿老滑带复活或局部复活。

4. 由于条件限制或滑动因素随时间变化,滑坡可由蠕动或挤压、微动阶段直接进入暂时稳定时期,并不一定必须经历如上述的全过程。也有因前缘出口高悬于半坡之上的滑坡,滑体滑出滑床后的部分即崩落堆积于坡脚,直到堆积体高达出口以上能支撑住滑体时为止,这种现象也是常见的。

(二)岩石顺层滑坡的滑动性质

除上述一般岩石顺层滑坡的滑动机理外,各个滑坡由于本身特点的不同,在滑动性质方面也有显著差别。

1. 如大海哨Ⅱ号滑坡。其滑带系薄层状软、硬岩石互层中的软层,由层间错碎带转化形成(经磨片鉴定和矿物分析实验已证明)。其特点:

①滑带仅厚1~2 cm,上为风化较软、呈青灰色的泥灰岩(或钙质页岩),下卧坚硬的灰岩。受构造作用错碎带的上、下层都具有与走向一致的小褶皱,起伏高差约3 cm。因此在滑动中软泥多被挤至凹槽中,不少部分与上、下硬岩石直接接触。滑动时属外摩擦现象。

②也因构造关系,岩石顺倾向具有舒缓的波状起伏;在滑体上每隔一定距离就有一条大致平行走向的、近于直立的张裂隙直达滑带,在暴雨或大雨中常因排泄不及而产生水柱压力。

③滑床倾斜(包括阶步)为13°时,滑带在浸水条件下所做的原位大剪试验资料表明其抗剪强度接近于此值。

由于它有上述三种特点,每年雨季中在大雨时都有微量移动,并且在滑动中于出口处排出带有压头的滑带水;一旦出水,滑动即减缓而停止。此反映了这类岩石顺层滑坡的滑动性质为时滑时停。由于滑面中多数是上、下两坚硬岩石直接接触,经试验证明这一外摩擦系数并不随滑坡次数与距离大小有明显的降低。滑动是因滑带水具承压的作用。试验一旦出口排泄出一些滑带水,减小了水压滑动就停止。

若这类滑坡的滑床倾角较大时,如小车庄的滑坡倾角大于20°,滑动时下滑力增加较快、较大,一般滑速较快,无时滑时停的现象。

2. 滑带在层厚巨大的硬岩之下是巨厚软岩中已风化的软层顶面,由于层厚巨大,一般在层间错动时不致产生褶曲。所以滑床平整、延展较远,且滑带土多半细腻。在滑动中强度的衰减明显。当无前缘支撑时,滑动速度能逐渐增大,一般易于快速滑动。一些大型高速的滑坡即属此结构类型。

3. 如面店桥路堑滑坡,滑床为巨厚的软岩;滑带是其顶面的层间错碎带;滑体是由中、厚层状的脆性岩石组成,但总厚度不大。由于构造作用,该脆性岩石具有平行岩层走向的长轴褶曲为其特点。在脆性岩石的小背斜轴部张性裂隙发育。这一带垂直于岩层走向的短轴褶曲也发育。这长、短轴组成的洼地为滑坡分块提供了基础,所以它是多级多块滑坡。从外貌上(后经勘探证实)看,老滑坡滑动时先产生后级滑坡,然后发生前级滑动。1958 年因切割了滑坡的前部而引起老滑坡的复活,是由前向后逐级牵引的,先是缓慢的;由于分级处的滑床沟通后的滑带水集中而贯通,对泥质组成的滑带易于软化,并具水压而含有较大的能量,所以在 1960 年 6 月连续大雨后转化为第 2 类型作整体、高速一次性的滑动,在 10 min 内滑距达 36 m,堵死整个路堑,并将各个分级间的裂缝全部挤紧。此例说明了在不同时期滑动性质是随条件的变化而变化的。

4. 薄层状软岩组成的岩体,在层间错动时可形成一系列平行于岩层走向的小断裂。如小车庄Ⅳ号及Ⅴ号滑坡。岩层倾角大于 20°,断裂的岩体常形成多级滑坡。这些断裂常成为其后壁(图 21)。此类软岩由于层间连接较弱,故层间错动面分布较密,几乎每隔 2~3 m 既有一层。所以在开挖路堑后,也易于产生多层性滑坡。这类滑坡因整体性小、滑体薄,故滑动时速中等。

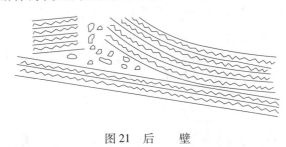

图 21　后　壁

四、岩石顺层滑坡的防治措施

岩石顺层滑坡的防治措施必须针对该类滑坡的特点才能根除病害,做到经济、合理、便于施工。根据本区段条件,一般以在滑坡前部修建钢筋混凝土抗滑桩为有效。

(一)在滑坡前缘做刚性抗滑建筑物对岩石顺层滑坡的作用显著。

1. 岩石顺层滑坡的滑体一般是岩质的。特别是完整岩体刚性大、非松散体,不易横向分块,也不易自原滑带上翘,故特别适宜采用横排不连续的刚性抗滑建筑物。如在现行滑带以上无可能滑动的软层,该抗滑建筑物的高度一般较低;经过计算不致因滑坡受阻产生滑面上翘翻越即行。如大海哨Ⅱ号滑坡所做抗滑支墩以抗剪为主,正在产生作用中。同样对大海哨Ⅰ滑坡以钢筋混凝土抗滑桩为主承受滑坡推力。其余桩间薄挡墙及支顶护墙等则按局部坍塌外力设计的。竣工以来达到预期的效果。

2. 对多层滑坡,为避免抗滑建筑物过高产生过大弯矩,对大海哨 I_a 及 I_b 滑坡的两层滑带已分别在其前缘各修筑一排钢筋混凝土抗滑桩,分别支挡。经济合理、作用显著。

3. 对多级滑坡,在前级滑坡的前缘做一些坚强的刚性抗滑建筑物承受全滑坡的推力,无疑是安全的。如后级滑坡对前级滑体的推力较大时,经过经济技术比较,分而治之,可在后级滑坡的前缘增加一排支挡工程。如对恢复原线整治面店桥路堑滑坡的方案中曾提到它;不过由于 16 号一线(后级滑坡的前缘)深部滑床已达 9 m,在后级滑坡沿该深滑带已经滑动的条件下,又必须考虑深层滑动的推力。估计这分而治之的方案将不经济而被否定。这反映出一个问题,必须弄清后级滑坡对前级滑体的推力大小、与作用点可能的变化、是否需要考虑深层滑动等,然后才能恰如其分的设置工程。

(二)对有丰富滑带水的岩石顺层滑坡,必须在查清补给来源、方式和部位的情况下,尽可能做截断地下水的工程;对前缘出口地下水丰富的,可在前部疏干。一般截排地表水的工程是必不可少的。

1. 岩石顺层滑坡的岩体常具多组、陡立的构造裂面。特别在滑动后多已张开,使地表水可直接渗至滑带。所以为防止表水流至滑坡范围、沿滑体上方做隔渗截水沟,对任一滑坡几乎没有例外,都需尽早砌置。同样为防止暴雨和大雨时沿裂缝灌水,对所有滑体表面的裂缝都应随时加以堵塞处理,裂了再堵。

2. 当查明滑带水是由大量的、成层的地下水补给时,在滑坡上方来水方向采用盲沟或盲洞横截流来的水,也可在滑坡的中前部地下水潴集处用斜孔或盲洞疏干;不过两者都必须资料正确可靠,否则要在滑坡出口一带打钻孔以降低水头压,也是有利的。这些截排地下水的工程作用并不一样,对滑坡前缘的推力影响也不同,不能只从施工方便出发,强调斜孔排水合理,应从各项工程的综合比较确定取舍。

本区段内所接触的几个滑坡群、区,有的因滑带水的补给来源中是以滑体上直接渗入为主,故未考虑截断滑带水的工程;有的如大海哨为断层供水无法截断,故整治时考虑任其补给的方案。

同样,对滑带薄又无流动地下水的滑坡,不做截排地下水工程。

(三)清除滑体和锚固滑体的场合。

1. 在单面山地段,如岩层倾向陡于自然山坡时所产生的岩石顺层滑坡,常沿错碎带一坡到顶;在这种场合可沿滑带将滑体全部清除,否则以固定前部滑体以支挡后部为原则,以避免产生更大范围的滑动。

2. 对组成滑体的岩石是完整性强的硬岩,特别在前缘附近是这样的;可在滑坡前缘打钻孔,做几排锚杆或预应力锚杆与滑床连接起来似抗滑挡墙的作用。例如整治小车庄Ⅳ号滑坡就有如此的可能,不过该滑坡在山坡上有四个出口,最上一级方量不大可以清光,其余三级在每级出口一线做几横排锚杆串连的方案。

(四)其他(根据具体条件分别采用不同的整治对策)。

1. 对个别由于拉槽而滑动的滑坡,如目前的面店桥路堑滑坡。滑下后已将堑槽顶死,无大滑动的可能,故在条件许可时可改线避开。如恢复原线除沿路堑内侧修抗滑桩方案外,也可以考虑抗滑明洞方案,将滑坡推力经明洞传至外侧岩体。也可设计成内边墙全部承担滑坡推力,而明洞顶承受坍塌体的抗滑明洞的方案,两方案进行比较。虽说在此工点因不经济,抗滑明洞的方案将被淘汰,但在其他场合如滑体较厚时,也可选用。

2. 对多层滑坡,如用支挡虽可将下层滑坡挡住,但难于避免上层滑坡滑动的条件下,在上层滑坡无法分层支挡时,或由于岩质松散需同时防止在高坡上岩体坍塌的危害。曾在其他铁路上采用了抗滑明洞即抗住了下层的滑动,又防止了洞顶以上的危害可供参考。

3. 对于本区段内由岩屑、岩末和岩粉为主的错碎带或糜棱带转化为滑带的岩石顺层滑坡(沿滑带具渗水条件者),可否采用灌注化学浆液加固滑带来防止滑动。目前处于试验研究阶段,也并非无此可能。

五、岩石顺层滑坡的地质条件对抗滑设计的要求

本区段内岩石顺层滑坡由于滑体不厚,一般在前部修建刚性抗滑建筑物是有效的防治措施。如前部的滑床是硬岩,修抗滑墙、墩和支墙等重力式建筑物都比较安全,因滑面不可能向下发展。但实际上本区段多数滑床为泥质岩石和泥灰岩等软岩,或薄层状的软、硬岩互层。由于其水稳性差、或因揉皱强度特差。在滑坡受阻后滑带易于向下发展。因此一般重力式建筑物易因埋基过浅而造成工程失事。所以在刚性抗滑建筑物中,针对这种滑床为软岩的以采用抗滑桩为有效措施。

(一)从地质条件上分析,在滑床为软岩地段采用抗滑桩的优点

1. 如大海哨滑坡群,滑床是薄层状的泥灰岩及灰岩互层,由于层间连接强度弱,若修重力式挡墙终究可因埋基不深(否则工程大不经济),墙在受力后虽不一定沿墙基滑动,但往往可沿墙下薄层岩石的层间拉开,再自墙前已有的、不发育的一组反坡隐裂面,如被动土压破坏性质一样而破坏。这一组反坡裂面在Ⅰ。滑坡及Ⅱ号滑坡的前缘滑床附近都已找到,其产状与滑带平行,但反倾向南20°~30°。因桩的抗滑部分埋基较深可避免这一由于认识不到或调查不清之弊,而修抗滑桩。

2. 当滑坡在微动阶段,如大海哨Ⅰ。滑坡,若用抗滑挡墙可因挖墙基将对滑坡前缘的支撑体做大量的破坏,难免会促进滑坡转化至大动阶段。不但工程不能顺利建成反而可能产生灾害事故。现修的抗滑桩破坏抗滑体少,且可采取两侧先支撑后开挖桩基的办法。事实证明虽工程经过雨季还是能保证安全顺利建成。

3. 采用抗滑桩方案,在施工中可进一步了解滑床以下深部的地基条件,并可验证地质资料的可靠程度。它可及时发现问题,有时间变更桩长与布筋设计,使设计更切合地质要求,墙则无此优点。

(二)滑床地质条件对抗滑桩设计的要求

桩埋于滑床中的深浅,分别受控于滑床顶部及桩底部的桩前、后岩石的侧向承载力。它包括:①桩前岩体至临空面或地面的抗剪断能力;②桩前岩体至临空面或地表沿已有的反倾裂面的抗滑能力;③桩前岩体的

被动抗力;④桩前岩体沿层面至临空面的剩余抗滑力;⑤桩前岩体沿任一软弱面至临空面或地表的剩余抗滑力等。也包括桩前岩体的非弹性变形和岩石的破坏,以及自桩底以下岩石的破坏。具体要求:

1. 对核算桩所用的公式,要求按桩周的地质状态区别对待。如滑床中桩前岩体内的裂隙张开,处于松弛状态,在桩的推力作用下它将先压紧各裂隙,不可能产生弹性固结就达到破坏阶段;所以只能按桩前岩体的抗破坏能力,用极限平衡状态的公式求算围岩对桩的抗力。

2. 滑床若为柔性较完整的岩石。

如泥岩在受力后常有一显著的塑性变形阶段,而后破坏;因此对滑面以下一定深度内的岩石应允许它承受一些大于弹性变形的应力(事实上在类似条件的地段,桩埋入滑床内大于 6 m 者,我们曾采用比值不大于 2 m),桩受力后虽变形,但还可以正常工作。

滑床为半岩质岩层时刚度小,对于钢筋混凝土抗滑桩而言因埋基浅,属短桩类型。特别是抗滑桩是在以桩排抗滑,桩间的净距一般为桩宽的 2~3 倍,故桩相对于围岩而言为刚性,应按刚性桩公式计算。

由层厚巨大的、完整泥岩等软岩组成的滑床,是在高压下成岩的岩石,可视作均质体,故在桩长范围之内的侧向弹性抗力系数 K 为常数,才切合地质条件。

3. 如大海哨滑坡的滑床系由薄层状的泥灰岩与灰岩互层组成,位于泥灰岩与灰岩处的侧向弹性抗力系数不一样。特别作为滑床顶面的桩前地表为泥灰岩者,需用浆砌片石或混凝土砌护一层,以防止暴露于大自然后的风化对强度的影响。在此条件下地表 2 m 以内作为滑床顶层的侧向弹性抗力系数应取小值,再下则用常数 K。

根据构造应力场的配套分析并在实际中找到,在大海哨 I_a 和 II 号滑坡的前缘、滑床顶部一带既有走向大致与滑床平行的一组反倾 20°~30°的压性裂面,故需对实际的桩前每米弹性固结抗力进行检查,使之不大于沿此反倾裂面产生的剩余抗滑力。

六、后　语

1. 三年多在此项研究工作中大家取得了一些有关岩石顺层滑坡方面的规律。本报告不可能全部反映出来。如果未将主要的遗弃,也就算达到执笔人的目的。

2. 展望未来,能从此次大量的地质资料中进一步整理分析出一些数据,可说明各个滑坡的滑带强度与构造应力场中各组配套裂面间的关系并提供生产应用,将对防治滑坡工作有裨益。

注:此文是徐邦栋,潘恒涛,胡厚田,李文彬作于 1980 年 10 月油印稿整理。

岩石顺层滑坡的性质与防治

岩石顺层滑坡系指主滑带与岩层的产状基本一致，滑动后滑体的结构仍保持较完整状态的滑坡。

一、岩石顺层滑坡的类型及滑动机理

（一）实践中遇到的四种类型

1. 组成山体的岩石，特别在滑带处为薄的软（柔性）、硬（脆性）岩互层，滑带往往产生在这些渗水的薄互层或其中泥（或页）岩的一层，常产生多层性滑坡。

2. 组成山体的岩石为层厚巨大的硬、软两类岩石相间结构，滑带产生于两者的接触带，常形成多级性滑坡。

3. 滑体及滑床的岩石均为层厚较大的脆性岩石，其间有软弱夹层，主滑带即沿此夹层发育生成，常产生多层性滑坡。

4. 滑体为层厚较大的脆性岩石，滑床为层厚更大的柔性岩石，滑带则产生在两者之间层厚较小的具揉皱错断的软硬岩石互层之内，产生多级性滑坡。

（二）一般岩石顺层滑坡的滑动机理

能滑动的岩体，一般在各个方面都有裂面与山体分开，或仅有部分未断开但早已蕴藏了断开的趋势，这与母体脱离的岩体只有在自重为主的作用下能产生下滑力时才能沿层间某一软层形成滑坡。一般滑动机理为：

1. 由于种种原因，当作用于滑体底部某层软弱带上的应力不断增大，或该带的强度不断衰减致使应力大于强度时，该带即在四周封闭的状态下发生变形，并逐渐扩展形成主滑带。它可以从软弱带的任一部分开始向四周发展，随外因而异。一般由于前缘被切割，产生自坡面向坡体内的应力松弛，近坡面一带的岩体因松弛而导致水的渗入并集中至底部软弱带，此时，主滑带是由前部向后逐渐生成；也有由于在滑坡的中后部加载迫使软弱带由后向前逐次变形的；也有当滑带水自软弱带某一部位受补给时，滑带即从该处最先形成逐渐向前、向下发展。这一自行蠕动变形的范围，称为主滑段。变形仅限于主滑范围时，滑动处于酝酿期的蠕动阶段。

2. 由于主滑地段的向下、向前移动，有立即顺软弱层发展到斜坡出口者，也有先使主滑带以上的岩体产生张拉破坏尔后挤出前缘出口的。在岩体后部产生类似主动土压的破裂面组由地表直达滑床者，常依附于邻近岩体中已有的、陡倾向临空的一组构造裂面出现，或依附于两组呈锯齿状交叉、总走向横截滑动方向的裂面生成。从后缘裂面至主滑带的后部，这一范围属牵引段。在滑体后部的岩石未因主滑带移动而断开前，牵引段的岩石并无推力作用于主滑体，断开后，裂面间从结合力转化为外摩擦，也因地面水及岩层中裂隙水沿此裂开面汇集，或由于暴雨中雨水排泄不及而产生的水静压等才产生推力作用于主滑体。

同时，主滑体因应力不断增大和受补给滑带水的种种作用，使滑带强度不断降低而扩大范围。在主滑体产生巨大推力下不断挤压本来稳定的前部，使之脱离主滑体所依附的软弱带向地表产生新的滑带。这本来稳定的前部为抗滑段。该新生滑带是在推力作用下，由后向前变形，随之进水逐渐形成的。在前部滑带未完全贯通至出口以前，滑动处于挤压阶段。

3. 一旦前缘滑带出口形成，整个滑带就贯通，滑坡即进入滑动阶段。滑动初期的速度一般较缓慢，作等速运动或时动时停，谓之微动。也有因整体移动，使滑带土强度因移动而衰减，或因移动使滑体结构松弛而导致岩体中各层地下水向滑带集中而产生浮力等不利因素，使滑坡产生加速大动的。滑坡由于大动或移动中排出了大量滑带水、或滑体移动一定距离后使脱离原滑床的范围加大而增大了阻力等，使滑动逐步稳定下来。之后可由于种种原因，在不利因素增加和稳定因素减小下，滑坡又沿主滑带复活。

4. 由于条件的限制或滑动因素随时间的变化,滑坡可由蠕动、挤压或滑动阶段直接进入暂时稳定阶段,并不一定经过上述全过程。也有前缘出口高悬于半坡之上,滑体滑出滑床后即崩落至坡脚而无抗滑地段者。

二、岩石顺层滑坡与地层岩性及地质构造间的关系

岩层中岩性不良的一层往往就是岩石顺层滑坡滑带产生处。在同一岩性条件下,沿构造破坏的一层更易滑动。以下以贵昆铁路大海哨等滑坡为例说明其规律。

(一)主滑带沿岩性不良的一层生成

大海哨车站一带为志留系马龙群浅海相地层,在厚约60 m的地层中,曾产生Ⅰ、Ⅱ、Ⅲ号滑坡(图1),其中Ⅰ号滑坡又分为I_a、I_b、I_c三块。各块滑坡的主滑带基本上都由薄层泥灰岩(或钙质页岩,以下同)与多种灰岩的互层中页岩这一相对软弱夹层发育生成。其厚度虽仅2～10 cm,但在当地岩层倾向临空面倾角为12°～15°时就能产生滑动,产生滑带处有以下特点:

1. 薄层泥灰岩比厚层者及各种灰岩的强度低,在同一倾斜度下易沿薄层泥灰岩滑动。
2. 新鲜的泥灰岩呈灰与青灰色,比风化破碎呈黄及褐黄色的强度大,易沿风化破碎的一层滑动。
3. 在风化破碎的各薄泥灰岩中,由于受构造错动及长期地下水活动的不同,风化破碎的程度有异,强度也有差别。以鳞片状岩屑、角砾、岩末及岩粉组成者强度最大,基本不滑。如岩土似黏砂土状者,虽渗水,因强度大(原位大剪得$c = 0.7 \times 10^{-2}$ MPa 及 $\varphi = 19°$),倾角小于14°时不发生滑动。如为岩粉似砂黏土状者(如I_a号滑坡),水量大,在滑床倾角为12°～13°时,其强度小(浸水原位大剪得$c = 1.4 \times 10^{-2}$ MPa 及 $\varphi = 10°30'$),故在雨季中滑动;Ⅱ号滑坡滑床为13°,而滑带土$c = 1.1 \times 10^{-2}$ MPa 及 $\varphi = 13°$,必需在水压大时才滑动。已风化成黏土者如Ⅲ号老滑坡,其强度最小,早就滑动,被掩埋的草木已炭化,在1978年春仍见老滑带的顶面潮湿有水活动,并在顶面薄敷一层灰色岩粉,反映它并未完全死去。

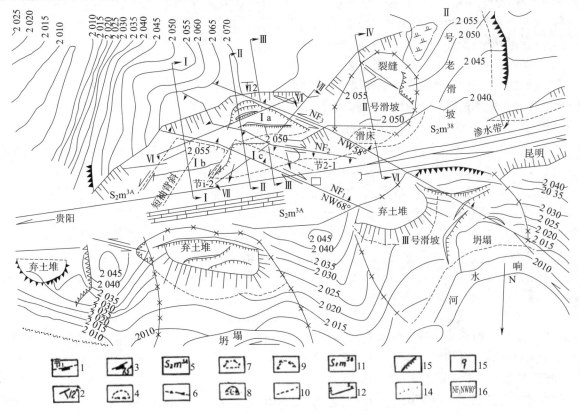

图1 大海哨滑坡群平面示意图

1—节理编号及产状;2—岩层产状;3—节理产状;4—具有滑动条件的地段;5—中志留系马龙统第三层中部;
6—软弱层;7—Ⅱ、Ⅲ号滑坡界限;8—Ⅰ号滑坡分块;9—不良地段;10—软弱层渗水带;
11—中志留系马龙统第三层上部;12—断面编号;13—滑坡裂缝;14—岩层分界线;15—泉水露头;16—正断层编号及产状

(二)断层发育破坏了岩体的完整性,如断层供水更易产生滑坡

大海哨车站南坡,493.1 km自然沟以东的东段滑坡成群而西段极少,是因东段有F_1、F_2、F_3三条北西西向的主断层斜截了山坡,分割了岩体,且断层有供水现象。

1. F_3断层属先压扭后张拉性质,它倾向南西。由于它基本属压扭性,使南西侧来水受阻,再沿断层走向流动,故在断层以西自然沟中早就产生了Ⅲ号老滑坡,近期又在沟东岸产生了Ⅱ号滑坡。Ⅱ号滑坡滑动中出口不断排出滑带水即是证据。

2. 同样由于F_2属张性断层(倾向北东),F_1为先压扭后张拉断层(倾向南西),两者相对构成地堑而汇水,这集水廊道对产生滑坡I_a及I_c有密切关联。

(三)顺层滑坡几乎都是沿层间错动带滑动的,特别是多次错动者及有顺坡向下错动过的,更易于滑动

按构造形迹及裂面性质调查分析,该区至少受过三期构造作用:(1)最早是由北向南的主压应力作用下产生东西向的长轴构造,奠定了现代山坡发育的雏形;(2)随后,受了云南山字形(在小江断裂范围之内)逆时针扭动的改造,使整个岩体旋转约10°;(3)后期在新华夏运动的作用下产生了北东20°~25°的短轴构造。这样山坡上的岩石在有些层间错动面上留下三组擦痕,即逆指(向山坡上方)南东5°~10°的老擦痕遭逆指南西20°~25°者所割切,最终贯通者为逆指南东65°~70°一组。各构造与滑动的关系:

1. 在493.5 km自然沟西岸上,见老滑床的残存面上(钙页岩)逆指正南仰角14°的早期擦痕,被后期逆指南东65°仰角5°者所割切。该滑床因有顺坡向下的阶步(增陡1°),总倾角为15°。因曾受两期构造作用,故上部岩体早就滑光了。

2. Ⅱ号滑坡的滑床上有两组擦痕及一组滑痕:早期者粗而显,逆指正南,仰角10°30′;后期的细而深,顺指(向坡下者)北西5°,俯角13°;而贯通的滑痕舒缓而浅,顺指北西2°,俯角13°。区分了三者关系,也就易于判断该错动带因受过往复错动使强度降低,故在滑带水量大时滑动。

3. 至于Ⅰ号滑坡的三块,在I_a的滑床上见错动擦痕为逆指南西5°,仰角12°,滑动带遭破坏严重,为岩粉似砂黏土状,且水量大,故活动性强;I_b则见逆指正南、仰角也是12°,但错动带为糜棱物,如岩末、岩粉,含水量小,故活动性小;I_c在出口所见为逆指南东10°,仰角12°,由于中部有顺坡阶步使俯角增陡,水量多,故易于滑动。

4. Ⅳ号堑坡中的软层,也同样是层间错动带,并渗水,所见擦痕浅而不显,逆指南东10°,仰角10°,它反映遭错动破坏的程度不严重,且由岩屑、岩末组成似黏砂土状,强度大,故不滑动。

(四)岩体构造裂面的分布控制滑坡的发展与变化,要针对其特点确定防治原则

滑坡I_a在堑坡平台面以上,该面为一错动带,也即滑带。其西侧及后缘为F_3断层所切割,故主滑带只能至F_3。由于F_3倾向山,如I_a滑走,后山也只可沿另一软层滑动。该滑坡的东侧被北北东向(先剪后压性质)平行的直立裂面分割,也止于F_3。如I_a滑动易于沿北北东一组裂面向东发展,因此防治这块滑坡,以在前缘支挡为主,不能轻易清除。现在滑坡出口处修筑了抗滑桩排,制止了滑动。

滑坡I_c(图1、图2)后缘及西侧为F_2断层断开,滑带以F_2为界。F_2属张性,倾向河,故后山对之无压力;但I_a滑坡位于后山高处,一旦I_a滑走,后山有坍塌之虞,则I_c抗滑桩的基础有变动可能。且I_c西侧及后缘为F_2所断不易发展,但东侧可沿北北东向裂面发展。故仍以在I_a的前缘做抗滑支挡工程为宜。现已在前缘做了抗滑桩排,防止了滑坡向东发展。

(五)形成滑带的软层及其上下岩石的特点决定了滑坡性质

滑坡滑动与滑带厚薄及平整程度有密切关系。即滑动面是发生在滑带中,还是在滑带上下的接触面上,或三者过渡都分别影响滑带强度的变化;滑动中滑带土强度的变化如巨大,则使推力变化也大,使滑动速度加快而影响滑动性质。

如大海哨Ⅱ号滑坡,滑带系由泥灰岩夹层生成,仅厚2 cm。成岩后先有东西向单斜长轴构造,后经新华夏北北东的构造,产生短轴褶皱,故在横截滑动方向上有波状起伏。其上、下为脆性岩石(灰岩),因此,滑动时往往将软泥挤入凹槽,使突出的岩脊几乎为滑体与滑床两硬岩直接接触。由于两者之间为硬岩属外摩擦现象,其抗剪强度不因滑动次数与移动距离有显著变化(野外试验已证实这一判断)。该滑坡的滑动只能与变化的外力和其物理现象有关,实际是受后缘裂隙的水柱压力及滑带水压的增减所控制。由于上、下均为硬

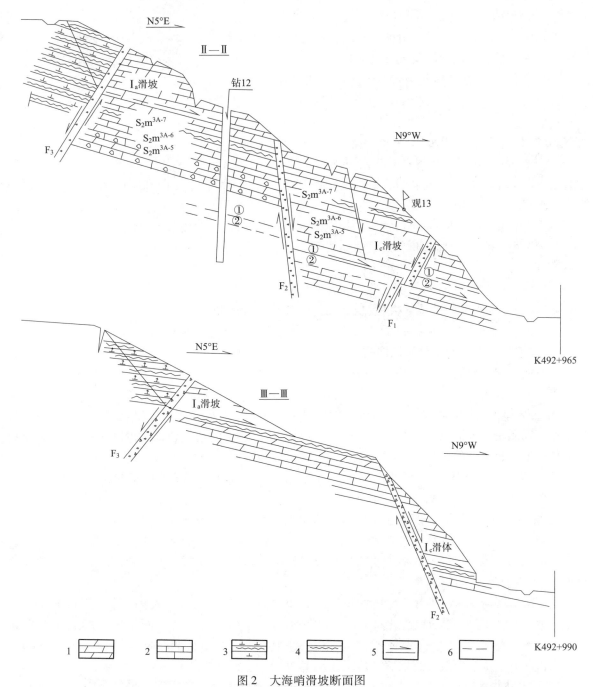

图 2 大海哨滑坡断面图

1—泥灰岩(钙质页岩);2—灰岩;3—结核灰岩与钙质页岩互层;4—褶皱灰岩;5—滑动带;6—软夹层

灰岩,其排水不畅,尤其在暴雨下因水压而产生浮力时对滑带强度的影响大。因在水浮力作用下,滑体与滑带或滑床被水膜隔断的部分其强度特别小。一旦滑动后,水道通畅,自滑坡前缘挤出一些承压水,静、动水压力减少,滑带土强度增大,滑动又停止了。这是滑带的特点决定滑动性质之一。

又如福建永加铁路 27 km 滑坡,为二叠系石英砂岩夹薄层泥岩沿下伏巨厚泥岩的顶面滑动。由于产状稳定,错动带平顺并延伸较远,所以滑带在滑动方向的延伸长。上部砂岩夹薄泥岩受短轴构造(轴向垂直山坡)作用,起伏较急,所以滑坡的横宽小于纵长。顺滑动方向,右边界止于短轴背斜脊;左侧因有一沿短轴轴向的正断层存在形成洼地,滑坡也以此为界。在滑体上岩石褶曲较重,因夹层泥岩薄而呈扁豆状、不连续,故其延伸短,只能产生向临空面的局部滑动与坍塌。这是地质条件决定了滑坡的性质和轮廓。

由于主滑带发生在受过层间错动的下伏泥岩的顶部,其破碎程度由顶面向下逐渐变轻,故滑动中滑带强度不突变,滑动的动态系逐渐变快。又因前缘滑带低于路面,属坡基滑坡类型,中前部有旋转的性质,故无突然滑走之弊,此为滑带特点决定滑动性质之二。

其他例如成昆铁路甘洛Ⅰ号老滑坡,滑体近630万 m^3,由侏罗系泥质砂、泥、页岩互层所组成,沿泥化夹层产生滑动。其滑带的特点为倾角大(31°~19°),泥化夹层厚(2~6 m),滑动中强度衰减快,故产生剧烈滑动,使滑体推出原滑床很远。这是滑带特点决定滑坡性质之三。

三、针对滑坡特点的防治对策

所遇到的四类岩石顺层滑坡,其共同特点:

(1)滑带倾向临空其倾角常与岩层产状一致。

(2)主滑带常是依附岩石中层间错动带或泥化夹层,不整合面,假整合面和顺坡断层以及含水的薄粉、细砂岩及泥页岩互层等生成。

(3)当临空面陡于层面时,每当切断或割切接近软层则易于产生滑动。

(4)一般沿滑带有地下水活动,有的具水压头等。

其不同点:

(1)有的为多层性滑坡,有的属多级性,也有两者兼之。

(2)多数滑体为完整的一块或数大块,也有前部具几块局部滑动者。

(3)其出口:有高悬于半坡中无抗滑地段者;有前缘滑面低于基面为坡基滑坡者;也有原基岩滑床的出口位于半坡,但坡外被大量堆积物所掩埋的。

由于滑坡的特点有异同,防治对策必须针对特点随具体情况而变。

(一)在前缘增加支撑力总是有效

1. 岩石顺层滑坡一般滑体较完整且刚度较大,在前缘宜采用刚性抗滑支撑建筑物,如混凝土抗滑挡墙,抗滑支墩和钢筋混凝土抗滑桩。只要高度不过于低矮,横排不连续的各个建筑物的间距适当,不至于因滑坡受阻产生翻越或绕过等现象,而使之经常有效。

2. 对多层性的滑坡,往往对每层滑带都需采用支挡工程,以制止每层滑坡的活动。只有在情况特殊时,才修筑一道抗滑建筑物同时支挡几层滑体。

3. 对多级性的滑坡,在前级滑坡的前缘做坚强的支挡,这一原则,无疑是安全的。问题在后级滑坡传给前级的推力至前级有多大?如传递力较大,可分而治之,在各级的前缘分别做支挡,但需经方案比选而定。一般两级滑坡的滑带如系沿同一软弱带生成,且后级滑坡的后缘裂缝已贯通并下错时,后级滑坡则有推力作用于前级;否则不至传递至前部。

(二)滑带地下水丰富者,要查清其补给来源、方式和部位,尽可能做截断或疏干导引水的工程

1. 岩石滑坡,常具多组陡的构造裂面,滑动后各种性质的陡裂面均因滑动而张开,易于截断地面水及裂隙水使之直接渗至滑带。对地面水应在滑体上方做防渗截水沟。为防止暴雨时沿主裂缝灌水产生水压,对后缘及中部被拉开的大裂缝及裂缝密集处应填土堵塞以减少危害。

2. 对查明有补给通道的成层地下水,如沿不整合面或顺坡断层带汇集来水时,常在其上方(横截来水方向)用盲沟或盲洞截断之;原则在中前部或地下水储集处用斜孔或盲洞疏干之。能在出口一带做疏干孔以降低其水压头也是有利的。

(三)清除滑体和锚固滑体的场合

1. 产生在单斜构造山坡上的顺层滑坡,常沿软弱带一坡到顶。这种场合,可沿软弱带将滑体全部清光直到坡顶,否则尽可能固定滑体,避免因开挖引起后部产生更大的滑动。

2. 对沿两硬岩中夹不厚的软夹层滑动者,因上、下岩石都较完整,可根据滑体被构造裂面分割的大小逐块采用锚杆固定于滑床中;也可在滑体的前部及中部用锚杆或桩将其锚固产生抗力以支挡中部及上部的推力。

(四)根据具体情况可应用的其他对策

对个别滑坡,在条件许可时,常对堑槽内切断软层的部分用当地岩块回填支顶,使之与另一侧联成一体而恢复支撑,制止滑动;据此原则,再调整铁路位置或标高。也可在建筑净空以外用刚性构筑物将滑体之力

传至另一侧岩体。特别对滑体刚度强、无坡面局部变形时,将滑体视作一整体来处理,往往生效。如太焦铁路红崖一带,因滑体过厚,虽将滑坡从下层滑带抗住,但难免上层滑坡的滑动或由于岩质松软而发生高坡坍塌,故采用了抗滑明洞,既支顶住深层滑动,也防止了洞顶以上的危害。对依附于由岩屑、岩末和岩粉为主的破碎带或糜棱带生成的顺层岩石滑坡,如具渗水条件者,可否采用灌注砂浆或其他化学浆液等新措施加固滑坡(或使滑带强度增大、水稳性强,或因之截断滑带水来防治滑坡),目前尚处于试验和研究阶段。

四、岩石顺层滑坡的地质条件对抗滑桩设计的要求

由于岩石顺层滑坡滑床之地质条件和结构不一样,因而对前缘抗滑工程的要求不同。一般滑床常是由软岩或薄、中层软、硬岩互层组成,它水稳性差,或因揉皱,在一些部位的强度特别差。在倾向临空有薄层时,往往因抗滑工程埋基于滑床中过浅,由于基底以下变形而造成抗滑工程失事者较多,值得注意。故滑床为柔性软岩或中、薄层的软、硬岩互层时,修抗滑桩比重力式抗滑挡墙或支墙为妥。

地质条件对抗滑桩的要求:

桩埋于滑床中的深度,受滑床顶部的桩前岩石及桩底部的桩后岩石的侧向承载能力所控制。该侧向承载能力包括允许的抗力、桩前岩体的抗剪断力,沿反倾向裂面至地表间滑动的被动抗力、沿层面至临空面的剩余抗滑力和沿任一软弱面至临空面之间的剩余抗滑力等。也包括桩前岩体的非弹性变形和岩石的破坏,以及由桩底以下岩层的破坏。

1. 核算桩所用的公式,首先视桩周围岩的状态而定。如某水库Ⅱ号滑坡,接近下方的Ⅰ号滑坡之后缘,为寒武系 ϵ_2^{1-5} 纸状页岩,因为构造作用而揉皱严重,张裂隙发育,处于松弛状态。该处岩体距临空面仅10 m左右,一旦受桩传来的推力作用,岩体将先压紧各张裂面,能承受的压力不大,不可能达到固结状态就将破坏,所以只能按桩前岩体的抗破坏能力用极限平衡状态的公式求算围岩对桩的抗力。为了投资经济易于建成,特别是安全起见已改变了桩的结构形式,在桩上部增加了斜锚杆使桩变成类似简支梁结构,桩埋入滑床一段则用允许的被动抗力控制。这样才切合当地地质的要求。

2. 滑床如为柔性完整的岩石,受力后有塑性变形阶段而不致立即破坏时,对滑面以下一定深度内应允许承受一些大于弹性变形的应力。如前述永加铁路27 km滑坡滑床属半岩质岩层的泥岩,刚度小,对于钢筋混凝土大截面抗滑桩而言(埋深要求浅属短柱类型),桩间净距仅2倍于桩宽,故桩相对为刚性而应采用刚性桩公式计算。又因泥岩巨厚而较完整,系在高压下成岩,在桩长范围内属基本均质体,故其侧向弹性抗力系数应为常数,才切合地质条件。

3. 大海哨滑坡的滑床为薄泥灰岩与灰岩互层,各处侧向弹性抗力系数并不一样,灰岩较大,泥灰岩则小。泥灰岩易于风化,因此对桩周地面需用混凝土或浆砌片石砌护一层以防止风化影响。在此条件下,对桩公式中侧向弹性抗力系数,在滑面下1~2 m以内应取小值,以下用常数。也因属半岩质岩层性质,桩相应为刚性而应按刚性桩理论计算。在检算桩前允许抗力时,由于 I_c 及Ⅱ滑坡有反倾20°~30°的压性裂面,须按此反倾面计算滑面以下每米的允许被动抗力,它为滑床中每米固结抗力的极限。这些就是地质条件对桩计算的要求。

注:此文发表于1982年《滑坡文集》第三集。

特殊条件下滑坡的治理
（治理成昆线上几个滑坡的实践）

成昆线是继我国宝天、宝成、鹰厦等线之后的又一大山区铁路干线。由于在此之前,已积累了不少有关滑坡防治的经验与方法,吸取了必要的教训,因而在该线的勘测中和施工初期,就曾绕避了大量滑坡,并对明显可能引起滑动的不良地质地段给予了足够的重视,故在施工中出现的滑坡不算太多。

然而,由于种种原因,在施工中期也曾出现了一些复杂、巨大而又严重危害铁路安全的滑坡,如会仙桥、甘洛、顺河、阿底等。当时组织了由设计、施工、科研等单位参加的战斗组,突击攻关,由于采用了有效办法,整治及时,终于治住了滑坡,保证了顺利铺轨和运营安全。

本文举例介绍在特殊条件下整治滑坡的办法,着重介绍如何弄清滑坡情况,对症下药,采用措施加以整治的经验;同时也涉及滑坡整治中一些有关技术的研究等。

一、滑坡的特殊条件

1966年8至12月,我们曾在成昆线施工现场,先后研究和整治了会仙桥、甘洛、白石岩、顺河、沙北等滑坡。当时成昆北段施工正处于紧张阶段,要求在年底自成都通车至甘洛车站,情况和条件均较特殊,概括有如下几点:

1. 这些滑坡多半是事先未能料到,经施工开挖山脚后而突如其来的病害。既缺乏思想和物资准备,更缺乏必要的地质资料,但却要求立即处理,否则就会影响到全线修建计划的实现。因此,如按正常程序工作,即先勘测设计,然后按文件施工,在时间上就不可能,也是不允许这样办的。

2. 这类滑坡常常在地貌形态上不显明,其中有些滑坡大而复杂,对其性质和病因一时不易弄清,但它又往往处于恶化阶段,从病情及其危害看,需要立即处理,不允许稍有拖延。因此,逼迫我们只能在定性方面掌握了足够依据之后就进行处理。如会仙桥、甘洛2号、白石岩和顺河滑坡等都带有一定的抢险性质。

3. 有的滑坡,如会仙桥滑坡的两端有桥隧建筑物,往往正在施工或已建成,它既无便线条件,在线路上又无较大变动的可能;如改线绕避,或无条件,或大大延误全线工期,只能被迫就地整治。

上述特殊条件,并非每一滑坡都全具备,其重点亦非一律。如能摸清其特点,具体情况具体处理,实践证明还是能解决问题的。而且所有这些在施工中出现的大滑坡都有一共同点,即都有变形迹象,它是说明滑坡性质、病情与发展的宝贵资料,从中可分析研究出对策。我们即是从研究变形迹象入手去了解滑坡和治理滑坡的。这套工作方法,我们称之为"工程地质比拟法",它目前已基本上能定出山坡病害性质、病因、当前的稳定程度和今后的发展趋势,并且还可为滑坡整治工程的设计大体上找到一些必要的数据。我们认为这是个颇有前途,值得今后深入研究的方法。

以下举例说明如何在这些特殊条件下进行整治滑坡的研究分析。

二、对会仙桥山坡病害的治理经验

（一）会仙桥山坡病害位于百家岭长隧道之北口,一山间河谷(轸溪沟)的深切地段。该处谷深百余米,两岸不对称。左(西)岸由三叠系中统(T_2)深灰色中层的完整灰岩组成,岩层面平缓倾向山里,其岸壁直立,高约百米,几乎一坡到顶。而右(东)岸则大致由两段斜坡组成,下部缓坡沿沟岸呈垅状向河凸凹,高出沟底约60 m,平均坡度30°~40°,表层为灰绿色页岩夹泥灰岩的堆积土及灰岩块,下伏为泥灰岩与薄层页岩互层(T_2^1);上部40多米至山顶,外露 T_2^2 灰岩呈破碎再胶结状,岩层与对岸相反也倾向山里,其坡面陡达50°~60°。右岸山顶为一宽广平台,已辟为水田;其顶层系致密的棕黄色黏土及砂黏土层,并有池塘分布。滑坡就产生在沟右(东)岸整个斜坡上。

对于右岸缓山坡,在勘测中虽已觉察到地质不良,但未认识其蕴藏隐患如此严重。总以为如不削弱原山坡的稳定性,铁路还是可以安全通过的;因而布置线路中心的最大挖深仅1 m,并以上下挡墙加固处理。但1966年施工后,在7月份经过几场大雨,山坡发生了严重变形。当时离沟底近百米高的山坡上产生顺山坡的贯通裂缝,长300余米;它与南端冲沟中向河倾斜(50°~60°)、发生在灰岩中的大裂隙相衔接,而该块岩体已下错达1 m左右;沿铁路线约300余米的路基中,由南向北的下挡墙、上挡墙及会仙桥的9号台、8号墩等均发生移动与破坏。在我们8月中旬到现场后,各项变形仍在继续发展,并检查到在山坡上的便道的石质堑坡上已产生了X形的裂缝,且在不断扩大中,并有坍石等现象;在便道与上挡墙间、上陡下缓两段斜坡的交线之下,有水泉、湿地出现,呈带状分布,且在逐渐增大中;特别是路面以下突入河中的堆积体,于河底部分已产生了微微隆起现象。这些迹象突出地反映了山坡处于危险状态,近百万方的岩体能否在近期内滑下,成为关键问题。当地北为过轸溪的会仙4号大桥,南为长2 km多的百家岭隧道,均已建成,等待铺轨。如一旦滑下,处此山间深谷,无任何便线条件。从当时情况看,主要矛盾在如何稳住滑坡,保证能顺利铺轨,并达到材料车可经常安全通过,其次是为保证运营期的安全畅通,应采用何方案,是就地整治,还是改线绕避。在当地河窄及滑床低的实际情况下,如改线绕避只能走对岸穿长隧道。这样做将推迟成昆全线修建工期达一年之久。在这样特殊条件下对滑坡之研究,必需迅速而准确,一般正常办法自无法适用。

(二)我们从地质条件及滑坡形态上细致地调查了当地一切能看到的迹象,从中推断其实质,然后用少数钻孔与坑探在关键部位予以证实,即可当机立断下结语,按抢险办法进行处理。与此同时也按正常要求收集必要资料,并要求它在工程接近尾声能完成,以便与前结语进行核对,如有出入再作补救。

所下结语,(1)必需保证在病害性质上判认正确,对病害发展的推断要准确,特别是对大坍方的时机与分块及其危害不能失算,否则后果严重;(2)针对病情所采取的措施要能立即生效,对施工方法要有约束,可保证各项整治建筑物能够做成;(3)当按正常办法所收集的核对资料完成后,在不变更原设计方案的基础上仅对已完工程作局部增添,而这些补救的办法也是事先料到和能够实施的。

在下结语之前应完成的工作,包括取得设计所需的数据,即我们命名为"工程地质比拟办法"的具体内容,对会仙桥滑坡而言,说明如下。

第一点,首先在于确定它是何种性质的山坡病害、病因、当前的稳定程度和今后发展趋势(图1)。

1. 轸溪沟在此处位于轴向北北东背斜的东翼。从沟两岸不对称看,当地河沟是沿走向北北东正断层发育生成的。其右岸(东岸)岩层较老,属下盘,并量得有两组陡倾角、倾向河的构造裂面,一为北北东属张性;一为北东东为扭性。因此在量得山坡上后缘的贯通裂缝呈齿状交叉也是由走向北北东与北东东两组组成时,可以肯定它是依附于岩体中已有的两组裂面生成。非但裂缝倾角陡,且附近有平行的老错壁,反映了这一山坡病害是老病害的复活,岩体变形与整个谷坡演变有一定的联系。

2. 从上而下,除后缘有几条明显的贯通裂缝外,无其他迹象,直至路面附近始见各种建筑物有向河倾斜的变形,在岸边河底才见到炭质岩土有微微上隆现象,找到了变形出口。它证实了此病害非表层移动而是巨大岩体的活动。

3. 顺山坡由南而北,首先在南冲沟中见到后缘侧面的错缝,为沿灰岩中一组向河倾、近60°的构造裂面所形成的老错壁,并已下错,将岩体分为两部分。该陡缝已裂开者达数十米高,构成本病害南侧界面。按齿状裂缝的趋势及山包凹凸的外形看,从横方向可划分病体至少为三大块:

其南端一块十分明显,两侧的侧界裂缝已向下延伸至便道以下,十分危殆。特别在便道处的石质堑坡上不断新生X形交叉裂缝,并依之产生坍石现象,此反映为前缘部位的受力变形迹象。而在陡坡变缓以下,上挡墙以上,湿地逐日增多,它反映了新滑面出口已大体形成,处于微动阶段,故判断其稳定系数略小于1。如有大雨,随时有下滑之虞。

中部一块,其主轴部位(地质断面Ⅱ-Ⅱ附近)为山坡突出处。从整个变形迹象看,近百米高的山坡上的变形系张性下错性质;直至河底整个山坡受挤,处于压密状态;河底上隆为滑动象征。这些,综合反映了变形体主要为错落性质;但又因错体前缘落在河滩的一段,其基底松软,里外受力不均,故基底有微微内倾变形,一旦基底土被挤出,即转化为大滑坡。所以说它是处于向滑坡转化中,而判断其稳定程度稍大于1。从路堑

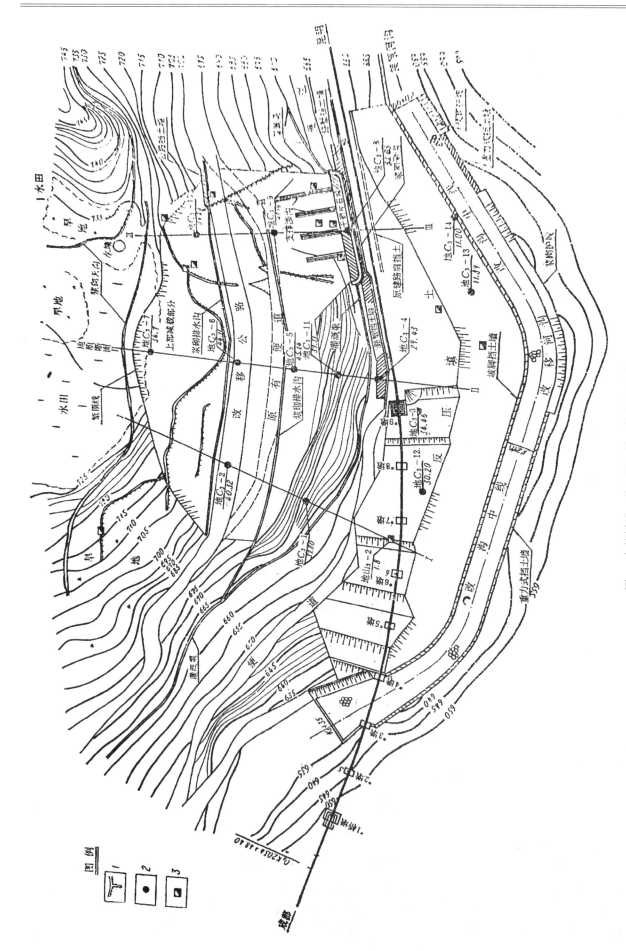

图1 会仙桥错(落)滑(坡)整治平面图
1—裂缝；2—钻孔；3—试坑

上挡墙及桥墩、台变形看,都在逐步外倾与移动中,可说明这变形体的底面,直到岸边仍在下斜,无反倾旋转现象,也符合于错落向滑坡转化。从上挡墙变形看,虽有因局部受力不均和新生滑面出口的作用而产生断裂外,主要还是因下部有深部移动而促使挡墙做整体外移与外倾的。据此亦可推断病因并非单纯由于开挖小量山坡所造成,而是多年来老错体的头部受河水冲刷的结果。

北端一块除山坡裂缝外无其他迹象,其变形与受中部下移的牵动有关。由于该块滑体系处于挤压阶段,故判断其稳定系数大于1.10;因该处铁路桥已离开山坡,即有少量坍塌,危害不大。

4. 检查山坡后,由于判断该病害基本上是老错落体的复活,与谷坡发育有关,因而对该段荥溪沟及其上下游做了调查。从河床坡以及岸边和河滩中停积的个别岩块及一般卵砾石大小看,用水力学公式找到了当地的造床流速可达6 m/s,即说明沟右(东)岸岸坡之所以变化成当前状态,系因组成的岩土为破碎而软弱的薄层灰岩与页岩互层,经受不了沟水的冲刷所致,即使上部坍落下的个别灰岩块,也可被冲动。在对岸为水流不易冲刷的完整灰岩条件下,河流发育与右(东)岸岸坡坍塌,也易于从残存的迹象上找出规律。当时右岸突出于河槽的山嘴有二,均系堆积土石组成。在上游(南端)一嘴,山势走向南北,长约百米,为本病害山坡的Ⅰ号滑坡地段;在下游(北段)一嘴,其尾端的山势由北向东转,长约二百米,即本错落地段。俯视河势,该两处均曾系沟水顶冲地段,山坡的滑、错为河流冲刷的结果就可以断言了,其先后次序也是有迹象可寻的。至于本错落体落于河滩部位,从谷坡外貌上是可以大体勾画出,在平面上它是位于陡坡变缓之下,锥状堆积平台的隆起中后部,结合上下游同一地貌的部位应勾连圆顺。

为了避免弄错主要病因,就当地岩坡上的裂隙状态、岸边坍石情况,以及植被现象来看,无超过六级地震破坏迹象。同时调查本病害山坡的顶部,该平台上黏土层厚而密实,经调查老农也反映了黏土层中的池塘之水经年不干,无下渗现象,从而排除了地下水活动为主要的因素了。结合谷深、沟窄、河床坡陡和岸坡的两段总陡度,可说明该段右岸谷坡系处于剧烈变动的阶段。后缘有老错壁,前部堆积土石的斜坡为30°~40°,也可说明该山坡自然变形尚在进行中。从滑或错体的前缘来看,也可找到滑落于荥溪沟之岩土随后又被沟水冲走的迹象。河水冲刷仍在长期削弱山体,即使我们不在此动土修路,也不能保证在可见的年代中不产生再次错、滑。将这类山坡误认为基本稳定系勘测中力所未及,应引以为戒。

5. 关于该病害在短期内能否坍下,有无办法在它滑下以前及时整治住它,这一涉及永久方案方面的问题,经上述了解,已初具答案。

(1)南块处于微动阶段,有可能自半山滑出盖于铁路之上。此因滑体上裂缝众多,七月大雨之后所转化的壤中水还是浸湿着滑床。虽其出口不断产生湿地,但前缘纵向放射状裂缝尚未贯通,如不改变其外貌条件,必需在再增加大量滑带水(尤其是水压)的条件下才能由微动转化为大滑动。错体呈楔形,一旦转化,滑动的速度将是迅猛的,危害也会是严重的。由于半山腰滑出的前缘滑面系新生的,结合山坡外形为断面较窄处,并依附于既有的岩体软弱层,这前缘滑带又以岩屑、岩粉组成为主,始终具有抗滑作用,一般浸水对其摩阻系数降低不多。当时在雨后月余,整个滑体水量已逐渐减少,各个部分都处于固结阶段。所以必需再有几场大雨,特别是在裂缝充水产生水压情况下才有恶化可能。

(2)中段为病害的主体,接近于滑动阶段。它属错落性质,系由于老错体底部岩土的承载力不足,有被挤走而转化为崩塌性滑动的可能。多年来河岸冲刷,冲走了老错体的前缘起支撑与承载作用的土体,是造成当时险恶状态的原因,如再有一次洪水冲淘,大量岩土急剧性的滑动是十分可能的。同时,沟底的黑色炭质岩土仍在蠕动变形中,经历一定(较长)时间后,也可能因变形增加而变化。

基于上述两点判断,结合在七月份已集中下了几场大雨,而估计当年不致再有产生裂缝水压的雨水促使南端一块崩下,也不致再有洪水继续冲刷中段错体的前缘。所以可下结语为:如不人为改变当时山体平衡状态,且能立即在山坡上部进行局部减重,堆填于中段坡脚,可如期铺轨。但因地处峨眉山区,秋季雨量不少,尤其在明春融冻季节,受水气调整以及冻融对该类泥质岩土的破坏作用等影响,如不处理,南端一块仍有可能滑下;特别是中段一块错体的底部之松软岩土在含水情况变化时更易于变动,更何况也不能在短期内弄清这种基底蠕动的发展,所以要求各项整治工程立即开始,且必须在融冻以前竣工,才能保证安全行车,不出事故,消灭病害。

第二点,既然对病害认为可处理,自九月下旬开始尚有三个多月的施工工期,因之,原线整治方案有了眉目。但是否可行尚需对上述推断的正确性加以验证。必须在关键地点给以勘探证实,并需立即提出有关整治工程设计所需资料,以满足于一个月内做出改线与原线整治方案的比选;同时尚需提出整治文件,始可及时备料施工故第二步做法如下:

1. 首先在 II-II 断面上便道的附近开钻 C_3-5 这一关键孔,以证明老错体是否确实落于河滩之上,才能说明上述谷坡演变与河床发育的推断无误。果然在不到三天之内钻完该孔,于地面下 23~32 m 间为一砾石阶地,40 m 左右见现河槽卵石。经此验证后,认为对本病害的认识基本正确,则一面按正常条件布置三个地质断面;一面继续用工程地质比拟办法找各种数据,供方案比选与设计整治建筑物之用;一面建立全面观测以监视病害发展和验证变形性质。

2. 针对病因,首先要考虑将河道改走对岸,以防水流冲刷。因而从河上、下游,找到稳定河宽与河曲半径以及极限河宽等数据,当即规划新河宽 15 m,对新河底及右岸考虑采用浆砌片石加固。

其次按河边水底实地变形范围,确定了必需的坡脚外回填反压的宽度,据以规划新河位置,以及岸边修挡墙的地段和高度。如此扩大了基底承载面积,相应地减少了单位压力,从而防止错体自河底以下转化为滑动。同时也借坡脚外回填土横向支撑下部山体,使滑体影响范围内有关墩、台、路基及下挡墙增加稳定,从而防止错体自路面以下产生新滑面。

在路面以上,特别是南端一块比较危险,因之要求先在其上部减重;务使减重后的滑体在现有路堑挡墙加固及增加墙后支撑盲沟后有足够的安全系数,以保证它不致由半山腰滑出。在钻出 C_3-9 及 C_3-10 孔后,即联出了地质断面如图 2 所示。在选用 c、φ 值时,因后缘滑带 ab 系沿灰岩中张性构造裂隙生成,则采用岩块间外摩擦(综合 φ = 45°~50°);而中间及出口滑带 bb'c 基本是挤坏后成岩屑黏土状风化页岩土(中等密实且呈中塑状),故参考该类页岩的内摩擦角,并从裂面配套中找出 φ = 18°~20°、c = 0.5~1.5 × 10^{-2} MPa。据此经过 abb'c 滑带试算,稳定系数 K = 0.95~0.98,是符合于当时山坡稳定形态的。为保证今后滑带所处的条件不比当前差,需在山坡上设截水沟,挡墙后增添支撑盲沟,起疏干新滑面出口一带的岩土之用。在这样 c、φ 值不降低、有保障的条件下,可用上述选用值,按一般安全系数的要求做断面上各项整治滑坡的工程设计。

至于中段的主轴地质剖面(钻完 C_3-4、C_3-5、C_3-6 孔后联出滑面线),则在选用各段滑带土的抗剪强度指标时,以山坡稳定系数为 1 代入平衡检算中。特别要求减重后的错体推力使基底所产生的压应力与基底允许承载强度间的安全系数,务必使之大于 1.25。鉴于该段路堑挡墙也已变形,而要求按防止新滑面自挡墙顶及底错出来检算,做出该段路堑挡墙的加固设计。

3. 为防止条件恶化,一律用浆砌片石加固截水沟和灌溉渠,并改灌溉渠至墙顶或墙后堑坡上,以减少地表水及渠道漏水对滑坡的作用。

第三点,要求在整治的全过程中,随时与所收集的资料进行核对,以便及时纠正错误。

至于就地整治的方案,只要在技术上可靠,自易选上。工作将近一个月之后,设计完成,整治工程也开工。同时勘探方面也陆续提出了一些资料,例如钻孔中水量少,证实了地下水非主要因素这一推断;滑带土系以页岩碎屑、糜棱物为主,室内在剔除粗粒后所做的试验 c、φ 值偏小,野外对破碎页岩所做的大剪值又偏大,反求指标为 φ = 20°、c = 0.5 × 10^{-2} MPa 与前估数据一致;按河床炭质岩土的试验强度 φ = 9°15′、c = 2.75 × 10^{-2} MPa 求得原山坡的基底承压稳定系数略小于 1,按实地变形范围所布置的回填设计计算,安全系数稍大于 1.25;以及在位移观测中也显出中段在挤压、南端的移动速度逐渐减缓。凡此种种都不断证实上述一些主要推断,既增强了对病害整治的信心,也说明工程地质比拟办法是可行的。

第四点,为了保证各项抗滑工程能如期顺利建成,防止山坡变形发生意外,对施工程序与步骤,有一定规划和要求,这是第四步。

1. 先做改河及右岸的护岸挡墙,同时在错体顶部由上而下逐层减重,将之运至坡脚做填方支撑山坡。

2. 当减重至一定程度并进入旱季后,再分段开挖马口加固及重修路堑挡墙,然后再逐条用支撑施工墙后支撑盲沟。

3. 最后完成山坡上各条截水沟和改移与加固农田灌溉水渠,以及整平地表与"打扫战场"。

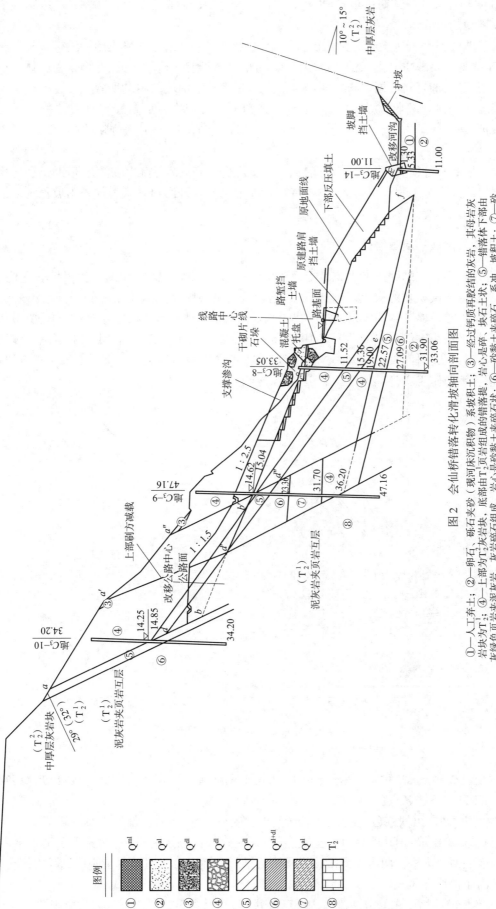

图 2 会(仙)桥错落转化滑坡轴向剖面图

①—人工杂土；②—卵石，砾石夹砂（现河床沉积物）系坡积土；③—经过钙质再胶结的灰岩，其母岩灰岩块为T_2^1；上部为T_2^2灰岩块，底部由T_2^1页岩组成的错落堤，岩心是砂黏土夹碎石状，共母岩灰岩，呈石土状；⑤—错落体下部由灰绿色页岩夹泥灰岩，岩心是砂夹碎石组成；⑥—砂黏土夹碎石，系冲、坡积土；⑦—砂黏土夹卵石、圆砾，系高级阶地冲、坡积土；⑧—泥灰岩夹页岩互层

4. 为保证顺利铺轨及施工期行车安全,在9号台及8号墩的两侧曾预堆了枕木垛,然后架梁,消除了通车中山坡继续移动的影响。

(三)事实上自九月底开工至十二月底已如期做完,此系各项工作基本上做到紧密配合、依次进行所致。否则,例如施工初期曾将减重之土未倒在中段河边,而是先堆于北端桥墩台处,非但未稳山体,反而引起墩台进一步移动。纠正后,即好转。同时也证明墩台的变形是受整个山坡的滑动所致。

1967年元旦返至现场验收,总算从减重平台上找到了老滑带为一层灰绿色页岩堆积土所组成,这最后的关键点也被证实,近百万方的岩体滑动终于治住了。共减载12.1万 m^3,坡脚回填了73万 m^3,用浆砌片石1.2万 m^3。

从整治本滑坡的全过程看,我们认为整治工作从发现病害到处理竣工,完成快;借助工程地质比拟办法,调查分析病害性质并确定工程规模是成功的,特别是以抢险方式采用边施工边加强山坡稳定的措施,保证了铺轨与行车安全,变被动为主动。

三、对甘洛2号滑坡的治理经验

甘洛2号滑坡,系开挖站坪于老洪积锥上而产生的一沿洪积间歇面滑动的新生滑坡。它位于牛日河左岸、甘洛车站内。组成洪积物的岩土,为侏罗系红色砂、页、泥岩块及其风化土。砂岩硬而泥岩软,岩性不一样。已变形的范围,沿铁路长约300 m,垂直铁路宽100~150 m,厚约10 m,被牵动的土体近40万 m^3。事先没有估计到,开挖老洪积锥能引起滑动。于1966年8月中旬山坡上出现裂缝,我们10月初至现场。年底需铺轨通车达甘洛车站,无时间按正常办法先勘测设计,再提文件按图施工。急需我们及早肯定滑坡性质和病因,并提出整治方案与施工文件。如图3、图4、图5所示。

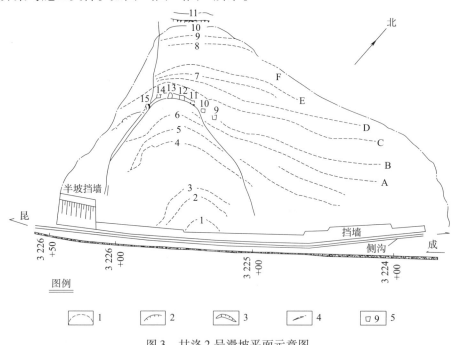

图3 甘洛2号滑坡平面示意图
1—裂缝及编号;2—陡坎;3—错壁;4—冲沟;5—挖孔桩及编号

(一)经现场调查,由于站坪内侧堑坡已挖出,可清晰见到横截洪积体的剖面,剥露出当地多次洪积交互的过程,我们易于断定下述各点:

1. 滑床为老洪积锥,由淡红色土夹石(泥页岩、土包裹砂岩块)组成,盖于二及三级河阶地上;滑体分两块,分别为两新洪积锥组成,南块系紫红色土夹石块,北块为淡黄色土夹石块,均盖于老洪积锥之上,并将其顶面刻蚀呈相连的两个沟槽。两滑面即沿该洪积锥的槽形凹面发育生成。滑带不厚,仅滑带土呈塑状,其他均呈硬塑状。属于滑坡性质。

2. 两洪积锥组成的物质在上游两流石沟中已经找到,并经查明该两流石沟无物质来源,已经"死"去,它

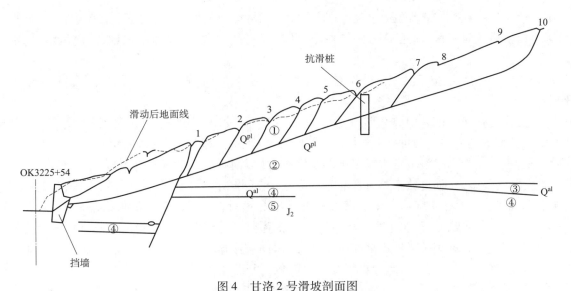

图 4　甘洛 2 号滑坡剖面图

①—砂黏土,紫红色;②—砂黏土,棕黄色;③—黏砂土;④—卵石土;⑤—页、泥岩;⑥—滑动后地面线

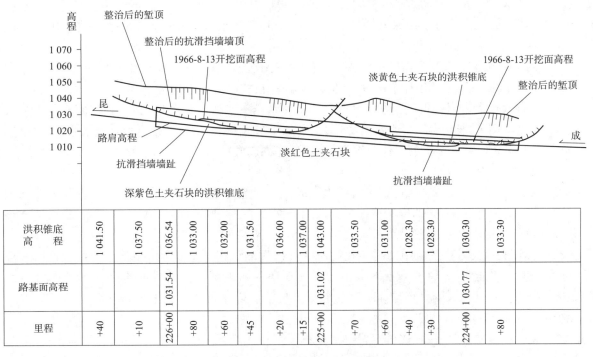

洪积锥底高程	1 041.50	1 037.50	1 036.54	1 033.00	1 032.00	1 031.50	1 036.00	1 037.00	1 043.00	1 033.50	1 031.00	1 028.30	1 028.30	1 030.30	1 033.30
路基面高程			1 031.54					1 031.02					1 030.77		
里程	+40	+10	226+00	+80	+60	+45	+20	+15	225+00	+70	+60	+40	+30	224+00	+80

图 5　甘洛 2 号滑坡路堑正视图

与锥顶地貌及植被状态所反映的迹象相一致。沟床达 17°,雨季水流急,下渗少。

3. 牛日河早就远离洪积锥,并在锥外沉积了宽广的漫滩阶地。当地新构造运动显著,洪积锥呈叠置状。所以新洪积锥底这一洪积间歇坡必陡,在滑带呈塑状下即可滑动。按照沿沟槽流动的洪积体的特征而言,洪积锥的顶底面一般是接近平行的,故可初步估计主滑一段滑床倾斜为 17°,也符合上述它在滑带呈塑状时即可滑动这一推断。

4. 之所以形成滑坡,显而易见是在洪积锥的锥坡由陡变缓的附近一带做挖方造成。现几乎割开了赖以支撑的锥前缘,整个洪积锥接近切断,它系失去支撑而下滑。

综上所述,滑带呈塑状,无流动的地下水可排;滑动主因仅仅是失去支撑。在当时,全部清除滑体的方案既不经济,又无条件,因而采用了在前缘做抗滑支撑工程为主,辅以地面排水、整理地表等措施的方案。

(二)沿站坪内侧一线设支撑工程小;但在无滑带土试验指标及未勘探出滑坡地质断面前,如何确定滑坡推力,做设计文件,构成了当时问题的焦点。我们如会仙桥滑坡之例,一面按正常程序进行测绘、勘探与化验,收集资料供事后核对用;一面用工程地质比拟办法向大自然找数据,立即据之设计、交付施工,以争取工期。办法为:

1. 站坪内侧一线滑坡,位于洪积锥前掩盖于老锥的平缓地段。因此它的剖面的抗力总和可供确定推力参考(图5)。

按此设想,我们查问了该处山坡变形历史,查看收方断面,找到了山坡上首次出现环状裂缝时(1966年8月13日)堑坡开挖的地面线与滑面线(做了几个挖探)的纵剖面。根据当时条件,可肯定其抗力为密实状态下的被动土压;它是大于当时滑带含水情况下的滑坡推力(因前缘滑面尚未全部形成,也未移动)。

随后继续下挖不多,在临近坡脚处有部分站坪隆起,并逐渐出现湿地,形成前缘错出口;与此同时山坡上环状裂缝也逐级向上发展达10环,其中已贯通者达第6环(由下向上数)。从滑坡机理而言,只有后缘贯通时,才反映整个滑床与之联通,产生推力。该推断自第6环以下的滑坡推力与极限状态下河侧抗力相当。

基于以上认识,我们核实了堑坡纵剖面按山坡变形时的地面高与滑床间的高差,求出铁路每延米的被动土压,据之找到总抗力。对此总抗力,分析了今后可能最不利的条件,认为:该滑坡的滑动系产生于雨季中后期,在无远方地下水补给的条件下(今后对滑坡尚需做地表排水等工程)滑带土含水情况不致增高;同时滑带薄、滑床陡,不易存水,在滑带上下土体坚硬的条件下,其抗剪强度变化不大,因而可用此总抗力作为滑坡推力。按实际滑体沿铁路每延米的厚度不同分配出每一部位的滑坡推力。分配的原则,同样比拟抗力,按高差值的平方比计。求得北段滑坡在深槽处推力为120 t/m,南深槽处114 t/m,两滑坡间脊40 t/m,两边缘20 t/m。

针对上述推力,做了一系列类型的抗滑桩与墙的方案比选,最终采用埋基于滑面下不浅于3 m的浆砌片石抗滑挡墙方案,因该方案采用了墙前被动土压以平衡推力,故经济技术优越。

2. 由于对该滑坡滑带土的稠度受季节变化的影响不大这一点未事先阐明,虽要求挡墙挖基需分段开挖马口分段砌筑,但施工时误认冬季滑带水已疏干,结果急于求成,在一次拉通槽全面切断滑带后,立即引起大滑动。自山坡上第6环裂缝以下的滑体全部滑动,掩埋基坑造成被动。山坡上7~10环裂缝也因之贯通,并产生第11环断断续续的裂缝。

滑动后见到了滑带土,证实与钻孔中岩心判断一致,呈可塑至硬塑状;看见了雨天滑带间只流水而不存水,与前述"其抗剪强度变化小"的推断相符。为适应工期要求,经研究不改变原抗滑挡墙设计,待滑坡挤实后,再分段马口开挖逐段砌基的方法修成。

由于这一滑动,从大自然现象中证明了我们对滑坡机理的认识,"直到后缘裂缝全部贯通后,该环裂缝以下滑体才产生滑坡推力"。原挡墙系平衡山坡上第6环裂缝以下滑体的推断也是正确的。对山坡上第10~6环裂缝间的滑坡推力,则另行设计了钢筋混凝土抗滑桩以平衡之。该桩安排在路堑挡坪修成后再施工,以免桩前抗力不符合设计假定。

3. 数月后各项地质资料齐备,曾按正常办法检算了第6环以下滑坡推力,与前求者基本相符,因之不必再调整工程尺寸,也说明这一工程地质比拟办法是实用的。为了解实际推力的大小、图形与设计是否一致,在挡墙施工时于北深槽墙背上埋设了土压盒,做定期观测。经过几年观测,滑坡推力包线图形,最终为矩形,与假定类似,只是合力点在滑面以上1/2~2/5墙高处。实测推力值也与设计值相接近。最终证明了上述比拟办法的理论是能经得起考验的。

4. 由于某种原因,钢筋混凝土抗滑桩实际施工较晚(1970年),从桩坑中见到,滑体基本密实,滑带土已固结,因而只修了中部7根并排成拱形。每桩截面为2.5 m×4.0 m,滑面以上长5.5 m,埋入滑床7.5 m。受力主筋用38 kg/m旧钢轨,其余为ϕ32 mm圆钢,箍筋为ϕ16 mm,混凝土为150级。

桩计算公式系在本工点于1966年10月中首次推导出的。其前提与桥墩深基础不一致。认为:(1)滑面以上桩前抗力,是剩余抗滑力或被动土压,取其小者;因它是滑体,若桩前按弹性抗力计算,其值较大,而实际则难以产生如此大的反力。(2)滑床以下系以桩排横截整个滑坡,对单桩而言沿桩排方向非半无限体,而为桩间距,因此围岩与桩的刚性比,不能应用桥规划分刚性与弹性桩的公式;其次就桩排而言系考虑整桩排为一体的土体破坏,因之桩侧与围岩间的阻力为内力,故不必考虑;实际上只是在桩排的两端有阻力而已,故

用桩实际宽度 b 而不用计算宽度 $b_p(b_p = b+1)$。(3)桥桩受水平力远远小于垂直荷载,故桩底摩阻力特大,因此在桩底立于基岩面而假定为铰端,嵌入基岩为固定端等;但对抗滑桩而言以水平推力为主,因此多数情况接近自由端。(4)桥桩允许的侧向变位受铁路轨道位置的限制,规定特小;而抗滑桩只要不侵入铁路限界或不严重变位引起滑坡后部牵引时,亦无不可。所以采用的弹性抗力系数不一样,抗滑桩取小值。

按上述前提,针对本滑坡的地质条件,滑床为密实的老洪积体,相对钢筋混凝土桩而言,桩属刚性。因老洪积体受过历史荷载,滑面处弹性抗力系数有一定值。按三变位法导出公式,据以设计。

(三)从整治本滑坡的全过程看,如能事先用工程地质比拟法对洪积锥定性,铁路线适当外移,少挖或不挖掉直接支撑部分,滑坡是可以避免的;虽然对本滑坡分析无误,但因抗滑挡墙施工的不妥,致使滑坡进一步恶化;经过滑动,证实了对滑坡的认识,滑坡推力按最远的贯通裂缝起算,并与土抗力对比选用,这一方法有实用价值;自从在本工点推导出刚性抗滑桩公式后,挖孔抗滑桩因其优点多,已推广至全国各地大量采用,现仍在不断改进中。

四、结 论

从上述两例可知,在这些特殊条件下采用工程地质比拟法整治滑坡是一种比较有效的方法。根据我们研究的结果,大致区分为两大部分;一为对整个山坡病害的定性;一为找出供设计用的数据。

在定性方面,往往不为工程人员所重视,其实对整治而言常占主导地位。例如,不能从病害性质上区分会仙桥滑坡为错落性质转化的滑坡,就不能贸然减重,也找不到病根在于基底承载力不足,也就无法制订出全盘整治规划。同样顺河(乃托)大滑坡,是在老岩面错落的基础上所产生的中前部分的滑动,也是在摸清了这一性质,没有被坡面流石所迷惑,并在调查了整个百数十米高的多级错体上各个部位的稳定性之后,从附近类似山坡(铁马依角一带)的对比中才定出可以减重的部位与刷缓山坡的轮廓;同时也在对比了这一带同期滑坡的出口部位之后,才能肯定该滑坡前缘洪积扇(由该滑坡坍塌及前缘流石所造成)及其以下是稳定的,从而采用外移铁路10至20米,并将减载及刷坡的土石堆于下方,并保证不产生堆土滑坡。这样的从工程方面包括地貌形态、斜坡发育规律和河道演变,由宏观对比中为山坡病害定性的课题,仍有深入研究的必要,因为它能在短时间内满足整治病害的要求。

在定量方面,由于以往未将山坡病害本身作为"实体试验"来研究,以及在工程与地质两方面结合的不够,国内外都认为从地质方面对滑坡来定量,并提出设计所要数据是相当困难的研究课题,都在攻关中,甚而有的已抛去了这一条道路,企图只从实地量测出发找数据。当然量测滑坡的各种物理量是一条有前途的道路,但综合分析与推断,在任何条件下都无法避免。按我们研究的进程来看,有些滑坡,根据某一抗滑地段情况,结合历史条件,可以用少量的勘探与试验工作很快就可找出供设计用的推力数据及界限。对甘洛2号滑坡,以及其他地区的滑坡如山西某电厂滑坡、阿尔巴尼亚的吉里古奇镍铁选矿厂滑坡等,都是先用工程地质比拟办法在短时间内提出相应数据与设计文件的。事后证明,基本上并无大出入。经过了十多年的实践及考验,我们认为从实地向大自然找数据的办法是可行的。如果继续深入研究并将之系统化,有可能把现行治理滑坡的常规办法,从收集资料到提出设计文件,来一个大改进。

注:此文是铁道部科学研究院西北研究所徐邦栋、车必达发表于1982年《滑坡文集》第三集。

论工程地质比拟办法确定岩石滑坡的抗剪强度

一、前　提

确定在一定条件和年限内岩石滑坡的稳定程度,某一部位的推力,与正确选择滑带(面)岩土的抗剪强度指标密切相关。所选指标是否正确则与求指标的方法有关。目前一般有对滑带土采用室内外试验方法的,有按滑坡平衡断面通过力学计算反求的反算法,有根据类似条件的滑坡中数据经过分析对比而提出的经验法,以及按上述三法求得的数据互相验证分析后加以选择的办法。不过它们都各有其适用条件与局限性,特别当滑坡处于危急状态、需立即提出处理工程所需指标时,因不能在短期内提供而满足不了要求。实践证明,用下述工程地质比拟办法可准确而快速地确定指标,以满足设计需要。

工程地质比拟办法是视"滑坡本身或其所在的岩体为一天然模型试验",从岩体内已产生的裂面形迹(力学性质、产状和组合等)中找出与滑坡作用相类似的地质应力,对同类岩体作用下所产生的抗剪强度、裂面性质及其外摩擦系数。因物质类同和物理现象一致,我们认为应该可供设计选择指标应用。实践也证明,只要调查测绘资料充分,经过慎重分析和对比,所提供的指标是可靠的。

岩石滑坡的滑动带(面)是复杂多样的,其物质可以由滑体的底层岩石或滑床的顶层岩石形成,也以由两者之间的第三种岩石形成;其空间部位总是依附于岩体中某些软弱层或某几组力学性质不同的构造裂面组合。这些软弱层或裂面,一般是层理面、片理面、节理面、劈理面、断层带、软弱夹层、不整合面、假整合面,或为某些含水层的顶、底板,或为溶蚀、潜蚀、自然和人为掏空带。其抗剪强度的变化规律不同于土质滑坡中的黏性滑带土,不因滑动过而全为残余强度。它的变化随下述的条件和因素的不同而不同:(1)组成滑带的岩石性质和成土程度,(2)作用于滑带的破坏力的性质(如张扭、剪和压扭)及破坏滑带的部位(后缘、中后部、中部、中前部或前部),(3)影响滑动因素的类别、作用和性质,(4)滑体、滑床与滑带间的刚度和厚度关系,(5)变形机理与过程等。如牵引地段的滑带系在张力作用下遭破坏而下错,沿破坏面的滑动阻力基本上为面间的外摩擦,而不同于内摩擦。一般抗滑地段的滑带常为推力作用下的压扭性破坏、或直接被剪断、或沿几组裂面的组合向临空面挤压剪切破坏所形成,并非纯剪切破坏性质。主滑地段滑带的物质一般多为岩屑,粉土和粉砂,具粗粒土强度变化规律,仅在个别条件如滑带土系充填的黏性土或全风化成泥化夹层时,其强度要小于它与上下岩面的结合力,才有类似黏性土强度变化规律。事实上主滑地段的滑体多沿滑带顶、底的接触面或构造面滑动,特别在滑带为薄层时尤其如此。近十年来我们已发现岩石滑坡滑带土的抗剪强度变化有下述几点与土质滑坡不同。

1. 岩石滑坡因受岩石结构和构造控制,在滑动过程中滑带强度的变化规律不同于土质滑坡。如沿两硬岩层间所夹的软薄岩层滑动时,因硬岩的顶、底面有平整光滑的,也有因构造作用在滑动方向的截面上有齿状起伏的,两者滑带强度变化的规律就不相同:前者易滑动,滑带强度随水压大小而异,曾见一滑坡为块状硬砂岩沿泥质砂岩薄夹层面作缓慢滑动,其向临空面倾斜仅$5°\sim 7°$,滑动时在滑面见有水膜。后者所见,其横向突起高度大于薄夹层的厚度,在水作用下则滑动,至见到滑坡出口有带压头的滑带水涌出之后,滑动则逐渐停止。从现场野外大剪试验的强度变化曲线看,无土质滑坡黏性滑带土"随滑动距离增加强度降至残余值"的规律。

2. 岩石滑坡的滑带土一般不纯,岩质较多,因成土程度不均以及岩质的水稳性较强,故滑带水对滑带土强度的作用不一定服从黏性土中的孔隙水压理论。例如曾见一滑坡为层厚15 m的块状石英砂岩沿厚层泥灰岩顶面的错动带(仅厚$2\sim 10$ cm)滑动,其滑带土似黏性土,但实为岩屑、岩粉组成,它愈近顶面时岩粉的含量愈多且含水达软塑状,愈向下岩屑的含量愈大甚而是原岩结构,为裂隙含水。从原位大剪试验所得出的强度与剪切距离的关系曲线看:在峰值之后并非呈曲线下降,而是不降,或是呈阶梯状下降,它反映的是滑动中滑带内的岩屑或岩粉的压碎作用和一些颗粒的棱角的磨圆作用。该滑带具裂隙充水条件,在滑动中因滑带水的排水条件差,滑带土的抗剪强度变化与滑带内受压的水和空气的作用有关,它与孔隙水压理论在物理意义上是不同的。

3. 滑带密实而沿其上、下光滑面滑动者,其强度变化规律也与上述情况类同,无黏性土强度变化规律。

我们对岩石滑坡。曾用过多种方法试求滑带强度,以1978年用原位大剪法模拟滑动条件测出的指标较为正确。虽说用此指标进行检算,其结果基本符合滑坡实际;但毕竟需要时间长、工作量大、不经济、在生产中不易作到,不能满足要求。工程地质比拟办法即在此条件下经十多年实践而逐步形成,目前已能解决相应的问题,并有待于完善中。

二、依据、办法和条件

(一)依据和比拟办法

岩体是在一定的地质条件下形成的,在地质应力作用下产生裂面。裂面的组数及每组裂面的产状等与受力性质、方向和大小,以及岩体的岩性、结构等有关。岩体每受一次构造应力的作用就产生一次配套裂面。其中,对在平面上由受剪破坏产生的一对共轭 X 裂面而言,对大主应力的夹角 $\alpha_1 = 90° - \varphi_1$,$\varphi_1$ 即该岩体在平面受剪下裂面间的内摩擦角;对在立面上受压扭破坏而产生的一对共轭 X 裂面而言,其夹角 $\alpha_2 = 90° - \varphi_2$,$\varphi_2$ 为该岩体在立面上受压扭下裂面间的内摩擦角。如能从构造形迹上查清构造序次,每次的配套关系和后期构造对前期裂面的改造,即可找出该岩体在各方向受不同性质的作用力破坏时裂面的内摩擦角。应用这一"实体试验"资料时,要摈去与滑坡作用不一致者而选用相同者。所谓不一致者如裂面在生成时有高温条件者不能作比拟。

从岩体中共轭 X 裂面的夹角中所找出的内摩擦角,经过选择对比,其所以可供岩石滑坡滑带土抗剪强度指标的选择应用,是因为滑坡和产生滑坡的岩体及其附近具有相同的岩性、结构和构造的岩体属同一介质,是在同一地质历史和环境下(包括围压)受相同的地质构造和风化剥蚀作用的;也由于岩石滑坡的滑带基本上是依附于地质上已有的构造面生成的,所以滑带的抗剪强度可用与其所依附的具同一性质和规模的裂面或软层的内摩擦角相比拟。比拟中要找介质的状态(岩性、结构和破坏程度等)和破坏的力学性质相一致;但也必需认识到裂面产生后由于水文地质条件有变化会导致强度不同,或因风化使强度降低,或因水流携带来一些矿物离子产生了胶结和化学置换作用等使强度变化。工程地质比拟办法是在同一构造格局下的滑坡与稳定山坡做现场调查,在对比了滑体、滑床和四周稳定部分的岩石产状与形迹后,才能分析出这些裂面在产生后受各种变动因素的总和对强度值的影响,再结合今后条件和因素的变化提出滑带在各个部位的抗剪强度指标供设计应用。

(二)比拟条件

1. 与一般滑坡作用类似的构造现象是岩体在类似的围压下受单一方向压应力作用产生的构造破坏。

如逆断层的上盘,一系列同逆断层平行的压性面及与之反向的不发育的一组共轭压性面间的夹角为 $90° - \varphi_2$,内摩擦角 φ_2 类似该岩体切割层面时底部滑带的抗剪强度角。当共轭压性面为压性节理面时,表示滑坡未产生位移阶段的强度,当其为压性错断面时,系移动一定距离后的强度;当为断距较大的断层时可能达最小强度。现场所见这一夹角从山顶至山脚是有变化的,特别在断层切割不同岩性的地段时更显著。

在逆断层上盘中平面上交叉的一对共轭剪性断裂面,其夹角中 φ_1,可供滑坡两侧面强度选择用。如供底部主滑带比拟时,对硬岩其值偏大,对软岩则接近。

逆断层上盘与压性面同向的张性断裂面系在地质应力回弹期受重力作用的受拉破坏,它与滑动方向的夹角 $\alpha_3 = 45° + \dfrac{\varphi}{2}$,可从中求出该岩体的内摩擦角 φ。至于在这张性断裂形成后沿之下滑的现象,则与滑坡后缘滑带类似。该面上的外摩擦系数随面的粗糙程度,岩石的破碎程度和风化程度,以及裂面间充填物的性质而异。如充填物为硬岩的岩屑、岩粉、水稳性大,常比拟此种岩粉、岩末在潮湿状态下的休止角确定其强度;如为已风化或易风化且水稳性差的岩粉,如云母、绿泥石、高岭土、滑石、铝土等,则按其在不同含水程度时的内摩擦角确定之。两者均需小于岩粉与张裂面间的外摩擦系数,否则选用小值强度。

2. 与滑坡作用一致的构造现象是成岩后由重力作用产生的构造破坏。

如在正断层上盘的岩体中所产生的呈阶梯状的构造错落体中或在由于河流下切引起的一系列岸边错落或滑坡中，这些动体的底部裂面往往是新生的，其余多是依附原构造裂面形成的。它们的性质和组合等形迹，包括沟底的隆起现象，也可视作一"实体试验"据之可找出各个部位的强度值供比拟用。隆起部分为被动破坏或反向的剪切破坏；中下部如是柔性岩石，多为顺向剪切破坏或压扭破坏；上部如是脆性岩石，常是拉张破坏或顺裂面错动。

3. 在单斜构造中，如层面倾向临空，层间错动面常反映地质应力的方向与斜度。如图 1 所示，层面以 α 角倾向河，上部①~④为砂页岩互层，以第④层页岩底为层间错动带 AB 逆推于钙页岩之上，并以 BC 小错断逆冲出地表。BC 与 AB 的夹角 $\alpha_0 = 45° - \dfrac{\varphi_0}{2}$。$\varphi_0$ 是在压扭力作用下斜切破坏砂页岩互层的内摩擦角。AB 面层间错动带的抗剪强度，常根据公式并结合现场实际经分析比拟找出。

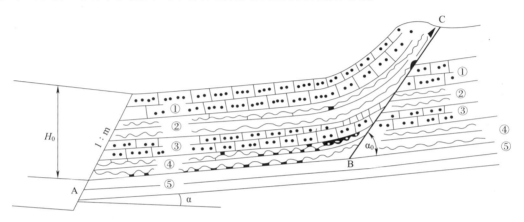

图 1　单斜构造层间错动面
①、③—砂岩；②、④—页岩，⑤—钙页岩

$$H_{0\max} = \frac{2c}{\gamma}\left[\frac{\cos\varphi}{\sin(2\alpha - \varphi) - \sin\varphi}\right]$$

式中　$H_{0\max}$——层间错动带（或软层）至堑顶在当地的最大高度，并非自基准面算（m）；

　　　c,φ,α——分别为错动带（或软层）的单位结合力（t/m^2），内摩擦角（°）和层面倾斜角（°）；

　　　γ——砂页岩单位重（$\times 10^3\ kg/m^3$）。

未滑动的山坡，实际值应大于上式求出之数值；正在变形者，与之接近；已滑动过而残留者，较之为小。但应用时仍应弄清滑动时有无其他因素的作用，如在地震和水压下滑动等，考虑到这些作用对强度或外力的影响，即可比拟找到正确的 c、φ 值。

此外，还要调查当地类似情况下各个不同稳定状态的单斜山坡，互相比拟也可找出各个层间错动带（或软层）c、φ 值的上下限做参考。

三、实　　例

(一) 某选矿厂厂址Ⅰ号滑坡

产生滑坡的山坡走向为 NW25°~30°，东侧临湖。在坡脚地面坡陡缓变化处有一 NW25°~30°/N50°~60°的逆断层顺坡横截而过，将白垩纪（K）灰岩及侏罗纪（J）超基性岩（蛇纹岩和橄榄岩）逆推于第三纪（N_2）海相黏土岩组（包括黏土岩、粉砂岩、细砂岩、砂砾岩和煤系岩层等）之上；上盘为倒转背斜，下盘为倒转向斜。滑坡系由超基性岩错落切割了黏土岩组转化形成。后缘滑面系依附于超基性岩中一组 NW25°/N65°~70°的张性裂面发育生成；中部系沿超基性岩中一组不发育的反向逆断层（已糜棱化）滑动，该组产状可从附近矿洞中量得为 NW40°/N24°，投影至滑动方向线上倾角为 22°30′。前部滑带位于黏土岩组内，黏土岩产状 NW25°~30°/N8°~12°，如图 2 所示。经现场勘察：后缘张性裂壁上虽有少许岩屑、岩粉及变质次生矿物，但不成层，也未隔断岩石之间的接触；同时岩面粗糙，切断与之相交的各裂面并具空隙，不能储水；滑带是由大小岩块、碎屑和岩粉组成，各岩块岩屑基本坚硬，风化不深，因此选择后缘裂面的抗剪强度指标时，比拟当地超基性岩碎块夹岩屑的堆积体的休止角（38°～42°），选用综合$\varphi=38°$。事后对该断层带取粒径小于 20 mm 的原状土，在 40 mm 的大剪切盒中做饱水剪切，测得$\varphi=31°$，$c=1.8\times10^{-2}$ MPa，换算为综合$\varphi=35°$。因为试验时未包括大于 20 mm 的岩块，故证明按上述办法选用大于 35°的值是正确的。

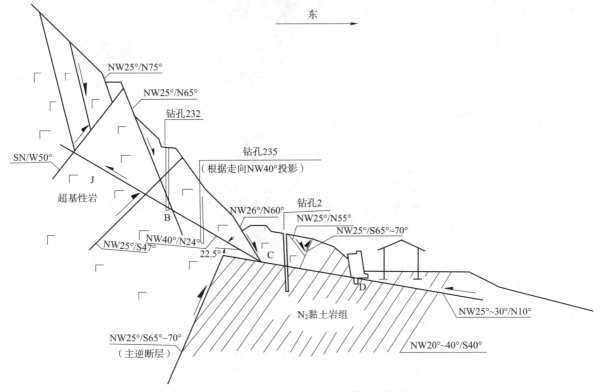

图 2　某选矿厂厂址 I 号滑坡断面示意图

中部滑带为压性糜棱带，颗粒细小，为 3～5 mm 的岩粉夹灰绿色蛇纹岩末，潮湿可塑。比拟时按一对压性共轭裂面（NW40°/N24°投影为 NW25°/N22°30′及 NW25°/S47°30′）的夹角 70°。从 90°－φ_2＝70°得$\varphi_2=20°$。因滑体比岩体小；故综合值应比之稍大。后取同类糜棱带原状土（粒径 2～5 mm），在上述大剪切盒中做饱水多次剪得：$\varphi_{max}=20°45′$，$c_{max}=3\times10^{-2}$ MPa；$\varphi_2=19°$，$c_2=2.75\times10^{-2}$ MPa；$\varphi_3=16°30′$，$c_3=2.5\times10^{-2}$ MPa；$\varphi_4=16°$，$c_4=2\times10^{-2}$ MPa；$\varphi_5=15°45′$，$c_5=1.5\times10^{-2}$ MPa，$\varphi_{min}=15°$，$c_{min}=1.3\times10^{-2}$ MPa。按该滑坡曾经大滑过两次，滑距 20～30 m，在此基础上又动，故取$\varphi_3=16°30′$及$c_3=2.5\times10^{-2}$ MPa，其综合值为 20°略大一些。两者吻合，说明其可靠性。

黏土岩组中的前部滑带，滑痕指向 NE60°～65°，倾角 8～12°，系沿 NW20°～40°/N10°一组不发育的压性面形成。它是 J 和 N_2 间的主逆断层（NW25°～30°/S65°～70°）在下盘黏土岩组中的共轭压性面 NW25°～30°/N10°，$\varphi_2=10°～15°$。由于黏土软岩$\varphi_1\approx\varphi_2$，故也可以根据黏土岩组在平面上一系列共轭 X 裂面量得$45°-\dfrac{\varphi_1}{2}=40°$，求出$\varphi_1=10°$。同样因滑体比岩体小，此处综合中值也应比 10°稍大。后取该类滑带原状土在大剪仪中作饱水多次剪得$\varphi_{max}=15°$，$c_{max}=1.5\times10^{-2}$ MPa；$\varphi_{min}=10°$，$c_{min}=0.75\times10^{-2}$ MPa。鉴于它位于滑坡出口一段经常在移动，故采用$\varphi_{min}=10°$，$c_{min}=0.75\times10^{-2}$ MPa，其综合值比 10°稍大，与比拟法所求一致。

最后，将上述三段指标代入平衡方程检算，其稳定度略小于 1，符合滑坡处于缓慢微动阶段的状况，由此可证明用工程地质比拟办法所求指标是符合实际的。

（二）山东卧虎山水库溢洪道堑顶 II 号滑坡

如图 3 所示，滑坡系产生于寒武纪岩石组成的北坡上，后部山顶平缓，岩石倾斜仅 4°～5°，顶部为ϵ_2^2灰白色块状厚层灰岩，下伏ϵ_2^{1-5}厚约 13 m 的鲕状灰岩与纸状页岩互层，再下为ϵ_2^{1-4}至ϵ_2^{1-3}的纸状页岩和钙质砂岩夹砂质云母页岩，由于构造作用，曾产生一系列正断层逐级下错，使向北临河的山坡的表层从山顶到河边几乎全为 ϵ_2^2 灰岩覆盖。因 ϵ_2^2 脆性灰岩与 $\epsilon_2^{1-3} \sim \epsilon_2^{1-4}$ 柔性页岩中夹 ϵ_2^{1-5} 为软、硬岩互层，故 ϵ_2^{1-5} 褶曲严重并有小错断，顺坡断层即产生在 ϵ_2^{1-6} 之中。使表层 ϵ_2^2 灰岩及局部 ϵ_2^{1-5} 页岩倾向山里（S40°）。在顺坡断层以下的 ϵ_2^{1-5} 及页岩则产状稳定，仍倾向 N5°~8°。滑坡即沿此顺坡断层带滑动。由后向前，因滑动使 ϵ_2^{1-5} 从厚 15 m 逐渐减薄，至前部时滑体（ϵ_2^2 灰岩）与滑床（ϵ_2^{1-4} 的顶面）已直接接触。

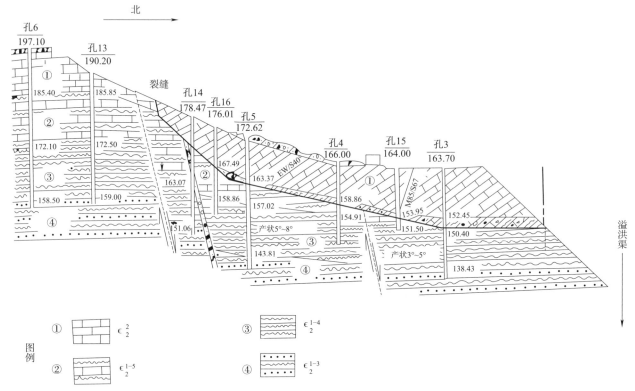

图 3　卧虎山水库溢洪渠堑顶 Ⅱ 号滑坡剖面图

①—灰白色块状厚层灰岩；
②—黄绿色夹紫色页岩、灰岩互层；
③—暗紫色纸状页岩；
④—黄绿色钙质砂岩夹砂质云母页岩。

当前状态 $K = 1.00 \sim 1.05$　　　　　设计采用 $K = 1.15$
后缘 $\varphi = 20°, c = 0$　　　　　　　　后缘 $\varphi = 20°, c = 0$（外摩擦）
主滑 $\varphi = 10°, c = 1.2 \times 10^{-2}$ MPa　主滑 $\varphi = 10°, c = 1.0 \times 10^{-2}$ MPa（相当于饱水残余强度）
抗滑 $\varphi = 12°, c = 1.0 \times 10^{-2}$ MPa　抗滑 $\varphi = 11°, c = 1.0 \times 10^{-2}$ MPa（相当于第三次剪切强度）

后缘滑带系沿灰岩中破碎糜棱带发育生成，倾向河达40°。在该灰岩中曾找到一对立面共轭压性裂面之夹角为70°，由此得 $\varphi = 20°$，故经比拟后对后缘滑带取综合 $\varphi = 20°$。

主滑带系依附于 ϵ_2^{1-5} 中顺坡断裂带生成，岩石为紫色已揉皱的页岩，根据有关钻孔中岩心资料分析而联成的滑带倾斜为13°，它与该部位滑体中一组逆断层（NW85°/S67°）的夹角为80°，得 $\varphi_2 = 10°$。

前部抗滑地段的滑带倾斜4°~5°，其抗剪强度则按一对平面 X 共轭剪切裂面的夹角为75°~80°比拟求得 $\varphi_1 = 12°30'$。

由于滑体小于岩体，各段实际抗剪强度应稍大，因此选用：后缘滑带 $\varphi = 20°, c = 0$ MPa；中部滑带 $\varphi = 10°, c = 1.2 \times 10^{-2}$ MPa；前部滑带 $\varphi = 12°, c = 1.0 \times 10^{-2}$ MPa，代入平衡方程检算，求得当时滑坡的稳定度略大于1，符合于当时状态。这也证明用工程地质比拟办法所求之 c, φ 值基本切合实际。

注：此文是铁道部科学研究院西北研究所徐邦栋、王恭先发表于1982年《滑坡集》第三集。

几类滑坡的发生机理

提要：本文介绍了在我国常见的：沿已有软弱结构带滑动的滑坡；因下伏软弱岩土被挤出而形成的错落性滑坡；沿新生弧形面滑动的滑坡；胀缩土滑坡和黄土崩坍性滑坡等的发生条件、机理。弄清这些滑坡发生的条件和机理，再针对滑动的重要因素采取治理措施，可获得稳定滑坡的良好效果。

治理滑坡首先要弄清不同滑坡的发生条件、机理和模式，若能针对滑动的重要因素采取措施，可获得稳定滑坡的效果。本文论述在我国常见的几类滑坡的发生条件、机理。所述滑坡仅指"斜坡岩土在一定的地质条件下由于种种原因而失稳，沿坡体内一定的软弱带作整体或分几大块，以水平位移为主的向前移动的现象"。

为了便于说明发生机理，在此以滑带成因为主结合滑动特征的分类，按下述类介绍。

一、沿已有软弱结构带滑动的滑坡

此类滑坡的主滑带系沿坡体内地质上早就存在的软弱结构带发育生成。在崩、坡、洪积物中，它是不同年代、成因、成分和结构的堆积面及下伏的基岩顶面；在沉积岩层中，是层间错动带、软弱夹层、层间穿插的岩脉或其上下的风化破碎带、两厚层间已揉皱破碎的软岩层，切层的构造裂面、断层带、遭岩脉穿插的破碎带或蚀变带，不同岩层的分界面、不整合面、假整合面；在岩浆岩层中，是不同侵入次数的分界面，后期侵入的岩脉或其上下的风化破碎蚀变带，风化壳与完整岩体间的分界面，具层间错动的似层面或流面、各种构造裂面和断层带；在变质岩层中，是具层间错动的片理面、软片岩夹层、各种构造裂面和断层带，岩脉穿插的破碎带或软弱蚀变带，两硬片岩间的软片岩揉皱破碎带等。大多数的堆积土，堆填土、黄土、黏性土和岩石顺层等滑坡的主滑带都属此类性质。其机理和发育过程一般具下述六个阶段：(1)主滑段滑带蠕动阶段，(2)抗滑段滑体受挤压阶段，(3)主滑段滑体微动阶段，(4)整个滑坡时滑时停或等速移动的滑动阶段，(5)在滑带破坏下，自整个滑坡加速移动至滑舌基本停止前进的大滑动阶段，(6)在滑体逐步挤压密实下的滑带固结阶段。

(一)蠕动阶段。形成主滑带的软弱结构带因其下伏层常相对隔水，在水的长期浸泡和流动的物理、化学作用下，该带松软、聚水强度较上下为弱。在河岸下切或人工开挖等形成临空后，因侧向卸荷或其他原因使其中倾向临空的软弱结构带上的应力不断增大，同时导致水分向该带汇聚使其强度降至更低。在强度低于应力之处则产生变形并沿软弱带向四周延展，呈蠕动现象，生成主滑带。一般发育成主滑带的软弱带的倾斜度在5至30余度间。随岩性、风化破碎程度和含水条件的不同而异。当主滑带及上覆滑体的主滑段处于蠕动阶段时，在滑坡后部可见不连续的拉张裂隙。

(二)挤压阶段。当主滑段向前蠕动时，滑体后部与稳定坡体间产生一被牵动受拉的牵引段。它与母体间呈现一环、一环贯通的拉张裂隙。沿该裂隙的土体强度，不仅因破坏而降低，也因水之汇集而衰减。当主滑带全部形成后，牵引段与主滑段共同推挤前部的抗滑段时，滑坡便进入挤压阶段。其后部的拉张裂隙系类似受主动压力破坏性质而生成的。如图1所示，后缘裂面与水平面间的倾角 α_1 接近于 $\alpha_2 + \theta_1$（对土质滑坡而言，α_1 接近 $45° + \dfrac{\varphi_1}{2}$），式中 α_2 为主滑带与水平面间的夹角，θ_1 为后缘拉张裂面与主滑带间的夹角，φ_1 为后部土体的综合内摩擦角。若是岩石顺层滑坡，此拉张裂面则依附于岩层中临近的一组构造裂面生成。它可以是与主滑带同一走向的垂直层面的张性面，平面上一组陡立的剪切面和压性面（$\alpha_1 = \alpha_2 + 45° - \dfrac{\varphi_1}{2}$）；也可是与主滑带走向接近的在构造松弛期生成的张裂面（$\alpha_1 = \alpha_2 + 45° + \dfrac{\varphi_1}{2}$），以及由后期构造产生的与主滑带走向接近的各种力学性质的陡裂面。此阶段非但在滑坡后缘的拉张裂缝已贯通，且在后部的两侧可见羽状剪切裂缝，如图2所示。

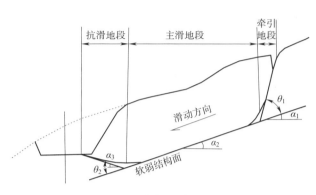

图 1　顺已有软弱结构面滑动

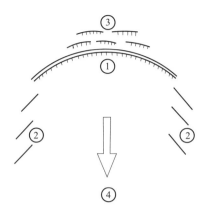

图 2　滑坡平面示意图
①—后缘张性裂缝；②—两侧羽状裂缝；
③—后部牵引性张裂缝；④—滑动方向

（三）微动阶段—滑坡的前部在主滑段的挤压下，使其脱离主滑带所依附的软弱结构带，向前缘地面寻找出口，生成新的滑带。它基本上是沿地面出口间阻力最小面生成的破坏带；也是由岩层中既有的结构面和隐伏裂面组合而成，其性质类似被动破坏。它与水平面间的夹角 α_3 接近 $\theta_2 - \alpha_2$，如图 1 所示 $\left(对土质滑坡而言，\theta_2 接近于 45° - \dfrac{\varphi_2}{2}\right)$ 式中 θ_2 为前缘裂面与主滑带间的夹角，φ_2 为前部土体的综合内摩擦角。若是岩石顺层滑坡，这面常依附于与主滑带同一或类似走向的倾斜接近的既有构造裂面。如滑坡的中部及后部对前部抗滑段的推力不足以克服其阻力，滑坡将只在中部产生一定量的挤压位移，在后部有相应的少量下沉后即停止变形。若抗滑段的阻力不足，该破坏带则逐步发展直到在地面形成出口，称为微动阶段。此阶段前缘一般常有隆起现象，两侧羽状裂隙被撕开。

（四）滑动阶段。自滑带由后缘联通至前缘形成出口起，滑坡开始整体的滑移，滑舌开始滑出原滑床。如滑出段的滑带与新滑床间的摩阻系数大，滑坡常处于时滑时停状态或作等速滑动。在滑带的结构基本未遭严重破坏前属滑动阶段，其滑速大小常与滑动距离、滑床陡缓、滑带阻力变化、滑坡推力大小以及作用因素的变化有关。滑带岩土遭破碎的程度和滑带地下水的变化两者对滑动性质有控制作用。

（五）大滑动阶段。由于滑动因素急剧增大或抗滑因素相应减少使滑带结构达到严重破坏时，滑坡就产生一次较大较快的滑移，直至因条件改变滑舌基本上不再前进为止，这一过程为大滑动阶段。此阶段多数都有较大的变形。大动持续的时间、滑速与滑距随净推力（滑坡推力与阻力之差）的变化和滑体的关系不同而异，即同一滑坡每次大动的状态也不一定一样。

（六）固结阶段。随着滑体大量下移，滑坡环境和条件发生变化，如滑坡重心降低，抗滑段增长和阻力增大或滑带水减少等，滑舌基本不再前进，滑体各部挤紧，地面上各种裂缝消失，即为滑带固结阶段。在滑体由前至后逐渐挤紧，由底至面逐次压实下，滑带也因而逐次固结恢复一定强度，特别在滑坡的中、前部具有足够抗拒推力的相对阻力时，滑坡则达到暂时稳定。之后滑坡是否再复活将视条件和因素的变化而定。

不同滑坡或同一滑坡的各个部位，由于滑带生成所依附的软弱结构带的形状、岩土性质、地下水补给的部位和方式等不同，特别滑带丧失强度的过程不一样，滑坡机理、滑动性质和破坏过程是多种多样的。有由前向后一块一块地顺层间软弱带滑动的牵引式滑坡，也有整块滑体沿上陡下缓状的软弱结构带或层间错动面突然滑走很远的。

二、因下伏软弱岩土被挤出而形成的错落性滑坡

此类滑坡，其盖层岩体一般巨厚且较完整，斜坡高陡。其中必须有一组倾向临空的陡立裂面，始可在松弛下对下伏的岩体产生巨大的压应力。下伏层必须是松散软弱或揉皱破碎的岩体，当其接近临空时，则在侧向卸荷下可因上部压应力递增，或兼因水文地质等条件的改变其承压强度锐减，而产生以压缩为主、并向临

空作小量的移动和压碎变形。盖层岩体随之逐块沿倾向临空的陡立裂面下错,同时受挤压的下伏软弱岩土受压剪作用向临空形成新的错动破碎带。由于盖层中的陡立裂面已张开,该新生的错动带易受水并随时间增长而逐渐降低强度,增大厚度与范围,所以有可能在震动或在暴风雨下因水压等作用突然增大了应力或因破碎带的结构破坏而被挤出,并连同上覆巨厚的盖层产生急剧滑动。其类型之一如图3所示,盖层系巨厚的石英砂岩,它具倾向临空的陡立裂面;下伏了软弱破碎的黏土质岩。在河流下切和侧蚀下,斜坡逐渐高陡,坡脚应力相应增大。当侵蚀基准面割切至软岩附近时,它因支持不了盖层岩体的重压而变形。如图3(a)所示,先因坡脚下沉向河倾斜,使坡顶陡裂面张开与母岩分开,并为水的下渗创造了通路;即图3(b)所示,由于分离的岩体全部重量压在已变形的软岩上,以及在暴雨下因水压突增而使软岩向外挤出,导致它沿陡立裂面错落和向前滑动。再如图3(c)所示,因前块滑移而使后块岩体在失去支撑下重复前一过程。此时下伏的软岩在受压下于前缘向外呈波状隆起,生成垣垅,而坡顶的硬岩则因下错而逐块向山反倾呈台坎状。当坡脚隆起的垣垅扩大至一定程度,或任何原因使此支撑土体破坏时,上覆坚硬岩体即随挤出岩土滑走。由于滑带系挤出破坏,瞬间丧失阻力多,在巨大的推力作用下,滑速增大很快,整个滑体作急剧滑动可滑走很远,平铺至河对岸。

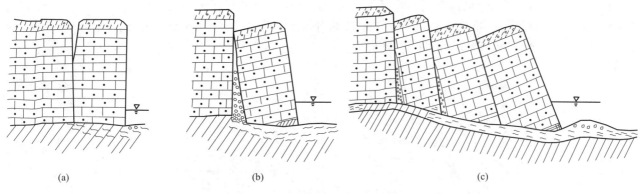

图3 挤出性滑坡发育过程示意图

三、沿新生弧形面滑动的滑坡

此类滑坡常发生在接近于均质岩土组成的斜坡上。因坡体内无明显的软弱结构带,各点岩土的抗剪强度基本可视作一致和各向同性,滑带的部位随斜坡外形和体内岩土的强度的变化而异。在一定的坡高和斜度下倾向临空的最大剪应力带的部位和形状是一定的,可用数学求解为弧状。但实际上很难遇到如上述的典型现象。其滑动性质一般随斜坡外形变动的过程、岩土强度衰减的状况和主要作用因素变化的情形而异。

由于同一岩土的抗拉强度最低,抗剪强度次之,所以此类滑坡的发生机理还是其中前部因应力大于强度最先生成塑性变形区,随着该变形区的扩大而导致后缘出现一环一环的拉张破坏面,使后部滑体沿之下错。当其前部岩土在中、中前及后部滑体的挤压下隆起至形成一系列帚状的剪断出口时,滑坡就形成了。随后整个滑体沿此新生的弧形滑带滑动。此类滑坡一般滑动速度小,滑距短,在滑动中因抗滑力可逐渐增大,下滑力逐步减少,易获得新的稳定。但实际上很难遇到上述的典型现象,它随其他因素(如挡水坝中渗透线和流速的作用)的介入,以及斜坡外形变动的过程,岩土强度衰减的情况和主要作用因素的变化等的不同,其发生机理和滑动性质都有相应的改变。

四、胀缩土滑坡

此类滑坡普遍发生在由胀缩土组成的丘陵地带的斜坡上和分水岭附近由湖相沉积物组成的斜坡上。胀缩土虽具有不同的区域性沉积成因,但其滑带多沿相对软弱的一层土体的顶层发育生成。此类土富含特别亲水的矿物(如蒙脱土等),吸水后抗剪强度特别低;在地质年代中曾受过超压密作用,在卸载后易于膨胀吸水;特别软弱的一层土体具有相对隔水性,含水后常先揉皱而使滑床呈弧状,并使上覆滑体内的裂隙张开。在由胀缩土组成的斜坡上产生的滑动,一般斜度在10°左右。其发生机理类似沿坡体内既有软弱结构面滑动者。滑动多因开挖坡脚引起侧向卸载而松弛,在坡体内产生许多裂缝,每届雨季,土体由于雨水的侵湿而膨胀,水浸湿多深就能产生多厚的滑坡。如将变形的土体清除,斜坡土体将因继续卸载不断松弛,使滑带加深和滑坡扩大至当地隔水层(即含蒙脱土量最高的一层)为止。

五、黄土崩塌性滑坡(图4)

我国宝成和陇海铁路上曾发生过多次厚达100～200 m的黄土层沿下伏具陡倾斜的基岩顶面急剧滑动或沿堆积和洪积黄土内潮湿的砂砾夹层急剧滑动的大型黄土崩塌性滑坡。它常冲出滑床以外300～500 m。由于移动的土体系沿由浸湿的黄土生成的滑带滑动,尽管滑走很远土体内各层次仍保持相对的关系,并呈垣垅平铺于河岸和河床上,故称为滑坡。因滑速快,滑走远,破坏时间短暂,故称崩塌性。其发生条件和机理:(1)在滑体厚达百数十米、滑床顶面的斜度常陡于15°情况下,作用于滑带的剪切应力大;(2)滑带系生成于以粉土为主、遭浸湿的黄土中,含水量少时其内摩擦角可达15°～20°,一旦饱水则降至5°左右,故具有强度骤然降至很低的特性;(3)由于滑带生成于封闭条件下,每年渗入的水量虽不大,但不易排泄;(4)在多年集水下,滑带往往很厚可达数至十数米,且是愈往坡内愈湿,所以它有长期蠕滑现象,在坡顶常出现纵裂;(5)由于滑带土揉皱,在后缘的纵向裂缝张开下百余米厚的土层直接作用于揉皱湿软的滑带上,可造成孔隙中水和气的作用,使滑带的抗剪强度降至很低;(6)如滑带出口于半坡,因作用力瞬间增加特别大,于是滑速增加很快,滑体可似浮体一般在短时间内飞出很远。

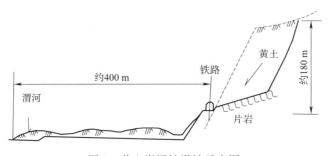

图4 黄土崩塌性滑坡示意图

注:此文是铁道部科学研究院西北研究所徐邦栋、王恭先发表于1982年《全路崩塌滑坡科技攻关会议论文报告集》。

地质力学方法在岩石顺层滑坡研究中的应用

提要：本文简要叙述了在岩石顺层滑坡工程地质工作中，引进地质力学观点对诸如不同结构面与滑坡周界、滑带、滑坡结构等的关系所作的分析。阐述了形成岩石顺层滑坡的岩体结构特点。介绍了将地质力学应用于滑坡的具体工作方法，并附有实例。

一、序　　言

岩石顺层滑坡是岩石滑坡中常见的一种，其主滑带与岩层层面一致。

岩石顺层滑坡的规模大小不一。如成昆线甘洛1号老滑坡体积近300万 m^3；体积为数万至数十万立方米者，如川黔线李家湾1号明洞滑坡、贵昆线面店桥路堑滑坡和树舍车站下方的滑坡、湘黔线场坪2号滑坡、永加线K27滑坡等。

铁路沿线的岩石顺层滑坡，多因开挖路堑切断了向线路倾斜的层状岩体（此文主要指沉积岩）中的软弱夹层所致。出口位于路基面以上或半山坡者，往往滑速较快，危害很大。如面店桥路堑滑坡（出口稍低于路基面），仅10 min便将堑槽填满。

从前对这一问题的研究，不大重视滑坡各界面与岩体构造裂面间的内在联系，往往靠钻探去寻找滑带等滑坡要素。但钻探不仅费时、费钱，且常因此类滑坡的滑带特别薄（厚度多不足1~2 cm），再加上机械扰动和构造迹象的干扰而不能达到目的。所以，为了治理和预防，均有必要去寻求一种适合其岩体结构特点的、较为简捷准确的方法。

二、在岩石顺层滑坡的调查、分析中运用地质力学方法的可能性

岩石顺层滑坡主要产生于构造作用比较轻微或不十分强烈的沉积岩分布区，山体具单斜构造特点，岩层倾向同坡向一致，岩层倾角通常为10°~30°，岩体虽被多组裂面切割，但宏观上仍保持着良好的层序和相当的完整性，各组结构面产状稳定，延展性较好。

这类岩体虽然在地质史上往往经受过不止一次的构造运动，但后期构造运动对前期构造运动在岩体中所留下的构造形迹的产状改变不大，比较适合于进行构造裂面的地质力学分析，有关文献在这方面作的分析也较多、较详尽。

在工程地质领域借鉴和运用地质力学的方法，简言之，就是"抓住地质构造形迹，用力学观点加以阐明"。探求各种结构而形成和组合的规律性，查明某些潜在的必然性。

岩石滑坡与土质滑坡的主要区别之一，就是其周界和底面基本上都是依附于岩体中已有的构造裂面。滑动岩体或潜在的滑动岩体与所在的山体是在同一地质环境中形成的，经历了相同的地质构造作用过程，产生了力学性质相同、产状相近的各组结构面，具有相同的构造格局。所以，运用地质力学的某些观点和方法，不仅能对业已滑动的岩石顺层滑坡赖以形成的界面取得较深刻、较理性的认识，还能对刚有滑动迹象的滑坡的规模迅速地作出较准确的判断，甚至能在地质条件相同的地段，通过对已有滑坡的分析，预测可能产生的新滑体。

三、地质力学方法应用于岩石滑坡研究中的若干要点

（一）通常所要做的工程地质调查、测绘及有关观测、试验工作还应按传统做法进行。但在编制图件时不以勘探点为主，而以滑坡区各结构面的组合、切割关系及其在该滑坡上的部位为主。

（二）我们对一些自然山坡上岩石顺层滑坡现象的基本认识是：在沟谷下切过程中，山坡外侧岩石随临空面的发育而逐渐松弛，岩体水文地质条件随之有相应的改变。如向临空面倾斜的某层（或带、面）在水的

作用下强度逐渐降低时,上覆岩体在自重作用下产生的下滑力则可能大于其强度,部分岩体便可能失稳,进而发展成滑坡。

(三)一切山坡变形(包括岩石顺层滑坡)都在一定的构造格局控制下发生、发展。滑带的部位和产状与向临空面缓倾斜的层间错动带等软夹层关系密切。

(四)所有山坡变形(包括岩石顺层滑坡)都位于整个山体接近临空部分,因此也受第四纪以来临空面发育的控制。在工作中,先按地质力学方法查明岩体构造格局,再结合谷坡发育规律弄清临空面的发育史。从中找出谷坡下切对岩体中已有裂面的影响和因重力变形或地应力释放而渐清晰的隐裂面,以及甚至可能产生的新裂面,进而认识岩体变形的原由。

(五)如仅对某一具体滑坡进行分析时,则没有必要一定弄清较大范围的应力场。只须找出对该滑坡有影响的各次应力场及其先后次序与改造关系,分辨出有几组裂面,每一组裂面的力学性质、延伸状况及彼此切割关系即可。在分析构造应力场时,应注意可能存在的隐裂面及其对滑坡形成的影响。

(六)分析滑坡所在山体的构造格局时,应注意:

1. 查明对岩体破坏最大的构造应力场及其所产生的构造裂面。这些裂面的组合及其与临空面的关系,在后期风化作用下裂面间抗剪强度的变化,均对能否产生岩石顺层滑坡及滑动性质有直接影响。

2. 凭借谷坡特征研究临空面发育史,寻找可能形成滑带的部位。对可能的滑带顶、底板上的滑动擦痕和构造擦痕加以区别常有助于分析判断。

四、工作方法及与滑坡的关系

这套做法可简括为:从地貌形态初步判断整个山体的构造格局;调查、分析形成该山体的构造作用和各应力场的配套裂面以及所经历的后期改造;结合临空面发育史的分析,初步查明滑坡轮廓;然后根据少量挖探和必要的钻探证实或修改滑坡的周界(包括底界),并对滑坡发生条件和今后发展趋势作进一步阐述;最后提出一些能基本满足防治工程设计需要的有关数据(如滑坡的分级、分块,滑床断面等)。

现对一些具体做法简述如下:

(一)对滑动岩体(或欲判断能否滑动的岩体)所在山坡从地貌上分析其构造格局,并依此作为布置地质测绘工作的初步依据。

如岩层与山坡走向一致时,由单向压力为主造成的具单斜构造的山体,山脊线常呈直线形,岩体中的构造裂面为平面状。除产生与作用力方向一致的张裂面和平面 X 剪裂面而外,还可能产生立面上的 X 剪裂面及一些第二序次的纵张裂面,后者往往对滑坡的形态有重要影响。

在一对力偶作用下形成的山体,山脊线呈 S 形或反 S 形,结构面多为弧形,且压扭面常较贯通并切割张扭面。

(二)对山坡上的台阶进行调查分析:有的山坡上会有一些彼此平行,与山坡走向一致或斜交的陡坎,这是斜坡长期变形的结果。这些陡坎多沿一些贯通性较强的构造裂面发育而成,将岩体分成几块,斜坡下方岩块滑动与否控制着斜坡上方岩块的稳定性。

凡是已松动的岩体(块),底面又有地下水活动者,都有可能逐步发展成为岩石顺层滑坡。

(三)对已滑动过的岩体进行调查:岩石顺层滑坡滑动后的外貌虽无其他类型滑坡那样典型,但分块明显,边界整齐,常露出后部一段平直的滑床,因而具有独特的景观。滑动过的滑坡易于找出界面与构造裂面间的关系,裂面的力学特征和层间错动带的结构特征等。通过分析,可查明滑动的原因。

(四)在滑坡体及其周围对构造形迹进行调查分析:岩层的产状、各组裂面的产状及力学性质、裂面上的各种迹象(如擦痕的组数、指向等),可反映出有几次应力场作用及其先后顺序。

所谓单斜岩层,其层面也往往有一些波状起伏,这些小构造是导致滑坡分块、分级的重要原因。譬如,层间错动时,常可在岩石较坚硬处形成圆桶状或杏仁状构造核,核顶部岩层呈小背斜状,核底部岩层呈小向斜状,此处往往是滑坡分级的部位。沿岩层走向层面如有波状起伏时,隆起部位往往是滑坡分块的地方。

(五)对各组裂面按通常的统计办法,譬如节理玫瑰图等,作用不大。相比较而言,我们更加重视裂面的贯通性,而不是一定面积内各组裂面的数量。如果采用图 1 所示结构面分析图,则各组裂面间的关系及各组裂面与滑坡的关系都比较直观,便于对一些问题进行分析。

(六)构造体系确定后,依据裂面的基本力学性质和后期应力场对它的改造,结合地下水露头和全年水文地质条件的变化,可分析滑带水的补给、排泄条件及今后变化趋势。

一般地说,压性断层阻水,张性断层储水,扭性断层过水。但需要按具体条件具体分析,特别是经过后期改造的断层更应如此。

岩石顺层滑坡每层滑带都是相对隔水的,顶层滑坡的滑带水常受降雨控制,滑坡位移相对于降雨滞后时间不长。

也有汇集多年地下水,因静储量增大而导致滑坡滑动的,如太焦线红崖滑坡。

不少岩石顺层滑坡都有多层滑动性质,往往每层滑带都有一层地下水。

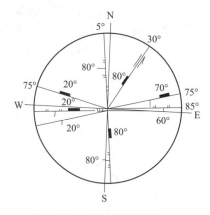

图1 结构面分析图

五、实例简析

贵昆线面店桥路堑滑坡为一老岩石顺层滑坡。修筑贵昆铁路时,在其前部开挖10 m深之路堑,导致滑坡复活。为早日通车,将线路曲线半径改为300 m,外移20 m,维持行车至今。

(一)依据地貌和滑坡裂缝初步分析出山坡岩体构造格局

山坡坡面与岩层走向基本一致,为单斜山地貌景观,岩层向北倾斜,具有由北向南推覆的类叠瓦状构造(图3),说明早期曾经受了由北向南推挤的应力场作用。

东西方向,地形起伏较大,滑坡体恰位于较高部位。东侧为一舒缓的拗曲;西侧以多级台阶下降至深50～60 m的面店沟,各台阶面基本为岩层层面,台阶陡坎大体平行作南北向延伸。这些台阶可能是老滑坡的滑床。

上述大体南北向延伸的拗曲说明该地区曾经受过大体东西向的挤压。

在滑坡体靠昆明侧的中前部和靠贵阳侧的中后部,一系列张开裂缝的走向为NE10°和NE20°～30°两组,多长达十数米,发育而贯通,估计可能是后期构造所产生,或是前期裂面经后期改造而呈张性。

(二)从地层岩性上判断形成滑体和滑床的大致条件

滑坡所在山坡由泥盆系海陆交互相岩层组成。由老至新可分成四组:

1. 灰绿、黄绿色钙质页岩、砂岩互层,厚约45 m,分布于大桥上游的沟谷东岸。

2. 下部为长石石英砂岩,上部为薄层粉砂岩、页岩互层,厚约10 m;组成沟东岸的二级斜台。

3. 多为钙质页岩、砂岩及泥灰岩夹薄层黑色页岩,顶面见薄层紫黑色页岩,厚约14 m,构成沟东岸上部的斜台。

4. 下部为厚层至巨厚层石英砂岩,上部为薄层砂岩夹页岩互层,厚10余米,分布在滑坡体和山坡的最顶部。图2所示类叠瓦状构造即形成于该组岩层之中。

图2 岩层中的类叠瓦状构造

除最上一组岩层而外，下部各组岩层产状稳定。这是该地区地层结构中的一个突出特点。据此可推测，前述第四组岩层与第三组岩层的界面一带应为滑坡底面的位置。后调查和勘探证明，第三组岩层顶部的紫黑色页岩为该滑坡滑带。从构造上讲，也是一明显的层间错动带，物质为岩屑状岩粉，有些已风化成黏土，且含水。

（三）对滑坡体四周稳定岩体及滑体内的构造形迹进行调查

分析构造应力场的顺序、每一应力场的配套裂面，后期应力场对前期裂面的改造，并结合微地貌对滑坡进行分级、分块等。

下边简要介绍滑坡体及其四周的构造形迹：

1. 东西向构造及其与滑坡的关系

下部稳定体岩层产状为 NW80°～85°/N13°～16°。据此可定出滑动主轴大致为 NE5°～10°。按昆明侧各露头点的标高（结合后缘滑坡湖所见滑床面）逐点向主轴线投影，找出在主轴断面上的滑床标高。结合地形上的起伏和裂缝部位，在主轴断面上不难将滑坡分级（图3）。

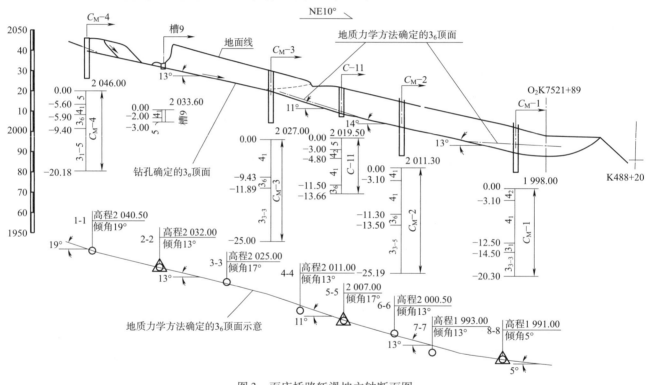

图3　面店桥路堑滑坡主轴断面图

说明：

（1）图例同图6。

（2）地质力学方法确定主轴断面上 3_6 顶面（滑面）线的做法：

①由于滑面位于 3_6 层之顶为已知的研究结论，从地质平面图上可知其产状稳定，一般为 NW85°/N13°～17°，故主轴线上滑面各点的产状和高程可从滑坡边缘各滑面露头点作 NW85°走向线与主轴相交，用比拟办法求出相交点的滑面标高和倾斜度。

②求法：先从主轴上已知的滑面点，如从后缘槽9中的滑面点以 NW85°绘线（图中2-2）交于昆端边缘的滑面露头点，按两滑面已知点的关系求出两者的差数，应用至相邻的比拟线上，该槽9线（2-2）即是比拟的依据线。同样，5-5线与8-8线也是比拟的依据线。

③如在昆侧前缘的槽13及坑壁上与东侧相应部位也能找到滑面产状时，则可据之比拟出与主轴线相交处的滑面标高和倾斜度。

④经如上法将主轴断面上各点滑面的标高及倾斜度确定后，通过各点用相应的倾斜度绘线，摈去不合理的数据。

⑤对情况不踏实之处或一些关键点,可再做必要的勘探进行验证。根据验证结果再调整纵剖面。

此外,尚有如下一些构造形迹:

在滑坡出口外,有一走向为 NW85°~80°的逆冲断层由东而西斜切现铁路,向南倾斜约70°。

在水库南岸有一长轴为 NW80°~85°的小型构造盆地,长约150 m,宽30~40 m(图4)。

水库主坝下方见一逆断层,产状为 NW75°W/N61°(图5)。

图4　水库南岸的小型构造盆地　　　　图5　水库主坝下方的逆断层

由此可断定,该地区首先经历了大体南北向的压应力场作用。据调查、分析,这一应力场产生的或在这一应力场影响下形成的结构面主要有:

(1)岩层产状 NW80°/N13°~16°;

(2)层间错动带,产状同岩层产状;

(3)NE10°直立的张性裂面,十分发育,构成滑坡的部分侧界;

(4)NE47°直立的逆时针剪性裂面,不十分发育,为本滑坡西侧后部分块界面,又形成西端向面店沟局部滑动的后界和分级界面。

(5)NW80°/75°S 的弯张裂面,垂直于层面,十分发育,在本滑坡上随处可见。

2. 南北向构造及其与滑坡的关系

轴向大体南北向的岩层起伏可能是第二次构造作用的产物。

第二次主应力方向大约为 SE80°。第一次构造作用所产生的各组裂面将依据其与第二次作用力方向夹角的不同而发生相应的改造。第二次构造作用产生的裂面有:

(1)NE62°/N83°一组顺时针旋转的剪性面,不发育。

(2)NW43°直立的一组逆时针旋转的剪性面,不发育。为滑坡后部西端的分块界面。

3. 顺时针旋转的力偶作用

在滑坡中前部昆端所见两组弧形直立裂面,一为 NE70°~60°(由东而西),一为 NW30°~20°(由南而北),前者将后者切断并按顺时针方向错开,即为当地曾受力偶作用的证据之一。

4. 后期构造形迹及其与滑坡的关系

滑坡东西两侧有两条逆断层,产状分别为 NE30°/N80°和 NE20°/N70°,规模较大,是最后一次地质构造作用的产物。后期构造作用所产生的裂面一般贯通性较强,对山坡岩体格局,进而对滑坡侧界的形成有较大影响。

5. 各构造应力场与滑坡结构

按照上述各构造应力场顺序和各组裂面的力学性质与彼此切割关系,结合微地貌,不难对滑坡的分级、分块和周界所依附的裂面等得出正确的答案。

(1)老滑坡:分为两级,如图6所示。由于前级滑坡的后缘破坏了后级滑坡的前缘,所以前级滑坡发生于后级滑坡形成之后。

根据第三组岩层顶部的产状变化,可判断:后级滑坡滑动方向指向正北,滑床坡度13°~14°;前级滑坡滑动方向由 NE10°渐变为 NE5°,滑床坡度由17°变为13°。

图 6 贵昆线面店桥路堑滑坡工程地质平面暨地质力学分析图

老滑坡侧界,地貌上的反映基本清楚。大部是依附 NE5°~10°的张性裂面。

（2）现滑坡：它是在切割了老滑坡前部之后产生滑动的。从当时的变形过程来看,滑坡的分级、分块和周界都是清楚的。与老滑坡的主要不同点是,现在的滑坡是由前而后逐渐牵引的,且主滑范围系前后等宽的条状。

（3）发展的可能：本滑坡位于当地山坡的较高部位,两侧临空,已无发展余地。滑床前缘受阻于一逆断层,前缘滑带已向上弯曲,如不再切割滑体,滑坡将不能向前移动。滑坡体(或滑坡湖)后边的山体并未松动,一般情况下,不致产生新的滑动。

如恢复原线,则仍需切割滑体,滑坡必然复活。必须采取措施,线路始可安全通过。

（四）必要的验证

为了证实调查、分析、推断的结论,进行了一些挖探。挖探结果说明,前述认识是正确的。

六、结　语

地质力学方法在岩石顺层滑坡研究中可以提供足够的资料,满足滑坡防治设计的要求。所需的勘探工作量随露头多少而定。总之,按这种做法对滑坡进行分析、判断,较通常使用的方法省时而简捷。

注：此文是铁道部科学研究院西北研究所徐邦栋、徐峻龄发表于1984年《滑坡文集》第四集。

勘察分析复杂滑坡区群的方法

提要：本文根据多年来对滑坡防治的经历，论述了勘察分析复杂滑坡区群的一套方法和依据的原理，包括从地貌上、构造序次上、地质勘查上、迹象调查和观测上弄清岩体结构与滑坡边界及条块、滑坡作用因素和滑坡群及其中各个滑坡的发育等相互间的关系。可供勘察和分析滑坡性质参考。

在防治滑坡的实践中，我们曾遇到过许多大型的复杂滑坡区群。一个滑坡区沿铁路线或河岸一侧每公里可有一至三个滑坡。延绵数公里至数十公里，一个滑坡群面积常达 0.5~5 km^2，其中包含着许多大小不一、发育程度不同的滑坡。滑坡区群都是在一定的地质条件下产生的，往往在河的一岸滑坡累累，而对岸则绝无仅有。如宝成铁路的西坡、谈家庄、白水江、丁家河、塔坝；鹰厦铁路的 163 km、602 km 等堆积土滑坡；陇海铁路的 1 357 km、1 358 km、卧龙寺、斗鸡台、蔡家坡，及陕西蓝田一带的大型黄土滑坡；成昆、焦枝、阳安、襄渝等铁路通过红色盆地地段出现的大量黏性土滑坡，此外还有成昆铁路沿线的昔格达地层中的滑坡，太焦铁路红崖、南旺一带的新第三系(或 Q$_1$)及黄河龙羊峡沿岸的第四系砂、泥岩中的大型滑坡；陇海铁路葡萄园、太焦铁路牛晶坪、寨底、成昆铁路乃托一带的破碎岩层滑坡等；完整岩石的顺层或切层滑坡几乎在所有山区铁路沿线均有分布。各类滑坡由于其岩性、结构和构造条件的不同，具有各不相同的属性。如何快速地勘察认识和准确地分析判明每一滑坡区群中各个滑坡共有的地质条件，以及其中每个滑坡的特点、稳定程度和发展趋势等，是防治滑坡的关键。笔者以岩体的结构和构造条件为基础综合应用地质力学、工程地质和岩、土力学等的理论和方法于复杂滑坡区群的分析，取得了实效。这一方法的步骤和所依据的原理分述如后。

一、从地貌形态上预估山体的构造格局及其与滑坡条块间的关系

地貌是大自然的营力对具一定岩性结构和构造的山体进行长期剥蚀作用的结果，因此从地貌形态上可预估出山体的构造格局、岩体的结构形式和岩性分布等特征。构造期的应力松弛所产生的重力断层与现代河谷的下切所引起的重力变形在力学机制上是可以比拟的。故从地貌上搞清了构造期的重力构造格局即可据以判断沟谷形成中岸边所产生的重力变形模式。

（一）观察山势

对滑坡区群及其附近的山体先要从外貌上了解它可能经受过的构造序次、每次作用力的性质和主应力方向等。例如山峦顺直而平行排列的单面山外貌，其山脊为连续的直线形和各自然坡面基本上呈平面状的，常为受一单向构造压力所形成；如直线形山脊为一串穹隆状组成时，可能受过两次不同方向的单向构造压力；若山峦呈雁形状排列且山脊走向为 S 或反 S 形，自然坡面带弧形时，则是受力偶作用的结果；如整个地区的山峦呈涡轮状分布而山脊走向呈弧形的，是受旋转力作用所致。

（二）观察山坡上各三角面的走向、倾角及其相互的切割关系

三角坡面一般是沿拉张性和剪扭性构造裂面发育，这样从山势中判断的主应力场与之组合，即可预估出山体的构造格局。

（三）观察垭口及两垭口间的山坡迹象

地貌上的山坡垭口，除个别是岩性不良的地层分界位置外，多为构造线通过处，特别在两端为同一岩层时，该构造线的走向必须根据两垭口间的山坡三角面和坍塌后缘线是否顺直来判断。由坍坡显露出的岩面色调可能预知该垭口是否因构造破碎或岩石不同所形成。地貌形态为实地勘察构造形迹提供了主要线索。

（四）阶梯状山坡与重力构造

观察阶梯状山坡上阶坎的分布、走向、产状和错距，以及它们与岩层产状的关系可预估山体的构造格局。山坡上常有一系列彼此平行、与山坡走向一致或斜交的几组陡坎将山坡分成若干块体。这些陡坎多是构造

期或剥蚀期中由于重力作用沿岩体中的张性或剪扭性构造裂面形成的。如图1所示的岩层微向山内倾的阶梯状山坡，其陡坎多为弯张裂面，常因其下伏有一组顺坡向的逆断层，在河流下切过程中易沿此面形成一系列的错落或由错落转化的滑坡。同样在坡脚挖方时，也会引起岩体沿该组裂面及下卧与逆断层平行的下卧裂面组产生同一性质的变形。其变形范围和稳定程度可从当地类似条件下已有的各个变形体的外貌做出判断。当山坡下伏为软弱岩层被揉皱时，也能产生类似上述现象的外貌。层面与陡坎都向外倾的阶梯状山坡，可能反映为顺层滑坡的外貌，其陡坎为张拉裂面，滑面为层间错动带。

由软、硬岩层相间形成的阶梯状山坡，在软岩构成的台面上常常堆积着大量崩、坡、洪积物形成的滑坡。虽说滑床形状常以软岩剥蚀面为准，但沟槽还是沿构造线发育的。滑坡顶面的凸出处常是滑床的凹入点，在外貌上呈"反置"规律。所以在外貌上滑体平顺者常反映滑面为平面状。如山坡堆积土滑坡，滑带水呈带状分布；沟口堆积的，在原自然沟处堆积后地面凸起，滑床呈凹槽状，滑带水呈线状分布，两沟间的间脊多为滑坡的分界。

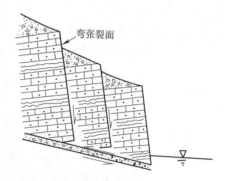

图1 岩层微向山内倾的阶梯状山坡

（五）阶地与滑坡出口

河床下切，山坡在侧向应力释放下岩体松弛、变形、开裂，从而导致表水下渗，地下水向侵蚀基准面附近聚集产生崩坍滑坡。所以在阶地的形成期常因下切减缓，侧蚀显著，使山坡变形发育。如当时的侵蚀基准面为软弱隔水的岩层时，由于地下水的作用往往出现滑坡。因此，滑坡的出口常与河流阶地标高相吻合。在多阶地的黄土源边，也可见到在各级阶地上出口呈宝塔形的多级滑坡。在地貌上经常可见沿阶地标高一线坨丘相接、渍水湿地相连，表现出滑坡区前缘的景观。

在无阶地地段，河沟沟坡上具阶坎的节点位置也可作为判断阶地的标记，应慎重研究。

（六）先成沟与后成沟

对横截山坡的自然沟谷除了解其是现代沟谷或埋藏的古老沟谷外，还应区分出沟谷与滑坡生成之先后关系。由各个时期剥蚀面形成的沟底常是顺沟滑动的堆积土滑坡的滑床；深切的老沟谷多为山坡堆积土滑坡的侧界。在滑坡之前形成的沟谷在地貌上反映深而直，往往切入完整基岩，沟的走向或沿软岩分布，或沿断层带发育，在沟坎上可挖到滑动带。后成沟谷则是滑坡区群中相邻两滑坡间滑坡速率不一致、或滑动体与两侧稳定体间产生的剪切破坏，使土体松散而后受表水冲刷形成的。它在地貌上的反映一般是沟浅，多堆积物，与滑坡后部的月牙形洼地相接。

二、根据构造形迹分析构造序次确定山体格局及其与滑坡发育等之间的关系

山体格局虽从地貌上已大体预知，但类似的地貌并非仅由一种现象形成。特别在植被发育地区，更难判断地貌上的转折点和突出外形是构造还是岩性造成的。因此必须实地调查地质构造以核对地貌上的观察，并查出地貌与构造间的关系。

（一）调查测绘构造形迹

在滑坡四周的稳定岩体和滑坡体上测量岩层的产状，裂面的产状、组数和力学性质，以及裂面上的擦痕和方向，观察裂面的形状、粗糙度、有无充填物及其状态，实测裂面间的贯通情况及相互切割关系。把这些资料按实测结果（不用统计数据）填绘于1/500或1/1 000的工程地质图上的相应位置，作为推断构造序次的基础资料。

（二）推断构造序次

1. 主构造线的分析确定。这里所提的首次构造系指塑造当前山体雏形的第一构造、后期构造除受力偶作用的外，一般还新生几组裂面和产生对前期构造裂面的改造。如山坡、层面和裂面基本上呈弯曲状的，首次构造的主应力为一对力偶，压扭和张扭面同时出现，只是张扭面常被切断。若山坡、层面和裂面平直时，首次构造主应力为一单向压力，剪性面只有一组发育。不论哪种主应力形成的首次构造，其走向常与岩层基本产状一致。当前的产状是经受了多次构造作用的结果。特别是后期受过旋扭改造的，断层上下和不同岩性

的两大层间的产状常不一致,互相间有偏移。主构造线仍是按逆断层、向背斜轴线和直立岩层的走向等确定,层面与裂面走向间的夹角为常数的属同一序次的配套裂面,否则应为另一序次。

至于后期构造的主构造线,则分别按短轴构造的向、背斜、逆断层线、在调查中所见的裂面切割关系和裂面上擦痕指向等特点做多种组合的分析,与实际调查一致的始能成立。

2. 配套分析必须与实测资料相一致。实测裂面经反复核对认为可靠后,配套分析的每一组裂面在下述几方面必须与它相一致:(1)在力学性质上;(2)按配套关系在裂面产状与主应力间的夹角上;(3)符合后期裂面切割前期裂面并有迹象表现。例如先压后张的裂面,在裂面两侧的岩层上应能找到压性揉皱、阶步、擦痕和变质角膜等形迹,同时裂面张开并有充填物或淋滤、沉积等现象。

3. 与区域地质资料的比较。区域地质资料与滑坡区实测资料应是一致的。如有不一致,首先要对调查资料逐步核实,然后再分析该工点在区域上的部位和产生局部变化的原因,从而订正区域资料。而不能拿区域资料去否定实测的结果。

(三)确定山体构造格局与滑坡条块间的关系

分析山体的构造格局与滑坡条块间的关系时,特别要注意那些贯通性好的晚期裂面,因为它们对滑坡格局的控制作用更大。同时也应与临空面的走向一起进行分析。

1. 岩质滑坡的条块划分符合于岩体的构造格局。滑坡的周界常依附于一或两组构造裂面发育,呈直线或折线形;滑带多为某一软岩层或断层错动带。有时为"隐裂面"。当有多层软岩和错动带分布时,可形成多层多级滑坡。滑动面的形状也由构造面的形状所决定。背、向斜长、短轴的位置与滑坡条块间的关系是平行山坡走向的背、向斜控制了滑坡的分级,背斜轴常是上下级滑坡的分界位置;垂直山坡的背、向斜则控制滑坡的分条、背斜轴常是两个滑坡的间脊。

2. 土质滑坡的格局更多受土体结构的控制。如某一不良土层的分布位置及各个剥蚀面的形状,特别是基岩顶面的形状,决定了滑动带的部位和滑坡的条块和分级。但是它也与岩体的构造格局有密切的关系,如某些剥蚀面的形成和性状就受构造控制。作为滑坡边界的自然沟多数是沿构造裂面形成的;作为滑体的崩坡积物总是沿断裂破碎带发育,而后顺坡而下的;一些滑坡的断层供水更是如此。

三、从必要的勘探、化验、观测和实验中查清滑坡的结构、作用因素和活动特征

从地貌观察和构造分析中已可基本确定滑坡的范围、规模、滑带的可能位置和滑坡的基本属性。勘探、化验和观测等的目的在于:(1)验证构造序次的分析,尤其对在地表不易看到的构造裂面(包括隐裂面)需进行查验;(2)验证滑坡条块划分的位置和边界;(3)验证对滑带位置的判断是否确切,以及构成滑面的裂面产状、滑带的性状和强度;(4)查清地下水的层次、分布、补给和排泄情况;(5)查清滑坡的作用因素和动态。其工作程序和方法在有关书籍中已有介绍。此不赘述。值得指出的是:

(一)滑坡的勘探必须联系不同类型的滑坡性质和形成机制,有目的地进行;并把重点放在滑动带部位、形状和对滑带起作用的地下水的勘察上。如(1)红色盆地中岗垅地区湖相沉积的黏性土滑坡,是沿其中富含蒙脱石、膨胀性特别强的一层土滑动的,并且与岗垅上的池塘渗水密切相关。因此勘探中应着重找出这一层土的分布位置、地下水情况及其与临空面的关系,并化验其物理力学性质。(2)黄土滑坡中有一种是黄土下伏在陡倾的基岩剥蚀面上,地下水虽不多,但在地震等级高的地区,地表水可沿地震裂隙下渗而淋滤出一个软弱带,常产生崩塌性滑坡。另一类为新黄土沿与老黄土的交界面,或黄土沿下伏第三系的黏土层顶面滑动,有较丰富的地下水。阶地或塬边的黄土中,因高阶地水多,逐渐向下流动形成冲沟,在沟口堆积的黄土也往往易形成滑坡。勘探中就要仔细找出各层的界面及其含水层的状况和相互补给关系。(3)堆积土滑坡的滑动面有下伏软弱的基岩面,有不同时期的崩坡积交界面或洪积面,也有下伏如二云母花岗岩的残积层,随开挖深度的增加,因地下水下渗,滑动带可深入残积层达 10 m 以上。勘探中就要查清基岩顶面及各堆积间层的性状、残积层厚度及地下水的埋藏情形。(4)堆填土滑坡或因填料和基底土质不良而滑动;或因填料后期迅速风化饱水而产生溃爬;或因基底处理不当而滑动。勘探重点是找老地面和基岩顶面的性状并化验不良土的性质。(5)岩质滑坡中除前述的构造错动带外,新第三系(或 Q_1)的泥岩,侏罗、三叠、二叠系的泥岩、页岩及其变质岩,泥盆系的泥、页、泥灰岩,前震旦系的板岩等均是易形成滑动带的地层。在滑动机制上,除

因强度衰减沿软弱地层顶面滑动外,还有在上部巨厚岩层的高压下因下伏软岩揉皱变形而滑动的及因下部掏空顶板陷落失去支撑而滑动的滑坡。岩质滑坡的地下水受构造控制常呈脉状,在勘探中不易搞清,必须结合裂面性质进行分析。其一般规律是:正断层储水,水多来自下盘;逆断层阻水,水在上盘呈鸡窝状分布;剪性裂面过水。因此,对岩质滑坡更需根据具体情况确定勘探和化验的重点。

（二）勘探点的布置应以各滑坡条块为依据,在各自的主轴断面上布置适当的钻孔和坑槽,在各条块的分界部位加密勘探点,而不必按面状布置。

（三）滑带土的强度试验须根据滑带的部位、物质组成和状态,以及滑动的不同阶段选用不同的试验方法。如多次滑动过的滑坡用多次剪切的方法;正在蠕动尚未形成滑面的抗滑地段用常规试验方法;对很薄的岩质滑坡的滑带,用现场大型直剪试验方法等。总之,试验方法应尽量模拟滑坡各段的实际受力状态和运动状态。

（四）滑坡作用因素的勘测、观测和分析。作用于滑坡的因素很多,同种因素对不同类型不同规模的滑坡其作用结果是不同的。因此应针对不同类型的滑坡观测分析各因素的变化对滑坡产生和发展变化的作用。找出其主要的作用因素才能得出符合实际的结果。

地下水常常是滑坡的主要作用因素,勘探中应仔细分出各层水的位置、水位、流量、水质和水温,并通过化验和观测找出各层水的相互联系。以及它们对滑带土性状变化的影响、它们的变化与滑坡动态间的关系。

四、对滑坡区群及其中各个滑坡进行综合分析和评价,为防治工程提供依据

通过上述各项工作,查清了滑坡的格局、结构、主要作用因素、滑坡产生的主要原因及动态状况,即可对滑坡区群及其中各个滑坡的发育阶段、稳定程度进行评价,并对其发展趋势进行预测。关于滑坡的发育阶段及其特征与滑坡稳定性评价的方法,作者在有关著作中已有过较详细的阐述。这里需要着重说明几点:

（一）针对不同类型不同滑动机制评价滑坡的稳定性。例如:是属于开挖失去侧向支撑而沿已有软弱面滑动,还是因侧向卸荷在高压下,底层软岩揉皱挤出而滑动,抑或因主滑带岩土强度衰减而滑动。

（二）针对滑坡产生的主要原因及该因素的变化情况评价滑坡的稳定性。如:主要是由于开挖、或由于地下水量增加,或因震动引起滑坡,这些因素达到何种程度产生了滑动? 根据其今后出现的概率和变化的幅度评价其对滑坡发展的影响。

（三）从抗滑地段的有无及抗滑地段被动抗力的大小评定滑坡的稳定程度和推力的范围。如:一滑坡当开挖到某一深度时产生了滑动,其滑坡推力就大于前缘剩余部分土体厚度所具有的被动抗力。由于此抗力是在破坏条件下的数值,用作设计参数时还必须联系今后彼此条件的变化与异同。

（四）要分析滑坡区群中上下各级滑坡滑动的先后次序及相互影响。如系由于下级先动使上级失去支撑而滑动,此时下滑坡的后缘位于上滑坡的前缘支撑部分;如系上级先滑到下级的后部增加荷载促使下级滑动,则上滑坡的前缘掩盖下滑坡的后部而被切割。要从各个滑坡今后的发展上评价整体稳定性和发展趋势。

（五）在采用力学计算公式定量评价滑坡的稳定性和计算滑坡推力时,必须针对具体滑坡的具体情况和动态对各段滑带选用不同的计算参数。这些参数用工程地质比拟办法在现场是可以找到的。

注:此文是铁道部科学研究院西北研究所徐邦栋、王恭先发表于1984年《滑坡文集》第四集。

中国挖孔抗滑桩深基坑支撑的开挖设计

挖孔抗滑桩排多设置在滑坡的前部,横截滑动方向布置;以在滑床内桩之下部四周稳定岩体的抗力,承受由滑体中桩之上部传来的滑坡横向推力,阻止滑动。中国自1966年首先创用于新建成昆铁路,在整治甘洛二号滑坡及沙北滑坡之后,大量使用,基本上代替了抗滑挡墙使用的场合。在同一条件下钢筋混凝土抗滑桩除较抗滑挡墙耗费材料和工程量小,且经济外,所需机具设备简单,还有以下突出的优点:①桩由于施工时开挖滑坡前部支撑体的方量少、施工较安全易于修成;②可适合滑床的地质条件的变化,在施工中能及时改变桩长和布筋图;③特别是滑坡在微动中仍可施工,易于抢在大滑动前完成,达到挽救灾害的目的;④在滑坡推力巨大 条件下,它比抗滑挡墙更能承受。

中国是世界上多山国家之一,自新中国成立后开发山区以来,在盲目破坏稳定性小的山体下,出现了不少老滑坡的复活和人为滑坡。虽然其滑动体积动则数万、数十百万、甚而数千万 m^3,整治它需耗资人民币数十万乃至数千万元;但较废弃已建工程的损失为小,这样被迫整治的工点是相当的多。其中易于因前部滑动而牵引后山不断扩大滑坡规模的类型居多,推力虽然大,几乎都用钢筋混凝土或钢轨混凝土抗滑桩排为主要措施之一,整治稳定。近二十年来曾整治的数十处大中型滑坡,推力之大虽然多数以一排桩可以承受,由于滑层多,采用2~3排者也不少。一般桩排中各桩间距(中至中)虽然布置为6~8 m,每桩截面需2 m×3 m~3 m×5 m和桩长在10余米~40余米间。在今后仍能完成上述截面的成孔机械下,人工开挖此类桩深基坑的技术在不断进展中,特别是表现在施工基坑支撑的类型上。因地基地质条件的不同,在同一桩坑中可修不同厚度的钢筋混凝土护壁或混凝土护壁和不衬砌的护壁。在基坑支撑方面,已先由一般木支撑和燕式接榫箱型木支撑改为吊装预制混凝土支撑板,再发展至就地灌注混凝土或钢筋混凝土护壁和喷锚混凝土护壁,在一些基坑施工中,也遇到坑壁坍塌、出水和涌泥沙堵埋基坑等现象;由于抗滑桩是横向承荷者,在处理事故上也有别于一般竖向承载桩。

目前在中国已筑成的挖孔抗滑桩,每桩一般最小有效截面为1.6 m×2.0 m;较大的仍然是70年代在新建襄渝铁路上于安康附近的赵家潭隧道出口明洞的河侧所筑的一排抗滑桩,桩截面3.5 m×7.0 m和长49 m。正因为桩截面、桩深和基坑的地质条件多样,深基坑支撑的开挖设计大体上同主井,但在设计细节与采用的各种参数也因需要起作用的时间短暂而异。概括如下:

(一)基本要求

1. 桩基坑支撑仅需保持在挖坑内土石时的施工安全,有足够的设计净空可完成绑扎钢筋网和灌注钢筋混凝土至达到桩身强度的期间止。

2. 建成的桩包括护壁必须与桩周岩土密贴,在桩受力时特别滑床内的桩身与桩周岩土要能产生如设计要求的弹性抗力。

3. 基坑护壁支撑一般是考虑不计算在承受滑坡推力的有效桩身尺寸之内者,但也有设计它是有效桩身的一部分,两者对护壁的要求不一样。

4. 为使基坑支撑造价小和变形小,能顺利修成,施工前要充分研究透每桩的地质条件,预计可能出现的不利事故,以及事先准备对策包括等备好相应的材料、机具和设备等,做出切实可行的实施性施工组织计划。一旦开工,就连续进行直到全桩灌注完成;切忌半途停工,使基坑长时间暴露。

5. 特别要重视施工安全,既要防止基坑开挖引起山体移动或斜坡土石塌落坑中,也要杜绝因坑内炸石损坏护壁支撑和发生机具设备的损坏与人身伤亡事故。为此要求施工员、地质编录、绑扎焊接护壁钢筋、检查以及立模、灌注混凝土工等要衔接紧凑等;同时对深基坑通风、放炮后排烟和清除以及清理瞎炮等都需讲求质量,对渗水、涌泥沙和塌壁等要有切合实际的应变对策,有条不紊的工作秩序。

6. 随基坑向下进展要开展测量工作,连续观测护壁内线以防止护壁砌筑侵入桩身的有效净空和随时监视山体变形,随时调整桩坑开挖数字与对策,控制滑坡的发展。

7. 对大中型滑坡特别有随时产生崩滑性大滑动的滑坡,在其前部支撑部位施工抗滑桩时要有统一领导施工的机构,24 h办公,尤其在雨季时要随时掌握滑坡情况,事先研究好各种应急对策,以确保不造成滑坡灾害。

(二) 具体内容

1. 挖孔抗滑桩深基坑支撑的开挖设计,二十来年的经验对比以采用就地灌注钢筋混凝土护壁安全可靠,可适应基坑地质条件的复杂性。护壁尺寸除按相应的不同水平层次的地层条件可能出现的正常侧应力计算(用侧压力系数求四周水平应力)外,要考虑一定的静水压和坑内放炮炸石的冲击;但不考虑在滑带部位产生的滑坡推力,既是可允许在滑带处的护壁被剪断。事实上护壁的设计原则大体上与主井衬砌同,以设计在桩有效截面之外者弱,一般厚 0.15~0.25 m。

2. 当遇到桩基坑在施工时,引起滑体滑动,特别在滑坡微动阶段时开挖基坑,需根据滑动资料事先预计,在滑体内的桩坑挖至滑带到灌注桩身混凝土止于它可能移动的距离,(1972年对山西霍县电厂滑坡的第一批桩坑,当时活动速度平均每日 1 cm 多,我们预留了移动量 30 cm),据之在山侧多开挖些,用锯木屑填之任其错过,以保证所灌注的桩身混凝土在凝固前不受滑坡推力的作用。为此,施工中必须监测滑速、滑动方向和滑带的具体部位,此不同一般立井。

3. 挖成的桩坑的朝向若与实际滑动方向不一致有偏斜时或实际滑带部位与原设计有出入时,以及由于滑动在滑带以上的桩坑错入桩有效净空以内时和滑床地质条件与设计资料不符等,必须根据当时情况在实挖桩截面的条件下,变更桩长、桩身布筋和混凝土标号以满足受力要求;否则从全排桩抗滑的角度,根据该桩可能承当的能力,相应地改变相邻未施工桩的尺寸以增强抗力补救之。

4. 虽然桩坑护壁以密贴桩周岩土为主,施工护壁外侧不立模,但仍有可能由于局部松散坍壁造成相应段落的护壁沉落。为此不论护壁为圆形或箱型,每环护壁的混凝土灌注时可以有间隙,但沿桩坑纵深的竖筋则要求逐环焊接。当设计时考虑需利用钢筋混凝土护壁的能力,补助桩的朝向与实际滑动方向有几度偏斜时,以克服偏心力矩,或用之防止桩身外及混凝土抗拉强度不足易产生裂缝之处;则不论桩周岩土是否必要护壁支撑,该桩有效截面外四周钢筋混凝土护壁必须连续砌筑到底。此时一般要求护壁混凝土的标号与桩身同,常在焊接贯通竖筋下在上、下环护壁间预留空隙,可在灌注桩身混凝土后增强护壁与桩身间的衔接以共同受力。

5. 桩坑每环护壁开挖的深度在正常情况下多为 1.5 m 至 2.0 m。但在桩周岩土的地质条件不良时,应按坑壁自然岩土可以保持直立的高度与时间而定。这一组持直立的高度在时间上必须满足完成一系列砌筑护壁的工作(如清坡、地质记录、绑扎和焊接钢筋、立模、而后灌注早强混凝土及其凝固等)直至拆模止。在目前的水平一般要 8~12 h。实际对每环护壁的开挖和砌筑高,以恢复基坑四周岩土抗力的支撑所需的时间为准,它必须短于基坑变形滞后的时间;特别在含水松散的地段,要注意不让坑壁暴露过久造成的坍塌、涌泥,必要时再堆块石或人造块体堵塞下砌筑护壁,此时高度每环可用 0.3~0.5 m。

6. 在灌注桩身后,桩护壁(特别是迎向和背向滑动的两侧)必须与四周岩土密贴,始可避免滑坡因滑动一段之后再受阻,在滑带土强度衰减下导致推力增大,也避免了桩变位过大以致桩身四周岩土不能如设计同预计那样充分发挥抗力下就馈裂。为此在对待施工桩坑中发生坑壁坍塌和基坑中漏水、涌泥砂等现象时,以堵塞与撑为主;不可任其挤入坑中清完之后再砌护壁,致使护壁外形成坍壁和空洞。万一护壁外已生成空洞,必须探明在桩身灌注混凝土后应在桩周钻孔压灌水泥砂浆或混凝土填塞加固。

7. 桩坑开挖的施工组织,应根据截面积大小,充分考虑可容纳的人员、使用的机具等组合和各个工序的衔接。为了使施工中坑壁产生的围压小,一般采用三班甚至四班日夜不停连续施工。用电或风钻在坚硬土石、孤石或基岩中钻孔,根据土石条件每爆破孔深 0.6~1.2 m,装炸药量分别为 200~500 g,一次放炮的总药量分别不超过 1 200~2 000 g,可适应上述 0.15~0.25 m 厚的钢筋混凝土护壁。人工开挖桩坑必须讲究大炮眼分布与深、浅孔的搭配,既要破坏成型松动量大,又要不损坏坑壁减少超挖。一般对打眼、放炮、清渣、刷壁、地质编录、捆扎钢筋、检查、立模、打混凝土和拆模等坑内工作要组织紧凑,每批桩的每桩的截面面积在 8~9 m^2 以内长 20 余米者,约需工期有一个月完成。截面积在 12~15 m^2,长 30~40 m 者,每批桩有两三个月工期也可完成。

8. 开挖桩坑要根据勘探的地质资料，做好每桩实施性的施工组织计划。应事先预计到可能出水、涌水量和涌泥沙以及塌壁的部位和数量，早有预案和备好必要应用的机具、设备和材料，如抽水与压浆设备和材料等。对待桩坑内的坍壁和挤入泥沙等事故，原则上以堵为主，必要时先压浆加固后开挖，可避免桩成后处理护壁外岩土的松弛和空洞等复杂的加固工作。

9. 在滑坡前部施工抗滑桩排时，首要考虑避免因桩坑开挖过多引起滑坡的滑动。采用各种措施以尽可能防止恶化滑坡出现沿滑带移动的现象，避免桩坑在山侧的岩土坍落淹埋基坑，其次要保证桩坑内的施工安全和个人安全。但对尚在发展中的滑坡尤为重要者，在采用措施使滑坡发展速度减缓，早日修成增加支撑能力的应急桩排为原则。为此，对桩排施工季节以选择旱季滑坡相对稳定期适宜，但必须在雨季中施工时，需根据当时滑坡的稳定度，确定在同一时间内可同时开挖的桩坑数量。考虑到山坡安全一般同一桩排多分 2～3 批完成，在雨季中以跳两桩施工居多。特别对第一批桩坑的开挖数量应按滑动速率具体研究决定，一般在雨季中约为全排桩数的 1/3～1/4，其量宜少，有间隔，有籍其练兵和核对地质资料之用。事实上为了与大滑动抢时间和受滑坡发展期限的控制，设计桩的地质资料多在基本收集够就进行设计，否则达不到抢险作用。实践证明勘探量多，虽然对设计质量有益，但不能达到满足所有设计细节的要求，一些资料要间隔实挖几个桩坑之后始可肯定，随着桩坑逐个揭露能及时变更桩的设计细节，反而是正常的施工程序。

10. 如桩坑在山侧的岩土由于滑坡仍在活动或是已松动的土石，特别在雨季开挖桩坑时要注意引起山侧岩土的坍塌与崩落。应在施工前先清除不稳定和易崩落的土石，必要时先在桩坑两侧修支挡墙稳住斜坡，然后再做锁口盘，开挖桩坑。对个别落石处，在清理山侧危石外，应在坑口迎山一侧立临时防护删栏，保证施工安全。同时在坑口四周设框架拦木或混凝土拦坎，一般高出地面 0.3 m，以阻止泥水和土石流入坑内伤人。

11. 对滑带及其上下岩土为松软饱水者，特别滑带水量大易产生坍壁和涌入泥沙时，应根据地质资料安排抽水施工，必要时也可在相邻已成桩中从埋设的导管中抽水，在降低水压后开挖。在涌泥沙时，常减小开挖每环护壁的高度至 0.3 m，用旧麻袋装满混凝土堵塞于涌泥水处，及时灌注混凝土砌成护壁。必要时压注水泥砂浆或混凝土，堵塞了坍孔，固结了桩周岩土，而后再开挖桩坑，修筑护壁，取得过成功的经验。

12. 为了顺利施工和保证安全，桩坑顶设有盖板（对深坑在 30～40 m 时，在半腰也有增设一层盖板的），在一侧起吊土石时，可保护坑内另一侧施工人员的安全。坑中土石一般用电动卷扬机吊装或吊车上下将之吊出坑口，然后用汽车或轨道车运走。为了便于人员上、下安全，对一般速度桩坑常在护壁上埋设钢筋梯（也有单独吊钢筋梯或绳梯供人爬上爬下）在桩坑深度超过 20 m 时，多在加强安全检查下用吊笼送人上、下。前述赵家塘的桩截面 3.5 m×7.0 m 和深 40 余米的护壁上是设人字梯供人走上走下。人员上下必须先检查携带物是否绑扎稳当，不能脱落（一般物件均放在吊笼中上、下）在坑内的工作人员要戴安全帽，由于坑深，否则任一小石块均可砸伤人。

13. 所有桩坑在施工时均应有低压、电气照明设备。对深坑为了加速放炮排烟和施工通风，常备空气压缩机通风。在坑底有地下水时，或用水桶排水，水量大时以水泵扬水。曾在某工点某河一带的滑体上修抗滑桩，在桩坑挖至低于河水面时虽有水涌入基坑但在抽水条件下还是完成护壁，实因滑体前部往往是受挤密实，基本上阻止了河水自滑体由下向上涌入，而是自河床上部松散表层漏下。由于滑坡挤压不同于一般桥基在正常沉积层中，采用板桩做护壁的条件并不多。

14. 某滑坡的滑床由二云母花岗岩的残积层组成，基本上是云母粉土类大孤石，而滑体与坡积的颗粒土夹碎块石，滑带是在洪坡积层下厚 2～3 m 含水的残积土。由于水量大滑带土呈流塑状，采用了沉井护壁做抗滑桩。虽然桩已做成，但因桩坑中有零星的坚硬孤石使沉井偏斜很难纠正，也因下沉中井壁外土体松弛使滑带水渗入导致坍塌，自井底涌入泥沙，使建成的桩与桩周岩土并不密贴呈空洞。这样雨季中滑坡滑动，将桩推移至 500 余毫米之后，才被桩后岩土的反力阻止其移动。滑坡后缘的裂缝也因之扩大至山半腰，不得不增深工程以加固。这种用沉井于涌泥沙地层中修的抗滑桩不同于受竖向承载力者，今后不宜采用。

15. 对不稳定的滑坡，特别在雨季中施工桩坑，需对山体特别是滑坡前部近桩坑一带的山坡，做观测网和埋置监视滑动的仪器，以便随时警报山体和局部的移动，便于采取对策，防止灾害。对桩坑开挖要保持桩身的有效净空以满足灌注混凝土时全桩的立体形状及尺寸,为此要在桩坑护壁内侧四角吊线观测,务使每环护壁砌筑后不侵入桩身的有效净空,否则随时凿除。对锁口盘顶要做固定观测,了解施工期是否外移;同样对已成护壁也要经常观测,了解其变形,必要时为了预留错动数量,对滑坡前缘出口在施工期逐日观测其滑动速率,可用简易观测计算。

(三)一般钢筋混凝土护壁与锁口盘的尺寸与结构示意图(略)

注:此文作于1986年4月25日手稿整理。

陇海铁路葡萄园滑坡群的性质和整治的研究

提要：为根除宝天铁路上这一危害四十年、长1.3 km的巨大而复杂的山体病害，供决策绕线方案用，对其性质和整治的可行性进行了深入而彻底的研究。它是一发育在近1亿立方米的多级错落基础上的破碎片岩滑坡群。研究工作以地质地貌工作为主，采用了多种勘探、调查、测绘、观测、测试和监测试验手段，弄清了当地地层岩性、岩体结构、地质构造与水文地质情况，求得多年来该滑坡群中每一滑坡的发生条件和滑动原因以及滑坡分条、分块、分层和滑动性质等多种因素，并从历次整治失败的教训中总结对策。本文系一从科学研究中总结和论证滑坡规律和各种整治措施的综合性论文。

一、概　况

该滑坡群位于陇海铁路宝鸡至天水之间的葡萄园车站西1.5 km处、渭河北岸的宽缓山坡之上（图1）。沿铁路线延伸1.3 km（铁路里程K1362+520～K1363+780）。北自大理岩陡壁的后缘，南至渭河岸边，横宽超过1.1 km，后缘陡壁高最大140 m，走向NW50°与渭河平行，壁顶海拔1 350 m；前缘渭河河床海拔980 m，床中有一埋藏阶地高程970 m。这一宽达1.1 km、高差230 m、长1.3 km的阶梯状山坡，系由中泥盆系破碎片岩、大理岩岩组组成，顶部堆积了巨厚的洪积黄土；岩层向山倾，属由北向南逆推于海西期灰白色花岗岩γ_4之上的逆断层上盘。在这一地质环境下，岩性软弱，断层破碎带中地下水发育，坡体又向南（向渭河岸）突出，渭河在此自NW50°～60°直冲而来，受阻后再折向对岸由燕山期侵入的块状花岗岩γ_5组成的陡岸边流走；所以，在这一坡体上发育了古老的错落群和由错落转化的滑坡群，具有典型的地质地貌条件和地下水、河水冲刷动力作用及受水面积宽广等条件。

该滑坡体以K1363+293自然沟为界划分为东西两大块错体，体积共约1亿 m³。

（一）东块为本文研究的重点地段

东块由K1362+855及K1363+100两自然沟由东而西将之分为三条。横向具三级大错台，分别离渭河岸边约1 100 m，500 m和300 m。错体的顶层为巨厚的黄土，下伏破碎片岩及大理岩，位于渭河古、今河道的顶冲地段。其前级错体（堡子至渭河间）早已转化为老滑坡群，至今仍在活动。堡子后有一环形的洼地，并发育成冲沟，为该滑坡群的后界。在洼地以南的分离体上曾发生过多次、多块、多层和多级的滑动，即文中所指的1号、2号、4号和3号、8号以及5号滑坡所在。由东而西：

1. 1号老滑坡位于铁路里程K1362+520～+650间，西与2号滑坡以突出隆起的间脊山包为界，为东段最东的一条单独滑体。它是由片岩及黄土组成的老错滑堆积体沿老滑面（γ_4花岗岩和洪积黄土的顶面）的滑动。1985年9月17日在雨季中滑落，滑落时将下方路堤沿老地面推走，滑体逾28万 m³。

2. 2号、4号和3号、8号滑坡系一互相关联的老滑坡群，位于铁路里程K1362+720～K1363+080间，分后、中、前三级（或上、中、下三层）。它们以K1362+855冲沟为界，分东西两条：

(1) 东条的后级（或上层）为3号滑坡，位于中级滑坡的后部，因对中级滑坡减重削弱了其支撑引起复活，目前在单独活动中。东条的中级（或中层）及前级（或下层）称2号滑坡，其中层出口在铁路面附近，因滑带已向下发展，原修的路堑抗滑挡墙已遭破坏，墙及墙前侧沟上的裂缝每届雨季仍有发展，整座挡墙在向外缓慢移动。铁路平台外的前级滑坡稳定性尚好，但在坡上弃土中已新生两边坡滑坡，其后缘已发展至路边，它与前级滑坡在受推下松弛和滑体外泄水的作用有关。

(2) 西条称4号滑坡，为本文研究重点。它具后、中、前三级（或上、中、下三层），目前中、前两级已发展成一体，几乎每年雨季后都有缓慢的移动；后级滑动量虽不大，但十余年来从未停止过。在4号滑体上各级平台中的浆砌水沟经常开裂，就是证据。

(3) 8号滑坡位于2号与4号滑坡边缘相互交叉地带，铁路里程约K1362+800～+910。由于该处基岩

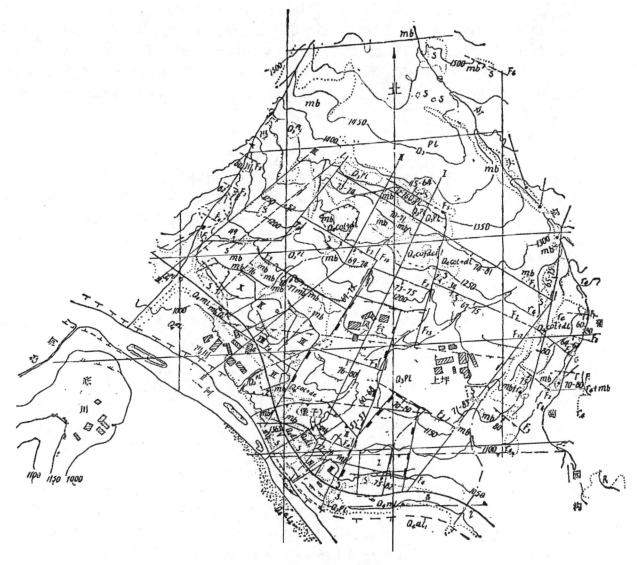

图 1　陇海铁路葡萄园滑坡群

γ_4花岗岩突出,风化破碎极其严重,岩面较陡,地下水发育,上覆残堆积物经常变形,目前已单独形成一滑坡。其后缘已接近 3 号滑坡在冲沟中的出口,东至 2 号滑坡中级出口路堑挡墙的东段,西止于桥西的小冲沟,前缘在路肩墙基础下冲沟中隆起处。桥与墙已建十余年,其缓慢活动从未停止过。

3. 铁路里程 K1363+100～+293 两自然沟间的一块山包本是一老滑体,其核心由破碎大理岩组成,抗冲刷能力强些,目前尚稳定。但在其东西两侧顶部堆积的黄土层均在活动。东侧常发生小型黄土坍塌现象,堆于 K1363+150 的自然沟中;西侧自 K1363+210～+350 间(包括+293 桥的东桥台)经常滑动,东桥台已移动近 0.8 m,称 5 号滑坡地段。5 号滑坡目前已远离渭河,故其滑动仅与修路时切割了老滑坡的前部及后山地下水的作用有关。

(二)西块错体

西块具两级大错台,呈陡坡外貌。自然沟 K1363+550 将它切成东西两条,6 号滑坡群在沟东,7 号在沟西,同位于前级古老错滑体上。前后级错体的分界壁离铁路中心约 300 m,走向 NW50°,倾向渭河倾角大于 45°,基本由大理岩组成;壁高约 60 m,顶面堆积了少量黄土。界壁后山为后级错体,呈稳定外貌;上部黄土巨厚,台面具 1:2 缓坡,宽约 80 m,至由大理岩组成的大错壁。

前级错体的前部系由揉皱极其严重、已糜棱化的破碎片岩组成,为断层破碎带产物,属老滑坡群。

1. 1984 及 1985 年在东条山坡上,距铁路约 100 m 的陡坎下曾出现后缘环状裂缝,它反映 6 号滑坡区的三个前部前级滑坡已复活。其地面坡平均为1:2,高出路面约80 m,出口在铁路面附近。由于滑动,已将前缘坡面上砌筑的路堑浆砌护坡挤坏,最近对护坡曾重新翻建但又被挤裂。此段路基于秋季经常翻浆,可以看见出口。不过,其前缘系一厚达30 m,极其宽广的二级黄土阶地,所以6号滑坡只能活动在该阶地之上。

2. 西条山坡上的7号滑坡群,滑体密实,坡面平顺,呈稳定外貌;从1985年设置的地面倾斜盘看,变动微小,也证实它当前处于稳定状态。即使条件变化,促使活动,也只能如6号滑坡一样,活动于二级阶地之上。

(三)原线整治可行的几点认识

该滑坡群自宝天铁路修建以来已三十余年,虽然多次治理,终因性质复杂,规模巨大,未摸清地质条件和病情前,没有彻底根治。现经1984~1986年三年工作,提出原线整治可行的结论,其主要认识如下:

1. 重点地段为2号、4号及3号、8号滑坡。十年前我们曾经在此勘测过,由于当时在4号滑坡中修建了一垂直山坡的探洞(长400 m),已产生了疏干排水作用。现发现4号滑坡的稳定度有所增加,十多年前所勘探的滑层软塑状态,此次重复勘探其含水量已降低,接近塑限,且滑带不清晰了。它既说明地下水对滑坡的作用,也反映排水疏干可阻止滑动。同样,近数年所见4号滑坡岸边防淘脚墙的变形,除向渭河有倾倒状外,尚有受滑坡分段推挤产生纵向剪断推出的迹象,这也证实了来自上方的地下水的促使滑动作用;如仅仅防护渭河冲刷,不足以阻止滑坡。

2. 在2号及4号滑坡的前缘,老滑坡的出口并不单纯在脚墙顶,其最深点以河床下大约10 m的埋藏阶地为度,它与当地渭河局部冲刷深10~13 m是一致的,在落实了防淘和抗滑的稳定持力层的前提下,提出的整治措施和造价可靠。

3. 此次查清了错体位于渭河大断裂内,证实了促使各滑坡的新生与复活的共同条件和原因之一是后山断层向滑坡供水的长久作用;从本滑坡群的发展历程认识到,在此多级、多层和多块滑坡群上,铁路挖方、多次减重削坡和对前级滑坡的后部减重虽防止了大坍,但同样也削弱了后级滑坡的前部支撑,导致中、后级滑坡复活,使病害扩大。另外,削坡也使得滑体处于松弛状态,增大了表水的渗透量,加快了滑坡发展。渭河对岸边的冲刷,目前也只是对2号及4号滑坡产生作用,整治时,要逐个滑坡区别对待。为此,对错体分割的格局进行了详查,从中掌握到已转化的各滑坡均在东、西两错体的前级错块内,对当前活动的体积和今后可能发展的规律有了认识,据之拟出的整治对策是:不宜大量削坡,应以增强前部的支撑为主;同时考虑到当地的山体和河床系由松软岩土组成,为保持整个山坡地质地形大断面的平衡,要求"对渭河防护时不再侵占河床",可防止河岸摆动和侵蚀基准面下降。这一对策来自对以前教训的认识,它可以保证此次整治,不致再扩大病害。

(四)具体整治措施内容

在具体滑坡区别对待的原则下,不采取绕线避开时,对原线各滑坡可采取如下整治措施:

1. K1362+520~+650的1号滑坡,在提出措施时滑坡尚未滑下,拟在山边建一排钢筋混凝土抗滑桩支撑,再在桩前建一条盲沟排地下水以防止路堤滑动作为主要措施;另在滑体内外做地表排水系统。1985年9月滑坡在未处理时滑落,实滑断面、范围与原勘探一致。目前只能是在把残留滑体清除后,做好地面排水以切断地下水沿老滑面对路堤底的补给。

2. 2号及4号滑坡沿渭河岸边,对埋藏阶地以上组成老滑舌的滩地用钻孔桩排防护,或采用沉井挡墙防淘。对滩地及洪水位以下的河岸采用浆砌片石护坡防冲。

3. 由于K1362+720~+850的2号滑坡目前仅中级滑坡在路面附近错出,破坏了路堑抗滑挡墙,所以拟在墙前建一排钢筋混凝土抗滑桩,并在墙后修一条排滑带地下水的盲沟,阻止滑带继续向下发展。同时对铁路沿河一侧弃土的两边坡滑坡,进行监视,待其坍塌后,再修边坡支撑、盲沟疏排土中水,防止老土继续坍塌。

4. 位于2号滑坡上方的3号滑坡已经活动,在其出口以上修筑一排钢筋混凝土抗滑桩。除做好地面排水系统外,将来根据需要,再考虑是否采用垂直坡面的盲洞,疏排滑体及后山断层中的地下水。

5. 位于K1362+800~+910的8号滑坡,沿路肩挡墙前修筑一排钢筋混凝土抗滑桩,防止桥、墙外移和滑带向下发展,并阻止4号滑坡东段的中层滑坡形成出口。

6. 对 K1362+855～K1363+136 间的 4 号滑坡,在岸边脚墙后建一排钢筋混凝土抗滑桩,防止滑坡自埋藏阶地高程的深层滑出,并阻止滑坡自脚墙顶以上剪出。为此,桩顶需高出地面并回填一段大块石,用之平衡滑体,阻止它自半坡滑出。为了减少滑坡推力,对后级滑坡的上部在堡子附近可进行适当的减重,同时也防止后级滑坡的复活。在做好地表排水系统后,需要时再采用水平钻孔或盲洞对后山断层带的地下水加强排泄和疏通。

7. 对 K1363+210～+310 间的 5 号滑坡,因仍在微动,除沿路堤内侧修筑一排钢筋混凝土抗滑桩外,并在桩后建一条盲沟截排滑带地下水。滑坡后缘也要做好地表排水沟。

8. 对 K1363+294 大沟,沟中及沟岸虽坍塌及边坡滑坡发育,但铁路系为一孔 20.9 m 高桥通过,尚有一定净空可应付泥石流,目前应在全山植树并做好地表排水工作,可限制泥石流的发展。

9. K1363+330～+564 间 6 号滑坡的两段,非但新坡上浆砌护坡一再挤裂,山坡之后缘裂缝也已出现贯通,为此,拟在铁路内侧修筑一排钢筋混凝土抗滑桩。为了减少滑坡推力,后部可适当减重,其减重范围应注意到不引起后级错体的变形。其次是加强滑坡体内外的地表排水,并采用顺铁路向的盲沟截排地下水,防止基床翻浆冒泥。

10. 由于 K1363+564～+698 间 7 号滑坡至今尚稳定,观测也无变形迹象,故除加强地表排水和继续观测外,暂不处理。

二、该类型滑坡在性质上具有的一些规律

(一)滑坡群生成和发展在地质环境上反映的规律

从区域地质环境看,该滑坡群位于秦岭东西褶皱带之北部、衔接祁连山—贺兰山—吕梁山"山"字形构造脊柱端部稍西的前弧地段,在陇西顺时针旋扭作用范围以内,渭河大断裂带中。这些只说明了当地山体曾先后受到上述多次构造作用,对生成当前的外貌形态和当前水系分布密切相关。在这一总的地质环境中,每一地段可以是陡峻的山岩,也可以是具阶梯状曾经多次变形而生成的缓坡坡体。之所以成为滑坡群生成和发展的环境,与具体的软弱岩性分布、构造格局和谷坡演变的地貌发育过程有关。另外,也可从地貌特点推求出滑坡群的形成和发展过程。该滑坡群反映的规律分析于后:

1. 从渭河两岸地貌形态不对称看,北岸具滑坡群生成和发展的典型地质环境。

(1)滑坡群生成和发展于破碎岩土组成的缓山坡上

如前述,南岸是由侏罗系块状 γ_5 花岗岩体组成的稳定陡峭岩坡,而北岸滑坡群所在的坡体为破碎片岩类大理岩组成的阶梯状缓坡,上覆巨厚的黄土层。从组成两岸的不同地层分析,其间必然存在大断裂。北岸系断层上盘由软弱岩土组成,此为生成不稳定坡体的主因。按地貌形态追寻,查清了宽逾 200 m 的东西向隐伏大断裂(于堡子后,经 6 号滑坡的前部,向前过渭河,直达南岸的码头一线)之后,才弄清位于由北向南逆推在 γ_4 花岗岩之上的逆断层上盘,整个坡体已遭大理岩或硬片岩与软片岩间的帚状逆断层破坏,所以片岩才如此破碎,呈糜棱状。

(2)错落过的坡体具阶梯状下陷

整个北岸,在离渭河岸边约 1.1 km 处高达百数十米的大理岩错壁至渭河槽间的坡体,具阶梯状下陷。顺山坡走向(NW50°)看大体上东有三大错台、西具两大错台,但实际小错台很多,其中较大的(由大理岩组成)坎壁有四个,彼此基本平行,一般向河倾达 60°～70°,将坡体分为四大级。西块中最外坎壁以外的岩体,早被渭河冲走形成阶地。东块的 1 号滑坡外也具此外貌。同时横切山坡的自然大沟(除东界葡萄园沟和西界冯川沟外)计有三条(均切割较深,切过黄土层而入破碎片岩内),各沟大体平行向 SW25°流水。从这些阶梯状外貌看,后两级台面基本平整,故判断它是较稳定的古错体。而前两级中除堡子附近为一独立平台外,其余均属斜坡,直达渭河岸边或一级阶地上,故判断前两级为具错落转化的滑坡外貌。特别在堡子后有一洼地与冲沟,它与后山隔断,此反映是典型的老滑坡湖残迹。其次坡体中除风台两侧大沟外,各自然沟均发育在上述下陷具阶梯状坡体之内,并未切开后缘大理岩陡墙。所以后缘 140 m 高的岩壁可能是在河床下切过程中产生的错壁,但也必然在原张性构造的基础上继续发展生成。

经地质调查、测绘和勘探等手段证实了这一古错落和老滑坡群。以上便是从地貌特点上对该滑坡群生

成、发展与地质环境关系的分析之一。

2. 坡体上台阶和水系的分布，反映了当地构造格局呈多块体分割状，巨厚大理岩下伏破碎片岩的岩体结构类型，具有生成错落的环境。

如前述，此段坡体具四级台坎，受三条自然大沟分割，由于坎壁间自然沟间大致平行，反映了它们与当地后期的构造应力场间的关系。在地貌上所见坡体分块的启示下，运用地质力学原理，进行大量调查，并采用物探等手段证实了"坡体上台坎和水系分布常与构造格局一致"这一规律。走向与渭河平行（NW50°～60°）的四个坎壁，基本上是沿当地第三次应力场中弯张性的正断层，或第四次顺时针旋回的一对力偶派生的压扭性构造裂面生成，而三条自然大沟（走向 NE20°～25°）大体上沿第四次旋回主应力方向派生的张扭性断裂发育。正因为四周分割面彼此平行，坡体基本错下呈平行分割的多块体状，后期的重力错落，应在此构造格局下发育。邻近渭河的临空错块变成长条状起伏不平时，具此种地貌形态的地段即已转化为滑坡。随后的勘探、调查包括对水文地质条件的勘查，只是在这一分析启示下证实了滑坡群中各个滑坡的分布。以上是从岩体构造格局上对该滑坡群生成、发展与地质环境关系的分析之二。

3. 高陡坡体下伏软弱岩土为垫层时具生成错落的条件。

当地岩体结构属硬、软间层且层面倾向山里。上部硬岩为块状大理岩，厚达百数十米（最厚 140 m），覆在已遭构造破坏呈糜棱化的片岩之上。这种"层面向山倾、具松软垫层"的岩体结构是生成错落的典型条件。由于断层向片岩供水，当顺坡压性构造带受水浸湿时，易形成滑坡。以上是从特定的岩体结构类型上对该滑坡群生成、发展与地质环境关系的分析之三。

4. 由松软岩土组成的高大山坡，滑坡群各级滑坡的生成与阶地面有密切关联。

在凤台村以南至堡子一带，根据地质测绘及勘探了解，黄土堆积下破碎岩石的顶面呈向山里反倾状。其反倾角大于上部洪积黄土中古土壤层。分析此种地质结构，不难判断岩石错落或滑动在先、黄土堆积在后，在黄土堆积之后又产生过一定的错动与滑动。同样，在邻近渭河的古错体或滑体上，由于在后期堆积了巨厚层的黄土和渭河的不断下切，曾造成多次和多级的滑动。因此，各条块体上生成了后、中、前（或上、中、下）三级（或三层）老滑坡，各层滑坡的出口又与相应的阶地面相当，经勘查也已证实。以上是从地质结构上对该滑坡群生成、发展与地质环境关系的分析之四。

（二）滑坡群的滑动在动力条件的动态上所反映的规律

1. 渭河旁蚀和下切是该滑坡群不断发育和扩大的主因。

由于下切，造成侧向卸荷并增加临空高度，加陡地下水坡度，导致新的深层滑坡形成，使滑坡范围扩大。由于旁蚀削去滑坡前部的抗滑能力，滑坡便产生大滑动以求得平衡。此段坡体中的前级古错体，即是因此在渭河作用的变动下转化为滑坡，造成的多层多次滑动。在此启示下经过勘查，已证实上、中、下三层滑坡的出口大体与阶地高程 1 040 m、1 015 m 和 970 m 相当。滑坡产生的次序是先上层后下层，故地貌上只残留各级滑坡的弧状后壁，缺少每级滑坡的垅状前缘。特别 970 m 高程为埋藏阶地，低于现河床，它说明下层老滑坡发生时河床处在埋藏阶地的高程，现又淤积 10 余米。此系渭河下切、旁蚀动态变化作用与该滑坡群的发育、滑动间的关系。

2. 洪水冲刷下，前缘滑带的变化将使滑动性质产生变化。

目前渭河河床漫滩阶地的高程为 985 m，4 号现代滑坡的出口一段的滑面，因脱离老滑床（埋藏阶地）向上发展，系新生反倾滑带。由于滑面抗滑段呈曲面弧状，目前限于缓慢滑动阶段。一旦洪水期冲走埋藏阶地以上的老滑舌使出口降低，抗滑段向下倾，可能转化为快速滑动。此为渭河冲淘作用及滑坡群抗滑地段的滑面变化与滑动性质间的关系。

3. 修路时切坡，曾引起中层滑坡复活。由于中层、下层滑坡的复活，不断削坡，反而促成上层滑坡复活。

宝天铁路修建时虽对此段坡体开挖量不大，但因坡体系松散的老滑体，在失去支撑时更松弛，雨季中受表水浸湿后易坍塌。限于当时水平，未以挡墙代替失去的支撑作用，单纯削坡以求斜坡稳定，虽避免了边坡坍塌，但因削弱抗滑能力过多，导致中层滑坡复活。此时仍然未顾及上层滑坡，对 2 号及 4 号滑坡仍采用削坡和对中层滑坡减重，但因削弱了上层滑坡的前部抗滑能力，又促成上层滑坡复活。虽然避免了大坍塌，但造成更大规模的滑体复活，使病害治理失败，危害更加扩大。此为该滑坡群的滑动与不断削坡作用间的关系。

4. 削坡使滑体松弛也易产生边坡坍塌和边坡滑坡。

滑动过的土体本来就松散，加上削坡侧向卸荷更加松弛，强度降低，在雨季中地表更易于渗透浸湿。在组成斜坡岩土不均匀情况下（如2号及4号滑坡），铁路上、下之边坡上不断出现边坡滑坡群，易于坍塌，也使大滑坡前部支撑力减弱。此为削坡作用与该滑坡群产生边坡滑坡、坍塌以及降低整体稳定性间的相互关系。

5. 坡体中地下水分布的变化，特别是滑带水动态与该滑坡群滑动有直接关系。

当前渭河已切入逆断层下盘 γ_4 花岗岩中。因断层带系倾向山里，位于上盘的破碎片岩松弛，在断层靠山一带形成一储水盆地，只有在储水满溢盆地之后，盆中地下水始可补给向渭河倾斜的 γ_4 花岗岩顶面一侧，促使堆积于基岩以上的老滑坡复活。这就是在丰水年的后期，该滑坡群中1号、3号和4号上层滑坡以及6号滑坡有较大活动的原因。在此分析基础上，采用电探手段证实并探明了这一储水构造和过湿带分布。此即该坡体中总的地下水动态与该滑坡群滑动间的关系。

6. 上层滞水及土中水的变化与局部滑动有密切关系。

老滑（或错）带基本上依附于片岩组中一组向河倾24°左右的压性构造面。受挤后呈泥土状的软片岩呈连续分布，具有相对隔水性，常在滞水下发育成滑带。受后方裂隙水和雨季中地面水下渗补给等不均匀影响，在坡体上沿上、中、下三层老滑带的带状出口一线，易生成成排的许多边坡滑坡和坍塌。每届雨季（特别在第一次透雨之后）由于局部水文地质条件的恶化，在该滑坡群中1号、2号、8号、5号滑坡以及4号、6号滑坡的前部斜坡上，常出现浅层滑坡局部滑动迹象。此为壤中水、暂时性雨季下渗的动态与该滑坡群滑动的关系。

7. 春融对4号下滑坡的作用。

濒临渭河岸边的坡体，如4号下滑坡，在枯水位以下的岸滩为滑至埋藏阶地上的老滑舌，因其密实，相对隔水。在当前河床上升阶段，因受地下水作用，滑坡前部新生的滑带常向上发展，并呈曲面反倾。春融季节，因河水的浮力作用和整个滑带在水气循环下湿化，所以该4号下滑坡经常活动，并将前部浆砌片石护坡和水下脚墙推裂、裂纹呈云朵状。它使滑体的前部经常处于松弛状态，大洪水期水易毁护岸，为大滑动创造条件。此系滑带受水气变化和坡脚因水浮力变动与该滑坡群滑动的关系。

（三）滑坡群滑动在滑带岩土风化上反映的规律

1. 滑带土受风化生成次生矿物者，易因性质改变导致强度衰减引起滑动。

该滑坡群中，组成各个滑坡主滑带的岩石多是遭构造作用挤压破碎的石英片岩、呈糜棱状的绿泥片岩、云母片岩以及已炭化（或石墨化）的灰岩等。在以软片岩为主组成的滑带中，石英粒及硬颗粒被片状矿物包裹。在长期滑动研磨下片状颗粒更细，经长期浸水逐渐风化成次生矿物，如绿泥、云母黏土和黑黏泥等。这些矿物因物性的改变强度骤降，在本次研究中，这一现象已为矿物分析、镜下鉴定、电子扫描和强度试验证实。该滑坡因年年蠕滑，滑带强度不断衰减，逐年降低，可以推断它至一定年代后会转变成大滑动。此为滑带岩土因风化导致岩性改变与该滑坡群滑动的关系之一。

2. 滑床或滑带土具水化性者在雨季中易于滑动。

覆盖于洪积黄土及 γ_4 花岗岩残积土上的老滑坡堆积体（如1号滑坡），由于黄土黏粒含量高，γ_4 花岗岩残积土基本呈粉细砂状，且含许多高岭土和云母，两者在干燥时强度高，持水越多强度越低。这就是在雨季中具有这两类滑带的滑坡易滑动的原因。此即具水化性的滑带土受水后强度降低与该滑坡群滑动的关系之二。

三、对该滑坡群一些论断的依据

（一）"该滑坡群系发育在古老错落基础上，在重点地段的总体稳定度比十多年前已增大"的论据

1. 如前述，自大理岩大陡壁至渭河间的凹陷可能在构造期已形成雏形。后期是按四级三条的岩体构造格局下错，其前级错体早已转化为滑坡。对岩体结构和构造格局，我们用三条物探大断面已证实了各级和各条断裂带在坡体上的部位及各级错落带的分布。特别是上过湿带与上层滑坡的滑带一致，证明由后山断层

带向其供水;中过湿带隐约可辨,注意到各中层滑坡的活动性互不一致,这两种现象是相当的;下过湿带沿基岩顶面发育,它与下层滑坡滑带的部位接近。在雨季中各个边坡滑坡的活动范围与浅层过湿带的分布一致。同样,从工程地质及水文地质条件方面,也反映了该处为一巨厚的黄土层和大理岩层,重压于巨厚层呈碎石状的破碎片岩岩组上,系一重压下具软垫层的、易产生典型错落的结构类型。同时,破碎片岩岩组组成的坡体,受断层裂隙水和地面水下渗的作用,生成的过湿带巨厚、不均且经常变动,所以它产生了多层、多条、多块和多级的滑坡群。此种种现象足以证明该滑坡群是在古老错落体上发育生成的。

2. 十余年前,我们曾在此勘探过。在重点地段 4 号滑坡区的上、中两层滑坡范围内,当时各钻孔岩心普遍潮湿。此次勘探,在该范围内含水程度减弱,老滑带部分也无以往清晰。这与当时自路面高程处开挖了一条垂直山坡的深洞(长 400 余米)进行疏干有关。这一范围内坡体的稳定度增大及观测和电探结果,也证实了这一点。

4 号下滑坡由于深层移动,由堆积岩土组成的中层滑带,因断裂而破坏了其隔水性,导致中层与下层滑坡合成一体,中层滑带疏干消失也属可能。位移观测也证实了中、下层滑坡移动速度一样,无中层滑带出口现象,两者一致。不过,作用于前级滑坡的推力也因之增大了。

在 2 号及 8 号滑坡中,中层滑坡虽变形较大,但从对建筑物上裂缝贴片观测结果看,目前变动量已较十多年前为小,有总稳定度增大的迹象。不过,雨水稍多的 1984 及 1985 两年,在 2 号至 4 号滑坡的铁路下方斜坡上,曾出现了成排的边坡滑坡,反映出局部的稳定度也有减少。

(二)"对重点地段的 2 号及 4 号滑坡之河床必须防冲。在防护时,不宜再多侵占河床,保持现地貌状态下河床至山坡的稳定平衡"的论据

1. 最近三年对该段河岸在洪水和枯水期的水流情况调查,因岸边有一没水滩地,故在任何水位时虽为冲刷一岸,但深泓线则在离岸边 20～30 m 以外。在枯水期可见呈垅状。现经勘探在卵砾石层下系一密实的、由破碎片岩碎石土组成掩盖于埋藏阶地(高程 970 m)黄土层之上的老滑坡舌。正因为这一挤密的滑舌存在,使 4 号下滑坡的前部新生滑带呈曲面状反倾,自脚墙顶(高程 985 m)一带挤出,未造成大动。但滩地在逐年冲刷下已逐渐缩小、降低。以当前冲刷速度看,不久将因侵蚀至一定程度,下层滑坡势必沿老滑面(埋藏阶地面)突然复活,可牵引中层及上层滑坡同时滑下,所以要对滩地进行防护。

2. 从勘探后的河床地质分析,渭河河床的卵砾石巨厚,粒径小,极易刷深,目前此段局部冲刷深度达 10～13 m。此段坡体在历史过程中之所以不断滑动,一方面由于受渭河冲刷失却支撑,另一方面也因组成滑体的岩土系以片岩碎块土为主,经受不了水流的冲淘和搬运。所以山坡滑动不能终止。同样理由,如滑体侵占河床过多且冲不走时,在此软弱河床中,水流将偏移河心淘底,使临空面深度增大。组成坡体的物质又如此破碎,易因地下水位线下降使滑带向深部发展,扩大滑动范围。为此,防护必须从不造成河流下切出发,不应再多占河床。否则,对渭河河床需做大面积护底工程,非独工程浩大,且施工困难,也非必要如此劳民伤财。

(三)"不断削坡虽已防止了大量坍塌,但也引起了中及后级滑坡的复活"和"各个滑坡的滑动与当地雨雪水和后山地下水的补给有直接关联"的论据

1. 由于切坡,使下伏的破碎片岩暴露面增大,在大气和雨雪水的作用下风化松弛,稍陡的边坡产生坍塌。限于当时水平,未用挡墙减少暴露面以恢复支撑,而是一再削缓边坡,虽已防止了大坍塌,但因削弱老滑坡前部的抗滑能力,已引起中及后级滑坡逐次复活。

2. 该段坡体位于渭河大断裂带内,从卫星照片上反映,断带宽达 1 km 多。在 4 号滑体中 400 余米探洞中也遇到了隐伏断层和大量的裂隙水。时至今日已十年了,该探洞仍出水,足以证明后山断层对坡体的供水。同样,1 号、2 号、5 号及 6 号滑坡在铁路路面上、下所见多年来的地下水呈带状渗出的现象也未变,2 号、4 号及 5 号滑坡,于一级阶地面上、下的水泉湿地也是终年外渗,历久不衰的。

其次,每年雨季特别在第一场透雨之后,1 号、5 号滑坡的后缘和 2 号、4 号、8 号滑坡的斜坡上常出现变形,系雨水对各滑坡产生的作用。如此等等,都是后山断层供水的明证。

注:此文发表于 1990 年《滑坡文集》第七集。

从外貌及地裂缝对华蓥山山体变形的分析

在1991年11月15日~20日参加华蓥山形变趋势研讨会期间,对华蓥山进行了现场勘查,结合大会分发的有关资料,现从外貌及地裂缝上对华蓥山山体的变形提出以下分析和对策。

一

华蓥山山脊基本上沿NE30°~40°分布,如长江勘测技术研究所论文中提出的图1,在鬼子洞以南为NE30°、以北NE40°。由于华蓥山东、西两坡山脚下河沟的走向较顺直与山脊平行,而所见基岩露头的产状也大体与山脉走向一致(向东倾斜),据此分析形成华蓥山山体的最早构造主应力大体上指向NW60°,由东向西推。即第一次构造线为NE30°~40°的应力场。

再沿华蓥山数十公里的山势和按流入玉泉河各支沟在形态上的规律判断,该山后期曾被顺时针力偶作用的应力场所改造。此种现象与在会上介绍的工程地质图中各NE30°~40°的断层组均遭NW断层所切割、错开(其北盘东移,南盘西移)相一致。

按上述两点可推断分割华蓥山体的主要断裂网络应为这两次应力场作用的各构造裂面组的组合。各分割面的贯通程度、彼此切割关系和裂面间的抗剪强度以及水文地质条件均受控于这两次应力场。

二

华蓥山顶高程一般在海拔1 000~1 200 m之间,皮家山最高达1 312 m;西坡脚下玉泉沟的海拔约为300 m,而东坡下的河沟之海拔接近350 m。

(一)东坡

东坡为单斜构造。顶部平缓,向东倾,倾角在15°~20°之间,反映为背斜顶部附近的迹象;中间部分的岩坡与岩层产状一致,陡达40°~50°,系单斜岩坡的典型地形;往下坡形变缓直至坡底,从外貌上看可能沟底是向斜轴,它是向斜西翼的单斜构造。整个东坡坡形平顺、无突然错台,在此易于生成顺层滑坡的地段而无曾经滑动过的地貌,此与华蓥山整个生成的历程中受地应力的作用有密切关系(后详)。当前东坡的病害尚未暴露出,应结合天府煤矿采煤来分析,论证是否有危害。

(二)西坡

西坡一般高出玉泉沟800~1 000 m,为逆向坡,可分为三级。特别在海拔约700~800 m以上的上部呈台阶状,基本上具有两层悬崖和两级缓坡台阶;中部位于海拔400~800 m,呈30°~50°的陡坡,它与组成的岩石构造破碎相适应;下部在海拔300~400 m之间系缓坡,但由较破碎的嘉陵江灰岩组成。在上、中与中、下两部之间各具有一级宽大的平台(或夷平面)。之所以生成如此典型的坡形,它与当地的地质构造和软硬岩石的分布又密切关系。

综观西坡有下述各种现象:①在坡形上的不平整、各个台阶的高差不一;②特别在上部斜坡的各级平台上已出现了许多与山坡走向平行的纵向地裂缝(图1、图2),断断续续,有的可长达数公里;③在西坡斜坡上已有一些房屋开裂,曾三易其地,至今在山坡上尚未找到可保证稳定的地方;④在与山坡平行的岩溶洼地上许多原有的水泉于1983年之后已消失,使人畜吃水困难,并使一些田地干旱;⑤据反映,近30年来曾发生崩塌、滑坡和泥石流达数百处,特别在1987~1990年此类灾害多达360余处等。由此种种均说明沿华蓥山的西坡,自形成至今经常是处于不断变形与破坏中,自1987年以来且处于严重发展过程状态。为此,分析华蓥山山体变形,应着重于西坡,它是今后产生灾害的重点,特别是沿西坡在半坡的小煤窑采煤,对促进岩坡的破坏,应予足够的重视!即使停止小煤窑采煤,在此不良的地形地质条件下,西坡的自然坍坡也是要不断产生与发展的,有必要组织力量深入了解,尽早提出对策以减少巨大损失。

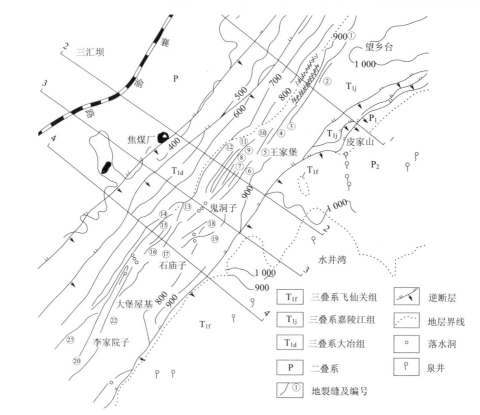

图 1 皮家山形变体地裂缝分布图(据吴玉华、崔政权,1991)

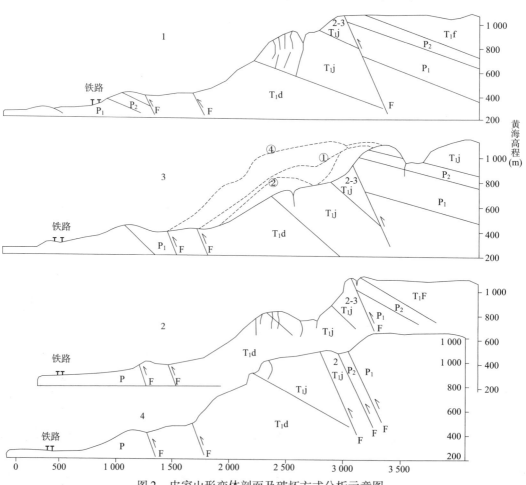

图 2 皮家山形变体剖面及破坏方式分析示意图

三

(一)组成华蓥山的岩层与构造

从西坡所见：

(1)在上部阶梯状斜坡上,山顶为三叠系嘉陵组(T_{1j})灰、浅灰色的中层夹薄层灰岩,呈块状,组成悬崖；下伏飞仙关(T_{1f})浅灰、灰、紫红色灰岩与泥岩互层,形成缓坡；再下为二叠系长兴组(P_{2c})深灰色的厚层状灰岩,构成陡壁；最下见龙潭组(P_{2l})页岩、粉砂岩、泥砂岩及煤系地层,呈薄层状,形成缓坡平台。

(2)在中部岩坡上见二叠系茅口组(P_{1m})块状灰岩；其下为块石堆积的陡坡,偶见破碎的飞仙关(T_{1f})岩层。

(3)在下部平缓的崖坡处,则可见呈倒转状的破碎嘉陵组(T_{1j})的灰岩。

从中下部地形地貌的特征上看,会上介绍在半坡处一以茅口灰岩为中心的倒转背斜构造,由于见到了地层的重叠和具倒转形迹的灰岩,我们认为这一调查真实。同样在下部有破碎嘉陵江灰岩组成的缓坡地段,会上介绍有一宽大的华蓥山大断裂通过,这与当地地貌及岩石破碎迹象相一致,我们认为也是无疑的。不过一般在巨大逆断层自山内向外挤出(由东向西逆推而上),上盘为倒转背斜时,下盘多数也有倒转向斜,因此建议在今后的工作中应予弄清。当然下盘已经位于平缓而开阔的玉泉河谷地,不可能新生病害,从工程地质灾害而言,不弄清它,与生产关系也不大。

(二)华蓥山的活动与地质灾害

组成华蓥山的最新岩层系三叠系嘉陵江组,它说明自形成该浅海相断层之后,山体在华蓥山大断裂的作用下始终是处于上升期,即是自燕山运动成山以来一直上升。据会上介绍华蓥山大断裂系活动断裂,直到现在还在不断上升。据此,或许可以说明华蓥山东坡的岩层,即因受由东而西向上的推力始终在挤紧受压作用下从未松弛,故它是在50°陡坡下未生成顺层滑坡的主要原因。这一现象在今后工作中必须落实,它对判断在其地下采煤(天府煤矿)以后,东坡能否产生滑坡灾害有重要意义。而华蓥山西坡恰好由于构造力不断地作用而不断上升,形成了高陡峻坡。因岩层反倾、倾向东,故在西侧无支撑。它于侧向卸荷和重力作用下先松弛,正因为松弛而导致雨雪水的大量渗入而降低了岩体的强度,此为西坡产生大量山坡变形之主因。同时因为山坡高陡,任一破坏自数百米的岩坡上落下,对山坡坡脚平缓地带造成的危害必然大。此为西坡变形的地质灾害严重之由。

四

(一)华蓥山西坡形变的性质及病害应产生的部位

(1)西坡下部边坡系由嘉陵江组破碎岩石和坡积物组成,因其坡度较缓本身可能不至于产生重大变形；不过崩积物是可能沿老地面滑动的,也是在暴雨和久雨下会引起各支沟发生泥石流的条件。

(2)在中部边坡,因由以茅口灰岩为中心的倒转背斜组成,发育的弯张裂面与弯曲层面交叉使煤系岩层和飞仙关岩组破碎易产生坍塌。西坡的中部坍坡后易引起西坡上部陡崖失稳,产生大型崩塌与错落；所以中部岩坡的稳定是今后地质工作的重点,如何加固此中上部病害出口的倒转背斜地段是今后防治岩坡变形的重点所在,同样制止这一带(西坡中部)的边缘挖煤为减缓中上部失稳已达到刻不容缓的地步了。

(3)西坡上部边坡系由嘉陵江灰岩与长兴灰岩两坚硬块状岩层组成；但嘉陵江灰岩与长兴灰岩间的飞仙关砂泥岩及长兴灰岩与茅口灰岩间的龙潭煤系岩石为中薄层状的软岩,因而在当前由嘉陵江灰岩与长兴灰岩组成的高陡悬崖绝壁之下的飞仙关组泥岩夹灰岩和龙潭组含煤地层是否能承受如此巨大的压力,当前的阶梯状地貌已经反映了由于华蓥山不断上升造成西坡中下部不断破坏的事实,这是今后工作需要研究的重点。同时天府煤矿在采龙潭煤层时对西侧岩坡的稳定,也是今后工作的主要重点；煤是要采的,怎样的采法才可以不造成灾害,对西坡而言是重中之重。

当前西坡的中上部于坡顶及半坡上产生的平行于山坡走向的纵向地裂缝,据调查及地质力学分析,是依附于早期构造的弯张构造裂面组发育,主要因下伏软岩承受不了上部陡崖的压力而变形,将随产生于软岩中卸荷裂面(倾向西)的倾斜度而异,或以崩塌形式破坏、或沿底部卸荷裂面而滑动。不论以何种形式破坏,因出口高悬于半空、高出玉泉河达400～800 m,其危害必然十分严重。客观上1987年以来,特别是1989年7月10日一场暴雨造成的灾害已经造成巨大损失,有关方面应不失时机、立即组织力量进行勘察与整治,政府部门及中央有关单位更应重视。

由于中上部的软岩主要有两带,又有许多由逆断层形成破碎岩石的软带;所以中上部岩坡上产生崩塌及滑坡的出口部位较多。下层破坏必然要牵动上盖的各层岩土,今后中上部岩坡的破坏类型将十分复杂,也因山高坡陡在处理上十分困难,有必要集中国内主要力量才能对付这一难题。

(二)华蓥山山体下采煤可能产生的危害与对策

采煤对华蓥山在煤层以上的山体相对而言增加了一个临空面,使煤层以上山体自开采过程中和以后产生向下松弛变形,原已闭合的裂面可因之张开,一些因悬空面积过大而弯曲与折断。首先引起水文地质条件的变化,使地表水、地下水向采空区集中,或向变形形成临时的相对隔水层汇集形成许多滞水带造成泉水干枯与田地开裂;继而引起山体变形与地表的不均匀下沉、开裂和陷落,甚而还可能引起围绕采空区四周的岩坡发生崩塌、滑坡等破坏。

目前华蓥山地下采煤分为两类:一是小煤窑在西坡岩坡上采煤;一是天府煤矿自东挖巷道于山体内采煤。

1. 在西坡岩坡上的小煤窑

它们位于华蓥山西坡,从煤层露头向东、向山采煤,主要是在近坡体处采煤。如前面所述,龙潭组煤系地层,位于西坡岩坡的中部及上中部,它支撑煤层以上有400～600 m的陡山坡,本来就因强度不够,在华蓥山上升过程中已不断产生坍坡,它是悬崖绝壁下的基础,采煤就是挖墙脚,减少了支撑:一方面造成其山体的松弛,在倾向临空的裂面逐渐张开下地下水向下集中,使煤系岩石软化而强度降低;另一方面也因山体松弛而增加对煤系岩层的压应力。在两者不利条件的发展下从而加速山坡变形。此为1987年以来华蓥山的西坡一带在煤层以上的岩坡崩滑突然增多之因。崩滑体落于西坡的中下部之后,也就为暴雨、久雨下生成泥石流提供了物质来源。

2. 在东坡山体下的天府煤矿采煤

天府矿务局是在山体下采煤,其危害需进一步做工作才能正确论断。对东坡而言虽然采煤必然引起采空区以上山体向采空区变形,使地表下沉开裂和造成地表水、地下水下落消失,这种现象已经产生,将逐步扩大。由于东坡是顺层倾向,在采空区上的岩层易于因弯曲而形成自然拱,将能产生多大范围的陷落或能否产生顺层滑坡,目前不能定论,需要进一步进行岩石滑坡地质力学的调查分析。至于天府煤矿采煤对西坡变形怎样影响,是须搞清采煤空间、开采方式,特别对近西坡临空面预留多宽的不进行开采的煤墙对其影响巨大,这一问题据说在采煤设计时已经考虑到,但是否恰当,今后应专门勘测设计,经过检算论证才能定夺。且需在采煤过程中不断在西坡及华蓥山顶进行监测山体的变形,随时据之修改采煤设计才可避免造成大型灾害。

目前的对策,除制止小煤窑在西坡上采煤外,天府采煤尽量远离西侧临空面;其次是做好地表排水系统,尽可能截集一部分雨水供人畜饮用;第三是向政府有关部门反映,争取款源,建立机构,开展勘察工作,订立规划进行整治。

五

华蓥山西坡的山顶和山坡上的地裂缝其走向 NE30°～40°,基本与山坡平行,它可分为两类:一类是离边坡较近,向两侧下错的断断续续地裂缝;另一类是离山坡较远,沿坡顶顺山坡洼地产生的深长而贯通的地裂缝。

(一)沿西坡岩坡附近的地裂缝性质、危害和对策

如在皮家山望乡台的地裂缝走向为 NE40°,宽10～100 cm,向西下错20～50 cm,它距陡崖顶30～40 m,裂缝近于直立;这些是在悬壁下软岩经受不了山坡的压力作用,而变形下生成的边坡岩土向临空移动的后缘裂缝。今后将因地表水沿此裂缝下渗,在不断削弱下伏支撑的软岩岩体的强度下而加速变形,在暴雨、久雨下可能由于裂缝中充水生成的暂时水压,而导致裂缝以外的坡体沿裂缝倒塌、错落或滑动。目前只能先对它进行监测,以便预报以减少不必要的损失。其次是向有关方面逐级向上反映,以争取款项,组织力量进

行工作和预测破坏时间等,以及可能得到的财力、物力和人力,采取相应的防治措施和应急措施。

(二)沿山顶顺山坡洼地上的地裂缝的性质、危害和对策

如在皮家山鬼子洞一带的裂缝,距陡崖较远,它处于洼地中心,延伸长达百余米。在这些裂缝通过之处地表水干枯、地下水消失,引起当地居民生活和生产用水困难。这类地裂缝大多数是沿岩溶裂缝发育,因天府煤矿地下采煤,山体的松弛使地面水及地下水形成下渗,目前只是妨害居民生活,但是切不可掉以轻心;因西坡岩坡过高,裂缝离岩坡上各软岩和破碎岩层可破坏的出口部位不远,也还可能在大型崩塌、错落和滑坡的范围之内,在出口岩层不断削弱下,并不能肯定今后的西坡崖坡变形与破坏不会发展至该洼地裂缝部位;也不能下断语当前的洼地裂缝都不是西坡岩坡大型破坏的前兆,但可以说在近期内尚不至于就发展为大型破坏。如果它是大型岩坡破坏的前兆,一旦产生,其先行为山崩而造成的危害是难以想象的,应该慎重。

基于上述认识,除首先解决因地下水消失而造成的人畜饮水问题外,应向有关方面反映,尽快取得款项,建立机构,集中人力、财力和物力,进行勘察,提出规划,针对重点进行详查以便进一步提出防灾措施。

六

(1)综上所述,华蓥山山体变形是由于本身的地质构造基础所决定,人为采煤等活动(包括对植被的破坏)促进了变形的加剧,目前已达十分严重的地步尚处于发展中;如不采取措施任其发展,其危害将逐年增大。

(2)东坡可能是处于地应力不断挤压作用下,始终是处于较稳定状态,但仍需在今后勘察中予以证实;即是如此,还应分析地下采煤对其的影响,必要时可采取相应措施以减少危害。

(3)由于组成西坡的岩坡在中部有倒转背斜和断层分布而岩石破碎、裂面纵横,它承受不了上部高陡岩层的压力,在西侧无支撑、不断卸荷的条件下发生边坡变形是必然的;特别在中上部位的边坡具软岩相间的岩层结构现已形成两层陡壁的台阶地形,陡壁下的破碎软岩更易破坏,它是应注意加固和监测的重点,一旦变形将形成上盖坡体的大规模倒塌、错落和滑坡,其发生突然、危害巨大,不可失察。因此,乡办煤矿的小煤窑在西坡岩坡上挖煤是加速山坡变形的主要因素之一,必须逐一研究,立即处理。天府矿采煤,对西坡岩坡稳定的影响,已提到议事日程,应在进一步勘测后采取针对措施。

(4)华蓥山顶沿平行山坡洼地的地裂缝虽可能是天府矿挖煤造成,它已使地表水及地下水沿岩溶裂隙下渗,应立即组织力量修建截集地面水工程以解决居民生活问题。但应组织力量进一步研究是否与大型岩坡向西侧倒塌有关。至于临近西坡或西坡岩坡上的地裂缝是岩坡破坏的前兆,应立即组织力量进行监视和预报,以减少不必要的损失,并进一步做工作提出相应防治措施。

(5)华蓥山 1 km 长的变形体不是连在一起的,它由许多垂直山坡的沟谷所分割,分成许多段;每一段、每一部分的变形性质、成因、稳定度和危害程度是不同的,其相应的对策及防治措施也应具体对待。特别是西坡的岩坡十分危险,并已造成危害,逐年严重。我们同意研讨会的结论,立即由有关方面向上级政府反映以引起重视,应专门为此筹划款项、成立机构、增强力量,在进一步勘查后提出相应规划,分别轻、重、缓、急采取措施以减少损失,进行防灾。对重点、紧急而危害大的地段要进行详查,必要时进行整治。

注:此文是铁道部科学研究院西北研究所徐邦栋、王仲锦发表于1991年《自然边坡稳定性分析暨华蓥山边坡变形趋势研讨会》论文集。

岩石滑坡地质力学调查及分析方法的应用研究

提要： 本研究成果以地质力学理论与方法为基础，对岩土创立了一种从实践中总结出的调查及分析方法，能在短期内查清山体的构造格局和坡体条块的具体分割与稳定性；对于岩石滑坡，可迅速确定其性质、条件与成因、破坏机制、空间形态、规模与危害、当前的稳定程度与今后的发展趋势等。本方法在查清病害各方面所需的时间短而且准确，可满足防治坡体变形的应急需求，故其效益显著。

关键词： 岩石滑坡　地质力学　分析方法

岩石滑坡是山区常见的一种不良物理地质现象，常对交通、水利、农田、城市和矿山造成危害，给国民经济建设带来很大损失。自20世纪80年代以来，国内在高坝方面如拟建的黄河拉西瓦电站，其坝肩边坡就高达500~700 m；在露天采场的人工高边坡方面，如金川和大兴两矿，已达300~500 m；长江三峡中的链子崖危岩体和黄蜡石老滑坡体，分别高出江面300 m 与700 m；在重庆华蓥山的西坡、高出地面600~800 m 的半坡上产生了平行山坡走向的地裂缝，每条长达数公里，绵延20 km 等。这些岩石高坡都潜伏了岩石滑坡的危害，已成为当前生产中亟待研究解决的关键性问题。华蓥山西坡所孕育的灾害就能威胁坡下襄渝铁路的安全。因岩石滑坡引起铁路断道的事故，直到现在还在经常发生。当前贵昆铁路扒挪块抗滑明洞的变形，系受山侧岩石滑坡作用所致；目前这里亟待加固的工点尚不少。凡此足以反映研究岩石滑坡的必要性，其经济、社会效益毋庸置疑。

历来国内外对岩石滑坡多在变形之后才引起重视，因而迫切需要研究能快速摸清性质、规模和危害，特别是其发生条件和发展因素的方法，方能针对灾情及时采取对策与措施；采取可减缓变形速率的措施，争取勘测、设计和施工的时间，从而挽救大滑坡灾害。本文论述以满足应急需求为主、以地质力学基本理论为基础创立的一种调查及分析方法，其原名为"地质力学方法在岩石滑坡研究中的应用"。它是从大量具体工点实践中反复修正、补充完善的，分两部分：一是以滑体由完整基岩组成的岩石顺层滑坡为主；二是以滑体由破碎岩石组成的切层滑坡居多。

一、工作步骤及其应达到的主要要求

1. 地貌调查及分析。以调查当地的地貌形态和特点分布为主，结合地形图、航片和卫片判释，再联系当地岩石产状对地形的影响，判断山体的构造格局、稳定与不稳定部分。对不稳定山体做出粗略的条块划分，用以指导下一步工作。

2. 地质力学调查及分析。在对当地构造形迹详查后，从中反推出对该山体曾经产生过作用的各次构造应力，每次的应力场及其配套裂面；各次构造应力的顺序和每次应力实际产生的构造裂面组数、每组裂面的性质和后期应力对它的改造，以及各组裂面间彼此切割的关系等。用以核对、补充和确定从地貌调查中判断的山体构造格局和裂面组合的网络。

3. 构造格局与滑坡生成之间的分析。按构造网络与临空发育的关系来分析山体中各块变形的必然顺序与范围、地下水随临空面发育的变动、岩石滑坡生成的可能性和底滑带应产生的部位以及引起滑动的条件和因素；分析滑坡的立体形状和今后发展的可能趋势。特别要结合地表的变形形迹，判断滑坡所处的稳定阶段和滑坡的分条、分级、分层与分块。只有在此分析后对不能确定的和重要的部位（底界的深度和控制定量的点），以及为验证用的地点，才可有目的地做少量勘探以满足技术设计用。

二、主要方法和内容

（一）岩石滑坡的地貌调查及分析的作用和要点

山体或岩体的地形地貌特征，不仅仅反映当前的地表形态，还可反映该形态形成的历史过程。除去由软

岩和软硬间层中软岩形成的外貌外,地貌特征主要受构造控制,所以它是判断构造的依据之一。从地貌特征入手,可搞清山体中由断裂带组成的主干纵横网络的格局;即由断裂面横切山体为几级和纵割山体有几条。从相邻条、块在地形上的高低和平面上的凹凸对比中,可发现那些靠近临空的条、块已变形及移动的距离;当变形体为滑坡时,同样可从微地貌上按格局类比对滑坡的分条和分级,并可据以评价整个滑坡及每块滑体的稳定性和发展趋势。实践证明,从下述四方面可了解山体的构造格局。

1. 山体形态及应力场两者与构造格局间的关系

从对岩石滑坡地段山体形态的大量调查中,发现山形与曾受几期地应力作用有关,并经室内模型证实。按下述各点的形态调查为主,结合地形图、航片与卫片,可提出山体曾受过几次构造应力作用,每次的构造应力场及其配套裂面等雏形,待用地质力学调查及分析来确定。

(1) 当山坡走向与组成的岩层走向一致时,山脉走向是早期地应力场所生成。在单向挤压力作用下则形成直线形山脊;在一对平行扭动力的力偶作用下生成正、反 S 形山脊,顺时针力偶作用时生成 S 形,逆时针力偶为反 S 形。主应力垂直于山脊。山脊呈直线(山顶多串珠状)时,由单向主应力生成的配套裂面均呈平面形;山脊呈正反 S 形时,垂直于山脊的主应力为力偶作用的派生作用力,因之生成的配套裂面均呈波状弧形面。在同一应力场中各配套裂面生成的先后顺序与岩石刚度有关,柔性的先弯后断,脆性的先断后曲。

(2) 在平顺山形中,向临空方向的洼陷和缓坡如其四周为构造裂面,则该洼陷地块和缓坡范围的岩体,曾相对于四周裂壁下错过。

(3) 沿一连串的山间垭口呈直线状时,垭口连线常为后期构造的一断裂所在,但需实地调查;摒去岩性差异中由软岩剥蚀生成的垭口。同样从一系列平行而又贯通的纵横错壁的分布,也可判断出构造格局。

(4) 构造格局中的构造面,其向临空剥蚀后常出露三角面,彼此平行的代表一组构造面。两平行三角面的间距,即是在同一地质构造应力场生成的同一性质两主构造面之间的间距。若为平直状的,是受单向作用力形成;弧形状的,属扭力作用的产物。同一排三角面向临空错开,是后期改造所致;据之可供判断有几期构造作用力及其先后顺序和划分构造格局用。

2. 山坡外貌及斜坡变形与构造格局的关系

斜坡上的裂点(指由断裂生成的沟坎在地形上陡缓变化的节点)和台坎,它在滑坡上常是横向分级部位。斜坡上各构造裂面的松弛程度、植被条件和泉水湿地分布等特点,可按之判断坡体的稳定。

(1) 阶梯山坡上台坎多依附贯通的构造裂面发育生成,但要在调查陡坎两侧的岩层层位有错距时才能断定该台坎是下错生成。所形成向临空下错的这些构造裂面组合,常是将坡体划分成许多块体的边缘(台坎和沟谷)网络;其分界裂面多为近期构造生成,它控制滑坡的分级和分块,对比两侧稳定山体与洼陷体上台坎和沟谷裂点的错位与错距,可量测到失稳体变动的数据。从变形的台面和坎坡与四周稳定体不一致的数据中,可圈出滑体的范围和移动量;一般按滑动方向两点位移连线的坡度,可估计出其间滑床的陡度。

(2) 岩体经过移动可使组织松弛,各构造裂面较四周稳定体张开、错位增大,特别是渗水性能增强;量测动体中贯通性强的构造裂面、层面、片理面或不整合面等与四周稳定体之间相对的量差,可说明其稳定度。许多失稳体在未整体移动前期前部处于挤压阶段而隔水;一旦前部滑带剪出口形成后则滑带水路贯通,于前缘形成泉水、湿地呈带状分布。为此可据以判断滑坡所处的稳定阶段及其稳定度。

3. 河流和冲沟的分布与构造格局间的关系

河流和冲沟大多发育在地质条件相对薄弱的地带,当摒去有岩性差异而依附构造裂面和构造破碎带生成时,河、沟的平行分布网络就与构造格局一致。特别在是滑体上后生冲沟的形成与滑坡条、块有密切的关系,按下述各点可掌握山体构造格局和滑坡的条、块划分。

(1) 河两岸山坡上相对的冲沟在入河口的部位错开则该河段可能沿断裂发育,两岸岩体相对受扭。由破碎岩土组成凸岸,河流至此形成绕曲,其侵入河床部分的破碎岩土可能是老滑体。

(2) 山坡上一组平行冲沟走向与间距多数是同一性质生成的另一组构造裂面的反映,两侧冲沟常是其间滑块的边界。中沟呈折线形的,常依附一张性和一剪性裂面发育生成;若系波状曲线时,多依附张扭或追踪不同构造期生成的两组张或剪性裂面发育生成。

(3) 河两岸的山坡形态若不对称,多数在平顺而陡立一岸的山坡稳定;而呈台阶状、缓山坡的一岸不稳定。此时顺河流方向与部位常是断裂所在；缓山坡一岸为断层上盘的岩层组成，坡上台坎分布与构造格局一致。

(4) 在不稳定山坡的一岸，滑坡与错落的出口常与阶地标高相当；从阶地标高相当部位倾向河的断裂带出口、破碎带或软弱的层值，可能与构造格局中的立面分层一致。从阶地的缺失上可判断滑坡生成期与当时古河道的状况。

(5) 滑坡内的冲沟分布，可反映本区构造格局的类型，新生的冲沟往往是滑体条、块的边界，因滑动生成，常依附构造格局中切割山体的裂面组发育。

4. 用遥感图像核对大范围内的构造格局

航片和卫片上的山脊、水系、陡崖和植被等在遥感图像上有颜色差别，可辨别宏观构造轮廓、主要构造线分布和局部构造、可追索标志层、断层和断距、山脊和水系的错开，以及山体形态和山坡地貌特征等。所以遥感判释可看到当地地质构造的全局和滑坡在全局的部位及范围，至于滑坡的细部则不清晰；它只可供分析构造格局和滑坡分块参考用。

(二) 岩石滑坡地质力学调查及分析方法

在漫长的地质年代中、多次构造作用下、岩石上留下许多形迹（如岩层结构和产状、褶皱和倒转、裂隙和断裂，以及断层两侧岩层的变动和裂面间的擦痕、糜棱、阶步和变质等）；从力学、物理、化学上（材料、应力、应变和破坏、热感应、次生矿物、变质和矿物排列等的关系）还是有规律可循的。地质力学调查及分析是从形迹中反推出该山坡在生成过程中对之产生作用的地应力作用史，即可准确地判定在该山体形成中曾受过几次对山体产生作用的地质构造应力场以及先后顺序，每届应力场实际出现的配套断面（包括隐裂面）及其破坏的力学属性，各组裂面间彼此的切割关系和对每一裂面的后期改造（包括在不同部位产状变化的定量数据）等。其精度要求需满足技术设计中填绘的工程地质平、剖面图。实践说明做到下述三点可达到目的：① 以调查"构造裂面生成时的力学属性和构造型式"为基础；② 分析"构造配套裂面系列"和相应的"构造应力场"为核心；③ 反复鉴定和核对"各种形迹生成的先后顺序"和"后期应力对前期裂面的改造"为中心环节。

经反复实践，对现场任一出现的构造裂面，在形迹性质的详查和力学配套分析相一致后，所调查及分析"几次构造应力场及其顺序、每一应力场的配套裂面组数、彼此切割的关系、每组裂面的生成期及力学属性和后期应力对它改造的力学属性等"所得出的结论才正确。为此：① 要在现场对滑坡体内、外选定的许多地质力学调查点上的形迹进行详查，对每一调查点的实测裂面及裂面上的形迹以及形迹所反映的性质进行初步配套；② 对各点先找出同一调查点上的层面产状与各个裂面间的关系，再使各点的层面在转换到同一层面产状下求出每次构造应力场的配套裂面组数及其彼此定量关系，在反复分析后最终确定出该山体对之产生作用的应力场次数及顺序；③ 如分析性质与现场调查有矛盾时，一面至现场复查形迹，一面重新由点配套至全面配套。实践证明，经过复查、修改失误后，往往可满足要求。以下介绍地质力学调查及分析的方法：

1. 地质力学填图的方法与内容

(1) 布点原则：地质力学调查应布置在滑坡四周的稳定部分，可供与滑动体比较用，以求出移动量为度；其数量应满足应力配套所需，在同一主应力的方向上不宜超过5°。布点应遵循地貌调查分析后所判断山体构造的格局。在不同构造单元和地貌单元要分别布点调查分析；在纵、横贯通每一主断裂的两盘分别布点，在不同年代的地层上及同一年代地层中不同岩性的岩石上布点等，以核对、修正补充从地貌上评断的构造格局。对构造复杂、地层重复和岩层绕曲严重地带布点易多，在不稳定体的边缘、地形明显稳定部分（如自然沟壁、陡立的错壁）布点易多，供变形体量测移动量比较用。

在变形体内以地面上沟谷分布调查后划分的滑坡范围及条块为地质力学调查点布点的指导。在变形体内临近稳定体的分界处和各条、块边界两侧布点，以确定滑坡和每条、块的边界范围已经相对的移动量用。对每块滑体的布点数要能满足配套出各种构造裂面（特别是滑坡生成依附的底界）为度。

一般自然沟坎易于露出岩层，上下台坎和沟两岸往往是断裂所在，是滑坡条块的分界部位；故地质力学调查点多沿沟而上，在沟两侧布点为主。对沿断裂生成滑坡台坎的贯通裂面，特别是依附断裂生成滑带的倾向临空的缓倾角结构面等的产状、特性和间距，更应布点详查，必要时采用坑槽揭露。务必尽可能详查裂面上的构造形迹，特别是各组裂面的实际切割关系与每一裂面上多组擦痕的交割与每组裂面的产状，它反映各次构造应力作用的先后顺序。

(2) 调查点的要求

①对每一地质力学调查点,要在无相对位移的、较完整的一块岩石上测出层面及各种构造裂面,始可找出彼此正确的定量关系。同时须在平面图上的测点位置以裂面图方式将实际出现的各种裂面产状、力学属性和后期改造等绘上,以识别构造线在不同部位的变化。对依之生成滑带的隐伏裂面为调查的重点,易在风化岩体上出现;对硬岩在锤击下易沿之剖开,切勿忽视。

②调查点在描述时宜着重下述六点:a. 按实际现象描述,如逆断层则为上盘上升、来力方向等形迹的佐证与数据。b. 形迹调查,指除构造裂面本身产状等力学特征外,并量测裂面两侧岩层的特征与伴生构造和断裂带内的小构造,以及一些受热、受压的反映和沉积物等(包括擦痕、镜面和矿物变质)。c. 形迹调查目的在找出地质作用力的先后顺序(不强调区分是否同一次构造的先后次序或两次构造);因后期作用力方向常贯通而摩阻系数小,沿之滑动的下滑力大。故对立面生成的力学属性和后期对之改造的形迹调查为重点。d. 调查要侧重主动地应力作用下生成的压、张、剪和扭性面的区别,其透水性与摩擦系数也不一样。要查清在地应力松弛后生成的裂面,其规模、贯通性和破坏程度较小,在生成的顺序上有区别。e. 对层面调查时要查清层间的结构物与坚固性,特别要找出层间错动面的分布和错动面上的动力形迹(有无松弛擦痕)、泥化程度、含水条件;顺层滑坡往往只沿有应力松弛期的层间错动面滑动。f. 本地质力学调查及分析是包含传统的工程地质、构造地质和地貌调查的内容,在其基础上侧重和增加了对构造裂面在力学属性与后期改造方面的调查及分析,结合水文地质条件的变化、摩擦系数和裂面生成的先后顺序。

③为能定量的提出岩石滑坡的空间形态、水文地质条件及变化和对滑坡划分条块三点,在地质力学调查的程序上分两步:一要在地貌调查的基础上完成一般地质调查和测绘,在滑坡所在山坡上填绘地层和岩性的分布、断裂构造的分布和产状(包括各构造裂面的组数与产状)等地层、构造条件,以核对、补充和修正按地貌的判断。二为再沿滑坡四周边界的两侧和滑体内完成地质力学点调查,并将实际裂面的组数和性质等填绘于各调查点部位的裂面圆内。

在地质力学调查内容中要根据下述三点的形迹判断作用于裂面上构造运动的先后顺序:a. 面状构造有:沉积建造的层理、页理、不整合面、假整合面等,岩浆岩建造的流面、岩浆岩体间的界面、岩浆岩与围岩间的接触面,变质岩作用的片里面、片麻理面,地质构造作用的构造裂面(节理面、劈理面、断层面)、层间错动面、褶皱轴面(包括拖曳褶曲)等。b. 线状构造有:褶皱的长轴与短轴、擦痕指向与倾伏角、拉伸砾石排列方向、矿物集合体延伸方向、条状或板状矿物的排列方向等。c. 对层面和裂面要量产状;要区分裂面为平面形或曲面形,描述面的平整度、起伏度、粗糙度和贯通度,量测面上擦痕组数、切割关系、每组擦痕的指向与倾伏角、面上的擦沟和阶步等;勘察裂面两侧的伴生构造,区别断裂中或后期改造遗留的迹象如揉皱、拖曳、羽状裂隙、小型旋扭、劈理和片理、岩脉或方解石充填、压熔及重结晶等。观察构造面的紧密程度、裂面颜色的变化和蚀变状况以判断受压与松弛;对裂面间有空隙时要测其张开程度和充填物;对充填物要描述组成岩土、颗粒分析、排列方式、颜色、密实度、含水程度、连续性,如系断层泥要了解物质组成、不同岩土的混杂、粗粒的磨圆度、排列方式、稠度、烘烤、重结晶矿物、蚀变程度、胶结物和胶结程度,以及断层泥在延长方向上的厚度变化和连续性,尤其要测出后期改造在充填物上的残迹如裂面、擦沟、擦痕等力学属性。

④调查岩性的分布,可据之判断:a. 构造裂面的力学属性,两盘岩层相对位移的方向与移动量;b. 找出因岩性差异由软岩形成的沟谷、洼地和垭口,从而发现由构造裂面生成者;c. 查出易滑断层出露的部位,供分析滑带可能出口的参考用。

⑤从判断水文地质条件的需要调查断层构造裂面有关的现象,如张性汇水、压性阻水和剪性过水,如两组断层交汇处泉水发育,如沿断裂带的泉水、湿地呈串珠状分布,如沿含水层出水呈带状分布等。

2. 地质力学分析方法

(1) 下述三点是对调查点各裂面地质力学分析的核心。

其一是对裂面的力学属性分析,即对任一裂面应先按形迹特征来确定在受何种力(张或压、剪、张扭、压扭)破坏下生成和后期曾受何种力改造;再与按构造配套对之分析的性质相比较,两者必须一致。

其二是对裂面上擦痕的分析,即按动体作用于不动体上产生的擦痕来分析构造应力的指向及性质,多以压性或压扭性（指力偶作用下派生的压性面）构造面的下盘上垂直走向的擦痕为准；在缓倾斜的压性构造面上与倾向斜交的擦痕常为后期改造主应力的指向。

其三是对压性与压扭性的分析，即各期压性构造面的走向它代表相应一期的构造线方向，与之垂直而向上的方向为该期构造主应力的指向，此时擦痕指向与之一致；当裂面呈弧形而陡立，若擦痕向上不垂直、而与构造面的走向斜交时则为压扭面，系受与之成45°的一对力偶作用派生的。

（2）对调查点上各裂面的构造配套分析有以下六点主要内容。在一次构造应力作用下（包括单向力和力偶两者）可生成相应的各组裂面系列，称为构造配套。它包括应力作用期与应力松弛期两个过程生成的各种力学属性面。

其一，单向挤压应力作用下的构造裂面配套如图1、图2、图3所示，岩体在X轴的单斜主压应力（例如指向正南、仰角20°）作用下可先在XY平面上产生四个反方向、五组构造裂面，即一组拉张、一组压性、两组平面X型剪性（其中一组发育）、一组弯张面；随之岩体在X轴主动作用力继续增大下，当Y轴反作用力大于Z轴重力后，中间应力由Z转换至Y轴可在XZ立面上产生两组X型的压性面（其中一组发育、一组为隐裂面）和一组层间错动面。当X轴来力减小时，岩体要恢复原形而产生形变应力（图4）以Y轴最大、Z轴中间X轴最小，此时进入岩体松弛回弹期；在YX面上产生四组构造裂面，及两个方向的平面X松剪面（其中一组发育）一组与层面走向一致的松张面一组与层面垂直的松压面（不发育）。两个应力过程共计可生成六个方向、十二组构造裂面。

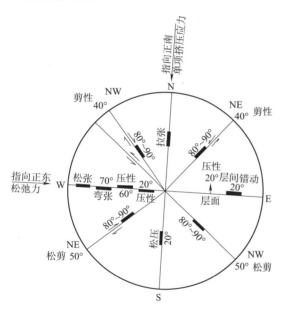

图1　岩体在单向挤压力作用下产生的裂面系列（裂面圆）

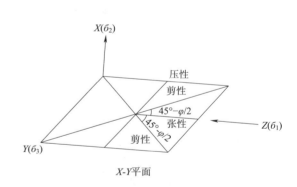

图2　岩体在单向挤压力作用下产生的平面构造裂面系列（$X>Z>Y$）

其二，在力偶作用下的构造裂面配套，如图5、图6所示，岩体在其两侧受一对应力相等而方向相反的平行力产生的力偶作用，可生成与两侧平行成约45°方向的两组陡立面、呈波状弧形起伏的扭性面：其中与派生主应力方向一致的一组为张扭裂面；与之垂直者可使岩体呈向、背斜褶皱，而平行向、背斜轴方向的是压扭裂面。岩石具脆性者压扭面先呈现，岩石为柔性者先生成张扭面。在派生主应力作用下，可见与之呈45°-$\varphi/2$（φ岩石内摩阻角）方向平面X型两组剪性面，均较发育。在岩体两侧的平行作用力如相距很远或沿力偶转动角位移小时，其派生主应力为单向挤压力生成的构造裂面较多，有时立面X形两压性面及层间错动面也发育，但松弛面少见；若两侧平行力相距不远或沿力偶转动角位移大时，则派生主应力生成的构造裂面较少。

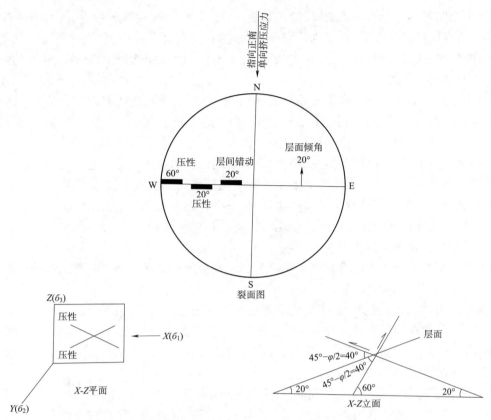

图 3　岩体在单向力作用下产生的立面构造裂面系列($X>Z>Y$)

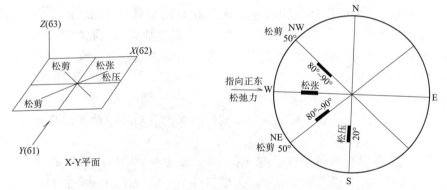

图 4　岩体在单向力作用下松弛期产生的构造裂面系列($X>Z>Y$)

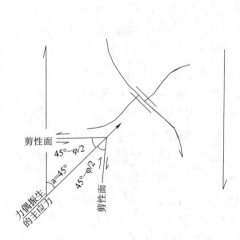

图 5　岩体在力偶作用下产生的裂面系列（平面）

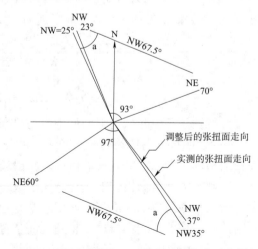

图 6　配作用力偶的一对作用力的指向示意图

其三，裂面配套的目的在于发现隐裂面，特别是临向空倾斜的一组缓倾压性面，虽密闭而不发育，因受构造应力后已沿此方向或已产生裂隙、或矿物已沿此方向排列，其强度已经削弱，滑体常可沿之滑动。此组压性隐裂面一般在风化带或锤击时可沿之裂开，在磨片镜下鉴定时可发现相应的迹象。其他的隐裂面尚有构造劈理面或不发育的剪性面等。

其四，对每个地质力学调查点上测得各裂面的构造配套，在山脊呈直线状时以层面（包括片理面、片麻理面、流面等）走向为构造线，找出长轴构造，配出第一期构造裂面系列；并将各调查点上层面的产状转至同一层面下，则可发现在同一岩组中由第一期构造应力作用下生成的各裂面之间的夹角自每一调查点上是相等的。其次可结合地貌上贯通性良好的直线沟、坎找出与之相当的裂面进行构造配套，多数是最晚一期构造配套系列中的裂面贯通性强。再结合压性面上在各后期构造作用下生成的擦痕指向与彼此切割顺序，配出各个中间构造配套裂面系列。当山脊呈弧形波状时，第一期构造配套系列将是在力偶作用下生成。所有呈弧形陡立的构造裂面均应按扭力作用配套。在地层有新老共存时，则由新地层中的裂面进行配套，逐步向老地层中逐层进行构造裂面配套，易于区别构造顺序。

其五，理论配套下各组裂面上的性质与顺序应与实际调查的形迹所反映的一致，否则不是调查失误，就是分析颠倒。因此配套分析应在现场进行，随时核对。

其六，在高大的山坡上，特别是中及下部为中薄层状的软硬岩互层或软岩组成时，纵然岩层倾向坡内，且向临空原无缓裂面，但常在河流下切过程或人工开挖下，中下部的薄互层岩石或软岩因受上部巨厚的、由陡立裂面分开的岩层压力产生向临空的剪切破坏。这一向临空新产生在中下部软弱岩层中的缓倾裂面，即是重力卸荷面，常发生沿之滑动的切层滑坡。

(3)建立调查区每次构造裂面配套系列时只能在同一构造单元才能找出一致的顺序。凡从分析中肯定对山体产生任一次构造应力场，在野外调查中至少可找到在该次应力场下生产的压性（或压扭）、拉张（或张扭）和一组剪性等三组构造裂面。在用相邻调查点补充时，对早期构造裂面要使层面产状转成一致，对不同岩组要找属于同一力学破坏属性的；对后期构造裂面要找切割同类属性裂面的同一力学破坏性质者。如此才可将不同岩组上在同一期构造应力作用下生成的各裂面组配套成系列。此时各调查点上该次主应力与由之生成的各裂面间的夹角应相等，同样它对早期裂面的改造在形迹上也应一致。

(4)分析调查区构造裂面配套系列的顺序，应先按不同年代和同一年代中不同岩性的岩组各自配套后，再按下述五点求出：

其一，按构造裂面上几组擦痕间相互切割的关系和构造裂面受后期改造下残迹的特点来确定各次构造系列的先后顺序。

其二，在同一调查点上各个裂面间的相互切割关系也是断定生成间的先后次序。

其三，在裂面生成时的力学属性与面上擦痕的力学特性不一致时或其他残迹性质与之属性不一致时，可断定裂面生成在先，其他为后期系列对之改造的形迹。

其四，从各裂面上的特征所反映的构造序次，将之综合分析，特别应以断层带中充填物上的形迹特征和断层两侧的伴生构造为主，可确定构造系列的顺序。但必须至野外反复核对残迹以去伪存真，要进行多种排列的顺序，采用它对每个调查点上任一裂面都适合为止。

其五，综合不同年代的岩层上各个配套系列，由新地层逐次至老地层，以确定其生成顺序。新地层中的主要裂面生成后，在老地层中必然存在；老地层中独自具有的裂面是在新地层未形成前受构造应力作用生成的。不过要特别注意一些后期裂面的生成与早期应力间的继承作用关系。

(5)实际证明按下述地貌与构造相结合的分析，可确定变形岩体的空间形态。

在构造格局中最临空的一块坡体内岩石滑坡始能发育生成。与山坡分离的滑体，其四周（包括底界）多依附于一组规模大而贯通性强的构造裂面生成；这些依附面（包括后期重力卸荷面）即是控制滑坡空间形态的构造裂面。从地质力学和工程地质填图结合地貌特征，可找出控制界面的贯通裂面在实地的间距和网络，也可判断前级一块的范围和滑动后将随之而孕育的后级滑块的界限。例如：①滑坡两侧界常位于向临空发育的深大沟谷，此种沟多沿一组张或张扭性断裂生成。②倾向临空、呈排的长大陡坎和沟谷中裂点，多依附于同一组后期构造断裂发育，常是滑坡分级和后缘的界面。③在滑体上一些冲沟和洼地多沿一组贯通性裂面生成,常为每一条、块滑体的侧界。④在斜坡前缘、陡坎底部和沟谷中的易滑地层及倾向临空的压性断层带、层间错动带、含水的假整合与不整合面、破碎带(包括蚀变和侵入岩脉等),往往是底滑带生成的依附构造面。⑤同一侧岸边的许多古、老滑坡的出口常与山坡上阶地相关,而阶地面又常是当地软硬岩的分界面;这种地貌形态、岩体结构和构造裂面是相互制约与关联的,常控制了滑坡出口。

三、验证岩石滑坡地质力学调查分析及方法的辅助手段简介

(一)以地球物理综合勘探为主,坑、槽、洞和钻探为辅

岩石滑坡的界面,不可能从岩心中找到明显的迹象。坑、槽探用于揭露基岩露头供地质力学调查点量测裂面和残迹用;对滑坡与构造格局中的主要关系如滑坡底界,必要时对个别点用洞、坑探验证。至于为了解现场实地的构造断裂的网络分布,常用多种物探手段于同一断面上测出,为地质力学调查及分析之定量用。曾用①物探联合剖面、异常等级剖面、四级对称剖面等探测构造破碎带和断层的具体分布与产状;②用垂向电测深和地震折射法查软、硬岩的分界,构造破碎带和过湿带的范围;③用钻探充电法测地下水的流速和流向等。这些辅助勘探集中在验证和补充构造格局及其分布、水文地质条件及动态变化两方面。

(二)室内试验及分析

在野外调查的基础上取代表岩样,在室内做微观测试与分析,以验证和补充由地质力学调查分析的结果,特别着重在找隐裂面和后期改造的形迹;同时用模型模拟试验,从定性上对构造系列和每一系列的裂面使之重现,以验证和补充由地质力学调查分析的结论。现简介如下。

1. 岩组分析和微观改造分析。对葡萄园西坡岩石滑坡群曾取岩样和矿物在构造应力作用下的微裂隙鉴定和分析、矿物方位优选、变形纹和扭曲、滑移现象和重结晶等。从微观构造及岩组分析求得的岩石受应力作用的次数、先后顺序和每次主应力方向等均与地质力学调查及分析的结果基本一致,说明了两种方法的可靠性与相互能验证的作用。

2. 构造裂面的再现物理模型模拟实验。在室内模拟实地的岩体组构,按地质力学调查及分析的结论、逐次施加应力,观测在实验中出现的裂面与变形及野外调查的裂面在定性上是否一致。受单向挤压力的构造裂面配套与力偶作用构造裂面的配套,两者结果均基本上与调查分析的结论一致。

四、岩体构造格局与滑坡的生成关系

(一)岩石滑坡的边界多直接受控于构造裂面,否则是发育不完全的滑坡;地貌上明显的顺直冲沟,地形上贯通性强的陡缓分界点和台坎边缘,以及呈带状的水泉出露处,常是滑坡或每块滑体的边界所在。

以下按滑坡的后界、侧界和底界三方面简介与构造裂面之间的生成关系,其中主滑带为核心。

1. 岩石滑坡的后界及前后分级界。基本上平行于山坡走向、由早期构造生成的倾向临空的陡裂面,均可依之发育成滑坡后界与前后分级界;其中以弯张面或经张性改造的压和压扭性面居多。当后界呈锯齿状时,多沿一张一剪两组陡面生成。

2. 岩石滑坡两侧界及左右分条界。基本上垂直于山坡走向的、贯通性强的陡立拉张或张扭面,常依之发育成滑坡侧界及左右分条界,其中以陡立的断层壁居多。如侧界呈斜宽状,所依附的裂面以剪性或扭性为主。

3. 岩石滑坡的底界及上下分层界。底界是了解滑坡的重点,特别是主滑带。①对岩石顺层滑坡而言,常见主滑带系沿具松弛期下错擦痕的层间错动面发育生成。②在岩层倾向山里的切层滑坡,其主滑带多沿一组向临空倾斜的压性断层面或劈理带、压性隐裂面等发育生成。③在高陡的山坡上,一些主滑带系沿岩坡在下切过程中因重力卸荷下生成的由临空倾斜的缓裂隙发育生成。

(二)岩石滑坡分块与微地貌的关系

岩石滑坡变形后因各个部位移动不同或移动有先后顺序而分块,在地形上残留了迹象和各种性质的地裂缝,它们构成微地貌;从其特征可圈出各条、块的范围,判断各条块变形的先后顺序和相对位移量。

1. 对破碎岩石滑坡而言,滑动后的微地貌形态类似堆积层滑坡,但其分级、分条较之有规律,各分界面

呈直线形或锯齿状,非弧形,它受构造格局中裂面网络的控制明显。其特征:

(1)滑动山坡呈波状起伏。在坡面的表层及两侧可见翻转较严重的岩块,致使杂乱而高低不平。同时在变形体上多局部滑动体,每块滑体的两侧常发育小冲沟及错台。

(2)变形体内直线状、贯通性强的台坎发育,平台面高低不齐,它们与两侧稳定山坡上相应的台坎相比和彼此间对比,可从中判断各滑块移动的次数与顺序、每块滑体的规模和范围。滑坡的前缘及两侧有坍塌现象,不过坍后的斜坡较陡。

(3)滑坡后缘及分级的地裂缝发育,滑体建筑物多变形。裂缝走向常与构造裂面的走向一致;当移动方向与构造裂面走向斜交时,地裂缝呈现锯齿状;若基本与之平行和垂直时,裂缝张开或下错。

(4)滑坡的厚缘弧与前缘坨,基本上曲度缓接近直线状。滑坡出口一带的水泉、湿地和喜水植物群多呈带状、平面形分布,不集中于凹槽点。滑带较厚,在横截滑动方向可见滑带是由多个类似构造核组成,呈齿状起伏。滑动中的岩土软硬不均、硬粒居多,岩粉、岩屑多呈糜棱状,具多组擦痕。

2. 对完整岩石滑坡而言,例如在顺层滑动后,则见斜坡上出现十分整齐的缺失一块于动体与四周不动体之间。动体上仍甚平顺,反映各部移动同步,严格受构造格局中裂面的网络控制。其特征:

(1)岩石顺层滑坡的后界、侧界和条、级界面顺直整齐而鲜明,与稳定体间错距显著。特别在后部的滑坡洼地上露出平整的滑床,往往滑带甚薄,可见层间错动带岩土,滑带土含水,但水流不大。

(2)滑动体上各贯通性强的构造裂面均张开,与四周稳定体上的有明显差异,但坡面仍平顺,植被良好。后缘、侧壁和分块界面的构造裂面一般均陡立,仅前部岩土在滑动离开滑床的部分,因滑面倾斜变缓、由于受阻而弯曲,致使滑体结构松弛、变形而有由松弛岩体组成的前缘斜坡。在出口一带可见水泉、湿地和喜水植物群呈平面形带状分布。出口一带的滑带也不厚,多由黏性土和岩粉、岩屑组成;滑床顶面可见一组沿滑动方向的滑痕,清晰鲜明。该滑痕切割原层间错动的擦痕易于辨别。

(三)构造格局与水文地质条件

岩体中有多种裂隙,受构造作用而不断改变。断层破碎带因其破碎常是集水廊道,各种构造裂面在松弛后因其张开而渗水,所以一旦岩体变形其水文地质条件在体内就产生变化,即是侵蚀基准面的改变或水库储水也影响坡体内地下水的排泄道。只有由构造期(例如上盘岩体)生成的巨厚而破碎的挠曲带和岩溶通道,两者在底部有较厚软岩或完整基岩为隔水层时,这一储水构造的变动可能较少;岩层倾向山里形成的储水构造,比较稳定。比较作用较大的后期应力场,它生成的构造裂面一般贯通性强,它对前期裂面可以改造或由密闭变成张开或由张开变成密闭,也就改变了以往的地下水网络。总之岩石滑坡所在坡体的水文地质条件受控于构造格局,随松弛变形的发展而变化,但与形态关联不多。对影响滑坡的水文地质条件和变化是在摸清构造格局后,从对地下水的阻、导和集水三者不同性质的裂隙分布网络中分析出对滑带供水的情况来判断其作用,必要时可做水利联系试验。在水露头调查测绘后进行全面物探以了解地下水的埋藏、分布及运动,对关键部位用少量的坑、槽、洞探或钻探来证实结论和补充定量数据。这一做法,包括下述各点:

1. 对破碎岩石滑坡而言,由于组成滑体岩层破碎,不论地下水下渗或在坡体内贯通性强的裂隙水,但在各条、块、级间分界的贯通裂面往往阻水;因此每块滑体本身是一彼此贯通的局部储水块,后级对前级补给和上层对下层补给。一般滑体下的滑带为相对隔水层,地下水通过上层滑带集中,于切断上滑带的陡立性张性裂隙(往往就是分界面)处渗入下层,向前级供给。其类型多数有二:一是以过湿带出现的孔隙、裂隙水,由大气降水直接补给为主;二是以脉状和带状出现的构造裂隙水,由构造格局中裂隙网络组成的储水构造控制。对储水构造,应分析断层破碎带的集水条件、阻水部位和排泄方式。

2. 对完整岩石顺层滑坡而言,因滑体系由多层不同岩性的岩层沿垂直方向叠置而成,每层的相对隔水性能明显,故大气降水补给深层滑带不易。一旦滑坡滑动,滑体上各切割岩层的陡裂面将因之松开而产生向下层集中渗水的作用,地面渗水的作用将因松弛增大而大量补给滑带。多数岩石顺层滑坡发生在下卧为较厚的软岩隔水下沿软岩顶面滑动;此时软岩上的硬岩或因构造破碎、或因岩溶而储水。所以由构造裂隙储水和岩溶水补给滑带时,其水量大而稳定;能弄清储水构造,进行疏干,降低水压和截断补给通道为整治的主要对策。

五、结 论

实践证明,用地质力学调查及分析方法,可在短期内搞清山体构造格局,从中发掘岩石滑坡的地质环境(包括工程地质和水文地质条件)。对关键部位用少量勘探证实和补充定量数据,可按技术设计要求提出岩石滑坡的范围,划分条块、层级和每条的周界与底界,以及水文地质条件及其变化;并可提出滑坡的生成条件与发展因素,评价稳定性。它比传统做法,可大量节省勘探费、工作量和时间,特别能满足在变形中应急之需,有实际的经济效益和社会效益,在挽救灾害中有可能发挥突出作用。

注:此文是铁道部科学研究院西北研究所徐邦栋、邓庆芬发表于1992年《中国铁道科学》第13卷第1期。

采煤对坑口电站——韩城电厂滑坡的影响

提要：本文介绍某坑口电站因其后山基底煤坑坍陷、导致上覆岩体松弛,引起了侵蚀基准面以上80余米厚的深层岩石滑坡。在抗滑抢险及综合整治过程中,取得了缓解滑动和阻止滑动的经验。文中根据5年来的监测资料分析,验证采煤对滑坡的形成及其对电厂安全的影响,从而得出新建电站的场址不宜与采煤区在同一个地貌、构造的小单元内的结论。

一、情况介绍

韩城电厂位于濛水河左岸Ⅰ、Ⅱ、Ⅲ级阶地上(图1)。厂坪所在阶地南北长近500 m,东西宽约400 m,呈梯状分3级向西递降。阶地东侧紧靠横山坡脚,西邻濛水河岸边,河流弯曲略呈W形,水流方向大致由北而南。电厂厂区各主要建筑物多按NE15°成排布置。东边(横山脚)辟为铁路站场,中部建立生产系统的各主要设施,西端设露天装置。厂坪及横山底部160~260 m深处有煤层分布。厂区南端紧邻象山煤矿,电厂用煤由象山矿在横山底部煤田开采供给。

自1976年电厂建成投入生产,于1982年12月开始对厂区地基及主要建筑物进行沉陷观测,至1983年7月发现3~6 mm的微量上升,从1983年7月以后,3号炉、4号炉、烟囱及4号冷水塔等地基上升明显加大。与此同时,厂坪东侧山坡上下出现多处裂缝,并有由东而西向电厂方向位移迹象。此外,在厂坪上还有3道长数十米至百余米的滑坡出口反向裂缝。对上述现象,有关单位曾先后到现场调查了解,并提出煤坑岩层冒落、地基变异、山体局部蠕动变形等分析意见。至1985年5月中旬,我所应水电部邀请参加专家组至现场调查分析,并指出电厂厂坪上鼓、建筑物变形,山坡位移系煤坑坍陷引起的滑坡微量位移造成的。并建议组织力量进行勘察、抢险、整治和一系列滑坡监测工作。经过近5年的施工实践,基本上防止了滑坡滑动,保证了电厂正常运行。下面根据几年来的监测资料,分析、验证采煤对滑坡的形成及其对电厂安全的影响。

二、地层岩性及构造条件与滑坡的关系

(一)地层岩性与滑坡的关系

电厂厂坪及其附近出露的地层有:

1. 二叠系上石盒子组(P_2)砂岩、砂质泥岩及泥岩互层,厚约230 m,下伏为下石盒子组(P_1)完整的砂、泥岩互层,厚约50 m。在P_1之下为上石炭(C_3)煤系地层,其中共有3层可开采煤层,分别为3号、5号及11号煤层。

在横山范围P_2岩组共分12层,其中P_2^{1-1}~P_2^{1-5}共5层埋于濛水河河床以下,无临空面,不具滑动条件,而且构成濛水河河床的P_2^{1-5}层为中细粒长石石英砂岩,厚层状,坚硬,完整,无反缓倾裂面,层厚7~9 m,不易剪断翘出。位于河床以上具临空面的P_2^{1-6}~P_2^{1-12}各层中与滑坡关系密切的是P_2^{1-6}。它为中厚层状的砂质泥岩,夹少量中薄层状粉、细砂岩及含炭泥岩,其底部为薄层泥岩,质软,潮湿,极易滑动。该层厚约75 m,其顶部在铁路附近高出铁路站坪26 m左右,底部低于铁路站坪26 m左右,因此在濛水河侵蚀基准面附近及其以上的岩土构成向濛水河方向滑动的主滑带,只能产生于P_2^{1-6}以砂质泥岩为主、倾向河的多层裂面之中。其次在P_2^{1-7}及其以上各层,虽可滑动,因P_2^{1-7}含砾砂岩(厚7~9 m)无缓裂面,滑动出口均在铁路堑顶以上,不能形成威胁电厂安全的深层滑动,故不考虑。

2. 第四系地层有:下更新统(Q_1^{fgl})冰水沉积的卵漂石层,分布于横山顶,为Ⅴ级阶地砾石层,其上有风积黄土,此层因胶结无水,故沿其顶底不可能产生滑动。中上更新统(Q_{2-3}^{al-pl})黄土及砂卵石层,为Ⅳ级阶地。上部的黄土以冲洪积为主,最大厚度达60 m。下部卵石层冲积形成,分布于横山梁上,一般厚2~3 m,此层充填密实,无水,故不易沿之产生滑动。全新统(Q_4^{al})黄土状土及砂卵石夹漂石层,分布在电厂厂坪Ⅰ、Ⅱ、Ⅲ级

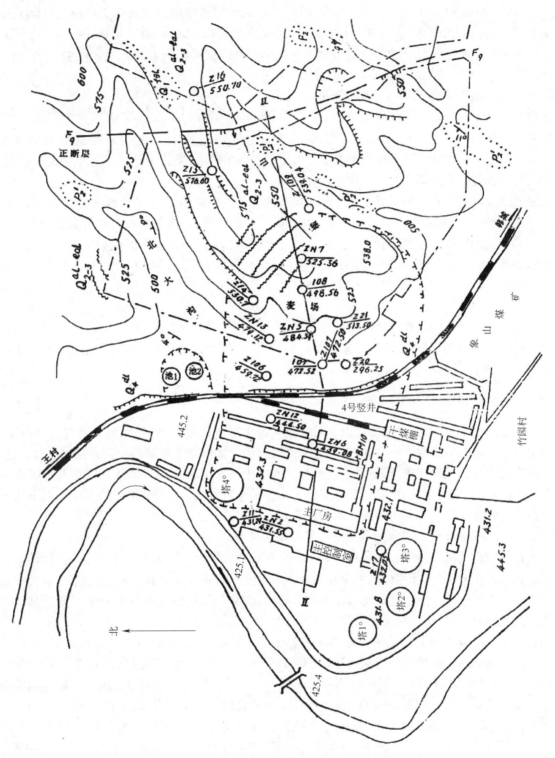

图 1 工程地质平面缩图

阶地上。黄土状土以冲洪积为主，夹有 0.3~0.6 m 的粉细砂层透镜体及薄砂层，位于滑坡前部时浸水后易于沿之滑动。下部的砂卵石夹漂石层，在受山坡横向推力作用下，位于滑坡前部时易沿漂石层底滑动。勘测时，在铁路北端Ⅲ级阶地下曾挖出具滑痕的漂石，漂石层中的砂砾有曾受挤的迹象。

(二) 构造条件

横山一带岩层为单斜构造，走向北北东倾向西，倾角自山顶 30°降至濠水河为 0~4°。

影响横山岩体结构的断层，主要是象山 F_9 断层。该断层系张扭性正断层，宽 10~20 m，其走向由北而南

为北西 $25°\sim20°$,倾角 $50°\sim55°$,上盘在西,下错 $10\sim15$ m,愈向南错距愈大。在 3 号煤层中该 F_9 断层走向为北西 $10°\sim20°$,倾向西,倾角 $70°\sim80°$,长约 800 m,破碎带宽 $10\sim20$ m,西盘下错 $3\sim5$ m。F_9 断层自地表切穿 P_2、P_1 岩组至 C_3 煤系地层,在横山梁上为唯一的深部断层,它将横山岩体截成东西两大块,西块对电厂的安全威胁巨大,与滑坡的生成和稳定有直接关联。

(三)当地水文地质条件变化与滑坡的关系

在横山一带由于表层覆盖了巨厚的黄土,其下伏的砂卵石层或为半胶结的 Q_1 冰水沉积层,或为砂砾和少量土质充填密实的 Q_{2-3} 冲积层,隔水性能较好,而 P_2 岩组中以完整、厚层的泥岩居多,故在正常条件下雨水下渗量不大。但是,自 1983 年在横山底部 3 号煤层采空区坍陷后,造成了 P_2 岩组各层中裂面松弛,导致了雨水下渗量增大和基岩中裂隙水的分布产生变化。

当地基岩裂隙水多分布在厚层砂岩之下的砂质泥岩顶面。1983 年地表未出现变形前,横山一带曾见数处泉水出露点,分别位于北大沟沟头的 P_2^{1-12} 砂岩底、P_2^{1-10} 中细粒长石砂岩底和北大沟南壁的 P_2^{1-7} 含砾砂岩底。其中 P_2^{1-7} 流出的三眼泉水流量达 $0.1\sim0.2$ L/s,为竹园村农民的生活用水。从调查看,各层基岩裂隙水的水量并不丰富,未形成层状水,仅在局部地段(横山北侧)成为带状水或脉状水。这些泉水自象山矿大面积采煤以来(1984 年);多数突然干涸,说明采空区坍陷引起了上覆岩土的松弛,也改变了基岩裂隙水的分布。

据 1985 年勘探了解,厂区一带地下水埋深 $9\sim25$ m;山坡上 $59\sim85$ m。从铁路山侧坡脚一带抗滑桩坑中所见的各层滑带看,它们基本上均处于潮湿至饱和状态,这说明在渐进破坏中地下水沿滑带不断活动。因此,主滑带与抗滑带的抗剪强度必须按饱水条件取值。

三、开采 3 号煤层对滑坡和电厂安全的影响

横山滑坡的形成,主要是由于象山矿对 3 号煤层的开采形成采空区,导致上覆岩层坍落和山体松弛,在增加地面水下渗和基岩中裂隙水的变动下,引起临空的岩土沿倾向濛水河的构造裂面推挤滑动;其次是当地岩体结构具有倾向河的各种构造裂面,在裂面松弛过水后沿隔水岩石的顶板形成软层而具备了滑带生成的条件。此外,在修建铁路专用线时,开挖坡脚削弱了山体的支撑能力,助长了滑坡的形成。以下从 3 号煤层的开采过程来分析电厂厂坪和横山滑坡变形的关系。

(一)横山底部采掘 3 号煤层与斜坡和电厂场坪变形关系

象山矿在横山下开采 3 号煤层的规划,由东而西共布置 6 个工作面。在象山 F_9 断层以东为 302 号、304 号、306 号和 308 号 4 个工作面(其中 306 号及 308 号工作面靠南侧部分在断层以西);在 F_9 断层以西有 310 号、312 号 2 个工作面。铁路范围及其以西电厂场坪底部不采煤,以保证铁路和电厂的地基稳定。采煤的顺序由东而西,对每一工作面则由北向南开采,如图 2 所示。

3 号煤层自 1979 年 1 月开始从 302 号、304 号工作面采掘以来,于 1982 年采至 308 号工作面的南段(在 F_9 断层以西)时,韩城电厂的地基和建筑物开始产生变形。1983 年采煤全面进入 F_9 断层以西的 310 号工作面,1984 年开采临近铁路的 312 号工作面,至 1985 年 4 月 3 号煤层已全部采空。电厂厂坪及建筑物的变形相当严重,有的已危及生产。根据 1982 年 12 月至 1985 年 4 月的观测资料分析,其中 1982 年 12 月至 1983 年 7 月间升降值变化较小,一般只上升 $3\sim6$ mm,个别点达 10.5 mm,表明采煤进入 F_9 断层以后才引起上述变形。从 1983 年 7 月以后,在 3 号炉、4 号炉、烟囱、除尘器和 4 号冷水塔东部的地基显著上升,至 1985 年 4 月中旬累计上升量最大达 58.1 mm(表 1)。从采煤与变形两者的密切对应分析,地面变形与采煤后采空区陷落具有一定的因果关系。当时,已发生主厂房的平台与 B 排柱之间的槽钢弯曲、干煤棚柱身倾斜、桥抓被迫停运、4 号进煤线的混凝土路基底被剪断、使路基产生严重下沉不能进车等。至于横山坡及厂坪上的地表裂缝,在 1985 年 5 月勘察现场时,横山梁上就有地裂缝数十条,经形迹分析后知这些裂缝有下述几类性质。

1. 位于象山与横山相交的东端山顶处的裂缝平行且相对倾斜,属煤坑坍陷裂缝性质。
2. 象山 F_9 断层至滑坡后缘四环地裂缝之间,其裂缝有向东反倾者,所以仍属向煤坑采空区的陷落裂缝。
3. 自四环裂缝直达铁路堑顶之间,只见向西陡倾裂缝,无向东反倾裂缝,应视作向西滑动为主的变形。

上述四环裂缝系由一组近南北的陡倾裂面与走向北西 $20°$、向河倾的一组裂面组成,其中北西 $20°$ 的一组实

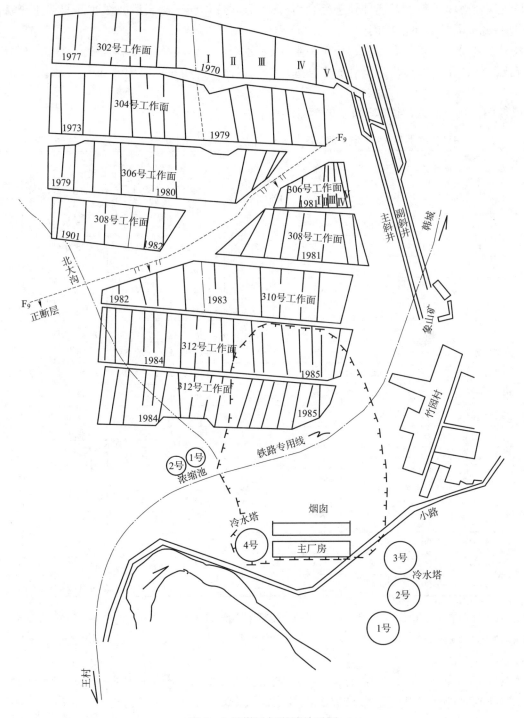

图 2　3 号煤层与滑坡关系图

际是滑坡后缘裂面，它指出滑体的后部是向南西 70°移动。

4. 在横山脚的铁路挡墙上产生的两条横向裂缝（南高北低）和八字形纵向裂缝以及在墙前的管道支柱上被剪断的迹象等分析，它们位于斜坡上浅层滑坡的前缘，属出口破坏性质。因 1984 年开采 312 号工作面逼近铁路促使原已稳定的浅层滑坡复活所致。

5. 自铁路站坪至主厂房之间，在厂坪上产生了 3 条北东 15°与主要建筑物平行的隆起带，均具明显的滑坡出口剪出裂缝，长 60～100 m。其分布位置：一在铁路 4 号进煤线混凝土路堤西侧坡脚，使其附近各刚性建筑物多产生破坏裂纹；二在烟囱至材料库门前小路东侧排水沟一带，地裂缝呈云朵状向西凸出，地面向东反倾，烟囱除向东倾外，其基础上有放射状裂缝；三在主厂房西部的电缆沟中，使沟墙和沟底产生大量垂直与水平裂缝和建筑物破坏现象。上述种种迹象表明,三个隆起带均属于深层滑坡在前部的破坏现象,并表明深层主滑带非单一的、而是多层性质的。

(二)在整治以前(1982年12月至1985年4月)对横山和电厂建筑物变形分析。

从升降观测和铁路堑顶小路旁设置的5号基点的位移值(744 mm),横山坡和电厂坪建筑物的变形有下述规律:

1. 采煤愈向西进,山坡及建筑物的变形量愈显著。

表1 1982年12月至1985年4月厂区主要建筑物升降观测资料(表中所列为升降值最大者)

建筑物名称	点号	第一次 (高程) 1982年12月	第二次 (升降值) 1983年7月	累计 (mm)	第三次 (升降值) 1984年3月	累计 (mm)	第四次 (升降值) 1984年11月	累计 (mm)	第五次 (升降值) 1985年4月	累计 (mm)
主厂房	C—2	432.58	+3.8	+3.8	+8.0	+11.8	+16.0	+27.8	+7.2	+35.0
	C—11	432.41	+2.9	+2.9	+6.2	+9.1	+15.9	+25.0	+6.4	+31.4
4号锅炉	炉—1	432.23	+5.7	+5.7	+16.8	+22.5	+25.8	+48.3	+9.8	+58.1
	炉—2	432.38	+7.2	+7.2	+15.9	+23.1	+25.1	+48.2	+9.9	+58.1
	炉—6	432.37	+5.9	+5.9	+14.6	+20.5	+25.8	+46.3	+10.4	56.7
3号锅炉	炉—24	432.43	+6.5	+6.5	+11.8	+18.3	+20.0	+38.3	+11.3	+49.6
	炉—28	432.30	+5.2	+5.2	+9.6	+14.8	+20.3	+35.1	+8.3	+43.4
	炉—33	432.49	+6.2	+6.2	+9.7	+15.9	+22.9	+38.8	+8.9	+47.7
除尘器	尘—19	439.13	+10.5	+10.5	+17.7	+28.2	+19.5	+47.4	+2.6	+50.3
	尘—26	438.95	+7.1	+7.1	+13.5	+20.6	+25.4	+46.0	+8.6	+54.6
	尘—28	438.88	+6.0	+6.0	+12.4	+18.4	+23.8	+42.2	+8.3	+50.5
囱烟	囱—1	439.79	+3.8	+3.8	+6.2	+10.0	+11.2	+21.2	+2.8	+24.0
	囱—2	439.51	+6.2	+6.2	+8.9	+15.1	+16.8	+31.9	+5.6	+37.5
	囱—3	439.49	+6.4	+6.4	+10.3	+16.7	+18.0	+34.7	+6.7	+41.4
4号水塔	水4—1	432.08	+0.7	+0.7	+2.20	+2.9	+5.9	+8.8	+6.0	+14.8
	水4—2	432.08	+3.7	+3.7	+10.1	+13.8	+17.4	+31.2	+9.1	+40.3
	水4—3	432.07	+4.6	+4.6	+9.0	+13.6	+15.9	+29.5	+10.3	+39.8
	水4—4	432.09	+4.3	+4.3	+12.50	+16.8	+20.1	+36.9	+11.3	+48.2

2. 自1982年起即开始有微量变形,先产生在铁路南段,与1981年、1982年先挖F_9断层以西的306号及308号两工作面的南段一致;1984年及1985年变形严重,移动速率增大,与开挖F_9断层以西310号及312号两工作面对应。

横山地表位移、变形及厂区建筑物地基隆起是随采煤自1983年全面进入F_9断层以西而加剧;采煤越靠近铁路,地基等的变形迹象越显著。所以在论断横山深层滑坡的生成与发展,要以"在横山下采3号煤层至象山F_9断层以西后所导致上覆岩体的松弛"为主要原因,其他如当地地质构造、岩体结构、水文地质条件的变化、降水及融雪、修铁路切割坡脚和红旗渠渗漏等,对滑坡的生成和促进有一定的作用,但非直接原因和主要因素。

四、整治施工后对工程效果的监测分析

经1985年6~10月的勘测设计和7~11月的抗滑抢险及其以后4年多的施工整治,很快查明横山滑坡是一深层的多滑带的基岩滑坡。其滑带部位多依附于劈理面及层间错动面上的泥化夹层滑动。前者产生在主滑部分,后者产生在抗滑部分。由于P_2^{1-6}岩组中劈理组及层间错动面均非单一的裂面,故滑带具多层性质,如图3所示。

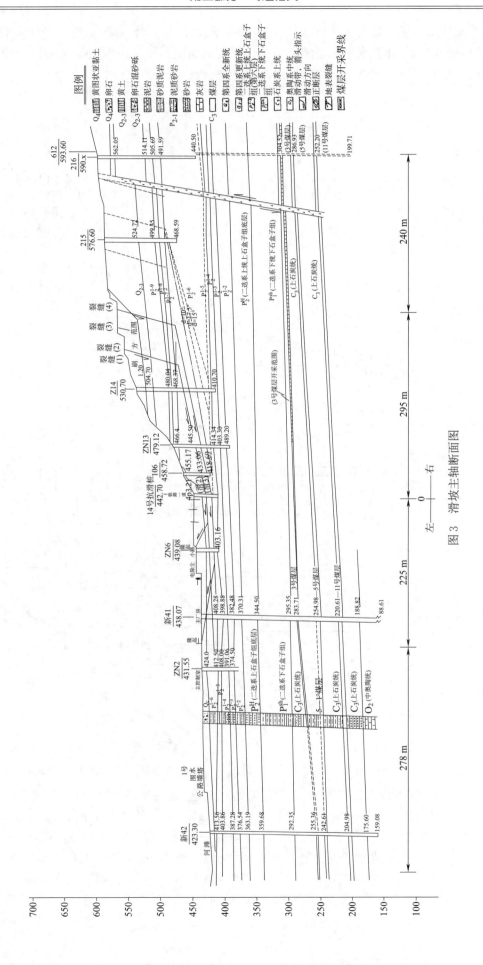

图3 滑坡主轴断面图

为监测滑坡发展及厂坪地基变化,结合设计施工的需要,在原来升降观测基础上,增加地面位移观测、深部位移观测、土应变计观测、孔隙水压计量测、声发射量测、地面倾斜盘观测以及报警装置和伸缩装置等,以了解各个部位的变化和掌握各项整治工程的作用,如图4所示。

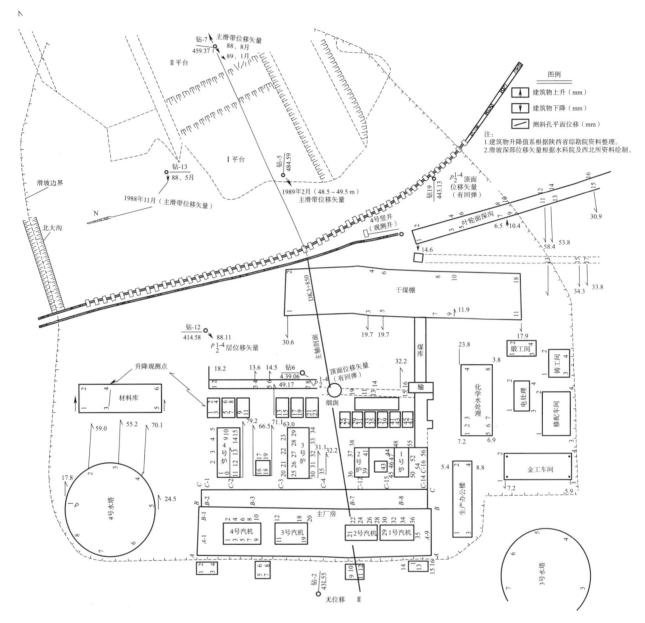

图4 综合观测图

(一)对电厂厂坪的高程监测

从1982年12月开始至1989年8月止,自采3号煤进入象山F_9断层西侧以来,一直在电厂主建筑群范围内存在一个不断上升的隆起带,在1985年7月以前始终上升,且速率不断增大,以隆起中心3号炉为例,由月上升量0.93 mm增至2.26 mm;1985年7~11月山坡减重后,3号炉的月上升量由2.26 mm降至0.42 mm。1985年11月~1988年6月应急抗滑桩修筑过程,3号炉地基有升有降,平均月上升量为0.62 mm,1988年6~12月由于降雨量增大,厂区地面普遍上升(3号炉月上升量0.82 mm),随后上升速率又降落(1988年12月~1989年8月3号炉月上升量0.26 mm)。其中1988年6月以后的上升现象,是在建成应急抗滑桩以后产生的,此表明这是P_2^{1-5}及其以下P_2^{1-4}岩层在横山坡体横向挤压下的弹性压缩变形,对电厂安全并无影响。

(二)地面位移观测

自 1985 年 6 月开始布点,至 1989 年 8 月共观测 21 次。1987 年底以前的 1 至 15 次观测值均在允许误差范围之内,但累计值以向西移动为主,说明临空岩体仍存在向河挤压的现象。从 1988 年 3 月第 16 次观测起,在滑坡主轴断面上由东而西选出卸荷平台 2-16、横山西坡 D-38、抗滑桩 $R1$-28 及 $R1$-29、烟囱-29、主厂房 B10-1 各点,算出它们自第 15 次至第 21 次间(1987 年 12 月~1989 年 8 月)的位移矢量,分析全滑坡的变化如下:

1. 全滑坡在减重以前,向西位移的速率逐年逐月在增大,但自 1985 年 7 月开始减重至 9 月以后位移速率明显减小。在厂区 1985 年 10~12 月出现反弹现象;从 1986 年 7 月第一批应急抗滑桩建成后,直到 1987 年 12 月止,厂区范围的滑动基本停止。位于滑坡中后部的卸荷平台在 1987 年 12 月~1989 年 8 月虽有位移 134 mm,但台上各种裂缝已在挤密过程中全部消失。同样,厂区建筑物的变形至 1985 年底之后未再向西发展,说明整治工程起到了稳定滑坡的作用。

2. 1988 年 3 月~1989 年 3 月,横山卸荷平台位移速率为 7.1~13.8 mm/月,在应急桩位处为 1.0~2.4 mm/月。对比由桩位至烟囱一带的位移速率,在 1988 年 3~12 月由 2.4 mm/月降至零,1988 年 12 月~1989 年 3 月由 5.5 mm/月降至 4.33 mm/月;表明自 1988 年 12 月以后,桩位至烟囱一带的向河位移是属于 P_2^{1-5} 岩组的压缩变形性质。

3. 自横山卸荷平台至厂区间,观测到的滑动方向与勘测时所确定的主轴方向接近。

(三)滑坡深部位移观测

在滑坡区安装测斜管的钻孔共 9 个,即卸荷平台上钻 7 号、横山西坡钻 5 号和钻 13 号、站坪上钻 39 号、钻 12 号、钻 19 号,厂区钻 6 号、钻 2 号、钻 24 号。从各钻孔中量测到的几层滑带位置,在 P_2^{1-5} 岩组以上者与勘测时的分析基本一致,证实了滑带位置的可靠性。

关于钻 12 号、钻 19 号、钻 6 号测出在 P_2^{1-4} 泥岩顶面有如下的位移情况:

1. 在钻 12 号测出最深层变形位置在孔深 42.5 m 处 P_2^{1-4} 泥岩中,钻 6 号在孔深 30 m 处 P_2^{1-4} 泥岩顶面,钻 19 号在孔深 30 m 处 P_2^{1-4} 泥岩中。经分析,煤坑坍陷深度在地面下 160~260 m,由下而上有很多构造裂面可形成软弱的滑带,但在临空面以下者不能产生滑动,故判断上述 P_2^{1-4} 泥岩顶层的位移为弹性压缩变形。

2. 钻 2 号在 P_2^{1-5} 岩组及其以下无变形,说明 P_2^{1-5} 岩组变形尚未发展至主厂房以西。

3. 自 1988 年初以来,上述钻 12 号、钻 19 号、钻 6 号各孔在 P_2^{1-4} 泥岩顶面变形明显,1988 年 3~11 月钻 12 号位移 11.14 mm,钻 19 号位移 13.76 mm,钻 6 号位移 11.70 mm。三孔的位移量基本接近,证实其位移系 P_2^{1-5} 及其以下岩层的弹性压缩变形。

(四)土应变计观测

从观测到的相对位移变化分析如下:

1. 自 1985 年 8 月安设土应变计,至 1985 年 11 月横山减重 7×10^5 m³ 后,在 4 号竖井(中滑带)、2 号栈桥、电缆沟分别向西相对位移 0.38 mm、0.10 mm、0.20 mm,至 1986 年 9 月观测值为 0.57 mm、0.19 mm、0.28 mm;自 1986 年 9 月至 1988 年 11 月间,4 号竖井、2 号栈桥、电缆沟分别向西增加位移 0.71 mm、1.05 mm、2.68 mm,是在 P_2^{1-5} 及其以下的岩层向西压缩生成,距 P_2^{1-4} 泥岩顶面愈近者位移量愈大,表明采空区上覆岩土系由下而上逐渐松弛的。

2. 各观测点的相对位移在 1985 年 8 月至 1988 年 2 月间有反弹现象,但累计量仍是向西位移;1988 年 2~11 月则全是向西移动。在 4 号竖井内中滑带位移量较上、下滑带为大,证实了中层滑带活动最大。

3. 从 1988 年 1~11 月位移情况看,由于 P_2^{1-5} 岩组的压缩移动量受年降雨量影响,因此必须在采空区及其以上岩土沉实后,向西的挤压力减小至 P_2^{1-5} 岩组的抗力可与之相平衡时,各层滑带的相对位移始可消失。

(五)孔隙水压计量测

在铁路东侧应急桩 20 号、23 号和铁路西侧 3 号、4 号竖井内各滑带部位共埋设 23 个孔隙水压计。自 1986 年 6 月至 1988 年 11 月的观测结果为:

1. 上层滑带的地下水压力低于中层和下层；应急桩20号、23号的地下水压最大，3号竖井次之，4号竖井最小。从20号与23号桩比较，北段的水压大于南段。这一水文地质规律与厂区变形一致，可反映地下水压力与变形的关系。

2. 从下层滑带地下水压力与降雨量比较，水压力随降雨量增大而增大，说明P_2^{1-6}岩组中的地下水主要受大气降水补给。

3. 各层滑带中水压最大值，在1987年1月以前为45 kPa，1987年7月达60 kPa，1988年2月为70 kPa，1988年8月为110 kPa（最大）；一方面因1988年8月雨量最大（193 mm），一方面也因1988年1月全部应急桩竣工而减少了地下水过水面积所致。经换算最大地下水压力仅11 000 kg/m^2，对滑坡影响不大。

（六）声发射量测

自1985年5月至1987年12月监测结果总结如下：

1. 当地岩石产生破坏过程：1985年7月先在钻孔19号产生，8月至钻孔6号，10月达钻孔2号，表明滑带的发展系由东而西。

2. 各孔中声发射反映的滑带部位基本上与地质分析一致。

3. 在烟囱附近的钻孔6号，于1988年8月在卵石层顶及P_2^{1-6}岩组内下层滑带反翘部位处有破坏反映；而在P_2^{1-5}岩组与P_2^{1-4}泥岩顶面间虽有受挤反映，但无破坏迹象，它证明系弹性压缩的迹象。

（七）地面倾斜盘观测

在滑坡范围内共设置37个盘，1988年5～12月共观测6次，观测结果为：

1. 在抗滑桩以东的横山坡仍有微量变形，位移指向南西80°；

2. 厂坪一带位移量小于横山西坡（倾斜在1°～4°间），位移指向南西70°；在主厂房以西基本稳定。证实抗滑工程产生了阻止横山滑动的作用，但P_2^{1-5}岩组内压缩变形影响仍存在。

（八）报警

在滑体内外安设12路滑坡自动报警装置，因未发生大的滑动而无严重变形迹象反映。

上述各项监测成果表明，勘测时所确定的滑坡性质、范围、各层滑带部位、滑动方向以及滑坡最大深度定在P_2^{1-5}硬砂岩以上，已基本证实无误。从而满足抗滑设计所设想的前提，即将P_2^{1-5}岩组视作一完整的楼板，将其上、下变形隔开。由于该层在当地侵蚀基准面以下，岩石坚硬，层厚7～9 m，无缓倾角裂面，它可阻止P_2^{1-5}以下的岩层变形剪断该层而挤出地表。这样，P_2^{1-5}及其以下岩层因无剪出口，其变形只能是弹性压缩，在推力减小时会有反弹现象。修桩后，桩基深入P_2^{1-5}岩层中，使P_2^{1-5}及其以上的滑坡推力将集中由P_2^{1-5}一层承受。经按滑坡推力检算P_2^{1-5}及其下伏的P_2^{1-4}岩层，今后虽会继续产生压缩变形，但不能剪断P_2^{1-5}砂岩层而挤出地表，故对电厂的安全运转无影响。

通过监测资料对整治前后变形的对比，可清楚地看出各项整治工程的效果，都起到了应有的作用。例如：

1. 切断2号皮带房与碎煤机楼之间的刚性联结，使局部集中的滑坡推力平均分布到横截滑动方向的全断面上，使厂房原来变形严重的联结处，因断开而缓解，达到了预期目的。

2. 在横山上对深层滑坡有影响的后部减重9×10^5 m^3，1985年6月底提出设计图纸，7月初开挖，11月底基本完成。减载后从观测上已证明达到了全滑坡减缓位移速率和缓解变形的目的。

3. 在铁路山侧挡墙前修一排钢筋混凝土抗滑桩，每桩有效截面为3 m×5 m，桩长36 m，共41根，分三批施工，1985年11月第一批应急桩开始动工，至1988年1月全部应急桩竣工后，P_2^{1-5}岩组以上的滑体基本稳定，P_2^{1-5}及其以下岩组的弹性压缩变形尚未最后停止，可能要持续十数年之久。

五、整治后的反思

韩城电厂滑坡经抗滑抢险和精心整治，现已基本稳定。可以说整治是成功的，主要体现在1985年6月以来近5年的整治过程，保证了电厂的正常运行，发电120亿度，产值8亿元。如果当时电厂未能及时整治而被破坏,后果是不堪设想的,即使搬家重建,也有时间问题。从横山滑坡对电厂所带来的危害反思,强调坑口电站的厂址如何避开采煤的影响,是至关重要的问题。假如韩城电厂在建厂时,将厂址选在濮水河对岸,避开横山向濮水河倾斜的岩体因底部煤坑坍陷而松弛所形成向河推挤的滑动威胁;或者对象山 F_9 断层以西的煤层在规划时就列入不开采的范围,从而防止 F_9 断层以西的岩体产生滑动。上述两种选择都是要求厂址与采煤区不在同一个地貌、构造的小单元内,始可避免采煤给电站带来不良后果。

注:此文是铁道部科学研究院西北研究所徐邦栋、潘恒涛发表于1992年《滑坡文集》第九集。

治理铁路山坡病害在施工阶段和运营中地质工作的内容及作用

提要： 本文除介绍在施工阶段及运营中地质工作的内容及作用外，并举实例叙述对山坡病害快速定性及进行整治设计的具体作法。同时，吁请有关方面在山坡病害发生之前，开展工程地质普查和变形监测工作。

关键词： 山坡病害 地貌形态 地质定性 设计参数 应急工程

一

国内对许多山坡病害的治理，特别是铁路在新建期和运营阶段，为人们事先发现而有足够时间按正常勘测设计施工程序、确实摸清地质条件可按图施工而全无改动的原设计甚少、除非该病害工点是对生产中重要设施者、已出现明显的直接危害，且是自变形出现至产生破坏为时长久、属发展缓慢类型者，始可能办到。

作者从事山区崩坍、滑坡和水害的治理和研究已40余年，遇到的多数是新建项目在施工阶段出现的大、中型山坡病害和运营中发生的威胁安全或造成部分停产的崩坍、滑坡事件，一般总是情况紧急、亟待解决。作为技术人员常要在短暂的期限内摸清病害的重要实质及主要地质条件，始可提出下述对策完成初勘时的任务。

（一）按危害而提出临时对策及应急措施，防止灾害的形成或扩大，以尽可能维持不间断运转为目的；同时要预计到治理需要的大致工作量、工程量和费用以及治理得失，其可靠度和精度只能视掌握的病情和地质条件的深度而异。故在初勘中以满足提供决策时是否必要整治的技术依据为目标。

（二）对决策要整治者，首要依据对病情及发展条件两者有比较正确的判断始可估计出距大破坏的时限，而提出相应减缓变形速率的措施、提出能在大破坏前可顺利建成稳住病害的工程措施、和设计需要的地质资料为范围。

（三）在收集资料方面，大多数因缺少按正常工作程序需要的时间而为难；但在可能给予的时限内提出的地质资料仍要求保证"对地质定性能正确、各设计参数的上下限的预计能准确"；如此在配合施工过程中始能做到逐步补充设计需要的定量地质资料以满足修正设计的要求，而不误施工、不造成较大损失为主。

（四）在短期内收集的地质资料要满足定性正确和参数可能变化的尺度可靠。按作者经验，地质工作按下述的先后顺序与内容进行可以办到：(1)在初勘中从地貌形态、变形形迹、山体构造格局和坡体结构四者内下功夫，可达到为病害迅速定性；(2)继对几个关键点用相适应的勘探方法予以核对而概略定量，为决策时做方案的依据；(3)属抢险和应急工程部分要要留有余地，以便在施工中可按监测资料和地质编录资料及时对初勘中的病害定性予以验证和补充，而使之变做根治工程的内容之一；(4)对根治措施的地质工作，要在病害定性基础上采用监测、地貌和地质调查、地质力学测绘三者结合以核对、补充和完善病害的定性；在测绘基础上有目的安排各种物探对初勘中概略的定量予以验证和达到半定量的精度，然后在物探的成果上对关键点为准确定量和工程措施的需要而布置少量的钻探、坑槽探或井探与洞探。其中井探与洞探以能布置在今后可能利用为工程措施的一部分者，可节省工程费用；同时要利用坑、槽、井、洞探为取样做室内外试验和监测场地，利用钻孔等开展长期的地下监测工作和为工程设计收集资料兼做各种必要的强度和物理指标的测试工作用。工程设计可先采用工程地质比拟法完成；上述正常程序设计所需要资料的提出，在工程施工基本完成前达到能及时核对设计赶上修改、补充和完善设计而不误工期和不造成过大工程损失为合格。

上述四点为施工阶段和运营中的地质工作应能满足的最低要求，是使地质勘查工作分为病害定性、病害定量和整治工程设计需要三阶段有目的区别、有机的结合、有顺序的连续完成，特别要求地质人员在施工期能全过程配合，并及时利用各种资料随时纠正分析判断不切实际者以适应复杂而不断的变化。

二

山坡的地质环境是在不断变动中,地貌演变即适应其变动。各生产设施在修建期和建成后 5~10 年内,山坡为适应环境的改变常易产生病害;故施工阶段和运营中要有必不可少的地质工作,才能适应变化的山坡和补充勘测设计阶段对地质工作的遗漏或未能暴露明显者。以下分三点论述:

(一)山坡病害生成地段的地质条件复杂者居多,有在勘测设计阶段不易发现或发现后亦不易摸清者,更多的是当时技术力量不足和技术水平欠缺而遗漏者。凡此种种均要在施工阶段及运营中逐渐暴露,所以施工及运营中针对以下所述各点要力求有地质力量和费用,经过普查后有计划、有层次、按照轻重缓急逐步完成。例如:

1. 隧道方面:铁路通过破碎岩层地段或其他不良地质地段,在 20 世纪 50 年代经历宝成、鹰厦的新建和宝天改建,曾总结"少挖高坡、多修隧道","少选傍山隧道群、多采用长隧道穿山梁的方案"等,在 20 世纪 60 年代以后确实避免了新线修建和旧线改建期许多路堑坍方被迫改明洞或增加大面积的支护工程;但是亦非因此而不需要在施工和运营中开展正规的地质工作。如正在修建的宝中线堡子梁长隧道,目前已因隧道施工引起洞顶老滑坡的后部复活造成隧道衬砌变形;已通车多年的宝成线桑树梁隧道北口明洞于 1991 年因洞顶滑坡滑动造成两次严重破坏,现以临时加固维持通车下进行改线中;成昆线毛头马 1 号隧道和宝天线 K105 长隧道均因洞顶滑坡作用造成隧道变形,目前正在重新地质勘查以供决策加固或改线中。

2. 桥梁方面:以往通过沟壑、洼地和陡坡路堤,在多雨地带确因地质工作不够、施工不重视基底处理,在铁路修建的施工阶段和运营中每逢雨季常发生突然急剧滑走的事件,一时抢修不及、十分被动;自 20 世纪 60 年代以来新线建设中多以栈桥跨过为主,的确减少不少灾害。但不能因此而忽略施工阶段和运营中对之进行正规的地质工作。有如贵昆线于修建期在水城一带对山坡软土的沟谷、洼地,施工中大量改桥渡过;因斜坡软土的滑动而使许多墩台改变设计、加深基础置于软土层之下。与之同时因山体滑坡推坏刚建成的贵昆线格里大桥,迫使在铺轨后于维持过材料下全部填死,改为抗滑高路堤面过。同样在成昆线北段会仙桥一带,因山体滑坡推动了过轸溪的 9 孔大桥在南岸的墩、台,亦在铺轨过材料车下被迫填死 6 孔以支顶山体。凡此皆是在施工阶段进行了抢险地质工作,一面维持临时通车、一面整治病害。

3. 站场方面:山区站场在 20 世纪 50 年代多选择在缓坡地段,因未认识到而常置于老滑坡体上。例如宝成北段西坡车站、聂家弯车站、谈家庄车站、白水江车站、马蹄湾车站和横现河车站等均因勘测设计阶段地质工作欠缺、在大量开挖下引起老滑坡复活,在施工阶段组织力量补充了大量地质工作而后逐一治住。为此在 20 世纪 60 年代以来修建成昆等线吸取此教训,但仍未能避免在施工期出现成都南站狮子山滑坡群、甘洛车站 2 号滑坡、乃托车站滑坡等再次进行地质勘察,实因受当时技术水平所限、老滑坡地貌迹象不明显而忽视所致,特别埋藏滑坡因无迹象而更难在选线中发现。1980 年 7 月在运营中的成昆线铁西车站老滑坡的复活,更是人为灾害;该处在勘测设计文件中已指明"忌在坡脚采石,引起滑坡复活",而运营中反而开辟料场在大量采石下引起灾害,不计长期断道等间接损失,仅直接整治费用逾千万元,既说明运营期山区地质工作的重要,又反映建立滑坡法规之必要。

(二)尚有许多本是稳定的山坡,因人为开挖或施工不当造成的病害,更应在施工和运营中有地质工作者相配合或事先有计划进行地质工作,始可事先或及时处理而不影响修建工期,以及不致被动。姑且不论 20 世纪 50 年代经验不足,20 世纪 70 年代中几条山区新线仍在施工阶段滑坡、崩坍严重。例如:

1. 太焦线在新建时红岩地区 8 km 中仅因沿岩层倾向线路一侧展线产生大小滑坡达 17 处之多。在勘测设计时仅发现红岩一处为老滑坡,所以基本上都是在施工之后始发现而造成被动的局面。

2. 枝柳线在大庸至吉首间的山区,在修建期施工阶段山坡病害亦较严重,由于勘测设计时做了大量地质工作,情况稍好。

3. 最为严重者在陕西梅七线 K40~K70 间,于施工前仅提出滑坡 3 处,施工中出现大小滑坡共 37 处,其中以沿各种土层之层间及基岩顶面滑动者为主,工程滑坡数量之巨与施工方法不当不无缘由,值得重视。

上述三例可反映山区铁路从构造区中坡体结构复杂和岩性不良的地段通过者,在勘测设计阶段仍重视地质工作不够,未能预计施工中可出现大量施工病害;当前的施工队伍亦未配备足够的地质力量于事先发现隐患,仅在出现病害再组织勘查而造成被动。

(三)山坡病害是随着时间的推移而不断变化有新生者,特别在破坏原山体平衡之后前10年间,因地质环境的改变而新的病害逐渐形成。为此运营中的地质工作非但不可或缺,在山坡不良地质地段更应加强,随时监视病害的新生、变形的发展,要消灭隐患于初始则可达到工程量小、而效果显著。例如:

1. 在超固结土或半岩质地段开挖的路堑及隧道,常在大自然中暴露5~10年因松弛和受水而坍塌鼓道者;如能在发现坡面出现松弛和在隧道底监测出应力变化之时立即采取相应防范措施,其工程量少而作用大。此类事例在运营中特别多,尤以多雨湿热地区的表现突出,应列为运营期的地质工作内容之一。

2. 不少山坡病害由于养护失当促成。宝成线北有10处滑坡,在修建期采取了单纯减重或在前部堆堤抗滑整治,运营10年左右均已复活而另行加固。虽说在设计原则上有问题,但与地面排水不畅、未及时疏干不无原因,未能监视水文地质条件的变化而造成恶化亦有关系,此应列为运营中地质工作的内容之一。同样如宝天线许多泥流事故,多因对沟上游的黄土崩塌、滑坡忽略了经常调查与处理有关,在运营中亦应列为地质工作的内容之一,并在调查、预测和报警基础上及时处理而避免灾害。

3. 桥墩台周围的局部冲刷和主流改道以及隧道漏水,目前运营中已注意到调查、监视和处理,但对其地质条件、水文条件和水文地质的变化等方面的工作进行不多;特别对隧道所在山坡的滑坡、错落和蠕变对隧道的不利作用以及水库前沿坍岸对隧道的影响注意较少,此应是运营中地质工作的重要内容之一。

以上所述仅是铁路运营中与山区病害有关的、显而易见的地质工作的主要内容与范围,至今尚未突出于运营单位议事日程之上,大多数是在出现威胁行车安全或已造成事故之后而进行勘查,十分被动。如若能从整治费用中划分一部分用于平时有计划的地质工作,既可变被动为主动,亦可在"治早、治小"下反使维持生产运转在线路方面的总费用降低。对拟改线地段应先在临时加固下多在科学论断的依据上做有如变形监测、地质调查和应力与强度的测试等实际工作,要能及时占有足够的资料,说明在已做足够的加固措施下尚不足以阻止危害行车的变形仍在发展或从经济技术比较中可证明立即投资改线绕避的必要时再上为宜。如此可达到合理投资、多办事。

三

施工阶段和运营中治理具体山坡病害的地质工作之重点与内容和顺序,是随具体工点的条件不同而异:特别是病害处于变形的阶段和离大破坏的时限而异。当前施工和运营中的现状,常在大、中型山坡病害发生有明显迹象之后才提到议事日程,故病害往往是在发展中而具有抢险性者居多。

在运营中对保证正常安全运输为第一位,故对山坡病害首要抢通维持临时通车,且一切加固措施需在通车条件下进行。非万不得已不干扰行车,所以许多正常的地质工作为顾及行车安全而无法实施,被迫在边勘测设计、边施工的方式下进行。

新建铁路施工阶段的整治山坡病害亦有铺轨前后之分。铺轨后有维持过材料车的要求,非万不得已不改线报废既有工程。未铺轨者受修建计划总工期的控制,大多数亦受病害发展速率的时限控制而被逼在施工中补做地质工作。事实上,在施工和运营中整治山坡病害至今尚无一定规范可循,历来皆随具体病害点的性质和地质环境以及当事各方的条件和要求而灵活运用;但总需在获得正确的地质定性和对设计需要的各参数有准确的上、下限尺度之概略定量,始可决策整治的方案及采用的工程措施。同时采用的方案和工程措施要能保证可顺利施工完成,治住病害、治快而省、一劳永逸、根治为主。以下举一实例介绍成昆线在新建施工阶段出现的会仙桥滑坡治理中地质工作的内容、主要做法和其作用。

(一)病害概况

会仙桥山坡病害位于过轸溪大桥至百家岭长隧道北口(约长400 m)间,轸溪右(东)岸高百余米的陡山坡坡顶具大平台的地段。山体上部40余米为具陡坡的硬岩盖于下部60 m软岩堆积体缓坡之上。勘测设计中虽未认出其为错滑体,但亦考虑形态不佳,在选线中已安排线路中心仅挖1 m,以上、下挡墙加固而过。

1966年施工后,在7月份几场大雨下坡体发生严重变形:(1)坡顶平台上产生顺山坡的贯通裂缝,长300 m;(2)从南端冲沟中见一切穿上部全部灰岩、向河倾50°~60°新生的大裂缝,直达沟底;(3)平台上地裂缝以外的岩体已下错1 m多,并将铁路的上、下挡墙挤坏,使北端过轸溪的4号会仙大桥在南岸的8号台、

9号墩移动;(4)在半坡上陡与下缓交界一线出现了水泉湿地;(5)特别在路面以下突出河中呈残缺不全、垅状的堆积体下,于䅲溪水中见一由黑色炭质页岩组成的软层呈半磨盘状微微隆起。凡此种种迹象,反映了整个坡顶地裂缝以外的山坡直至溪底已形成一在老错落基础上发育的滑坡,分两层出口在复活中:一在半坡陡缓交界以下挤出,一在溪底剪出。山坡病害处于由微动向大滑动过渡阶段,近百万方的岩体有在近期突然滑走的可能。

当时北边5号会仙大桥与南边2 km多百家岭长隧道均已建成;一旦滑下,在此山间深沟无任何便线条件,可否稳住和如何稳住滑坡,并能在顺利铺轨和过材料车下可采用那些工程措施就地整治以保证运营期的长期安全。否则改线,非但增大投资,且需推迟成昆全线总修建工期达一年之久。

在此特殊条件下对滑坡的研究,必需迅速而正确,不能按常规办法进行地质工作。作者按后述作法于5~6天内摸清病害实质与地质定性资料,提出就地整治方案,于一个月内完成整治措施的工程设计图纸。9月底开工,至12月底竣工。采用:(1)于山坡上减重$12.1 \times 10^4 \text{m}^3$、在坡脚堆填支挡$7.3 \times 10^4 \text{m}^3$为主的措施逐渐稳住整个山体;(2)在路堑内侧上挡墙处新建抗滑挡墙及墙后支撑盲沟群以阻止坡体自半坡滑出;(3)在河底抗滑堤的堤脚一带修岸边挡墙,并将䅲溪改走对岸;(4)在病害区周围及坡体上修浆砌截排水沟和灌溉渠等工程措施。

在施工过程中,按后补的地质资料检算,其结果与按工程地质比拟计算求得者相符。

(二)山坡抢险的地质工作

1. 山坡病害的地质定性工作主要依据对当地地貌形态的分析判断,在关键部位(半坡陡缓交界以下)钻出一孔之后而定案:

(1)宏观上䅲溪的两岸为不对称山坡,稳定的左(西)岸由三叠系T_2^2中厚层状的完整灰岩组成,陡壁高百余米一坡至顶,位于正断层上盘。病害发生的右(东)岸,坡顶宽广的平台表层覆盖了一层砂黏土,上部40多米由破碎灰岩组成、岩坡达$50° \sim 60°$;下部60 m表层为页岩风化土夹泥灰岩及灰岩块组成的堆积土石,坡度$30° \sim 40°$。两者构成上硬、下软的岩体结构,是产生病害的基础。两岸岩层均向山里倾,故判断䅲溪位于断层带部位,沿背斜轴部发育生成。

(2)病害所在右岸坡体地形外貌系错落转化为滑坡之典型形态。从坡体上风化破碎的薄层页岩与泥灰岩互层之抗压强度的状态分析,经受不住上复40余米的陡岩对之产生的压应力而曾经错落无疑;下部60 m缓坡和前部陡斜坡曾遭水流冲刷等分析,反映曾经滑动过。目前岸边水下出现的黑色炭质软岩呈半磨盘状隆起,反映坡基滑坡的前缘出口已经生成,同时亦反映其滑动已由整体微动向大滑动过渡中。

(3)作者抵现场勘察了坡顶平台上贯通的长300余米之地裂缝,见其是齿状由走向北北东的弯张裂面与走向北东东的扭裂面两组相交组成,因其与当地发育的结构面一致而判断滑坡已深入基岩。沿山坡而下,只见在半坡出水处岩坡已呈垅状微具外隆,由坡顶直至河床之间未见后缘弧状内凹裂缝等,此反映滑坡为一整体,在半坡陡缓交界处并无前后分级现象;半坡出水带可形成上层滑坡的出口,目前的垅状应在老错滑形成之后再形成,而上层滑带水的出露既说明错床顶的部位,也反映上层滑带已形成。当勘察至河边见河岸下垅状的前缘已残缺不全,系错滑后为历次洪水冲走将半所致,不难判断溪水的冲刷为促使滑坡复活的长期作用之一。待从䅲溪水中见到前述沿岸边河底下一半磨盘状的黑色炭质岩层隆起后,即证实老滑体已深至河床之下、老坡基滑坡在复活中;按此现状分析河床以下的炭质岩层应更软弱,河床下切将是当前及今后促成山坡病害扩大的主因之一。

(4)综观当地䅲溪两岸的基岩暴露部位和岸边坍塌与错滑体之分布,据之而逆推出河流的发育过程。从两岸坍塌与错滑之形态与河道外形相结合,不难推断出本工点在下部缓坡的范围内应为错滑体掩盖于河床部分;否则该是软弱基岩构成了垅状凸出体,将无法判断前部抗滑地段的范围与结构,亦无从立即找出整治工程措施所需的尺寸。因此要求立即在现铁路山侧、缓坡的后中部先钻一孔深入现河床标高以定案,经勘探、果然在现河床标高处钻出卵石层,证实上述分析判断的可靠性,完成了地质定性工作。

2. 山坡病害地质定量工作的主要依据是对实测地形及滑坡断面的分析判断,在标出实际部位的地裂缝、不同岩性的基岩露头及产状、水泉湿地和在地貌上的变形形迹,以及取得正确的主滑带岩土并经验证后始可定案。应用作者的工程地质比拟计算可求出滑坡在各个部分的设计推力,供整治方案中工程措施设计的依据。本工点做法如下：

（1）在地形图上（图1），找出从现场指定的后缘凹入弧的主轴点与前缘坨突出的出口点之间的连线，即为老错滑体的主轴（图2）；量得该线的指向与基岩倾向基本一致，此反映其与阶梯状结构山坡变形的规律相符，而定案。在此断面上填绘各变形迹象、与基岩中各组裂面的产状，以及过湿带等水文地质点。

（2）将垂直于基岩层面的弯张大裂面绘于基岩老陡坎后缘裂缝处和断面上坡度显然转折的节点部位，大体按58°向溪倾斜（当地基岩向山倾32°），如此绘出断面内以上部硬灰岩为主部分、可能的前后块体的分级。在下部T_2^1页岩中应产生卸荷裂面或顺后缘错壁在重力下错作用下生成的配套压性面，其向溪倾角在30°为底错带；经现场调查在T_2^1岩组中有此组裂面，因而主滑带的倾角按之定案。此滑出老滑床在半坡的错滑体应盖于以T_2^1页岩风化土为主夹泥灰岩及灰岩块的洪坡积堆积层之上；该洪坡积层在半坡水泉出口处倾斜为18°，故据之按18°绘出半坡滑坡出口段的滑带。如此从已钻的钻孔资料上而勾出滑坡地质定量的断面，具两层出口与按形迹判断者一致。后经补钻各钻孔绘出的地质断面基本上亦与之接近，证明从成因上分析判断的地质概略定量资料可靠。

（3）对滑坡各段滑带生成的依附面已如上述所断定，则相应的抗剪强度指标亦可从其岩性及所在地质环境分析、结合经验拟出。其后缘滑带系T_2^2及T_2^1岩组的张裂面属外摩擦性质，因面陡不存水，综合φ应在45°~50°之间；主滑带由压性面（已挤碎的页岩土夹泥灰岩为主）的岩屑状土组成，呈中塑状，其φ为20°、c在5~10 kPa之间；出口段的滑带由洪坡积组成者，$\varphi=18$、$c=10~15$ kPa；出口带为河底黑色炭质页岩土，在饱水下φ应大于10°、而c在15~20 kPa之间。按上述各指标检算各层滑坡，求出稳定度K在0.95~0.98之间，其与按变形迹象分析者彼此符合；后因反算所求出主滑段与出口段的滑带指标$\varphi=20°$、$c=5$ kPa与之接近，故采用反求指标计算推力。

（4）一些整治工程措施，如坡脚回填抗滑堤的范围与尺寸，按当时变形迹象判断拟定，求出，河侧堆填应满足的土石量始可阻止滑坡自河底以下挤出。事后炭质岩土的试验强度$\varphi=9°15'$、$c=27.5$ kPa求得当时基底承压稳定系数略小于1，其与微微隆起的迹象一致；上述按实地变形范围布置的回填量计算，安全系稍大于1.25，合乎规范要求。

3. 针对由形态和变形迹象两者分析得出如前述老滑坡复活的主次要原因，提出的相应对策、首要采用能随工程进展而逐步减缓滑动速率的工程措施；该措施应为当时施工力量可以办到者，并能在山坡恶化允许的时限内能顺利完成。各项措施定案的地质依据：

（1）在错落的后部减重是根治下部软岩受压揉皱和蠕动的措施，并可减缓半坡滑出的速率；减重与前部堆填对下层滑坡是随工程进展可逐步减轻恶化的有效措施。其减重除按滑坡推力计算要求外，亦考虑了下伏风化破碎软岩的承载强度。

（2）采用工程地质比拟法，比照轸溪上游稳定河段的各水力参数，设计新河的纵横断面，改之沿对岸流。为阻止新河床下切导致滑坡向深层发展，对新河河床全部用浆砌片石铺底；由于受右岸回填量的控制及新河造床流量需要的流水面积与之矛盾，而在右岸堆堤与新河之间设立坡脚挡墙一道，同时亦防止水流对右岸的冲淘。此措施至今已27年未发生变形，应可肯定。

（3）在原路堑内侧上档部位，就半坡滑坡可能挤出的上、下限，改建为抗滑挡墙及墙后支撑盲沟群；此是参照当时的水泉出露的上限标高及其潮湿范围，以及应疏干的体积不少于20%布置的。同时要求在上部减重后进入旱季再施工；为保证可顺利完成先分段、马口、跳槽砌墙，再逐条施工墙后支撑盲沟群，系适应开挖变形中的软岩所需。

（4）最后完成山坡上各条截、排水沟和改移并加固半坡上农田用灌溉水渠，以及平整地表、打扫战场。

（5）为避免春融期各滑带岩土因水汽的湿化而大动，故要求各项主要治理措施限期于当年年底竣工。

4. 验收中核对了地质与初勘中判断者基本一致，因而无善后增补工程。

（1）该项工程如期于9月底开工至12月底完成。作者于元旦再至现场，检查减重后的岩坡，见预定的部位露出灰绿色页岩土组成的老滑带，证实了初勘中对之分析无误；山坡原已松弛的岩土已基本密实并在挤紧中，监测资料也反映山坡已稳住而验收。

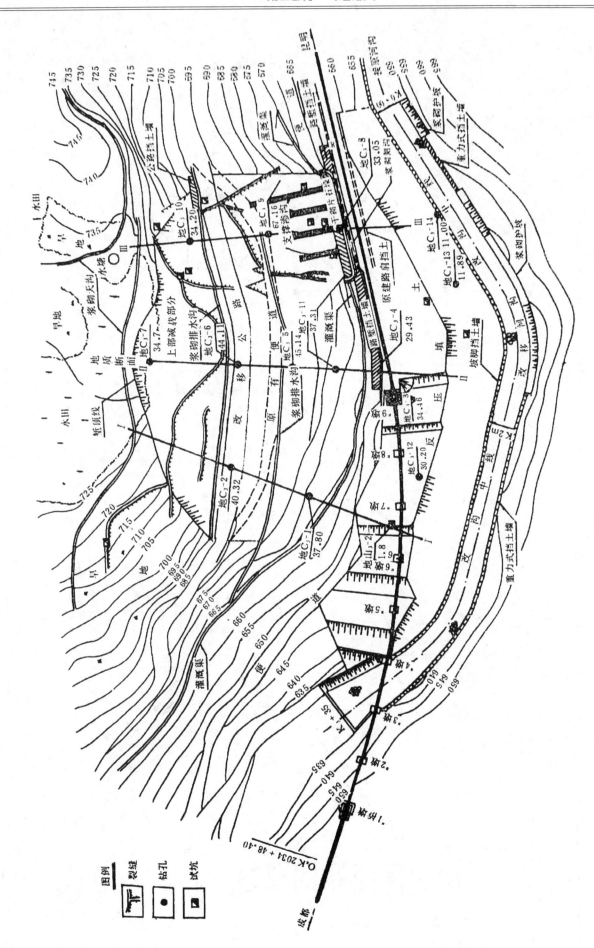

图 1 会仙桥错落(滑坡)整治平面图

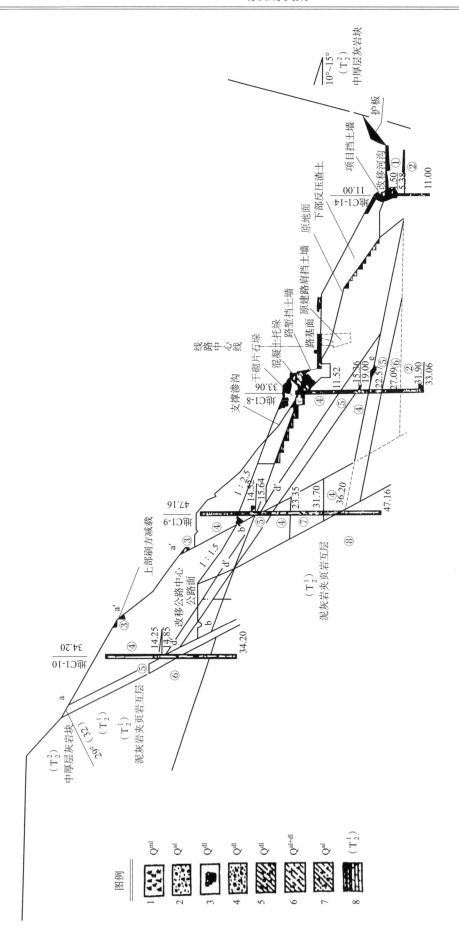

图 2 会仙桥错落转化滑坡轴向剖面图

1—人工弃土；2—卵石、砾石夹砂；3—胶结的灰岩块；4—碎、块石土状；5—碎石状土；6—砂黏土夹碎石、圆砾；7—砂黏土夹卵石；8—泥灰岩夹页岩

(2)施工之初曾将减重之土先堆于北端桥墩台处,反使滑坡推力集中引起墩台移动量增大,随即纠正而将土石堆于中段阻止了滑坡的局部移动;此亦反映该滑体为一整体的分析无误。

结　语

施工阶段及运营中的地质工作是客观需要,不可或无,不论谁承担均应安排费用与力量,可纠正勘测设计中之失误与遗漏,亦能适应施工不当和意料不到的、或因工程修建后环境改变的影响。同时此项地质工作更具战略性,需有全盘计划,根据每条铁路的特点分层次的先开展影响全局者,并兼顾局部有威胁行车者,确有轻、重、缓、急之分。为此本文不欲将之纳入规范式、列出条款,将之僵化;文中各点如能谈清其实质、并对待之精神而灵活应用,本人认为已如愿以偿。请读者指正。

注:此文发表于1997年《滑坡文集》第十二集。

襄渝铁路白河车站杨家沟滑坡
（大型抗滑桩施工实例）

提要：本文主要介绍襄渝线白河车站杨家沟滑坡整治工程——抗滑桩的施工方法。抗滑桩在当时还是一种新型的工程结构，施工方法尚不成熟或定形。承担施工的铁道兵89302部队，边摸索边施工。他们抓住主要矛盾，首先突击解决了水风电、运砂便道、石渣存放场、桩井出渣等问题，打开了施工场面。桩井开挖是挖孔桩施工的关键。他们从上排28号桩井井壁坍塌的教训中，总结出桩井开挖防坍塌的经验；从下排19号桩（紧靠汉江边的一根桩）的施工中，取得了在汉江边挖孔桩施工的整套经验。并以典型引路大胆地创用了细铁丝爆破、井口移车器出渣，钢筋笼井口焊制、改装W501吊机吊装钢轨束等革新措施，使工程顺利完成。其施工方法，施工经验教训至今仍值得借鉴。

关键词：抗滑桩　轨道小斗车　移车器　尖底活门自卸车　细铁丝爆破

挖孔抗滑桩是当前整治大、中型滑坡中行之有效的重要工程措施之一，已广泛地被采用于国内外的铁路、公路、运河、水库、厂矿、名胜古迹和城镇居民点的滑坡灾害防治中。其施工工艺有一定的特殊性。兹以襄渝铁路白河车站杨家沟滑坡大型抗滑桩工程的施工实录为例介绍如下，供读者参考。

一、白河车站杨家沟滑坡简况及抗滑桩工程分布

襄渝铁路中段陕西省境内的白河车站杨家沟滑坡，东自比 K169+928、西至比 K170+100，沿铁路线滑坡宽172 m，垂直铁路滑坡长430 m。左侧依山，右邻汉江；东接周院沟，西连杨家沟。滑坡中、前部隆起呈山丘状，与白河车站对峙；中、后部较平缓，旬白公路由此穿越；后缘壁陡系由志留系石榴子石绢云母片岩、炭质片岩及钙质片岩互层组成。岩石风化严重，节理、劈理发育，沿断层地下水发育，有泉水露头。上述各形态实为典型的老滑坡地貌，如图1和图2所示。

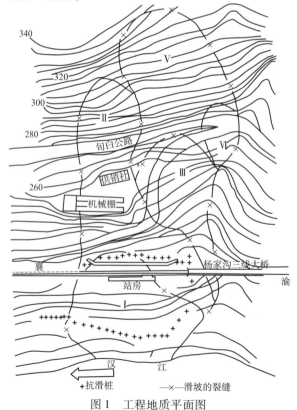

图1　工程地质平面图

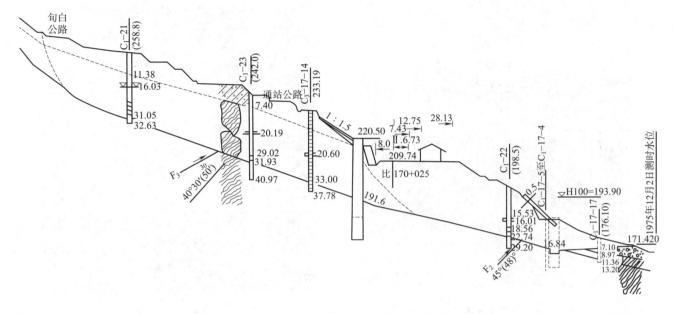

图2 代表性断面图

在1974年9至10月及1975年9~10月间,当地连续降雨,江河暴涨,该滑坡体的侧面及前缘受杨家沟溪水与汉江洪水之侵润与冲淘,洪水退落后见路基坍落、站坪下沉、轨道变形和坡脚挡墙断裂等老滑坡复活迹象(图3~图6)。复活部分的滑体较厚,于路基面附近介于20~30 m间。在铁二院提出的滑坡整治设计文件中,主体工程为:在站场靠山一侧的挡墙顶和汉江边各设计抗滑桩一排,共计42根桩(山坡上17根,汉江边25根),桩身截面为2.5 m×3.0 m~4.5 m×5.5 m,桩长13.5~45.9 m不等,桩身总延1 212.7 m;开挖土石26 235 m³,桩身钢筋混凝土24 357 m³(含护壁7 327m³);其他加固及防护工程圬工2 060 m³。铁道兵89302部队进驻现场后,根据当时的条件决定采用人工挖孔方法修筑抗滑桩工程。

图3 站坪上厕所下沉、基础开裂、墙体倾斜

图4 站房后锥体坡脚挡墙被推断

图5 通站公路堑坡坍滑挡墙被推断

图6 坡脚锥形挡墙被拉开2 m

二、施工场地布置

靠汉江边的一排抗滑桩(1~24号)桩顶标高低于洪水位,站坪比桩顶标高高出20余米,桩井口至铁路路肩边由1:1.5左右的自然陡坡相隔。靠山侧一排抗滑桩(25~42号)有17根桩位于路堑挡墙顶端的边坡上,桩顶面高于站坪面7 m。这两排桩均囿于周院沟四线大桥与杨家沟三线大桥之间长约150 m、宽约50 m的山脊上,不但场地狭窄且公铁两路与各桩位高差很大,这给大量工程物资的储备、转运形成极大的困难。由于因地制宜地解决了下述几个问题,工程才得到顺利开展,如图7所示。

(一)优先安装水风电设施

架设高压电线路1.5 km,安装320 kW·h变压器一台,为防断电用3台48 kW·h和2台75 kW·h的内燃发电机组成辅助发电站一处,以确保不间断施工。上下两排抗滑桩各设有配电室、压风站、扬水站。铺设生产、生活水管830 m,高压风管(ϕ100 mm)379 m。使工程有了动能和照明的基本条件。

(二)新建运砂公路便道

修建铁路时曾在这里修过一条约8 km的简易汽车便道,因山高坡陡、有之字形倒头弯三处,一个车台班只装运河砂2~3趟,遇到雨天路面打滑更难于行驶,由这样的路运输14 000 m³的河砂谈何容易。况且砂场就在白河县城附近的汉江边,若沿汉江边的陡壁上开辟一条新的汽车道,仅有2.5 km长。此举得到当地群众的大力支持,路很快修通了,既保证了河砂的运输,又方便了县城至火车站的交通。

(三)拓宽碎石存放和转运场地

该工程只需碎石25 000 m³;主要产自湖北省丹江羊山石场,由火车运来。因白河车站场地窄,对碎石的卸、存、转运造成困难。经联系在施工期暂时拆除通向货物线的7号道岔,拓宽400 m²场地,解决了碎石存放和转运至上下两处混凝土拌和站的难题。

(四)混凝土的运输

上排桩的混凝土拌和站设置在路堑边坡顶上,由4台400 L的电动搅拌机组成。拌和好的混凝土经15 m铁皮滑槽流入轨道小斗车,再由人力推送小斗车经轻便轨道到各桩井口灌注。下排桩的混凝土拌和站设在站坪右侧半坡上,拌和好的混凝土装小斗车经轻便轨道至各桩井口灌注。

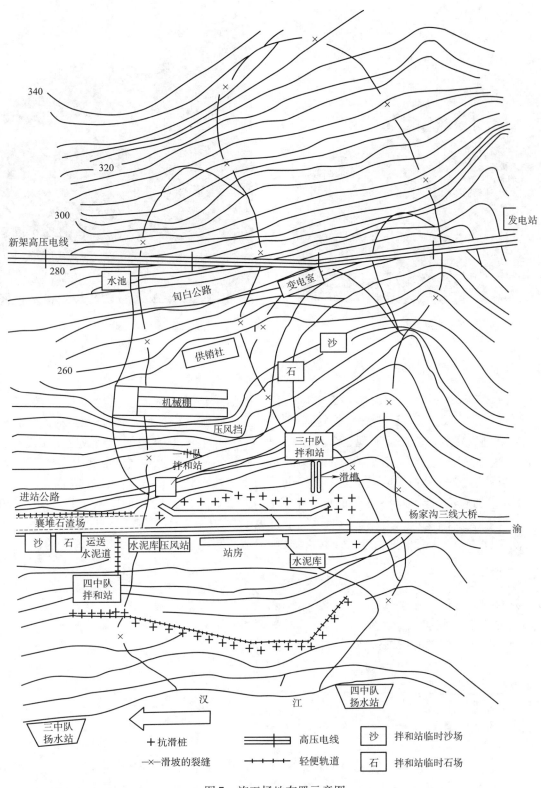

图 7　施工场地布置示意图

(五)桩井出渣的运输和弃置

下排桩井出渣可就近运弃江边。上排桩井口在路堑挡土墙顶面无处弃渣。经周密筹划占用车站第Ⅲ股道,并改装两台载重 8 t 的轨道平板车成尖底活门自卸车。自桩井内挖出来的土石经滑槽装进尖底活门自卸车内,再用人力推车至杨家沟大桥卸下,桥孔下由推土机推入河滩弃置(图8、图9)。

图 8　上排桩井出渣　　　　　　　　　图 9　人工推车去卸渣

三、工期要求及施工劳力调配

襄渝线中段国家要求 1977 年 10 月 1 日交付运营。根据单桩的实际施工进度推算：上排桩一个分队(120 人)平均两个月完成一根；下排桩一个分队平均一个月完成一根，计划全部工程必须提前一个月即 1977 年 8 月底要圆满完成。为保证实现这个目标，于 1976 年 4 月 16 日在白河车站成立了工地指挥所。由部队领导和司、政、后机关负责人，组成了坚强有力的指挥机构。从指挥所成立至全部工程竣工期仅有 17 个半月。工期相当紧迫，必须动员部队昼夜三班轮换突击施工。按设计工程数量初步估算需要 28 万工日，即每天约 1 000 人参加施工。当时调入工地的两个中队和三个机械小队共约 1 000 人，实际可出工 750 人。先由一个中队承担下排桩 1～26 号，另一个中队承担上排桩 27～39 号。到 1977 年元月施工进入高峰期，又调入三个分队，承担 40～42 号三根桩的施工，同时还兼顾工地装卸等杂工。保证了工程施工的顺利进展。

四、桩井开挖

(一)桩井开挖的前期工作

1. 平整桩井口施工场地；
2. 测量放样并定出桩中心护桩；
3. 开挖锁口并灌注钢筋混凝土锁口；
4. 安装卷扬机和提升架；
5. 安装施工照明；
6. 安装出渣运输设施。

(二)桩井开挖的工艺流程

据抗滑桩工程施工的一般规律，大体分两种情况：第一种情况是可用十字镐、钢钎或风镐开挖的非坚硬土石。其工艺流程是：开挖——出渣——绑、焊护壁钢筋——立模——灌注混凝土——养护(不少于 6 h)——拆模；一个开挖循环按 1 m 计，不少于 24 h。

第二种情况是需要小孔爆破开挖的硬质岩石。其工艺流程是：风钻打孔——装药起爆——排烟出渣——绑、焊护壁钢筋——立模——灌注混凝土——养护(不少于 24 h)——拆模；一个开挖循环按 1 m 计，不少于 48 h。

(三)桩井开挖的技术措施

1. 从实验求经，以典型引路。据从勘探资料分析，下排桩 10～24 号这 15 根桩位于滑坡的前缘，紧靠汉江边,有发生江水倒灌、流砂流泥涌入桩井的可能。挖孔桩的施工方法在这种情况下的成败还很难定论。为此选择离汉江边最近的19号桩先行施工。19号桩长23 m,桩身截面积3 m×4 m,桩井开挖后发现滑动面比设计标高下降1 m,则桩底标高相应加深1.3 m,实际施工桩长24.3 m,桩底面低于汉江常水位12.92 m。桩井下挖至7 m时涌水量达30 m³/h,采用BA-6型抽水机两台,确保排除积水,继续开挖。挖到16 m的深层才出现了滑动面,这一层有1 m厚的炭质片岩,风化严重,经水浸泡变成软泥,井壁出现坍塌。于是立即将开挖深度改变为分小段开挖,即每挖0.5 m灌注一节护壁,使护壁紧跟开挖面。对有开裂下沉迹象的护壁,进行紧急加固,使桩井开挖顺利通过滑动面。当穿过滑动面约2 m以上,桩井四壁岩层整体性开始增强,井壁不再坍塌,开挖深度又改为1.5 m一节,很快挖到桩底标高。经办好桩基检查签证手续以后,方可转入下道工序。只要桩井开挖完成,其他几道工序如焊制钢筋笼、吊装钢轨束、灌注桩身混凝土都有了主动权,进度亦很快(表1)。

19号桩的胜利完成,充分说明挖孔桩的施工方法在这里是可行的。该桩先行施工一步,对整个工程起到了典型引路的作用。

2. 钻爆技术措施,桩井开挖是挖孔桩的主要工序,钻爆作业又是桩井开挖的关键工作。所以钻爆作业直接关系到桩井开挖的进度。为了提高钻爆作业的效益,炮孔布置和装药量要依岩石坚硬程度及时进行调整。该工程桩井开挖采用的炮孔数量计算式 $n = 2.7\sqrt{f \cdot s}$(f为岩石坚固系数,取2.5~3.0;s为开挖断面,m²),实践中按上式计算所得的炮孔数量再增加50%比较合适。每个炮孔的装药量,通常为炮孔深度的1/3~1/2(图10)。

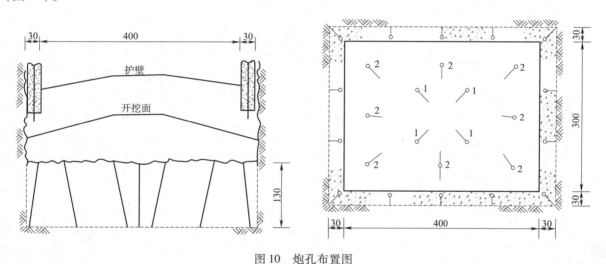

图10 炮孔布置图

注:1. 图中尺寸均以cm计;
2. 岩石坚固系数$f = 2 \sim 3$。

桩井内实施爆破作业,是一项技术性强,危险性大的工作。在兄弟单位用电炉丝通电超爆的启发下,该工程创用了细铁丝通电超爆的新方法。细铁丝选用铁纱窗上的ϕ0.5 mm粗的铁丝,价格低廉,操作简便,安全可靠。其具体做法是:在将要点燃的导火索的端部约5 cm处切一刀口,使刀口深入导火索内芯的黑火药为止,再将15 cm长一段细铁丝的中都顺刀口压入黑火药内,并把导火索的端部从刀口处倒折,用胶布或细绳捆扎。也可将4~5根导火索以同法并排捆扎成一组。细铁丝的两端分别与电源线的火线和零线相连接。电源线是从桩井口面引入桩井内的橡胶铝芯普通照明线,电压220 V。起爆时井内人员和设备移出井外,按一般爆破安全规定经爆破手检查无误后,即可打开专用电开关箱拉闸起爆。为防止细铁丝与电源线、黑火药接触不良造成拒爆,采用双引线双雷管更加可靠,如图11所示。

3. 排烟措施。桩井开挖深度大于5 m时爆破后扬起的烟尘不易排除,影响工效。根据桩井开挖深度选用轴流式通风机或鼓风机通过胶皮或帆布软管向桩井内通风,烟尘能很快排除。出渣和灌注混凝土时,也可以给井下工作人员送风。

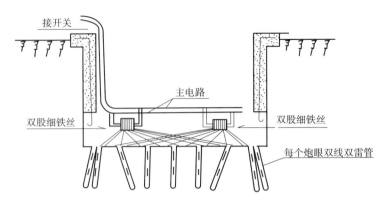

图 11　细铁丝电爆破接线示意图

注：1. 细铁丝与电源线连接系分组并联，分组越多电阻越小，则所需电流越大；
　　2. 电源线采用铝芯橡皮线，截面 6 mm²，开关采用 100 A 铁壳开关。

表 1　19 号桩施工进度表

顺序	工序名称	5月	6月
	施工日期	14 15 16 17 18 19 20 21 22 23 24 25 26 27 28 29 30 31	1 2 3 4 5 6 7 8 9 10 11 12 13 14 15 16 17 18 19 20 21 22 23 24 25 26
1	平整桩井口场地		
2	桩井口定位放样		
3	安装提升设备		
4	锁口开挖、出渣		
5	绑扎锁口钢筋		
6	立模		
7	灌注锁口混凝土		
8	混凝土养护		
9	桩井开挖、出渣		
10	绑扎钢筋、立模		
11	灌注护壁混凝土		
12	混凝土养护		
13	焊制吊装钢筋笼		
14	吊装(主筋)钢轨束		
15	灌注桩身混凝土		

注：该桩长 24.3 m，桩身断面 3 m×4 m，开挖面积 15.75 m²，延续施工 41 昼夜。

4. 桩井出渣。出渣是以电动卷扬机提升改制胶轮车出渣。井口卷扬机吊空胶轮车下井后随即吊上装满渣石的重胶轮车出井口，这时人力推移车器至井口上，使重车落在移车器平板上，再将卷扬机吊钩移挂上另一空车并随之将空车吊起，人力推动移车器连同重车被推离井口。接着卷扬机又将空车吊下井装渣。同时移车器上的重车由人工推去卸渣。如此循环不断作业是出渣的主要方法，如图 12～图 14 所示。

5. 桩井护壁施工。在桩井开挖中，为使井壁土石不坍塌，保证施工安全。设计有钢筋混凝土护壁。护壁钢筋一般用 φ10～12 mm 的圆钢筋，纵横钢筋相交成网状。混凝土的厚度通常设计 0.25～0.3 m。桩井开挖一节，护壁跟着灌注一节。上下两节护壁之间的施工接缝，有平接和搭接两种，施工时视桩井断面大小灵活选用。两种形式的施工顺序都是焊接或绑扎钢筋、立模、灌注混凝土、养护和拆模。这里简要叙述一下立模和灌注混凝土的方法：两节护壁之间的施工接缝若是平接的则采用 12 cm×15 cm×250 cm 的方木作架立钢模板的立柱，采用∠60 mm×60 mm×5 mm 的角钢焊制成比桩身断面略小的框架，以上下两层框架支撑立柱，立柱与框架接点用硬木楔楔紧，这时模板、立柱、框架成一整体。灌注护壁时，搅拌好的混凝土通过串桶流到灌注点，分层灌注分层捣固，当混凝土灌注到距上节护壁底边约 20～30 cm 时，可按封闭施工缝的要求以细混凝土捣塞密实即本节护壁灌注完毕，如图 15 所示。

图 12　桩井内人工装渣

图 13　装满渣的重车落在移车器上

图 14　人工推胶轮车去卸渣

图 15　正在灌注混凝土护壁

两节护壁之间的施工缝是搭接形状的,其模板要作成制式钢模板,每节高度有 0.5 m 和 1.0 m 两种,模板立好以后上口小,下口大。上口与上节护壁的底边搭接约 3 cm。并使上口的四边与上节护壁的底边有 7~10 cm 的错缝,系灌注护壁混凝的施工缝。在此错缝处用钢板满铺成工作平台。灌注混凝土时,搅拌好的混凝土从桩井口流到工作平台上,在平台上略作二次搅拌后从错缝处灌入模板内,分层灌注分层捣固,灌注满模板为止。拆模后桩井四壁留有 7~10 cm 的混凝土错台,一节一节一直延伸到井底。但每节的最小净孔均不得小于桩身断面尺寸如图 16 所示。

6. 桩井排水措施。桩井开挖施工中通常均有地下水渗出影响施工。该工程施工中尤以下排桩井内涌水量大,最大者昼夜涌水量达 700 多吨。故排水是桩井开挖中不可缺少的重要措施。只有在排除井内积水的条件下,才能保证各道工序施工的顺利进行。现在泵类产品种类繁多,一般情况下,桩井开挖都选用体积小、重量轻、移动方便、安装简单的潜水泵作为理想的排水机具。

7. 桩井壁坍塌的处理方法。当井壁遇到土石软弱破碎的地层,特别是滑带土层易于坍塌。如 28 号桩

图 16　两节护壁错台搭接形状

井,当开挖至 26 m 深处(滑动面附近)出现了东、南、北三面塌方,南侧塌空 7 m,使两节护壁断裂,错位 40 cm。被迫拆除了已断裂错位的护壁混凝土,从新灌注护壁,同时在已塌空的护壁背后开窗口回填混凝土 70.5 m³,打入 24 kg 的钢轨 48 m,打入牵钉 ϕ25 mm 的钢钎 1 078 kg,压水泥浆 137 袋(约 7 t)。为处理此次塌方耗用 1310 工天。使该桩井开挖进度延误 40 余天。经此严重教训,以后遇有地质不良地层,有坍滑变形迹象时,立即在出现裂缝的护壁面打入钢钎牵挂,并预压水泥浆加固井壁,同时采用小段挖、紧跟护壁、多次循环、稳扎稳打的开挖方法,防患于未然。小段开挖中仍出现有局部坍落或流泥流砂现象时,亦应及时采取打钢钎、压砂包等堵挡措施,严防坍塌扩大,造成后患。

8. 桩井开挖中的安全措施。桩井开挖中工人在井内工作时间长,垂直提升土石的工作量大,安全工作尤为重要。该工程施工中有以下几点防范措施。

(1)桩井口采用特制移车器。桩井口的 1/3 ~ 1/2 用木板或钢板覆盖,预留 1/2 ~ 2/3 出渣,从桩井下吊出的重车和即将下井的空车要在移车器上交换。特制的移车器在桩井口两边铺设的轨道上移动(图 14)。空重车在井口交换时移车器正好覆盖了全井口,解除了"落井下石"的危险。井下开挖爆破时将移车器堵挡住井口,阻挡了飞溅的土石。保证了井上设备和人员的安全。

(2)建立健全各项安全制度。如桩井下作业安全规定;井下爆破作业安全规定;装吊作业安全规定以及对违犯安全规定的处罚规定等。严格执行各项安全规定,对桩井施工安全起了积极的作用。

(3)施工期对滑体进行观测。抗滑桩工程是在山体滑动变形情况下采取的工程措施。由于工程量大、施工期长。同时受气候、地形、地质、水文等自然因素的影响,滑动规律难以预测。施工期间有计划的在滑动体上设立观测网点,定期观测各网点的下沉量和偏移量。从这些观测记录中分析判断滑动迹象,已为安全施工采取预防措施提供了可靠的依据。抗滑桩竣工后如能继续观测,还可为工程措施是否发挥作用提供有力的证据。

五、桩身钢筋混凝土施工

桩身钢筋混凝土施工,是抗滑桩工程最后一道出成果的关键工序。其主要工作程序有制安钢筋笼;配焊主钢筋束;吊装主钢筋束;灌注桩身混凝土。

(一)制安钢筋笼

抗滑桩钢筋配置很多,钢筋加工的任务繁重,需要配备对焊机、剪截机、弯筋机、电焊机等机具设备。钢筋到场以后按规定取样作抗拉、抗弯折试验,符合质量要求,再按设计图注尺寸截割下料,焊接煨弯。该工程桩井口配备了较强的提升设备,故钢筋笼在桩井口制作。具体做法是:在桩井口用方木和木板搭成临时操作平台,用角钢或双股箍筋焊制底层框架,在底层框架上按设计部位将架立筋、箍筋、拉筋等分段焊制成笼。每 5 m 一段,焊好第一段后,用钢丝绳套住底层框架四角,开动卷扬机起吊,撤去临时操作平台的方木和木板,使钢筋笼下降入桩井,当桩井口上还余有一小段约 0.5 m 高时,顺井口面穿插四根方木,使该段钢筋笼挂在方木上。接着续焊制第二段钢筋笼。依上述方法焊制一段下吊一段,直至全笼焊制完成,落底就位为止,如

图 17、图 18 所示。

图 17　桩井口制作钢筋笼

图 18　钢筋笼下吊入桩井

（二）配焊主钢筋（钢轨）束

该桩身主筋设计为 43 kg/m 旧轨，在配焊钢轨束前作除锈和探伤检查，再按设计长度选配、截割、组焊。要求在同一截面（2 m 以内），钢轨接头不超过钢轨总截面积的 25%。钢轨焊接是一项高精技术，要具备一定的条件和设备，并由有此项焊接经验的专职技工负责施焊。本工程因条件所限，经允许采用与轨型配套的夹板螺栓连接，螺栓上紧以后，再行补强施焊，在设计滑动面处接头尽量错开，以防在最大抗弯矩附近出现主筋受力削弱的状况。

（三）吊装主钢筋（钢轨）束

吊装钢轨束需先计算吊装机具、绳索的起吊能力，并经实吊试验确认稳妥可靠才能开始起吊。根据上下两排桩所处的位置，下排桩 1~25 号采用两台电动卷扬机（牵引重量 1 t），一台吊重，一台控制方向并配合人工缆风绳使钢轨束按预定的方向顺利吊入桩井。上排 26~42 号采用一台 W501 挖掘机改装的吊机，装在轨道平板车上占用车站第三股道进行吊装作业，使上排桩钢轨束的吊装顺利完成，如图 19、图 20 所示。

图 19　卷扬机吊装下排桩钢轨束

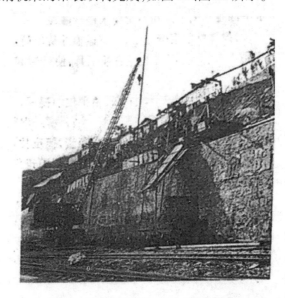

图 20　改装的 W501 吊装上排钢轨束

（四）灌注桩身混凝土

1. 准备工作

（1）根据桩身混凝土数量，备足水泥、河砂、碎石。

（2）外露桩身要提前制立模板。

（3）检修好混凝土搅拌机及供水供电设备并配备插入式捣固棒 3~4 台。

（4）整修混凝土运送道路，安装桩井口滑槽和漏斗。

（5）连挂串筒。为确保连接牢靠，在串筒两侧以 $\phi 12$ mm 的钢丝绳两条上下串连。防止串筒挂钩断开造成事故。

（6）配备足够的抽水设备，确保在抽干积水的条件下灌注混凝土。

2. 桩身混凝土灌注工班人力组织

由于桩身混凝土要求灌注不间断，一气呵成。为保证昼夜连续不断的灌注，其人力组织实行三班轮换制。各班人力组织见表 2。

表 2　桩身混凝土灌注工班人力组织表

序号	工作项目	人数	备 注	序号	工作项目	人数	备 注
1	工班长	1		9	搅拌机司机	4	4 台搅拌机
2	安全、质量检查员	1		10	混凝土试验工	1	取试样调整配比
3	混凝土捣固	4	负责井下摊平	11	推运混凝土斗车	8	4 台车运距 100~200 m
4	漏斗口扒混凝土	1	兼井口上下联系	12	值班电工	1	
5	装运河砂	8	用架子车	13	抽水机司机	2	
6	装运碎石	12	用架子车	14	卷扬机司机	1	
7	倒水泥	4	兼收水泥袋				
8	过磅	2			合计	50	

3. 灌注桩身混凝土注意事项

（1）桩井内水位高且涌水量大，不能保证在抽干积水的条件下灌注时，可提早考虑改按灌注水下混凝土的方法和质量要求进行灌注。

（2）搅拌好的混凝土，经斗车运输并从串筒下滑至灌注面将会产生离析现象。要求捣固人员应备有短柄锹、四齿耙等翻搅工具，使砂浆和石子均匀拌和并摊铺平整后再按规定进行捣固。

（3）加强对钢筋（钢轨）束较密部位的捣固，使钢筋（钢轨）束与混凝土紧密结合。

（4）要建立严密的质量保障体系：从桩身混凝土灌注的全过程——装料、过磅、上料、搅拌、运输、捣固的各个环节都要有专人负责。值班技术员或质检员，要认真巡查各个环节，发现问题及时解决。各工班换班交接班时，要分清灌注部位，及时填写交接记录。使灌注质量的责任真正落实到人头上。

（5）外露桩身混凝土的养护工作要指定专人负责。

灌注桩身混凝土规定不能间断，要昼夜连续灌注一气呵成，是一项非常艰辛的工作。虽有一定的机械辅助，但主要依靠人力。因此按桩身混凝土灌注的人力组织表配备好劳动力，明确各工班轮班交接制度及各人的岗位职责。主管负责人也要亲临现场检查落实，以确保桩身混凝土的灌注质量。

到此为止，大型挖孔抗滑桩，主要的施工方法和程序介绍完了。不妥之处，诚恳欢迎读者指正。

六、结　语

襄渝铁路白河车站杨家沟滑坡大型抗滑桩工程是一个在滑坡蠕动中比较典型的施工实例。虽然施工机具和设备较落后，材料供应亦十分紧张，但由于铁兵广大指战员的共同努力，在采用了比较实际的施工组织与方法下能群策群力。边施工、边总结经验、边改变劳动组合，从而能质量良好地在一年半的时间内完成并提前一个月竣工。国家验收时，一致认为质量优异，措施坚实。运营已达 15 年畅通无阻，说明设计、施工均经受住了考验。

注：此文是铁科院西北分院马志贤、徐邦栋发表于 1997 年《滑坡文集》第十二集。

滑坡稳定性判断的理论和方法

摘要：滑坡的稳定性判断是防治滑坡中的关键问题之一。作者在长期实践中总结出八方面的作法，即(1)地貌形态演变；(2)地质条件的对比；(3)滑动因素的变动；(4)监测滑动迹象及其发展；(5)山体平衡核算；(6)斜坡稳定性计算；(7)坡脚岩土强度与承受应力的对比；(8)工程地质比拟计算。对同一滑坡应以其中3~5个方面做到由定性评价至半定量和定量评价，互相验证，取得一致结论。实际证明该方法是准确与可靠的。由于篇幅所限，本文仅介绍前四个方法。

关键词：滑坡 稳定性判断 理论和方法

一、引　言

滑坡的稳定性判断是防治滑坡中的关键问题之一。作者从长期实践中总结出下述八方面的做法，可由定性向定量过度；该八方面的前四者是从自然条件、作用因素及其变化上对比滑动与稳定之间的关系以判断滑坡的稳定程度，后四者则用各种力学方法检算出滑坡稳定度的数量界限。从每一方面所依据的原理与出发点而论，均可单独应用，由定性至定量；只是滑坡，因其类型不同在下述八方面反映的迹象与实质有的易于发现、有的困难。对同一滑坡往往可从其中3~5方面做到由定性至半定量或定量，获得对稳定性一致的结论，互相核对与验证而相辅相成；绝非把八方面的做法掺和在一起，选用任一方面合乎主观要求的先验论而忽略任一不一致者。应对每一方面按其原理和做法自始研究至终，在出现与另一方面有不同结论时两方面均各自检查失误。前四方面的定性是控制后四方面的定量。该八方面判断滑坡稳定性的方法是从：(1)地貌形态演变；(2)地质条件的对比；(3)滑动因素的变动；(4)监测滑动迹象及其发展；(5)山体平衡核算；(6)斜坡稳定性计算；(7)坡脚岩土强度与承受应力的对比；(8)工程地质比拟计算。

由于篇幅限制，本文只介绍前四种方法。

二、从地貌形态演变方面判断滑坡稳定性的理论和方法

有相同的地层岩性及结果造成组成的坡体，在地貌形态上的变化过程受当地地质构造形成的格局与临空面之间的关系控制，滑坡是坡体斜坡地貌演变的一种动力表现，具有独特的地貌特征和发育演变过程，与其他变形现象不一样；其发育过程受组成的地层岩性和岩体结构尤其是坡体构造格局的影响，不同的发育阶段有不同的外貌区别。作者的"地质力学调查分析方法"可迅速从调查形迹入手找出形成当地山体（或坡体）有关的构造应力场及其序次，找出影响坡体（或岩体）构造格局的每次应力场中生成的主要结构面和配套要素及后期对之改造，找出它们与临空面发育过程之间的关系；据此始可找出山体（或坡体）及其斜坡的变化过程和趋势，从而判断该坡体（或岩体）在当前的稳定程度。然后再按当地类似条件下各个不同发育阶段与不同稳定程度的滑坡在地貌形态上的特点，以其为样板与需判断稳定性的滑坡作对比，即可分析判断出该滑坡在当前的稳定程度。因地质条件类似，在受同一的地质构造作用下的作用因素在量值上有区别，故从滑坡微地貌形态变化中经测绘对比可找出滑坡在当地不同发育程度上的定量指标，经分析对比即能求得滑坡在稳定程度上的定量数值。

1. 应用地质力学原理和调查分析方法判断斜坡岩土的稳定性

(1)判断滑坡的稳定性，应先查所在块体（坡体）是否稳定，始可预测滑坡可能扩大的范围。例如对由岩层倾向山里的软硬间、互层组成的多级阶梯状高陡山坡，已产生沿一组顺坡断层带形成错体的前级转化为滑动，由此多级错体组成不稳定山坡的外貌，可判断若前级滑走将导致后级在失去支撑下滑动并扩大范围。自然应在前部增加支撑，切忌清走前级已滑动部分而酿成后患。

(2)在一定地质条件下，组成的山坡（或坡体与岩体）及其斜坡被多次地质构造作用生成的构造裂面所

分割而形成的许多不同形态的块体,其各组裂面的生成关系、性质、分布与组合,以及其与临空面发育的关系等,均为斜坡地貌发育演变的基础。滑坡所在的块体,即指以地质构造为基础沿山坡走向横截山坡的两大沟洼之间的一段;该块体又为夷平面或阶地面,自当地基准面至山顶将山坡分成若干级坡体。对该块体,首要研究上、下各级坡体的稳定性是否相关,其与滑坡所在一级坡体的上、下各级的坡体的稳定性有关者,均属应调查研究的范围;

(3)对滑坡所在的块体及其相邻者的稳定性,应以各块体形成的地质基础、构造格局中各组主要构造面的组合、成岩中的软弱面等与临空面发育过程间的关系进行分析,始可发现斜坡可能生成的变形和范围。对斜坡岩土稳定性的研究,即研究在工程使用年限内其稳定性及可能变形的类型与范围,需采用地质力学原理分析组成山体(或坡体)内相互切割的构造面彼此切割的关系;从地貌反映上可发现岩性软与硬、构造破碎与完整、成岩中软弱带(或面)的分布及其变形的必然趋势,因之,可从当地类似条件下地貌发育的各斜坡变形类型范围中获得对判断该研究块体在稳定性上的对比数据。

(4)在一般平坦地区,因缺乏重力差的作用,其自然滑坡较少;只在山区和丘陵地带可出现滑坡变形,集中在新构造运动发育的地带、动力作用的褶皱带及岩浆活动的边缘。从地貌演变方面判断斜坡岩土的稳定性,即是掌握斜坡发育过程中,所在岩体内受构造裂面分割的组合与临空面发育间可能产生的变形破坏。斜坡因高差关系各部分的应力受岩性与结构的差别、在强度不一致时可产生多种变形现象:有因斜坡岩土的整个结构松弛而坍塌;有在底部的前端先破坏、使失去承载的上部岩土向下崩塌;有在底部分布了一层向外倾的松软垫层,因其压缩而使上部岩土错落;只是体内形成一层向外缓倾的相对软弱破碎带在应力作用下产生破坏,使上覆岩土整体地沿之移动者称滑坡变形等。故需从外貌直观下分析组成斜坡岩土之岩性、结构和构造裂面以及水文地质条件等与临空形成的关系,始可判断产生何种变形及破坏。

(5)古风化剥蚀面是沿岩性相对软弱和构造破碎带发育,其中以沿横截山坡走向的构造面发育者居多;故沟槽状的堆积层滑坡,多因山坡上构造带的分布而具雏形。当基岩为软弱岩性者,则常以顺坡断层为基础先产生基岩崩坍与滑动,再因坍滑的岩体多次堆积而形成沿堆积层间的滑动。

(6)风成黄土,不论下伏为老黄土、还是基岩,两者顶面的形状仍然与剥蚀面生成的格局有关;故风成黄土在具大空隙下系以下伏岩土的顶面为隔水层,必然随隔水层与临空面的关系而确定是否滑动。

(7)滑带土生成于基岩中的滑坡,更是与构造格局直接相关。一般受控于下述两者或两者的结合:一为岩坡高陡,常在下部岩石结合松散与软弱处因承载能力不足而变形,导致上部岩层生成陡倾的卸荷裂隙,沿下部缓倾的卸荷裂面(或由塑性区发展的剪切带)向临空的滑动;二为岩体内沿各组构造面的组合(或已有的软弱破碎带的应力大于强度处)向临空的滑动。两者均要从外貌上查清岩体构造格局的轮廓,可求得斜坡在地貌发育过程中种种变形的必然性,才能据之判断今后的稳定性。

(8)在各种地表组成的坡体内,找切割岩体的裂面、彼此关系和构造格局的方法:

①在沉积岩地区从地貌形态上所反映的构造格局,一般易于分析。正常沉积的程序总是老地层下伏,新地层在上;如若受褶皱或断层作用等使地层关系变化,从地质特征中亦易于发现。按成山而论,当山脊走向与岩层走向一致时:

其一,形成山体的首次构造线为当前的山脊走向处,贯通岩体内的构造面,必然是后期构造中对该山坡作用较大的一期构造生成。

其二,对不同年代基岩内的各组构造裂面,按新岩层内的构造裂面在老岩层中应该具备的条件来分析,即可据之找出每组构造裂面生成的年代;经实测各组构造裂面间彼此切割的关系之后,可求出中间几次地质构造的顺序,以及当地继承性的裂面等。

其三,对岩体内储存的地应力、岩坡的高陡和临空面发育过程,结合坡体各部分压应力的分布及其与各部分强度之间的关系,可以判断出卸荷裂隙的生成与产状。

其四,坡体内地下水的分布与变动:多数是下盘岩石之水向张性断层汇集,沿剪性断层流动,受阻于压性断层面;要掌握各前期构造裂面被后期构造作用改造的程度,压性裂面可因张性改造而贮水,张性裂面亦可因压性改造而阻水,在侧向卸荷下沿岩石松弛各组裂面均张开、错位而渗水。所以,地下水的分布受构造格局所控制,可因岩体松弛而渗水;地表水的渗入随裂面张开程度而异,可按相对隔水面的分布而判断出浅层滑坡、边坡滑坡和边坡坍塌的范围。

其五，山坡地貌上反映的冲沟、陡坎、平台、凹陷、垭口和水泉湿地等的分布，以及地形上的山嘴、沟洼、陡崖、各个方向坡面的产状、甚至坡面上不同植被的分布等，可以外貌调查资料的分析中找出规律，以求得该坡体（或岩体）的构造格局，并求得从地貌形态演变方面对斜坡岩土稳定的定性判断。

其六，结合变形形迹的发展及断面尺寸，有的可经过相应的检算，始可对稳定性求得定量的评价。

②在变质岩地区有区域变质和动力变质两种，或两类混合。其中：

第一类是区域变质的片岩、板岩、页岩、大理岩、变质灰岩、石英片岩、石英岩、变质砂岩等地区，可通过地貌形态的演变过程找出与构造格局之间的关系，采用与沉积岩地区一样的方法即可判断能否滑动及其稳定性。只是自变质以后原沉积岩的裂面等形迹及特性已因变质作用而基本丧失，片理比层理之间更为密贴，垂直节理的张性裂面则不如沉积岩的发育，因之滑动现象则较沉积岩为少，比较常见者为沿顺坡断层或层间错动带的滑动。

另一类在动力变质地带，因接近构造带的原岩变化大、变质深、岩石破碎、体内水向之汇集而风化严重等，受后期剥蚀作用大而地貌形态变化大。离构造带愈远则原岩变动的性质愈少，变质浅、岩石较完整风化程度轻，地貌形态变化小。为此，可以地貌为先导采用地质力学的调查分析方法获得坡体（或岩体）的构造格局，据以判断能否滑动及其稳定性。此动力变动地区，受多次构造应力作用处的变形及破坏比沉积岩更严重，尤其是在硬、软片岩的间、互层地带，以软片岩为主分布的范围内更易于发育成滑带而沿之滑动。因此，在压性断裂带内的上盘岩石中接近断裂带处，往往形成由硬岩组成的应力核（即眼球体构造），其四周被软岩所包裹。该眼球体成层、成排或成行排列，以其上、下为滑带产生成层的滑动，亦可成排或成行的滑动，单个眼球体还可滑走；此因眼球体的四周岩层系软弱、破碎，在汇集体内水后可使下部软弱岩层的强度降低所致。

③在岩浆岩地区，从地貌形态上找出当地山体构造格局比较困难，困难在成山一次的岩浆活动与以后侵入体不易立即判断出其生成的先后。岩浆岩分布范围的四周边界可因挤压而破碎，导致严重风化并含水；该破碎风化的岩体若倾向临空，风化带以上的岩石在一定厚度之外是坚硬而完整的，当此完整岩石被切割（或剥蚀）后，沿体内风化破碎带产生的崩塌、滑坡现象常出乎意料。因此在岩浆岩多次侵入地区，不可仅凭表面受见岩石的完整程度，来推断体内的结构与构造；应从当地四周由同类岩浆岩组成的山形，判断成山时受地质构造的应力条件，结合岩体各组构造裂面的彼此切割关系等来推断山体构造格局。作者的实践认识：

其一，对需研究的坡体若位于呈带状而又平行山梁的一侧，该山梁的走向或是成山期岩浆岩的压性挤入构造线，则应具有一系列与之平行的压性（或压扭性）断裂带；或为成山期岩浆岩的张性侵入方向，可见侵入体多呈块状结构，仅在其边缘与早期岩浆岩接触带有张性（或张扭性）断裂。山梁呈直线的岩浆以水平运动为主，山梁具波状弯曲的是成山时岩浆的运动局部受阻所致。

其二，中间山梁的隆起或是由挤入岩浆组成的砥柱所致，则四周岩层具有向同一方向弯曲排列呈涡轮的叶片状起伏；或中间系未动的老岩石而四周受侵入岩浆的作用而呈莲花花瓣状隆起者。两者均反映在成山时岩浆系受力偶作用形成旋转构造所致（分顺时针旋转与逆时针旋转），构成中间的岩浆旋转向四周老岩石使力。亦有四周为侵入岩浆向中间老岩石作用，使中间老岩石形成张性旋转结构。

其三，在岩浆出地面后掩盖于老地面上而成山处，则岩浆的流面具似层面性质，可按之找到坡体内的构造格局。

其四，在后期侵入的岩浆活动于体内埋于老岩石之下者，由于侵入岩浆的流动性质不同而形成新、老岩石之间的接触关系其对成山后坡体稳定性的影响至大；往往在接触带以上的老岩石被挤压破碎、含水、风化，而下伏呈块状的新岩浆岩则相对完整为隔水层，在接触带向临空倾斜处则易沿之滑动。被挤出的上覆岩层受下伏挤入岩浆的作用，生成的构造裂面及老构造面被改造等与挤压方向有关；所以，从分析上覆岩石内裂面的组数、产状、破坏性质（包括后期改造），亦可推断出下卧新岩浆岩的分布与挤入规律。从上部覆盖的老岩石中构造格局与临空面之间的关系（包括新、老岩间的地下水分布），即可大致判断在新岩浆岩以上由老岩石组成的坡体之稳定性。由于上覆老岩石内构造裂面的分布，必然与斜坡上各组岩面的产状、陡坎及冲沟分布等斜坡形态的生成与地下水出露有关；所以，可在地面形态的主导下判断出坡体内的构造格局。

其五,在岩浆岩分布的地区虽然岩体内构造裂面多,但多数组成岩组的矿物坚硬、不易风化,即在断裂带亦常是受压后变形小而易于脆性破坏者;故常因底部破坏失去承载,使所承托的上部岩土产生崩塌现象而少滑动。产生滑坡的地区常是由风化花岗岩、含凝灰质的岩浆岩、风化成高岭土状的长石岩、断层带中云母含量较多具片麻状或绿泥岩土的断层泥等组成,在有向临空倾斜的软弱带处则岩浆岩坡体始可沿之滑动。为此,对岩浆岩分布地区具滑坡地貌者,其主要工作是找顺坡断层带、可能形成滑带的岩土和地下水补给条件等三项;其中顺坡断层带及地下水补给条件两项,则与坡体内构造格局有直接关系,易滑岩土可以是断层带产物,亦可是岩浆岩中岩脉穿插的风化产物。事实上岩脉穿插亦与后期构造有密切关连,实践证明,岩脉沿原岩张性面侵入者往往与上下岩石熔融为一体很少可沿之滑动;岩脉为沿构造线压性挤入者,常使上下原岩破碎而富水,岩脉上具构造擦痕并发育、矿物呈定向排列且多变质(四川二滩电站坝址上游的金龙沟滑坡中即见风化玄武岩组成的岩坡上有沿此类岩脉滑动的)。

2. 以各类滑坡在不同发育阶段的地貌特征为样板,将之与需判断者对比,从而判断出滑坡所处的滑动阶段和稳定性,此类样板在国内外有大量报道,受篇幅限制本文从略。现扼要论述数点于下:

(1)未产生过变形的山坡其外貌平顺,出现滑坡或其他变形后则具有陷落与突起等异常现象。滑坡自产生、发展以致消亡,常与当地地貌发育阶段相当;掌握各类滑坡在不同活动阶段的外貌特征,即可从地貌上判断其稳定性。

(2)由海、湖洪积相黏土组成的山坡,未滑动前只见坡面上有树枝状的冲沟刻蚀;一旦滑动,沿坡面出水地段多成群出现,每一条、块的滑坡要素表现明显。发展中的则由许多块环谷形的滑坡组合呈鳞片状分布,常与坡顶上的池塘供水有关系,滑坡常发展至坡顶、山脊,而斜坡缓至1:3~1:5,在地表植被茂盛时始稳定。

(3)由半成岩及超固结的沉积黏土组成的高陡坡体,其产状平缓者虽少滑坡现象,但岸坡高差达一定限度及陡坡松弛至一定年限之后,可因坡脚应力增大、强度减小而突然产生崩塌性滑动。其于瞬间滑走很远,滑体则大部分离开滑床,平铺或坠落于坡脚外原岸边平坦地上,滑走的岩土仍按滑坡前后次序排列;其外貌,具断开后缘滑坡湖、数个滑坡平台及连续起伏的前缘垣埂等。此类滑坡并非全无前期变形,只是在坡顶出现卸荷裂隙(后缘地裂缝)之后发展期较长,前缘斜坡变形不明显(常于坡脚出现潮湿、生长青苔);一旦前缘斜坡上出现交叉裂隙、鼓肚或出口滑面,即临近大动破坏,突然沿前部新生的缓倾卸荷裂面滑下,滑落体可滑走较远,在新环境下滑落体一般稳定。后山的母体若具同样条件,在山坡的凸出部分仍将继续破坏至两侧老滑动已凹如者的后缘坡顶(大体平行于临空面的走向)呈一线后始停止;据此对比,可从形态上识别后山母体的稳定性。

(4)黄土类滑坡概分三种:一为堆积黄土沿老地面或老黄土顶面的滑动;二是中、厚洪积黄土的顺层滑动;三系黄土塬边高陡斜坡的崩塌性滑动。

①堆积黄土的滑动呈沟槽状,其外貌形状演变同沟口堆积土滑坡。

②洪积黄土顺层滑坡一般滑走不远,时滑时停。它随含水钙核层、夹砂层及下伏富水的基岩顶面供水条件的不同,而产生不同形态的滑动:具带状供水者滑带呈平面形,生成横宽式逐层下滑;具线状供水者滑面呈凹槽状,随供水线生成一条一条纵长式多级滑坡;黄土底层积水软化而软化层逐步增厚者,可因承载不够由生成卸荷裂隙而发展至崩塌性滑坡。反之,从其外貌形态的演变亦可推断其性质,以及从演变过程分析当时的稳定程度。

③黄土塬边(或河两岸黄土阶地上)的高大坡体中尤其有风成黄土分布时,因大空隙土沿垂直节理的长期渗水至底层相对隔水处富水(或人为灌溉),在底层受湿不断增厚下所生产的崩塌性滑动,其地貌形态的演变类似超固结黏土组成的高陡岸坡的崩塌性滑坡破坏。沿塬边、岸边走向上若出现明显的凹陷或缺失、滑壁新鲜而高陡、地表起伏鲜明、地裂缝纵横等系新生的外貌,若环谷、滑坡湖、平台、后生沟和垅状前垣等均十分明显,则是大滑动发生不久的现象。随着滑坡各要素的轮廓逐渐圆顺与模糊、地裂缝逐渐消失与滑体沉实、植被恢复,则离大动破坏期愈久;该崩滑体因离开滑床,今后则按下伏新的地层条件判断稳定性。后山黄土若与滑走的地质条件类似,则仍将继续产生滑动至山脊为止;未大动的前级崩塌性滑坡的外貌,可作为后山稳定性判断的参考。

(5)大、中型或特大型黄土滑坡多具区域性,沿河或塬边一侧常生成同一类型的滑坡群,以沿大断裂分布处最显著。同一滑坡区群中各条滑坡的后缘、具几级滑坡平台及分级滑壁多类似,各条滑坡的同一级滑壁发展约至一直线之后,此级各条滑坡始进入稳定期。各条滑坡的形态演变可以对比,作为判断稳定性的参考。详细调查可找出新生的、发展中的、时滑时停的和死亡的各个阶段之外貌形态及形迹在当地的特征,其中水文地质条件的变化起主导作用。

(6)堆积土滑坡是滑坡中数量最多、类型复杂和规模大小齐全的一类,其地貌形态的演变需分门别类始可求得相应的规律。按堆积体在山坡的部位划分,有山坡堆积土滑坡及沟口堆积土滑坡两类;按滑带生成的部位划分,有沿基岩顶面的滑动,在高陡斜坡下因下卧残坡积体的破坏而滑动、沿各种堆积层面的滑动;汇入大河的支沟口(及支沟两岸)的堆积土向大河的滑动,即是沟口堆积土滑坡,其体内有支沟携来的冲洪积物及沟两岸向支沟塌下的崩坡积物交互。大河两岸的堆积物向大河滑动者的山坡堆积土滑坡,其与沟口堆积土滑坡两者因组成岩土的成因不同,尤以水文地质条件各异,两者滑坡地貌形态的演变随受控条件不一样而有多种现象,概述如下:

①沿基岩顶面滑动的山坡堆积土滑坡,其地貌形态的演变受基岩顶面形态的控制。有如:在陡基岩顶面为一坡到底处,堆积体的坡脚覆盖在阶地面上,常因前部支撑体遭切割生成由前向后逐步后退式、逐级向上发展的滑坡;在基岩顶面由一陡、一缓组成齿状向临空的阶梯状多层山坡堆积,可形成多层各个独立的滑坡;除非基岩软弱破碎,有因上层滑坡的前部与下层滑坡的后部间齿状突出的软弱基岩被切断,使上、下层滑坡形成一整体滑坡。同样,山坡堆积体是由多层崩、坡积交互层组成处,因坡积层相对隔水,可由顶至底沿坡积而逐层滑动;沿下坡积层滑动后,上层滑带因松弛且水下渗,则上层滑动可停止。基岩顶面呈平面形折线状者,山坡堆积土滑坡多横宽式;在堆积体内受冲沟侵蚀后再次顺冲沟洪积者,可生成沿老冲沟的长条形滑动。所以,类型不同其地貌形态的演变模式多样,只能在当地找类比样板,始可判断当时的稳定性及其发展趋势。

②在新构造发育地区的新老洪积扇、锥叠置的地带,如支流汇入大河的一段因泥石流量大而大河不易冲走处,该沟口堆积体多由冲洪积物与山坡堆积交互组成,所形成的洪积扇、锥滑坡受老沟槽形状、向滑带供水条件、扇或锥之前部遭大河冲刷等所控制。沿老沟槽滑动者多呈沟槽状、纵长式的滑坡外貌,因停积段被冲则生成由前至后的牵动式滑坡,只见一环前缘出口坨及许多后缘凹弧;后续泥石流逐层掩盖于老泥石流体上,是由新至老逐层滑动者,只见前缘具多环出口坨及最上一层后缘凹弧。因其组成与今后条件变化比山坡堆积复杂,局部不稳多于整体,更需在当地研究以往洪积时流动及停积地段的沟槽纵坡、不同洪积物之间的产状变化;据之,始可比拟在含水层今后可能供水状态下的滑坡稳定以及从地裂缝的分布和发展现状判断当前的稳定度。

③在山区大断裂带的上盘形成巨厚而高陡的破碎岩石崩、滑后组成的堆积体或岩堆,虽然斜坡再坍塌和崩塌处为多,但亦有沿下部软弱层和老地面因承载不够而产生卸荷裂隙的崩塌性滑坡。其地貌形态的演变同半成岩的黏土组成高陡斜坡的崩塌性滑坡;只是,后缘地裂缝的形状较之不规律,出口因下伏相对软弱破碎层无规律而呈齿状起伏,大动破坏前的前缘斜坡坍塌及后部凹陷的现象更明显。该滑动的坡体,可从当前变形迹象判断当时的稳定性;从崩滑后的后山条件与前级原外貌相比拟,并结合两侧滑后的后缘凹入形状等以判断后山的稳定性。

(7)由软硬岩石间、互层而产状倾向山里组成的坡体之中,当下伏为较厚、向河外倾的顺坡断层破碎带为垫层时,其上盘破碎岩层常因向外缓倾的软垫层变形(沉陷为主、外移为次)先错落,后在底错带自身向外移动下转化为滑动;从地貌形态的演变上可判断此类由错落转化的岩石滑坡之稳定性:

①底错带倾向山里或外倾甚缓,均不易滑动;除非有地应力向外释放时被推出,随即因应力消失而稳定。在底错带的岩土软弱破碎而风化严重下,该带后端之顶至前端之底的斜率,大于其综合抗剪强度角时始可转化为滑动。

②在新生阶段,滑体的长厚比约在 1~1.5 之间。其后壁高陡而错距新鲜,错体松弛而坡面下各组裂面已张开,两侧及前部岩坡有坍塌与落石现象,上部底错带岩土潮湿并渗水、岩面外鼓并在错带中出现滑带及滑痕的倾角向下。

③在滑动发展阶段,滑体的长厚比变成 1.5~2.0。其后部错壁的错距增大并坍缓,体内有岩块架空现

象,台面变缓并扩大而断面轮廓圆顺;在两侧稳定山坡走向线以内的坡体陷落(两侧新生冲沟),伸出山坡线以外者高出两侧地面则生成坍塌的侧缘斜坡,前缘斜坡在沉实而坡率稍缓于岩块破碎下的休止角,前沿出口一带仍潮湿并生长草木。

④稳定已久者,滑体各部均挤紧压密,滑体的长厚比可发展至2~2.5,滑坡前沿已疏干,如有渗水亦呈股状清泉。若在滑坡的四周斜坡又出现松弛与坍塌现象,前沿出口则呈带状渗水,后缘地裂缝再重现等是该滑坡又进入了活动期。

⑤一般夷平后的滑坡,滑体及两侧沟洼为向临空倾伏的波状低丘,地面园顺,平均坡约为30°~25°并长满林木,该滑坡即死亡。

(8)断层上盘破碎岩层沿顺坡断层的滑动,其外貌形态的演变类似山坡堆积沿基岩顶面滑动的滑坡。随当地侵蚀基准面以上,顺坡断层的层数可产生多层滑坡;由后缘倾向临空的陡立构造裂面的道数,可生成多级滑坡;按后缘牵引滑带与主滑带所依附的构造裂面间彼此切割的先后次序,而发育成一层多级、一级多层、多级多层和一级一层的滑动。此较山坡堆积滑坡复杂,需要在当地具体调查研究,始可比拟确定变形模式;可从地貌形态演变的规律中,判断当时滑坡的稳定性及今后发展。

(9)由巨厚而完整的中、厚层及块状岩石组成的坡体,沿下伏向外顺坡的不整合面、不良岩脉穿插、泥化夹层、中薄层的软岩、层间错动带、顺坡断层糜棱带、不同年代与岩性的泥质底砾岩等含水软层的滑动,是典型的完整岩石滑坡。正因为滑体完整而表水不易下渗,其滑动的主因多半由于临空河流的河床下切或人为切割切断顺层的含水软层使之失却支撑而产生下滑,或作为滑带的岩土因采掘、自燃、潜蚀、崩解、风化等结构破坏以及在滑带水压作用下而使复盖的巨厚岩体沿之滑动。此类滑坡的地貌形态演变特点概述如下:

①巨厚而完整的岩层组成滑体的滑坡,在沉积岩中多系顺层滑坡,而区域变质的片岩中常为硬片岩间层沿软片岩顶的滑动,对岩浆岩及动力变质者(或蚀变者)只是上覆块状或厚层状岩体沿顺层的断层带、风化壳、软弱蚀变带下滑。当此类巨厚块状及厚层完整的岩体在垂直山坡的断面上,无平行于岸边的错壁,沿岸边裸露的岩坡上未出现下伏软层,岩坡上构造裂面少且密闭,整个山坡外形圆顺而无陷落部分等,此系稳定未曾产生过滑坡的上坡。其新生者:坡体后部出现倾向临空、平行于岸边纵长而陡立的构造裂面张裂区,并依之下错使山坡上出现明显的下陷区;后部可见错壁新鲜,前部岩坡在滑坡出口处可见滑体错出,并有挤出软泥状糜棱岩土(或坡脚翘起使前部滑体大量架空、新生张开裂面与挤起岩坡等);若出口于半坡,其剩余下滑力巨大,可突然顺出口的斜坡而下,插入坡脚平台之内。

②滑下的顺层滑坡,如滑体巨厚而完整可插入坡脚平台内而被支撑住,将渐趋稳定;但若滑体系由硬、软互层的中层状岩石组成而裂面发育者,将因滑动其前部滑体破碎,可转化如堆积碎块石滑坡沿老地面继续滑动。此时外貌的演变:在滑坡的后部与母岩分开,出现一段深槽直至滑床;两侧出现依附于一组构造裂面而形成侧向的移动裂面,如其与滑动方向不一致,该构造裂面在滑坡的一侧为受压、受剪,另一侧则受拉、受剪;同时,坡体上如滑动方向与既有构造面方向斜交,则出现许多平行的陡立裂面在滑体移动中呈楔状张开(一端密闭、一端拉张),滑动距离愈远,则坡体上陡立的张开裂面愈多;若滑动方向与坡体上原构造面平行或垂直,可维持原状不发生张开现象。

③由完整基岩组成滑体的老岩石滑坡外貌(从后部与母体分块的陷槽形状与植被上判断):其一,陷槽已被堆积岩土所掩埋呈洼地并长满树木,坡体上张开的陡立纵横张裂面已被堆积岩土所堵塞并长满草丛,多数地段的地下水已不能沿之下渗;只是前部坡体在伸出整个岸边部分的地下起伏,且参差不齐并有个别岩块站立,但已被植被所掩埋等,此反映该坡体已稳定较久。其二,一旦坡体上曾经张裂的陡立裂面又张开可渗水,前沿起伏不平的残丘恢复潮湿,且残丘上的草木发生东倒西歪等迹象时,则老滑坡又进入活动期。

④完整基岩的顺层岩石滑坡,需在前部软夹层(滑带)露出侵蚀基准面之后,始可沿之滑动;当坡脚处的软夹层深埋于地下(且地表为岩层层面),上层滑体已滑光处的坡脚不遭下切,是不能再产生新滑坡的。同样,由巨厚的完整岩层沿下伏软弱层滑动的滑坡,其前部被阶地所掩埋,或被山麓堆积物覆盖至相当厚度;以及河床下切后河水已远离岸边,而地下水已降离滑带等促使滑动的条件与因素已消失,只剩下曾经滑动过的大轮廓,此滑坡即达消亡阶段。

(10)由岩层组成的高陡坡体,下伏有软弱或破碎岩石处在一定高差下若强度不足而承受不了陡坡压力而变形,则可由产生卸荷裂隙发展至崩塌产生滑动,或由坡脚内塑性变形区的扩大而导致脆性破坏生成崩塌性滑动。此类崩塌性滑动一般滑体多远离滑床而堆积于坡前老地面上,多半在沉实后逐渐稳定;只在老地面倾斜为隔水层且有地下水作用的条件下,始可形成堆积土沿老地面的顺层滑动。所以,高陡岩坡的崩塌性继续滑动,是指滑动后的后山母体是否仍可继续产生同性质的滑动,还是母体之岩坡在不断坍塌下变缓后而逐步稳定的;此与组成坡体的地质构造条件是否有规律,以及水文地质条件是否一致而定。在用地貌形态演变法判断时,不单纯从岩坡在外形上类似一点判断,而更主要在对此岩坡组成的地质条件是否一致,始可定夺;为此,对坡体组成的岩性、结构和构造一致,仅是以平行岸坡倾向临空的同一性质和成因的陡立面将坡体分割为内外,当外部产生崩塌性滑走后,紧接的内部一块亦可相继滑走。对该陡立的构造裂面以内的岩体结构,如与外者不一样即无此必然关系;例如,外部滑体与母体为逆断层带接触,破碎的上盘岩层沿断裂带滑走后,内部为较完整而结构不一样的下盘岩层即可能是稳定体。不同地质条件组成的高陡岩石坡体,在生成崩塌性滑坡滑走后,其后山岩坡的外貌演变形态及稳定性:

①各级坡体的组成如地质条件一致,各后缘陡立裂面系同一组构造裂面者,将继续滑动。其外貌形态的演变,类似黄土塬边高陡斜坡的崩塌性滑坡和由半成岩超固结黏土组成的高陡岸坡的崩塌性滑动;只是规模较之更大,滑带较厚而滑体中岩块架空现象突出等不同于土质崩塌性滑坡。

②已滑走的滑坡后缘是沿风化壳、断层带、不整合面、地层或岩性分界面、蚀变带和岩脉以及破碎岩浆侵入体与围岩接触带等下滑者,滑走破碎岩体的后山岩坡,因可能是相当完整的岩体而稳定;故对滑体及后山,应视滑走后的滑床组成的具体地质条件作为判断其稳定性的依据。

3. 从滑坡微地貌中找出稳定性判断的定量数值

作者实践,从下述(1)及(2)两项结合进行可达目的,概述如下:

(1)对需研究的滑坡及其邻近地段(包括类比的滑坡),应进行详细的地貌调查、测绘和访问,要从1:500的滑坡工程地质地貌图上量测出下述各点微地貌的尺寸与关系,始可从数值上掌握滑坡在各个部位的地貌发育过程;从量得的尺寸与当地类似条件下已知其稳定性的滑坡相对比,可从具体数值上说明稳定值。

①对位于临空为河阶地处,应勘察当地各阶地的实际高程、各阶地之间的关系和滑坡出口高程与阶地之间的关系,滑坡地段缺失的阶地及其与滑坡生成年代之间的关系,以及当地各阶地的稳定状况。

②对滑坡要测出其各个部分与周围稳定体在地貌上的关系,各部位实际移动的空间尺寸,以及在滑动不同步下各条、块之间的区分与相对位移量。

③要从不同岩土及地物在滑坡上的分布(包括位置、范围和移动量)与变化上,找出滑动的次数及每次相对的移动量。

④要从滑坡内条、块的划分上,找出各条、块之间的相互关系,以及彼此曾经产生的相对位移量。

⑤从滑体上各个块、台、坡、埂等的具体分布、形状和产状上,找出其与体外稳定体相应者的断距,以及体内各条、块之间的断距。

⑥要从地表上各条地裂缝和地物变形的分布上,找出(每条变形缝的形状、产状和变化过程以及水泉、湿地的分布和变化等),其与滑坡变形之间的关系。

(2)在掌握上述各点微地貌后,以其尺寸及发育过程为依据,可求得下述有关的稳定数值。

①从滑坡与周围不动体之间相应的台坎或地物的对比,可找出滑坡自后至前各部分的位移量与变动的高差,以及变化高程;按滑动前后各块移动的平均坡度与相应地段滑带土的综合抗剪强度相对比,可求得各块的稳定值。

②从地貌上区分出滑坡的牵引、主滑和抗滑地段以及其变化,可从中求得滑坡发展过程及在数值上的变化:其一,在滑坡生长期,可见主滑段的不断增加与抗滑段的逐渐减少;至全滑坡形成之后(在全滑坡共同移动下),则见主滑段逐渐减少而抗滑段不断增加。其二,按之则可从主滑段及抗滑段平均坡与相应地段之滑带土的综合抗剪强度角之交的对比,而求得在滑动各个阶段下的稳定值。

③滑体上有多级宽大的台坎处,应有依据的区分是由几次滑动所形成;或在一次滑动中由于滑动不同步,而由几块滑体生成数个台坎;从每一台坎的外形、组成岩土和其后缘分级的凹弧与前缘凸埂的残缺与岩

脉等状态,可区分出是由何次滑动生成及其先后关系;在同一次滑动中也可形成几个条、块是因滑动不同步所致,包括相对移动的数值等。一般则从破坏坨与掩盖弧的范围与滑体对比,可估算出每一滑块的稳定性和全滑坡的稳定性。

其一,由岸边至山顶,若是在由多级环状凹弧形的后缘滑壁组成处,(或其下部有几层外凸坨状的前缘出口)则是几级滑坡(或几层滑坡);应研究具有坨状出口的每一层滑坡的稳定性(该层滑坡可具有许多帚状后缘陡立的裂缝,凡是张开者即反映其后缘牵动体尚无推力作用于前级),要从当时地貌形态反映的主滑带与抗滑带两者的长厚比(平均坡),分别说明其稳定性。同时,要考虑前级(或下层)滑坡滑动后,对后级(或上层)滑坡失却支撑下的影响,以及后级(或上层)滑坡滑下,掩盖于前级(或下层)滑坡上所增加的重力对前级滑动的作用。

其二,若是自山顶至河边的山坡上,在上部仅有几环陡立的、凹弧状后缘地裂缝(且每环相距较远),而在中、下部出现一系列帚状、外凸的坨状出口滑带,则有几环后缘地裂缝即是几级(或几层)滑坡。应从监测中找出后级滑坡及前级滑坡两者各自滑动下相关的后缘及出口,始可确定每级滑坡有关的主滑带与抗滑带的平均坡;按各自平均坡与相应的滑带土之综合抗剪强度角的对比,可说明各自的稳定值。每一层滑坡的帚状出口最远(滑带倾斜最陡)者若稳定,则其他近者亦稳定。

④可从地貌形态推断出每一主滑坡的滑体及滑床的大致轮廓,结合与相应滑带土的综合抗剪强度角相比较,可估算其稳定值。此时,应在当地某些侵蚀或剥蚀基准面(阶地面、人工开挖面)和岸边下部呈带状的软弱岩层、构造破碎带等形成节点处(上陡下缓岩坡的变坡处),寻找是否有滑带出口;研究后缘滑壁的陡度与间距以及各台坎的高差和斜坡坡度两者与滑体厚度之间的关系,则可从滑体上岩层产状的变化,找出与滑床顶面的形状及产状之间的联系等。

三、对比地质条件判断滑坡稳定性的理论和方法

其理论与方法是将需判断稳定性的滑坡与类似地质条件的稳定山坡、不稳定山坡的滑坡(包括不同滑动阶段)相对比,找出彼此在地质条件方面的差异及数值上的出入,并结合对地质条件在今后可能的变化而判断出滑坡在整体及各部分的稳定程度;在由定性至定量上是先做稳定地段(特别是)滑坡周围的地质勘测,再做滑坡范围之内者,然后逐项相对比,对地质条件(包括地层岩性、结构构造、水文地质条件三者)是对比在当前的状态下及今后可能的变化,例如:从岩土层次上,可发现由于滑动缺失和破坏的一层而找出滑带部分;从同一层错位上,找出滑动的距离和移动角度;从水文地质条件和构造条件的不同,找出病因;从滑带岩土的破坏和含水状况找到强度变化,在与滑床斜率对比即可判断稳定性;从滑体的松弛变化与稳定对比可判断滑动历程与今后的发展趋势等。

具体工作的操作(地质人员所熟悉在滑坡地区的调查、测绘和勘探),本文不详细介绍。工作目的,是查清滑坡与当地稳定山坡(或四周稳定体)在各个部位的岩土特征,从对比中找出同一部位之间的差异以判断是否滑动、滑动部位及移动量,其中以围绕确定滑动面(或带)为主。对比稳定体而言滑带在缺失层(或残留较少且扰动者),是四周错位至一致的分界带、层序重叠处、扰动和改变性质而增厚的一层、含水层顶底的软化岩土、较四周构造裂面张开并错位及构造不连续至一致的分界处等;从对钻探岩心分析中可怀疑为滑动带之处很多:在对比其上下岩土的软弱和含水程度、滑痕(非擦痕)、揉皱、岩性混淆夹杂上方滑来的土处,在地下水作用下岩性变软处、遭潜蚀处、崩解处、淋滤盐分处,在自然与人为作用烧光或挖走的一层,在坍孔、缩孔、套管剪断与挤弯处。但是对每一滑块而言,则要在纵、横滑坡地层断面上各勘探点处,共同具有同样特点时始可组成一层滑带,供分析稳定性应用。

对整个滑坡的稳定性判断,要在1:500滑坡工程地质平面图和纵横比例1:200一致的滑坡纵横工程地质断面图上进行。断面图上要标出实际(或投影)的勘探点和露头位置,并将各主要地质条件(地层分层、岩性、构造裂面、结构、风化破碎、潮湿程度、密实程度等)和特点(软弱夹层、颜色、裂面产状、擦痕和滑痕、杂物、水痕及钻进异常现象等)及水文地质条件(含水层、初见水位、稳定水位、水量、流向、流速等)以及原位试验值和化验指标等,扼要地填写或标示于相应位置,以便于结合分析。

1. 对比地质条件判断滑坡稳定性的定性方面

（1）对比自底而顶与两侧稳定体，其不同之处在滑床部分，自产生差异的层位进入滑体，再至类似一致处到达上坡体的稳定处。滑坡的两侧及上下比稳定体差异显著，其差异仍在变化时则反映滑坡在变形活动中；当不再变形和变化不再增大，有充填岩土堵塞裂缝及张开的裂面下，滑坡进入暂时稳定阶段。

（2）对比滑体的主体形状及滑动前、后地质条件的变化，则可从滑体形状与当前滑床在各个部位的地质条件及今后可能的变化，判断出滑坡的稳定性。例如，对比主滑段的滑床顶面倾角与主滑带岩土在当前的抗剪强度和今后的变化，即可确定相应地段在当前的稳定度与今后的发展趋势；特别是，滑床的地质条件能否导致主滑带的发展（向前、后延伸及向下深入），以及水文地质条件的改变等。

（3）从抗滑地段与两侧不动山坡（属于同一地质单元）的相应部位，对比岩土的组成和结构、产状变化、完整性和裂隙量及其贯通情况、密实度和稠度，以及滑带含水条件的变化和挤压破坏程度等，据之可判断当时滑坡所处的滑动阶段及今后发展趋势。概括如下：

①若不动山坡与抗滑段两者地质条件基本一致，则反映抗滑地段尚未形成滑带。

②如抗滑地段较长而土体密实和滑带石化，则说明滑坡曾经在剧烈滑动下前缘受阻而顶实，现仍处于稳定期。

③如若抗滑地段的岩土较两侧不动体在不断松弛（裂隙增多、壤中水逐渐渗出等），则显示该滑坡在活动中。

④各勘探岩心具滑痕的滑带岩土，按其状态可逐一分析出当前所处的滑动阶段：如滑痕清晰（其阴阳面上齿状棱角完整而突出）、含水量大等，此反映滑坡仍在活动；若滑痕不清（已压平，其面圆顺而不具棱角）、含水程度在塑性上下，则滑坡处于暂时稳定阶段；如若滑带土已压实（呈硬塑或半坚硬状态），则是老滑坡仍处于稳定阶段。对滑带坚硬者，应检查其上、下岩土是否产生或可能产生松弛、扭曲、富水等变化，可据之分析判断今后能否沿老滑带的上、下再活动。

2. 对比地质条件判断滑坡稳定性的定量方面

（1）滑坡每层滑带的形状、连贯和变化如能反映正确，据之推算的稳定性才能可靠。同一滑带应具备的特性：

①在连续贯通的滑带处地下水的通道应连接（一般是水质基本类似），其水质的变化应与流经的地层有关，按合理地顺次增加某些离子的含量。

②滑带土中所含外来夹杂物应上、下衔接，在连续滑带的上方应有该夹杂物的来源；从岩性上、颜色污染上、颗粒大小与棱角变化等，均应合乎滑动顺序。

③滑带土在各阶段的结构状态上应与受力性质一致，即滑带土内的颗粒在各部位的定向排列、滑痕指向与倾角和裂隙组数以及每组裂隙性质等均应与受力情况相符合，且上下衔接。

④监测中在同一时段内同一层滑带，并有同时位移的现象，且是在相邻钻孔中同一软弱层的部位。

（2）对滑床顶面基本上呈平面状（即断面为直线或折线形）者，其主滑带各部分的含水条件多类似；滑坡的稳定性取决于主滑地段的滑带长度和滑面的倾角与滑带土可能出现的最小抗剪强度之间的比值，抗滑地段的长度及相应滑带土可能出现的最小抗剪强度之间的比值，以及抗滑地段的长度及相应滑带岩土强度的变化。为此对比滑坡两侧稳定山坡的资料（主滑部分的含水条件和水压、滑带长度和倾斜、滑带可能的最小抗剪强度，抗滑地段的长度、倾斜、滑带岩土强度的变化等）以及对今后地质及水文地质条件可能变化的预计之后，可以定量地判断：

①滑坡在当前状况下的稳定状态；

②今后在地质条件变化的情况下，抗滑地段的支撑削弱至何种程度，将可能引起滑动；

③今后在水文地质条件的变化下，滑带土浸湿至何范围和滑带土强度降至何程度，将可能引起滑动。

（3）对滑床顶面基本上呈沟槽状者，滑坡的稳定性取决于滑带水浸湿沟槽的面积和在水压下沟槽中浸湿的滑带土强度的变化，以及沿沟槽中心是否有地下水产生潜蚀作用或改变滑带土的岩性（崩解或风化为次生矿物），而使强度突然衰减。因此，需查清沟洼集水条件（沟洼形状及今后可能的变化）和滑带土的岩性（组成沟槽底的岩土形状，特别受水后的软化程度及其变化）等三方面彼此之间的关系，以及其与临空面的关系，即可判断滑坡在当前的稳定性及今后水文地质条件可能变化下的稳定性。

(4) 比较滑床顶面等高线图与滑坡过湿带在不同季节和丰水年份的变化图,据以判断滑坡不同滑层在不同季节中滑带水的活动情况;从各滑层被浸湿岩层的范围大小、程度和变化等,判断出何层于何季节活动,以及滑坡今后发展的趋势。

3. 在不同滑动状态下对比地质条件判断滑坡稳定性的重点

(1) 当滑体移动量小尚未达到滑坡整体移动之前(即尚未出现前缘出口的滑带),其重点是对比四周稳定山坡与滑坡之间向临空面可能产生滑带的地质条件;先从侵蚀基准面由底至顶找出相对软弱或破碎的一层,再与四周对比在水文地质条件的差异。概括如下:

①找出相对易滑地层或含易滑岩土的分布和产状,求其当前的抗剪强度及今后可能软化的抗剪强度,供判断沿之滑动的稳定性应用;并同时与四周稳定山坡上同一岩土对比在含量与产状上的不同,从而判断其滑动的趋势。

②找出相对构造裂面及断裂带岩土的分布和产状,求其当前的抗剪强度和抗压强度及今后可能压碎、软化后的强度,供判断沿之滑动的稳定性参考;并同时与四周稳定体对比含同类构造带的产状与破碎程度的不同,从而判断其滑动的趋势。

③从高陡坡体的组成和形态计算岩坡自上而下的压应力,找出岩坡底部结构相对破碎、松散和强度小的一层在坡体上的部位,求当前的强度及今后可能增大的应力与强度的降低等,供判断能否出现卸荷裂隙并沿之滑动的稳定性参考;并同时与四周稳定体对比,在岩坡组成结构间的不同判断其滑动的趋势。

④对比上述三种可能产生滑带的岩土与四周稳定山体,在同一部位的水文地质条件之间的不同及今后可能的变化,找到今后滑动的必然性,或只能变形至一定程度等。此水文地质条件,包括表水补给的条件、坡体四周及底部的地下水向之补给的条件、坡体可能松弛后的下渗和坡体内地下水的改变条件。

(2) 在滑坡已经整体滑动但尚未形成大动破坏之前,可对比四周稳定山体与滑坡间和滑带两者与稳定山体不同的地质条件。先从滑坡内所出现的迹象中确认滑带,再从与四周稳定山坡对比滑体出现的各种变形迹象,据之判断稳定性。概括如下:

①与四周稳定山体对比同一层位的岩层,滑体内的岩层应和四周在高程上有差距,产状有变化;由顶至底同一层位的岩层一致处,则找到滑床。滑体随经历的滑动过程而变形有严重程度之分,据之可判断当时的稳定性和今后的发展趋势;其中,在抗滑地段的变形表现有明显的区别,对滑坡所处的滑动阶段易分别判断。例如滑坡在前部有隆起变形(垄状挤起的拉张地裂缝、放射状直立剪切地裂缝)、滑舌挤出口(带状滑带水渗出)、或坡体因松弛而坍塌、体内水外渗使斜坡潮湿等。仅滑带岩土向外挤出者或滑带甚薄而滑体整体外移者,两者因性质不同而稳定性的判断方法亦异,前者系滑带挤出应考虑滑带在压力差下的稳定性,后者为一般的滑体沿滑带的剪切破坏。已经松弛的滑体其地质条件已改变,即由不易渗水变成易渗水,抗力强度大者变成小者等。

②具滑带迹象的与四周稳定山体同一层者对比,在组织结构上有巨大区别易于辨认,特别是变成滑带者其结构破坏、密实程度降低、光滑而次生矿物增多等;从抗剪强度的降低和水文地质条件的变化可判断当时的稳定性,结合今后可能的变化(水的作用和滑带岩土强度)可判断今后的发展趋势。

(3) 产生过大动破坏的滑坡其滑走不远的,是从地质条件上判断稳定性的,应对比滑动前后主滑带与抗滑带之间的变化、滑带的发展条件和水文地质条件的变化。概述如下:

①许多滑坡在大动破坏后,因后缘及侧缘的滑壁暴露过深易引起后级及侧方在失去支撑产生牵动后级的滑动;亦有因滑床是由松软岩层组成,则在多级滑动后由坡体渗入的水使滑带水增多,或因在卸荷下滑床土膨胀导致前、后级滑坡的主滑带深入联成一体(后级滑坡的前部与前级滑坡的后部消失),变成一整个滑坡的主滑段使滑坡扩大。为此,需查明滑坡前后由松软岩层组成的滑床,在滑动后被破坏而软弱的范围是否扩大与加深;一般在前部和底部松弛后易使由松软岩层组成的多级滑坡的滑床,发展成一整体的贯通各级滑坡主滑带的滑床(例如广西大新某露天矿场的南帮,其前、后级的滑坡向整体滑床发展)。研究对比滑床组成的岩性、结构和水文地质条件是否具有变动的可能是判断稳定性的依据。

②大滑动破坏后滑动距离不远者,一般是增长了抗滑段而减短了主滑段,可以取得暂时稳定;但是亦因滑动后滑体更松弛而增加表水的渗入量,滑带岩土因滑动而降低抗剪强度。滑带在积累一定量的水分之后,

作用于新抗滑段的推力若大于其抗力时滑坡将复活;特别是由于滑动,后山地表水更易于在有条件的后缘洼地一带汇集,并灌入滑带时滑坡仍将活动。

(4) 大滑动破坏后若滑体基本上脱离滑床者,对滑体而言大部分是掩盖在老地面上,视老地面的条件可判断滑体是否仍可滑动。对由老滑床岩土组成的后山斜坡而言,若地质条件与原滑坡基本类似者仍将可能滑动;否则,后山应无再滑动现象,仅逐渐坍坡至一定的斜度之后而稳定。

四、从分析滑动因素的变化方面判断滑坡稳定性的理论和方法

在一定的地质条件下促使滑坡滑动的发展,系改变沿滑带的下滑力与抗滑力之间的对比,增大剩余下滑力。为此,当某一促使滑动作用因素的变动(包括出现与量变),可使滑坡内在条件发生巨大变化时,滑动即可从一个阶段发展至另一个阶段。所以,各种地质工作(监测、访问、测绘、调查、勘探和化验以及模拟实验与计算等)均以找出滑坡产生主次要作用的因素和营力及其变化为目的,即可据主要因素定性地判断该滑坡的稳定性;若能获取主要因素变化的数据,并换算为下滑力与抗滑力之间的变化值,再结合地质断面检算,即可从定量上判断该滑坡的稳定性。其做法如下:

1. 找出影响滑动的主要作用因素和营力与滑坡某些在条件变化之间的关系

(1) 对滑坡滑动产生作用的因素和营力虽多,但对某一具体滑坡而言,在不同发育阶段只有一个或 2~3 个起主要作用。正因为出现此因素及其在量值上增大的变化,而滑动由一个阶段发展至另一个阶段;无此因素的变化则滑坡仍停留在原阶段或逐步稳定,此因素即是对滑坡产生主要作用的因素。次要因素是与改变滑动发展阶段关系不大,有与无滑动一样向前发展。此类产生主要作用的因素及营力有长期促进滑动的如滑带水对滑动的作用,亦有其数量增加至一定程度而产生主要作用,如滑带水的水量和水压的变化。例如在滑坡形成的初期滑体密实、完整使表水不易下渗,故表水下渗对滑坡初期为次要因素;当滑坡经过一定活动之后,滑体松散、地裂缝纵横。则雨季中表水可大量渗入滑体直接补给滑带,此时表水下渗则转化为主要作用因素。许多中、浅层滑坡最终因每届雨季表水下渗而活动频繁成为主要作用因素。滑坡是在不利的地质条件下生成,但一般在短期内其条件是不易改变和变化的;只因作用因素有出现期及其数量变化的季节与丰水年份有关,以致许多滑坡滑动的发展有周期性和突发性。所以判断稳定性及发展趋势,找主要作用因素及其变化为整治所需;控制主要因素的变化即可限制其滑动,特别要分析不同发育阶段主要作用因素的变化,要考虑到工程使用年限内各主、次要因素的最不利组合始可判断出当前的稳定性和长久的稳定性。

(2) 例如贵昆铁路扒挪块车站滑坡,因开辟站场而切割由堆积层组成的斜坡下部,雨季后产生堆积体沿基岩顶面的滑动,其滑带出口在堑坡脚站坪之下。显然,切割斜坡支撑体是滑坡的主因。但开挖在去年雨季前已完成,经雨季表水作用至雨季后期才滑动,于年底滑坡进入旱季又暂时稳定,此说明在去年雨季中增加雨水下渗这一因素才滑动,雨季雨水下渗时对之即成为当时促使滑动的主要因素。由于原修的挡墙基础在滑面以上改造后始可抗滑,又鉴于滑动后的土体较前松弛雨水更易入渗,以及滑带强度经滑动后亦降低等;因此,判定不及时采取整治措施,至当年雨季中期将发生再次大滑动。显然,处理水应是针对滑坡的有效工程措施,但受条件限制只能在原墙后疏排滑带水,并将因渗水增加的滑带水量、水压以及受水后滑带强度的降低等换算成下滑力,采用加固原墙为抗滑挡墙使抗力增大的措施以稳定滑坡。同时借墙的支撑使滑体逐步挤紧逐渐减少雨水下渗,并夯填地表裂缝、做好地表排水工程及墙后盲沟等使滑坡取得长期的稳定。此系从分析促使滑动的主要作用因素变动方面判断稳定性采取相应措施之例。

2. 常见促使滑动的作用因素及其变化对相应滑坡稳定性影响的分析

(1) 改变滑坡外形的因素和营力。例如人为挖土、堆土,自然山坡坍塌与泥石流掩埋,岸边冲刷等,其作用滑坡于部位的不同稳定性的影响亦异。因此要在查清滑带形状后从各段滑带岩土抗剪强度与该段的滑带倾角对比中找出牵引、主滑和抗滑地段,始可根据各项因素及其作用部位判断出对稳定性的影响。即在牵引及主滑地段堆土即同于在抗滑地段去土,对滑坡的稳定不利;反之,减去牵引及主滑地段的岩土即同于在抗滑地段堆土,则对滑坡的稳定有利。同样,对高陡岩坡而言,凡增加斜坡高差和切陡斜坡下部的坡率者,将因增加坡脚应力而导致斜坡失稳;其中也包括在高陡的破碎岩体内顺坡开挖隧道、或在地应力挤压的岩体内挖洞与切坡等,可因卸荷应力或地应力释放使隧道破坏而产生滑动。或因应力增加使破碎岩层不断变形生成

裂隙,在暴雨下可因裂隙充水排泄不及而造成水压使滑体突然崩滑;亦可因地震破坏滑带岩土的结构而滑动等。此时导致坡体结构松弛的因素及增大其作用的变化均是促使滑坡长期滑动主要作用因素的主因,而地震或暴雨等是促使滑动暂时起作用的诱因与营力。

(2)改变滑带岩土状态和强度的因素和营力。例如增大向滑带供水对滑带岩土的软化、崩解和潜蚀;一些滑带岩土可因卸载而膨胀和因自然、人为地破坏滑带的结构;同样,在强震下或频繁的震动下可使滑带岩土的结构松弛以致破坏,以及某些饱水的黏土、粉土、粉细砂在一定的震动下而液化;或因水的淋滤使滑带岩土丧失盐分而降低强度,含有某些离子的矿化水亦可使滑带岩土产生置换等化学作用之后而改变强度等。滑带岩土在此物理与化学作用下丧失强度而滑动时,滑带水的水量(或水压、水质淋滤、置换、稀释)或卸载、震动的出现而增大其量,均是促使相应的滑坡滑动的主因和营力。

(3)在江、河、湖、海或水库等对岸边滑坡的作用应分别情况,具体分析其影响:

①水流在不同洪水期对岸边冲击(包括水流速度的冲击与淘刷和波浪作用)的破坏作用,以及岸边岩土对抗冲刷能力经对比后可据之判断其对岸边滑坡稳定性的影响。

②岸边水位的升降对滑坡前部岩土的渗透,可能产生的潜蚀、软化、崩解及溶解的作用,以及水位变化的速度与幅度所引起在退水时沿水力坡的滑动等,在查清其因素及营力作用的特点、持续时间、季节及相关关系后,可从定性上判断对稳定性的作用;在掌握了数量上变化的范围,并将之换算为沿滑带作用力的变化时,即可获得其对稳定性在定量上的影响。

(4)某些岩土暴露新鲜面后容易产生风化节理,在与表水及空气接触后又具有了受水膨胀、失水收缩的特点,当表面松弛一层在雨季中沿相对密实的一层滑走后,下部又重复这一过程。对此类含膨胀土的滑坡要查清起主导作用的营力(上层滞水的活动)、岩土的风化速率、一次暴雨的量等,再结合土中矿物成分及其变化对力学强度的影响可找到滑动的主因,从而判断其稳定性。

(5)对浅层塑流性滑坡要查清补给滑体水的来源、水量、水质等在不同季节的变化,结合山坡坡度从岩体松散层的厚度、松散程度及其发展等可判断各种水源与其变化对稳定性的作用。

(6)对中厚层滑坡,尤其是滑床平缓的滑坡常在滑带饱水时开始滑动,通过滑带水在季节和含水层的变化等对滑动的作用判断滑坡的稳定性(包括滑带水的浮托力,动、静水压和滑带土强度的衰减等);并应结合滑体上贯通裂缝的条数和每条在滑坡上的位置,以及在久雨或暴雨后对地下水上升的影响,综合分析对滑动的影响。

(7)对高陡的岩坡要查清中下部破碎软弱岩层的分布。任何在其前部及底部的变形或切割,在高陡岩坡的前部及底部任何自然因素或人为活动都会促使其松弛,导致中下部破碎、软弱的岩土变形并产生卸荷裂隙、塑性变形区而失稳滑动;此类在其前部及底部的切割、采矿、挖洞或自然坍塌、溶洞破坏和煤层自燃等,均可能是该处产生崩塌性滑坡的主因。掌握这类因素和营力,即可定性地判断其对滑坡稳定性的影响;结合在其作用下强度的衰减量即可定量地判断其对滑坡稳定性的影响。

3. 对促使滑动的主要因素和营力及其变化对滑坡稳定性的定量判断

对任一滑坡当找出促使其滑动的几个主要因素和营力后,即需用监测、调查测绘、勘探和试验等手段具体查清该主要因素和营力存在的状态、变化过程和规律;查出其与滑坡在内各条件变化之间的关系,特别是每一主要因素及营力的变化数值对滑坡滑带土强度变化的影响和作用于滑体上的各种力及其变化数值。随后则按滑坡历史和今后可能的变化做综合分析,将同时出现的各个因素的作用换算为沿滑带的应力与强度值,代入代表性的滑坡工程地质断面图上检算,即可定量地判断滑坡的稳定性。

五、从监测滑动出现的迹象方面判断滑坡稳定性的理论和方法

1. 不同滑动阶段出现的迹象

(1)滑坡在各个不同发育阶段一般常反映出有关的变形迹象,包括:滑坡在四周边界处出现一系列的地裂缝及其变化规律;滑坡前、后缘在地貌上的变化;滑体在各个部位拉松与压紧和潮湿变化;滑带在各个部位的挤紧、扩容、剪切、揉皱、减薄、增厚和水压变化;滑坡岩土在破坏中产生的声音、热量以及其他物理现象;滑带及滑体在各个部位的移动、应力传递、体内水及水汽的流动等。掌握其中任一项迹象的变化与滑坡滑动阶段之间的关系,从其出现的迹象中可定性地判断滑坡的稳定性,从迹象的变化量中可定量地求得滑坡的稳定性。

(2)目前可从变形迹象中掌握滑坡发育阶段者:

①出现在滑坡地面上的一系列地裂缝的发展规律与先后顺序,如地貌部分所述,可划为:滑坡由主滑部分的蠕动阶段,引起后缘牵引地裂缝的断断续续出现;继而在牵引及主滑地段推挤下后缘裂缝贯通、下错,并出现两侧羽状地裂缝,达到挤压抗滑地段的阶段;主滑地段挤紧微动,使两侧羽状裂缝错开,主滑体的微动阶段直至抗滑段的滑带形成并出现前缘滑带出口为止;随后即进入全滑坡基本上共同移动的时滑、时停(或等速移动)的滑动阶段,滑舌逐渐滑出,滑坡条块分界裂缝显现、后及中部滑体下陷、前部滑体的放射状地裂缝及隆起裂缝发育;一旦全滑坡进入加速滑动,最终则达剧滑阶段,滑坡各条块因滑动速率不一致而完全被地裂缝所分割,甚而离开;待至滑坡前部滑舌停止前进,滑坡进入固结阶段,随后滑体各部由前至后逐块挤紧,滑带在不断固结,直到地裂缝消失,滑坡始达到暂时稳定阶段。

②在滑体表面主轴断面上的主滑部分设立位移监测桩,从该桩的位移量与实际的变化曲线上,可见滑坡滑动时在减速阶段、等速阶段和加速阶段之间反复过度,据此可判断当时的稳定程度和预测大动破坏的时限。

③从滑坡主轴断面上各钻孔在不同时间内发生岩土破坏时,声音在频率上出现不同的大事件和总事件的数值,用声发射收集可得出滑带位置及其形成顺序,如能结合当时钻孔内的水温变化为佐证,可预测其破坏的严重程度。结合钻孔内测斜计的监测查明不同条件下(如地震、降雨等)不同滑层的位移状态,亦可获得当时的主要作用因素及其对滑动的作用。

④采用重复氡气探,某些滑坡可按氡气沿滑体内贯通地裂缝的程度及含氡气量的多少,滑体的松弛状态判断滑坡的稳定性及其范围与变化;同样可结合电法勘探测出滑体内过湿带的分布,从过湿带的分布分析判断滑带的分布。两者均可在不同季节对同一地区进行重复探测,可以结合多次探测的结果互相比较求得滑坡稳定性的发展趋势,可预测在何季节滑坡处于不稳定状态。

⑤为查明滑体内的断裂结构及其变化,采用重复电法勘探及地震探(或雷达)效果均较好;在陆地上滑坡用电探多,而在水下滑坡只能用雷达探,均应在重复探测下始可找出其变化,可供定性判断使用。

⑥在滑体的钻孔中做水文地质监测,以滑带水变化为主要作用者是判断滑坡稳定性的最佳选择;可按水位、水温与时间变化的关系曲线,判断其与滑坡之间的关系。结合不同时间的水质化验,可从水质变化中,预测滑坡的变化。综合滑坡整个范围内水位和水量的变化,可从浸湿滑带岩土的范围找到它与滑动之间的关系,亦可判断其对稳定性的作用。

⑦在滑体地面上一些建筑物的变形处设置倾斜盘和监测点,可查明其变形与时间直接的变化关系,从其变化量可判断该部位的稳定程度;综合分析全滑坡可判断出不稳定的范围及稳定程度的变化。在建筑物内埋设压力计等,可测出受力变化情形;结合建筑物本应承受的力系分析,可判断滑坡变动对其的影响,以及滑坡已达到何稳定阶段等。

2. 对正在变形中的大中型滑坡应重点检查的部位及目的

(1)为查明滑坡性质提供整治设计的资料,对正在滑动中的大中型滑坡至少要作简易监测,按短期内相对变形资料从定性上判断其稳定性,从变形与关系曲线上预测大动破坏的时限。其监测重点在滑坡前部抗滑地段,以掌握滑坡进入危险阶段。

内容概括如下:

①监视斜坡坡脚平台附近的土体变形,包括已有裂隙与新生者及其变化。

②监测滑舌处滑床产状及滑舌移动速度的变化,滑坡前缘一带水泉湿地(包括井水)的变化以掌握出水的部位、水量、水位、水温和水质的变化。

③监测滑体前部各个地物、建筑物和树木的倾斜、破坏与变形等变化过程和速度,以及斜坡的坍塌、落石、渗水和边坡滑坡等现象。

④监测滑体各主要部分的贯通地裂缝的新生过程和发展变化数值。

(2)结合上述监测内容与降雨、地震、岸边冲刷和开挖等关系变化顺序与速度等进行综合分析,可定性的分析出近期有无大滑动破坏的可能和今后发展趋势,判断何种因素与滑坡有关,以及当前所处的滑动阶段和今后发展的可能。

(3)当前放射状地裂缝联通并张开与隆起的垄状裂缝构成井字形、将前部滑体分割成块时,例如宝成铁路的小楚坝滑坡在剧滑前夕,即有如此现象;滑舌错出,每日移动速度在 10~20 cm 或以上,井、泉水突然变浑浊,有的可听到树根断裂及岩石挤压的声音等,均是大动破坏的前兆。例如陇海铁路卧龙寺黄土巨型崩塌性滑坡,即是在剧滑前一周出现许多堵塞多年的泉眼又流出黑水;长江三峡新滩滑坡在大动破坏前数天,即出现山体中岩石挤碎的声音。

3. 对整治的大中型滑坡要有滑坡变形的迹象与因素、营力间的定期检测数据供稳定性检算应用

(1)对需整治的大中型滑坡,在调查、测绘及勘探的同时,要建立相应的监测网监测变形迹象与作用因素及营力之间的变化规律,和必要的参数供稳定性检算中应用。

①例如监测全年降水量与地下水位变化之间的关系,可找出变形滞后的时间和水位变化与滑坡位移量之间的关系;结合丰水年的监测资料可从中判断在工程使用年限内地下水水位上升的数值、大动破坏的可能性与挤紧等,为最不利条件下稳定性检算提出动、静水压及浮力的估计值。同样,监测滑带水的水位变化和潜蚀量的变化,可判断滑带土结构是否破坏和其岩性的改变对滑带土抗剪强度的影响;结合不同含水量与水压下对滑带土强度试验,从其数值变化中可判断在工程使用年限内滑带土强度的降低值,以及是否采取措施减少水压与潜蚀量。

②例如监测滑体内地表产生的地裂缝分布、每条裂缝的发展过程,在结合全年的地表及地下位移观测资料可查明滑坡主轴的位置及滑动方向、牵引与抗滑地段的发育过程和变化、每段滑动面的倾角,以及在何作用因素于何条件下促使产生何层滑层的滑动、对地裂缝中那些地裂缝系统与何层滑动时发生关系等,从这些数据中可找出滑坡每层及每块的各种要素及分布、当时所处的发育阶段和稳定性、预测大动破坏的可能与时限。

(2)为查明关键部位的滑带性质及滑坡推力的数值供核对稳定性检算结论的可靠性,常在每条滑坡主轴断面的中前部用井探或洞探以查明滑体结构、取样试验和监测滑带的变形、应力变化以及空隙水压;在前部抗滑建筑物内埋设测应力的设备等以量测建筑物建成后的受力变化与设计的判断是否一致,说明其效果。同样,在排地下水工程的上方及下方设置水文地质观测孔,以监测工程修建前后的作用及水文地质条件的变化;结合滑坡变形监测资料,亦可判断对水文地质分析的正确性及说明排水工程发挥的作用。

(3)当各种监测数据与设计时分析基本一致,是从定性方面证明各种变形迹象对滑坡稳定性的影响判断正确;但是要从数据大、小上研究可能出现最不利条件时原分析的数据是偏安全或不安全,应能及时对不安全的予以补救。当多数监测数据反映与原分析不符时,应立即检查各原始数据和原分析资料,改正对稳定性的判断,借以增加补强措施和修建后期工程等以整治滑坡,使之稳定。

注:此文发表于1998年《兰州滑坡泥石流学术研讨会文集》。

编后:

此文是作者新中国成立后自1963年开始从事山区铁路整治和研究滑坡数十年实践经验的总结,现又经过近二十年的考验,其内容本人认为仍然正确;但是,自2005年以来国内外从事山区整治和研究滑坡者,还是以绕避大、中型滑坡为主,在工程与地质结合方面不够,尤其是在地质工作的基本功方面和如何以力学数据进行定性与定量的工作方面,不能按具体工点的"个性"为主进行,许多滑坡的专业勘测调查方法不能进行反而退步。所以我国每年山区滑坡的危害,特别在周期性丰水年的雨季中及后期仍然严重!

徐邦栋 2016 年 4 月于兰州

预应力锚索框架加固高边坡的作用机理

摘要：本文从高边坡破坏变形的范围与病害类型间的关系，提出在不同的地质环境中对不同性质不同类型的高边坡病害在采用预应力锚索框架加固的计算方法和设计原则。

关键词：地质环境 状态 变形机理

一、高边坡破坏变形的范围与病害类型之间的关系

1. 为保证高边坡加固工程在边坡使用年限内的安全，按当地地质环境对其影响的深度可将破坏变形的范围划分：山体及坡体破坏变形范围、斜坡破坏变形范围和坡面破坏变形范围。

（1）山体及坡体破坏变形的范围是在地质环境中各种因素与营力作用所及的深度：山体是超出了工程保证年限，坡体则在此年限内。这种深度的破坏变形与岩体结构（软、硬岩的分布与组合、岩体的完整程度，软弱带与临空的关系等）、岩性（包括各种力学强度及水软性）、地下水的补给条件和变化以及山坡外形对软弱带的应力作用有着直接的关系。在坡体内强度小于应力的部位就会出现变形，由于变形的部位不同，继续发展就会产生如崩塌、错落、滑坡和大型坍塌等不同类型的坡体病害。当破坏与变形在立面上涉及两个及其以上的坡段（即坡体），或深至残存地应力的部位时，就属山体病害范围。

（2）斜坡破坏变形的范围是指受地质环境中各种因素与营力等作用在工程保证年限内影响所及的深度，但不超过当地一般周期性一遇的雨情（10～11年）、频繁的地震（20～30年）与风化速度（20～30年），包括小气候作用的深度。这种深度的破坏变形，是以组成斜坡岩土的风化速度为主要控制因素（即不同程度的风化界面）的。该变形范围内岩土含水程度及条件的变化（即不同干、湿程度的界面）、岩土受水后的软化与崩解性等都直接反映出岩土的应力与强度的变化（即不同破碎程度的界面和不同松弛程度的界面）。即在斜坡可松弛的范围内，由于松弛程度不同，地下水对它的作用不同、所产生的破坏变形也不同，如：坍塌、边坡滑坡、边坡错落和边坡崩塌。它与坡体病害不同的是，在工程使用年限内组成斜坡后缘及底部的岩体变松、含水量增大、受当地地质环境周期性变化的影响等与未松弛的岩体间有一定深度的分界线。如气候的周期变化往往是10～11年；不同地域小气候（如每年的秋冻春融、冬季日融夜冻等都对岩体中的水气产生调节作用）的持续影响，使已松弛的岩体深度和地下水作用的范围逐年变化。

（3）坡面破坏变形的范围是指接近地表受大气的影响，在坡内易变形与破坏的厚度；岩性差的是在1～3年内影响所及的深度，岩性稍强的可达5～10年，而且是表层塌走后又继续向内发展，例如：因日夜温差变化造成的胀缩变形所产生的表土剥落；受小气候影响裂隙充水后，冻融力作用及雨水渗入一定厚度的软化作用所产生的坍塌、溜滑；暴雨及地面水流对坡面岩土的冲刷产生的坡面流泥流石；在软硬互层的坡体上，因软岩受风蚀，裂隙水软化及冻结力破坏丧失强度后，被承托的硬岩产生的落石与岩块崩落等均属坡面破坏变形病害。

2. 要查清每一病害产生的条件、作用因素及破坏变形的机理，并结合组成病害体的岩土强度、根据作用力的大小及所处部位等提出预应力锚索框架各种外力的作用图形，从而才能推导出可适应于计算预应力锚索框架的各种公式，也是找到各组成构件的设计依据。这应以坡体和斜坡变形为主：在加固坡体病害时，预应力锚索框架即要承受引发各类坡体变形的外力，也要适应该坡体内引发各类斜坡和坡面变形的外力；若是加固斜坡病害，预应力锚索框架除要承受引发各类斜坡破坏变形的外力，同时还要承受引发该斜坡内各类坡面变形的外力；仅加固坡面病害的预应力锚索框架就只承受引发各类坡面变形的外力。但目前预应力锚索框架的设计均未区别引发不同深度破坏变形的外力，也没有深入研究配套措施，只凭经验！这说明目前预应力锚索框架的设计还未达到理性阶段。

国内外许多这方面的著作和设计很少提到所依据的外力，几乎都是采用斜坡病害中引发边坡滑坡一种

外力的计算方法;一些试验研究为了说明设计的合理性,大量介绍在施工期各锚索预拉过程中对框架内应力及其底部岩土的反力变化过程。其实,预应力锚索框架是以加固高边坡为目的的,应在建成后,以测出在使用期内山坡破坏变形的应力及变形的发展过程与设计所依据的外力变化是否一致为主,经受住在施加预应力过程的作用为次。前者系工况2,后者为工况1,两者作用力与反作用力性质不一样,不能回避;当前只从工况1的条件谈格构(预应力锚索钢筋混凝土框架)设计,似乎本末倒置。

3. 引发山坡变形的力是大片的空间力、并不是点荷载,高边坡的变形是大范围的、整体的,不是个别的、局部的。因而,控制其变形的预应力锚索框架应设计成整体受力、锚索与框架间的变形要能相互协调,否则在锚索实际受到的拉力超过原预加的应力后就会出现不协调的拉长现象;同样,框架下的岩土也会因岩性的软硬不均易产生应力集中的现象,在框架的刚度不够时就会因变形不协调、应力集中,出现框架的变形与破坏等。这些就是当前日本PC工法以及倒梁法、弹性地基梁不足之处,如果高边坡岩面的结构完整,可承受两锚点间变形差产生的力偶作用而不被破坏,就没必要在两锚点间用钢筋混凝土框架加固岩坡。

二、山体或坡体病害中崩塌的作用力状态与破坏机理以及采用预应力锚索框架加固的计算方法与设计原则

1. 崩塌的破坏机理

在山体或坡体内有向临空陡倾的各种软弱带与裂面组合,这些软弱带与裂面组合在靠近坡脚的部位因其承载力不足就产生了变形破坏。每次破坏的范围视下部变形后使上复岩土悬空的范围而定:这个范围与软层强度的衰减范围及强度的减小量有关;与倾向临空既有构造裂面组合的自重有关;与坡体内地下水分布的变化及水量的增多等影响岩土软化的变化范围有关;与受江、河、湖、海等水流淘刷作用的破坏与渗透、浸泡使岩体自重增加,以及加大了静水压力等有关。在采用预应力锚索框架加固崩塌时,首先要计算出平衡产生崩塌破坏应力的抗力,就必须调查清楚各种使坡脚应力增大及强度衰减的可能条件,才能预计在工程使用年限内对崩塌体下部的软层如何加固。

(1)为使原稳定的自然山坡在被切割后的堑坡不出现变形,可采用预应力锚索框架自上而下地进行加固。加固的原则要根据堑坡下部承载力不足地段的实际情况,将预应力锚索框架布置在上、下承载力够的范围内,锚固端一定要设置在与岩石母体分开的界面以外;同时框架的立柱(竖肋)要按该段岩土的泊桑比$\mu = \frac{\xi}{1+\xi}$求出的侧压力系数ξ及各点的侧压力$C = \xi \gamma h$(式中:γ为岩土的单位重;h为该点的埋深)来检算稳定性。这样做就可以避免出现不稳定变形。否则,只能在雨季山坡未出现变形迹象前,按临时稳定的坡率依照上述原则采用预应力锚索框架加固。因此,对岩坡预加锁定的应力要大于承载力不足时产生的侧向应力,在框架可控制的范围内软层上复的岩土才不会出现悬空的现象,也就不会出现贯通的裂面组合倾向临空,这样就阻止了崩塌的形成。

(2)若崩塌已在变形中但尚未发展到崩落,这时预应力锚索框架的上限应布置在高出软岩顶部新生的后缘裂缝范围以内,以便控制变形的发展。这就要考虑在工程使用年限内各裂面强度的衰减和可能产生的水压等。

2. 框架的刚度要大,才不致出现应力集中,产生局部变形破坏从而导致整体的失稳。建议在承载力不足的范围内框架的立柱应按抗滑桩来设计,其截面应能满足刚性桩的要求。

3. 对崩塌经常要采用综合防治措施,除刚性支挡构筑物外,尚应配合其他的治理措施。如:采用截断补给软层地下水的截水盲沟与盲洞;采用仰斜钻孔群疏排、降低下部近坡面软层范围内的水及水压;对软层内的岩土压注浆液增大其强度等。

4. 也可对承载力不足地段的岩土取样做三轴试验,或模拟试验等来确定锚索框架应加的预应力,但是切忌用数字计算的模拟资料代替实物试验资料。

事实上对巨型崩塌仍应以绕避为宜,只有在经济条件许可的情况下,才可按以上部减重下部压浆、增强承载力为主,外用预应力锚索框架加固为辅的原则治理。

三、山坡或坡体病害中滑坡的作用力状态与破坏机理及使用锚索框架加固时的计算方法与设计原则

1. 滑坡的类型很多,但不论哪种类型其共同的一点是在坡体内都有一相对软弱的带(面),其强度比在

它之上的滑体和在它之下滑床的岩土强度小。滑坡就是滑体沿该软弱带（面）由剪切破坏发展至移动而产生的。该软弱带可以是地质时代早已存在的构造带（面），也可以是在地质环境不断变化作用下逐渐形成的；它可以只有一层，也可以是大致平行的多层，其厚度可以薄至数厘米或不足 10 cm，也可厚至数米或十数米等（主滑带的形成参看《滑坡分析与防治》一书的第三章）。滑坡形成以后才进入整体移动阶段。若将滑坡形成剪出口瞬间的稳定度假定为 1.0，那么滑坡整体处于时滑时停或整体等速移动阶段时的稳定度就在 1.0~0.95 之间；当滑坡整体进入滑动加速阶段至大滑动破坏瞬间，这时的稳定度就由 0.95 降至 0.90。当滑坡前部停止移动直至后部岩土将前部岩土挤紧并停止移动，这时滑坡的稳定度从 0.90 恢复到 1.0；在滑体上的裂缝全部密闭消失后，这时滑坡的稳定度可达 1.15。只有在滑体上各部分的岩土挤紧沉实面且地表水不易下渗时，滑坡的稳定度才可等于或大于 1.20。暂时稳定的滑坡可因地质环境的改变或人为活动的影响而复活，重新复活后的滑坡首先在后缘出现断断续续的裂缝，当这些后缘裂缝贯通并出现下错时，滑坡的主滑段处于蠕动阶段，稳定度从 1.20 降至 1.10；当滑坡两侧出现羽状剪切裂缝时，滑坡的主滑段已由压缩变形转化为抗滑段的挤压变形，这时的稳定度由 1.10 降至 1.05；当羽状裂缝贯通形成侧缘裂缝，并且在滑坡的前部出现放射状的鼓胀裂缝时，滑坡的主滑段进入滑动阶段，直至剪出口形成（这时的剪出口可是老滑坡原有的出口，也可是新形成的出口，均出水），这时滑坡的稳定度由 1.05 降至 1.0，随后滑坡又处于整体滑动的阶段。引起老滑坡复活的原因、条件、因素和营力的变化，会在某一发展阶段出现暂时的停止，回到相对稳定的阶段，或者继续发展直至大动。由于各种不同类型滑坡的地质条件不同，特别是组成滑带的岩性差别很大，在不同作用因素和营力作用时其抗力的大小和持续时间也不同，不同类型的滑坡其每一发展阶段也是不一致的。

（1）例如由缓倾饱水以黏性土为主要成分组成滑带的滑坡，在正常水压（水压无突然增大，抗滑部分的抗力也无突然大量丧失）作用下，滑坡整体缓慢的等速移动、或时滑时停阶段可持续 10~11 年为一周期大动一次，也可始终处于缓慢的移动阶段。

（2）再如崩塌性滑坡，它的主滑带是陡倾的脆性岩土组成，在后缘地裂缝形成以后的阶段其发展缓慢但不显著。因为这时主滑段及抗滑段的抗滑力大部分是以抗剪断强度的性质为主，贯通的裂面一旦形成后，抗滑力就转化为沿裂面间的外摩擦性质，在主滑段与抗滑段的贯通裂面未形成前，其为微量压缩变形，变形迹象不显著；当前缘出口形成后，在巨大的剩余下滑力作用下滑坡是整体的移动，由微动至大动的发育过程十分短暂，常在数小时或一至两天内就能产生大动。由于滑带倾斜大，抗剪断强度转为滑面间外摩擦强度后的抗滑力减少太多，使剩余下滑力过大，故大动时的滑距比较远。

2. 不同类型的滑坡在不同的滑动阶段，因作用因素的不同及条件的变化，其应力图形及应力大小也是不同的；同样滑带各段（后缘牵引段、中部主滑段、前部抗滑段）的 c、φ 值是不同的。滑动方向一致、滑动速率相同为同一级滑坡，其推力和剩余下滑力是一致的。当前级滑坡的滑速大于后级滑坡时，两级滑坡之间必然会产生陡倾的张裂缝；若张裂缝中充水，这时滑坡的推力计算以前级滑坡为主，但要考虑裂缝中水压力的作用。只有当后级滑坡的滑速大于前级滑坡并挤紧了前级滑坡，两级滑坡间的张裂缝消失后，后级滑坡的推力才能传至前级滑坡；这时滑坡推力的计算就可不考虑裂缝中的水压（尽管裂缝中还有部分贮水）。在不同的滑动阶段，滑带的牵引、主滑、抗滑三段由于受力破坏的性质、移动的距离、反复剪切的次数以及受水软化的程度均不同，故各段实际的 c、φ 值彼此间也在不断的变化。例如后缘牵引段滑带多为陡倾裂面（一般大于 45°），是以受拉受剪为主的破坏，因陡倾不易存水，其 c、φ 值较大；主滑段的滑带一般较牵引段滑带缓（15°~35°），饱水时是以受扭、受剪的破坏为主，因移动距离长易达到 c、φ 值的残余值；抗滑段滑带的倾斜度一般较缓甚至反倾，饱水时是以受压、受剪的破坏为主，由于运动距离短，不一定会达到 c、φ 值的残余值。

若采用抗滑支撑工程治理时，计算推力所选用的 c、φ 值一般应考虑治理工程的竣工对滑坡可能处于的滑动阶段、在工程使用年限内可能出现的不利组合条件、是否设置了相应的配套工程等。

若选用的 c、φ 值是以比拟的试验值、经验值或反算值为主时：当试验条件与滑坡滑动的条件不一致时，应对不一致的状态设置配套工程以控制其发展；若采用反算值时，也要针对所处的现状设置相应的配套工程，使滑坡不能出现比现状更差的状态；若采用经验值时，设置的配套工程应使现工点尽量与所比拟的经验工点相同。如滑坡的变形主要是因为破坏了前部的抗滑部分引起的，在变形过程中可因地裂缝的产生促使滑体松弛,在雨季中因地表水的下渗量增大促使滑坡的滑动;这时就要设置地表排水工程、地面隔渗工程和一些疏干工程、以改变不利的条件达到滑坡未变形时的状态,这样对滑坡前部所采用的支撑工程才能达到预期恢复岩土抗力的效果。

3. 滑坡的类型多,特别是组成滑体的岩土在整体性上差异很大,并非是设计中一般假设的刚体,仅由完整岩石或由不易渗水结合紧密的Q_3或更老的堆积层组成的滑坡,滑体才接近刚体。但其滑带不能厚,滑带土不能呈流动状态和软塑状态(即在滑体的重压下,滑带不致被挤出),这时的滑体可按刚体进行设计抗滑工程。

预应力锚索框架这种抗滑工程是针对破碎滑体的,采用框架框箍破碎的滑体,锚索的拉力则通过框架的作用均匀的经过滑体传至滑带来平衡滑坡的推力。但是锚索与滑带是斜交的,它只有在挤紧的滑体之下才能产生与滑坡推力方向相反的分力,这个分力在滑体的刚度不足时是不易产生的;同样,由锚索对滑带生成的垂直分力及与滑动方向相反的摩阻力,也同样要经被挤紧的滑体才能传至滑带,滑体如有压缩传至滑带的压力就小了。如广东梅河线 K111+280~+430 段的一破碎岩石切层滑坡,就是在多级预应力锚索框架建成后于 2005 年 6 月中下旬的雨季中又产生了滑动的,这次滑动切断了部分框架。该滑坡上的预应力锚索框架设计时是将滑体假设为刚体,按十字形锚墩理论设计的,框架的刚度小产生弯曲变形,不能将框架下的岩土箍至密实。再加固时一定要:(1)要有截断补给滑带的地下水和疏干滑坡前部潮湿滑体的工程措施;(2)在坡脚可能形成滑坡剪出口的部位,自 1 级坡平台顶至路面下能产生抗力的被动土压的深度之间,可采用注浆钢管(即形成短桩群);也可采用抗滑桩(包括按桩设计的立柱,出路面后按 1:1 倒在坡面上的框架)进行加固。使 1 级平台顶以下形成一刚度大的抗滑体,这样滑体才可由前至后逐渐挤紧,也才能使 1 级坡顶以上的各级坡上的锚索框架发挥作用。事实上设置在牵引段及主滑段的预应力锚索框架,当框架下松散潮湿的岩土向下向前移动时,锚索框架自身也产生下滑力,框架下面的岩土是不易挤紧的;预应力锚索框架不同于抗滑桩或抗滑挡墙,后两者是刚性结构物,本身是稳定的可阻止全断面(包括形成的自然拱)岩土的下移;而锚索是柔性结构物,靠锚头与锚固端拉紧,使坡面与滑带之间的岩土产生的摩阻力来阻止岩土向前向下移动。当框架沿立柱方向下移时整个框架不受力,因为锚索是不承受横力的结构物。现在许多设计的框架立柱下无基础悬挂在坡面上,这就更不适用于抗滑所以遭破坏。

4. 对滑坡前部的滑带及其上下作用力集中的部位,应设置坚强的、刚度大的、可承受较大横向剪切力的抗滑结构物;在前缘出口一带以采用深埋的短抗滑桩为宜,否则在这一范围内预应力锚索框架的立柱要按抗滑桩设计,立柱的截面要大,基础埋深应在滑面以下。特别对挤出类型的滑坡,更要采用连续的刚性抗滑结构物才能防止塑流性的滑带被挤出,抗滑工程被破坏。

5. 由不同密实和破碎岩土组成的滑体以及由不同塑流性岩土组成的滑带,在滑坡前部的推力图形是不一样的。当滑体自上而下滑动的速度不一致时,滑速大的滑块推力大;具有向外倾倒性质的滑块,其推力图形呈上大下小的倒梯形(合力的重心偏上);当滑体自上而下滑动的速度一致时,推力图形呈矩形(合力的重心在滑体中间);滑体上部向后倾的推力图形呈上小下大的梯形(合力的重心偏下)。在一个滑坡中当滑速一致时滑带中出现一组滑面;在滑速不一致时就会出现多层滑面。对具塑流性较厚的滑带可能会因滑体的重压被挤出,此时滑带的作用力是用塑流性滑带的整个厚度按侧压力系数 ξ 来计算;即 $\frac{1}{2}(\xi\gamma h_1 + \xi\gamma h_2) \times (h_2 - h_1) = \frac{1}{2}\xi\gamma(h_2^2 - h_1^2)$(式中:$\gamma$ 为滑体岩土的单位重;h_2 与 h_1 分别是滑带底部与顶部在地面下的埋深),同时再减去滑带顶、底部的摩阻力。所以采用预应力锚索框架加固这一类型的滑坡时,对各层可挤出的滑层均要单独加固,特别是对底滑带。事实上巨型滑坡仍以绕避为宜,在经济条件可行时,才可采用以截排疏干地下水及前部支挡为主,中及上部辅以预应力锚索框架的综合治理措施。

四、山体或坡体病害中错落的作用力状态与破坏机理以及采用预应力锚索框架加固的计算方法与设计原则

1. 错落是坡体底部下卧一由松弛破碎岩土组成的向临空缓倾的有相当厚度的软垫层,常因坡体重量的增大或因软垫层的承载力降低而引起该垫层的不均匀压缩和少量向临空外移的现象(即垂直变形量大于水平变形量)。由于底部软垫层的压缩变形导致错体沿后缘结构面(或断层)的下错,当后缘出现错距时,错体的各部分就完成了一次压密作用并逐渐趋稳定状态,即完成了一次错落;但在错落体的前部及两侧斜坡,可因组成岩土的完整性不同,有的基本不变形,有的呈坨形外鼓状,也有局部出现坍塌的。

错落变形结束后随条件变化可不再变形,也可再次错落。多数在底错带内生成一倾向临空的软弱带,在其剪切力大于强度时,软弱带以上的错体可沿该软弱带产生滑动,该部分错体即转化为滑坡变形。有些错落体前缘部分的岩土先破坏,导致错体内向临空陡倾的岩土失去支撑产生崩落,这部分错体就转化为崩塌变形。同样由于错落的产生使外侧斜坡附近的岩土结合松弛,在不能支持原坡率时坍塌变缓,该部分错体转化为坍塌变形。

因此,若采用预应力锚索框架加固错落体时,要按使错落体前部外移与鼓胀的外力计算和设计,同时还要考虑今后可能出现的变形类型,并检算不同类型如:坍塌、滑坡与崩塌的稳定性。所以,盲目的套用日本 PC 格构和 Q&S 框架两锚固工法,按锚墩预应力理论计算设计的框架是不够的,是错误的。

2. 大型错落,只能在上部以减重为主、必要时要疏干坡体与截排补给底部软垫层的地下水为辅、兼用压浆加固下伏的软垫层,才能制止底部软垫层的变形,在前部坡面上要使用支挡加固。预应锚索框架只是前部坡面支挡的一种较好的类型,可加固制止错体中。(1)陡倾岩土因松弛形成的坍塌(按主动土压破坏进行计算和设计);(2)在斜坡范围内部分错体的湿度增加所形成的边坡滑坡(按沿底错带以上斜坡部分形成的滑带滑动破坏进行计算和设计);(3)底错带以上的整个岩土向坡体滑坡和崩塌转化的变形(按沿底错带滑动与挤出性破坏进行计算和设计);但要检查在错落前缘底错带及其上下可能出现的外移与鼓胀力作用,在这一范围内的预应力锚索框架要个别设计。所以,定型设计的锚索框架对高边坡病害是不够的,要根据病害当地的实际地质情况和环境条件以及可能出现的变化进行加固。

五、山体或坡体病害中大型坍塌的作用力状态与破坏机理以及采用预应力锚索框架加固的计算方法与设计原则

1. 山体或坡体产生的大型坍塌与一般斜坡病害中的坍塌不一样,从地形上看是山高坡陡,多数发育在区域大断裂带中,风化破碎潮湿的岩土体积巨大。如陇海铁路宝天段 K115 大型坍塌就是一典型的例子。

发育在渭河深大断裂带中的 K115 大型坍塌位于渭河的北岸,山坡高 300~500 m,坡度为 40°~50°,由石英片岩和云母片岩间互层组成,坡体各部分的破碎、松散及潮湿程度各异,且不均匀。渭河大断裂是一大型压性断层,断层带内次一级张性构造十分发育,并且规模巨大;带内含有大量松弛的应力构造核及张性裂隙含水带。当时,K115 大坍塌所在山坡的坡体在整体上大致处于挤紧状态,但组成坡体的岩块大小不等,许多已呈糜棱岩块及碎屑状,数百米高的斜坡较陡、平台不宽直达渭河底;由于潮湿程度时有变化,局部常出现压缩变形,没有一可靠的稳定层,每逢雨季和雨季后斜坡上常见壤中水渗出,出水部位常有变化,也有长年流水的泉水,故局部地段的坍塌几乎年年发生。20 世纪 50 年代~70 年代,对 K115 工点先后请过许多中苏地质及工程专家,均受水平所限未能认清病害的性质误认为是崩塌与滑坡;曾采用过刷方和上、下挡墙加固,不行,又改用明洞,仍不行,又将线路内移以长约 1 km 的隧道通过。该段线路因在渭河大断裂数千米的糜棱带内:(1)在自然条件下其临空部分有巨厚的在不断松弛和渗水的岩土,这些松弛和潮湿了的岩土在综合 φ 值小于自然岩坡的坡率时就坍塌,塌了之后又继续向内发展;(2)上述各项工程措施均因承受不住持续增长的山体压力而失败,最后还是采用了绕避办法改线至渭河南岸才避免了危害。对道路工程而言此例说明了:大型坍塌的危害也十分严重,在选定线时不可忽视,若受技术水平及经济条件所限,仍应以绕避为宜;一定要认清病害的性质,坍塌是因综合 φ 值在地下水变化及岩土的风化逐渐小于自然坡率时的变形现象。

从此例的教训中应该明白非常重要的是在治理这种大型坍塌病害时,首先要搞清其整体的稳定性,采取任何一种工程措施治理应是强干弱支,基础部位必须保证安全可靠。

2. 组成大型坍塌体的大断裂巨厚破坏带的岩土,单一的岩性和软硬间、互层的不一样,变形与破坏的性质也有区别。主要表现在工程使用年限内:由于岩石风化速率不同,综合 φ 值不同;岩土破碎与松弛的变化影响到坡体内地下水的含量与分布、产生暂时水压的大小、岩土单位重的大小以及 c、φ 值的变化。特别是因构造裂面与临空关系的不同:在近斜坡范围①因近临空底部的变形与破坏,使其以上的岩土悬空而产生边坡

崩塌；②因沿体内某一缓倾的顺坡构造带滑动而产生边坡滑坡；③因下部向临空微倾的软垫层由于压缩沉降不均而产生边坡错落；④因下部软岩受水后先坍再引起上部岩土松弛，综合 φ 值小于岩坡坡率而产生塌坡，或因上部岩土受水滑向临空陡倾的裂面塌下。所以，对待此类大型坍塌必须按实际的地质条件与今后所处的环境逐一分析，充分掌握必要的地质与试验资料。每一工点的主要作用因素不同，不能硬套模式进行整治，应具体情况具体对待，采取切实可行的整治措施。

对这种软硬岩分布不均，破碎程度不同和潮湿变化大的大型坍塌，在必需加固时：①要了解在工程使用年限内岩土强度可能变化的厚度，采用那些措施可阻止强度的变化；采用那些措施可抗御坡体可能产生的土压力与人为的荷重；②要在掌握了整个山坡岩土间可能保持的平均综合 φ 值之后，将山坡划分为几个坡段，使其总坡率缓于平均综合 φ 值；③对每一坡段的上下应有一大平台（在总的平均坡率以内），务必要控制坡脚应力小于强度：（每坡段的坡高一般在 30 m 以内，坡率为 1:0.75～1:1.25）；④每一坡段内常切割成 2～3 级坡，并以小平台分开，这样在每级坡上可采用预应力锚索框架加固；⑤设置的预应力锚索框架，一定要保证因坡率加陡产生的主动土压（或静止土压）可能引发的边坡滑坡和坍塌的稳定；特别是对框架立柱的承载力一定要能保证可能出现的崩塌的稳定；⑥预应力锚索框架的立柱应按倒在斜坡上的抗滑桩受力状态进行计算和设计，要针对不同的其他作用因素采用相适应的配套措施予以控制。如：对潮湿出水的坡体，应有仰斜疏干孔群按地下水具体分布情况布置；对坡体内局部软弱部位，要压注浆液加固；对坡体上松弛严重裂缝发育的部位，要平整地面，对裂缝进行夯实或用水泥砂浆灌填，还要加强地面排水等；对坡体中局部过陡的部分可刷坡减载；对有成层地下水补给的滑带，应在上游截断它或设置 Y 形盲沟尽早将地下水排出坡体之外。

3. 发育在大断裂破碎带中由硬岩组成的潜伏大坍塌的变形与破坏，较软硬岩不均匀的大坍塌变形与破坏简单。根据这种大坍塌的岩块大小、结合的紧密程度、岩屑中糜棱颗粒的大小及所占体积的百分比等可确定平均综合 φ 值的大小。由于岩性坚硬，后期的风化对强度的衰减影响小；表水易通过裂隙流走，不易形成水压；承载力稳定，可按当地类似的条件找到其平均综合 φ 值和承载强度，在工程使用年限（50～100 年）内出入不大。所以，对破碎硬岩组成的高边坡可比照当地岩堆的斜坡将其划分为数个坡段与每一坡段的坡高及坡率，加固时可采用浆砌片石护面；必要切陡岩坡时，若采用预应力锚索框架加固，可按平均综合 φ 值与陡坡坡率之差求出主动土压力进行计算和设计。同样框架立柱基础的承载能力要够，要能防止基础的变形与破坏，同时也要能防止崩塌的产生；若基础的承载力不足时，可采用压注水泥砂浆加固。岩块的粒径在以 ≥0.4 m 的为主时，其 φ 值为 40°～48°，碎石类 φ 值为 35°～40°，岩屑及糜棱岩的粒径为中粗砂的 φ 值也有 30°～33°；挤紧未坍塌部位岩土的 φ 值可增加至 45°左右，所以对高陡的由硬岩组成的大型坍塌宜采用预应力锚索框架加固。

4. 发育在大断裂带中由软岩组成的潜伏大型坍塌的高边坡，它的变形 破坏比由硬岩组成的复杂，但比由软硬岩互层组成的简单些。由于岩性软，在地应力作用下揉皱褶曲严重，因而破碎糜棱的岩土所占的百分比大。

(1)以压性断层为主的高边坡，压性裂面渗水困难，暂时水压现象少见，即是坡体中含有水，这种水也不易疏排；岩坡在一定厚度内（浅于软硬分布不均的岩层）的风化速率快，在工程使用年限内的 c、φ 值衰减也大。所以，可先按斜坡高度的综合 φ 值将高边坡划分为数个坡段，在每一坡段上下设置可保证坡脚应力小于强度的大平台；这样就可在已切成陡倾的斜坡上采用预应力锚索框架加固，但框架的立柱必须按倒在斜坡上的抗滑桩受力状态计算设计，才能保证安全。在斜坡上仍应辅以仰斜疏干钻孔群，以保证坡面岩土的湿度不要过大，也可防止暴雨产生的暂时水压；同时对框架的窗口还要有相应的植被才可保持软岩具有一定的强度。每级框架的立柱基础要单独检算，不能因抗力不足被剪断，或自基础以下出现滑带使框架坐船滑走。

(2)以张性断裂为主的高边坡，因破碎程度的不均在糜棱带处的岩土易风化、强度衰减大，成块状的岩石是逐渐风化成碎块或崩解的。因是张性断裂易储存地下水，这对含有崩解和膨胀矿物的软岩极为不利。切坡初期在块状岩层范围内因岩石新鲜强度大，但在构造破碎严重处，因有积水可产生崩解和糜棱化承载力就小，多先出现边坡崩塌与边坡错落。再经过 3～5 个雨季，至多 10 年，在斜坡内有相当厚度的岩土已严重不均匀风化，尤其在坡体内发育有向临空缓倾的软弱带时，就能相继出现沿此软弱带的滑动变形，在潮湿的岩土达到一定厚度时也会产生边坡滑坡。正因组成这类大坍塌山坡的岩土具有松弛、湿化、软化由外向内逐年发展的趋势,变形破坏是一层一层向内发展的;所以,这类坍塌不稳定的岩土体积大、变形与破坏的危害也是不断出现的。对这类大型坍塌采用预应力锚索框架加固时:①锚固端一定要深入破碎带以下的岩石中;②要充分估计到对于破碎松软的岩土随厚度的增大,框架施加的预应力经过该岩土传至破裂面或滑带的数值要减少,只有找出它与假定为刚体的差数时,计算的预应力数值才可靠;③根据具体的地质条件配以相适应的辅助工程。

六、斜坡病害中坍塌的作用力状态与破坏机理以及在采用预应力锚索框架加固时的计算方法与设计原则

1. 斜坡病害是指工程作用年限内,在组成斜坡的岩土受自然地质环境的作用,强度变化所及的深度内产生的变形与破坏。自然地质环境包含两项内容:一是组成岩土的材质(地层、岩性)、构造格局(结构、构造)和斜坡体内地下水的分布与变化;二是斜坡所处的环境(地形、地貌及其变化)、四季气候变化及周期性变化的影响大小、地震作用等。这些作用的影响是指周期性变化的最大值,它能影响到斜坡的一定深度并改变其外貌形态,是与坡面病害的不同之处。斜坡病害的产生与当地自然营力周期性变化的最大值作用所及的深度(坡面至坡内的垂直距离)有关;这个界面往往与坡面平行:一般是在斜坡的顶部较厚,由上中部至下部逐渐变薄,尤其是河流冲刷一岸周期性冲掏处最薄。斜坡病害与坡体病害的边界条件不同,它的后缘裂面呈陡倾状,一般是后缘裂面在倾向临空方向的岩土,多以自身变形为主产生的破坏;而坡体病害后部的岩土,常在底部和前部先变形失却支撑后,依附一组既有的向临空陡倾裂面的变形与破坏。斜坡病害后部的岩土因受侧向卸荷和临空面的影响较松弛,在受气候条件的影响下不良岩性的岩土易风化破碎强度降低;由于松弛常有地下水补给,所以潮湿。总之斜坡病害的成因、变形体的边界条件及外力对它的作用等与坡体病害是不一样的。

2. 斜坡范围内的岩土由于地质条件的不同,自身的成分也不同,在当地的地质环境中受到种种不同因素的作用,其松弛、风化破碎和潮湿在不同部分的变化和大小不同,因变形与破坏的部位和顺序不同,所形成的病害类型也不同。若采用预应力锚索框架加固时,应针对病害的具体情况确定预应力锚索框架是主体工程还是辅助工程,依据斜坡可能出现的病害类型及作用力图形,提出切合实际的预应力锚索框架设计和相适应的加固措施:这样才能达到安全可靠、经济合理和技术先进等目的。

(1)以组成斜坡岩土外层松弛为主变形破坏的坍塌,首先要了解引起松弛的主要原因:是频繁的震动(如地震);还是多裂隙的岩土在浸湿后的水压及温差形成的冻融作用力等;还要判断出可能松弛的范围及因松弛造成岩土强度的衰减量。若采用预应力锚索框架加固,锚索的锚固端一定要设在不产生松弛的范围内或超过破裂带,锁定的有效预应力应大于因强度衰减所生成的破坏力,这就是预应力锚索框架先提供主动作用力,按单根锚头预应力锚索理论(日本 PC 工法)的设计计算可以满足要求。但若出现局部松弛力大于锁定的有效预应力时,该处的锚索会伸长,这时需要刚度大的框架才能将产生变形的松弛力协调到相邻的锚索上。对地震而言,其作用力是暂时的,增大框架整体的刚度设计是比较经济安全可靠的;对因暂时水压引起的松弛,应有疏干措施配合可以降低水压;对因温差冻融和水气作用引起的松弛,应加强隔温与疏干水气的措施。对因侧向卸荷引起的松弛,只要山坡不是处在巨厚的断裂破碎带中(如前述大型坍塌),可将山坡按 20~30 m 的高度划分为数个坡段,每一坡段间设置一大平台,平台的宽度按上一坡段坡脚压力不能传至下一坡段的原则设计;斜坡按该岩土在一般正常条件下可支持的坡率切割,再设置预应力锚索框架;同时对平台和坡面也应加固以防止坡面被冲刷和剥蚀。在长年蠕动山坡处的斜坡部分可因残留地应力的释放产生松弛,这类坍塌比较难控制;但对这类坍塌若采用预应力锚索框架加固时,首先要测试出当地地应力的方向和大小、在不同深度的数值与变形量以及在斜坡不同位置反映的地应力情况,然后再确定计算方法和设计原则。由于对这类坍塌治理的实践经验少,在设计时应按强干弱支的原则:下层锚索的预应力应大于上层,框架的立柱强度应大于横梁的强度,要保证框架基础的稳定。

一些由底部失稳引起上部岩土不均匀陷落形成的坍塌变形,有时与崩塌或滑动不易区别;崩塌是以向临空倾倒为主的变形破坏,是沿陡裂面的塌坡现象,而滑动是陷落体与失稳变形的下部,都有沿体内以向临空缓倾裂面为主的移动与陡倾裂面的塌坡现象。在防治以松弛为主的坍塌,应先对底部失稳变形的范围采取加固措施控制其生成,阻止底部变形时可能出现的向临空横向的扩展力,增加底部岩土的承载力;若采用预应力锚索框架加固,必须要有相适应的辅助工程(如对框架基础的岩土压浆加固),治理才能奏效。

(2)受当地气候周期性变化的影响,发生在易风化破碎的半坚硬与软岩组成斜坡上的坍塌,岩土中往往含有膨胀性矿物、易溶盐,水软性强、在热胀冷缩、卸荷膨胀、干湿交替、冻融等作用下丧失强度发生变形破坏。这类破坏往往是由下向上,由外向里的重复过程。防止此类病害首先要搞清岩土母岩的矿物成分、矿物颗粒的级配、胶结物的水软性,并要进行崩解和冻融等试验;因这类坍塌体的岩土中有不良成分的化学变化是使岩土强度衰减的主要原因,而预应力锚索框架仅能控制岩土因物理变化衰减强度的某些不良岩土(如高岭土)在保持一定含水量时它的强度变化很小,在这种斜坡的框架内应种上当地土生土长的植被,使其保持合理的湿度。

正因为该类斜坡外层的风化速率快,锁定的预应力易损失,锚头应特殊设计成能多次张拉的,才能随时再张拉而保持所需的应力;同时可对锚固端的岩土采用压浆加固,使其能保证在工程使用年限内不降低强度。

(3)以地下水补给为主要因素产生的变形破坏是又一种坍塌类型。对这类坍塌首先要了解外层岩土内,地下水的分布及在不同季节的降雨和表水下渗时对坡体内地下水的影响(包括坡体内地下水分布的部位、水量、水质和水压的变化);坡体内地下水的变化可产生水的动、静压力的变化,增加岩土的单位重、潜蚀溶解、淋滤盐分、崩解、使岩土间产生松弛而降低强度。其次要查清地下水补给通道的变化,也包括上层滞水的变化、通过裂隙和孔隙补给水的变化及以水气形式补给的变化。查清上述两点后,应以疏排和截断其补给通道为根治措施,配合使用其他的应急工程如抗滑桩、墙或预应力锚索框架等。

七、斜坡病害中,边坡滑坡的作用力状态和变形破坏机理以及使用预应力锚索框架加固的计算方法和设计原则

1. 坡体滑坡和边坡滑坡的区别在于:前者滑体的厚度受当地自然营力的作用,导致强度降低的深度已超过工程使用年限内的深度,后者在该影响的深度以内。边坡滑坡的后界常受风化影响先形成一向临空陡倾的裂面,滑体内有一层或多层相对软弱向临空缓倾的主滑带,牵引段的滑带常依附后缘陡倾的裂面(常是完整程度不同、潮湿程度不同、风化破碎程度不同以及松弛程度有明显区别的界面)发育;而坡体滑坡的后界,无此规律。

2. 常见边坡滑坡生成与发展的主因,可大致分为:(1)人为切割或河流冲刷等,因削弱了抗滑段的支撑而产生滑动;(2)增加主滑段的荷载,因加大了推力而产生的滑动;(3)暴雨使后缘裂缝暂时大量充水,因水压增大推力而产生的滑动;(4)周期性降雨,因增加滑带水压而产生的滑动;(5)在周期性强地震作用下,因滑带松弛降低了抗剪强度和增大推力而产生的滑动;(6)滑带因受长期地下水作用增大了含水量而软化、崩解、淋滤盐分等降低了抗剪强度而引起的滑动;(7)每年的秋末春初,因温差产生的水气对滑带的作用,降低了抗剪强度而引起的滑动;(8)采矿和煤的自燃,破坏了滑带而引起的滑动;(9)滑带在当地地质环境周期作用影响下,会因松弛、风化破碎与潮湿程度的变化,降低自身的抗剪强度而引起的滑动等。

3. 在治理边坡滑坡时,若使用预应力锚索框架,就必须有系统的截排地表水和疏截滑带水的工程相配合。在滑坡前部的抗滑段以设置立式的抗滑桩墙为宜(其基础应深入滑床以下滑带不易发展的深度,桩墙顶要能防止滑带向上发展形成越顶的高度);为减少作用在下部抗滑桩墙的推力,将主滑段与牵引段切割成台阶式的边坡,每级边坡上可设置一座预应力锚索框架(立柱应埋入平台以下承载力足够的深度)。若抗滑桩墙所在的一级坡需用预应力锚索框架加固时,它的立柱应与抗滑桩墙联为一体。预应力锚索是靠锁定的预应力拉住框架,再由框架压紧滑体传力至滑带的,所以还要注意滑体岩土的完整性,锚头应设计成能多次张拉,经常保证锁固预应力的最大值。

4. 预应力锚索框架一般比较适合上述边坡滑坡中的(1)、(2)、(5)和(9),对其余几种情况仅产生一定的辅助作用。对适合使用预应力锚索框架治理的边坡滑坡,其前部的抗滑段要尽量减少切割,否则得不偿失。对滑体潮湿松软、岩性不良、地下水又丰富的边坡滑坡,在使用预应力锚索框架时,疏干排水的工程措施一定要足够。

5. 防治边坡滑坡与坡体滑坡的不同之处,边坡滑坡向后发展有一定的范围,不易超过工程使用年限内

风化破碎所及的后界,也是周期性所遇的最大值,治理时应根据业主的经济技术条件所限定的工程使用年限(有规范可依)。在我国铁路干线曾由 300 年降至 100 年一遇的自然灾害,而一般公路为 30～50 年,高速公路及高等级公路是 50～100 年;水利、厂矿及市政工程随其的重要性而异,一般也是 30～50 年。

6. 边坡滑坡和坡体滑坡由于滑体切入山体的深度不同,规模也不一样;从体积上划分坡体滑坡多为大型或巨型,而边坡滑坡则多为中型或小型。但有些边坡滑坡可能是坡体滑坡前部的支撑体,若对它过量切割反而会引发坡体滑坡的产生;所以,要掌握边坡滑坡所在坡体(或山体)详细的地质资料,才能确定堑坡开挖的高度及使用预应力锚索加固的综合治理方案。现新建的山区高速公路在施工期,因对边坡滑坡认识不足或缺少详细的地质资料,使许多地段出现变形破坏,造成堑坡开挖的高度超过原设计的数倍,如云南昆曼高速公路永马大沟段。

7. 以下论述边坡滑坡可能遇到的地下水类型及危害:

(1) 不论是坡体滑坡还是边坡滑坡,均应在大范围内调查清楚地下水的类型、赋存条件、补给方式、补给的通道。按截排地表水和疏截地下水两方面进行整治。

(2) 存于基岩中的地下水多数是汇集了大面积的地表水通过较固定的通道补给的。这类地下水,有的流量很大,如破碎基岩中的水、基岩中的承压水、受地层结构控制不同年代沉积岩间歇带中的水、不整合面的水、假整合面的水、底砾岩中的水、不同成因岩层分界面的水、岩脉穿插带中的水、不同年代侵入岩周边接触破碎带中的水等;以及当地多期地质构造生成的断层裂隙水、岩溶水、层间错动带中的裂隙水,成岩和成矿的封存水。

(3) 在覆盖层与基岩顶面之间常有一层潜水存在,它可以由基岩裂隙水补充,也可由表水经覆盖层向下渗入。如果基岩顶是破碎带,此层水常埋在破碎带中,此层水若具承压性将会浸湿上覆的堆积土(特别是黄土、黏性土)使它产生滑动;若基岩为较完整的软岩或膨胀岩时,是阻水的,此含水层在上覆的堆积层中,当软岩被软化降低强度后,上覆的堆积层将沿软岩的顶面滑动。基岩顶面与上覆各种成因的第四系岩土间往往有一层碎石土,这层碎石土若含水,它可沿下伏软岩的顶面滑动,也可沿上覆不同成因的堆积层滑动;若两者之间为坡残积层时,在含水时的强度小于上、下层时,则沿坡残积层的顶面滑动,即三者在同一时间内,因潮湿程度不同,滑动沿强度小的面产生。

(4) 第四系岩层中的地下水,常赋存在隔水层之上的崩坡积层、残坡积层、坡洪积层、冲洪积层和沉积层以及不同年代(Q_4、Q_3、Q_2、Q_1 等)生成的岩土之间。这些都有向临空缓倾的软弱带、在有地下水补给时,易沿该软弱带形成主滑带。对这类补给坡内的地下水,多在后部使用盲沟、盲洞进行拦截以根治其滑动。

还有一类发育在潜水面以上的上层滞水或壤中水:零星分布在 Q_4 的坡积、洪积、残积层中含碎石、砾石、砂或砂姜石透镜体中的鸡窝水;还有在喷出岩与老地面间、被掩埋后的老沟槽及冰川沉积等中的封存水;在多年冻土地区还有冻结层上水,冻结层层间水及冻结层下水。以上各种类型的水多有规律,当它向临空形成一缓倾的软弱带并沿该带滑动时,即形成边坡滑坡。防治时,一般使用疏干工程或对有封存水处采用盲沟、盲洞将水引出。

在岩堆的底面与老地面或基岩顶面间常有一层层间水,当水量增大时可引起沿老地面或基岩顶面的滑动,这形成的即是坡体滑坡;而在岩堆前受壤中水浸湿的部分,它沿干湿分界带或上层滞水降落的曲线形成主滑带的滑动,就是边坡滑坡。在这种条件下,边坡滑坡往往是坡体滑坡的前部,在这类边坡滑坡的前部是不能大量切割的,否则将引起整个岩堆沿其底层的滑动。应在边坡滑坡的前缘布置足够的疏干工程疏排坡内的壤中水,并设置增加抗力刚度大的抗滑工程构筑物。对以碎块石为主的边坡滑坡,使用预应力锚索框架工程加固比较适合;但锚索的锚固端一定要设置在可能形成边坡滑坡的滑带以下,按每孔的实际情况对锚固端的岩土进行压浆加固。按具体的地质条件,可将锚索增长穿过岩堆的底滑层,起到平衡岩堆整体滑动的作用。为阻止岩堆的整体滑动,在其后部还应设置拦截补给岩堆底滑带水的盲沟或盲洞;但盲沟或盲洞不能疏干边坡滑坡中的壤中水,所以一般在边坡滑坡的前部应采用支撑渗沟群或仰斜疏干钻孔群。

八、坡面范围中各种类型病害的作用力状态和变形破坏机理以及采用预应力锚索框架加固的计算方法与设计原则

坡面是指组成山坡外侧的岩土,在受到自然营力中以风化剥蚀为主作用下,仍能保持基本稳定坡率的范

围。使坡面局部产生变形破坏的类型有:(1)坡面落石和坡面岩土坍落与碎落;(2)坡面流泥石和冲蚀;(3)表土剥落三大类。

1. 坡面落石和坡面岩土的坍落与碎落

此类病害多发生在破碎软硬岩互层中,在受裂隙水软化、冻融和热胀冷缩等自然营力作用使部分岩土先风化,然后该风化的岩土再受风蚀、表水冲刷的破坏塌走,致使其上部的硬岩块在重力作用下滚落;由于坡面塌去土石后造成坡面凹陷不均,有的可引起上部岩块崩落,甚至发展至塌岩。同样由泥土包裹粒径不等的漂砾洪积体,或由泥土包裹大小块石的冰川洪积体组成的坡面,常因泥土被壤中水浸湿、软化和潜蚀以及表水冲刷后流失,造成漂砾和碎块石从坡面滚下。在切割了由软岩组成的新鲜坡面上,常因受大气中水分和温差等作用使坡面上的岩土出现胀裂,由于岩性软常呈碎石及碎屑状,经风蚀和雨水的冲刷而碎落;或在裂隙水作用下被浸湿部分的岩土出现坍落;新切割的黄土边坡入冬时,因气温调节后的水分会与斜坡上下大致平行的等厚处形成一冻结层,来年春融时,融化的土可沿该冻结层坍下。

此类坡面病害破坏层的厚度易随条件及时间影响的变化而变化,不易控制,多采用预应力锚索框架加固克服锚杆框架之弊,故锚固端的深度一定要设在可能破坏层的厚度以下,锁定的预应力应大于各种营力产生的破坏力。同时被框架挤紧的岩土间产生的摩阻力要能阻止岩块或岩土在重力作用下产生的崩落,框架立柱应埋入坡内一定的深度,防止因表水的冲刷将坡面岩土冲走使框架悬空,失去作用。为保护框架窗口内回填土的稳定应种植当地的草木,以保持坡面表层岩土的湿度和一定的温度,以增加坡面岩土的强度,并取得环保效益。

2. 坡面流泥、流石和冲蚀

由严重风化破碎软岩组成的岩坡或由黏性土包裹砂、砾、碎石组成的老洪坡积土(超固结的Q_3或更老的地层)的土坡,受自然营力作用和在表水冲刷下造成坡面流泥、流石和冲蚀等现象。对待这类病害,首先要搞清其汇水面积,再考虑其治理措施。可采用截排地表水的隔渗天沟,在每级坡顶设置不小于2 m的平台,平台上设一隔渗排水沟。近些年来有采预应力锚索框架进行治理的,它可起到护坡的作用,其效果良好。对高陡的堑坡应按主动土压计算,框架应切入能阻止坡面形成流泥石的深度。框架窗口内回填种植土,种植当地的草木以防止坡面冲刷。

3. 表土剥落

是指斜坡表面的岩土因热胀冷缩或卸荷臌胀逐层剥落散堆于坡脚的现象。对一般的矮堑坡在坡脚设清帚平台经常清理;这种现象在坡面绿化的植被长成后会消失。对高堑坡则需处理,在陡于1:1的坡面上可刷一层胶泥或喷水泥浆,但长效作用差;即是采用挂网喷浆或土钉护坡,在有壤中水出露处或堑顶渗水地段,经过数个雨季后这些措施多被破坏。在使用预应力锚索框架防护时,在框架窗内应多栽本地草木,在这些草木生长茂盛后可制止这类病害的发生。

九、使用预应力锚索框架治理高边坡病害的结论

1. 使用预应力锚索框架治理各类高边坡病害,它只是工程措施的一种。它即可以是主体工程也可以是辅助工程,即可以是根治工程也可以是应急工程;这要根据病害的实际情况进行综合治理。它的计算方法和设计原则不能只按单根锚索独立锚头和假定山坡岩土为刚性进行,应随岩土的实际条件采用相适应的计算方法和设计原则,也可采用改变原地质条件使其适应所采用的计算方法和设计原则。

2. 目前采用日本PC工法的预应力锚索框架的计算方法和设计理论,要考虑每根锚索可能损失的锁定预应力,设计的锁定有效预应力一定要大于自然营力所产生的破坏力,即山坡出现的作用力始终在预加应力值之内。否则就要靠刚度大的框架来协调应力集中时的变形与破坏。因为PC工法是按各锚索点的预应力相等,框架下的岩土单位反向抗力相等设计的,事实并非如此,在作用力超过预应力后,锚索要变形拉长,框架下的岩土也随之变形。使用框架是因为变形体破碎,要靠框架的压力使变形体挤紧,框架所产生的压力经破碎的岩体传至变形的底界,会随厚度的增加越变越小(尤其是岩性越差越是如此,因这些变形体非刚体)。现在按刚体等量设计,用同一安全系数是有欠缺的,特别是对滑坡,锚索在滑带处产生的与下滑力方向相反的分力,不可能是按刚体受力分析的数值,岩土越松弛破碎、软弱、潮湿这种作用力越小。这也是目前在松

软、破碎、潮湿的高边坡上采用预应力锚索框架加固滑坡常出现变形的主因。

3. 处于不同地质条件与自然环境的高边坡病害，其变形破坏的范围不一样；每一范围内产生的病害因变形破坏的部位、形态、主次因素及地下水对它的影响不同，所出现的类型也不同，性质各异。但这些类型可相互转化，每一类型的病害都有它自己的发展阶段，因此要有充足的资料及细致的分析，在使用预应力锚索框架等综合治理时才能切合实际。

注：此文是中铁西北科学研究院有限公司徐邦栋、张永生发表于2009年《滑坡文集》第十九集。

第三部分

重大项目咨询

韩城电厂象山(横山)滑坡的辨认、分析和整治

一、概 况

韩城电厂象山(横山)滑坡位于陕西省韩城市西北约 4 km,由电厂厂坪及其东侧横山山坡组成(图1)。最大可能变形的面积接近 0.6 km²,东至横山梁顶,北以马尔斯泵房南侧的冲沟为界(马尔斯泵房及浓缩池所在系另一单独滑坡),南达西梁沟,西抵于潏水河床。根据地表出现的滑坡裂缝,地面和建筑物变形迹象分析,目前已转化为滑坡的为横山山梁及山前电厂所至阶地;即东至象山断层(F_9)以西与打麦场东的四环贯通裂缝(长约 150 m)间,北至浓缩池南侧的北冲沟,南达铁路里程 DK3 + 700 小冲沟,西抵电厂主厂房之西主控制室一带。

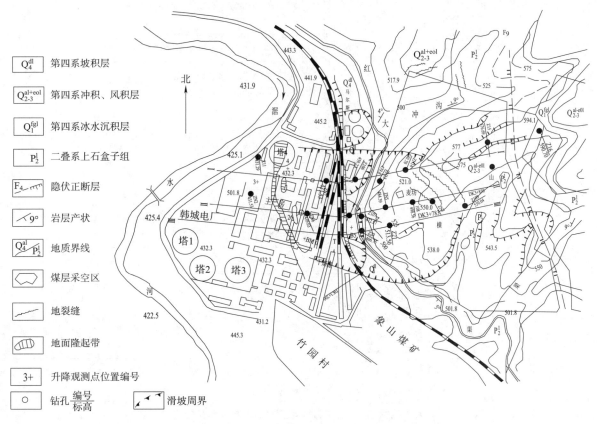

图 1 韩城电厂横山滑坡综合工程地质图

横山山梁由东而西长约 300 m,地面高程自 590 m 降至 550 m,而后以两级陡斜坡在 150 m 内降至山前阶地;阶地地面高程由 445 m 降至潏水河岸为 425 m,阶地宽近 500 m。根据岩芯勘探及钻孔中测斜管和声发射等分析与监视,目前至山坡一带已移动的滑层最深约达 80 m,在厂区约为 20 m,估算已滑动的体积近 5×10^6 m³。

横山系由石炭—二叠系(C_{3-P})砂岩,砂质泥岩夹煤系岩石组成,顶部掩盖第四级阶地,厚约 60 m,由湿陷性黄土组成,密实,底部的卵砾石层厚约 4 m。由于岩层走向北西 20°与山坡平行,由东向西(向潏水河)倾,倾角自 12°逐渐缓至 4°,在山前阶地处基本水平,由于岩石基本尚完整,且地下水并不十分发育。所以在地下未开采煤层前,整个山坡基本上是稳定的,事实上至今也不存在有深层老滑坡的外貌,据此可说明此次深层滑动系因地下挖煤引起的新滑坡,且至今滑距也很短。但从外貌上看仍然可见以厂区及其以上的阶地为

界面的斜坡地貌,是曾经产生过一系列(由南向北)彼此相衔接的老堆积物和浅层岩石滑坡群;这些规模有限的老滑坡群可推断系在涺水河下切过程中受河水冲刷生成,现因修筑红旗渠渠道和铁路切割了老滑坡脚而削弱支撑,在地下采煤下又促使其复活。韩城电厂横山综合地层柱状图如图2所示。

地层单位			地层代号	层厚(m)	柱状图	岩性描述
界	系	统	组			
新生界	第四系	全新统		Q_4	5.0~15.0	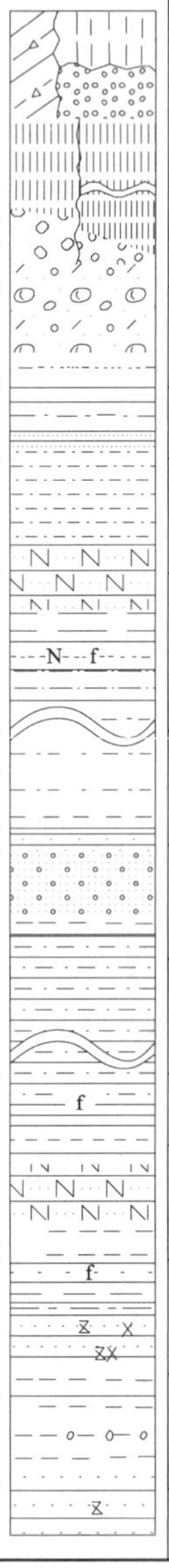	坡积层、黄褐色、亚黏土混碎石、块石。冲积、洪积层、上部黄土状亚黏土,下部卵砾石层
		更新统		Q_{2-3}	5.0~60.0		洪积、冲积层、上部黄土状土、下部为卵石、其厚1~5 m。冲积、风积层、上部黄土、下部石其厚1~3 m
				Q_1	5.0~12.0		卵石混漂石。灰褐色、直径一般5~20 cm,大者60~80 cm,分选性差、卵石为亚圆形,漂石为亚棱角形和棱角形,成分大部为砂岩混泥质,呈半胶结
古生界	二叠系	上新统	石盒子组	P_2^{1-12}	11.0~13.05		砂岩、泥带互层:紫杂色,上部以泥岩为主,中部为泥岩和砂岩互层,下部厚1~3 m的中厚层砂岩
				P_2^{1-11}	13.0		砂质泥岩:绿黄色,少量紫杂色,上部夫薄砂岩,层理发育
				P_2^{1-10}	3.0~9.0		中细粒长砂岩:浅灰~灰白色、中厚~厚层状,中细粒结构,矿物成分以长石、石英为主,泥质胶结,夹中厚层合砾粗砂岩和细粒石英砂岩
				P_2^{1-9}	59.5~61.5		砂质泥岩:上部绿黄色,紫杂色砂质泥岩,含植物化石,具球状风化,夹中厚层长石砂岩透镜体,中部对紫杂色砂质泥岩,厚层状,下部为紫杂色、灰绿色砂质泥岩夹中厚层砂岩
				P_2^{1-8}	4.7~6.0		砂岩、泥质互层:砂岩灰绿色,细粒结构,单层厚10~30 cm,泥岩为绿黄色、紫杂色、薄层状。本层具明显的斜层理
				P_2^{1-7}	7.0~9.0		含砾砂岩:浅灰色、厚层状,上部中细粒石英砂岩,中下部含砾粗砂岩,砾石以石英为主,硅质胶结,质极坚硬
				P_2^{1-6}	75.5~77.75		砂质砂岩。紫杂色、绿灰色中厚~厚层状,夹少量中厚~薄层状砂岩及灰黑色密实质泥岩、底部薄层泥岩,质软,顶部为富铝土质泥岩
				P_2^{1-5}	6.3		中细粒长石砂岩:浅灰~灰白、厚层状,层理发育。矿物长石、石英为主
				P_2^{1-4}	13.0		泥岩:紫杂色、绿黄色,上部为深灰色泥岩,质软,下部为厚层状中粒砂岩,成分以石英、长石为主,硅质胶结
				P_2^{1-3}	7.5		中细粒砂岩:浅灰色、上部中厚层和细粒岩夹粉砂岩,下部为厚层状中粒砂岩,硅质胶结
				P_2^{1-2}	11.1~15.0		鲕状泥岩:紫杂色、灰色、上部为泥岩夹泥质砂岩;中部为鲕状泥岩;下部为夹薄层灰黑色炭质泥岩
				P_2^{1-1}	11.0~14.0		中粒砂岩:浅灰~棕色,中厚层状,层理发育。本组为下石盒子组底部

图2 韩城电厂横山综合地层柱状图

据象山煤矿和当地同志提供的集息,附近电厂的314煤田(由F_9至电厂铁路专用线间)于1983年元月正式开采其3号煤层后(煤厚1.7 m至1.9 m,在横山下230 m至280 m,在厂区下约160 m),山坡上及电厂厂坪处的变形相继变得明显。由于系由东向西的顺序采煤(在每区中又由南向北挖采),山坡变形也因之由东而西逐年严重,可说明采煤与变形的关系密切。该3号煤层至铁路以东于1985年4月中旬已全部采空,铁路以西为保铁路保厂而未采煤。1984年9月至10月电厂铁路的路堑挡墙和厂坪已断裂、隆起,同时近山麓处的泉水也突然干涸;1985年3月至4月间山坡、挡墙及厂区的一系列变形严重,特别是在干煤棚至桥式煤抓一带,烟囱东侧道路一带和主厂房框架内的电线隧洞一带所呈现的南北向贯通的滑坡挤出口与隆起带十分严重,许多设施变形、开裂,情况危急。为此水电部门组织多起专家组至现场考察,要求确定厂区变形的性质、发展趋势、危害和病因,并要求提出防止继续变形的措施和确保电厂正常供电的办法。

1985年5月,我们参加了该部组织的专家组至现场勘察,虽然与会同志认识并非完全一致,但大多数经研究后共同提出了如下建议,并取得了有关领导同意,基本按之执行后已取得初步效果。

1. 地下采煤塌陷,促使潏水河河床以上临空的岩土松弛产生了由东向西的挤压与推力,顺岩体中倾向临空的构造裂面和层间错动带移动。目前,自打麦坊东四环裂缝处以西的山体已转化为深层滑动,从厂区和山坡等处的变形迹象上看,是滑坡变形的反映,从电厂一些设施的变形迹象看,已达允许界限,不能再继续增大,如不立即采取有效措施进行抢救,个别设施有随时被破坏而造成事故和形成断电可能。

2. 对电厂一些主要设施,首先要采取卸除侧向推力的措施,即切断由皮带廊等刚架连接的传力作用,可保碎煤机室及至主厂房段输煤栈桥的正常运行;其次,立即组织力量对山坡减重,并要抢在雨季来临前减小山坡和厂区变形的速率和推力,只有减小对电厂的横向压力,才可确保电厂各设施不继续变形。

3. 成立防滑机构,开展对滑坡的各项观测、监测和报警工作,立即组织力量对滑坡进行全面勘测和试验,分批提出资料,尽快为应急工程和根治工程的设计提供依据,也为抢险、预报险情提供资料。

4. 针对雨季和工程措施进行情况,事先安排好铁路一带的报警和滑坡可能产生灾害的预防工作,减少产生滑坡后的损失。

经有关方面研究并按上述建议形成决议,自1985年5月下旬按各项措施筹划进行,特别是切断了传力建筑的联系,山坡进行了减重和及时开展各项勘测和观测与监测等工作,以及1985年雨季推后至8月底9月初,韩城电厂滑坡度过了险情。根据相应的地面位移和水平观测,探井和建筑处的土应力计量测,地面倾斜盘观测、钻孔测斜管观测和钻孔中声发射量测以及警报器监测和地表变形目测等了解到,在山坡减重过程中就达到了减缓其变形速率和推力的作用。虽在1985年8月下旬当地未下过透雨,厂区隆起量并未减少,只是日平均量减弱。在减去 7×10^5 m³ 荷重之后,从声发射和厂区建筑变形看,在10月份滑带的破坏仍然向西向潏水河边推进,由主厂房延伸至其西主控制室一带,且在近潏水河岸的2号钻孔中发现水温突然增高和"大事件"增多的反应,这些都说明有必要在铁路山侧山坡脚一线加速应急抗滑桩的施工,单纯减重并不能改变滑动性质这一事实。

1985年11月至12月,厂区和山坡的变形暂时减弱;1986年春融期(元月至2月)各项观测和监测中又反映滑坡复苏,推力与变形又有进展,目前4至6月正处旱季,厂区虽趋稳定,滑带已有回弹现象;但铁路附近由于施工抗滑桩在开挖基坑切断滑带而始终量测到东侧山坡推力的作用。

横山滑坡实际上由此而南分为三块:1)在浓缩池一带,即北冲沟以北为单独滑坡群,具三层滑带出口;2)在铁路上挡墙以南为一向南西50°至60°滑动,具四层滑带出口的滑坡;3)在上述两者之间为横山主体滑坡,具六层滑带出口,向南西80°滑动,特别在铁路路面以上又分北、中两块浅层滑坡,具两层滑带出口。2)和3)滑坡群在同一岩体上,但滑动方向并不一致。以下仅对横山主体滑坡群简要介绍其辨认、分析和整治。

二、横山主体滑坡的辨认与分析

滑坡是一不良物理地质现象,其表现与斜坡岩土由于种种原因在以重力为主的作用下,沿一定的带(或面)做整体的向前移动,滑动后具有独特的地貌景观,如具有弧形后壁、月牙形封闭洼地、缓倾斜的平台和垅状而隆起的前缘等。因此滑坡的生成必须具备以下条件:

1. 具备依之滑动而易于贯通的滑带。作用于滑带上的剪切推力必须大于抗力,只有在剪切应力大于抗剪强度的部位始可生成滑带。

2. 滑体必须与四周滑床之间具有易于分割脱离的面,特别对岩石而言具备贯通的陡倾构造裂面,始可产生重力之分力沿滑带推挤。

3. 滑坡的前缘必须具备临空面,在前缘阻力小时,在推力作用下,滑坡时始可挤出地表。

4. 具备种种必要的增大推力与滑带应力的因素和相应地降低阻力与滑带强度的因素,从而逐渐或突然使应力大于强度,可产生滑体沿滑带向临空面的滑动现象。韩城电厂(横山)滑坡工程地质断面如图3所示。

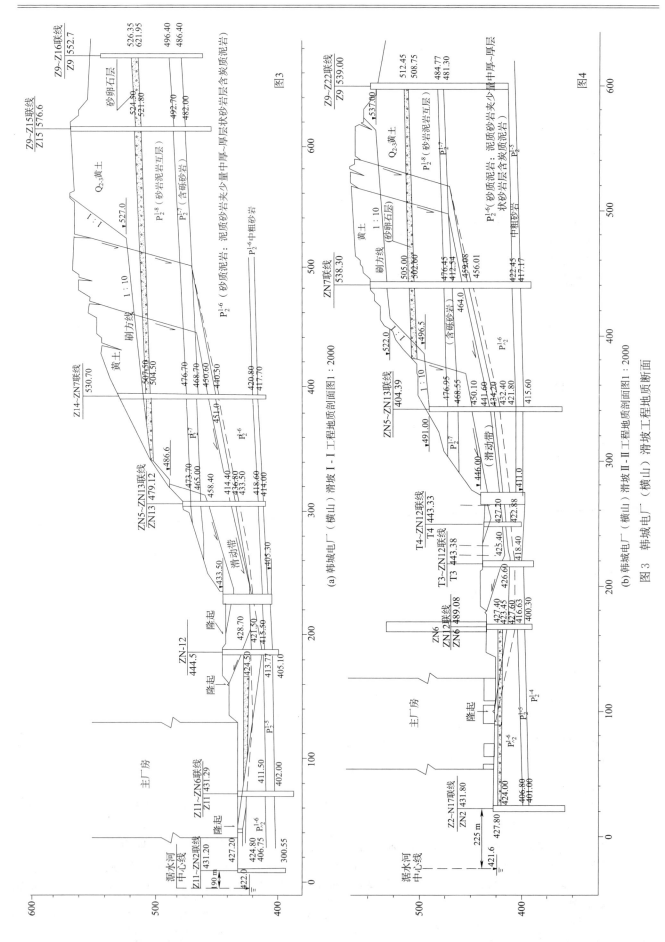

图3 韩城电厂（横山）滑坡工程地质断面

据上认识,我们辨认横山岩石滑坡:

1. 从地貌上看,它不具备滑动后的老滑坡外貌,但具备了开始滑动时新生滑坡的各种迹象,如1)具有走向基本上平行于当地张扭断层(北西10°至20°)的滑坡后缘张开的裂缝组,位于打麦坊东的四条长约150 m的贯通裂缝,向涓水河呈陡倾斜状。2)两侧具有冲沟分割的地形,该两冲沟系沿与之平行的岩层竖向裂面组发育生成。3)自铁路上挡墙—电厂厂坪至涓水河河床间已出现一组坎状隆起和滑坡出口带,特别在烟囱(图1)与主厂房一带有一走向呈北西10°至20°的坎状隆起带在不断上隆,以及有四条走向也约呈北西10°的滑坡出口以反倾20°至24°的错出地表,并将附近建筑物破坏,其贯通长度约在100~200 m间。该四条滑坡出口,由东而西为:(1)铁路路堑挡墙一线,墙已外鼓,墙上已见断断续续横裂;(2)干煤棚至桥式煤抓一带的地面已隆起,并错断地表衬砌;(3)烟囱附近,其东侧通道一线,在小挡墙外的水沟处已错出地表;(4)自北4号冷却塔之一半,南沿主厂房的整个电线隧道一线,已剪断地面电缆沟盖板和隔墙。4)从整体上看,电厂各设施的种种变形断裂规律为自东向西的推力而形成南北向的剪切。

按上述变形,正如加拿大滑坡专家摩根斯顿所言:除了滑坡现象,找不出任何其他解释。我们认为它具有典型的新生滑坡形迹。

2. 综合厂坪一带包括打麦坊以西,始终未发现有任一自西向东向横山错动的反倾陡裂缝,即未出现任何明显的向煤矿采空区的塌陷现象,这说明目前横山山梁以及电厂厂坪的岩体主要是向涓水河、向临空面挤压移动,并非向煤矿采空区塌陷。此滑动现象虽因地下采煤导致上部岩体松弛而引起,但目前系已转化为向涓水河挤压滑动。

3. 从岩体结构上看,由于横山山梁为F_9断层所截断,断层以西为一断块,该象山断层(F_9)主要走向与山坡平行,呈北西20°,属张扭性,主要倾向南西、倾向涓水河,沿60°至80°向西下错5~15 m不等。后山成层的地下水也因断层而隔开,改以裂隙水形式向山下补给;但因地下采煤塌陷而易集中于相对挤紧的一层、向河倾的缓裂面流动,该构造裂面由于在水的浸湿软化而易于形成新生的滑带。

根据现场调查及钻孔岩芯分析,当地具有一组向河倾10°至20°的破劈理面或压性结构面,虽然根据节理统计还不到20%,但其贯通性强,这就说明它具有生成新滑带的良好条件,该组裂面新鲜,无泥土充填,但在厚约60 m的P_2^{1-6}(厚层砂质泥岩为主、夹薄层砂岩互层)中出现,而在其上P_2^{1-7}及其下P_2^{1-5}两厚层硬砂岩中并不存在。这说明介于两硬层中的软间层,在地质年代受构造应力后由于岩性差异的作用而生成,也仅在软间层之间可生成上述构造面。该平均向河倾15°以砂质泥岩为主的构造面,在当地雨季浸润条件下(未泥化)其综合内摩擦角在12°至13°之间;所以在因地下采煤而松弛的情况下,地下水集中流过时是可能沿之滑动的。加拿大滑坡专家摩根斯顿提出在选择坑口电站时应该考虑这一可能生成滑坡的后果,是有一定的道理的(即当地的岩体构造具备生成滑坡条件)。

至于从岩层产状层面倾向河由12°至4°上看,特别在打麦坊以西基本为8°至4°和厂区近乎水平而言,在当地浸水条件下这种以砂质泥岩为主的岩层层间错动带已泥化的综合内摩擦角应在7°左右,所以不可能产生以层间错动带为主滑的滑坡,该错动带只能作为滑坡前部是抗滑性质的滑带。客观条件是决定滑带生成的基础,不能主观臆断而认为是顺层滑动。再根据钻孔中测斜管实际变形的部位和声发射产生"大事件"的部位,与该部位所揭露的岩芯具有10°至20°构造面等,证实了在横山山坡部分的各层滑动带是位于向河倾10°至20°的构造面的,并非顺层间错动带发育,在厂区地下的滑带是依附于层间错动带生成的,从而肯定了横山滑坡系一个多层滑带以切层滑动为主的岩石滑坡。

根据1985年在一些钻孔中声发射的资料,从"大事件"对比中发现7月在铁路一带钻孔中破坏较严重,8月、9月则向西延伸至烟囱和主厂房一带,10月发展到主厂房以西的2号钻孔部位。这说明该滑带的生成系由东、由山坡向西、向厂区及涓水河方向发展,属渐进破坏性质,这是一典型的推动式滑坡,也是特定条件下难得的事例。

4. 对本滑坡可能的发展深度这一关键问题,因为地下采空区在厂区下约160 m,这一来自松弛岩体的横向推力将到达地面下很深的部分。根据当地最低侵蚀基准面看,由于涓水河河床系由完整、坚硬、硅质胶结的P_2^{1-5}石英长石砂岩组成,厚近10 m,而且自P_2^{1-5}以下至P_2^{1-1}数十米厚均为较完整的、呈厚层状的泥质砂岩与砂岩互层,而且层面水平系缺乏反倾向的、缓倾斜的裂面等。所以在初期判断当地深入P_2^{1-5}岩层以下的滑层极少可能再切断 P_2^{1-5} 岩层错出地表，因此将 P_2^{1-5} 岩层视作稳定层而作为应急抗滑桩的持力层。目前根据沿铁路一线施工抗滑桩中每隔开两桩开挖的 14 个桩坑中调查，在 P_2^{1-5} 硬砂岩中也确实未发现有任何一组反倾向缓倾角的构造裂面和裂隙，这样按该层砂岩允许的抗剪强度计算，任一深层滑带（低于 P_2^{1-5} 的）均不可能再错断 P_2^{1-5} 岩层滑出地表，从而证实以上以 P_2^{1-5} 顶面来考虑今后可能产生滑带的最大深度是可靠的。虽然目前根据钻孔中测斜管和声发射已量测到在深于 P_2^{1-5} 岩层以下的岩层中有受力和变形的迹象，但数量甚微，那只能反映有来自横山山坡之挤压产生的岩土弹性压缩变形，不可能生成滑带错出地表，它不可能使厂区建筑物产生不允许的变形。

5. 关于这一滑坡模式，即各部位滑带的形状、倾斜度及其组成，分后缘，主滑带与前部抗滑带分三部分，叙述如下。

1） P_2^{1-7} 厚 10 余米，由砂质胶结的含砾石英长石砂岩组成，呈厚层状。其中具倾向河、倾角在 70°至 80° 的构造裂面，它是生成滑坡后缘错动面所依附的必然面，因该层中并无贯通的、缓的或中等斜度的裂面，所以凡通过 P_2^{1-7} 岩层的滑带必然倾斜达 70 余度，应为后缘滑带；由于 P_2^{1-7} 岩层的抗剪强度特别大，因此在 P_2^{1-7} 以上的岩石和黄土均不可能以岩层为主滑带或抗滑带。这一后缘滑带组常在下部的 P_2^{1-6} 岩层中主滑带的移动下被牵动而生成。

2） P_2^{1-6} 岩层，如上述，厚约 60 m，为相对软弱的泥岩与薄层砂岩互层。由于质软，岩层具东西与南北两方向的舒缓扭曲，以轴向北西 10°为主；层中裂面组较多，以向西倾 10°~20°一组破劈理或压性面较发育且贯通。为此易于依附该组破劈理生成多层主滑带，它与前部的层间错动带相结合，常在阶地面以上的斜坡上错出地表，生成多层的浅层滑坡。

3）在横山山坡前缘为一宽阔的阶地，凡深层主滑带低于厂坪时，或沿阶地中卵砾石层顶，或沿阶地底的基岩顶面，或沿每层泥岩顶中夹层间错动带的滑动延伸向前，先因挤压破坏而后地下水向之集中生成抗滑地段的滑带，必须延伸至㳚水河岸在河床基岩顶面以上最后滑出地表，而后终止。这一抗滑地段的滑带，常在厂房建筑所布置的荷载与滑动方向大致垂直（北西 10°左右）而相对薄弱的一线挤出地表，构成多组滑坡出口带。

上述滑坡模式，在两探井中和钻孔岩芯分析中已具体找到厂区地坪以下有四层滑带，其部位：

(1) 在挡墙基础一带，由于挡墙遭推而形成整体移动。
(2) 在 4 号探井中低于地面 3.5 m 处，为一依附于层间错动带生成的滑带。
(3) 在 4 号探井中低于地面 13.5 m 处一泥化夹层，为破坏最严重的一层主滑带。
(4) 在 4 号探井中低于地面约 21 m 处，为一正在形成过程中的破碎滑带。

这四层滑带，在已开挖的 14 根应急抗滑桩都已挖出，同样，根据地面变形迹象和钻孔中岩芯分析，在铁路挡墙上和墙顶山坡上也共找到两层浅层滑带。

上述滑坡出口、抗滑地段滑带、主滑带和后缘滑面，多按实际钻孔岩芯上具备裂面处、结合钻孔中测斜管变形处和声发射变异处，以及地表裂缝出现的部位等资料逐一联合而成每层滑带，它与前述滑坡模式基本一致，所以认为基本可靠，可供检算滑坡推力用。

6. 综合上述分析，对滑坡的形成提出下述结论：

1）横山滑坡具备可生成滑带的岩体结构条件。

2）由于地下采煤造成㳚水河以上临空的岩体因松弛而产生向西、向㳚水河电厂地坪的推挤和移动。

3）在以松弛的岩体上由于地表水易于下渗，并沿挤紧的某一滑带面而集中浸润，在雨季和雨季后，可使作用于该带的推力增大和抗剪强度的降低而产生沿该滑带滑动。

4）至于后山红旗隧洞对于滑动具体的影响，由于距离远，待进一步对隧洞漏水观测和对渗透的了解之后，再做研究。

5）沿山坡前缘过去修老渠道时及修筑铁路对山坡的切割，曾间接削弱了山体的支撑，也是此次滑坡生成的因素之一。

三、挽救电厂和整治横山主体滑坡的对策与措施

1. 电厂各设施基本是建在阶地卵石层，不在基岩中。因此，它不但将因滑体沿各浅层滑带的移动而整体移动,而且也因地面荷载分布的不同在垂直滑动方向一线抗力相对薄弱处生成新生滑带出口错出地表,将附近建筑破坏;且可因出口呈带状隆起时,使电厂厂房和相应设施由于隆起不均匀产生破坏;以及在横向外力下受沿滑体整个厚度、刚度不同的关系,造成的立面应力不均对电厂基础的破坏等;甚而由于如皮带廊因基本与滑动方向平行而产生应力集中,直接借皮带廊传力,先破坏与之相连的各厂房与设施。所以挽救电厂,使之能正常供电,首先要充分考虑到它所允许的受力和变形,即是研究允许传至电厂各设施处横向推力的分布与数值。根据一年来滑坡状态和电厂各设施允许的变形与破坏,即是各设施基础处于岩土受力挤压在弹性变形范围以内,其变形已使主厂房电缆槽剪断和烟囱倾斜达较大值(烟囱基础允许倾斜4‰,该烟囱高120 m,上部允许偏差48 cm,现已达22 cm)。为此整治横山主体滑坡的根本对策,必须要在厂坪东端山前铁路一线设立坚强的阻滑刚性结构如抗滑桩,以切断横山山坡向厂坪施加的横向推力。也只有截断横向推力,才可终止电厂有关设施的变形,并控制在允许范围之内。由于电厂各设施允许的变形量小,不同于一般滑坡的整治原则,故不能采用如一些专家所想象的以减重为主的处理方案。

2. 由于该滑坡在春融季节已经迫使厂坪和电厂一些设施的变形达到不可允许的地步,在1985年5月(当时离雨季仅3个月),是来不及施工抗滑桩的。因此先按地表变形,划出主滑地段,立即先行减重。减重可随施工进展产生逐日减小滑坡推力的作用,从而减缓滑动速率,以求得变形减弱来保证电厂各设施的安全;也因在山坡减重过程中可借机械压实地表而防止雨季表水下渗的危害。同时为了制止因应力集中传递造成的厂房和一些设施的严重变形,提出了立即将刚性传力建筑物如皮带走廊将之横向切断与厂房的连接等,任其移动而不推挤相接设施。

3. 成立防滑机构,组织力量对滑坡开展勘测和开展各项观测(监测和报警),以便及时了解滑坡性质和掌握变形,以尽快收集应急工程(抗滑桩)设计的资料,提出图纸尽早施工,达到早治而经济的目的。

利用地面变形点的几何关系,将已有几个钻孔资料和当时现场可测绘到的岩层和裂面产状填绘于由原地形图上按实地量出的滑动方向所切取的断面上。根据前述对滑坡模式的推断在断面上绘出各种地质标志就完成初拟的滑坡工程地质断面图供设计减重用。在检算推力前,先研究现场所见各建筑物变形迹象和变形程度,根据经验提出当时滑坡的稳定度,再根据组成滑坡后缘和前部的岩土情况,按经验确定这两段滑带的抗剪强度值,用反算法求主滑地段滑带的抗剪强度指标。最终按抢险要求,设计出逐个减重断面供施工使用。检算结果共需减重7×10^5 m³。这一工作于一个月内完成并提出减重图纸,达到了抢险的目的。随后,在各项勘测资料收集齐全之后,再做复核,基本符合要求,最终将减重量放在实测断面上,作应急抗滑桩设计。

4. 鉴于勘探出在铁路路面下具有3至4层滑带,而在路面以上尚有两层滑带,经过方案设计以设置两排抗滑桩比较经济合理。为此,铁路山侧路堑挡墙外布置一排应急抗滑桩以阻止沿路面附近及其以下各深层滑带滑动,按计算需41根钢轨抗滑桩,桩间距6 m,长30～37 m不等,截面3 m×5 m及3.3 m×5.5 m两种。为阻止沿挡墙中出现一层滑带滑动,在两应急大桩间设置一短桩,经检算共增加钢筋混凝土短桩16根,每根长16.5 m,截面为2.4 m×3.2 m。对墙顶以上的一层滑带,在挡墙上半坡上修一排钢筋混凝土抗滑桩,经检算共需桩15根,桩间距6 m,长16 m,截面2 m×2.8 m。

由于短桩均埋置于浅层滑带之上,必须待应急桩全部竣工后始可修建,否则有被推倒之虞。

5. 至于其他均按一般要求:

1)对减重平台做地面排水工程和表土压实工程。

2)对在北冲沟中弃土做了挡土坝工程和改沟工程以防止沿此沟产生泥石流。

3)同样为增加抗滑桩前岩土的推力,要求后期对厂坪一带地表作隔渗处理。

4)在施工期间和工程做成后一段时间内,还要对山坡、厂区和抗滑桩等处,继续进行观测和量测,以了解工程效果。确保电厂正常运行。

四、结　语

目前对滑坡尚在整治中,上述判断特别是整治措施是否有效,还有待实际考验。但从一年多的各项观测、量测、监测资料看,已证实下述主要论断:

(1)它是因地下采煤而引起新生的、以切层为主的岩石滑坡现象。

(2)滑带生成的顺序是先有后缘滑带和主滑带,再生成抗滑段滑带和滑坡出口带。它是一典型的推动式滑坡,属渐进破坏性质。

(3)阻止了滑带发展至㴐水河边,避免大滑动形成,为挽救滑坡的重点,所采用立即生效的减重措施已取得成效。

(4)由于电厂设施不允许有稍大的变形,即是基底岩土在弹性范围内的压缩变形也难以承受,所以整治对策为:在铁路一线用抗滑桩切断来自上方山坡对厂区的挤压,它对挽救电厂保证正常供电是完全必要的。

注:此文是铁道部科学研究院西北研究所徐邦栋主笔,铁道部科学研究院西北研究所董敏玉、宋学安,水利电力部电力规划设计院王德民,水利电力部西北电力设计院,倪石泉参加此项工作于1986年6月完成。

关于青海省西宁至果洛(大武)公路龙穆尔沟两岸和军功以南的"红土"两地段路基地质病害调查后的咨询意见

应青海省公路局邀请,铁科院西北所派技术顾问徐邦栋研究员率领马惠民、张玉芳两同志,参加由局总工程师周远明主持的工作组(主要成员包括甘肃省公路局总工程师徐小权,西安公路学院顾安全教授、金应春副教授,青海省交通厅刘济林工程师,设计院罗伟甫主任,果洛总段长任唤峰等同志),对宁果公路河北乡至拉加寺间沿龙穆尔沟两岸及军功以南"红土山"两地段的路基地质病害,于1990年7月5日至9日进行了现场实地考察。兹将本人对上述路基地质、病害情况、性质、环境条件、危害和处理意见等概述于后,提此技术咨询意见,供参考用。

一、概 况

"红土山"地段位于军功至大武(果洛)间,在该段共勘察两个工点计三处路基地质病害,公路均环绕在黄河南岸的支流(当地黄河向西流)由第三系 R^b 紫红色中厚层至巨厚层状泥岩岩组组成陡山坡的半山坡中行进,路面高程在 3 100~3 400 m 间。由南而北,第一工点为测量里程 K205+538 是高路堤滑动,第二工点计有两处,其一在测量里程 K204+800 附近为高边坡 V 形坍塌向多层滑动变形,其二在测量里程约 K204+000~K204+600 间,为路基山侧高边坡滑动及河侧坡洪积物的滑动。

(一)测量里程 K205+538 附近高路堤滑动及山侧滑坡

1. 此段路堤走向为 NE20°,长约 30 m,外侧坡脚低于路面约 20 m,路面海拔约 3 400 m,路堤修筑在由泥岩组成短轴背斜的轴部——由沿两组裂面(呈 V 形)破坏生成的自然沟中,路堤基底为泥面泥流的流通区,坡脚达上层洪积扇的前部(该沟口处有三层洪积扇)。目前扇部及沟口下的主沟槽均稳定。路基面最大下沉量约 1.8 m,向河突出约 1 m。似乎变形的 30 m 全是新填土部分,实际基底以下坡洪积体也在整体移动。从涵洞中的变形迹象判断,此路堤滑坡具有三个剪出口:由下而上第一层在东距涵洞出口 4 m 处,高于涵洞出口基底约 1.0 m;中层出口东距涵洞出口 8.0 m,高 2.0 m;上层出口东距涵洞出口 20 m,高出涵洞出口约 5.0 m;后缘裂缝组位于涵洞中,东离出口 28~36 m 处。这三层滑坡剪出口在路堤外侧边坡相应部位具有三条外鼓的垅状带而得以验证。因此对路堤部分的滑坡断定为沿基底基础中洪积间歇面滑动。最深剪出口已达涵洞出口处。其滑动的主要原因:1)洪积层通过区的倾角陡于在软塑状态的强度角。2)沿自然沟有构造裂隙水补给。3)在填堤施工中对基础未做稳定性分析和特别设计与处理。4)填土质量欠佳,在不均匀沉陷中表水易于下渗和增加斜坡填堤的荷载。5)山坡地表水的大量补给。6)路堤山侧尚有一自然滑坡,对路堤后部产生推力。其剪出口西距涵洞进口 4 m,东距涵洞出口 36 m 处。该处涵洞底板上隆;在东距涵洞出口 30 m 处,洞底向西剪出 15 cm,此为山侧自然滑坡的证据。同时在东距涵洞出口 28~36 m 处路堤滑坡的后缘裂缝最大(洞顶宽 50 cm,洞底宽 20 cm)。此反映路堤滑坡是以自身滑动为主,滑动速度大于山侧自然滑坡。

2. 该沟指向 NW30°,在路堤南北两端见羽状裂缝;沟右羽纹 NW5°,主裂缝 NW45°;而沟左羽纹 NW80°,主裂缝 NW40°。故前级路堤滑动方向应指向 NW40°~NW45°。

对该前级路堤滑坡的处理意见:

1)将涵洞延长至上游沟口处,尽量按原涵洞进口底的高程向上延伸,以挖出后级山侧(自然)滑坡的滑带为目的,在找到滑带高程后挖至滑床下 1.0~1.5 m 为度,向上游延伸至老沟口,然后再沿公路走向修筑横截自然沟走向的截水盲沟,与老涵洞呈 T 字形。如此可使横截自然沟的盲沟以下的土体形成支撑山侧后级滑坡的抗滑体,以阻止后级滑坡的变形;同时也阻止了后级滑坡的地下水向前级的补给,产生稳定前级滑坡的作用。

2) 按路基面高程将公路内侧的三角形洼地填平,顶住山坡,并在山坡脚老土上(最好是基岩中)修截断自然沟水的浆砌隔渗排水沟,分别自路堤两端路堑老土中以明渠通过公路排至外侧,以减少表水对堤底坡洪积层中滑带的补给而稳定路堤滑坡。

3) 经上述两项工程后,在监测中如发现路堤仍在滑动,则需用电探找出前级滑坡后缘裂缝附近过湿带的埋藏位置,则可由涵洞中相应部位修横截自然沟水的盲洞,将该层滑带水截住,自涵洞中排出,此为根治工程之一。其次在涵洞出口一线修抗滑挡墙或钢筋混凝土抗滑桩一排,以阻止路堤滑坡的滑动及外侧路堤边坡产生边坡滑坡,此为根治工程之二。后两项根治工程需在前两项工程施工后,还不足以阻止其滑动时,在有完整的地质资料的情况下始可进行;特别是坡脚抗滑支挡工程要有充分正确的参数,在滑坡工程地质断面的稳定性检算下,通过设计始可施工。

3. 路堤山侧的自然沟系沿短轴背斜转折端的构造裂面发育生成。沟右岸红色泥岩(产状:NE70°/N15°~17°,并具向临空倾斜的陡裂面 NW20°/N90°~85°),它与沟左岸泥岩(产状:NE20°/N18°~20°及陡裂面 NE68°/N76°)产状一致,此反映该构系沿构造带发育生成,基岩裂隙水丰富(发育),是坡洪积体转化为滑坡的主因。目前该山侧老滑坡正在因地表水及基岩裂缝水的作用在复活中。山坡上在沟右侧转向 NW20°的三角面之下、在沟两侧山脊的节点连线(大约 NE50°)以下,已见老后缘裂缝和正在错动的后缘裂缝,此活动不久的错壁下尚见新拉裂张开的裂缝,为其活动的见证。其活动的原因除因地下水的作用外,地表水汇集作用和坡顶向沟槽坍塌加载作用等均为该山坡滑动的主要因素。因此必要在后缘错壁上修筑隔渗的截水天沟。在前缘路面内侧洼地填平抗滑土体,仍不足以稳定此后缘堆积层滑坡时,再考虑自两侧基岩交界面以下的坡洪积体之上部刷方减载以根治后级滑坡。

4. 目前除上述前、后期工程外,尚应测绘 1:500 的工程地质平面图,并据之建立观测网,定期观测山体和路堤各部分的滑动速率、方向,以便在必须要修筑后期工程时有一定的滑坡定性(主滑段及抗滑段)和定量资料。在进行截排地下水和刚性抗滑工程设计时,必须要有完善而充足的工程地质勘测资料,所有截排水工程,一律采用隔渗的水沟或浆砌片石或混凝土沟;否则将促使滑坡进一步恶化,其他工程如地表夯填裂缝、恢复植被、禁止砍伐树木,也是必不可少的。

(二) 测量里程大约 K204+000~K204+800 间

该段公路系沿由南向北的主沟右岸、绕南端沟头和呈直角右转至沟西岸的半山坡中行进。山高坡陡,"上不着天,下临无地"。

1. 沟的南端路基面以上山坡,呈阶梯状,平均坡度 40°,高差近 200 m。松树成林,马刀树较多,在伐木处见一系列平行山坡走向的裂缝、具多层顺层老滑坡的外貌。而路面则高出沟底也近 60 m,且上陡下缓;上部陡者达 50°~60°,高约 15~20 m,已裸露出松弛破坏的泥岩;中部缓至 1:1.75 至 1:2,由坍塌堆积物组成。下部则为洪积和滑动体(坡率 1:3 至 1:5)与主沟槽相接。主沟的右岸(小桥以东)是由完整的第三系(R^a)浅灰—紫红色厚层砾岩组组成,沟南端沟头(桥西)由紫红色砾岩泥岩(R^b)组成。上述两处岩体因受近南北向右旋张扭性断层影响而破碎。实际上沟的西岸位于该张扭断层的影响带,坡面走向基本垂直于岩层层面走向;在沟头南坡走向与岩层层面压劈理走向一致为顺向坡,倾向临空约 30°~35°,在桥西路基面以下尚有三条稍突出的鼓包,因坡上松树直立,植被良好,故判断为稳定体;其余大部分为坍塌体所覆盖或因坍塌而基岩裸露,均需勘测。

2. 在由南坡转向西坡的拐弯处,由于断层破碎影响带(大致南北走向)中泉水作用,岩土最破碎,路基面上下坡体均欠稳定,为本段最难处理之处。长约 34 m,今后应在地形地质勘测后,再进行个别设计。

3. 公路自进入主沟左岸(西坡)后,由于岩层倾角逐渐增大,巨厚层状的泥岩走向与坡面垂直,山坡陡达 45°~50°,泥岩(R^b)中因发育的一组裂面与层面组成 V 形分离体而向临空坍塌。路基面以上坡高一般逾百米,但多系局部变形破坏。因线路爬坡,且大沟纵坡大,因此路基面与沟底高差逐渐增至百米。受地下水(主要为基岩裂隙水)作用和坡上坍塌物的堆积,不少地段上部陡坡处的基岩埋藏较浅,下部则已形成堆积物的滑坡。一般地段在路面以下有局部凹入,路肩宽度不够,且路面以上有个别因坍塌和碎落物侵入路面限界的现象。其中测量里程约 K204+800 附近,路基内侧有一 V 形沿劈理面(NW15°/W35°),向临空由坍塌转化为多层滑动的病害。坍塌体已掩盖路面 3~4 m,长 30~40 m,处理较困难。

以下提出对逆沟由北而南(线路由西而东)病害性质的认识、处理原则和措施:

1. 路面以下分三段坡:1)上部陡坡达 50°~60°,虽然基岩埋藏较浅,但系易于风化破碎的泥岩,在自然沟下切阶段,侧向卸荷的影响,岩体在不断松弛变形中;2)中部缓坡多系崩坡积物,大气降雨使其不断崩解、坍塌和落石;3)下部为坡洪积物,在表水或地下水作用下,以泥流或堆积层滑坡的现象出现,直达主沟槽。因此路肩不够,既无法用下挡支撑,也不能做高大填方达数十至近百米,这就是"下临无地";所以建议一般地段应尽量使路基面落在基岩之上,并预留襟边以保证外侧路面和下挡的安全。必要时宁愿在路基内侧做挡墙,以争取全路面在基岩或稳定体上。

2. 沟西岸的路基内侧,坡高且陡,由巨厚层泥岩组成(半成岩),且处于地应力压紧阶段,因开挖路堑,人为地破坏了坡体的自然平衡,所以路堑边坡上泥岩不断松弛,产生碎落和局部 V 形崩塌现象。目前只能局部清除。在个别地段,可以做少量锚杆铅丝网喷射混凝土护坡试验,了解其效果。但同时也要观测此处地应力挤压阶段高坡的长期稳定性,为今后治理积累经验,否则立即投资数量过大,是否必要并无根据。但路基内侧可修高出路面的 1.5~2.0 m 的浆砌护墙和浆砌水沟,以防止坡脚破坏而导致边坡倒塌。

3. 测量里程 K204+800 一段,路面以上坍塌体长 30~40 m,南侧为层面,产状:NE70°/N60°,北侧系一组剪性面产状 NE35°/S75°,泥岩中发育一组劈理面产状 NW15°/E35°,上述三组结构面分别构成了 V 形坍塌体的两侧界及形成多层滑动的底界。因此在雨水及裂隙水作用下坍塌局部转化为滑动。在其南端因临空条件的改变,故变形体受限制不致向南、向北两侧发展;因此建议路基以尽可能内移为原则,宁可在内侧修支挡工程,因该段局部沿劈理滑动,根据经验主动土压可按 $\phi=30°$ 来设计支挡工程。如推力过大,也可在上部适当减重;不过上部已松动的岩土必须要清除。在此基础上根据裂面外侧的基岩情况,可设计下挡或半桥通过。河侧工程必须在勘探后,路基基岩分布,再行设计修筑工程,并需设有较宽的襟边,防止基础以下的基岩风化变形。其次对坡体要绿化,所有在路内侧的侧沟要浆砌,防止冲刷墙基。必要时上挡墙之上可预留落石槽,供崩解的泥岩碎块及个别岩块坍落后清理所需。

4. 测量里程 K204+600 附近,路基内侧岩坡稳定,但坡顶的洼地上堆积有坍塌物,应先清除,防止雨季自坡顶滑落堆于路面。该段路面以下有两条凸出山包并生长植被是稳定体,如路面外侧不够宽,可利用它作为半桥墩台基础,架半梁而过。

5. 测量里程 K204+550 附近,公路由南坡转入西坡之间,根据地形及地质条件必须进行地质勘探和地形测量、断面测量,在路基内侧修筑钢筋混凝土抗滑桩为主的抗滑工程,防止内侧滑动。对外侧要考虑到沿断层带泉水外流的危害,可考虑用旱桥两孔桩基通过或其他工程,但务必在工程地质断面上做经济技术比较后再确定。对半坡及坡脚的泉水应引出,并对泉水周围做保护坡体稳定的小浆砌挡护墙,防止坡体继续破坏而引起路基不稳。全山坡包括路面上、下均应进行绿化植树恢复植被,可增加山坡的整体稳定。特别应禁止再砍伐树木和破坏草皮。

6. 自桥西沿南坡至向西拐弯一段,原山坡为极限状态。山坡上树木已长成近 200 年,但多马刀树,既说明坡体深部稳定,也反映浅层滑动在不断进行。目前路面以上由于破坏树木已产生众多裂缝,由于筑路开挖堑坡,使坡体松弛带变形。因此可按挖去的岩土抗力来设计抗滑桩或锚索桩或抗滑挡墙于路基内侧;在支顶浅层滑动下,可保证坡体的稳定,表层坡体挤紧后可减少雨雪水的渗入。其次是恢复山坡树木、植被。至于路面外侧,在全路面坐落于基岩之上的前提下,宁可内移路面,增加山侧支挡工程,而不宜修下挡于破碎的岩土之上。外侧坡体也应恢复植被,全山坡要夯填裂缝,修筑浆砌侧沟及隔渗的截排水的天沟,对坡体的稳定是有益的。

二、龙穆尔沟两岸的地质病害

(一)概况

河北乡至拉加寺间的龙穆尔沟系北向南流,公路由东岸北端垭口高处而来,盘旋折回至北端沟头处以桥过沟行之西岸;逐渐上升至南端垭口,因而:

1. 在沟东岸由泥岩（R^b）组成的山坡上公路有上下两线，泥岩产状 NW65°/E6°~12°，倾向山里；由于岩层中具有 1) 剪裂面 NW80°~NE75°/W82°~85°组成的侧壁和 2) 劈理 SN~NE20°/W78°~82°与张裂面 NW65°/W84°构成后缘，以及 3) 劈理 NW10°~NE15°/W25°~35°形成向临空倾斜的底界。三者对公路生成局部崩塌及下层公路路基的上、下形成坍塌和局部岩体的浅层滑动起控制作用。特别在沟水冲刷岸坡，形成坍岸且逐级向上牵引，必将形成大滑动。此为东岸的地质病害类型。顺公路前进至下公路（由南至北方向），具有两块滑坡区，分别命名为 $A^\#$、$B^\#$。$A^\#$ 仅在下层公路以下有滑动，$B^\#$ 则在下层公路的上下均有滑动。

2. 在主沟沟脑公路过桥处，由于两岸均有一滑坡分别向沟心及沟下游滑动，公路桥则产生了支撑两岸堆积物滑动的作用。据悉该桥底有底撑，桥未变形；但从两岸滑动方向不一致看，建议在桥下游跌水以上增加一钢筋混凝土格坝，可增加一支撑，非但可稳定两岸滑坡，且可防止桥在扭力作用下产生局部破坏。

3. 沟西岸仅一条公路，自北端由完整砾岩（R^c）组成的陡岩以南过支沟即进入由泥岩组成的老滑坡区，该老滑坡沿公路长约 1 km 余，坡顶（高程 3 535 m）至沟底（高程 3 250 m）高差近 280 m，属于一巨型滑坡。由于岩层层面（产状：后山为 1) NE8°/E32°，2) 北端 NW15°~NE15°/E5°~41°，3) 南端 NE20°/E45°）及压劈理（产状 NW10°~NE5°/E15°，NW10°~NE5°/40°），可构成滑坡底界，近 SN/E70°的裂面可生成后缘陡壁。该大型滑坡即在河沟下切至Ⅱ台（高程 3 330 m 附近）高差约 200 m 的压力条件下一次生成了具崩塌性高速滑动的滑坡。当前滑坡可分为四块。滑坡后壁及洼地基本上呈近南北向，洼地高程 3 435 m，当时后壁垂直下落大于百米。滑体厚约 50~90 m，具两级：后级出口在Ⅲ台附近（高程 3 350 m）；前级出口在Ⅱ台（高程 3 330 m）附近。从滑坡洼地的密实程度看无变形迹象，判断老滑坡（由北而南）除第三条块全面复活外（沿公路长约 200 m），第四条块仅前级复活一部分（约 300 m 长）。从外貌迹象判断：目前各条块的Ⅱ台均处于稳定状态；由于沟水冲刷，在两条块间Ⅰ台以下（含Ⅰ台）均产生程度不等的坍岸及牵引式滑坡，必要防止其继续变形，向上牵动Ⅱ台的稳定。

（二）病因、性质及处理意见

1. 该老滑坡在生成时系因坡体高陡，在河沟切至 200 m 深时，下部泥岩承载强度不够而变形，从而导致地下水沿变形带集中，依附于压劈理（向河倾 5°至 10°）生成抗滑段的滑带，在地震或暴雨集中时突然迅速滑下，并滑距较远。此生成当前具阶梯状以第三条块为主体的、具有规律的大型老滑坡外貌。目前由于坡缓，老滑坡已完全稳定。但因第三第四条块主滑带倾斜 30°~40°，且有地下水沿层间错动带补给，在汇水面积较大的条件下，非独雨雪水集中期可以滑动，即是春融期水气循环，也可促使其活动。加之开路切坡，因之转化为顺层岩石滑动，但每次位移不大。当前第三条块的老前级滑块的复活与公路切割前部支撑地段有直接关系。虽然该第三条块地活动仍在发展，如能及时整治，可阻止其快速滑动。其余各条块基本稳定，不过第四条块的前级仍在缓慢地活动，不可失察。

2. 为了避开这一沿龙穆尔沟两岸的坍塌与滑坡，我们研究了绕线方案。其一，自东岸北端以桥过沟上游，沿砾岩（R^c）南侧陡坡过至沟西山脊之西坡而下，线路将延长 4~5 km。且要穿越高于现线路 100 多米的垭口，似乎不经济。其二，自现线路由沟东坡过渡至西坡后再折回东坡南下，即在东坡下方再增一下层线路于南端，绕过大滑坡后设桥过至沟西，环绕沟西南端山头向西拐接老公路，这样似乎在较稳定的构东坡上行进可减少治理工程，但线路也将延长达 3 km 多，也不一定合算。两绕线方案可以另组织人员勘察比较。不过第二绕线方案对于治理沟东滑坡工程及沟岸防护工程是不可缺少的。

3. 本人的建议为原线治理方案，首要地，为阻止龙穆尔沟的继续下切和两岸岸坡的冲刷，必须对龙穆尔沟长约 900 m 的主流河槽加固改道，槽底用混凝土填筑河床，厚 0.5 m、宽 5.0 m、高 13.5 m，河槽的两侧填以当地大飘石（粒径不小于 0.4 m）以 1:3 至 1:5 的坡度与河相接，以防止水流漫溢形成新河道而冲刷两岸。同时上下游做混凝土垂裙（深入河床不小于 4~6 m），每隔 50~100 m 或河道的拐弯处修一垂墙。

因第三条块的前级滑坡出口已达公路面以下（Ⅱ台台面以上），并且下挡墙已被推倒；因此应根据出水部位找出其出口，并将下挡墙基础置于Ⅱ台面，墙背填土抗滑；挡墙大小应在勘测的工程地质断面上计算推力后决定，也可在Ⅲ台减重以减少推力。至于第四条块可在路基内侧修抗滑桩以阻止其滑动。

全山坡地表排水系统需全部浆砌隔渗,挖沟不砌可促使表面散流集中灌入沟中,下渗至滑带,反而使之稳定性恶化。

最后建议对滑坡区进行勘测,在测出工程地质平面图(1:500)的基础上,进行长期的地面观测,了解解冻前后,雨季中及雨季后以及上冻前各条块滑坡的各个部分滑动规律,供分析、验证和了解滑坡性质与预报其大滑动的时间,为今后根治滑坡积累资料。

注:此文作于1990年7月。

临潼骊山北坡坡体病害整治的咨询建议

应西安市防治骊山滑坡领导小组办公室的邀请,于 1992 年 3 月 8 日至 14 日再至现场踏勘、调查,对 1990 年 8 月以来的资料及以往材料再度阅读,经研究后特提出如下建议。

一

关于骊山北坡坡体生成的地质环境,变形体的性质和分布,其与当地岩体结构和地质构造及植被三者间的关系,以及整治和规划(包括老鸦沟两滑坡群)等,已于 1990 年 8 月提出的《骊山北坡斜坡病害的性质及整治规划》一文中详述过,此次认识基本与之相同。对山体构造格局和断裂系统、断裂分布和力学性质及其与病害体的空间范围的认识更加明确,因此对各块变形体的生成条件与发展因素可以基本肯定。

但对兵谏亭至林场以北的坡下晨辉馆—观风楼—林场一线与东花园间的病害区,因未细查,暂不能定性;不过从东花园北侧,路南挡墙上的裂缝和墙内(墙顶南)地坪上地裂缝的形迹分析,它向华清池(九龙汤)、向 NW50°移动,还是有规律性的,其与激光点 A12 向 NW31°及倾斜盘 53# 指向 NW53°移动基本一致,应该重视。拟在今后再进行细察研究,划分出哪些是沉陷不均范围,哪些属整体滑动,由于这一地区地形平缓,无灾害性问题,故划在第五块后期工作范围。

此次咨询建议的重点是按轻重缓急提出病害分区及今后对其工作的顺序,包括:(1)监测预报的内容及其顺序;(2)勘测的内容及其顺序;(3)整治工程的内容及其顺序;(4)进一步研究的内容及目的;(5)与日本合作和进行长期预测预报和灾害评估等。同时详细阐述了当前急需整治范围的各项工程措施,并概略说明后期工程措施。由于第五块尚未定性,无法估计其工程措施外,对第六块 47 军军部的将军楼湿陷性黄土滑坡地带因在游览区范围以外,未提出治理措施。

按岩体结构和山体构造格局(下详)将骊山北坡坡体划分为六个病害区。按危害大小和需整治的先后顺序排列:即第一区为三元洞上、下的两级坡洪积老滑坡;第二区为老君殿—晚照亭以北 F_2 断壁外至林场以南间隆起的坡体,它潜伏了崩坡积体和破碎岩石的崩滑病害,也可能在地震作用下引起基岩老错落体的破坏;第三区为老鸦沟以西的坡洪积黄土老滑坡,它包含Ⅳ级单独一块及其下方三级(Ⅲ、Ⅱ、Ⅰ)滑块;第四区为老君殿—老母殿山梁两块古错落体;第五块在兵谏亭至林场后山一线以北的山前坡洪积体至东花园一带的病害区;第六区为 47 军军部将军楼所在的缓坡区,局部具湿陷性的黄土滑坡。

二

简述骊山山体及其北坡坡体的地质环境、各块体的变形性质和原因、每块体的稳定性与危害及防治趋势

(一)对骊山北坡主块体的分析

1. 骊山后山呈东西走向,北坡主块体的范围,南自老母殿南与烽火台的垭口处、东西向大断层(NE70°~75°/N70°~80°)起,北达山前喷温泉的山前断裂带 F_0(产状:NW80°/N70°~80°);东起红土沟的南壁 F_7(产状:NE10°/E80°),西止老鸦沟东壁 F_6(产状:NE10°/W70°)。这一断块主要由 A_γ^2 太古代片麻岩为主组成,于燕山期受 γ_5 花岗岩作用而变质隆起,经喜马拉雅运动成山。在此期间见沉积了老第三系 E_2 硅质砂岩及砾岩及新第三系 N_2 红色泥岩,于山顶老君殿至老母殿一带厚约 20~40 m,在老君殿—晚照亭以北陡壁外仅厚数米。该主块在老母殿及老君殿海拔为 770 m 及 705 m,分别比华清池地面(465 m)高出 305 m 及 240 m,山前温泉水水位一般为 457.7 m。此老母殿—老君殿山梁的走向 NW-SE,大致向 NW30°倾伏,在第三系砂、泥岩之上分别堆积了厚约 40 m 至 10 m 的老黄土。而在老君殿至晚照亭间由 A_γ^2 组成的断壁之外的中部隆起带、似鼻状,其基岩之上覆盖了第四系崩坡积块石土,呈缓坡;坡脚一带在北西和北东两侧均裸露 A_γ^2 基岩,以北东侧高陡(由糜棱化的破碎片麻岩组成)最为明显。鼻梁之西的洼地为三元洞,上、下基岩之上由洪坡积黄

土组成的两级陡坎及缓坡；隆起体以东至兵谏亭发育三条冲沟，东条流向 N，其余两条上游向正北，下游转向 NW20°至 30°；其坡脚则系 Q_4 崩、坡、洪积的黄土质土夹碎块石堆积的缓坡。这样从稳定性与病害范围划分：老母殿至老君殿山梁部分为第四区；老君殿与晚照亭间断壁以外中间隆起的鼻梁为第二区；而其西为第一区，其东为第五区。

2. 此主块体系在东、西及北三面由断距较大的正断层所分割，从 A_γ^2 片麻岩出露高程看，断距均在数百米之上（据有关资料红土沟以东钻孔达 300 m 未见 A_γ^2，老鸦沟以西空军疗养院的温泉水井就深达 900 m）。据最近监测资料，骊山每年仍在缓慢上升 4～10 mm 余。因此地应力的持续作用，对北侧坡体覆盖层的移动和已呈糜棱破碎的片麻岩陡壁的松弛作用，将是长期的不利因素。尤其是对第二区鼻梁状的隆起地带、下伏的破碎片麻岩体的稳定性，为骊山北坡区病害是否可造成灾害急需重点研究下结论之所在。

结合 1990 年 7 月及此次野外踏勘及调查，骊山成山后第一期构造线为近东西；但从片理 NE70°～75°/N80°看，系在后期逆时针旋转作用下转动了 15°至 20°的结果。该一期生成的压性断裂组（F_2），在最晚一期（构造线 NE10°）改造下呈张扭性。二期曾受逆时针力偶作用（在骊山之西为北向南推，其东侧南向北推）而派生了与构造线平行的断裂组（F_3），大致产状为 NE50°/S55°～75°，和与 NW35°/N76°主应力方向平行的张扭面。依之而生成鼻梁下北东侧的破碎片麻岩壁和下方两条冲沟的下游冲沟方向。按第三系 E_2 及 N_2 岩层走向 NE30°～40°/W43°分析，可断定第三期构造线为 NNE 至 NE；因在这一应力场生成的各断裂组规模小，对山体结构影响较小。形成当前地形地貌的基本格局是第四期构造作用，见 E_2 石英砂砾岩逆推于 A_γ^2 片麻岩之上，其走向为 NE10°/W68°，依之发育生成了当地牡丹沟、老鸦沟和红土沟以及第五区的主冲沟等，其沟向基本呈 SN 向至 NE10°，同样山前主断裂（F_0）走向 NW80°和三元洞部位、兵谏亭后壁至三元洞后山一线两东西断裂带（氡气溢出）也是此期生成的张性断层组成所在。这样从老母殿南侧垭口至骊山北坡的山前主断裂 F_0 间，已发现近 EW 向及 NE70°～75°基本平行的断层共 7 条（包括垭口及后两条）均向北陡倾；后为张扭或张性改造，在地质年代中曾经构造下错过、或为骊山上升中第四纪以来产生的重力错落。同时两侧有以后期生成的 SN 向至 NE10°为主的断裂组在后期应力松弛下，由压性转变为张性下错，以及受 NW35°/N76°张扭断裂组和 NW20°陡立的张性断裂的分割等等，此之所以使主断块形成当前东、西、北三面临空的凸出体，它既是古错落体，也潜伏了顺层向北逐级错落的地质环境与条件。除前述地应力外，地震、久雨、暴雨和东、西两侧与北侧岩坡的崩塌及覆盖层滑坡等，均可能促使其活动。为此必须弄清 A_γ^2 片麻岩的破碎范围及两侧滑坡，予以加固以支撑该断块，并监测第二、四区内破碎基岩中的松弛活动以预测、预报总体稳定的发展趋势。在与日本合作取得费用后，可通过工程地质勘察，建立坡体地质力学模型，进行模型模拟实验和数值模拟计算，以进行灾害评估、科学研究，提高防灾水平。

3. 主断块的前部第二区鼻状体的盖层，是覆盖于向北倾伏近 20°的泥岩顶层，在久雨渗湿下、或地震中可以沿之滑动；也可沿第三纪泥岩层面向 NW55°方向滑动，或沿已糜棱化的片麻岩残积层向 NW10°～15°滑动，或沿破碎片麻岩中 NW72°/N27°～31°构造裂面向 NE18°左右方向滑动。目前以山坡上形变监测点 $\triangle 8^\#$ 和 $\triangle 10^\#$ 点水平移动量与方向来分析，其稳定度 K 在 1.05 左右。

（二）对第一区三元洞上、下两级坡洪积滑体滑坡的分析

1. 三元洞上、下两级坡洪积黄土滑坡，其基本性质为坡洪积体沿基岩顶面的滑动，仅前级滑坡的出口受临空的影响沿洪积残丘的坡、洪积面剪出，呈帚状。虽然前后级滑坡在三元洞平台交错，前级的后缘沉陷区受在氡气风洞处 EW 向的断层控制；而后级滑坡出口在三元洞中已见隆起带，则受该 EW 断层南侧基岩顶面控制，所以后级滑坡可以在前级滑坡的稳定条件下，自行滑动。当然前级滑坡滑动使后级失去支撑，也可牵引后级滑动，同时上级滑坡的滑带水也可沿基岩顶面补给下级滑坡等等，此是前、后级滑坡间的关系。

2. 前后级滑坡的生成条件，为基岩顶面倾斜、相对隔水和易于软化以及因下伏 A_γ^2 片麻岩松弛（逸出的氡气即说明老岩层的破碎与松弛）使坡体上地面水易于下渗等，促使滑动的主因系开挖山前坡脚原支撑体所致。在坡体松弛下，大气降水产生的暂时水压和软化滑带土两者也是诱发滑动的因素；特别在春融季节，因积雪融化和地温调节而湿化了滑带土，更可引起滑动。

3. 1990 年 7 月，前级滑坡的前缘出口在东、西两支撑脚处已经形成放射状裂缝，其后缘在三元洞的洞前和洞内已出现两个沉陷带，它反映滑坡已经形成并在恶化中。此次勘察虽然滑动进展不大，但据形变监测资

料反映它仍在不断缓慢的移动中;其活动性大,宜最先整治,可防止牵动后级滑坡和影响南东上方第二区的稳定。此前级滑坡的出口一带也受 F_0 断层带温泉水位升高的影响,整治时应注意温泉水位上升对滑坡出口部位的影响。

4. 后级滑坡在 1990 年时,其后缘曾产生不显著的地裂缝;虽然 1991 年 6 月在钻孔 47 号高程 560 m 一带发现一条走向 NE70° 的后缘下错裂缝,它可能是 3、4 月间融雪期产生的,目前已延伸达百余米长。同时在三元洞内与洞底地坪的风眼附近也见到前缘的隆出部分。这两个迹象反映了后级滑坡已经复活,处于接近前缘出口贯通阶段;其稳定度 K 已降低至 1.02 左右,也应及早治理。首先在其后缘以外应立即修建隔渗的地表截水沟,阻止雨雪水沿坡流动而下渗至滑体内,不可再缓。

(三)对第五区兵谏亭至林场间陡壁以下的冲沟和山前洪、坡积缓坡地带的病害

1. 属鼻状隆起的第二区下部裸露的糜棱化破碎片麻岩壁,已在前面论述过,它对地应力、岩坡松弛和在地震下可能的崩滑,应勘测了解其破坏范围与强度;在未加固前要监测和预报险情,以减少灾害。对第三条冲沟宜修挡石坝以防止泥石流危险(详见 1990 年 8 月本人提出的整治规划建议)。

2. 山前坡脚至东花园(包括林场一带的缓坡),已如前述详查定性后再议,因目前不至于产生灾害而放在第五区的顺序。但一些检测变形的工作仍应加强,一旦发现变形影响当地建筑物安全时,该提前研究。

(四)对老鸦沟西洪坡积黄土滑坡群的分析

1. 在老鸦沟至牡丹沟是一向西北方向呈扇形的黄土洪积体,基本上是大量洪积黄土掩盖于第三系泥岩之上。在老鸦沟口至铁路疗养院老干部楼之间所对的山坡为一老滑坡群,共分四级。最高第Ⅳ级滑坡为单独一块,仅其滑带水沿基岩顶面向下、向Ⅲ、Ⅱ、Ⅰ逐级补给。各级滑块的具体范围详 1990 年 8 月本人提出的规划建议,其中以"Ⅰ级范围与厚度较原资料为窄、为浅,滑床呈ヘ形,非锅底状"为主要内容;其余Ⅱ、Ⅲ级滑块与原资料接近,只是滑带在基岩残积层顶面,并非已深入完整基岩之顶。

2. 对Ⅰ级滑坡而言,是老滑坡复活;应划分为东西两条。西条为主体,其主轴是指向 NW30° 的山包,前缘直达铁疗院的老干部楼。其出口具帚状,在亭子所在山嘴的坡脚为第一出口,铁疗老干部楼地坪下为最低出口。东条滑动指向正北,为面北的一块洼地。Ⅰ级老滑坡的形成,体内 Q_3 洪积顶面的相对隔水为主要条件,在前缘支撑体遭切割下引起土体向临空的松弛而增加地面水下渗,以致在丰水年而滑动是主因。目前系因开挖了老滑坡的前部,并在地下水长年沿 Q_3 洪积老黄土顶面的钙核附近流动,使之复活。

3. 在Ⅰ级滑坡移动下Ⅱ级因在失去支撑后,在基岩顶面地下水的长期作用下而滑动;Ⅲ级同样因Ⅱ级移动被牵动,但基岩顶面地下水的长期作用仍然是主要条件与因素。

三

针对各区病情与病因,分区提出相应的勘测、监测和主要整治工程措施如后。

(一)需在全区范围内同时完成的工作

1. 1:500 的地形测量及工程地质调查与填图。

2. 地质力学调查与分析,划分山体构造格局。

3. 已进行的"形变监测"资料可用,应继续进行。但对高程的拟稳定点 HM_{12}、兵$_4$,因其附近有水平位移,应补充测站以控制其高程变化。建议增加高程监测点于 1)老母殿南的 EW 断层之南的基岩上,2)水平位移点 △1 附近,3)东花园西北门附近,4)林场南的山坡上需增加水平位移监测点于(1)东花园西北门附近,(2)林场南的山坡上。

4. 倾斜盘的作用良好,应该恢复使用并增设。计在第一区为 14 处、第二区 8 处、第三区 10 处、第四区 5 处和第五区 10 处,共计 47 处(第六区未考虑)。

5. 原同济大学所埋测斜管,因管材质量差、埋设不稳,所测资料不能满足要求,今后只对其量测在何处剪断用。今后可在勘测设计新钻孔时,再相应埋设测管进行测斜管监测,目前可按每年观测 4 次,当变形大时则增加至每年 8 次。估计今后可在第一区钻 4 孔,第二区 1 孔,第三区 8 孔,第四区 1 孔。在孔中安装测管进行定期测量。

6. 结合在第二区及第四区为了解 A_γ^2 基岩中破碎带深度而钻孔,可在钻孔中进行声发射监测以预报岩

体破坏。

7. 对骊山北坡坡体做模型模拟试验,从中研究坡体的稳定性及破坏机制。

8. 对各破碎 A_γ^2 片麻岩壁处未做加固前,在必需处设预测必需的条状观测护坡。对所有建筑物变形裂缝处,做水泥砂浆贴片,观测其发展。

(二) 对第一区(三元洞上、下滑坡)的勘探、试验和主要整治工程措施

1. 用电探测基岩顶面图、断层分布和地下水过湿带,需电探面积 230 m×130 m,计电测深约 260 点、电剖面 250 点及电探断面 6 个。用浅层测地温法了解地下水分布需测点 300 个。对新钻 2 孔,用电法测地下水流速、流向。

2. 增补 4 个钻孔,共约 120 m 深;挖井坑 9 处约 70 m 深。

3. 取滑带土样 9 组进行抗剪强度实验(包括中塑、软塑和饱和三种的峰值、多次剪和残剪试验);取土样 3 组,进行物理力学性质的试验;取水样 3 组,进行水质分析。

4. 用 α 卡静电测逸出氡气量,了解断层分布及岩层的松弛情况。

5. 在前级滑坡的前缘采用锚杆挡墙一段(长约 45 m)和钢筋混凝土抗滑桩一排(约 18 根)。在后级滑坡的前缘采用预应力锚索抗滑桩一排(约 19 根);于后部或减重或设盲洞一条(约长 150 m)。

(三) 对第二区(中部鼻状隆起的潜伏崩滑区)的勘探、试验和主要整治措施

1. 用电探测基岩顶面图、A_γ^2 顶面图、A_γ^2 内破碎带分布和断层分布,需电测面积 300 m×170 m,计电测深 270 点、点剖面 300 点、电探剖面 6 个。

2. 结合钻孔进行孔内弹性波测量,了解基岩的破碎程度。

3. 补 1 个钻孔深 60 m。

4. 用 α 卡静电测氡气逸出带以了解岩体松弛情况,找断层分布。

5. 在高程 540~550 m 及 490~500 m 各挖一勘探平洞,每洞长约 100 m,两洞共长 200 m,利用勘探平洞,在洞内进行大型原位试验(包括地应力 3 组、剪切 3 组、抗压 3 组、弹模 3 组和泊松比 3 组及错落带流变参数 3 组等);并取岩样做镜下鉴定与电子扫描,了解微结构。

6. 取坡积土、N_2 和 A_γ^2 残积层三种做中塑、软塑两种情况下的抗剪强度试验(峰值及残余值)每种取样 6 组。对糜棱化的破碎 A_γ^2 和完整的 A_γ^2 岩样(每项试验 1 组)分别进行抗压、抗剪、抗拉、弹模和泊松比及错落带流变等试验;并取岩样磨片做镜下鉴定和电子扫描,了解其微结构。

7. 在崩坡积物与基岩接触的前部设立一排锚索抗滑桩 23 根;于山坡中、后部设立 1 至 2 排(每排 50 锚孔)锚索固定崩积体。在下部破碎 A_γ^2 的岩坡上用框架锚索(180 锚孔)网格加固岩体。

(四) 对第三区(老鸹沟西滑坡群)的勘探试验和主要整治措施

1. 对Ⅰ、Ⅱ、Ⅲ级滑坡用电探测基岩顶面图、地下水过湿带分布图和断层分布,需要电测面积 400 m×200 m,计电测深 280 点、剖面 325 点、电探剖面 12 个。用浅层地温法测地下水分布需测点 295 个。用电探测 8 孔地下水流速和流向。

2. 对Ⅳ级滑坡用电探测基岩顶面图、过湿带分布图和断层分布需电测面积 120 m×100 m,计:电测深 80 点、电剖面 75 点、电探断面 4 个。用浅层地温法测地下水分布,需测温 80 点。

3. Ⅰ、Ⅱ、Ⅲ级滑坡需增加钻孔 8 孔,共深约 300 m,坑井 9 个,共深约 110 m。

4. 对Ⅰ、Ⅱ、Ⅲ级滑坡需取滑带土样共 9 组,分别对 Q_3 老黄土、Q_4 含粉砂黄土及 Q_4 古土壤进行抗剪强度试验,包括中塑、软塑及饱和状态下的峰值、多次剪及残余强度试验等。

5. Ⅰ级滑坡的前部设立抗滑桩一排,对西条为 14 根,对东条为 13 根(其中一段可改为锚杆挡墙),于Ⅰ级滑坡后部设截水盲洞一条长约 180 m。

6. 在Ⅱ级滑坡的后部设截水盲洞一条长约 100 m;于Ⅲ级滑坡的后缘附近设置盲沟一条长约 80 m。

(五) 对第四区(老母殿至老君殿的老错体)的勘探试验

1. 用电探测基岩中破碎分带、松弛情况和断层分布,需电测面积 360 m×250 m。电测深 150 点、电剖面 265 点、电探断面 15 个。

2. 钻监测预报孔 1 个,孔深 80 m。用锤击法测弹性波,了解破碎分带。

3. 在钻孔中取样分 A_v^2 完整者与破碎者两类,每类 9 组,分别做各种物理力学试验(抗压、抗剪、抗拉、弹模、泊松比、地应力、磨片镜下鉴定和电子扫描以及软层流变等)。

4. 用 α 卡静电测氡气逸出带,找断层分布。

(六)第五区(东花园一带)和第六区(47 军军部)

由于前者未进行现场详查,在未定性前,其勘探工作和整治措施,留待今后研究;后者不在游览区范围,暂不提出。

四

1. 为减灾防灾计,在当前任何工作未进行前,只要有经费,首先要对各病害区的外围地表截水沟施工;对病害活动性大且直接危害游览区的第 Ⅰ、Ⅱ 两区内疏排地表水的隔渗沟也应尽早修建。

2. 防滑办应掌握各病害区的动态,及时提出相应的应急措施和改变原规划中各项工作之顺序。

3. 上述各项工作将随深入程度不同和监测坡体的变化,以及勘探和施工中对地质条件的认识而产生增减,应视为正常现象,切不可机械对待。例如对三元洞上级滑坡后缘设置盲洞措施的一事,如补钻两盲洞钻孔后发现滑带无流动水时,此盲洞措施就相应取消,钻孔中用电探测水的流速、流向也不进行。当然我们力求规划工作在大的方面不轻于变动,但在局部方面为适应条件的改变,还应辩证对待。

4. 防滑办宜按各病害区的工作量所需的费用,结合财力安排实施哪些项目,同时研究与日本等国进行哪些合作项目。

5. 一些工程措施,在施工前或设计中要做试验,如锚索的抗拔试验应在设计费或工程费中列支。一些坑、井可结合工程措施布置,在设计中开挖,如各滑坡前部的坑、井如布置为桩位,其费用将来列入工程费支出。总之监测、设计中勘探、工程措施和科研等项目应密切结合、互相使用,可以节省大量费用。为此,防滑办应有专门经验的技术人员统筹一切,能及时向组织上提出咨询,是一必要的技术措施。

注:此文作于 1992 年 3 月。

关于李家峡水电站建坝施工期间突发性
地质灾害咨询的意见及建议

中国人民保险公司青海省分公司：

中国科学技术咨询服务中心滑坡防治技术专家组派组长徐邦栋(研究员)和专家查小刚(副研究员)、岳启论(总工程师)、马惠民(工程师)组成咨询小组,应贵公司邀请于1993年2月21至26日在西宁及李家峡接受对黄河上游李家峡水电站建坝施工期间突发性地质灾害的咨询。在水电部西北勘测设计院工地代表介绍后,阅读了该院有关部分的地质资料,并结合本次现场勘查,现针对突发性滑坡灾害为主,提出下述概括性的咨询意见及建议,供建坝施工期工程保险参考用。

一

李家峡水电站坝址及近坝段上下游在建坝施工期及运营中有如下地质问题：

1. Ⅰ号滑坡(在坝上游右岸导流洞进口至坝址间)、Ⅱ号滑坡(在坝上游左岸自导流洞进口的对岸及其上游)、Ⅲ号滑坡(在坝下游左岸溢流道水雾区)三者及近坝段黄河两岸高边坡的稳定性;

2. 建坝施工期在坝址及近坝段上下游人工开挖边坡过程的稳定性;

3. 左坝肩(北岸)山体过薄的处理;

4. 坝址顺河断层的处理。

二

1. 对左坝肩在采用双曲拱混凝土高坝下已按重力坝肩施工,认为处理方案正确。坝址顺河断层为贯通性强、陡立的张性断裂,现已研究对之采用开挖和压浆处理方案,并在坝上游拟用帷幕灌浆等措施,认为必要。

2. 因对上述左坝肩及顺河断层两地质问题,未了解设计尺寸及施工方法,本次咨询不能深入;由于两者在坝建成后发电期时为应注意的主要问题之一,故建议可做些工作供后续保险时用。

三

关于Ⅰ、Ⅱ、Ⅲ号滑坡与近坝段上下游两岸高边坡以及在建坝施工期人工切坡过程中的稳定性,能否产生突发性的滑坡灾害为本次咨询的核心;专家组在原地质资料基础上以本次现场勘察分析后,以当地岩体结构格局为主评价其稳定性。其结论是可以签订建坝施工期保险合同,但有风险,务必要求建设方考虑下述建议加以研究实施,可以防灾减灾。

1. 对导流洞进口上方高边坡如不慎重处理,不论在施工期围堰使用年代的水位(最高高程达2 085 m)、第一台机组发电水位(高程2 148 m)及蓄水至设计水位(高程2 180 m)三者均有可能产生突发崩滑,其灾害损失将以崩滑产生于水位到达高程2 148 m及其以下时为严重。在高程2 130 m过道(半坡挡墙基底)至导流洞顶地面之间现有短锚杆喷浆防护,认为不足以抗御不断增加的山体压力,特别在浸水后易于在压应力及剪应力等作用下而破坏,应立即对此高程进行全部加固。对高程2 190 m以上岩坡,自后部地裂缝以外应进行削坡锚固。

2. 对Ⅱ号滑坡(特别是其中下游6-6断面代表的最东滑块)应立即研究其性质与危害,包括在不同水位条件下可能产生的灾害,要有应急措施,防止最东一块滑块的滑动在围堰使用过程中堵塞导流洞进口。

3. 对坝下游右岸(南岸)施工便道上方的岩坡,虽系逆层坡体,但位于F_{27}断层的上盘,新切坡地段中一些部位将不断松弛而新生坍塌,目前喷锚防护有不足之处,建议组织力量经常逐段反复检查,对出现变形迹象处,应随时加固以减少小型坍塌的损失。

4. 加强现场对各危险地段,如Ⅰ、Ⅱ号滑坡区、导流洞进口上方高边坡和坝下游右岸施工便道的上方岩坡等的监测、预报及预警工作,并有经常巡山安排以不断了解岩坡变化,必要时对重大危害地段需进行重点监视以减少损失。

四

建议贵公司对此项工程保险,尚需研究组织力量、拟定计划,对一些必要摸清和落实的技术问题逐次解决以减少失误。

注:此文作于1993年3月。

关于云南省科技攻关项目 2001GG20 "高等级公路建设边坡病害防治技术研究"研究报告的发言

此发言仅代表我个人浅显的认识,未经讨论(并非研究项目组的意见),仅供参考。

本研究报告是泛指元磨公路在建设施工期间(即 2002 至 2003 年底试运行以前),按当时提交的施工图纸开挖山坡所出现的有关高堑坡及山坡地质病害防治技术的研究成果。研究项目组于 2002 年 8 月成立,其任务不同于在施工前勘察设计阶段的研究内容,而是针对生产部门当时提交的施工图纸经受的考验,以及因山坡变形而变更设计与施工方法的研究总结;项目组应提出其经验教训与善后对策,为元磨公路在运营中继续整治与养护之用,为类似条件建设的参考与推广应用。这只是作用的远景方面,其他具体而主要的研究任务与内容尚有:

1. 在公路建设施工中研究组应参与并协助生产单位(提供咨询建议)解决施工中出现的有关山坡重大而危险的病害工点的整治和重大困难技术问题,以协助保证元磨公路能如期顺利建成,并使之在采用一定的建议下可保证正常而安全的运营。

2. 在此期间要调查、研究并提出所修建的高堑坡已普遍存在而突出的各种主要病害与隐患和已出现的重大山坡地质病害处治后的稳定性。即:(1)各高堑坡及山坡地质病害的稳定性;(2)这些工点影响其稳定的主控因素,特别是地质因素;(3)今后可行的处治对策。

3. 要针对元磨公路的地质环境研究并提出与之相适应的有效工程措施,以保证能满足上述的处治对策。特别是要研究完成并提出其中具创造性的新工程措施、新工程结构、新技术、新材料以及新方法和理论与设计计算。当然这些应该符合安全、有效、节约投资、方便施工和养护,以及美化环境和修建快捷等前提要求。

(一)

按照个人对上述任务与内容要求的认识,扼要地补充此次项目组已完成的任务和研究成果。

其一,认为在地质选线方面是成功的,但稍有欠缺。

1. 在全线范围内基本上已有意识地做到避开了公路与各主要地质构造线平行,而是与之斜交或垂直,因而奠定了减少堑坡及山坡病害发生的基础。仅个别地段,如大风垭口隧道的进口附近两段,因线路平行于次要的顺坡断层走向,已出现了一些滑坡。

2. 在许多区段选择了低线方案,既节约了造价,亦保证了线路安全,又减少了边坡病害,如:在南溪河下游、联珠河下游墨江盆地、斑茅河下游、把边江左岸宽河地段,以及磨黑河两岸。

3. 各个越岭展线地段的地质选线也基本正确。仅在南溪河上游沿其左岸支流小曼萨河两岸属于松弛山体的背斜轴向展线病害多,不如沿南溪河右岸支流汊河两岸为挤紧山体展线。出布陇箐隧道行于老苍坡一带,是地质条件十分恶劣、高差约 400~500 m 的斜坡地段,能巧妙地不是一次连续降坡,而是选择有利地段结合地质条件逐次降坡达 400 m,充分表现了定线技术的高超;在过阿墨江大桥(最低点)时桥墩高出江底达数百米,避免了线路走在不良地质条件的下坡段,应该说是正确的。当然,在出通关盆地如能早降坡,可减短在惠清河与永马大沟间展线长度、减少高堑坡病害,这是美中不足。

4. 线路已有意识地避免了许多不良地质地段而减少病害,例如采用了深沟隧道地段的比较线,绕避了平掌寨上亿万年的老滑坡。

其二,线路在斜坡上布置的部位就全线而言基本正确。零星地段如永马大沟右岸,若少挖山侧下部平卧的张性应力核,可因之少削弱核上段的支撑所造成的一系列坍塌滑动及高堑坡病害。以上问题可能缺乏地质横断面资料所致。

其三，高堑坡的设计是遵循了当地平均坡为比拟对象，从整体而言有其正确的一面；可能由于缺乏地质资料，未重视由地质构造即构造为主控的斜坡稳定地段，也是形成全线高堑坡多的原因之一。所幸在施工中出现了山坡变形的地段，已加强了地质补勘并能及时采取工程措施加固处治。当然，在定线方面采用了大量傍山旱桥、避免了开挖大量不稳定的凹形山坡而防止出现病害是十分正确的。然而，一些可用山侧支挡工程减少开挖山坡的地段似乎注意不够，造成大量高堑坡与病害现象，值得商榷。

（二）

施工中协助生产单位处治病害方面做了不少工作：

其一，查出歪树山坡地段 K235+163～+600 为潜伏的蠕变山坡，在现堑坡二级坡顶（平卧应力核以上）今后需长期监测其发展趋势，才可定夺是否必须要处治及何时加固。同时受小气候的冻融作用，研究采用了斜立钢花管群压浆技术整治已新生的数十万方边坡滑坡与坍塌，取得成功。

其二，对 K235+750～+970 小曼萨河隧道，查出了它是修建在老错落体中（底错带位于一级阶地一带），建议对隧底压浆，已阻止了隧底内、中、外边墙及拱顶的继续变形与破坏，从而基本防止了隧顶以上边坡滑坡与坍塌的扩大。

其三，K259+580～+730 三公箐隧道进口是一由进口高堑坡新生坍塌性滑坡与原隧道仰坡山侧的堆积土老滑坡合成的病害，由于堑坡滑坡的出口有两层：上层在 6～8 级坡平台附近（高出路面近 70 m），而下层在二级平台顶（即应力构造核顶），以及隧道仰坡与堑坡相交的斜线的老堆积土滑坡的出口在明洞底附近，故采用了多级预应力锚索框架，始能阻止多层滑坡（由路面至高出路面约 70 m）的危害。在施工中因查出仰坡与堑坡交界一线的出水断层带，并按已钻成的框架锚索节点的出水及地质情况，推断出该断层的实际走向与分布范围，特别是出水分布范围；按之具体提出先在下方施钻放水，因减少了上方水压，后在其上方设计部位才可施工锚索并完成压浆任务，取得在水压下新的施工方法的经验。

其四，两示范试验工点 K259+800 三公箐隧道出口及 K301 老苍坡隧道出口两破碎软岩，均因改用了陡立的高预应力锚索框架，使堑坡削陡而减少开挖高度取得成功。研究提出一套设计理论和计算方法，包括做了现场大型试验，取得效果；从中发现，当设计和施工各预应力锚索点其锁固应力大于实际可能出现的山体压力 5%（即锁固应力为 105% 山体应力），可保证山坡稳定。其所以提出此类工程措施，是针对元磨施工中由于按原设计图纸施工，已出现了大量山坡变形刷成了大量高堑坡，已经形成了普遍而严重的技术问题，从现有条件出发只能用这类措施，并考虑到今后可用钢管灌浆加固破碎软岩。即改造地质条件使之适合于框架锚索工程以完成加固稳定斜坡的任务。

其五，对在施工中出现的不少滑坡与大坍塌病害已协助生产单位进行处治。如 K261 滑坡、K294+300～+650 滑坡、K336+400～+850 坍塌性滑坡等已取得了成功。例如对 K294+300～+650 大里程的下方锚索框架悬空与变形，建议在竖肋下增加支撑脚于完整基岩之上，并对该完整基岩顶增加了仰孔疏干滑带水，已保证了框架安全与山坡稳定。对 K336+400～+850 坍塌性滑坡已协助查清并分析了多次变形的主因，有三层滑带沿顺坡断层滑动（即 6 级坡顶一层，8～9 级坡间一层，9 级坡以上一层），并说明今后山坡上部至少尚有两级滑层（8～9 级及 9 级以上）可能滑动；目前虽已采取了一些建议，但由于对 8～9 级坡之间的滑层未修抗滑桩，山坡仍在变形，应加强监测以便今后及时加固。

（三）

调查分析的新方法部分（对堑坡稳定性的判断）

其一，针对已形成的大量高堑坡（50～200 m），研究了当地自然山坡的斜坡部分及坡面部分的病害是由于当地植被作用而使之稳定，即已有的老滑坡、坍塌体因当地植被发育而暂时稳定。所以建议对全线在运营中继续大力恢复各堑坡的茂盛植被，这将是根治对策。如 K294+300～+650 滑坡体上的灌木群已成林，是成功之例。对松软破碎渗水的高堑坡今后要根据情况随时加强对坡面采用斜孔群以疏干坡面水，可增加其稳定性。对使用预应力框架的地段，如有变形采用直立预应力钢管深孔压浆，将是唯一可行的补救措施。所以此次研究着重在预应力锚索框架与深孔预应力钢管压浆两新结构、新措施的设计与施工方法等的细节，并已取得了成果。

其二，在查清各高堑坡及山坡地质病害的稳定性方面，创造性地划分山坡病害，首先从其深度范围划分为①山体及坡体病害、②斜坡部分(使用年代内可风化所及的深度)病害、③坡面部分(经常风化可记为主控因素的)病害。再按三部分出现的变形,研究提出其变形机制与过程的区别。同时也发现了当地一特殊病害类型为坍塌性基岩滑坡,有别于以往的病害类型。

其三,创造性地将山坡坡体稳定的主控因素划分为四类,并据之提出相应的力学分析与检算,即①软岩及半坚硬岩为主的风化控制类;②以硬岩及半硬岩为主的破碎主控类;③受岩体结构中构造面组合倾向临空及其他软硬岩在断面上分布控制类;④不受上述三类控制,而从斜坡外形可计算出各部分的应力与其强度间的关系,强度小于应力而变形方面控制稳定类。

其四,对山坡的稳定:①首先从山体形成的格局与分布之长短轴,及其受挤压或松弛的一侧山坡所在部位,分析在河侧山坡开挖基本稳定与不稳定,以查清各段堑坡的总体稳定性;②比照当地在同一构造及地貌单元的极限稳定坡及平均稳定坡的坡形,每一坡段的坡率与坡高,判断其稳定性;③利用当地不同稳定程度的斜坡断面,反求各种强度将之用在比拟计算中,作为参数代入稳定性计算,即用工程地质比拟计算法核对堑坡稳定;④特别对当地的上层滞水和地下水可能的变化中发现主控因素水对岩体稳定的影响。

其五,所创立的力学地质裂面配套调查分析方法,可应用在高堑坡及山坡地质病害稳定性分析中。

其六,正因为发现了不同控制类型的山坡(或堑坡)的控制因子(包括主控因子),将其输入神经网络中,方可建立神经网络法评价山坡的稳定性。同时也因对各堑坡能调查清楚各主要的地质条件与环境因素的影响,才可有边界条件,开展有限元数值计算,等等。

其七,提出了运营中的处治机构,超前研究勘测、设计,结合监测中发现的信息,可及时加固处理。建议特别是要建立养护机构及其组织和人员,以及必要的监测,以便能够走在病害的前面,主动防治可省钱省事。

注:此文作于2005年1月。

对中铁西北科学研究院当前制定"山坡地质病害防治技术研究规划"方面的着重点之书面建议

接马副院长惠民电话通知,我院将于2005年3月9日在兰州召开"院研究规划"讨论会,由于种种原因不能至兰参加,现与张永生同志(我院退休原滑坡室地质副研究员)交换了意见,共同提出此书面建议如后,供会议讨论。

(一)延续"高边坡地质病害防治技术"的实践与研究,西北院仍然存在优势与可能,且是我院当前生存与发展可依靠的主攻专业之一。

1. 从国家当前以开发西部为主的大环境判断,交通建设事业(铁路与高速公路的新建)至少还有20年的大发展期,西部以山区为主,尤其是高速公路的路面较宽(四车道宽24 m),高堑坡是无法避免的;在西部复杂的地质与险峻地形条件下道路工程不论在建设期或运营中,潜伏的与新生的山坡崩坍滑坡仍经常出现,是当前尚未解决的危害严重问题。所以山坡(特别是高边坡)地质病害防治技术的研究,既切合当前生产急需且要快上大上,从本专业技术成就上看已经满足不了要求,迫切需要研究提高。

2. 目前由于掌握"病害地质与防治工程"技术的两用人才不足,以及受修建工期的限制,在研究不深不透下盲目开挖带来的后果十分严重。国内外惯例是在收集了当地具体工点的详细地质资料之后再进行病害性质、机制、条件和因素等分析,始能提出防治方案、相应的工程构筑物设计,它与建设要求在时间上不允许、不配合而办不到。我院的前身是铁科院西北所,自1961年秋成立以来即是为铁路新线建设专门研究解决路基地质病害和干旱地区找水的单位,其中以研究山区崩坍滑坡防治技术和在高原多年冻土地区修路技术为主。在崩坍滑坡防治技术的研究方面,受益于当时铁科院领导(李泮明及唐振绪两院长)明确要求"以两宝(宝天、宝成铁路)为主兼顾鹰厦,以其成果应用于西南三线建设,而后面向全国"。由于起步较早,以及应用研究密切结合生产实际目的性清楚、对象具体,因而产生的研究路线与方法必然是到病害工点现场。针对地学而言,在数十年后的今天回顾应该说是正确的;所以在当时全所人员努力下,于"文化大革命"期间西北所已基本上完成了该项任务(配合了兄弟单位整治两宝及鹰厦铁路的路基地质病害;在技术上领头,应用已获得的经验治理了贵昆、成昆、襄渝、太焦等铁路修建中各主要路基地质病害)。在铁路方面我所除滑坡防治技术水平走在前面外,同时建成了一支专业研究队伍;不是仅有几个"带领羊",而是建成了一个专业团队。在滑坡防治技术研究方面的各个环节与配套工种(测量、监测、勘探、化验等)齐全,均有切合滑坡防治方面的特色与独到之处。正因为贯彻了以现场具体病害工点1:1的试验为主,结合当时条件可以进行的室内试验,向大自然学习而走出了一条"工程地质法"的道路,造就了一批程度不同的懂地质与工程两专业技术的人;从而应国内各部门的邀请与咨询,在具体滑坡病害工点的防治技术方面,客观上已走在全国领先的地位。也因我国地质条件复杂、以往贫穷、缺乏工具,在工程地质学科技术水平上如李四光先生等,不比外国人差,其学术成就更在领先地位;我们在中国地质界的先进学术水平熏陶下继承其工作方法,现场工作扎实,因而滑坡防治技术并不落后于国外,只是配套工程的物探手段不足,应该急起直追。综此说明一个问题,我院具有继续占领山坡地质病害防治技术研究的条件;总结成败以求得各方面(人员培养、队伍建立、综合优势、机具设备配套)建成一有机的组合,即是当前规划的着重点。力所能及而先行者为近期规划的内容,但它必须不妨害整体实力的增进,以占领此专业范围的市场为远期规划。所以,我们认为延续"高边坡地质病害防治技术"实践与研究,我院仍然存在优势与可能,且是西北院生存与发展可依靠的主攻专业之一。

(二)从生存与发展上分析,本专业可行的还是走以解决病害地质的工程地质路线为主的道路,其他模型试验、有限元数学模拟、专家路线、神经网络、电脑智能等不一定可行,应为辅,才能满足修建时限要短的要求,且能保证高质量少冒风险,真正从病害防治技术上恰当地解决问题,可消除当前国内外对高边坡处置的盲点。

1. 由于国内外对山坡地质病害及高堑坡的稳定性研究不够深透，而形成采用桥隧可靠的观点：高堑坡不如桥，桥用人造材料（均质）所设计的结构物，可靠；也不可能从加强机械功能使隧道成洞进展迅速，在山体压力到达之前已完成衬砌加固而不让围岩松弛。从当前状态，许多决策者或是主观臆断"山坡切缓了自然稳定，先切陡些视变形后再处理不晚"，殊不知切割后松弛了的岩坡与以同强度的支撑，工程及时加固产生的外力和受力作用变化不一样；或是以桥、隧尽量避开不良地质地段和限制开挖堑坡高不大于 20 m，实际上用现行方法在勘测期限内不可能查清如此大量的地质条件，所谓的经济技术比较的基础难于正确，迫不得已才套用以往堑坡破坏经验不论条件而硬性规定限制堑坡高，不冒风险。前者是国内多数山区道路（铁路与高速公路）无不在修建期出现大量山坡病害使造价远远超出预算，且遗留了不少大病害发生在运营期而坍方断道之因，十分被动。后者由于未从技术上吃透，仍然避免不了此类病害只是少些而已，也不能全不冒风险，实际上造价还是比应该的为高，只是可以控制预算不至出入过大而已。国内以前者为多。国外多选择后者。这两种做法，不在人力与财力上多投入对其研究、白白浪费了半个世纪的时间，是此门技术的发展跟不上生产要求的主因；当然本专业研究的对象是地球表层材料，其不均质与复杂性较桥、隧难度大，而病害防治技术涉及的学科多，又是新兴者以往研究成果少，有其一定的客观原因。不过全从线路上解决，多用桥、隧回避高边坡，与我国多山区和经济不富裕的国情不匹配；所以还是应该研究在短期内如何用简单手段与少量人员能查清病害的主要方面，即定性，随后有目的、有选择性勘探去核对，并补充收集不多的必要的数据，使方案正确而最省、防治工程文件质量高、少冒风险，做到心中有数而能符合"时间要短"的修建工期的要求。就当前国内现状而言，我院人员只在山坡已有变形迹象下的地质病害工点才被邀请去治理，故当前我院还是应该培养人员、队伍与配套机构与设备，从现实出发以培养此类人才和队伍才合乎要求。所幸我院成长（即主流）已有与此相适应的传统，故有条件、有可能办到。在滑坡室内过去执着地走"地质"为主之道者（包括现在的走此道者），数十年来都或多或少地尝到过甜头。其道是集中在对具体的地质病害工点在地质轮廓勘察时了解到要做的和可能做的是什么，对之定性该达到什么精度；能做到的固然要立即做到，当时做不到"但是必需的"也要布置力量在短期内做到。本人是 20 世纪 50 年代在铁路一设院负责有关西北各干线路基工程设计中，特别是在宝成铁路北段，由勘测设计至配合施工中，对数百个地质病害工点的治理中形成了这一做法；从各方面的点滴经验归纳后与实践相验证而提出了所谓的八大法，是我判断山坡稳定的八个方面，其中属地质范畴者有四，力学计算者有四，是彼此验证并非主观拼凑。20 世纪 60 年代调入西北所主持滑坡研究后，始有条件参与全国大量新线建设和国内外许多地质病害治理的决策、咨询和研究，特别在"文化大革命"期间许多重大病害正在变形中要立即整治，不得不将所形成的这一套做法即在短期内完成地质轮廓勘察要达到能正确定性、大致定量，特别是从比拟当地地质条件的工程地质比拟法中找到数据而提出工程尺寸先施工，然后与之同时按传统、正规要求收集资料再检算设计，以便对已施工者进行修正。经过 1966 年至今对百数十个重大地质病害工点的实践，两者尺寸基本相符；在大方案上未变更过一例，于建筑物尺寸上大数更动的只是偶尔、也可说并无，局部变动虽不多、但无一处没有安全不变动的。这样我才肯定这种做法可满足修建时限的要求，认为找到了能消除国内外对山坡稳定性在实质上这一盲点的办法；不必要、也不应该非在地质资料收集齐全之后再分析，提方案与做防治工程设计，该用路基工程解决的不必从线路上调整改用桥、隧回避高边坡而使造价增加。如此，地质病害防治技术水平才能提高与发展，尽可能圆满而及时地满足生产所需求的质量与时限。

2. 凡事以人为本，人是一个有机组合的集团，保持集团的力量要在人员组合上下功夫，增强集团的力量是前提、是大局。对待有机组合的各成员（尽量裁减冗员，经常更新血液，但要相对稳定，从工作需要出发）的待遇要讲究，对待工作所需各环节与机构要从需要出发。所以，在对外合同受当前环境影响由院或独立法人统一要价；对内合同则不能按国家单价分配，要适当截长补短，特别是对具特色有利于保证总体质量的稀有工种，要提高单价分配以保证该稀有专业的发展。例如：物探在勘测中的单价偏低，总工程师审核要对每个文件提成，权、责、利挂钩才有积极性。要想尽一切办法使我院在滑坡防治技术上的特色与整体实力、综合配套等能够生长发展，继续以质量取得社会信誉，继续保持在技术上领先的地位；如此才能易于取得生产项目而接触一个业主就能长期共事，大家有饭吃。认识到集团效益的关系，在利益分配上使真正出力的专业组得到实利,使每个成员能按劳获利,这样有物质保证才能保住特色与人才。

3. 有意识培养懂地质及工程的两用人才,要在工作中发现责任心强、有钻研劲者,且是能顾全大局、少计较个人得失而肯干、能力强的年轻人。在技术上应以我院培养为主(去外单位或学校培养应是个别,回来仍要补上我院的传统做法这一课),此因在本专业上,我院的做法是以参加具体病害工点的防治为主,从生产上实践中提炼出研究成果。先是会做"门诊大夫"和巡回医疗队"主治大夫",能治"病";然后才是发现规律上升至理论,针对生产上需解决的重大关键问题和普遍性的问题,如此才有吃饭的本钱和求得与生产直接相关的研究成果,彻底改变研究论文报告鉴定后就束之高阁、无效劳动的普遍现象。也是其所以改革开放以来,在国际减灾十年(1990—2000年)的号召下,国内外多少学术单位与学校人员,特别是工程地质专业和工程专业人员参与了山坡地质病害的整治与研究,其质量与水平仍在重复犯20世纪50~70年代同样的错误,即是未找到可行的实践与研究道路。主观意图从均质出发解剖麻雀,重点放在模式上;而不是从不均质出发找具体病害的特点与实质,从在当地有较多的同样条件下为什么这一山坡发生变形与不稳而那一山坡就稳,找两者相异点。目前查清每一山坡的地质条件的手段与方法尚未成熟,且工作量大;如何在条件未查清下将之简化为模型与模拟能从试验上和数字模拟上解决问题,定性上已经不可靠,客观上本专业技术水平还未到达应用电脑智能化的阶段。所以对我院而言,目前在此专业上仍能保持优势,是所走的道路可行而正确,即走地质之道去认识山坡地质病害的实质,摸清了对象才能提出有针对性的措施,找到新的防治方法和新的结构构筑物,循此道继续前进,才能保持优势与领先,获得生存与发展!

(三) 高堑坡病害防治技术研究规划的着重点

1. 各类山坡地质病害归总是高堑坡病害,其稳定性的实质是在山坡内何处产生应力大于强度而变形,该变形在临空面发育过程中的种种营力作用下促使应力与强度变化而发展以至于达到破坏。所以研究着重点在能从具体工点的当前地貌形态上立即判断出其形成的过程、变形部位、作用条件与因素的消长,当前的稳定阶段以及今后发展的趋势。地貌形态是地质条件与环境演变下的结果,客观上到达现场即可一目了然,在当地比拟稳定者、欠稳定者和正在变形者的相同与相异点,据之才可以从全局上掌握主要条件和因素。具体而言要学会本人提出的力学地质裂面配套中的地貌配套,始能初步而较正确地、客观地解答上述问题。

2. 山坡形成是以结构和构造为基础。地层岩性是材料,其分布不同受地质构造的影响而有出入。说到底:1)要找出自成山至今山坡在当前挤实的范围和四周松弛岩土的分布以及水文地质(地下水)条件;2)要找出自然与人为改变山坡外貌,特别是切割(临空面的变化)下,山坡岩土能否松弛、松弛程度,可能的地下水变化、岩土受水的湿化程度,受湿岩土的强度变化与解体程度等,这些要从不同岩性组成的岩体结构上(特别是构造裂面的分布格局上)才能分析出应力与强度的变化在坡体内的格局;3)要从坡体内应力与强度可变化的格局,找出变形与破坏的分布与发展,才能判断是点破坏、线破坏、面破坏以至体破坏而查清病害类型、性质、变形机制和病因(包括内外营力的变化与作用)以及病害类型的转化。

3. 要查清山坡变形,"松弛"与"土中水"两方面是研究的着重点,相应的病因就会发现。针对病因实现消除、控制、抑制和抗拒的方法与构筑物才是有效的防治工程,这就是研究防治新材料、新结构、新方法的依据。工程人员根据自身条件,可发现各方面、大量的研究课题和着重点。

4. 查清每一具体病害工点的应力与强度,在检算稳定性方面就主动,可按其结构与材料力学方面的素质与能力而创造大量适合该地质病害防治方面新的检算与设计方法,为其着重点。在数据和选用指标上,比拟当地不同稳定性的断面可以反求找到该指标上下限;因此,在结合使用年限上对具体病害工点可有依据地提出选用的尺度和安全系数。"工程地质比拟计算法"对复杂地质条件和环境下的山坡地质病害防治技术的研究有巨大的生命力,所以它是长期研究规划的着重点。

注:此文作于2005年3月。

北京戒台寺滑坡治理工程综合咨询意见*

北京戒台寺是我国重点文物保护单位之一，位于北京市门头沟区的马鞍山北麓，距北京城区 35 km，西靠极乐峰，南倚六国岭，北对石龙山，东眺北京城。寺院坐西朝东（磁方位），海拔 400 多米，占地面积约 5 公顷，建筑面积约 8 400 m²；殿堂随山高低而建，西南高，北东低，错落有致。寺庙巍峨，园林清幽，不仅是世界佛教名寺，亦是 2008 年奥运会指定的旅游胜地。

一、总　述

病害点位于北北东向（近南北向）的短轴山梁上，从寺院南围墙至石门沟底，全长约 1 200 m，其上有四级似平台（台阶），由南向北依次降落。戒台寺位于第Ⅰ级平台上，画家院子处在第Ⅱ平台上，第Ⅲ级平台从"中央电视台经济半小时林地"至三岔路口为一缓坡平台，第Ⅳ级平台系 108 国道以北 100 m 处的大平台（该平台的北端有 3 条倾向南的反倾贯通裂缝）；108 国道位于Ⅱ级平台的前缘及Ⅲ级平台的后缘，明显地将短轴山梁划分为南、北两单元，南单元地势较陡，北单元地势相对平缓。该梁底含有 4～5 层矿层，每层矿层自下而上分别由青灰黏土矿（用于烧制琉璃瓦及耐火材料）、煤或炭质页岩、黏土矿、薄层状黑砂页岩及底砾岩组成。自明、清以来矿层的开采是梁体的松弛原因之一，并多次产生地裂缝；据碑文记载，历代曾多次明令禁止采掘，事实上采矿已是促成山梁不断变形的主因。

其次，短轴山梁的两侧有东西两条自然沟：西沟（秋坡村所在沟）因其前沿沟谷（石门沟）下切已产生了规模较大的滑坡群，向下方石门沟滑动（此西沟滑坡群的生成也与当地的采矿有密切关系）；东沟靠山梁一侧亦产生局部坍塌，促使山梁自Ⅱ级平台前缘以下（北单元的后部）形成了 2 个垭口，该两垭口的部位亦以东西向逆断层为其基础。东西两自然沟的下切与发育因而削弱了南单元山坡的支撑，才是南单元（Ⅰ、Ⅱ级平台）山体松弛的基础与根本原因。这种松弛在逐年增大，特别是近年戒台寺开放为旅游景点以后，大量生活用水在松弛条件下逐渐下渗，也助长了寺院内房屋及地面变形，当前寺院的山墙破坏及殿堂变形有的已达严重程度，有必要细致而有区别地逐一治理。

根据业主要求，此次治理以戒台寺寺院为主，兼顾 108 国道及上寺道路（上单元）。目前，下单元的矿层已大量开采，尤其是 108 国道以北；南（上）单元的前缘从钻孔中已发现了曾经采矿后山体破坏的迹象（ZK2-6 及 ZK3-3 内均发现有支撑木棒及塌石），对上单元山梁底下的矿层不应再继续开采，否则，此病害无法治理。现上单元（Ⅰ及Ⅱ平台）已变形的规模：南北长约 250 m，东西宽平均 250 m，厚平均 35 m，体积约 200×10⁴ m³。

目前上单元的地面上已出现许多条有规律的地裂缝，其中贯通的深层下陷大裂缝至少有 4 条，均依附于近东西向陡断裂（向北倾）发育而成；它使地面下陷、不断变形，危害戒台寺文物，已影响了许多殿房，如大悲殿、牡丹院、大雄宝殿等。各种向北蠕滑移动的地裂缝更是密集，几乎南北距离 20～30 m 即有一条，使南北向的山墙生成许多竖向纵裂，随时都有倒塌的危险；为此，目前对个别变形的西围墙已进行了抢险、缆拉加固，并对寺前缘及东侧边缘的山体及陡墙采用预应力锚索墩群在抢险施工中。戒台寺平台分三块，主要向北北东蠕动；画家院子平台移动体有东西两块，西块以向北西（向西沟）滑动为主，已在向大滑动过渡中，东块则向近北～北北东蠕动。其中画家院子平台前缘（外国留学生林石碑）至 108 国道之间的后缘下陷裂缝密集而交叉，系受其前缘Ⅲ级平台下的地下采矿影响所致；该密集群下陷性质的裂缝易被误认为是滑坡前缘的放射状裂缝，可以挖开予以证实。鉴于戒台寺殿房及山墙等建筑群的各个建筑物均为独立的浅基结构，在贯通的下陷裂缝不均匀沉陷的情况下易于变形，故需逐个单独处理；同时在山体的松弛下，宾馆许多客房（如

注：戒台寺滑坡是一发育在顺倾、长约 1.5 km 的山梁，且由于有前部采煤塌陷、松弛引起戒台寺地基拉裂变形的多层非典型滑坡。本篇是徐邦栋老先生以 84 岁高龄，在戒台寺滑坡现场勘察期间用 1 个月的时间所写的咨询意见，对滑坡认识、治理起到关键性作用。

方丈院、牡丹院、上院及下院、餐厅）的下水道、上水管道以及房屋四周排水沟等的生活用水及雨水可集中下渗，也是造成许多局部长期沉陷之因，使房屋及地面变形复杂，需要逐个勘察证实病因而后始可分别处理。

综上所述，戒台寺滑坡治理的原则如下：

1. 固脚。在戒台寺南围墙以外的斜坡坡脚一线，即画家院子门前的小路旁及大停车场南侧的斜坡一线布置一排锚索抗滑桩，起到固脚的作用。该抗滑桩及桩顶以上山坡，应以预应力锚拉为主，方可达到预加应力使寺的前部山体束紧而控制其松弛的目的，不宜等待桩变形产生抗力而控制其松弛。

2. 隔渗。减少雨水及生活用水的下渗。

3. 裂缝灌浆、压浆。填充各分块间的裂缝、空隙，使寺院内各分块间的蠕动相对减少，能传力至前缘刚性抗滑构筑物，以减少各块间相对的变形量。

4. 继续采用可能的手段了解变形体内层间水及断层带裂隙水的分布、水量及其变化，以便进一步处治；为此，需要长期监测，为文物维护工程提供参考。工程总造价：分抢险工程、根治工程、后续工程等，共约5 000万元人民币。各项工程施工顺序：地表隔渗工程—抢险工程—主体工程—维护工程。

二、从地形地貌判断当地的构造格局和病害性质及病因

1. 病害工点位于当地的短轴山梁上。戒台寺的后山为其长轴山梁，其山脊线呈反S形，走向为NEE～SWW，此说明当前的山势是受逆时针作用所形成。其山体是由奥陶纪块状灰岩组成，即因之该后山在长期大爆破采石中；目前采石已逐渐向戒台寺逼近，其振动对本已松弛的短轴山梁可助长和加速其继续松弛。为保证戒台寺的稳定，现在即应该限制开采范围和一次性爆破的装药量为宜。

2. 戒台寺南西侧的最高山脊是马鞍山山脊线，它是当地的背斜轴为长轴构造；病害所在的山梁为其短轴山梁之一，位于该背斜的北翼。组成短轴山梁的岩层产状基本上呈近东西向而倾向北，其倾角由南向北逐渐变缓（上陡下缓）：在马鞍山北坡约60°，经寺后山倾角40°左右，寺院及画家院子平台30°～25°，缓坡平台及大平台倾角20°～15°，再向北抵石门沟（当地最低侵蚀基准面）已是向斜轴了；过沟后的岩层产状基本上还是近东西向，但是岩层向南倾的斜坡。在第Ⅲ、Ⅳ级台阶上向山、向南西远望，各由压性形成的众山脊则呈"向南东扩散于北收敛"的现象，亦证实了其成山是受逆进针的力偶作用所致；病害所在的短轴山梁及其东侧与之平行的短轴山梁（过松树林），也是呈反S形的短轴。如此地形格局，即反映当地的山脊（长轴）、支脊（短轴）和主要河沟均是依附于断裂线发育生成，寺院所在短轴山梁的四级平台基本上是剥蚀形成的；仅凸出的短轴山梁之两侧因承受东、西两侧沟自然下切（向沟产生坍滑）而使短轴山梁逐渐单薄变窄，特别是西沟至石门沟间在秋坡村一带是自然滑坡成群。如前所述，寺院及画家院子（南单元）其前缘陡山的下方之两侧支撑体，因受自然塌滑的削弱而逐步松弛；明、清400年以来，尤其是改革开放以后，大量采掘在Ⅲ、Ⅳ级平台下的矿层，并已进入Ⅱ级平台之下的矿层，使山体向地下已采空的临空面松弛而蠕动。山体松弛后也促使地表水、生活用水与自后山沿顺坡断裂带与层间所含的地下水向下集中，特别是在每年上冻、春融的地温循环时产生的水汽均可大范围地浸软各黏土矿、风化破碎严重的页岩，使含水量达可塑乃至软塑，故在当前岩层向北倾斜15°～35°的条件下，该山体即可产生许多层块的蠕动与滑动。

3. 自南向北、从高而低，当地的地层分布：马鞍山出露的是前震旦系地层；寺院后山为奥陶系（O）的厚层灰岩；寺院、画家院子与缓坡三平台的后缘，在短轴山梁及其以东、石佛村后南沟北岸出露的是石炭系（C）变质砂岩与页岩间互层的地层（但过短轴梁子至梁西沿西沟向北而下，在沟以西仍是石炭系），其北为二叠系（P）变质砂岩与页岩间互层的地层，即石炭系（C）与二叠系（P）的分界线在梁子西边向北拐近90°。此地层分界线及地貌上顺直段的河沟及垭口等的生成，均与当地主断裂所在密切相关：近东西向的断裂在先，被近南北向扭断层所切割，它将东西向同一条断裂错开成数段；在逆时针力偶作用错开下，一般近东西向断裂在东段向北移、西段向南移，错断在近南北向的东沟中表现最为清楚。

4. 石佛村的南沟呈东西向，是一东西大断裂所在的东段，它被寺东沟（近北北东向）所依附的呈近南北向扭断裂所切割，将其西段向南推至大停车场及画家院子的前缘一带；东西向断裂在第Ⅲ台阶的缓坡上形成了两横切病害所在短轴山梁的垭口，第Ⅲ台梁子及其以东亦是石炭系地层与二叠系的分界线。东西大断裂的西段过短轴山梁后，寺西后山向北倾的陡山脚与其北侧洼地（秋坡村）的后缘间是该条东西向西段的主断

裂,此反映的地形地貌与当地构造格局是一致的。从寺院至第Ⅳ平台的前缘陡坡脚间,共有6条近东西向的逆冲断裂,倾向北 60°~65°;寺东、西两沟所在的沟均是一近北北东向的后期主压扭断裂通过之处,它倾向东 70°~80°,均可从地貌形态中找到。远眺病害所在短轴山梁以东石佛村南沟的北岸,由二叠系地层组成向南倾的三角面,从其扩散与收敛方向也证明它是受后期逆时针旋转力偶作用形成。当地矿层的走向基本近东西,倾向北;但在近南北向压扭断裂的附近,则被扭曲。由于近东西向逆冲断裂倾向北,它与层间错动带两者在受后期近南北向倾向东的压扭断裂的作用下,曾使中石炭系地层以上的上石炭系内的岩石(以砂质页岩为主与硬砂岩的互层)产生过剧烈的揉皱褶曲甚至倒转,并形成了许多以砂岩为主的、有规律分布的应力核。为此,在应力核处的同一层矿层变陡,并由北向南逐段上升呈阶梯状台坎,矿层及软岩则将该应力核体包裹;使沿矿层滑动的滑体形成上下两层与前后两级,在前级和下层蠕动与滑动后,后级和上层滑体始可因失去支撑而自行蠕动与滑动。此后级及上层滑体则成为另一单独滑块,在移动挤紧前级滑坡和其后缘牵引的陡壁之后始可停止蠕动与滑动。各级滑坡的后缘陡壁都是依附于原近东西向、向北倾的冲断层生成,所有滑体上的各组地裂缝均是依附原坡体内在地质年代早已存在的陡倾裂面生成;但其蠕动及滑动的方向并非一定垂直地裂缝,它与地下采矿的部位、采空的形态以及山体向北松弛的构造带等有关。寺所在第Ⅰ级台阶的各块滑体则向北北东蠕动;而画家院子的滑体则划分为东西两条,西条滑体向北西方向的西沟和石门沟滑动(其出口在沟底以上,目前处于均速滑动向大动过渡阶段,应立即采取挽救措施,否则在雨季中有滑走可能),东侧则向北北东方向滑动。所以从地裂缝的分布与每条裂缝的产状,可以据之了解坡体内的构造格局和滑坡的分级、分层及各块滑体的蠕动指向。地裂缝的分布即反映了构造裂面在坡体上的格局。当前各块滑体均各自向地下采矿部位松弛、滑动或向山体内正在松弛发展中的陡倾断层带蠕动,在形成由南向北联成一体的推力传递过程中,此即是当前的变形性质。但是,这样的蠕动与滑动已经使许多殿堂房屋变形和一些山墙的倒塌;在历史记载中已述及于清末曾翻修、加固过数次,目前加固过的迹象依然可以辨别,即是证据。今年春融变形又有扩大发展与加速的现象,目前某些地段月移动量(按深层位移监测的记录)有的已达到 40 mm,一些蠕动深度在地面下已至 50 余米;其危害在逐年增大,目前一些建筑物特别是画家院子已需要抢险,对寺内各个殿堂、文物来讲已属必须立即进行根治,不可再延误。这即是中铁西北院此次应业主邀请前来承当勘察、设计与治理的任务由来。

三、当地地层岩性与可能生成滑动、蠕动的部位以及加固工程可靠的持力层

病害范围内已变形与可能变形的岩土位于石炭系地层、二叠系地层及地表的第四系各种堆积土石中,由老至新、自南而北、从底到顶如下。

1. 戒台寺Ⅰ平台及画家院子Ⅱ平台的部位(已钻探证实至中石炭纪 T_0 矿层及其以下的灰黑色砂质页岩为主的软岩,未达不整合面及奥陶纪地层)。

(1) T_0 矿层(由底而顶),一般包含中薄层状的灰黑黏土矿、黑灰色煤或炭质页岩与泥质砂岩。其上的黑灰色底砾岩含有铁矿粒是具变质片状的粗中砂岩,铁质胶结、致密而坚硬。再上是 20~40 m 厚的、呈中层块状黑灰色铁质与硅质胶结良好的、含铁矿中细粒致密而完整的坚硬砂岩,偶夹薄层砂质页岩;它虽也受构造作用而具弧状裂面与变质片理,但其曲度基本圆顺,无揉皱现象,各裂面处于挤紧状态,为此可作为地下稳定的持力层。当前 T_0 矿层也有部分遭采空,但从岩芯状态上判断它对以上岩体的变形尚无影响,故在不再开挖Ⅰ、Ⅱ平台底的 T_0 矿层条件下,该 20~40 m 厚的坚硬砂岩可作为当地各种锚固工程的持力层。此上是 T_1 矿层。

(2) T_1 矿层位于中石炭与上石炭系地层的分界处,一般含黑灰色薄层状的黏土矿、炭质页岩或砂质页岩、黏土矿和黑灰色砂质页岩。其上有一层厚 6~10 m 的黄灰色中层状砂岩组成的底砾岩。该层底砾岩系中等坚硬、受一些构造裂面的切割、未变质,其中胶结作用中等;由于厚度不大且不够坚硬,故 T_1 矿层被采后它不能成为阻止局部变形的顶板,不能作为锚固的持力层,但在以灰、黑为主的岩层中,这层厚 6~10 m 的黄灰色是当地在地质上的唯一标志层。黄灰底砾岩之上有 20~40 m 厚以灰色(其构造裂面经过风化后成黄褐色条带)、中薄层的砂质页岩为主夹多层泥质砂岩或页岩互层;一般岩性软弱,特别是页岩或风化破碎严重的砂岩含膨胀土(绿泥石、蒙脱石、伊利石等铝土黏土)受水浸湿后可软化而丧失强度。它在山体挤紧下,

因可渗入的水量受限制而强度大;为此必须要改善戒台寺平台所在的整个山体的挤紧条件,方可制止数百年以来的松弛作用。故建议在其前缘选用"向山内与稳定的持力层间做锚拉工程"为宜,如此则工程量及经济条件比加固画家书院以北第Ⅲ、Ⅳ平台及东、西两沟的自然塌滑显然经济合理、可靠而可行。此 20~40 m 的软岩之上为 T_2 矿层,它是上石炭系中 C_3^1 与 C_3^2 的沉积间断的分界层。由于上石炭系(C_3)岩质软弱,故在后期地质构造逆时针力偶作用下,非独岩层扭曲、揉皱严重,甚至有倒转现象,且各个方向的断裂发育,局部构造破碎呈鸡窝状分布;而且由中层状的硬砂岩或砂质页岩在多方向(基本上是近东西与近南北向的断层)作用力推挤下而生成了大量眼球状的应力核,致使 T_1 矿层成 2~4 层在同一钻孔中重复出现,故在采矿后易因之生成多层滑动与蠕动。也是其所以病害山梁上目前的地裂缝有疏密不均、贯通不一之由,后缘下陷缝贯通而张开较宽、以下陷为主,其中较紧密的后缘缝以北的岩土则以向临空移动为主。据此,我们始能依据地裂缝的分布划分滑坡的分块,区别灌浆加固山体的部位。在固脚条件下,估计各滑块可能的移动或总蠕动量;为如何加固各殿堂、房屋和文物防止局部与整体变形的依据。

(3)上石炭系内 C_3^1 与 C_3^2 分界处的 T_2 矿层,同样由中薄层状的灰黑色黏土矿层、炭质页岩或砂页岩、黏土矿、砂页岩组成;其上为厚 10~30 m 中等坚硬、中层状的灰色砂质页岩为主夹砂岩及砂页岩互层,具多层构造裂面与层间错动带(该处多以风化破碎呈褐黄灰条带为其特征)。此层岩性比矿层 T_1 与 T_2 之间者硬与完整,但较 T_0 与 T_1 之间的完整性与硬度相差较大;它接近地表及受后期扭性构造的作用影响大而严重褶皱,同样生成许多眼球状构造应力核与逆断层,因此生成多层 T_2 矿层。在采 T_2 矿层后地面裂缝亦因此密集而有下陷缝与后缘缝的区别,它是地面变形复杂而不均之由;裂缝出现后为雨雪水和生活用水提供了灌注的通道,必须要区别其性质以灌注浆液或局部支撑治理。当然尽可能地控制生活用水的下渗是根治措施,也就是要立即先上的工程;这些地裂缝今后还会出现,应随时出现随即治理。

(4)T_3 矿层是上石炭 C_3 与二叠系 P 之间的分界层,其矿层包含的各黏土矿、煤或砂页岩类似 T_1、T_2 层,只是上覆的黄色底砾岩中组成的砂砾石较粗;它已经出露地表,在缓坡第Ⅲ平台的后缘可以找到。此层 T_3 矿层及其以上岩石(底砾岩和二叠系岩层)亦具有受构造挤压严重的现象,特别在 T_3 矿层上下的岩层揉皱明显,在其错动带的岩石上见焙烤迹象,同时构造应力核发育。正因为 T_3 矿层在地表已经出露,依之判断为滑带而曾经发生过自然滑动的迹象是有的,但滑体不厚,属浅表滑动性质,它对第Ⅰ、第Ⅱ平台的稳定影响不大。

2. 缓坡第Ⅲ平台及第Ⅳ平台所在的地面基本平缓,但在其两侧自然沟下切很深,呈现为一凸起的梁垯。

由于二叠系地层不含矿层而下伏的石炭系地层含矿,其矿位在地下埋藏甚深;在地层南西高而北东低的条件下,各采矿洞可从西侧沟底以上横切山梁进洞直接开采。这第三者Ⅲ、Ⅳ级平台一带的山体受近期的挽近构造及新构造运动(NWW)的改造,在第Ⅳ平台的前部已出现了岩层产状由西侧的 NWW 与东侧 NNE 间硬交;此为在第Ⅳ平台的前部因底部采矿已出现了三条平行 EW 走向的向南陡倾的反向下陷裂缝之由,它是本病害工点至北边的边界。其北至石门沟床间的岩层则平缓,已接近向斜轴部,在这期间的坡体应该稳定,只能出现因前缘石门沟下切的岸边自然滑坡,它与当前戒台寺所在的山梁变形无关。

整个第Ⅳ大平台,在前部反倾下陷地裂缝组以南(向山)的范围,全属向地下采矿区的下陷带,从第Ⅲ平台处的钻孔岩芯中揭露,已证明 T_1 及 T_2 矿层均有多层重复,具有多层采矿后相应的岩石塌陷及残留矿体的迹象;第Ⅲ、Ⅳ平台所在的山体已松弛松散,加固既不经济,亦难于实现,故对北单元应放弃处理。但第Ⅲ、Ⅳ平台的变形与 108 国道的稳定性有关,为保护该国道,可预先谋划将局部线路相应地稍向南移,使局部不稳地段可有临时顺线与修建加强支撑的空间。为此首先要避开现 108 国道下方为陡坡的沟脑处,以免产生向沟的局部大塌滑(在病害所在短轴梁子的西侧画家院子的前缘,向北西的大拐弯处三岔路的西侧及缓坡第Ⅲ级平台的前缘一带);其次是在梁西、寺所在的后山其向北倾的斜坡(下部为石门沟南侧大洼地)一段,其外侧要有足够的平台可在变形后能及时修复路面通车而不断道。目前缓坡第Ⅲ平台的 108 国道及上寺道路,因位于向北西及北北东滑动的两滑坡(即两垭口洼地)处,其下陷裂缝互相交错,故地裂缝密集,但不致出现大动;一般要经常平整与修铺路面,必要时可向基底压灌浆液。

3. 在各平台和山坡上第四纪的堆积土石不厚,危害有限不需要处理;只是在地裂缝发育之处要经常夯填密实,并补种草木以减少表水下渗。

四、当地结构构造复杂、裂面交错重叠致使山体被割裂呈多块，是山坡形成多层、多级和多块变形的基础

1. 从地形地貌及地层岩性的分布上，已经如前勾画出当地地质构造及寺后山为长轴与寺所在近南北向的短轴山梁等构造格局。主构造线在寺后是为长轴，为近东西走向；寺所在的短轴山梁以西是以北西西向为主，生成最早在奥陶纪以后是基底；以东则以北东东向为主、生成于次，在石炭纪之后。各短轴范围，自近南北向沟谷发育的地区直至石门沟，其成山在燕山运动的早、中期，并受后期 NE 及 NNE 构造的逆时针力偶作用所致。故上石炭及二叠系地层内的构造作用表现突出，其作用期应在 γ_4^3（燕山期构造运动）。第Ⅳ大平台以北至石门沟间有挽近构造及新构造作用的迹象，表现在其长轴走向为 NWW；所以病害范围内的岩石以近东西向构造为基础，在 NNE 向扭性构造作用与切割下，上石炭及二叠系地层产生严重扭曲、褶皱和逆冲断裂。因为病害所在梁子是应力集中挤紧处，是眼球状应力核密布组成的一条山梁，其基础应稳定，亦应无直接横切短轴的河谷（东西向）使之产生自然滑坡的可能；只是在梁子两侧有向东、西沟产生自然塌滑的可能，客观上也已经如此证实了上述论断。

2. 在山体结构上，如上述是马鞍山背斜的北翼，岩层基本产状近东西走向倾向北；凡是遇到东西向为临空时，即可发育向之蠕动与滑动的病害。所以沿东西向采矿，是造成短轴梁子的山体松弛、蠕动乃至滑动的直接原因；但是梁子两侧东、西两自然沟的下切才是千万年来促使短轴梁子的生成、削弱及使之不断松弛的基础。上石炭系地层的软岩主要由含膨胀土的矿物（含绿泥石、蒙脱石、伊利石及石膏等，风化后是铝土）组成，有受水浸泡易软化的特性；此含铝土等的青灰土其岩性不良，经多次构造作用的破坏强度低。它在高山压力下不断松弛，使各种表水及地下水逐年增多，它具吸水而不易疏干等特点；因之，强度逐步衰减是该病害山体变形的基础与病因。所以由于当地的地质条件不利，今后要注意尽可能地减少生活用水及地表水的下渗，要长期慎重对待；保持山体长期处于挤紧状态，可减少水及水汽的浸湿是恢复软岩强度的基本方针，这就是治理原则与方向。各项工程措施应该以能达到减少松弛、防止各种水的下渗为目的。

五、从防治病害的要求，对当地的水文地质条件尚需长期监测与利用工程措施逐年勘察始能查清

1. 病害位于短轴山梁，地表水易于在寺后山沿长轴方向一线用截水天沟将其截流排入两侧的东、西沟内；而寺内的地表水排水系统，因地势呈南西高北东低，在就原寺内排水系统选择无裂缝带的地带横截梁子向东沟排走，截排水的渠道应尽量少作南北走向而切割地裂缝。各沟应用浆砌片石铺砌而隔渗，也就可减少沟水向滑体的下渗。梁的两侧东、西沟在第Ⅱ平台以南的上游段落要疏通沟的纵坡，以利沟水流动顺畅而少积水；同时在纵坡平缓处要砌筑一段隔渗的浆砌流水沟槽，可减少雨季中沟水渗至 T_1、T_2 矿层。如此处置，在山梁处的表水本来就流过不多，应能减少雨水下渗而达到整治的目的；但仍应慎重对待殿堂房屋四周的雨水沟，要浆砌隔渗，特别是度过裂缝处要有特别措施，以防止沟被拉裂后集中流水灌入地下之弊。

2. 自南西方向的高山沿层间流动的水及近南北向断层带的水，两者均是向北东流的地下水，它应是滑体及滑带水的主要补给来源与通道。目前从梁子的东西侧出露的泉水分析：梁西后山的地下水是补给至秋坡村洼地的，经短轴梁子流至东沟者可能性不大，因达西沟后即遭由近南北的扭断层隔断而流走；只能是沿梁子在东、西两沟间的地下水可顺梁子向东沟排去，有一部位于在售票间（在寺东墙之西、梁子的东侧）的古井，即是证明。目前的钻孔中只在深层中有两孔遇到水，均在 T_1 矿层内、寺平台的前部；它反映黏土页岩具有隔渗作用和地下水有顺层间错动带流动的现象，不利于山体稳定。当然，每年秋冻、春融时由水汽浸湿黏土层及严重风化软岩岩粉、岩屑；被浸湿的部分也就是存水处，非但不易发现而且随滑体内的松弛变化而变化。为此在施工各项工程措施时应注意发现地下水的部位，以便后期设置疏排与截断工程时参考。目前只能依据深孔中的长期监测，可从变形部位和时段上进行分析判断；当前从供生活与生产用水为目的而言，当地的地下水是不发育的，但就滑坡病害而言能使滑带强度降低而促使滑动之水已经足够了。

3. 由于雷达探及钻探未能及时解决坡体内地下水的分布与条件，要期待至少一年的深孔监测资料及地面位移资料分析，才能查清室内地下水的状况及变化：1）今年春融已发现月蠕动量为 40 mm；2）全年生活用水对病害的作用；3）雨季表水下渗对病害变形的情况；4）雨季后期包括秋冻及地下水对病害变形的情况等。所以，本工点要进行滑体的动态监测。

六、治理原则与相应的工程措施方案

1. 概括而言,应业主要求治理以保寺为主、兼顾108国道及上寺道路。为此,治理的原则:放弃北(下)单元任其发展,采用以向山(向南)锚固寺平台下的稳固持力层的方案为主;在无下方支顶的情况下以能确保寺所在第Ⅰ平台的稳定为主,对画家院子第Ⅱ平台及其前缘108国道以南的坡体,要能基本稳定,不能产生局部较大的塌滑使道路车辆中断。

2. 针对寺殿堂房屋和文物要保证安全。其治理原则:1)是固脚;2)尽量减少雨雪表水、生活用水的下渗;3)尽可能地截疏地下水;4)采用灌注水泥砂浆,加固影响主要建筑物的地裂缝和减少滑体的松弛,使各滑坡能传力至前缘固脚的刚性结构物。

3. 固脚工程。经比较,以选在寺所在第Ⅰ平台的前缘与画家院子第Ⅱ平台的后缘之间一带最经济安全、合理而可行,且固脚工程应以选用预应力锚拉结构构筑物为主,可达束紧山体的目的。

(1)推荐方案为预应力锚索钢筋混凝土抗滑桩排(桩腰要多布预应力锚索,既减少弯矩而减少工程量,亦可预加应力束紧山体)

在滑体横宽约200 m的范围内布桩时,为使整体能均匀受力,桩排中心线要整齐圆顺,不能有个别桩突出或后退,否则将造成局部受力集中而导致个别桩被破坏与变形,希望有关各单位要考虑整体利益促其实现;并要利用桩坑先对桩周及桩底压浆以增加桩的受力能力和固脚的效果。同时在桩顶以上应布置预应力锚索墩或框架群,以防止坡体上部的多层蠕滑。

为减轻寺殿堂房屋各滑块间的蠕滑,在牡丹院地裂缝一带设置一排抗滑桩列为后期工程,待前期工程完成后根据深孔及地面位移监测资料再行确定施工时机。

(2)比较工程措施方案为锚拉洞排

即用一排平行滑动方向可进人的大截面隧洞建成锚拉结构承受锚固力。在山内(南侧)的稳定体中选择锚固岩体为锚固端,它与在山外侧锚头处所建的与各锚拉洞垂直之洞可将各垂直山体的锚拉洞联成一体共同受力。其优点为工程牢固、长期效果可靠,但是在锚头处(北侧)横向进洞要随洞的前进随即加固、并向四周压浆,以防止山体向该洞松弛、挤压压坏,此为重中之重;为此要有材料、机器的准备与相应的专业施工队伍相配合,不宜贸然实施。由于锚拉洞的截面积大(系由钢筋混凝土建成),所需顺滑动方向洞的洞数远比抗滑桩的根数少,且其锚固病害山体阻止其松弛的效果好;它虽在北端高于滑带,但它位于固脚一线在滑体的"下1/3"一带,因之可减少锚头端部竖桩的弯矩,总的工程量小。同时这一方案,还可借地下洞了解滑体内地下水的赋存与分布,而能相应地疏截之;为了制止在挖洞施工期的山体松弛,要随成洞的进展随即向洞四周压浆,反而可胶结加固山体呈一体而有利于挤紧山体。如条件不足不能精心施工,反而在施工中可促使病害发展,则不如放弃此创新方案。

4. 减少雨雪水和生活用水的下渗工程,以控制生活用水的下渗为重中之重。寺后山变形体范围以外的地表水,采用正常的截水天沟为主;但应设置在预计的地裂缝发展范围以外,必须要过地裂缝时要用钢筋混凝土叠搭式水槽渡过,或以一段钢管渡过。此截水天沟的深度要估计能容纳每次暴雨中山洪带来的泥沙不致掩埋沟道,并要求使用单位在每场雨后立即清理堵塞的地段,以防止水流溢槽流入寺内病害变形的范围。

寺内排水渠网,要计划好有几条主排水渠横截短轴山梁,将各种表水导致排入寺东侧东沟中;这几条主排水渠要到实地选在无地裂缝处(即是整体位移体上),尽量不切割各近东西向地裂缝。对个别无法避免切割地裂缝者要特别处理,用钢筋混凝土叠搭或水槽渡过。寺内各排水沟均应浆砌隔渗,各房屋四周的排水沟亦应如此;平时生活用水亦应能直接流入混凝土浆砌隔渗的排水沟中。

上水道设置在变形体以外西侧的山坡上为宜,在寺南部变形体以外引入寺内。

既然寺为国家的重点旅游地,已有住宿设施,其生活用水等下水道的渗漏则是防治的重点,它与病害发展密切相关,故为重中之重。各下水道要集中由主下水道排走。现主下水道及冬天的热水暖气管等均应切实改造,将其全长设置在新建的一钢筋混凝土的沟槽中,使管道漏水可自各钢筋混凝土的沟槽中排走。钢筋混凝土的沟槽应可防止在其基础下出现地裂缝时而不被拉裂;此举措已在许多建筑物变形处使用过,幸勿置之不理,致使大量防治工程失效。在地裂缝发育地带范围内每间房屋的下水道也要防止其渗漏,采用措施确保不能将下水直接灌入裂缝中。该处下水道与暖气管由任何单位设计时,均需确保符合上述要求,始可达到防治病害而保寺安全的目的。

寺两侧的东、西主沟,在第Ⅱ平台前缘与缓坡第Ⅲ平台的后缘以上(以南)的沟纵坡需要清理挖顺,以利排洪;在沟纵坡平缓的地带要按洪水期的流量砌一浆砌水槽,以防止沟底渗水补给T_1矿层及其以上岩土。

5. 是否疏截地下水。应视全年深孔及地面位移监测结果及施工中所了解的情况再行研究分析,为此要列一项不可预见的工程费用,视情况支出。同样,如寺内各殿堂、房屋有因地基岩土不良,在生活用水未能控制处也会出现沉陷不均匀的变形,在此次系统整治后并不能全部消失,故针对这些情况均应预列费用,其他还有长期监测费、局部变形加固费用等外。加固与挤实地下松弛的效果需要时间,目前是多块单独蠕动向滑动过渡,待其能传力至前缘刚性抗滑固脚构筑物时有一定年限,故在前缘预应力锚索钢筋混凝土抗滑桩建成后3~5年以内,寺所在平台内还会有一定的裂缝出现,只是逐年减少而消失,要有思想准备,不足为怪。

6. 灌注水泥砂浆以固结山体,并使表层为一可传力的结构。对下陷为主的地裂缝,需进行三次灌注水泥砂浆:即第一次填充灌浆、第二次固结注浆(地面以下10 m开始)、第三次劈裂压浆,使之可受力形成传力结构;为了节约水泥砂浆,对下陷地裂缝较宽处境可用压灌混凝土代替。

一般以向前移动为主的地裂缝要酌情灌注水泥砂浆防渗,一般仅需进行一次注浆;以后视位移情况,再行研究是否有必要补行注浆。

各项工程的施工顺序,应是:先北后南,先下后上;寺外地表水沟应立即施工,在今年雨季前完成;抢险工程要继续进行不可终止;上水道可以先行改造,下水道的主管道亦可尽快进行改造;在固脚抗滑刚性工程完成后,要从北向南再压浆一次比较可靠;但目前个别殿堂房屋已变形严重的应列为抢险项目,要先进行个别灌注水泥砂浆加固;对寺所在的第Ⅰ平台及画家院子的第Ⅱ平台上宽大的下陷地裂缝要立即充填灌浆;寺两侧东、西沟的整顺纵坡工程及砌洪水槽以能早日施工为宜;抗滑桩排,应在其中选数桩先施工,除了解、核对实际地层外,还需确定滑动指向,以便改变其余桩的朝向使之正式定位,这是重中之重;同时要利用此批桩的施工发现问题,并锻炼技术操作(尤其是要研究在桩内施占预应力锚索的施工工艺,同时也可考验在破碎严重风化呈土状的坑壁其侧压对护壁的强度是否足够,为其他桩坑开挖提供经验);桩坑护壁不论围岩是否坚硬完整,在此次设计中均需砌筑到底,竖筋必须要逐节焊连,将依靠它发挥增强桩强度的作用,因为此处滑坡方向带有旋转性质,要依赖它克服旋转产生的斜交横力,以及由于施工必然出现的预应力锚索方向不一致误差产生的次应力作用等。

7. 当前已经施工的抢险四处预应力锚索墩群是必要的,应进行到底。目前尚应增加抢险画家院子的西段一处,以免雨季中该块出口在西沟底以上者整个滑走,对寺所在第Ⅰ平台的稳定有利。

注:此文作于2005年5月。

有关采空区的滑坡问题

一、前 言

(一) 概述

这是在山体内采矿(或煤自燃)后,因采空放顶使其四周坡体及采空区上覆盖的岩土向采空区移动的问题,或因采空作用使背向坡体各自所在的自然临空面及侵蚀基准面变形与破坏问题。

本次只讨论产生的崩塌、错落、滑坡、塌陷、下沉、坍塌、走动、蠕动、岩坡外隆、坡面落石和滑溜以及泥石流等现象中,有关以滑动为主的病害问题。此类滑坡与一般仅向自然或人工切割的临空滑动的滑坡有别,它要增添考虑:以采空区为临空的问题和因地下采空引起的有关岩土变形对其四周及上方岩土的松弛问题,以及因之导致地下水分布变化的问题。即是促成和促使滑坡发展的条件、因素和危害中增添了采空范围、采空进程和方式、采矿厚度等原因。此类滑坡的滑动变形,由于与采空区在空间的关系不同、变形坡体组成的地质条件和环境变化的出入,尤其是采空的进程与方式所促使坡体的松弛及水文地质条件的变化等,每一具体工点均有各自的特点,其个性突出;故讨论有关采空区的滑坡问题,必须要侧重对具体工点进行单独分析,也即是应该个别设计。希望在座者不可只注重今天所谈的共性内容,那些只是采矿系统通用的公式,是供在丘陵及平原地区而矿层平缓前提下,为预留保险或安全矿柱时的采矿设计使用的,在山区往往不适用,并出现许多灾害性事故。有限元网络对坡体稳定性分析,对组成坡体的地层岩性和结构比较单一而构造不发育的工点,由于边界条件和物理力学参数可以充分提供,其应力分布的计算能接近现实,可行;否则对山区因定性不正确,更谈不上定量。实践证明,还是工程地质比拟法可靠,以调查分析地质条件为主,在分析采空进程与方式和掌握地表及地下位移的监测数据下,始能认识采空区的滑坡实质,针对病因与危害而提出处理原则和防治措施;如此提出的解决采空区滑坡问题的办法,可达到保证生产与生活设施、避免危害的目的。

(二) 内容范围

今天所谈的内容系根据本人所参与处理过的有关工点,也是局限于因采空在坡体上已出现了变形迹象之后才被邀请参与防治危害的工点。为此,不论及在勘测设计时预防采空生成的滑坡病害;也是只对需保证生产和生活设施的需要部分为范围,提出防止其危害的种种。即是侧重在业主提出的需要防护的范围进行治理;治理的深度是对坡体变形危及需防护的设施,只要保证其使用年限内其发展不致危害需防护的设施即可。

本文所说的滑坡现象是局限在坡体上有部分岩体沿一定的面(或带)向临空做整体或几大块向前的滑动,但其成因与地下采空有关。从治理出发,是将共同滑动具同一滑速的称为一滑块或一个滑坡。因矿体多在基岩内,这次所论及的只对基岩内采矿形成的采空区滑坡,所以只谈属于基岩一类的滑坡。

在山体内某一采空区其四周的坡体可以形成多块滑坡,以采空区为一新生的临空面向之滑动,多以采空矿床为度;亦可背向采空区形成多块向各自的自然临空的滑动,多以各自临空的河床底为度。在一个滑坡上随坡体的地质结构和构造及其与采空间关系的不同,可以形成多条、多级和多层滑动,或仅一块滑动;亦可因山体内有多个采空区而生成多块各自向其采空区及背向采空区的滑动,有的滑块之间有关联,有的无联系。此与一般仅向自然临空面或人工切割的堑坡为临空面的滑动,且具多条、多级和多层滑坡中各条、级、层彼此有关联的不一样。例如:

1. 陕西韩城电厂滑坡,就是横山山体在其自然临空方向以涺水河床为侵蚀基准面以上的岩土,背向地下采空区、向横山脚涺水河床的滑动与蠕动一种类型。它使厂区出现多个滑层受其前缘出口的破坏及其持续的隆起与长期蠕动等危害电厂运行的现状是否能整治、必须要搬厂的问题。

2. 北京戒台寺滑坡是在寺所在短轴山梁的山体下具有多个采空区,越向自然山梁倾伏方向(向北),其采空区的范围越大、采空底面越低,因而形成多块滑体向各自采空区为主的滑动与蠕动。它受多组东西向逆断层的错断而生成多级、多层并不一定连续的滑动,目前在共同向北挤紧过渡中,彼此是否能形成同一层的滑动,是酝酿期的一种类型。它危害千年古寺及其文物(特别是千年古松)及旅游胜地,仅需保护戒台寺范围内的建筑物和古松即可。

3. 内蒙古自治区包头长汉沟煤矿的白灰厂滑坡,是采空区顶的复岩坡体沿体内采空矿层以上近80 m的一层黏土岩滑动的一种类型。它是采空区上方为起点的坡体向采空区下方为止点间其上复坡体中,在自然临空的侵蚀基准面(召沟河床)以上的岩土向自然临空的山坡坡脚召沟滑动。研究的目的在防止其滑动越过召沟(留有矿柱的地段)而危害长汉沟煤矿工业广场的作业。

4. 湖北松宜陈家河煤矿在跑马岑山体地下采空的塌陷,对山体南北陡岩向各自自然临空面崩滑的一种类型,特别是背向采空对北片陡岩岩坡下居民区的危害评价。

5. 露采的帮坡向采场崩滑的类型。如甘肃金川的金属露天采场帮坡向采场崩、滑的危害及维持露采作业治理措施的问题,以及确定闭矿改为地下采空时机的问题与保证露采期间的安全措施问题。如陕西焦坪露天采煤引起采场周边坡体向采场滑坡,治理滑动坡体上生产和生活设施的变形与破坏的问题;同时在该滑坡区中选择稳定区以重建工业广场的问题。

(三)对待各个采空区滑坡问题的做法(指如何对之轮廓定性)

1. 要针对需防护的设施和业主提出的主要任务进行工作,调查收集有关轮廓定性方面的内容。

(1)对陕西韩城电厂滑坡,在短期(2~3天)内从地表及建筑物厂房等变形上判断出了滑坡的范围、滑坡所处阶段、离大动破坏的时限,找出了必须要立即采取措施减少对电厂要害设施继续破坏的问题,并提出需抢险的范围和办法。在能提出可行的治理措施保证安全的情况下,才有整治与搬厂两大方案比选的取舍工作;要在不搬厂的情况下研究各个治理措施的可靠度,进行主要治理措施间的方案比选,应在可行性上下功夫;并要提出保证治理措施可以顺利如期完成的管理工作与组织和完成技术工作的资金、人力、队伍和技术条件等主要问题和关键问题,由有关方面能保证如期完成才行。

(2)如对上述六处工点所提的工作任务要明确,业主只能要求达到的目的。我们要围绕目的考虑可能,为业主设想提出相关的影响决策的问题。例如有无抢险和灾害的问题,要实事求是地反映自己对之的认识程度,不能定性即不能发言,但要提出解决途径。

2. 要查清采空区的分布及其在山体的空间部位(必须调查了解当地矿体生成的主要条件,才能从宏观上判断矿体的分布与相应采空区四周及其上盖覆岩的地质条件),沉积矿、岩浆矿和变质矿三者的成因与组成山体的地质条件是截然不同的。

(1)沉积矿中例如煤矿,一般是成层结构,常在沉积间歇期由于生长了植物群或聚集了动物群之后再在其上沉积了砂土将之淹没,经一定的高压或热力作用而后成矿。它伴生有黏土岩、炭质岩、泥质砂岩和砂质页岩,有的含石膏等膨胀岩等;煤系地层因其顶、底板多为黏土岩因而隔水,受水后易软化成易滑的一层,故易沿其煤层采空后可汇集地下水的顶、底板滑动。在采空四周及其上方(因采空放顶而近采空顶的岩层坍塌变形)受采空影响松弛范围内的软岩层,即因松弛而进水和水汽,可形成多层滑动。

(2)岩浆矿多系岩浆热液沿断层带上升由深层侵入至地壳浅层,所以矿脉的分布与当地断裂带构造格局有成生关系(即断裂构造的先后顺序)。岩浆为张性侵入时的混合岩其四周的岩体多完整,所以金属矿的采空区多以相应岩体中的断裂为主,少滑动与岩崩;岩浆为挤入时,四周岩体挤压破碎视断裂格局而分割岩体,有倾向采空区时易产生崩、滑,而以崩塌为主(如金川矿露采帮坡的崩、滑)。

(3)变质矿中以蚀变成矿者如高岭土,其矿体软而厚。其为区域变质岩体多完整,采空区的四周坡体产生崩滑者少;但在大断层作用下的动力变质如苏州阳山的高岭土矿,因动力作用使其盖层岩石(虽是石英岩)已切割成多块体而易于向采空区塌陷。一般由沉积岩产生的副变质成矿的工点,如系变质泥质岩发育者同沉积矿一样,易于因采空而产生沿软片岩的错动后转化成多层滑动。

3. 查清当地山体组成的地质条件与环境。

同一般基岩滑坡一样,进行轮廓地质调查(3~5天足够了),不外乎按地质"八股"进行。

(1)从地形地貌方面

从地形地貌上具体判断有三个主要方面:一是地表变形裂缝的分布、性质和建筑物变形迹象,区分塌陷范围、有多少独立的滑块,每一滑坡的条、级、层的区分,变形的先后与老裂缝和新裂缝的区别,各滑坡所处滑动的阶段,以及滑动性质。塌陷区的裂缝,总是四周向采空塌陷、是后缘受张下错裂缝的性质;滑坡裂缝(在采空区四周不论它向采空区或背向采空区滑动),在向下方滑动时总有一后缘塌陷范围,有多环后缘裂缝的情况下必然出现一反向下错缝,再在其下方出现羽状侧壁裂缝。其在采空区以上的地面有出口时,才见滑坡前缘隆起裂缝、放射状滑动裂缝和垅状滑坡出口裂缝等;如出口在地表下的采空及其扰动范围内,由于低于地表则无滑坡前缘的特征,此不同于一般滑坡。例如陕西韩城电厂滑坡,见滑坡前缘有三环垅状的滑坡剪出口及滑坡前缘反倾隆起带;它与在横山上具三环陡倾后缘下错裂缝相当,且后缘有一反倾陡裂缝构成滑坡后部洼地为其特点。例如北京市戒台寺滑坡,在画家院子(第二平台)山侧的寺内有三个滑坡后缘塌陷区,必然是三个滑块前后分级,并不一定形成彼此具同一滑带的滑坡含有三级。

其次是按地貌形态分析坡体滑动的深度及范围。特别是沉积矿总是生成于长轴及短轴山梁下,则矿体深埋多是因采空生成深层的滑动有不受两侧自然沟控制的;随矿层多少或软岩层多少,易生成多层顺软岩的层间错动带滑动。否则在山梁两侧的斜坡向坡下河床的滑动,它虽是有采空因素,但还是以河床下切为主形成。例如戒台寺西沟向门头沟的滑坡群,采空只是主要作用因素之一,故出口滑床在石门沟底附近。

三是按地形地貌判断当地山体成山后的构造格局,对之进行初步力学配套判断:成山后各期构造线,区分各期裂面间彼此的切割关系,每组裂面的力学性质与后期改造。主滑带所依附的若是层间错动带,应生成顺层滑坡;或是某一期贯通的缓倾构造裂面,则是切层滑坡。这一力学地质裂面配套,必须在当地四周及坡体上做了许多具体露头点的实地调查量得,绘成裂面配套分析图,再从各组实际构造裂面上的迹象与产状做出具体的裂面构造格局;据之以核对从地形地貌的判断,两者应该一致。如此,按之对滑坡的分析暨地下水的补给通道才能正确可靠。

(2) 从地层岩性方面

从地层岩性上要找出可能形成的滑层和最深滑层,以及地下采空范围内能稳定的持力层;即是要找出当地可能滑动的最深一层和各项抗滑工程的稳定基础所在部位。

例如陕西韩城电厂滑坡,采空区在地下 160~260 m,在采空区范围以上的岩层必然因下部塌陷而松弛引起滑动。因之找到了盖岩中 P_2^{1-5} 为一厚 10 m 的石英砂岩,由于它无缓倾角构造面,经计算不可能自其下反翘剪出地面(坡脚自然侵蚀基准面为当地涺水河床的 P_2^{1-5} 层);所以据之为持力层始能在横山脚设立抗滑桩,将之作为抗滑桩的锚固层。当然,此层受力后由于层厚不够将产生顺层的弹性揉皱起伏,因之已造成了在厂区发电机部位的永久变形与每年的反复变形;在分析了隆起量的回归曲线收敛之后,才能大胆地提出不搬厂进行治理的方案。当时也明确地向业主负责人谈清可靠程度,不知每年的隆起量在每年一次调整发电机的基础上能否满足要求(事后证明可以办到,不影响运行);也因当时青海龙羊峡水电站尚未建成,当年及隔年西北联网不允许韩城电厂停电,也就不搬厂而采用治理方案。为这一长期蠕动隆起问题对电厂运行的影响,随后进行了专门研究,不挖 F_9 断层以西的下层煤可保安全;事实上 1985 年整治后,因 1992 年再采 F_9 以西的下层 5 号煤,又引起电厂要害部门发电机一带增速隆起,直至 1992 年 5 月停止挖煤,其变形即减缓而稳定至今。

例如北京市戒台寺滑坡,因找到了 C_2 岩层及其以下的老岩层较完整而坚硬,虽受后期构造作用多但不绕曲。该 C_2 的 γ_0 号煤层以上有 20~40 m 的含铁矿石英质砂页岩,足以保证 γ_0 煤层在采空后的稳定,所以将之作为 C_3 长石砂页岩中各层煤采空的持力层。目前未见戒台寺寺内平台有整体下沉,故提出戒台寺地下不再采矿,以防止因整体下沉后在边缘裂缝处造成建筑物的断裂和破坏。

(3) 从结构构造方面

查清与采空区有关的山体内软、硬岩的分布;同时根据力学地质构造裂面配套,分析各组构造裂面向临空的倾斜关系(与临空面平行,在斜交 30° 以内的裂面而倾角 20°~40° 的易依之生成滑带),特别是贯通者最影响山坡稳定。将各断层与裂面绘于平、断面图上,则可具体求得各坡体内的岩体分割格局,从而找出滑动的分块和地面上各组裂缝生成的依附关系,找出各块滑体的空间形态及其滑动主轴等特征。

例如陕西韩城电厂滑坡,其后缘今后可能发展至 F_9 断层;当前是多层滑动,至少在横山斜坡上已有三层出口出现在上挡墙上,故考虑该三层滑动的危害应进行抢险;在横山脚下河流阶地上已有三层反倾的滑带出口,至少是有三个基底滑层沿层间错动带为主滑带滑动。韩城电厂的滑坡断面即是如此勾绘出的,后经勘探证实。按此定性断面,先进行后部减重,始能达到延缓滑动的目的,减少了滑坡推力而避免大滑动破坏的现象。事实上1985年5至10月在减重基本完成时,电厂各个部分的变形已明显减弱至暂停,达到了抢险的目的;然后才有时间与可能修建横山脚、电厂上方的抗滑桩群,前后达4年之久。

例如北京市戒台寺滑坡。正因为有多条东西向陡立而倾向北、倾向临空的逆断层,所以它具有将煤层及黏土层在南北向滑动断面上逐层向上错开这一特点,因而判断在主轴断面上不易形成同一主滑带。2-2断面上各钻孔在滑动的一层,并非同一滑带,目前是各块体在向各自采空面蠕动与滑动中;需至地面上塌陷后缘的裂缝带(在抗滑桩排以上以南有三带)逐渐挤紧、消失,始能从后至前传力至桩位。所以,按一条滑坡具同一滑层传力的推力计算,不一定正确。

(4)上述地形地貌、地层岩性和结构构造三方面均要归纳至对水文地质条件的变化方面,才能判断出滑坡的各个要素与发展趋势

采空区有关的坡体之所以滑动,主要是因相应的坡体在采空过程和地质环境下松弛,从而导致坡体内地下水的分布有变化;由于相应破碎与软弱岩层在松弛后进水而强调衰减,以及体内受后方及下部承压水(包括每年地温循环的水汽)作用而浸湿、面积增大和暂时的水压作用,才会蠕动与滑动。同时,要查清松弛进程与程度,再判断地震对其的危害。

例如陕西韩城电厂滑坡,从监测中发现由于采空的松弛变化,其滑动先在上层,待松弛使上层地下水下降至下隔水层,而后逐渐转至下层滑动。同样,由于地下水的变化由南端向北端(北大沟)移动,滑动由南条向北条转化。在抗滑桩修建过程中其底部逐渐挤紧,则上层滞水又由下层逐步向上层移动;监测反映了下滑层滑动逐渐减弱,局部上滑层又有活动。1995年在电厂上方修了一泄水隧洞,对深层蠕动应有好的作用。

例如北京市戒台寺滑坡,找到了C_2岩层上C_3岩层底部有一层厚10 m的黄褐色石英砂岩(标志层),较完整但裂面多,从第一批桩施工之后,才算证实了它是该地区的区域性含水层;该层含水分布的变化(有裂隙水及构造水),将因其分布及水压头的变化,是按水能补给其顶、底及其中的煤层及黏土层时,促使各条滑坡中何者是沿标志层底下矿层、层顶风化层及顶上矿层和层中矿层的滑动。为此今后能尽量长期地排泄其水量(主要是静储量),对滑带减少受湿程度,其滑坡推力自然减小,桩的尺寸也就不是唯一控制安全的条件;所以建议在桩排中利用尚未修建的桩坑,在桩坑内增设4处集水井长期抽水,即利于安全,又可将之以矿泉水出售为生活用水,一举两得。同样从已施工的桩坑中了解了出水的分布,要求对寺南、寺西的各条自然老沟内各做一隔渗墙,阻止老沟底的地下水向滑坡补给;并要求对生活需要的上、下水道的渗漏进行处理,特别是在下水道的主管道及暖气管道下要做钢筋混凝土套槽,阻止其下渗。这些都是在逐渐查清地下水的分布及其变化后才能找到根治滑动的措施;在轮廓勘察时只能有大体的判断,必须经一年的监测与施工揭露和实地勘测后始能掌握,也是其所以对待有向大动破坏变形的滑坡,总是先做抢救和立即生效的工程措施,在争取了时间(勘测与施工)后才能提出相应的拦截、排水或疏干地下水的根治工程。

二、煤矿方面对采空区塌陷引起的地表移动与裂缝形成的分析

(一)地表移动与采动

采空塌陷引起的地表移动与变形性质,取决于开采矿层的厚度(m)与开采离地面的深度(H)、开采面积(长度L或宽度B),采煤方法和顶板管理、煤层赋存状态、覆岩组成及其力学性质、采空工作面推进速度等许多因素与之有关。

1. 连续的地表移动:当H/m等于或小于20~25(即比值较小)时,按全部陷落法采煤,常产生大裂缝和陷坑,出现非连续的地表移动现象。

2. 连续的有规律的地表移动:当H/m值较大,超时20~25时,地表不出现大裂缝和塌陷坑,即是连续的地表移动。在道路通过采空区,一般选在H/m大于20~25的地段。铁路必须通过采空区时:在20世纪50年代,一般考虑在地下采空埋深大于200~300 m处(当时的常识并非规程);原则上尽量避开。

3. 充分采动:当B或$L<H$时,地表的下沉量未达到应有的最大值,地表出现盘状移动盆地,谓之充分采动现象。

4. 非充分采动：当 B 或 L 等于或大于 H 时，开采后地表出现的下沉量达到应有的最大值，地表出现碗状的移动盆地。

(二) 充分采动下地表移动盆地一般划分为三个区域

1. 采空区上方与下方出现向盆地的下沉倾斜地形两区域

在外边缘范围为上凸的受拉地段，产生张开裂缝；在内边缘范围是下凹受压的地段，不出裂缝。其最大拉张值位于凸、凹曲线的拐点向外边缘的距离为 $+0.4\gamma$ 处是最大挤压值；同样，离拐点向内边缘的（向盆），-0.4γ 处是最大挤压值。$\gamma = H/\tan\beta$（H 是采深，β 是内外边缘线的陡立角）。

β 角的大小随采空区上、下的覆岩地质条件而异，往往依附于邻近的一组陡立临空（盆）或背向临空的构造裂面发育。煤矿一些设计者往往按平原区假定矿层平缓为前提，假设 β_1、β_2、β_3、β_4 为同一数值 β，常与现实不符。

2. 采空区顶的中间区，地表下沉一般均匀，不出现明显裂缝

事实上由于各段在不同时间放顶或因回采煤柱，在两次放顶界限附近（应按两次采空分析）是出现地表裂缝的。此类裂缝又称走动裂缝，它对采空滑动常起主要作用。

3. 采空区的矿床向一方具倾斜角 φ 的情况

由于采空顶的盖岩松弛及山侧留煤柱的坡体外边缘裂缝张开，则有地下水渗至采空矿层的底板（或局部顶板），在水的浸湿下易沿底（或顶）板向矿层倾斜下方滑动，即产生整个塌陷岩土的滑动问题。

（1）若其下方有自然临空，其出口高程又在当地河床以上时，所留矿柱以上的岩土所产生的抗力小于采空区覆盖岩土沿采空底板滑动的推力，终将产生大型滑动破坏。盐池河磷矿采空区造成的岩崩，虽然先出现临空部分软岩因承载强度不够而变形，在抗剪断（400 m 高差）强度不足时的外层崩塌破坏，终因在外侧岩崩丧失了抗力下继之产生大范围的、大块岩体的滑移。

（2）其下方自然临空的河床高程高出采空底面巨大时，如石灰厂滑坡，只能产生沿采空底面以上的软层向临空的河床附近滑动。

(三) 以湖北省松宜局陈家河煤矿在跑马岑下采空后对跑马岑山体稳定为例，分析其北侧陡坡岩壁的稳定及其对坡下居民区的危害。

1. 跑马岑地质条件与北片岩坡的稳定性

跑马岑山体近东西走向，岑顶山脊为背斜轴；从 3-3 断面上可见其北侧为大向斜的北北东翼，岩层基本倾向山（倾向采空区），在向斜中具有两个局部小背斜。它对北片坡体向自然临空的滑动不利。组成山体的岩层由底至顶：

（1）矿层 P_1^1 马鞍山煤组为薄层、厚层状石英细砂岩、粉砂岩、泥灰岩及炭质泥岩夹 I、II、III 层煤，主要开采了 II 层煤。但小煤窑后期采了矿柱和一些 III 层煤，使地表再变形。

（2）覆岩 P_1^1、P_1^{2-2}、P_1^{2-3}、P_1^{2-4} 四层属栖霞组，由厚层为主的灰岩夹钙质泥岩组成。此夹层泥岩软弱，为形成北片坡体外侧 [3] 号岩壁的基础，亦是采空后出现局部数百方崩石之因。

（3）岑顶处见 P_1^3 茅口组块状灰岩及 P_2^1 龙潭组薄层硅质岩夹页岩。

所以煤系地层以上基本是覆盖了坚硬的中厚层状、强度大的岩石，是东西向与近南北向两组陡立结构面分割的岩体。

根据当地 6 条地层配套：后期受 NE 向（II 期）倾向 NW 倾角 70° 的构造力作用明显；晚期 NNE（III 期）构造产生的近东西向拉张裂面，对北片岩坡的稳定不利。

根据当地出现的地裂缝及裂谷 11 条配套分析，当地成山以来受到的地质构造作用明显反映的有三期：I 期成山是近 EW 向，是长轴（NE80°）；II 期是 NE 向，其构造线 NE50°；III 期近南北向为 NW15°，是新构造运动的反映。但近 EW 向的构造面是当地主张性裂谷形成的基础，所以位于向斜轴、沿岑顶山脊走向出现了一条沿之发育的裂谷。其西宽而东窄，说明山体主要是向北稍偏东移动和顺时针转动破坏；此裂谷北侧的裂缝长约 210 m，南侧长约 250 m。由于未发现有向北倾斜的缓倾角构造裂面，故北片陡壁岩坡不易产生大型滑动，而夹层钙质泥岩少且不厚，判断它生成大型岩崩困难，两者可以定案。

2. 属地表非连续移动与非充分采动的采空变形类型

3-3 断面中对北片岩坡的采深 $H=150$ m；Ⅱ号煤厚 0～6.85 m，一般厚 1.93 m，由于煤层中夹有黏土岩小透镜体而局部不采，可出现不连续采空现象。所以不能按 $H/m=150/4.4=34>25$ 判断为地表连续移动，而按地质条件判为地表非连续移动类型；事实上，地表已出现了大裂缝与沉陷，是受采空不连续、后期小煤窑回采及采Ⅲ层煤等因素影响所致。此反映是整体塌陷，楔体楔尖向下时对北片坡体产生侧向推力的作用形成的。

3-3 断面上采空区长 $L=90$ m $<H=150$ m 是判定为非充分采动类型的依据，至少在采空底板处未发生滑动现象。

结论：本人认为[3]号北片岩坡主要是受到了采空区中间部分的楔体（上大下小）整体塌陷时向其作用的推力，应按之检算各种稳定。

3. 煤矿方面对[3]号岩体采用的极限平衡检算滑动

对 3-3 断面：$\gamma = \dfrac{H}{\tan\beta} = \dfrac{150}{2.90} = 51.72$ m；采空区山侧最大拉张裂缝位于 $+0.4\gamma = 0.4 \times 51.72 = 21.68$ m。其中 β 是实测大裂缝的倾角为 71°。

根据实地取样试验，按在当地调查是地下水不发育下取值。岩样试验值：

(1) $P_1^{2\sim3}$ 钙质泥岩。其密度 2.6 t/m³，抗压强度 457.62 kg/cm²，弹性模量 $E=3.46\times10^5$ kg/cm²，泊松比 $\mu=0.26$，抗剪强度（湿）$c=240$ kg/cm²、$\varphi=40.5°$，抗剪断（湿）$c=65$ kg/cm²、$\varphi=66°$。

(2) P_1^1 炭质泥岩其抗压强度，平行层面为 40.24 kg/cm²、垂直层面 81.17 kg/cm²，抗剪强度（湿）$c=30$ kg/cm²、$\varphi=36°$，抗剪断（湿）$c=34$ kg/cm²、$\varphi=65°$。

(3) 灰岩密度为 2.7 kg/cm²。

在滑动检算中用折线法，对滑带抗剪强度中的黏结力 c 取值为其 1/10（即钙质泥岩 $c=24$ t/m²，求得[3]号陡壁中钙质泥岩的滑动安全系数 K 在 4～5 之间，认为稳定。

本人认为未按楔体侧向推力计算（它并非沿钙质泥岩层滑动），对多年松弛后的钙质泥岩的 c、φ 值要考虑降低，不是取试验值 c 的十分之一；同时要检查地震时的稳定。当然从工程地质比拟法看，整体滑动的可能不大，而同意评价其滑动稳定。

4. 煤矿方面检算坡脚应力与强度间的稳定

从有限元网络取应力集中的 209 号单元，它在钙质泥岩部位的应力状态 $\sigma_1=419.8$ t/m²，而 $\sigma_3=60$ t/m²，该处抗剪断强度 $c=240$ t/m²，$\varphi=40.5°$（试验值），$\sigma_{1\text{断}}=\dfrac{2c+\sigma_3 c\sqrt{1+\tan^2\varphi}+\tan\varphi}{\sqrt{1+\tan^2\varphi}-\tan\varphi}=13\,235.3$ kN/m²。

故其安全系数 $K=\dfrac{\sigma_{1\text{断}}}{\sigma_1}=\dfrac{1\,323.53}{419.8}=3.15$，认为安全。

本人认为按国际惯例求坡脚应力后与允许承载力比较。首先 $\sigma_1=419.8$ t/m² 是有限元中求得的（应该用地基应力计算为主相核对）；也可按实地调查外侧完整

的一片作为挡墙和以楔体塌陷对之推力为外力，求算墙各截面和基础的稳定。既算是 $\sigma_1=419.8$ t/m²，而钙质泥岩的抗压强度试验值是 457.62 kg/cm²；应按国际惯例对之允许抗压强度取 1/10，则是 457.62 t/m² > 419.8 t/m²。它刚刚达到安全条件，所以应对当地岩坡加以防护，防止临空的长期松弛与风化，否则不能保证安全。事实上现已在局部地段出现 500 m³ 及 600 m³ 的崩岩，其安全系数不可能达到 3，更谈不上地震时不会发生局部崩石。

由于矿方提出"加强监测，对局部有变形者随时清除""只评价不致出现大型崩滑，但不能保证没有 500～600 m³ 的崩石""在监测的进程中，有必要时，再对居民区一带设置防崩石危害的工程措施"对之表示了同意。

5. 矿方对北片[3]陡壁一带岩坡采用有限元网络及单元应力计算

将 3-3 断面的山体划分为三部分：以采空区南裂缝为界至北部[3]号陡壁脚下的裂缝为北界，划分为中

间部；南北界限外各取一有矿柱支撑的一部分划为上方、下方两部分。各部分的材料：对 1) 完整坚实的灰岩采用 $\gamma = 2.7$ t/m³，$E = 6 \times 10^5$ t/m²，$\mu = 0.2$；2) 裂缝破碎带的岩石采用 $\gamma = 2.5$ t/m³，$E = 4 \times 10^4$ t/m²，$\mu = 0.4$；对陡壁脚下钙质泥岩采用 $\gamma = 2.6$ t/m³，$E = 3.46 \times 10^5$ t/m²，$\mu = 0.3$。均在参考试验值下确定的。

按采空区山体崩陷变位的模式，即在重力场的条件下由变位模式求应力分布。有限元的边界条件（按弹性体分析）：

(1) 山体两侧裂缝内的破碎带岩石允许有垂直与水平位移；
(2) 破碎带外侧边界线之外只允许有水平位移；
(3) 该边界以外的完整岩体，因有煤柱支撑不允许有垂直与水平位移。

有限元分析检算结果与实地验证：

(1) 裂缝带的两条裂缝，在近地表一定深度内是受张应力，而下部是压扭应力至张应力。
(2) [3]陡壁以上是顺坡向的压应力，在现场见顺坡面沿节理面的鼓胀现象为证。
(3) 山体中间部分为不同方向的压应力，在现场未见张裂缝为证。
(4) [3]陡壁坡脚以下边缘裂缝的外侧靠下部位，出现了一片垂直斜坡面的张应力，在现场见层张现象为证。

鉴于当前山体已塌陷、开裂，大部分应力已释放，此说明弹性变形阶段的应力在坡体内已接近最大峰值应力，即判定当前的变形是由采空塌陷造成，并非北片坡体的倾倒与滑动所致。

本人认为其滑动与崩塌检算，在断面上均缺当地实际较大的与贯通的、构造裂面的分割格局以及各地层间分界的结合情况（沉积间歇面上在受构造作用后是否曾产生过错动迹象），有欠缺；总的评价虽同意，只是局部岩崩在所难免要防护；但对层张现象与岩坡出现新的剪切裂缝，认为不是压应力垂直坡面所致而是崩滑出口的现象，故仍需按楔体（楔尖朝下）的推力检算北片各部分的稳定后再下断语。

注：此文作于 2006 年元月。

对齐明柱同志博士论文"预应力锚索钢筋混凝土框架的现场原型试验研究"的建议

"预应力锚索钢筋混凝土框架的现场原型试验研究"的建议（供齐明柱同志本人参用）

许多具体的建议已经在 2006 年 11 月 17 日晚、18 日晚电话中谈了，现扼要地写成书面材料以供齐明柱同志参考。

为了整治山坡的高边坡病害，始有采用预应力锚索钢筋混凝土框架这一新型支挡结构及其现场原型试验研究。因此(1)山体压力的变化对高边坡的作用（即外力图形）是第一性，也即是在使用年限内山体压力最不利的组合对高边坡的破坏与变形的作用力图形；(2)预应力锚索钢筋混凝土框架对高边坡加固使之能承受山体压力的破坏，也即是在使用年限内能承受各种不利组合的山体压力的变化，保证高边坡稳定；(3)预应力锚索钢筋混凝土框架自施工过程至整个使用年限内，对山体压力变化的影响及对高边坡结构的加固。

这三者要从实际的三个"现场原型试验研究"说明当前对预应力锚索钢筋混凝土框架设计理论与计算方法是否合乎实际，这就是研究的主要成果。其中山体压力图形及其变化，使用年限内对高边坡及其加固工程（预应力锚索钢筋混凝土框架）在各种最不利条件下的各种应力作用的稳定计算（①主动土压、②格构基础的稳定、③格构各部分的稳定、④框架窗口岩坡的稳定、⑤各种类型病害的土压、⑥震情、雨情、冻融、温差以及⑦特殊荷载……）应该在三个试验点具体表现出来；虽然此次考虑不够，也要点出，只是强调这些研究内容不做为重点，因为在短短的 2～3 年内不可能出现使用年限的最不利的山体压力。

（一）组成高边坡的岩土，既是山体压力的来源，也是抗拒外力的结构体

1. 山体压力是客观存在的，随当地条件的不断变化而变化，是动态的。但受组成山坡岩土基本格局的控制（岩性、结构构造和地形三者之间的关系控制地下水的分布，也因三者的变动使地下水的分布在变化），即是在应力大于强度的部位就要变形；由变形必然引起周围（特别是所承托的岩土）的松弛，导致表水及体内水向之集中，进一步组合向临空方向在一定范围内产生作用力。以上组成岩土的各种物理状态是客观存在，不能用人为假定使之僵化，所以现场试验研究要提出实际岩土的状态，例如对变形体不能说一定是"刚性"而按之分析推导公式，否则对现实岩土采用措施使之达到刚性。同样山体压力图形，也是按具体工点的地质条件与环境分析，也不能硬性假定是什么图形，例如假定框架下岩土的反力在结构对称下"相等"，即工况 1（施工过程进行锚索预张拉时），也是不正确。

2. 正因高边坡本身岩土的组合承受不了山体压力，才用预应力锚索钢筋混凝土框架加固高边坡，理所当然是适应坡面破碎、在群锚下两锚索应力使锚点的变形不一致时可使其间的岩土变形与破坏，所以才用钢筋混凝土框架加固；否则才是 PC 工法群锚各个单独锚头的条件，没必要做成钢筋混凝土框架加固锚间岩土，使其不被破坏。若是要用框架协调变形达到调整锚索受力状态，更需要讲究框架的刚度，否则它对锚索的变形不能控制，也就不能协调变形。当前 PC 工法的设计理论是自相矛盾的，框架是柔性的又如何协调锚索变形！

3. 预应力锚索先施加应力于山体，其锁固应力的长期效应（应减去损失）是对变形体产生主动作用，阻止其一定的松弛作用；如果锚索预应力所增加的侧向抗力在使用年限内能克服任何外力的不利条件，能保持变形体不松弛，也不能增加岩土任一不利部分的湿度，原山坡是稳定的，也就继续稳定，这就是按 PC 工法设计偶尔成功之因。否则，变形体松弛和不利部位增加地下水的作用而继续风化，除了外力增加外，本身的强度也削弱，一旦山体作用应力大于锚索锁定后的有效应力，锚索要伸长；在框架不能协调锚索变形时将产生应力集中，所以现行 PC 工法的设计理论不谈格构刚度就不够正确了。

4. 格构设计是有两种工况为条件考虑其理论与计算方法：一是施工过程施加预应力的条件；二是在使

用年限应力与强度均在可能变化下的最不利组合的条件。这种只按工况1施工过程的受力状态,谈格构设计是忘却了采用格构加固高边坡的目的性,是最大的缺憾;同时也应交代格构是一主体措施,还有许多措施均应提到,这样格构的外力图形才能正确。例如截排疏表水及地下水的措施,表面绿化措施以及其他加固高边坡措施等等,均应提到。

(二)格构设计要适应组成山坡岩土的地质特点

1. 格构设计要能承受上述两种工况的应力条件。目前国内外多数学者、教授和岩土技术人员,只谈施工过程预张拉的工况1的设计理论与计算方法,因之失却具决定性以山体压力为主的工况2,不能下结论。正因为如此,对如何确定工况1中(PC工法)各相等锚索承担能力是如此确定的,都掩盖、蒙混而过,只从工艺上在不同地质条件进行每孔(受钻孔孔径控制)能承受的锚索强度设计,用两锚孔间距的变动来达到拟定的工况2山体压力。有意识回避了山体压力的实质,或者说由地质人员去研究提出,这就造成当前大谈按工况1设计的框架尺寸与配筋等。倒梁法、弹性地基梁法、PC工法等等及其简化法,以及在Winkler地基上框架的有限元模型和单元刚度矩阵及总体刚度矩阵、有限差分法等,求框架各节点的挠度和框架各部分内力。事实上,在工况2(山体压力)中,当山坡推力大于实际锁定有效锚索预应力值时,锚索要变形也就说格构还是被动结构;同样山坡岩土是对框架产生推力的,非框架对之约束使框架下岩土产生对框架的反力,怎能说在框架柱、梁同一尺寸下其反力相等。框架在工况2条件下也是被动结构,所以一切受力状态不同于工况1,而且是相反,它对框架设计的内力能与工况1一致么?所以当前的设计理论计算方法PC工法及倒梁法等不合理之处要逐一检查。

2. 1992—1993年铁科院西北分院以徐邦栋为首、赵肃菖、董敏玉等对滑坡采用的预应力锚索钢筋混凝土框架的设计理论及计算法,是将多锚索抗滑桩倒在山坡上按抗滑桩的理论设计的。1)立柱为主承受滑坡推力,即两立柱间距要能按桩后形成自然拱使滑体作用力传至桩(即立柱)承受,梁只承受自然拱向临空拱内的土压;所以柱的尺寸大于梁的尺寸,也符合强干弱支的设计原则。2)立柱必须有基础,当在边坡平台上、下两框架间必须保证上框架立柱埋入平台下一定深度,能阻止自上立柱范围及其以下(下平台框架的立柱顶)的滑动。因此在路面处的框架立柱必须低于滑带出口,否则框架下接垂直的抗滑桩在滑带下有一支点(或是减小桩长,在滑带下桩身上增加一锚索代替支点)。3)格构只是综合整治山坡病害措施之一,为主体措施,排水措施还是不可或缺的。这样1992—1994年,在深圳罗(芳)沙(头角)公路西岭山一带、乌龟岭、西岭山庄等等修建的格构都能正常使用稳定至今。也说明我国采用格构早于日本PC工法,设计理论优于PC工法。

3. 工况1框架下的岩土反力是局部现象、暂时现象,PC工法假设在对称条件下它是相等的,已经试验证明不正确。在工况2时它是山体推力作用在框架上,框架是被动的反力;这样是山体推力在多大范围内作用于框架,框架以反力与之平衡。框架的反力来自锚索的锚头及其锚固端,所以不能假定各种锚索抗力都相等(即PC工法假设的错误)。只是靠什么来协调各锚索的变形,靠两锚点间岩土的强度,能抗拒两锚索变形差产生的力偶,使其不能破坏锚点间的岩土及框架(如果框架是柔性,刚度不够,也就不能协调各锚索的变形),故要能求出可能的两锚点的变形即应力差,才能设计框架尺寸与布筋(即求出内力)。所以只有工况1的条件,不能下结论保证框架安全。框架下岩土对工况2而言,不存在倒梁法、弹性地基等等,而是按岩土刚度才可以求出作用在框架上的推力;只能是以立柱承担主要的推力,两立柱产生的自然拱拱下向临空的土压力由梁承担,梁承担后还是传至立柱并不一定立即传至锚索,但最终由柱传至锚索。PC工法说柱、梁共同承担以底面积单位反力相等,也是不正确的。因为柱间自然拱内的土压力要传至梁,梁比柱受土压力小多了。试验结果工况1已经证明假定单位反力相等是不正确了,工况2更不正确。在工况2下,是岩土的物理条件决定对柱、梁的推力大小,不是假定为刚性可以概括!框架的刚度与岩土刚度决定工况2土压力的分配,但最终还是全由柱承担。

4. 三个试验工点的锁定应力的损失均因岩土物理性质不同损失不一样,都比5%大。K259隧道出口平均是15%左右,如按设计张拉600 kN计算更大!K301可能比15%大些,而K259隧道进口仰坡是塑性土平均达32.9%,最大47.7%。应该要考虑使用期岩土的永久变形!

5. 试验证明PC工法:1)锚索应力相等是不正确的;2)框架下岩土反力单位面积相等是不正确的;3)变

形体是刚性不一定正确;4)锚索沿柱方向的分力不计是不正确的;5)柱底不考虑反力可悬空是不正确的;6)框架的理论弯矩不正确,是假定的错误;7)土压力盒可证明,框架底梁中比柱中的土反力小甚至为0,原理论计算是不正确的……这就是莫大的成果!

6. 自由体(free body)应为两处:一是破裂处,二是框架底。文中两者的分析均不够正确,应分别对两个工况重新纠正。

(三)三个试验工点

1. K259 三公箐隧道出口

(1)岩层产状 NW24°/N16°垂直山坡系在挤紧状态下的山嘴处,受 NE74°~76°/N41°~49°构造面的控制。上部碎石 1~4 m 厚挤紧、干燥,下部 T_3 砂质板岩,钙质胶结,弱风化、破碎。因此,临空面 NE70°与构造面 NE74°~76°/N41°~49°平行;因自然山坡倾角为 45°,所以,挖坡 1:0.3 外设格构是顺 41°~49°裂面塌坡。工况 2 首先要考虑主动土压($\varphi=45°$),然后才是裂面在中塑下塌坡的推力。后缘 NE77°/N74°及 NW73°/N86°,可采用倾角 75°~80°;在雨情不利条件下,暂时后缘水压与后缘陡裂面可能同高。

(2)应按施工锚索孔的岩芯记录,找出滑带的实际部分及岩芯的潮湿程度,以及锚固的可靠度等。

(3)挖岩坡时应找出有无次一级构造面(NE75°/N7°~10°左右),始可确定抗滑段的条件。

(4)第 66 页建议预应力损失改为 15% 左右。第 93 页的结论仅对工况 1 而言可能正确,但对工况 2 不能下结论。第 182 页表 2、锚索预应力损失截至第二年 7 月 16 日,按实际张拉值锁定后损失最大 13.6%、最小 8.2%;如按设计张拉值 600 kN 计算,最大 24.7%、最小 10.9%;远远大于原文 5%。

(5)对第 93 页的结论要修改,工况 1 中已出现锚索损失最大 13.6%、最小 8.2%;山体压力已出现 M5 最大 536.9 kN > 535.0 kN(2005 年 3 月 30 日 544.3 kN > 535.0 kN),M12 最大 551.8 kN ≈ 553.1 kN。

2. K301+302~K301+900

(1)第 97 页图 5 工况 2,后缘 NE21°/N80°、滑带 NE5°/N41°投影在格构断面上倾角 37°,断面上有 3 个钻孔应将岩芯记录附上,说明滑坡断面的正确性,边坡 1:0.5 框架 5×3=15(m^2);应说明加载时 M3 及 M12 锚索拉断后是怎样处理的(第 99 页)。

(2)工况 1 应重新计算预应力损失,并补上(不应是 5%)。由于 PC 工法理论不正确,故框架弯矩理论数据与实测不一致,应是锚索点框底受拉、框顶受压。因框架刚度小为柔性,无协调锚索变形作用,还是单个群锚现象。其建议仅对工况 1,无工况 2,不宜下结论。土压盒的资料建议删去不用。

(3)第 133 页节点位移小可能是正确的。

(4)第 133 页~第 134 页的结论,说明只对工况 1,对工况 2 尚未取得结论(时间太短)。

3. 第 135 页 K259+900 三公箐隧道进口仰坡滑坡

(1)格构在塑性土上,故锚索预应力损失严重平均达 32.9%、最大 47.7%。此说明变形体的地质条件控制预应力损失,不可能是一个常数。第 145 页计算损失有错。

(2)工况 2 目前尚非滑坡后缘滑带的推力,可能是主动土压,应计算主动土压核对。

(3)已有山体压力,第 144 页最近的实测各 M 点的锚索应力均大于锁定应力为证明。按 PC 工法的设计是不正确了,需要框架协调各锚索的变形量;但框架刚度不够。

(4)第 145 页仅对工况 1 而言,由于 PC 设计理论不正确故弯矩理论值与实测不一致。

(5)第 158 页建议删去土压力盒资料。

(6)工况 2 要分析,才能对框架设计下结论。

(四)第 164 页结论与建议部分(仅对工况 1 言其正确性,无工况 2 资料不下结论)

(1)7.1.1 正确。

(2)7.1.2 锚索预应力损失系随变形体的岩性、破碎程度、含水量等及其可能的变化而异,原结论在 3~4 月内就完成在 5% 左右是不正确的,应修改。

(3)7.1.3 PC 工法在工况 1 的条件下不正确,其中(1)(4)要修正。

(4)7.1.4 建议土压盒资料删去不用,只能说明 PC 工法的假定不正确。

(5)7.1.5 修改长期锚索预应力损失的数据,对岩石(软岩条件较好的)大概 15% 左右。

(6)第 167 页建议对 7.2.1 的(2)(3)(6)条修改;对 7.2.2 下一步研究的建议要大改,强调对工况 2 的研究,才能找到格构的设计理论与计算方法。

(7)三个试验工点,缺锚索孔的施钻岩芯记录,应该找出说明工况 2 计算断面的正确性,各锚索锚固端的可靠性和地下水条件;并应取样做试验,了解实际变形体的各种物理指标与破坏变形数据,包括冻融试验、c、φ 值和其他强度以及风化试验(水解性、胀缩性,等等)。

(8)试验点格构上各锚点产生变形后,两锚点间即产生力偶作用于两锚点间的岩土及梁柱;所以对各锚点的实际位移(指空间)要测出来才能找到实际力偶的大小与变化,它是设计梁柱尺寸的依据之一。

注:此文作于 2006 年 11 月。

对"云南省高原山区公路边坡病害区划研究"初稿的意见

(一)主要意见共8点,如下。

1. 按照2010年12月19日少伟同学所提要求,我已全文读过,主要集中在第一章(云南省公路边坡病害区划研究);至于第二章(山区公路建设对边坡病害的影响)和第三章(公路边坡病害治理措施研究)似乎非研究必要的部分,与云南省高原山区公路关系不大,也就未细读,乞谅。

2. 本人未弄清"研究针对生产的目的",并已电话张玉芳同志转请告我。(第一)是云南省公路新建或已建路网规划的范围,从边坡病害这一部分研究路网规划中要解决研究的技术问题:1)线路通过的部分和采用桥、隧、路基的比选;2)采用路基通过处,在区划内从可能的边坡病害以采用支挡工程代替切割部分的抗力(保持原山坡稳定状态),包括增加抗力防止工程使用年限内的变化失稳;3)还是大开挖,按可能的(包括使用年限内的变化)加固百数十米的堑坡等在经济技术比较下的结论。或(第二)是根据我们的区划作为省公路部门制定路网规划的参考,以及对已有公路的边坡病害为保持"通车"或提高标准的依据编制造价。(第三)据悉此初稿已通过鉴定,也请张玉芳同志转告寄来鉴定意见(我没有少伟同学的电话号码也就无法直接商量)。在无上述研究对生产的作用和目的,只能按你们要求在1月5日前提出下述无目的的意见供参考。文不对题请谅解!

3. 云南省边坡病害所分11个区,文中是结合了自然条件;但是没有公路路网规划,如第一章结论"云南省滑坡危险度分区和主要影响因子作用资料表"危险度评价:"Ⅰ(高危险区)、Ⅱ(中危险区)、Ⅲ(低危险区)及Ⅳ(不危险区)",表中出现Ⅴ(是什么?)。在高危险区,如无修路必要,它与生产无关可以不研究这一区划;同一高危险区就没有绕避自然灾害或事先有防止在使用年限内的加固可能之处么?这是修路中必然的投资而说成是额外增加投资。这种思维带有主观片面性,难道"桥、隧"投资是应该的,防治边坡病害的投资是额外的?这一思维已经使新中国成立后路基工程没法发展,到今天的地步。对"路基专业技术"不投资,或者企图用模式定型化?行吗?沿河偏压隧道、不良地质隧道不是至今在技术上也未过关,没有办法在选线上避开为主;桥墩台的冲刷也是未解决,用管桩加深桥基,不压缩桥孔长度。一句话"对工程地质条件是进行了大量工作,但未从个性突出培养单独设计人员,再由采用大生产模式套用一定模式的定型图或通用图的主观意识所造成";国内外已走上同一条道路,在处理工程地质问题上不是辩证的研究,而是走机械唯物的均质道路强调共性而不谈个性。所以,当前就只能是尽量从选线上避开;选线和定线方面除中线方案外,高、低线都无实用之处,除了桥、隧相连没有出路!!!事实上,先有修路的必要性,才有沿路网规划选择在各种自然条件的范围内,首选是"地形上平坦"其工程量可以最省而造价小(不是每公里造价,而是在路网的起讫和必要经过点的总造价——自然就包括线路长短和运营费);其次是在通过山坡时要事先有地质资料和使用年限,先有轮廓地质勘察(每个工点需时3~5天)能定性,供线路方案和病害处理工程方案比选用。不掌握这种技术谈边坡病害区划是"空"对"空"!对边坡病害不区分规模,试问边坡坡面病害在区划研究中有必要吗?甚至边坡斜坡病害如果不是长距离连续发生也没必要!只有坡体及山体的边坡病害在大中型以上的才有必要在区划中提到。文中浅层岩土边坡病害可以在事先考虑防治措施,其费用在造价中是应有的,不能说是意外增加的。技术力量不够不事先勘察是人为处理失当造成,已经有半个多世纪未能改变,这是技术思想问题。对于中大型病害,至今还认为切割路堑的什么"坡率法"是正常设计过程(只大开挖、坡面数十百米用锚索类框架加固坡面病害),由于侧向卸荷造成的大型病害是必然的?……这就产生了如文中边坡病害危险区之分!

4. 当然共性是应该有的,那么自然条件下的共性不是一个"概念",应与力学(强度与应力有关)特别在离地表的深度变化中的强度变化。因此,该表中所列主要因子的级别,其主要内容应是在力学上的关系;更主要的是这九种因子在何条件下哪些因子是主要的,它们对病害的作用并不相等,还有互相从属关系和变化。所以,建议在这些方面下功夫,才能得出定量的或半定量的成果;更要研究每一区划内,在变形的不同阶段哪些是主要的、其次是次要的,这样才能找出主要矛盾和不同变化阶段矛盾的主要方面,否则是数学游戏!如文中11个区划的结论,本人不知有何作用、怎么求出,对实际路网规划有何作用;峡谷、高山地段修路就一定产生所说的病害吗?高差、坡率、岩性组合、断裂、地下水和地震,前四者是互相相关反映在坡体内水的分布和变化;地震是频率与震级等与使用年限相关。应该研究出在何种组合下才多病害或少病害。在病害机制上缺乏数据,形成的原因是忽略了当地"裂面配套",无当地"各种稳定、不稳定和极限状态"比拟的数据为证明;所以说不明白都是"碎裂结构",说不明白全风化、强风化、中等风化界面与构造的关系。客观上所举的事例,滑带往往在全风化与强风化之中,不在界面;这种将相对隔水与供水条件不具体分析,主观肯定风化界面是滑带的必然产物,有对的、也有错的。变形与破坏两方面的关系不查清,谈病害机制也是模棱两可;文中找不出崩、滑的区别,也未说清在何种地质条件下滑、崩的转换,当然未提到错、坍塌与滑、崩的区别;特别在地下水方面还是从"供水"地质(应该区别边坡病害生成所需的水量有限)不同生产、生活用水量之大,必然得出不切实际的体内水都是大气降水造成。其实边坡病害如对病害区的地表都封闭了就不产生病害了吗?所以山(坡)体内水只要是病害区范围外从远方山(坡)体内流来就是地下水,对这种水文地质条件就应按地下水处理,不能说大气降水造成;不然怎样采用相适应的截疏体内水措施呢?许多地段还有水气的作用(上冻、融冻期的地湿调节),又怎样说是表水作用?值得深思!

5. 路网规划首先是以政治、经济包括军事的中心昆明为主与省外、国外的联系——云南省与国内省自治区(广西、贵州、四川、西藏)和国外(越南、老挝、泰国、缅甸)的关系,就地图上已有的路网上看应该是由东而西、自北向南的干线为主来规划,也应该是由省交通厅提出为准:

(第一)东西向(已建的国道)广西的百色—阳圩,进入云南的剥隘—者桑—富宁—砚山—开远—鸡街—临安(国道323线在地图上标出的)—石屏,在杨武南(接国道213)—元江—墨江(联珠)—通关—把边,在普洱(宁洱)接国道323(在地图上标出的)—威远—圈内(接国道214线)—双江(勐勐),经耿马、沿南定河入缅甸至通往"腊戌"的铁路。

(第二)东西向(已建国道)320线由贵阳至盘县,入云南富源—沾益—曲靖—昆明—楚雄—大理—永平(国道320线)—瓦窑—六库—泸水,由片马入缅甸至劳洪直奔密支那或大理—永平—保山—潞西—瑞丽,沿瑞丽入缅甸的曼文(向北西至八莫,向南东至腊戌)。

(第三)北向南国道326线,由贵州的毕节—赫章—威宁,在哲觉入云南至宣威—曲靖—陆良—石林—弥勒—开远—鸡街—蒙自—玉屏—莲花滩—南屏—河口(国道326线),入越南老街—河内。

(第四)北向南国道213线,由四川沐川经新市入云南绥江—寿山—大关(或由四川宜宾至云南水富—两碗—寿山达大关)—昭通—梨园—者海—功山—崇明—昆明—玉溪—元江—墨江—通关—把边—磨黑—普洱—思茅—景洪,沿澜沧江(即湄公河)入泰国至曼谷或自景洪截国道214线至勐仑—勐腊—磨憨,入老挝至万象。

(第五)北向南,国道108线由四川的西昌—米易—攀枝花—大田以南,进入云南永仁—元谋(向南东经武定至昆明),向南西经安乐—牟定达吕合(接东西向高速公路楚雄至沙桥),可由沙桥—五街—免街—景东(景屏)—镇沅—德安,在把边以西接国道213线至普洱—思茅—景洪。

(第六)国道214线(北向南),由西藏芒康—下盐井后顺澜沧江入云南的搓村,经德钦至奔子栏达金沙江—中甸(香格里拉)—土官村—丽江古城—剑川—牛街—大理—弥渡—南涧—漫湾—头道水—临沧—圈内—双江(勐勐)—上允—澜沧(勐朗)(向南西至孟连可南下出国至孟卡),向南东经勐满达勐海,向东至景洪—勐仑,再向东至勐腊,由磨憨出国境至老挝。

(第七)云南省的几个重要城市在省公路路网规划中是要考虑的:滇中的昆明市、滇西的大理市和滇南的个旧市(锡都);滇东北的昭通、滇东的宣威、曲靖、滇东南的文山、滇中的玉溪、楚雄、元江、墨江、滇南的普洱、思茅、景洪,滇西北的中甸、丽江,滇西的六库、保山、腾冲、潞西、瑞丽、临沧。

6. 从上述的路网规划中现有的国道情况看,是结合了文中提到的云南省的自然条件北高南低和西高东低的特点以及主要河流的分布,也结合了横断山系和主要断裂。所以,本人建议向省公路主管部门索取路网规划是否与本人分析一致;若是基本一致,边坡病害区划研究的分区就可肯定。

第一,应按文中图 1.2.2-2 云南省深大断裂与地表厚度关系分布图为主划分:新Ⅰ区包括原文所分 I_1、I_2、I_3(但南盘江大断裂以南的 I_4 可在丘北、个旧、元江一线之北)为新Ⅰ区的范围。以小江断层为主基本上是呈南北断裂系,顺南北向筑路时边坡病害的造价小,沿东西向筑路要按弧状(垅向南突出)如同山字形的前弧(中间的昆明靠南,西端的大理和东端的沾益、曲靖均靠北),这样整治边坡病害的造价小。

新Ⅲ区即是原 I_4 向西扩大到元江与红河大断裂相交处,即其北界以丘北、开远、元江一线之北为界,西南是以红河大断裂为界的北部,南自河口至广西间以国境线与老挝为界,基本上山脉走向北西~南东、山坡平缓;所以,已有广西百色由东至西在云南剥隘—富宁—岘山—开远—建水—石屏—元江的国道,边坡病害造价不高。

新Ⅱ区建议包括 $Ⅱ_1$、$Ⅱ_2$,但南界在哀牢山、无量山、高黎贡山的主峰以北,即景东以北的无量山向西接原 $Ⅱ_2$、$Ⅱ_6$ 分界线。山、水基本向南,路网布置北向南行,边坡病害的造价可不大;若东西向筑路,只能沿现国道 320 线大理—永平,然后向北西六库—泸水—片马入缅甸的劳洪(向西南达密支那),行走在地形上较平顺的山坡处,没必要去翻滇西的高山和跨深谷。

新第Ⅳ区包括 $Ⅱ_3$、$Ⅱ_4$、$Ⅱ_5$、$Ⅱ_6$、$Ⅱ_7$;但南界自红河向西过通关—威远—临沧—大雪山以南的耿马—孟定,沿南定河至缅甸。此区山脉与河流自东而西,是由北西—南东、转至北南;若要横穿需要翻哀牢山、无量山、邦马山和老别山,路网布置没此必要,否则边坡病害造价大。筑路仍应顺山脉走向与沿河而下为主,边坡病害的造价低。元磨高等级公路就是翻哀牢山、无量山所致,造价高;都是人为的、不正确的大切坡也是原因之一,自然山坡病害本已稳定。

新Ⅴ区是包括原 $Ⅱ_3$、$Ⅱ_4$、$Ⅱ_5$ 的南部为主以思茅和景洪为中心,虽然山脉、河流走向多数是北西~南东,但地形已较平缓(西高东低);应顺山势及沿河两岸筑路,边坡病害的造价不大。

第二,至于特殊地质条件的范围是否单独圈为边坡病害——单独区划:如原 $Ⅱ_7$ 腾冲的火山喷出岩地区,它与生产的经济条件有关,就其地形条件在目前似乎尚无必要。如地震频繁地区是否必要划分,它同样与生产的经济条件和政治、军事的需要相关,本人认为该范围应在确定使用年限上予以考虑;一些活动断裂等级和烈度过大,在技术上还不可能防止其危害,也不是边坡病害一项,桥、隧一样要考虑,所以不应单从边坡部分评价区划。这类属国家政策方面解决的问题,在区划研究中应提到,没必要作为一个因素,使危险度的划分更复杂!当然频繁出现的低烈度地震要考虑;它使山坡经常松弛易产生坍塌和坡面病害以及泥石流,可以用工程措施防治其危害,这是边坡病害的造价组成的一部分,不是额外增加的费用!

第三,在评价各边坡病害区划研究中:必须区别原自然病害是否严重及其趋势,这一部分是边坡病害的造价不可或缺的;其次要强调人为的、应办到而未办到造成的病害,这一部分是分清是否额外增加的费用,不谈清不能改变当前国内外走势不正确的道路,用高造价(桥、隧相连)还认为是正确的,永远正确的!特别是不先调查清楚地质条件盲目用"坡率法"先开挖高堑坡(本是个别设计地形,强调种种客观条件已经走过半个多世纪还在强词夺理),未按规程应经过的方案比选造成的病害扩大,才是这次进行边坡病害区划研究的目的之一。

第四,原文中(第二章)举了南昆铁路八渡车站滑坡的整治增加了投资近 1 亿元。应该说明在选线上是否有可能代替的站场位置,经过事先线路方案比选否?比选结果如仍以现站场为佳(经济技术比较),那么在定线时线路和站场布置是否按地质病害条件比较过?比选结果如现部位与布置优越,那么在路基工程措施上是否事先查清地质条件,经过防治工程措施的初步和技术设计的比选,以及是否有整个防治规划与监测布置了解一时吃不透的问题,便于工程措施分期施工和动态调整设计。是否要求有一定的施工程序与施工中核对地质资料以便及时纠正错误、调整设计与施工方法……;事后监测各项措施的作用等,才能经一定时间得出结论写出技术总结。只能如此才能促进技术领导、选定线者以及相应的各级设计、地质、施工和监理者,也包括工程系统各个行政管理、技术审定、决策和参与者吸取教训!这也包括多次专家会议参加者认清其中人为造成的损失部分,以便今后能从各方面改善尽量减少"人为不当造成的损失"。不谈清上述各点,似乎是天灾或是以"不认识"推脱了事,这种研究"空对空"!

7. 文中的笔误(第二、三章未细读)

第 5 页第 18 行"……的防进行了经验总结……",改正:的防治进行了经验总结。

第 5 页第 24 行"……发生在公路路沿线……",改正:发生在公路沿线。

第 5 页第 24 行,"运动而对公路……",改正:移动而对公路。

第 6 页倒数第 1 行,"对雅碧江二滩水电站……",改正:对雅砻江水电站。

第 7 页第 22 行"……又称为行分布式处理……",改正:又称为分布式处理。

第 7 页第 29 行"……滑坡形成个因素在……",改正:滑坡形成各个因素。

第 7 页第 30 行"……排列成一个上升降)的序列……",改正:排列成一个上升下降的序列。

第 24 页倒数第 5 行"……墨江褶断为界。两部以澜沧江……",改正:墨江褶断为界。西部以澜沧江。

第 33 页及第 37 页中,$F_{mn} = N_{mn}/N_{mn}$,改正:$F_{mn} = N_{mn}/A_{mn}$。A_{mn}——地震属性数的面积。

第 57 页第 7 行"……剥蚀作用形成形成奇特的平顶山……",改正:剥蚀作用形成奇特的平顶山。

第 70 页第 4 行"……交通运输受极易受滑坡……",改正:交通运输极易受滑坡。

第 80 页倒数第 4 行"……与风 Y 口……",改正:与大风垭口。

第 81 页第 6 行,"路段风赋存松散岩类孔隙水。",改正:路段赋存松散岩类孔隙水。

第 87 页倒数第 17 行"……沉降的转枋轴线……",改正:沉降的转捩轴线。

第 100 页倒数第 1 行及 101 页第 1 行及第 12 行"……驮马—澜沧地震带……",改正:耿马—澜沧地震带。

第 106 页第 7 行"……雨量充,干湿季节分明……",改正:雨量充沛,干湿季节分明。

第 108 页倒数第 10 行"……全风化带低界埋深……",改正:全风化带底界埋深。

8. 本人对国内外所有研究现状部分拟从多因素建立模型或模拟,由于在每个工点或地区对边坡病害所起的作用是一动态,彼此主次要从属关系在定性上已经是在不同谷坡的变化中不固定,有主次之分(也就是主要矛盾)又在谷坡发育至一定形态有主次矛盾的转化和矛盾主要方面的变化;这些已经是要对具体工点在现场调查时只能从地形、地貌和形迹上判断推论,如果没当地"不稳定""极限稳定""稳定"的同一条件下的比拟边坡,可能定性也不正确,遑论半定量至定量。工点的各组条件未查清,怎样做出模型与模拟;还要考虑在使用年限可能出现的最不利组合与数据,各个因素的变化,在变化过程彼此的关系不清能在允许的时间内采用静态因子优选和叠加的机械办法找出半定量和定量的结论,不将次要因素随谷坡发展阶段相应地删除,未知因素愈多可能在组合上计算机也算不出结论,因素关系在变化! 不得不走模糊数学、敏感分析、神经网络、人工智能等,都非辩证办法。所以认为不适用于道路工程边坡病害区划的研究,没有实际意义;更谈不上在生产中对具体病害工点的防治工作,特别在时间的要求上不切合要求。同样文中所提今后的发展主要集中在:1)多因素综合预测研究;2)人工智能预测的发展;3)GIS 在滑坡区划的应用研究;4)非线性科学在滑坡空间预测建模中的应用等,都办不到。

我看都缺乏实际的验证,没有经过实践的检验! 首先用抽象的数理方法能解决非均质体的模型、模拟吗? 又何况谷坡演变在变化中。建议从工程使用年限出发,使变化控制在一定时间内,删去一堆因素;研究在同一地质条件与环境下在当地的变化为类比(比拟法)找出主导因素条件和不同谷坡发展阶段的主要矛盾和矛盾的主要方面,再分析在未来工程使用年限内可能的发展与变化(做点试验),用工程措施限制今后不能产生较比拟时的状态更不利的发展,从而达到保持在使用年限内按机遇可能发生的不利作用不能产生作用。对一时判断不清的,可以用长期监测了解发展以便能及时采用措施保持稳定;因此对直接危害的条件与因素,先有立即生效的工程,对长期不利作用的因素和条件采用查清后实施根治工程:如处理坡(山)体内水的变化与作用之措施使它虽时间延长而更稳定(否则不稳定),但要逐次根据监测情况逐渐增加避免浪费。特别要认识大病害的防治是个别设计,它在共性方面是有一些规律,但在半定量上个性特别突出,往往针对 1~2 个为主的条件与因素进行治理后立即产生效果;并非综合措施都重要,其有主次之分、主体与辅助之别,早治治小! 不是数学游戏!

一句话:地形地貌和变形形迹是当地各种地质条件和环境的作用结果,坡体结构和构造格局是塑造地形的基础,山坡上的"河沟分布"是沿相对软弱部分切割形成,谷坡的演变就是造成"坡体松弛"的主因,使体内水的分布在不断变化从而产生边坡病害;病害的发生、发展和范围受坡体内构造格局和裂面间切割关系的控制和岩性的影响,山体和坡体病害是深层的大病害,为气候条件影响不到,斜坡和坡面病害是浅层的小病害,受当地气候和环境不断作用在任何境况下都要事先加固,以不破坏当前稳定的状态为主,是边坡工程中应有的造价之一。故边坡病害区划研究要删去斜坡部分和坡面部分的内容,集中在坡体与山体部分;谈清事先该了解的内容和预防筑路破坏其稳定所需的工程是造价组成的部分,不是以"坡率法"先切割,否则人为的病害没法减少。元磨公路成为边坡病害之最,但自然不稳定的病害很少? 未筑路前多数是稳定的,未按规程办法的人为失误应该是主要的。未按铁路在20世纪50~60年代以恢复原自然山坡稳定状态为主,以堑坡支挡工程代替已切去部分的抗力来处理出现切坡中山坡上产生裂缝时的办法(经验)去办,不无关系!!!

(二)其他(文中有与实情出入的部分和研究者对许多病害类型的含义不明处)

1. 时到今日,在国内外并无对边坡病害有规范的结论;既说明自然现象的复杂性,也反映个性突出而共性少。作者究竟所指边坡病害有哪些类型? 每一类型的实质与变形至破坏的机理(或机制)建议补充。文中崩塌(与坍塌有区别吗?)、滑坡(与错落有区别吗?),崩、滑又各自有哪些类别,各类别相互之间的区别;在该文中应该统一、有一交代,不论别人如何评论,自己总应有一个说法,如此阅读者才能吸收采用文中的实质! 边坡病害区划的研究,对本项目而言是指公路(云南省范围)。本人认为是指对路网规划和维持已有公路在运行中防治技术和费用的参考和依据。病害规模、危害程度与防治技术和对策是主要的,并不求在病害类型的界定上要一致;所以提出应以山体和坡体范围的病害为主,论述病害区划的研究。

2. 为适应维持已有路网不中断运行及云南省在生产上应国家需要而新增加的路和所需的投资额,才需要边坡病害区划研究的结论为依据;它在时间上有限制不可能投入大量人力,所以只需要影响投资与建设的可能性方面宏观的内容,以及布置路网时的线路(如昆明至曼谷,自中国境内昆明与入泰国境内的那些接线点间的选线问题)可能修成(包括技术条件与投资)的各个大方案比选时,有关边坡病害区划的研究这一部分(技术上可行吗? 能修建成吗? 建成后能保证不间断运行吗? 然后才是按国家财力与技术能力决定取舍)。

3. 第6页提到国内研究边坡病害的区划工作"始于70年代末"。本人认为1951年对宝天铁路的路基病害,在西北铁路干线工程局就成立了坍方流泥研究机构;1956年兰州铁路局成立坍方研究站,1959年铁道部在西安成立坍方科学技术研究所;1961年10月铁道部在兰州成立铁科院西北研究所,其中崩塌滑坡研究室就是以两宝为主兼顾鹰厦以其成果应用于西南三线建设,面向全国解决有关铁路建设中的崩塌、错落、滑坡、坍塌和坡面病害(包括泥石流,后划归铁科院西南所)以及高堑坡病害等不良地质地区的修路问题,这其中有大量边坡病害区划的研究!

4. 文中各处对深大断裂性质的描述,未从形态和第一力学破坏性质来确定,许多将后期改造混入。建议将后期改造与之分开,否则就出现如第72页哀牢山深大断裂本是压扭性,不应说成一些地段成了张扭性,并以"杠杆断裂"说成是特点。阿墨江大断裂是扭性构造生成的,也就道出力学成因了。

注:此文作于2011年元月。

对"深汕高速公路 K275(原 K101)滑坡自 2009 年 3 月至 2010 年 12 月间(在已建抗滑明洞及地面排水、应急仰斜疏干钻孔群等措施下)的变形监测和设置永久性地下排水工程方案设计"的咨询意见

中国铁道科学研究院:

阅读了:(1)深汕高速公路边坡病害整治工程(K101 +850 ~ K102 +520)RZ601、RZ602、RZ603 抗滑桩施工勘察报告书(1998 年 9 月广东有色勘设院五处),报告书中无桩周岩土弹性抗力系数,仅有桩端标准贯入试验及各层土样的常规物理力学试验(提出了桩周土摩擦力及桩端承载力的建议采用值),实际是只合乎建筑地基基础设计使用;该勘察试验工作无抗滑桩横向受力后桩周岩土能产生弹性抗力及其数值供设计需要,因无主要数据其参考价值不足!

(2)深汕高速公路 K101(现 K275)滑坡安全监测系统的恢复和完善设计及应急处理措施方案建设报告(2009 年 3 月中铁西北科学研究院有限公司深圳南方分院)

(3)深汕高速公路 K275(原 K101)滑坡应急排水工程施工图设计(2009 年 3 月中铁西北科学研究院有限公司深圳南方分院)

(4)深汕高速公路 K275(原 K101)滑坡变形及处理咨询报告(2009 年 3 月 12 日中国铁道科学研究院铁道建筑研究所,徐邦栋是其技术顾问之一)

(5)深汕高速公路西段 K275(原 K101)滑坡排水工程方案设计(2009 年 10 月中铁西北科学研究院有限公司深圳南方分院)

(6)深汕高速公路 K275 滑坡变形监测专项报告 2010 年总结(2010 年 12 月中铁西北科学研究院有限公司深圳南方分院)

查阅了已发表的论文:

(1)深圳高速公路 K275 大型滑坡的综合勘察与治理(张玉芳、宋学安、李芙林)

(2)《山区高速公路高边坡病害防治实例》一书(2006 年 10 月人民交通出版社)第八章第三节深汕高速公路 K101 大型滑坡的综合勘察与治理实践(第 473 页 ~ 第 486 页,宋学安编写)

(3)《滑坡防治 100 例》一书(2008 年 6 月人民交通出版社)第四章第十节深汕高速公路 K101 大型滑坡整治(第 209 页 ~ 第 217 页,李小和、詹学启编写)

为了慎重,除核查了本人于 2003 年 12 月向铁科院提出的深汕高速公路热水至埔前段(K89 +000 ~ K135 +632)路堑边坡及陡坡路堤两阶段施工图设计意见的咨询报告外,并经本人与张永生副研究员讨论后由她于 2011 年 3 月至 K101 滑坡现场再勘察了当前滑坡发展的情况(查证变形迹象及数据)和有关主要地质及水文地质条件(包括构造配套)等,作为本咨询意见的依据和佐证。兹将此次咨询意见提出并分析如后。

(一)当地地质构造的结论——当地成山及之后共经过五期地质构造对之产生作用。

1. 当地及其附近的地层由老至新:(1)下侏罗系(J_1)暗红、灰黑色泥岩、粉细砂岩,呈薄层状;在早白垩纪(K_1)以后侵入了新丰江粗晶花岗岩埋藏在 J_1 之下,其全风化花岗岩上有较厚的残积层,故成山的 I 期构造线应以白垩纪花岗岩的产状 NWW 为准,J_1 地层被侵入花岗岩顶起而破碎。(2)在 K101 滑坡以东至 K108 +

000于Ⅱ期构造EW向曾产生一些地堑,如东边的河源断陷盆地(呈NNE～NE向)之后,始沉积老第三系(E)红层;它以紫红色泥质砂岩及砂质泥岩为主局部含砾岩,呈中厚层状、构造面不发育,它与下伏J_1呈不整合接触,其产状由南向北(自高而低):NE40°/N45°→NE45°～60°/N40°→NE42°～45°/N40°→NE31°/N28°,其北西坡呈凹弧状,应是Ⅲ期构造NEE～NE作用生成。(3)在K101滑坡处花岗岩残积层上堆积了巨厚的第四系崩坡积块碎石土及黏性土夹层;块碎石系中等密实至松散,而黏性土夹层饱水易于沿之生成浅层滑动。老滑坡产生在崩坡积层沿残积层顶面或全风化花岗岩顶面滑动。

2. 当地Ⅰ期成山构造系燕山运动(γ_5^3),指向NE20°～30°在J_1沉积的火山碎屑砂岩(NE60°)之下侵入新丰江粗晶花岗岩;在侵入花岗岩后形成当前的呈反S形山脊的山体,是受逆时针力偶作用所致,故Ⅰ期构造线是NW60°(即反S的中心走向NW50°～SE50°,西段向北坡出由NW50°逐渐转为NW70°,东段向南坡出由SE50°～SE70°)压扭花岗岩流面倾向南。当地深圳方向(西端)出现大量花岗岩,愈向东花岗岩愈少,也反映花岗岩来自南、西;与印度板块开始向北俯冲于欧亚板块之下的作用一致,来力方向指向NE30°,故NE20°～40°应是Ⅰ期张扭构造面。

3. 当地成山后Ⅱ期构造线近EW,产生了本工点东侧的河源断陷盆地及一些地堑,然后在断陷与地堑内沉积了老第三系(E)及新第三系(N)地层,本工点处花岗岩内的隐伏断层(F)近EW/N55°～70°即是第Ⅱ期构造时产生的,其破碎带厚达30～40 m;先逆后受张性改造,故富水并承压。

4. 当地成山后Ⅲ、Ⅳ期构造线走向NE及NNE,它是欧亚板块挤压太平洋板块,受太平洋板块反作用逆时针旋转力偶生成的,故第三系E及N后沉积的岩层产状分别是NE50°～70°及NE30°～20°,倾向W倾角30°～60°;第Ⅴ期新构造运动的构造线是SN向。这些判断从混合花岗岩体内存在非连续的N520°～30°硬核(构造应力核)以及NW50°～60°的张扭构造面等,找到了第Ⅳ期构造线走向的依据;花岗岩体内有后期侵入的石英脉NW70°～80°/N60°～65°,它是第Ⅴ期新构运动的构造线走向近SN向的证明。

5. 核实了当地构造格局及具体构造裂面与相关岩土性质、结构的分布等,才能找到新老滑坡的级、块、条、层所依附的边界部位,以及体内地下水的分布、变化和病害发展等之间的必然性。各单位及多次专家会审是强调了本工点受水的作用至关重要;就是未认识到实际上当地各种水,尤其是地下水在坡体内的具体分布、变化和对各部位岩土的作用,以及地下水与各种抗滑措施的关系,包括一些排水措施能否达到疏、截、排当地地下水的目的。所以形成了多项工程措施已经建成后的十多年并未解决滑坡在持续发展的问题,抗滑明洞在持续破坏、日趋不稳定状态;诚如中铁西北院南方分院,在2010年12月"K275滑坡变形监测专项报告"中的结论:

综合分析认为:本年度(2010年)该滑坡稳定性(尤其是9月份)受强降雨或暴雨天气影响较大,局部出现明显位移变形。抗滑明洞结构受到侧向滑坡推力仍持续增加,结构安全度持续降低;滑体深层滑动面本年度出现的位移变形,反映出滑体深层地下水长期作用,仍存在潜在的滑坡复活可能,严重威胁线路的长期稳定安全。具体有……

本人虽不完全同意所提的不稳定原因,特别未提出已建工程措施未能达到其疏、截、排滑体内地下水的足够数量和质量,不解决根本问题;反而因已建的抗滑桩排阻止了深层滑带及滑床内桩锚固深度范围的自然排水通道,使桩周岩土逐年受增大的潜水浸泡,日渐呈软塑、饱水、松软状态,现受力后已发展有呈揉皱、不能产生弹性抗力,不是什么蠕滑现象!故随时间的推移,抗滑明洞山侧抗滑桩的基础及侧向岩土抗力日渐衰减而遭破坏,这是病害的根本问题。每年强降雨和暴雨只是暂时水头压的增加,崩坡积层的浅层沿黏土夹层或沿花岗岩残积层顶的推力增大,在抗滑明洞桩顶以上的地面滑出;但在抗滑桩桩周岩土软化下明洞抗力日渐减少的危害,则是长久的破坏因素!所以前级滑坡的后缘隐伏断层(F)的承压水作用和在出口抗滑段部位的全风化花岗岩内的构造裂隙水对滑床内桩周岩土的长期浸泡,特别是后者才是促使病害继续发展与危害的根本缘由,再不能质疑了!

(二)对当地地下水的分布、变化等及其与已建排水措施产生作用间的分析。

从已发表的三篇文章中了解到,中铁西北院深圳南方分院对K101滑坡采用了独特的物探手段,找到了该滑坡在东滑坡的地下水埋藏条件和流向、流量等的概括情况是可信的,尤其是隐伏断层F(近EW/N55°～70°)所在部位。多年来钻孔中测斜监测变形的结果,经逐孔研究也证明上层滞水、F断层水和深层老滑坡出口抗滑地段（抗滑明洞范围与深度内）的风化花岗岩及其残积层内的裂隙水三者对滑体、滑带、滑床岩土的作用可以互相验证；特别是抗滑桩施工中明洞处地下水的富水情况十分严重、岩土松软塑性地段多。在地质断面Ⅲ-Ⅲ、Ⅳ-Ⅳ的一些钻孔内，从岩芯中找到了具滑带的实际特征与形迹，该处所分析的滑带部位是可信的。可惜经过了近10年的变动未能再做一次物探，了解体内水分布的变化，否则对此次根治性工程措施的选择与布置及具体设计将产生决定性作用。

1. 侏罗系地层（火山碎屑沉积的砂岩）破坏后在当地生成的第四纪 Q_4 崩坡积块碎石土夹黏性土层中的上层滞水发育，这一结论正确。

崩坡积成因的砂岩块碎石坚硬，结合中等密实、多孔隙，表水易于下渗；所夹黏性土夹层（坡积）结合密实，既含水又阻水，易储存上层滞水。在雨季降水丰富的广东，每年雨季强降水或暴雨期间当地上层水发育、暂时水头高排泄不及，滑坡沿黏土夹层的浅层滑动推力增大是必然的，越至深层作用越小；可先出现浅层滑坡在抗滑明洞抗滑桩顶的山侧各级边坡平台附近滑出地面。也因前级深层滑坡产生在前，后块滑坡滑动在后，它掩埋并切断前级滑坡的后缘；后块滑坡的滑带在潜伏断层（F）以北（河侧）已无固定部位（属抗滑地段），随抗滑体的松弛和含水的变化而变，它不可能与前级滑坡的深层滑带及其各固定滑层形成一层（从南向北应逐次由陡变缓），它对前级深层滑动不产生传递的滑坡推力！前后两个滑坡不一定有牵引作用（这是多年来的误导）；客观实际上，在强降雨期前级滑坡可以变动不大，后块浅层滑坡已经在断层F以北前级滑体的表层滑出地面，系上层滞水富集分布的变化所致。已建应急排水措施中的三级平台处各施钻一排仰斜疏干孔群，对浅层后块滑坡产生了一定作用；由于它的排水方向与上层滞水的流向接近，产生截水的作用小，且易于为泥水堵塞，逐渐失却作用。它只能截排高出深层滑带较高的进水孔以上少量的上层滞水和潜伏断层F的承压水，故对深层滑带的前块滑坡能产生的作用甚微，不适宜采用。钻孔中测斜监测已经证明，强降雨过后滑体即逐渐稳定并有少量往复现象；所以上层滞水在强降雨时的暂时水压对深层前级滑坡非主要危害，而是每年渗至深层滑带及其以下排不走的积存水量与水位才对病害发展的根源有些作用。理所当然，所有地表排水措施能减少强降水渗入崩坡积层补给上层滞水的工程，都对滑坡的稳定产生了作用。

2. 前级滑坡的后缘，在隐伏断层（F）处已出现地裂缝呈近EW走向，物探结果向N倾倾角为55°～70°；该断层下破碎带厚30～40 m，具承压地下水。它生成于白垩纪、成山后第Ⅱ期地质构造时系逆断层性质，受后期（Ⅳ及Ⅴ）的构造改造为张性正断层，故具丰富的承压地下水；从钻孔监测结果分析，该断层下的下盘（南盘）少水而上（北）盘富水，可以为证。该上盘断层水既可补给上层滞水，故对前级滑体内崩坡积层供水；促使雨季强降雨期，以暂时增高的水头为主增大滑坡推力，并长年对前级滑坡的抗滑段（坡脚平台至抗滑明洞）供水。2003年至今未对此断层水采用截疏盲洞措施是不认识其对滑坡的作用所致；中铁西北院南方分院的物探资料，已反映了该F断层处的富水区分布，只是未能具体勘测出该断层破碎带承压水的全年变化、含水层部位、承压水位和水量。

中铁西北院南方分院2009年10月提出的K275滑坡排水工程方案设计中的截水盲洞（本人称上盲洞）布置与设计（图号MDPS-1～MDPS-5），可供参考采用；但不宜在盲洞内向山（向南）施钻仰斜疏干孔群，既入水量少，当地已建仰斜疏干孔群不几年已被泥土堵塞而失效，所以应沿上盲洞线自地面采用渗水钻孔和渗水井为主的措施，才能将风化花岗岩（滑床）顶以上的各层水直接流入和降低水位至滑带以下。如此盲洞高程可以降低，盲洞尺寸减少（不必要因在洞内施钻仰斜疏干孔的施工而增大盲洞截面积），可埋至较完整的基岩内便于施工且经济安全。上盲洞起点应向西延伸一段，对西滑坡的稳定有利。

从原设计抗滑明洞所采用的滑坡推力所依据的滑带土 $c、\varphi$ 值而言，并未因滑带水逐年疏干不良（自然排泄受抗滑桩的堵塞所致）而有一定危害，不理解采用截水疏干盲洞比已建的仰斜疏干孔群彻底而有效，片面地强调盲洞施工困难是不切实际；现建议的上盲洞方案本人认为可以采用，但对原设计要改善。

3. 从坡脚平台至抗滑明洞整个范围的钻孔测斜监测变形看，说明当前病害的要害：1）不但是自抗滑桩顶及坡脚平台地面至地面下风化花岗岩顶面的滑体已呈塑性，强降雨期固然推力逐年比设计值增大有"蠕滑"（实际是向塑性滑坡转化）现象；2）而且在滑床内锚固桩的深度及其以下的一些岩土多处已经处于塑性状态，使抗滑桩桩周岩土不能产生设计期望的弹性抗力，在滑坡推力达一定量后抗滑体呈压缩变形终将先导致明洞破坏，然后才是滑坡整体挤出路面。

这一病害的上述变形破坏发展过程,在当前并非蠕滑现象!诚如中铁西北院南方分院,对前级深层滑坡抗滑地段用独特的物探手段测出该范围基岩裂隙水形成的富水区,在抗滑排桩截断和堵塞了过水面积达大于1/2,使该范围岩土在长期地下水浸泡下逐年软化向塑性体发展并扩大,这才是主要病根所在。由于未疏排该处基岩裂隙水(其承压情况不明,富水区的范围如何变化不清),故已建大量工程措施未达到制止滑坡持续发展的目的,年趋不稳定和明洞已达将遭破坏的程度。为此,应立即在抗滑明洞山侧的坡脚平台处钻孔ZK1-3—HZK5—ZK5-3—ZK3-9(原ZKQ)一线以北与原明洞内边墙以南设置一条疏干滑坡(包括抗滑桩锚固深)的地下水盲洞,由西向东排水。由于要降低基岩裂隙水的水位,该盲洞高程要在基岩内低于桩底,可能悬挂在含水层中要个别设计;要根据盲洞顶的渗水井及渗水管的水位降落曲线布置渗水井及渗管间距,初步意见:渗水井每隔15~20 m设置一井,渗水钻孔每隔3~5 m设置一孔。这样才能使桩周岩土疏干,产生对桩的抗力。渗水疏干盲洞在明洞东口外折向北、向河排水,但其高程要在多年洪水位之上,可避免洪水期河水倒灌的危害。

(三)对建议增加的工程措施为根治工程及施工安排的分析。

1. 详细阅读了所列的九个资料,特别是中铁西北院南方分院2010年12月的变形监测专项报告,并逐个对监测内容与数据进行了与该滑坡的各项地质条件与工程措施相联系,提出以下工程措施的咨询意见。

后块(或上级)滑坡,在隐伏断层F以上(山侧、南侧)是主滑地段,断层以下(河侧、北侧)是抗滑地段,主滑地段有固定的滑带,抗滑地段则随岩土松软变化而变化,可从每年强降雨期挤出明洞以南的山坡地面;它对前级深层滑坡无推力传递至抗滑明洞,挤出地面后也只增加前级滑坡后缘(断层F)以北滑坡在主滑段的重量,即是坍塌掩盖在明洞顶之上,原明洞设计的也应该估计到这一荷载,所以在隐伏断层F附近的一排抗滑桩没必要修建。

2. 前级滑坡的持续变形,虽因滑带土逐年增大含水量与风化及动摩擦作用,可使c、φ值降低,但非主要;问题在抗滑桩和抗滑明洞的抗力作用逐年减少,在增大变形,使滑体逐年松弛不是挤紧。为此,要以增大抗滑明洞逐年产生更大的抗力,减少变形或不变形、不位移,才能达到目的;其次才是截疏上层滞水及断层F的承压水对滑带的补给量。为一劳永逸计,可以在F断层河侧按富水区的分布,设置一条截疏断层水的上盲洞(参考中铁西北院南方分院的方案设计及本报告的上述完善设计的意见),可以放在抗滑明洞山侧坡脚平台处的近EW疏干渗水盲洞(下盲洞)之后修建,为了安全起见也可与下盲洞立即同时修建。

3. 为了保证病害不再恶化并能逐年稳定,可抗御更大的强降雨、大暴雨等暂时高水压的危害,保持公路运行安全,应立即进行下盲洞的修建,以便尽早疏干桩周岩土使之发挥抗滑明洞的抗力作用,使抗滑明洞逐渐增大至设计期望所要达到的抗力和允许的位移,这是根治和永久性工程。

由于下盲洞建成后需有一定的梳干和固结桩周岩土的时间,为此要对抗滑明洞范围及坡脚附近继续进行各项监测,直到变形好转。尤其在盲洞修建过程和产生作用以前,要对明洞的变形加强观测,一旦出现严重变形(明洞内墙断裂、道路路面大范围隆起或山侧抗滑桩倾斜),要事先准备,随时对抗滑桩周附近的两侧岩土进行压浆加固以增加桩周岩土的侧向抗力(包括对中排及河侧两排桩的桩底端的压浆增加其承载能力)。必要时方对明洞山侧边墙加固,防止断裂破坏。抗滑桩顶的预应力锚索,不易产生作用,故不必加固。

结论:上述各项意见是本人在查核了各项监测变形和岩土性质、地质条件与地下水的变化相互验证一致下提出的,应该比较实际!20世纪50~70年代铁路方面曾修建成大量截、疏、排地下水盲洞,有丰富的经验,故仅就施工而言并不困难!

注:此文作于2011年3月。

对"中铁西北科研院有限公司深圳南方分院于2011年9月提出的'深汕高速公路西段K275(原K101)滑坡'的工程地质物探报告及永久排水工程施工图设计"的咨询意见

中国铁道科学研究院：

阅读了中铁西北科研院深圳南方分院2011年9月提出的"深圳高速公路西段K275(原K101)滑坡"的工程地质物探报告及地下排水上、下两截水隧洞施工设计图两件后，本人重新研究了2011年3月11日向铁科院提出对"该滑坡自2009年3月至2010年12月间的变形监测和设置永久性地下排水工程方案设计"的咨询意见，认为该意见仍完全合乎要求。深圳南方分院虽基本同意按上、下两地下截水隧洞方案设计施工图纸，但在具体工程上的作用及如何布置才能达到目的(即上盲洞的目的在截断隐伏断层F对各层滑带的供水为主外，还能减少由于花岗岩残积层及全强风化层内的含水层向下方的供水；下盲洞的目的除疏干和降低抗滑明洞山侧潴积的地下水为主、防止桩周岩土软化失去抗力外，并能截排补给深层滑带水)，需要能与设计者共同研讨，吃透本人上次提出的咨询意见。此次咨询意见将侧重上、下两泄水隧洞(盲洞)的布置、设计和施工顺序，盼能在共同研讨下达到目的，并能顺利完成；尤其下盲洞是修建在已经塑性化的岩土范围：如Ⅲ-Ⅲ断面在明洞抗滑桩的山侧坡脚平台上钻孔ZK3-9孔口16 m(高程20.96 m)以下已是揉皱呈湿、可塑状的混合花岗岩风化残积土，在此类揉皱的湿土中修建盲洞的尺寸应小，并以采用预制钢筋混凝土框架随挖随撑并替代隧洞的正式衬砌为宜。铁路上有大量的成功经验，可参考铁路路基设计手册及本人著作《高堑坡设计及病害分析与防治》一书中256~269页。具体研究如下。

(一)有关地质工作

1. 2011年9月提出的物探报告应按之修改和肯定该滑坡各地质纵横断面及钻孔中的富水范围特别是上层滞水、隐伏断层F的断层水和基岩(残积层、全风化及强风化花岗岩内)的裂隙水与含水层等，并根据物探点绘出隐伏断层F破碎带的大致范围，既然此次物探在滑坡体上"布置了五条纵剖面、四条横剖面及四条截水隧洞纵剖面，有效测点734个和选取5 m的密集测深点距布极"，本人认为是国内一高水平的物探工作，可以将原地质各纵横断面和钻孔资料充实并肯定，反映在施工图设计的各个断面上，或者单独提出各地质纵横断面图，包括各层滑带部位、水文地质条件、岩土条件，等等。这是一主要成果，是整治工作的依据，应该提出这一地质报告；物探报告为其附件之一，才能明确哪些地质条件可以肯定，哪些在施工中可能有改变！

2. 作为整治设计依据的地质图件：1:500工程地质平面图，1:200各纵横地质断面(物探点应放在断面上)。对具体设计人员应有一份达到这一要求的图件，才能使复核者、审查者和提意见者可将各种依据资料扼要地标在图纸相应的部位，进行综合分析、找出矛盾点以便在施工中复查纠正。由于现提出的两份报告在比例方面不合乎要求，没法判断原报告的结论和数据是否正确，更不能在设计方案原则上肯定后提出对尺寸上的优化。

3. 正因为未见按此次高水平的物探资料对已有地质资料进行一次全面的结合提高，在隐伏断层F部位未绘出具体的断层破碎带的大体范围和含水承压的部位与可能的变化(原ZK3在孔口下26.8~31.6 m间钻至该层后涌水、承压至高出孔口1.8 m，稳定流量5.8 cm^3/s)。现设计上盲洞截水地段是采用了在隧洞中横切洞轴的向洞顶两侧钻仰斜钻孔群的方法为主截水，实际上没法确定仰斜孔的长度；而且放射状仰斜孔是与流向大致平行，该处并非水囊(有良好的含水层)、且含黏土质土多，易于堵塞仰斜孔(在当地已经出现这类大量仰斜孔的弊病)。所以本人认为除建议改变截水方式外，在施工中要有地质编录，尤其要有地质及设计人员参加,随时修正和优化设计。同样现设计的下盲洞截水地段在原 ZK10 一带(该钻孔的孔顶已位移了数毫米),在山侧原 ZK10 于钻探中孔口下 22.4~27.8 m 间涌水、承压已高出孔口 3.5 m,稳定流量 9.5 cm³/s;但目前尚未查清山侧及抗滑明洞一带地下承压水的部位,且是采用在隧洞中横切洞轴的向洞顶两侧钻仰斜钻孔群的方法为主截水和疏干抗滑桩周岩土的潜水,实际上难于办到。这也是除了建议改变截水方式外,在施工中要有地质和设计人员配合施工,进行地质编录和修改设计才能保证质量的原因。

(二)有关截水隧洞(盲洞)的设计意见

1. 隐伏断层 F 供水的流向,此次物探工作是否可以肯定向 NNE~NE 流。从 F 断层以南(山侧)2008 年 7 月后缘大裂缝的西段(走向 SE70°)又张开判断,后级滑坡是向 NNE 滑动;但前级滑坡则向正 N 滑动,即 F 断层(EW/55°~70°)的承压水向正 N 流动。这一结论在施工上盲洞的渗井时,需如实核对。为此截疏 F 断层带的水,理应以在隧洞顶上以密集的、垂直渗管、渗井和检查井为主(除非有实地钻孔中水位降落曲线的资料),本人认为还是每 3~5 m 设一渗管、15~20 m 设一渗井、每 30~40 m 设一检查竖井于截水隧洞地段,可以不在洞内向上施钻仰斜钻孔群。这样盲洞的截面可以采用铁路上常用的一般盲洞截面尺寸,可保证顺利建成,由于增加了截地下水的由地面到盲洞间的面积,其截水作用比以现设计以横切洞轴平行于流向的仰斜钻孔群为主的方式强。

2. 按在上盲洞截水地段先施工的检查井或渗井,了解了在立面上实际 F 断层破碎带内地下水的供水条件,尽可能地提高上盲洞洞顶高程(大约高 5 m),才能达到截断补给各层地下水为主的目的,且要照顾到能排走在滑带以下承压含水层的地下水;如此可减短垂直渗管、渗井和一些检查井的深度而减少工程量。

(三)有关下截疏地下水隧洞(盲洞)的设计意见

1. 下盲洞应以疏干坡脚平台和抗滑明洞至公路中心之间的潜水为主要目的,并尽可能截断山侧全风化花岗岩中的含水层承压水对抗滑桩底以上的供水。所以下盲洞的平面位置仍应向河移设在坡脚平台中心靠河,并尽量利用平台已有钻孔的部位进行分析,可提高设计质量。同样采用密集的垂直洞顶的渗管渗井和检查井(每 3~4 m 设一渗管,每 15~16 m 设一渗井,每 30~40 m 设一检查井)以保证最大可能地截疏和降低地下水位,使抗滑明洞及抗滑桩周的岩土疏干固结能产生弹性抗力。必要时可对明洞底中桩及河侧桩底压浆,以增加中桩及河侧桩底的承载力而保证明洞的稳定。这样可不必要沿盲洞轴线横截盲洞向上钻放射状的仰斜钻孔群,它与水的流向平行,易于为泥土堵塞而作用小;由于不从隧洞内向上施钻仰斜钻孔,隧洞尺寸可按一般要求不必要达 3 m 宽。如此,可减少施工困难、易于顺利建成,且疏排地下水的作用更强。

2. 下盲洞截水地段(Ⅱ-Ⅱ断面与 SD5 之间)除平面位置向河靠外,在先施工的立井中了解到深层滑带和岩土含水、揉皱情况后,可酌情降低盲洞顶的高程,力求保证抗滑桩锚固端桩周岩土能疏干(估计可降低 3 m)。

(四)有关上、下盲洞施工顺序的建议

1. 按建议修改上、下盲洞的平面位置后,对两盲洞的检查井先施工。待了解了各井实际的地层特别是新老滑带和在揉皱处、含水层、出水部位等做好地质编录,并与原地质资料相核对后再确定两检查井之间盲洞的立面高程,修改两端隧洞排水地段的平面和立面的部位;经现场三方(特别代表业主方)同意才能施工。

2. 在下盲洞施工中要监视下方抗滑明洞的变形,随时提前研究临时加固办法,例如对明洞底压浆防止局部变形。

3. 先施工下盲洞及盲洞出口的排水渠道、盲洞出口的洞门;上、下盲洞也可同时施工。在施工的全过程应对各种变形监测开展工作,随时汇报突然增大的变形事件以便随时处理,避免造成事故。

注:此文作于 2011 年 9 月。

对"高速公路陡坡高路堤修建关键技术研究报告"的意见

铁科院魏少伟同志：

按 2011 年 9 月 21 日寄来广东交通实业投资有限公司及中国铁道科学研究院提出的"高速公路陡坡高路堤修建关键技术研究报告"一册 25 万字，阅读了两遍，兹将审阅意见提出于后。

一、总体部分

1. 陡坡路堤及高路堤分别属路基特别设计（即单独设计）范畴，即指"路基边坡的高度超过 20 m，其基底为陡坡"的一类，属个别设计。其特点：路堤荷载对基底增加了较大的压应力，基底以下的岩土将因之产生压缩、不均匀沉陷，原基底岩土在自然状态下的地下水排泄通道受阻后形成潜水的危害，等等；其次是基底顶面有斜坡等于陡于 1:2.5（或 1:3），虽施工前挖台阶并清除不良土层，但仍需检算沿基底顶面及基底以下不稳定层向临空的滑动，并包括基底以下岩土的坍塌、崩塌和其他（如风蚀、岸边水流的冲刷等）的破坏以及引起所承托的路堤变形与破坏。为此，一般低路堤的陡坡路堤和基底平缓的高路堤两者就不在此次研究报告之内，对之仅提出按路基特别设计规范进行即可，至多扼要地提出一些关键所在。

2. 既然是个别设计（特别设计），对待路基特别设计规范应该是按具体工点"为主的控制地质条件"提出"关键技术"，规范只是参考；在陡坡高路堤方面，正因为地基条件的不均匀性和在工程使用年限内，地质环境的改变和人为作用促使其变化的许多设计参数在变动，特别因坡体的松弛变化导致体内水的变化影响为巨。现有的技术条件不能全查清，且有一些尚未认识，故设计与加固的可靠程度不如桥、隧。从现实出发在这种现状下，国内外均走了绕避之途，是可以理解的；但是从事路基工作的技术人员，应面对现实，对具体工点的地质条件及其变化应下功夫。这一研究报告的命题是正确而有前途的，应该掌握具体工点的关键技术：首先是该工点的地质条件及其变化，不能从机械唯物论的均质（划分一些模式）观点出发进行研究！更不能如解偏微分方程，将其他影响因素假定为某一常数，只有一个因素为变数找它与该方程的关系；这样作用因素有 4～5 个，一般电脑计算机的功能就演算不了（这是国外所走的道路，卫星可以上天、但要在大气层以外作用因素少处才能办到，所以要选择发射气候条件等）。我们应该研究具体工点的地质条件和环境，对山坡病害从变形至破坏的发展有多少阶段，对某一过程即阶段要掌握其为主的作用因素与相应的次要因素，一般为主的作用因素仅 1～3 个，对它进行抑制、控制或消灭就可阻止它向下一阶段变化，这种从动态的主要矛盾和矛盾的主要方面出发，才是自然辩证法，也就是研究题中所指出的"修建关键技术"中最关键的所在。

3. "陡坡高路堤"应划分为填筑高路堤部分、填筑体与陡坡基底老地面接触带部分和基底以下岩土部分三方面，这三方面的设计和修建中各自的关键技术是什么？要联系当前状态、修建过程的变形和在使用年限内可能出现的最不利组合与相应的变化等对稳定性的影响。其中为主的关键在能否预计到上述三方面各自在条件和彼此相关影响下的变化，采用什么措施防止其变化或对三方面加固到可抗御其变化所产生的作用以保证安全稳定。这就是要吃透具体工点的地质条件、环境和修建影响，特别是作用因素与条件的变化。不是仅依靠地质工作者提出（新中国成立以来至改革开放至 20 世纪末，采用地质人员与工程人员配合）；现在已改为岩土工程师制，要求从事山坡病害防治的技术人员既通工程设计和施工，又要自己了解有关地质条件和环境……。即是要求，研究陡坡高路堤在不同地质条件、环境和修建至工程保证年代内，各自可能产生的变化对路堤稳定的影响有哪些阶段，每一阶段为主的作用因素（包括条件和变化），采用哪些措施抗御其危害或控制其发生的效果和可靠度；现报告中以"病害机理"列表略述，仅是结论、没有依据。怎么让阅者信任！应有具体工点为代表才能说明每一病害变形至破坏的阶段，其结论才有价值。

4. 在防治陡坡高路堤病害的工程措施方面,牵涉到方案的比较多。在报告中未谈清彼此在安全、经济技术比较中的关系,更无具体工点说明比较中取舍的标准!整篇报告使人感觉到"为新技术而新";难道安全不是第一位,在安全条件下才有造价(包括运营中的养护费用);其次才是顺利建成和施工方便,还要再照顾施工队伍的特点;最后才是为研究、试验和完善新技术,以及美观等次要方面。此因陡坡高路堤是个别设计,施工及运营中出现问题将影响全线,产生断道和修复困难,属要害部位,不应"喧宾夺主",强调次要部分。报告中在强调轻型结构和不稳定的结构方面,特别在地基条件不十分清楚和松软含水地基处以及锚固段不肯定的条件下过分强调预应力锚索工程和加筋土挡墙、锚定板挡墙,而不强调这些工程在使用时所要求地质资料的质量和可靠度,又不强调施工中对地质编录工作和随时核对纠正设计等,能保证工程顺利建成和今后达到安全吗?报告中用表列的这些新技术、轻型结构、未成熟的不稳定建筑物等产生的病害原因,可以定案吗?这表的定案才是研究报告的关键!应有代表性的事例说明才有价值(后面虽有些实例,但不全面,多数未谈清依据和所以然)。

5. 工程措施首先要能发挥整体作用,在整体作用中应"强干弱枝";每一措施的"干"是什么?综合措施中要分主体措施、应急措施和根治措施并对之加强,其他就相应地随需要继续增补。在主体、应急和根治措施方面的地质资料要齐全要保证质量,办不到时要有监测手段及时了解,随时据之调整、优化、修正设计;因此,在采用这主体、应急和根治措施时要留有余地可以加固,不能因地质条件的失误造成报废和必须拆除建筑物,等等,这才是研究报告中的关键,要用具体工点分析说明才有价值!报告中欠缺这些内容,应注意补述。否则,如预应力锚索框架竖柱的尺寸是根据什么设计的?其刚度不够,柱上各组锚索不都成为群锚作用,在框架后的岩土客观上不可能均匀,产生应力集中是必然的;又何况我们学工程的在学校并未教会在具体工程中解决这一应力集中和应力路线的计算问题,事实上在工程设计时也没此条件查清每一工点由于岩体的不均以及随后含水程度的变化等造成的应力集中和应力路线的实际。在现实条件下,松软岩土外的框架特别是竖柱能按非群锚的地质条件设计吗?既然有此根本失误之处,除加强地表排水外,更要采用疏截坡体内水的措施防止体内水的变化和增加,否则工程随时间的增加会更不安全。但在这一方面,报告中缺乏这类认识,似乎仰斜疏干孔群就解决问题!报告中对预应力锚索桩板墙、锚定板挡墙、加筋土挡墙及预应力锚索框架等对病害的整治,就未提到群锚的各束锚索、锚定拉杆和加筋等受力后由于一些部分的受力无法协调,使墙后局部产生张开裂缝是设计的缺点所致!为什么不在设计中事先增加措施,要等到出现问题再加固呢?

二、报告中各篇章的部分

(一)[第一章]前言部分

1. 陡坡路堤虽然部分受施工条件限制使填土压实质量难于控制,但非路堤产生不均匀沉降全部的主要成因,基底以上填筑体的厚度出入大,也是主因之一。所谓允许承载力是指基底变形的允许值,特别在陡坡基底是多少无标准,引起了填土松弛、变形和堤内水的变化等就造成不稳;所以在这一现实情况下,不是只强调夯实填筑体一方面,应该提出陡坡路堤的坡脚要有一小挡墙阻止填筑体向临空松弛,并对陡坡基底改造与加固,才切合实际。

2. 为什么只字不提铁路在陡坡高路堤自1953年已有这类特殊设计与施工的要求与经验,可以借鉴。铁路路基设计规范和设计手册应该也是在"前言"中提到的部分,它比公路方面早30年,建议补充这一内容。报告中,在沟脑陡坡路堤研究现状部分应纳入我国铁路方面的情况,才能反映现实,事实上公路部门是参考铁路方面的经验修建高速公路的。不能仅凭公路方面的一些文献,评价国内陡坡路堤研究现状,否则不确切。

3. 在存在的问题分析方面,由于研究者不十分了解现状,建议在文中口气要谦虚些。报告中概括陡坡路堤存在:(1)失稳类型和破坏机理;(2)修筑技术;(3)病害的整治缺乏技术指导等三方面的问题,因而提出研究内容分为四个专题。从所述研究依据方面要做的工作太多,也非能力所办到。为此建议缩小调查范围和收集相关资料不走统计之途。实际上只能是对有限的几条公路和个别工点进行了解,又何况是个别设计没有那么多的共性!只能走已掌握和可能掌握的几个实例,逐个深入查清原有地质条件和环境以及设计、施工至运营中出现的问题与加固整治;从关键的变形机制与各个阶段主客观不一致方面,从变化与认识不足方面,有依据地谈清:(1)陡坡路堤失稳病害的原因(总是以各个工点的个性为主,共性次之);(2)失稳类型和破坏机制;(3)设计、施工和质量的成套技术;(4)失稳加固在设计、施工和质量控制方面的关键技术。

4. 请作者在写出报告的内容后,再修改报告中所提的四个专题内容,这样才能使前言部分与具体研究内容一致。

(二)[第2章]陡坡高路堤病害类型及破坏机理分类部分

1. 对陡坡高路堤定义中有原地面坡率大于1:5一点,请考虑是否改为1:2.5(或1:3);这样可避免研究属于特别设计中的基底为软土、特别松软含水的地层,事实上报告中并无此类病害之例。同时"陡坡"就具有基底老地面不平缓的含义,而缓于1:3~1:5的高路堤的基底病害是松软地基一类,一般认为它与陡坡高路堤病害是两类不同性质的地质条件,整治方面的措施重点不同;现报告中没有谈及,尤其报告中对松软地基的疏排和截引基底地下水为主之例及内容缺失,更不宜将等于及缓于1:3~1:5的老地面病害包括在内,否则难以完成研究任务!

2. 陡坡高路堤分类中所用"边坡岩体结构"一词,建议改为"路堤基底岩体结构"。

3. 第9页表2-2中"特征"一栏为什么以第四纪覆盖层3.0 m为限,界定为路堤基底是否是岩体或土体,应该说明缘由。"破坏模式"一栏实际包括三部分:(1)路堤填筑边坡的坡面病害和边坡部分的滑坡、坍塌、崩塌和错落;(2)沿填筑体中不同土层界面间的滑动和填筑体沿基底老地面的滑动,以及填筑体因基底变形产生沉陷和沉陷不均、崩塌、坍塌、错动、滑动等破坏;(3)沿基底老地面以下软弱层的滑动和由于基底以下的岩土变形和破坏引起所承托填筑体的破坏等。为什么只有不同滑带形状的一类破坏模式?滑带的生成以主滑段之剪切层为主受岩土成因不同的界面控制,特别相对阻水处,它比上、下层的抗剪强度低才能形成;这一不同成因和含黏性土量的不同,在含水量增大下随c、φ值的变化而异。当$\varphi=0$时,滑带呈圆弧状;在$c=0$时,滑带呈直线;不同c、φ的结合,呈多种曲线。所以表2-2太简单,也不区分牵引段(一般为外摩擦呈直线)、抗滑段(是挤压剪切成曲线);既然是个别设计,一般规模大,更应具体工点单独分析!现在报告中列表就应多一栏说明上述各种主要情况为宜,如此才能表现技术质量!否则不深不透。

4. 填筑为粗砂、砾石、碎块石、卵砾石时,填筑体的边坡滑坡不是弧形滑带而是直线,浸水条件下在水位线的上下处呈折线相交。一般堆积层和基岩组成的陡坡基底陡于1:5,特别是陡于1:2.5时要挖台阶;每级水平宽是不窄于2.0 m(非1.0 m),目的在变外摩擦为内摩擦,采用c、φ时也以填筑土与老地面土两者的小值,或在台阶顶填土中剪切破坏,或在台阶底老地面岩土内破坏。但是基底老地面土为渗水土壤砂、砾、卵、碎石时,其c、φ值以密实程度控制,可不挖台阶。

5. 填筑体的边坡为弧状滑带时,圆心怎样求出?滑带呈直线或浸水条件下砂、砾、卵碎石的填筑体内怎样按折线破裂检算稳定?应有交代。

6. 陡坡路堤的基底是完整硬岩,也要考虑倾向临空的构造裂面(包括层间错动带)的变形与破坏;基底是软弱破碎岩体,除沿构造裂面的变形与破坏外,尚有沉陷和沉陷不均引起填筑体的松弛、体内水变化等导致的变形与破坏;基底为土体者,随不同成因、年代堆积,界面除产生变形与破坏外,沿相对阻水层的顶、底或层中滑动,且是根据随补给水自上而下或自下而上承压以及沿含水层补给而异,应该扼要地提出;基底是二元结构的就更复杂,但与各级夷平面(或阶地面)相关,也与当地侵蚀基准的河床高程有关,报告对这些宏观上的关键没有提出,它本身就是该研究的内容,我们也不易办到;所以报告中要补充说明此报告的重点内容,否则不是全面的。这是之所以路基特殊设计应以具体工点为主进行研究,个性突出共性少;表2-2必须要谦虚些,多说明不能概括之处。

7. 对陡坡高路堤破坏模式,报告中只说了滑动一类,而且未区别边坡滑坡、坡体滑坡;应该加一说明"其他破坏模式除外,另行研究"!

8. 填土类别部分,要强调就地取材,采用一些措施防止不良填料的危害作用为主;客观上选用填料要经与采取措施的造价两者方案比选后才能确定!工程是在合乎安全要求下以经济技术比较来确定的。建议补充这一内容,避免产生不切实际的主观主义。报告中提到粉质土属不良填料、重黏土特别是蒙脱土是不良的路基土,以及黄土、腐殖土、盐渍土等,该指出哪些属特别设计部分和应用相关的资料,明确地提出,本报告不赘!

9. 水的作用部分要详细,它是关键部分!

10. 图2-2(第13页)看不出填挖交界面的挖方,对交界面的处治措施中怎样对原斜坡覆盖层加筋?土工格栅?在水的作用部分应提到填方基底的沉陷不均引起填筑体松弛产生向临空的陡裂缝;在雨季中,裂缝的暂时水压之不利作用,以及沿基底水产生的静、动水压和降低c、φ值等也应该提出!

11. 图2-3(第14页),只有覆盖土层呈饱水、软塑状似软土才产生这种弧形滑带,事实上即已经不是呈陡坡基底而是较平缓的软土基底;否则如图的陡坡在未填堤时已经自然滑走了!为什么一定自填方坡脚的交点滑出?图2-3~图2-5的滑坡后缘一般先出现下错的陡倾裂缝,出口先见水泉湿地,抗滑段滑带呈弧状!

12. 图2-6(第16页)客观上少见此种形态的滑动,只在基岩顶的后部为陡坡、中前部为缓坡的松软岩土呈软塑至饱水条件下才有可能,图2-7同样是臆造的。所以建议按有实际的工点参考绘出示意图为好!在此类沿基底下基岩中滑动的陡坡高路堤,由远方补给的地下水应是主要来源而规模巨大,地表水及上层滞水补给之水不多,其规模较小。

(三)[第3章]陡坡高路堤破坏机理模型试验研究部分

1. 1984年本人至多伦多参加国际土力学滑坡专业委员会举行的滑坡会,见论文集中有多篇降雨与滑坡的关系论文,似乎不解决现实问题。模型试验我是外行,报告中此章的标题似乎过大,建议改为"对填粉细砂与黏土陡坡路堤的破坏机理模型试验研究"。事实上只是对填筑体的填料为粉细砂和粉土,试验了边坡部分的坡面冲刷等病害(对陡坡基底的本身假定不供水),意义不大!

2. 粉土及粉细砂,均以密实度控制其c、φ值;在坡面植被茂盛及地表排水加强的条件下,坡脚有一重力式支撑低挡墙,可阻止填土下部向外松弛与移动,已是多年来具有成效的措施,应该在防灾工程措施部分提出。

(四)[第4章]陡坡高路堤破坏机理实测与数值分析研究部分

1. 第56页第4行(见图5-4)是笔误,但究竟该图在何处找不到!报告中对梅河K17+500~K17+800所述地质构造缺少"成山后力学地质构造裂面配套"部分,说不清它与该滑坡有何关系,这是重中之重。线路走向NE28°~SW28°(28~208°方向),线东是山侧,线西是河侧;实地查勘了三处节理但无基岩产状,怎样证明场区分布三组断裂与所属区域的主体构造一致?构造与滑坡有何关系未谈,各组节理是什么性质(张、压、剪、扭?)、彼此切割关系等均未调查,应该补上。图4-1工程地质地形图该大些,后山和前缘的老地面以及工程部分的地质迹象与文字要使阅者能看清,地裂缝(后缘、侧缘、前缘等不同性质的地裂缝应按实测和专业的符号标出)、水泉湿地该标出,要找出长轴、短轴与基岩露头及产状。现从平面图及现场所量三处节理绘出力学地质构造配套图(资料不够,应至工点补充),大概:(1)成山的Ⅰ期构造即长轴走向NW36°,产生压性裂面NW36°/W24°、弯张裂面NW35°/E69°、拉张裂面NE53°/N55°系指向NE54°的单向作用力,由低向山推挤;(2)成山后Ⅱ期构造线为NE40°,产生压性裂面NE35°/E69°、NE40°/E74°,拉张裂面NW57°/N64°;(3)成山后Ⅲ期构造线是NE25°,产生压性裂面NE25°/W75°,并逐渐过渡至(4)新构造运动,其构造线为SN向,产生拉张裂面EW/N73°、压性裂面NW13°/W55°及松张裂面NW13°/W90°。所以估计(需现场核对)深入残积层及强风化花岗岩顶面的滑坡后缘依附NE25°/W75°构造线生成,呈直线状、位于公路中心的第一道裂缝;河侧路肩处和一级下堤坡坡脚处的第二和三道后缘裂缝呈弧状的,其滑层在基岩以上,一为沿基底以下老堆积层内堆层界面的滑动,一为填筑体沿老地面的滑动(图4-3中应标出各钻孔的地质情况,可以联出;结合监测孔的滑带部位更能验证)。在图4-1中路堤四级下边坡以下的前缘放射状裂缝,应该是依附于NW57°/N64°的拉张裂面生成,属深层滑动;它与线路中心后缘第一道裂缝为同一层滑层,主滑段大致是NE25°/W40°,抗滑段略带弧状,约为NE25°/W5°……。所以研究者对地质资料在勘察时做得不够!

2. 在水文地质条件方面,已在施工期测得地下水位为0~22.5 m,此说明以基岩承压水为主,怎能说"地表水、上层滞水和基岩裂隙水三者有直接联系";应该是陡坡高路堤使基底岩土沉陷不均,导致填筑土松弛(公路路面工程基本上可隔断地表水直接下渗),在路面上出现裂缝后地表水才能大量下渗,所以当地主要是从远方补给的地下水为主,沿老地面下及基岩中含水层补给为主。台风暴雨只是产生后缘下错和浅层变形,随远方地下水渗流至路堤后才能形成滑动。对地质资料中(特别钻孔)是否逐层封水?了解有几层水、每层水的初见水位和稳定水位,以及含水层厚度、每层水的流向与流量等等都未办到;为此首要提出什么"措施"来防止其危害,即是不能截断地下水,也应提出"事先疏导基底地下水"的措施才是剖析资料的目的。

3. 在图4-1及图4-3内找不到坡脚挡墙?所有裂缝为什么不挖坑了解产状?原来基底地层及填筑体就应密实,所以在施工中才有地下水位为0~22.5 m(但未说清是怎样的情况测得),基本上基岩以上是以隔水为主,因为花岗岩侵入体以上的老岩层软弱、松弛、含水,在填筑体不等厚的条件下沉降不均,使老堆积层及填筑体松弛!当地降雨量大和台风暴雨,在未填土前并未发生老堆积层的滑动,陡坡高路堤也就是在当地气候条件下修建,原设计就该考虑这些不利条件与因素;事实上高速公路的路面基本上隔地表水下渗,将病因归到台风暴雨是误导!故建议要根据钻孔中标准贯入击数,岩土成因、原基底岩土层内各层含水状况以及填筑体填筑情况等具体分析,填土后对基底应力分布与它允许的承载力等计算来说明问题(1962年铁路路基设计手册中有计算办法)。

4. 第59页"深部位移监测"K17+630下堤坡二级平台处的测斜孔应是钻孔BK8,在图4-3横断面上所绘滑带部位与图上不一致,为什么?K17+655堤坡一级平台的测孔应是钻孔BK13,该在文字上标明。在第62页"对BK8及BK13监测"的结论,应补充"填筑堤坡路堤时在2005年旱季的变形外移就说明基底岩土因压缩不均已产生沿堤坡的滑动变形",这是根本。正因填筑期填土就外移,2005年雨季的水平移动,不过是对病害加重而已;通车后2005年10月18日两孔仍在变形,2006年8月14日监测时两孔已被剪断在老地面下的堆积层中,此说明是填方基底以下受远方补给的地下水作用为主,表水及上层滞水次之。

5. 对第62~66页"稳定性数值分析"方面,本人是外行;不过在地质资料未查清(例如:陡坡高路堤的基底以下有几层地下水及其承压关系不了解;表4-1各层岩土的c、φ值,在受水后是变化的,且各部分的水软化情况不确定,等等)的情况下,又怎样采用数字模拟计算?报告中未提出扼要的数值模拟方法,说服力不强!类似K17+580~K17+750的陡坡高路堤,在20世纪50~70年代铁路方面已进行个别设计,首先做方案比较很可能是采用托盘式路肩下挡墙通过。在采用陡坡高路堤方案时:(1)沿山侧基底老地面除挖平台外先填一层厚度大于2.0 m的渗水土壤(在有水泉外渗处要用引水盲沟引出),在底部平缓处每间隔10~15 m建一条垂直线路、宽2 m的盲沟将体内水引出路堤之外;(2)检算沿基底老地面的滑动,于路堤坡脚一带设立抗滑支挡工程;(3)根据钻孔资料要区分堆积层中不同成因的界面、基岩顶面和基岩内的软层(或构造面),检算稳定至山坡坡脚平台附近的高程为度,多以截断基岩中的承压水为主,其次才是抗滑支挡工程,这样在检算中所采用的主滑段的滑带土c、φ值才有保障;(4)山坡绿化,加强地表排水及填筑体的堤坡要用植物防护。如此设计,由下向上逐层夯填(先施工基底疏干盲沟和坡脚抗滑支挡工程,然后填土与山侧陡坡处的渗水土壤同时填筑),就不可能产生如报告中所说在填筑过程产生岩土外移的现象;在施工过程中要做临时排水和用塑料布防止雨水落在填筑场地等,施工范围以外山坡上雨水的渗入一般不致立即造成危害,除非是多年(30~50年周期)一遇的丰水周期。

6. 第67~79页"梅河公路K28+360~K28+860实例的数值模拟分析"的有关工程地质方面的介绍比上例更粗糙,无工程地质地形平面图、无钻孔记录,同样实地查勘对岩层及构造裂面的调查不够仔细缺失形迹!本人按所量岩层层面走向应是成山Ⅰ期长轴构造(无平面图,只能估计在NE2°~NW25°间):(1)当岩层产状为NE2°/W67°时,生成拉张裂面NW89°/N58°和NW83°/S70°。(2)当岩层产状为NW8°/E83°时,生成拉张裂面NE82°/N68°。(3)当岩层产状为NW25°/W70°时,生成拉张裂面NE61°/E73°、松压裂面NE60°/W22°及NE70°/N16°;从所量的构造面分析(缺乏形迹证明应补测),长轴走向应是NW25°。(4)后期构造线应是NE20°~30°/W35°~37°(290°∠35°及300°∠37°),生成该两组压性裂面。请至现场重新补充各层面及构造面的形迹,证实本人分析后,将报告中"北西向裂面应属次一级的低序次构造"删去!其他地质资料及分析与上一例犯同样错误,不敢苟同!本人过去在铁路上对如此情况,同上例所述先在基底陡坡部分挖台阶,并随由下向上逐层填筑填土时,在山侧填一层不薄于2.0 m的渗水土壤之前,在基底平缓的老地面先每间隔10~15 m建一宽2.0 m的盲沟,可将陡坡部分分界面的地下水长期排走;同时先做基底老地面处的引水盲沟将渗水处的水引出,以及按沿老地面的滑动检算在填方脚一带先建抗滑支挡工程,然后再在支挡工程内填堤等等,不赘!对数值模拟本人同样是外行,但对在施工中已出现工点有外移变形现象,等待填筑完通车后再处理及认为是降雨地表水为主造成的病害,不能苟同!设计时应先有防止措施!也不可能对这类工点先做降雨模型试验及数值模拟,在地质资料不齐全时也不可能进行模拟!

(五)[第5章]陡坡高路堤边坡破坏模式工程实例分析部分

1. 这一章应是此次报告的重点与精彩部分,如能将以上第1~4章的重点反映在这一章中就达到研究的目的,否则上述4章都是空谈,请研究者考虑补充!

2. 关于"梅河高速公路LK27+286.54~LK27+395左侧路堤滑坡":(1)无平面图,在照片上也无指北方向,哪一方向是梅县?这是全报告内各工点的通病,应该补上,使阅者方便!对在变形的下挡,照片上也应该标出来。(2)工程地质条件"也太简单",说明不了问题,特别是"地质构造"与水文地质条件的几句话,也可能有误会。(3)"调查分析"的一级下堤坡,未说明为什么判断是圆弧形滑动面!(4)照片5-3~照片5-7未标出河侧地面(没有平面图所致),也弄不清半坡高挡墙与矮挡墙的关系!从照片5-2及照片5-3上看,变形在下挡墙顶以上,可以说下挡墙稳定,但下挡墙是否变形未交代!(5)照片5-4~照片5-7的半坡挡墙已变形,说不清墙基以下是否稳定?在挡墙伸缩缝处张开与错开,应根据形迹说明相对向河哪一块墙外移?也有可能两段墙沉陷不均在伸缩缝处出现张开、错开。(6)"变形破坏原因分析"没有针对性,这是工作不深入所致;既然出现变形可以从伸缩缝(切开一段)上的破坏形迹肯定主要原因!(7)"病害维修加固措施"基本正确,但未说明原因,研究报告要讲缘由与依据。例如"边坡加固工程"采用4排垂直$\phi 89 \times 4.5$、长10 m竖向钢花管注浆为抗滑桩是防止挡墙顶以上的填土滑坡,至于坡面上设地梁未用框架不明白是何道理?例如对挡墙上采用3~4排$4\phi 15.2$预应力锚索加固,应该是经检算在深层滑动时挡墙的抗剪断强度要够,并说明预应力锚索预拉锁固后墙后各层岩土挤紧,可防止体内水变化,使不均匀沉陷不致产生。不过,在挡墙下部设两排仰斜排水疏干孔群,估计不能达到疏干足够基底以下的地下水量;应该补充说明要监测出水情况,可能5~10年后将被泥土堵塞要随时清理,并设监测孔了解墙后地下水的变化,尽量先研究对策。否则要提出现排地下水措施能满足疏干要求的依据!(8)这类工点,不以处理地下水为主根治,是逐年向不稳定发展,基本上不合乎"一次根治,不留后患"的国家投资政策!(9)图5-8无已有的滑带和可能产生的滑带,即无地质钻孔的依据,这是研究报告应重点区别于施工文件的细节!图5-9没有已产生的裂缝标志,应补充;它区别于施工文件!

3. 关于"元磨公路K296+545~K296+700路堤剖析"部分,同样:(1)对工程地质条件没有提出钻孔资料等的依据,又不提出工程地质平剖面图;(2)对病害调查分析虽然详细些,但未挖坑证明桩板墙后路面上的裂缝产状等;因此在病因分析上虽然说出了一些勘察失误及施工前对设计核对不够、施工中监测未到位等,但是在设计时还是未意识到施工中随填土增高可能产生的沿堤坡基底的滑动推力和主动土压的推力,对悬臂桩板的作用使之外倾造成填土的松弛(即是在桩锚固端以上要设一排预应力锚索,填土到位就施工预拉锚索,写在施工要求文件中),更不应将路堤变形破坏的主因说是地区降雨充沛(这是客观存在,在设计和施工中应先有预防措施);(3)未能如上例所提到的一些预防措施,虽提出了六项病害加固措施,估计是解决了问题;由于工程地质条件交代得不清,无陡坡高路堤基底以下有依据的资料说明,阅者无法判断今后是否还会出现变形,此因无任何截排填土与老地面间以及对老地面以下的地下水工程。报告中并未提出今后是否会有变化或不出问题的分析,这是研究报告,应该根据资料下断语,并应说明依据!

4. 关于"水麻公路AK0+066~AK0+275.5段路堤剖析"部分:(1)"对地质构造"中这样汇总成三组节理$14°~58°\angle 27°~58°$(NW76°~32°/E27°~58°)、$105°~125°\angle 57°~85°$(NE15°~35°/E57°~85°)、$170°~220°\angle 65°~90°$(SW80°~NE50°/S65°~90°)是错误的!没法分析它们是成山哪一期地质构造生成的、属何力学性质,更谈不上彼此切割的关系。如果大致绘配套图应会发现该处成山Ⅰ期长轴构造为NE50°~70°,产生压性层间错动面NE50°~70°/SE21~31°,作用力来自SE40°~20°(指向NW30°),而裂面NW32°~40°/N27°~58°多数是Ⅰ期松压;后期构造线可能是NW65°左右,产生NW65°左右/N27°~58°的压性裂面、NE15°~35°/E57°~85°的拉张裂面、NW50°~80°/S65°~90°的松张裂面;至于近EW(NW80°~NE80°/S65°~90°)的裂面是否是新构造的拉张裂面就不易估计。为什么不调查各裂面上的形迹,这种仅仅为说明它是破裂构造,工作不够深入!(2)从图5-27及图5-28看,原设计的路堤下方桩板墙及下方国道山侧的上挡墙,可说明设计者不懂陡坡高路堤设计和计算:桩板墙前至下主国道间的堆积层是否稳定?应有检算依据!从老地面堆积层的厚度即可比拟判断,该厚度即是过去所需的极限状态,所以原桩板墙的墙前抗力在基岩以上毫无保证;桩周岩土上产生不了弹性抗力,即是侧向承载力和被动土压也不够!桩顶的锚索锚固段有一部分在堆积层中,在无截断沿基岩顶面流动的地下水措施下能产生锚固作用吗?不能将病因放在降雨方面!应该说原设计不当。(3)从变形和破坏形迹看,填土呈整块移动,其施工质量还是不错的。报告中提到使老滑坡复活,没有交代"老滑坡"!(4)对病害加固措施中提到的桩板墙下方在213国道上方的路堑抗滑挡墙,应该提出该挡墙对桩锚固段的抗力是怎样考虑的?这是研究报告,在重点之处不应含混!它对桩的抗力很小。加固的新预应力锚索的锚固段为什么在图上的位置,依据是什么?怎样考虑地质条件的!与不设截疏地下水措施有关系吗?

第二篇陡坡高路堤关键修筑及加固技术,应该是研究报告的精髓!

(六)[第6章]陡坡高路堤设计方案比选部分

1. 陡坡高路堤设计方案的选择原则:

(1)缺"经线路方案比选后确定现线路(平、剖面)正确",补上之后才有以下比选的原则等说明词。

(2)强调方案选择以"地质为基础的原则"是对的,应该说"在能保证安全要求的情况下对可能采用的各个带有加固工程的方案进行比选"。哪些是经济技术比选的主要内容:例如"对地质条件应在现有的可靠程度"下有预防措施,对主体工程可随施工逐步(包括监测)改善,但不能产生有报废拆除的建筑物;当然是指在条件允许时要将地质资料尽力收集齐全(有些资料是当时客观办不到或技术水平上办不到)。例如要采用保证"施工中不产生变形"能达到可顺利完成的主体工程措施的方案(这其中就包括了便于施工这一因素);否则可因施工不当造成山坡变形而增加投资、不能按期完工或潜伏长期病患(比如不强调处理地下水这一根治措施)。例如对各个主体工程的方案应提出相应的、可靠的地质条件,在工程保证使用年限内不能因地质方面和在结构方面的强度不够,又如:锚索锚固段的岩土强度,抗滑桩锚固段的岩土抗力强度,支挡工程的各种强度和其基础以下的变形,疏、排、截和降低水位的地下水工程是否必要,要有说明!在当地地震条件下(包括经常发生的频繁地震和使用年限内的周期地震)对岩土的松弛要有防止措施,对暂时作用力的影响要能抗御,在长期外力作用下要提出岩土的长期效应,可能增加的含水量时岩土的强度变化,等等。例如哪些是成熟的、可靠的工程结构及其尺寸,哪些是处于试用阶段的所谓新型支挡结构及其尺寸,都应在报告中提出;在方案比选中应将善后可能增加的措施费用考虑到,不是唯新而新(比如在方案比选中要将就地取材列入造价中,不利用的弃料处理费用也该列入)。

(3)表6-1中"技术成熟性"一栏中:重力式挡墙的"可靠度大";悬臂抗滑桩"则稍有问题";预应力锚索抗滑桩,"因锚固段较浅,地质条件不符时不易查出而未改善,常在使用时出现问题";加筋土挡墙,"在地基稍软弱处、不注意即出问题,可靠度不足,在铁路正线处不宜采用";改进的锚定板挡墙,"原锚定板挡墙属不稳定结构","改进的"仍是桩结构的刚度小、锚固段浅,其可靠度在考验中。表6-2应该是不成熟的认识,特别是"下卧软层"一栏能有足够资料肯定吗?应该是具体工点单独考虑!当地地震频率对这些所谓的轻型结构影响大,这是在选择时的重要因素,应该写成"选择方案初步意见待考验"!此因客观上目前的地质资料的可靠度已经是质量一天不如一天,国外更是依靠"勘探手段"。在工程地质水平和设计参数上的技术水平,不可能达到"人造材料"的精度;所以要留有余地等待出现问题有及时补强的可能。这门"山区病害"要求岩土工程师掌握"多专业"知识和大量实践,是过去没有投入相应的力量、总以绕避为主造成;国内外对之在选定线方面也已经是出路窄了,有待岩土工程师们下苦功,让掌权者认识其重要性!

(4)安全可靠性的原则是对的,应有怎样才能办到的具体内容,"其他个性"的原则,请考虑这是个别设计,造价还是重要的,提多了就是"喧宾夺主"!

2. "陡坡高路堤的方案比选实例分析"中:

(1)应提出要从线路的选定线方案比选,做到在肯定了线路的纵横部位后进行带有各种加固工程措施的方案比选;更重要的是对已获的地质资料要考虑可能出现的缺失或变化,要先有改善补强措施并事先采用措施防止其出现,这些措施的造价也要在比选时提出权衡。也即是对一些因可靠度不足的造价适当列入些,这才适合当前我国的实际状况。本人认为不应回避!不如此,掌权者对这一专业不会明白已经到了必须重视的地步!其实桥、隧在地质病害方面也未过关:桥因在基础部分增加的费用所占全桥费用的比例少,桥基就有了管桩的出现;隧道则对沿河的偏压隧道在衬砌方面采用了新奥法(先喷锚后再衬砌)等未完全解决问题,所以尽量裁弯取直、宁可隧道长些,少采用沿河隧道反而施工安全,总造价不一定高。通过软弱岩层和含水不良地质处的长隧道,建成后30年左右已经出现岩层蠕变和渗水等隧道变形,并在不断加固中,有的被迫改线!这就是现实。所以研究陡坡高路堤的关键技术,对方案比选方面应多选各种"吃不透地质条件和运营中已出现病害"之例,尤其是对长期效果没把握的工点,要具体说清吃不透之处,才能达到研究目的!其他如占用良田、"为新而新"、美观轻型等都是次要的。

(2)"梅河公路K17路堤"为例的比选分析中:(1)请检查是否按报告中所提出的一堆"比选原则"逐一在实例中反映,应该补上,说清依据;否则所提的原则是空话!(2)已施工的方案和比较的方案,均对防止地下水的危害工程考虑不够!对已施工的方案要交代:"在运营中要监测路堤边坡的出水问题","预先依据出水以备随时增补"。对未施工的方案中路肩预应力锚索桩板墙,其埋入花岗岩的深度是否足够,在墙外填筑土、堆积土、风化变质页岩塌走后,该桩板墙的侧向抗力是否足够(图上墙基入花岗岩约4 m,本人认为不够)?请检查设计计算后相应地改正。

(3)"梅河公路LK27左侧路堤边坡"重力式挡墙与高轻型支挡结构方案的比选分析中:(1)见[第5章]2.中所提(1)~(6)的意见,将地质资料及图件补齐后才能进行两方案的比选。(2)两方案同样对疏干基底体内水的措施不够,原设计基底无填一层(厚2 m)隔渗砂、砾、卵、碎石层以防止基底出水处的地下水被堵塞是最大的不足!包括在挡墙后(或锚索桩板墙)无汇总的盲沟排出至墙前。(3)重力挡墙超过一定高度要单独设计,是所用库伦公式按一般c、φ值简化为综合φ时与实际推力间的误差大,它和填料有关!当地填料是变质砂岩风化残积土,在处理切断由山坡表面沿填挖交界附近下渗的雨雪水(即山侧顺线路的截水沟及截水盲沟)以及填方基底有隔渗层时,还是可以防止地下水在填筑体内升降大的危害问题;现挡墙高12~14 m还是不成问题。问题是无上述措施!同样,预应力锚索桩板墙在无上述两点预防体内水的措施,还是易变形;如桩的刚度不够也是后患无穷!(4)预应力锚索桩板墙的采用时间不长,需要长时间考验!(5)该工点"预应力锚索桩板墙与桥梁"的比选中:①在可靠度方面桥梁占优势,所以桩板墙要将每一工点单独从地质方面考虑到运营中可能出现的不良隐患,加上事先设置措施(其中以疏、截、排、引地下水为最重要!)的一笔费用再与桥梁比选,才能满足在可靠度方面的缺憾。这就是其所以在造价接近或稍高些还是选用桥方案的缘由。②其他的比较都要先有从安全可靠度合乎要求(不是两者谁高)的情况下,将相应的预防措施的造价列入后再比较;不应等待运营中出现问题时才评价,改变了设计思想,增加对潜伏病害先采取措施制止其发生,再谈比选才合乎要求。为此,请将各工点的造价,对原地质条件深入研究,补上这一课再谈所提造价数字;本人因不了解各工点所提造价与地质条件之间是否考虑达到合乎上述要求,故不能断语!(6)该工点"土工合成材料加筋土挡墙与桥梁"的比选中:①该工点的地基条件软弱、有可能潜伏滑动应该说不适宜设计"土工合成材料加筋土挡墙"。②思小公路的三个工点,应该先有地基条件证明确无潜在滑动的可能及非频繁地震及高地震区的说明,才能比选,请在报告中补充这一部分!(7)"锚定板挡墙与桥梁"的比选中:①锚定板挡墙对基底软弱易下沉和有振动处,因其结构不牢固均不宜采用。它属不稳定结构,本人认为不宜采用在与行车有直接危害处。②改进后的锚定板墙在填筑体内的锚定板处认为还要下功夫,如何将之建成更牢固和互相有关联(例如在锚定板周围压浆),否则还是风险大;在方案比较中要列入一些风险费用,才能说明在造价相差的百分数达多少方可选中!

3. 在[第6章]的小结中建议补充对不同加固工程相应的地质条件、在设计施工中要将潜伏病害的预防措施考虑进去,并提出施工时机列入造价比选。

(七)[第7章]"陡坡高路堤修筑技术",也是报告中的精髓部分!

1. "填筑体内弧形滑动处治技术"中:首先应如前述将"弧形"后增加"(或折线)"。

2. 表7-1内CBR的1、2、3、4应将其强度值写出。

3. "填料压实"中1)原地面应挖成台阶,台阶宽度应不窄于2 m,不是1 m。2)对渗水土壤或以砂、砾、卵碎石为主的用振动夯实法。

4. "路堤坡率设计"中,对浸水路堤在铁路方面是采用折线滑面,以水位上下、逐米高差试算为界,在水位处为折线的交点(参看铁路路基设计手册)求出所需坡率,属特别设计范畴。

5. "支挡加固技术"中:1)加筋土支挡结构,因在振动条件下易松弛破坏、在基底沉陷条件下易松弛,故国内铁路方面在正线上或直接影响运行处禁止使用,并非有发展前途。2) 在软弱地基上怎样计算整体滑动的地基沉降,它对加筋土挡土墙如何加固? 已经牵涉到软土地基的问题,本人认为不能纳入本报告范围,而且第127页所提的加长拉筋方面缺失成功经验。3) 报告中提出一系列计算方法(第126~130页),在实践中是否经受考验? 要有实例、特别要有详细的地质资料,在基底有沉陷、雨量多和多地震处其可靠度小,且使用寿命不详! ……所以建议说明此类加筋土挡墙目前"在试用阶段",采用后在运营中多监测及时加固,才能避免造成不应有的危害!

6. "高轻型锚定板挡墙"中:1) 改进后新型的锚定板挡墙,虽然肋柱使用桩基础,还是"刚度不够和肋柱埋置不够深",属可靠度小、易于大体积破坏的结构,不是"强干"。2) 图7-2山侧所绘的一截水边沟,就说明设计者不重视排水;这种工程最怕填筑物沿老地面的滑动以及地表水灌入填筑体内。3) 为什么不谈先对基底挖台阶和填一层厚2 m的渗水土壤将老地面之水引出;然后在挡墙后汇总,每隔15 m左右以2.0 m宽的盲沟垂直线路将水引至墙前排走。4) 图7-2锚定板在断面上下呈一直线处,建议可在锚定板一定范围内压浆以保证各钢绞线易发挥共同作用、避免单根钢绞线失效。5) 这种结构的整体性不强,所以整体的稳定性小而可靠度低,设计时宜采大值($\beta = 1.2 \sim 1.4$);还要在经受考验后才能下断语,这些应该在报告中说明。6) 第139页中对"肋柱设计",本人认为:为安全计,并使各锚索或拉杆能变形协调产生共同受力有利于整体稳定,"肋柱"是"强干"的干,应将其刚度加大、埋深些,肋柱可按刚性支撑在一系列弹性支座上的连续梁计算;但是基础不是固定端,应是自由端至铰端(视作铰端时,应该在肋柱的锚固段处向山内钻设锚杆使之产生抗拔力)。本人认为报告中的计算原则就是一种不稳定结构类型的方法;由于肋柱刚度不够,不能控制每层拉杆锚索的变形量,这就造成某一层锚索产生应力集中,似乎是许多单独的拉杆各自产生作用。对均质体适用,但填土是不均质为主,所以产生应力集中;主观要求填筑体各部位受力后变形一样,客观上办不到。出问题就说"施工质量不良",而不说"肋柱的刚度不够"、不能控制各锚索变形,至少是不客观、不正确。事实上肋柱刚度小、易弯曲,受力后就似许多块不连续的挡板,形成锚索为主拉各层挡板;因此上、下层锚索的拉长没有一定的控制就各自受力,变形太大,甚至拉断或将体内挡板拉出,临近的锚索产生的是不大的协调力,故这种轻型结构当然可靠度小。本人认为应按抗滑桩设计肋柱,在受力下使肋柱保持直线、两锚头间少弯曲(刚度大),让上、下锚索的伸长受控就不可能产生应力集中破坏每一锚索;当然肋柱的设计要能控制局部弯曲而尺寸要大些! 不能说浪费,因为填土质量和使用年限内外力的变化与组合以及可能的松弛变化是控制不了的,不可能达到填筑各部均匀一致,故刚度大,可靠度大。在"设计思路""强干弱支""一劳永逸"等技术政策中本人的认识不同,只能在长期实践后才能定夺! 为此提出"待考验"!

7. "填挖交界面滑动处治技术"中:1) 挖台阶(不窄于2 m)是最经济、实用和有效的、必不可少的措施,它使交界面由外摩擦关系改变成为内摩擦性质。2) 在交界面处、老地面内有地下水处应该做小盲沟引出泉水;在填方后有堵了体内水的排水通道处,必须先填一层渗水土使填方后体内水仍然可以排出(一般厚2 m),也起到切断毛细水的作用,以及使填土中渗下之水也可从此渗水层沿交界面流走而不潴留在交界面! 整篇报告中没此措施,说明缺乏经验。3) 对原斜坡覆盖层采用夯实、加筋等措施是有作用的,但不能缺少上两项措施。4) 预计在使用年限内沿交界面可能含水条件(主要是松弛和其他原因形成交界面在潴水软化"面"上下的岩土c、φ值)产生滑动,就要在坡脚附近先建抗滑桩、墙然后再由下而上夯填路堤。5) 在填挖分界面处铺设的土工格栅,要在老地面填渗水土壤层之上,并留出填土中来自地表渗下之水可以流至其下隔渗层,流出填方坡脚以外排走。

8. 在"预应力锚索框架"中:

(1) 在不是群锚的地质条件处,即松软、含水的岩土处,不能采用日本PC工法设计的预应力锚索框架;应按倒在斜坡上的抗滑桩方法设计框架中的竖柱,竖柱应有基础,不能悬在边坡之外。(2) 本人不主张如图7-16的加固原理示意图,因为变形体内岩土不可能均质一致:①变形体不是刚体,而是硬塑体。②如图设计竖柱(肋柱)刚度小,不能控制T_1、T_2、T_3、T_4四层锚索变形协调,使框架压填土传力至破裂面如示意图达到$T_1 \sim T_4$之力,而是越深越小、松软处传力小而密实坚硬处传力大;为此,要如刚性抗滑桩一样设计肋柱尺寸,大至两锚索点之间的柱不弯曲,则柱可控制锚索变形达到变形协调各锚索共同使力,不致形成如群锚各自受力。③"如图肋柱无基础",事实上肋柱有顺柱倾斜方向向下移动的作用力,不设基础、不计算其作用力常出现锚索失效与破坏！④填土外侧呈陡坡，然后施工锚索框架，预加应力时填土已由外至内松弛，这锚固段的部分如何确定？(3)预应力锚索抗滑桩设置在填土外侧的陡坡上：①应写出怎样施工，才能保证质量。如图7-17，那是挖方断面、不是路堤断面！②预应力锚索抗滑桩因桩锚固段浅、又在河侧为斜坡状态，其桩周抗力如何计算应明确提出。许多设计者不理解它受许多限制，常因桩外侧在斜坡条件下使用不上弹性抗力，而是侧向承载力、被动土压、抗剪断、沿向河侧的裂面剩余抗滑力等控制，在实际计算时就失误而造成失败之例颇多，特别桩外侧陡坡在运营期有的覆盖层不断坍塌，而设计桩周抗力又考虑了该层的作用，但未设置预先加固措施，等等。(4)"分离式预应力锚索桩板墙设计计算"中：①应是随填方老地面下实际的地质条件确定设计计算方法的。报告中提到了线性弹性地基反力法、港研法、P-Y 曲线法，是要客观实际服从设计者的主观，这种提法(本文采用线性弹性地基反力法)应该纠正。正确做法是在钻孔中实测地基中各层的抗力系数，并以工程措施控制，保证在工程使用年限内不出现比实测时更差的条件；当然在我国生产单位实际上办不到。但是预应力锚索桩板墙使用在路堤部分，许多工点在锚固段产生不了弹性抗力，这一点要强调提出；多数是侧向承载力、被动土压、桩外岩土的抗剪断、桩外岩土沿某一裂面的剩余抗滑力控制，此时应该是全桩按极限平衡法计算，否则是设计不当和错误！②在第四系地层中不可能产生弹性抗力，采用 m 法是错误的(第 155 页)。在第 155 页路堤部分使用的桩(抗滑桩)与桥墩下的桩不一样：桥桩的垂直荷载大，同时桥桩多设计为在锚固段可以产生多个反弯点的长桩；路堤抗滑桩的桩顶无垂直荷载，目前只能建一个反弯点的短桩(否则不经济而是钻孔桩)，等等，在研究报告中应提出。所以 m 法、k 法、c 法是否可以套用桥桩的图 7-19 仍需考验！③第 157 页中"不同岩层刚度比大于 10 倍以上可按固定端计算"，新中国成立前的美国标准(AREA)是 20 倍，请查对依据！事实上在路堤抗滑桩方面埋基浅、两桩间距 4~10 m，桩顶无垂直荷载等，桩周土的刚度小、就不可能有固定端和铰端的条件，除非桩锚固段设树根状拉杆并压浆才有可能。这些在针对陡坡高路堤桩的研究报告中应该提出。

9. 第 164 页的"防护技术"的概括部分要充实。其中：1)对"喷护及锚杆挂网喷浆"，应提出长期作用不大易失去作用。2)对"干砌片石护坡"，应采用单层栽砌。3)对"护面墙"，即护墙是要考虑能承受一定土压的。4)地表水工程设计的降雨条件，在铁路上一般是 30 年周期，但对山区病害的个别设计不受此限制；所以对陡坡高路堤处的高速公路应该是 30 年周期，个别地段提到 50 年周期也有可能，报告中为 10~15 年似乎不够！依据什么？在病害山坡上排水沟必要时应每隔 50~60 m 设置一道。5)地下排水方面的内容远远不够，可按铁路路基手册的内容补充，并补充垂直山坡的"渗水盲洞"。

(八)[第 8 章]陡坡高路堤加固技术，应是精彩部分！

1. 第 172 页倒数第 4 行第 4 字应是"段"。第 173 页倒数 12 行"浆液凝固时"写重复了，应该删去。

2. 表 8-1 的"破坏原因"一栏中：1)钢绞线破坏内应增加"桩的刚度小所致"。2)锚固段锚固力不足内，增加"施钻时未即时查出与设计的地质资料不符及未即时采取措施"。3)桩的破坏主要是"地质资料不够和设计不当、依据不足"造成。4)板的破坏主要是"设计不当、依据不足"。

3. 缺少对排地表水和处理地下水这一前提条件，故对所有整治措施仍然没有保证！应着重提出(仅在第 179 页板的缺损病害加固中，提到排水措施)。排体内水的措施，不仅仅是仰斜排水孔一种，而它易于被泥土堵塞，使用年限短，且因平行于水的流向而作用小，应提出"按工点具体情况以截断坡体内水的补给为主"，采用仰斜钻孔时要"成群"不是 1~2 排。第 180 页是图 8-15 不是图 8-13。第 181 页预应力锚索桩板墙整体破坏处，应提出"按工点具体条件设计，不一定还是采用预应力锚索桩板墙"！

4. 表 8-2"病害原因"一栏内，应增加"此类锚定板挡土墙，在设计上整体性差，相互协调作用小，所以可靠度不够；为此应在结构的整体联结和制约方面下功夫。例如在体内挡板部分的压浆使之不可能产生单个锚定锚索遭破坏；例如肋柱增加埋深和尺寸以增大其刚度，使之控制锚索变形等等"。锚定板挡土墙一节也同样未提排水，其实任一病害工点都应首先在加强排水(尤其是体内水)上研究其必要性和重要性，请相应地补充为宜。

5. 表 8-3 加筋土挡墙的病害原因分析，还是这类"在结构上有缺陷"，理应在这一方面研究提出措施。各个构件的破坏在考虑可能变形产生的作用力方面了解不够、考虑可能变形的量不够(此类结构易变形)也就是预计不足。故其稳定的可靠度差，应从将各构件的联系加强，使之共同受力阻止变形、不产生应力集中的破坏,发挥柔性结构的优点!同样对这类工程还是未强调排水(尤其是处理体内水)的措施,排水应是首要的。

6. 这一章所有整治加固措施,应提出在哪些工点使用了、其成效如何;否则没法判断各个措施的可靠度和效果。个别设计要针对具体工点!

魏少伟同志:许多问题在纸面上是说不清的,可能有误解;能来兰州共同研究为宜,但是你没有去过现场,来了也谈不清。总之本人所著的两本书盼望能多读才能交谈,否则耽误你们宝贵时间!

请将此意见转向你的导师张玉芳征求意见!

注:此文作于2011年10月。

关于闫志雄博士后提出的"铁路既有线边坡及其挡护结构工程效果评价及病害整治对策研究"的学术评价

我国自新中国成立后始对山区铁路进行大规模建设。山区铁路边坡、既有线加固其病害的挡护工程效果评价和病害整治对策研究等方面的零散工作,也是新中国成立前夕宝天铁路"十天九断道"的状态下起步的;不过,系统地研究是2000年左右才出现。由于组成山坡的岩土以不均质为主、在工程使用年限内地质环境总在不断变化、尤以地下水的分布与变化突出,使既有的高堑坡和高路堤包括防治其病害的挡护结构等,在保证安全稳定方面的可靠度小、非常复杂和困难;所以它仍是当前国内外至今尚未很好解决的技术难题。这类岩土工程因涉及地质、工程、勘探、监测、试验等多门学科与技术,而这些学科和技术的应用尚处于半理论、半经验范畴;故从事这类岩土工程的科研人员不仅应具备多门学科与技术的基本理论知识,还应依赖前人在大量实践经验中正确认识的部分,才能使"效果评价和整治对策"的研究成果正确,经受住考验。事实上山坡病害的防治属个别设计范畴,评价时必须找到具体工点的突出个性、病害在各个阶段的主要病因才能下断语,此不同于对其他工程的评价方法。它不仅仅是施工质量方面的问题,更多的设计是受当时技术水平所限未认识到、未查清工点的地质条件和作用因素以及随后的变化,而未能在设计时就事先预防其发生,造成变形与破坏。本人据此提出以下对该报告的学术评价。

1. 该报告"从病害成因及分类、效果评价方法及标准体系和病害整治技术"三方面开展深入研究,并提出"相应可操作的具体内容"是基本上较好的达到了2010G014-D研究项目的要求;报告内容充实、具体,并有一定的开创性和实用价值,其学术水平较高。但这些多数是丘陵地带的铁路,正如其成果所述"致灾条件复杂、灾害类型众多",今后仍应继续选择病害规模较大、地质条件复杂和带有普遍性的、在高差较大的山区铁路做示范调查,按成因的主次充实此次区分的类型,才能使成果对国内更具代表性、突出个别设计的实用价值和学术价值,才能改变路基病害工程在当前可靠性小的局面,有国际意义。

2. 成果中"广义的工程效果评价方法和标准系,包括的三个内容"尤其是适宜性评价是"重中之重"为优点,有独到之处;在这一方面应继续深入,才能表现学术精深而实用。

3. 成果中"总结提出了铁路边坡病害防治的八大原则"基本上是正确的,是优点、有创造性。但是:

(1)在"地质是基础"方面:在既有铁路边坡、挡护工程和整治对策上,以往由于多对地下水了解不够、认识不清、也缺乏找水技术,导致原设计在处治地下水措施上普遍地不重视,而产生病害之处较多。例如第72~80页焦柳线K1568+140~K1568+220段在1973年—2009年共发生6次变形,应该说坡体内的水是造成变形与破坏的主因,直到第四次变形(K1568+075~K1568+155右侧)路堑坍方在整治措施中才有了"支撑盲沟"为综合措施之一,所以第五次变形时在K1568+230右侧才只发生10 m局部坍方;第六次变形后总算在整治措施中出现"仰斜疏干钻孔群",是否足够与适宜尚需考验。故建议提出:①今后要深入研究找地下水的技术和适宜的防治地下水措施;②在路基个别设计地段要提出加强地表水疏干和绿化山坡是不可或缺的措施;③对山坡病害首先要研究是否必须事先设置截、疏、排坡体内水的措施。

(2)在"一次根治不留后患"方面,今后应补充强调根治工程:①切断补给病害体内不利的地下水措施;②主动挤紧山体阻止侧向松弛的措施;③随着某项措施建成后在时间上越久、山坡稳定性越大的措施等这三方面的内容。

4. 成果中"总结归纳的各项病害整治技术"其趋势是正确的。其中:钢花管多次注浆改造基础和产生微型桩群的作用有创新;预应力锚索框架和预应力锚索桩板墙有发展前途。但是,这些设计所依据的理论与前提条件,应对具体工点地质条件的研究是否满足(不能主观说按什么公式)进行说明,否则要采取工程措施改造当地条件使地质条件满足公式的要求。例如在潮湿破碎软岩的堑坡外设置预应力锚索框架,就不能按日本 PC 工法设计的框架,否则框架悬于岩坡之外,不应是群锚的设计方法,已有大量失败之例;在上述条件下竖肋应按多锚点的抗滑桩设计,尤其是桩的刚度要能协调各锚索的变形量。第 116 页衡重式下挡墙,在衡重台以上的上墙,应先查明是否是由第二破裂面造成的破坏!上墙的变形开裂能经受预应力锚索的拉力否?同样填方与老地面间,事先无隔渗层等疏水设施是设计的缺陷!

5. 一些明显的笔误和漏项希纠正,例如:

1) 第 4 页倒数第 6 行应为"……采用了明洞"(不是抗滑明洞)……

2) 第 28 页表 2.1 中鹰厦线建设年代是"50 年代建设、60 年代改造加固"(不是 70 年代修建)。

3) 第 60 页表 3.4"坡高及坡率"一栏,所提单级坡高、坡率及平台宽的尺寸应以"地质条件是否适合为主和今后全坡上、下是否有必要加固维修"才有评定标准。

4) 第 61 页表 3.5 中组成部分 4"泄水孔",该增加"有无各种地表排水和地下水措施为分析条件之一"。

5) 第 71 页倒数第 1 行水冒白浆应是"由泥质灰岩内流出"(见图 3.3)……

6) 第 72 页"④地震",应增加"该滑坡地段的场地要按 6½ 烈度设计"。

7) 第 105 页"D 反演分析"中,要提出"考虑在工程使用年限内,地基可能的变化与反演分析所处条件之间的差别及应采取的相应措施"克服"差别"的隐患。

8) 第 112 页第 6 行,在截水段每隔"30～40 m"(不是 60 m)设检查井,……每隔"15 m 左右"(不是 20 m)设渗井。

9) 第 116 页"2)病害原因分析",应提出"该工点采用路肩衡重式下挡墙是原设计选型的失误,填方前未在基底老地面处事先设置渗水层措施防止基底自然渗水通道受阻,也是病害主因之一"。

注:此文作于 2011 年 11 月。